● 国家哲学社会科学基金重大招标课题（05&ZD 040）“构建社会主义和谐社会进程中的思想道德与和谐伦理的理论与实践研究”结项成果
● 2010年国家哲学社会科学重点项目（10&AZX004）
“伦理道德的精神哲学形态研究”中期成果
● 江苏省高校哲学社会科学重点研究基地
“道德哲学与中国道德发展研究所”成果
● 教育部重点研究基地重大项目
“中国伦理的精神传统与现代道德教育范型”（2009JJD720026）中期成果

中国伦理道德报告

樊浩　等著

中国社会科学出版社

图书在版编目(CIP)数据

中国伦理道德报告/樊浩等著. —北京：中国社会科学出版社，2012.1

ISBN 978—7—5161—0038—7

Ⅰ.①中… Ⅱ.①樊… Ⅲ.①社会公德—研究报告—中国 Ⅳ.①B822

中国版本图书馆CIP数据核字(2011)第177144号

策划编辑 冯 斌
责任编辑 丁玉灵
责任校对 林福国
封面设计 毛国宣
技术编辑 王 超

出版发行 中国社会科学出版社 出版人 赵剑英
社 址 北京鼓楼西大街甲158号 邮 编 100720
电 话 010—64073831(编辑) 64058741(宣传) 64070619(网站)
010—64030272(批发) 64046282(团购) 84029450(零售)
网 址 http://www.csspw.cn(中文域名:中国社科网)
经 销 新华书店
印刷装订 北京画中画印刷有限公司
版 次 2012年1月第1版 印 次 2012年1月第1次印刷
开 本 710×1000 1/16
印 张 46.5
字 数 938千字
定 价 188.00元

樊浩　本名樊和平。男，1959年生，江苏省泰兴市人。教育部长江学者特聘教授。1992年被破格晋升为伦理学教授，现任东南大学人文学院院长、人文社会科学学部主任，教授、博士生导师。英国牛津大学、伦敦国王学院访问教授。

兼任中国伦理学会副会长，教育部社会科学委员会哲学学部委员，教育部哲学、人文素质教学指导委员会委员。第八、九、十届江苏省政协委员，江苏省中青年首席科学家。

在《中国社会科学》、《哲学研究》等海内外学术刊物上发表学术论文200多篇，出版个人独立专著10部，合著多部。2000年前代表作为“中国伦理精神三部曲”（《中国伦理的精神》、《中国伦理精神的历史建构》、《中国伦理精神的现代建构》）；2000年后代表作为《伦理精神的价值生态》、《道德形而上学体系的精神哲学基础》。

获国家、教育部、江苏省政府哲学社会科学优秀学术成果一等奖3项，二等5项，三等奖多项。作为首席专家主持国家哲学社会科学重大招标项目2项，国家和部省级哲学社会科学基金重大、重点及一般项目二十多项。

课 题 组 总 顾 问 孙志军　罗国杰

课题组首席专家 樊和平（樊　浩）

第二负责人（并列） 田海平　董　群

课题组子项目负责人和主要成员

田海平　董　群　王　珏
徐　嘉　陈爱华　马向真
许建良　刘　波　许　敏
李兰芬　杨韶刚

课题主持和完成单位

“985”国家哲学社会科学创新基地东南大学伦理学研究所

课题协作单位

教育部重点基地中国人民大学伦理学与道德建设研究所
中国社会科学院应用伦理学研究中心
教育部重点基地南京师范大学道德教育研究所

总 序

东南大学的伦理学科起步于20世纪80年代前期，由著名哲学家、伦理学家萧昆焘教授、王育殊教授创立，90年代初开始组建一支由青年博士构成的年轻的学科梯队，至90年代中期，这个团队基本实现了博士化。在学界前辈和各界朋友的关爱与支持下，东南大学的伦理学科得到了较大的发展。自20世纪末以来，我本人和我们团队的同仁一直在思考和探索一个问题：我们这个团队应当和可能为中国伦理学事业的发展作出怎样的贡献？换言之，东南大学的伦理学科应当形成和建立什么样的特色？我们很明白，没有特色的学术，其贡献总是有限的。2005年，我们的伦理学科被批准为“985工程”国家哲学社会科学创新基地，这个历史性的跃进推动了我们对这个问题的思考。经过认真讨论并向学界前辈和同仁求教，我们将自己的学科特色和学术贡献点定位于三个方面：道德哲学；科技伦理；重大应用。

以道德哲学为第一建设方向的定位基于这样的认识：伦理学在一级学科上属于哲学，其研究及其成果必须具有充分的哲学基础和足够的哲学含量；当今中国伦理学和道德哲学的诸多理论和现实课题必须在道德哲学的层面探讨和解决。道德哲学研究立志并致力于道德哲学的一些重大乃至尖端性的理论课题的探讨。在这个被称为“后哲学”的时代，伦理学研究中这种对哲学的执著、眷念和回归，着实是一种“明知不可为而为之”之举，但我们坚信，它是我们这个时代稀缺的学术资源和学术努力。科技伦理的定位是依据我们这个团队的历史传统、东南大学的学科生态，以及对伦理道德发展的新前沿而作出的判断和谋划。东南大学最早的研究生培养方向就是“科学伦理学”，当年我本人就在这个方向下学习和研究；而东南大学以科学技术为主体、文管艺医综合发展的学科生态，也使我们这些90年代初成长起来的“新生代”再次认识到，选择科技伦理为学科生长点是明智之举。如果说道德哲学与科技伦理的定位与我们的学科传统有关，那么，重大应用的定位就是基于对伦理学的现实本性以及为中国伦理道德建设作出贡献的愿望和抱负而作出的选择。定位“重大应用”而不是一般的“应用伦理学”，昭明我们在这方面有所为也有所不为，只是试图在伦理学应用的某些重大方面和重大领域进行我们的努力。

基于以上定位，在“985 工程”建设中，我们决定进行系列研究并在长期积累的基础上严肃而审慎地推出以“东大伦理”为标识的学术成果。“东大伦理”取名于两种考虑：这些系列成果的作者主要是东南大学伦理学团队的成员，有的系列也包括东南大学培养的伦理学博士生的优秀博士论文；更深刻的原因是，我们希望并努力使这些成果具有某种特色，以为中国伦理学事业的发展作出自己的贡献。“东大伦理”由五个系列构成：道德哲学研究系列；科技伦理研究系列；重大应用研究系列；与以上三个结构相关的译著系列；还有以丛刊形式出现并在 20 世纪 90 年代已经创刊的《伦理研究》专辑系列，该丛刊同样围绕三大定位组稿和出版。

“道德哲学系列”的基本结构是“两史一论”。即道德哲学基本理论；中国道德哲学；西方道德哲学。道德哲学理论的研究基础，不仅在概念上将“伦理”与“道德”相区分，而且从一定意义上将伦理学、道德哲学、道德形而上学相区分。这些区分某种意义上回归到德国古典哲学的传统，但它更深刻地与中国道德哲学传统相契合。在这个被宣布“哲学终结”的时代，深入而细致、精致而宏大的哲学研究反倒是必须而稀缺的，虽然那个“致广大、尽精微、综罗百代”的“朱熹气象”在中国几乎已经一去不返，但这并不代表我们今天的学术已经不再需要深刻、精致和宏大气魄。中国道德哲学史、西方道德哲学史研究的理念基础，是将道德哲学史当作“哲学的历史”，而不只是道德哲学“原始的历史”、“反省的历史”，它致力探索和发现中西方道德哲学传统中那些具有“永远的现实性”精神内涵，并在哲学的层面进行中西方道德传统的对话与互释。专门史与通史，将是道德哲学史研究的两个基本纬度，马克思主义的历史辩证法是其灵魂与方法。

“科技伦理系列”的学术风格与“道德哲学系列”相接并一致，它同样包括两个研究结构。第一个研究结构是科技道德哲学研究，它不是一般的科技伦理学，而是从哲学的层面、用哲学的方法进行科技伦理的理论建构和学术研究，故名之“科技道德哲学”而不是“科技伦理学”；第二个研究结构是当代科技前沿的伦理问题研究，如基因伦理研究、网络伦理研究、生命伦理研究，等等。第一个结构的学术任务是理论建构，第二个结构的学术任务是问题探讨，由此形成理论研究与现实研究之间的互补与互动。

“重大应用系列”以目前我作为首席专家的国家哲学社会科学重大招标课题和江苏省哲学社会科学重大委托课题为起步，以调查研究和对策研究为重点。目前我们正组织四个方面的大调查，即当今中国社会的伦理关系大调查；道德生活大调查；伦理一道德素质大调查；伦理—道德发展状况及其趋向大调查。我们的目标和任务，是努力了解和把握当今中国伦理道德的真实状况，在此基础上进行理论推进和理论创新，为中国伦理道德建设提出具有战略意义和创新意义的对策思路。这就是我们对“重大应用”的诠释和理解，今后我们将沿着这个方向走下去，并贡献出团队和个人的研究成果。

“译著系列”、《伦理研究》丛刊，将围绕以上三个结构展开。我们试图进行的努力是：这两个系列将以学术交流，包括团队成员对国外著名大学、著名学术机构、著名学者的访问，以及高层次的国际国内学术会议为基础，以“我们正在做的事情”为主题和主线，由此凝聚自己的资源和努力。

马克思曾经说过，历史只能提出自己能够完成的任务，因为任务的提出表明完成任务的条件已经具备或正在具备。也许，我们提出的是一个自己难以完成或不能完成的任务，因为我们完成任务的条件尤其是我本人和我们这支团队的学术资质方面的条件还远没有具备。我们期图通过漫漫兮求索乃至几代人的努力，建立起以道德哲学、科技伦理、重大应用为三元色的“东大伦理”的学术标识。这个计划所展示的，与其说是某些学术成果，不如说是我们这个团队的成员为中国伦理学事业贡献自己努力的抱负和愿望。我们无法预测结果，因为哲人罗素早就告诫，没有发生的事情是无法预料的，我们甚至没有足够的信心展望未来，我们唯一可以昭告和承诺的是：

我们正在努力！

我们将永远努力！

（樊　浩）

谨识于东南大学“舌在谷”

2007年2月11日

目　录

上编　研究报告

上篇　总报告

中篇　诸群体伦理道德状况报告

下篇　分报告：伦理道德发展的影响因子与经验教训

下编　数据库

序

道德发展的“中国问题”与中国理论形态

道德发展的“中国问题”到底是什么？

这一追问的意义已经不再凝滞于学术领域的“中国问题意识”。现代化驱动与全球化飓风双重裹挟催生道德哲学理论的“西方依赖”。长期“依赖”而“中国问题”依旧之后，“中国问题意识”便由本土情结转向一种具有哲学意义的质疑——“西方药”能否治“中国病”？

由于自20世纪后期以来，西方道德哲学开始了由宏大理论研究向具体问题关切的重大转向①，于是问题便更严峻也更尖锐地演绎为：是否西方人生病，中国人跟着吃药？

密涅瓦的猫头鹰只有在黄昏才起飞！“中国问题”背负的是“中国经验”，氤氲着现实与历史。道德哲学的猫头鹰只有在亲历和鸟瞰了一天的生活进入沉思的黄昏之后，才能享受翱翔天空的自由。现代中国道德哲学，期待两个革命性的进程：透过深入的调查研究，切实把握“中国问题”；透过尖端性理论研究，建构道德哲学的“中国理论形态”。

(一)何种“中国问题”？“无伦理”；“没精神”！

从纷繁的感性经验中甄别和揭示道德发展的“中国问题”，无疑是一件难以完成的学术任务，因为它既需要基于可靠调查的事实呈现，更需要思与辨的哲学沉思。一般道德问题之成为“中国问题”应当具有两个条件：其一，是产生其他诸

① 本人自2010年10月在英国作访问教授期间，曾与同事一道，对英国大英图书馆和伦敦国王学院图书馆的伦理学藏书进行了较全面的检索分析，发现，自20世纪80年代以来，西方的伦理学研究出现了由理论与历史研究向问题与现实研究的转向，这一转向愈演愈烈，至21世纪的前10年，宏大理论研究和传统经典的著作已经十分稀少，学术研究的一个断裂带已经生成。

多道德问题的“元问题”并对它们具有解释力；其二，是当代中国社会道德变迁的基本方面并对它们具有表达力。

沿着这个思路，当代中国道德发展到底遭遇何种“中国问题”？一言以蔽之，“无伦理”；“没精神”！温和地表达：伦理缺场，精神退隐。

当今中国道德发展的现实状况和基本问题是什么？调查数据似乎向我们的日常经验提出挑战。

“你对当前我国的道德风尚与伦理状况，总体上的满意程度是”——总课题组1200份问卷调查显示：75.0％对道德状况满意或基本满意，73.1％对人际关系不满意。[①]

这个数据表明：

(1) 当前我国道德发展的主要问题是伦理问题，而不是道德问题，道德上基本满意的主要方面是对道德自由的满意，但对作为道德自由的伦理后果即人际关系，却高度不满意；

(2) 道德上的基本满意与伦理上的基本不满意，在社会判断与大众心理中，势均力敌，形成一种伦理—道德悖论。以伦理问题为矛盾主要方面的伦理—道德悖论，是道德发展的“中国问题”的基本表现与集中表达。

什么是“伦理问题”？追究下去，什么是伦理？黑格尔曾这样揭示伦理的哲学本性：“伦理本性上是普遍的东西，这种出之于自然的关联（指家庭，引者注）本质上同样是一种精神，而且它只有作为精神本质时才是伦理的。”[②] 从这段话中可以抽象出伦理的两大特质。第一，“本性上普遍的东西”，或者说伦理本质上是一种普遍物，因而伦理关系不是个别性的人与人之间的关系，或所谓人际关系，而是个别性的人与实体性的“伦”之间的关系，或人伦关系；第二，伦理实现的条件是“精神”，也只能是精神，因为精神“是单一物与普遍物的统一”。[③] 简言之，“普遍的东西”（“普遍物”）是伦理之为伦理或伦理存在的基础，而“精神”则是达到伦理的主观条件。据此，黑格尔对“伦理行为”进行哲学辩证：“伦理行为必须是实体性的，换句话说，必须是整个的和普遍的；因而伦理行为所关涉的只能是整个的个体，或者说，只能是其本身是普遍物的那种个体。”[④]

三十年历史变迁的最深刻道德哲学后果，是伦理“普遍物”或所谓“伦”本

---

① 在本人的研究中，伦理与道德有着严格而精微的哲学区分，为言说方便，本文的“道德发展”概念包括伦理与道德。自2006年以来，本人作为首席专家率领国家重大招标组和江苏省重大项目组，分别就当前我国的伦理道德状况和意识形态状况在江苏、广西、新疆、广东四省（区）进行了大规模调查，两大调查所投放的问卷都在万份左右。

② 黑格尔：《精神现象学》下卷，贺麟、王玖兴译，商务印书馆1996年版，第8页。

③ 黑格尔：《法哲学原理》，范扬、张企泰译，商务印书馆1996年版，第176页。

④ 黑格尔：《精神现象学》下卷，贺麟、王玖兴译，商务印书馆1996年版，第9页。

身及其存在方式发生了根本性变化。在经济生活中，由公有制向多种经济所有制、由计划经济向市场经济转变，“公有”的所有制形式、“计划”的经济体制，都是伦理普遍性或伦理作为“本性上普遍的东西”的直接表达和经济学表现；在社会结构中，“单位制”在家庭与国家之间建立起兼具伦理、政治与经济多重功能过渡环节，使诸伦理实体具有同质性的生态关联，“单位”既是“第二家庭”，又是“国家”伦理实体的具体体现。多种经济形式和市场经济体制，使经济生活这个最世俗也是最现实的社会生活领域彻底地“经济化”，彻底地贯彻经济理性，伦理乃至政治，已经不像公有制和计划经济那样，成为经济运行的目的和前提条件，最多只是在“市场失灵”时将道德和政府作为某种补救措施，即所谓“第二只手”、“第三只手”。无论如何，伦理在经济生活中退隐和缺场了。至今，中国社会、中国经济仍未真正找到经过深刻而巨大的变革之后，使伦理普遍物重新在经济生活与经济运行中“在场”的有效机制与合理理论，像马克斯·韦伯所指出的新教伦理那样。社会结构中的情景更为明显。“单位制”解构之后，进入所谓“后单位制”时代，“后单位制”实质上是“无单位制”。“无单位”留下的在家庭与国家之间的社会结构上的荒野如何填补？“单位”的文化替代是什么？学界引进“市民社会”的理念与理论，而市民社会本质上是“个人利益的战场”，是以个体尤其是个体利益为本位的“法权社会”，基于利益博弈所建构的社会普遍性，只是形式普遍性，难以达到真正的伦理普遍物。同时，与此过程相伴生的，还有第三个因素，即独生子女政策的强力实施以及城镇化、城市化的不断推进。这两大变化的伦理后果是，前者大大弱化了作为自然伦理实体的家庭的伦理功能和伦理存在，后者则摧毁了乡村这个伦理和伦理生活的自然策源地，由此，伦理的自然根源动摇并且正逐渐丧失其伦理含量和伦理功能。

以上三大变化的结果是，社会正遭遇一场空前的伦理危机：

伦理存在的危机——到底是否存在作为普遍物的“伦”？我们今天所谓的“伦”或“伦理”，是否拥有真正的伦理普遍性或是否是真实的伦理普遍物？

社会的伦理合法性的危机——我们今天的社会是否只是一个具有经济效率和法律的形式普遍性，但缺乏伦理合法性的社会？

社会伦理能力的危机——我们的文明、我们的社会、我们社会中的个体，是否还具有伦理建构、回归“伦”的家园的能力？伦理能力是否已经像我们身上的尾骨一样，成为一种退化和正在消逝的能力？

作为以上三大危机的文化后果和社会感知，是幸福感的危机——在生活水平提高的同时，幸福感却在下降。

于此，必须进行两种辩证。一是伦理问题与道德问题的辩证。人们每每忧患今天的道德状况，似乎问题总是存在于道德领域，也总是归责于个体道德，而其背后更深刻的伦理根源却逍遥于思想的触须之外。结果，虽然社会总是不断地呼吁加强道德建设，而其效果总是不能令人满意。原因很简单，根本问题不在道德，而在伦理。于是单一的“道德建设”只能是南辕北辙。二是伦理问题与伦理现象的辩证。社会生活中现实存在的大量问题，不仅是深刻的伦理问题，而且很多只是伦理问题的现象形态，是伦理存在、伦理能力危机的现象形态，如果社会的注意力总是聚集和凝滞于这些现象，那么，问题便难以解决，至少难以根本地和全局地解决。

一些调研信息可以支持以上分析。

“你对改革开放的主要忧虑是什么？”居前两位的选择是：“分配不公，导致两极分化：38.2％”；“干部腐败：33.8％”。

“影响人们的政治信念和生活信心的因素有哪些？”一半以上调查对象首选“干部腐败”，其次是“分配不公，两极分化”。

“伦理道德方面最不满意的群体是哪些？”多项选择中，政府官员74.8％，演艺娱乐圈48.6％，企业家33.7％。

以上信息都与两个问题有关：国家权力与社会财富。重要的是，这些信息绝不能只看做是一般的社会心态和社会问题，而是具有深刻而直接的伦理意义。伦理作为“本性上普遍的东西”，在社会生活与人的精神发展的不同阶段具有不同的形态。在其直接性中是家庭与民族，家庭与民族是自然的伦理实体；在其现实性上，便是国家权力与社会财富，因为，在现实社会生活中，国家权力与社会财富是个体与其公共本质同一的现实形态，或政治与经济形态。伦理普遍性，具体地说，权力的公共性与财富的社会性，是它们的合法性的伦理基础和伦理条件。在这个意义上，干部腐败和分配不公，绝不只是一般意义上的干部道德和分配制度问题，它们从根本上动摇甚至颠覆了现代社会的伦理基础，使社会的现实伦理存在成为虚无。干部腐败使国家权力成为“少数人的战利品”，从而丧失公共性；分配不公使“为自己劳动也就是为他人劳动”的财富普遍性消解。两大问题的严重存在，使当今社会陷入深重的伦理信任与伦理信念危机，瓦解了社会的伦理实体性与伦理聚合力。所以，攻克这两大“改革开放问题”，根本上是一场伦理保卫战。

也许，人们会认为，市场机制的健全和法律制度的完备，将会甚至已经为我们今天的社会找到建构同一性的更有效率的路径。然而，社会同一性、社会同一性的伦理基础与伦理合法性是两个完全不同的论域。市场和法制的经济理性和形式普遍性，并不能形成社会同一性的精神基础，而伦理的条件却是“精神”，伦理与“精神”直接同一。黑格尔曾断言，当谈到伦理时，永远只有两种可能。一是“从实体出发”，二是“原子式地思考”。而后者是“没有精神的”，因为它只能做到基于个人的“集合并列”，而精神是“单一物与普遍物的统一”。[①] 市场经济的绝对逻辑和绝对价值观的必然结果，是经济理性和法律理性取代伦理的精神诉求。于是，“理性”玉兔东升，“精神”金乌西坠，理性主义的挺进与精神的退隐成为现代中国伦理乃至中国社会的重要表征。

“对伦理关系和道德风尚产生最大负面影响的因素有哪些?”“市场经济导致的个人主义”以55.4%高居榜首；

“公民道德素质中最突出的问题是什么?”80.7%认为是“有道德知识，但不见诸行动”；

“当今中国社会的基本伦理冲突是有哪些?”人与人的冲突居第一位；“人与人冲突的原因是什么?”“过度的个人主义”以65.7%的选择率成为第一因素。

这些信息表面上和理性与精神的辩证无关，实际上正是“精神”缺失症的表现。“精神”之为精神，有两个重要的特质。一是“单一物与普遍物的统一”，其价值逻辑是“从实体出发”，运用于伦理，便是从普遍性的“伦”出发，达到个体性的人与实体性的“伦”的统一，而不是基于个体利益的“集合并列”；二是思维和意志、知与行的统一，如果停留于道德的“知”或知识，那么最多只是一种“优美灵魂”或“伦理意境”，永远无法使理性成为现实。个人主义是西方理性主义的现实形态，个人主义作为一种哲学并不完全排斥社会性，而是用“原子式思维”建构社会同一性，即“集合并列”的无精神的形式普遍性。当代中国，过度的个人主义既与对西方理性主义的误读和不恰当移植有关，也是消解社会的伦理存在的重要因素。而知与行的脱节，有知无行，正是素质构造中精神退隐的直接表现，只有知与行的同一，才不是西方式的纯粹理性的“知”，而是王阳明所说的知行合一的良知或所谓精神。

由此，“无伦理”，“没精神”；或者，伦理缺场，精神退隐，成为道德发展的“中国问题”。其实，它们是“合二而一”的问题。因为，精神是达到伦理的必由之路，也是伦理存在的主观条件。伦理作为“本性上普遍的东西”，只有透过“从实体出发”的“精神努力”，才能使人从个体存在者成为普遍存在，达到单一性与普遍性的统一。在这个意义上，“没精神”必然“无伦理”，至少在主观条件方面如此，“理性依赖”所建构的，只能是一个“单向度的人”，而不是“有精神的人”。

饱经市场经济“改革”的洗礼和西方理性主义“开放”的冲击之后，当代中国如何重新建构和认同社会的伦理存在，是必须严肃对待的尖锐问题。也许，可能通过艰难的长期探索和建设，使市场经济和市民社会在经济与社会两大领域成为伦理性的存在，就像公有制和“单位”曾是中国社会的伦理传统那样，但是，

---

① 黑格尔：《法哲学原理》，范扬、张企泰译，商务印书馆1996年版，第176页。

如何使市场经济和市民社会“有精神”，却是它们能否成为伦理存在的关键性难题。当今道德发展的“中国问题”往往以特殊的形式呈现：表现于道德，根源于伦理；现象形态上是道德问题，但根本上是伦理问题。因而往往表现和表达为某种伦理与道德的纠结，确切地说，伦理—道德生态链的断裂。这一立论同样获得调研信息的支持。“在现代中国社会，你认为应当公正优先，还是德性优先?”1200份问卷中，50.0％选择公正优先，48.9％选择德性优先。公正论与德性论二元对峙！对峙的本质是伦理与道德的对峙：公正论追究社会伦理，德性论追究个体道德。与道德上满意，伦理上不满意的伦理—道德悖论汇合，结论是：“中国问题”是一个伦理—道德生态或伦理—道德关系问题，根本上是伦理问题。也许，只有达到这样的认知与判断，才能准确把握“中国问题”，至少，可以为“中国问题”的定位寻找一种新的思维方向。

(二)何种“中国经验”？“人之有道”—“教以人伦”

伦理与道德的关系问题，伦理理念与伦理现实的关系问题，如何达到伦理的问题，历来是中西方道德哲学的大问题和大智慧。伦理与道德作为建构个体与实体、个人与社会的同一性的意义世界的意识形态和人文智慧，具有精微但却深刻的哲学殊异和文明分工。简单地说，伦理着力“人”与“伦”的关系，道德着力“人”与“理”的关系；伦理具有客观性与实在性，而道德具有主观性与个别性。无论现代道德哲学如何调和伦理与道德，试图使它浑然一体；无论现代人如何缺乏学术耐心和思想耐力，无视伦理与道德的分殊而一相情愿地将它们合而为一，伦理与道德总是不仅两立于人们的思维和作为它的成果概念中，而且在现实世界中忠实而严格地履行着自己的文化担当与文明使命。在现实生活中，伦理面临的永恒挑战，是伦理作为“本性上普遍的东西”的理念和理想，与伦理现实之间的矛盾甚至鸿沟，这一矛盾和鸿沟使伦理陷入表面上难以自拔事实上非常辩证的悖论之中：如果没有矛盾，伦理包括伦理的理念与理想将失去自身的意义，因为它已经是存在；如果鸿沟太深以至难以逾越，伦理便没有现实性。伦理是否“存在”，或伦理与存在的关系问题，一直是伦理关系和道德哲学理论中难解的纠结，它们之间“乐观的紧张”形成伦理作为最基本的文明因子的文化张力。而“如何达到伦理”作为中西方的多元智慧，在现代性中以更为严峻的方式紧迫地出现于世人面前和道德哲学理论中，这一课题如此严峻，以至它已经威胁到伦理本身，即：在现代性文明中，“伦理”到底只是一种延传的话语形态或所谓“文化遗存”，还是一种有生命力的文明存在和文化因子？当试图以法律或经济的形式取代伦理同一性并将它们宣布为“伦理”时，“伦理”事实上就已经死了，至少，已经沉沦为一个“没精神”、无灵魂的躯壳。现代性社会，包括现代中国社会，断言伦理濒临死亡也许过于武断，或者会影响人们对于生活和未来的信心，但伦理确实已经成为十分稀有的“文化熊猫”，至少相对于“道德”是如此，道德上满意，伦理上不满意的伦理—道德悖论，已经折射出伦理之于现代文明状况，它不仅是一种心理感受和事实判断，而且应当视为一种文明诊断和价值愿景。因此，“拯救伦理”应当是一个来自文明深处的深切呼唤。

基于“中国问题”思考伦理以及如何达到伦理的问题，应当回首中西方道德文明的经验和智慧，尤其是中国经验和中国智慧。何种“中国经验”？何种“中国智慧”？简单地说，就是“‘人之有道’—‘教以人伦’”的道德哲学。

伦理与道德共生，是中西方文明的共同历史。然而，共生之后，彼此的文化命运，或者所经受的文化选择，及其所形成的伦理—道德的历史哲学运动就迥然不同了。中国文明史上，儒家与道家是一对孪生儿，如果一定要在二者之间分伯仲，那么毋宁说道家在儒家之先，不仅因为老子比孔子年长，而且因为孔子曾经向老子请教“礼”，而“礼”在孔子体系中的地位说明这一请教具有非同寻常的意义。在这个意义上，虽同为先秦“诸子”，春秋无显学，老子，大而言之，道家在学问和知识上，可能确实是孔子及其儒家的先行者。在时间序列上，《道德经》在《论语》之先，这本书的标题已经充分彰显了它的哲学旨谓和文化偏好，“道德”是它的主题和思想重心。当然，《道德经》中的道与德，与我们今天乃至后来的道德有很大不同，它们更“哲学”，或者说主要是一个哲学范畴，而且帛书考证已经说明，在它那里不是“道—德”，而是“德—道”，但无论如何，后来和今天的“道德”由此而来，却是不争的事实。它说明，在文明的开端，道德首先被提出和重视，至少在系统的哲学理论中如此。与之比较，孔子及其创立的儒家似乎更重视伦理。无疑，老子和孔子，在强调道之德、伦之理的同时，并没有完全否定或忽视另一方，区别在于确定的优位不同。《道德经》在讲“道可道……”、“上德不德……”的同时，也讨论“伦”与“理”，《论语》强调人伦之“礼”，但对道德之“仁”凸显到如此地步，以至不仅它被公认为是孔子的独创和特殊贡献，乃至很多人认为孔学乃“仁学”。需要追究的是，在儒家学说尤其是《论语》中，伦理与道德的关系到底如何？这种关系定位与它日后成为“显学”，尤其是解决“中国问题”有何关系？

儒家学说有两个基本概念：礼与仁。如果进行道德哲学分析，那么，礼可以视为伦理尤其是伦理实体的概念，“仁”是道德尤其是道德主体的概念。礼与仁，就是伦理与道德的传统概念与中国话语形态。一般认为，孔子的学说尤其是道德哲学以“仁”为核心，最重要的理由有二：其一，礼是孔子的继承，仁是孔子的创造；其二，在儒家，尤其《论语》中，仁出现频率比礼多，地位也更重要。“礼”在《论语》中出现75次，而“仁”出现109次。这些理由当然有说服力，但它们都是知识层面的表象，最重要的是，在礼于仁之间，孔子的根本目标是什么？是建构一个“礼”的社会，还是“仁”的个体？二者之间有没有一个谁更优位的问题？《论语》中的一段话对诠释“礼”“仁”关系特别重要。“克己复礼为仁。一日克己复礼，天下归仁焉。”[①] 孔子以“仁”说“礼”，以“礼”立“仁”。“仁”的根本目标是“礼”的伦理实体的建构。孔子以“复礼”为自己的终极使命，“复礼”必须“克己”，“克己”者胜己也，即超越自己的个别性，达到人或孔子所谓的“大人”的“普遍性”。“克己复礼”的过程，就是“仁”的建构过程。在这个过程中，道德主体的“仁”始终服务乃至服从于伦理实体的“礼”。“克己复礼”是一个道德与伦理同一的过程，或道德完成与伦理实现同一的过程，但在这个过程中，“复礼”确实具有目的意义，“复礼”的伦理，相对于“克己”的“仁”确实具有更为优先的地位。只是，这个优先地位隐蔽，因为孔子将“礼”或“复礼”作为一种价值预设，着力解决的问题是如何建构“仁”的道德主体，他对“仁”之于“礼”的意义强调到如此重要的地位，以至极易发生误读，以为“仁”比“礼”更重要。也许，将“仁”的道德当做达致“礼”的伦理的精神过程更为恰当。孔子言仁，认为人人皆有仁之可能和种子，“为仁由己”，但从未称赞谁是“仁人”或已经达到“仁”的境界，因为在他那里，“仁”存在于“颠沛必如是，造次必如是”的自强不息的努力之中，是由“己”或所谓“小人”的个别性达到“大人”的普遍性的“单一物与普遍物统一”的精神过程。所以，如果用一句话概括伦理与道德在孔子体系中的地位，或孔子道德哲学体系的特质，那就是：礼仁同一，伦理与道德合一，伦理优先。

孔子开辟的这一传统在孟子那里得到更为具体的发挥和辩证展开。孟子的一段话最能代表儒家关于伦理与道德关系的理论。“人之有道也，饱食、煖衣、逸居而无教，则近于禽兽。圣人有忧之，使契为司徒，教以人伦：父子有亲，君臣有义，夫妇有别，长幼有序，朋友有信。”[②] 这段话中，最关键的是“人之有道”与“教以人伦”之间的关系。儒家乃至整个中国文化最大的忧患是“类于禽兽”，即所谓“忧道”，这是忧患意识的发源和根本。如何解决这一课题？中国文化的历史智慧是“教以人伦”。在这种源头性的“中国经验”中，“教以人伦”是消除“类于禽兽”忧患的根本。“人之有道”，以“伦”济“道”，既是“中国经验”，也是“中国智慧”。在这个意义上诠释道家与儒家的关系，如果说《道德经》揭示了一

① 《论语·颜渊》。

② 《孟子·滕文公上》。

个作为宇宙、社会、人生的逻各斯的“道”，也言说了一个世人“得道”的“德”，那么，《论语》和儒家则指出了天道如何成为人道，如何走出失道之忧的智慧，即“教以人伦”。因此，人伦的伦理，在儒家道德哲学中，始终具有目的性和前提性的地位。对中国文化进行宏大叙事，道家与儒家的同在，便是道德与伦理的共生，宋明理学达到的儒道释三者的统一，便是伦理与道德的文化圆融。中观地考察，在儒家体系中，伦理与道德始终是一个生态，只是在历史发展中具有不同的话语形态和历史内涵。在孔子是“礼”与“仁”，在孟子是“五伦四德”，董仲舒以后则是“三纲五常”。无论如何形变，伦理与道德始终一体，而且“礼”、“五伦”、“三纲”的伦理，之于“仁”、“四德”、“五常”的道德总是具有优先地位。用现代道德哲学的话语诠释，中国传统道德哲学总是在具体的伦理情境中建构道德的合理性与合法性，而不是诉诸西方式自由意志之类的抽象。孔子以后，在中国传统道德体系尤其是儒家体系中，总有三个结构性元素：伦理性的“礼”或人伦（“五伦”或“三纲”），道德性的仁或德性（“四德”或“五常”），而修养则是它们之间使二者同一的“第三元素”。修养的真谛是什么？是“修身养性”。“身”即人的个别性或所谓“单一物”，是人之“小者”；“性”即人的公共本质或所谓“普遍物”，是人之“大者”。中国哲学智慧的精髓是：性作为普遍本质为人所共有，因而只需要“养”；“身”作为个别的感性存在则潜在某种道德上的危险性，因而有待“修”。“修身养性”的过程，就是人的单一性与普遍性统一，使人从存在的“单一物”成为“普遍物”的精神运动过程。所谓“养其大者为大人，养其小者为小人”，在个别性的“身”与普遍性的“性”之间，存在某种“乐观的紧张”。当然，中国道德哲学也洞察到伦理与道德之间的紧张和矛盾，因而从孔子便提出“中庸”境界，其真义是透过超越于复多的人伦关系之上的、作为“天下之大本”的“中”，以及对大本“不偏不倚”的择善固执的所谓“庸”，达到伦理客观性与道德主观性、伦理认同与道德自由之间的和谐与合理，只是“中庸”作为一种“其至矣乎”的德，已经“民鲜久矣”。

要之，关于伦理—道德关系的“中国经验”和“中国智慧”，是礼仁合一，伦理道德共同生，伦理优先。“人之有道”—“教以人伦”，就是这种历史经验和文化智慧的理论表达。这种经验和智慧的合理性前提，是伦理存在的合理性与合法性，这是中国道德哲学遭遇的一大难题。应对伦理合法性的现实危机，道家在哲学上不仅对现实的伦理存在，而且对伦理本身采取激烈批判甚至彻底否定的态度，“故失道而后德，失德而后仁，失仁而后义，失义而后礼。夫礼者，忠信之薄而乱之首。”[①] 老子反演伦理与道德关系的逻辑，将一切不道德的根源归于对“礼”的

① 《道德经·三十八章》。

伦理的恪守。儒家伦理则似一把双刃剑。以道德理想主义和伦理理想主义，对现实的伦理存在和道德状况采取批判的态度，“内圣外王”，以“圣”为“王”的前提条件的伦理规律，“不患寡而患不均”的财富忧患，孔孟儒家“好为王者师”对“王者”的道德教训，凡此种种，都可以视为对权力公共性与财富普遍性的伦理合理性的追求和固持。宋明理学透过儒道释的融合，以“理”或“天理”统摄“礼”的伦理与“仁”的道德，也是伦理合理性与道德合法性统一的一种努力。至此，中国道德哲学核心概念，在话语形态上已经既不是“礼”，也不是“仁”，而是“理”！然而，由于伦理存在的历史具体性，无论儒家如何忧患和批判，伦理总是难以成为一种现实合理的存在。于是，对伦理优先的固执，一旦与现实政治结合，一旦被专制政治所利用，最后便演化为一种残酷的悲局：“以礼杀人”！正因为如此，反“三纲”的伦理启蒙，是近代反封建的开端；而反“五常”的道德启蒙，则相当程度上是封建社会内部的异端。在这个意义上，礼仁合一、伦理优先是“中国历史经验”和“中国历史智慧”，而“以礼杀人”则是“中国历史问题”。

鸟瞰西方道德哲学，似乎走过了一条相反的道路。柏拉图与亚里士多德两种学说之间的关系，某种意义上有点类似于老子与孔子，只有由于直接的师承而表现出明显的哲学同质性。柏拉图的“理念”可以理解为老子“道”的西方话语。亚里士多德把德性区分为“伦理的德性”和“理智的德性”，申言“理智的德性”具有优先地位和更大的合理性。在《尼可马可伦理学》中，“伦理的德性”更多是基于风俗习惯的自然伦常，而理智的德性则是经过反思的合于“理念”的德性。亚里士多德虽然凸显伦理的理念，但对理智德性的偏好和强调，不仅与柏拉图的理念主义一脉相承，而且也为古希腊之后开始、完成于康德的由伦理强势向道德强势的转变，由伦理学向道德哲学形变埋下伏笔。所以，虽然黑格尔进行了伦理与道德的辩证综合，并建构了融伦理与道德于一体、伦理—道德辩证运动的精神哲学体系和法哲学体系，但由于西方哲学对黑格尔的狭隘而过度地冷落，也由于对意志自由和普遍法则的抽象追求，对道德自由的热衷，始终是西方现代道德哲学和道德生活的主流和主题，而伦理则在冷落的同时失落，由此形成伦理认同与道德自由的深刻矛盾。在这个意义上可以说，“道德优先”是“西方经验”，道德自由与伦理认同的矛盾是“西方问题”。

全球化的强劲推进，使“中国经验”与“西方经验”、“中国问题”与“西方问题”交汇和交织于“当代中国”这个特定时空中，形成一种看不见但却现实存在的文化世界。现代化的时代课题，五四运动所开辟的批判性的现代传统，容易诱导人们过于青睐“西方经验”，试图以此解释与解决“中国问题”，对“中国经验”和“中国智慧”采取过于激烈的否定态度。伦理—道德悖论，以公正论与德性论为聚焦点的伦理—道德的二元对峙，已经将道德哲学和现代道德文明推进到一个必须作出选择的严峻时刻。学会选择，也许已经是我们这个时代最需要也是最重要的智慧。不过，在历史选择之前，必须进行理论准备，理论准备的核心课题之一，就是关于现代中国道德哲学的理论形态的思考与探索。

（三）何种理论形态？“实践理性”还是“伦理精神”？

“中国问题”，“中国经验”，乃至“西方难题”，从否定与肯定的不同侧面，都纠结于一点，这就是：伦理。伦理之于现代文明的意义，中西方早已形成某些跨文化共识。20世纪初，陈独秀便深切感悟：“伦理的觉悟，为吾人之最后觉悟之最后觉悟。”[①] 20世纪40年代，西方哲学家罗素也睿智地指出：“在人类历史上，我们第一次到达这样一个时刻：人类种族的绵亘已经开始取决于人类能够学到的为伦理思考所支配的程度。”[②] 伦理启蒙，是现代文明早该完成但却远未完成，甚至还未真正意识到的时代任务，这一任务是如此重要，以至它不仅关涉道德发展，而且与人类文明的前途深切关联。对道德哲学研究来说，迫切需要追究的问题是：应当以何种理论形态引导现代社会的道德发展？具体地说，到底是“实践理性”，还是“伦理精神”？

无论在理论还是实践方面，现当代道德发展的主题似乎是道德压过伦理。在中国，这一主题的形成，历史地可能与以“反三纲”为标帜的传统社会的伦理启蒙有关，在现实性方面可能与“改革开放”对个体的解放有关，而在理论上，则自觉不自觉地源于对“实践理性”的认同与偏好。近代以来，康德“实践理性”的理念成为道德哲学的主旋律，它对道德发展产生了深远影响。作为西方道德哲学由伦理向道德、由道德向道德哲学形变的关键性环节，康德的“实践理性”理念以个体的意志自由为出发点和目的。但是，人们在接受康德理论，中国学术在移植《实践理性批判》时，几个公案没有澄清，甚至没有引起必要的关注。第一，康德道德哲学缺乏伦理的观念，正如黑格尔所批评的那样：“康德多半喜欢使用道德一词。其实在他的哲学中各项道德原则完全限于道德这一概念，致使伦理的观点完全不能成立，并且甚至把它公然取消，加以凌辱。”[③] 取消伦理的结果是，使道德成为“真空中飞翔的鸽子”，虽然“纯粹”，却缺乏现实性。第二，康德是否认为道德就是“实践理性”，乃是一个有待严肃追究的问题。虽然《实践理性批

---

① 陈独秀：《吾人之最后觉悟》，任建树、张统模、吴信忠编《陈独秀文集》第1卷，上海人民出版社1993年版，第179页。

② 罗素：《伦理学和政治学中的人类社会》，中国社会科学出版社1992年版，第159页。

③ 黑格尔：《法哲学原理》，范扬、张企泰译，商务印书馆1996年版，第42页。

判》是他的重要道德哲学著作，但由此反推道德就是实践理性却难以成立。作为《纯粹理性批判》的“接着讲”，《实践理性批判》的基本主题是以道德论证纯粹理性的全部实践能力。道德只是实践理性的一种形态，政治理性、经济理性等，都是实践理性。[①] 由道德是实践理性的一种形态，反推道德就是实践理性，在逻辑上犯了必要条件与充要条件混淆的错误。第三，更重要的是，以“实践理性”诠释和论证道德，是康德的贡献，也是他的理论局限所在。透过哲学的“思”与“辨”可以发现，无论是“实践”、“理性”，还是二者结合的“实践理性”，都将道德限定于世俗生活的领域，尤其是世俗生活中个体的意志自由，于是，便无法逾越两大难题。（1）缺乏理论上的彻底性与彻底的道德效力。正因为如此，他必须将在哲学与科学中清除出去的上帝再请回来，悬置“灵魂不朽”与“上帝存在”两大预设；（2）缺乏超越性乃至真正意义上的神圣感，难以解释道德的根源，对一些具有实体性和终极性的伦理存在只能“敬畏”。正如《实践理性批判》结论的开卷所表白的那样：“有两样东西，我们愈经常愈持久地加以思索，它们就愈使心灵充满始终新鲜不断增长的景仰和敬畏：在我之上的星空和居我内心的道德法则。”[②] 仔细琢磨，这种表白潜隐着某种深深的无奈，这是“实践理性”自身的奈。虽然康德强调“绝对命令”，试图以此给自由意志以同一性，但毋宁将“绝对命令”当做化解甚至逃逸“实践理性”矛盾一个体系性要求的“哲学黑洞”。可见，即便康德真的将道德当做“实践理性”，由于缺乏并“凌辱”伦理的概念，本身已经陷入难以自拔的困境。原因很简单，康德基于“意志自由”的“实践理性”，是“原子式思考”的“理性”的“集合并列”。

道德哲学要走出“康德困境”，道德发展要走出“实践理性悖论”，必须确立伦理的概念和理念，以此使道德成为“黄昏起飞的猫头鹰”，而不是“真空中飞翔的鸽子”。伦理要成为当代道德哲学和道德发展的概念与理念，必须具体三个基本条件：作为实体性的“伦”存在；具有达到并实现“伦”的能力，或“伦”具有外化自身的能力；伦理与道德构成有机合理的价值生态。它们的问题指向是：我们的文明是否需要、是否存在“伦”？如何达到“伦”？如何建构“伦”与个体的同一性？于是，“伦理精神”便成为现代道德哲学的理论形态。

“伦理精神”与“实践理性”如何哲学地殊异？

作为一种兼具理论和实践意义的形态，“伦理精神”不只一般地包含“伦理”与“精神”两个结构，更是由两因子构成的哲学同一体，是“伦理”与“精神”圆融的道德哲学形态。“伦”是具有实体和本体意义的普遍物，不仅具有客观现实

① 关于此问题的辩证，参见拙文《“实践理性”与“伦理精神”》，见《哲学研究》2005 年第 4 期。

② 康德：《实践理性批判》，韩水法译，商务印书馆 1999 年版，第 177 页。

性，即呈现为诸具体社会形态，而且具有也必须具有主观现实性，就是说，客观存在的“伦”，只有透过主观认同才获得真正的现实性，在这个意义上，“伦”既是客观也是主观的存在，客观与主观的统一通过“精神”实现。“伦”是人的实体或共体，是也应当是普遍存在者，它的抽象形态是人性，自然和直接形态是家庭和民族，世俗或教化形态是国家权力和财富。关键在于，它们往往因其“客观”而被忽视“精神”的意义。“精神”作为“单一物与普遍物的统一”，是达到“伦”、实现“伦”的必要和根本条件。缺乏“精神”的普遍性，可能只是制度的普遍性、利益的普遍性，最终会陷入“简单和冷酷的普遍性”与“僵硬和顽固的单一点”的对立，将世界和人推进“绝对自由与恐怖”、“个人利益战场”的绝望境地。诚然，伦理普遍性需要也必须诉诸制度和利益的普遍性，但是，缺乏精神的制度和利益的普遍性，只是僵硬的缺乏生命力的普遍性，这是“实践理性”的误区所在。“实践理性”建立在“自由意志”与“理性”同一的基础上，自由意志不但需要理性，也必须以理性为条件，但借助“理性”所建构的自由意志的普遍性，只是“集合并列”的形式普遍性，缺乏主观现实性，因而也缺乏生命力。“伦理”与“精神”、“自由意志”与“理性”，是“伦理精神”与“实践理性”两种形态的结构性区别所在。

“从实体出发”与“原子式地思考”，是“伦理精神”与“实践理性”的另一哲学殊异。在“伦理精神”形态中，“伦”不仅是普遍物，而且是价值的源头，是行为合理性与合法性的基础，具有神圣性，它赋予人的行为以具体社会情境的现实合理性，而不是抽象的理智或意志自由的合理性，这便是孔子“亲亲相隐”的“直”的哲学内涵和哲学根据所在。在“伦理精神”中，“伦”始终是出发点和归宿，它不仅预设了“家园”，而且具有回归家园的能力，这就是“精神”。与之比较，“实践理性”则是“原子式地思考”。它以个体及其意志自由为价值预设，透过“理性”建构普遍性，“理性”的现实样态是“集合并列”。由此形成两种合理性：“伦理精神”是实体合理性，“实践理性”是原子合理性。在“伦理精神”中，普遍性或所谓“伦”是信念和信仰的对象，在“实践理性”中，普遍性是理智权衡和利益博弈的结果。如果说“伦理精神”具有某种超越性和神圣性，“实践理性”则具有世俗性。但是，由于意志自由的多样性与主观性，实践理性最终难以从个体主义、相对主义和原子主义中自拔，不仅伦理，而且社会，终将受其威胁，因为它会瓦解人的“伦理”和“社会”的能力。

与此相关联，“伦理精神”要求伦理与道德的同一，建构“伦—理—道—德—得”的辩证价值生态。因为精神的本性不仅是单一性与普遍性的统一，而且是思维与意志、知与行的统一。“伦理精神”只是强调普遍性的“伦”的意义，以及透过“精神”达到“伦”的普遍性的能力，并不排斥道德的意义，相反，它将道德作为伦理在个体中的落实和贯彻，是其现实性的体现。在精神发展进程中，当“伦”转化为“德”时，“单一物与普遍物的统一”便由实体转化为主体，从而获得主观现实性；当“德”与“得”辩证互动，“德—得相通”时，这种统一便获得现实性。伦理精神是伦理与道德的价值生态，它不像实践理性那样，忽视甚至排斥伦理的概念，尤其是伦理之于道德的具体历史情境的意义。简单地说，“伦理精神”必定诉诸道德，而“实践理性”则排斥伦理的前提，至少，在历史传统如它的创立者康德哲学中如此。

“伦理精神”的概念和理念，之于中国道德哲学和中国道德发展，具有特殊意义。伦理道德是一个生态性的文明存在，其内部要素和与其他诸文化因子之间的关系都是如此，因而只有在文化生态中才能解释和把握。“伦理精神”和“实践理性”某种意义上可以说是道德哲学的中西方话语。这不仅因为“理性”是一个哲学的舶来品，而“精神”是具有深厚哲学根源的中国气质，更重要的是，“伦理精神”具有特殊的哲学意蕴和文化功能。与西方相比，中国没有强大的宗教，像西方没有中国式强大的伦理一样，但从生态有机性和生态合理性的维度考察，如果它们是必然和必要的文明因子，那么只能假设一定存在某种具有相似功能的文化替代。宗教与伦理，在文化功能方面存在某种哲学的相似与相通。中国没有强大的宗教，但伦理具有某种准宗教的意义，因而不需要强大的宗教；西方有强大的宗教，因而不需要强大的伦理。人们一般承认中国伦理尤其儒家伦理的准宗教意义，这不仅因为中国伦理以家庭伦理为基础，所谓“人伦本于天伦而立”，而家庭孝敬则与祖先崇拜有关；也不仅因为作为完成形态的中国传统伦理的宋明理学中已经融合了佛教的结构，宗教参与了中国伦理的历史建构和现实发展，更重要的是，“从实体出发”的“伦理精神”本身与宗教有相通之处。实体，准确地说“伦”的实体，是一个具有现实形态，但又必须透过精神才能把握和建构的具有某种终极意义的存在，对个体与它的同一，是一种具有彼岸意义的超越。所以，中国道德哲学一开始就悬置了个兼具伦理与宗教意义的“天”的概念，“天道远，人道迩”。“天”介于哲学的最高实体与宗教的终极实体之间，因而到宋明理学，当此岸世界的“伦”之“理”，与彼岸世界的“天”结合，形成所谓“天理”概念时，便标志着中国传统道德哲学的完成，所以二程才将这一概念视为自己的独特乃至最大的哲学贡献。程颢曾说：“吾学虽有所受，‘天理’二字却是自家体贴出来。”[①]“天”与“理”的结合，是伦理与宗教、此岸与彼岸的结合。这种结合不能一般地解释为道德哲学中融合了宗教的因素，必须由此洞察到中国伦理与宗教在哲学上的某种深切相通。在西方，伦理性的实体不仅被终极化，而且被人格化，

① 二程：《外书》卷一二。

这就是上帝；在中国，伦理性的实体被哲学地把握和表达，但由于它同样具有某种终极性的意义，同样不仅具有神圣性而且是神圣性的根源，因而寄托于集自然、伦理、宗教于一身的“天”的概念以表述和表现。所以，有学者曾指出，“天”实际上是没有人格化的上帝。“伦理精神”的宗教意义，突出表现于如何达到“伦”，以及“伦理”与“精神”的关系中。最具解释力的理论是：孔子着力于“仁”，坚持“为仁由己”，求“仁”得“仁”，但却认为“仁”是一个永远不能完成的任务，存在于彼岸，这便是一种宗教境界。“伦”的实体达到，有赖于“精神”的信念和信仰，“祭如在，祭神如神在。”“精神”便是所谓“伦”之“理”。因此，不仅实体性的“伦”，而且作为达到“伦”的条件的“精神”，都内蕴某种宗教的哲学气息。也许正因为如此，西方最担忧的问题是：“如果没有上帝，世界将会怎样?”中国自孔子始最担忧的是：“人心不古，世风日下。”上帝存在与伦理存在，是西方与中国文化生态中两个最重要的文化信念和精神家园。当然，对中国文化来说，如何防止“伦”或伦理的暴政，用启蒙哲学话语，如何防止“以礼杀人”，乃是一个必须高度警惕和有待完成的任务，这是伦理之成为“最后觉悟之最后觉悟”的根本原因。但是，由“伦”的暴力可能存在或曾历史地存在，进而否认伦理及其精神的意义，本身就意味着一种哲学上的不彻底，因为在西方历史上，“上帝”曾有过千年的暴政，即中世纪的千年黑暗，但至今上帝仍是西方人最根本的文化信念。

“伦理”与“精神”圆融而成的“伦理精神”，不仅一般地意味着二者的同一性，更重要的是指谓“精神”是“伦理”的条件。二者的同一，是伦理存在与伦理方式、伦理能力的同一，这种同一的精髓是：“从实体出发”；“单一物与普遍物的统一”。

至此，基于“中国问题”和“中国经验”的“中国理论形态”，凝结为道德哲学和道德发展的两个重要的口号和理念：

“保卫伦理!”

“蓬勃精神!”

（樊　浩）

上　编

研　究　报　告

上　篇

总　报　告

一

当前中国伦理道德状况及其精神哲学分析

前言：调查样本与解释框架

自2005年以来，我作为国家重大招标和江苏省重大委托项目首席专家，组织两大团队进行了历时四年的全国性调研。调研的主题分别是：当代中国伦理道德状况；当前我国思想道德文化多元、多样、多变的特点与规律。

调查以六大群体，即公务员群体、企业家与企业员工群体、青少年群体、青年知识分子群体、新兴群体、困难群体为结构，根据六大群体的不同情况分别设计问卷，分别召开座谈会，并建立相应的子课题组。两大课题组尤其是国家课题组对各类群体的调查，样本都在500份左右。同时，总课题组分别对两大课题设计综合问卷不分群体进行综合调查。问卷样本主要来自江苏、新疆、广西三省区，少量来自广东，在江苏又以苏南、苏北为结构，旨在兼顾发达地区、发展中地区和欠发达地区的样本均衡。两大课题组的问卷总量近万份，可称“万人大调查”。这次调查规模大、分类细、持续时间长，获得的不少信息与日常经验和感性判断相差较大甚至很远。

本研究报告以本人亲自进行的总课题组的调查样本为主体，结合座谈内容和六大群体的分别调查。国家项目总课题组分别在江苏、广西、新疆三地，以多阶段分层抽样的方式共投放问卷1200份，获得有效样本984份，有效回收率为82%；其中，江苏地区417份，新疆、广西两地区共567份。江苏省委托项目组的调查在三地同样投放1200份问卷，获得有效样本971份，有效回收率为81%，其中江苏427份，广西、新疆544份。两大课题组问卷内容有所交叉，调研对象男女比例大致相当，女略高于男；大专以上文化程度近80%；各类群体基本覆盖，但以大学生和青年知识分子为主体，大部分不信教。总课题组调研群体的这种不均衡样本结构有两大优点：一是大学生和青年知识分子文化自觉性相对较高，对伦理道德及其精神状况有较敏感的自省与自觉；二是这些年龄段的群体具有很强的前沿性与未来性；缺点是与其他群体相比较，社会生活的直接性有所不足，在理性化程度较高的同时不够感性和直观。总体看来，总课题组与六大群体的子课题组对同类问题调查获得的信息大多基本相似甚至基本相同。①

鉴于类似调研以往在学术界曾有诸多尝试，本报告试图从精神哲学这一独特视角，对当代中国社会的伦理道德状况进行分析和阐释。这一努力基于以下理念、理论和分析构架。第一，伦理道德属于精神文明，应当回归“精神”的家园，关于伦理道德的精神哲学分析，这是当今中国道德哲学理论创新和现实道德建设难以完成又必须完成的任务；第二，精神哲学分析的核心，是将伦理道德作为一个辩证发展过程，即“伦理世界—生活世界—道德世界”、“实体—个体—主体”自我运动的精神生长过程，必须在精神运动的完整过程中对当代中国社会的伦理道德状况进行辩证诊断；第三，精神哲学的分析构架采用中西方道德哲学传统中共同或共通的那些理论和学术资源，使之建立在一定的跨文化共识的基础上；第四，精神哲学分析，既是一个对调研信息的整理构架，也是一个阐释和诠释构架，还是一个理论建构构架。概言之，研究的方法是对当代中国社会的伦理道德状况进行精神哲学分析。

第一部分　当前中国社会伦理道德的精神状况

国家重大招标项目总课题组问卷设计的主题及其结构，主要试图进行四大调查：伦理关系大调查、道德生活大调查、伦理—道德素质大调查、伦理道德发展的影响因子及其遭遇的新问题大调查。对六大群体的调查也努力体现这个主题和结构，但根据对象的不同，内容和形式亦有很大殊异。调查发现，当前中国的伦理道德状况，呈现为以下精神哲学的特点。

① 对本课题之总课题组的调查分析报告，我院龙书芹博士提供了许多帮助和指导；在两大课题组数据处理中，我的博士生、硕士生如任重威、张晶晶等做了大量工作。数据处理由他们完成。总报告的调查数据，除特别注明外，均以国家总课题组调查为样本。

（一）伦理道德精神的结构形态与生命体征

当前中国社会的伦理道德精神的生命状况如何？可以用一句话概括：四边形结构，二元体征。

1. 伦理道德精神的文化构成：四元素

当前中国社会的伦理道德精神到底由哪些元素构成？

在对“你认为当前我国社会道德生活的基本方面是什么”问题的回答中，选择“市场经济中形成的道德”占40.3%；“意识形态中所提倡的社会主义道德”占25.2%；“中国传统道德”占20.8%；“西方文化影响而形成的道德”占11.7%。国家课题组获得的这组数据与省课题组在结构上基本相似。

这组数据传递的直接信息是：当代中国的伦理道德精神由四元素构成——市场经济道德是主体，意识形态提倡的道德、中国传统道德是两翼，西方道德影响是辅助结构。

它说明：目前的中国道德处于市场经济主导的状态和水平；意识形态的主导力量虽然发挥了很大作用，但对整个道德生活的影响还不是最大，在精神生活中还没有达到主导和引导经济必然性的水平；传统道德在社会生活中仍具有重要地位；西方文化对道德生活虽然有一定影响，但并不像人们感性想象中的那么大。

2. 伦理道德精神的生命表现：二元体征

伦理道德精神的这种四边形结构的生命表达，体现为一种特别明显甚至强烈的二元体征。所谓二元体征，就是在精神的生命构造方面，表现为两种截然相反的认知或判断的二元对峙，甚至二元对立，双方共存一个同一体中，形成当代中国伦理道德精神的矛盾体。这种二元体征，既是一种高度的共识，也是一种高度的对立和截然的对峙。二元体征既是一种矛盾状态，也是一种悖论状态，它从根本上体现的是伦理道德发展的某种临界状态。

（1）一个悖论：伦理—道德悖论——对道德及其发展状况的“基本满意”、对伦理关系的“基本不满意”。

对当前道德状况“基本满意”的判断是主流，占69.7%，其理由是“虽然不尽如人意，但还是在不断改善”；不满意的19.4%；但“满意”的也很少，只有5.3%。

但对目前的人际关系，“不满意”的判断是主流，占73.1%。原因主要有三方面："受功利原则支配"（38.0%）；"关系变简单了，但温情大大减少了"（27.0%）；还有8.1%认为"越来越恶化"。只有25.3%认为"总体良好，比十年前少了些相互制约，比五年前多了些关怀"。伦理上的认同度总体较低。

道德方面的基本满意，与人际关系方面的基本不满意，两种判断所达到的社会一致性都相当高，而且比例大体相当。两种相反的判断，其实质表现为精神结构中的一种伦理—道德悖论。

（2）三大对峙：对目前中国社会现实伦理关系与道德生活的价值逻辑、道德规律、伦理规律的认知和判断，肯定与否定两相对立，严重对峙。

义利关系是伦理道德的基本问题，也是伦理关系与道德生活的基本价值逻辑，"义利之辨，乃儒者第一义"（朱熹），在精神哲学意义上它反映社会成员的道德世界观。关于当今中国社会实际奉行的道德价值，认为是"义利合一，以理导欲"的占49.2%，但选择"见利忘义"或"个人主义"的也分别有21.0%和21.9%，后二者相加近43.0%。两种判断正相对立。①

道德与幸福之间的关系，在直接意义上体现一个社会的道德公正状况，在道德哲学意义上体现一个社会的特殊道德规律。对目前中国社会的道德公正状况，即道德与幸福关系的状况，49.9%作出肯定性选择；但32.8%认为德福不能一致，还有16.6%认为"二者没有关系，只要能挣钱就行"，后两项相加，总数为49.4%。两种选择势均力敌。

生活水平与幸福之间关系，既反映一种文明的品质，也体现一个社会特殊的伦理规律。对目前中国社会经济发展与幸福感之间的关系的判断，认为"生活水平提高但幸福感快乐感下降"占37.3%、"生活不富裕但幸福并快乐着"占35.4%。两种判断同样难分仲伯。与以上两大对立不同的是，这个结果是两类地区调查数据的平均值，不同地区的选择事实上有所不同，总体情况是，发达地区的幸福感相对较低。

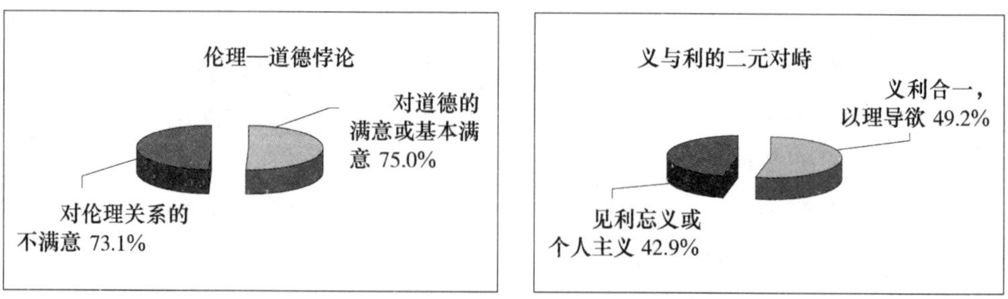

伦理道德精神的二元体质

① 在当代中国的话语系统中，除极为特殊的学术语境外，"个人主义"乃是一种否定性的评价和判断。

以上数据与我们的经验直觉存在不小反差，最大反差是对当前道德状况基本满意的判断，因为人们日常感受到的更多是道德批评。这一反差要求对伦理与道德以及人们的伦理态度与道德态度作出区分。伦理—道德悖论的实质是：很多人对道德生活基本满意，但对道德生活造成的伦理后果即人际关系的状况却不满意。这样，我们日常所感受到的诸多批评，实际上并不是或主要不是道德批评，而是伦理批评；然而伦理与道德事实上又不可分离，伦理关系相当程度上是道德行为的直接后果。于是，人们在精神上便陷入某种伦理—道德悖论之中。值得注意的是，由于调查对象中青少年和青年知识分子占相当比重，对现实伦理道德状况尤其是道德发展趋向的肯定，事实上也是对他们自己的价值选择与价值追求的肯定，相当程度上具有自我肯定的意义，同时也因主体的特质而潜在着某种未来性。

二元体质，既是客观的伦理关系与道德生活中现实存在的二元，也是主观的伦理认知与道德判断或者说伦理道德态度中存在的二元，更是人们对于当前我国社会的伦理道德状况的事实判断与价值追求之间存在的二元。二元体质的本质，是伦理道德精神的二元，是精神的二元。

二元体征透露出一个强烈信息：从文化心态角度考察，当代中国社会的伦理道德，不是多元，也不是一元，而是“二元”。二元心态和二元体质，是当代中国伦理道德精神最基本的特征，这是一种过渡的和临界的生命状况。它说明，中国伦理道德发展已经进入一个重大转折和转换的关键期。

3. 伦理道德精神的结构形态：近似梯形

将四元素的文化构造与二元体征整合，便可以大致建立起关于当代中国伦理道德精神的生命状况的力学模型。

四元素中市场经济道德主体的地位，以及二元对峙的生命体征，这两大特点决定了伦理道德精神的生命状态的逻辑模型。四元素中，市场经济道德与西方道德影响两大元素，是近三十年中国伦理道德精神体系中的最大变量；意识形态提倡的社会主义道德和传统道德两元素，是相对变化较小或“变”中具有一定稳定性的元素；这两组元素两两相对，构成相对应的四边；四元素构造的伦理道德精神具有二元体质的性征，可以视为这个四边形的制约条件。由此，当代中国伦理道德精神的结构形态或生命模型，便是以“市场经济道德”为下底、以“西方道德”为上底、以“意识形态中提倡的社会主义道德”和“中国传统道德”为两边、近似地具有某种等腰性质的特殊的四边形，即近似梯形。

由此，可以提出一种假设：当代中国伦理道德精神的文化生命，是一种梯形结构或梯形形态。

如果再向前推进一步，将伦理道德放到经济—社会—文化的有机生态中，那

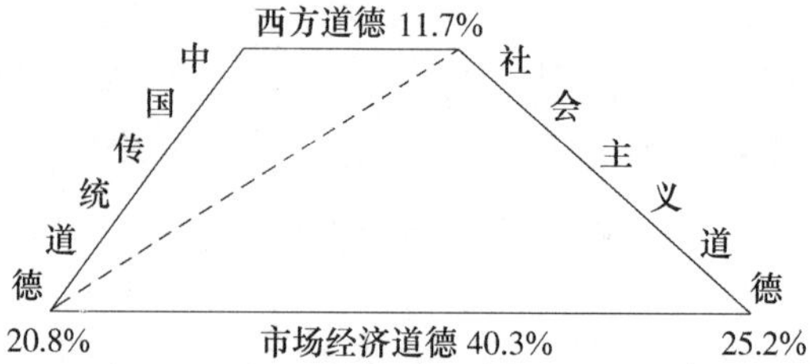

伦理道德精神的梯形结构

么，它遵循的便是四边形的力学原理。这个梯形结构所形成的合力（注：虚线部分），大致围绕市场经济道德作上下波动。

这个结构模型及其力学原理所演绎的精神哲学结论是：当前中国的伦理道德已经从传统形态转型为市场经济道德，但仍然处于经济必然性阶段或经济的自然伦理水平。这种状态及其力学原理符合“经济决定性”的基本规律，但从道德辩证法的观点以及市场经济内在的先验伦理局限性分析，它还不是合理状态，更远未达到“理想类型”。

当然，由二元体征所形成的梯形结构形态，只是四边形的一种特殊形态。二元体征既是伦理道德发展和伦理道德精神生命运动的某种暂时均衡状态，也是某种临界状态。进一步演进的必然结果是：二元均衡被打破，临界状态过渡到正常状态或理想状态，但也可能蜕变为某种不合理状态。推动这一运动的关键性因素，除了四元素的地位重组（即四边长度的变化），更为重要的便是诸元素之间的关系，尤其是诸元素在作用方向上一致性的程度。这种一致性程度在四边形力学结构中的体现，便是四边之间的夹角，夹角越小，表征诸元素之间的一致性越高，于是合力越大。由于梯形结构只是四元素在二元体征背景下的一种特殊模型，四边形的合力（注：虚线部分）理论上具有无限可能，四元素影响力的状况，以及诸元素之间在文化作用的方向上一致的程度，是伦理道德精神的作用力的两个决定性因素。

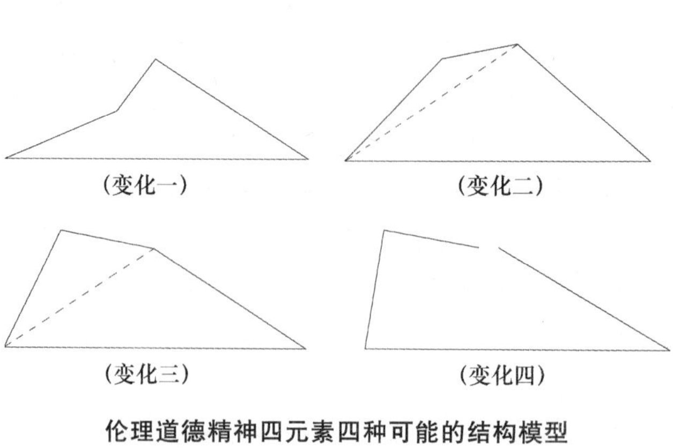

伦理道德精神四元素四种可能的结构模型

从模型图中可以发现，（变化一）难以形成合理的结构体系，（变化四）根本不可能形成体系，（变化三）的合力不如（变化二）大。可见，梯形结构是四元素的相对合理的结构模型。

（二）伦理世界及其精神

伦理世界是伦理道德精神的逻辑起点。我们从中西方道德哲学传统及其体系中关于伦理世界的几个共通元素，或者从中西方所达致的关于伦理世界构成的精神哲学共识，来考察当代中国伦理世界及其精神的状况。这几个共通元素和精神哲学共识是：伦理实体、伦理规律、伦理观、伦理方式、伦理行为。

调查发现，现代中国社会的伦理实体意识依然很强，在社会精神中，家庭与民族仍是两种坚韧的伦理实体；家庭与国家高于个人的伦理观是主流，个体—家庭—国家（民族）的伦理规律，仍是起主导作用的精神规律；“从实体出发”的伦理观和伦理方式是主流，但个体本位的伦理观和“原子思维”的伦理方式的嬗变已占相当比重；传统“五伦”范型的基本结构未发生根本改变，但与传统“五伦”相比，“新五伦”的元素及其结构原理已经发生部分质变；最深刻的问题发生于伦理行为中个体与实体的分裂。

1. 伦理实体与伦理规律

特点：家庭、民族的伦理实体意识依然很强，家庭和国家高于个人的伦理实体意识是“一”或主流。重大变化在于两方面。其一，对国家与家庭两大伦理实体之间的关系，或伦理规律，已经发散和表现为“多”；其二，产生对伦理实体契约性与工具化的认同，表明伦理实体开始“祛魅”。

关于家庭—国家—个人关系的主流观念，是认为国家、家庭高于个人，三项选择总和达65.2％。分歧在于，其中33.1％认为家庭与国家是个人安身立命的基地，比个人更重要；27.5％认为国家高于家庭；17.6％认为家庭高于国家，理由是“国家很抽象”；家庭与国家伦理地位的分歧的背后，是“天伦—人伦”的伦理规律的嬗变。但是，也有14.6％认为国家和家庭都是一种契约关系，可以因个人需要淡化和解除，5.6％认为它们是个人的手段，两项总和超过20％。

实体行为的状况与实体意识相一致。71.5％的人在导师或上司侮辱中国时会抗议，但也有近30％的人选择沉默或不作为。

这组数据说明，（1）道德哲学传统中关于伦理实体的理念并未发生根本性改变，个体—家庭—民族的伦理世界结构也未发生实质性变化，爱国主义教育与精神家园建设具有良好的精神哲学基础；（2）但是，无论是伦理观还是伦理规律，在主流中已经出现多元倾向，主要表现在关于个体与实体关系、家庭与国家在伦理世界中地位的观念，以及所谓“天伦—人伦”或“神的规律—人的规律”的伦理规律，已经发生重大变化；（3）20％左右对家庭与国家的契约化与工具化的认同，以及在行为和理性中近30％的不作为，表明伦理实体已经开始祛魅，并且存在现实危机。

2. 伦理观与伦理方式

总体状况是：“从实体出发”的伦理观与伦理方式是主流，或“多”中之“一”，但从个体出发的“原子式观点”在家庭伦理、职业伦理与社会伦理中，都在20％左右，表明总的量变过程中的部分质变已经发生。

关于家庭道德，68.2％认为处理婚姻关系的决定性因素是家庭整体，还有10.4％认为应当兼顾社会后果，只有15.9％＋4.7％认为它是个人的私事。这说明，在婚姻关系上，传统的“从实体出发”的伦理方式与伦理观未发生实质性改变，但在近20％的人中已经改变。

关于职业伦理，48.9％＋25.7％认为是天职或需要奉献，只有22.7％认为是工具，职业伦理的精神基础总体是好的，但已经在部分人中祛魅。

关于社会公德，近80％认为遵守公德是为了使社会更美好或是个人的义务，但也有10.9％和8.9％认同是出于个人习惯和自身利益，总数接近20％。

3. 伦理范型

伦理范型是伦理观、伦理规律和伦理方式的集中表现，伦理范型的核心，是对社会的基本伦理关系及其相互关系的认同与建构。调查发现：“由家及国”的伦理路径虽未根本动摇，但已部分质变，具体表现为个人与社会关系的凸显；传统的“五伦”结构未发生根本改变，但内容及其原理已部分质变；无论如何，家庭在伦理关系与伦理范型中，仍稳固地处于最基本、最重要的地位，可以说，仍是中国人伦理精神的“文化长城”。

伦理关系的基本结构，是个人与家庭、社会、国家的关系。当代中国社会最具根本意义的三种伦理关系——血缘关系40.1％，个人与社会28.1％，个人与国家15.5％；社会作为家庭与国家的中介，比国家更重要，但其伦理地位远不如家庭。

“新五伦”——传统五伦作为伦理范型，曾经主宰中国社会的伦理精神两千多年。当今中国社会最重视的五种伦理关系依次是什么？在多项选择中，父子93.8％，夫妇78.4％，兄弟姐妹63.5％，同事或同学47.1％，朋友43.5％。五伦之中，高居前三位的都是家庭伦理关系。与传统“五伦”相比，夫妇关系的伦理地位上升，唯一改变的元素是君臣关系或个人与国家的关系，被置换为同事或同学的社会关系。

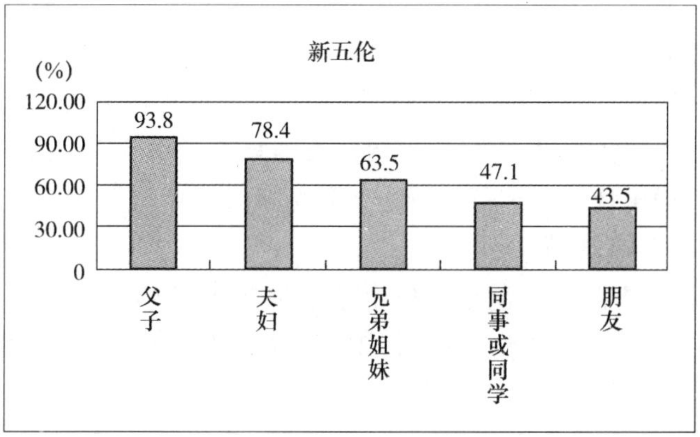

4. 伦理元素：男女之伦

无论在中国还是在西方的道德哲学传统中，男女或夫妇关系，都是伦理世界中家庭与国家（民族）两大伦理实体相互过渡的中介与“能动元素”，这种关系，在黑格尔道德哲学中被抽象为“男人、女人”的关系。在传统五伦范型中，夫妇之伦联结着天伦与人伦，是“人之大伦”，因而男女关系在道德体系中总是被严格而严厉地对待。在现代社会中，虽然这种严肃的传统仍然被部分保留，但变化已经十分巨大——

目前中国社会两性之间的性开放的日益发展，对道德风尚产生怎样的影响？认为将导致道德沦丧和污染风气的分别占32.5%和25.4%，但认为是“社会进步”和“无所谓”的也分别占19.3%和17.2%。一方面说明对两性关系的伦理地位和严肃态度仍然居主流，近60%；另一方面，“解放”甚至“放任”的形势已经十分严峻，近40%。这个数据和伦理观、伦理方式中15.9%+4.7%认为离婚是个人私事的选择互为补充，与当代中国社会的离婚率和社会风尚状况大体吻合，可以相互诠释。

5. 伦理行为中的矛盾与伦理冲突

按照黑格尔精神现象学的理论，家庭—民族的伦理实体、男人—女人的伦理元素、天伦—人伦的伦理规律，构成伦理世界的自然状态或伦理精神的自在状态，伦理行为是自在自为的伦理精神，它扬弃伦理世界与伦理精神的自然与自在，打破伦理世界“安静的平衡”，推进精神由个体与实体自然同一的伦理状态进入反思性的教化状态，从而由伦理世界进入生活世界。黑格尔对伦理精神的这一现象学复原，与中国传统道德哲学理论相契合。伦理行为不是一般意义上的道德行为，而是个体与实体相同一的行为，它是伦理世界和伦理精神中的自我否定因素，在伦理行为中，个体与实体以及诸伦理实体之间的矛盾现实地再现出来。这种矛盾的状态，以及扬弃这些矛盾所达到的状态和境界，体现出一个社会、一种文明的精神状态及其发展水平。

如果以家庭伦理、职业伦理、公共伦理为生活世界中表现人的伦理行为的三大场域或伦理场，以人与人、人与自然、人与社会的关系为三大伦理关系类型，便可以发现当今中国社会伦理行为的主要问题及其品质特征。

（1）“伦理场”诸难题

家庭伦理场的最突出问题是：独生子女缺乏责任感 50.1%；婚姻关系不稳定，性过度开放 42.3%；代沟严重 36.2%。核心是家庭伦理传统的断裂，或伦理链的断裂。

职业伦理场的最突出问题是：把职业当手段，缺乏责任感与奉献精神（62.0%）；上下级构成利益链，共同对社会不负责任（36.4%）；业主与员工关系不公正，剥削员工（30.7%）。三者之中，“责任”是问题的焦点，核心是作为“普遍物”的诸伦理共体，如企业、社会的伦理神圣性的祛魅。

公共伦理场中最突出的问题是：人际关系冷漠 61.5%；诚信缺乏，社会信用度低 61.4%；干部腐败 52.9%。核心是公共伦理资源的供给不足，缺乏伦理效力，公共伦理场解构。

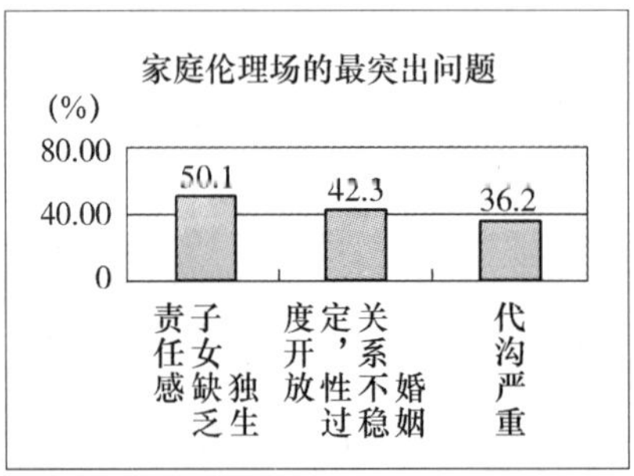

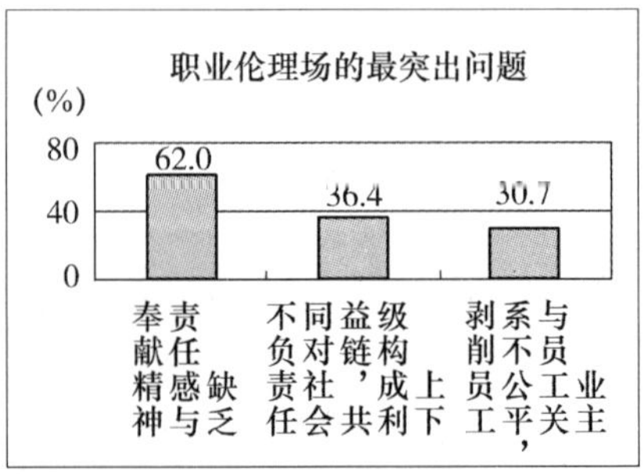

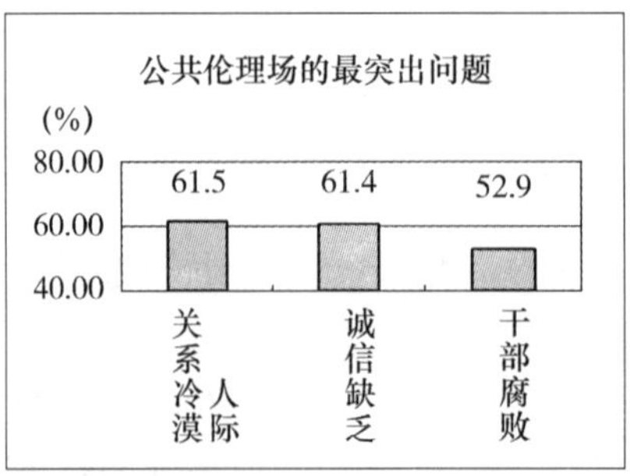

以上三大伦理场域中九大问题的表征与结果，用一句话概括，就是：伦理场的现实性的消解，伦理实体意识的现实性的消解。

（2）伦理冲突及其根源

当今中国社会存在的基本伦理冲突，依其被选择的概率，排列次序为：人与人的冲突（11.9%），人与自然的冲突（10.8%），人与自身的冲突（10.3%）。后二者得分十分接近，人与人的冲突居首位。

人与人冲突的主要原因是：过度的个人主义 65.7%，竞争激烈，利益冲突加剧 61.7%，分配不公 59.9%；价值、利益、制度三大原因同时并存，并且权重接近。

人和自然冲突的主要原因是：企业唯利是图 35.3%，政府政策失当 25.8%，个人缺乏环保意识 19.5%。企业与政府是生态伦理的两大责任主体，企业处于首位。

人与自身冲突的主要原因是：竞争激烈，工作压力大 53.1%；欲望过多，不能知足常乐 50.5%；人际缺乏信任，难以排解烦恼 38.5%。伦理境遇与道德世界观是两大基本原因。

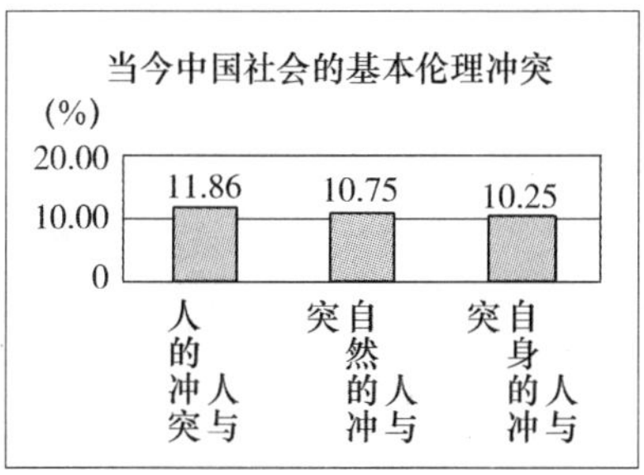

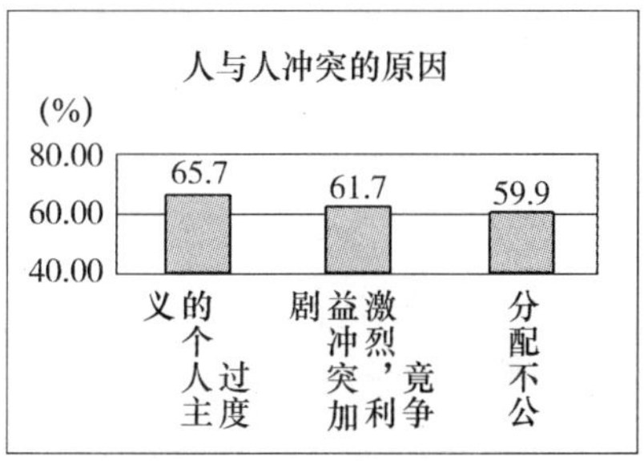

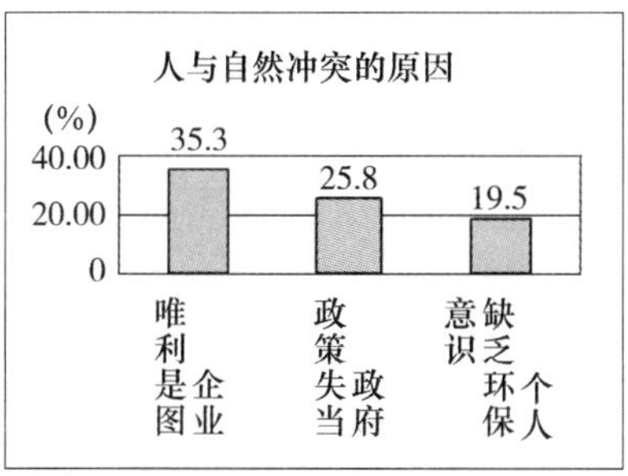

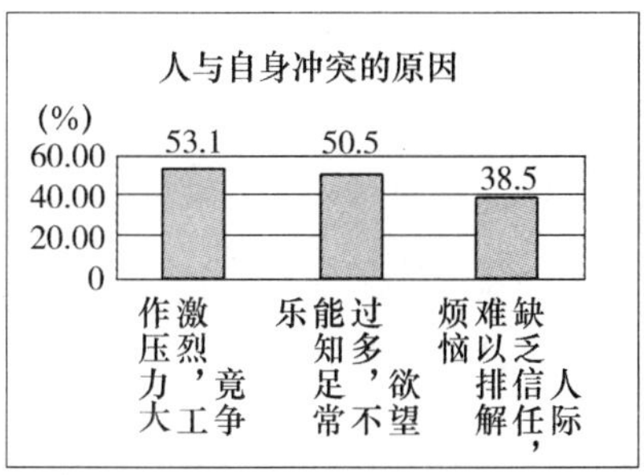

伦理行为中的矛盾与冲突表明，虽然在人们的伦理观念和伦理信念中，“从实体出发”依然是居主导地位的伦理观和伦理方式，但在现实的伦理行为和伦理关系中，这种传统正在被消解，消解的主要因素是：过度的个人主义；责任感缺乏；实体工具化。应该说，这是伦理精神由自然的伦理世界向世俗的生活世界过渡中具有某种必然性的现象，市场经济内在的个人主义、过度竞争、消费主义强化了

这一倾向，独生子女的家庭结构动摇了伦理精神的自然基础，即传统家庭伦理精神。由此，传统的实体性伦理精神在现实伦理关系和伦理行为中便遭遇某种危机，危机的重要表征，就是伦理普遍性的解构，“人伦关系”即人与伦或个体与实体普遍物的关系沦为“人际关系”即个体与个体之间的原子式关系。这一危机突出表现为家庭、职业、社会三大伦理场域的困境。危机的超越的现实基础，是生活世界中伦理普遍性建构，尤其是权力关系与财富分配中伦理普遍性的建构，主观基础是个体内在的道德精神的建构。然而，官员腐败与分配不公又从两方面动摇了伦理普遍性的现实基础，使道德精神中伦理普遍性的回归出现精神障碍。

6. 小结：“伦理世界”与“伦理精神”的状况

（1）伦理世界：家庭与民族依然是现代中国社会两个坚韧的自然伦理实体和伦理世界的基本构造，它们在人们的信念中得到高度认同，说明伦理道德具有可靠的精神家园。但是，两性关系的过度开放，两性伦理性质的变化，正在甚至已经颠覆伦理世界的自然同一性或自然和谐，尤其是颠覆家庭的稳定性和社会的实体性，使家庭与社会的相互过渡出现伦理障碍，需要重新探索和建构伦理世界的自然同一性原理或自然和谐原理，在这个意义上，伦理世界或精神家园遭遇挑战甚至危机。

（2）伦理精神：人们在观念中和信念中依然认同甚至坚守“从实体出发”的伦理观和伦理方式，传统的“五伦”伦理范型并未发生实质性改变。但是，从个体出发的“原子式观点”已经成为相当一部分人的伦理精神取向，无论是“伦理”还是“精神”都面临被祛魅而工具化的现实危险。

（3）伦理精神中的矛盾：伦理精神中的矛盾，主要表现为在观念和信念中守望传统，坚守伦理的普遍性与精神的实体性，但在现实中，市场经济、独生子女家庭，以及内在于伦理世界中个体性与实体性的逻辑矛盾，又在人的行为中催生和不断滋生着个体主义。观念与现实的矛盾，是当前中国伦理精神中的哲学矛盾。由此便内在两种危险：“伦理”沦为利益博弈和制度安排；“精神”被“理性”（理性算计）所僭越。

（三）道德世界及其精神

在精神的辩证发展中，伦理世界的自然或自在的精神经过生活世界的洗礼，一方面表现出矛盾和冲突，另一方面又因这些矛盾和冲突并在处理这些矛盾和冲突中获得现实性和真实性。在伦理世界中，个体与实体的同一性方式，个体的伦理角色具有二重性，即家庭成员与民族公民，因而个体行为遵循两种规律，即天伦与人伦，即西方道德哲学中所谓“神的规律”与“人的规律”。两种伦理角色与两大伦理规律在个体行为中同时存在，形成内在于伦理精神中的深刻矛盾。其一，家庭成员与社会公民两种伦理角色的矛盾，在中国传统伦理中即“孝”与“忠”的矛盾；其二，个体与诸伦理共体或伦理实体之间的矛盾，这一矛盾在伦理观方面的表现，就是“从实体出发”与“原子式思维”，或实体主义、社群主义与个人主义之间的矛盾。这两大矛盾的存在，使人的精神由个体与实体原初同一或自然同一的伦理状态，进入以个体为本位的法权状态或教化状态。伦理精神中这一矛盾扬弃，有待于精神世界中另一个结构，即道德世界的建构。道德世界既是伦理世界现实性和扬弃伦理世界中矛盾的必然要求和必然结果，也是精神发展的内在要求，其精神表现，就是个体与实体辩证统一的道德主体的建构。伦理世界与道德世界内在着深刻的精神同一性，这种同一性用黑格尔的话语表述，就是：“伦理是一种本性上普遍的东西”；“德，本质上一种伦理上的造诣”。伦理世界与道德世界的同一性基础及其现实表现，就是生活世界的伦理关系与道德生活，以及个体与社会所体现的伦理—道德素质。

道德世界具有特殊的精神哲学元素与精神哲学结构。道德世界观，道德规律，道德方式，基德或母德，道德主体，是它的基本元素和基本构造。

调查发现，当代中国的伦理道德精神，在道德世界中的变化比伦理世界中更巨大、更深刻，也更具“多”的特点。在道德世界观中，传统虽仍有较高含量，但道德方式、道德规律已经呈现为明显的中西、古今交会互变的过渡状态，社会的基德和母德在元素及其结构方面已经发生根本性变化。

1. 道德世界观

在精神哲学体系中，道德世界观是道德世界的自我意识，其基本问题或基本矛盾，用德国古典哲学的话语表述，是道德与自然，包括道德与主观自然即感性欲望、道德与客观自然即社会现实之间的关系；用中国传统哲学的话语表述，是义与利、理与欲的关系问题。在现实性上，道德世界观表现为关于德性与幸福关系的信念及其现实性的道德规律。

现代中国社会的道德世界观的主流仍然是“以义制利”、“以理导欲”。在欲望与德性的关系方面，主张节欲或先追究欲望的合理性分别占48.2％和37.7％，两项之和达85.9％，以满足自己欲望为出发点和标准的主张只占12％左右。

“善恶报应”既是道德信念，也是道德规律或道德律。看到有道德的人吃亏，没道德的人讨便宜，48.3％相信善恶报应，32.3％不动心，但也有12.5％承认或主张在重要时刻仿效。

这两组数据仅是一种“观”即观念和信念，如果结合“二元体征”部分对于现代中国社会道德生活中义利关系、道德与幸福关系现实的两种势均力敌的判断和评价，[①] 就会发现：第一，虽然以义制利、以理导欲的传统道德世界观在观念中仍得到很大程度的认同，善恶报应、德得相通的道德信念，以及“道德规律成为自然规律”的道德哲学规律，在观念形态上还未发生根本改变，但在现实中已经遭遇深刻的危机，“自然规律（感性欲望）成为道德规律”，以及道德上“搭便车”或道德投机的危险性已经深刻而现实地存在。第二，道德世界观中关于道德与自然（包括道德与感性自然、道德与现实），或义与利、理与欲之间“被预设的和谐”，在观念中遭遇挑战，在现实中面临危机。道德世界中正处于蜕变的十字路口：或者改变道德生活中义与利倒置、善恶报应的道德律紊乱或中断的现实，巩固和提升社会的道德信念，或者道德世界观彻底“还俗”，以“自然世界观”取代“道德世界观”。

2. 道德方式

如果说，伦理方式的分歧根源于“从实体出发”与“原子式思维”的伦理观或“关于伦理的观念”，那么，道德方式的殊异便根源于道德与利益、个体至善与社会至善关系中何者优先道德观或“关于道德的观念”。道德方式的现代性难题或现实前沿，是德性论与公正论，或个体德性与社会公正的关系，准确地说，是个体德性与社会公正、个体至善与社会至善何者优先的二难选择。

调查发现，现代中国社会在道德方式方面同样呈现为德性论与公正论的二元对峙。总体上，主张德性论或德性优先（23.2％＋17.9％＋7.8％＝48.9％）和主张公正论或公正优先（19.6％＋30.4％＝50.0％）的选择基本相当。

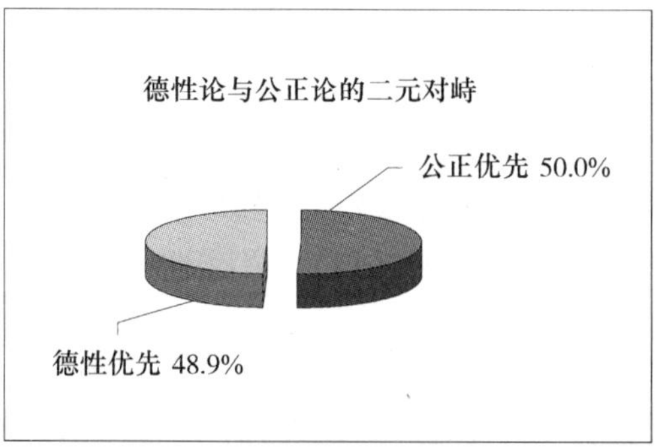

德性论与公正论二元对峙的道德哲学本质，是道德与伦理的对峙，是道德优先与伦理优先的对峙，是“从实体出发”与“原子式思考”的道德方式与伦理方

① 参见本部分（一）之“2. 伦理道德精神的生命表现：二元体征”。

式的对峙。二元对峙的形成，表明现代中国无论在道德哲学理论，还是在伦理道德的精神形态方面，都正处于一个哲学上的转型期。同时，它也是中国伦理道德精神的生命状况的二元体征的又一表现和佐证。

3．基德母德："新五常"

在一个社会或社会发展的某种特殊时期被大多数人普遍认同的道德称为基德，因为这些德性又是其他诸德发育及其合理性的基础，因而被称之为母德。传统中国社会的基德或母德是所谓仁、义、礼、智"四德"，或仁、义、礼、智、信"五常"，它们形成一个有机的德性体系，并与中国传统文明的经济社会状况构成一个有机的文化生态。

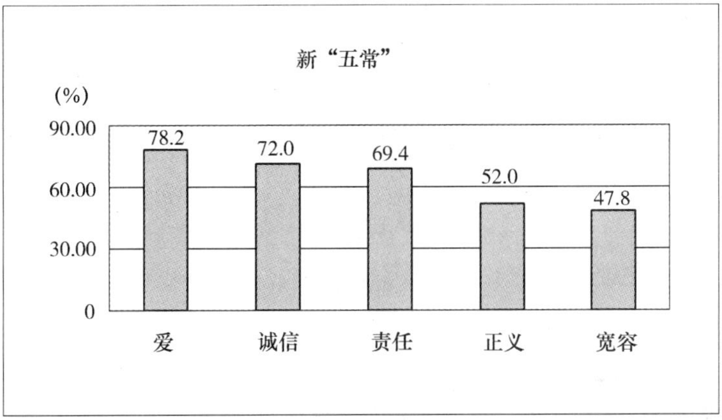

然而，现代中国社会的基德或母德从元素到结构都已发生根本变化。与"五常"的传统元素相对应，在现代社会所存在的诸种德性的多项选择中，得到最大认同的五种德目依次是：爱78.2％，诚信72.0％，责任69.4％，正义52.0％，宽容47.8％。五者之中，除第一、二两个德目在基本内容方面与"仁"和"信"可以相通相接，其余三个德目都具有明显的现代性社会和受西方文化影响的特征；而且，即便是"爱"与"诚信"两个德目，其文化内涵及其在德性体系中的地位也已发生重大变化。

4．道德主体

道德主体是扬弃伦理存在的自然自发性，扬弃个体存在的世俗性和非现实性，所建构的个体内在的实体性。它既是个体道德生命的整体性表现和表达，又是精神作为"伦理上造诣"的人格化和普遍物的个体性存在方式。在中西传统道德哲学中，良心、良知、良能往往被分别当做道德主体的自在形态（实体形态）、自为形态和自在自为形态。

调查发现，当今中国社会的道德主体表现为一种十分复杂的状况。

对社会行为进行道德评价的主要依据：大多数人认同的规范，57.6%；良心，51.0%；契约意志，26.6%。

自我道德判断的主要依据：自己的良心信念，61.3%；大多数人认同的规范，43.9%；忠恕之道，20.6%。

可见，良心与公共道德规范构成道德主体性建构的两个基本元素，它说明道德主体性中内在着自律与他律的二元倾向。忠恕之道与契约意志是自我判断与社会评价中的两个相互区别的要件，二者之中，忠恕之道体现某种传统性与民族性，契约意志则是道德评价的新元素，但是，它只有社会道德评价中具有一定的意义，这说明现代中国社会“契约伦理”虽然已经兴起，但还只是“对人”而不是“对己”，远没有成为一种内在的道德精神。

5. 道德精神的生命缺憾

如果说以上两个数据体现道德精神的常态，另一个数据则揭示了现代中国社会道德精神中严重缺憾——

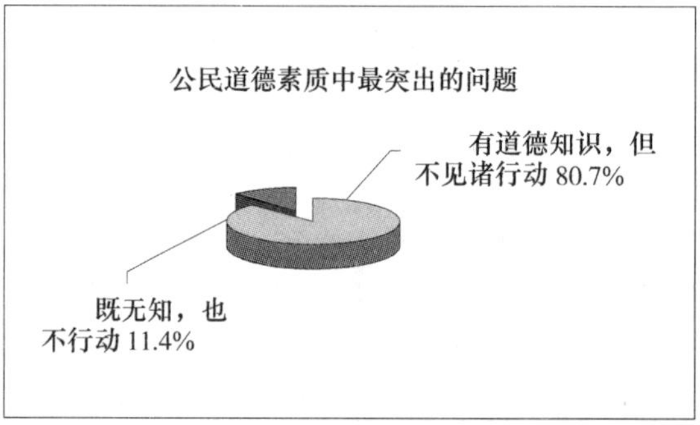

现代中国社会公民道德素质中最突出问题是什么？选择“有道德知识，但不见诸行动”占80.7%，“既无知，也不行动”占11.4%。知行脱节，或“良能缺场”，是当代中国道德精神的最突出问题与难题。

6. 小结：道德世界观与道德精神的状况

与伦理世界及其精神比较，当代中国社会的道德世界观与道德精神的变化更为深刻，体现出更为明显的现代性特点。仔细比较便会发现，以上四个方面的变化，依次愈益巨大。道德世界观的蜕变率在12%左右；德性论与公正论的道德方式呈现为二元对峙局面；基德与母德的选择则至少五分之三是现代性社会的新元素；而良心与公共规范互为补充的自我评价与社会评价的道德主体结构，导致80%左右的“有道德知识，但不见诸行动”的品质特质。12%—50%—60%

(3/5)—80%，这些在观念、价值取向、德性结构和品质构造方面不断加剧的变化表明，中国社会的道德精神已经基本完成其转型，发生基本的甚至根本的嬗变，变化的基本方向是解构传统，趋向现代性。这种变化有必然性，也内在着合理性与非合理性，“有道德知识，但不见诸行动”的普遍现象表明，在道德世界和道德精神中，“理性”已经僭越和颠覆了“精神”，应该说，它是现代中国社会的道德世界和道德精神中的重大缺陷。

（四）伦理道德的精神素质及其影响力结构

无论伦理世界、道德世界，还是伦理世界的精神、道德世界的精神，都只是一种道德哲学抽象，伦理世界、道德世界及其精神的真理性，是现实的生活世界。现实生活世界，黑格尔在精神哲学的意义上称之为教化世界，教化世界既是伦理世界的异化，又是它的现实，同时还是道德世界的根据与必然性。生活世界是一个多样而有机的世界，它以客观必然性在“最终”的意义上决定着伦理精神与道德精神的命运。当前中国伦理道德的精神素质如何？构成当代中国社会伦理精神、道德精神的一般元素有哪些？当代中国生活世界中影响伦理精神和道德精神的因子有哪些？全球化、高技术、市场经济这些特殊的经济—社会—科技—文化境遇影响中国人伦理关系与道德生活的实况如何？这些问题调查的目的，旨在获得一些信息，说明当代中国社会的伦理道德精神在生活世界中到底被哪些因素所形塑，发生了怎样的形变？

1. 伦理道德的精神素质

（1）伦理能力与道德能力

调查的结论是：当前中国社会的伦理道德的调节能力总体一般，但伦理沟通仍为处理人际冲突的首选，说明伦理道德在日常生活中仍保持十分重要的文化功能，中国文化依然偏向于伦理型文化，而不是法理型文化。

当前中国社会人际关系的伦理调节能力和个人行为的道德调节能力如何？63.5%认为一般，17.8%认为很差。“一般”判断的共识度很高，结合“很差”的判断，结论是总体上一般偏下。究其缘由，需要进一步探究不只是素质与功能不够，更重要的可能还有伦理道德的文化地位发生变化，或者已经产生某种功能替代，如法律与契约。当然，这一假设还有待进一步论证。

在遭遇冲突时，首要的行为反应是什么？54.5%找对方沟通，得理让人；25.6%找第三方调解；只有17.3%选择打官司。这说明伦理调节尤其是自我伦理调节是处理人际矛盾的首选，伦理取向明显，社会仍保持较好的自我调节的文化弹性。

（2）伦理感与道德感

伦理感与道德感是伦理道德精神的直觉表现，也是伦理道德素质的最为深层的因素。

当今中国社会的伦理感如何？调查发现，它受情境、信念、利益三要素影响最大。36.6％受情境激发偶尔有，27.3％作为信念时常有，21.6％因利益相关偶尔有，13.3％没有。它说明，当今中国社会以境遇伦理为主导，信念伦理虽然仍有相当的比重，但地位已经大大下降；伦理感存在相当程度上受功利影响，所谓“功利性道义主义”，因而可能动摇不定；伦理“盲区”已经存在并且比例不小。

当今中国社会的道德感如何？它的存在受规范要求、社会评价两要素影响最大。37.3％出于社会评价经常有，36.2％出于对规范的自觉经常有；11.7％在有监督的环境中有；12.0％没有。它说明，当今中国社会的道德感偏于他律（第一项与第三项事实上都属于他律），他律的比重大于自律，由此甚至可以推断，当今中国社会的道德素质和道德生活倾向于他律；“道德盲区”同样存在并同样比例不小。

（3）荣辱感

荣辱感联结着伦理感与道德感，并在相当程度上构成它们的基础。当今中国社会的荣辱感状况如何？39.5％认为虽然有但已严重退化，23.8％认为有，22.2％认为很少，5.3％没有。社会的荣辱感状况不容乐观，它表明伦理道德的精神基础，尤其是建构伦理道德同一性的精神基础遭遇严峻难题。

结论：能力一般，他律主导，基础退化，是现代中国伦理道德精神素质的基本问题和基本事实，它与伦理取向而非法理取向的文化形成严重不对称，在缺乏宗教传统和宗教精神的文明生态中，这种素质状况很容易造成社会生活秩序与个体生命秩序中价值资源和精神力量的供给不足，难以调理人与人、人与自身的文化冲突。

2. 伦理道德精神的影响力结构

（1）肯定性结构：受益场域与影响因子

两大策源地：人生过程中最大的伦理道德受益场域是什么？家庭63.2％，学校59.7％，社会32.2％。可见，家庭与学校是伦理精神与道德精神的两个最重要的策源地。

四大影响因子：哪些因素对当前我国新型伦理关系与道德观念起主要作用？网络媒体74.2％、市场57.8％，政府56.7％，大学及其文化56.5％。四要素中，网络媒体居首，市场、政府、大学并列第二。这一信息结构可能与总课题组的调研对象中青少年与青年知识分子所占比重较大有关，在对公务员群体的调查中，大部分认为网络只是工具，对自己的道德品质没有实质性影响。

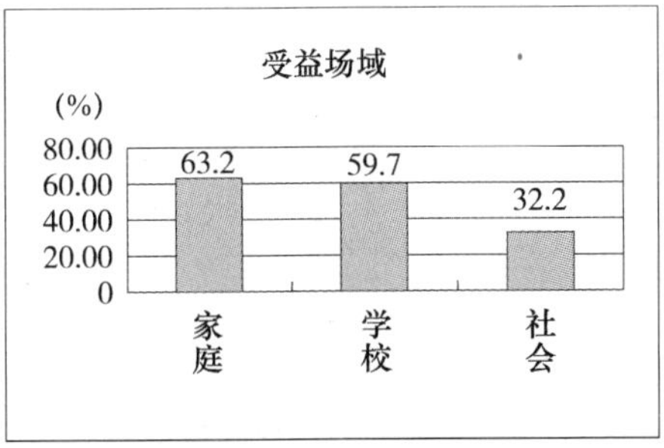

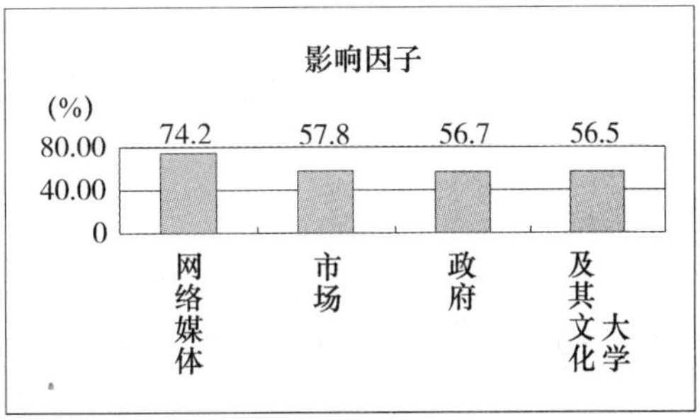

（2）否定性结构：文化因素与责任主体

对当前伦理关系和道德风尚造成最大负面影响文化因素是：市场经济导致的个人主义 55.4%，外来文化冲击 28.2%，传统崩坏 12.0%。市场经济派生的个人主义是首要问题。

哪些因素应当对当前不良道德状况负主要责任：社会不良影响 57.8%，官员腐败 52.6%，学校教育功能弱化 30.1%。社会不良影响与官员腐败是两大主导因素。

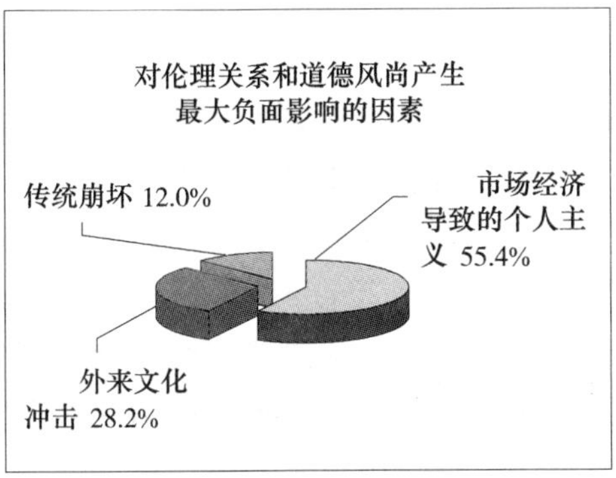

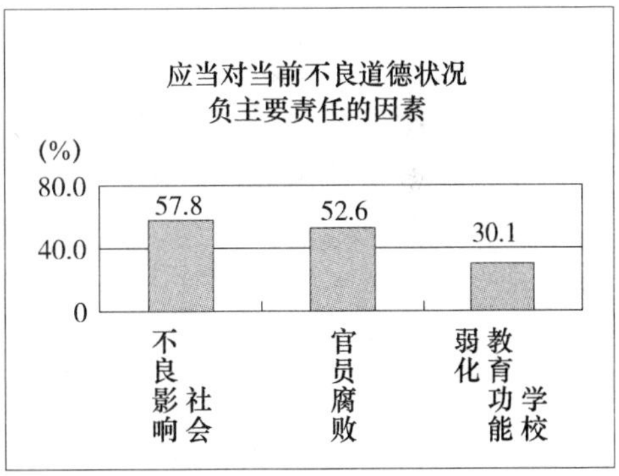

（3）伦理道德方面最不满意的群体

“你对哪些人的伦理道德状况最不满意?”政府官员 74.8%，演艺娱乐界 48.6%，企业家 33.7%。政府官员高居榜首，演艺人员次之。在政治、文化、经济上掌握话语权力的群体，恰恰是伦理道德上被认为最不满意的群体，这种反差和异化的严重后果，是道德信用的丧失：政治道德信用丧失，文化范导群体道德信用的丧失，经济道德信用的丧失。更为严重的后果，是社会的伦理普遍性的丧失，至少由于道德信用的丧失，动摇和消解社会对于伦理存在的文化信心和文化信念。

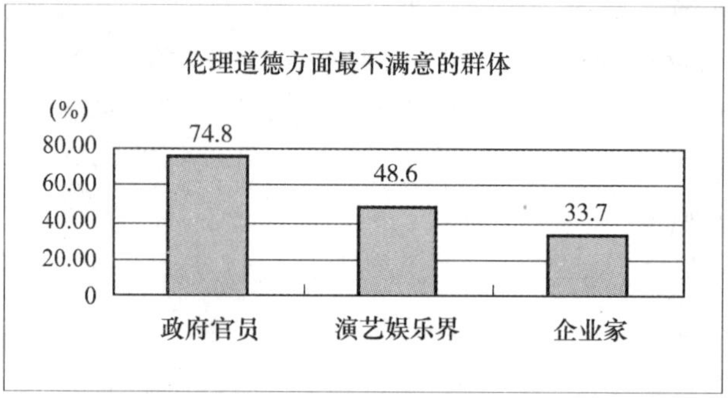

（4）政府的伦理理念与道德意识

60.3％认为政府在决策时会考虑伦理道德要求，但也有32.3％作出否定性的回答，说明政府决策虽有自觉的伦理道德意识，但含量不够，或者说大众对政府决策的伦理道德考量的信任度不够。

影响力结构中的突出问题是，伦理道德精神生成的肯定性结构，与产生负面影响的否定性结构相互消解，使得伦理道德建设的条件不满足或不充分。家庭、学校、社会是人生过程中伦理道德养成的最大收益场域，然而伦理世界与道德世界中存在的过度的性解放、独生子女缺乏责任感、代沟严重等问题，使家庭难以成为伦理道德的第一策源地；学校德育功能的弱化，使第二大策源地难以充分地履行其文化与社会使命；市场经济派生的过度个人主义、社会的不良影响、政府官员与演艺人员被列为两大最不信任群体、对政府决策中伦理道德含量缺乏信任与信心，又使得社会难以真正成为伦理道德的可靠培育地。由此，便陷入一种悖论甚至怪圈之中：在微观和宏观两方面所需要的那些基本条件，在现实中不仅不能满足，甚至在发挥负面作用，成为一种解构性和破坏性的影响力。由于精神的建构与解构在逻辑上不仅是方向截然相反，而且是难度完全不同的两种努力，更由于现实境遇中自然与应然、事实与价值两方面存在的巨大势差，否定性的结构虽然没有成为主流，只是以潜流或暗流的形态存在，但其作用却足以构成对于精神建构的深刻威胁和巨大破坏。这种肯定结构与否定结构相互消解状况的道德哲学后果，也极易使伦理道德精神处于动摇不定的惶遽状态，出现所谓“苦恼意识”。

3．全球化、高技术、市场经济对伦理道德发展的影响

调查发现，全球化、高技术、市场经济对伦理道德发展，产生了十分复杂的影响，影响的复杂性，表现为三大悖论。

（1）技术—伦理悖论。95％左右认为，信息网络技术使联系方便了，但情感和伦理感的质量下降了。技术上肯定，伦理上或情感上否定是绝对主流。

（2）经济—伦理悖论。57.3％认为，经济发展了，伦理道德变化了，但幸福感下降了；24.54％认为经济发展了，但人变得自私了；前两项相加，总数达81.8％，只有6.8％认为经济发展了，道德也更合理了。经济上肯定，伦理上与道德否定同样是绝对主流。

（3）开放—封闭悖论。全球化到底对当今中国社会的伦理道德产生了怎样的影响？61.7％认为中国人根本不了解西方，简单模仿造成许多变态，20.9％认为，总体积极，负面影响是次要的。

三大悖论要求重新反思科技、经济、文化与伦理道德发展的关系，在新的原点上寻找并确立社会文明的辩证法与辩证思维。

4.《公民道德建设纲要》的实施效果

54.0％认为有效果但很小，34.8％认为没有实质性效果。批评性与否定性评价相当集中，说明我们仍未找到一条适合当前中国伦理道德发展规律的建设途径。当然，这一结果可能与以上关于伦理道德发展的肯定性结构与否定结构之间的相互消解的状况相关，应当在一个更大的系统中理解和诠释。

5．小结：伦理道德的“精神之结”到底在哪里？

伦理—道德素质调查最富有挑战性的课题和难题，可能在于一般甚至一般偏下的伦理道德能力与伦理道德素质，与伦理道德精神的影响力结构，以及以实施《公民道德建设纲要》为标志的现代中国社会伦理道德建设的现实效果三者之间的因果关联。发现和揭示这个关联也许有待更深入的调查和更深刻的研究，但从现有的信息中，可以发现以下五个“不对称”：

第一，伦理道德能力、伦理道德的精神素质，与伦理型的文化取向之间存在的不对称，这个不对称造成社会的精神需求与精神供给之间的不平衡，形成伦理道德精神的资源性短缺或稀缺；

第二，家庭与学校在伦理道德精神培育中的文化策源地地位，与独生子女结构导致的家庭伦理性的淡化与退化，市场经济导致的学校的还俗与道德教育功能的弱化之间存在的不对称，这一不对称造成伦理精神养育的源头性枯萎，严重的情况甚至造成源头性污染；

第三，网络、市场、政府、大学及其文化对伦理道德精神的影响力，与这些因子本身所具有的伦理道德含量，以及社会对这四因子所进行的伦理道德建构的努力及其效果之间存在的不对称，这一不对称导致伦理道德精神生成因子的功能缺位，甚至功能倒置，建构性的力量异化为解构性力量，并且很可能是形成高技术、全球化与市场经济三大伦理道德悖论的直接原因；

第四，公共权力与普遍财富作为生活世界中的伦理存在，与官员腐败和分配不公对生活世界中伦理性的消解之间存在的不对称，政府官员与演艺人员作为伦理道德在政治和文化上的示范群体，与他们沦为在伦理道德上最不被信任的群体之间存在的不对称，这类不对称导致的直接后果，便是伦理普遍性和道德信用的丧失；

第五，以上四个不对称的结果，便是伦理道德建设的努力与伦理道德建设的效果之间的不对称，这种不对称至少可以部分诠释《公民道德建设纲要》的实施为何“效果很小”甚至“没有实质性效果”。

或许，这五个“不对称”，可以有助于我们部分地解开伦理道德的“精神之结”。

（五）精神的矛盾体：集团行为的伦理—道德悖论

当代中国伦理道德精神的四边形结构与二元生命体征及其素质特征，在集团行为中得到集中体现。调查发现，当代中国社会的集团行为，是一种精神矛盾体，这个矛盾体呈现为一种普遍性的伦理—道德悖论：伦理的实体，不道德的个体。集团行为的伦理—道德悖论，既是对当代中国伦理道德状况具有典型意义的诠释，又是伦理道德发展的新问题与新发现，它在某种意义上征兆着中国伦理道德精神和道德哲学的某种转型。

集团行为因其表面上天生的伦理性以往一直逃逸于道德评价和道德规约之外，然而，集团行为往往造成比个体更为严重的伦理与道德后果。一旦以自觉的集团伦理意识对集团行为进行道德评价，便很容易发现诸多集团行为在道德上的否定性本质。与个体不同，集团行为的特点表现为集团内部的伦理性与集团与社会关系的非道德性的悖论。当今中国社会集团行为的难题与症结，在于对其道德本质的“集体无意识”，它表现为因“司空见惯”而视“实然”为“自然”，视“实然”为“应然”，或者因与自己的利益相关而放弃道德评价甚至反为其进行道德辩护。

1. 集团行为的道德后果：比个体行为危害更大——

50.3％认为集团不道德比个体不道德危害更大；31.1％认为相同。

2. 关于当今中国社会几种典型的集团伦理行为的道德判断和道德态度——

(1) 对政府机关为本单位子女入学提供便利行为的评价——36.3%、22.2%、10.9%分别认为是不道德、干部谋私或严重不道德，总数达 69.4%；19.3%认为符合内部伦理，但侵蚀道德，两项之和达 88.7%，意见高度一致；但也有 3.9%认为道德，这种选择可能与既得利益有关。

(2) 对高校招生中对本校子女的降分录取的评价——43.4%认为不道德，29.2%认为符合内部伦理，但不道德，两项之和“不道德”选择比例为 72.6%；21.2%认为司空见惯，无可奈何；只有 4.0%认为理所当然。

3. 集团伦理意识及其道德反映：有意识与无意识并存——

对那些可能对本单位带来高福利但对社会造成公害的行为，56.6%会劝阻或举报，但也有 33.9%不会劝阻。

集团行为及其内在的伦理—道德悖论研究的意义在于：(1) 它是一种新的伦理道德类型，由个体伦理向集团伦理的过渡，标志着伦理精神、道德精神和道德哲学的现代转型，现代伦理道德，现代道德哲学，应当也必须有两大对象：个体伦理，集团伦理；(2) 集团行为是一种伦理—道德的“精神矛盾体”，其内在的伦理—道德悖论集中体现现代文明的精神风貌和文化矛盾；(3) 与个体相比，集团行为不仅会造成更为严重的伦理道德后果，现代文明中的重大伦理灾难与道德后果如战争掠夺、生态危机的主体都是集团，而且集团行为往往是个体伦理道德精神的直接的“社会环境”，其影响也更为深刻。只有将集团与个体行为同时作为伦理道德规约的对象，并以此为相互影响的生态系统，才能真正解释和解决现代中国伦理道德精神的诸多课题和难题。

第二部分　当代中国伦理道德问题的精神哲学诊断

以上五大结构的信息所映现的当代中国伦理精神的状况，也许任何一个语词即使像“现代性”、“后现代性”这类最具涵摄性的概念，都缺乏哲学的表达力与解释力。如果对这种精神状况进行直观和直觉，只能说处于一种复杂而模糊的感觉与感受之中——

一切似乎都被允许，但一切似乎都不具彻底的现实性与合理性；一切似乎都亟待确定，但一切都难以真切地确定；一切都有可能，一切又都难以现实地可能……

我们感到在什么地方出了问题，但不知道问题到底在哪里，更不知道该从哪里切入才能真正解决这些问题……

用康德的话说，这是“整个一窝的矛盾”。

走出这个矛盾的蜂窝，对这种状况进行精神哲学诊断，至少需要两大理论的支持：一是“精神”的理念与概念；二是道德辩证法。

无论是解释还是解决，也许一个信息最具基础性意义：“精神的二元体质”。当代中国伦理道德具有尼采所说的“一切都被允许”的多元化性征，但多元之中有规律，主流倾向于或趋集于二元，多元之中的二元是当代伦理道德精神最基本的征兆，也是一切难题的症结所在。精神的本性是单一物（性）与普遍物（性）的统一。精神的二元体质的基本表现，是单一性与普遍性的二元并列或二元对峙。二元体质是伦理道德精神的某种临界状态，表征着伦理道德精神正处于某种转换点或断裂带上——不仅包括“看待”现存伦理道德的观点和判断，而且包括“对待”伦理道德的态度和行为。二元体征包含两种逻辑与历史的可能：“断裂带”与“转换点”——既可能成为精神的断裂带，也可能成为精神发展的转换点。作为一种文化生命状况，用医学的话语表述，这是一种包含着深刻生理与心理因素、介于健康与非健康之间的“亚健康状态”——器质方面健康是主流，但由于精神与心理的因素，或者由于生理或精神的过度疲劳，机体的生命表现和生命表达不畅，兼具健康与不健康的双重性。用数学的精确性表达，它是内蕴着两种相互对立的可能性的“50.0％状态”，是一种临界的生命性状。

当代中国伦理道德的“精神问题”或精神哲学难题，主要表现在三个方面：伦理道德精神链的断裂；伦理精神形态的哲学改变；道德同一性力量的危机。

（一）伦理道德精神链的断裂

当前中国伦理道德的重要症候是：分析性地考察伦理道德精神的每一个因子、每一个结构，似乎都未出现重大问题，或者未发生根本性蜕变，但整个机体似乎有些令人不适，甚至分明感到处于某种危机之中。对这种状况可能作出的精神哲学解释是：精神链的断裂。具体地说，是三大精神链的断裂：伦理精神链的断裂，道德精神链的断裂，伦理精神—道德精神生态链的断裂。

1．“伦理世界—生活世界—道德世界”的伦理精神链的断裂

根据黑格尔在《精神现象学》中提供的辩证法资源，伦理精神有三种存在形态，准确地说，必须经过三个阶段、两个过程的辩证发展才能完成，这就是：伦理世界—教化世界—道德世界。黑格尔立论的前提是：“伦理本性上是普遍的东

西，这种出之于自然的关联本质上也同样是一种精神，而且它只有作为精神本质才是伦理的。”① 这段话有两个最重要的论断：（1）伦理本质上是一种普遍性或普遍物；（2）任何普遍性或普遍物，只有当具有精神的本质时才是伦理的。由此，伦理与精神便内在同一，相互诠释。精神既不是单一性，也不是抽象的普遍性，而是“单一物与普遍物的统一”。

伦理世界是个体性与普遍性自在地同一的世界。在这个世界中，伦理精神以伦理实体和伦理规律的形态存在，表现为家庭与民族两大伦理实体，以及作为家庭成员与民族公民而行动的“神的规律”与“人的规律”，即所谓“天伦”与“人伦”的两大伦理规律，由此，伦理世界的精神便展现为家庭精神与民族精神两种实体形态。但是，伦理世界中的精神只是一种自然和自发的形态，个体消融于实体是它的真理，因而虽然神圣，但终究只是伦理精神的自然状态，一旦行动，便产生“家庭成员”与“民族公民”两种伦理角色或两种实体普遍性的对立与分裂，由此精神的实体状态必然过渡到以个体为本质的法权状态，从而伦理世界异化为教化世界。教化世界亦即生活世界，它既是伦理世界的异化，也是它的现实化。在这个世界中，伦理普遍性存在于两种世俗形态中，这就是公共权力与普遍财富，换句话说，权力的公共性与财富的普遍性，是生活世界中伦理存在的现实基础。根据个体意识与普遍物一致的状况，生活世界中的伦理精神呈现为两种相反的性质，这就是所谓“高贵意识”与“卑贱意识”，前者是个体意识与普遍物的一致，后者则是不一致。但是，在生活世界中，不仅公共权力与普遍财富会发生异化，进而因其丧失普遍性而坠落为非伦理甚至反伦理的存在，而且“高贵意识”与“卑贱意识”也会因权力与财富的私通而在对立中相互异化。由此，教化世界或生活世界的精神便可能在分裂中陷入危机，沦落为难以相互过渡同一的两极：或是僵硬的普遍性，或是不可收拾的单一性。生活世界精神中的这种矛盾对立已经内在着一种自我否定性，这就是自由主体的觉醒。借此，生活世界升华为道德世界。在道德世界中，精神或单一性与普遍性的统一，以“义务与现实、道德与自然预定和谐”的道德世界观为出发点，经过“道德规律成为自然规律”的辩证运动，在道德主体性或道德自我中达到伦理精神的复归。黑格尔的理论无疑十分思辨和抽象，但道德辩证法却是其“合理内核”。无论个体伦理精神还是社会伦理精神，个体与实体自在同一的家族精神与民族精神总是其自然状态，也是它的神圣性的精神家园；但在生活世界中，伦理精神必须有其世俗的现实基础，这就是公共权力与普遍财富，权力和财富只有当具有公共性与伦理性时才具有伦理性和精神性；生活世界中单一性与普遍性对立的扬弃，透过道德世界的建构才能实现，在道德

① 黑格尔：《精神现象学》，贺麟、王玖兴译，商务印书馆1996年版，第8页。

世界中，单一性与普遍性的统一透过个体行为与普遍规则的统一实现。“伦理世界—教化世界—道德世界”辩证运动的精髓是：伦理精神或者说个体性与普遍性统一的精神，既不能在任何一个环节中完成，又必须透过每一个环节才能完成，其中任何一个环节、任何一个过程，都不是自在自为的伦理精神，只有这个辩证运动的过程，才是伦理精神的机体和生命。换句话说，其中任何一个环节的抽象，任何一个过程的脱节，都会导致伦理精神断裂，或者说伦理发展的精神障碍。

调查发现，当代中国伦理发展的基本难题，是伦理精神链的断裂。调查显示，在伦理世界中，当代中国社会的家庭伦理实体和民族伦理实体仍十分坚韧，家庭精神与民族精神的状况总体良好，家庭成员与民族公民两大伦理规律亦未出现尖锐对立的状况，虽然如官员腐败等行为在特殊境遇下也可以勉强解释为是家庭与社会两种目的行为的对立，但它绝不是两种道德观或伦理规律的对立，而是道德与不道德、伦理与反伦理的对立；在当代中国人的道德世界中，义以制利、以理导欲仍是道德世界观的主流，良心仍是道德主体的同一体，是道德选择和道德评价的主要依据；在教化世界或生活世界中，对民主政治和分配正义的追求，标示着公共权力与普遍财富的伦理性仍是社会的孜孜坚守。抽象地说，三个世界中的伦理性或三个世界中对伦理普遍性的诉求不仅存在，而且还很执著。严重的问题发生在三个世界的相互过渡，即由伦理世界向生活世界、由生活世界向道德世界的运动中。家庭伦理实体、民族伦理实体，虽是自然的伦理世界，却是伦理精神的家园，但是，一方面，理性主义、市场经济、独生子女时代家庭文化等诸因素的交互作用，催生了早熟的“法权状态”，即祛魅了家庭与民族的实体神圣性的抽象的个人主义；另一方面，官员腐败与分配不公两大社会难题，极易摧毁生活世界中的权力与财富的伦理普遍性，并进而消解生活世界中的伦理精神，普遍性只有希冀在制度安排与利益博弈中实现，而制度安排与利益博弈的共同特点是：“没有精神”。前一方面的后果是，生活世界中的伦理精神缺乏神圣性的家源，出现伦理世界向生活世界过渡的精神障碍，以及自然世界的伦理精神与生活世界的伦理精神的同一性危机；后一方面的后果是，生活世界因伦理普遍性的缺场或遮蔽，难以向道德世界过渡：要么是道德世界中伦理精神的世俗化，以世俗的功利作为道德驱动力，产生如“道德银行”之类的现象，“从源头上污染道德”，要么道德世界的伦理精神只是一种理想主义的乌托邦，缺乏现实的解释力与解决力，而在强大的世俗性面前，这种乌托邦情结事实上十分孱弱，不堪一击。这样，伦理世界难以为生活世界提供伦理的精神家园与精神策源地，生活世界因难以坚守伦理普遍性，也难以与道德世界建构现实的精神同一性，于是，必然的结果，便是伦理精神链的断裂。断裂的镜像，便是伦理精神的三种形态或三个世界依然存在，或者在观念与理想中被坚守，但伦理精神的机体因生命不畅而“亚健康”。

2.“实体—个体—主体”道德精神链的断裂

精神的本性既不是单一性，也不是普遍性，而是单一性与普遍性的统一，确切地说，是单一物与普遍物的统一。人作为具体存在者，是一个单一物；而人的实体，如家庭、民族、社会等则是普遍物。精神的特性，是基于对普遍物的信念而将单一性提升为普遍性，在普遍性中获得归宿与永恒。宗教精神的特性，就是回归于人格化的终极实体，如上帝的普遍性；道德精神的特性，是“成为一个人”，但同时也必须“尊敬他人为人”，这就是黑格尔所说的“法的命令”。对“人”的信念和向人的实体普遍性的回归，是道德精神人文真谛和价值动力，也是孔子“仁者，人也”的精髓之所在。

伦理世界—生活世界—道德世界，既是单一物与普遍物结合的三种形态，也是伦理精神、道德精神发展的三个阶段。依“德者，得也”的逻辑，个体获得伦理普遍性的辩证运动同样经历了三种形态、两个过程：“实体—个体—主体”。在伦理世界中，人作为普遍存在者的形态是实体，个体、家庭、民族两大伦理实体直接同一，人是实体性的存在；在生活世界中，人透过财富的创造与享受、公共权力的拥有与履行而成为普遍物，人是个体的存在；在道德世界中，人通过扬弃义务与现实、道德与自然的矛盾而成为普遍存在，人是主体性的存在。三个环节、两大过程的辩证运动，构成道德精神的有机生命形态。

调查发现，当代中国道德发展的基本难题，是道德精神链的断裂。这种断裂，既发生于三个环节内部，更存在于两大过程之间。第一次断裂发生于实体向个体的精神运动过程中，其罪魁首先是过度的个人主义。超过20%的将家庭与国家契约化与工具化的倾向，超过30%在导师或上司污辱中国时的不作为选择，以及列为人与人冲突根源之首（65.7%）的“过度个人主义”，都说明伦理世界中的道德精神发生了蜕变，实体性正向个体性悄悄位移，道德精神的家园发生危机。在伦理世界中，虽然由于家庭成员与民族公民两大实体精神的对立而分解为以抽象的个人为世界主宰的法权状态，但这种“抽象的个人”只是一种理论抽象与逻辑假设，在生活世界中，它将在公共权力与普遍财富中获得自己的现实性。然而，生活世界中市场逻辑衍生的绝对的竞争价值观、过度的生活压力以及因官员腐败与分配不公而导致的权力与财富的异化，导致生活世界中的人，可能不是与现实普遍性相联系的具有“高贵意识”的个体，而是抽象孤立的原子式存在。“个体”概念的哲学特征是：它是有“体”的，并且追求和回归于它的普遍性的“体”。祛魅的实体与异化的个体，导致伦理世界向生活世界过渡中道德精神的分裂。更大的分裂发生于生活世界向道德世界的过渡，以及道德世界内部，这是道德精神的第二次断裂。由于伦理世界中精神家园神圣性的祛魅，以及生活世界中个体与它的普遍性的分离，道德世界观中“预定的和谐”发生“倒置”，不是“道德规律成为自然规律”，而是“自然规律成为道德规律”。调查发现，虽然“良心”仍然是道德选择与评价的主要机制，但它很可能是一种观念上的传统，而且，更重要的是，正像黑格尔所揭示的那样，良心本质上具有主观性与个体性，基于个人主义的良心，很可能“处于着恶的待发点上”——超过60%的人认为行为的选择与判断是“本着良心”，但非道德甚至反道德现象却大量存在，就是对这种精神裂变的诠释；同时，德性论与正义论的二元对峙，折射的也是道德精神内部因建构精神同一性过程中单一性与普遍性地位的置换而发生的某种蘖变与异化。生活世界与道德世界中精神的不同一与不连续，必将并且已经导致道德精神链的断裂与分裂。在当代中国，道德精神不是没有，甚至不可谓不强，而是变异了，是一种基于“单一物”即个体主义而不是基于“单一物与普遍物统一”的道德精神；同时，由于缺乏精神链的同一性而自我分裂，因而缺乏同一性的力量，尤其缺乏知与行、世俗性与神圣性统一的力量。

3．“伦理精神—道德精神”生态链的断裂

“伦理世界—生活世界—道德世界”的伦理精神链的断裂，“实体—个体—主体”的道德精神链的断裂，必然导致第三个断裂：“伦理精神—道德精神”生态链的断裂。

无论在中国传统还是在西方传统中，伦理与道德都是两个既相区别又不可分离的精神过程。在西方近代道德哲学中，康德以道德取代伦理，被黑格尔批评为“完全不懂辩证法”，在《法哲学原理》与《精神现象学》中，黑格尔分别以“意志自由”与“精神现象”为核心概念与核心问题，建构了关于伦理道德的两个不同体系，即“抽象法—道德—伦理”的法哲学体系，与“伦理世界—教化世界—道德世界”的精神哲学体系。虽然初看起来，这两个体系在逻辑上正相反对，但凸显伦理与道德的区分及其联系则是一贯的。中国道德哲学的传统关于伦理与道德的关系更为明确也为一贯，可以将它梳理和表述为“伦—理—道—德—得”精神运动的辩证过程。① 在黑格尔那里，“德毋宁应该说是一种伦理上的造诣”，② 因而伦理是道德的现实性与合理性的前提；在中国道德哲学传统中，伦理与道德本是两个前后相续又相互渗透的过程。应该说，两种道德哲学传统的基本方面是一致的，一致性在于：伦理与道德是一个有机的精神生态。根据中国道德哲学传统及中国社会现实伦理道德生活的逻辑，我们可以对伦理与道德的精神生态作如下诠释。“伦”是人的单一性与

① 关于“伦—理—道—德—得”辩证运动的精神哲学过程，参见拙著《伦理精神的价值生态》，中国社会科学出版社2007年版。

② 黑格尔：《法哲学原理》，范扬、张企泰译，商务印书馆1996年版，第170页。

普遍性同一的原初的实体，是自在形态的伦理；"理"是伦理世界的普遍规律与普遍理性，是认知形态的伦理；"道"将关于"伦"的理性和规律精神地转换为具有普遍性和行为意义的规范，是冲动形态的伦理；而"德"则透过"理"与"道"的中介，将"伦"的实体性转换和建构为个体的主体性，是个体内在的实体性。伦理—道德生态的四个环节中，"理"与"道"分别体现精神的一体两面，即思维认知形态与行为意志形态；而"伦"与"德"则是"单一物与普遍物统一"的两种不同的形态，即自在（自然）形态与自为形态，"伦"是外在的和自然的实体性，"德"是内在的和能动的主体性。实际上，"德"之后，还有一个精神环节，即"得"，以"德"处理现实的利益关系或所谓"得"的关系，便达到"道德与自然被预定的和谐"，即所谓"德—得相通"。这样，伦理—道德生态，便是由现实的伦理关系或伦理实体出发，最后复归于现实的道德生活的辩证过程。

用这样的精神哲学模型，便很容易发现当代中国伦理道德精神遭遇的难题，这就是所谓伦理精神—道德精神生态链的断裂。这种断裂表现在三个方面：第一，伦理、道德的取向、心态及其变化的不同步，以及由此导致的伦理—道德悖论。调查发现的相互矛盾的现象是：人们对当下的道德生活比较满意，但对伦理关系不满意；在伦理关系尤其在伦理范型方面守望传统，在道德生活尤其在基德、母德方面却追求现代，受西方影响很大。第二，伦理精神与道德精神不统一，伦理追求与道德现实脱节。伦理上的实体取向包括对人情冷漠等诸伦理问题的批评，与道德生活中的个人主义与个体取向相互脱节甚至对立。第三，精神环节与精神过程不健全，突出表现为知行不统一，其精神哲学根源是"理"向"道"转换的精神链脱节，认知形态的伦理即所谓道德理性强，而冲动形态的伦理即所谓意志行为能力弱，80%以上对公民素质中的突出问题在于"有道德知识，但不见诸道德行动"的诊断，就是知与行的精神链脱节的现象学表现。概言之，变化不同步，精神不统一，知行不合一，是当代中国伦理精神—道德精神生态链断裂的三大表现，它们构成当代中国伦理道德问题重要精神哲学根源。

伦理精神链的断裂，道德精神链的断裂，伦理精神—道德精神生态链的断裂，三大断裂诊断的精神哲学结论是：当代中国社会的伦理道德问题，本质上是一种精神障碍，是精神生命不畅的障碍，也是精神生命的运动障碍。

（二）伦理精神形态的哲学改变

半个多世纪尤其是近三十年来的中国，在经济、社会、政治、文化方面已经发生了极为深刻的变化，伦理道德生成发展的文明生态已经迥然不同。文明生态演变的重要后果之一，就是伦理道德的精神形态正在甚至已经发生哲学改变。这种哲学改变与伦理道德精神链的断裂相互诠释，形成当代中国伦理道德状况的特殊图景。

哲学改变一："伦理方式"的哲学改变——"从实体出发"与"原子式地探讨"

黑格尔在谈到伦理观、伦理方式及其与"精神"的关联时曾经下了如下断语："精神具有现实性，现实性的性是个人。因此，在考察伦理时永远只有两种观点可能：或者从实体出发，或者原子式地探讨，即以单个的人为基础而逐渐提高。后一种观点是没有精神的，因为它只能做到集合并列，但精神不是单一的东西，而是单一物和普遍物的统一。"① "从实体出发"与"原子式地探讨"，被黑格尔断定为"永远只有两种可能"的伦理观与伦理方式，而"原子式的观点"因其"没有精神"的痼疾而不具合理性与现实性。

调查提供的信息是：当代中国伦理观与伦理方式的主流至少在观念与信念方面仍是"从实体出发"：在个人—家庭—国家关系中，近80%的人认为家庭、国家高于个人；近80%认为处理婚姻关系尤其是离婚的决定性因素，是家庭整体或要兼顾社会后果；同样，分别有两个近80%认为职业是天职，需要奉献，或个人对社会有义务，应恪守社会公德。但是，当对这些数据进行分析时，很容易发现潜在于其背后的两个问题。第一，在这四个80%之外，是四个相对应的关于个人超越于家庭、社会之上主张，以及认为结婚离婚是个人私事的观点，它说明"从实体出发"的伦理观虽然未发生全局性改变，但四个20%"原子式地探讨"的观念真确地说明这种传统已经部分质变。第二，这些数据严格说来只是观念与信念，真正对伦理道德状况发生直接作用的，是现实生活中的伦理方式。调查发现的矛盾是：人们在观念上守望"从实体出发"，但伦理道德的现实，尤其是伦理场的难题与伦理冲突的根源，却是社会伦理中过度的个人主义，家庭伦理中责任感的缺乏，以及职业伦理中个体与企业共谋损害社会利益的行为，而近40%对两性关系的放任态度，更能解释当代中国伦理方式的实际状况，至少，在现实生活中，"原子式地探讨"的伦理方式已经大大超过观念中的20%。第三，对伦理观与伦理方式变化具有直接诠释意义的是关于德性论与正义论，或德性论与正义论的两个正相对立的50%左右的主张，说明在自觉的理论形态上，两种伦理观或伦理方式几乎势均力敌，也许这个结论还有待进一步获得佐证，但至少它是伦理观与伦理方式蜕变及其程度的重要诠释。

哲学改变二：伦理形态——个体伦理与集团伦理

① 黑格尔：《法哲学原理》，范扬、张企泰译，商务印书馆1996年版，第173页。

无论传统伦理，还是传统道德，其规约的对象主要是个人、集团及其行为长期逃逸于道德评价之外。虽然近年来对企业伦理、政府伦理进行了大量研究，但是在现实的伦理关系与道德生活中，因其天生的伦理性在道德评价中往往被默认至少得到很大程度的宽容。与个体行为相比，集团行为具有伦理与道德的双重性，即内部关系中的伦理性，以及作为"整个的个体而行动"的外部关系的道德性。通常的情况是，伦理性遮蔽了道德性。经济体制改革与市场经济的发展，使利益主体多元化，所有制形式多样化，因而使伦理主体与道德主体的形态发生了重大变化，个体与集团成为主体的两种形态，与之相应，个体伦理与集团伦理成为伦理精神的两种哲学形态。更重要的是，考察20世纪人类文明的发展，造成最大伦理灾难和最严重道德后果的恰恰不是个体，而是集团，如生态危机、战争，等等。因此，伦理形态已经悄悄发生了某种哲学改变，从个体主体的传统的形态，演变为个体—集团的双重形态，而且，集团可能是更为重要的形态。

调查显示，现代中国社会已经意识到某些集团行为如高校为教工子女降分录取、政府机关为职工子女入学提供方便等行为的道德本质，"不道德"的评价都在70%以上，并且超过50%的人认为集团不道德比个人不道德造成的危害更大。但是，由于其内部的伦理性，近30%认为"司空见惯"，甚至因"理所当然"而"道德"，近40%对本集团危害社会但给自身带来福利的行为不劝阻。这些具有多元倾向的数据表明：当代中国的伦理主体、道德主体，以及伦理精神的形态，正处于某种嬗变之中，从个体伦理到集团伦理的哲学改变正在发生。

哲学改变三："精神"的失落——"理性"对"精神"的僭越

当代中国伦理道德发生的最为深刻的哲学变化，就是理性对精神的置换或僭越。精神是中国传统道德哲学、也是德国古典哲学的核心概念之一。在世界文明体系中，中国与德国两个民族特别强调精神，并且赋予精神在哲学尤其是道德哲学体系中以特别重要的意义。根据黑格尔的观点，精神具有诸多特性，最基本的规定就是"单一物与普遍物的统一"；其次是与个人相对立，"精神的偶性是个人"；再一个就是，它是思维与意志的同一体，"精神一般说来是思维"，但在精神中，"思维和意志的区别无非就是理论态度与实践态度的区别"。① 由此，理性与精神便区分开来，当"理性已经意识到它的自身即是它的世界、它的世界即是它的自身时，理性就成了精神"②。精神由理性发展而来，是理性的高级阶段。现代性伦理、现代性道德哲学的特点之一，是以个体本位的理性，取代"单一物与普遍物统一"的精神，现代性对伦理道德的祛魅，相当程度上是对精神的祛魅，

① 黑格尔：《法哲学原理》，范扬、张企泰译，商务印书馆1996年版，第12页。

② 黑格尔：《精神现象学》，贺麟、王玖兴译，商务印书馆1996年版，第1页。

或因理性取代精神而导致的祛魅。

这种僭越在现代中国伦理道德和道德哲学中已经发生，并且正在发生。发生的重要证据是：(1) 以个体本位的“原子式地探讨”取代实体思维；(2) 以利益博弈取代实体回归；(3) 过于依赖于制度安排甚至以法律取代伦理。在现实的伦理关系与道德生活中，利益、制度、契约的理性正在置换以回归实体的信念为本质的精神。当然，原子式的理性思维，如利益博弈、制度安排等也可以达到某种普遍性，但正如黑格尔所说，它只能做到“集合并列”，即是说，只能建构形式普遍性，虽然这种形式普遍性具有效率，但却缺乏精神。可以说，“精神”缺场，所谓“无精神的伦理”，是现代中国伦理道德可能面临的最为深刻的哲学难题。

需要强调的是，以上三大改变，不是一般意义上的改变，而是哲学形态的改变，因而是根本改变，或具有根本意义的改变。这些哲学改变虽然现在只是局部地发生，甚至只表现出某些征兆，但却具有或者可能具有某种颠覆性的意义。

（三）道德同一性力量的危机

伦理道德是一种精神，精神的本质是“单一物与普遍物的统一”。于是，逻辑结论便是：伦理道德需要一种建构同一性的精神力量。调查发现，当代中国伦理道德在精神同一性建构的主体力量、客观基础、主观基础方面遭遇的诸多问题与难题，导致伦理道德精神的失调。

1. 同一性主体力量的缺场和异化：三大悖论

精神同一性的建构，首先需要主体性的力量。现代中国精神同一性建构遭遇的第一个难题，不只是同一性主体力量的缺场，更重要的是这些力量的异化。它们的缺场和异化，导致精神同一性建构的基本条件的不满足，从而产生诸多悖论。

(1) 思想领袖缺场：知识精英“集体失语”

悖论一：需要思想领袖，但思想领袖“集体失语”——知识精英是当今中国公认的处于第一位的思想行为的影响力群体，但他们中相当部分缺乏“中国话语”，所谓“失语症”。

在调查中，我们试图了解一个信息：“对你的思想行为影响较大的群体是哪些?”结论是：在任何群体、任何地区的调查中，知识精英都高居影响力群体第一位，居第二位的是党政官员。在总课题组的统计中，选择知识精英的达 40.0%，而且经济越是欠发达的地区，受知识精英影响越大，在广西、新疆等地区，这一选择高达 52.4%。但是，调查得到的另一个信息是：中国的知识精英因其“对中国的实际情况不太了解”观承担思想导师的使命。在理论和学术形态方面，这种状况突出表现为对西方理论和概念的过度移植，缺乏“中国问题”和“中国意识”，潜意识中试图以西方经验解释和解决中国问题，由此导致知识精英“集体失语”。知识精神“中国话语”的缺场，与意识形态的信用危机结合，导致主流意识形态与主流道德力量的消解。在对公务员群体的调查中，当问及“如果你了解或熟悉的国外思潮与党中央的宣传矛盾时，怎么办”？61.0％选择“相信国外思潮正确”，只有31.0％选择“认为党中央正确”。政治精英尚且如此，其他群体也就可想而知了。

(2) 行为示范群体信用丧失：党政官员缺乏道德信用

悖论二：需要道德示范者，但示范者道德信用丧失——党政官员应当是最具道德示范性的群体，但又是当今道德上公认的最不满意的群体。

调查发现两组数据的矛盾十分明显和突出。第一组数据是：党政官员是处于第二位的思想行为的影响力群体；第二组数据是：在当今中国道德状况最被不满意的群体中，党政官员高居第一位。另一个信息是，官员腐败是影响当今中国道德的最重要的因素。在任何时代、任何文化中，官员都是最重要的道德示范群体，权力的公共性本质决定了他们必须首先是道德楷模，然后才有资格成为政治家，否则便会由权力异化演化为政治异化。在中国传统文化中，这种逻辑被概括为“内圣外王”之道。当下遭遇的突出难题是：由于官员腐败现象的严重存在，不仅殃及整个官员群体难以履行道德示范作用，而且导致整个群体道德信用的丧失。而政治家道德信用的丧失，必然导致蔡元培先生所说的“道德虚伪”。

(3) 同一性手段的蜕变：媒体丧失道德性和道德的引导力量

悖论三：建构同一性的最强大工具，沦为解构同一性的力量。

媒体无可争议地成为现代社会最强有力的传播手段。在对大学生的调查中，分别有72.0％和70.0％认为“传播文化观念最广泛深入的方式”是电影电视和互联网。“对形成我国当前各种新型伦理关系和道德观念，哪些因素起主要作用?”总课题组的数据是：“网络和媒体”以74.2％高居榜首，远高于位居第二位的“市场”(57.8％)。然而，另一些事实却是：第一，演艺娱乐圈成为处于第二位的道德上最不满意的群体；第二，现代媒体事实上内在着由“文化产业”异化为“文化工业”的危险，对时尚的过度追逐必然导致精神同一性功能的消解甚至丧失，甚至沦为经济的附庸。

2. 同一性客观基础的动摇

在精神体系与精神发展中，伦理精神、道德精神，以及伦理—道德的精神生态最严重的断裂带可能会合于生活世界之中，或者说存在于伦理世界与生活世界、生活世界与道德世界的精神链接中。精神生命畅通的客观条件，是生活世界伦理性的存在，尤其是作为生活世界中伦理普遍性的两大精神表现或精神载体，即公共权力与普遍财富的伦理性的彰显。权力与财富的伦理性，是生活世界中，也是整个伦理道德精神发展中最为重要的现实基础。

然而，现代中国社会最重要的难题也存在于此。

难题一：公共权力的伦理性已经由于官员腐败而遭遇严峻挑战，甚至处于深刻危机之中。这种危机，可能还不只是事实上的公共权力的伦理性危机，最严重的是关于公共权力伦理性的信用危机。

难题二：分配不公导致社会财富的伦理性的瓦解。调查中的一个问题是："你对当前改革开放的主要忧虑是什么?" 38.2%选择"导致两极分化"，33.8%选择"腐败不能根治"，26.2%选择"生态破坏严重，经济发展不可持续"。从这些信息中可能引出的道德哲学结论是：生活世界中作为伦理普遍性的两大现实载体，即公共权力与普遍财富的伦理性的消解，或者说，伦理普遍性的信用的消解。

无论是公共权力，还是财富，一旦失去普遍性，便失去伦理性。分配不公的道德哲学本质，是伦理普遍性，或财富的伦理性的丧失；而官员腐败，本质上是公共权力的普遍性及其道德信用的丧失。

3. 同一性文化基础的祛魅

伦理道德的精神同一性建构，需要一定的文化基础。这个基础，在历时性方面是传统的持续；在共时方面是文化的基本统一性。调查发现，当代中国社会的这两个基础，不是不存在，而是"祛魅"，甚至严重"祛魅"。

（1）传统的崩坏，内在着"集体失忆"的危机

有两组数据可以说明文化传统的道德哲学意义。"你对社会文化现象是非判断的主要依据是"——千份问卷的多项选择中，"理性与科学" 28.1%，"传统道德" 27.2%。"传统道德"几乎与"理性与科学"并列第一。"你认为当前文化建设应优先重视哪些方面?""弘扬传统文化"高居榜首，占47.4%。但同时，一个不争的事实是，传统文化在现代中国已经式微，甚至某种程度上崩坏，社会生活中的传统含量已经很低。传统崩坏导致的"集体失忆"，使社会丧失建构精神同一性的最为可靠的力量。

（2）伦理—道德悖论，导致社会文化环境的同一性丧失

伦理—道德悖论，尤其是由于集团伦理所导致的"伦理的实体—不道德的个体"的悖论，使社会的伦理道德环境处于相互消解二难困境之中。一方面进行道德建设，另一方面大量存在的集团不道德行为，由于其内部的伦理性不仅长期被允许甚至被内部成员所鼓励；一方面要建设有利于青少年成长的社会环境，另一

方面城市建设中大量存在的公共资源配置不公，如红绿灯口行人尤其是老年人、小孩因时间过短而走路难的现象，又有力而无情地消解着道德养成的环境。集团行为、社会行为，不仅是潜在的，而且是最深刻的道德环境，集团行为的不道德，集团成员对集团行为的去道德态度和立场，严重腐蚀和侵蚀着现实的社会道德，尤其是现实的道德环境，从而出现道德同一性的文化危机。

第三部分　伦理道德建设的“精神战略”

（一）“十字路口”的“精神战略”

第一部分已经揭示，当前中国伦理道德的结构形态与生命体征，是四边形结构与二元体质。四边形结构的最大特质是不稳定性，二元体质的最大特质是临界性。四边形结构和二元体质，及其不稳定性与临界性，应当是确定当前我国伦理道德发展的文化战略的基本出发点。

从几何学的意义上考察，三角形具有稳定性，但四边形却具有不稳定性。由市场经济道德、意识形态道德、传统道德、西方道德四元素构成的四边形，至少具有四种组合的可能性，四种可能的形态中，两种形态没有合力，是应当防止或扬弃的结构；近似梯形结构是可能产生最大合力的“理想类型”。但是，严格说来，四元素所构成的四边形可能处于不断的变化中，变化的函数有二，一是四元素力量的大小，二是四元素之间的关系或彼此间紧张与一致的程度，其几何表现，就是诸元素之间的夹角。

对于现实社会中伦理关系与道德生活、义利取向、德福规律、生活水平与幸福感等四大关系的二元对峙的判断，以及德性论与公正论的二元对峙的理论主张，向人们传递着一个重大信息：当前中国社会的伦理道德，已经不是多元，也不是一元，而是“二元”，准确地说，正在或者已经从多元走向二元。二元心态和二元体质，可以视为当代中国伦理道德精神最基本的特征，它是一种过渡状态，更是一种临界的生命状态。

不稳定性与临界性呈现为特殊的现象学规律。四边形结构的不稳定性，表现为伦理道德“一切都被允许”的多元性，也内在着发展的多元可能性和可影响性；二元体质的临界性，标示着经过三十年乃至更长时期的演进，中国伦理道德发展已经进入一个重大转折和转换的关键期，或者说，已经又一次走到可能发生重大转换的十字路口。任何时候，伦理道德建设都具有不可或缺的文明意义，也许，“十字路口”，就是关于当前我国伦理道德发展样态及其情势的最具表达力的诠释。“十字路口”的“多元可能”，预示着战略选择与战略行动的决定性意义。

“十字路口”的核心战略是什么？是“精神战略”。理由很简单，伦理道德的“十字路口”，根本上是“精神的十字路口”。

“精神战略”的主题词是“精神”。“精神战略”的要义，是以“精神”为着力点，透过“精神建设”，破解处于“十字路口”的伦理道德发展的“中国问题”。“精神战略”，既是以“精神”为着力点的战略，或关于伦理道德“精神建设”的战略，也是基于精神哲学的战略。“精神战略”的哲学根据，不只是一般地因为伦理道德是“精神文明”的核心，更深刻的理由是，当前我国伦理道德问题的核心，是“精神问题”，只有通过真切而卓越的“精神战略”，才能能动地推进处于十字路口的伦理道德的精神转换。

“精神战略”的真谛，是根据对当前伦理道德发展的“中国问题”的哲学诊断，以及“精神”的概念本性，在这个“抽象的个人，世界的主宰”的时代，捍卫和重建伦理道德精神的现实性、普遍性、神圣性和同一性。

“精神战略”有两个关键词：“畅通”；“理论—实践工程”。

“畅通”的本义是：将伦理道德当做个体与社会的精神生命，通过解决某个或某些关键问题，畅通伦理道德的生命系统。20世纪上半叶，第四代新儒家的代表人物唐君毅先生在谈到中国传统文化时就指出，中国文化的根本问题，是由于生命不畅而导致的危机。当今中国社会的伦理道德的问题，并不是任何一个生命元素的问题，正像调查中发现的那样，单个的生命元素，像家庭精神、民族精神的传统事实上还十分坚韧，问题在于，在精神发展的进程中，尤其是在精神现实化的进程中，由于一些社会难题，出现生命运动的障碍，形成伦理道德精神的断裂。突破这些难题，必须改变思路，因为仅是解决某个问题即使像官员腐败这样的突出难题，也难以真正解决伦理道德发展的问题。合理而现实的战略，应当通过突出问题的解决，畅通伦理道德的精神生命，从而强化伦理道德的精神机体。

“理论—实践工程”的要义是：“精神战略”必须同时回应和解决相关前沿性的理论与实践难题，系统解决有关重大问题。现有的伦理道德战略，也涉及诸多理论与现实问题，遗憾的是，理论工程与实践工程往往不配套，因而难以形成在深层上解决问题的有机系统。“理论—实践工程”将理论难题与实践难题的破解相配套，由此形成关于伦理道德发展的“精神战略”的“问题系统”与“工程系统”。

“精神战略”在内容上展现为三个递进的层次：“精神回归”战略；“精神家园—精神生态”战略；“精神同一性”战略。“精神回归——精神家园—精神生态——精神同一性”，构成整个战略体系的关键问题和问题域。

“精神战略”凝聚为一个理念和口号：捍卫和蓬勃精神！

（二）“精神回归”战略

这一战略的核心是：伦理道德的本性是精神，“理性”对“精神”的僭越，是当代中国伦理道德发展的基本问题，是一切伦理道德困境的现实症结和哲学根源所在，必须实施“理性”回归“精神”的理论工程与实践工程。

1. 理论工程：“理性”与“精神”的哲学辩证，“精神”的理论回归

长期以来，人们似乎已经形成一种“共识”：伦理道德是“实践理性”。这种观点如此被放大，乃至几乎伦理道德不只是“一种”实践理性，而且就是实践理性本身。这一见解的最有力根据被认为是康德的《实践理性批判》。其实，这一熟知的观念既是对康德道德哲学的误读，也是对伦理道德本性的误读。因为：（1）康德的《实践理性批判》是在完成《纯粹理性批判》之后，试图以此证明纯粹理性的“全部实践能力”，进行“实践理性批判”，事实上，在他的著作中找不到关于“道德就是实践理性”的命题，乃至找不到这样的提法。在他看来，道德具有实践理性的本性，因而能证明纯粹理性的实践能力，但不能将必要条件替代充要条件，反过来说道德就是实践理性。[①]（2）黑格尔批判了康德将伦理与道德不分的错误，并指出，伦理道德是出于理性而又高于理性的“精神”，确切地说是“客观精神”，即具有某种普遍化和客观化自身的能力的精神，《精神现象学》的体系就以此为逻辑建构和展开，“精神”是全部黑格尔体系的核心概念。（3）“精神”是中国文化的传统话语和传统概念，而“理性”则完全是一个舶来品或西方话语，它的引进是20世纪尤其是20世纪后期的事情，但在此以前，中国早已形成最为成熟和发达的伦理传统，因而不能以“理性”解释中国伦理和中国人的伦理关系与道德生活。（4）更重要的是，对于伦理道德来说，“精神”比“理性”具有更高的解释力和表达力，“精神”高于“理性”方面是：第一，“精神”是理性的现实性，只有当理性意识到“它的自身就是它的世界时”[②]，即能够外化和实现自身时，理性才上升为精神，正如黑格尔所发现并指出的那样，思维与意志、认知与行动的一体两面，是精神的本性，它不像理性那样，只是思维或认知。第二，“精

---

① 关于这一辩证，参见拙文《“实践理性”与“伦理精神”》，见《哲学研究》2005年第4期。

② 黑格尔：《精神现象学》下卷，贺麟、王玖兴译，商务印书馆1996年版，第1页。

神”与伦理直接同一，它以普遍性为本性，是伦理之成为伦理的必要条件，“伦理本性上是普遍的东西，这种出自于自然的关联本质上也同样是一种精神，只有作为精神本质时才是伦理的”。正因为它是“本性上普遍的东西”所以“它就是一切个人的行动的不可动摇和不可消除的根据地和出发点”。[①] 第三，精神与民族及其伦理生活直接同一，因而使伦理精神与民族精神相同一。“当它处于直接的真理性状态时，精神乃是一个民族——这个个体是一个世界——的伦理生活。”[②] （5）“理性”对“精神”僭越，不仅形成理论上的混乱，而且是诸多实践困境的哲学根源。

基于以上辩证，“精神战略”的基本理论工程是：对伦理道德的哲学本性进行理论澄明，使之从“理性”回归“精神”。“精神”不仅更加契合伦理道德的哲学本性，而且由此可以确立道德哲学的“中国话语”，进而诠释和解决伦理道德发展的“中国问题”。

2. 实践工程：消除“理性”对“精神”的僭越，精神的实践建构

“理性”与“精神”的关系问题，不仅是一个哲学理论问题，更是一个直接的实践问题。当前我国伦理道德遭遇的诸多难题，都与“理性”对“精神”的僭越有关。“理性”向“精神”的回归，是解决一系列实践难题的一把钥匙。

难题一：超越四边形结构与二元体质。调查中所发现的当前我国伦理道德的二元体质可分为三类，即伦理判断与道德判断的二元对峙；理念与现实的二元对峙；德性论与正义论的二元对峙。一方面，在观念和理念中，认为义与利、德与福、经济发展与幸福感之间应当一致，但另一方面，在现实中又发现它们不一致。理念与现实在这三方面表现的二元对峙，本质上是认知与行动的对峙或脱节，脱节的根源，是只有认知的“理性”，缺乏认知与行动、思维与意志统一的“精神”，因而不能达到理性与“它的世界”即现实的统一。德性论与正义论的二元对峙，核心是基于普遍性与基于单一性的伦理观的对峙，它同样是由于伦理道德中因精神缺场而消解普遍性所导致的矛盾和冲突。至于对道德生活基本满意和对伦理关系基本不满意的“伦理—道德悖论”，则是以上两类对峙的逻辑结果，因为，伦理既是道德的前提，又是道德的现实。理念缺乏实现自身的能力、普遍性消解、道德生活取向与伦理关系期待相矛盾，这一切的哲学根源都是：理性滥觞，精神缺场。于是，不可避免地造成精神构造的不稳定性与临界性。超越四边形结构和二元体质的实践思路是：“理性”回归“精神”，以具有实现自身和自我同一性能

① 黑格尔：《精神现象学》下卷，贺麟、王玖兴译，商务印书馆1996年版，第2、8页。

② 同上书，第4页。

力的“精神”扬弃抽象和主观的“理性”。

难题二：应对伦理精神形态的哲学改变。调查所发现和揭示的当前我国伦理精神面对的三大哲学改变中，“理性”对“精神”的僭越是根本改变和症结所在，僭越的消解，可以能动地应对和解决“伦理观—伦理方式”和“伦理形态”的哲学改变。因为，“从实体出发”到“原子式思考”的伦理观与伦理方式的蝶变，根本上是“没有精神”而导致的单一性与普遍性的分离；而内在于“个体伦理—集团伦理”中“伦理的实体与不道德的个体”的悖论，本质上是伦理精神与道德精神的悖论，同样根源于精神普遍性的缺场和失落。从容应对伦理精神形态哲学改变的现实对策是：“理性”回归“精神”，建构具有普遍性、神圣性的精神家园，尤其是以家庭伦理精神—民族伦理精神为自然基础的精神家园。

难题三：扬弃知行脱节“有道德知识，没有道德行动”，是关于当前我国道德生活与道德素质中存在问题所达成的高度共识。这一问题的哲学表述是：只有道德理性，没有道德精神。知识可能是理性，但精神却是理性与行动的统一。解决问题的路径同样是：“理性”回归“精神”，扬弃“理性”的抽象性，建构认知与行动一体、思维与意志一体的个体“精神”。

（三）“精神家园—精神生态”战略

三大精神链断裂，即伦理世界—生活世界—道德世界的伦理精神链、实体—个体—主体的道德精神链、伦理精神—道德精神生态链的断裂，是当前我国伦理道德发展面临的突出而深层的难题。精神生态链断裂的直接后果是：精神家园的失落。应对这一难题的战略选择是：畅通伦理道德的精神生命，建立精神生态。核心战略是寻找和建构精神家园。

1. 理论工程：复归精神生态，寻找精神家园

针对三大断裂的精神生态建构，面临三个前沿性的理论课题。

（1）伦理世界、伦理实体与精神家园：伦理精神的家园在哪里？“失家园”是当代世界的普遍感受与共同难题。在道德哲学意义，失家园的根源首先在于对伦理精神链的家园，即伦理世界、伦理实体在精神的生命体系中的地位及其神圣性的消解。伦理世界是个体与实体直接同一并以普遍性为本质的世界，它是人类精神，也是个体精神的起始状态，也是它们的原点，其自然形态便是家庭与民族的伦理实体，因而也是精神的实体状态。这种未分化的伦理世界既是自然的，也是原初的，但却是人类和人的精神的家园，也是伦理精神和道德精神的家园，中西

方文化对“三代”和古希腊的眷念，相当程度上是对自己的精神家园的悬设和虚拟。但是伦理世界的精神家园地位却遭遇现代性的颠覆。一方面，哲学上，宣布“实体死了”，那种个体与实体直接同一的状态被认为是幼稚而失去合理性的传统性；另一方面，在现实生活中，“市民社会”和“全球化”的狂飙从两个侧面分别扫荡了家庭精神和民族精神，家庭精神被宣布为是“私德”，而民族意识则被视为“地方性”，家—国一体传统的解构更是崩裂了家庭精神与民族精神之间的生态关联。于是，伦理道德精神发展便面临一系不可破解的难题：到底在哪里寻找和建构精神的家园？伦理世界，家庭实体、民族实体到底是否还具有精神家园的神圣意义？现代性伦理是否还需要家庭精神与民族精神？没有家庭精神的自然基础，能否建构具有凝聚力的民族精神和坚韧的民族伦理实体？这些，便是建构伦理世界—生活世界—道德世界精神链的前沿性理论课题。认同和复归伦理世界，以及家庭与民族伦理实体作为精神家园的神圣性意义，是完成这一课题的基本理论任务。

（2）“市民社会”有没有精神家园？现代中国社会伦理道德的许多重大问题，都与市场经济产生的个人主义以及竞争价值观所导致的过度压力有关，同时也与对“市民社会”概念的引进及其合理性认同有关。在“市民社会”概念的首发者黑格尔那里，市民社会是家庭与国家之间的过渡环节，这在他的《法哲学原理》中得到充分彰显。现代哲学理论中将市民社会等同于现代社会乃至现代社会的应然状态的观点，已经导致伦理道德生活中的诸多理论混淆。市民社会是“个人利益的战场”，市民社会理念与市场经济规律以及市场经济的道德决定性理论的结合，使道德精神停滞于个体，既否定作为个体精神家园的实体，也难以上升为真正的道德主体，因为严格意义上的道德主体，是个体内在的实体性，或个体内在的伦理普遍性，因而是“伦理上的造诣”。“市民社会”与市场规律的泛化，是导致“实体—个体—主体”的道德精神链断裂的理论之结。

（3）伦理道德的精神家园：伦理优先，还是道德优先？伦理与道德不分，是现代中国道德哲学与道德生活的普遍问题，这种理论与实践上的“麦当劳文化”导致了两种后果。一是道德精神的主观性与抽象性。正如调查中发现的那样，虽然大多数人都宣布和认同以“良心”作为道德评价和判断的主体，但由于良心缺乏伦理普遍性的现实而客观的前提，因而往往流于“个人的私意”，而不能达到“一个人的心即是一切人的心”的“同心同德”，于是，“本诸良心”的宣言与“昧着良心”的行动同时大量存在，结果便像黑格尔所洞察的那样，良心不幸“处于作恶的待发点上”。二是“伦理场”缺失，社会缺乏共同的伦理策源地与客观的伦理认同，道德只是个体的理性考量和主观选择。由于伦理场缺失，道德精神成为孤离于伦理精神的、缺乏客观性和现实力量的自我认同甚至自恋，难以从“主观精神”上升为“对其具有自身确定性的精神”，“我就是道德”，从而不可避免地出现对道德生活基本满意和对伦理关系基本不满意的二元对峙。以上两种后果的集中表现，就是伦理精神与道德精神生态链的断裂。于是，寻找精神家园的第三个前沿性理论课题就是：伦理与道德的概念辩证，伦理优待与道德优先问题的澄明，伦理之于道德的优先地位的确立。

2. 实践工程：突破三大核心难题，在畅通精神生命中建构精神家园

（1）以官德治理和分配公正为着力点，透过权力公共性与财富普遍性的重建，建立生活世界中现实的伦理精神与道德精神，修复伦理精神生态。在伦理精神发展中，生活世界或教化世界是伦理世界与道德世界的中介，伦理世界中的精神实在是家庭与民族两大伦理实体，生活世界中精神的现实性基础是公共权力与普遍财富，而道德世界中的精神则表现良心的道德主体性。在生活世界中，一旦权力失去公共性，财富失去普遍性，这两大伦理元素也就失去伦理性，整个生活世界缺乏伦理与精神的客观基础；权力公共性与伦理普遍性缺失的更深刻的道德哲学意义在于，它使生活世界从伦理世界与道德世界的中介，异化为精神的断裂带，成为伦理精神发展的“中梗阻”，导致伦理精神的断裂。官员腐败与分配不公作为当今中国社会的两大社会问题，其道德哲学与精神哲学意义在于：它们消解了生活世界的伦理性，摧毁了“精神”的现实性和客观基础。惩治腐败和分配公正，不只是为伦理道德提供客观基础，更是修复伦理道德及其精神生命的基本实践工程，只有这两个问题在实践上获得重大突破，人们才能真正建构和认同共同的精神家园。

（2）透过强有力的价值互动，遏制市场经济产生的过度个人主义，修复道德精神生态。市场经济滋生的过度个人主义，被公认为是现代中国道德精神中最为严重的现实难题，也是导致道德精神断裂的渊薮。过度的个人主义既否定实体，也达不到真正的道德主体，在道德精神的发展中只能固守于抽象的个体。通过伦理—经济的有效互动，扼制过度的个人主义，是培育道德精神，修复“实体—个体—主体”的道德精神生态链的现实路径。

（3）强化“伦理场”建设。调查已经显示，家庭、学校、社会是伦理道德的最大受益场域，或三大伦理场，其中家庭与学校最为重要。伦理场的建设需要突破的现实问题是：第一，“教育”与“训练”。重要的是，家庭与学校应当不仅是伦理的知识教育的场域，而且首先是伦理训练的场域，只有透过行为训练和习惯养成，它们才能真正成为培育“精神”而不只是滋长“理性”的家园。第二，自然伦理场与教化伦理场。对精神养育来说，最重要的，是如何使家庭与学校成为自然的伦理场，而不只是履行其外在的“教化”功能，从而使处于其中的个体获

得浸润。第三，社会伦理场，尤其是那些潜隐而深刻的社会伦理场反正与建设。“伦理的实体—不道德的个体”的伦理—道德悖论，产生的最严重的社会后果之一，是提供了一个伪伦理场，从而导致伦理—道德的价值错乱和价值颠倒。同时现实生活中大量存在的隐性而深刻的社会问题，如城市资源像交通资源配置不公等现象，不仅是影响伦理道德建设的社会环境，而且直接就是隐性而深刻的伦理场。伦理场的正本清源与现实建设，是伦理精神—道德精神生态链修复的最为直接但至今未引起关注的方面。

(四)“精神同一性”战略

精神同一性战略解决的核心课题是：多元多样多变的文化背景下社会的伦理同一性；个体行为的道德合法性。

1. 理论工程：“合法化危机”与同一性课题

这一工程的基本课题是：寻找多元文化时代伦理道德的精神同一性基础，超越合法性危机。

（1）伦理同一性与道德合法性及其危机理论。西方马克思主义者哈贝马斯认为，现代西方社会最深刻的危机之一，就是合法性危机，其中动机危机是最深刻的危机。动机危机的表现，是文化模式难以通过社会化媒介和教育实践转化到人格结构中。[①] 合法性就是普遍性、同一性，伦理道德往往是行为合法性或社会同一性的精神基础。“伦理始终是合法性的基础。”而道德“是一种只承认普遍规范的系统”。[②] 多元文化背景下，往往“一切都被允许”。现代中国伦理道德的危机，相当程度上是合法性危机或同一性危机，即难以形成统一的伦理道德精神的危机。哈贝马斯试图以商谈伦理超越合法性危机。近三十年来中国在伦理道德建设方面采取的重大举措，从“关于精神文明建设的决定”，到《公民道德建设纲要》，到“八荣八耻”，实际上都是形成最大限度的道德共识和普遍伦理精神的努力。但是，调查得出的结论是：《公民道德建设纲要》实施的效果并不理想，而“八荣八耻”已经接近或者就是道德底线。如何建构社会的伦理同一性与道德合法性，这是理性主义、个人主义、多元文化影响下，由“从实体出发”到“原子式思考”的伦理观与伦理方式的嬗变，或“理性”对“精神”的僭越所导致的当代伦理道

① 尤尔根·哈贝马斯：《合法化危机》，刘北成、曹卫东译，上海人民出版社2000年版，第100页。

② 同上书，第113—114页。

德发展的基本理论难题。

（2）确立伦理同一性与道德合法性的精神基础哈贝马斯指出，合法化危机的重要根源之一，是传统的崩坏，使统一的价值观难以透过教育转化到人格结构中。同一性与合法性的精神基础，是社会所认同的文化传统尤其是伦理道德传统，它构成一个社会的集体记忆。在全球化时代，如何重新审视传统的精神哲学意义，确立其作为伦理同一性与道德合法性的精神基础的地位，是基本理论工程之一。

（3）同一性与合法性的主体和力量在哪里？社会结构与经济社会的发展，使建构伦理同一性与道德合法性的主体与手段都发生了重大变化，寻找和发现伦理代言人、道德示范者，以及同一性的技术手段，是"精神同一性战略"的另一理论课题。

2. 实践工程：精神同一性主体与力量的现实建构

这一工程由三个子结构构成。

（1）尊重传统，形成同一性的"集体记忆"。胡适先生曾经说过，新思潮本质上是一种新态度。伴随新思潮的新态度可能不断变化，但在"变"中应当有某种"不变"的品质，这就是对待传统的"尊敬的肯定"的态度。对待传统的过度批判，将导致一个民族"集体失忆"，从而使社会精神处于"失家园"的分崩离析的境地。精神同一性的现实建构，必须反思以往我们对待传统的态度，从"集体记忆"与社会同一性的精神基础的意义上确立关于传统的现代理念。应该说，对待传统的态度本质上就是一个伦理道德问题。

（2）建立"知识精英—党政官员—现代媒体"的伦理道德共谋的社会精神系统，培植同一性的现实力量。在现代中国社会中，知识精英是社会的思想文化上最大影响力群体和伦理道德的话语主体，当代中国伦理道德精神的发展，首先有赖于知识精英阶层关于自身文化使命的集体自觉，以"为天地立心，为生民立命，为往圣继绝学，为万世开太平"的襟怀，担当起伦理道德的话语主体的神圣职责。在社会精神系统中，党政官员是伦理道德的示范群体。道德失范，首先是官德失范，应当重温"内圣外王"的政德传统，通过整肃官德，使其重返道德示范者的本务。对伦理道德的精神同一性建构来说，电子媒介是一把双刃剑。必须通过媒介伦理，以及作为媒介主体的演艺人员的道德建设，使现代媒体成为伦理道德的精神同一性的建构力量，而不是解构元素。对伦理道德的精神同一性现实建构，具有一定创新意义的努力是：其一，必须在精神同一性建构的意义上，理解知识精英、党政官员、现代媒体在伦理道德发展中的地位和意义；其二，对现代中国伦理道德发展来说，也许以上三者中任何一个元素都难以形成决定性的力量，只有形成"知识精英—党政官员—现代媒体"在伦理道德方面的"精神共谋"，才能真正形成伦理道德精神同一性的强大力量。

(3) 修身养性，造就精神的守望者。在伦理道德精神的建构中，修养或修身养性，是建构伦理道德的精神同一性的个体机制，其精神哲学本质，是将个体造就成社会精神的守望者。现代理性主义及其个人主义取向根本改变了这一精神取向，对待个人的态度由“修养”嬗变为“张扬”，甚至是过度张扬，于是社会陷入不可收拾的单一性，难以形成造就社会同一性所不可或缺的精神凝聚力。没有修身养性，或没有自律，就没有社会同一性。“精神同一性”的微观战略，必须透过对修养传统的回归，培养和造就伦理道德的精神守望者。

20 世纪 40 年代，罗素就曾预言：“在人类历史上，我们第一次达到这样一个时刻：人类种族的绵亘已经开始取决于人类能够学到的为伦理思考所支配的程度。”[①] 我们可以说，经过近三十年乃至更长时期的演进，已经达到这样一个时刻，中国的伦理道德发展取决于“精神地思考”伦理道德的程度，其意义如此深刻，乃至关乎我们“种族的绵亘”。

（樊　浩）

① 罗素：《伦理学与政治学中的人类社会》，中国社会科学出版社 1999 年版，第 259 页。

二

当前中国诸社会群体伦理道德的价值共识与文化冲突

本报告试图根据调研信息对当前中国社会的伦理和谐状况，尤其是诸社会群体伦理道德的同一性、多样性、差异与对立状况进行分析。调查发现，当前我国社会诸社会群体在伦理道德方面存在诸多共同话语，达成许多基本价值共识，同一性是基本方面；但由于诸群体的伦理境遇不同，道德诉求多元，伦理表达多样，差异十分明显；特别是由于官员腐败与分配不公两大社会问题，诸社会群体之间的伦理对立现实而深刻。比较而言，伦理道德的地域性差异较小，乃至很小，说明当前我国社会伦理道德的文化同一性很强，信息化和社会交流的扩大已经在不同地域之间形成相当的道德共识。观念、理念方面趋同，与现实行为对立的悖论，是当前我国社会诸群体伦理和谐的特点和规律，有待现实而具有创造性地研究和解决。①

（一）诸社会群体的伦理境遇与道德气质

对当今中国诸社会群体的伦理道德状况进行解释或解读，两个因素特别重要。基本因素当然是诸群体在社会关系、经济生活、文化体系中的不同地位，但另一因素，即三十年改革开放进程中诸群体社会、经济、文化地位的变迁，可能具有更直接的解释力。调查发现，诸社会群体总是带着他们的“集体记忆”建构或重构他们的伦理关系与道德生活，这些“集体记忆”不仅在代际之间以最紧密的文化遗传方式获得，而且现有诸社会群体的成员直接就是三十年变迁的经验者，关于这些变迁的“集体记忆”既是他们原初的因而也是深刻的历史烙印，同时也是

① 本文所采用的数据，均为本人任首席专家的国家重大招标和江苏省重大委托项目诸子课题或本人直接进行的总课题调研的数据。因交叉性很强，采用时恕不能将有关调查负责人名单逐一标出。

群体认同的文化胎记。在这个意义上，诸社会群体是黄昏起飞的猫头鹰，总是带着他们的历史经验尤其是三十年变迁的历史记忆参与到整个社会的伦理关系与道德生活中。现实社会生活条件与三十年变迁的历史记忆，分别构成诸社会群体伦理境遇的纵横两坐标，在此基础上形成诸社会群体特殊的道德气质或道德气象。

在六大群体中，政府公务员的伦理境遇与道德气质方面最值得关注的有三大特点。

第一，他们是当今所有群体中对生活满意度最高的群体，对生活的满意（包括较满意）度，两次调查中分别以82.0％、87.0％遥遥领先于其他诸群体。在改革开放尤其是过去十年中，政府公务员的政治经济地位大大提高，公务员岗位由过去受冷落到被青睐热捧，56.8％的公务员认为，近十年公务员群体变化的最大文化感受是优越感和社会地位大大提高。如何解释这种变化？54.3％的公务员认为，它体现了中国“官本位”的制度取向及其传统。在这个意义上，说他们是改革开放的最大受益者并不为过；同时，政府公务群体是国家权力的掌握者准确地说是国家权力的支配者，是政治上的强势群体。改革开放的最大受益者和政治上的强势群体，是这个群体伦理境遇的基本特征。

第二，政府公务员群体又是被社会公认的伦理道德方面最不被满意的群体，它以74.8％高居伦理道德方面最不被满意的群体之首，在这个意义上，他们又是不折不扣的道德上的“弱势群体”。政治与社会生活中的强势群体——伦理道德方面的“弱势群体”；国家权力的支配者——伦理道德方面信任度最低的群体，构成政府公务员群体伦理境遇的两个悖论。道德上深深的失落感，以及伦理地位与道德地位的巨大反差，构成公务员群体道德气质的重要特征。

第三，伦理道德方面自我评价与社会评价的巨大反差。对于当今领导干部当官的目的，54.0％的公务员认为是“为民做好事，实事”，但89.6％的困难群体，86.7％的知识分子群体，66.0％的农民群体认为是“升官发财”。作为国家权力的执行者，理论上必须也应当是伦理道德的示范群体，传统上也曾作为伦理道德的示范群体而拥有最高信任度，与现实中沦为最不被信任的群体；政府公务员对自己做官目的“为人民谋利益”的自我评价，与“升官发财”的大众评价之间的巨大反差；巨大诱惑与巨大风险、政府公务员的高犯罪率与社会对职务犯罪的严惩，使公务员在伦理道德上处于被诱惑、紧张、忏悔，甚至因误解而冤屈的道德境地。伦理上的高自我满意度，道德上的低社会信任度，使公务员群体在伦理道德方面处于某种彷徨甚至痛苦的文化状态。

企业家与企业员工群体从根本上说并不属于一个群体，因为经济体制的多样性和二者在经济生活中的不同地位决定了他们之间存在深刻的差异，但是作为最直接和最重要的经济主体，在伦理道德方面也存在某些文化同一性。第一，他们是市场神话的信奉者、创造者，也是市场压力最直接的感受者。影响现代人幸福感和道德生活的两大因子，即“市场经济导致的过度激烈的竞争”、“市场经济导致的个人主义”，发祥地都在企业，在这个意义上，理解了这个群体，才能理解当今中国的市场伦理与市场道德。第二，内部伦理关系的失落。计划经济时代，“工人阶级”不仅是主人，而且是领导阶级。在多种所有制形式中，企业员工与企业家的关系发生了根本性改变，经济和政治地位出现了不平衡，不仅员工而且企业家本身，也感受到伦理安全感的缺失。第三，外部伦理关系的遮蔽。“后单位制时代”，企业成为“经济实体”，由此与国家和社会的深刻关联被市场所遮蔽，企业作为“社会公器”或“企业市民”的意识式微，很容易滋生企业家的“能力崇拜”和员工的“利益崇拜”心态，“伦理的实体—不道德的个体”的伦理—道德悖论尤为突出而深刻，财富创造与问题创造的双重性在这个群体中表现得特别明显，企业家以33.7％处于伦理道德方面最不被满意的群体的第三位就是证明。第四，多种所有制形式的存在，使这一群体总体上呈现交叉、边缘、混合和不断分化的结构，比如，独资、合资、民营企业的企业家和员工同时也可以属于新兴群体。伦理感的飘零和道德感的祛魅，是这一群体伦理境遇和道德气质的重要特征。

近三十年发展对青少年群体伦理境遇和道德气质变化影响最大的是以下四个因子。第一，社会高度开放，市场体制的社会化，使作为青少年生活最重要场域的学校失去了原有的作为“文化实验室”的条件，学校作为文化尤其是伦理道德的“理想国”环境逐渐消逝，几乎与社会、市场“零距离”。第二，由于文化传统在相当程度上被解构甚至颠覆，伦理道德及其教育的同一性瓦解，多元社会与多元文化中统一的价值观很难透过教育建构，从而遭遇哈贝马斯所说的“合法化危机”。第三，独生子女政策使家庭作为伦理策源地与道德发祥地的功能被严重弱化。调查发现，家庭、学校、社会是伦理道德的三大受益场域，认同度分别达63.2％、59.7％、32.2％。其中家庭居首要的地位。然而另一个事实是：独生子女结构使家庭很难像以往那样完成其自然伦理训练的任务，家庭作为自然伦理实体或直接的伦理精神的文化意义严重蜕化；而学校由于其作为“文化实验室”理想环境的消解，也使其难以履行文化功能；由此社会的不良影响便难以避免地渗透到这一群体的伦理道德建构进程中。第四，更为突出的是，信息技术的发展，使青少年获得了前所未有的话语权和话语能力，西方有些学者甚至认为，由于信息技术的发展，社会正由前示型社会、互示型社会向“后示型社会”转化，由成年人引导社会向年轻人引导社会转化。也许，成年人根据自己的人生经验有足够的理由对青少年主宰自己特别是引导社会的能力忧心忡忡，但可以肯定的是，信息技术的发展，特别是青少年和年轻人成为新的信息技术的最有能力的掌握和运用者，已经使成年人特别是老年人的伦理领导权和道德话语权遭遇根本性挑战，甚至发生根本性危机。由于社会包括家长对独生一代未来可能面临的一切毫无所知，由于信息能力方面的差异甚至悬殊，青少年正日益将社会视为自己的伦理试验场，而“一切都被允许”成为这个“伦理试验场”主人的特殊“道德气质”。

本次调查的青年知识分子群体既包括在校大学生和研究生，也包括青年教师和青年科技工作者，因而其范围显然比国外所使用的“知识分子”广泛得多。西方社会学家将知识分子理解为以概念或思想创造为职业的人，故所谓“知识分子群体”就是对现存秩序持批评态度而充当社会良知的群体。在中国传统文化中，它被称为“士”及其群体。本次调研以一般意义上的“知识”或大学以上的受教育程度作为“知识分子”的基本规定，青年知识分子的主体部分是80、90后的年轻人。他们在伦理气质上往往处于新旧转型的过渡带，体现出明显的混合与断裂的特征。比如，对待婚姻的态度，43.7％愿意“取妻生子，白头偕老”，47.1％将婚姻当做缓解生活压力的一种形式，可以自由地解除。他们在伦理道德方面具有某种先锋派的特征，比青少年群体多了一份成熟和理性，又比其他群体多了一份前卫。他们的伦理主张和道德诉求趋向于务实，传统青年知识分子的理想主义色彩明显稀薄了许多，对许多问题的回答，他们往往表现出可爱甚至有点可怕的坦诚，在这个意义上可以说，他们的精神世界是“半裸露”的。但值得注意的是，他们中已有不少知识精英，而知识精英在诸群体中居思想行为的影响力之首，当今中国最有影响力的群体分别是：知识精英48.0％，党政干部25.0％，工商精英17.0％。

调研的新兴群体主要指三十年尤其是近十年出现的新的职业群体，如独立经纪人，传媒制作人员，外资、合资、独资企业的企业家和员工，自由职业者等。调查发现，这个群体的伦理气质和道德气质不仅“新”，而且“特”。比较调查发现，他们的“新”与大学生群体的“新”不同，很大程度上是因其特殊的职业及其伦理境遇而表现的“特”。比如，他们更亲近私有制，69.3％认为私有制效率更高，高居六大群体榜首；他们更相信个人能力的意义，对自我评价也较高，96％认为自己具有社会责任感，93.3％认为自己有道德修养，92.4％认为自己有奉献精神。这是一个自我感很强，在相当程度上给社会带来新的伦理元素和道德气象，但仍缺乏充分认识和理解的群体。

调查的弱势群体主要是失地农民、城市农民工、下岗工人、低收入群体等。他们是社会变动中的失利人群，也是社会生活中的困难群体。这一群体的普遍特征是对自己的生活的不满意率高达81.1％，与公务员群体84.5％的满意率形成强烈比照。调查的新发现是，这一群体的伦理感和道德感都很强，有着强烈的伦理认同倾向，特别是家庭伦理归宿感和家庭道德责任感明显强于其他群体；他们也富有社会同情心，并且有较高的公德意识，76％愿意积极参与公益活动。他们对现行分配制度持否定态度，55.6%认为弱势群体形成原因是制度安排不合理，47.8%认为是社会不公，两个指标均占六大群体之首。54.6%对职业或工作单位很不满意，现实的伦理境遇使他们很难产生良好而持久的职业伦理态度。对伦理归宿感的渴求和朴实的道德精神，构成这一群体伦理认同和道德气质的重要特征。

（二）价值共识及其多元表达

调研的基本目标之一，是试图发现多元文化背景下诸群体在伦理关系、道德生活，以及伦理道德发展的影响因子等方面是否达成一定价值共识，由此寻找社会和谐与伦理道德的合法性的基础。调查发现，经过近三十年的激荡，诸群体伦理道德演进的轨迹虽然呈现为“多”，但在“多”中已经或正逐渐形成某些基本共识，共识形成或表现的规律是：它们在相当程度上基于或显现为某种文化认同，由于伦理境遇和道德气质的不同，在文化认同的基础上诸群体又展现为多样性。共识及其多样化表现的特点，用中国传统道德哲学的话语表述，即“理一分殊”。

1. 伦理关系：“新五伦”

伦理关系调查的基本内容是诸群体的伦理实体意识与当今中国社会的伦理范型。

伦理实体意识调查的核心问题，是关于家庭、国家、社会与个人的关系。总课题组综合调查的结果是：当今中国社会关于个人—家庭—国家关系的主流观念，是认为家庭、国家高于个人，这类选择占总数的65.2%，分歧在于，其中27.5%认为国家高于家庭，17.5%认同家庭高于国家，但也有14.6%和5.6%分别认为家庭与国家都是一种契约关系或个人的手段，可以因个人需要淡化或解除，两项总和超过20%。

伦理关系调查的核心任务，不是呈现当今中国社会的诸多伦理关系，而且试图发现诸多伦理关系背后的伦理范型。传统伦理以君臣、父子、兄弟、朋友、夫妇的“五伦”为范型，以“人伦本于天伦”的原理为伦理规律，其客观基础是家国一体、由家及国的文明路径和社会结构。当今中国社会在多元伦理取向的背后是否存在伦理范型？调查以“五伦”为传统背景，力图揭示当今中国社会中最重要的五种伦理关系及其规律。调查发现，当今中国社会对于最基本的伦理关系的认同趋向于共识，但诸群体对五种伦理元素的伦理地位即重要性的排序各不相同。

当今中国社会最具根本意义的伦理关系的结构是什么？总课题组的发现是：血缘关系40.1%，个人与社会的关系28.1%，个人与国家的关系15.5%。诸群体的选择及排序基本相同。

最重视的五种伦理关系或“新五伦”是什么？在多项选择中，总课题组和诸群体调查的结果如下：

“新五伦”

调查对象	五种最重要的伦理关系（“新五伦”）
总课题组综合调查	父子 93.8％，夫妇 78.4％，兄弟姐妹 63.5％，同事或同学 47.1％，朋友 43.5％
公务员群体	夫妻 89.9％，父子 80.7％，上下级和同事 72.7％（上下级关系优先于同事关系），兄弟姐妹 42％，组织 38.6％
新兴群体	夫妻 80％，同事 43.6％，父子 32％，朋友 30.7％，兄弟姐妹 28％
青年知识分子群体	父子 92％，上级或老师 60.9％，朋友 53.2％，兄弟姐妹 47.3％，夫妻 42.6％
城市弱势群体	夫妻，父子，兄弟姐妹（此三伦排序如此，但未有比例），朋友 38.8％，同事 27.5％

从以上关于伦理关系的信息中不难发现，诸群体在伦理关系认同方面虽未形成完全一致的“新五伦”，但其元素和结构却大致相似，表现的共同特点是：第一，社会、国家高于个人的伦理价值取向，它表明，“从实体出发”的“伦”的传统依然存在，个体主义并未成为主流；第二，家庭关系仍是伦理关系的基础和重心，与传统五伦一样，夫妻、父子、兄弟姐妹五者有其三；第三，社会关系包括上下级、同事、朋友关系具有重要地位。说明当今我国伦理关系既强烈地保持了家庭本位的传统，又具有现代市民社会的元素和特质。可以推测，如果采用完全相同的问卷，可能会达成某种一致性。

与传统“五伦”相比，正在形成的“新五伦”中最应当注意的是两个问题。第一，夫妻关系的地位上升。在以上诸群体中，除青年知识分子群体对夫妻关系的排序较后外，在其他群体中都居诸伦理关系之首，而青年知识分子群体和总课题组的结论，与调查对象中很多是大学生这一未婚群体有关。在传统五伦中，夫妻只是家庭血缘关系的“天伦”与国家、社会关系的“人伦”的中介。夫妻关系成为第一伦理关系是前示型社会向互示型社会转型、伦理关系的重心发生重大位移的征兆，是父权乃至传统权威失落的表现，当然也是由于社会压力增大，需要夫妻共同分担的结果。第二，与国家的伦理关系被冷落和遮蔽。传统五伦中，群臣关系实际是个人与国家伦理关系的人格化，而无论在总课题组还是各子课题的调查中，与国家的伦理关系都未处于很重要地位，甚至根本未受到重视，认为个人与国家的关系是契约关系的观点已有不小的影响。面对市场经济的“个人本位”和市民社会的“社会本位”，如何发现和重建个人与国家伦理关系的意义，乃是一个重要课题。同时，诸群体对伦理关系的排序，明显具有其伦理境遇的印记：弱势群体因其在社会关系中的弱势地位，对家庭关系重视的程度最高；公务员群体比较重视上下级关系；新兴群体因其独立性比较重视同事关系；朋友关系对新兴群体和弱势群体来说，比其他群体更重要。

2. 道德生活："新五常"

道德生活调查的基本任务是发现当今中国社会最重要，也是得到最大认同的那些德目。传统中国社会的基德或母德是仁义礼智信的"五常"，在多元多样多变的现代社会，得到最广泛认同因而具有某种基德或母德意义的五种德性或"新五常"是什么？诸群体在这方面形成哪些共识？

"新五常"

调查对象	五种最重要的德性（"新五常"）
总课题组综合调查	爱 78.2%，诚信 72%，责任 69.4%，正义 52%，宽容 47.8%
公务员群体	诚信 89.3%，仁爱 70.1%，正直 69.1%，孝顺 63.9%，公义 45.7%
青年知识分子群体	求真公正 34%；追求真善美，充当社会良心 26.7%，刚直 14.4%，理性与批判精神 13%；智慧 10.4%
城市弱势群体	诚信 54%，宽容 38%，仁爱 35%，智慧 34%，节俭 33%
新兴群体	诚信 84.4%，仁爱 65.8%，正直 60.4%，孝顺 60%，公义 37%
青少年群体	仁，孝，信，诚，廉（排序如此，未有比例）

由于诸调查问卷的设计特别是供选择的德目不同，特别是青少年群体的问卷设计，是在传统美德中进行选择，所以结果十分多样；而且诸群体无疑是从自己的境遇出发进行选择，其中青年知识分子群体的选择最明显地具有该群体的个性和偏好，城市弱势群体重视"俭"德，而青少年群体对"俭"德的认同度最差。不过，从多样性的选择中还是可以发现在当今中国社会得到比较高度认同的那些德目，即：爱（仁爱），诚信（诚，信），正义（正直，公正，公义），宽容，孝（孝顺）。其中仁爱、诚信、孝顺等属传统美德，而正义、宽容是现代美德。"新五常"表现出由传统向现代过渡的明显特征。

3. 伦理道德的影响因子

这一调查的目的，是试图发现当今中国社会的伦理道德到底受哪些因素影响，一些新的元素，如网络、市场经济等，对诸群体的影响有何差异。

总课题组的综合调查发现了当今中国社会伦理道德的三大策源地和四大影响

因子。三大策源地依次是：家庭63.2％，学校59.7％，社会32.2％；四大影响因子是：网络媒体74.2％，市场57.8％，政府56.7％，大学及其文化56.5％。由于社会地位和伦理境遇不同，诸群体对它们的认同和选择也不同。

公务员群体的多样选择表明，五种实体发挥着重要的伦理功能：政府60.2％，政党44.3％，家庭33.0％，学校22.7％，社区17.0％。在回答“政府在制定政策和决策，以及处理具体事情时，会不会考虑伦理方面因素”的问题时，64.3％认为“应该有”，其余则“不能明确判断”或“不知道”。关于市场经济对公务员伦理道德的影响，58.9％认为有负面影响，只有23.4％认为有正面影响，“更注重自律”。关于网络技术对公务员群体伦理道德的影响，主流的观点是认为“没有影响”（33.5％），16.9％认为“更注重道德自律”，但也有超过20.0％认为会产生一些不道德现象。关于全球化对公务员道德的影响，47.0％认为“有影响，但影响不大”，38.3％认为“有很大影响”。

青年知识分子群体对市场经济的道德影响同样持否定性评价。35.9％认为它使人与人之间越来越冷漠，34.3％越来越功利化，55.0％认为网络交流“与平时一样，道德上谈不上提高或降低”，18.3％认为“更加注重道德自律”，但26.7％认为会降低道德。对青年知识分子的道德发展有三大不利因素：市场经济的功利主义79.8％，新技术尤其是网络技术产生的道德问题27.6％，全球化带来的异域文化17.1％。该群体认为，在当今中国社会中，三大组织最能体现伦理道德诉求：家庭48.8％，学校45.3％，政府37.5％。

虽然回答不尽相同，但共识是明显的，伦理道德的影响因子有：家庭，学校，政府，社会，市场，网络。六者之中，市场和网络的影响最为复杂，可以说是一把双刃剑，就目前而言，似乎负面影响或产生的问题是矛盾的主要方面，但对不同群体，影响的状况则很不相同，尤其是网络媒体。

（三）伦理冲突与道德分歧

一般说来，伦理冲突与道德分歧来源于伦理道德的多样性，但多样性、分歧、差异只有达到一定程度时，才会构成伦理冲突。调查试图揭示的冲突和分歧，主要是诸群体之间不同的伦理态度，以及对待同一道德事实在道德认知方面的分歧。

当今中国社会诸群体伦理关系与伦理态度的总体图像是：对政府官员缺乏道德信任，对治理腐败缺乏信心，并且由此影响到全社会对国家伦理实体的信念；对弱势群体寄予伦理同情，认为弱势群体的造就是由于制度缺失和分配不公；知识精英跃居影响力群体之首，人们不仅期望他们成为思想先锋甚至思想领袖，更希望他们成为社会良知；对青少年群体满怀道德忧虑和伦理期待，但又信心不足并明显缺乏指导能力；对新兴群体怀有伦理好奇和道德宽容；对企业家群体的伦理态度矛盾而复杂。

如果将伦理与道德作一区分，那么主流社会心态是：对道德生活基本满意，达75.0%；但对伦理关系尤其是人际关系基本不满意，达73.0%。我们将这种状况表述为伦理—道德悖论。在诸伦理冲突中，人与人的冲突居首。总课题组的调查发现，当今中国社会最基本的伦理冲突依次是：人与人的冲突（11.9%），人与自然的冲突（10.8%），人与自身的冲突（10.3%）。

总体上，诸群体对目前的人际关系和伦理感受的认同度与评价并不高，在73.0%的否定性评价中，38.0%认为“受功利原则支配，相互利用”，27.0%认为“关系变简单了，但温情大大减少”，还有8.0%认为“变得越来越恶化”。对目前的生活感受，37.3%选择“生活水平提高了，但幸福感和快乐感下降了”，也有35.4%选择“既不富裕，也不小康，但幸福并快乐着”。与60年代前相比，伦理认同度和伦理满足感降低的主要原因是：现代人过于个人主义（55.2%）；生活压力太大（47.6%）；经济体制变化，缺乏归宿感和安全感（44.1%）；欲望太多（37.1%）。人与人的冲突，很容易内化和演化为人与自身的冲突，而低下的伦理满足度和认同感本身就是伦理冲突的表现。

当今中国诸社会群体伦理冲突与道德分歧的焦点有二：一是官员腐败，二是分配不公。可以说，当今中国社会尤其是六大群体之间已经形成了完全一致的“问题共识”。到底什么因素阻碍社会主义理想信念？根据省课题思想组的调查，六大群体完全一致的结论是：第一，腐败严重；第二，分配不公，两极分化。对这两大问题的诊断，六大群体之间，不仅结论相同，排序也完全相同。对于改革开放的主要忧虑是什么？居于前两位，并且六大群体在结论和排序方面意见完全一致的同样是这两个问题。官员腐败与分配不公，两大问题分别构成伦理冲突的纵横坐标。官员腐败是伦理冲突的纵坐标，分配不公是伦理冲突的横坐标，二者形成伦理冲突的坐标系。其中，官员腐败是一个群体与所有其他群体之间的伦理冲突；分配不公是诸群体之间的伦理冲突。

官员腐败之所以是一个群体与其他所有群体之间的伦理冲突，是因为这一问题已经从少数人的腐败泛化为全社会对这一群体的伦理态度与道德判断；其更为深刻的哲学根据是，由于政府官员是国家权力的掌握者和支配者，因而官员腐败本质上不是对一个人或少数人的侵害，而是对国家权力的所有者即一切社会成员的侵害。官员腐败之所以成为诸社会群体伦理冲突与道德分歧的焦点，是因为它既是伦理冲突的表现，又是伦理冲突的重要根源。官员腐败无疑会演发和激化社会矛盾，导致伦理冲突；而由部分人的腐败所导致的全社会对整个干部乃至公务员群体失去伦理信任和道德信心，又是诸群体间伦理冲突的表现。一个显然的事实是，对干部道德的怀疑、批评和缺乏信心已经是包括公务员群体在内的“道德共识”。严重的是，公务员群体不仅在道德行为，而且在职业动机方面陷入深刻的信任、信心和信念危机之中。诸群体中超过60％的比例认为干部当官的目的是为个人升官发财的判断，就是动机和信任危机的表现。在这个意义上，公务员群体在伦理道德方面处于不被理解、不被认同的地位，并由此处于与其他诸群体的伦理冲突之中。而且，根据思想组的调查，52.0％的公务员群体，68.6％的新兴群体，51.2％的知识分子群体，48.6％的弱势群体，47.7％的企业家与企业员工群体，34.3％青少年群体，对根治腐败没有信心或信心不足。近些年来，党和政府虽然在惩治腐败方面采取了果决而严厉的措施，但毋庸讳言，由于信任和信心危机的存在，公务员群体仍处于伦理合法性与道德合法性的危机之中，政府官员高居伦理道德方面最不被信任的群体之首，就是危机和冲突的表现。由此而演发的伦理冲突虽不是很激烈，但由于国家权力所具有的政治广泛性，以及伦理合法性、道德合法性所具有的深刻政治意义，这一伦理冲突的后果十分令人担忧。

分配不公所导致的两极分化，是诸群体之间伦理冲突的根源。当今中国社会的弱势群体形成的原因是什么？六大群体之间同样不仅结论而且排序完全一致的答案是：（1）制度安排不合理；（2）社会不公。几年来我国实行的医疗、教育、住房三大改革的伦理性质如何？三项调查发现，六大群体在多项选择中位居第一位的选择都是：“没有代表中下层民众的利益”或“加剧了贫富分化”。对目前不同人群之间的收入差距，68.0％的公务员、64.0％的农民、48.0％的企业家和企业员工选择“不合理，但可以接受”，而59.0％的弱势群体、49.0％的知识分子群体表示“不合理，不能接受”。诸群体对此“不合理”的判断是一致的，只是抗拒的程度有所不同。可以说，分配不公及其所导致的两极分化，正演化为深刻的伦理冲突，它也是人们感到“虽然物质生活水平提高，但幸福感快乐感降低”的深层原因之一。

官员腐败与分配不公两大伦理问题导致两类伦理冲突：前者导致国家权力中的伦理冲突，后者导致社会财富中的伦理冲突。冲突的结果，是生活世界中伦理普遍性的消解。正是这两大伦理问题和两大伦理冲突的存在，所以导致了全社会普遍的文化怀旧情结。74.0％的公务员、76.0％的农民，认为毛泽东时代“虽然物质生活条件差，但有信念”。这一结论折射出现代中国社会在文化心态、伦理心态和政治心态方面巨大而深刻的不平衡。

（四）群体差异与区域差异

总课题组在江苏、广西、新疆三省（区）进行的综合调查表明，当前我国伦理道德的地域性差异较小，远小于群体性差异。导致这一结果的原因有三：信息化尤其是电子信息技术产生的社会联系的广泛和迅捷；市场化以及交通发展产生的交流的直接性和人口的高流动性；共同文化的作用。当然，这一结果可能与调研对象的主体部分是大学生和中青年知识分子也有关，如果深入到交通比较闭塞、信息相对封闭的少数民族地区，可能结果会很不相同。由于三地调查采用完全相同的问卷，可比较性很强。其中，江苏代表发达地区，广西和新疆代表发展中地区和宗教文化地区。

三地调查未发现完全不同或截然相反的结果，52个问题中绝大部分信息不仅结果相同，而且排序相同。特别是在以下四方面，三地区表现出高度一致性。所谓“高度一致”，是指不仅观点或判断一致，而且在多项选择中要素和排序也一致。

三省（区）的伦理道德共识

内容	三省（区）的价值共识
伦理关系与道德生活的现状	对道德风尚基本满意、对人际关系基本不满意；实际奉行的价值观是义利合一、以理导欲；市场经济道德是社会道德的主流；总体上道德与幸福能够一致
伦理关系	家庭比个人更重要，婚姻应当从家庭整体考虑；职业劳动不仅是谋生手段而且是天职和目的，职业活动中最担忧的问题是责任感与奉献精神的缺失
道德生活	目前我国社会的伦理道德的调节能力“一般”；个体道德素质中的主要问题是“有道德知识但不见诸行动”；道德判断的基本依据是大多数人认同的道德规范和自己的良心
当前我国社会的伦理道德素质及其影响因子	信守善恶报应；伦理感受境遇和信念影响最大，道德感受道德规范和社会评价影响最大；以伦理调节为化解人际冲突的首选；现代人虽有荣辱感但已严重蜕化；对伦理关系和道德生活造成最大负面影响的因素是市场经济导致的个人主义；信息技术和市场经济内在着“效率—伦理”的悖论——效率提高但情感的真实性或人际亲密度、伦理感降低，经济发展但人的幸福感降低；《公民道德建设实施纲要》的实施效果很小或没有实质性效果

多项选择中，三省（区）不仅要素相同，而且排序相同的伦理道德共识

内容	三省（区）的共识及排序
伦理关系	当前我国社会面临的三大伦理冲突：人与人、人与自然、人与自身；"新五伦"：父子、夫妇、兄弟姐妹、同事或同学、朋友；伦理关系的结构：血缘关系、个人与社会的关系、个人与国家
道德生活	"新五常"：爱、诚信、责任、正义、宽容
伦理道德方面最不满意的群体	政府官员，演艺娱乐界，企业家群体
不良道德风尚的主要责任因素	官员腐败，社会不良影响，学校道德教育弱化
成长中最大的伦理受益和道德训练场所	家庭，学校，社会

但是，这并不意味着地域差异不存在。三省（区）或两类不同地区对同一问题选择的差异比较明显地表现在那些多项选择的问题中，其特点是：选择的要素相同或基本相同，但排序有所差异。

三省（区）差异表

内容	江苏地区的首选	新疆、广西地区的首选
目前的生活状况	超过40%首选"生活水平提高，但幸福快乐感降低"	超过40%首选"生活既不富裕也不小康但幸福并快乐着"
伦理道德的向往	"传统社会的伦理道德"（23.5%）	"无所谓向往，自己认可就行"（34.8%）
社会公德中的最突出问题	"人际关系冷漠见危不救"（61.6%）	"诚信缺乏社会信用度低"（58.1%）
人与人、人与自然、人与自身对立的原因	分配不公、差距过大（61.5%），政府政策失当（35.1%），欲望过多过大（48.0%）	过度个人主义（70.1%），企业唯利是图（35.7%），竞争压力过大（58.0%）

除以上问题之外，52道题中，其余选择基本相同甚至高度一致。即使以上差异，大多也只是排序第一和第二位的区别，而且分值悬殊很小。与一致性相比，地域之间的差异性不仅居次要地位，甚至无须作为重要的影响因子。

（五）伦理和谐的特点规律及其道德哲学意义

从以上信息可以发现当前我国诸社会伦理和谐的四个基本特点和规律。第一，观念和理念上趋同与实践和现实上冲突的悖论或矛盾；第二，问题诊断的一致性高于价值认同和价值判断的一致性；第三，地域间一致性高于群体间一致性；第四，在伦理道德与思想文化之间，伦理道德领域的一致性高于思想文化领域的一致性。四大规律中，“趋同—对立”的悖论，是最重要、最具关键意义的特点和规律。

调查发现，当前我国诸社会群体在伦理关系、道德生活、伦理道德素质及其影响因子等方面的一致性大大高于差异性，甚至可以说，相当程度上不是差异性基础上的一致性，而是一致性基础上的多样性。但是，这并不意味着诸群体之间就不存在差异乃至冲突，相反，冲突是深刻而明显地存在的，只是说，它不是存在于人们的观念和理念中，而是存在于现实中，存在于现实的伦理关系和道德生活中。冲突的最明显体现，就是以政治道德中的官员腐败和财富伦理中的分配不公为公认的两大社会难题；以政府官员、演艺娱乐界和企业家为道德上最不被信任的三大群体。理论上的高度一致和实践上的深刻冲突同时存在，构成当前我国伦理道德同一与差异、和谐与冲突的二律背反。在这个意义上可以说，诸社会群体之间的一致性，是文化一致性，理念和观念的一致性，但是，实践和现实中的一致性，才是更深刻的一致性，没有这个一致性，观念和理念的一致性将很脆弱。深刻而严重的问题是，当前我国诸社会群体伦理道德的现实冲突很容易被观念和理念上的一致性所遮蔽，从而没有引起必要的重视，至少可能延迟化解这些冲突的必要性与紧迫性。当然，这并不意味着观念和理念上的一致性没有意义，毕竟，它是达到现实一致性的价值基础，而且，诸社会群体包括不同地区的诸社会群体之所以在官员腐败和分配不公两大伦理道德问题及其引发的伦理道德冲突的诊断方面达成高度共识，很大程度上就是基于观念和理念上的这些一致性。观念与理念的一致性无疑是一个有意义的结构，它是达成真正的价值共识的主观基础，但真正共识的形成，还需要客观基础。官员腐败与分配不公两大问题导致的伦理道德冲突，最突出表现和后果，不是认知和认识，而是态度、情感和行为。由于这两大问题的现实存在及其引发的伦理道德冲突，诸社会成员之间的伦理态度、伦理情感及其所形成的伦理关系和道德行为产生了分歧甚至对立，诸社会群体中高达60％甚至80％以上认为干部当官的目的是升官发财的判断，就是态度和情感对立的表现，它与公务员群体的自我判断形成强烈反差，其内可能存在某些误解和委屈，但这一误解和委屈（如果它存在）一旦具有社会性，本身就是态度与情感对立的强烈表现。它表明，由此引发的伦理道德冲突已经到了必须正视并采取切实措施化解的严峻时刻。

伦理道德调查与思想文化调查表明，诸社会群体思想文化中的“多”或多元、多样、多变，要大大高于伦理道德，反过来说，当今我国诸社会群体在伦理道德领域达成的共识要大大高于思想和文化领域。这种状况与我国的伦理型文化传统深刻关联，也与人们对于伦理道德在社会生活中的基础地位的认定有关。当遭遇人际冲突时，首要的行为反应是什么？54.5％找对方沟通，得理让人，26.0％找第三方调解，伦理途径乃是化解冲突的首选，它说明当今的中国仍属伦理型文化。“在多元多样多变的文化中哪些因素持久不变或变化相对较少？”十个多项选择中在省（区）居第一位的选择都是“伦理道德的基本原则”。伦理道德共识高于思想文化共识，这既是当今我国诸社会群体价值共识和多元诉求的重要特点和重要规律，也是中国多元社会的重要特点和规律。它说明，伦理道德构成中国社会同一性的基础，就像宗教构成西方社会同一性的基础一样。

当前我国社会伦理和谐的四大特点和规律具有重要的道德哲学意义，最明显的表现在两个方面：其一，伦理和谐与社会和谐；其二，伦理道德的核心价值观。

道德共识在社会发展中具有十分重要的意义。早在19世纪，哲学家和社会学家奥古斯特·孔德针对当时法国社会的不平等和社会团结问题，就提出一种对后来产生重要影响的观点：长期解决的方案，是建立一种道德共识去规范和控制社会并以此对付新的社会不平等。[①] 20世纪的社会学有功能主义、冲突理论、社会行动理论三大派别。“功能主义强调道德共识对于维护社会的稳定和秩序的重要性。当社会的大多数成员分享一种共同的价值观时，这种道德共识就存在。功能主义认为秩序和平衡是社会的常态。这种社会平衡建立在社会成员所分享的道德共识的基础上。”[②] “冲突理论家考察社会强势与弱势群体之间的紧张状态，并试图理解统治关系是如何得以建立和维持的。”[③] 三大理论各有侧重，互补互动。功能主义者只考虑了社会生活中和谐、共识的一个侧面，忽视了权力、不平等、斗争问题。“如果说功能主义和冲突理论提出了社会总体运转的模式，社会行动理论则集中分析了个体是如何行动或调整自我以适应彼此和社会的。”[④] 当前我国诸社会群体在伦理道德领域趋同与对立、同一与多样的特点和规律，必须运用功能主义、冲突理论和社会行动理论三大理论进行综合分析。共识是当前我国诸群体伦

① 参见安东尼·吉登斯《社会学》，赵旭东等译，北京大学出版社2006年版，第7页。

② 同上书，第16页。

③ 同上书，第17页。

④ 同上。

理道德的基本方面，它说明社会稳定和社会秩序具有比较可靠的基础，至少具有共享价值观方面的主观基础，这种共享价值观和道德共识的存在使社会平衡成为可能，也使社会和谐成为可能；高度的道德共识说明当前我国社会处于社会学家所说的秩序和稳定的常态。但是，官员腐败和分配不公所导致的强势群体与弱势群体之间的紧张状态，以及公务员群体政治经济上的强势群体—伦理道德上的弱势群体的倒置，展示了我国社会诸群体之间的权力、不平衡和斗争冲突的实态。这两种相互矛盾的状况说明，当前我国诸社会群体之间既是和谐的，又是冲突的；社会秩序和社会稳定的总格局下，强势群体与弱势群体在权力、不平等、斗争中所形成的冲突，构成和谐与冲突的辩证生态和既统一又对立的矛盾状况。矛盾的症结，以及矛盾的超越，不是观念或“价值共识”，而是“社会行动”。因而不是对社会的道德共识，而应当对社会成员的道德行动及其伦理互动给予更多的关注，像社会行动理论家所主张的那样，充分领会社会行动和诸社会群体之间互动的意义。功能主义—冲突理论—社会行动理论，三大社会学理论的整合，才能真正解释和解决当今中国诸社会群体之间趋同与冲突的伦理道德难题，在道德共识的基础上建构诸群体的伦理和谐。

道德共识为伦理道德领域核心价值观的建构提供了可能。核心价值观本质上不是一种自上而下的敕布，而是自下而上的认同。诸社会群体以及不同地区所形成的那些道德共识，尤其是那些具有很高认同度的共识，事实上就是并且已经是当今中国社会伦理道德领域的核心价值观。当然，核心价值观也是一种自觉的建构，实然的认同只有当经过应然的反思之后才具有理性的合理性，但是，无论如何，核心价值观的任何应然都必须建立在这种实然的基础上，否则只是难以落实的乌托邦。比如，在诸多调研信息中，“新五伦”、“新五常”，事实上就是当今中国诸社会群体于伦理道德领域重要的核心价值观。显然，这些核心价值观具有很强的文化特性，他们在相当程度上建立在某些基本的文化认同和文化共识的基础上，传统尤其是中国伦理道德传统在它们的形成过程中具有特别重要的意义。正因为如此，核心价值观的现实性或真正落实，还有待于将“观”转化为“行”。道德共识只是为核心价值观的形成提供了可能，可能性向现实性的转化，还有待于社会行动和社会互动。

（六）伦理和谐战略

诸群体伦理道德比较研究的目的有二。一是伦理和谐或和谐伦理的建构。和谐伦理或现代伦理和谐，包括三个方面，一是个人与民族、国家、家庭、社会诸伦理实体的和谐；二是人与自身即个体与自己的普遍本质或伦理本质的和谐；三是诸社会群体之间的伦理和谐。三大和谐之中，诸社会群体的伦理和谐是核心。二是伦理道德的核心价值观的建构。伦理道德是社会稳定和社会秩序的基础，核心价值观不仅是诸群体伦理道德的共同话语和价值共识，而且是诸群体的价值凝聚点，从诸群体伦理道德同一性中可以寻找价值共识，从价值共识中可以提炼和发现核心价值观。当今中国诸社会群体伦理和谐的建构，伦理道德的核心价值观的形成及其现实性，关键问题和关键战略是超越"（观念中）趋同—（现实中）冲突"的悖论。为此，必须解决四大课题：以干部道德与分配正义建构权力和财富的伦理普遍性与伦理现实性；国家伦理意识的养育；社会的伦理安全和伦理安全感的建构；回归力行道德哲学。

对策一：从信念和制度的双重维度攻克官员腐败与社会财富分配不公两大难题，重建国家权力的伦理和社会财富的伦理，进而保卫世俗伦理。这一对策的核心是解决两大问题。一是对于官员腐败与分配不公两大问题的"伦理冲突"本质的认识与承认，对于干部道德与分配正义的道德哲学意义的澄明；二是制度保障。如上所述，官员腐败与分配不公之所以是当今中国社会诸群体伦理冲突的现实根源，就是因为它们从国家权力与社会财富两方面消解了伦理。权力与财富的伦理合法性，完全在于它们的普遍性或作为伦理"普遍物"的本性。按照黑格尔的理论，国家权力与社会财富是伦理或伦理"普遍物"的现实形态或世俗形态，因其内在的个体单一性与社会普遍性的统一（即所谓"单一物与普遍物的统一"）而具有精神的本性。国家权力的精神本性和伦理合法性的表现是："个体发现在国家权力中他自己的根源和本质得到了表达、组织和证明。"① "财富虽然是被动的或虚无的东西，但它也同样是普遍的精神本质，它既因一切人的行动和劳动而不断地形成，又因一切人的享受或消费而重新消失。"所以，在财富中"自私自利不过是一种想象的东西"。② 国家权力与财富一旦失去公共性与普遍性，不仅失去伦理合法性，而且势必导致伦理冲突。因为，社会大众或那些被侵害的人和社会群体必定会起而抵制和反抗少数人对权力的攫取和对财富的掠夺，至少在态度上会表现出对他们的不齿和对立，从而引发伦理冲突和社会冲突。当今中国，要从伦理维度解决这两大难题，化解由此引发的伦理冲突，首先必须对这一问题的伦理实质进行道德哲学澄明，从保卫伦理、捍卫国家权力与财富的伦理本质的高度认识和把握解决官员腐败和分配不公问题的意义。可以说，没有良好的干部道德和分配正义，就不可能有真正的伦理。这就是孔子建构"内圣外王"之道，提出"不患

① 黑格尔：《精神现象学》下卷，贺麟、王玖兴译，商务印书馆1996年版，第49页。

② 同上书，第46—47页。

寡而患不均”理念的真谛所在。在相当意义上，我们至今未理解孔子“不患寡而患不均”命题的哲学真谛，实际上，它既是对当时社会上业已存在的财富的社会普遍性或伦理性丧失的忧患，也是对这一忧患可能引发的社会冲突和社会问题的预警，而“内圣外王”之道则是预防国家权力公共性丧失所提供的伦理道德上的能动战略，是对政治伦理精神的能动建构。遗憾甚至可悲的是，我们将孔子的“均”一相情愿和粗暴地理解为“平均主义”，事实上，这里的“均”是在财富中内蕴的“一个人享受时，他也是促使一切人都得到享受，一个人劳动时，他既是为他自己劳动也是为一切人劳动，而且一切人也都为他而劳动”① 的个人与社会统一的精神本性或伦理本性的体现。而一旦“内圣外王”的信念丧失，剩下的只是“免而无耻”、挂一漏万的囚徒博弈的赌徒心态和法律处罚偶然性。因此，官员腐败和分配不公两大难题的伦理解决，首先有赖于透过道德哲学澄明而达到的国家权力与财富的伦理本性的理论回归。当然，另一个方面，即干部道德和分配正义的制度建构，或政治伦理与财富伦理制度的建构，是更具现实性的另一个方面。需要说明的是，干部道德应当是“干部道德—政府伦理—政治伦理”三位一体的立体性工程，就是说应当从政府伦理和政治伦理的高度认识和建构干部道德，理由很简单，政府官员既是政府和政治的主体，也是它们的体现和结果。而分配公正必须从伦理的角度，而不只是从经济的角度建构制度，否则因其难以真正摆脱功利主义和实用主义而不可能实现真正的分配正义。总之，官员腐败和分配不公两大难题的解决，有赖于两大期待：期待道德哲学方面对国家权力与财富的伦理普遍性的理论觉悟；期待干部道德和分配正义的伦理制度的真正建构；而作为这两大期待的观念和理念前提，是对这两大问题引发、导致或本身就是“伦理冲突”的社会本质的认识和承认。时至今日，如果仍羞羞答答，只将它当做局部和偶然的问题，那根本无利于问题的紧迫解决，势必由伦理冲突演化为社会冲突。

对策二：提升国家伦理信念和国家伦理精神，建构个人与国家之间紧密而合理的伦理关联。调查发现，国家伦理意识的薄弱甚至淡出是普遍问题，这一结果令人不安。具体表现为：对于国家的工具性和契约性理解；在关于最重要的伦理关系的选择中，与国家的关系要么选择率较低（在三大基本关系中，只占15.5%，远远低于血缘关系和个人与社会的关系），要么没选择。即便公务员群体，情势也十分严峻：在伦理范型中，对与国家的关系选择率不到5.0%；他们反对将具体的行为与爱国相联系，在解决个人与国家利益之间的冲突时，50.0%选择“适应照顾个人利益”，只有35%左右选择“重视国家利益”；作为公务员，什么事情最可耻？42.0%选择“人际关系处理不好”，18.0%选择“公仆意识淡

① 黑格尔：《精神现象学》下卷，贺麟、王玖兴译，商务印书馆1996年版，第47页。

化”，只有17.0%选择“不爱国”。可以说，国家伦理意识已经接近成为一个盲点。所谓国家伦理意识和国家伦理精神，包括两个层面的内容。一是个体关于和国家密不可分的实体意识和归宿意识，以及在此基础上形成的爱国主义伦理精神。二是国家对自身的伦理本性的觉悟和现实体现。在传统伦理中，个人与国家伦理关系的理念和信念在伦理范型中透过君臣关系体现，君臣关系之所以居所有关系之首，相当程度上是因为它是个人与国家关系的体现，至少在伦理合法性方面如此，孟子关于武王伐纣到底是“诛君”还是“诛一夫”的著名辩证就是说明；在道德上，忠孝矛盾实际上也是家国矛盾的体现。在现代社会，人们的国家伦理意识从多种维度遭遇解构甚至摧廓。首先是“市场神话”，经济上相信市场能解决一切，“大市场，小国家”的理念严重解构了个人与国家的精神关联；其次是“市民社会神话”，将市民社会无条件地当做现代社会的特征，而市民社会的核心是个体之间的契约关系，以及利益博弈所造就的“个人利益的战场”，国家必须在其中退出或淡出，至少部分如此。三是“全球化飓风”所形成的“地球村神话”，这个神话试图让人们相信，在“地球村”时代，国家伦理已经让位于“普世伦理”，至少不具有原先的合理性和合理法。如果说这三大神话从意识和理性的维度或从外部解构了国家伦理意识，那么，严重存在的官员腐败和分配不公则从内部、从信念和情感的角度解构了人们的国家伦理意识。由于这四个方面的原因，国家伦理意识和伦理精神几乎不可避免地祛魅了、颠覆了。而对国家的自我意识来说，似乎更注重其经济和政治功能，对其伦理功能则缺乏必要和充分的自觉，至少缺乏充分的建构。虽然像汶川大地震，抗洪，应对非典、禽（猪）流感等突发事件中，政府建立了很好的伦理形象，也获得了重建政府伦理形象和国家伦理精神的宝贵机会，但总体上关于国家伦理形象和国家伦理意识、伦理精神的建构不够自觉和凸显。国家伦理意识和伦理精神祛魅和颠覆的后果是：国家的伦理聚合力和伦理认同感的缺乏，国家认同中工具意识压过伦理意识；诸社会群体的伦理同一性和伦理矛盾的化解缺乏具有某种终极意义和神圣性的精神基础；爱国主义精神的培育缺乏必要而充分的伦理供给。因此，国家伦理意识、伦理信念和伦理精神的培育，已经成为超越诸社会群体之间的伦理冲突、建构社会的伦理同一性的家园和关键性工程。

对策三：确立“伦理安全”的理念，提升社会成员的伦理安全感。市场机制、高社会流动性、伦理冲突的必然结果，是社会的伦理安全下降，社会成员的伦理安全感的缺失。伦理安全和伦理安全感已经成为现代社会的突出而深层的伦理问题之一，尤其是对中国这样的伦理型文化传统并且当今仍然持有伦理型文化特质的社会。当今中国社会伦理安全感缺失主要表现为：（1）竞争激烈，社会压力大，人际冷漠，甚至人际关系紧张，社会难以为个体提供必要而充分的伦理安全，在对社会的关系和人际关系方面缺乏伦理安全感；（2）社会流动加大，人际之间伦理预期或伦理互动缺乏可靠性，或预期不可保障，伦理律中断；（3）人与人之间的利益冲突加剧，诸群体之间因官员腐败和分配不公而导致的心理对抗和伦理冲突加剧，不仅弱势群体，而且像政府公务员、企业家这样的强势群体也缺乏伦理安全感，其他群体对政府公务员群体伦理上所持的不信任态度，部分人存在的“仇富”心态，以及时常出现的与此相关的恶性事件，就是由利益冲突、心理冲突、伦理冲突所导致的伦理安全感缺乏的极端表现。伦理安全与伦理安全感是影响社会质量与社会成员的生活质量，尤其是幸福感和快乐感的深层而重要的因素。当今的学术与社会，对经济安全和社会安全（如养老保险与社会保障制度）已有自觉的意识和制度，但对伦理安全只将它作为“精神”需求而未予以足够的重视。应当从制度、机制、文化氛围、精神信念诸层面建立伦理安全的理念和制度，尤其建立起人际之间，个人与家庭、社会、国家之间的伦理安全和伦理安全感。一个具有高度伦理安全的社会，才是一个真正有信念和信心的社会。需要说明的是，伦理安全不只是诚信或社会信用，它们最多只是基础，传统伦理中的父慈子孝、兄友弟恭等在相当意义上就是伦理安全或家庭的伦理安全。孔子的“亲亲相隐”之道，也是一种伦理安全之道。一个缺乏伦理安全的社会，是一个人人自危的真正的高风险社会——不仅在经济、社会、政治上高风险，而且在文化、精神方面高风险。

对策四：由“价值共识”向“共同行动”提升，回归力行道德哲学，建立力行的伦理。当今我国社会伦理道德在观念或理念方面趋同，现实或实践中冲突的悖论，根本上源于知与行、理念与行动、理论与现实的脱节，矛盾的主要方面，是行为品质或实践品质的缺乏。这现状与课题组调查中得出的关于当前公民道德素质中“只有道德知识但不见诸行动”的问题诊断正相一致。关键在于，化解诸社会群体之间的伦理冲突，不仅有待个人行动，而且有待社会行动、国家行动。在理性主义泛滥的时代，个体与社会的品质构造中缺乏“精神”，“没精神的伦理”是普遍而根本的缺陷。现代伦理道德如何才有“精神”？关键问题有二：一是伦理普遍性的回归；二是力行哲学的奉行。为此必须实行伦理道德建构方式的转型，重心由理论教育、知识建构，向行为训练、品质养成方面转换。“趋同—冲突”的悖论已经表明，当今中国社会诸群体之间的根本分歧，不在认识和理念，而在行动与现实；化解冲突，建构伦理和谐最需要的不是“价值共识”，而是“共同行动”。因此，不仅个体要致力于行动，“从我做起”，而且社会、国家更要致力于行动。只有当个体、社会、国家之间在价值共识的基础上真正建立起具有同一性意义的共同行动时，伦理和谐才有可能，社会和谐才有可能，诸社会群体的和谐或伦理共和才有可能。

（樊　浩）

三

现代道德教育的“‘精神’问题”

（一）道德教育的“中国问题”

长期以来，我们感到道德建设和道德教育的成效不尽如人意，我们知道出了问题，但不明白问题出在哪里。理论思辨当然会将反思不断引向深入，但调研数据及其分析也许会将问题呈现得更为直白。

调查发现，当前我国社会已经形成关于伦理道德的诸多共识，以下信息对本主题具有直接的诠释意义——

“你认为《公民道德建设纲要》实施效果如何?”54.0%认为“有效果但很小”，34.8%认为“没有实质性效果”——道德教育是否有问题？有！我们仍未找到一条适合当前中国伦理道德发展规律的道德教育与道德建设途径。

“现代中国社会公民道德素质中最突出的问题是什么?”80.7%选择“有道德知识，但不见诸道德行动”，11.4%选择“既无知，也不行动”——道德教育的关键性问题是什么？知行脱节，良能缺位！

“是否有”和“是什么”只是事实判断，更具挑战性和研究意义的是：“问题因何发生”？于是必须对当前中国社会伦理道德的生命性状进行现象学还原，寻找其现象学形态。调研的重大发现之一是：当前中国社会的伦理道德是由“市场经济中形成的道德”（占40.3%）、“意识形态中所提倡的社会主义道德”（占25.2%）、“中国传统道德”（占20.8%）、“西方文化影响而形成的道德”（占11.7%）四元素构成的近似梯形结构的四边形形态，这种四边形结构生命形态呈现为强烈的二元体征或二元体质。所谓二元体征，就是在生命构造方面，表现为两种截然相反的认知或判断的二元对峙，甚至二元对立，双方共存于一个同一体中。二元体征既是一种高度的共识，也是一种高度的对立和截然的对峙，其中与本主题密切相关的现象形态，突出表现为两方面：伦理—道德悖论、德性论—公正论二元对峙。

一方面，"你认为当前中国社会的道德状况如何"？"基本满意" 69.7％，"不满意" 19.4％；但另一方面，"你认为当前中国社会的人际关系如何"？"不满意" 73.1％，"总体良好" 25.3％——对道德发展"基本满意"，对伦理关系"基本不满意"，形成强烈的"伦理—道德悖论"。

"你认为应当德性优先，还是公正优先？"主张德性优先占 48.9％，主张公正优先占 50.0％——德性论与公正论两种主张势均力敌。

伦理—道德悖论、德性论—公正论的二元对峙，体现出伦理道德演进的一种文化轨迹或文化趋向：伦理退隐。其本质是道德吞并伦理，道德自由取代伦理认同。势均力敌的悖论和对峙表明，经过三十年的激荡，现代中国伦理道德发展已经走到发生重大转折的关键期和关节点，也标志着中国道德教育走到重大选择的十字路口。

良能缺位、伦理退隐，两大症结的临床表现和道德哲学根源是："没精神"！由此可以假设："没精神"，是现代道德教育的"中国问题"。

（二）两种伦理观与两种道德教育

长期以来，中国道德哲学与道德教育领域存在两个熟知但实非真知的"俗成"：伦理与道德等同；道德就是实践理性。伦理与道德之间深刻而精微的殊异，近几年已经被一些富有哲学素养的学者发现和揭示，虽然对它的彻底澄明还有待哲学上的坚韧努力，然而一个直白的道理已经逐渐为大众所接受：文明史和现实生活中所以创造并长期共存"伦理"、"道德"这两个概念，就是因为它们具有不同的哲学本性和文化使命。但是，关于道德与实践理性的关系，至今仍缺乏基本的集体觉悟。

人们已经习惯于从康德哲学中寻找关于道德就是实践理性的学术支持，然后再到亚里士多德哲学中发掘这一传统的源头。可是，当道德哲学和道德教育接受这一立论时，忽视了两个基本的历史与学术事实。第一，理性是西方哲学的概念，对中国哲学，尤其对中国道德哲学和道德教育来说，它完全是一种舶来品，甚至可以说它在相当程度上是一种文化殖民。虽然一时难以考证理性到底如何在中国文化中粉墨登场，但可以肯定的是，中国传统哲学中绝无理性一词。没有理由说没有理性中国就无道德哲学和道德教育，恰恰相反，作为发育得最为成熟的一种伦理型文化，道德与道德教育正是它对人类文明的最大贡献之一。当然，历史上没有并不意味着现代不应该移植，问题在于，与人及其行为直接而深刻关联的人文社会科学的概念和理论的移植往往遵循着与自然科学完全不同的规律，必须通过充分的意义对话才能成为“中国的”和“中国人的”，否则只能是文化殖民，甚至发生价值异化。如果认为理性是一切道德哲学和道德教育的必要因子而为中国传统所稀缺，那么只能假定在中国传统中具有某种异于并优于它的文化替代。严谨的道德哲学和道德教育必须完成的基本学术任务，首先应当是找到这种文化替代，而不是武断地将它作为一切道德和道德教育的普遍真理。

第二，现代道德哲学和道德教育还忽视了另一个基本事实：在康德哲学体系中，从来没有关于道德就是实践理性的断语。无疑，理性是康德哲学的基本概念，著名的“三批判”就是证明，其中《实践理性批判》集中讨论的就是道德问题，甚至一定意义上可以说它就是康德的道德哲学。但是，在康德“三批判”的哲学体系中，《实践理性批判》的学术任务是继《纯粹理性批判》之后，试图确证纯粹理性的全部实践能力。道德可以将纯粹理性外化或实践出来使之成为现实，在这个意义上可以说它是一种实践理性，但并不能由此反证，道德就是实践理性。理由很简单，必要条件并不是充要条件，在道德之外，经济、政治、技术等也都是实践理性。由此可以推定，道德是“一种”实践理性或是实践理性的形态之一，但并不就是实践理性，至少康德哲学不能为这种立论提供确切的学术支持。况且，康德道德哲学的错误在当时和后来都不断为人们所发现，黑格尔就批评他将伦理与道德不分，是“完全不懂辩证法”。如果这个批评成立，那么，即使《实践理性批判》断言道德就是实践理性，那么因为其缺乏对伦理的关切，也是一种“不懂辩证法”的道德哲学。

道德吞并伦理，继而“实践理性”定位道德，于是必然将现代道德哲学和道德教育引向歧途。那么，现代性道德哲学和道德教育的这种“理性”到底僭越了什么？换句话说，道德与道德教育的真义是什么？大约两百年前，黑格尔曾下过一个断语：“在考察伦理时永远只有两种观点可能：或者从实体出发，或者原子式地进行探讨，即以单个的人为基础而逐渐提高。后一种观点是没有精神的，因为它只能做到集合并列，但是精神不是单一的东西，而是单一物与普遍物的统一。”① 他断言，“永远”只可能存在两种伦理观：“从实体出发”，或者“原子式地进行探讨”。两种伦理观区分的关键性概念是：精神。两种伦理观都追求并可以达到普遍性，但“从实体出发”达到的是“单一物与普遍物的统一”的精神，而“以单个的人为基础而逐渐提高”的原子式探讨，只能达到集合并列的没有精神的形式普遍性。没有精神的形式普遍性的伦理观的哲学本性是什么？用现代性哲学的话语表述就是：理性。由此黑格尔所说的两种伦理观便可以表述为：精神的伦理观；理性的伦理观。进而也可以假定，道德教育存在两种可能：基于“精神”

① 黑格尔：《法哲学原理》，范扬、张企泰译，商务印书馆1996年版，第173页。

的道德教育；基于"理性"的道德教育。

基于"精神"的道德教育是什么？探讨这一问题的关键是"'精神'是什么"？根据黑格尔的观点，"精神"具有三个基本规定："单一物与普遍物的统一"；思维与意志的同一；不仅与道德相关，而且更与伦理一体。

伦理的本性是什么？"伦理本性上是普遍的东西，这种出自于自然的关联本质上也同样是一种精神，而且它只有作为精神本质时才是伦理的。"[①] 伦理之为伦理，必须具备两个条件：（1）普遍性，以普遍性为本性；（2）"精神"，伦理普遍性、伦理关系只有当具有精神的本质时才是伦理的。黑格尔以家庭关系为例，说明伦理及其精神的本质。他认为，家庭成员之间的关系不是一般的情感关系或爱的关系，家庭伦理关系是个别性的家庭成员与家庭整体之间的关系，其真谛是家庭成员的行动及其现实性以家庭为目的和内容。[②] 从这一诠释出发，自然也就容易理解孔子"父为子隐，子为父隐，直在其中"的那个著名的"亲亲相隐"的伦理悖论。个别性家庭成员与家庭整体之间的伦理同一性，是一种精神同一性或透过精神才能建构和达到的同一性。由此，"精神"对个体及其生命来说，便具有某种始源性和终极性的意义，它不仅"是一切个人的行动的不可动摇和不可消除的根据地和出发点"，"而且是一切个人的目的和目标"。[③] 概言之，伦理是透过精神建构、以实体为出发点和目的社会同一性，在这个意义上，伦理的基本要义就是"从实体出发"。

"精神"为何与"伦理"概念地同一？因为，精神的本性是"单一物与普遍物的统一"。伦理关系不是一般意义上人与人的关系，而是人与伦关系，人伦关系本质上是个别性的人和实体性的"伦"的关系。如果一定要说伦理关系是人与人的关系，那么它只有在以下意义上才有真理性：个别性的人透过普遍性、实体性的"伦"的中介，建构和确证彼此间的关系，个别性的人与人之间的关系及其行动，以他们与实体性的"伦"的关系为合理性与现实性。在中国传统伦理中，人与血缘实体的关系谓之天伦，人与社会实体的关系谓之人伦。最典型、最具表达力的伦理关系便是人的姓名。其中，姓是血缘实体，是个别性家族成员之间的普遍性与同一性，是个体的家园、归宿和目的，具有神圣的意义；而名则是个别性。姓与名的同一，就是人作为"单一物"的家庭成员与家族血缘实体的"普遍物"的统一。而这种统一只有在精神中才能达到和把握，它在本质上也是一种精神，所谓家庭精神。在家庭精神中，个体的自我意识便是所谓家庭成员。同样，在人伦中，个体与民族实体所达到统一，便是民族精神，在民族精神中，个体的自我意

① 黑格尔：《精神现象学》下卷，贺麟、王玖兴译，商务印书馆 1996 年版，第 8 页。

② 参见黑格尔《精神现象学》下卷，贺麟、王玖兴译，商务印书馆 1996 年版，第 8—9 页。

③ 黑格尔：《精神现象学》下卷，贺麟、王玖兴译，商务印书馆 1996 年版，第 2 页。

识便是所谓民族公民。“当它处于直接的真理性状态时，精神乃是一个民族——这个民族的个体是一个世界——的伦理生活。”[①] 家庭与民族，是两大自然伦理实体；家庭精神与民族精神，是两种最基本的伦理精神。民族是伦理的实体，伦理是民族的精神，伦理与民族精神不仅现实地而且概念地相同一。

伦理以普遍为本性，精神使人扬弃自身的单一性，达到单一性与普遍性的统一。但是，精神所达到的统一，不是抽象的同一，而是现实的统一。现实统一的根据就在于精神的另一个重要规定性：思维与意志的同一。精神一般说来是思维，是意识，但正如黑格尔所指出的那样，这并不意味着思维和意志是两种相分离的官能，“意志不过是特殊的思维方式，即把自己转变为定在的那种思维，作为达到定在的冲动形态的那种思维”。“思维和意志的区别无非就是理论态度和实践态度的区别”[②]。意志就是冲动形态的思维。思维与意志，不是精神的两种官能，而是精神对同一对象所表现的两种不同态度。因此，精神不仅具有思维和意识的品质，而且具有行为和实践的品质，即具有实现自身的品质。黑格尔在意识的自我运动中讨论理性与精神的区别，当“理性意识到它的自身即是它的世界、它的世界即是它的自身时，理性就成了精神。”[③] 当理性客观化自身，创造出它的世界时，便上升为精神。精神不仅具有理论的品质，而且具有直接现实性即实践的品质。精神不仅在观念或理念中追求人的普遍性，而且直接诉诸行动，将人从个体性存在不断提升为普遍性存在。这便是孔子“仁者，人也”的道德哲学真谛。

上述讨论可以得出结论，哲学存在两种伦理观：“从实体出发”的伦理观；“原子式地进行探讨”的伦理观。二者的道德原则区分是：前者以“精神”为真理，后者“没有精神”。同样，在哲学上存在两种可能的道德教育，或道德教育的两种哲学范式：基于“精神”的道德教育；“没有精神”的道德教育或基于“理性”的道德教育。

“基于精神”的道德教育的哲学要义，一是以“单一物与普遍物的统一”扬弃抽象的个体主义与抽象的实体主义（或整体主义）；二是以“思维与意志的同一”实现知行合一，扬弃抽象的理性主义；三是以对于伦理同一性的信念以及向伦理实体回归的家园感为前提，强调个体道德行为的伦理合理性与伦理现实性（“从实体出发”）。

“没有精神”的道德教育是什么？从黑格尔的论述中可以归纳出以下哲学特质。其一，“原子式地进行探讨”，即个体主义，这是它的本质与核心；其二，形式普遍性，它所追求和建构的是“以单个的人为基础”而不是以“单一物与普遍

---

① 黑格尔：《精神现象学》下卷，贺麟、王玖兴译，商务印书馆 1996 年版，第 4 页。

② 黑格尔：《法哲学原理》，范扬、张企泰译，商务印书馆 1996 年版，第 12 页。

③ 黑格尔：《精神现象学》下卷，贺麟、王玖兴译，商务印书馆 1996 年版，第 1 页。

物的统一"为内核的形式普遍性，对它来说，个体是目的，普遍性是形式的，实体、伦理共同体是工具而不是归宿和目的；其三，"没有精神"。这样的伦理观及其所形成的道德哲学范式的哲学实质是什么？黑格尔没有说，根据黑格尔以后的道德哲学发展，以现代哲学话语诠释，就是理性主义。"没有精神"的伦理观与道德教育，就是现代性的理性主义的伦理观与道德教育范式。

(三) 伦理道德的精神生态与道德教育的"精神问题"

伦理道德的精神过程涉及两大基本问题：伦理与道德的关系；伦理与道德的精神哲学序列。伦理与道德关系的核心，是伦理与道德是否应当区分，它是一个无须反复论证但事实上被搞得模糊不清的问题。无论在中国还是在西方道德哲学史上，伦理与道德总是两个概念，在传统与现代的文明体系中，伦理与道德之所以是两个独立的基本概念，就是因为它们有不同的意义指谓和文化功能。人类文明的积淀与进化遵循合理性的原则，在数千年的大浪淘沙的文化过滤中，不可能有两个意义功能完全重叠的概念在文化传承中同时被保留，就像人在进化过程中之所以需要两只手、两条腿、两只眼睛，完全是因为它们的功能分工以及二者的配合可以产生出超越于二者之上的生理与神经功能一样，否则人类会像自直立行走后不再需要作为平衡的尾巴一样，果决地抛弃冗余的另一个。

伦理道德的精神哲学序列，或在精神发展与现实生活中伦理与道德到底谁先谁后，是一个更为复杂的哲学问题。从发生学上考察，伦理在道德之先。在中西方文化中，伦理的原初意义是灵长类生物长久生活的居留地。人类自从动物界分离出来以后，就具有两种相互矛盾的属性：群居的动物；自由意志。群居可能性，在于人基于自由意志的交往行为的可预期性，由此社群生活才有基本的可靠性，于是便生长出原初的伦理，这就是风俗习惯，它是人类伦理的最初形态和文化策源地。社群生活的扩大，需要突破风俗习惯的约定俗成，这就要求发展出超越于自发形态伦理（风俗习惯）的更具广泛性的行为规范，于是更为自觉和具有更大普适性的道德规范开始形成。在人类文明的漫长过程中，伦理与道德总是共生互动，但伦理具有某种基础和前提的意义。对此孟子的诠释最为经典："人之有道也，饱食、暖衣、逸居而无教，则近于禽兽。圣人有忧之，使契为司徒，教以人伦：父子有亲，君臣有义，夫妇有别，长幼有序，朋友有信。"① "人伦"是回归"道"的路径，二者虽不可分，但人伦毕竟具有基础性的地位。在西方道德哲学史

① 《孟子·滕文公上》。

上，康德进行了一个重大转变，这就是以道德代替伦理，凸显人的自由意志而不是共同体生活。这种做法遭遇黑格尔的严厉批评，也对现代道德哲学理论和现实伦理道德生活产生了极为复杂的影响。黑格尔在《精神现象学》和《法哲学原理》中，为人们描述和提供了伦理道德发展的精神哲学过程，实现了伦理道德关系的辩证回归。

如果基于中国道德哲学传统和道德哲学话语，伦理道德的精神过程便十分清晰和简洁："伦—理—道—德—得"精神生长的辩证运动过程。这个辩证过程由"伦、理、道、德、得"五个要素，以及"伦—理"、"理—道"、"道—德"、"德—得"四个发展环节构成。"伦"即伦理实体，它是人类透过"精神"建构的生活共同体，家庭与民族是两个最基本的伦理实体，伦理实体是个体行为的出发点和家园，以及合理性与现实性的内容。对"伦"的规律及其自觉把握，便是所谓"理"，天伦与人伦是最基本的伦理规律，家庭成员与民族公民是最基本的伦理自我意识。"理"是"伦"的认知与思维形态，转换为意志与冲动形态，便是所谓"道"。"道"与"理"、道德规范与伦理意识的最大区别，就在于它具有冲动和行为的意义。客观性的"伦"，透过"理"与"道"的环节，便凝聚为个体内在的普遍性，这就是所谓"德"。"德"的本性是个体内在的伦理普遍性，其精神哲学意义是对个体偶然性与个别性的扬弃，达到"一个人的心即所有人的心"的"良心"，所谓"同心同德"。以"德"的内在普遍性处理人与人间的利益关系便即"得"的关系，便形成现实的伦理关系与道德生活，于是伦理道德获得精神的现实性。

伦理道德精神发展的关键是四个过程之间的链接。五个要素中，"伦"是客观的人伦关系，是精神的家园；"理"是认知形态、意识形态的"伦"，"伦"向"理"的转换，是自发向自觉的转换；"道"是意志形态、冲动形态的"伦"，"理"向"道"的转换，就是意识向意志、思维向行动的转换；而"德"则是透过"理"—"道"两个环节的中介而实现的"伦"的内植和内化，是转换为意识和意志的"伦"，至此人便由个体上升或提升为主体。主体与个体的精神哲学区别就在于它获得和内植了"伦"的普遍性，即"伦理上的造诣"。但"德"只是一种可能性，可能转化为现实，还必须使它外化为现实，造就"得"的合理生命秩序与生活秩序。"伦—理—道—德—得"的五个要素、四个过程之间的璧合，构成伦理道德的有机精神生态，其中任何一个要素的缺场、任何一个过程的脱节，都会导致伦理道德的精神残缺和精神障碍。

道德教育的合理性及其内在的精神哲学风险，就存在于伦理道德的这种有机精神生态之中。合理的道德教育，必须是这五个要素、四个过程的有机体。现代中国道德建设与道德教育的诸多理论论争和实践误区，就根源于这些精神和精神过程要素的缺场与脱节。

第一，伦理认同与道德自由的二难：伦理与道德的精神断裂。现代性道德的重要特质，是追求脱离伦理认同的抽象道德自由。调研发现，现代人不是没有道德主体性，更不是不承认道德主体性，而是追求脱离具体伦理情境的抽象的主体性。调查发现，在对社会行为的评价和个体道德选择中，"良心"仍然是最重要的机制，选择率分别达 51.0%和 61.3%，然而问题在于，在大部分人都自认为凭良心行动或应当凭良心行动的同时，社会的不道德行为却大量发生，它验证了黑格尔的论断：如果离开伦理，那么良心将"处于作恶的待发点上"。伦理精神与道德精神的脱节造成的另一种现实效应是：对道德生活基本满意，对伦理关系基本不满意。因为，对道德生活的满意，相当程度上是现代人尤其是大学生对"一切都被允许"的抽象道德自由和道德相对主义的满意。现代道德教育必须解决的首要问题，或必须纠正的基本偏向，就是对脱离伦理认同的抽象道德自由的误导，它在实践上导致脱离伦理合理性的抽象自由意志恶性膨胀。

第二，德性论与正义论的纠结：道德优先，还是伦理优先？这一难题同样根源于伦理精神与道德精神的生态断裂，不同的是，如果说道德教育中伦理认同与道德自由二难的主要问题是伦理精神的缺场，那么，现代道德哲学理论与道德教育实践中正义论的劲歌劲舞，相当程度上则表征着道德精神的缺场或退场。诚然，在精神发展中伦理合理性或伦理实体的社会合理性，应当具有一定程度的优先地位，因而正义论的诉求总是体现和代表着对社会的某种反思与批判精神。但精神的合理性、社会的合理性，有待伦理与道德的辩证互动。德性论与正义论争论的核心，是个体至善与社会至善的矛盾及其不同取向。现代道德教育必须在培育主体的社会批判精神的同时，着力培育合理的个体德性，造就具有批判意识的道德建设者，而不是像培根、卢梭式的"伦理先驱，道德恶魔"。

第三，道德知识与道德行动的矛盾：知行分离。这一危机或风险显然来源于伦理道德的精神生态中"理"与"道"的脱节。现代道德教育尤其是学校道德教育的主渠道是透过课堂学习传授道德知识，这种传统的长期积淀，导致"有道德知识，不见诸道德行动"的社会通病。这种道德教育模式的最大精神缺陷，是"理""道"分离，认知形态、思维形态的伦理，压过冲动形态、意志形态的伦理，或者说根本就不能形成"冲动形态"的伦理精神，于是不可避免结果便是知行脱节，造就出一批道德上"理智的傻瓜"。"冲动形态的伦理精神"的培育，既是现代中国道德教育的盲点，也是其变革的突破点。

第四，道德功利主义或工具理性："德"—"得"脱节。"德者，得也。""得"什么？"得""道"！问题在于，在伦理道德精神中，"道"与"伦""理"相连，"得道"的现实性与合理性在于具有精神家园意义的"伦"。"德"是对"道"的分享，但根本上是对“伦”的内植于内化。正因为如此，黑格尔说，“德毋宁是一种伦理上的造诣”。“一个人必须做些什么，应该尽些什么义务，才能成为有德的人，这在伦理性的共同体中是容易谈出的：他只需做在他的环境中所已指出的、明确的和他所熟知的事就行了。”① 现代道德教育试图以“得”劝“德”，而不是以“德”谋“得”，在学校道德教育中形成诸如“道德银行”之类的道德功利主义。这种状况，不仅导致道德虚伪，甚至可能如康德所说，“从源头上污染道德”。

（四）捍卫与蓬勃精神

综上，伦理—道德对立，“理”—“道”分离，“德”—“得”脱节，是现代道德教育中三大“‘精神’问题”。它们在人的精神构造和现实道德生活中的突出表现是：抽象的道德自由；孤立而激进的正义论取向；知行分离和道德实用主义。由此形成现代中国道德教育的两大基本缺陷：“无伦理”，“没精神”！二者之中，“没精神”是根本缺陷，因为伦理根本上与精神同一，“没精神”也就“无伦理”，彼此互为因果。中国道德教育要走出现代主义和理性主义的误区和困境，必须直面一个严峻诘问：“无伦理”、“没精神”的道德教育是否可能？如果不可能，那么不得不进行的努力就是：建构回归“精神”的道德教育。

回归“精神”的道德教育的要义有二。其一，尊重和维护伦理道德的精神生态，按照“伦—理—道—德—得”五要素、四过程的辩证发展规律，进行体现“精神生态”的道德教育。显然，这里的“体现精神生态”的道德教育与目前教育界提倡的“生态德育”有着十分不同的内涵，其基本任务是建构和维护伦理道德的精神生态；在道德教育的路径与方法的意义上，它是具有健全的精神要素、体现伦理道德的精神哲学规律的道德教育。其二，培育“有精神”的德性。道德教育的核心任务是培育人、培育人的德性，分歧在于，培育什么样的德性。亚里士多德曾把德性区分为“伦理的德性”与“理智的德性”，“德性分为两类：一类是理智的，一类是伦理的。理智德性主要由教导而生成、由培养而增长，所以需要经验和时间。伦理德性则是由风俗习惯沿袭而来，因此把‘习惯’（ethos）一词的拼写方法略加改动，就有了‘伦理’（ethikee）这个名称”②。经过现代主义的洗礼，亚里士多德所说的伦理的德性和理智的德性都发生了变异甚至倒置，根据黑格尔道德哲学资源，针对现代性道德问题，我们应该将伦理的德性诠释为“从实

① 黑格尔：《法哲学原理》，范扬、张企泰译，商务印书馆 1996 年版，第 170、168 页。
② 亚里士多德：《尼各马科伦理学》，苗力田译，中国社会科学出版社 1999 年版，第 27 页。

体出发"、坚守伦理家园的"有精神的德性"，而"理智的德性"则是以个人为基础的"原子式地进行探讨"的"无精神的德性"。以上两个要义中，"体现精神生态"的道德教育是广义的"精神回归"，建构"有精神的德性"是狭义的、直接体现道德教育目的性的"精神回归"；前者指向道德教育的哲学体系与文化原理，后者指向道德教育的根本目的和价值取向。

根据"精神"的哲学品质，培育"有精神的德性"有两个着力点。一是"单一物与普遍物统一"的精神品质；二是知行合一的精神品质。

就目前中国社会道德的状况而言，道德教育中"单一物与普遍物统一"的精神品质培育的关键性课题，是对伦理普遍物的信念、认同和回归。它展开为两个方面。一是对人，即人的普遍存在和人成为普遍存在者的信念、认同和回归；二是对现实的伦理共同体或伦理实体的信念、认同和回归。自尼采宣布"上帝死了"之后，哲学上宣布"人死了"或"人的实体死了"。于是人失去其实体、家园和归宿。然而，人之为人，伦理的可能性，道德的可能性，在于有一种执著的信念，即"成为一个人，并尊敬他人为人"，这便是所谓"法的命令"。① 现代性的最大悲剧，"原子式地进行探讨"的理性主义道德教育的最大误区，就是放弃了对人的实体性的信念和认同，造就的只是"集合并列"的原子式的形式普遍性智慧，由此人在"上帝死了"之后便失去精神家园。在现实生活中，其突出表现就是以抽象的道德自由消解对伦理实体的信念和认同，形成个体主义和工具主义的道德理性。现代社会伦理认同的危机，本质上是对人的信念、对"成为一个人"的信念和信心的精神危机，虽然它与现实社会中由于诸如官员腐败、分配不公等突出问题而导致的伦理现实性的瓦解甚至丧失有关，但在道德教育中，个体成为普遍存在者，即由"单一物"提升为"普遍物"的精神缺失尤其是信念缺失是主观原因。现代道德教育必须以伦理信念和伦理认同为着力点，培育具有批判意识的伦理认同精神，在重塑个体的伦理信念的同时，重建社会的伦理信心。一旦放弃"成为一个人"的信念，一旦放弃"尊敬他人为人"的伦理认同，人及其行为就会陷入"一切都被允许"的幻境，然而在抽象的道德自由的背后，是丧失精神家园的绝望恐怖，因为，正如一位西方学者所说的那样，失家园不只意味着没有归宿，更重要的还是没有一个出发的地方。

现代道德教育中知行合一的精神品质培育的关键性难题之一，是认知、意志、情感的关系。现代道德教育对它们的"共识"是：它们是人的三大心理构造，其中道德认知或所谓道德理性的培育是着力点。事实上，如果将知、情、意当做或者只当做心理学范畴，那么它们永远不可能成为道德哲学和道德教育的概念。在

① 黑格尔：《法哲学原理》，范扬、张企泰译，商务印书馆1996年版，第46页。

道德哲学和道德教育的意义上，认知、意志、情感，只是精神的三种不同表现形态。如前所述，认知是思维形态的精神，意志是冲动形态的精神，而情感则是主观形态的意志。情感和意志，同是精神的冲动形态或行为形态。由此才可以理解，为什么中国传统伦理“情感＋意志”以情感为统摄的人性结构[①]，与“希腊四德”所体现的“理性＋意志”以理性为统摄的人性结构具有共通的文化功能。在培育知行合一的德性精神方面，现代中国道德教育必须突破两大难题。一是透过“理”与“道”的转换，实现“认知形态的伦理”与“冲动形态的伦理”的合一，建构对伦理的“理论态度”和“实践态度”的统一，尤其着力培育“实践伦理精神”。二是充分认识和准确定位情感对德性培育的道德哲学意义。在人的精神发展中，理智往往坚守人的独立性，而情感则消解人的抽象孤立的个别性，达到与他人的统一。理智与情感形成人的独立性与依赖性的一体两面，这也是现代道德哲学关于“依赖人”和“独立人”争论焦点所在。情感使伦理关系和伦理认同成为可能。爱是一种自然和直接的情感，“所谓爱，一般说来，就是意识到我和别一个人的统一，使我不专为自己而孤立起来；相反地，我只有抛弃我独立的存在，并且知道自己是同别一个人以及别一个人和自己之间的统一，才获得我的自我意识。”[②] 爱的本质就是不孤立、不独立，与他人统一，也正因为如此，它才作为自然形式的伦理，成为一切伦理精神和伦理体系的出发点。现代道德教育必须准确把握和定位认知、情感、意志在德性造就和精神发展中的地位及其同一性关系，真正培育“有精神的德性”和有德性的人。

现代中国道德发展和道德教育的关键问题，根本上是“精神问题”——不仅是一般意义上的精神世界、精神文明的问题，而且更深刻、更突出的是“精神缺场”的问题。面对现代主义冲击下理性对精神的僭越，中国道德教育必须凝聚为一个策略和口号：捍卫与蓬勃精神！

（樊　浩）

---

① 即孟子恻隐之心、羞恶之心、恭敬之心、是非之心的“四心”结构。

② 黑格尔：《法哲学原理》，范扬、张企泰译，商务印书馆 1996 年版，第 175 页。

中　篇

诸群体伦理道德状况报告

四

公务员群体伦理关系、道德生活状况

——以江苏为例

（一）研究概况

本项调查区问卷调查和访谈两个部分，问卷调查分为两次，第一次调查时间：2006年4月。调查地点：南京市委学校学员、苏州市委党校，以南京为主。发放问卷120份，收回有效问卷88份。第二次调查在第一次调查的基础上，对问卷作了一些内容和技术上的修改，时间在2006年下半年，调查对象为南通市委党校和常州市委党校的学员，发放问卷400份，收回有效问卷291份，两次调查共收回有效问卷379份。当两次调查的数据出现不同结果时，由于两次受调查的人数的不同，从一般的情形讲，第二次有效问卷较多的结果可以作为主要结论。访谈部分主要在苏州、盐城作了两次，有两地的部分公务员参加。同时，本项研究还参考了东南大学田海平教授负责的江苏省公务员道德多元、多变、多样的调查数据。调查问卷的分析采用了SPSS软件进行。第二次的问卷调查内容和第一次大致相同，在个别条目和问题的设计方面有所变化，在技术上更合理，也正因为如此，在统计数据时，很难将两次调查的结果整合在一起，所以，在具体的分析时，第一次的调查用（Ⅰ）表示，第二次的调查用（Ⅱ）表示。

公务员队伍的一些基本情况，性别以男性为主，第一次调查中，男性占71.6％，女性占28.4％。第二次调查中，男性占70.4％，女性占29.6％。年龄层次，第一次调查中，26—35岁占18.2％，36—50岁占75.0％，51岁以上只占6.8％；第二次调查中，26—35岁占16.2％，36—50岁占69.8％，51岁以上占14.1％。受教育程度，基本上没有高中生，虽然以本科生为主，研究生为次，研究生的比例比较高。第一次调查，大专只占8.0％，本科占72.7％，研究生占19.3％。第二次调查，高中生只占1％，大专生为13.4％，本科生为68.6％，研究生及以上为16.9%。实际月收入以3000元左右的占多数。因为两次调查设计的收入级差有所不同，第一次调查中，1000—2000元占2.3%，2000—4000元占81.8%，4000—8000元占15.9%。第二次调查中，3000元以下占63.5%，3000—5000元占33.1%，5000—8000元占3.5%。调查对象的级别，第一次调查中，以处级为主，其中科级以下占2.3%；科级26.1%；处级62个，占70.5%；厅局级占1.1%。第二次调查中，以科级为主，科级以下占10.3%，科级占60.1%，处级占29.6%。宗教信仰，基本上不信宗教，第一次有93.2%不信教，第二次有90.0%不信教。

（二）本课题的设计思路

本课题的设计思路包含三个部分的内容，一是伦理关系的调查，二是道德生活的调查，三是伦理、道德素质状况的调查。

伦理关系的调查，包括的内容有：1. 政府的伦理世界状况；2. 实存的伦理关系状况；3. 伦理关系结构；4. 伦理范型；5. 伦理境遇；6. 公务员群体的对职业伦理的态度；7. 对家庭的伦理态度；8. 公务员对待国家的伦理态度；9. 公务员群体的对环境的伦理态度；10. 公务员群体面临的伦理矛盾、伦理冲突；11. 市场经济和高技术（比如互联网）对于伦理关系的影响；12. 伦理冲突的成因等方面的内容。

道德生活的调查，包括的内容有：1. 道德世界观，涉及个人与整体利益、义与利、理和欲等关系的处理；2. 价值取向，涉及最重要的美德、同情心、羞耻心等；3. 实际尊奉的规范；4. 公务员对于基本道德规范的看法（基德）；5. 道德行为方式；6. 道德调节方式；7. 实际的道德发展状况；8. 市场经济、高技术（比如互联网）和全球化对于道德生活的影响。

伦理、道德素质状况的调查，包括的内容有：1. 实体的伦理功能；2. 实体的伦理含量；3. 实体的伦理表达；4. 伦理实体的影响；5. 伦理实体的道德素质。

（三）公务员群体的伦理关系、道德生活和伦理道德素质状况

1. 从事公务员的原因，以机遇和能力适合为两大主要原因，而工资、优越感、社会地位并不是首要思考对象

从事公务员工作的原因，较高的工资、优越感、社会地位等都不是首要的考

虑因素，两次调查的选择率都相当低，最高选择率是第一次调查的工资项（5.7%）。之所以有这样的结果，也许是因为这些都是不争的事实，没有必要将其突出出来。他们最基本的两项考虑，一是能力是否适合；二是是否有机遇。从第一次的调查来看，首要的因素是公务员的工作性质与准备从事这项工作的人的能力相适合，多数人认为适合于这项工作（36.4%），第二项是机遇的问题（34.1%），有能力没有机遇也无法实现理想，两者相加，比例高达70.5%，而在第二次调查中则有所变化，机遇这一项的选择占绝对优势（71.6%），而第二位的选择相对较低（16.3%），两者相加，比例高达87.9%。特别是从第二次的调查看，机遇对于公务员的重要性。

2. 公务员对于政府组织的伦理世界状况的了解表明，作为一类重要的伦理实体，他们认为政府总体上考虑到作为伦理实体应当如何，但有一定比例的人不清楚这一点

对于伦理关系层面的政府的伦理世界状况，设计的问题是：就您所了解的一些职能部门的情况，您认为它在制定政策、做出决策或具体处理某一事务时，会不会考虑到伦理方面的因素？第一次调查的结果表明，第一选择是“应该有”（55.7%），第二选择是“好像有，我不能明确作判断”（19.3%），第三选择是“不知道”（12.5%），第四选择是“从来没有”（8.0%）。还有4.5%的人选择了“其他”，填写了“考虑部门职责如何履行”。第二次调查表明，第一选择是“应该有”（60.3%），第二选择是“好像有，我不能明确作判断”（21.0%），第三选择是“不知道”（11.0%），第四选择是“从来没有”（6.6%）。两次调查的选择顺序完全是一样的。第一和第二选择加起来高达80%左右的比例，这说明，从总体上看，政府组织具有伦理意识，能够意识到自身的伦理责任，公务员对此有比较清楚的了解。表达了对于伦理决策的理性的支持。

但是有接近20%的比例选择了“不知道”和“从来没有”，显示有些政府组织和工作人员对于政府这一重要伦理实体的伦理地位并不了解，在这样的情形下，就很难体现政府组织的伦理功能，也难以指望其决策具有伦理合理性。这是应当引起关注的。

3. 公务员对于当前我国实存的伦理关系认知，实存上下级、同事、父母、夫妻和群己（组织与个人）五伦。虽然两次调查显示出单位本位和家庭本位的不同，但都以这两大伦理实体体现的伦理关系为最重要，突出家庭的角色和工作单位中的角色。兄弟关系已经退后，个人与国家或政党的关系比较靠后，公民和党员角色不明显，而对人与自然界的关系，也有一定比例的人从伦理关系

角度来考虑

对于伦理关系层面的实存的伦理关系状况的调查，设计的问题是“您在日常生活和工作环境中经常要处理的关系有哪些”？列举了14个选项。

第一次调查（图1）中，同事关系占第一，为90.9%，上下级关系占第二，为85.2%，朋友和夫妻关系为第三，都是68.2%，父子为第四，67.0%，亲兄弟关系和与组织的关系并列第五，为46.6%，与国家的关系为第六，占34.1%，与自然界的关系为第七，占22.7%，堂兄弟、叔侄关系为第八，占12.5%，爷孙关系为第九，占10.2%。第二次调查（表1）的统计结果显现虽然不很直观，但却符合统计技术的常规，这一统计结果与第一次有很大的不同，以父子关系为第一，平均得分2.93，以夫妻关系为第二，平均得分2.85，以上下级关系为第三，平均得分2.49，这是得分为2.0以上的。与同事关系为第四，平均得分1.95，与组织的关系为第五，平均得分1.11，这是得分在1.0以上的。第六是亲兄弟姐妹关系，平均得分0.84，第七是朋友关系，平均得分0.75，这是得分在0.5以上的。

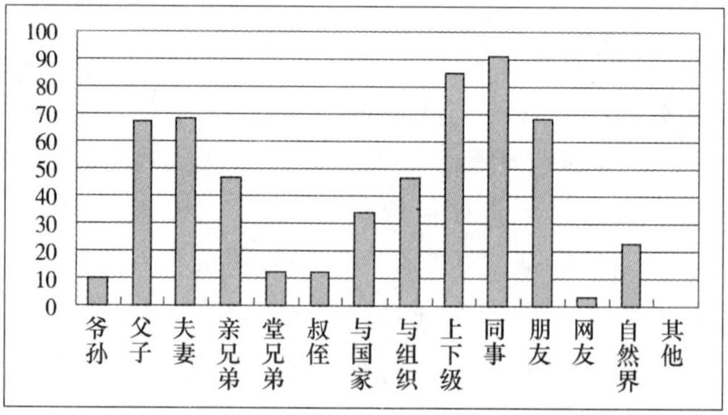

图1

表1

	最重要		第二		第三		第四		第五		总得分	平均得分（排序）
	频数	得分	频数	得分	频数	得分	频数	得分	频数	得分		
隔辈的爷孙等长幼关系	6	30	2	8	8	24	11	22	5	5	89	0.31（8）
父母与子女的关系	97	485	61	244	19	57	24	48	19	19	853	2.93（1）
夫妻关系	68	340	89	356	29	87	16	32	14	14	829	2.85（2）
亲兄弟姐妹关系	2	10	9	36	50	150	16	32	17	17	245	0.84（6）
堂（表）兄弟姐妹关系	1	5	1	4	0	0	4	8	15	15	32	0.11（11）
叔侄、舅甥等亲戚关系	0	0	0	0	1	3	0	0	1	1	4	0.01（13）
与国家或政党的关系	7	35	3	12	6	18	6	12	5	5	82	0.28（9）

续表

	最重要		第二		第三		第四		第五		总得分	平均得分（排序）
	频数	得分	频数	得分	频数	得分	频数	得分	频数	得分		
与组织的关系	26	130	15	60	23	69	27	54	11	11	324	1.11（5）
与上下级的关系	62	310	40	160	52	156	38	76	22	22	724	2.49（3）
同事关系	17	85	52	208	40	120	55	110	43	43	566	1.95（4）
朋友关系	1	5	5	20	33	99	27	54	41	41	219	0.75（7）
互联网上的网友关系	0	0	0	0	0	0	0	0	2	2	2	0.01（13）
与自然界的生态环境的关系	1	5	4	16	8	24	7	14	13	13	72	0.25（10）
其他	1	5	0	0	0	0	0	0	1	1	6	0.02（12）

传统的伦理关系，以父子、君臣、夫妇、兄弟、朋友为五伦，以家庭为基础的伦理关系为主。君臣关系在今天来讲，可以用个人与国家的关系，或群己关系，即个人与社会的关系来代替。在两次调查中，显然对于最重要的社会关系的理解有着不同的看法，第一次是以同事关系和上下级关系最重要，显示出工作单位本位，突出个人在单位中的角色存在，第二次以父母和夫妻关系为最重要，显示出家庭本位，突出个人在家庭中的角色存在。如果归纳前四位，则两次调查的选项有相似性，都包括了上下级、同事、父母、夫妻四种关系。基本是表现出是以家庭和工作单位两大实体为基础的伦理关系，亲兄弟关系被排除出前五位，同时，父子和亲兄弟关系的平均得分差距较大，堂（表）兄弟姐妹的关系和亲兄弟姐妹的关系亲疏程度也有巨大的反差，叔侄、舅甥等亲戚关系的排序也非常靠后，第二次调查中为最后一位，体现出血缘关系浓淡比例的正效应，即血缘浓的亲兄弟，关系要近些，血缘淡的表兄弟，关系要疏些，也体现出所谓的亲戚关系在实际生活中的亲密度已经比较低。

个人与集体的关系，设计的选项是“与组织的关系”，这个组织不一定是党组织，而泛指一切具有组织或集团功能的实体，对于这一选项的选择，两次调查排序都在第五。

因此，从实存的伦理关系角度看，这一调查的结果显示实存着上下级、同事、父母、夫妻和群己（组织与个人）五种。

与国家实体的伦理关系，第一次设计的选项是“与政党或政府领导人的关系”，可能意义不能充分表达，所以在第二次调查中改正为“与国家或政党的关系”。两次调查的排序都比较靠后，第一次是排在第六位，实际上在其前面已经有六重伦理关系的优先，第二次调查排序在第九。这说明，公务员在实际生活的日常状态中，过多考虑的是在工作中如何处理好上下级关系和同事的关系，在家庭中如何处理好父母和夫妻的关系，与国家的关系和政党的关系意识较少显现出来，因而作为国家中的公民角色或政党成员的角色意识也同样不是显性的。这是应当引起关注的。

调查表明，人与自然界的关系，也有相当一部分人从伦理关系的角度来考虑，这体现出对于环境伦理或生态伦理的关怀，这是一种进步。

在公务员层次，几乎不存在互联网虚拟社区的网友关系。

4. 伦理关系结构，以五重关系为限，他们看重的实际上包括父母、夫妇、上下级、同事和X，X代表第五重选择上有差异，或者是朋友，或者是兄弟，从总体倾向上看，应当是兄弟关系。传统的五伦关系在公务员心目中有所变化，体现出职场伦理的重要

对于伦理关系层面的伦理关系结构的调查，设计的问题是“下列关系您认为哪几种最重要”？列举了14个选项，限选5项，两次调查结果的前四项都是一样的。第一次调查（图2），夫妻关系第一，占89.9%，父子关系第二，80.7%，上下级关系和同事关系并列第三，占72.7%，朋友关系第四，42.0%，与组织的关系占38.6%，与亲兄弟姐妹关系占25.0%，与国家或政党的关系占15.9%，与自然界的生态关系占14.8%，爷孙关系2.3%。

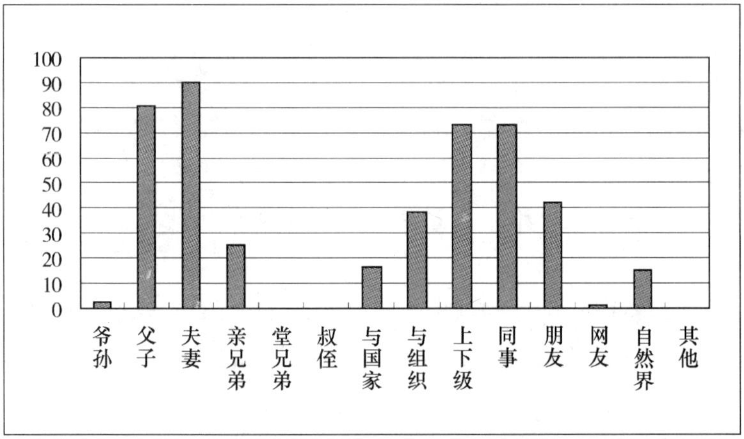

图2

第二次调查（表2）中，排序第一的是夫妻关系（平均得分3.69），排序第二的是父子关系（平均得分3.66），排序第三的是上下级关系（平均得分1.63），排序第四的是同事关系（平均得分1.33），排序第五的是亲兄弟姐妹关系（平均得分1.10）。

表 2

	最重要		第二		第三		第四		第五		总得分	平均得分（排序）
	频数	得分	频数	得分	频数	得分	频数	得分	频数	得分		
隔辈的爷孙等长幼关系	8	40	3	12	12	36	10	20	7	7	115	0.40
父母与子女的关系	131	655	85	340	10	30	14	28	13	13	1066	3.66（2）
夫妻关系	100	500	124	496	16	48	10	20	11	11	1075	3.69（1）
亲兄弟姐妹关系	0	0	8	32	83	249	13	26	13	13	320	1.10（5）
堂（表）兄弟姐妹关系	1	5	0	0	3	9	7	14	5	5	33	0.11
叔侄、舅甥等亲戚关系	0	0	0	0	2	6	2	4	11	11	21	0.07
与国家或政党的关系	11	55	6	24	8	24	6	12	4	4	119	0.41
与组织的关系	12	60	15	60	30	90	25	50	14	14	274	0.94（6）
与上下级的关系	13	65	20	80	59	177	64	128	25	25	475	1.63（3）
同事关系	6	30	16	64	34	102	67	134	56	56	386	1.33（4）
朋友关系	2	10	5	20	23	69	30	60	47	47	206	0.71（7）
互联网上的网友关系	0	0	0	0	0	0	0	0	3	3	3	0.01
与自然界的生态环境的关系	6	30	4	16	2	6	8	16	15	15	83	0.29
其他	0	0	0	0	0	0	0	0	1	1	1	0.00

两次调查虽然在夫妇和父子关系的排序上小有差异，但总体而言，可以看出以上两次调查中被公务员视为最重要的五种伦理关系中，有四重是一致的，不出父子、夫妇、上下级、同事，至于第五重关系，两次调查有所不同，在第一次调查中是朋友关系，第二次调查中是兄弟关系。但由于第二次调查的人数基数较大，总体上讲是以第二次调查结论的兄弟关系为第五重伦理关系，这是以家庭和工作单位两大类实体为基础建立伦理关系的结构。

5. 公务员心目中的伦理范型，两次调查有不同的看法，第一次以父子和同事关系为两大核心关系，显示出家庭和职场伦理并重；第二次调查则以家庭为核心，以夫妇和父子关系为两大核心关系，体现出对于家庭的重视

对于伦理关系层面的伦理范型的调查，设计的问题是“您在处理下列关系时，首先会关注哪两种”？列举了 14 个选项。

第一次调查（图 3）显示，第一选择中，以选择父子关系为最多，占 37.5%；

第二选择中，以选同事关系最多，占 36.4%。基本上是家庭关系和职场关系并重，而第二次调查（表 3）显示，则以家庭伦理关系范型为主，第一是夫妇关系，第二是父子关系，选择到第三项才有职场的伦理关系出现，由于第二次调查的人数大大多于第一次，因而从总体的倾向来看，应该是以第二次的调查结论为主要倾向。

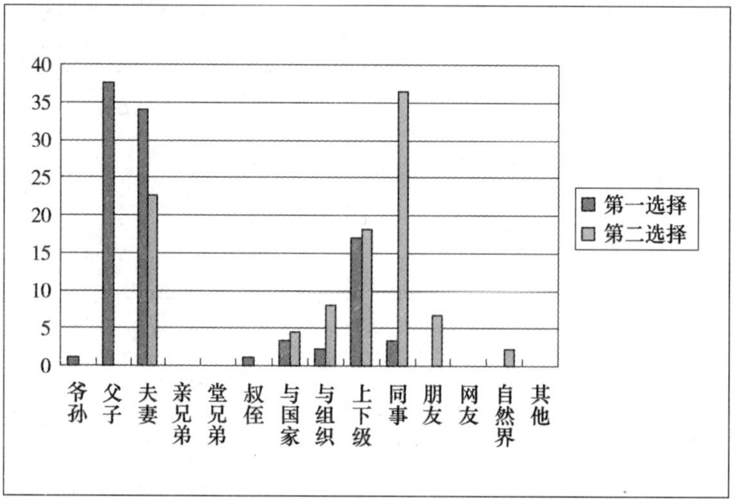

图 3

表 3

	最重要		第二重要		第三重要		总得分	平均得分（排序）
	频数	得分	频数	得分	频数	得分		
隔辈的爷孙等长幼关系	3	9	0	0	3	3	12	0.04
父母与子女的关系	77	231	67	134	24	24	389	1.34（2）
夫妻关系	89	267	69	138	29	29	434	1.49（1）
亲兄弟姐妹关系	0	0	6	12	17	17	29	0.10
堂（表）兄弟姐妹关系	0	0	0	0	1	1	1	0.00
叔侄、舅甥等亲戚关系	0	0	0	0	1	1	1	0.00
与国家或政党的关系	19	57	4	8	5	5	70	0.24
与组织的关系	34	102	24	48	13	13	163	0.56
与上下级的关系	38	114	54	108	56	56	278	0.96（3）
同事关系	16	48	49	98	68	68	214	0.74
朋友关系	5	15	6	12	33	33	60	0.21
互联网上的网友关系	0	0	0	0	0	0	0	0.00
与自然界的生态环境的关系	8	24	7	14	7	7	45	0.15

6. 公务员心目中的伦理境遇，以正面的伦理环境为主流，但也存在着中性乃至负面的情形

对于伦理关系层面的伦理境遇的调查，设计的问题是“在您所处的工作环境中，对于周围的要对待的各类人员，您感到相处得如何”？有10个选项，限选三项。

第一次调查（图4）的结果表明，选择第一项的是相互帮助，“我经常帮助别人，别人也经常帮助我”，占40.9%。选择第二项的是无感受，“无特别的感受，大家做自己的事”，占25.0%。第三选择是“不被重用”，占15.9%。第一选择体现出良性的伦理关系，第二选择体现出中性的关系，实际上是一种冷冰冰的状态，第三选择则是负面的表述。

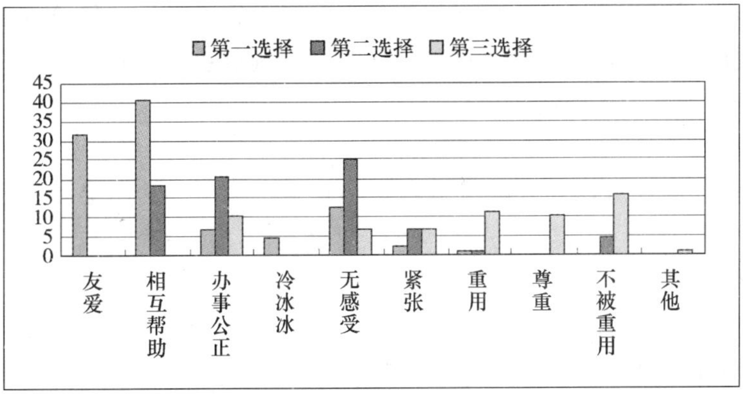

图4

第二次调查（表4）的结果表明，第一选择和第一次调查的结果一样，平均得分1.48，第二选择则是“感到充满友爱”，平均得分1.04，第三选择为“无特别的感受，大家做自己的事”，平均得分0.98。

表4

	最重要		第二		第三		总得分	平均得分（排序）
	频数	得分	频数	得分	频数	得分		
感到充满友爱	81	243	22	44	16	16	303	1.04（2）
我经常帮助别人，别人也经常帮助我	79	237	88	176	18	18	431	1.48（1）
大家办事都比较公正	27	81	47	94	57	57	232	0.80
感到好像冷冰冰的	8	24	5	10	9	9	43	0.15

续表

	最重要		第二		第三		总得分	平均得分（排序）
	频数	得分	频数	得分	频数	得分		
无特别的感受，大家做自己的事	63	189	38	76	20	20	285	0.98（3）
有心理上的紧张感	7	21	19	38	24	24	83	0.29
非常受重用，工作很有成就感	12	36	8	16	20	20	72	0.25
非常受到尊重	5	15	6	12	27	27	54	0.19
感到不怎么受到尊重和重用，也没有多少成就感	7	21	20	40	21	21	82	0.28
其他	2	6	5	10	5	5	21	0.07

调查结果表明，职场的伦理环境，总体上讲是良性的，能够给人以积极和正面的伦理空间，值得肯定，这也许是公务员岗位能够吸引人的条件之一，但也存在着中性乃至负面的尽到情形。

7．公务员群体对职业伦理有着高度的认同，不赞同者只占极少数

对于伦理关系层面的公务员群体对职业伦理的态度调查，设计的问题是“您认为有无必要对公务员提出特殊的道德要求”?

第一次调查中，47.7％的人选择“有必要1”，即“公务员应该比一般公民有更高的道德要求”，排第1位；33.0％的人选择“有必要3”，即“除了有职业道德要求，公务员应该有更高的伦理素养和道德境界”，两项占80.7％。12.5％的人选择“有必要2”，即“公务员的职业道德要求还是应该提倡的”，总体的观点是有必要。只有5.7％的人选择“没必要提倡，公务员和一般公民一样，不犯法就可以了”，1.1％的人选择“从政有从政的游戏规则，谈不上道德不道德”。

第二次调查的结论也是积极的，“有必要”的三项选择完全和第一次调查相同。认为没必要者占4.8％，认为“谈不上”者只占2.8％。这表明公务员对于职业伦理有着高度一致的认同，这是值得肯定的。表明他们对于公务员的职业伦理的自觉追求。

8．公务员群体对家庭伦理都有着高度坚守的态度，但也有少数的看法有些负面

对于伦理关系层面的公务员对家庭伦理的态度调查，设计的问题是“有人推崇‘外面红旗飘飘，家里红旗不倒’的家庭和婚姻观，您的看法如何”?有七个选项。这个问题基本上是针对男性的，第二次调查时选项稍作修改。

第一次调查表明，不赞成者为第一选择，占42%；以此为耻者为第二选择，占35.2%，两项占77.2%。但也有14.8%比例的人认为“没有情人就没面子”，为第三选择。

第二次调查表明，不赞成者为第一选择，占38.8%；以此为耻者为第二选择，占27.6%，两项占66.4%。但也有11.2%的人认为“有几个异性知己不为过”，为第三选择；10.5%的人认为“没有情人就没面子”，为第四选择。

由此而知，绝大多数公务员群体对于家庭伦理是非常看重的，没有一般想象的那样随便，他们重视家庭的价值，坚守家庭伦理。但也有一定比例的看法是负面的，应该引起重视。

9. 公务员群体对待国家的伦理态度，基于爱国主义行为占第一位。也有人反对将一个具体的行为和爱国主义结合在一起思考，从而将其价值中立化

对于伦理关系层面的公务员对国家的伦理的态度调查，设计的问题是“假如有的公务员因公赴美时，有机会逾期不归，但要违反纪律，您觉得他/她可能会如何处理”？有七个选项。

第一次调查表明，第一选择，36.4%的人选择“按期回来，这是爱国的表现”。第二选择，34.1的人选择“会按期回来，因为国外也不好混”；这一选项的设计和爱国主义无关。两者相加占70.5%。11.4%的人选择“其他”，第三选择，9.1%的人认为“不回来，但这谈不上不爱国”，反对将这个具体行为和是否爱国挂钩。第四选择是“有这个机会，就不回来了”，占5.7%，没有人选择“因为中国没有希望而不回来”。

第二次调查的选择排序和第一次调查完全一致，第一选择为因为爱国主义的原因而“按期回国”，占44.4%，第二选择是因为国外不好混的原因而“按期回来”，占34.4%，两者相加占78.8%。第三选择是“不回来，但这谈不上不爱国”，占9.4%，第四选择是“有这个机会，就不回来了”，占3.1%，但也有1.4%的人选择“因为中国没有希望而不回来”。

调查表明，将一个具体的重要行为和爱国主义结合起来思考是公务员的第一选择，当有些行为需要做出选择时，他们的道德会考虑到和国家的伦理关系，但也有人反对将这些行为和爱国主义的伦理原则结合起来，这事实上是一种对于伦理追问的逃避。

10. 公务员群体对待自然环境的伦理态度，遵守环境伦理已经成为共识

对于伦理关系层面的公务员对自然环境的伦理的态度调查，设计的问题是“一方面要发展经济，另一方面要善待环境，您认为究竟要如何协调两者的关

系”？有六个选项。

第一次调查表明，59.1%的人选择了“保护生态环境第一，宁可经济慢些发展，也不能以破坏生态为代价来发展经济”，为第一选择；30.7%的人选择了“有的自然资源本身可以带来经济利益，比如旅游业，两者可以统一起来”，为第二选择，两者相加达到89.8%。只有2人选择了“可以走先污染后治理的道路，经济发展了，等有钱以后可以再治理”，没有人选择“即使对环境有所污染，大自然本身会修复的”。只有2.3%的人主张经济发展必然要以环境污染作为代价。

第二次调查表明，前两项选择和第一次调查完全一致，比例分别达到74.9%和16.4%，两者相加达到91.3%。只有4.5%的人主张经济发展必然要以环境污染作为代价。

这表明，公务员群体已经达成了这样的共识，必须尊重自然界的内在价值，必须在对待自然界的环境问题上坚持环境伦理的导向，不能重复以环境代价换取经济发展的教训，这是值得肯定的。

11. 公务员群体面临的伦理矛盾，最重要的两项，一是人与自然的矛盾，二是职场中上下级关系的矛盾

对于伦理关系层面的公务员面临的伦理矛盾的调查，设计的问题是“在您日常生活和工作所处理的各种关系中，您觉得最不满意的是哪些”？有10个选项。

第一次调查表明，最不满意的关系是人与自然界的关系，占38.6%；与上下级的关系占第二位，为12.5%；同事关系占第三位，9.1%。

第二次调查（表5）表明前两项选择和第一次调查的结果相同，人与自然界的关系，平均得分为1.69；与上下级的关系占第二位，平均得分为1.67。第三项选择是亲戚关系，与此相应，在前面有关对于当前我国实存的伦理关系认知的调查中，堂表兄弟姐妹关系排序在第十一位，叔侄、甥舅关系排序到第十三位，是最后两位了。表明他们对于这样的亲戚关系非常不满意，原因有待于作专门的调查。

表5

	最重要		第二		第三		第四		第五		总得分	平均得分（排序）
	频数	得分	频数	得分	频数	得分	频数	得分	频数	得分		
父母与子女关系	20	100	3	12	6	18	5	10	1	1	141	0.48
夫妻关系	11	55	15	60	4	12	2	4	3	3	134	0.46
亲戚关系	31	155	14	56	20	60	7	14	2	2	287	0.99（3）
与组织的关系	24	120	21	84	14	42	6	12	3	3	261	0.90（4）
与上下级的关系	55	275	42	168	10	30	4	8	4	4	485	1.67（2）

续表

	最重要		第二		第三		第四		第五		总得分	平均得分（排序）
	频数	得分	频数	得分	频数	得分	频数	得分	频数	得分		
同事关系	15	75	24	96	20	60	11	22	5	5	258	0.89（5）
朋友关系	8	40	9	36	9	27	11	22	8	8	133	0.46
互联网上的网友关系	18	90	17	68	4	12	4	8	3	3	181	0.62
人与自然界的关系	74	370	19	76	7	21	6	12	14	14	493	1.69（1）
其他	7	35	2	8	2	6	1	2	1	1	52	0.18

第一项最不满意的关系，反映了我们所面对的自然界所遭受的人类的污染，已引起公务员群体相当的重视，这和他们坚持环境伦理的立场是一致的。第二项的不满意反映了对于自身切身的职场伦理的更高要求，从前面对于“伦理关系结构”的调查分析中可以知道，公务员们把上下级关系看做仅次于父子、夫妇关系之外的第三重最重要的关系，可是他们对于这种关系的境遇，在现实生活中是不满意的。这也值得进一步研究。

12. 公务员群体面临的伦理冲突，就自身和就他者看这个问题的选择有所不同。从自身的角度看，在确认个人素质优良的前提下，实际遇到的是个人能力和缺乏家庭背景的矛盾、和个人社会关系缺乏的矛盾、和上级不重视的矛盾。就他者看他人的升迁，则归结于这类矛盾的不存在。因此在对于自身和他者的认识之中，存在一些令人深思的看法

对于伦理关系层面的公务员面临的伦理冲突的调查，设计了两个问题，一个是“您觉得哪些因素曾经或正在影响您的发展”？另一个是“有的公务员得以快速升迁，您认为原因是什么”？

对于第一个问题，在第一次调查中，43.2%的人选择了“家庭没有背景”，为第一选择，显示公平问题的心理满足较低。30.7%的人选择了“个人在社会上缺少关系”，为第二选择，体现了关系社会的现实影响。第三位是上级不重视，占29.5%。自身素质、能力等方面的原因占第四位，占28.4%。

第二次调查结果表明，第一选择实际上并列两个原因，占20.0%，一是“个人在社会上缺少关系”，二是自身素质和能力等原因。第二选择也有两项原因，占18.0%，一是家庭没有背景，二是政策不完备。第三选择是上级的不重视，占15.7%。

因此，对于这一方面来了解伦理冲突，其实原因相当多，不同个人的原因也

不尽相同。相比较而言，第二次调研的第一选择相对说来比较理性，即既从自身，也从外向来寻找这样原因。

对于第二个问题，在第一次调查中，认为机遇好的最多，占31.8%，第二选择是认为能力强，占20.5%，第三位是认为家庭中有人，占19.3%，第四位的是认为有上级的重视，占14.8%，第五位是有良好的社会关系，占12.5%。

第二次调查结果表明，他们也把机遇好作为第一原因，占33.5%，但第二选择则是有良好的社会关系，占19.3%，第三选择则是上级的重视，占17.6%，第四选择是家族中有人，占14.5%，个人的能力则排序在第五，占12.1%。

13. 公务员对于各种伦理冲突之原因的了解，就缺少行政道德的原因而言，两点最重要的，一是市场经济的负面影响，二是行政道德教育本身的缺乏或形式化，第三个原则则有差异。就社会上各种伦理冲突的原因而言，主要体现三点，一是社会财富分配的不公，二是一些官员的特权和腐败，三是一些官员对于政绩的片面追求

对于伦理关系层面的公务员对形成各种伦理冲突的原因的了解，也设计了两个问题，一个是“您认为当前中国缺少行政道德的原因是哪些”？另一个是“社会上经常出现各种各样的冲突，您认为是哪些原因造成的”？

就前一个问题，第一次调查的结果表明，第一原因被归结为市场经济的负面影响，占43.2%，第二是行政道德教育的缺乏或形式化，占27.3%，第三是制度和组织伦理的缺乏，12.5%，并列的还有一般人认为只要程序合法就可以了，谈不上道德不道德的。

第二次的调查结果表明，“制度约束的失效”被视作第一原因，占63.9%，第二选择和第一次调查结果一样，为“行政道德教育的缺乏或形式化”，占60.1%，第三是市场经济的负面影响，占53.6%。

两次调查有两点是共同的，虽然选择排序有异，这就是市场经济的负面影响和行政道德教育本身的缺乏或形式化，落实不到实处，不能成为公务员的伦理行为的内心追求。这两点都要引起注意的。

就第二个问题，第一次调查的结果表明，第一位的是“一些官员的特权和腐败”，占39.8%，第二位的是“一些官员对于政绩的片面追求”，占35.2%，第三位的是“社会财富分配的不公，少数人占有了大多数的财富”，占36.4%。

第二次的调查结果（表6）表明，排序居前三位的分别是“社会财富分配的不公，少数人占有了大多数的财富”（57.0%）、“一些官员的特权和腐败”（56.4%）“一些官员对于政绩的片面追求”（45.7%）。三项选择和第一次调查的结果完全相同，只是排序稍有差异而已。

表 6

	频数	百分比（排序）
市场经济的负面影响	86	29.6%（6）
高技术的大量运用带来的负面影响	5	1.7%
西方的全球化带来的负面影响	17	5.8%
一些官员的特权和腐败	164	56.4%（2）
一些官员对于政绩的片面追求	133	45.7%（3）
有些制度设计的缺陷	129	44.3%（4）
社会财富分配的不公，少数人占有了大多数的财富	166	57.0%（1）
公民的权利受到侵犯	82	28.2%（5）
百姓的素质低下	34	11.7%
其他	2	0.7%

14. 公务员对于市场经济对伦理关系影响的了解，两项最重要的影响，一是个人方面，导致人们的金钱至上，没有钱就会被人看不起；二是国家方面，国家实力增强，在国际上更有地位。高技术对于伦理关系的影响，以互联网为例，多数认为没有影响，也有认为经常上网会减少现实生活中和家人和同事的实际交流

对于伦理关系层面的公务员对市场经济和高技术对于伦理关系的影响的调查，设计了两个问题，一是“您认为我国的市场经济发展之后，对社会上的哪些关系产生了影响”？二是以互联网为例，“您认为互联网的使用，对哪些社会关系产生了何种影响”？

对于前一个问题，第一次的调查结果表明，前三项选择排序，选择最多的是“人们越来越功利化了，没有钱会被人看不起”，占52.3%；“国家实力增强，在国际上更有地位占第二位”，47.7%。“人与人之间越来越冷漠，大家只关心自己挣钱”排第三位，38.6%。第一和第三是负面的选择，第二是正面的选择。

第二次的调查结果表明，第一选择是“人们越来越功利化了，没有钱会被人看不起”，占50.2%，第二选择为“社会成员出现了不同的阶层，形成新的阶层关系”，占47.4%，第三选择是“国家经济实力增强，在国际上更有地位”，占46.7%。

两次调查的前三项选择有两项是相同的，另一项有不同看法。功利化的选择反映了社会关系中的某种紧张，而紧张的原因是和个人和家族的财政状况相关。国家实力增强，从另一个方面讲，其伦理实体的功能也应当将随之增强。

对于高技术比如互联网的影响问题，第一次调查结果表明，60.2%的人选择

了“没有影响”，19.3％的人认为“对于夫妻关系和父子关系会有影响，减少了夫妻父子之间的交流”。占第3位的认为影响到和同事在现实中的交流，占12.5％，也有3名说明不上网。

第二次调查的结果表明，三项选择和第一次调查完全一致，59.0％的人选择了“没有影响”，18.4％的人选择“由于经常上网，在现实生活中与家人的交流、联系减少了”。10.0％的人选择“由于经常上网，在现实生活中与同事的交流、联系减少了”。

高技术对于伦理关系的影响，涉及许多方面的问题，这里仅以互联网为例，得出的结论具有特殊针对性，只能作为一种参考。

15. 公务员对于道德世界观中个人与整体利益关系的看法，一方面，在不违法的情况下可以适当照顾个人的利益；另一方面，不能因为谋取个人利益而违背国家整体的利益。有一部分人还主张变通

对于公务员道德生活层面的道德世界观中的个人与整体利益关系观的调查，设计的问题是“假如某个公务员在处理其个人和亲友的一些事情，有可能涉及个人利益与国家整体利益的关系时，您觉得他会如何考虑”？

第一次调查结果表明，选择最多的一项是“了解一下相关的法律法规，看看是否可以在不违法的情况下适当照顾一下个人的或亲属的利益”，占50.0％，第二选是“一般都会以国家利益为重，不会因谋取个人利益而损害国家的整体利益”，占36.4％。第三选择是变通，但占5.7％。

第二次调查的结果和第一次完全一致，只是比例有所不同，分别是58.8％、22.8％和11.8％。

这可能反映了公务员们的共同心态，既不违背集体利益，也能在合法的范围内尽可能照顾到个人的利益。但不会单纯为了谋取个人利益而去违背国家的整体利益。

16. 公务员对于道德世界观中义利关系的看法，绝大多数的做法是，在确认没有外在监督的情形下，会以个人私利为重，私利重于公义，只有极少数人的立场与此相反

对于公务员道德生活层面的道德世界观中的义利关系观的调查，设计的问题是“假如某个公务员有一笔不经过本单位财务部门发放的现金收入外快，您觉得他会想到要纳税吗”？

第一次调查结果表明，不会纳税的达到60.2％，只有12.0％的人会去照章纳税。第二次调查结果表明，不会纳税的也达到了59.7％，只有9.7％的人会照章纳税。也就是说，绝大多数人不在此情境下不会去交税，这反映了这部分人的纳

税意识的基本情形。这是非常诚实的一个答案，也反映了在这个问题上公务员的基本立场，对这个情境设计的反映说明公务员们在处理义与利的关系问题时，在不涉及外在有效监督的情况下，绝大多数表现为私利重于公义，内心还没有形成一种自觉，也没有将其视为美德和义务。只有10%左右的人除外，而这10%的人真正决心公利大于私利的。

17. 公务员对于道德世界观中理欲关系的看法，以个人升迁为例，坚持公开透明地竞争者占主流，但也考虑应该跑动，不过赞同以各种方法贬低对手者非常少。也就是说，在公理和私欲之间，公理从总体上讲占主导地位，以理顺欲，但以欲破理的考虑也是存在的

对于公务员道德生活层面的道德世界观中的理和欲关系观的调查，设计的问题是“假如某个公务员面对竞争性的升迁机会，您觉得一般的做法会怎么样”？

对于这个问题的回答，第一次调查的结果表明，“跑动”是第一选择，占36.4%；坚信走公开竞争之路就可以的人排序第2，达29.5%；另有22.7%的人主张顺其自然，不跑不送；主张通过各种手段贬低竞争对手者只有1%。

第二次调查结果表明，前三项选择的排序和第一次调查完全一致，选择跑官者达32.0%，坚持公开透明地竞争者为31.0%，与第一选择非常接近，选择顺其自然者为26.2%。主张贬低竞争对手者相当少，只占3.8%。考虑到第二次调查的人数基数，总的看来，坚持公开透明地竞争者应该是第一选择，多数人的看法，但基于现实的情形，又有相当比例认为必须要跑动一下，让决策人员充分了解自己。这可能和体制有关，这种跑动不是跑选票。但他们基本上不赞同以损人来利己的做法，这可能是一个基本底线。

从理欲关系的角度来讲，他们的基本立场是以理导欲，而不是以理窒欲，但也有相当的观点主张以欲破理，破理是以“潜规则”的情形体现的。

18. 公务员对于道德世界观中幸福观的看法，以平安一生为基本的幸福追求，在此前提下，尽是做到为社会多作贡献，同时盼望工作顺心、家族和睦、升职长薪，但有一个基本的底线，不去以权捞钱

对于公务员道德生活层面的道德世界观中幸福观的调查，设计的问题是“您认为作为一个公务员最大的幸福是什么”？

第一次调查结果表明，平安一生是第一选择，比例高达46.6%，远远高于其他选项，第二选择为“尽量多为社会作贡献”，但也只有15.9%，其他选项基本上都在10%以下，不过没有人选择“多为家人增光”，说明传统的做官为了光宗耀祖的心态在他们身上不存在，也没有人选择“有机会多捞一点”的选项，说明

大家能够遵守基本的底线。

第一次调查结果表明，平安一生也是第一选择，但比例有所下降，只有35.2%，第二也是“尽量多为社会作贡献”，选择频率为16.9%，有少数人选择为家人增光和有机会多捞一点，选择率都不足1%。

综合起来而言，平安一生是基本的选择，也是他们最基本的幸福观，平安是福在公务员身上有着特殊的含义，因为相当多的领域里，公务员实际上已经是一个高危行业，平安有两个方面的含义，一个是做了违法的事不被发现，能够平安到退休，平安着落，另一种是一生不违法，而问心无愧地平安着落。从“有机会多捞一点”这一选择几乎没有人选择来看，他们所追求的平安，还是希望一生没有违法行为那种守法尽职基础上的平安。以此为前提，实现公务员的一些理想和职责，比如多为社会作贡献，成就感的追求，升职增薪，等等。

19. 公务员的道德价值取向中对于最重要的美德的看法，基本的两项，一是对于事情的忠诚、爱岗敬业，二是诚信。第三项选择则涉及公正、公仆意识、廉洁奉公等，但艰苦奋斗不被视为重要的美德，排序最后

对于公务员道德生活层面的价值观取向之美德观的调查，设计的问题是“对于您认为作为公务员最重要的美德或道德品质是什么”？限选三项。

第一次调查结果表明，第一个美德是“对事业忠诚，爱岗敬业”，占73.9%。第二项美德是诚信，占26.1%，“廉洁奉公”也很接近。第三项美德是“有公仆意识”，占25.0%。第二次调查结果（表7）表明，第一个美德也是“对事业忠诚，爱岗敬业”，平均得分1.92，第二项美德也是“诚信”，平均得分1.23；第三项美德是“公正”，平均得分0.89。

表 7

	最重要		第二重要		第三重要		总得分	平均得分（排序）
	频数	得分	频数	得分	频数	得分		
对事业忠诚，爱岗敬业	169	507	17	34	18	18	559	1.92（1）
诚信	60	180	80	160	18	18	358	1.23（2）
服从上级	1	3	7	14	14	14	31	0.11（8）
公正	23	69	75	150	39	39	258	0.89（3）
智慧	0	0	10	20	18	18	38	0.13（7）
廉洁奉公	18	54	52	104	54	54	212	0.73（4）
勤政为民	9	27	24	48	53	53	128	0.44（5）
艰苦奋斗	0	0	3	6	6	6	12	0.04（9）
有公仆意识	10	30	13	26	56	56	112	0.38（6）

两次调查的结果前两项是相同的，这就是第一对于事情的忠诚、爱岗敬业，第二诚信。至于第三项选择有不同的看法，一是公正，一是公仆意识。而公仆意识在第二次调查中排到第 6 位，平均得分为 0.38。值得注意的是，从第二次调查的结果看，艰苦奋斗排序最后，平均得分只有 0.04，这要引起警觉。

20. 公务员的道德价值取向中同情心的体现，绝大多数（接近 90%）人的体现出了对于社会弱者的同情，这种价值立场是值得肯定的

对于公务员道德生活层面的价值取向之同情心的调查，设计的问题是“对于社会上一些弱势群体，特别是生活贫困阶层，您是如何看待他们的”？

第一次调查的结果表明，主张“值得同情”者占 87.5%，主张“谈不上同情或不同情，每人的命运不一样，机会也不一样”这种近似冷酷的理性分析者只占 7%，主张“不值得同情”者只有 1.1%。

第二次调查的结果表明，主张“值得同情”者占 85.8%，主张“谈不上同情或不同情，每人的命运不一样，机会也不一样”者占 9.4%，主张“不值得同情”者只有 0.4%。

因此，同情心成为公务员价值观中的一个重要内容，实际上也是一个重要美德。

21. 公务员道德价值取向中羞耻心的体现，实际上有两样被认为是最羞耻的事，一是贪污腐败，这为社会所公愤。二是个人的境遇方面，人际关系处理不好，涉及个人在职场的生长空间的质量。一和德性有关，一和能力有关

对于公务员道德生活层面的价值观中的羞耻心的调查，设计的问题是“您认为作为公务员最羞耻的事情是什么”？

第一次调查的结果表明，公务员最感到羞耻的事情是“人际关系处理不好”，占 42%，也就是说情商指数不高，这就在很大程度上决定不能顺利地升迁，反映了实际生活中对于这一点的深切体会。第二选择是“公仆意识淡化”，18.2%，不能很好地为人民服务。第三是“不爱国”，占 17.0%。第四“贪污、腐败”，占 9.1%。其他诸如官本位、特权意识、不能正常或快速升迁、喜好赌博等，都排序较后。

第二次调查的结果表明，“贪污腐败”为第一选择，达 43.3%，而“人际关系处理不好”被排序在第 7 位，占 3.8%，其余各项选择大致都在 10%的选择率以内。“不爱国”排序第 2，占 11.7%，“公仆意识淡化”排序第 3，占 10.0%，反映了对于腐败的反感。

这两次调查结果除了对于第一选择有所不同之外，其余各项实际上差异不是

很大。综合两次的第一选择，实际上有两样最羞耻的事，一是贪污腐败，二是个人的境遇方面，人际关系处理不好，涉及个人在职场的生长空间的质量。一和德性有关，一和能力有关。

22. 公务员对于实际遵奉的行为规范的看法，公务员实际遵奉的行为规范以正面的积极价值为主，比如廉洁奉公、忠诚、公正、甘当公仆、勤政为民、诚信等，一些中性的规范也存在，比如服从上级，但有些正面的规范实存度较低，比如艰苦奋斗，一些负面的规范也在起一定程度的作用

对于公务员道德生活层面的实际遵奉的行为规范的调查，设计的问题是“您认为现在公务员实际遵循的行为规范是哪些”？

第一次调查的结果表明，选择第一的规范是廉洁奉公，占 39.8％，与其相接近的是忠诚，占 38.6％，第二也是廉洁奉公，30.7％，第三是公正，27.3％，第四是甘当公仆，21.6％，第五是勤政为民，48.9％。

第二次调查的结果表明，选择第一的规范也是廉洁奉公，占 65.0％，第二是公正，61.9％，第三是服从上级，61.5％，第四是忠诚，52.2％，第五是诚信，50.5％。而艰苦奋斗只有 16.8％，甘当公仆只有 12.0％，同时，自私自利占 13.4％，结党营私占 9.9％。

这个问题要了解的是道德的“实然”。从两次调查结果看，公务员领域实际遵奉的行为规范以正面的积极价值居主导，包括了廉洁奉公、忠诚、公正、甘当公仆、勤政为民、诚信等，中性的也有，比如服从上级，但有些正面的规范实存度较低，比如艰苦奋斗，有些负面的规范也有一定的市场，比如自私自利、结党营私等。

23. 公务员对于基本的道德规范（基德或母德）的看法，与传统的仁、义、礼、智、信五常相比，去了一个智慧，加上一个正直，而有仁爱、公义、诚信、正直、孝顺五项，孝顺可以理解为礼的一个部分。可以说，总体上，对于传统基德的看法没有根本性的变化

对于公务员道德生活层面的于基本道德规范的看法的调查，设计的问题是“您认为公民应该具有哪些最基本的道德品质”？

第一次调查结果表明，第一品质是仁爱，72.7％，第二品质是公义，36.4％，第三品质是诚信，40.0％，第四品质是正直，29.5％，第五品质是孝顺，25.0％。

第二次调查结果表明，第一品质是诚信，89.3％，第二品质是仁爱，70.1％，第三品质是正直，69.1％，第四品质是孝顺，63.9％，第五品质是公

义，45.7%。

这是要了解公务员对于基本的道德规范的看法。这种基本规范，基德或母德在传统的道德体系中为五常，仁、义、礼、智、信。综合两次调查的结果，实际上都涉及仁爱、公义、诚信、正直、孝顺，只是排序有所不同而已。孝顺可以理解为礼的一个部分，智慧一项没有被选入。与传统的五常相比，去了一个智慧，加上一个正直。可以说，总体上，对于基德的看法没有根本性的变化。但是对于中西古代道德的基德中非常重要的一项智慧，此项调查中为什么没有进入前五项选择？还是值得进一步思考的。

24. 公务员的道德行为方式，在可能出现生命危险的场合，勇于实行道德行为是第一表现，占绝大多数，也有一定比例表现为有知而无行为之勇气，更有少数采取借口逃避自己的应当的道德行为。而在只需要经济援助的场合，从善是绝对主流，表现出来的道德行为，更多的是组织形态的影响，其次是出于本身的善良意志冲动，再次是通过计量后选择了善的行为，最后是道德环境的积极影响

对于公务员道德生活层面的道德行为方式的调查，设计的第一个情景题是："假如某个会游泳的公务员在冬天里面对一个落水的乞丐，您觉得他/她会如何处理"？

第一次调查结果表明，第一选择是"毫不犹豫地救人"，占62.5%，但也有22.7%的人选择"一直犹豫不决"，第三选择是"通知警察处理"，占8.0%。但选择"离开现场而不救"者最少，只有1.1%。

第二次调查结果表明，选择排序和第一次调查相同，第一选择也是"毫不犹豫地救人"，占54.0%，选择"犹豫不决"者为22.4%，选择"通知警察处理"者为15.9%，选择"离开现场而不救"者最少，为4.2%。

由此可知，在这样的场景中，公务员们第一选择是救人，而不是考虑自己的身份和对方的身份差异，生命的价值是同等的。但22.4%的公务员会有犹豫不决的心态，有救人之心而无救人之行，属于知而不行，知行不一，虽然这也是可以理解，但却是道德实践中的一个障碍。以通知警察来处理的方式对待这一场景，看似有道理，其实是逃避。

对于公务员道德生活层面的道德行为方式的调查，设计的第一个情景题是："当某地受灾需要捐献钱物时，您觉得公务员实际上会如何处理?"

第一次调查结果表明，选择最多的是"单位组织捐，就捐一些"，达48.0%，33.0%的人选择"当即决定尽量多捐一些"，11.0%的人选择"细致考虑后适当捐出一些"。7.0%的人选择"看周围的同事，如果大家都捐，就捐一些"，没有

人选择“不会自觉地捐”。

第二次调查结果表明，第一选择也是“单位组织捐，就捐一些”，占35.9%，第二选择也是“当即决定尽量多捐一些”，占32.8%，第三选择也是“细致考虑后适当捐出一些”，占13.8%，第四选择也是跟风，“看周围的同事，如果大家都捐，就捐一些”，占12.0%。但有4.5%的人选择了“不会自觉地捐”。

两次调查的选择次序都是一样的，这说明公务员在对其道德行为进行调节时，以组织形态表现出来为首要的调节方式，其次是出于本身的善良意志冲动，不需要不外在的监督和压力，具有道德行为的自觉。但也有一部分人是通过计量后选择了善的行为，计量的内容可能有多重，但最后的结果是选择了善。第四个层面，更有少部分人需要道德环境的积极影响才能向善。从善是绝对主流，只是从善的调节方式有所区别。

25. 公务员的道德调节方式，显现出明显的法律意识和商谈沟通倾向，同时，也不乏在尊重法律的前提下再通过熟人帮忙的方式来处理涉及个人利益受侵犯之类的问题，但不依法行事的情形相当少

对于公务员道德生活层面的道德调节方式的调查，设计了一个情景题：“当您受到不公正对待，权益受到侵犯，您会如何处理?”

第一次调查结果表明，选择最多的是“依照法律程序处理”，39.8%。选择次多的是“直接找到对方商谈处理”，34.8%。第三选择是“依照法律程序处理，但先找些法律界的朋友打招呼”，13.6%。

第二次调查结果表明，选择最多的也是“依照法律程序处理”，53.3%。选择次多的也是“直接找到对方商谈处理”，23.3%。第三选择也是“依照法律程序处理，但先找些法律界的朋友打招呼”，11.9%。

这说明，公务员在道德行为的调节方式上，在这个情景中，依法理事的方法是最主要的，也可以通过商谈的方式来处理，特别是如果事情还没有达到法律层面解决的条件下，第三项选择更显出中国人办事的特点，有理也找熟人帮忙处理。选择忍气吞声相当少，显示出这一个阶层的强势心态。但选择只想找熟人“摆平”这样的类似黑社会的方式来处理问题的相当少。

26. 对于目前公务员队伍的道德状况，公务员们的看法是正面的和积极的，即绝大多数是能够遵守公务员的职业道德的，绝大多数是能够道德自律的。但也承认很多公务员有过不道德之举

对于公务员们对于自身队伍的道德状况的评价，设计问题是：“您认为目前我国的公务员队伍的道德状况如何?”

第一次调查结果表明，第一选择是“绝大多数是能够遵守公务员的职业道德的”，第二选择是“绝大多数能够道德自律的”，这两项选择达到85.2%。

第二次调查结果（图5）的前三项选择排序和第一次调查结果相同，前两项选择的比例达到73.0%。

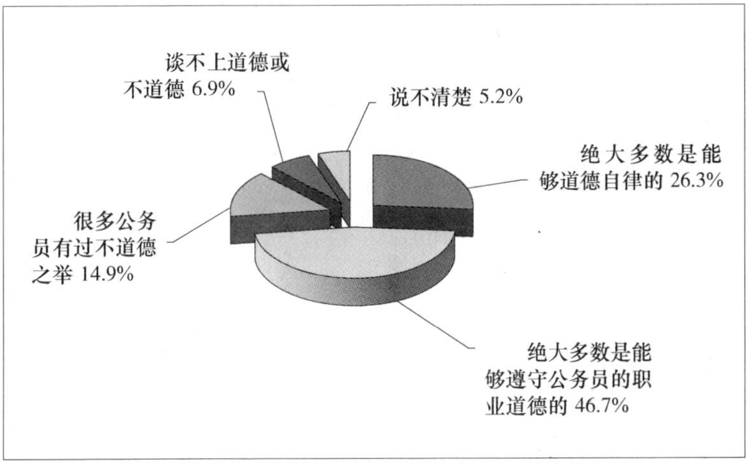

图5

这个结果很明显，公务员们对于自身队伍实然道德状况的评价是正面的和积极的，绝大多数是能够遵守公务员的职业道德的，绝大多数是能够道德自律的。不过，他们也承认，很多公务员有过不道德之举，这是相当坦白的。

27. 市场经济、高技术和全球化对于公务员道德生活的影响，他们认为市场经济对于道德生活的影响总体上讲是负面的，但也有一定的比例认为是正面的，更有一部分人没有在这个重要问题上提出自己的明确看法。高技术对于公务员道德生活的影响，比如说互联网的影响，他们的第一看法并不认为会互联网的使用会对他们的道德生活有什么影响，进一步的讨论表明，他们认为那么正面影响是主要的，但也有些负面影响。至于全球化对于公务员道德生活的影响，首选的观点是有影响，但影响不大，第二选择是认为有很大影响，第三选择是说不清

对于道德生活中市场经济对公务员道德影响的调查，设计的问题是：“您认为市场经济的发展，对于公务员的道德生活有无影响？”

第一次的调查结果（图6）和第二次的调查结果是完全一致的，第一位的选择是市场经济对于公务员的道德生活有一定的负面影响，这个选项的比例两次调查结果综合考虑要接近60%，第二选择是正面的评价，这个比例超过了20%，也

有13%的人对此不能发表看法。

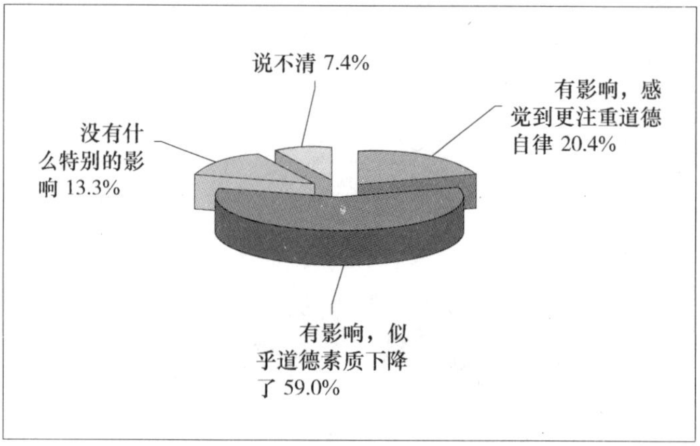

图6

对于道德生活中高技术对公务员道德影响的调查，以互联网为例，设计的问题是："假如您经常使用互联网，您认为这对公务员的道德生活有无影响?"

第一次的调查结果第一选项是没有特别的影响，与不上网一样，"与平时在现实社会一样，道德上谈不上有提高或降低"。选择第二的是上网使"大家更注重道德自律"，占21.6%。选择第三的是承认"有些人偶尔会在网上违背道德规范"，占18.2%。选择第四的是承认"很多人上班时间用单位里的账号上网做和工作无关的事，这也不道德"，占13.6%。

第二次的调查结果（图7）表明，第一选项也不认为有什么影响，占33.5%，选择第二的也是上网使"大家更注重道德自律"，占16.9%，选择第三的是承认"很多人上班时间用单位里的账号上网做和工作无关的事，这也不道德"，占16.2%。选择第四的是"说不清"，占到14.8%。

从总体上讲，他们的第一看法并不认为会互联网的使用会对他们的道德生活有什么影响，如果要进一步说出这种影响，那么正面影响是主要的，但也有人在互联网上会做一些不道德的事情。

对于道德生活中全球化对公务员道德影响的调查，设计的问题是："您认为西方的全球化扩张，对于我国公务员的道德生活有无影响?"

第一次调查结果表明，对于"有很大影响"和"有影响，但影响不大"选择的人一样，都是42.0%，但也有14.8%的人表示说不清。

第二次调查结果表明，选择"有影响，但影响不大"者要多于选择"有很大影响"者，有10.8%的人表示说不清。

两者综合起来看，第一选择是认为全球化对公务员道德有影响，但影响不大。

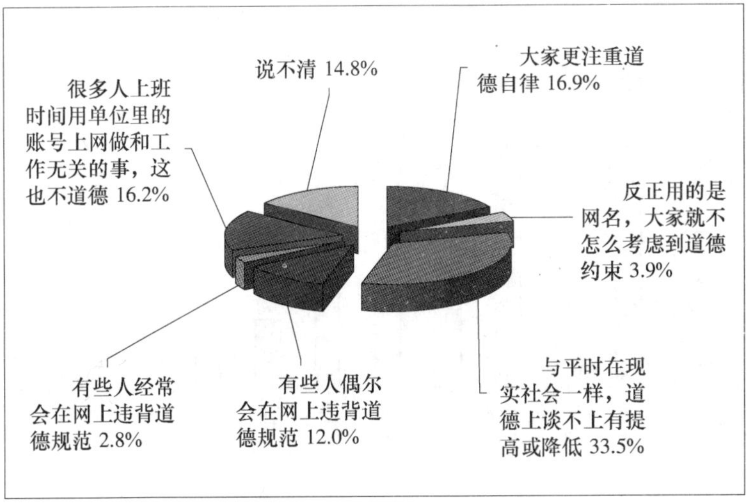

图 7

第二选择是认为有很大影响，第三选择是说不清。

28. 对于实体的伦理功能选择，有哪些伦理实体在发挥着伦理功能？他们的看法是，政府、政党、家庭、学校这四者发挥着最重要的伦理功能，其他各种社会实体，包括社区和宗教，他们都认为实际上应该不同程度地发挥伦理的功能

与伦理道德素质状况相关的公务员对实体的伦理功能的看法的调查，设计的问题是："您认为我国目前下列哪些伦理实体最能发挥伦理道德的功能？"

第一次调查结果表明，政府是第一伦理实体，60.2%，第二是政党，44.3%，第三是家庭，33.0%，第四是学校，22.7%，第五是社区，17.0%。

第二次调查结果（图 8）表明，第一伦理实体是家庭，第二是学校，第三是政府，第四是政党，第五是宗教。

两次调查的相同结果包括政府、政党、家庭、学校，差别在于排序的先后。第一次调查非常重视社区作为伦理实体的存在，第二次调查则重视宗教作为伦理实体的功能。其他各种社会实体，他们都认为实际上应该不同程度地发挥伦理的功能。

29. 对于政府实体的伦理含量，他们的选择表明，政府主动承担责任是第一选择，体现出政府正面积极伦理角色，能够负责和担当。但也会有些不同的做法，从而在一定程度上消解这种伦理角色的功能

与伦理道德素质状况相关的公务员对政府实体的伦理含量的看法的调查，设

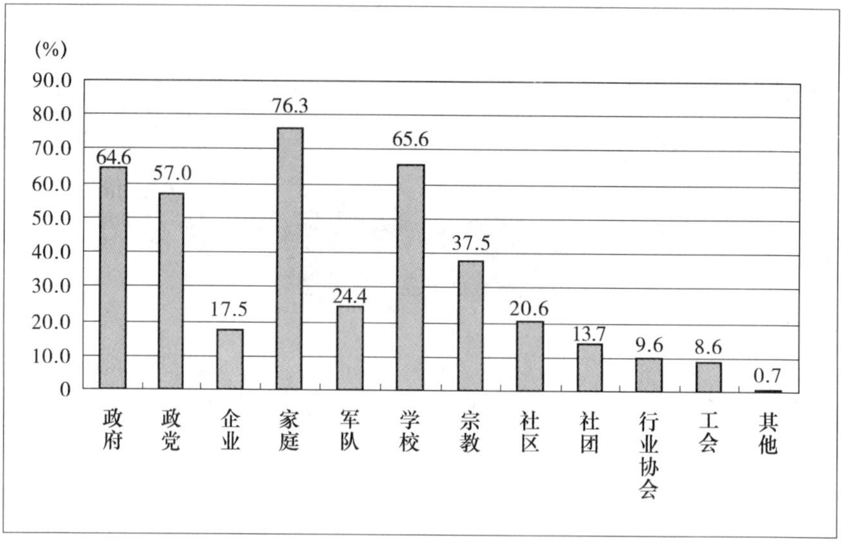

图 8

计的问题是："假如某一级政府得知新闻媒体将要曝光其管理范围内严重的环境污染事件或伤害员工权益之类的负面事件，您感觉到这一级政府方面通常会如何处理?"

第一次调查结果表明，不同性质的两个选择并列第一，其次是"联络该家媒体，要求不发表，并商谈不发表的条件"，也是以不曝光为原则，退一步的做法，"联络该家媒体，要求修改稿件至满意程度，并商谈修改的条件"，以不曝光负面形象为原则。

第二次调查结果（图 9）表明，首选是主动承担责任，其次才是"联络该家媒体的上级管理部门，请求其禁止发表"。

综合两者，可以看出主动承担责任是第一选择，这表明了政府伦理角色的正面积极形象，责任和担当。但也会有不同的做法，体现这种伦理角色功能的某种程度的消解。

30. 对于组织实体的伦理表达，他们的选择，似乎前三条做法都是消极的，这也许是问卷的缺陷，在问卷的"其他"一项里，一些人提出了积极的看法，这个比例超过了 10％

与伦理道德素质状况相关的公务员对组织实体的伦理表达的看法的调查，设计的问题是："假如某县职能部门管辖范围内有个污染很严重的企业，民众意见很大但同时该企业又是利税大户，您觉得该职能部门一般会如何处理?"

第一次调查结果表明，选择第一的是"只要媒体不曝光，继续让它发展，县

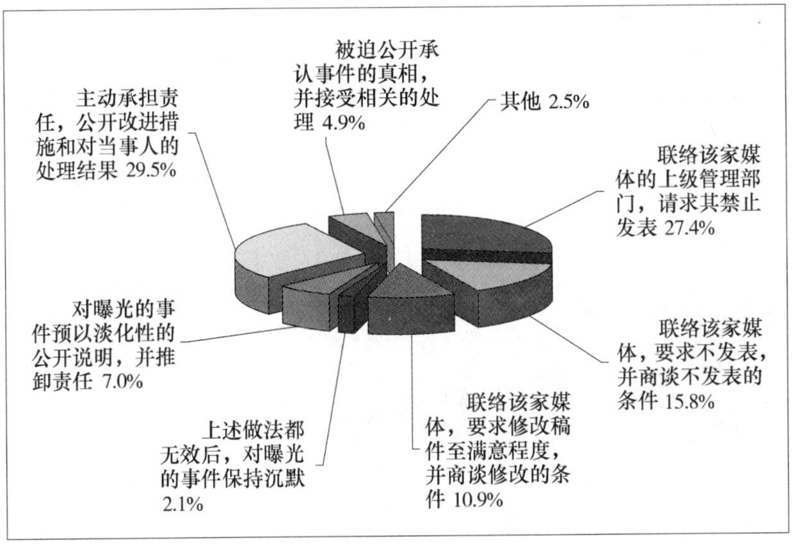

图 9

财政就靠它呢”，52.0%，第二选择是“对于受染污单位和个人的申诉或上访，能淡化就尽量淡化，只要不闹大就行”，47.7%。第三选择是拖着，占 25.0%。

第二次调查结果表明，第一选择是“对于受染污单位和个人的申诉或上访，能淡化就尽量淡化，只要不闹大就行”，40.7%。选择第二的是“只要媒体不曝光，继续让它发展，县财政就靠它呢”，26.0%，

综合起来，似乎前三条做法都是消极的，这可能是问卷的缺陷，其实在“其他”一项里，一些人提出了积极的看法，包括“边整改边治理”、“立即查处、整改”、“企业搬迁、治理污染”、“整改达标且再生产”等。

31. 对于伦理实体的影响，他们的选择表明，发挥最重要影响的伦理实体是政府和政党，其次是家庭，社会风俗习惯也起着重要的作用，这种作用由不同的实体来发挥，包括家庭、宗教、民间团体等。从和谐伦理的角度看，不同实体之间的和谐对于和谐社会起着重要作用，调查表明，政党和群众的和谐，政府和公民的和谐，阶层之间的和谐，家庭的和谐，是决定和谐社会的四种最重要的和谐要素

与伦理道德素质状况相关的对伦理实体的影响的调查，设计的问题是：“您认为目前影响或决定人们道德生活的主要因素是什么？”

第一次调查结果表明，第一选择是政党，37.5%，第二选择是政府，27.3%，第三选择是家庭，44.3%。

第二次调查结果（表 8）表明，第一选择是政党，第二选择是政府，第三选

择是家庭，第四选择是社会风俗习惯。

表 8

	最重要		第二重要		第三重要		总得分	平均得分（排序）
	频数	得分	频数	得分	频数	得分		
政党	117	351	15	30	10	10	391	1.34（1）
政府	43	129	82	164	15	15	308	1.06（2）
杰出的道德典范，如雷锋、孔繁森等	20	60	29	58	22	22	140	0.48（6）
宗教组织	13	39	14	28	24	24	91	0.31
家庭	48	144	56	112	43	43	299	1.03（3）
学校	7	21	40	80	43	43	144	0.49（5）
军队	0	0	1	2	6	6	8	0.03
社会风俗习惯	38	114	37	74	89	89	277	0.95（4）
工会	1	3	1	2	4	4	9	0.03

综合而言，政党和政府是他们认为实际发挥影响的最重要的伦理实体，同时家庭也发挥着重要的作用，风俗习惯也有重要作用。

这一调查还设计了另一个问题："您认为建设和谐人际关系，应该强化何种关系的和谐建设？"

第一次调查结果表明，前三项选择分别是，和谐的党群关系，64.8％，和谐的政府组织和公民的关系（干群关系），44.3％，和谐的家庭关系，47.7％。

第二次调查结果（表 9）表明，前两项选择和第一次调查的结果相同，第三项选择则是和谐的贫富阶层之间的关系，到第四项选择才是和谐的家庭关系。

综合而言，第一层面的两项是无疑的，一是政党和群众的和谐，二是政府和公民的和谐，第二层面的两项选择则是阶层之间的和谐、家庭的和谐。

表 9

	最重要		第二重要		第三重要		总得分	平均得分（排序）
	频数	得分	频数	得分	频数	得分		
和谐的党群关系	156	468	26	52	11	11	531	1.82（1）
和谐的政府组织和公民的关系	66	198	119	238	22	22	458	1.57（2）
和谐的社区关系	5	15	23	46	19	19	80	0.27
和谐的贫富阶层之间的关系	26	78	58	116	47	47	241	0.83（3）

续表

	最重要		第二重要		第三重要		总得分	平均得分（排序）
	频数	得分	频数	得分	频数	得分		
和谐的企业和员工的关系	0	0	29	58	34	34	92	0.32
和谐的商家和消费者的关系	1	3	5	10	20	20	33	0.11
和谐的家庭关系	30	90	15	30	102	102	222	0.76（4）
其他	0	0	0	0	3	3	3	0.01

32. 对于伦理实体的道德素质，他们的选择表明，总体上他们认为组织是道德的，是具有良好伦理功能的实体，相比较而言，个人也是有道德的居多。也就是说有道德的组织和有道德的个人是基本倾向

与伦理道德素质状况相关的伦理实体的道德素质的调查，设计的问题是："在政府实体的组织伦理和公务员的个体道德之间，您认为常常会出现下列哪种的情形？"

第一次调查结果表明，选择"道德的组织和不道德的个人"者最多，达43.2%，第二项选择为"不知道"，第三项选择为"有道德的组织和个人"。

第二次调查结果（图10）表明，选择"有道德的组织和个人"者最多。为33.3%，第二选择为"道德的组织和不道德的个人"，达28.7%，第三选择为"不知道"。

综合而言，公务员们认为组织是道德的，作为伦理实体，具有良好的道德素质，而个人则有两种倾向，道德或不道德，从总体上看，有道德的组织和有道德个人选项居首位，也就是说，不但组织实体具有良好的道德素质，作为公务员个体也具有良好的道德素质。第二层次的思考才是有道德的组织伦理实体。

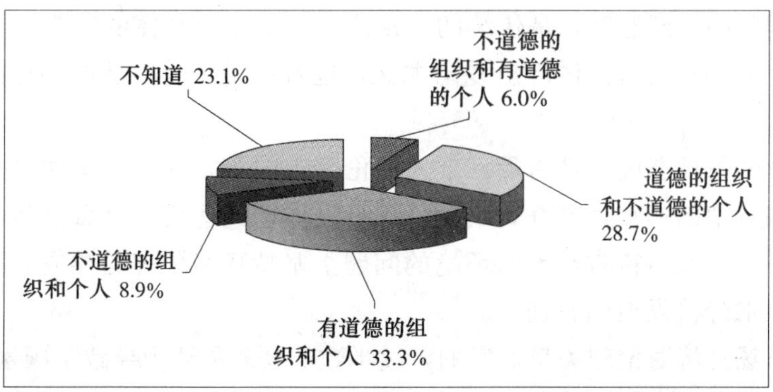

图 10

（四）值得肯定的方面

从上述分析中，可以发现我国的公务员队伍在伦理关系、道德生活以及伦理、道德素质状况方面有许多值得肯定的积极方面的认识和思考，可以概括为如下的方面：

在伦理关系方面，他们体现的值得肯定的方面有：

对于政府的伦理世界状况，他们总体上肯定政府组织是有伦理意识的，自觉意识到自身的伦理责任。

对于实存的伦理关系状况，他们承认实存着上下级、同事、父母、夫妻和群己（组织与个人），可以说，作为一个公务员，他们并没有只关注某一种伦理关系，家庭和社会的伦理关系都受到尊重。而且他们并不看重虚拟的网友关系，这是公务员理性的体现。

对于伦理关系结构的认识，他们注重父子、夫妇、上下级、同事等四重最重要的类型，体现了对于传统的伦理关系结构的继承和时代背景下的认识。

对于伦理范型的看法，他们体现出以家庭关系为主的倾向，看重夫妇关系和父子关系，显示出对于家庭稳定的重视，体现了传统的重视家庭的美德。

对于伦理境遇的看法，他们基本上以正面的积极评价为主流，显现出相互帮助、充满友爱，体现出他们对于良性的伦理境遇的评价或期盼。

对职业伦理的态度，大家总体上都认同公务员应该具有优良的职业伦理，反映出大家对自身伦理素质的高度自觉。

对家庭的伦理态度，绝大多数公务员非常看重家庭伦理，重视家庭的价值，坚守家庭伦理，没有人们想象的那样随便。

对待国家的伦理态度，是传统的五伦之一，从某个具体的行为来评价，绝大多数认为个人的行为应当体现出爱国主义，也就是说，爱国是他们对待国家的基本态度。

对环境的伦理态度，是衡量一个人的伦理观的重要标志，体现出是否对于自然界的内在价值的尊重，调查表明，公务员群体已经达成了尊重自然界的内在价值的共识，主张在对待自然界的环境的问题上坚持环境伦理的导向，不能重复以环境代价换取经济发展的教训。

对于市场经济对伦理关系的影响，过半数的公务员认为导致了国家实力增强，使国家在国际上更有地位，体现了对于市场经济的积极价值的认同。

在道德生活方面，他们体现的值得肯定的方面有：

对于道德世界观中的个人与整体利益关系的看法，他们主张不能因为只谋取个人利益而违背国家的整体利益，体现出以集体利益、国家利益为重的看法，但也强调应在合法的范围内尽可能照顾到个人的利益。这种利益要求是合理的。

对于道德世界观中的义与利关系的看法，有一小部分公务员主张即使在缺乏有效监督的情况下，仍然会以公义为重，体现出道德的坚固心。

对于道德世界观中的理和欲关系的看法，以个人的升职为例，以公平竞争理念占第二选择，以不损人利己为基本底线。反映出对于公平伦理的尊重。

对于价值观取向之美德观，他们赞同的美德规范四项是对事业忠诚，爱岗敬业；诚信和廉洁奉公；公仆意识；公正，体现出积极的价值取向。

对于价值观取向之同情心，绝大多数（接近 90%）的人体现出了对于社会弱者的同情，体现了内心慈爱的一面。

对于价值观取向之羞耻心，贪污腐败、不爱国、公仆意识淡化等都被视为是公务员的羞耻之事，特别是在第二次调查中，贪污腐败被列为最羞耻之事。

对于实际遵奉的规范，公务员领域实际遵奉的行为规范以正面的积极价值居主导，包括了廉洁奉公、忠诚、公正、甘当公仆、勤政为民、诚信等，体现了积极的公务员伦理导向。

对于公务员对于基本道德规范的看法，大家推崇的基德前五项有仁爱、公义、诚信、正直、孝顺，与传统的仁、义、礼、智、信相比，以正直代替了智慧。

对于道德行为方式，在可能出现生命危险的场景中，公务员们第一选择是救人，而不是考虑自己的身份和对方的身份差异，体现了生命的价值是平等观和见义勇为的追求。

对于道德调节方式，对于设计的情景，公务员体现出明显的法律意识和商谈沟通倾向，尊重法律，注重沟通，是一种理性、理智的处理方式，可以有效地避免事态的或突发事件的产生。

对于公务员队伍实际的道德发展状况，大家的评价基本上是积极的和正面的，绝大多数是能够遵守公务员的职业道德的，绝大多数能够道德自律。

在伦理、道德素质状况方面，他们体现的值得肯定的方面有：

对于实体的伦理功能，他们认为实际上应当发挥伦理功能的社会实体中，政府、政党、家庭、学校这四者发挥着最重要的伦理功能，同时，其他像企业、宗教、军队、社区、工会等社会实体也应当不同程度地发挥这样的功能。

对于政府实体的伦理含量的评价，他们的第一选择是政府应当体现出伦理角色的正面积极形象，显示出对于政府伦理的重视和关注。

对于伦理实体的影响，他们认为发挥最重要影响的伦理实体是政府和政党，其次是家庭，社会风俗习惯也起着重要的作用。

（五）存在的问题

但从上述分析中，也可以发现我国的公务员队伍在伦理关系、道德生活以及伦理、道德素质状况方面存在着一些值得关注的问题，需要加以认真对待。最为突出的问题表现在三个方面，可以说是这两次调查的核心发现和核心问题：

一是个人与国家的伦理关系隐性化。

在伦理关系方面，对于政府的伦理世界状况，有近20%的人不太清楚政府应当是一个重要的伦理实体，对政府在国家的伦理生活中具有的重要地位不是非常了解。对于个人与国家实体的伦理关系，公务员在日常工作中往往意识不到其工作体现出这一层关系，而考虑的是在工作中如何处理好上下级关系和同事的关系，在家庭中如何处理好父母和夫妻的关系，与国家的关系和政党的关系成为一种隐性的关系存在。这种情形下，国家利益往往会有些情形下被不自觉地忽略。

二是爱国主义精神的虚悬。

爱国主义是一个公民必备的基本伦理规范和道德要求，作为国家公务员尤其如此。虽然调查中体现的主流表明，爱国是公务员对待国家的基本伦理态度，但落实到具体的情境，有些人就反对将一个具体的行为和是否体现和违反爱国主义联系起来。如果出国有机会逾期不归，留在国外，有些人认为这不说明爱国和不爱国的问题，只是一个具体的行为。这样，实际上是将爱国主义虚悬起来，这和上一个问题是联系在一起的。如果说爱国主义不能落实在具体的行为中，只能是一个空洞的口号，而将伦理道德口号化、空洞化，恰恰是一个长期存在的弊端，这体现了知行不能统一，能知而不能行，而不是不知。从知行统一的道德哲学观点来看，能知而不能行，恰恰体现了其所知不是真知，也就是说，理论上明白一种道德观念的道理，但不能在具体的行为中实现这种观念，这也说明并没有真正认识到这种观念。

三是艰苦奋斗精神的淡化。

艰苦奋斗精神是我党一直提倡的优良传统，但是，第一次调查中，艰苦奋斗的排序非常靠后，第二次调查则排序最后。这表明，这一美德已经不被十分重视，或者说，不被许多公务员所看重。这种观念也与一些实际存在的情形相吻合，比如，一些具有政府性质的活动，其排场之大，耗费之多；有些部门的办公场所之豪华，有些接待活动之铺张等，这说明许多公务员在观念上还没有真正树立起人民公仆的思想。行政支出的庞大、超支和艰苦奋斗精神的缺乏有很大的关系。

其他方面还存在的问题：

在伦理关系方面：

对于政府的伦理世界状况，有近20％的人表示不太清楚政府应当是一个重要的伦理实体，对政府在国家的伦理生活中具有的重要地位不是非常了解。

对于伦理境遇的看法，有一些公务员体现出不是很积极的评价，反映出冷冰冰、紧张、不被重用的境遇。

对职业伦理的态度，也有少数公务员持不积极的态度，认为公务员和一般公民一样，没有必须对公务员提出特别的职业伦理要求，只在以法律为底线就可以了。

对家庭的伦理态度，有一定比例的看法是负面的，认为有几个异性知己不为过，没有情人就没面子，等等。

对环境的伦理态度，也有一小部分（4.5％）的公务员认为发展经济必然要以环境污染作为代价，反映了在政绩和经济利益的追求面前，对于环境保护的消极态度。

对于公务员群体面临的伦理矛盾，基本的倾向是面临两个最主要的矛盾，人与自然的矛盾和职场中上下级关系的矛盾。这反映了在这两类伦理关系上实际存在着问题，或者他们对此感到不满意。

对于公务员群体面临的伦理冲突，一些人认为家庭没有背景、个人在社会上缺少关系、上级不重视等因素影响着自身的发展。这一定程度上反映出他们对于社会公平的满意度较低。

对于伦理冲突的成因，对于“缺少行政道德的原因”的认识，许多公务员归结为市场经济的负面影响、行政道德教化的缺乏或形式化、制度和组织伦理的缺乏等，体现了这些方面实际上存在的问题。对于“社会上经常出现各种各样的冲突的原因”的认识，他们归结为一些官员的特权和腐败、一些官员对于政绩的片面追求、社会财富分配的不公，少数人占有了大多数的财富，也体现了这些方面实际上存在的问题。

对于市场经济对于伦理关系的影响，从负面的角度看，他们认为导致人们的金钱至上，人们越来越功利化了，没有钱会被人看不起；人与人之间越来越冷漠，大家只关心自己挣钱。

在道德生活方面，他们体现的值得关注的问题有：

对于道德世界观中的个人与整体利益关系的看法，有极少数公务员主张为了谋取个人私利，即使违反法律法规也无所谓，只要不被发现就行了，体现出个人利益至上的思想。

对于道德世界观中的义与利关系的看法，在不涉及外在有效监督的情况下，绝大多数表现为私利重于公义，这说明他们内心还没有形成一种以公义为重的道德自觉。

对于道德世界观中的理和欲关系的看法，以个人的升职为例，两次调查都以“跑官”为第一选择，反映出对于公平机制缺乏的尊重。

对于价值观取向之同情心，也有极少数人表现出同情心的缺乏，他们认为对于社会上一些弱势群体，谈不上同情或不同情，每人的命运不一样，机会也不一样或者认为“不值得同情”。

对于实际遵奉的规范，有些正面的规范实存度较低，比如艰苦奋斗，有些负面的规范也有一定的市场，比如自私自利、结党营私等。

对于道德行为方式，在可能出现生命危险的场景中，也有少数公务员表现出有道德知识而无道德行为，更有少数采取借口逃避自己应当的道德行为。

对于公务员实际的道德发展状况，有些公务员承认很多公务员有过不道德之举，这说明公务员的实际道德状况存在问题。

（六）对策和建议

如何解决这些问题？在如下三个方面应该是重点加强的，一是研究的深入、二是制度的有效、三是教育的落实。

1. 进一步加强公务员伦理、政府伦理的研究

政府也是一个伦理实体，这一观念可能连一些政府部门都不是很清楚。对于政府实体而言，有两点特别需要加以研究，其一，政府应当有哪些伦理要求？其伦理角色如何体现？应当遵守哪些行为规范。其二，政府部门的公务员应当有哪些伦理要求，其伦理角色如何，应当遵守哪些行为规范。我国在这方面的研究还不够深入有效。

具体有关研究，政府部门、高等学校、学术研究机构都可以进行。政府部门可以自己组织力量进行调查研究，也可以委托研究，一些需要长期研究的内容，可以列入国家或省部的哲学社会科学研究的计划。高等学校和学术研究机构也可以在这一方面做一些专题研究，提供相关的公务员和谐伦理建设的建议和对策。

2. 切实加强公务员伦理的法规制度建设，走向立法

公务员伦理方面存在的许多问题可以在制度层面得到有效的防范和解决。制

度是由人自身制定，制度又能规范了人的行为，良好的制度能够规范了人们的良好行为。

最根本的一项就是制定包含强制性的“公务员伦理准则”，道德一般是软性的要求，但伦理准则可以带有一定的强制性，依照德国古典哲学家黑格尔在其《法哲学原理》中提出的关于法、道德、伦理的规范层次的原理，伦理包括了法和道德，又超越了两者。伦理既有道德的自律要求，也有法的刚性的他律原则。制定伦理法这一做法在国际上也有先例，美国制定的立法相对较多，并且在不断完善，据有关研究，1924 年，美国就颁布了《国际市场管理者协会道德守则》，这是国际城市管理协会的具体行业的伦理法规，该法规在 1994 年又被重新修订。1958 年，美国国会通过了《政府工作人员十项道德规范》，1965 年 5 月，颁布了《行政官员道德纲要》，1978 年，美国针对所有的公职人员，制定了《政府伦理法》，1989 年布什总统发布了《道德改革法》，是对《政府伦理法》的修改。1991 年美国颁布了《美国行政部门雇员道德行为准则》，1992 年又对其进行了修改。美国各州、联邦政府各部门也颁布一些具体的道德法规。[①] 在亚洲，韩国和日本也非常注重类似的立法，韩国在 1981 年也制定了《公职人员伦理法》，1999 年，日本制定了《日本国家公务员伦理法》。

我国迫切需要制定一部具有中国特点又符合国际惯例的《国家公职人员伦理法》，至于具体的名称可以讨论，但法规的制定则是必需的。我国在这一方面已有所重视，但推进这一工作需要长期的努力。

3. 构建更有效的公务员的伦理道德教育机制

我国的公务员教育已经具有长期的经验积累，但这种教育本身并没有带给公务员腐败现象的明显的扼制。这并不能说明都是教育的问题，因为公务员的不良行为落实到每一个具体的个体身上，原因是复杂的。一个人的道德素养的养成，在其童年阶段就开始奠基，并对人的一生产生重要的影响。但这并不是说对于成年的公务员来说，伦理道德教育不起作用了。这种教育对于公务员伦理道德素养的养成仍然是非常重要的手段。问题是如何更有效、更有针对性地展开这种教育。

这种伦理道德素养教育可以区分为不同的层面。

在公务员的录用层面，在录用考试中，必须加大公务员伦理道德素养的考核内容，这是了解其已有的相关素养的一个渠道，应该有这一内容的专门分数标准要求，需要约请诸方面的专家，制定专门的题库。

---

① 康志平：《美国公务员道德建设对我国的启示》。

在各个阶段的、各个层次的公务员教育实践中，加强伦理道德素养教育的内容，这种教育的内容不能空洞，围绕相应的政策法规、案例，学习完成一个单元后有一个考核，考核结果归入个人公务员伦理道德教育档案。

在对公务员的考核中，伦理道德素养也要列入，作为一个重要的内容。

（董　群）

五

企业群体伦理道德状况

众所周知，中国经济的实践已经进入了至关重要的阶段，能否保持稳定的持续发展，对中国人而言，既是必须直面的严峻挑战，又是在世界经济舞台上提升自己调适能力的最佳时机。经济的实践，企业不仅是行为的主体，而且是行为的主要载体。在这个意义上，企业无疑是中国经济发展至关重要的因子。企业除必须照经济本有的规律而行为以外，在21世纪的今天，注意在文明的轨道上兼用其他资源而优化自己的行为，诸如道德资源，也是一个不可忽视的方面。为此，我们分别对江苏苏南的苏州地区和苏北盐城地区企业的企业人（企业群体）的伦理道德状况做了实地调查，经过一段时间的整理和综合，现在把具体情况演绎如下。

（一）调查研究的目标和组织实施

1. 调查研究的目标

当前我国企业正处在一个历史性转变时期，它的内部机制、外部环境正发生着巨大变化，企业作为市场经济中最重要的市场主体，企业的经济活动是整个社会经济活动中重要的方面，能否处理和协调好企业在经济活动中所涉及的各种伦理关系，并建立与之相适应的伦理道德观念、制度，以适应多变的时代旋律，不仅与企业自身的生存和发展直接相关，而且将对社会整体经济产生至关重要的影响。而企业人又是企业的主体和生力军，他们道德素质的现状正是企业整体道德水准的投影，因此，通过对企业人道德状况的调查，来了解和掌握中国企业道德的现状，从而考量现实的企业道德水准，并有的放矢地调控和规范今后的企业道德实践，从而实现（中国经济发展工程中多元兼容共作）实践链中道德资源优化利用层面上的本有功效。

2. 具体实施

我们通过问卷调查和座谈等形式先后两次对江苏一些企业进行了实地调查。具体实施情况是：2006 年 9 月对苏州地区不同企业的企业人的调查，共发放调查问卷 300 份，收回问卷 248 份，有效问卷 243 份；召开企业人代表座谈会 1 次。2007 年 4 月对盐城地区不同企业的企业人的调查，共发放调查问卷 300 份，收回问卷 281 份，有效问卷 281 份；召开企业人代表座谈会 1 次。

调查时间	调查地区	发放问卷数	收回问卷数	有效问卷数	企业代表座谈会
2006 年 9 月	苏州地区	300 份	248 份	243 份	1 次
2007 年 4 月	盐城地区	300 份	281 份	281 份	1 次

3. 基本情况

（1）前提阐释。需要说明的是，第 2 次调查是在总结吸取第 1 次调查情况的基础上进行的，虽然在形式上呈现简洁的特色，但更具针对性，而针对性具体落实在问卷的设计上，出现具体的侧重和差异也是自然的，这虽然使我们无法把两次调查在数据上以图表进行综合的表示，但也正是这差异促使我们明确，在经济发展水准差异的表面现象之下来把握内在的一些实质性因子，而这对企业和谐伦理的营建以及企业伦理和谐氛围的实际形成都具有启迪的价值意义。因此，为便于清晰地反映调查的具体情况，我们采取具体实际的操作方法，直接称苏州调查和盐城调查，信息能够综合表示的地方就综合，不能综合的地方绝对不勉强操作，以免弄巧成拙。

（2）调查对象的构成。男性的比例为 45.3%，女性的比例为 45.7%[①]；18—50 岁年龄的占 88.5%；高中、中专、中技、大专程度的占 71.6%。

（3）对象所在企业的性质。国有企业占 28.0%，港、澳、台资以及其他合资企业占 59.2%，民营企业占 3.7%，家族企业占 2.1%。

由此可见，一个明显的特征就是外资以及合资企业、民营企业是江苏企业的主体格局，国有企业的比重相对较少；不仅如此，而其地区的企业格局也呈明显的差异：苏州地区形成了以外资、合资企业为主体的工业格局，占 59.0%，而盐城地区则形成了以民营企业为主体的工业格局，占 50.0%；苏州企业的情况正是对江苏“两头在外”经济特色的最好诠释[②]，从而也验证了苏州经济对江苏经济

① 因为苏州调查里有性别不详的情况。

② “两头在外”就是资源在外、市场在外，外资、合资体现的就是资源在外的特点。

发展具有引领性作用的事实。

(4) 调查对象的经济收入。月收入在1000元以下的占11.5%，1000—2000元之间的占47.7%，2000—4000元之间的占36.6%，4000元以上的占4.1%。月收入2000元以下的企业人是主体，占59.2%。

而这种情况在苏州地区和盐城地区又呈明显的差异。换言之，在苏州地区，1000—2000元收入者占48.0%，明显高于盐城地区的28.0%；在盐城地区，月收入1000元以下收入者占43.0%，明显高于苏州地区的12.0%；在整体上，苏州地区月收入2000元以下的企业人占59.0%，盐城地区占72.0%。与经济收入相应的对收入满意度的自我评价也客观地反映了企业人的心理情感，也就是说，苏州地区的企业人对自己收入感到满意的占64.0%，不满意的占36.0%，而盐城地区的企业人对自己收入感到满意的占42.0%，不满意的占55.0%，显然，不满意占多数，这也反映了盐城地区企业人收入相对低的客观现实，而苏州地区的情况，企业人的实际收入虽然与各自的期望值还有一定的差距，但总体上还是比较乐观的。

(5) 宗教信仰。接受调查的84.4%的人不信任何宗教。

(二) 企业群体道德的现状

企业是经济的火车头，企业是社会的风向标；中国企业与中国经济和社会的关系也不例外，因此，企业的消长直接牵引着中国社会的全身。世界经济的实践已经证明，在企业的系统里，文化资源也是一个活跃的因子，无视乃至忽视都会造成致命的影响；而在文化资源中，道德又是一个必然因子，因此，理清企业道德的现实轨迹，不仅对调适企业的经济消长发展具有至关重要的影响，而且对构建企业和谐伦理存在不可或缺的价值。通过对江苏一部分企业人的调查，我们发现中国企业人群体在伦理关系、道德生活和价值自觉等层面，具有以下几个方面的特点。

1. 企业人道德素质的彰显具有多元多样的特点

在急剧多变的时代氛围里，尤其是中国加入世界贸易组织以来，中国经济的发展无疑在更为宽广的道路上奔走，接受更为严峻的考验，换言之，就是给企业增加了原本没有的许多额外的要求，这是在与世界经济接轨的情况下，企业必须面对的如何发展经济的客观要求和现实的经济环境，在这样的氛围熏陶下，企业人群体的道德素质也明显得到反映。

（1）自立能力不断提高。多样多变的条件，无疑意味着对原有格局的打破，在新的格局里，能否自如地生活，这对企业的发展是非常关键的。改革开放至今已有30年的历史，企业也经历了各种各样的重新组合，而这样的客观实践环境，锻炼了大家的自立能力，苏州调查显示，有63.0%的人认为自己的自立能力强或较强，而认为自己自立能力弱的比例只有4.0%，这一数据不仅昭示了企业人对自己适应各种环境而立身的信心，而且无疑也为中国企业在世界经济的不断竞争中，接受重组而蓄积了丰厚的资源。

（2）进取意识明显增强。多变、多元、多样不仅是时代的主旋律，而且是每个企业必须正视的课题，这自然跟中国长期以来形成的农业社会日出而作、日落而息的四平八稳的格调迥异，要适应多变、多元、多样的环境和情势，没有进取心显然是寸步难行的。调查显示，有47.7%的人认为自己具有较强的进取意识，而认为自己进取意识弱的只有9.2%，这无疑成为中国企业未来发展的无形的道德资源。

（3）协作精神显著提高。现今摆在企业面前的一个无可辩驳的事实是，不仅企业重组的频率不断加快，而且行业重组的频率也在飞快提速，显然，要在这样的境遇里做到随遇而安，不打破行业的原有界限是做不到的，这就是企业之间的动态协作互补，正是这种外在环境造就涵育了企业人的协作精神。调查显示，有54.9%的人认为自己的协作精神较强，认为自己协作精神弱的只有5.8%，这是在经济发展的过程里，尤其是经济全球化的境遇里，世界其他经济强国对中国企业造成冲击的情况下，中国企业在争取生存空间或生存权利的过程中锻炼而获得的有机品质积淀，这对中国企业在全球化的实践里，振兴中华民族的经济，占有我们应有的份额是一个不可或缺的因子。

（4）权利意识惊人觉醒。在中国人的骨子里流淌着的是一己主义、自我中心主义的血液，这一结论早由著名社会学家费孝通先生揭示过，可谓一语中的。其实，在道德思想史的长河里，这一思想的源头在儒家，显然，这种思想的形成与儒家思想一统中国的现实关系紧密，在本质的意义上，儒家价值的坐标原点是自己本位。这种自己本位的本质特征在形下层面的表现就是事不关己，高高挂起，这里的“己”是一己独享的情景；在形式上，人不可能是孤立的存在物，必须身临人际关系，自己与他人始终处在一种共享的境遇里，但是，在利益关系上，以自己为中心，遇事与自己关系不紧密的话，自然也是高高挂起。经过30年改革开放、经济发展的实践，在中国现代化的进程里，企业人的权利意识明显得到改善。围绕“如果江苏省政府就某物价上涨一事举行听证会，您参加与否”的问题，调查显示，有58.7%的人选择“积极参与”，选择“不参与、不关心”、“甘当旁观者，自有他人会参与”的只有41.3%，显然低于“积极参与”的比例，在人际关系里认识到自己的权利和责任，以及对改善自己置身于中的人际生态的价值的认识，无疑得到拓展和觉醒，这是难能可贵的现象。

（5）规范意识浓重折射。21世纪的今天，我们有理由说，中国与世界其他发达国家的文化差异之一，就是民众规范意识的装备程度不同，中国民众规范意识严重缺失是毋庸置疑的事实。缺乏规范意识不等于我们没有规范制度的建设，只是规范制度没有变成人们内在的自觉要求，实际上出现的是内与外的脱节，没有形成通道，这样的话，即使具有规范制度，也只能是纸上文章，没有实际的渗透力。随着经济建设的深入，与世界接轨实践的行进，世界其他国家在进入中国市场的同时，也把他们的经营理念、核心价值等经营文化带进了中国，它们在影响中国市场的同时，也濡染了企业群体。苏州调查显示，有38.7％的人认为自己法律意识较强，认为弱的只有8.7％；认为自己组织纪律性较强的占62.0％，弱的6.0％。盐城调查中“对好友的下属犯错误处理的原则”的问题，有62.0％的人选择了“按公司制度处理”，远远高于“不追究，提醒下次注意”、“从轻发落”的32.0％，显示出律理对情缘的统摄倾向。

职场遵守规章制度，需要规范意识的支撑，但职场只是企业人这个角色职业生活的战场，所以，企业人群体真正规范意识的表现，我们还必须在更大更宽广的视阈里进行考量和审视，为此，我们以“工作生活的规则”为议题进行了调查，结果显示，29.2％的人选择“按规范行事”，显然，企业人群体的规范意识已经穿过他们的职场进到了他们的一切生活领域，这是非常可喜的，也是在经济全球化趋势下，与世界真正接轨，并在新的世界组合和态势下，保持中华民族文化特色的最为急需的道德文化因子。

（6）创新精神逐渐提振。创新已经成为各行各业的普遍要求和衡量指标，对企业也不例外，因为，飞速发展的科学技术，自然驱动着产业的活力链，行业、企业也在科学技术发展成果所显示的价值导向标的驱使下，进行着自然的重组和整合。换言之，没有创新的支撑，就难以适应多变的外在发展环境。中国的企业自然不例外，各种企业的转型和重组正在不断深化，以创新来求发展逐渐成为企业人的信条，调查显示，有32.9％的人认为自身创新精神较强，中国长期以来所形成的故步自封的陋习正在瓦解。当然，必须正视的是，创新精神的形成还处在发展的过程中，大家仍然有一个适应的过程，46.5％的人认为自己的创新精神一般的信息本身，就是对此的最好注释。

（7）自我责任的担当意识渐趋清晰。忧患、责任意识一直是中国人品质的因素之一，其典型的代表就是晚清著名思想家顾炎武“天下兴亡，匹夫有责”的名言，具有如雷贯耳的气势，其间蕴涵的责任担当意识，长期来也一直影响和鼓舞着中国人，可谓大家、大手笔、大精神，作为知识分子的顾炎武发出这种感人肺腑的疾呼，自然不能排除具体时代的因素。历史的变迁，使中国人从西方列强的欺凌中，走向了独立的大道，中国独立的历史也已经有60多年，接受调查的人都是新中国成立以后出生的，在他们身上这种自我责任的担当又是如何体现的呢？关于这一点，苏州调查的两个问题较好地做了诠释：一是认为企业人的道德水准应在企业道德水准中“占据主要位置”的人有74.0%，认为“占据次要位置”的人只有12%；二是与售后服务、依法保护消费者的利益相比，认为企业人的综合素质在赢得消费者的信赖实践里所起作用更大的达55.0%。虽然没有天下的豪言壮语，但视自身为企业的主体，把自身素质的优劣与得到消费者的信赖直接挂钩，这是自我责任担当的最为具体的落实，也可以说这是在企业经营激烈竞争的氛围里，企业伦理关系的一种现实折射之一。

毋庸置疑，企业人的自我责任的担当意识和切实的行为落实，是中国民族企业长青藤的活力源，显然，这种自我责任的担当意识本身，并不是无源之水，无本之木，在调查中得知，它是为企业人的社会责任感和主人翁精神着力支持的。苏州调查显示，有56.4%的人认为自己的社会责任感强或较强，盐城调查则显示，有44.0%的人认为自己具有强或较强的主人翁精神，超过认为自己主人翁精神一般的42.0%。

（8）传统的刻苦精神依然风韵诱人。新的时代、新的主题、新的实践、新的文化因子的诞生，这已经是一个为大家认可的文化动力模式，这一模式所形成的实际的成果则是地球村民族文化差异的细微化，民族之间，差异是前提，细微化不过是量化的称谓，因为没有差异自然也就没有区分不同民族的必要。前面分析的协作精神的提高、权利意识的觉醒等，显然不能排除西方价值文化的推波助澜的效用，这不仅是中国跟世界全方位接轨进程中的必然课题，而且也是作为物种之一的人类文明进程中的课题之一。但是，必须看到的是，虽然在西方文化的冲击下，中华民族一些固有的价值观受到了挑战，乃至退出历史舞台，但是，欣喜的是，历来作为中国人教育立身法宝之一的刻苦精神，在今天中国企业的实践中依然显示出动人的光彩。调查显示，有57.0%的人认为自己的刻苦精神较强，这不禁使我们想起孟子“天将降大任于斯人也，必先苦其心志，劳其筋骨，饿其体肤，空乏其身，行拂乱其所为，所以动心忍性，增益其所不能”[①] 的名言，对人们影响的根深蒂固；不仅如此，而且也使我们明显地感到，对刻苦精神的认同和坚持度，还存在与经济发展水准成反比的隐性特点，因为，经济发展水准相对低于苏州地区的盐城地区，在这一问题上高出7个百分点，这也从反面给我们拉紧了弦，因为，经济发展的实践，将不断提升中国整体的经济发展水平，如何前瞻

① 《孟子·告子下》，（清）阮元校刻《十三经注疏》，北京，中华书局1980年10月，第2762页。

地预设机制，让刻苦精神与人们继续同行，在振兴中国的经济实践中发挥应有的效用，已经是一个不得不思考的现实问题。

（9）良心依旧妩媚迷人。前面分析到规范意识不断提高的问题，对人们而言，规范外在于人而存在，然而对人产生整肃力，这种整肃力虽然是规范意识的具体表现，但在形成上，它不是直接的。也就是说，外在规范不可能直接成为人们的整肃力，它需要一个中间的转换机制，其基盘则是人的理性自觉。重视契约、规范一直是西方的强项，相对于此，中国历来重视的是内在的方面，为大家熟悉的"八条目"就是最好的说明，从修身到平天下，而修身又是从格物、致知、正心、诚意展开的，这些都是内在的功夫。在重视外在规范的同时，他们并没有丢失中国人的内在传统，诸如良心仍然是人行为的依归。调查显示，有42.0%的人把"凭良心做事"作为自己"工作生活的规则"，良心作为心灵的窗户，依然充当着人们行为导标的角色，而且经济发展水准优于盐城的苏州地区，在这项上还高出9个百分点，这在一定程度上，使我们看到经济驱动良心的价值倾向，对坚定我们富国强民、建设和谐社会的政策具有积极的现实意义。

企业人的道德素质在总体上呈现的是多元、多样的样态，既有现代性的因子，也有传统的音符，在新有、旧有的动态交替优化的节奏里，编织着21世纪中国企业群体的道德图案。

2. 企业内部人际关系日趋和谐友善

和谐社会是一个整体的设计，具体落实到企业就是和谐企业。在整体上，企业人群体对自己道德素质的综合评价是肯定的①。

（1）内部人际关系理性谐和。苏州调查显示，有87.0%的人认为企业内部人际关系安定祥和②，这种祥和，是以共生、共荣以及对对方的尊重为前提和基础的，诸如苏州调查显示，在对婚前财产公证的看法问题上，有40.7%的人认为遵循双方同意的原则，就是具体的佐证。当然，这是限于家庭关系的表现。其实在打破家庭屏障的情况下也一样，调查显示，当企业人家庭成员生病住院或遭遇其他灾难时，能够给与精神上的安慰或经济上的无偿支援的占89.7%，这种主动参与企业链上关爱实践活动的现象，正是企业内部和谐音符的自然流露。

（2）企业外部关系祥和。在儒家思想熏陶的中国，对人仁爱为怀已经成为个

---

① 苏州调查显示，在道德素质综合评价问题上，有37%的人认为好或较好，认为一般的占51%，绝大部分都是肯定的。

② 具体的情况是，认为企业人际关系"真诚相待"的占26.7%，"礼貌客气"的占27.2%，"就事论事"的占33.3%；"就事论事"正是理性化的具体表现。

人行为的内在编码，虽然在经济发展的过程中，出现过伪装以弱者姿态出现以赢得他人同情，从而得到他人关心的情况，经媒体曝光后，在现实生活里无疑产生了些微消极负面的影响，但是，以仁爱为美德的中国，并没有如西方那样走向极端，即一日被蛇咬，十年怕井绳，对陌生人永远采取陌生的做法。调查显示，有86.9%的人有过或者在陌生人困难的情况下选择帮助的行为抉择，这是企业内部关系和谐音符向社会领域自然延伸的表现。

(3) 交际能力得到装备。高科技的发展，信息化的境遇，无形地给企业人提供了一个不得不求变以生存的环境，动态性是其主要特点。因此，企业和谐也主要是动态意义上的和谐，动态多变的境遇虽然对他们形成了客观的挑战，但在应对这种挑战的调适实践里，他们的交际能力不断地装备起来。调查显示，50.2%的人认为自己的交际能力较强，认为弱的占7.4%，就是对这一问题的最好说明。

显然，企业人际关系在动态宏观层面上始终处在一个谐和的氛围里，这是一个实践视阈里的过程性动态和谐，不是静态微观层面上的和谐，所以，这里始终不排除暂时矛盾的出现。

3. 基于经济水准的企业人利益坐标上的两极趋势

企业作为经济的驱动轮，处理好各种利益关系是基本的课题。30年改革开放的实践，起步于允许一部分人先富起来的号角，后在共同富裕与同步富裕、效率与公平关系的论争中不断得到推进，使中国经济的水准得到普遍的提升，这是应该庆幸和引以自豪的。但是，不能忽视的是，在经济水准普遍攀升的同时，贫富的差距也在不断扩大，这种差距不仅表现在个人之间，而且在地区之间，就是在经济相对发达的江苏省域范围内，也存在这样的现象。而经济发展的客观差距，又反映到个人的受益程度。

(1) 养老金上的两极。在中国传统的氛围里，生养子女是为老来有所寄托的。众所周知，在国外，不仅有比较完善的养老金机制，而且有老人院、老人之家，因此，借鉴国外的经验，解决我们的老有所养的问题，自然是我们的必然课题。随着经济转制实践的深入，各种制度的改革也早已全面铺开，建立养老金制度就是改革的主题之一。经过几年的努力，现在全国各地不仅老人院遍地开花，而且把老人问题视为一个工程，注意切实做好每个环节的实务工作。调查显示，苏州地区有82.0%的人享受养老金，而盐城地区只有30.0%，这是企业人福利在地区之间存在的明显差异之一。

(2) 医保上的两极。医保问题，可以说是一个“点击率”较高的问题，过去我们虽然进行了诸多的改革，但注入较多而收效甚微。尽管如此，有一点是必须肯定的，就是企业必须建立医保制度，对一些企业而言，这是解决从无到有的基础的问题，意义非凡。尤其是随着农民工现象成为社会的一个重要问题以后，许多农民工为企业录用的情况已经成为普遍的事实，建立医保是保障农民工利益、消解他们后顾之忧的切实举措。但是，国家虽然这么要求，各地执行的情况无疑存在差异，诸如苏州地区有88.0%的人享受医保，而盐城地区享受医保的人只有24.0%，这是企业人福利在地区之间存在的明显差异之二。

(3) 劳保上的两极。与医保相联系，劳保制度也是社会保险制度上的一个环节，就国营企业而言，这本来不存在问题，但随着行业的重组，企业转型和改制实践工程的深入，企业人的内涵也在发生不断的变化和更新。也就是说，在改制过程里，一些企业给农民工打开了窗口，加上制度本身的变化，原本意义上的劳保已经名存实亡，在这个意义上，劳保这个不成问题的领域，反又成为企业必须重视的问题之一。调查显示，苏州地区有89.0%的人享受劳保，而盐城地区享受劳保的人只有19.0%，78.0%的人没有劳动保障。这是企业人福利在地区之间存在的明显差异之三。

在养老金、医保、劳保上，苏州和盐城呈现出两个极端的现实，这是这次调查的新发现之一。它一方面昭示我们企业人福利的保障与地区经济的厚实度成正比，这就是简单的经济是基础的硬道理，提醒我们如何扎实提高企业行为的经济效益，来保证企业人经济福利的实现；另一方面，也提醒我们重视，就是在苏州地区仍然有18.0%的人没有养老金，12.0%的人的医保没有得到落实，11.0%的人享受不到劳保。企业人道德水准绝对不是简单决定于个人修养素质高低的方法能够说明问题并让人心悦诚服的事情了，必须注意制度的配套等外在因素在优化和有效积淀人的道德素质方面的不可或缺的功效，而这恰恰是我们至今所忽视的地方。这是适合新时代必须具备的新运思。

4. 企业人道德生活的新内涵

多变、多元、多样是时代的主题，在这样的生活实践里，人们的价值观也呈现多变趋向，例如，苏州地区的调查显示，对“婚外恋”的问题，虽然有53.0%的人认为不道德，但仍然有43.0%的人持肯定的态度，这在以前是无法想象的。就企业人而言，企业道德生活的内涵有了新的拓展。

(1) 影响企业道德生活因素问题上的认同感。中国经济的实践，已经把大家带入了商品经济的场域，经济作为衡量企业发展的主要标志，这可谓按经济规律办事的结果。但是，这些年我们在取得经济成效的同时，也连带生发了一些问题，诸如社会上呼声一直比较强的道德滑坡问题，调查的数据也说明了这个问题。调查显示，有67.9%的人认为市场经济对企业的道德生活带来的影响最大[①]。

（2）道德信仰危机。

首先，信仰危机严重。西方思潮的冲击，在生活的各个方面都留下了明显的痕迹，从话语系统到问题的运思模式，都照搬西方的一套，连中国哲学的研究也一样，难怪至今在学术界都有中国有无哲学的迷惑；在经济的方面，自从确立和施行会抓老鼠就是好猫的评价标准以后，客观实践的结果是，原本根深蒂固的各种价值观之间的差异趋于模糊，这种模糊带给人们的是迷茫，使他们感到道德信仰危机。调查显示，有98.0％的人认为当今生活存在道德信仰危机，认为严重的达64.2％，人没有信仰尤其是道德信仰，就会变得漫无目的，道德信仰对人具有引领的效用，这是我们应该注意的。

其次，“道德情感的麻木、困惑、缺失”是主要表现。关于道德信仰危机的表现，调查显示，有59.3％的人选择了“道德情感的麻木、困惑、缺失”，50.6％的人选择了“道德理想目标的丧失和道德失范”，选择“道德生活动力的欠缺或扭曲”的达40.7％，选择“道德人格的分裂”的达31.7％；情感的麻木是主要表现，人麻木了，不仅不会有信仰，而且不会有理想。

最后，“市场经济的负面影响”是主因。关于道德信仰危机的成因，调查显示的依次顺序是，“市场经济的负面影响”57.2％，“道德教育的形式化”45.7％，“社会分配机制不公”41.6％，“制度约束的失效”30.0％。

这里的数据表明，“市场经济的负面影响”是最主要的，与上面市场经济是影响企业道德生活的主要因素相一致。

（3）荣辱教育的肯定评价和信心。社会主义荣辱观教育，作为社会主义精神文明建设实践里的一个环节，直接而全方位地渗透到生活的每一个领域，企业人也不例外。对荣辱观教育，企业人的评价是肯定的。

首先，社会整体的荣辱感呈“退化”趋向。调查显示，67.9％的人认为现代社会人们的荣辱感退化了，是主要的倾向。这也正好证明我国开展社会主义荣辱观教育的必要性和及时性。当然，不能忽视的是，苏州调查显示，有15.0％的人认为没有必要或者无所谓。

其次，荣辱观教育有实用。开展社会主义荣辱观教育，能否解决实际社会问题，盐城调查显示，认为对解决社会问题“有实效”的占53.0％，认为效果不明显的占40.0％。

以上不仅对社会主义荣辱观教育给予了肯定的评价，而且在解决社会实际问

---

① 盐城调查显示，50.0％的认为员工的物质生活水准对企业道德生活的影响最大，45.0％的人认为是市场经济。这里显示的信息，与上面分析的地区经济与员工享受到的福利度的关系是一致的，实际上，也是值得我们重视的方面。

题上，企业人持有信心，教育虽然无法万能，但不能忽视。

(4) 社会奉献精神的加强。苏州调查显示，有 47.3%的人认为企业人奉献精神较强，78.0%的人认为在市场经济条件下需要奉献精神。当然，仍然有 9.0%的人认为，市场经济利益至上，讲奉献就是“傻冒”。在企业施行社会贡献的理由上，61.7%的人认为是“为了企业的更好发展”，25.9%的人认为是“把利益一部分返回社会”，有 12.4%的人认为是受外在条件的压力，诸如外部要求、海外企业的影响等。尽管企业施行社会贡献的主要理由是从企业自身的利益着想的，显示企业本位的价值倾向，但是，值得欣喜的是，仍然有 25.9%的人，已经认识到企业的利益来自社会，没有社会的支撑，就没有企业利益实现的场域，把利益返回社会的选择正是基于这样的运思。

毋庸置疑，企业社会贡献、个人奉献上取得的理性自觉，都是调适多元、多样、多变时代特点而获得的优化因子，逐渐成为道德生活的必然内容。

5. 诚信已经成为企业人的自觉追求

虽然诚信是全社会的问题，但是，与之关系最为密切的无疑是企业，这是谁也无法否定的事实。历史上，清朝乾隆末年，在典当业中已出现了所谓“江以南皆徽人，曰徽商；江以北皆晋人，曰晋商”即“徽商”和“晋商”的说法，他们分别为中国南北商业的代表。

历史上的徽商，则可谓“贾而好儒”，他们普遍有较高的文化素质。《史记·货殖列传》成为他们必读之书，他们受古代文化的影响，自觉地用儒道经商，以儒家道德规范自己的商业行为。黄长寿“以儒术饰贾事”，鲍要“一生以书生之道行之”。“红顶商人”胡雪岩在胡庆余堂店内设立两块巨大的金匾，写着“真不二价”和“戒欺”。由于他们坚持以诚待人，以信服人，非义不取，在激烈的商业竞争中赢得了顾客的信任，每到一地就会出现“归市如流”的局面，取得了很大的成功。

明清之际兴起的晋商，也曾声名显赫，富可敌国，辉煌数百年。他们始终以诚实守信为核心理念。在经商立业方面，他们遵循敬事而信的原则，即既有敬业的精神，又有诚信的品格，山西票号讲究“守信、讲义、取利”，把守信、讲义放在取利之前，靠信与义来赢得人心。以平遥的“日升昌票号”为例，在全国各地设 600 多个分号，甚至远及日本、朝鲜、东南亚、俄罗斯等地，年汇总金额 100 万两至 3800 万两不等，经时 100 余年，赢利 1500 万两，实际上就是一个跨国的私家银行。

在 21 世纪初成立的“江苏新经营战略研究院”，针对江苏经济的发展态势，提出树立与江苏经济相协调的“苏商”形象的主张。“苏商”是与现代化相协调的企业人格形象，2004 年在南通召开了首次会议，并提出了《苏商宣言》[①]，“诚信务实”就是其中的主要内容之一，建设诚信一直是江苏在企业工作上的重点，几年下来，成果也非常明显。

（1）“假冒伪劣”成为最忌讳的企业行为。调查显示，有 39.4％的人认为“生产假冒伪劣产品”是企业经营最忌讳的行为，远远超过“不讲信誉”的 39.8％和“服务态度不好”的 6.3％。显然，在企业链里，生产是最为基础的环节，具有根本的意义，可以说，是产品进入流通领域的前哨，在这一环节上如果出现问题，那整个产品流通领域将全部进入负面效应的境地。应该说，企业人具备这样的认知是保证健康产品进入市场的关键。

（2）出卖企业商业机密的行为不道德。调查显示，有 69.5％的人认为出卖企业商业机密的行为不道德，只有 2.5％的人认为无所谓。显然，在学理上，这种不道德的行为，首先是违法的行为。

（3）对企业信任危机的正视。苏州调查显示，虽然 45.0％的人认为自己的所在单位不存在信任危机，但仍然有 17.0％的人认为存在信任危机，这无疑显示出企业人自觉的警醒意识，安不忘危；对解决信任危机的运思，70.0％的人认为必须依靠制度建设来解决，诸如加强法制建设和改善企业运行机制等，寄希望于信任教育只占 27.0％。

信任，这种自觉警醒的意识、对“假冒伪劣”和出卖企业商业机密行为认知的整合，是保证企业诚信健康生长的内在条件。

6.“跳槽”的新诠释

“忠诚”作为中国古代伦理的特有内容，自然不为大家所陌生；“忠诚”在企业的鲜沽运用，就是视之为对企业人的要求，并且一直是一种潜规则；具体的样态就是企业人对企业的从一而终，无论遇到什么情况，仿佛以前婚姻上的从一而终一样，是无条件的。这不仅在中国，而且在经济发达的日本、韩国等地也是这样，从渊源上论讨的话，这跟企业早期形式的家族制紧密相关，这在世界其他国家也能找到例证，一些大的企业都是从家族企业发展起来的，即使在今天经济相对发达的情况下，日本等地仍然有家族企业的存在，而且在民族企业的发展中产

---

① 《苏商宣言》从接轨全球经济、勇于开拓创新、坚持诚信务实、倡导竞争合作、担扛社会责任等五个方面做出了庄严承诺：自强不息，兼容并包，随先辈之精神，融四海之新知，汲取先进科技文化理念，振兴民族经济，融入全球化进程；举贤任能，革故鼎新，构建创新文化，以科技创新之动力，育自主核心之技术，提升国际竞争能力；求真务实，厚德载物，致力于维护“公开、公平、公正”的市场秩序，促进经济健康有序发展；实施全方位、多视角的国际化竞合战略，以团队精神最大限度地实现资源共享和优势互补，提升社会、经济效益；胸怀人民福祉，振兴一方经济，造福一方百姓，持续发展，永续经营，担扛社会责任。宣言最后称，“两个率先”，使命在心，重任在肩，百折不挠，追求不懈，富民强邦。

生着重要的作用，这也是无可厚非的事情。家族的主要特征是血缘同源，在狭隘血缘意义上讲孝，宽泛血缘意义上则讲忠，这是中国古代伦理告诉我们的故事。经济的发展现实，已经打破了形式上的血缘情结，所以，用家族制企业的忠诚来要求发生新变化企业里的企业人是否合理，这本身就存在着争议。尤其是在多变、多元、多样的时代，从一而终不仅难以做到，而且价值何在？也引起人们的质疑。

调查显示，有43.4%的人认为在“有利于自己特长的发挥”的情况下，可以“跳槽”，从一而终的“忠诚”观正在不断消解[①]，个人利益的考虑正成为重新选择职业的标准[②]。认真想来，这不是偶然的，与企业人现实的生存状态是紧密联系的。调查显示，利益考虑仍然是选择职业的决定因素，选择职业考虑工资待遇的有45.7%，社会地位的有9.9%，个人发展的有22.2%，其实社会地位、个人发展最终也是自己需要的实现和利益的获取，都可以量化为物质利益，在中国，社会地位的背后是利益，几乎是路人皆知的事实。所以，“跳槽”成为企业人实现利益最大化的手段之一，这是“忠诚”的时代版样态。

7. 正义性的增强

上面提到，在经济发展的实践过程里，有过而且现在还在继续的效率与公平关系的讨论或者叫争议，换言之，效率优先还是公平优先，最初更多人倾向于效率优先，这是为中国社会的现实所迫的选择，因为我们底子太弱了，与世界经济强国的差距太大了，不提倡效率则无法跟上世界经济发展的速度，在世界经济的舞台上适时地占有中国人的人均份额。但是，当我们的经济实现了一定的发展以后，尤其在分配的结果上出现了人际之间的差异，有时这种差异达到惊人的程度，譬如一个企业经过改制或转制以后，总经理的年工资可以达到350万元，而一般企业人的年工资只有1万元左右，这里还提示大家注意一个事实，就是差异不仅仅是依据人的效率来得出的，而是由转制这个行为带来的，里面无法排除权力金钱化的因素，在这种情况下，社会更多地呼吁公平。

眼前的这个事实，是伴随着中国企业的发展为每个企业人所熟悉的，应该说，给企业人的冲击也是无法估量的，尽管如此，中国企业人仍然不失正义感和是非心。调查显示，对企业违法却牟利的行为，采取“不闻不问”的人只有17.7%，向企业指出或以适当的方式介入以尽公民责任的人占31.7%。毫无疑问，介入存在着自己利益受到损害的可能，但是，在私人利益与法律正义之间，企业人选择的是法律正义，显示出强烈的正义感；盐城调查也显示，有58.4%的人认为自己

① 苏州调查显示，员工把企业的归属感或者忠诚理解为“服从企业需要从一而终”的占27.0%。

② 盐城调查显示，认为跳槽的标准为“有利于自己特长的发挥”的占43.4%，“物质利益的最大化追求”的占30.6%，“工作环境的优化”的占23.5%，这些都是个人利益的考量。

的是非观较强，认为弱的只有4.3%。

正义和是非观念的强烈，是一个社会正常运行所必需的因子，是建设社会和谐的支柱；道德信仰可以出现危机，但是，一个社会如果没有基本的正义和是非观，其秩序的和谐是难以想象的。

8. 道德仍然是企业人推重的个人资源的首选

企业人重视自立的问题在前面已经分析过了。在多变的社会里，要实现自立，没有依托肯定是不行的；以什么为依托显然是因人而异的。但是，重视自身素质建设的方向是没有错的。在"企业家最重要的素养"问题上，有72.4%的人认为是"道德品质"，远远高于"专业技术"的16.9%①。这可以说是中国道德主义倾向的自然延续，这种倾向无疑与我国以德治国的总体方向是吻合的，而道德对个体存在的整肃力，又可以在现实生活里起到法律制度等起不到的效用。当然，这里不是单一地对个体进行要求，对外在法律制度的装备，同样是重要的，况且企业人依靠外在制度等的力量来达到企业经营实践的调适，已经成为他们的追求和选择，这在前面的论述里已经提到，在此不赘述。

9. 家庭·企业·民族——价值链的初步形成

中国经济建设的实践，一方面，在地球村里拉近了与其他民族村落的距离的同时，其他民族村落的文化也伴随着市场经济的发展，对中国企业人形成了严峻的挑战，无疑对原有人伦价值观等形成了强力的冲击，如认为浓重的金钱观念淡化了人伦关系的占46.0%，但仍然有20.0%的人认为增强了人伦关系。另一方面，经济的飞速发展，虽然一些传统的价值观受到了冲击，但是反映家庭关系的道德仍然受到重视，家庭作为社会基本的价值作用仍然生发效用，在中国企业人那里，家庭、企业、民族三者张弛有序、兼顾共作共存、共生共荣的价值链已经清晰地形成。这个可以通过下面的演绎来揭示。

（1）家庭是社会基体的倾向明显。众所周知，当年日本在明治维新以后，外国的船只自由来回于日本的口岸，日本的一些机关里也使用了外国人雇员，对日本本国的民生产生了严重的冲击，正是这时，著名思想巨擘福泽谕吉提出了借鉴西方文明精神来营建日本国体的思想，把营建国体作为日本求生的关键，无法否认的是，在日本经济发展史上，福泽谕吉的功劳是无法抹杀的，也是无与伦比的。福泽谕吉的初衷是保卫国家，并不是禁止日本西化，在这个意义上，他的目的无

---

① 苏州调查显示，有54.0%的人认为自己的道德修养强或较强，56.0%的人把自己需要道德素养作为在竞争中求生存的必要。无疑，即使在高科技飞速发展的今天，道德素质仍然是企业人自身素质建设的主要因子。

疑达到了。但是，日本各界的强盛是在西化过程中实现的，虽然不是全面接受西方，而是在适应日本情况的前提下来借鉴，但西化处理后的日本，一些体现东方特征的伦理传统还是消失蒸发了，诸如家庭伦理观念，他们学习西方，结婚以后一般都出去单过，不跟父母住在一起，完全与西方一样，显然，传统中养育子女为老有所托的观念的内涵已经变化了，或者说丢失了。但这并不代表他们就不重视家庭，西方也同样重视家庭，不过重视的方法与传统相异罢了。

长期以来，中国一直是一个人伦的社会，这里的人伦并非一般关系的人伦，而主要是血缘关系之伦，其实，这种倾向从儒家学说的创始人孔子就基本确立了，“仁”就是“人”，孟子在继承孔子思想时就用“人”直接解释“仁”；“仁”的内容是爱人，在如何实现“仁”的问题上，儒家明确地规定为“事亲”、“尊亲”。“亲”关心的就是血缘关系，孟子的扩充、推广显然也是从血缘关系开始的。在较长的时期内，这个家庭不仅是生活单位，而且是生产单位，对血缘伦理的重视显然也是适应这种生产关系的。重视家庭、家庭伦理一直是中国人的特色之一。这些年，中国也在无形地西化着，前面提到我们的学术研究也表现出无底气，就是照搬西方的运思方式和话语系统，基本置自己的特点而不顾的自然结果。因此，没有自己的特色，在世界的文化市场上我们基本没有实现自己价值的机会，诸如电影、书籍等的出口，我们几乎没有多少话语权。而我们的企业不仅在形式上与海外企业进行着合资、合作，而且在内容上也受到他们文化的潜移默化的影响，诸如婚外恋等在一定程度上得到企业人认同，这不能不说是西方文化的影响。但是，在目前阶段，企业人重视家庭、家庭伦理的价值取向以及重视的形式，基本仍然在中国原有的轨道上行进。当年日本的情况至少现在还没有出现。

首先，家庭利益为重的倾向。无论在什么样的社会，利益是人行为的驱动轮，对人而言，最为困难的是，在利益的两难选择中的决策，企业人也不例外。调查显示，在“当企业利益与您家庭利益发生矛盾时”，有46.1％的人选择以家庭利益为重，而选择以企业利益为重的占33.7％；他们之所以以家庭利益为重，原因在于他们认为，工作只是谋生的手段，生活才是最为重要的。显然，家庭对企业人更为利益攸关，同时，也在另一方面促使我们思考，在多变的时代里，如何使企业人养成以企业为家的观念，就变得非常重要。

其次，和谐是家庭幸福的内涵。家庭成为企业人行为决策的重心，因为在家庭与企业利益上能够做到以家庭利益为重的话，在其他方面就不用说了。把家庭作为生活港湾的企业人，追求幸福自然是他们的目标之一。调查显示，有49.0％的人把和睦、和谐作为家庭幸福的内涵，认为身心健康的有26.7％，实际上，身心健康可以看做和睦、和谐的基础，这样的话，比例就达75.7％了，远远高于把事业有成作为家庭幸福内涵的13.2％，在最终的意义上，事业都是身外之物，只有身心健康、寄托自身生活港湾才是攸关自己利益的根本。

再次，婚姻关系里感情仍然是主音符。婚姻是家庭的基础，这具有一般的意义。但是，婚姻以什么为基础，在中外婚姻思想史上是五彩缤纷的。调查显示，有47.3％的人认为婚姻关系中最为重要的因素是爱情，认为金钱以及其他利益为重要因素的只有51.4％。显然，经济发展，虽然给人们带来了经济收益的整体提高，金钱观念也淡化了人伦关系，但是，在以婚姻为人伦关系的母体上，企业人仍然以感情为重，这也与上面提到的他们重视生活的取向是一致的。

爱情作为婚姻关系的维系，其具体的表现就是夫妻和敬。调查显示，在“现阶段更要弘扬的家庭道德”问题上，有64.6％的人认为是“夫妻和敬”，显然，有和敬才有爱情，有爱情才有家庭和谐和睦。

最后，慈、孝光彩依旧。婚姻可以是家庭的母体或基础，但不是家庭的一切，家庭存在多种伦理关系，调节这些关系的伦理要求也不一样。慈孝历来是中国人所重视的家庭道德之一。“慈”主要指父母对子女的爱，如慈幼即爱护孩童的意思，《孟子·告子下》有“敬老慈幼，无忘宾旅”的论述，“慈母”的熟语则更为大家所熟悉。“孝”是善事父母的意思，《庄子·渔父》里的“事亲则慈孝”；推重孝道一直是中国的特点，“孝廉”就成为汉代选拔官吏的科目之一，儒家经典之一的《孝经》，是专门讨论封建孝道，宣扬封建宗法思想的，在汉代就列为七经之一，也是后来的《十三经》之一，历史上也不乏孝子的典型。我们不得不注意到的是，高科技、高信息虽然完美地演绎了“封神榜”神话现代版的今天，但父慈子孝仍然是人们重视的家庭道德。调查显示，有47.7％的人认为应该弘扬的家庭道德是父慈子孝，赡老扶幼的占67.5％，兄友弟恭的占32.1％。

可以说，作为家庭美德的慈、孝，依然受到人们的青睐，而这些对维系家庭人际关系是非常直接而有效的，也是爱情的扩大化，用儒家孟子的话说，就是把夫妻之间的爱情扩充推广到其他家庭关系，推进到子女那里就是“慈”，推进到父母那里就是“孝”，推进到兄弟姊妹那里就是“兄友弟恭”即“悌”。

（2）理性维度上企业的定位。重视家庭的事实说明，企业人能够理性地定位企业。企业虽然是他们获取工资、解决生活问题的依靠，但是，他们并非完全消极地依附于企业，而是在动态的实践里，显示并张扬着自己的人格。上面的分析已经提到，企业人对本企业违法牟利行为采取以各种方式介入过问的比例远远超过不闻不问比例的事实，就充分说明这一点。另外，苏州调查显示，当自己利益与企业利益发生矛盾时，选择“见利思法”的人达80.7％，远远超出选择“见利思义”的人的19.3％。这是调查的又一新发现。在此，我们必须明确两点：一是这一信息与上面讨论的重视企业家的道德品质并不矛盾，因为，比较的对象不一样；二是可以看出儒家“见利思义”、“见得思义”的弊端，道德不能成为人们利益取舍上的依归，而应该是法律，尤其是在经济发达程度还没有达到一定水准的情况下，儒家在义利关系上所昭示价值方向，严重脱离现实条件，把人们置于道德理想的乌托邦世界，这值得我们反思，而且提醒我们，在道德利益的坐标里，不能没有法律的介入，法律更接近人性自然，人生真然。

(3) 顾客优先理念的确立。人不是孤立的存在，始终是关系中的存在物，在上面分析的现阶段更应该提倡的家庭道德里，认为应该是邻里和睦的占 53.1%，这也充分显示家庭不是孤立的存在物，企业人追求的和谐是家庭和整个社会的谐和。经济的发展，使利益成为行为的驱动力成为事实，但是，企业人没有狭隘孤立地来实现自己利益的追求，而是在动态的过程里，在关系协调力来施行利益追求的实践里，盐城调查显示，在企业与顾客关系的利益问题上，有 76.0%的人认为应该遵行顾客优先的原则，而认为应该遵行企业优先原则的只占 20.0%。实际上，顾客优先不过是实现邻里和睦的具体举措罢了，因为，许多顾客就是你的邻居。

(4) 民族企业之间互相提携的要求明显。在与苏州地区企业人的座谈中，当谈到企业如何走向世界时，一些大企业的企业家在谈自己的体会时，也仍然把打价格战作为主要乃至唯一的手段，换言之，压低价格是争取获得项目的敲门砖。但是，我们质问他们，中国的资源是一个定数，如果不以世界价格体系的标准来核算产品的销售价格，不仅使我们的资源贬值，而且使我们的劳动力无法突破廉价的屏障，在这样的情况下，在实现中国经济的可持续发展，以及在世界经济的游戏规则的框架里来量定劳动力的价格问题上，我们的企业能够做出如何的努力呢？企业家的回答，积极发展是一个过程，我们现在处在相对低下的水准，经济上受其他发达国家的打压乃至剥削也是正常的。我们又问，中国跟世界接轨，应该是全方位的，现在物价基本上与世界接轨了，这当然也是当年加入世界贸易组织的条件之一。但是，劳动力的价格为什么不能与世界接轨呢？所以，现在的低价战略在一定程度上，是以牺牲企业人的利益为前提的，作为企业的老板，应该如何来做出实际的调控呢？企业人的回答是，这是一个困难的问题，现在只能以追求取得订单为第一目标，在以后业务不断实现拓展的过程里，再来提高企业人的利益即劳动力价格。这是中国企业的一个事实，依靠一个企业是无法解决问题的，但是，作为国家，在价格机制确立过程中，能否前瞻地逐渐解决这个问题，因为，我们选择过的生活是，发达国家的价格标准，中国自己的收入体系，换言之，如果以我们现在人均收入为 2000 美元计算，那价格也应该与之相符合，而现在我们的汽车、烟、酒的价格都超过了美国和日本同类产品的价格，这也是企业人不断思考的问题之一。

所以，经济的深入发展，关键是要增加民众的福利度，而不是单一的经济指标。为此，在第二次盐城调查里，我们增加了“在全球化的竞争境遇中，民族企业之间应该互相提携吗”的问题，意在估摸企业人在企业之间关系上的行为之方，有78.0%的人认为应该互相提携，民族企业共生共荣的意识非常明显。当然，这与经济全球化进程里形成的严峻的挑战环境分不开，激烈的竞争有时使单一的企业无法应对多变的环境，尤其在改革开放初期，民族企业之间比拼的事实，至今使人触目惊心，就是为了获得某个项目，相互杀价，其结果是民族企业之间的残杀，获利的是外资企业。经过市场经济的磨炼，企业人在以经济规律来应对经济问题，在中华民族的维度上决策企业行为已经成为企业的自觉行为，这是值得可喜的方面。其实，这方面的外围例证也有，我们可以用最新的信息，就是北京至上海的高速铁路，21世纪初就成为世界范围里的经济热门话题，当时日本、德国、法国都竞相频繁奔跑于北京之间，打听虚实以利在竞标中取胜，而且中国政府也多次与这些国家接触，但是，最后，在2007年底宣布的第一期方案中，使用的技术和车辆都是我国自己生产的，这可谓大长中华民族的志气，大增中国企业的信心。我们仿佛看到，中国受发达国家经济剥削的时代即将画上句号，而且只要大家努力，肯定能够画上句号。因为，第一个高速铁路项目，从开始到尘埃落定，不到十年，这十年的效果，使我们再也看不到诸如“广本”企业与日本本田公司、东风汽车与日本日产公司签订的50年合同的情况，即日方在不到5年的时间以后，就可以分享50.0%的利润，50年的情况谁也说不清，也无法揣摸，而客观的结果是中华民族利益的损害，因为，企业在中国境内，制造汽车的垃圾都留在中国境地，不仅危害当代人，而且要波及子孙。难道就因为我们需要资金来生产吗？即使在这样的情况下，我们仍然可以选择放慢制造汽车的速度，因为选择即使适时了，但利益却流失了。

所以，民族企业之间互相提携的意识，可以说，是中国企业人成熟的标志之一，当然这个成熟是在经济的实践中获得的，而且付出了巨大的代价。不过，在中国GDP人均3000美元的时段上，企业人就能够有民族企业共生共荣的意识，这无疑为中国企业的蓬勃发展奠定了良好的伦理基础文化。

在以上的分析中，可以清晰地看到，家庭、企业、民族企业价值链的框架，可以说，这不仅是本调查的新发现之一，而且是核心发现。在初步形成的家庭·企业·民族——价值链中，家庭是出发点，企业是立足点，民族企业是关节点，显示着情理、律理、道理兼容并蓄和张弛结合的特色。但是，值得注意的是，这个价值链的总体趋向是一致的，就是中华民族经济腾飞和文明奋进的同步追求；不过，这里的一致是动态过程里的一致，绝对不是静态视阈里的一致。因为，在“当企业利益与您家庭利益发生矛盾时”，有46.1%的人选择以家庭利益为重，而选择以企业利益为重的占33.7%；当自己利益与企业利益发生矛盾时，选择“见利思法”的人达80.7%，远远超出选择“见利思义”的人的19.3%。对企业和企业人而言，维护和发展这一价值链是义不容辞的责任，而这一枢机就在切实保证企业依法行为上面，只有依法行为，才能弱化乃至消解矛盾，而矛盾的消解无形就可以使各种利益的实践路径趋于一致，当然，这种一致自然也是多元通向的一致，是矛盾中一致，而矛盾本身正是企业发展的内在力量。

（三）企业人道德的存在问题与对策思考

以上是中国企业人道德的基本状况，我们的分析主要是在正面的价值维度上展开的，这幅图画是多彩的，其显示的价值倾向也是多元的，是令人高兴的。但这不是全部，下面还要讨论存在问题与具体对策。

1. 存在问题

（1）社会财富分配不合理。中国经过30年经济改革的实践，不仅经济本身取得了长足的发展，而且财富也得到了相应的积聚；在中国自古以来就有生财有道的教谕氛围里，人们往往对财富的评价也直接依据于“道”，合“道”自然就给予肯定的评价，不合“道”只能给予否定的评价；这里的“不合理”就是“不合道”，在这个意义上，“理”就是“道”，“道”就是“理”，贯通起来就是我们日常所说的道理。调查显示，有52.3%的人认为社会财富分配不合理，而认为合理的只有19.8%，其他是说不清楚的情况。大家知道，财富是靠劳动而获得的，而劳动是一个宽泛的概念，既包脑力劳动又含体力劳动，而其中各自的表现形式又是多样化的。产生“不合理”的评价，在于没有形成为大多数企业人认同的“道理”，也就是说，目前施行的分配财富的规则没有得到大多数企业人的认同，所以在总体评价上是不合道理的。

（2）道德建设成果的实际积淀无效率。前几年，我国颁发了《公民道德建设实施纲要》，同时在全国开展了相应的公民道德建设运动，应该说经过一段时间的实践，会在人们的素质里有一定的积淀，但调查结果显示，有34.2%、62.1%的人不了解或不太了解《公民道德建设实施纲要》，肯定选择了解的只有3.1%，这一现实客观昭示了公民道德建设运动的实际无效率或低效率。这就不得不使我们思考两个问题：一是这种全国性的道德运动是如何实际落实到基层的；二是我们一贯施行的道德建设的方法在多大程度上有效。

（3）企业与社区之间存在屏障。在中国的行政制度系统里，所有企业都必须在一定的行政区域里落户，并隶属于该区域的行政管理；行政管理的内涵也绝对不仅仅限于营业执照、税务等具体事务的方面，而且延伸到社区事务的领域。就中国目前的情况而言，社区的事务主要集中在社区住家居民的相关事务的处理，而“集团居民”仍然没有形成相应的意识，这是调查的又一新发现。调查显示，73.3％的企业人平时没有参加所在社区活动的经历。苏州调查显示，在如何看待“企业市民”的问题上，有61.0％的人表示从来没有听说过；虽知道这个概念，但不知内容的占18.9％；有些了解并认为值得借鉴的占12.3％；虽然觉得提法很好，但实际效果不大的占7.8％。显然，对这一概念不了解的情况是主流。不过，感到欣慰的是，企业与社区之间虽然存在屏障，但仍有26.7％的企业人具有参加过的经历①，这说明企业与社区之间联络的大门正在打开。

企业道德建设的终极目标自然是营建企业和谐伦理文化，通过以上操作问题的诊察，可以清楚地认识到，经过努力，中国企业在企业道德建设方面，虽然取得了喜人的业绩，但是，毋庸置疑的是，企业和谐伦理的最终形成，仍然是一个实践过程，不能急于求成，更不能浅尝辄止，否则已经取得的成果也前功尽弃。在总体上，调查显示，几乎全都认为企业的环境需要进一步改善，其中，有52.2％的人认为需要改善“自然生产环境”，38.3％的人认为需要改善“人际关系生态”；“自然生产环境”理当是设备、厂房空间给人提供的舒适度、空气的清洁度、生产流程的合理性、生产过程里的规范执行性等，这是硬的方面；“人际关系生态”理当是管理程序的合理性、管理的人文辐射性、以人为本的可感性、人际之间的协调性、对他人自觉的关爱性等②，这是软性的方面。从统计的数据看，这两个方面都说明企业和谐伦理的持续构建仍然存在必要的理由。

“企业市民”在中国基本上属于空白的天地，这一事实具有震惊的位置。无论是西方的美国，还是东亚的日本，“企业市民”在学理上的定位已经有长达40年的历史了，而真正走进社会生活，也有30多年的时间了，“企业市民”的民众认可也得到普及，而企业在社区的振兴和社会的营建实践中，切切实实地起到了举世瞩目的作用。但在中国，尽管企业在经济建设中起到了重要的作用，然而视企业为市民而进行实践的行为实属罕见，而离开这一实践的训练，企业人的“企业市民”的意识就无法得到激活和养成。

2. 原因诊断

（1）中国是儒家思想占统治地位的国家，长期以来，虽然重视道德建设，但

① 当然，不能排除员工仅仅是为了企业本身利益的考量，诸如苏州的调查就是最好的说明。调查显示，有24.0％的员工有平时参加社区活动的经历，就动机而言，“为了提升企业形象的考虑”占14.0％，“利于推销企业的产品的考虑”占10.0％，“作为社区居民的需要”占13.0％；而前两者都是出于企业利益的考量，共占24.0％。

② 苏州调查认为企业人际关系“虚伪冷淡”的占12.0％。

基本上是在狭隘的视阈下进行的，或者说是就道德建设谈道德建设，设计道德建设，这自然限制了道德生发效用的疆域，而且也无形阻隔了道德可以假借利用而润滑自身实践的条件；不仅如此，就是在道德建设的领域里，也把问题简单化，脱离科学理论建设的本有轨道，具体地说，就是习惯把道德和利益对立起来，有道德就不能有利益，其实，在道德和利益的关系上，不仅有毫不利己而专门利人，既利己又利人，而且有利己不损人，不利己而客观上损人的情况，尤其是最后一种情况，历来为大家忽视。在现实生活里，不利己而客观上损人的事情，实际上是维护法律的行为，在行为关系里，损人的效果来自于法律，行为者不过是维护了法律、张扬了正义，这一现象要求我们改变道德与利益两分法的运思方式，尽快把法律引进来，换言之，道德不能成为衡量利益的标准，而必须以法律为标准，简单地说，就是“见得思法”、“见利思法”，这是最为现实的准则；至于“见得思义”、“见利思义”，只能作为理想的方法加以提倡，而不能作为人们必须施行的准则。长期来，我们混淆了理想与现实的界限，结果是我们没有现实感，提倡的东西跟现实生活存在距离。上面相应的数据正是对这一问题的最好支持。

（2）企业的生命虽然有好多因素，而顾客是主要的方面，没有顾客，企业的产品就失去销路，企业自然也走向枯竭。企业与社区之间的隔离，有61.0%的人从来没有听说过“企业市民”的概念，根本的原因就在于企业人没有确立顾客就是上帝的理念，并非进入商场才是顾客，居民都是顾客。由于顾客没有成为企业决策的重心，所以，民众的利益没法得到切实的保障，所以，在深层里，企业人的行为仍然是为自身的，是企业中心主义，不是顾客中心主义，虽然有76.0%的人认为应该遵行顾客优先的原则，但这并没有成为企业人素质的一部分，而自觉左右企业行为的决策。

（3）在社会关系里，虽然是企业中心主义，但在企业内部，在利益的分成上，存在员工边缘化的形象，这就是分配不合理的内在原因。一方面，虽然提倡员工是企业的主人，但是，这一直没有得到切实的执行，员工缺乏主人翁感，更没有形成以企业为家的意识。另一方面，在企业转制的过程里，没有切实地考量和落实保障员工利益的措施，在转制以前，企业是企业人共同的财产，不是某一人的私有财产，那时的企业收入体系也比较合理，虽然存在差距，但在可以接受的范围里；但是，在转制的实践里，只是瞩目短期的任务，缺乏长远利益的考虑，尤其是国家利益对员工积极性的长远考量，导致严重的分配不公；尤其是无法排除在企业转制过程里，客观存在的权力与利益联姻的现象，在座谈会上，员工对此深有感触，这严重影响了员工的积极性，成为社会不和谐的可能因素。

（4）低效益的问题，原因也在我们的文化，儒家强调“君子喻于义，小人喻于利”，对立道义与利益的关系，而缺乏诸如日本近代思想泰斗福泽谕吉“争利就是争理”那样运思的激励。长期以来，只是考虑做成具体的事情，很少考虑效率和效益的问题。

3. 今后实践的对策

企业道德的现状给我们提供一幅家庭和睦、邻里和谐、民族企业之间互相提携的谐美图画，这样说自然不是无视存在的问题，我们必须正视问题，从而把中国的企业真正质量兼具地融合到世界经济的竞争之中，并尽快在世界经济的实践中取得中国人的人均份额。为此，企业道德方面的支撑就是这里要完成的课题。具体思路如下。

（1）利益关系的有效调适。处理利益关系是企业的一个重要方面。就目前的情况看，因为企业人的收入不高，所以基本生存的保证仍然是企业人的主要生活课题，调查显示，有36.2%的人对自己的收入不满意，满意的只占42.4%，其中收入相当低的盐城地区，不满意度约达55.0%。这与上面分析的利益两极化表现也是一致的，不满意自然包括养老金、医保、劳保等的实际不落实。这在以下的方面也可以得到证明：调查显示，在“子女在就学期间企业是否给予一定福利”的问题上，76.1%的人表示没有，只有23.9%的人表示有，这一问题是相当严重的。如果把企业比作一个大树的话，每个企业人就是树上的枝杈，而家庭是树根，社会是土壤，所以，企业人没有家庭支持的话，是寸步难行的，支持企业人的家庭就是对企业人的最大支持，也是企业获取营养求生存的关节点，企业应该尽快扩大视野，切实拓展企业链，为企业的持续发展打下良好的基础。企业人继续在效率优先的前提下，顾及利益的公平分配。由于企业处在激烈的国际竞争之中，竞争意味着利润空间的越发缩小，没有利润，企业人的福利就无法得到保证，在这种情况下，除采取降低各种成本，尤其是管理成本来加大收益外，还应该发挥行业协会在协调价格等问题上的作用，以便民族企业在国际竞争中获得双赢。

（2）企业内部关系的角色分层建设。应该尽快进行企业角色文化建设，分层建设角色，确立角色的权利与义务，并且赋予法律的支持，这样可以避免人治的危险；在权利的方面，明确规定工资、福利待遇等项目，以避免分配不合理、福利得不到落实等情况的产生。

（3）企业道德文化链的拓展。在习惯的意义上来理解企业的效用和设置功能，显然无法跟上形势的发展，而且在竞争激烈的态势下，要实现企业的持续发展，开发新的资源并投入企业实践是企业人必须考虑的事务之一，诸如把伦理作为一种资源，投入企业的资源配置和运行，这是21世纪的道德学[①]。具体而言，必须

① 详细参照许建良《伦理经营——21世纪的道德学》，人民出版社2006年版。

拓宽企业道德文化链，这与上面的问题有一定的联系，家庭是企业之树的根，所以企业在拓展到家庭的同时，还必须延伸到社会，因为社会是企业汲取营养的土壤，“企业市民”的构想正是向社会延伸的切入口和通道。“企业市民”的意思是，把企业看成一个集团公民，以区别于个体公民，从而履行公民的责任和义务，并享受公民的权利，自觉融进公民的生活实践，这样的话，现存的企业与社区之间的屏障也会得到自然消解。

就目前的情况而言，“企业市民”的概念对企业人乃至中国人都是陌生的。苏州调查显示，有61.0%的人从来没有听说过“企业市民”的概念。这一问题反映了中国经济在与世界接轨的过程中，软文化的接轨不仅慢而且难，当然，完全有理由认为，正因为难所以就慢。其实在美国，20世纪80年代就提出了“企业市民”的概念，主要是针对在经济发展过程中，企业虽然作出了贡献，获得了利益，但同时也破坏了环境，一种观点认为这是无视环境自然价值的表现，因为每一种自然物都不可或缺，存在客观的价值，因为发展人类经济，破坏这种自然价值就是对地球的犯罪，所以，企业作为一个市民，有责任对此负责。后来被日本借鉴，20世纪90年代在日本的经营哲学里得到运用。

所以，对中国企业人而言，在与世界经济接轨的过程中，不能仅仅着眼于硬性技术等的方面，软性文化的方面也是不能忽视的，而且必须尽快启动，不然会错失良机。“企业市民”的真正有效启动，虽然并非企业本身所能完全左右，因为牵涉到其他社会的方面，但同其他社会部门的协调，坐落于具体社区的企业也完全可以积极出击，主动去协调，不能等待国家的统筹安排，况且也不会有这样的安排，这基本维系于企业的理性自觉，这是企业生根社会、结出硕果的长远举措。可以毫无疑问地说，“企业市民”不仅是拓展企业道德文化链的需要，而且必将成为企业伦理经营资本中的绩优股。具体地说，就是企业必须进入社区管理的系统，从交物业管理费开始，参加社区的一切活动，真正成为社区的一员，做好企业居民社会贡献的基础工作，让社区的居民感受到企业居民的存在，尽快形成与社区共存、共荣的意识。身边的事情做好了，再往外扩展，实现企业社会贡献的其他目标。

（4）企业人道德素质必须依靠切实的制度来保证。在基本情况的整理中已经显示，目前企业人的文化素质并不高，32.5%的人大专文化，54.7%的人在大专以下（包括高中、中专、中技、初中），初中文化程度的占15.6%，这一文化程度的构成，可以说是中国企业人文化程度的现实写照，是令人担忧的。而且从企业人从业的年限来看，5年以下的占44.4%，当然，这也反映了伴随着跳槽等的出现，企业人的流动性比较大，尤其是经济相对发达的苏州地区，具有10年以上从业时间的企业人只有35.0%，远远高于盐城地区的20.3%。这种素质构成，说明对企业人的继续教育就显得格外重要，但是，我们在与盐城地区企业人的座谈中得知，目前企业人的继续教育基本没有得到保证。在继续教育没有得到保证的情况下，作为软因子的道德教育自然是无法排上议事日程了。苏州调查显示，身处激烈竞争的境遇，企业人赞成“通过提高自己的技术水准来占据有利位置”的达 82.0%，这正好说明继续教育的必要性。

所以，要保证企业的持续发展，坚持不懈地涵育企业人的道德素质是一个永恒的课题，在这个问题上，切忌急功近利和临时抱佛脚，应该作为企业的制度规定下来，持之以恒，保持经常。苏州调查显示的结果也正好说明了这个问题，44.0%的人认为自己获得企业人的道德素质是通过完整的制度来实现的。但是，这里仍然存在切实落实的问题，因为，我们发现他们在回答“是否接受过环保意识的培训和教育”问题时，58.4%的人的回答是“否”，回答“是”的仅占41.6%，这与他们有 79.0%的人没有参加过企业组织的社会性环保公益活动的结果也是一致的，所以，即使有教育制度，其实效性仍然值得质疑。所以，建立的制度不能仅仅成为墙壁文化，供上面检查用，而在实际的企业实践里是另一番风景，这是我们应该引起注意的地方。

这方面，我们可以借鉴日本企业发展的经验。重视企业道德、企业和谐也是他们的追求，他们把企业和谐落实到具体的企业道德建设，注重企业人日常的培养，他们除在职场颁发《职场》的杂志作为企业人道德素质养成的养料外，每天早晨的训话也是特别有效的手段，时间只有简短的 10 分钟，把一天工作中应该得到道德素养辅助的方面，全部指摘出来，引起大家注意，效果特别明显。总之，形式与质量的统一是企业人应该追求的底线价值标准，企业是每个企业人的，大家都有责任，大家必须有切实的责任承担，这样的话，企业的发展也能得到保证。

（5）外在制度的协调装备保证。上面以树喻企业，意在启发大家不能就企业谈企业，企业是社会中的一个细胞，必须在关系中来定位企业。对企业道德建设的问题也不例外，例如，在落实继续教育的过程中，来切实使道德教育制度化运行，就是这种运思的具体样态追求之一。企业人道德素养的提高，不仅自身是一个过程，必须做长期的努力，而且其成果的巩固离不开社会其他环节的支持，在社会整体素质出现问题的情况下，道德是不会一花独放的；整个环境受到污染的情况下，企业肯定也不会是一块净土，这是打破自欺欺人的第一步。

关于这个问题，我们从企业人对社会道德的一般评价中也可以看出。苏州调查显示，只有不到 1.0%的人对政府在社会道德建设中的作用持否定态度，其中74.0%的人认为政府在社会道德建设中具有重要作用，而对政府实际履行这一作用的满意度，只有 18.0%的人表示满意，表示不满意的达 19.0%，63.0%的人表示一般。在苏州的调查里，对“哪类群体在社会正义的体现上面做得更好”问题，其满意度的顺序是：“人民教师”占42.8%，“公安干警”占33.3%，“普通群众”占33.7%，“专家学者”占16.5%，“政府官员”约占15.6%；对政府官员在社会道德建设中发挥作用的满意度最差，连普通群众也不如，这不是一个小问题，是应该发人深省的，起码可以从两个方面来加以阐释：一是国家虽然一再强调以人为本，但企业人迄今仍然没有看到各地政府官员在这个问题的作用；二是政府官员在道德建设实践中的自我整肃力没有得到显示，诸如奉公守法，廉洁司职等，或者说不仅没有做好，而且有消极的影响，其实这样的例证也不少，尤其是官商勾结，财富中的权力因素过分彰显等情况，在民众生活里产生了不良的影响。当然，这是问题的一个方面，现在国家和谐社会的建设，也正在这方面努力，这是值得庆幸的地方。

与此紧密联系，我们在上面提到的核心发现的问题，就是家庭·企业·民族——价值链的初步形成这一点，这一价值链的价值追求趋向无疑是一致的，中华民族经济和文明的切实振兴，但是，这是矛盾中的动态性的一致，企业人依法行为虽然是消解和弱化矛盾的基本保证，这样虽然可以减少企业人在企业与家庭、企业与自己关系里的两难选择。但仅此是不够的，作为国家必须在立法上迅速给予民族企业实在的支撑，诸如汽车行业，目前，具有民族品牌的汽车的销售量还不到30.0%，其中一个原因就是与其他合资、独资汽车企业比，不能享受10%左右的减税政策，可以说，这是不合理的现象，必须引起重视和给予纠正，尤其是在全球汽车行业面临巨大危机的情况下，更应该出台有力的保护民族企业的举措。这也是本调查对核心发现的核心运思和建议。

另一方面，企业内部也同样存在制度协调装备的问题。也就是说，不能在企业内部就企业、企业人道德谈企业、企业人道德，要注意如何在动态的维度上来巩固和积淀企业人道德成果，如何使企业理念切实落实等问题，而现在的情况是，如苏州地区，有62.0%的人不能记住自己企业的经营理念，这就说明我们的教育方法存在不足，要逐步营建起按规范办事不吃亏，讲道德受欢迎而获实惠，并且在福利上得到切实体现，因为，利益的衡量是最好的评价手段，显然，不能搞绝对的平均主义，也不能用道德作为帽子来压制人，这是现在企业应该注意的地方。

总之，“企业市民”意识基本空白、赞成“见利思法”是赞成“见利思义”的4倍、家庭·企业·民族——价值链的形成，都是本调查的重要而核心的发现，具体的运思已经在上面的分析里加以演绎，这是值得重视的关键地方。中国是一个儒家维护根深蒂固的国度，儒家道德仍然在生活里影响企业人的行为，但在全球化的氛围里，这些价值观无疑受到了极大的冲击和挑战，这是一种理性的回归，是从重情到重法的启动和开始；在这一实践过程里，既需要法度方面的支撑和保证，也需要适时引进“企业市民”的课题，来对企业人的行为进行引导和规范，两者的结合无疑是企业人道德素质走向优化的有效门径。

（子课题负责人：许建良）

（子课题组成员：刘伏芝、吴宁宁、陆爱勇、杨艳萍、曹兴江）

六

青年知识分子伦理道德状况

种种社会变迁迹象都表明，当代中国处于社会转型期，这个以现代化为基本价值目标的社会转型自近代以来一直在延续，随着改革开放的不断深化，这一社会进程在新的历史条件下呈现出新的形态和特点。针对当代中国的转型与变迁有许多分析视角，本文是2005年国家社科基金重大招标课题《构建社会主义和谐社会进程中的思想道德与和谐伦理建设的理论与实践研究》的一个子课题《当代中国青年知识分子和谐伦理道德状况》，课题就青年知识分子群体在高科技、市场经济及全球化的现实背景下的伦理关系、道德生活和伦理道德素质状况进行实证调查，以期对当代中国的伦理变迁和道德发展提供新发现，为伦理道德建设特别是青年人的道德建构寻找新对策。

第一部分　调查研究的主题、调查样本与分析框架

（一）调研主题

《当代中国青年知识分子和谐伦理道德状况》是2005年国家社会科学基金重大招标课题《构建社会主义和谐社会进程中的思想道德与和谐伦理建设的理论与实践研究》的一个子课题，旨在以当代中国青年知识分子群体这一当代中国的敏感群体为视角，分析其在高科技、市场经济及全球化的现实背景下的伦理关系、道德生活和伦理、道德素质状况，评估青年知识分子群体在现代中国和谐伦理与道德建设中的地位和作用，给出合适的对策和建议。

（二）调研实施

本次调查采用问卷调查法，共设计了46个题目，基本围绕青年知识分子的伦理关系、伦理境遇、伦理感受，道德素质和行为，道德心理和能力而设计。调查采取简单随机抽样的方法来抽取样本，抽样方法是分层抽样法，资料收集方法使用自填式问卷法，统计软件使用的是SPSS统计分析软件，数据分析方法采用单变量分析。

调查资料来源于笔者于2006年8—10月在南京市东南大学、南京航空航天大学两个高校进行的抽样调查。样本的抽取以两高校本科生与研究生的宿舍楼来制定抽样框，首先随机抽取出宿舍门牌号，然后再随机抽取一个床位号来确定访问对象。最终抽取出450份的样本量，其中收回问卷441份，有效问卷430份，有效回收率达95.6%。调查样本基本状况如下表所示：

调查样本基本情况（N=430）（%）

性别	男	67.6
	女	32.4
年龄	18—20	29.8
	21—23	34.8
	24—26	29.5
	27以上	5.9
身份	本科生	51.2
	硕士生	46.2
	博士生	2.6
专业	文科	32.2
	理工科	67.8

由此表可以看出，本次参与调研对象绝大部分为“80后”的在校本科生和研究生，学科专业三分之二为理工科，三分之一为文科。

（三）基本概念与测量

对于一项社会调查的基本概念进行概念化和操作化是两个关键的环节。本次调查所使用的基本概念的概念化和操作化过程如下。

1. 当代社会

我们本次调查的内容主要是研究当前在当代社会中青年知识分子的伦理关系、道德生活状况。因此，有必要对“当代社会”这个概念进行界定。我们选取“当代社会”最为重要的三个特质，将其操作化为：（1）高技术（尤其是网络技术）；（2）全球化（尤其是包括商业文化在内的外来文化）；（3）市场经济。

当人类文明进程受到市场经济、高技术、全球化三大力量的冲击，人类的生存方式、交往方式甚至繁殖方式面临着颠覆式的变迁，呈现出新的以科技文明为主导的新型社会的新特点，对人类的应对能力提出了前所未有的挑战，如何立足现实又超越现实，走出传统的知识论和美德论，建立起针对现代人类社会及未来趋势的伦理和道德生态系统？以人类社会从农业文明经历了工业革命从而引发了经济、社会、政治的一系列变化，传统农业社会在与新兴的工业社会斗争中催生了新教伦理为参照，本文试图提出：当高科技、市场经济以及全球化作为现代社会基本作用力量，人类又一次面临着固有社会模式与新生力量的斗争，即从工业社会向信息社会或从知识社会向智慧社会转型时的文化新生、伦理应对或转换问题，深入分析经济生活、文化生活等社会结构的变迁及由此带来的社会伦理和道德的变化，概括出科技发展作用于社会引发的变迁规律，提出伦理和道德变迁的新模型。

2. 伦理关系、道德生活、伦理道德素质状况

“伦理关系、道德生活、伦理道德素质”是我们这次研究的主要内容。在高技术、全球化、市场经济的作用下，当代中国的“伦理世界”势必发生了很大的变化，针对青年知识分子群体而言，与其有意义的伦理关系有哪些，这一群体的伦理态度即对待家庭、民族、国家及社会的态度如何，有没有特殊的伦理境遇和伦理感受，他们面临和将要处理的伦理冲突是什么。从青年知识分子群体的道德生活状况而言，我们要找寻其道德心理的特殊性，在当代中国背景下的道德价值取向和道德行为方式及其这一群体的道德调节能力。我们按照如下的方法将其操作化。

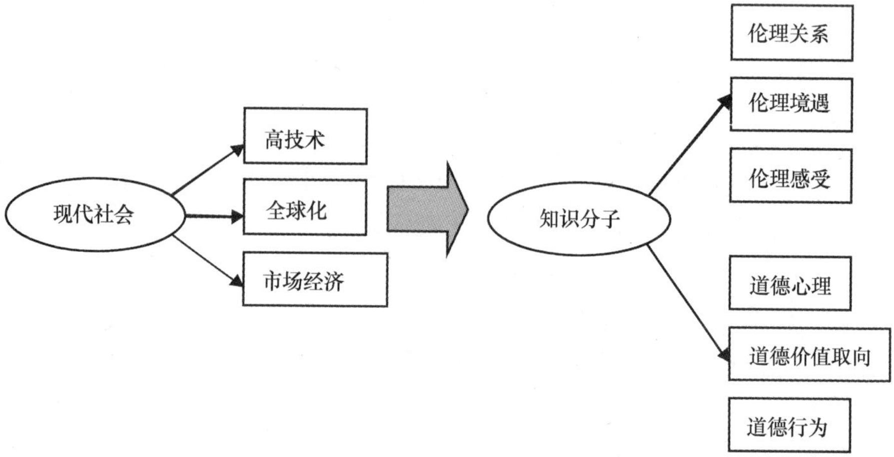

第二部分　理论资源与分析框架

1. 我们选取青年知识分子群体作为分析当代中国伦理方式变化的一个参数，以观察当代中国社会的伦理方式变迁轨迹主要出于这样的考虑：

从转型期社会对青年知识分子的期待看。“知识分子”一词被用得相当宽泛，至少有传统社会的知识分子如中国古代的士、现代社会的知识分子之区别；不同文化背景、不同国度对知识分子也有着不同的定义和理解。应该说，现代社会的知识分子现象是伴随着工业化的进程产生的。著名知识分子研究专家爱德华·希尔斯（E. Shils）在相当宽泛的意义上把知识分子定义为人以社会中颇为频繁的运用一般抽象符号，去表达他们对人、社会、自然和宇宙的理解的人。还有一些社会学家主张不能这般宽泛地使用知识分子概念，他们倾向于将其限制在以概念或思想的生产为职业的人的范围内，更有甚者，如马克斯·韦伯把知识分子仅限于那些因为其赫然成就而被誉为“文化瑰宝”的人，他们是社会群体的精神领袖。一般而言，知识分子是时代思想、观念的创造者，倾向于对现存秩序持批评态度，勇于担当社会良知的群体。以此定义，青年知识分子不仅是感知社会变迁的敏感体，而且也是社会变迁的参与者、反思者乃至批评者。在社会转型过程中，知识分子应担当起道德文化领袖、知识引领的角色，历史和社会对于青年知识分子有着更多的期待：希望这一群体有更好的学养和人品、能对社会进步保持热情、对社会现象保持清醒和批判、他们的思想是超越性的，应该让社会在精神和道德上对他们有较高的认同感，等等。

从当代青年知识分子承担的文化和技术角色看，青年知识分子群体由于其所代表的社会层面是公民中最先、最多掌握科学和技术、最深程度体验文化世界、意义世界的特殊群体，所遭遇的文化困境、伦理困境及道德困境必然最为深刻和全面，因此以之为视角分析、研究现代中国的转型和伦理方式变迁有较强的代表性，同时，在这一转型中传统中国的知识分子“士”的形象与内涵也在悄然变化，其变化过程必然在一个视角上表征着社会的变化。

从当代中国青年知识分子所遭遇的文化困境和人格冲突看，其基础教育背景由于受应试教育的影响，文理分科过早，加之当前社会功利主义的影响，理性主义、工具主义的思维模式和行为方式成为当代青年知识分子认识问题和思考问题的基本方式。表现在沉浸于技术所带来的理性、秩序中，不去追问意义、沉思意义，不涉及感情，不体味神圣，而是要方便灵活的行动，清晰地界定事实，追求不带情绪色彩的客观性，个体被功能化了，个人意识融化于社会意识中，沿人文主义路线从事职业的快乐被技术成就所带来的工作快乐所取代，个体与职业、与整体的分裂已经形成，灵与肉、人文与理性的冲突在以高技术为代表的现代性社会中再一次凸显冲突，其集中体现在青年知识分子群体的伦理关系、道德生活及人格特征中，对此进行深入研究将有助于较为彻底地诊断时代的精神状况及现代中国的状况。

从当代中国青年知识分子特殊的独生子女成长背景的视角看，作为青年学生和青年科技工作者重要组成部分的“80后”、“90后”的年轻人基本是独生子女，当前以至于今后相当长的时间内独生子女将是中国人口的主体，而独生子女的人格特征、价值观念、伦理关系、伦理感受不仅是我们这个传统的伦理国度所面临的新课题，也是世界其他文明不曾有的现象，对这样的人群结构进行分析对于和谐伦理的建构有着突出的意义。

总之，对于当代青年知识分子话题，至少有两套话语体系。一个来自西方、伴随着工业化产生的以对社会的批判为使命的现代知识分子现象，现代意义上的知识分子存在的社会条件是公共领域、公共生活、公共文化空间的存在。现代知识分子现象出现在西方的理由是工业革命和大学组织以及文化传统。另一个是源自儒家传统的“士大夫”、伴随中国现代化进程逐步演变的当代中国知识分子群体。当代中国青年知识分子既不能完全用西方知识分子理论来解释，也不是传统社会中权利体系的回应者，在全球化、多元化背景下，当代中国青年知识分子兼顾了两个话语体系，他们在社会变迁和转型过程中，一方面，根植于中国传统文化、承载了中国历史性格及命运，另一方面，以西方话语体系为参照系，用现代知识分子的标准来考量自身，演绎着从传统士大夫到近代以来知识分子再到当代知识分子的人格特征与认知结构的变迁。知识分子的作用在文化上以伦理的方式呈现给世界，他们是传统的继承者，是时代的急先锋，对未来抱有幻想乃至乌托邦。青年知识分子有更大的特殊性，他们对待传统有更大的叛逆性，一方面出自传统、受传统的养育，另一方面又希望挣脱传统，与现实的紧张关系具有更大程度的理想性。伴随着改革开放成长起来的一代人，特别是他们中接受了或正在接受高等教育的青年知识分子，正逐步成为国家民族、未来社会的中坚力量，他们的价值观念、人格状况、智力结构、伦理道德水准在一定程度上标志着这个时代的精神状况，也预示着未来的发展前景，因此，选取青年知识分子的伦理道德发展状况作为研究主题有一定的现实意义，当代青年知识分子是感知社会变迁的敏感集团，是影响和参与社会变迁的共同体，他们或许既是社会变迁的受益者也同时会是受伤者。同时，我们看到，这一代青年知识分子之所以在变迁中有一定的显示度，就是因为他们已经不再完全沿着传统路径获得道德发展，他们的道德能力是多元力量作用的结果。

2. 伦理观概念及其伦理观发展三阶段是当代中国转型期伦理状况的学理基础

伦理观，按照樊浩教授的解释，是伦理观念和关于伦理的观念两个层面的问题，属于两个不同层面的问题域，前者具有主观性和内在性，是个体在伦理观念、伦理生活和伦理关系方面的规定和表达，处于现象界，后者是人们关于伦理的概念、理念、信念等具有形而上意义的问题，是伦理在哲学层面的本质规定，是根本上的伦理观的问题。如此考证伦理观，其思辨的是伦理的价值与意义的本质问题。伦理的意义和价值就是在分析事物现象过程中将之分门别类、明确彼此关系、确立关系系统，使世间事物均归属其应有的等级次第、追求一种秩序与合理状态。如此考证伦理观如何随着社会的变迁而演变，大体可以分为三个阶段：农业社会静态下的“人伦观”、工业文明变化状态下的“人际观”、信息社会交织状态下的“场际观”。“伦”是等级制的、纵向的、近乎垂直的、借助外力的；“际”是平的、不借助外力的、直接的方式；“场”则是有机的、整合的。当代中国是古代、近代、现代的混合体，既有“伦”的主张又有“际”的现实也有“场”的萌动，是“三代同堂”即前现代、现代、后现代并存的现实状况，这是我们做分析和提对策的认识前提。

3. 我们可以把伦理的功能和作用总结为二：

一是将人群分门别类、明确彼此关系、确立关系系统，使社会人均归属其应有的社会角色系统、追求一种社会生活的秩序与合理状态。二是为人安身立命提供依据，在纷繁的世界和生活中为个人生存找到理由、赋予意义，负责给人提供关于行为的知识和准则以及看待和处理与外界事物的关系和人与人的关系的原则和方法。传统中国的伦理关系是成熟和成体系的，即“五伦关系”。近代以来，在世界现代化进程中，中国传统社会受到西方文化的冲击进而造成现实生活的失调和个体人格结构的变化导致人伦关系、伦理关系的改变；传统五伦关系的视角全在于人的世界和关系，未曾有人与自然、人与环境的关系体系，在“自然与人类浑然一体”到“人类与自然相互对立”再到“人与自然休戚与共”的人类实践与认识的发展过程中，人与外在世界及环境的关系能否成为与“五伦”并重的“第六伦”成为现代伦理关系研究的一个课题，也是判断变迁中的现代中国伦理关系结构的一个标准。当代中国在全球化、高科技、市场经济等多重力量的共同作用下，日益改变传统走向现代，在这一变迁过程中，新的伦理范型业已萌动，不仅有传统的家庭关系、集体关系、上下级关系、亲属关系、男女关系等伦理范型，新生的网友关系、同志关系、个体与非政府组织的关系也日益成为一种新型伦理关系走进人们的生活和思考及认同空间。以青年知识分子群体伦理境遇及其所面对的伦理关系为分析视角，考察其伦理态度，即对待家庭伦理、职业伦理、公共伦理或对家庭、民族国家以及所处社会的伦理态度；考察其家庭伦理关系、职业伦理关系、公共伦理关系的特殊性，同时，考察其在新的伦理范型中的伦理感受和确立的个人生存的意义系统，力求从一个侧面发现当代中国伦理状况规律性的表征和根据，找到当代中国社会所存在的基本伦理矛盾，给出当代中国知识分子群体社会伦理关系状况的综合评估报告对于建设和谐伦理是有积极意义的。

道德能力与伦理能力的差别在于伦理与道德的差别：道德是伦理的自在与自为状态，先有“伦”，进而有“理”，“理”是对“伦”的自觉意识，是人的合理性的问题，进而是“道”，是规范，是“理”内化为人内在的冲动，是合理性，是情感的、意志的，中国人强调其情感性，西方人强调其意志性。道德能力是人的自由意志问题，是人建构道德的能力，是主体的能力；从个体到主体的过程就是将外在的普遍性内化的过程。道德存在高于伦理存在，道德是伦理的自在与自为状态。如果说伦理侧重于整体及整体中个体的关系与次第，那么道德则侧重于个体即个体人格、品德。伦理变迁从人与人之间关系、人生意义等层面诠释社会生活的变迁，道德则从人格成长、境界水准的角度表征着人对世界和生活的理解的变化。当社会生活变化时，伦理和道德概念也在变化，伦理和道德概念不仅体现在社会生活中，而且部分构成社会生活方式，我们区别不同生活方式的一个重要途径就是伦理和道德概念上的差异。道德与人类相始终，是人类特有的精神现象，道德的起源问题无论是先天的良心说还是经验的良心说，都是人类有别于其他生命形式的一个根本的标志，从这一意义上讲，人类生活就是道德生活。具体到现实生活中，我们认为道德生活就是个体怀有伦理感和道德心并能履行道德力，以此构成的体现道德水准的行为方式和社会效应的日常生活。

第三部分　分析结论

1. 从青年知识分子的视角看，现代社会的伦理关系新范型在逐步形成

前文已经提到，传统中国的伦理关系是成熟和成体系的，即“五伦关系”。通过调查，我们发现与“五伦”并重的“第六伦”已经成为现代伦理关系中的现实存在。台湾在20世纪80年代工业化进程中，学界就提出了“第六伦”的学术观点，李国鼎先生积极倡导在经济发展的同时要改造传统伦理，建设与现代化相适应的新伦理。中国30年的改革开放历程一是大力发展市场经济，二是大力发展工业化和城市化，二者共同作用，市场原则的充分应用，人群跨越地域的大型流动，不仅改变了经济生活的面貌，也改变了人的面貌。截至2008年的数据，目前中国三产的比例为：11.3∶48.6∶40.1，城市化比例为45.7%，这样的产业结构和城乡比例，已经改变了传统中国农耕社会的基本性质。著名社会学家滕尼斯把现代化看做是这样一种变化：人们的生活环境从一个同质性强、联系紧密的礼俗社会逐渐转变为一个异质性强、联系松散的法理社会的过程，当下中国就处于这样的过程中。中国传统五伦是经济活动和社会结构相对简单、相对静态农业性质为主导的同质性社会处理与特定对象之间关系的伦理原则，属于私德范围。面对经济活动快速发展，全球化进程加快，社会结构相对复杂的异质性社会的到来，处理个人与陌生人，或个人与一般人的关系的伦理准则的第六伦，是传统中国走向现代中国，即从“熟人社会”到“陌生人社会”，从处理私人领域的人际关系到处理公共空间的人际关系的伦理新范型。第六伦的提出和应用，从伦理关系的角度表征着传统中国的伦理方式的变迁。有着同样文化基础和背景的海峡两岸，相隔20多年面对同样的伦理问题，从一个侧面说明了传统五伦伦理在工业化、城市化的作用下的创新命题，不能不说其标志着伦理方式变迁的规律。调查中我们有这样的问题：“面对城市中人行道变窄或消亡，你的感受”，48.6%的人感到痛心，感觉现代社会和政府管理部门缺乏伦理性，他们有很强烈的伦理感。对于发展经济和善待环境的问题也有51.0%，即一半以上的人有正确理性的认识。可见，呼应于第六伦的公德意识和公共意识也已成为青年知识分子的处理现实问题的基本出发点。

“第六伦”说源自以李国鼎先生为代表的台湾实业界，解决的是传统社会现代转化过程中国传统伦理的转型问题，是适应社会变迁的伦理方式转变问题。这一转变在当前全球化和以网络为主导的高技术影响下，又有了许多新的问题。网络

世界就成为第六伦应用的又一个重要领域。通过调查，我们发现当代青年知识分子主要面对和要处理应对的还是传统的家庭关系、集体关系、上下级关系、亲属关系、男女关系等伦理范型，但同时，新生的网友关系、同志关系、个体与非政府组织的关系也日益成为一种新型伦理关系影响着他们的人际关系，特别是面对网络这一虚拟空间，53.7％的青年知识分子表示，现实社会中的道德规范（如诚信）在网络的虚拟社会中“完全需要”；35.7％的知识分子表示这种道德规范“比较需要”。互联网改变了传统社会和整个世界，改变了几千年来人类已有的生活方式和交往方式，传统意义上的知识分子是人群中最先最早最深入运用网络、依赖网络的群体，也必将在这一群体中最先萌动以互联网为基础的现代信息社会的新型人类关系。

2. 青年知识分子的道德生活多重变奏，网络带来的虚拟世界的道德生活准则成为社会变迁中的重要问题

如前文所提，道德能力是人的自由意志问题，是人建构道德的能力，是主体的能力，从个体到主体的过程就是将外在的普遍性内化的过程。道德存在高于伦理存在，道德是伦理的自在与自为状态。如果说伦理侧重于整体及整体中个体的关系与次第，那么道德则侧重于个体即个体人格、品德。伦理变迁从人与人之间关系、人生意义等层面诠释了社会生活的变迁，道德则从人格成长、境界水准的角度表征着人对世界和生活的理解的变化。道德生活有着强烈的文化特色，中西不同的文化传统形成了不同风格的道德生活形态，传统社会与现代社会在道德生活的价值取向方面也有不同的标准。

以此概念观照当代中国青年知识分子，我们看到传统的伦理道德观念与变迁的观念不分伯仲，均成为可以接受的观点和行为方式。比如对婚姻的看法，45.3％的人向往“娶妻生子，白头偕老”，将美满的婚姻视为人生的责任，这是传统之走向。同时有42.1％的人把婚姻看成是“两个人共同面对生活压力缓解生活压力的一种形式，轻松、愉悦是主要目的，否则可以解除”，这是变迁的走向。家庭仍然是现实社会中一个十分重要的伦理实体，是社会的细胞，随着现代化的进程，旧时的传统大家庭逐渐分化为一个个小的核心家庭。目前这种家庭已成为当代世界最为主要的家庭形式，并且已被青年知识分子所认同。有51.9％的人选择“三口之家”，也有29.3％的人认同传统的多子女、多成员的大家庭。另外还有14.9％的人表示自己会选择“单身生活”。对于现代社会中诸多的伦理实体，青年知识分子中的36.8％认为未来社会发展中最有生命力的社会组织形式是“民族和国家”，其次是家庭，为26.2％；另外还有20.6％的人选择各种社团类组织，16.1％的人选择“企业联合会”。

对于运用网络等信息技术的现代人而言，其存在的世界不再是传统时空概念的物理世界，还有一个跨越时空的网络世界。据统计，到2008年，中国的网民已经有2.98亿人，其中10岁至39岁的青少年占84.3%。网络世界的道德生活成为现代人的全新领域，互联网上的社会为一个虚拟社会，个人与个人之间的互动最大的特点是“匿名性”，互动的双方都不知道对方实际的社会地位、社会角色等社会属性，甚至都不知道对方是男是女等生物属性。换言之，虚拟社会中互动双方都不再有身份感。因此，知识分子在互联网上与人交流时，作为他的社会属性的“知识分子”这个外衣已经不重要了，可以不必按照在实际生活中的道德要求来进行网上交流。当问道在互联网上与人交流时，有16.6%的人回答会适当降低道德约束甚至会越过道德底线，有53.7%的人与平时一样，在道德上谈不上提高或降低，有17.9%的人更加注重道德自律。

3. 当代青年知识分子的伦理—道德素质体现了文化传承，也有与时俱进

伦理—道德素质就是指或秉于先天或得于经验的合乎德目、指向人类真善美价值取向的基本德目于人的内心习惯程度和行为实践程度。在当前社会转型、文化变迁、价值多元的大变化时期，当代青年知识分子的伦理道德素质处于传统与现代冲突继承、中外价值观交流融合的状况。

就中国传统伦理道德的标准而言，儒家思想的整体观念和“集体为大”的倾向是中国文化道德生活的基本底色和主流，统治了几千年中国人的思想，也是道德教育的主流。随着市场经济的建立和开放政策的运行，一方面是市场规则本身带来的强调和培植个性的内生力，另一方面也是国门大开后，西方文化的深刻影响。比如对以下问题的回答：“在公交车上您遇到老弱病残孕或抱小孩的乘客时，您会——”：其中，75.1%的人会主动让座，13.6%的人会视情况而定。“在公共场所看到违法行为，您会——”：其中，12.8%的人会挺身而出，63.4%选择报警，还有7.7%的人看热闹，16.1%的人走开。“2006年夏天台风不断，许多人无家可归。遇到这样的灾难，您会——”：其中，有37.9%的人会主动捐款捐物；有13.4%的人看到别人捐自己才捐；有44.7%的人想要捐款捐物，但能力不够；还有4.0%的人漠不关心。在问到“你认为作为知识分子最重要的美德或道德品质是什么”时，被调查者有如下回答：最多的选项有“追求真理，崇尚公正，不畏权贵”和“追求真善美，自觉成为社会和民众的良心”。可见尊重个人价值，追求个体自由，完成自我实现，追求真理是青年知识分子最为珍视的美德。所以，我们可以得出结论：追求个性自由在青年知识分子当中已经成为一种普遍的道德信念，深深融会于他们的价值观当中。从这些数据分析来看，我们可以看到这一群体有着基本的道德感受和道德选择的方向，同时理性的成分也在增多，在面对

危险时表现的更为理性。譬如在面对公共场所的违法行为时，更多的人会选择一种既能保证自身安全又能阻止恶行的方式，所以调查中的大部分知识分子选择了去报警，而不是盲目地挺身而出。但同时我们也看到，作为社会的良知代表，超过10%的人“犹豫、离开、滞后”又使我们不无担忧和叹息，传统士大夫勇敢仗义、铁肩担道义的美德如何弘扬、在现代社会条件下如何继承与发扬是当代道德教育和道德发展的新课题。如何处理个人和集体的关系，个人主义与集体主义的价值取向孰为重孰为轻，这是判断伦理道德素质的一项指标。传统社会对于人的要求是集体主义价值取向的，而现代文明则彰显个性自由与解放。我们可以这样判断：当代青年知识分子在传统与现代、不同文化价值观的冲突中有意识或无意识地在集体和个人之间需求平衡，基本画出这样的轨迹：将集体作为成长土壤、个人成长作为成果，再回馈集体从而实现人生价值及报效社会的人生价值实现轨迹，这种变化是现代中国伦理变迁和道德变化的显著表现，也成为青年一代知识分子伦理道德的一个主调。

通过本次调查，我们发现，虽然市场经济、全球化和高科技等诸多现代性因素对于青年知识分子的伦理道德生活造成了一定的影响，但是在较为宏观与基础的层面上，青年知识分子依然能够坚持社会文化精英的正确立场，没有过多地屈服于现代化的负面因素。他们能够敏锐地觉察到社会生活所发生的细微的变化，并且以全面而公正的眼光来对待这些变化。

第四部分　建议与对策

结合本次调查的结果，我们认为，针对当代中国青年知识分子的伦理道德现状及这一群体所担当的现实与未来责任，我们认为可以从以下几个方面来加以引导，使这一群体拥有更为健康、和谐的伦理关系与道德生活，同时积极参与到新型伦理关系与道德生活的建构过程当中来。

1. 以独生子女群体伦理关系、新型恋爱关系、互联网伦理关系为重点的伦理关系的建构与完善

第一，着重于完善独生子女伦理关系

我国是独生子女养育问题较为突出的国家，根据上述调查，独生子女的伦理关系、道德感受与能力等都在现代化进程中表现出较为突出的特点。一般而言，由于独生子女家庭结构简单，因此其在成长的过程中，过于受到父母的关爱与保

护，缺乏与兄弟姐妹之间的交流与互动，集体观念不强，心态比较清高，家庭依赖感强，心理健康问题比较突出，对独生子女群体为主要构成的青年知识分子，其伦理关系可以通过关注心理成长，加强挫折教育与同伴教育，增加社会实践和体验活动的方式来进行。

第二，重视新型恋爱关系问题

调查中我们已经发现，现代社会对于婚姻与性的开放对青年人的婚恋观念造成了巨大的影响，择偶标准多样化，婚恋行为多样化，包括网恋和同性恋等新型恋爱关系的出现与流行。对于成长时期的青年知识分子，要在人格教育的基础上加强婚恋教育。把婚恋观作为人格的基本部分给以综合，帮助他们科学地认识婚恋观中的人格体现，培养他们独立、理性、自律、负责的道德人格，增强其人格自律精神。同时开展相应的心理咨询和心理辅导活动，对于产生了婚恋问题的青年人及时进行开导与补救。此外利用大众传媒机制，创作优秀的文艺作品改善和影响青年群体的婚恋观也有着不可低估的作用。

第三，完善互联网伦理关系

互联网在伦理道德领域的影响表现在两个层面上：一是互联网对于传统伦理关系的冲击；二是互联网自身伦理关系的失范。对于互联网给人们的伦理生活特别是青年知识分子带来的影响，要加强青年人的媒介素质教育，引导青年合理利用互联网资源。“媒介素质就是能用独立的、批判的眼光看待媒介内容，能建设性地使用媒介的能力。媒介素质教育的目标从其初期的抵制、抗拒大众媒介的负面影响，发展为对媒介认识、识别和运用能力的培养。媒介素质教育不仅应与传统学校教学相结合，而且是民主社会中公民素质教育的一个重要部分。”由此可见，并不仅仅是针对青年群体，而且对于整个社会来讲，在我国推行媒介素质教育都是十分必要和迫切的。

2. 提升青年知识分子的道德生活

道德生活就是个体怀有伦理感和道德心并能履行道德力，以此构成的体现道德水准的行为方式和社会效应的日常生活。提升青年知识分子的道德生活。第一，要坚持核心价值体系，实现社会公正。“坚持核心价值体系”是我国青年知识分子在现代化建设过程当中所必须要遭遇到的价值难题。中国在现代化建设的过程当中，依地区不同而呈现出了多层次的现代化样式。虽然在东部发达地区，现代化程度已经可以与西方发达国家所媲美，但同时，我们也应当看到中国还有相当多的地区尚处于半现代化程度，因此，青年知识分子在肯定与尊重世界多元化的道德观念与价值形式的同时，应该坚持核心价值体系，在中国的现实环境下进行现代化建设，同时注意克服专业主义与技术治国的倾向。第二，要注意培养知识分子的知识良心，知识良心不仅是不为权势和邪恶所歪曲与干扰的求真的勇气，更是建立起与自己的民族与国家以及更高层次的全人类利益相连的知识良知。第三，追寻和发扬传统士大夫精神，传统士大夫精神可以概括为如下六个方面：①以严于律己为基础的人生道路主张；②以孝、悌为基础的家庭关系主张；③以忠、恕为基础的人际关系主张；④以礼为基础的社会秩序主张；⑤以德育第一、因材施教、有教无类为基本内容的人才培养和教育主张；⑥以为政以德、重教化并取信于民为基础的政治主张。这六个方面涵盖了社会生活的各个方面，从最为基本的层面上对知识分子提出了要求。用今天的眼光来看，这些士大夫精神无疑深深地契合了我们的和谐社会建设的要求。它可以作为当代青年知识分子“生命价值”的参照物与着落点，以此来抗衡现代化对于知识分子道德生活的不利影响。由此，当代青年知识分子应当既拥有现代知识分子的良知意识，同时又继承中国传统“士”的精神，真正成为现代化进程中的知识领袖和精神领袖。

在当代中国社会转型与变迁过程中，如何解决青年知识分子在伦理关系与道德生活当中所面临的困境，将关系到我们整个中华民族的未来发展。青年知识分子应该成为现代化进程中的知识领袖和精神领袖，在继承人类优秀文化遗产的基础上，掌握先进的科学文化知识，发展现代知识分子的良知意识。正如多年前徐复观先生所说的那样：“青年该去往何处？——青年向本身所潜伏的价值去！”

（刘　波）

七

青少年群体的道德价值观

前　言

价值观是个体对事物做出是否具有道德价值的判断时所持的内在尺度。在现实生活中，个体追求何种道德生活、崇尚何种道德信条、接受何种道德规范、做出何种道德判断和道德评价、欣赏和选择何种道德行为、如何实施其道德行为以及产生何种道德情感体验等，这一切无不受到个体的道德价值观的支配、调节和控制。道德价值观是一个多维度、多层次的复杂的心理构成体。从不同的侧面去考察道德价值观，其结构有着不同的特点。本研究以这一构想为其理论依据。青少年正处于道德价值观形成的关键时期，对青少年道德价值观的现状、特点、教育对策等问题的探讨显然十分迫切。它可为青少年形成正确的道德价值观、养成良好的思想品德提供科学的依据；也可为教育者的活动、为决策者的工作提供参考。

在江苏和广东选取普通青年知识分子和大、中学生（以初二、高二、大二、青年知识分子为主）为被试，青年知识分子主要是硕士研究生、博士生和青年教师（35 岁以下），包括广东外贸外语大学、南京师范大学、南京旅游管理学院、安徽师范大学、淮阴师范学院、淮阴工学院、南京孝陵卫中学、南京 13 中、南京一中、淮安淮洲中学，样本总人数为 735 人（见表 1）。由研究者主持测试，并当场回收试卷。

表 1　　　　青少年样本组成（N=735）

	性别		年龄				地区	
	男	女	初二	高二	大二	青年知识分子	城郊	农村
N	379	356	218	182	289	46	476	259
%	51	49	29	25	39	7	65	35

第一部分　青少年价值取向的特征分析

（一）问题的提出

道德价值取向是道德价值观的取向特征之一，表现为道德意识对道德行为是否应当的内在价值认定，因而它具有“定向”的功能，使个人的思想和行为都一致地朝向某一目标或带有一定的心理倾向性，决定着个体道德价值观体系的确立，指导个体对道德行为的选择。本研究试图以问卷调查和理论分析相结合的方式，通过对部分青少年的测试与考察，探讨当今社会背景下青少年道德价值取向的基本特征，并从社会政治、经济、文化背景与社会现实及个体道德发展规律中寻找其根本原因，从而为青少年道德教育提供可借鉴的依据。

（二）研究程序

1. 编制问卷

研究首先进行文献查阅和专家访谈，内容包括青少年群体道德观念的最大影响源是什么？道德观念有哪些多元、多样、多变的特点？青少年有哪些普遍认同和奉行的道德规范？青少年群体荣辱观的特点及其影响机制？哪些社会不良现象使身心尚未成熟的青少年受到负面影响？问卷采取开放式和封闭式相结合的方式。对专家问题和访谈进行汇总和分类。

2. 研究工具

（1）自编价值观取向问卷

由于价值观是一个多维度的心理结构。本研究依据 30 年来我国心理学家的研究思路，结合当今现实把青少年价值观取向划分为：第一，集体价值取向；第二，社会公德价值取向；第三，法制价值取向；第四，生命价值取向；第五，荣耻心价值取向；第六，金钱价值取向。共 6 个维度 18 个项目，其中集体价值取向、社会公德价值取向、荣耻心价值取向为道德价值观，其他为非道德价值观。选取南京地区普通大、中学生共 200 人参加初始问卷的测试，根据项目分析结果修改相应题项，更换仍不理想的项目。正式问卷仍采用自陈式、5等级评定（从非常不同意到完全同意，1—5分记分），为保证研究的科学性，其中一部分题项采用反向记分。问卷经计算，问卷的Alpha系数（即内部信度系数）为0.61，区分度在0.30以上，表明本问卷具有较高的信度水平。

（2）青少年自我同一性危机量表

采用台湾学者江南发根据埃里克森的理论编制和修订的"青少年同一性危机量表"。该量表是由江南发在Byrd、Smiss、Speisman等人所编制的量表基础上发展而来的。这些量表均是以埃里克森理论中自我同一性发展的理论逻辑和自我同一性7个同一性危机层面之间的关系编写而成。江南发根据以上量表的项目，综合修订并编制了"青少年同一性危机量表"，共28个题目，其中积极层面危机有15个题，消极层面危机13题，计分采用5点式。各层面得分越高，表示其危机程度越高，该量表的内部信度为0.86，效度也较理想。

3. 正式施测

本研究以团体为单位进行施测，问卷回收后用SPSS 11.5进行统计处理。

（三）结果与讨论

1. 总的分析

采用自编的"青少年价值观问卷"对青少年进行调查，并对青少年道德价值观在性别、生源地和年龄等方面的特点进行了分析。结果表明，从总体上看，青少年道德价值观各构成因素的平均分大小依次是：社会公德价值观、集体价值观、荣辱价值观、金钱价值观、生命价值观、法制价值观。不同亚群体青少年的道德价值观之间存在一定的差异。

表2　　**青少年的价值取向**

价值观	集体价值	公德价值	法制价值	生命价值	荣辱价值	金钱价值
M	4.31	4.63	3.23	3.26	4.07	3.90
SD	0.65	0.66	0.751	0.94	0.78	0.72

从调查分析结果来看（见表2、图1），我国青少年的社会公德价值取向较好，其次是集体价值观和荣辱价值观，在5点评分上分别为约4.63、4.31、4.07。在

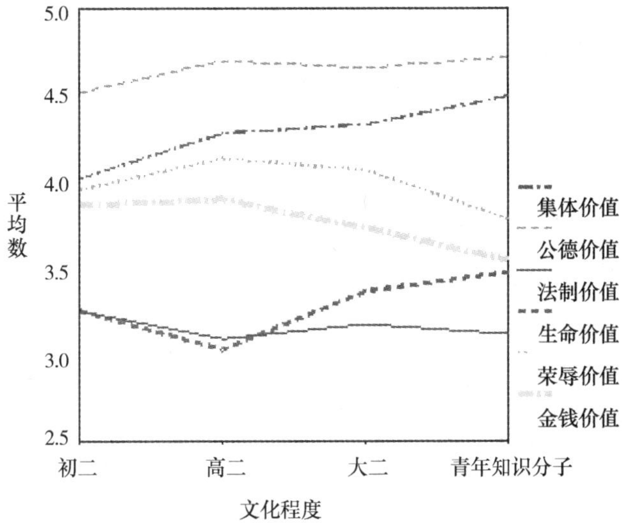

图 1 青少年价值观维度发展曲线图

6 种价值取向中，法制价值取向明显比较淡薄，仅为约 3.23。在青少年的道德价值取向中，集体价值观与社会公德取向、法制价值观、荣辱价值观相关明显（皮尔逊相关系数分别约为 0.358、0.213、0.191），呈显著相关（$P<0.01$），社会公德与法制呈显著相关（皮尔逊相关系数约为 0.241），荣辱价值与金钱观有显著相关（皮尔逊相关系数约为 0.310），而社会公德与荣辱、荣辱与法制都无明显相关。

研究发现，集体价值中的年龄差异最为明显，随着年龄增长，集体价值取向呈逐渐上升趋势，荣辱观的价值取向随着年龄的增长也有所增高，但幅度不大。社会公德与法律价值观在各年龄段无显著差异。社会公德价值取向普遍比较好。在荣辱观的价值取向和金钱的价值取向上，高中生与青年知识分子存在一定的差异，但差异不显著。

研究还发现，道德同一性与自我同一性危机呈负相关，即危机程度越高，道德同一性低。毫无疑问，道德同一性与集体价值观与社会公德存在显著相关，另外与法制也有相关，但与荣辱无相关。另外，集体价值观、社会公德都与同一性危机存在相关，而荣辱价值观与同一性危机无相关。从表 2 还可以看出，生命价值观与自我同一性危机有相关。

2. 青少年价值观的内部特征分析

从调查分析来看，在青少年的道德价值取向中，集体价值观与社会公德取向、法制价值观、荣辱价值观相关明显，呈显著相关，社会公德与法制呈显著相关，荣辱价值与集体价值、金钱观有显著相关，而社会公德与荣辱、法制都无显著相关。

调查结果表明：青少年价值取向存在显著的内部差异，而且在道德价值体系内部存在一定的矛盾性和不协调性，表现为道德价值评价模糊零散、价值选择矛盾混乱、价值观念复杂多样等。青少年道德价值取向在各类价值关系中的表现是不均衡的，存在显著的组内差异。

（1）集体价值取向

个人与集体、国家的关系是衡量社会文明程度的重要尺度之一，也是日常生活中随时可见的伦理关系。当代青少年普遍具有较强的民族尊严感，绝大部分学生对祖国都抱着一种正确的情感和态度，能热爱自己的祖国，对社会的关注度较高。至少在认知水平上已经表现出来，而且在特殊情况下在行为上也能有明显的表现。

在涉及当今中国的社会现实时，青少年的集体主义价值观状况有多元化倾向。例如，在访谈中发现，在热爱祖国方面，当问及“如果在奥运会上，当中国国旗升起，中国国歌奏响时，你会有自豪感吗”？绝大多数青少年都作出肯定的回答。调查中我们问道：“参加集体劳动，如果你提前完成任务，你是否会帮助他人把任务完成?”结果有约39.2％的青少年完全同意（见图2。图2—图7中：①表示完全不同意；②表示部分不同意；③表示中立；④表示部分同意；⑤表示完全同意）。

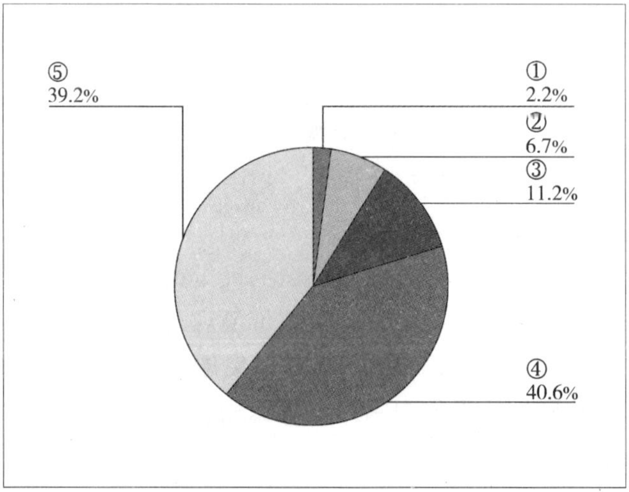

图2　青少年集体价值取向

调查中我们问道：“你是否会觉得迟到、考试作弊、乱扔纸屑会损害集体荣誉?”结果有约64.6％的青少年完全同意。调查中我们问道：“如果听到有人正在诋毁你所在的集体，你会据理反驳吗?”结果有60.8%的青少年完全同意。进一步深入访谈发现，当下我国进行的集体主义价值观教育，存在如下不足：缺乏对青少年个体的足够重视；教育脱离青少年个体的实际；过分注重树立正面典型，忽视对反面事例的剖析等。

(2) 社会公德价值取向

社会公德是社会文明进步的标志之一。社会和谐的发展需要每个青少年自觉地提高自己的公德水平。调查中发现，大多数青少年都有较强的社会公德意识，对社会上存在的不文明行为内心非常反感。同时也发现，青少年对一些不文明行为存在困惑和失望，特别是对屡禁不止的不文明现象产生了无奈甚至麻木的心理。这从另一个侧面说明社会风气中的一些不良因素对未成年人的社会公德存在着较大的负面影响。调查中我们问道：“你是否认为在公共场所大声喧哗、扔纸屑是一种缺德的表现?”结果有约71.6%的青少年完全同意（见图3)。

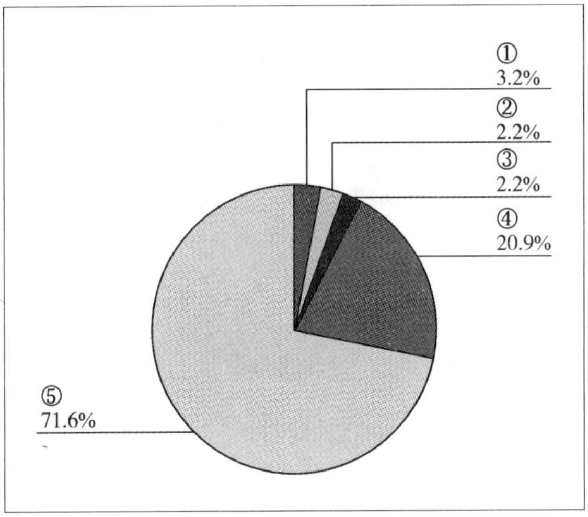

图3　青少年社会公德价值取向

调查中我们问道：“你是否认为尊老爱幼、孝敬父母是一个人美德的表现?”结果有约86.5%的青少年完全同意。虽然持反对意见的青少年是少数，但心理学研究早已证明，少数人的负面、消极心理对社会的影响大于多数人的正面、积极心理的影响。这种倾向值得引起政府和相关部门的高度关注。

从对青少年调查的整体情况来看，青少年的公德意识比较强，公德面貌比较好，显示了多数青少年的公德素质和精神状态。但青少年的公德意识与公德实践之间存在较大差距。不少青少年有明确的是非善恶标准，有较强的道德认识与判断能力，但往往不能落实于行动，道德实践能力比较差。访谈中多数人认为不应该随地吐痰，但真正吐到手纸里扔到垃圾箱里的不足一半。青少年的可塑性很强，他们的成长主要受社会环境和成人的影响。绝大多数青少年认为社会环境、家长、教师等成人在他们公德形成过程中起着主导和表率作用。目前社会上存在着一些不良社会风气，一些成人品行不良，这些将会对青少年良好公德的形成产生非常消极的影响，这不能不引起我们的深思！

（3）法制价值取向

调查中我们问道："你是否认为我国的法制是维护大多数人利益的?"结果有约32.7%的青少年完全同意。有约16.9%的青少年不同意，这说明有一部分青少年对我国的法制建设持怀疑态度。调查中我们问道一个有趣的问题："如果你的亲人违法，而证据掌握在你的手中，你会在司法部门调查中将证据提供出来吗?"结果只有约15.5%的青少年完全同意（见图4），大部分青少年表示反对或部分同意，这反映了我国青少年对亲情的观点是亲情重于法理。这与我国传统中重视家庭观念的文化影响有密切关联。

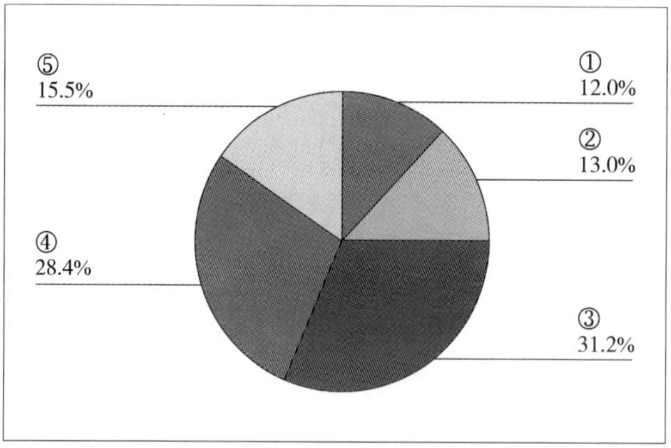

图4　青少年法制价值取向

调查中我们问道："如果只能通过违法的手段去挽救一个人的生命，你会去做吗?"结果有约10.2%的青少年完全同意，大部分青少年表示反对，说明青少年有一个在尊重法律的基础上去行事的原则。在遵纪守法方面，绝大多数被调查者认为闯红灯是一种违法乱纪行为。当访谈问及"你最不能容忍的社会不文明行为是哪一种"时，回答"见利忘义、不讲诚信、随地吐痰、打架骂人、不尊老爱幼"的排在前列。这说明青少年大多数有遵纪守法意识，懂得小事可以体现一个人的素质高低和文明程度的道理。

在法制教育方面目前仍然存在一些不容忽视的问题。如青少年法制宣传教育实际效果有待提升，社会青少年法制宣传教育存在死角盲区，青少年违法犯罪率居高不下等。当前，社会上一些领域道德失范，拜金主义、享乐主义、个人主义滋长，"黄、赌、毒"等社会丑恶现象，诲淫诲盗的文化产品、网络文化屡禁不止，都对青少年法律意识的养成产生不良影响。因此，加强法制教育要从娃娃开始，小学、中学都要进行这个教育。青少年应当具备必要的法律知识。大专院校、中学、小学都应当开设法制教育课。目前要解决如何针对各个不同年龄阶段学生的认知规律讲授法律知识、如何使学生能够容易接受和掌握、如何让学生感受到“法律就在我身边”等一系列问题。

(4) 生命价值取向

本次对生命的调查使我们很不乐观。调查中我们问道：“一场车祸致使某人瘫痪，有人说还不如撞死了好，你会赞同吗?”结果我们吃惊地发现，有约 39.4%的青少年完全同意（见图 5），这是一个很不利的信息，这反映我国相当一部分青少年对生命的淡漠。我国每年有 25 万—28 万人自杀身亡，还有 200 多万人有自杀倾向，该调查不能不引起我们的高度重视。

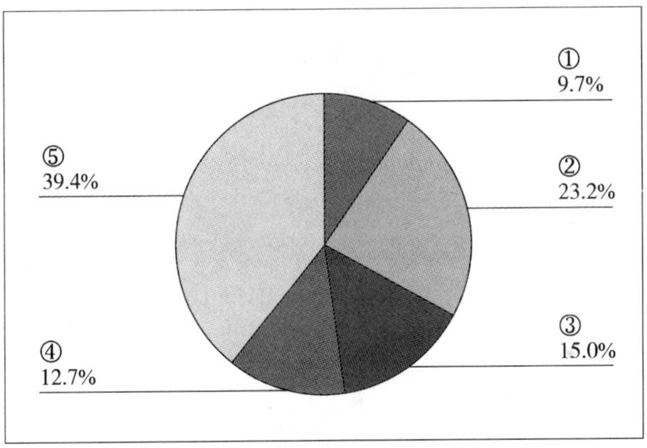

图 5　青少年生命价值取向

调查中我们问道：“你认为自杀是一种解脱吗?”结果有近 50%的青少年完全同意，这严重地折射出我国青少年对学习、生活质量的消极人生态度，他们对生命失去了热情，这很值得我们的教育、社会与家庭反思。调查中我们问道：“实行安乐死是于国于民一件有益的事吗?”结果有约 10.0%的青少年完全同意，有超过约 50.3%的青少年反对使用安乐死。

因为缺少生命教育，一些青少年漠视生命的存在和价值，容易陷入生存的迷失状态，对自我生命抱有一种无所谓的态度，也不尊重他人生命，甚至轻易走上自杀、自残或伤人犯罪的道路。一些青少年通常在成绩不好或不理想的情况下，遭遇家长训斥或老师批评，这种状况加重了代沟并增加了孩子的逆反心理，长此以往，一些心理脆弱的孩子可能因此产生轻生念头。据最新调查分析报告显示，部分在校大学生在遭遇失恋、求职失败后，曾有过自杀念头。生命教育要让青少年懂得“生命无价”、珍爱自我及他人生命。生命教育是一种唤醒，要唤醒生命的可贵意识，引导青少年认识生命，了解生命的本性、发展规律和成长条件，同时珍爱生命，保持心理和情绪健康。生命教育已成为青少年思想素质教育中刻不容缓的一个全新教育课题。

（5）荣辱价值取向

荣辱观是人们在根据一定的思想道德标准进行自我评价和社会评价活动中逐步形成的关于荣辱观念的基本倾向。调查中发现，当代青少年的荣辱观主流是好的、积极的。绝大多数青少年的荣辱观是正确的。但如果要在荣辱与金钱之间作出选择，当下青少年会选择什么样的结果呢？

调查中我们问道："为得到一份工作、一笔钱，你愿意跪地求人吗？"我们惊奇地发现，有约78.6%的青少年不同意，这说明在金钱与荣辱之间如果要作选择的话，绝大多数青少年不会选择金钱，这说明当代的青少年生活在金钱之上的流行观念中荣耻心较好。调查中我们问道："你认为古代越王卧薪尝胆、韩信受胯下之辱值得吗？"结果有约74.1%的青少年完全同意或部分同意。调查中我们问道："你认为嫁或娶一个有钱人是改变人生最好的办法吗？"结果有约36.7%的青少年完全同意，有约18.0%的青少年部分同意（见图6），这反映了部分青少年普遍存有金钱能改变人生的消极观念。同时，在访谈中可以发现，热爱祖国是大多数青少年精神风貌的主流。但也不难发现，在爱国主义教育方面我们还有不少工作要做，毕竟还有一小部分青少年爱国主义的情感淡化而有待加强。"不辨是非难处世，不知荣辱不成人"，对青少年进行社会主义荣辱观教育仍是一项系统工程。

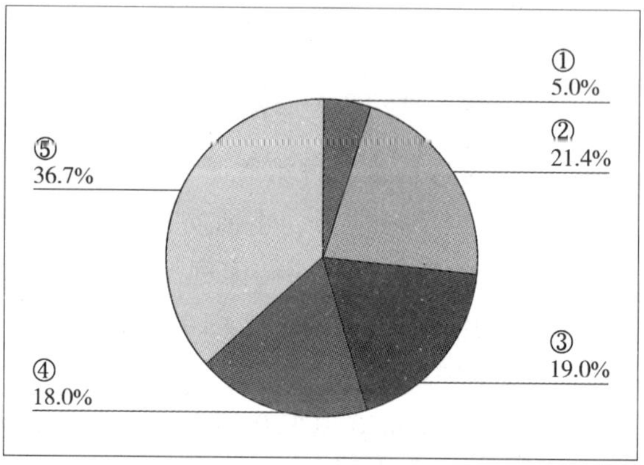

图6　青少年荣辱价值取向

（6）金钱价值取向

金钱观是指人们对于金钱的认识、态度、观点和看法的总和，是人生价值观的一部分。随着市场经济的发展，商品交换日益频繁，金钱在经济生活中的作用日益显著。对金钱的态度是人生观和价值观的试金石，有人认为金钱是万恶之源，有人认为是能力、身份、地位的象征，到底金钱在青少年们眼中的地位如何？校园并不是与社会完全隔离的，受社会上一些不良风气的影响，在学校里，学生与学生之间有这样一种风气：以金钱来衡量一个同学，从而造成了“富裕者以拥有金钱而尊贵，寒微者以身无分文而自卑”的不好现象，导致同学间的攀比风比较盛行。在访谈中，有不少青少年认为，金钱是世界上最重要的东西，可以买到快乐。他们甚至认为只要不伤害人，任何赚钱的方法都可以尝试。

在调查中，当我们问道：“如果你的家人为了赚钱而制售假冒伪劣产品，你会制止吗？”时，结果有超过50%的青少年完全同意（见图7），这个信息至少说明，在我国的青少年中有很大一部分人反对社会丑恶现象，并痛恨它的存在，也就是反对用不法手段去谋财。但却有近一半的青少年对此不反对，这反映了一个很严峻的社会经济和企业伦理的现实。

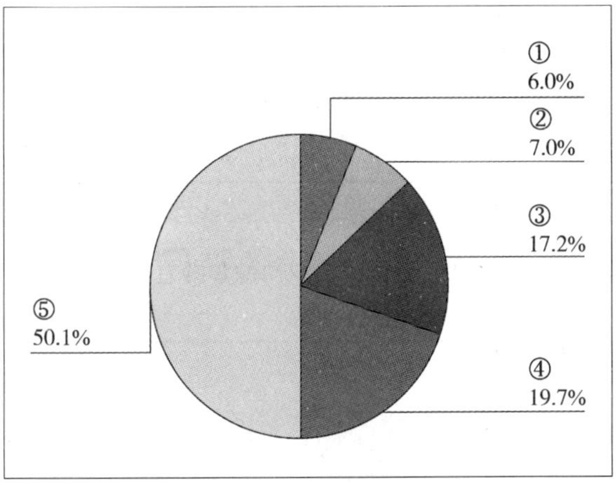

图7　青少年金钱价值取向

在调查中我们问道：“在我国贩毒50克以上可判处死刑，如果有人让你携带1000克毒品，承诺给你100万元，你会去做吗？”结果发现，有约77.8%的青少年不同意，这说明大部分青少年并不是把金钱看得比法制还重。调查中我们问道：“如果碰到坏人抢劫，你会把身上的钱财乖乖地奉送吗？”结果只有约15.5%的青少年完全同意，有约31.2%的人不同意，在有些青少年看来，似乎金钱比生命要重要得多。

3. 六种价值观的年龄差异

调查结果表明（见图8—图13），青少年价值取向无论从总体水平还是内部差异上均存在显著的年龄特征。从年龄阶段上看，集体价值中的年龄差异最为明显，随着年龄增长，集体价值取向呈逐渐上升趋势，青年知识分子、大学生好于中学生，在五点评分上初中、高中、大学生和青年知识分子得分分别为 4.02、4.28、4.33、4.49。荣辱观的价值取向随着年龄的增高有所增高，但幅度不大。

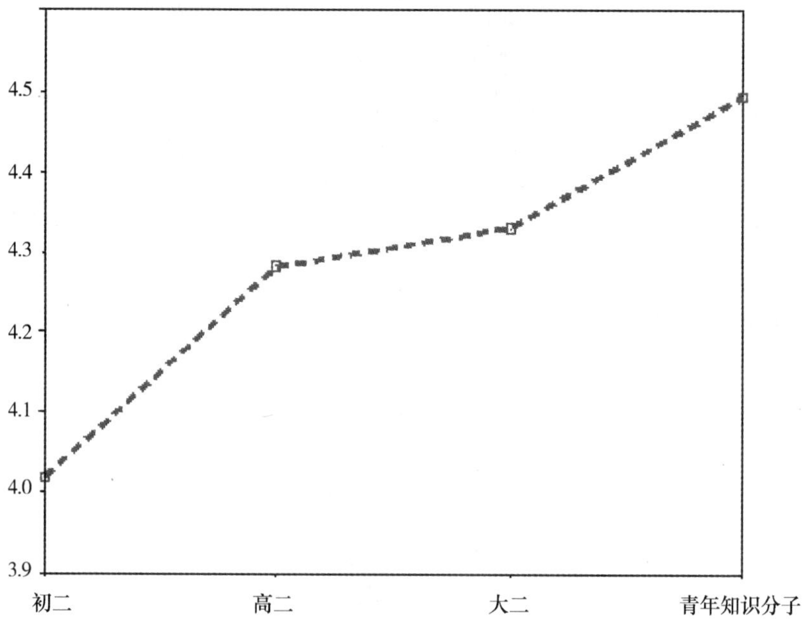

图 8　集体价值取向的年龄差异

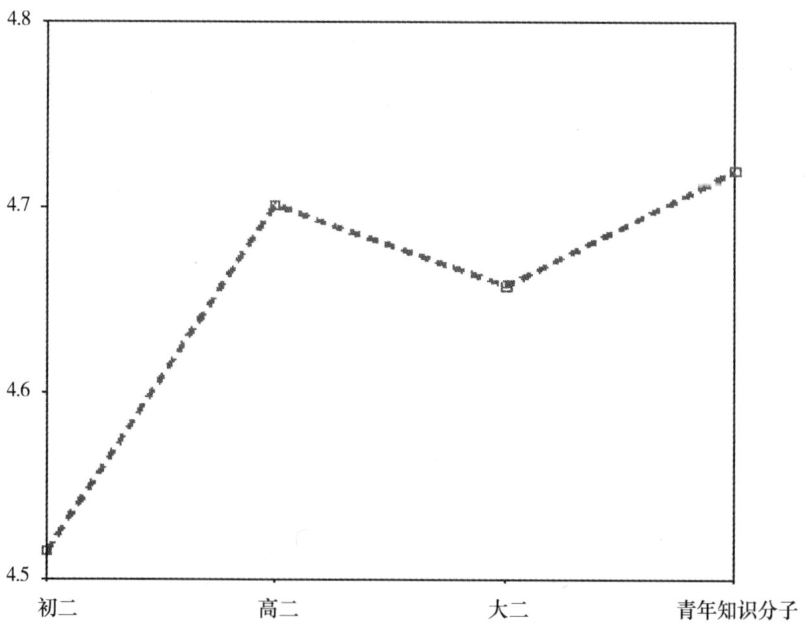

图 9　社会公德价值取向的年龄差异

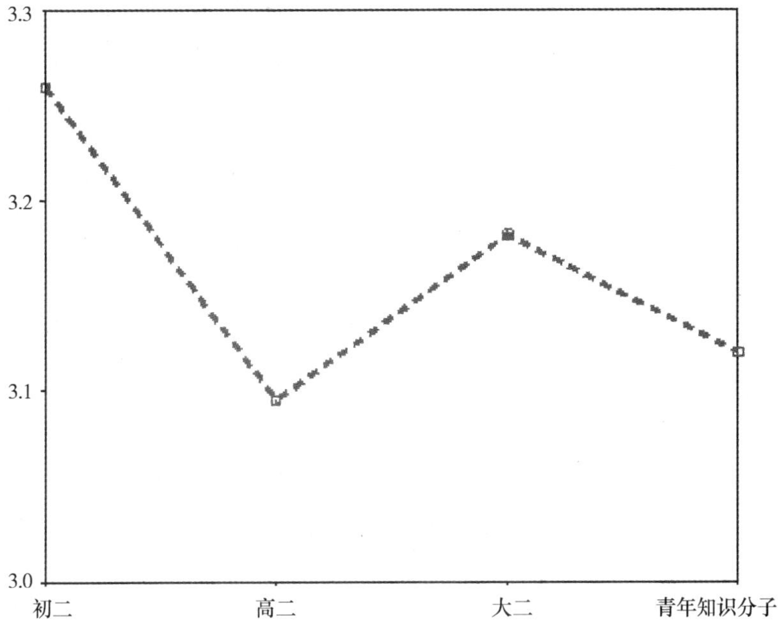

图 10　法制价值取向的年龄差异

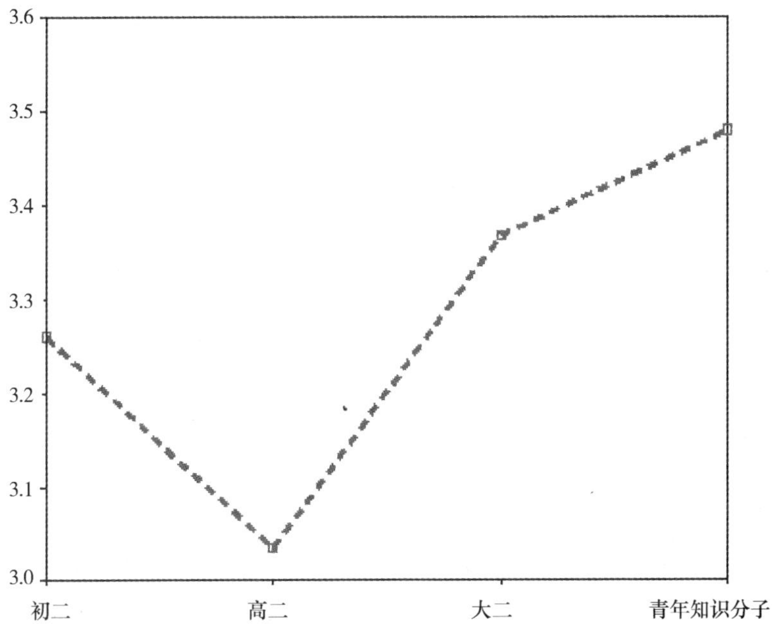

图 11　生命价值取向的年龄差异

在社会公德与法律价值观中，道德价值观各年龄段无差异。社会公德价值取向普遍比较好，得分分别为 4.51、4.70、4.66、4.72。相比之下，法制价值取向

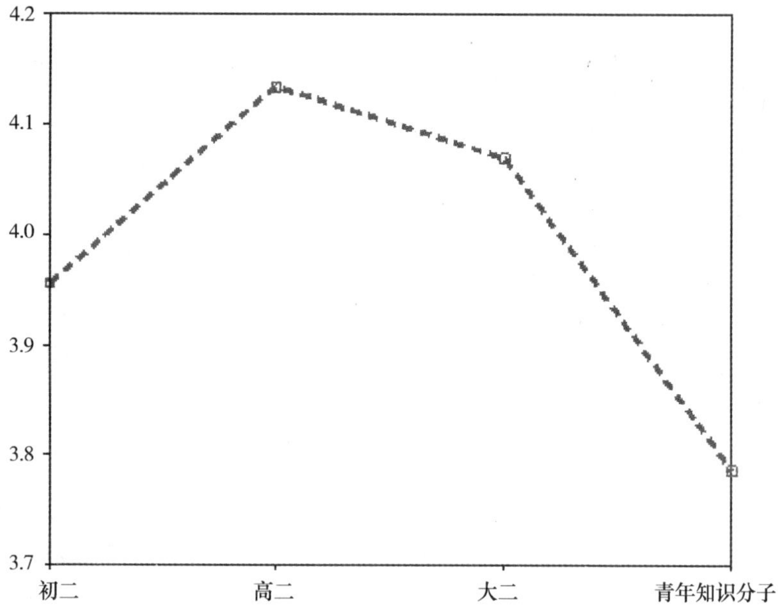

图 12　荣辱价值取向的年龄差异

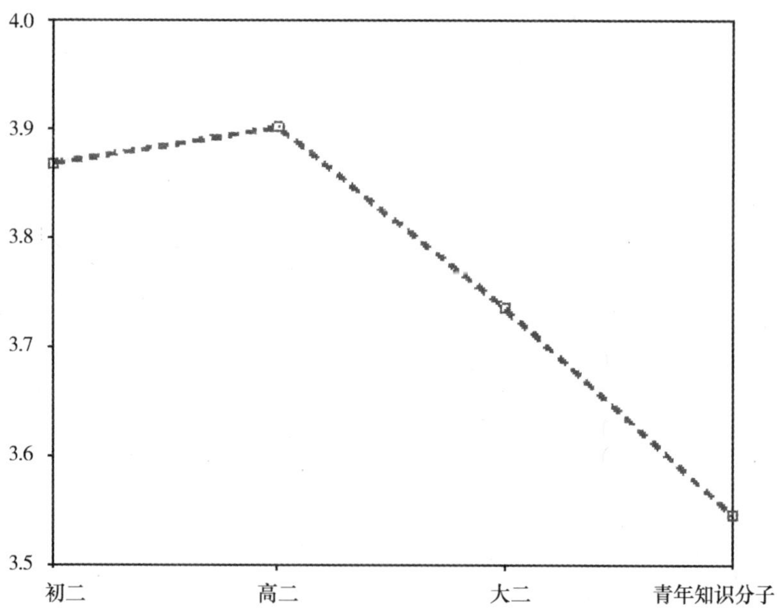

图 13　金钱价值取向的年龄差异

则不高，在五点评分上得分分别为 3.26、3.09、3.17、3.11。在荣辱观的价值取向和金钱的价值取向上，高中与青年知识分子都存在一定的差异，但在金钱价值观上中学生要比年长的大学生和青年知识分子好。

4. 青少年价值取向性别差异

从性别上看（见表3），男女在六种价值取向上总分接近，在5点评分上男女得分分别为3.91、3.89。男性在公德价值、集体价值取向与荣辱价值取向普遍较好，在法制价值取向较低；女性在社会公德价值取向较高，而在法制与生命价值取向较低。总体说来，男女在各种价值取向差异上都较小，唯有在荣辱观中，男女存在差异，男性高于女性，其他均无差异。另外，在大学生人群中，研究发现，大学生在各种价值取向上，均无文理专业差异。

表3　　**青少年道德价值取向的性别差异比较**

价值取向	性别	$M\pm SD$	t	p
集体价值	男	4.2807±0.70680	−0.633	0.528
	女	4.3404±0.58450		
公德价值	男	4.5474±0.75468	−1.724	0.086
	女	4.7128±0.54620		
法制价值	男	3.1579±0.75142	−1.411	0.160
	女	3.3121±0.75064		
生命价值	男	3.3018±1.02230	0.569	0.570
	女	3.2234±0.86259		
荣辱价值	男	4.1930±0.82310	2.099	0.037*
	女	3.9574±0.71548		
金钱价值	男	4.0000±0.72608	1.859	0.065
	女	3.8050±0.71577		

*：$p<0.05$。

5. 大学生道德价值观的地区差异和专业之间的差异

问卷中的地区选择主要放在广州和内地的江苏苏北和安徽，发达地区以广州大学生为对象，主要是中山大学、广州外语外贸大学和华南理工大学的大学生，欠发达地区以江苏苏北淮安的二所高校的学生为对象，主要是淮阴师范学院和淮阴工学院的大学生。

从地区上看，在大学生人群中，研究发现，大学生在各种价值取向上发达地区与欠发达地区在六种价值取向上都不存在显著差异。从总体上看，在集体价值取向、法制价值取向和金钱价值取向上，欠发达地区稍高于发达地区；在程度上差异较大一些的是在生命价值取向上，发达地区略好于欠发达地区；在荣辱价值取向上，欠发达地区好于发达地区。

研究还发现，大学生在各种价值取向上，均无专业差异。只有在集体价值取向上，文理科的差异接近于临界值。

（四）结果启示

1. 青少年道德价值观的主流特征

调查结果表明：青少年道德价值取向总体上以社会取向为主，个人取向不占主流，但占有可观的比率。同时发现，近几年来青少年道德价值观个人本位倾向有发展的趋势。此外，发现青少年道德价值取向呈现出一定的功利化色彩。这主要表现在对义利关系的认识和评价上，具有从传统的“重义轻利”向“义利并重”偏移的倾向；表现在对道德价值目标的评价上，从个人需要甚至是个人物质需要来评价道德价值，缺乏崇高的道德理想；在对个人与他人的关系上，强调关心他人的前提和关心他人之后的反馈。当代青少年是伴随着改革开放成长的一代。世界一体化的竞争环境，使他们的视野更开阔，独生子女的地位，使他们更具有发展的阶段性特征。

调查结果显示，青少年的思想品质健康向上，公德意识较强，他们较好地继承了中华民族的传统美德。他们较好地接受了以“邓小平理论”、“三个代表”重要思想和《公民道德建设实施纲要》为主题的思想道德教育，具有准确判断是非的能力和强烈的正义感。青少年的世界观、人生观、价值观总体来说是健康向上的，但受社会现实的影响，呈现多元化的趋势。少数人思想观念中出现一些消极成分。随着年龄的增长，青少年的自我意识增强，但社会责任感有所下降，学习目的更趋于现实。青少年具有基本的道德判断和辨别是非的能力，他们大多数明礼诚信，遵守社会公德、环境道德。比较起来，初中学生更单纯、更规范些。到了高中阶段，升学压力加大，加上社会不良风气的影响，道德敏感性下降。大中学生对目前社会道德水准评价不高，他们中的大多数是知法、守纪的，并知晓一定的法律常识，对违规违纪行为持否定态度，是非标准和判断比较明确，有正义感。大学生和青年知识分子考虑问题更复杂，他们的社会责任感明显较中学生强，而且判断是非的能力较好。

2. 积极的道德价值层面

当代青少年是积极、健康向上的，大多数学生能够紧贴时代，视野开阔，思想活跃，兴趣广泛，关注祖国的进步和繁荣，体现了新时期青少年鲜明的特征。

总体上说，现在的青少年主流价值观是好的，拥护党的领导，进行爱国主义教育能听进去，他们对社会的不正之风、贪污腐化深感厌恶，忧国忧民的学生大有人在。笔者在某中学听说有个学生成绩非常好，居然放弃了考名校的机会，依然报考了军事院校，其家长不同意，而他认为中国的富强不能没有军事。有些老师也认为，现在的学生知识面广，聪明好学，如果道德教育引导得好，他们关心国家、社会与他人的热情很高，只不过受社会阴暗面的影响太深。大多数学生喜欢能够触动心灵的道德活动，如“18岁成人仪式”、“孝敬父母活动”等，在这些活动中青少年能够懂得个人与国家、家庭的关系。这些现象告诫我们，社会和政府应该对道德教育的实效性进行深刻反思。

3. 消极的价值观层面

在我们的访谈中，感触最深的是集体主义精神淡薄，为个人着想得太多，其中包括一些成绩好的同学，部分学生平时不关心他人，在学习上总担心别人超过自己，责任心淡漠，一切从自己出发，关心自己比关心别人多，爱自己比爱别人多，道德感淡漠，缺乏同情心。如举行升国旗仪式时，学校非常重视，但是大多数学生心中缺乏自豪感、庄严感。在观看国产影片和国外大片的选择中，大多数学生选择国外大片。现在的独生子女，从小多娇生惯养，不少人不懂得尊重家长和老师。有的老师反映，有时老师带病上课，但很少有同学看望老师。更让人费解的是，平时观看爱国主义影片时，老师能被感人的情节感动得热泪盈眶，而有些学生则不以为然，甚至鼓掌、逗笑。

青少年身上表现出来的自我关注、升学唯一、极少关心他人和国家前途的个人本位的思想，以及追求物质金钱和“实惠”的价值观念应成为我们今天教育关注的动向，它与我们今天所倡导的公民道德素质要求有很大的差距。

4. 道德价值观多元化、多样性，甚至相互矛盾

从调查中不难看出，当前青少年在道德认识上基本是良好的。但是，凡涉及青少年的日常生活，需要他们做出现实努力的道德要求时，道德行为上就会出现偏差和欠缺。具体表现为：他们认同责任感，却缺乏从我做起的责任意识；有高社会公德价值取向，却没有良好的遵守社会公德习惯；有较好集体的价值取向，但在行动上，重实惠、讲实利；认同诚信价值理念，但却考试作弊、弄虚作假；认同爱护公物、勤俭节约的社会公德，但校园里长明灯、长流水以及乱扔、乱倒、乱张贴等有损社会公德的现象屡见不鲜。由此可以看出，由于道德认知不需要个体做出现实努力，青少年的认同是不需要付出代价的，也是相对容易的。而道德行为不仅需要青少年做出实际努力，有时甚至需要放弃部分的个人利益。

（五）青少年价值取向基本特点及成因分析

1. 青少年道德价值取向的形成特点

青少年道德价值取向的形成是多种因素相互作用的结果，在中学阶段，随着生活范围扩大，学校生活成为青少年主要的生活方式，学校、社会各种因素的共同作用有所增强；又由于青少年的独立性和主体意识的增强及其特殊的“闭锁”心理，使青少年越来越脱离父母的影响而呈现“离家”的趋势，家庭作用有所减弱。另外，青少年道德价值取向作为价值层面的精神现象，其影响因素应是存在于家庭、学校、社会、自身的各种因素有机结合而形成的一种合力，主要是与中学生生活相关的社会生活因素。

价值观是主体对客体关系的一种评价系统，道德价值观则反映道德主体与道德客体之间关系的一种评价。在社会转型期，社会价值体系发生紊乱，道德价值观体系异常活跃，青少年道德价值观也随之多元多样，从而使主流道德价值观与青少年道德价值观发生冲突，冲突的结果往往使社会主流道德价值观对青少年道德价值观进行整合并吸取其合理的成分，为自身输入新鲜血液，从而保持旺盛的发展活力。

青少年道德价值观的形成具有如下特点：一是多元性，主流道德价值观是一元的，而青少年道德价值观在对主流道德价值观的批判与逆反过程中则崇尚多元性，青少年主体意识的增强及辩证思维的发展也为多元的价值取向奠定基础。二是个体取向性，个体本位的价值取向是当代青少年亚道德价值观的一大特点，对青少年的一项调查表明：青少年在认可个人价值之时，比较偏重从个人需要的满足去考虑，不太强调从个人对社会贡献中去认同个人价值，似乎个人价值就是对个人而言，忽视个人价值的大小取决于对社会的贡献。三是功利性，在计划经济向市场经济转型过程中，青少年道德价值观较为崇尚功利，惯用世俗的态度来理解现代生活，道德生活中注重互利互惠，青少年之间注重“物质交往”、“礼尚往来”就是明证。四是不稳定性，从总体上看，青少年道德价值是一种未定型的价值观，这在少年期和青年初期的表现尤为明显，他们对诸多道德问题的评价往往显得幼稚而游移不定，因而价值观的多元色彩较浓，需要主流道德价值观的引导。

2. 成因分析

（1）社会环境发展因素

第一，经济发展和改革开放。我国正处于以市场经济为先导的社会转型期，整个社会生活正在发生巨大变化。经济因素已经成为引起社会价值变革的有力因素，是社会价值观念变革的现实基础，也是青少年道德价值观变化的根本原因。社会主义市场经济实行多种经济形式，势必导致利益主体的逐渐分化和经济利益的个体化，多元利益的存在意味着利益矛盾的存在和利益主体与个体之间的利益差别和冲突，也产生了利益主体将个体利益凌驾于整体和他人利益的可能，因此这种调整在人们的主观价值层面上产生深刻影响，导致价值观念的分化、个人本位倾向及对物质利益的追逐等。此外，市场经济实行以按劳取酬为主体的多种分配形式，人们之间的贫富差距拉大，利益差别扩大，社会阶层结构也随之发生新的变动，这使人们越来越关注自身的生存状况，重物质需求，价值取向趋向功利。对物质利益的过分追求势必会使人陷入金钱至上、自私自利、唯利是图，个人主体意识增强势必会追求自我价值、讲求实惠，导致国家观念、集体意识淡化等。

第二，社会价值导向。首先，长期以来我国推行“集体主义”的价值导向，但随着市场经济时代的到来，原来为社会所普遍认同的“集体主义”价值体系受到严重挑战，而一个能为全社会所普遍认同的价值目标体系尚未形成。其次，社会在推行主导价值时又存在许多问题，如“一手硬一手软”，弱化对纪律观念、奉献精神、服从意识的强调，忽略利益机制的引导等，使社会价值导向无力，道德价值观多元矛盾状态的存在不可避免。

第三，社会风气。社会风气是人们价值观演变的催化剂，也是青少年道德价值观变化的直接诱因。我国正处于新旧体制转型期，社会控制相对弱化，社会价值导向的推行机制（如法律、道德、舆论等）缺乏应有的约束力量，又为某些社会思潮的形成和发展提供了可乘之机，不仅影响和干扰了社会生活的正常进行，而且无时无刻不对青少年保持着细微而持久的渗透，成为青少年价值观演变的直接诱因。

第四，社会文化。在转型时期，文化开放使中国当代的文化背景更加复杂，传统文化与现代文化、西方文化与民族文化相互交织，又与大众文化融为一体，构成特定的文化氛围和文化环境，对青少年思想观念产生潜移默化的影响。传统伦理文化作为一种文化定势，在人们吸收新观念的过程中时隐时现，或大或小地起着作用，使人们形成双重人格压力和价值观念的内在冲突，极易产生困惑与矛盾的心态。同时，西方腐朽文化与消极生活方式的渗透，亦给我国青少年价值观念带来更大混乱。因此，道德价值观多元化有着特殊的社会文化发生机理。一些社会不良现象使身心尚未成熟的青少年受到负面影响，现代西方文化与中国传统文化的冲突带来青少年道德观念的断裂，试管婴儿、克隆等现代科学技术使青少年在道德伦理上产生困惑和失落。

（2）学校教育因素

一是，多元化社会影响与德育模式单一的矛盾。社会全面变革时期，青少年处于一个交往范围扩大、各种影响并存及社会活动日趋多样化的开放的社会环境中，各种社会影响从不同的角度以不同的方式对青少年一代施加强有力的影响。但由于教育发展的相对独立性，德育在内容和方法上还未及时适应社会变革的要求，仍表现出封闭单一的特征，内容上脱离社会现实生活，忽视个体需要，缺乏时代感；方法上单调枯燥，重外铄轻内修，重约束轻引导。这种矛盾使青少年思想观念形成强烈反差，陷入理想与现实的矛盾之中，产生种种困惑。

二是，德育观念滞后与时代精神变革的矛盾。德育的目标首先是实现人的全面发展，但长期以来，道德认知主义倾向却使德育被当做一门功课，局限于道德知识的传授、道德原则的灌输，忽视了道德情感、道德意志、道德行为习惯和道德思维能力的培养。其次，长期以来，德育实际上是被当做政治教育、理想教育、集体主义教育来实施的，使德育走向脱离现实生活的极端，脱离时代精神变革的需要，其强大定势在社会变革时期并未完全被打破，依然困扰着德育工作，成为道德知行问题的严重隐患。此外，在应试教育传统下，忽视了对学生的品德教育和价值引导。

（3）家庭教育因素

首先，社会变革时期，家庭结构、家庭模式随之发生变迁，家庭的稳定性也面临严峻考验，不但影响着子女的心理发展，对其价值观念也带来强烈的冲击；其次，独生子女一代的父母教育方式大多是既望子成龙又过分宠爱，使青少年处于心理压力大和心理承受力差的矛盾之中，面对社会多元价值的冲击，价值选择易陷入矛盾混乱之中。此外，应试教育的盛行使许多家庭父母只重视子女的学习成绩，重视对子女物质需求的满足，而忽视对其精神世界的引导，削弱了家庭应有的道德教育力量。

家庭是孩子的“第一所学校”，家长是孩子的“第一位老师”，家长对孩子的影响很大。目前，由于一些成年人的人生观尤其是价值观发生了扭曲，拜金主义、享乐主义、个人主义思想滋长，工作缺乏进取性、责任心等，对孩子产生了极大影响。

（4）个体自身因素

我们发现，无论是在对人生价值的看法上，还是在个人对他人关系的处理原则上，青少年以个人为本位的人生价值取向出现了惊人的发展。同时在学校生活中，集体主义教育影响仍起较大的作用，表现为“公私融合”、个人为本的鲜明特点，这反映了市场经济条件下，既有诱导学生注重个性发展、实现自我价值的积极影响，也有诱发个人主义的消极影响。因此，青少年的价值意识明显表现为利己主义和个人主义占上风的特点。而在首位价值观中，突出地表现在对学业成功的自我关注和物质金钱观上，半数以上学生在价值观上带有公私融合、注重个人的特点。

从个人生活的目标和追求来看，学生普遍看重“升学”、“功课”、“就业”等问题。这说明追求学业成功是当代中学生的首位价值，很多中学生把自己以后能不能考上大学看做适应社会的基本条件，对公益劳动、公共财物则采取不感兴趣甚至冷漠的态度。

青少年阶段是儿童向成人过渡的重要转折期，表现出半幼稚半成熟、半独立半依赖的特点，因而在身心发展过程中呈现出不平衡性和矛盾性的“边际”心态，使青少年极易接受外界环境的影响。该特点与社会转型的高速度及各种不稳定因素、消极因素的存在相互作用，导致其价值观体系的不稳定性及矛盾性。此外，青少年道德认知水平和道德判断能力的发展对其道德价值取向具有明显的制约作用，因此，青少年道德价值取向具有鲜明的年龄特征。

（六）教育建议

青少年时期是人生发展和道德品质形成的关键时期，了解并掌握青少年思想道德状况，有针对性地加强青少年道德教育，引导和帮助青少年形成健康、积极的道德品质，对于青少年的健康成长具有非常重要的意义。道德观念是人的道德品质的内在主观表现，“反映历史上变化着和发展着的道德关系，即人们在道德活动中产生的各种关系以及如何处理这些关系的行为准则”，也是人对道德活动中所产生的各种关系以及如何处理这种关系的行为准则的反映。据此，一些教育学者认为，道德价值观是“个体对事物做出是否具有道德价值的判断时所持的内在尺度”。这个尺度的高低直接反映着社会的道德发展水平。

1. 注意道德价值观教育的针对性

本调查表明，青少年的道德价值观从取向特征看具有一定的年龄特征和性别差异，所以必须针对青少年不同团体的特点施以不同内容、不同方法的道德价值观教育。从年级差异来看，青少年的利己性基本上呈上升趋势，而集体性则以相反趋势变化。这种变化趋势是青少年道德主体意识不断增强的表现。教育者应认识到学生在道德教育中的主体作用，必须把学生当做主体来看待，尊重学生自主选择权利；应该指导、帮助学生自己思考、自己体验、自觉地选择，而不是一味地约束、灌输；教育者要帮助学生协调好集体与个人这一对矛盾，一方面帮助学生正确认识集体与个人的关系；另一方面随着年级的升高，教育者可以适当减少集体活动而突出个体活动，或开展基于大家共同需要的活动以调整这一矛盾。

青少年时期是人生发展和道德品质形成的关键时期，社会、道德转型深深地影响其道德生活，并客观要求青少年作为社会道德主体参与社会新道德的建构。观念的变革是行为的先导，道德价值教育观念的变革是道德教育改革的关键所在。

（1）道德价值教育必须强调核心价值引导，启发价值思考，使学生形成道德价值选择和整合的自主力量。传统的道德价值教育强调价值原则、道德规范的灌输，而忽视价值判断和思考能力的培养。目前家庭、学校、社会都无法把一套清晰的价值观念和行为模式传递给青少年，价值观仅靠灌输是不能获得有机建构的，但价值可以被引导，人们可以在价值原则的基础上进行价值思考，形成价值评价、选择、整合的自主力量，并通过这种自主力量，从现实中寻找驾驭现实、超越现实、面向未来的可能性。由此可见，学校德育必须处理好“应然”和“实然”的关系，引导学生建立理想的道德价值体系，追求理想的道德人格，培养学生的自主能力和主体精神。市场经济时代，青少年价值观教育的导向应是一元的，应十分明确地导向社会本位价值观和内在精神价值的实现，以集体主义、利他主义精神为核心，加强集体主义教育，让真正的“集体主义”成为时代精神，成为一元的价值导向。

（2）发展道德判断能力是学校的教育责任。学校德育的最终目的不是通过某种手段服从一个外在的目的或机械地接受外在的价值观念，而是受教育者对道德价值原则的能动性理解和创造性运用，是理智的思考和选择的能力；只有达成较高的思维能力，才能给良好的道德规范赋予更高的价值，因此，学校德育的重点是促进个体道德判断能力和道德决策能力的发展，道德知识的传授已不是中学阶段道德价值教育的重点。所以，学校必须从多方面为学生设置启发思考与判断的道德情境，让学生积极参与社会生活，赋予学生道德价值评价的自由与责任，反对不经思索一味接受现成价值观念的做法。

（3）道德价值教育要引导学生建立“价值轴心”。调查表明，青少年道德价值取向缺乏稳定一致性。因此建立一种首位价值观念统率人们对多元价值观念的选择和认定是必要的，我们称之为“价值轴心”。道德教育应鼓励和引导学生建立“价值轴心”。首先，学校德育要保持应变、开放、理性的态度面对多元价值观，逃避、堵截的办法是不可取的；其次，增强学生的应变和批判能力，在一元价值导向下建立自己的“价值轴心”，并用它来衡量不断涌现的新观念；最后，强化青少年对永恒的具有终极意义的道德价值观念的认同和反省。

（4）道德价值教育要有层次性。调查表明，青少年道德价值取向具有年龄特征、性别差异且有层次性，所以道德教育必须在青少年不同年龄阶段施以不同目标、不同内容、不同方法的道德价值观教育，对同一道德价值原则在不同阶段应有不同的方式和内容，使道德价值观教育形成一个科学的序列，避免无效重复的现象。道德价值观教育层次起点一般是从低到高，从基础文明素养到抽象的道德价值原则，每个阶段坚持基础性和发展性的统一。

（5）道德价值教育应充分发挥“隐性课程”的力量。青少年道德价值观的形成是多种主客观因素相互作用的结果，社会、家庭以及学校德育课程之外的教育体制、教育氛围、校园文化等以“隐性课程”的形式对青少年道德价值观起着潜移默化的影响。因此，仅靠德育显性课程无法构建其道德价值观体系，道德价值教育应充分发挥“隐性课程”的力量。

2. 重视青少年道德价值观的建构

青少年是道德价值观形成的关键时期，其世界观尚未定型，受传统熏陶少，容易接受新事物，易形成新的价值观。当代青少年的新社会价值观正由社会本位向个人本位转变，以往人们曾追求的以社会、团体价值为人生最高理想正日趋淡漠，正转向关心个人的社会地位、生活质量和个人的知识能力上。

首先，教育是传递、净化和升华文化与价值观念的主要工具，道德教育的基本观念要从“给现成的结论”转变为“给分辨武器”。道德价值教育目标是培养有自律道德的人。道德德育目标首先要从客体性向主体性转变，使其最终落实到学生的自我判断、自我选择和自我教育能力的发展上来；其次，实现德育方式要由强制性向民主性的转变，通过民主的交流与合作，通过发挥教师和学生、学生和学生的交互作用，启发学生自我评价，培养学生自我道德判断能力、道德行为选择能力和抵制不良影响的免疫能力；最后，必须实现德育的实践性转变，通过学生主体参与实践，缩短教育内容和学生需要的时间，领会道德的意义，从而培养正确的价值观念。如果教育者以权威者的身份，以训诫的口吻，要求学生服从、遵守规则，忽略其在教育过程中的主体作用，把学生当做一种“美德袋”让他们接受单一化的教育，接受纯品德的灌输，没有品德情感的体验，明显是不合时宜的，使他们丧失了自我判断、自我选择、自我教育的机会。在强制和灌输中，学生对规则条例的遵守，不是出于道德需要，而是迫于外界的压力。因此，学校道德价值教育应该考虑学生的行为是他律还是自律的，这对于处理个人利益和集体利益冲突有一定意义。目前亟待调整思路，改变理念，德育要有更加包容和开放的姿态。

3. 帮助青少年树立正确的金钱观

应该让学生懂得金钱不是万能的。“有钱能使鬼推磨”的观点是错误的。金钱很重要，但不是最重要的，还有很多东西比金钱更重要。如对祖国的忠诚、对父母的孝心、对普通民众的关心等。金钱不是白来的，需要辛苦的劳动。要教育孩子了解家庭金钱获取的途径，让他们知道赚钱的艰辛。现在许多青少年不知道家长挣钱的辛苦，当家长的一定要给他们讲自己挣钱的艰辛。例如，德国家长们经常带孩子到工厂参观，了解生产的过程，资源的开发与节约，特别是了解生活用品是怎样生产出来的。这样既能让孩子开阔视野，又培养了学生勤俭节约的意识和品德。这种做法我们应该借鉴。

因此，青少年要健康成长，必须树立正确的金钱观。在这个世界上，有许多东西是钱买不到的，如人格、尊严、健康、友谊等。我们既要承认金钱与人生有密切关系，还要看到取得金钱的手段应正当、合法，更要看到金钱不是人生的全部内容，不是人生价值的决定因素。

4. 加强青少年法制教育

当前，社会上一些领域道德失范，拜金主义、享乐主义滋长，“黄、赌、毒”等社会丑恶现象与淫秽网络文化对青少年法律意识的养成产生不良影响。目前青少年法制宣传教育还存在死角盲区，特别是九年义务教育结束后，初中毕业辍学的青少年是法制宣传教育的盲区，辍学及闲散的青少年犯罪率大大高于在校青少年学生，致使青少年违法犯罪率居高不下。有关部门统计，我国 18 岁以下青少年犯罪占全部犯罪案件五成以上，出现青少年犯罪“十五六岁现象”。要改变大学生获取法律知识途径单一的缺陷，丰富电视法制节目，开拓课堂、报纸杂志、新闻报道等多种渠道途径。

第二部分　当前青少年道德观念认同的调查分析

（一）问题的提出

道德认同是行为主体在道德认知或道德情感上对某一对象的一致性，是社会规范内化和道德价值移入的关键环节。

在社会变迁和全球化浪潮双重影响下，中国社会原有的道德价值体系受到了前所未有的冲击。有关研究表明，认同问题在全球范围内都存在，而且正越来越深刻地影响年青一代的内心和行为。对当代中国来说，未成年人的道德认同问题有着特别重要的意义，因为这一群体的道德选择无疑最终会对未来社会的道德建构产生决定性影响。青少年“是否接受传统的道德标准”或者“选择什么样的伦理行为准则”等道德认同方面的问题已经成为社会面临的一个新困惑，而且正越来越深刻地影响青少年的道德行为。对处于经济转型时期的青少年道德面貌应该怎么看？青少年追求何种道德生活，崇尚何种道德信条，接受何种道德规范，做出何种道德判断和道德评价，欣赏和选择何种道德行为，对于这些重要的问题如果不做调查分析，就不能做出正确评说。

（二）研究程序

1. 编制问卷

研究首先进行文献查阅和专家访谈，内容包括道德观念有哪些道德价值取向？青少年有哪些认同的规范和奉行的规范？哪些社会不良现象使身心尚未成熟的青少年受到负面影响？问卷采取开放式和封闭式的分析相结合。对专家问题和访谈进行汇总，并进行分类。

2. 研究工具

（1）罗克奇的价值观量表。本研究采用了罗克奇（Rokeach，M.，1973）编制的价值调查表（修订版）。包括 18 项终极性价值观和 18 项工具性价值观，要求对这两类价值观按其对自己的重要性进行排序，最重要的排在第一位，最不重要的排在第 18 位。量表的分半信度为 0.635。

（2）笔者用百度搜索，根据词汇出现的频率结合有关中国德目词条筛选出传统道德价值德目 13 条、现代道德价值德目 21 条以及当前负面影响的观念 15 项进行测查。

3. 正式施测

本研究以团体为单位进行施测，问卷回收后用 SPSS 11.5 进行统计处理。

（三）结果与讨论

1. 推崇什么样的品德

（1）青少年价值观与道德价值观的变迁

罗克奇把价值取向分为两大类：终极价值和工具价值。终极价值指的是反映人们有关最终想要达到目标的信念；工具价值则反映了人们对实现既定目标手段的看法。罗克奇在其名著《人类价值的本质》中，提出了终极价值和工具价值的各 18 个成分。通过对价值观意向进行调查（见表 4），结果发现，青少年对价值观内容排序，既关心世界和平，又重视家庭温暖，还考虑个人的自由和自尊的需要，反映了当代青少年价值观多元化的明显趋向。和 1988 年我国西南师范大学学者黄希庭对五城市青少年的价值观研究相比发现（见表 5），“自由”、“幸福”等价值观等级位置大幅度上升，而“有所作为”、“友谊”、“社会承认”等级位置有所下降，反映青少年个人价值取向更加注重个人的自由、自尊和平等，追求人格的独立和崇尚个人的生活幸福。同时还发现，学生对“助人”、“有礼貌”、“友爱”评价较低，反映学生对利他精神与人际协调比较忽视。

表 4　　青少年对价值项目的排列等级

等　级	终极性价值观	工具性价值观
1	自由（5.72）	有抱负（6.61）
2	家庭温暖（6.83）	诚实（6.65）
3	自尊（7.01）	有能力（6.72）
4	世界和平（7.31）	胸怀宽广（7.06）
5	幸福（7.75）	自制（7.62）
6	国家安全（7.85）	勇敢（7.88）
7	平等（7.94）	聪明（8.64）
8	友谊（7.98）	愉快（8.85）
9	有所作为（8.64）	独立（8.98）
10	美的世界（9.27）	有责任心（9.63）
11	舒适的生活（10.38）	宽容（9.72）
12	社会承认（10.69）	有礼貌（10.07）
13	真知灼见（10.77）	助人（10.16）
14	成熟的爱（10.92）	富于想象力（10.61）
15	享乐（11.86）	逻辑性（10.82）
16	积极的生活（11.71）	友爱（12.09）
17	内心平静（13.72）	整洁卫生（12.13）
18	拯救灵魂（15.45）	服从（15.42）

表 5　　　　青少年价值观变迁 20 年比较（等级前 4 位和后 4 位）

等　级	终极性价值观		工具性价值观	
	20 年前	20 年后	20 年前	20 年后
1	有所作为	自由	有抱负	有抱负
2	国家安全	家庭温暖	有能力	诚实
3	友谊	自尊	胸怀宽广	有能力
4	自尊	世界和平	诚实	胸怀宽广
15	内心平静	享乐	逻辑性	逻辑性
16	舒适的生活	积极生活	整洁卫生	友爱
17	积极的生活	内心平静	自制	整洁卫生
18	拯救灵魂	拯救灵魂	服从	服从

（2）青少年传统道德认同的德目分析

进入现代社会，是不是还应该把“仁义礼智信”等作为现代社会的道德标准呢？在对传统道德价值取向的认同中，笔者选取了“诚”、“信”、“礼”、“廉”、“忠”、“恕”、“仁”、“耻”、“义”、“公”、“俭”、“勇”、“孝”等重要德目。“诚”主要是指做人要实在，对人要诚恳；“信”主要是指坚守自己的诺言，答应他人的事要做到；“礼”主要是指讲话注意场合，态度友善；“廉”主要是反对贪赃枉法，不以权谋私和奢侈浪费，提倡节俭，反对奢侈享乐；“忠”主要是指忠于自己的岗位及职责，忠于国家的法律规范，履行自己的家庭义务；“孝”主要是指关心父母，子女应该孝敬老人；“耻”主要是指出卖他人与国家利益，透露国家机密的可耻行为。

研究结果发现，几种重要德目的排序分别是：（1）仁；（2）孝；（3）信；（4）诚；（5）廉；（6）礼；（7）忠；（8）耻；（9）义；（10）恕；（11）勇；（12）公；（13）俭。排在前四位的分别是：“仁”、“孝”、“信”、“诚”，排在后四位的是“俭”、“公”、“勇”和“恕”，其中青少年对传统的“勤俭持家”认同度最差。“公”、“勇”和“恕”方面反映了现代社会中的青少年公德较差，集体观念不够。而“仁”、“孝”、“信”传统道德价值在今天仍有广泛的不变性。但在研究中发现，对传统道德价值观中的“恕”没有较好的认同，也反映了今天个人主义的自我倾向越来越明显。

从年龄结构上看，调查发现，初中生普遍认同“仁”、“孝”，但对“俭”和“公”认同差；高中生对“孝”和“仁”普遍认同，而对“俭”和“公”认同也较差；对于大学生来说，他们普遍认同“仁”和“孝”，对“俭”和“勇”认同差；青年知识分子对于“仁”和“诚”认同较高，而对于“俭”、“公”、“勇”认同差。从变化规律上看，“诚”随着年龄递增反而呈下降趋势。初中、高中则认同“孝”、“诚”、“信”，到了大学除了“孝”外，对“忠”认同有上升趋势。但研究也发现，青少年对传统各种道德价值认同均无年龄上的差异。

从地区上对大学生的道德价值观分析来看，调查发现，发达地区的大学生和欠发达地区的大学生都把“仁”、“孝”、“信”排在最前面，而把“俭”、“公”排在最后。

另外，在对传统道德价值观性别的考察中（见表6），发现男女性别在“忠”、“信”和“耻”上差异较大（$p<0.05$），男性在“信”和“耻”上高于女性，而在“忠”上，女性高于男性，其他则无差异。从事理上说，男人不讲信用、失去羞耻之心，就会被他人戳脊梁骨，正如孔子所言：“信为人之本，人无信不立。人而无信不知其可也。”而女性更易受传统伦理影响，更看重对父母、家庭的忠心，不可背叛家庭伦理。

表6　青少年对传统道德价值认同的性别比较

性别	诚	信	礼	廉	忠	义	孝	耻	恕
男	0.52	0.45	0.17	0.08	0.32	0.13	0.66	0.44	0.13
女	0.53	0.38	0.19	0.12	0.46	0.15	0.65	0.32	0.14

综上所述，今天在市场经济和全球化的影响下，中国社会在伦理上的新秩序既表现出对传统道德的较强延续性，但同时也抛弃了一些旧的伦理观念，如勤俭、无私奉献、见义勇为、宽恕等方面。

（3）青少年现代道德认同的积极层面分析

笔者用百度搜索，根据词汇出现的频率选出了“公正”、“自由”、“民主”、“平等”、“仁爱”、“爱国”、“守法”、“尊重”、“责任”、“宽容”、“忠诚”、“敬业”、“团结”、“奉献”、“诚信”、“自律”、“自强”、“合作”、“勤俭”、“明礼”、“知荣耻”等赋予积极面的21条德目。在调查中发现，在含有现代的积极面道德价值中，青少年普遍把“诚信”、“公正”、“平等”、“爱国”、“知荣耻”和“责任”置于最重要的位置，分列前6位，特别是“诚信”，要远远高于其他选项，这在人际关系复杂的今天，讲信用显得格外重要。而“合作”、“敬业”、“勤俭”、“明礼”和“自律”则置于不重要的位置。

另外，在男女差异研究中发现，青少年男性把“诚信”、“爱国”、“知荣耻”、“平等”、“团结”置于前五位。女性则把“诚信”、“平等”、“爱国”、“责任”、“公正”置于前五位。女性将平等放在第二位，而男性则把平等置于第四位，说明女性对平等的认同高于男性，同时女性的责任认同也高于男性，而男性在“团结”、“荣耻心”的认同上比女性排序靠前。另外在“自由”维度上男女也存在差异。

2. 青少年宽容什么，不宽容什么

在对现实道德问题的道德宽容性判断上，笔者从两个维度作了考察，一是家庭伦理、职业道德与社会公德领域方面的考察；二是道德与非道德的考察。问卷中提供了如“吸毒”、“嫖娼”、“卖淫”、“贪污受贿”、“司机肇事（撞车）后潜逃”、“不敬重父母和老人”、“偷税漏税和收藏赃款赃物”、“见死不救”、“同性恋”、“性自由”、“安乐死”、“选择独身生活”、“人工流产”、“离婚”、“公款吃喝”等15项。调查发现，青少年最不能宽容的依次是“贪污受贿”、“见死不救”、“司机肇事后潜逃”。而普遍认为“安乐死”、“离婚”、“选择独身生活”、“同性恋”可以宽容，这反映了当前青少年对非道德有宽容的一面。

从中学生对这15项的宽容度中可以看出（见表7），最不可宽容的依次是“吸毒”、“贪污受贿”、“司机肇事后潜逃”，认为可以宽容的依次是“性自由”、“安乐死”、“选择独身生活”。从大学生对这15项的宽容度中可以看出，最不可宽容的依次是“不敬重父母或老人”、“吸毒”、“司机肇事后潜逃”，认为可以宽容的依次是“选择独身生活”、“安乐死”、“离婚”。从青年知识分子的成人观念来看，最不可宽容的依次是“贪污受贿”、“不敬重父母或老人”、“司机肇事后潜逃”，认为可以宽容的依次是“安乐死”、“选择独身生活”、“人工流产”。很明显，青少年在对当前社会生活中的负面因素认识上存在一定的年龄差异。中学生在年龄上还处于他律道德向自律道德转化之中，所以把吸毒放在不可宽容的第一位；大学生的社会责任感意识增强了，所以比较关注家庭的责任，把不敬重父母或老人看得较重；而对具有一定社会成熟经验的青年知识分子来说，他们对社会比较关注，所以认为贪污受贿的不正之风是最不可宽容的。

表7　　不同年龄宽容性比较（不能宽容）（%）

行为类型	初中	高中	大学	青年知识分子	总体
吸毒	66.2	53.3	46.8	28.0	50.1
嫖娼	54.4	33.8	39.8	32.0	40.7
卖淫	57.4	20.8	29.9	20.0	32.2
贪污受贿	41.2	50.7	45.9	64.0	47.1
司机肇事后潜逃	36.8	48.1	42.0	52.0	42.9
不敬重父母或老人	26.5	58.4	55.4	60.0	51.4
偷税漏税和收藏赃款赃物	19.1	32.5	21.7	44.0	24.7

续表

行为类型	初中	高中	大学	青年知识分子	总体
见死不救	36.8	44.2	45.9	48.0	44.1
同性恋	8.9	3.9	3.0	0.0	3.9
性自由	0.0	1.3	3.0	4.0	2.2
安乐死	1.5	0.0	0.4	0.0	0.5
选择独身生活	2.9	0.0	0.0	0.0	0.5
人工流产	2.9	3.9	2.6	0.0	2.7
离婚	4.4	1.3	0.4	4.0	1.5
公款吃喝	22.1	29.9	31.6	28.0	29.4

从表 7 中可以看出，人们对某些行为的道德宽容程度有所提高，如离婚在以前曾被认为是不光彩的事，而如今大家已经变得相当宽容了。对有些新潮的观念也变得相当宽容了，如性自由、安乐死。今天变化最深刻的是中国家庭婚姻观念的变化，表现在对这类的宽容性在增加。

从调查中发现，青少年普遍对不敬重父母或老人的行为不予以宽容，这表明传统的孝道观念信仰引起人们的足够重视。人们对近年来的丑恶现象与腐败现象表示极大的不满，而对同性恋之类的问题表示宽容。

从性别上看（见表 8），男女在独身、同性恋、安乐死、离婚的宽容性上基本保持一致。而在对嫖娼一项的态度上，男女差异较大，表现为男性宽容性高于女性，但在对离婚上，女性宽容性则高于男性。另外，在对不孝敬父母、见死不救、性自由上，男性显得更为宽容。

表 8　　不同性别宽容性比较（可以宽容）（%）

行为类型	男	女
吸毒	5.7	4.3
嫖娼	10.9	1.9
卖淫	13.0	7.7
贪污受贿	2.1	0.5
司机肇事后潜逃	2.1	3.4
不敬重父母或老人	3.1	2.4
偷税漏税和收藏赃款赃物	2.1	2.4
见死不救	10.9	6.2
同性恋	58.9	72.7

续表

行为类型	男	女
性自由	40.1	32.1
安乐死	57.8	58.9
选择独身生活	63.0	77.0
人工流产	31.3	33.0
离婚	45.8	54.1
公款吃喝	2.6	1.0

毫无疑问，随着社会发展，人们会在个人与社会之间明显地划出公共领域和私人领域，对于前者，诸如制造公害、污染环境、破坏生态等违反人类共同利益、公共道德的行为将给予坚决抵制，不予饶恕；而对于后者，只要不危害到社会、他人的利益，属于他人的私事则给予最大限度的宽容。由此，凡属于那些体现人的尊严和个性的行为方式将受到普遍重视。

另外，在对负面的生活品行调查中（问卷中提供了欺骗、霸道、自私、懒惰、浪费、贪污、违法、暴力、虚伪、冷酷等10项），调查发现青少年最不能宽容的是欺骗和虚伪，其次是违法。而比较宽容的是浪费和对人冷酷。青少年对欺骗和虚伪不能认同，反映了在今天虚伪的道德在金钱轻轻一指之下毫无抵抗能力地沦陷。道德首先要还"人"以本来面目，人首先要成为自己，有了自己才可以有其他，要拒绝自己心理邪恶的情感。从某种意义上来说，浪费是当下一个严重的社会心理问题，它昭示了现代国人精神的贫困，尤其是公共责任感的缺失。乃至于有人把浪费的能力当成了一种"身份符号"，当成了衡量一个人有没有"面子"的重要指标。

另外，在对违反公共伦理、日常法律与日常道德认同的研究中发现（见表9），青少年对公共伦理上的行为最不能接受，例如在路上乱扔杂物、穿马路时不看红绿灯，而对另外一些社会公德有所忽视，如坐公交车不买票等。同时，研究发现，在日常道德认同上还存在着男女性别差异（$P<0.05$）。在对公共规范行为的认识中，明显地反映了青少年对一些基本的社会公共生活规范的认同出现了偏差。

表9　　　　青少年道德认同性别比较

性别	公共伦理	法律认同	日常道德
男	1.62	1.91	2.32
女	1.73	1.78	2.00
总体	1.67	1.84	2.16

（四）结果启示

目前，青少年思想道德教育面临的挑战，既有时代性、国际性，又有地域性、民族性。各种价值观冲击着每一个人头脑，其道德观念受到多元化的挑战。根据调查统计结果，得出如下值得深思的结论。

1. 传统道德价值与现代道德价值并存

青少年崇尚什么样的品德，是展现他们价值取向的一个重要标志。从统计情况看，青少年的选择比较分散，说明了他们在道德价值观念上的多元性和多样性、多变性特征。但研究也发现，青少年较好地继承了中华民族的优良传统和优秀品质，对社会普遍憎恶的品行有广泛的共同反对倾向，同时积极追求与现代社会特别是与市场经济发展密切相关的现代意识和优秀品质。从调查不难看出，绝大部分的传统品德，如“仁”、“孝”、“信”、“诚”、“廉”等仍然受到肯定。这说明作为社会文化沉淀下来的这些品德，并未因为社会发展和时代变迁而失去其价值，相反其生命力具有恒久性。从性别因素的影响可以看到，男性和女性在传统与现代所谓“革新”的品德之间呈一种互补性关系，这有助于实现社会道德的平衡，达到社会的稳定。

在大多数的传统美德仍受到人们的认同和推崇，道德观念上的传统取向相当明显的同时，现代的道德观念也在逐步生成和发展，一些明显不适合于时代的传统品德，如“俭”、“公”、“勇”、“恕”等不被重视。从调查的结果看，同传统的五常德性“仁”、“义”、“礼”、“智”、“信”相比，其中“仁”、“孝”、“信”得到了很好的延续，而现代生活中又增加了“公正”、“责任”、“爱国”、“荣耻”等现代基本价值观。因此，新时期可以基本确立青少年的“新五常”主导道德价值取向：“仁爱”、“诚信”、“孝敬”、“公正”、“责任”，其中后两个德目体现了西方社会的伦理特征，表明了当今社会青少年的道德取向正由德性伦理向责任伦理过渡，出现了传统道德价值与现代道德价值并存的特征。

文化是一个不间断的河流，现在中国人身上仍然有强烈而深厚的传统道德观念。对道德价值中的“信”普遍认同较好，在人际交往日益频繁，人际关系愈来愈复杂的今天，讲信用、守信用更显得格外突出和重要。

2. 道德彰显出宽容性和开放性

在道德观念上青少年基本上呈传统取向，在大多数的传统美德仍受到人们的认同和推崇，道德观念上的传统取向相当明显的同时，现代的道德观念也在逐步生成和发展，但这一过程比想象的要缓慢，如对离婚和选择独身生活的态度就是最好的例证。另外，也要看到，人们对现代道德观念或品德，如创造性、独立性、宽容性等吸纳和接受程度不如想象得那么高，这既反映了在现代化进程中人们的道德观念保守、滞后的一面，也表明了处于深层的传统道德文化改变的艰巨性。

由于传统的中国社会是一个泛道德社会，道德系统对人有一定的约束作用，但由于社会结构的变化，道德明显彰显出它的宽容性和开放性。在道德观念上，公共领域和私人领域的界限已变得日益清晰。首先并突出地表现在性和婚姻上，如独身生活、同性恋、安乐死、离婚等，在这些私人领域里，人们的道德观念变得相对比较宽容和开放。人们对道德的宽容表现出一定的特点，吸毒、不敬重父母或老人、卖淫、贪污受贿是当前青少年最不能宽容的。第一，人们对某些行为的道德宽容程度有所提高。比如，离婚，若干年前还被认为是十分不光彩的，而如今大家已持相当宽容态度。第二，有些评价在观念上相当新潮和先进，像对安乐死，青少年普遍表示出极大的宽容态度。第三，保留了中国的传统美德，比如大家普遍对“不敬重父母或老人”的行为不予以宽容。这表明传统的孝观念在新时期依然得到人们的重视。第四，对近年来社会上大量涌现的丑恶现象和社会腐败现象表示了极大的不满。

3. 道德价值：由一元向一元与多元的结合转变

社会道德的主导价值应该是一元的，但如果片面强调一元的价值取向，最终只能使之成为僵化的教条。社会道德的主导价值与青少年道德价值是辩证统一的，传统德育只重一元的价值取向已不能适应转型社会的要求，因此，应将社会主导价值的一元性与青少年道德价值的多元性结合起来，使德育适应转型社会的要求。由于受一些外来思潮的腐蚀和社会不正之风的影响，一些青少年理想信念淡漠，有的甚至没有信仰，有的崇尚实用主义、个人主义，有的甚至信奉“伪科学”，部分青少年不同程度地存在着信仰危机。

当代青年更加注重实际利益，并把追求个人价值与社会奉献统一起来，对奉献与索取统一的要求更为实际。当代青年在价值观的选择上，立足自我兼顾他人，行为方式更多受到现实利益的驱使，敢于争取和维护自身利益。

4. 公共领域和私人领域的界限已日益清晰

中国两千多年封建社会的重要特征之一，就是“家国同构”。这种现象正逐渐得到根本性的改变，私人领域的划出以及相应的道德观念的变化，无疑对传统道德提出了挑战，可以预料，一旦形成这种带有个人本位色彩的道德价值观念，就将全面地影响人们的一般道德、社会公德、职业道德和婚姻家庭道德。在社会大变革中，年轻一代和老一代之间的道德观念上出现了某些断裂带，这种断裂带不仅包括对婚姻家庭和性问题的看法上，而且还涉及待人接物、人生价值观念、生活方式等各个方面。这种道德观念上的差异，是当代代际关系矛盾和冲突直接的重要原因之一。但是，这种断裂不会无限延长下去，随着时间的推移，随着对传统道德的扬弃，新道德的逐步形成，以及新旧道德的整合，代际之间道德观念上的弥合是完全可能的。

总之，当代青少年道德观念正走向多元化，这种现象必将伴随着传统与现代文化的交融和中西文化的交融表现得愈来愈充分和明显，我们应该珍视并继承优秀的传统道德，使之成为中国现代化的动力资源；同时也需要对在现代社会中孕育和生长起来的新道德予以精心培育和引导，推动新旧道德的整合，以保证社会的正常健康发展。

（五）教育建议

我国社会正处在转型时期，而与之相适应的道德体系尚不健全，建构与市场经济具有同一性的新道德体系已成为迫在眉睫的现实需求。因此，新道德体系的建构在社会转型期对社会的发展及人的精神提升具有独特的价值。我国目前伦理道德领域异常复杂，社会主流道德因社会改革、利益重组而变得“一片浑浊”，西方道德思潮的冲击波正“一浪高过一浪”，传统的以宗法、血缘、情感、人情为核心的伦理道德仍固着在许多人的意识中，国人的道德世界正经历从未有过的混乱、迷惘、冲突与裂变，也预示着新的整合。时代在变化，未来社会要求每一个个体积极进取、开拓、创新，勇于迎接新时代的挑战。然而，在我国传统道德观念中，却把道德行为只归结为约束、给予或牺牲，把道德的作用归结为协调。这种观念对我国现代的学校德育教育也带来负面影响，进而忽视了学生进取性道德品质的培养，在人类社会的生存和发展中由于人类进取精神的发扬和人的主体能动性的发挥，人才能更好地探索自然和改造自然，更好地发展。

1. 重构社会高层价值体系

从问卷可看出，青少年认为对他们道德意识影响最大的是社会。社会层面价值观的建构应包括“社会价值观、职业道德、社会公德”三位一体的道德价值体系。在纷繁的后现代文化语境中，我们必须旗帜鲜明地反对和抵制与我国主流意识形态相抵触的思想和文化，使大学生切实掌握主流理论立场、观点和方法，能够对当今社会多元文化、多元理论、多元价值观念进行独立分析，以解决理想信念上的困惑及彷徨、盲目和浮躁。以“八荣八耻”为核心的社会主义荣辱观和构建社会主义和谐社会理论的提出，是在社会最高层面价值观上展现出的全社会的共同心声。职业道德也是道德体系建设的重要一环，涂尔干甚至认为这是最重要的部分。在最高层价值观的指导下，建立各领域各自的道德规范，是保证价值观能够得以顺利渗透的关键因素。三位一体价值体系的第三层次是社会公德。要加强公民的社会公德教育，倡导符合国情的社会公德思想，加强监督和法律行政监督体系的建立。同时我们更要发掘中国传统美德教育资源。发扬我国传统美德，使之现代化，是能使我国传统文化和公德建设同时获益的举措。

2. 构建学校、家庭、社会于一体的德育体系

由于影响学生思想道德的因素是多方面的，因此，加强学生思想道德的工作也是一个社会系统工程，它不仅要靠学校的努力，也要靠家庭和社会的配合。无论哪一部分的薄弱都会给德育工作的开展造成障碍。

一是要构建好德育内容体系。学校尽管是青少年思想道德品质教育的主阵地，但家庭、社区也有着重要作用，因此，学校要主动与学生家长、社区各方面密切合作，以使“三教”互为补充，形成教育合力。通过学校、家长委员会等形式同学生家长建立经常性联系，大力普及家庭德育的知识，并吸收家长参加德育过程；学校要建立校外教育网点，依靠社会力量，充分挖掘和利用社会“德育资源”，做好德育工作。二是要建立学生、教师、家长全面参与的德育评价体系，从各个方面对学生的道德水平、道德行为进行评价，并将评价结果反馈给受教育者，充分发挥榜样的示范作用、典型的警示作用、主流的带动作用、受教育者的自省自律作用。同时将评价结果与学生的综合评比、教师教育成绩的认定挂钩。教育者亦可根据评价结果发现受教育者哪些方面存在缺点和不足，以便对症下药，有的放矢，增强德育的针对性，提高德育的实效。

学校德育是一种持久的发展的教育，需要我们坚持不懈地去研究，为学校德育的创新不断提供科学的理论，使学校德育走向现代化、科学化。

3. 弘扬“仁”、“义”、“礼”、“智”、“信”的传统道德

可以看出，现代化的传统道德与构建和谐社会息息相关，代表了和谐社会的道德价值取向。“诚”、“信”体现了道德的经济价值，是市场和谐的要求；“礼”、“廉”体现了道德的政治价值，是政治和谐的基础；“忠”、“义”是一种精神境界，体现了人的精神价值，是人际和谐的需要；“孝”、“耻”，是道德价值的源泉，是良知的产物，体现了道德的自身价值，是家庭、社会和谐的根基。

关爱与孝敬是当今青少年普遍认同的两大传统道德价值。其中关爱是一个多层次、内涵丰富而深刻的概念，是中国的传统美德，也是人类最基本的道德情怀。《三字经》中的“人之初，性本善”，历来被古人列为“立教之初，发端之始”，关爱在今天得到了最大程度的张扬，今天的青少年给予了它最大的认同。而“孝敬父母”的道德观念是中国传统美德的健康内核。未来的社会道德教育要强化了解父母、理解父母的道德认知教育，要加强亲近父母、关心父母的道德情感教育，同时也要增强尊重父母，自己的事情自己做，不给父母添麻烦，承担力所能及的家务，减轻父母辛劳等的道德行为教育。

4. 当前要激发唤醒青少年俭朴与无私奉献的良知

现代社会奢侈和浮华的不正之风正毒害青少年，很多青少年因富为荣、因穷自卑已成时尚，对青少年人生观影响很大，把中学生守则中俭朴美德的教育目标去掉，笔者认为实属不妥。因此，要弘扬中国古代的“俭朴美德”的传统。

在今天，奉献服务社会的行动有时不被周围人群认可，甚至被讥讽为“傻子”。无私奉献精神作为中华民族的传统美德，反映和体现的是社会成员对国家、集体和其他需要帮助者的一种纯洁高尚的道德义务关系。所谓“无私”可以理解为不自私，就是在自己的能力范围之内毫无保留。所谓“奉献”就是要心甘情愿、恭恭敬敬地付出，如扶危济困，给慈善事业捐款，参加义务社会服务等。要把别人的幸福也当做自己的幸福，“淡泊名利、无私奉献精神”仍然是社会需要大力宣传和弘扬的道德精神的最高境界。

（杨韶刚、万增奎）

八

城市弱势群体的伦理道德现状

前言：调研主题与调查样本

中国正处于从传统到现代的结构调整和总体转型中，社会急剧变迁，社会阶层日渐分化，其结果是产生了不同的社会群体。朱镕基总理在2002年的《政府工作报告》中，专门提到要“对弱势群体给予特殊的就业援助”，标志着这个群体的生存状况开始受到我国政府的重视。2009年2月，温家宝总理在剑桥大学发表演讲时指出，“经济学说应该代表公正和诚信，平等地促进所有人，包括最弱势人群的福祉。”这也说明，时隔多年，弱势群体的问题依然没有得到应有的解决。两位总理这里所提到的弱势群体主要是“社会弱势群体”（Social Vulnerable Groups），是指由社会原因造成的、在社会生活各方面处于不利地位的“阶层性弱势群体”（这一形态的弱势群体有别于因生理原因造成的生理性弱势群体，也不同于那些只与特定阶段相关的阶段性弱势群体，如未就业的大学生等）。弱势群体是一个相对于其他群体而言的群体，不是只在特定时期、特定地域而产生的群体，即使是在今天的发达国家，仍然存在着相对于其他群体而言的“弱势群体”。而本项调查的对象是生活于城市中的社会弱势群体，即“城市弱势群体”，他们是社会弱势群体的组成部分。在当前的中国社会，生活于城市中的弱势群体有三个比较明显的特征：

（一）社会性资源占有量小。经济上贫困，缺少社会保障体系的保护，在教育、医疗、养老等诸多方面有后顾之忧，遭遇冲击时应变力差、承受力脆弱。

（二）社会地位低。缺乏话语权，无法直接表达利益诉求，维护权利的能力不足。

（三）竞争力弱。依靠自身的力量一般难以改变生活状况，在社会发展中处于边缘化地位，发展机遇极少，无法分享社会发展的成果，难以提高生活质量。

1. 调研主题

在现阶段，中国的城市弱势群体已达到一定数量并将持续快速增加。随着经济的市场化、人口的城市化（即人口向城市地区集中、农业人口变为非农业人口），城市中出现了一定比例的弱势群体，生活于城市中的失业、无业（或无稳定职业）人员、农民工群体、城市流动人群、下岗工人、困难企业职工等，均属于城市弱势群体。毋庸讳言，当今中国出现的许多社会问题，都与城市弱势群体的伦理关系状况、伦理一道德素质密切相关。而弱势群体伦理关系的和谐，对于贯彻以人为本、全面协调发展的理念，实现和谐社会，无疑是具有重要现实意义的。目前，对于弱势群体的调查大多集中在两个方面：一方面在于其生存层面和主观感受方面，如关于弱势群体生活水平、幸福指数的调查；另一方面是关于弱势群体所带来的对社会秩序的挑战，关于弱势群体带来的治安问题，关于弱势群体与群体性事件的关联，等等。而本项调查报告以“城市弱势群体伦理道德状况”为主题，以全球化、高科技、市场经济条件下中国社会的伦理范型的转变为背景，着重揭示城市弱势群体的伦理观念、道德风尚的真实状况。为此，本报告分为四个方面：

城市弱势群体的家庭伦理关系、社会伦理关系；城市弱势群体的道德状况；城市弱势群体伦理关系、道德状况的特点及评价；在此基础上，着重探讨了弱势群体与其他群体、与社会发生伦理冲突的潜在风险及其产生的原因，并提出了相应的伦理对策。

2. 调研实施

为了准确了解城市弱势群体的伦理关系与道德观念处于什么样的状态，这种状态下的伦理问题又当如何解决，我们在 2006 年 10 月—2008 年 3 月进行了问卷调查。样本主要来自江苏、江西两省，包括城市中的失业、无业（或无稳定职业）人员、农民工群体、城市流动人群、下岗工人、困难企业职工。调查在江苏省委、南京市劳动厅再就业培训中心、江西省井冈山大学的帮助下，通过再就业培训中心、街委会、劳动密集型企业，对年龄在 18—60 周岁的弱势群体成员进行了访谈和调研，共发放问卷 800 份，收回问卷 657 份，其中废卷 11 份，有效问卷 646 份。以此为基本依据，对城市弱势群体的伦理关系、道德状况作出了以下分析和研究。

3. 样本基本信息

（1）在性别比例上，男性几乎是女性的两倍。原因有三：其一，在城市农民工、流动人口、困难企业职工中，确实以男姓居多；其二，在采样系统中（如再就业培训中心），女性所占比例也较低；其三，在失业、无业者中，女性比例低于男性。

（2）在年龄上，城市弱势群体中 18—45 岁的青壮年占到 75.0%，60 岁以上和 18 岁以下者只占 7.0%，或者说，具有工作能力者占到 90.0%以上，他们承担了城市中最繁重的体力劳动。

（3）城市弱势群体的主要构成依次为：工人、农民工、农民、城市流动人口、下岗工人，另有 5.4%的人是做其他工作的，其中包含在校大学生、服务业人员、个体户、退休人员等。

（4）在文化程度方面，被访者的文化程度主要集中在大学本科以下，初中、高中人数最多；另有 20.6%的人具有大学本科（16.8%）、研究生学历（3.8%），对照问题 3 中的“身份认同”，23.0%的被访者是知识分子。因此，部分具有高学历者成为城市困难群体的一部分也是一个基本事实。可见，在现代社会，没有知识的人可能无法拥有财富，但知识并不一定能改变命运。

（5）在收入方面，月收入在 1500 元以下的被访者占 70%以上，在南京、苏州这样的城市中，经济上的困难显而易见。对于弱势群体来说，经济上的贫困虽然不是唯一的标志，但却是最重要的特征。

根据以上样本，对城市弱势群体的伦理关系、道德状况的调查分析如下：

（一）城市弱势群体的家庭、社会伦理关系调查

中国传统社会的基本伦理范型是“五伦”，即父子有亲，君臣有义，夫妇有别，长幼有序，朋友有信。其要求具体明确，涵盖了中国封建社会最重要的五对人际关系及其道德要求，以贺麟的话说，“五伦”是几千年来支配中国人道德生活的最有力量的传统观念之一，“它是维系中华民族的群体的纲纪”。而“五伦”的核心“三纲”，“由五伦到三纲，即是由自然的人世间的道德进展为神圣不可侵犯的有宗教意味的礼教”①。宋代以后，“三纲”由“五伦”的双向互动关系演变为臣、子、妇对君、父、夫的绝对服从关系。可以说，中国传统社会的伦理关系简约为“五伦”，但其“性质”是由三纲决定的。以此为参照，当今的城市弱势群体的伦理状况发生了哪些变化呢？

---

① 贺麟：《五伦观念的新检讨》，《文化与人生》，商务印书馆 1988 年版，第 51 页。

1. 城市弱势群体的家庭伦理观念

中国传统社会以大家庭为主流，而现代社会则以核心家庭为主要形式，甚至还出现了丁克家庭等新型家庭形式。但不管如何，“家庭”依然是目前最基本的伦理实体。因为弱势群体面临较大的生活压力，因此，家庭伦理关系显得更加重要。问卷第11题的统计显示，在所有的伦理关系中，城市弱势群体最看重的是亲情，人同此心，心同此理，相信与其他群体相比不会有太大的差别。而在家庭中，41.0%的人认为自己拥有幸福的家庭，45.0%的人认为家庭有苦有乐，超过90%的被访者都认为，不管家庭负担有多大，都是支撑生活的希望。尽管有种种不如意，真正将家庭视为负担，不愿意尽家庭成员责任的人只占1.9%。家庭之于弱势群体的意义由此可见一斑。

调查统计显示，家庭中最重要的关系，依次是“夫妻关系”、“父子关系”、“母子关系”、“婆媳关系”。值得注意的是，我们在调查前预计，因为农民工群体是城市弱势群体的重要组成部分，因此，家庭伦理关系应该更接近于小群社会的特征（或具有明显的中国传统社会四世同堂情况下的伦理关系特征）。但是，结果出乎预料，弱势群体的家庭伦理关系与公务员群体完全一致，夫妻关系、父母子女关系是家庭中最重要的伦理关系。[①] 显然，这里表现出的是城市中核心家庭的基本伦理关系的特征。稍有不同的是，弱势群体的家庭伦理关系中所表现的家长制色彩略重于公务员群体，认为三代人之间应尊卑有序的观念也稍强于公务员群体，但其表现出的尊卑意识的强度远低于传统形态。

这种传统伦理观念也表现在赡养老人方面，高达90.0%的被访者认为，不能将老人送往养老院，父母与子女应住在一起，由子女照顾，经济上每个子女都应分担赡养老人的费用；在另一情境中的数据表明，当弱势群体家庭中夫妻中的一方行为出轨时，25.1%的人认为“家丑不可外扬”，希望在家庭（或家族）内部或在邻里协助下解决，5.3%的人求助居委会，26.9%的人则表示要通过法律途径解决。这与其他群体解决此问题的途径（协商与法律）相比，亦是显得更看重“情理”而非“法理”。

当然，城市弱势群体的家庭伦理观念也具有“现代”的一面。调查显示，对于夫妻之间的关系，他们将“感情”、“平等”、“责任”排在前三位，而有别于传统家庭中的夫唱妇随式的主从关系。同时，他们也看重家庭的稳定、代际的和谐、夫妻之间的感情。可以看出，与公务员群体、教育工作者群体、科技人员群体相

---

① 参见田海平《当前我国公务员伦理关系现状的理论与实证研究》，《东南大学学报》（哲社版）2008年2月。

比，城市弱势群体的家庭伦理关系、家庭道德观念比较接近传统，但同时也表现出相当的现代伦理意识。

2. 城市弱势群体之社会伦理观念

数据显示，在家庭之外的社会伦理关系中，弱势群体排出的最重要的三个关系依次是朋友、同事、单位领导。他们特别看重友谊、他人的信任与尊重（问卷第11题），家庭之外，他们最需这些，这可能与其他城市民众有所不同。对此，值得关注之处有三点：

其一，被访者中，认为最重要的是“朋友关系”的比例最高，其次是与单位同事的关系、与领导关系、与邻居关系。另有9.0％的人认为是其他关系，他们认为亲戚关系、与顾客的关系、与地方保护势力的关系最为重要。从此可以看出，城市弱势群体的社会关系具有相当的现代都市的特征。费孝通曾在《乡土中国》中指出，在传统中国社会（即使在城市）中，每个人也是与“具体的世界”的关系最为重要，如邻里关系。相比于传统社会中人与人之间因朝夕相处而产生的全面的了解，现代社会中大多数人所面对的是“抽象的世界”，人与人之间是“部分的关系”（每个人对他人的了解都是部分的而非全面的）。对于许多从乡村进入城市的人来说，伦理关系、道德约束力量都产生了本质的变化，由此也产生了诸多伦理问题。

其二，在处理与领导的关系时，这一群体中多数人是比较困惑的：当问及如何对待领导分配的可能会损害他人或社会利益的工作时，尽管有许多人希望做事不违背良心，但选择“无条件服从”、“服从”的人占到72.8％，选择与领导“据理力争”的有19.8％，还有人则把它看做“领导对自己的信任”。与此形成鲜明对比的是，在对公务员群体的调查中，当遇到个人与上级意见不同时，65.0％的人表示会与上级进行“充分交流，发表自己的看法”，在沟通无效的情况下甚至会越级反映问题，或者按照自己的方式行事。①

其三，调查显示，在社会公共领域，弱势群体在处理与他人的关系时，60.0％的人注重礼尚往来，遵循“对等原则”，即“别人如何待我我即如何待人”。36.0％的人选择在任何情况下都坚持以诚待人，只有约3.0％的人选择利益至上的自利原则。在与此相关的问题上，弱势群体总体上呈现出较高的同情心与较强的道德主体意识，比如，在面对国内外突发性重大灾难需要救助时，26.9％的人有主动捐款意愿，14.8％则参照大多数人的做法，只有5.0％的人表示于己

① 参见田海平《当前我国公务员伦理关系现状的理论与实证研究》，《东南大学学报》（哲社版）2008年2月。

无关；面对危害公共利益的行为，25.8％的人愿意做组织者向相关政府部门反映，51.0％的人表示不做组织者但会参与他人组织的行动，而有23.2％的人则表示事不关己、“做旁观者”和“说不清楚想做什么”。

3. 城市弱势群体的国家观念

实事求是地说，在一般情况下，国家观念、民族意识在城市弱群体中不易察觉，因为这些与他们的日常生活关系不大。但是，在特定的情境中，我们又看到，所谓“位卑不敢忘忧国”的爱国主义精神，在弱势群体的集体意识中，却是异常强烈的。调查显示，对于台湾问题，认为“台湾是中国领土不可分割的一部分”的人占66.6％，在此基础上更希望祖国早日统一的人占18.4％，两项相加，85.0％的人具有强烈的爱国情怀。而对此“漠不关心”的人则只占总人数的6.3％。另一项调查也得到了相似的结论，91.2％的人表示，当听到奥运会上奏响中国国歌时，会有一种自豪感。只有8.8％的人表示“没有自豪感”、“与我没什么关系”。这一结果并不意外。但是，我们仍然要说，如此强烈的爱国意识是非常难能可贵的。民族国家的观念起源于近代西方，而中国古代只有“天下”的观念，此二者相去甚远。中国人的民族国家意识产生于19世纪末，梁启超首次提出“中华民族”这一“历史一文化”共同体后，经历近半个世纪，直到20世纪40年代，中国才逐渐产生了万众一心的民族认同，爱国观念才深入人心。今天，民族主义情感、爱国观念成为全体中国人的自觉行为，特别是也体现于弱势群体，实属不易。

（二）城市弱势群体的道德现状

在上面的调查中，我们看到城市弱势群体的伦理关系中展现出不同于传统社会的诸种形态，现在我们进一步分析他们的道德状况与道德观念，以及他们所崇尚的德性。应该说，弱势群体是社会的边缘群体，他们的行为首先与他们所处的社会地位有着密切联系。在调查中，我们曾预设了弱势群体的“客观标准”，但在问及符合这一客观标准的群体如何看待自己的社会地位时，弱势群体的一般性“外在标准”与这一群体的自我认同之间却显得莫衷一是。调查显示，弱势群体对自己的身份认同与其他群体相比要复杂一些，只有36.4％的人坦陈自己属于弱势群体，却有47.0％的人认为自己是“社会的主人”和“社会重要组成部分”，这里面交织着自立、自强、自卑以及面对社会偏见羞于承认等多种心态。另外，当我们问及他们的生活目标时，弱势群体最关注“生活是否舒服”，其次是“是否得到尊重”、“金钱的多少”、“是否干出一番事业”、“人格是否高尚”、“对社会贡献大小”等①，这些选择表面上杂乱，实际上以马斯洛的“需要层次理论”可以进行非常清晰的解释——从“缺失性需要”到“发展性需要”，弱势群体的生活目标从低到高，因为生活的困境，他们的理想符合实际。而在这种情况下，城市弱势群体又会呈现怎样的道德状况呢？

1. 义利之间的权衡合乎常理

中国传统伦理深受儒家思想影响，以重义轻利为第一原则。这一原则从汉代开始就一直作为社会层面的价值导向（虽然出现过不少“异端”，但对这一原则的冲击不大）。当然，价值导向是一回事，这一原则到底在多大程度上成为个人的价值取向，历史上却从无确切的数字。在调查中，当问及“在平时的社会交往中的待人处世原则时”，弱势群体中遵循“道义优先”的价值原则，选择“无论何时都以诚待人”者占到36.3%，这无论如何是一个不小的比例，“对忠厚的人忠厚，对虚伪的人小心”和“遵照一般社会礼仪”的人占到60.6%，相信这种道德选择起码是一个“好人”的道德水平。与此相对照，选择“利益到上”与“其他”类的人只是区区3.1%。中国传统社会中，儒家的“君子喻于义，小人喻于义”传颂千古，而在市场经济环境中，利益原则已深入人心的情况下，这一群体的道德水准不但能达到社会平均水平，而且于义利之间的权衡合乎常理。

2. 良心与规范相辅相承

中国传统伦理思想虽然也强调外在的道德规范的约束，但更注重内在的德性的培养，认为一个人从格物、致知、诚意、正心开始，完成了修身之后，在任何条件下都会自然地产生道德的行为。因此，良心被视为道德之本。近年来，随着近代西方伦理思想在中国的传播，当代中国的道德建设也开始重视规范伦理，强调在不同境遇下如何以规范约束行为以符合道德要求。调查显示，城市弱势群体既遵循良心的自然作用，亦承认规范的约束；绝大多数的人都有良知，但良知不是在任何时候都会转化为行为。调查显示，弱势群体在面对可能有损社会利益的集体（团）行为时，超过半数的人处于两难的境地，既要服从工作分配，又希望做事不要违背自己的良心，而据理力争者不到20.0%，大体与无条件服从者相当。设身处地的站在弱势群体的立场上看，我们不能简单的将弱势群体归结为道德感不强，虽然不能见诸道德行为，但良心显然是“在场”的。相信在其他人群中，良心与行为分离的情况也大量存在，只是原因不同而已。与此相比，弱势群

① 见调查问卷第11题统计结果。

体对于外在的规范的服膺程度更强一些。调查显示，虽然有相当比例的人（18.2%）对外在的行为规范持怀疑态度，但弱势群体中的大多数人表示尊重法律、制度，承认外在规范的神圣性的人占到80%以上。从这一角度说，当代中国处于某种程度的失范状态是一个笼统的判断。至少对于弱势群体而言，他们有着相当自觉的道德良知，也敬畏客观的社会规范。

3. 家庭道德观念兼具传统与现代

毫无疑问，弱势群体极为看重家庭道德责任。在家庭生活中，不能容忍的不道德行为依次是：1. 不孝顺老人；2. 夫（妻）行为出轨；3. 孩子经常撒谎；4. 婆媳关系恶劣；5. 体罚孩子；6. 其他（长幼无序、对家庭不负责任、夫妻缺乏沟通、经济问题、相互不体谅等）。其中，不孝敬老人与夫（妻）行为出轨被认为是最不可容忍的不道德行为，孝与忠贞成为家庭成员必备的道德品质，这体现了传统孝道的现代影响。此外，中国传统道德修养十分强调个人德性的培育，所谓“万物皆备于我”，“我欲仁，斯仁至矣”。因此，对于“婚外情”的原因，弱势群体认为最重要的是“个人道德不好”（41.5%）、“夫妻感情不和”（27.1%）、“社会风气不良”（26.4%），主要强调个人的道德品质，诉诸于德性伦理而非规范伦理。特别值得注意的是，家庭冲突与矛盾并不完全是由个人品德问题造成的。在调查中我们发现，在家庭生活中，夫妻出现矛盾的主要原因依次是：1. 经济问题；2. 夫妻感情问题；3. 孩子教育问题；4. 赡养父母问题；5. 其他（包含相互理解问题、道德问题、沟通与信任问题、家庭琐事问题等）。与其他群体相比，经济问题引发家庭矛盾高居第一位是这一群体比较特殊的方面。古语有“贫贱夫妻百事哀”，经济问题是引发弱势群体家庭矛盾的重要原因。因此，若不解决民生问题，只是在伦理道德领域评价人的品德，空谈建立规范，只会流于说教而无实际作用。另一项调查也印证了这一结论。当问及一个家庭幸福的重要因素时，城市弱势群体的回答依次是：1. 家庭成员之间的相互信任与沟通；2. 经济上的保证；3. 家庭成员的责任心；4. 家庭成员的稳定工作和社会地位；5. 其他（感情、和睦相处等）。也就是说，家庭成员首先应具备诚实的品质和家庭责任感，其次应具有经济能力。如果认为道德就是无条件的履行义务，是太过理想化的观念，特别对于弱势群体是一种过高的要求。弱势群体的这种观念既有传统的历史基因，又带有鲜明的时代烙印。

4. 坚持朴素的道德品质

在弱势群体心目中，最好的道德品质依次是：诚信、宽容、仁爱、智慧、节俭、勇敢……这些品德是各个群体都会认可的珍贵的道德品质，但是，不同群体对这些传承数千年的美德的排序会有差别。如果从另外一个角度理解，就是弱势群体认为社会最需要的是诚信、宽容、仁爱，或者说，弱势群体最需要在城市里感受诚信、宽容和仁爱，最希望城市里的民众，拥有诚信、宽容和仁爱道德品质。诚信成为第一美德，具有绝对的加权分值（远高于其他诸德）是因为社会现状使然，每个人都深受欺诈之苦。宽容与仁爱也是传统道德思想中占有十分重要地位的品德，而其受到弱势群体的青睐有其道理。弱势群体生活在社会的底层，不受尊重，遭受歧视，他们呼唤宽容的环境、充满仁爱的社会。他们心目中最好的道德品质其实代表了他们对社会道德风尚的要求。

5. 具有相当程度的公德意识

现代公民社会的一个重要标志是具有强大的公德意识。事不关己，高高挂起，漠视对公共领域的责任曾是中国传统社会中人们的普遍心态。而调查显示，弱势群体在这一方面已体现了很强的现代社会的公民意识。当遇到自己所居住的环境受到破坏时，对破坏环境的行为“做旁观者”的只占12.0%，高达76.0%的人或多或少都表现出积极参与和愿意参与维护公益的活动。而在公共场合遭遇违法行为时，作为旁观者和悄悄走开的人占34.4%，而积极的挺身而出与理性的报警的人占到65.6%，对于有一定风险的行为，具有正义感和公德意识的人达到这一比例实属难得。在另一项调查中，“各人自扫门前雪，休管他人瓦上霜”也证明不是弱势群体的处世方式。当遭遇特大自然灾害时，虽然中国民众的慈善意识是相当薄弱的，而且表达慈善的渠道也远远没有一个制度化（或常规化）的正常方式，但弱势群体“主动想办法捐资捐物”的比例高达26.9%，这实属不易。而想捐资捐物、按政府或单位的倡议捐赠物品、参照大多数同事的态度的高比例，既是正常的心态，又不同寻常。相比之下，“与己无关，什么也不做”的人只有4.5%，应该说，绝大多数的人具有起码的同情心和公德意识。

6. 职业道德处于较低水平

爱岗敬业是职业道德的基本要求。对于弱势群体来说，他们大多从事体力劳动和简单劳动，薪酬较低。调查显示，他们对待职业的态度处于较低水平。对于目前所从事的工作，愿意努力工作，视其为终生职业的人占25.0%，将其视为临时性的、有机会就换的人占37.7%，另有22.1%的人希望在工作中锻炼自己的才能，为以后更换工作做准备，还有15.2%的人对所从事的工作态度是“说不清楚”，既无热情，也无长远打算。如果说视职业为天职是职业道德的理想状态，那么，弱势群体对职业的态度远远达不到爱岗敬业的程度。这一点确实与我们调查前的想象出入较大。作为普通劳动者，既没有资本做后盾获取利润，也不能通过智力获得财富，在竞争激烈的劳动力市场中，任何一份工作都值得珍惜，何况作为“劳动人民”，勤劳敬业也不是高不可攀的道德要求。

（三）城市弱势群体伦理关系及其性质之分析

我们通过问卷获得的城市弱势群体的伦理关系的调研数据与通过访谈获得的典型素材，大体上可以得出以下结论：

1. 伦理关系与道德观念处于由“传统”向“现代”的转型过程中

中国传统社会中之“五伦”，属家者三，君臣视父子，朋友视昆弟，推而广之则四海同胞，天下一家。也就是说，伦理关系结构呈现出以家庭关系为中心而向外延伸与扩展的“差序格局”。① 在今天的城市弱势群体中，父母子女、夫妻、兄弟、朋友四伦依然处于重要地位，而且家庭、社会、国家的差序格局也未打破。“君臣”一伦虽然随着封建时代的终结而消失，但在职场上，上下关系事实上却是一种重要的存在。即使是个体职业者，也有管理与被管理、领导与被领导的关系。

弱势群体不但在伦理关系上，而且在伦理关系的“性质”上也体现出一定程度的传统性。比如对领导的错误指令“服从”与“无条件服从”者高达70.0%，可视为是君臣服从关系的一种延续。此外，认为在大家庭里，“一家之长具有权威”是家庭秩序的保证依然占有一定的比例，解决婚变问题时重情理轻法理，特别是在遇到各种纠纷时，弱势群体中还有31.5%的人首先想到依靠熟人的人情关系解决问题。所有这些都说明思想观念体现出传统与现代交织的特征，表现出对传统的某种延续。

与此同时，弱势群体的伦理关系及其性质又具有现代性。如果说“人情关系”代表了中国社会的传统性，那么，遇到纠纷通过“法律途径”、“社团组织”与“政府”无疑代表着中国社会现代性的一面，这一比例达到60%以上，说明伦理关系的性质又与传统有了较大差别。调查还显示，这一群体的“自我”观念与自尊意识相当强烈，追求独立人格的倾向比较明显；夫妻关系中强调“感情”、“平等”、“责任”，也与传统道德的“夫为妻纲”根本不同。君臣一伦则已失去“君父”对于“臣子”的意义，弱势群体虽然认为下级服从上级是必然的，但从伦理关系的重要性来说，职场中的领导被排在朋友、同事之后，也就是说，与上级和领导的关系不是最重要的。这一方面是由于弱势群体中许多人因职业原因没有上下级关系，另一方面也确实说明群己关系或个人与社会的关系已大大拓展，不再

① 费孝通：《乡土中国》，上海人民出版社2007年版，第23—29页。

是传统社会的具体的世界，而是现代社会的抽象的世界，不是一个边界有限的熟人社会，而是一个流动变化的宽广的公民社会。从这一意义上说，传统的五伦范型其实已不足以涵盖当下社会中主要的伦理关系。

与此相应的调查支持了这一点，这就是现代公民社会所具有的公德意识在弱势群体中有明显的表征。费孝通先生于20世纪40年代所著的《乡土中国》中曾言，传统中国的典型道德状况是重私德而无公德意识，各人自扫门前雪已属表现较好的了。与此相比，目前城市弱势群体对社会公共领域的关心却引人注目。如上所述，大多数人愿意捐款资助受灾地区，积极参与针对损害公共利益行为的维权活动。而在问到在公共场所看到严重违法行为如何办时，愿意挺身而出者占14.0%，观看与离开者占34.4%，报警者占51.6%，表现出一个成长中的公民社会或法理社会的精神状态——在一个典型的现代社会中，这三种选择也呈现出金字塔结构，但对第三种行为的选择会占到绝大多数。

弱势群体的伦理关系与道德观念处于由“传统”向“现代”的转型过程中，这是由统计数据得出的一个结论，这一结果有其必然性。中国传统社会的伦理关系是由多种因素造成的，其中，血缘与地缘相结合是传统伦理的基础。中国自古以农为本，绝大多数人的生活离不开土地，此即所谓“乡土束缚”。由于世代不能离开一块土地，渐渐地就聚族而居，成为一族。而“聚族而居”很容易就发展出家族中心的特性，家族由此而成为社会组织的骨干，人与人的关系也就靠血缘的关系联结起来，同姓互相维护，将社会分成无数的自我团体。结果，血缘和地缘互相结合，成为决定中国传统伦理精神形态的重要力量。而中国进入20世纪80年代后，逐步放开了原有对人口流动的控制，大量农业人口流向了城市，同时加快了城市化的进程。根据城市化发展的一般规律和我国现代化发展的趋势测算，未来15年是中国城市化快速发展的重要阶段。据预测，2010年中国城镇人口将达6.5亿左右，城市化率将达到47.0%，平均年增长速度为0.8个百分点。2020年，中国的城市化水平将达到60%左右。如果届时全国总人口达到14.7亿，城市人口将是8.4亿，农村人口6.3亿。这一巨大的城市化进程是改变传统伦理的现实力量。在我们的调查统计中，城市弱势群体中有35.0%来自农村，而因为调查样本取样的原因，这远不能代表进入城市的原农业人口，他们在城市弱势群体中的比例应该更高。换言之，这些进入城市的原农业人口在很大程度上影响着城市弱势群体的伦理关系和道德观念的整体面貌。因为他们进入城市，即意味着传统伦理所赖以生存的“血缘与地缘相结合”的社会基础被打破。这些来自农村的“新城市人口”，由于教育水平、技能水平的原因，以及户籍制度等，享受不了城市市民的医疗、养老等福利，也不能给予下一代良好的教育，他们之中的大多数人成为城市弱势群体。他们的伦理关系很大程度上摆脱了那种由“血缘与地缘”

所决定的伦理生态，进入这个陌生而“抽象的世界”（相对于具体而有限的具体的世界而言，人与人之间的了解永远只是部分），他们的道德观念也会产生相应的巨大的变化。因此，持续的城市化进程、变化的伦理关系、城市中多元化的道德观念，综合影响着他们的伦理道德状况，而这在很大程度上使得弱势群体的伦理关系与道德观念在整体上呈现出“传统”与“现代”的双重特征。

2. 伦理关系的多样化与价值取向的多元化

弱势群体成员的年龄、性别、职业、经历、生活区域等背景要素各不相同，具有相当大的差异性。与此相应，他们对伦理关系的看法与道德价值的取向也不是统一的。比如，在家庭伦理关系中，对于“母子关系”、“夫妻关系”、“父子关系”以及“婆媳关系”何者最为重要就因人而异，没有明显统一的看法；在家庭之外的伦理关系中，认为朋友关系、同事关系、与领导关系最为重要的人都占有相当的比重，甚至还有超过一成的人将邻里关系作为最重要的伦理关系，也表现出多样化的倾向；此外，在与富裕人群的关系中，认同与仇视者都达到四成，分歧明显——几乎成为一种二元对峙的状态。

在回答个人所追求的生活目标中，价值取向以社会为本位还是以个人为本位的分野更是表现出多元化的状态，他们所追求的依次是事业、金钱、尊重、高尚、地位、权力、贡献，而在追求个人利益时，又表现出在金钱、地位、权力等方面侧重点之不同。在社会利益与个人利益发生矛盾时，以社会利益为重、以个人利益至上、权衡具体情况再做决定者都占有相似的比例，表现出价值取向的多元化。我们可以笼统地说这是中国社会转型时期因价值真空（所谓新伦理尚未建立，旧传统已然颠覆）所产生的必然结果，但如果细致分析，伦理关系的多样化质态与价值取向的多元化表现并不完全是传统与现代的对峙，而是中国社会因人口的流动而产生的伦理关系变迁的结果——农业人口的城市化使得城市弱势群体中的很大一部分人摆脱了土地束缚，生活范围的扩大使得他们受到了不同价值观的影响，更使得伦理关系呈现复杂的样态。

3. 伦理关系与道德观念的主流是健康的

西方国家对城市弱势群体的关注和研究始于20世纪60年代，美国学者在研究中曾发现，这一群体的行为与一般公众的行为迥然不同，他们人生抱负低、教育程度差、家庭不稳定、非法（包括不道德）行为多，他们的存在使得城市犯罪率居高不下，并且意味着社会断裂程度加深。[①] 确实，在我们的潜意识中通常也

① 参见［美］威廉·朱利叶斯·威尔逊《真正的穷人——内城区、底层阶级和公共政策》，成伯清等译，上海人民出版社2007年版，第3—4页。

会把城市弱势群体与不道德行为、犯罪、不文明行为联系在一起。但是，通过调查发现，真实的状况与我们的习惯性思维有较大差距。这次问卷发放的主体成员(95.0%)，是在城市工作生活的普通企业工人、下岗工人、农民工、从事临时职业的流动人口、受过高等教育的无业人员，他们在城市中处于贫困、脆弱、边缘化的地位。按照世俗的标准，这些社会角色是不受尊重的。但在问及自己的社会地位时，仍然有36.9%的人认为自己是社会的主人和重要组成部分，另有34.2%的人认为自己是弱势群体，28.5%的人既不愿意认为自己是弱势群体，又觉得在社会中无足轻重，处于矛盾状态。因此，这一群体有三种典型心态：一是坦然面对，二是回避现实，三是不甘现状，对未来有所期待。这种伦理角色的自我定位可能是所有群体中最复杂的。

与伦理角色定位的矛盾心态不同，这一群体具有较强的公德意识、扶贫济困意愿、民族自豪感与爱国意识，尤其是强烈的自尊意识。调查数据显示，高达70.6%的人月收入低于1500元，并且缺少各种社会保障，相比于所在城市的生活负担，他们的生存承受着巨大的经济压力。但就是在这种状态下，当问及是否愿意“以牺牲人格尊严（比如跪式服务）来获得额外收入”时，77.6%的人“坚决拒绝”，14.1%犹豫，只有8.3%认为“只要能赚到钱就行”。在这一情境中，生存的需要与自尊的需要是激烈冲突的。选择的条件取决于当事者生活状况到底有多困苦，人格意识有多强烈。俗语曰：“仓廪实而知礼节，衣食足而知荣辱。”这虽不是绝对的定式，但在很多情况下确是如此。我们认为，弱势群体对自己社会角色的定位其实是受到了世俗看法的强烈影响，但人格尊严却基本上是他们“自我意志”的表现。“三军可夺其帅，匹夫不可夺其志”，弱势群体的强烈自尊、自强、自立是他们的主流精神面貌。

总之，调查数据表明，弱势群体的伦理关系在“自我”、“家庭”、“国家”、“社会”各个方面都表现出从传统到现代转变过程中的复杂样态，伦理关系基本上延续了传统，但各种关系的性质、地位与重要性已有所变化，如“主从”代之以“平等”，公德意识上升，“情理”让渡于“法理”等，其中既有不变的，亦有变化了的。而在社会、国家层面的关系则明显具有公民社会的特征。概括来说，城市弱势群体的伦理意识虽然呈现出复杂、多样、多元的乃至良莠不齐的样态，但是具有自尊自强的独立精神，尊老爱幼，珍惜夫妻感情，极富家庭责任意识，初具公德意识，认同古往今来的优良道德品质，爱国情感突出。伦理关系与道德观念在总体上是良好、健康和积极向上的。相比之下，与西方学者所描绘的弱势群体的精神面貌有很大的差异。

（四）城市弱势群体之伦理问题及其对策

1. 城市弱势群体的伦理问题

尽管弱势群体的总体伦理观念、道德素质是良好的，但他们在这方面存在的一些问题却不容忽视：

（1）德福分离引起的道德信仰危机

在弱势群体面对的所有伦理问题中，最严重的是德福分离，或者说德福分离在弱势群体身上体现得最为明显。如果遵循道德而不能得到幸福生活，那么，必然会引发道德信仰危机。在伦理思想史上，“最大多数人的最大幸福”曾被认为是一个抽象的、无法实践的伦理原则。但近年来，幸福感和幸福指数的测量在一定程度上使这一古老的原则重新具有了生命力。社会学、心理学、经济学、伦理学等众多学科都对幸福感进行了研究，特别是社会学调查方法对幸福指数提供了实证性的、比较精确的数学描述。当然，幸福感或幸福指数的测定相当复杂，并不是说收入水平越高、物质生活水平越高，幸福感就必然增强。幸福感既有客观指标，亦有主观指标，二者的综合指数才是幸福指数。① 实际上，人们追求幸福的欲望，是会随着生活水平提高、社会进步、视野开阔而不断变化的，特别是参照体系发生变化，比如与他人比较之后，幸福感会发生明显的改变。因此，幸福感和生活水平的提高不呈简单的线性关系，幸福指数甚至有可能随着生活水平的提高而下降。根据邢占军的研究，当前我国南方和北方城市、东部和中西部城市居民存在文化差异、经济发展程度差异，但总体幸福感处于同等水平。② 比如我们所面对的城市弱势群体，当原来的农业人口进入城市之后，收入明显高于在农村务农时的收入，但他们的幸福指数却有可能大大降低了。再如企业工人，他们的工资在不断提高，生活水平也没有降低，但相对其他社会群体，他们所获得的利益是比较少的，从而使得幸福感降低。因此，我们提出一个合乎情理的假设：无论从绝对的指标还是相对的指标、心理感受，城市弱势群体的幸福感和幸福指数相对于其他群体无疑是低的。问题在于，弱势群体的总体伦理观念、道德素质是良好的，如果长期德福分离，道德与幸福不一致，那么，不但道德的人能坚守多久不可预期，更重要的是，这种状况违背了社会文明的标准，也拷问了制度的合理、社会的正义。长此以往，这一群体既有的道德信仰必将出现严重的危机。

---

① 如果建立幸福指数模型，它应该包括荣誉、权利、社会地位、社会价值、生活水平、精神快乐、安全、未来……总之，不但应有客观指标维度，也要有主观心理认同维度。

② 参见《城市繁荣背后的居民幸福体验》，《社会科学报》2008 年 10 月 16 日。

（2）职业伦理态度令人担忧

调查表明，城市弱势群体中32.7%的人对职业感到满意，高达54.6%的人则对工作单位极度不满。这一结果得到另一项调查的印证，59.8%的人认为目前从事的工作是暂时性的，最多不过锻炼一下自己的能力，有机会就更换工作。德国思想家马克斯·韦伯（Marx Weber）曾断言，视工作为“天职”的新教伦理是资本主义经济的重要原动力。相比之下，弱势群体对于从事的职业缺乏热爱，缺少敬业意识，对职场的伦理氛围表示反感，严重影响了工作积极性与劳动效率。对此，我们不能仅仅指责弱势群体成员的职业道德素养，因为这不是简单的个人道德品质问题。调查显示，只有三分之一的人认为对企业的关心表示满意，这一比例正好与职业满意比例大体相当。应当注意，将企业视为“只是谋生的地方”的人高达39.1%，另有15.5%的人认为自己“只是企业赚钱的工具”，没有得到应有的关心与尊重。这种不满意与收入有关，46.6%的人认为自己的劳动付出“大于”或“远远大于”回报。值得注意的是，对职业不满的实际比例其实要更高，因为这一群体中包含相当比例的无业人员和个体职业者。因此，职业道德水平处于低水平的原因错综复杂，许多是由社会原因造成的，比如歧视、同工不同酬，这些制度性缺陷所引起的问题不但使社会正义性降低，而且是引发伦理冲突的潜在因素。

（3）对分配制度的伦理评价趋于负面

调查显示，弱势群体中有近半数的人认为自己的付出大于回报，对于原因，回答“制度不公平”的占37.0%，回答“社会歧视”的占13.6%，认为自己“能力不够”和“说不清楚”的分别占25.9%、20.2%。从中可以看出，将自己的不良生存状况归因于社会的比例相当之高。而对于与自己处境相反的社会富裕阶层的财富，36.0%的人认为是“来源不正当”和“不合理的分配制度”造成的。弱势群体中的“仇富心理”无疑与这种认识有关。我们应该认识到，一部分人的贫困是不能以另一部分人的富裕来抵消的，尤其是当弱势群体将自己的权利缺损归因于强势群体的剥夺时，社会中就潜伏着冲突的危险。此外，弱势群体也不满意受教育机会的不公。他们对于自身现状无可奈何，但对自己下一代得不到良好教育却难以容忍。很显然，传统社会中的“身份”可以承袭，而现代社会的地位要靠知识与能力争取，只有受到良好的教育，才能使下一代有美好的未来。但是，现行教育体制中的身份歧视与受教育权利的不平等，使他们改变自己下一代地位的希望难以实现。

（4）对政府行政伦理与公务员职业道德缺乏信任

调查显示，城市弱势群体中80.0%的人认为政府的工作不解决实际问题；49.9%的人认为“集体上访”是解决问题的好方式；23.5%的人认为，即使上访也没用。与此同时，对于70％的领导干部的工作与道德持负面评价（以权谋私、只关心个人功名）。这一数字着实使人吃惊。与此相应，当问及遭遇巨大困难如何克服时，33.9％的人求助家庭（族），31.3％的人求助朋友，28.3％的人“独自承受”，4.2％的人“拜佛”。在现代社会，权力源于人民，具有公共性本质，而弱势群体在遭遇困难时，将社会、政府基本上置于他们求助的视线之外，这实际上属于无助状态，那么，需要反思的就不仅是救助制度的问题，亦包括公务人员的职业道德。

应该说，社会歧视、贫富差距大、公务员不作为、以权谋私等只是弱势群体的一种心理感受，并不能准确地反映社会现实。但这些感受不会凭空出现，它是在个人切身体会和现实影响下产生的。2008年的多起集体性事件都与政府的行政伦理与公务员的职业道德有关，许多地方政府在举国上下民众的关注下，依然我行我素，无视常人的辨别是非的能力。而有些地方官员公开为房地产利益集团撑腰，也让人震惊、愤怒。虽然这些并没有直接损害城市弱势群体的利益，但毫无疑问，这些不断曝出的各种腐败、弊案已经损害了公务人员的道德形象，影响了政府的公信力。而事实上弱势群体所遭遇的不平等、不公正也确实存在。由此产生的城市弱势群体的不平衡的心理是可以理解的，也容易造成伦理关系的对立乃至冲突。不时见诸报端的城管与小商贩的流血事件正是其具体表现。社会弱群体艰难生存的空间本来就不大，本应为弱势群体解决困难的政府却成为他们谋生的障碍，粗暴执法挤压了这一狭小的甚至最后的生存空间。这类不应发生的冲突令人感叹、促人反省。

应当看到，城市弱势群体所面临的生活重压、贫困现状、与富裕人群的巨大反差、边缘化的社会地位，以及社会的漠视乃至歧视，都是导致这一群体疏离社会的潜在因素。道德生活与经济水平、生存状态有直接联系。特别是在现代化进程中涌入城市的部分新人群，如果长期在基本生活难以保障、缺少归属感的氛围中生活，在社会资源分配不公平、制度安排不公正的情况下，更易引发与其他社会群体的矛盾。

2. 城市弱势群体与社会的潜在的伦理冲突的原因

城市弱势群体所面临的伦理冲突不是人与自然、人与自我的冲突，而是这一群体与他人、与社会的伦理冲突。

中国社会正处于全球化、高科技和市场经济下的伦理转型，中国社会的伦理道德状况皆在此时代背景下产生。但是，具体于城市弱势群体而言，不但有高科技和市场经济的深入发展的宏观背景，其最直接的形成原因还在于中国社会如火如荼的城市化进程。首先，市场经济给所有人提供了无限广阔的空间，追求效率是市场经济的自然选择，这一过程激发了人的欲望，也通过竞争实现了社会分层——在高科技时代，知识不能直接和财富对应，但没有知识却难以拥有财富。在传统产业中的城市人群，因企业倒闭而成为下岗工人，因企业效益不好而成为低收入者，他们成为城市弱势群体的最大组成部分。其次，全球化之于中国的影响甚巨，影响之一是中国成为“世界工厂”，劳动密集型企业充分体现了中国的人力资源优势，大量的加工型企业吸纳了海量的原农业人口，这成为城市化进程的催化剂。据统计，20 年来，中国累计增加了 4 亿城市人口，未来 10 年，中国的城市人口将以每年 2000 万人的规模递增——这就是城市化的根本特征之一。但是，城市化是一个相当复杂的概念，人口集中于城市只是表面特征，经济结构转换，生产方式、生活方式的变更才是城市化的内在动力和实质内涵。而广义的生活方式的变更则是城市化的综合结果，其中包括政治、文化、社会组织、行为规范、道德准则、价值观念等的进步。从中国政府的执政理念而言，21 世纪的中国城市化不能直接和变相地剥夺农民利益，通过大搞“圈地运动”而实现城市化的“原始积累”。但是，在实际生活中农民进城打工却受到很多不合理的限制，难以享受到“国民待遇”，他们的工资、福利、医疗等都得不到保障，而外来农民工子女入学难也成为一个长期未能妥善解决的问题。外来工子女入学问题是关系到社会、国家发展进步的一个长远问题。大量的农民进城打工，不能在城镇定居，不能享受市民待遇，原有的城乡二元结构没有解决，还可能出现新的城市内部的二元结构，这正是城市化质量不高的表现。因此，当我们把城市弱势群体作为一个整体看待时，其实是不科学的。这一群体实际上包括两大组成部分：一是因社会竞争而处于底层的城市居民，他们有低水平的社会保障（如养老、医疗、自有住房等）；二是因城市化而从农村进入城市的“非正式”城市居民，他们生活于城市，或两栖于城市与乡村，但不属于城市。他们面临着毫无保障的生活，同工不同酬，甚至在遭到意外伤害时同命不同价。可以说，中国的城市弱势群体问题是一个完全中国式的问题。中国城市弱势群体与西方社会（比如美国）中的弱势群体的伦理道德状况差别巨大，其造成的社会问题当然也不相同。

在《真正的穷人》一书中，美国学者 William Julius Wilson 在描述美国的城市贫困者的特征时指出，美国的贫困者以族裔为纽带，集中居住于一定区域（形成所谓的“贫民区”），因种族地位遭受歧视。“白人有意识地拒绝把黑人看做是平等的人类，他们蓄意地、系统地不给黑人以平等的机会”，“由于数十年甚至几个世纪的歧视和偏见，一种种族性的劳动分工已经形成；又因在发达工业社会，处在经济体系中低工资部门的人，更多地受到非个人性的经济变动的负面影响，所以种族性的劳动分工得到强化。”黑人的行为“由于一开始就带有种族地位卑下的原始苦难，所以这种绝望和仇恨和包袱更为普遍”。有限的机会、暗淡的前途和惨痛的个人经历，使美国社会底层的黑人具有偏离主流规范、价值取向和抱负的行为。虽然这与中国当前的城市弱势群体的产生、背景以及基本特征相去甚远，但是西方社会学家的研究依然有可借鉴之处。比如克拉克在《黑人聚居区》中所担心的，许多处于劣势的黑人出生时的经济和社会处境，造成了特定的适应方式和形成了特定的行为规范与模式，而它们都采取了一种“自我永续的病态”的形式。[①] 因此，如果不能避免难以改变的“结构式社会分层”，城市弱势群体成为一种前后相续的、难以流动的阶层，群体对立与社会分裂就难以避免，而弱势群体的行为、道德水平几乎已被注定。因此，中国城市弱势群体两大组成部分虽然背景不同（原城市居民在社会转型中成为社会底层的人群；原农业人口离开农村而成为城市的底层群体），但是，他们的伦理关系、道德风尚都与他们的生存状态有着密切联系，他们的行为与他们的根本利益不可能分离。这包括两个方面：一是当下的生存，或者是近期能够实现的生活状况的改善；二是这一群体要从根本上改变自己的生活状态，不能永远是处于社会的底层。道德观念与行为方式是在特定的社会环境和生活境遇中产生出来，如果处于社会底层的人无法实现这些愿望、对于未来不抱希望，就潜伏着伦理冲突的危险。

冲突或隐或显，特定情况下会发展成为群体性事件，极端时会成为一种暴力性质的社会失序。2008 年全国多起群体性事件，冲击的首先是代表现有秩序的权威，受这些事件威胁最大的则是现有秩序中的优越者。如果分析其内核，则是特定群体的愤怒和不平。这种愤怒和不平是由人们集体感觉到的生存环境恶化而激发的，如强权压迫、权利被剥夺、言论空间被封杀、冤屈无处申诉、绝望无助，等等。生存困境所激发的情绪强烈到一定的程度，便会迸发出来，成为集体行动，而且这种愤怒和冤屈在迸发过程中往往带有暴力和破坏倾向。从根本上说，这是因为对秩序和现状的深度不满。当个人的不平在人群中转化为集体的愤怒，并向更多的公众揭发社会的不公正时，也就转化为对社会秩序有破坏性的公共事件。社会动乱的背后总是有着实质的利益冲突，尤其是有权者和无权者的利益冲突。它会对现有政治权威及其代表造成冲击，并呈现为比较极端的群体间的伦理冲突。当然，利益冲突并不一定会导致伦理冲突。只有当利益上的冲突不能在民主法治的体制中找到疏导、妥协的正常渠道时，表现为伦理冲突的集体行动才会发生。

调查显示，最有可能引发弱势群体与其他群体、与社会的冲突的因素在于政府的行为是否符合行政伦理，或者说制度的安排是否公正，此外政府公务人员的工作是否尽职也是一个重要方面。调查发现，弱势群体认为，当前社会最缺乏的

---

①　参见［美］威廉·朱利叶斯·威尔逊《真正的穷人——内城区、底层阶级和公共政策》，第 5、15—17页。

道德品质依次是：1. 公平、2. 正气、3. 爱心，最大的社会问题是贫富差距太大和政府官员腐败，这是从弱势群体角度所看到的社会问题，实际上这些问题都与政府行为紧密关联。在本项问卷调查中，最后一个问题是开放式的，“您对当前社会最不满意的事情是什么？谁应该为此负主要责任？”88.0%的被调查者回答了问题，统计显示，对当前社会最不满意的事情前10位依次是：各级政府工作人员腐败、渎职、不作为；贫富差距太大；社会不公正、机会不平等、制度缺陷；房价高；教育费用太高；道德风气败坏、缺少正气、公德；医疗昂贵；就业艰难；社会保障匮乏；收入太低。我们认为，这些问题都是引发伦理冲突的潜在因素。

医疗、教育费用过高、就业难是弱势群体面临的最直接的生存问题；弱势群体所关注的制度缺陷、社会不公正、机会不平等、道德风气败坏、贫富差距太大，这是对生存状况不满。所有这一切都极易造成弱势群体与其他群体的冲突，如对富裕群体的仇视、医患关系的紧张，等等。究其实质，这些冲突大都由弱势群体的合法利益受损而引发，是一种反应性的抗争行动。此外，因偶然事件引发的社会泄愤事件，也会因此而发生。绝大多数参与者与最初的事件并没有直接利益关系，主要是借题发挥，表达对社会不公的不满。这类事件正以多种形式发生。2008年的社会泄愤事件表明，城市弱势群体易成为社会不满群体。一定程度上，它表现了维权与泄愤的双重特征。导致这类冲突的直接原因与中国各级政府及公务人员的角色担当意识缺失有关。从另外一个角度来说，政府和党政公务人员因道德信用丧失而成为城市弱势群体最不满意的群体，这一状况酝酿着极大的风险。在许多弱势群体与社会、政府的冲突中，党政机关和公务人员失去应有的道德形象，行政方式缺乏伦理内涵是引发集体性事件的重要原因。

当然我们也需要指出，这些事件都没有明确的政治诉求，政府要有充分的政治自信。但是也不能掉以轻心，如果问题不能解决，矛盾不能缓和，城市弱势群体长期感受到社会不公，生活状态、社会地位没有改变的途径，最终的不满都会指向各级政府及公务人员。更严重的是，政府作为伦理实体因对弱势群体民生的不作为而失去其伦理内涵，官员因腐败而失去其道德信用，这种对政府的不信任会严重消耗了道德资源，使道德赖以发生作用的机制瓦解，这是一切后果中最严重的。良好社会氛围的形成绝非朝夕之功，一旦失去极难补救。

对此，我们参照一下另一项调查结果。《人民论坛》2008年第一期刊文说，人民网等8家媒体和中共中央党校等十余家科研及党政单位合作，历时4个多月进行的“当前领导干部应当树立的十个新观念”大型社会调查成果发布。依次是：1. 以人为本，以民为先；2. 科学发展，建构和谐；3. 终身学习，与时俱进；4. 克服政府包办一切，发挥民间主体作用；5. 根除人治，树立法治；6. 尊重个性，宽容自由，兼收并蓄；7. 权为民所用，情为民所系，利为民所谋；8. 人才是第一资源；9. 当官要经得起考察，财产要经得起晾晒；10. 立党为公，执政为民。

“以人为本、以民为先”作为应树立的“十大新观念”之首，代表着各级政府及工作人员的自觉意识，也是应有而未有的“新观念”。这也是弱势群体所期盼的。可以说，“以民为先”应该是人心所向。但是，“民”以群分，多少眼光落在弱势群体身上？观念是一个方面，又有多少具体的措施、制度体现了“以民为先”，特别是落实到最需要政府及公务人员关怀与帮助的城市弱势群体身上，这才是最关键的问题。

3. 对策与建议

为建构和谐的伦理关系，避免弱势群体与他人、社会的伦理冲突，我们提出以下的伦理对策与建议。从原则上说，城市弱势群体的和谐伦理关系取决于两个方面：一是引导这一群体走向健康的道德观念和理性的道德态度。二是在全社会培育充满伦理关怀的氛围（包括风尚与制度）。两者相辅相成，缺一不可。落实于具体对策，包括以下六个方面：

第一，引导弱势群体从自尊的人格意识走向自立自强的行动。有针对性的引导弱势群体克服自卑、失衡、不满与过度自尊等不良心态，放弃“等、靠、要”的消极依赖观念，消解自暴自弃的悲观失望情绪，以乐观向上的心态直面困难，以自强不息的精神争取就业与创业；以合理的方式争取自己的权益，通过合法的途径解决问题，理性地处理社会和其他群体之间的关系，等等。这是弱势群体改变自己命运的精神条件。

第二，职业道德培养与专业技能培训并举。弱势群体中的大多数成员都有就业机会，除客观原因外，不少人因为轻视所从事的职业，缺乏爱岗敬业的操守而再次失去工作。因此，再就业培训应将职业道德培育列为重要内容。职业本无高低贵贱，任何岗位都需要脚踏实地的从业者。

第三，在全社会普及尊重他人、平等待人等现代伦理理念，以尊重、关怀而非歧视、偏见的态度对待弱势群体。对弱势群体的身份歧视是与现代文明理念背道而驰的。他们既需要经济上的救助，也需要精神上的慰藉、社会大众的爱心、同情心。弱势群体于血缘关系之外，最珍视的是“他人的信任与尊重”、“爱情”、“友谊”。马斯洛（A. H. Maslow）把人的需要分为“缺失需要”（或者称之为生存需要）和“发展需要”，前者是每个人生存所必需的、基本的需要，其中所包含的“归属与爱”、“自尊”，这正是弱势群体所缺乏的、人生存的基本需要。因此，给予他们以基本的伦理关怀，是一个公民社会急需建构的道德文明。

第四，强力规范和倡导以企业为主体的伦理行为。个体道德有其存在的基础。

当我们为弱势群体的职业忠诚度担忧的时候，更应该将企业自身的环境（工作环境、人性化关怀、劳动安全保障等）考虑在内。调查显示，用工单位（企业、公司等组织）的集团伦理意识、道德感极为薄弱。只有三分之一的人认为企业尽到责任，对企业的关心表示满意，对照第24个问题，这一比例与对正在从事的职业满意比例大体相当。而将企业视为“只是谋生的地方”的人高达39.1%，另有15.5%的人认为自己“只是企业赚钱的工具”。究其原因，很大程度上是因为弱势群体在工作岗位上得不到尊重，没有进一步发展的可能，没有技能的提高，甚至没有基本的安全保障。其实，企业的道德规范是有标准的。20世纪末期的西方企业社会责任运动而产生了SA 8000标准，即“社会责任标准”（Social Accoutability 8000）。它是全球首个企业道德规范国际标准，规定了企业必须承担的对社会和利益相关者的责任，对工作环境、员工健康与安全、员工培训、薪酬、工会权利等具体问题规定了最低要求，目前，跨国公司的全球产业链，都要通过SA 8000认证。强调企业的道德责任、树立企业的道德形象在西方发达国家已成为一种趋势，而在中国，企业大都还停留在ISO 9000（International Organization for Standardization，即“国际标准化组织”，ISO宣称它的宗旨是“在世界上促进标准化及其相关活动的发展”，主要是质量认证）认证阶段，而企业应承担的道德责任还没有成为共识。此外，西方发达国家的工会制度也是规范企业道德行为的重要力量，工会组织能够切实维护工人的利益，其存在的合法性在法律上得到保护，值得我们借鉴。相比之下，中国企业的工会大都没有这种能力和作用，许多跨国公司在中国拒绝建立工会，即使建立工会也能随意解除工会成员的劳动合同，使工会的作用名存实亡，无法保证普通劳动者的合法权益。应该看到，只有企业真正地关心职工，才有可能使员工产生相应的职业道德。弱势群体的职业忠诚度的提高，仅仅着眼于提高个体的道德品质是不够的，这是一个权利与义务、企业的伦理关怀与个体感恩回报交互运动的过程。

2009年2月2日，温家宝总理在剑桥大学发表演讲时曾指出，企业要承担社会责任，企业家身上要流淌着道德的血液。也许李嘉诚的做法值得我们深思。作为著名的实业家，李嘉诚的长江工业总公司曾以塑胶产品起家，今天，当年风行的塑胶花早已无利可言，但是，李嘉诚还在寸土寸金的长江大厦留有一个小小的车间生产塑胶花，而且生产者都是些老人，效率极低。对此，李嘉诚这样说：“那些员工创造了塑胶花的黄金时代，也成就了我的事业。现在他们老了，除了熟悉塑胶花的生产工艺别无所长，我若停止生产，将他们推出门去，他们的境遇将会如何？一家企业就像家庭，他们是企业的功臣，理应得到这样的待遇。”（见《中国青年》2009年第1期，彭龙富：《莫忘来路》）要求每个企业做到这样可能不现实，但是，以感恩之心面对企业工人，这种深深的伦理关怀值得肯定与弘扬。

第五，制度设计应以实现合理的伦理价值为目标。每一种社会都会分化为高低有序的结构，分层是社会生活的基本事实。中国社会目前正处于转型时期，分层原则处于剧烈变迁之中。30年来的改革历程，从打破平均主义开始，到效率优先兼顾公平，再到更注重公平的“和谐社会”，各种制度体现的价值目标不应只注重“物”的分配，更应体现于对“人”的关怀。没有相应的制度对接，没有现实力量的支撑，公平正义、伦理关怀都会显得苍白无力。虽然城市弱势群体在社会转型过程中因种种原因成为社会的弱者，但逐渐成熟的新的社会流动规则应成为他们改变生活的希望所在。2009年2月2日，温家宝总理在剑桥大学发表演讲时指出，“经济学说应该代表公正和诚信，平等地促进所有人，包括最弱势人群的福祉。”温总理引用现代经济学之父亚当·斯密的《道德情操论》说：“如果一个社会的经济发展成果不能真正分流到大众手中，那么它在道义上将是不得人心的，而且是有风险的，因为它注定要威胁社会稳定。”其实，不只是经济学如此，任何制度安排，皆应体现出对弱势群体的关怀。30年来，企业工人、农民工曾经为城市的超常经济发展作出了贡献，但是，他们承担了社会发展中各种危机的大部分重量。因此，通过制度安排以体现“和谐社会”所倡导的公平与正义具有根本性的意义。健全社会保障制度，使之覆盖更多的人，可以解决弱势群体的基本生存问题。通过刚性的制度实现公平、公正，消除身份歧视、就业歧视、教育歧视、待遇歧视，可为弱势群体改变自身状况提供新机遇。如前所述，城市弱势群体对德福分离的不满、对分配制度的伦理评价趋于负面、对政府行政伦理与公务员职业伦理缺乏信任，以及与社会潜在的伦理冲突等诸多问题，都要依靠良好的制度设计来消解。给坚守道德原则的人们一个温暖的回报，是制度安排不可或缺的出发点。而政府的公信力、道德形象也会因制度中包含的合理的伦理价值目标而提高。

第六，发挥各种传媒的舆论力量，自觉倡导健康进步的道德理念，真诚地关心帮助城市弱势群体。优良社会风尚的倡导依靠舆论的引导，中国传统社会有稳定而强有力的风俗与伦理氛围，而今天的中国，报纸、杂志、影视、电台、互联网异常繁荣，它们共同构成了影响民众生活、引导社会价值观的立体舆论平台。我们欣喜地看到，每到辞旧迎新的岁末年初，总有富有正义感的报刊、电视为城市弱势群体讨薪，督促政府和相关部门解决贫困者的问题，而无数受到伤害的人（黑砖窑事件、劣质婴儿奶粉事件、矿难，等等）也是在媒体的帮助下维护了自己的权利。但是，更多的媒体却在商业化的目标下几乎忘却了责任、缺失了道德感，以哗众取宠为常态，有意无意间迎合了低级趣味，甚至挑战常人的是非标准、破坏社会道德信念。如果助人为乐者被诬陷，而媒体不能给予强大的道义上的支持，对道德资源的破坏是难以估量的。在今天这个时代，在复杂的社会转型和艰难的改革进程中，急需媒体承担起社会公平和正义的守护者的使命。在全社会普及尊重他人、平等待人等现代伦理理念，以尊重、关怀而非歧视、偏见的态度对待弱势群体，引导弱势群体从自尊的人格意识走向自立自强的行动，传媒的力量无法替代。

以上六个方面，都是消除弱势群体与其他群体、与社会的对立与冲突，建构和谐的伦理关系、实现和谐社会核心理念的根本保证。

（徐　嘉）

九

新兴群体与大学生群体的道德心理

第一部分　理论资源:自由与认同作为现代性伦理精神的两个维度

在精神哲学的视阈与语境中,“精神”的本质在于“个体”与“实体”或“个别性”与“普遍性”的统一。但构成这种伦理精神的两极遵循着不同的精神生命逻辑:对于“个体”来说,追求一种以自由为特质的道德自我意识;而“实体”倾向于要求一种以“同一性”或“同质化”为取向的意识形态特征。因此,在伦理精神的历史演进中,不可避免地蕴涵着“道德分化”与“伦理对立面和解”的双向精神运动及其对立。在发生学意义上,如果说,现代性道德的分化源于个体化的本能原欲与冲动对“逻各斯”的一种反动,或者是某种“最高价值的贬值”,那么,“伦理和谐”或者说伦理精神的“自身和解”在于对道德自我的重新建构以及伦理道德的重新“置根”以达到个体对实体的意向性及其认同。而从现代性伦理精神的实际运作来看,人类精神生活中所遭遇的“自由丧失”与“意义丧失”所体现出来的自由危机和认同危机正昭示了现代性伦理精神的内在冲突与断裂,“个体自由”与“实体认同”因而成为审视和建构现代性伦理精神的两个重要维度。

现代性的运作作为追求行为目的、社会制度以及价值规范的理性化过程,其共同的目标指向是:把人从自然必然性、等级森严的专制社会和愚昧的彼岸王国中解放出来从而获得一种经济、政治和精神的自由,而对这一历史性进程的影响最为深刻的伦理价值辩护之一根植于“人的存在”和“自由”在本体意义上的统一,自由成为人的一种新的存在方式。如果说,共同体和自由作为审视启蒙现代性的两种价值判据，为确立“人义论”的正当性提供了两种可能的价值来源，那么，共同体和自由在现代性条件下之成为问题，则也表征了“人义论”的正当性“置根”运动的困境。事实上，近代以来，人的自由的形上根据内蕴于“上帝死了”的隐喻之中，从哥白尼、达尔文、黑格尔到尼采，西方近现代的主要思想家都致力于这一隐喻的完善。然而，这种“祛魅”的现代性在本质上所潜蕴的两难悖论的结果使得现代社会原本应当带来“理性的增长”与“个人自由”提高的合理化过程，却导致了相反的结果：形式化的经济与制度剥夺了人的自主性，“它直接表现为文化合理化剥夺了意义，社会合理化窒息了自由”[①]。现代性为自由、平等、人权等进行价值辩护与道德论证的形而上学努力同时也孕育了自身的“他者”。现代社会的发展和现代自由的运作充满了偶然性、不确定性和矛盾性并带来了主体意义的危机和伦理的生态性断裂并导致了道德“个人化”和社会“合理化”的二元冲突悖论，而把这一悖论冲突的解决诉诸某种有效的制度供给与制度保障则成为“启蒙现代性”乃至“后现代性”对自由价值的可能性进行论证隐秘的旨趣所在。

自由价值作为对现代性最为深刻的一种价值辩护，在古典自由主义与新自由主义那里都得到了较为充分的展现。古典自由主义遵循由“个体”到“实体”的思维逻辑进路，而以罗尔斯为代表的新自由主义对近代古典自由主义进行的全面修正在伦理学上的总体表现在于：用一种社会正义规范伦理学替代古典功利主义和康德式义务论，把社会基本结构或社会制度的正义性作为其理论研究的主题与重要旨趣，试图为社会制度的公正安排提供伦理辩护和伦理依据。罗尔斯的正义原则在诺齐克看来却是缺乏公正的，同时，这种自由主义伦理的规范取向也受到来自强调一种“共同体”及其利益的社群主义伦理批判。然而，他的新自由主义正义规范伦理强调社会的公共理性优先于个体的道德合理性要求并把社会伦理原则置于个体道德原则的优先地位上，这种优先仅仅意味着考察伦理道德体系必须首先考虑制度的伦理性和正义性，这是因为它因其最基本而关乎着生命的存在样态而不是因为它可能是最高的道德目标[②]，而正是在这一意义上与强调“德性”的社群主义有了一定的区别，但无论是新自由主义还是社群主义，其隐秘的旨趣都在于寻求一种“可能”的生活世界并为现代性伦理精神进行“置根”以实现理性的历史性重生。

这种对于伦理自由权利秩序的维护责任应体现在每一次理性的行为选择之中。生命的自由本体结构是生物学的、心理学的、社会的、理性和非理性因素所决定

① 陈嘉明：《现代性与后现代性十五讲》，北京大学出版社 2006 年版，第 111 页。

② 何怀宏：《契约伦理和社会正义》，中国人民大学出版社 1993 年版，第 160 页。

着的秩序化选择，从柏克的有别于理性主义者的“建构性的秩序”到波普尔的“社会渐进的工程”以及哈耶克的“自生自发秩序”，自由都应是秩序下的自由，组织结构及其制度秩序是为自由而设计的，而自由也必须包含理性世界的秩序并把公正、自由与平等性目标纳入自身。秩序、自由与平等构成了尼布尔关于社会正义的“调节性原则”。在尼布尔看来，自由与平等必须在稳定的社会秩序中才有可能，“而正是由于人的自由本性，社会才必须有人为的秩序”，作为一种“批判性原则”，调节性原则的意义不在于构造抽象、普适的正义体系，而是为具体的体系提供了三种考量和批判的维度。因而，任何合乎正义要求的制度体系都应该在自由、平等和秩序的张力中找到自身的合理性与正当性依据，否则不能实现社会正义的要求，而在这样的伦理环境中则可能引发所谓自我和实体认同危机。因而，在这样的伦理境遇和理论背景中审察现代性伦理精神，不仅使得“个体自由”和“实体认同”成为两个重要的相关性伦理维度，而且也为伦理精神的后现代建构提供了一种理论依据和思维进路。而基于新兴群体和青年大学生群体的伦理道德心理调查为这一理论分析视角提供了实证性依据。

第二部分 现代性伦理精神的断裂：新兴群体和大学生群体伦理道德心理的调查分析

（一）研究工具及样本

此次调查采取自编式问卷进行。本课题经过广泛论证与调查，最后按照课题组统一要求设计了《当前我国思想、道德状况调查问卷》（新兴群体部分）。问卷共有51题，分四个部分，第一部分是关于调查对象的基本情况的问卷，共10题，第二部分是关于现代中国社会伦理关系的调查，共15题，第三部分是关于现代中国社会道德生活，共11题，第四部分是关于现代中国社会伦理—道德素质的调查，共15题。

本课题认为新兴群体系指从事新兴行业如律师、会计师、传媒人员、专利人员以及从事中介等行业的人员。从样本总体构成看，此次调查为新兴群体中的中下层人士。本问卷由总课题组统一安排，选择了在新兴领域具有很大的代表性的苏州市进行，共发放问卷225份，收回225份，收回率100.0%。另外，本课题组以南京大学生群体为对照组，发放了232份问卷，收回232份，收回率100.0%。

其中，新兴群体样本具体结构如下：从性别看，男性142人，占总数的63.1%；从年龄看，26—50岁的有155份，占收回总数的68.9%；从教育程度看，具有高中、中专或中技以上学历的占多数，共有200份，占88.9%；职业统计的调查结果看，民营企业有96位，占42.7%，国有企业、股份制企业和教师职业有119位，占52.9%；从地域分布来看，苏州市本地人为97人，占总数的43.1%，本省外地者77人，占34.2%，外省市者51人，占22.7%，外地人比例超过半数，这说明职业的流动性较大，从统计结果可以看出，这次被调查对象都是来自大陆内地，没有港澳台以及外国同胞们参与；从职业收入看，1000元以下收入者为25人，占11.1%，1000—2000元收入者为120人，占53.3%，2000—4000元收入者为79人，占35.1%，4000—8000元收入者为1人，从统计结果可以看出，这次被调查对象大多数为新兴群体中中下等收入的人群，此与一般意义上理解的高收入新兴群体有差异；从宗教信仰看，不信教者占大多数，有185人，占被调查对象总数的82.2%。

大学生群体样本结构如下：从性别看，男性61人，占总数的26.3%；从教育程度看，具有本科学历的占多数，共有231份，占99.6%；从政治面貌看，中共党员21人，占9.1%，共青团员207人，占89.2%，另外民主党派1人，群众3人。从地域分布来看，南京市本地人为35人，占总数的15.1%，本省外地者172人，占74.1%，外省市者25人，占10.8%；从宗教信仰看，不信教者占大多数，有208人，占被调查对象总数的89.7%。

本课题所有数据借助于SPSS进行统计分析。

（二）问卷调查分析

如果如麦金太尔的现代性诊断所说的那样，现代工业化社会正处在一个无法解决争执和无法摆脱困境的道德危机而进入所谓德性之后的时代，那么，我们就需要在现代和后现代的背景中克服亨廷顿所说的那种社会道德和秩序动荡问题而完成伦理秩序和道德生活的后现代重建。而全球化、高技术和市场经济作为影响现代性伦理、道德的重要因素也无疑促进了我国伦理、道德生活的分化而使传统道德文化面临一种“普遍性”和“同一性”质疑。新兴群体和青年大学生群体作为远离传统领域的群体，对影响价值世界和意义世界的现代性显性因子有着特殊的感受性，在现代性道德分化中所遭遇的文化、伦理和道德困境也更为深刻。因此，对新兴群体和青年大学生群体在遭遇现代性乃至后现代性伦理诉求与传统伦理诉求、主流意识形态道德话语与边缘性道德话语之间的张力时所表现出来的心理异动及其机制进行调查分析，对于审察现阶段伦理关系及其变迁以及道德生活世界的状况并建构一种“伦理和谐”有着显见的价值与意义。

1. 伦理世界：自由的丧失与认同危机

(1)“个体认同”维度的伦理关系

个体自我认同的实质在于个体对自我同一性的认肯与追求。在康德那里，“自身被视为一个独特的同一性原则”[①]。在现代中国社会伦理关系的调查中，对于“最不满意的关系”选择，两大群体都选择了“与自己的关系”，这本质上凸显了以社会转型、经济转轨和文化裂变为特质的现代性运动中对“自我认同危机”的一种本体性焦虑并获得某种社会普遍性。它一方面表现为在现代性的道德分化、不确定性以及“异质性”因素所带来的“去同一化”的现代性图景中应付伦理角色转化与期待担当的多变性及其伦理优先性反思的困顿；另一方面，表现为在现代性社会文化系统和管理系统以及权力体制对生活世界的“理性殖民”之伦理境遇中所感受到的个体无力和自由的虚无化本质。而这两方面的结合使得人们把向私人生活领域的退却作为一种现实可能的理性选择。

在“经常要处理的关系”和“最重要的伦理关系”的调查结果表明：尽管两大群体的侧重点有一些细微区别，但都反映出在“私人领域”和“公共领域”的现代性社会结构分化中，作为家庭成员和社会公民乃至需承担更多的伦理角色之间的相互转换和矛盾性。这在新兴群体的社会心态中体现得较为突出，他们把“同事关系”和“朋友关系”作为需要经常处理的关系，却把“夫妻关系”认同为是最重要的伦理关系。

我们又必须在生存的时间维度中来探讨自身性和个体同一性问题。自身或自我具有被建构性特征，它是在历史性叙事中被建构起来的生命存在。因此，社群主义者麦金太尔认为叙事同一性所要求的角色同一性预设了个体自我的同一性[②]而叙事本身也是建构性的，这种双重建构性形成了“真实自我”与“人格面具”的矛盾，这是个体生命逻辑中“现实性”与“理性”的悖论本性。前者体现的是个体超越规范的自由创造本性和自我实现的要求，后者体现的是对于某种普遍性认同的精神特征与适应和服从的要求。这种矛盾在精神中可以达到一种应然和解，而在生活世界中，当它与影响伦理道德变化的现代性因子（各种媒体、高科技和

① 丹·扎哈维：《主体性与自身性——对第一人称视角的探究》，上海译文出版社2008年版，第131页。
② 同上书，第135页。

市场经济等）相结合时，则会成为一种悖论性现实。在调查中我们发现，两个被试群体在对“市场经济对人们善恶观念的影响”所做出的回答中，大多数人选择了“善恶混淆”，新兴群体为60.0％（135人），青年大学生群体为63.4％（147人）。正如泰勒所说，人们无法认识自己心灵的深度，“我们不断地给自己戴上我们并不配拥有的精神面具”，没有人知道自己的行为是源于对神的皈依还是来自某种图谋私利的目的。①

调查分析表明：现代性的一些影响因素给我国带来社会结构的复杂多变并引发极大的不确定性，它使得个体在不同的伦理境遇中的“自我呈现”方式变幻不定，需要不断地进行自我反思；社会结构中出现了“私人生活领域”与“公共生活领域”的分化，这是伦理道德秩序得以孕育的必要的分化与基础性场域，但人们的伦理角色还存在着诉诸私人领域的心理倾向性；在自我同一性的伦理建构中，“真实自我”与“人格面具”的冲突在现代性中可能表现出某种伦理价值观的混淆与混乱；自由的含义已经不仅仅是启蒙意义上的的个体自由，而是生存论意义上的“在世”存在方式以及周围世界和伦理境遇对于个体存在的生命伦理空间的开启与拓展的可能性程度，在这一视阈中出现的可能是某种意义上的“自由危机”和“认同危机”。这种危机同样可以在“实体认同”中体现出来。

（2）“实体认同”维度的伦理关系

“实体意识”和“实体认同”体现着一定的伦理世界观，它是审视伦理精神的重要维度。调查发现，尽管我国传统的“差序结构”伦理关系终结以及社会样态的“异质性”转化，但现代中国社会的伦理实体意识依然占据一定的主流，传统“五伦”范型的伦理关系结构并未发生根本性变化。在被问及“建设和谐的人际关系，应该强化何种关系的和谐建设”这一问题时，新兴群体的选择为：和谐的家庭关系53.8％（121人）、和谐的政府组织和公民的关系53.8％（121人）、和谐的企业和员工的关系43.6％（100人）以及和谐的社区关系33.8％（76人）；青年大学生群体的选择为：和谐的家庭关系55.2％（128人）、和谐的贫富阶层关系53.9％（125人）、和谐的政府组织和公民的关系50.4％（117人）、和谐的社区关系29.7％（69人）。比较发现：两大群体都仍然具有一定的实体意识，认同家庭、组织和社会等伦理实体在和谐伦理道德的现代性建构中的作用与地位。但同时也可以发现，他们的心理意向性所关指的对象“实体”都首先是家庭。同时，家庭实体意识在传统观念与市场经济和西方现代性乃至后现代性相互遭遇的张力之中出现了一些与传统相背离的解构性的现代性嬗变。夫妻关系既是很重要的也是需要经常处理的伦理关系。在对待“婚外恋”态度的调查中，结果表明，尽管

① 查尔斯·泰勒：《自我的根源——现代认同的形成》，韩震等译，译林出版社2001年版，第548页。

两性关系仍然被认为需要被道德地和伦理地对待是主流的伦理道德诉求，但无论在观念还是在现实伦理行为中都发生了很大的变化：认为是不道德行为的，新兴群体占55.6％（125人），青年大学生群体为69.0％（160人）；而认为可以接受和无所谓的，新兴群体占44.4％（共98人），大学生群体31.0％（共72人）。

而在对“幸福”理解的调查中，青年大学生选择了家庭和睦31.8％（134人），身心健康25.8％（109人），事业有成和人际和谐。在这一群体中体现出私人生活领域与公共生活领域的分化与区分；而新兴群体主要选择了前三项，而选择人际和谐的却非常少，这与个体认同的伦理维度分析中新兴群体的选择相互补充和某种心理倾向性契合。同时，两个群体选择“贡献社会”的都很少，分别为：新兴群体1.8％（4人）和青年大学生群体12.5％（29人），不仅表明，伦理实体意识正悄然发生着分化与多元化的演变趋向，而且在新兴群体的伦理意识中，实体的精神“祛魅”与“还俗”表现得更为彻底，这表明新兴群体受现代性的影响、冲击与浸润比仍在学校中接受教育的大学生更为明显。

伦理精神的这种现代性异化与裂变表明“实体”正遭遇某种“认同危机”，我们需要对这种危机的根源进行探究并由此获得一种建构“和谐”的伦理可能性。在“哪些群体更体现了社会正义”问卷调查中，大学生群体选择的前三位依次为：公安干警28.1％、普通群众25.6％、人民教师0.6％；新兴群体选择的前三位依次是：人民教师26.6％、普通群众23.9％、公安干警22.3％；新兴群体和大学生群体的选择中，“政府官员”分别为：4.8％和3.9％都位于最后。在两大群体的调查中发现，正应该是政府在社会伦理道德建构中发挥着“非常重要”和“比较重要”的作用，却存在着这样的反差和异化现象：应然与实然、观念与现实、价值与事实的悖论冲突，政府官员和政府机关所代表的意识形态伦理应当主导我国当前伦理道德建设的舆论或道德话语权，但恰恰又是伦理道德素质上最不满意的群体。这种反差与异化背后的伦理本质在于，在我国社会结构变更和伦理秩序演进的现代性复杂伦理境遇中“伦理—道德”的悖论特征，即“伦理的实体”与“不道德的个体”。政府权力运作中的德性状况和精神状况异化已成为一个不容忽视的事实性存在。由此可见，在伦理精神由伦理世界向生活世界和道德世界的运动中所呈现出来的精神断裂直接成为“实体认同”或制度认同的一种制约性因素导致实体精神的“祛魅”以及人们对于伦理“普遍性”和“同一性”质疑乃至文化信念的动摇与消解。在当前社会财富分配状况的问卷中，总体上反映出一种不合理现状（新兴群体：不太合理38.1％，很不合理21.1％，说不清23.3％；大学生群体：不太合理28.0％，很不合理16.4％，说不清34.9％。在某种意义上，由于大学生对社会的心理感受与认知并没有新兴群体更强烈与客观，所以我们可以得出社会财富分配方面存在着不公正现象的事实）。权力异化、官员腐败和分配不公等社会问题在很大程度上削弱了意识形态伦理的道德话语有效性，摧毁生活世界中权力的公共性与财富的伦理普遍性并进而消解生活世界中的伦理精神，从而影响人们的“实体认同”。

调查分析表明，在个体与实体的关系中，存在着“实体”伦理意识与“个体”取向的伦理行为之间的精神悖论表明存在着一种伦理精神危机：实体的下移与个体的凸显。在当代中国的伦理道德生活中存在着道德精神和伦理精神的某种裂变与异化：或许不是与市场经济相适应的道德精神的匮乏，而是个体与实体在精神中的地位发生了变化乃至颠覆，即个体对实体的僭越、祛魅与置换；这种“自我”的“个体”的相对凸显的现代性维度在于：对传统“家—国”一体的伦理型结构的解构。但我们也应该看到：现代人在走出传统之后又遭遇着精神家园的虚无化和人与人之间的道德情感冷漠、困惑与缺失（这可以在调查中得到反映），这反过来把“个体”置入这样一种伦理期待之中：一种道德的政府和有效的制度供给。这种心态提供了现代性伦理精神建构或伦理对立面和解的心理资源。因此，实体性存在正遭遇一种认同性危机，而这种危机所凸显的是政府与组织等“实体”的伦理合理性与合法性危机，对这种合法性与合理性危机的审视把“伦理对立面”置于和解的起点上，它构成我国伦理道德的后现代建构实现转折的一个契机。

2. 道德世界：心灵失序与“自然”对“德性”的僭越

上述个体认同危机和实体认同中所体现出来的伦理精神矛盾之扬弃与消解需要经由生活世界并在道德世界获得其现实性，这是精神发展的内在本性与要求。“其精神表现，就是个体与实体辩证统一的道德主体建构”，“伦理世界与道德世界的同一性基础及其现实表现，就是生活世界的伦理关系与道德生活，以及个体与社会所体现出来的伦理——道德素质”。[①] 如果把实体与个体关系中两者的位移与置换看做是伦理世界中“精神”的第一次异化与裂变，那么，在道德世界的动力机制中道德意识执著于某种“自然性”则是伦理精神冲突的现实性断裂。

依照樊浩教授的解释，“道德世界观”是道德世界中的基本元素，其基本问题是其自身的义务感与自然冲动的关系问题，其动力机制表现为“德—福”关系意识及其现实性规律运动。一个本性上具有“自由意志”的个体追求个体价值的“技术性冲动”和追求经济价值的“利益性冲动”现实地结合而成为“主观自然”；但他们又具有“道德性冲动”。这样，自发性的“技术性冲动”和“利益性冲动”结合而成的“自然一般”和意识之外的“客观自然”一起与“道德性冲动”

① 国家社科基金重大招标课题：“构建社会主义和谐社会进程中的思想道德与和谐伦理的理论与实践研究”——第三阶段研究成果汇编，第10页。

对立、分裂地存在于个体的精神之中。解决道德与自然之间矛盾对立的途径要求个体坚持“义务的本质性”的“现实的道德行为及其辩证运动”。然而个体的“道德世界观”内在地具有“现实地存在着道德自我意识”和“没有道德上现实的东西”[①] 的悖论，道德世界观的动力机制在一定程度上失去了有效性从而使得个体趋向较低的“价值等级”，这就是舍勒所说的“心灵的失序”与“价值的位移”。

调查发现，造成人际伦理冲突的主要原因？新兴群体：利益冲突 40.0%，缺乏交流 30.2%，思维方式 17.8%，生活方式 8.9%；对照组青年大学生群体：利益冲突 37.8%，思维方式不同 26.4%，缺乏交流 20.8%，生活方式不同 10.8%。数据表明，尽管由于各自所担当的社会伦理角色和所处“伦理场”的相异性，两个群体选择项顺序有一点不同，但共同体现了利益观、价值观和交往理性观等对现代性道德有着显著影响的因素，而且特别是“利益冲突”都成为首选原因，这在一定程度上契合了“市场经济”与“道德”的基本关系评判：金钱观念淡化了人与人之间的关系，也一定程度上代表了社会转型时期“经济工具理性”对伦理道德问题的主流言说方式。这导致当前中国社会道德生活中存在严重的道德信仰危机（新兴群体：很严重 27.6%，比较严重 48.0%；青年大学生群体：很严重 19.4%，比较严重 54.7%）。

这表明，在我国伦理道德的建构遭遇现代性浸润的现实境遇中，道德世界观中的“德—得”相通原理在某种程度上已经成为一种观念性的存在，而在现实中正遭遇一场深刻的危机。在道德世界观的动力机制中道德意识执著于某种“自然性”，或者说“自然规律”僭越“道德规律”而成为支配性规律，这是伦理精神的现实性断裂；道德世界中的道德自我意识所表现出来的危机形态在于道德信仰危机，这实际上成为我国现阶段道德危机的实质所在。这种危机不仅在道德世界的动力机制中以自然规律僭越道德规律的方式表现出来，而且在社会伦理道德素质中以约束机制的日益他律化和道德实践中“理性”对“精神”的置换体现出来。它们共同提供了审视当代中国社会伦理道德素质的伦理道德维度。

3. 伦理道德素质：“理性”对“精神”的置换与道德约束的他律化

伦理道德素质是对于个体与实体的道德与伦理状况的一种综合性评价体系，它反映着个体和实体的基于一定价值依据所表现出来的伦理道德信仰和行为约束机制及其实践程度。在这样的理解中，本问卷调查从道德信仰、道德实践和约束机制三个维度来评价当前社会的伦理道德素质。

调查结果表明，我国当前社会伦理道德素质的总体水平一般。伦理感和道德

① ［德］黑格尔：《精神现象学》（下卷），贺麟、王玖兴译，商务印书馆 1979 年版，第 134—135 页。

感是伦理道德精神的直觉表现，也是伦理道德素质最为深层的因子，它以“荣辱感”作为其构成的精神根基。现代社会人们的荣辱感如何？新兴群体（64.9%）和青年大学生群体（64.2%）都认为荣辱感总体退化，表明建构伦理道德精神的根基动摇与削弱。伦理道德的基础问题应该成为任何一种伦理理论认真对待的问题，舍勒和哈特曼基于对以往的道德哲学理论缺乏根基的批判而以“价值”为现代伦理学进行奠基。而启蒙现代性“理性”对宗教的“祛魅”的世俗化使得西方人借以论证正当性的“神义论”依据不再，人们在理性的樊笼中寻找社会秩序、伦理秩序的某种合理性。

道德信仰的获得凝聚着道德主体的一种精神力量和人格特质，并以人格的超越性来彰显人性的神圣与尊严、自由与价值，因而，道德信仰具有“精神”本质的属性，它表现出来的是一种心理——精神状态，从而具有精神家园的意义。而“精神”在黑格尔那里被理解为是理性与实践结合的一种体现形式，因此，道德信仰是一种包含认知性的确证以及实践理性的品质、情感与意志，它是道德主体与伦理主体由道德认知领域进入道德实践领域的能动而持久的内在心理——精神条件①。因此，道德认知与道德实践的分离可以被认为是一种道德信仰的丧失。调查数据表明，中国当前社会存在着严重的道德信仰危机。道德危机作为以市场经济为基础的现代性社会所遭遇的一种普遍性危机形态，而麦金太尔把道德权威的丧失作为道德危机的真正根由，并把道德危机的实质归结为纯主观的和情感性的道德相对主义的盛行，是源于一种道德语言的无序②。然而，问卷调查的结果表明，现代社会中的道德事实在于：一些非道德行为并非是由于道德无知，也不在于道德规范的缺乏。人应该具有哪些基本的道德品质？诚信、仁爱、正直等都成为两个群体的主要选择；而在“市场经济条件下是否需要奉献精神”问卷调查中，两大被试群体选择“任何社会条件下都需要奉献精神”的数据分别为：新兴群体为77.8%（175人）、大学生群体为78.4%（182人）。但调查发现，市场经济不仅“淡化了人们人与人之间的关系”，而且也成为“道德信仰危机”的一个主要原因。选择“市场经济的负面影响”作为道德信仰危机原因的新兴群体为21.9%，大学生为21.0%。这种反差表明，在道德实践中，道德行为仍然在很大程度上遵循“物质利益”、经济理性和功利化逻辑，表现为道德认知与道德实践的分离。如果说，黑格尔的现象学要求把“精神”理解为是理性与实践结合的一种体现形式，那么，道德认知与道德实践的脱离就预示了一种“精神”的危机，它表现为“理

① 寇东亮：《德性的自由根基——现代道德困境的人学解读》，［博士学位论文］北京师范大学出版社2004年版，第145页。

② 秦越存：《追寻美德之路——麦金太尔对现代西方伦理危机的反思》，中央编译出版社2008年版，第30页。

性”对“精神”的僭越或置换。在我国缺乏韦伯式“新教伦理”的文化积淀和精神准备的伦理文化背景中，这种“精神”的脱魅将可能是灾难性的并已然被新近发生的一些“事实”所证明。

而理性对精神的“置换”在一定程度上使得道德约束机制可能由自律性转向他律。造成道德信仰危机的主要因素有哪些？新兴群体的选择依次为：道德教育的缺乏和形式化 24.3%、公众道德素养的欠缺 23.2%、市场经济的负面影响 21.9%、社会分配机制不公 19.0%、制度约束的失效 11.0%；大学生群体为：道德教育的缺乏和形式化 27.1%、公众道德素养的欠缺 25.0%、市场经济的负面影响 21.0%、制度约束的失效 13.4%、社会分配机制不公 12.8%。调查也发现，“道德理想目标的丧失”和“道德生活动力的欠缺或扭曲”是道德信仰危机的主要表现，这些数据表明，现阶段人们道德终极关怀的缺失和道德信念一致性的丧失进而道德也失去了其权威性，其直接的伦理后果就是道德自律性的弱化而越来越诉诸他律机制。因为，正是这种道德信念的一致和对道德的“终极关怀”维系着人们的道德世界与生活世界的统一，并使得人们积极主动地参与到道德世界的建构中去。因而，麦金太尔把道德信念一致性的丧失看做最深刻的现代性道德危机。

调查表明，伦理道德素质的总体现状不容忽视，在现代性“异质化”碎片和价值多元化的伦理境遇中，人的精神在现代技术性思维、分解理性的逻辑运作中渐趋失去了自己的道德与伦理判断及其行为能力，这成为现代性伦理精神建构的解构性与否定性力量因子；道德实践中的“理性”对“精神”的置换成为现代性道德从根基上出现分化的一种表现形式；尽管道德约束机制的道德自律性体系日益他律化，但建构伦理精神的道德本性和道德心理基础依然存在。

第三部分 问题与原因探讨

（一）叛逆的自我本位，重视与自身的关系及其伦理本质

现代道德哲学将其对自我的把握和解释生命的“意义原则”不是置于自然之中就是置于精神之中。文艺复兴以来的现代伦理文化在人性观上的失误就在于未能充分考虑两方面的辩证关系。这样，自然主义和理性主义中的二元论倾向，使得关于“自我”的观念成为现代伦理文化急欲保存但终于失去的东西或“虚假自我”。人是一种具有二重品格规定性的存在物，即内在的本质力量和外在的生命展

现及其根基依据。在这种双重规定性的张力中产生着人的“自我真实性”或“自我确定性”问题，这实际上是个体自我与社会伦理实体之间的张力与统一性问题，它关乎自我认同的实质。

在伦理思想史上，人们试图用物的“确定性”解释个体的“自我真实性”，在宇宙论或自然秩序中寻求某种确定性和意义，把宇宙的秩序、善的理念或上帝实体作为包括个体在内的确定性本原或本体始基。这种自然、社会或神界确定性理念把个体自我的真实性或确定性消解在个体与社会或神界的某种观念性的同构与同一状态之中。近代科学和经济发展中自然与个体的同时发现使得人们对“确定性”的寻求具有了“自然确定性”与“个体确定性”的双重向度并具有了实证性根基。因而，自我意识成为近代认识论意识哲学的核心，这种以自我意识为核心的认识论构成了道德主体性学说的背景和前提，而这种道德自主性则是近代主体性哲学的规范性内涵。但这种基于认识论立场的“确定性”解决范式把人的确定性等同于物的确定性，以“物种逻辑”解决个体真实性问题。而对这种理智追求的知识论道德哲学的反思与批判促成了思维范式的由“知识论”向“存在论”的转向，并试图从人的“生活方式”视阈把握人“自我”的确定性及其意义。

这种对确定性的寻求在现代性中却衍化为一种确定性强制或形而上学困境，因而，在这种确定性中本身就蕴藏着某种不确定性的叛逆性的东西：现代性带来深刻而广泛的社会变革和极大的不确定性，一方面为个体自我对多样化的生活方式提供了诸多选择可能性，另一方面使得“个体在不同境遇中的‘自我呈现’越来越变幻不定”，在某种普遍性背后去应对多样的自我呈现时即出现了道德根源的深刻断裂，作为原初根源的“有神论视界的原初完整性已经破碎，现在可以多方位寻找根源，其中包括我们自己的力量和本性在内”①，这种对“自我”的诉求不仅是自我从某种伦理实体或普遍性中的某种程度的偏离，而且也是人自身在应对外在生活世界的变化或生存困境时的一种自我反思并试图在这种反思的自身觉知中实现自我回归、自我重塑和自我安顿。正是在这样的意义上，吉登斯认为“自我建构作为一种反思性的‘项目’，是现代性的自我反思的一个基本部分；个人必须在走向体系所提供的策略和选择中找到他或她的身份认同”②。在这里，需要我们予以注意的是，吉登斯是在个体性自我和某种伦理体系的实体性存在的关系张力中说明“自我建构”的。如果说，自我理念和自我角色的变化受到解决道德和伦理问题的努力所直接驱动，那么我们可以说，自我本位的凸显具有一定的伦理秩序背景和某种伦理预设，或者说是特定的伦理状态所产生的，不能在脱离道德

① ［加］泰勒：《自我的根源——现代认同的形式》，韩震等译，译林出版社2001年版，第781页。
② ［英］安东尼·吉登斯：《现代性与自我认同》，赵旭东等译，三联书店1998年版，第58页。

空间和伦理秩序状态的框架中去谈论纯粹的自我性。因而，吉登斯把自我的认同问题看做是个人对“几乎是无法控制的带威胁性外部世界”或“生活环境的冲击”的一种“自恋型防卫”或“积极调适”[①]。这应该说是自我本位在现代社会凸显的伦理根源及其本质。

因此，对自我本位凸显的问题与原因的探讨实际上就转化为这样一个问题域：在社会转型期，我们所要面对的这个“生活环境”是怎样的？如何进行个体自我的道德意识或心态调适以及伦理实体的重建，以达至个体与实体、个体性与普遍性同一的伦理精神建构？基于自身群体性及其个体性的道德意识和道德素质，新兴群体对我国总体的道德状况的评价是“基本肯定了当前我国的道德生活状况”，但同时在对群体道德状况的认识的调查中，政府官员被认为是最缺乏正义感的，与之相应的是：建设和谐伦理关系最应该强化的是和谐的政府组织和干群关系。由此，当前我国的伦理状况事实上存在着道德的个体和不伦理的组织实体之间的悖论以及存在于二者之间的统一性张力。因而，现阶段的真实伦理困境不是所谓的道德滑坡或道德失序与失范，而是缺乏一种根本上可以整合各种伦理元素和伦理资源的适恰伦理理念以及调适个体自我与伦理实体之间关系的“阿基米德点”。因而存在着“两种伦理理想”之间的矛盾：支配个体“自我”私生活以及支配“我们的”政治生活的理想。依照罗纳德·德沃金的观点：只有一种“足够完备的伦理学”在实现公正的共同体建构时才可能协调这种矛盾[②]。而在我国现阶段的伦理生活中，尽管政治共同体具有相对于个体生活而言的伦理优先性，却并未能达至一种公正的伦理状态，人们无疑地陷入一种个体与实体何者具有“本体优先性”的困惑之中从而最终实现向“自我”的退却，似乎自我才更具有真实的可把握性。因此，在影响社会道德状况因素的调查中，公民的道德素质的影响被认为是最大的因素。因此，若不能找到一种合适的伦理理念以及调整个体与实体之间关系的伦理整合点，要实现伦理的变更是困难的。

同时，与此相联系的道德自我困境在于：既有着对某种总体性规则的遵从、对某种伦理图景趋近认同的心态潜意识，同时由于原先道德体系框架内个人行为统一性的限定因素的丧失培育了个体进行自我界定和自我肯定的“不受阻碍的”和“流动的”个性。这既是“主体性道德意识”的一种后现代觉醒，也表现了自我的一种自身分离或异化状态。社群主义的重要代表人物查尔斯·泰勒曾描述了人被现代性三分的伦理图景，即“他们自己内部、他们之间和自然界”[③]，也就是

---

① ［英］安东尼·吉登斯：《现代性的后果》，田禾译，译林出版社2000年版，第108—109页。

② 罗纳德·德沃金：《至上的美德——平等的理论与实践》，冯克利译，江苏人民出版社2003年版，第266页。

③ ［加］查尔斯·泰勒：《现代性之隐忧》，程炼译，中央编译出版社2001年版，第108页。

人与自我、人与他者（包括实体）之间的分离，而前者被认为是“最坏的也是最后的异化形式”①。在个体的层面上即是“个体自我认同”和“个体社会认同”的缺失。在“最不满意的伦理关系”调查中，68人选择不满意与自己的关系，位居前三位。这反映出很多人对自我认同的苦恼并从反面表现了对与自我关系的某种重视，但这种重视在现阶段又如弗洛姆的“人格市场”理论所揭示的那样以一种异化了的形式体现出来：现代个体的“市场人格”，自我因往往根据市场需要来塑造自己而不再是“我所是”。现代社会中这种功利化的自我似乎比海德格尔那里的“常人”更可怕从而“造就了大量‘逃避自我’的手段”。现代人历经着欲望、情感与理性的矛盾和内在心灵中的伦理冲突与不和谐，而心灵的不和谐意味着自我把握能力的丧失。因而与其说是对自我关系的一种重视，还不如说是对自我的一种真实逃避。这种逃避心态的伦理本质在于：它根源于现代社会大多数人“对其自我认同之连续性以及对他们行动的社会与物质环境之恒常性所具有的信心”的一种怀疑乃至缺失或“自我同一性”危机。与前现代社会个体自我与社会结构的同一不同，在现代社会特别是在社会转型期，价值本体的消解或下移带来的价值多元化和道德根源的内在断裂与追求自由、平等和尊严的伦理诉求以及社会结构的复杂多变架构的伦理空间，即提供个体自我实现以一定的可能性，也使得个体自我面对的不确定性增大，这是社会历史变迁中双重伦理效应以及与之相适应的双重伦理本质，其集中体现就是“自我同一性”或一种“认同”问题。

由以上对于“自我”凸显的伦理本质的分析，我们可以这样认为，自我的凸显与对自我关系的重视具有一种自我意识和理性觉醒的意义，是一种重新与环境相适应的调节过程。道德修养从本质上是为了调节个人的自我满足与现实环境要求之间的张力，它本质上是一种文化应对策略，在一定程度上蕴涵着某种道德意识和自性的发现乃至道德观的转换。尽管，并非如精神分析学家弗洛伊德所认为的那样：唯乐原则本是支配人性的基本原则，但我们也还是必须对泰勒在《确定性的伦理》中分析现代自我的特征时所提出的观点给予一种足够的伦理警觉：如果对自我完善的确定性寻求与原子式的个人主义相联系将会导致一种内在的冲突。

（二）突出的个体主义，重视个人能力而非家庭背景

从道德心理学视阈来看，可以把个体主义与自我意识发展的特定形态相关联。黑格尔针对近代道德哲学完全忽略自我意识的形成问题这一现象，引入“他人”

① ［美］威廉·巴雷特：《非理性的人——存在主义哲学研究》，商务印书馆1995年版，第35页。

概念并展开了对自我意识发生学问题的探讨。他把自我分为这样三个连续的形态：单一性的自我（只认识到自己的存在）、过渡性的自我（认为自身与他人都具有真实的存在性）和集体性的自我（主体能够自觉地把自我置入家庭、国家和社会等伦理实体之中并形成调整其相互关系的道德意识）。在黑格尔那里，“自我意识只有在另一个自我意识里才获得它的满足”，自在自为的自我意识的存在是由于被对方承认，自我只有在社会关系中、在“相互承认”中实现着自身的真实存在性①。黑格尔的自我意识理论改变了自我意识理论中他人一直缺席或视他人存在为威胁与否定的近代哲学传统，实现了由知识论哲学向实践哲学的倒转并在此基础上以“互主体性”代替了“单一主体性”，而正是在这种转折中出现了“精神”。依据黑格尔的自意识观念，狭隘的个体主义是与第一种形态的自我相对应因而是缺乏精神的，也是缺乏道德意识的。事实上，在伦理性的视阈中，无论是纯粹的个人主义还是集体主义或实体主义都不构成独立的本体，故而它的存在都只具有被给予性。

我们应该在共时性意义上去把握黑格尔的“自我”划分，而不应该视之为三种历时性序列，否则我们似乎无法解释个体主义与道德意识并非必然冲突这样一个事实真实。在某种意义上，个体主义不仅作为现代性一个重要特征和事实，而且它所反映出来的也是存在于我国新兴群体或阶层身上的一种“社会心态”或“社会精神气质”，它与一定社会阶段的社会秩序结构和道德风尚所建构的特定伦理环境与伦理秩序相适应。我国传统的伦理文化中存在一种“向内求索”的基本理论和实践倾向：注重德性的个体性生成而缺少对社会及其制度结构的道德属性对于个体德性之影响的探索，造成了个体善性与社会善性的不对称性，这种伦理性格的文化原理是：只要个体至善，最后就能达到社会至善。而“向内探求与向外追索，代表中西方伦理的两种不同文化性格”。西方向外追索的伦理性格的特点，是在社会伦理与个体道德的关系中，不是以对社会伦理秩序的绝对认同为前提，社会的伦理秩序不是当然合理的前提，个体道德的理性要求，不是对社会伦理的绝对认同，首先是对现有伦理秩序的反思性批判。传统伦理资源中内蕴着的“德性理想主义”与“伦理中心主义”的内在矛盾消解了个体的利益诉求和对自由的表达，漠视个体德性的条件性与差异性。对这些权利的表达成为一种被压抑了的意识潜在于人们的心理结构中。

这里，我们不是想去否认个体德性修养的社会作用，而是想把批判指向传统伦理精神内在的品质缺陷及其实际运作：只求改变自己的愿望而不求改变社会的

① 张世英：《自我实现的历程——解读黑格尔》《精神现象学》，山东人民出版社 2001 年版，第 109 页。

秩序；只求个体至善不求社会至善[1]；乃至以实体主义消解个体存在。个体主义要求把社会等伦理实体作为一种提供人的价值、权利与尊严的手段，把所有价值观都是以人为中心、把个人作为一种目的对待正是个体主义的价值判断，因而具有一种伦理解放意义。我国现阶段的新型群体尽管表现出某种突出的个体主义道德心理倾向，但也仍然未能实现与传统伦理文化的彻底决裂：从问卷调查可以看出，他们重视公民的道德素质并把道德修养作为一个人成功的重要条件。因此，个体主义的问题并不是它与道德意识的本然断裂，或者说，个体主义及其问题在我国的具体表现形态并不仅仅是道德问题而同时又是一个伦理问题，即个体与实体、主观性与客观性的同一问题。正是在这样的意义上，可以说“伦理的危机并不必然预兆着道德的危机；‘伦理时代’的终结也并不就意味着道德的终结”[2]。由于我国现阶段新兴群体社会角色的变化、所处的境域以及职业身份有着一定的不稳定性，这就在一定程度上弱化了他们的伦理意识或伦理感并影响了他们与伦理实体的同一性而张扬了个体性，甚至成为缺乏“精神”的马尔库塞所说的“单向度”的原子式个人，由此伦理问题则表现为道德问题。社群主义者麦金太尔在《德性之后》中提出这样一种基本见解：任何一种道德都有其深刻的社会根基，而我更倾向于这样认为：只有在这种社会根基出现在人们的意识中或者说成为主体的意向性客体并形成一种相互建构的关系时，才可能对伦理和道德的变化产生一定的现实性影响作用。个体主义的凸现“就社会现实根源而言，人们通常把冲破身份、等级和出身等封建传统对个人的制约和现代自我的出现看做是历史的进步”。而麦金太尔对“道德危机”所作的“道德权威丧失”、“道德观念一致性缺乏”以及“道德信仰迷失”的分析实际上同时涉及了道德问题和伦理问题。

因此，新兴群体所重视的并不是家庭背景与出身而更依靠自身的一种能力去获取成功，而且可能因为他们更多地没有一定的家庭背景作为发展的物质和环境基础。而我国现阶段发展市场经济的取向以及与之相关的社会结构及其秩序的变化，更是提供了这种独立性、自主性和充满进取、创造品性等人格塑造的心理意向和体现自身能力的境遇和场域。而个体主义的“基本信条是：每个人是其自身利益以及知道如何促进这些利益的最佳判断者”每个人都有选择自身目标和实现这些目标的手段或采取相应行动的最大自由和责任，这是个体主义的前提预设。“而且个体主义也意味着一种财产制度，按照此制度，每个人都享有获取财富和按自己的意志设法处置财富的最大机会。”[3] 著名的英国经济学家亚当·斯密就从经

---

① 樊浩：《伦理精神的价值生态》，中国社会科学出版社 2001 年版。

② ［英］齐格蒙特·鲍曼：《生活在碎片之中——论后现代道德》，郁建兴译，学林出版社 2002 年版，第 76 页。

③ 顾肃：《自由主义基本理念》，中央编译出版社 2005 年版，第 8—9 页。

济角度充分阐述了个体主义并主张“放任自由主义思想”与“相信个体意志”的自然和谐。如果说以上这些是个体主义原初的基本含义，那么，由于新兴群体一般都集中于非公有制领域并有着较高的经济收入，这正体现了现阶段新兴群体的伦理要求和意向性指向的境遇。而从传统实体主义中解放了的自由个性在某种超越性的终极性“实体”消解之后，必然和西方在宗教“祛魅”的生活世界的世俗化进程中一样失去了精神根基和终极意义的伦理支撑，在历史断裂和传统文化失语的伦理背景下，一方面，在遭遇价值多元化时伦理文化失去了原有的伦理整合力，而价值多元化一旦成为人们平衡心理的途径而把它看做是多样生活方式的合理化时就表现为共同价值的分裂，使得人与人之间的沟通难以进行而可能崇尚一种个体意识和个体行为。在这样的理解中，新兴群体在问卷调查中普遍认同了自身的德性素质，或许在心理上存在着一定的伦理或道德预设而具有一定的虚假性。而在导致现阶段伦理冲突原因的调查中，把“缺乏沟通”作为重要因素放在第二位。由此，哈贝马斯的话语模式的伦理构想在现代性语境中确有其一定的伦理背景与伦理解释力；另一方面，从道德心理学的视阈看，人们一旦在遭遇了追寻较高价值等级的困境之后，则会趋向于较低价值等级，这就是舍勒所说的“价值颠覆”或“价值失序”，如果真是这样，那么，物质利益和个人利益的主导反而会抑制、遮蔽其他价值并物化、淡漠了人际伦理关系。也是在这个意义上，泰勒指出了现代性的三个隐忧：“意义的丧失与道德视野的褪色”、“目的的晦暗”和“自由的丧失”。[①] 这同样在调查问卷中有所反映：新兴群体认为“利益冲突”是造成伦理冲突的首要原因，而把“道德情感冷漠”作为道德危机的首要表现。这样也可以解释为什么新兴群体把市场经济当做影响道德生活的重要因素，这些与强调“个体道德素质的诚信品质和仁爱精神”有着内在的一致性。

上面的论述事实上可以归结为个体与实体、德性与自由的关系问题。在处理这些关系时，功利主义者基于“社会是个体的机械集合”的预设提出了“个人利益是唯一现实的利益”；而义务论伦理学基于“人是目的而不能是手段”提出“理性自律”来处理上述两种关系。但两者在个体与实体、德性与自由关系问题上存在的共同缺陷在于：它们总是依赖于某种先定的道德预设或德性原则来解释自由理念及其根据，这种道德预设或德性原则根本上是个体主义的，这种个体或者是“自然的个人”（功利主义）或者是“理性的个人”（义务论），其结果既没有为个体的自由建构起具有现实合理性的伦理根基，又因其道德预设内蕴着人格的功利化或理性化倾向而损伤了德性存在的个体主体根据，并导致道德相对主义、虚无主义（古典功利主义）或走向道德独断论和伦理专制（儒家伦理和康德式义

① ［加］查尔斯·泰勒：《现代性之隐忧》，程炼译，中央编译出版社2001年版，第108页。

务论）。

因此，如果真的如麦金太尔所说：我们处在一个无法解决争执和无法摆脱困境的道德危机时代，那么要摆脱危机必须遵循两个维度与路径：伦理的和道德的，并在两者之间找到一种适恰的伦理生态整合点。而仅仅把视阈限定在所谓的“道德问题”上，或许正是当代伦理精神与伦理秩序建构遭遇困境的原因之一。我们应该在自我、社会和家庭关系等伦理实体中遵循仁慈、正义和爱以及通过关注上述的一种或多重美德来改善人们的伦理环境并建构一种适宜的伦理秩序，调适人们的社会心态。

（三）传统的家庭观念，重视家庭关系而非工作关系

叛逆的自我本位和突出的个人主义的“真实可能性只存在于伟大时间深度的社会理解的框架之中”，即某种文化“传统”之中。泰勒认为，对自我的理解与理想的文化变迁存在着内在相关性，从而要理解自我与个人主义必须把它们与“极为不同的文化加以比较”①。因而，我们可以在不同的文化语境及其“时间深度”中理解新兴群体对待家庭及其相关伦理关系的观念结构。

如果说，上文中提到的德性理想主义与伦理中心主义之间的悖论冲突是我国传统伦理的内在矛盾，那么，我国传统伦理文化一直在进行着一种弥合这种内在矛盾的伦理努力并形成了以儒家为主流的伦理文化。儒家道德哲学体系把对德性的理解与以血缘关系为基础的家庭伦理及宗法观念结合起来，建构了“家—国一体”、“由家及国”的伦理精神内核，其基本的范型是“五伦”：君臣、朋友是人伦，即社会伦理关系；父子、兄弟是天伦，即家庭伦理关系；而夫妇一伦，则介于天伦与人伦之间，连接着天伦与人伦。因此，在这一内在矛盾的构成因子及其运动中，“五伦”的基本原理是：人伦本于天伦而立。君臣比父子，朋友比兄弟，而夫妇则比于一切男女关系。道德自我与伦理实体构成了儒家道德哲学的道德世界与伦理世界，而家庭成为始基性的伦理实体，“社会伦理始源于家庭伦理，社会道德根源于家庭自然本德”并基于一种历史现实的形式而非理性思辨形式得以直观地显现。家庭，家庭伦理关系，不仅是伦理实体的基础，而且是一切伦理实体和全部伦理的范型和原型，所以，家庭血缘关系在中国道德哲学中具有绝对的本原性意义。撇开其中的不合理因素，我们可以解释，在调查问卷的统计结果中，

---

① ［加］查尔斯·泰勒：《自我的根源——现代认同的形式》，韩震等译，译林出版社2001年版，第57页。

新兴群体为什么会把家庭关系和夫妻关系作为最需要处理的人伦关系。而这也可以在西方伦理资源中找到解释的理性依据。

在西方的道德哲学资源中，家庭及其伦理关系的始基或本原性地位是通过理性思辨建构起来的。黑格尔的道德哲学体系中存在精神哲学、法哲学和历史哲学三大结构，“道德世界”和“伦理世界”则是该体系的概念基础，而这三个结构和两个世界则以自然家庭作为“始点与元素”。他的精神哲学把“伦理”作为“精神”发展的真实存在，以家庭和民族为伦理实体，分别遵循“神的规律”和“人的规律”，“神的规律”以先天的血缘情感为逻辑，因而神圣而天然；而“男人”和“女人”则是基本的伦理元素。依照黑格尔的观点，伦理的本质在于“单一物与普遍物统一”的实体精神性，而作为单一物与普遍物的天然统一的“家庭”则是伦理世界的逻辑起点与必经的环节，它是“民族”发育成长的“共同的自然渊源”。通过一种现象学还原，黑格尔得到了伦理世界的基本原理：“诸伦理本质以民族和家庭为其普遍现实，但以男人和女人为其天然的自我和能动的个体性。”“人的规律，当其进行活动时，是从神的规律出发的。”“家庭，是伦理世界的出发点、基础和归宿；而家庭中诞生的‘男人和女人’，即自然人，则是伦理世界的天然个体和能动元素。”在法哲学体系中，他把近代社会看做“家庭—市民社会—国家”的复合结构体，而家庭以“爱”为规定从而成为“直接的或自然的伦理精神”，是伦理实体的自然形态和直接基础，因为“爱”作为一种“精神对自身统一的感觉”使得家庭具有“直接的和自然的伦理实体”的基础性地位。作为现象学与法哲学统一的历史哲学致力于说明“精神”在“意志”中的本性即是“自由”。黑格尔是以“解放”来说明自由的本质的，而“解放”包含着主体从外在规定性的“客观自然”和内在规定性的“主观自然”中摆脱控制与束缚的双重意味。这样，我们就可以理解哈贝马斯的论断：“只要‘自我’仍然还被它的内在自然所束缚，其尚待表达的需要的独立性被无视，那么，面对现存的规范系统，在原则上被承认的自由实际上仍然是不自由。”[①] 由此，黑格尔在“精神”的概念里建立起了一个新的自由概念：伦理秩序就是自由。而这种秩序是由个体与实体的统一所架构的伦理空间，从而给了个体的自我与自由以具体的内容而免于康德道德自律论所招致的“空洞性”指责。

由此可见，作为东西方两种典型的道德哲学文化，中国的儒家伦理精神和西方理性思辨的道德哲学从历史和逻辑两个方面辨明了：正是“自然人”所组成的“自然家庭”构成了道德和伦理的原初出发点，也是道德世界和伦理世界得以整合的基础。这可以作为新兴群体重视“家庭关系”及其相关的伦理关系“夫妻关系”

① ［德］哈贝马斯：《历史唯物主义的重建》，郭官义译，社会科学文献出版社2000年版，第68页。

的伦理资源方面的支撑。

值得说明的是，首先，由于伦理的本质在于“单一物与普遍物的统一”的实体性“精神”，因而，家庭作为一种伦理实体，其“伦理性”本质不在于或者说并不主要在于家庭成员之间的关系，而应该在于家庭成员个体这一“单一物”与家庭实体这个“普遍物”之间的统一性，即“精神”，这种伦理精神才是超越于任一伦理元素的本质。否则仍然是黑格尔予以揭示的伦理的“两种把握方式”中的“以单个的人为基础而逐渐提高”的“原子式探讨”，因而是缺乏“精神”的。[①]因而，新兴群体在问卷调查中对于夫妻关系的重视并不一定是合乎“伦理”的，这有可能蕴藏着这样一种伦理风险：夫妻关系成为家庭实体得以维系和存在的一种依据和支撑，而这应该说并不是一种最好的稳定因素，相反，可能成为现代家庭不稳定的原因之一。正如泰勒深刻揭示的那样，“对个体化和个人承诺的强调，为契约性协议开辟了更大的空间。在某些社会，这或许导致对离婚的更大宽容”[②]。也因此，在“时间深度的社会理解的”自我理念（“自我”不再被看做是与实体相对应的一种存在方式）的转变过程中，“一个关键时刻是对日常生活评估的转变，即工作和家庭世界从道德的边缘向现代能动角色的道德责任的中心转变”[③]。

其次，“市民社会”作为一种伦理实体形式是“家庭实体”的自然分化的一个必然性结果，在现代社会结构中，把道德视阈仅限定在狭隘的家庭领域中更是不现实的，“家国一体、由家及国”的伦理路径也不可能最终完成和谐社会的伦理秩序建构。事实上，人们的生活场域经历两次分化：家庭实体“自然”衍化出市民社会，社会生活领域再分化出私人生活领域与公共生活领域成为现代性社会的主要特征之一。这种分化为现代人精神空间的扩展和个体本真的独立人格和尊严的持有提供了条件。在自由主义看来，保护这个领域之所以可取是因为私人生活领域作为体现个体独立人格和伦理“宽容”的活动领域可以成为人格自由和人格尊严的保护带之一并体现一种责任感。公共生活领域是由拥有一定自由权利的人们通过积极参与和有效对话而发展起来的共同生活世界，其多元化特点在于不仅有着多个利益主体，而且体现多个利益主体间“相互平等的包容性、生活方式的多样性和价值评价体系的非单一性”，是一种非“排除性”的生活世界，因而具有哈贝马斯所说的伦理性功能。因而，公共生活领域可能成为公共理性和公共精神得以形成的社会基础形式，这种公共理性和公共精神在罗尔斯看来就是理性作为规

---

① ［德］黑格尔：《法哲学原理》，商务印书馆 1996 年版，第 162、173 页。

② ［加］查尔斯·泰勒：《自我的根源——现代认同的形式》，韩震等译，译林出版社 2001 年版，第 443 页。

③ 顾肃：《自由主义基本理念》，中央编译出版社 2005 年版，第 388 页。

范秩序的合法性基础。这种公共理性在哈贝马斯那里是以“交往理性”的形式而得到阐述的，尽管他与罗尔斯的公共理性的运用场域有所不同，但其共同点在于：都是在后现代主义对传统理性主义的批判中重返理性之源的一种信念和努力，试图通过对理性的重新阐释解决在主体间或主体际如何达成共识的程序性问题，重建现代社会伦理秩序的合法性与根据。而传统“家国一体、由家及国”的伦理模式的文化设计使得传统中国社会既没有严格意义上的公共生活也缺乏真实意义的私人生活，只有家庭和家族生活。

而家庭、家族生活承担了两者的功能所培养出来的是一种家族精神和宗法精神，不仅遏制了独立人格的生长也导致公共精神和公共理性的匮乏。公共生活的缺乏演化出来的是一种家庭的亲情伦理关系及其外延，不能衍生出关于生命平等和人格尊重的观念以及在公共生活中对于复数“他者”的一种排斥倾向。因而，在“亲情”伦理的域限之外有了“不道德”的存在可能性。这应该是诚信缺乏、公德淡薄和难以形成宽容、对话和理解乃至人格尊重的社会历史文化根源所在。正因为如此，新兴群体强调个体德性品质的诚信与仁爱精神并把缺乏沟通作为产生伦理冲突的主要原因；同时，我国社会结构的变化和社会生活的分化已成为一种“理性的事实”，这一事实与新兴群体的职业分化与不稳定性的结合，从根本上改变了传统社会伦理关系的封闭性、固定性与“熟人性”特征。伦理关系的变动性和匿名性、社会结构的不确定性和多元化使得个体在任何地方都可能成为“异乡人”。因而，现代的按功能区分的社会使个体的人不再被稳固地定位在社会的单一子系统中而永远地在存在论意义上失去了家园①。现代生活必须要保护与培育“陌生关系”，而与陌生人一起生活可能是一种具有测试性的不稳定性的生活，并有着这样一种心理预设倾向：在“陌生人社会”遵循着与“熟人社会”不同的心理与行为逻辑，把陌生人设定为是道德上不可信赖的。这样使得人们生成一种滞后性的应对心理与行为倾向，不仅不重视处理与陌生人的关系甚至也不看重工作关系而出现了工作关系成为意识中最不满意的伦理关系这样的幻象。

（四）群体道德性的认知重视教师，并从反面提示了建构政府制度伦理精神的重要性

与上述的现代社会分化与整合相联系的必然是职业分化与角色转换和角色伦理。因此，尽管新兴群体自身不构成一种“伦理实体”存在，但新兴群体对社会

① ［英］齐格蒙特·鲍曼：《现代性与矛盾性》，邵迎生译，周宪、许钧主编，商务印书馆2003年版，第304页。

不同伦理群体的道德意识或伦理意识所作出的道德认知和情感态度，可能源于一种对于教师角色与职业的伦理期望，在本质上则可归属于一种职业道德或职业伦理精神认同与角色认同。社群主义者麦金太尔主张在社会角色及其转换中寻求某种德性的根据，或者说“德性就表现在他的角色所要求的行为中”①。若从广义的角度理解“角色”——因为如果把“角色”看做是主体间的相互作用所规定的在特定社会关系和社会结构中的地位、功能和义务，那么，“实体”同样成为一种“角色”存在，黑格尔就对实体作出过主体意义上的理解：伦理实体即主体——社群主义与新自由主义之间并非存在深度的内在断裂与分歧，它们只是以不同的前提预设而致力于相同的理论意旨：试图重建“德性”与“角色”之间的内在关联性。而这种内在相关性也得到德国古典思辨哲学的认肯，黑格尔曾指出，一个人该尽什么样的义务才能成为一个有德性的人，只要求在伦理性的共同体中做他的环境中所已指出的、明确的乃至他所熟知的事。个体或实体在社会生活中的行为选择及其认同性评价，最直接最有效的根据就存在于“角色认同”与“角色德性”的相互关系中。这在不同的具体场域中具有不同的体现形式，在职业活动中则表现为职业角色与职业道德。

职业分化不仅是现代社会的一个标志性维度，而且为主体潜能的发展、个性与人格的塑造提供了社会条件与伦理空间。德国社会学家马克斯·韦伯在《新教伦理与资本主义精神》中揭示了资本主义精神起源的一个重要特点是自由劳动的理性组织方式，是一种依靠契约与制度来实现的职业精神，并指出了职业的双重意义，即“一方面它具有特殊的实用技术性或经济理性，蕴涵特定的职业责任伦理；另一方面，它又具有普遍意义的道义力量，蕴涵宗教意义的道德神圣感”②。这本质上是一种“伦理感”或“伦理精神”，因为，职业有着超越于自身而服务社会与他人的价值与意义指向。因此，韦伯把新教伦理精神看做是一种“社会精神气质”。只有这样，才可能形成一种充分的职业理性与深厚的职业责任感并通过职业义务的践履与他人、实体建立一种伦理精神联系，达到个体性与普遍性的统一。否则，就是一种以“个体性”消解“普遍性”的伦理上的“恶”，在黑格尔那里，与“普遍性”相对立、相分离“个体性”既是“恶”的根源也构成它的内容。因此，职业可以在特定的境域中成为个体与实体统一的伦理切合点，因而，我国道德建设把职业道德与家庭美德、社会公德一起作为公民道德建设的一个重要内容。新兴群体认为教师群体是最能体现社会正义的认知判断可以做如下解释。

一方面，教师的职业功能在于一种心智与精神的一种教育与“启蒙”，在康德

---

① ［美］麦金太尔：《德性之后》，龚群等译，中国社会科学出版社 1995 年版，第 153—154 页。

② 寇东亮：《德性的自由根基——现代道德困境的人学解读》，［博士学位论文］北京师范大学出版社 2004 年版，第 161 页。

那里，“启蒙”意味着使他人获取一种成熟的知性以走出自己那种天性的不成熟状态。这种“不成熟状态”应该是理智理性与伦理理性两个方面状态的统一。另一方面，但启蒙后的现代文明发展的现实逻辑是：超越性的精神本性在某种“终极性伦理实体”的“祛魅”之后又遭遇了双重剥离，对理性的信仰转向对经济理性与科技理性的信仰，进而转化为对物、工具的崇拜并最终成为道德信仰危机的社会历史根源与表现。物不再是一种自然存在的状态，而是具有一定支配力量的“物的逻辑”，自我在“物的逻辑”中力图辨别和保持自我的本真性。因而，现代性所提出的需要解决的问题不是生活的物质层面，而是对生活的理解和理解能力以及意义建构能力。这种伦理状态与“人文精神因素或人文力日益成为国家的核心竞争力”的“理性事实”构成了丹尼尔·贝尔所揭示的现代社会“文化矛盾”的一种表现方式。

现代社会文明体系中，教育是一种文化的存在，文化是教育对社会、经济的作用方式和作用点，教育的文化底蕴和独特的魅力不仅在于帮助和导引人们建构超越于世俗之上的意义和价值世界，造就现实生活世界的价值秩序和伦理秩序，而且在于透过意义和价值世界的创造实现人从自身的自然性和主观自然中的解放和提升，造就一种有教养的价值主体和伦理主体，使人的道德自我意识提升到伦理意识，或者说由个体的道德世界观向伦理世界观转化。教育存在的意义就在于它以自身的特殊文化品质和文明指向，与经济社会达致合理而有效的辩证互动，在这种辩证互动中实现教育与意义和文明体系的生态合理性。

在这样的伦理历史现实和教育的功能语境中，与其他的伦理群体相比，教师通过职业责任感、伦理感所体现出来的现实职业伦理精神具有了更强的伦理能力。新兴群体认为人民教师是最体现社会正义的伦理群体正是对教师的一种角色认同。

如果如黑格尔那样，也在主体的意义上理解伦理实体，那么，伦理实体也可以成为一种人格化的角色主体而成为角色认同的意指对象。现实生活的实际操作中，对伦理实体的伦理性与伦理能力的认同或者是在“还原”的意义上进行：对伦理实体中的伦理元素进行道德评判；或者对制度的伦理精神进行认同性评价。美国基督教伦理学家尼布尔以一种悖论形式揭示了“群体的理性能力与其规模”的负相关性，并以此为前提预设，认为“人类精神中存在着一个悲剧：人类没有能力使自己的群体生活符合个人的理想。作为个人，人相信他们应该爱，应该相互关心，应该在彼此之间建立起公正的秩序；而作为他们自己认为的种族的、经济的和国家的群体，他们则想尽一切办法占有能攫取一切的权力”①。因而，权力

---

① ［美］莱因霍尔德·尼布尔：《道德的人和不道德的社会》，蒋庆等译，贵州人民出版社 1998 年版，第 7 页。

在“集体行动的逻辑”中容易发生异化：公共权力异化为个人权力的滥用，因而，对于伦理实体来说也最需要一种制度伦理精神，这种制度精神应该成为“伦理实体”超越性的精神本体结构。这样，我们可以解释，在调查问卷中，新兴群体以自身一定的知识结构、所处生活领域的广泛性而对群体的伦理道德性状做出认同评价：认为政府机构是影响社会道德状况的重要因素并把它排序为第二位；而政府官员是最不能体现社会正义的群体。这种认同性评价也可以放在“伦理”的视阈中予以解释与说明。

如果把对伦理实体和伦理制度的认同置入黑格尔所理解的“个体性与普遍性的统一”的伦理意义上进行认识，这种认同的伦理性本质就是个体对某种实体、制度框架体系在价值上所作的合理性与合法性承认与肯定，或者说是对构成伦理实体的制度或机构的一种珍视与归依意识，如同黑格尔意义上的“悲怆情愫”，这样，市民社会等伦理实体的制度机构精神成为“集体性自我意识”的对象。但我们在历史性和逻辑中经常事实地遭遇这样的悖论伦理格局：或者因强调“自我”为“伦理实体”的一部分而可能丧失个体独立性的自由主体人格，而对这种危险的“前见”可能迫使人们从一开始就走向个人主义并遭受“原子主义”指责；或者因强调个体自我的独立自由而有着丧失世界的危险，而对这种危险的“前见”可能走向完全的外部整体主义而形成福柯意义上的“规训”社会。无论怎样，伦理实体及其制度伦理精神都构成这种矛盾的一个方面。

在我国传统伦理文化中，不论是上文提到的“只要个体至善，最后就能达致社会至善”的文化原理，还是“德性理想主义与伦理中心主义”的伦理悖论，都造成了伦理实践中对制度自身的价值与伦理建构的遮蔽，具体的体现就是社会生活世界中多领域的“生态性”断裂。而生活世界中，一种合理的良性伦理环境及其秩序应该伦理、道德、经济、政治、法律和文化等的一种生态性整合，而用伦理道德遮蔽乃至僭越其他领域，把伦理道德秩序直接等同于其他具体领域的秩序，这是实践理性的一种误用，它带来的实际状况是：只重视伦理道德建设而忽略其他领域的伦理诉求。这应该说是伦理实践中应该汲取的一个教训。如果如麦金太尔所说的那样，“生活世界”与“道德系统”的分离是造成现代道德困境的社会根源，那么，这种分离在我国的伦理实践中并非一个现代性事件。而这阶段应该进一步引起我们伦理警觉的则又是这样一种情形：社会系统对生活世界的入侵或“殖民化”。马克斯·韦伯的“现代性”诊断把“自由的丧失”和“意义的丧失”看做是现代社会理性化的严重结果，哈贝马斯吸收了他的生活世界的理性化过程所产生的“意义的丧失”和“自由的丧失”的现代性社会诊断，但他认为这并不是生活世界的理性化的直接的必然性的结果，而是源于系统对于生活世界的入侵与僭越，即所谓的“殖民化”。我国在向现代性社会的转型过程中，由于“急于摆脱贫困和落后状况的愿望往往使经济系统最先获得自己的增长动力，从而它不仅侵犯生活世界，而且也不可避免地侵犯或腐蚀另一个系统即国家管理系统”①。

然而，上述的这种伦理悖论本身就蕴藏着广阔的伦理空间，而对它的伦理警觉不仅是伦理学的一次深刻悟省，也是理性在历史中的一次重生：我们需要在道德价值的引导与形上自由生命以及形下利益诱导之间的张力之间建立某种平衡与协调。然而，正如尼布尔所指出的那样，我们似乎难以在个体自我与伦理实体之间建立一种永恒的平衡断点，但他还是提出了一项衡量社会伦理充分性的标准：一种社会伦理和社会秩序是否富有成效取决于它在历史和超越之间张力的性质，而衡量这种性质的一是它超越于历史的每一种价值和成就的程度，不至于把历史成就的相对价值及其目标当做道德自满的基础，二是它与历史保持有机联系的程度，不至于因这种超越性而损害、拆解历史的意义②。

第四部分　对策与路径:和谐伦理精神的后现代建构

现代性伦理道德问题已成为包括西方和中国在内的现代人所无法逃避的现实。自由丧失与认同危机已经成为我国和谐伦理建设中的两种不和谐的因素。而对于这两个因素的伦理思考形成了“规范伦理”和“德性伦理”的道德哲学辩证：一般地认为，重建规范是自由的条件而德性是实体认同的前提，但这样的思考却没有注意到这样的悖论情形：现代性条件下的制度规范建设并未能赋予人们更多的自由；现代性强调“实体认同”的“同一性”逻辑也并没有带来德性的提升。而对这一悖论的思考需要我们去审视实体和制度规范本身的伦理价值或正当性以及道德个体化与道德普遍性对立的现代性事实，这对和谐伦理精神的建构提供了某种可能的路径。

（一）“异质性”中的“普遍性”:自我同一性重建

自我同一性是心理学家埃里克森人格发展的同一性渐成理论的一个核心概念，他认为自我同一性是一种发展的结构或者是对个体身份的自觉意识和性格连续统

① 社会伦理大变局中的道德重建 http://lib.gddx.gov.cn/jyxx/jyxx2006/200678/shehiulun.htm。

② 刘时工：《爱与正义——尼布尔基督教伦理思想研究》，中国社会科学出版社2004年版，第167页。

一体的无意识追求，或者是对某个群体的理想和特征的内心趋同[①]。依埃里克森对自我同一性的理解以及我们的问卷调查，我国在现代性境遇中，存在于公共生活领域中的自我同一性危机已成为一个显见的事实。在“伦理”的视阈中，这种认同危机或同一性危机的实质在于“普遍性”的丢失而颠覆了个体存在的精神根基，因而，这种自我同一性危机在于难以形成一种统一的伦理道德精神，也表现为合法性危机。如果如哈贝马斯所说的那样，合法性危机的根源之一在于传统的断裂与崩坏，传统伦理价值观难以通过教育或社会化植入到人格之中，那么，当今中国人的道德生活中的现代性因子对传统交往方式、人格类型和价值体系形成的根本性冲击应该成为这种合法性危机的重要原因之一。

同一性危机的实质在于人的存在本性与外在存在之间的关系问题，它标示着个体的一种“在世”存在样式，不仅涉及“垂直维度”的对待传统问题，同时涉及“水平维度”的人际交往问题。在道德心理视阈中，社会心态结构中存在着某种“潜意识”以及生存论意义上的选择意向性，道德、文化在历史传承过程中遵循一种选择意向性，即哈耶克意义上的“有助益”标准实现社会性遗传，这是进行传统伦理教育的重要的心理资源和机制，从而在“多元化”或“异质性”的价值文化中遵循某种“普遍性”原则进行意向性选择。这种“普遍性”或同一性就是一种在个体意识中的“集体无意识”或“集体记忆”中寻求一种对待传统的现代理念。由此，我们要对当代人在生存中所领有的总体性和统一性进行重新审视的是“那种由传统社会界说的将具体个人的天性加以变异扭曲的、单一模式的总体性”，倡导“真正能够包容个体差异的总体性”，这需要诉诸一种整体理性。

而在水平维度的公共生活领域，罗尔斯主张建立在“公共理性”基础上而产生的普遍性。公共理性就以一种理性的“程序”解决了一个自由而平等的生命体因合乎理性的宗教学说、哲学学说和道德学说而产生深刻分化之后组成稳定、公正社会秩序的可能性[②]。无论是罗尔斯的“公共理性”还是哈贝马斯的“交往理性”都是在于重建现代性社会伦理精神的合法性根基。“交往理性”是体现多样性和差异性或异质性的前提和基础。“在列维纳斯的解释中它是一种启示，是已知或可知事物中一个未被预见也不可预见的裂口。它导致新的、不可预期的意义产生，而不是交流早已熟知的意义”[③]。这样，自我连同自我的语言都不具有话语霸权和真理专制的色彩。同样关键的是，通过话语“我”发现“我”并不是世界的独占者，看起来为“我”独有的东西被表明是与他者共享的并保留了各自的自由和自主的地位和独立的人格，从而与他者的关系就其本性来说不仅在起源上而且在根

---

① 简·卢文格：《自我的发展》，韦子木译，浙江教育出版社 1998 年版，第 367 页。

② 罗尔斯：《政治自由主义》，万俊人译，译林出版社 2000 年版，导论，第 13 页。

③ ［英］柯林·戴维斯：《列维纳斯》，李瑞华译，江苏人民出版社 2006 年版，第 51 页。

本上都是伦理性的。

（二）自由作为德性的根基：道德主体的塑造

道德主体精神本性的重要方面在于：把现实的道德原则、制度规范和价值标准通过一种意向性认同而内化为个体的德性品质。这一过程是依靠一种自身心理的反作用结构的抑制来实现的。精神分析学家弗洛伊德称之为“较高的心理机制”①，它具有自由的特性。道德的真正本质就是个体性在道德世界中的自由生长、过真正德性的生活。因此，无论是先验预设还是规范性的伦理进路都显现了自身在塑造个体心性精神秩序中的非自足性。而且，在这种先验预设和规范、规则的进路中可能潜蕴着一种伦理风险：伦理与道德对生命内涵和生命存在多样性的统摄与僭越，使生命的现实存在及其多样性需求抽象并异变为一种“道德生活方式”，把包括自由权利和利益实现在内的多样性生活简单地等同于伦理生活，脱离现代性生活世界的活生生的多样化、差异性的生命。

先验预设的进路在于建构某种道德形而上学；规范伦理关注行为对外在规范的服从；历史性生成的进路指向的主要是如何在现实生活世界中建构现代人的具有独立人格的精神秩序。在我国这种先验预设的早期表现形式就是性善说并经后来的宋明理学而建构起各种道德形而上学，而现代新儒学和麦金太尔试图回归古希腊伦理一样也力图返回传统的“心性之学”或“道德之学”，试图将之从所依附的特定历史的社会经济境域中剥离出来以“道德理性”为核心在现代社会中予以重建，赋予道德理性“严整而纯粹的意义”，即先验性、普遍性，遵循康德把先验的普遍必然的非感性的实践理性或自由意志作为道德之所以可能的前提条件，事实上，这样的进路不仅以一种先验性、必然性和绝对性否定了道德建构和社会结构之间的张力也以一种形而上学的专制窒息了个体对于道德自由的选择空间。

规范伦理的价值取向是自由主义，人的行为的自由是其不可剥夺的权利，但必须具有道德上的“正当性”，必须符合社会的普遍道德规范。这样，行为的伦理正当性的判据在于具有普遍性道义性的原则或规范，现代规范伦理是以个人自由权利为价值原点的，其合理性在于是否能公正合理地确定权利和义务，为生命的自由提供可能性和可靠的伦理保障。但规则不能说明和判定自身的合理性、合法性与真理性，而且没有自由、自主和自愿的要素，规范根本不具备道德性。价值规范之所以能参与道德生活与伦理秩序的建立在于它本身是一种客观的“文化—

① ［德］弗洛伊德：《文明及其缺憾》，安徽文艺出版社1987年版，第19页。

心理抑制”机制[①]，这应该是弗鲁格尔的道德心理学理论把“道德进步”看做是从道德抑制向自发的德性发展的本真意涵。若没有主体自身的心理结构状态则不能产生自律性的伦理道德行为，呈现出道德认知和道德实践之间的断裂，即“理性”对“精神”的置换，这正是后现代思想家齐格蒙特·鲍曼认为我们的社会伦理秩序不再需要“公民的知识性认同”[②] 的深刻底蕴所在。

因此，道德主体的后现代建构在于主体性道德人格的历史性生成。在现实的生活世界中，现代社会的偶然性和不确定性决定了现代生活的复杂多变、差异性和多样性的社会本质特征，因而，基于自由权利的具有一定责任意识的主体道德人格是现代社会的内在要求，这种自由人格拥有理性的探究、判断和选择的能力，自由个性因此成为创造性活动的本体依据[③]，也具有了承担创造的责任并担当痛苦、困惑与焦虑。而崇尚主体自由和自主的价值抉择的自由意志应该是责任归因的前件，如康德所说的，自由成为道德的根据。德性应该体现生命个体自主的责任意识和责任能力。存在主义哲学家萨特对自由理论的伦理贡献在于由生命的“本体自由”衍化生命存在的责任性，“人由于命定是自由，他对作为存在方式的世界和他自身是有责任的，这种绝对的责任不是从别处接受的，它仅仅是我们自由的结果的逻辑要求”[④]。这是一种深层的精神自律性，正是这种自由和创造的责任感塑造着现代德性主体并引导生命进入一种和谐的伦理境遇之中。

（三）公正的诉求：建构实体伦理精神

生命的精神结构以超验的意义世界为其本质，而现实生命的欠缺和有限使得人以超验的意义世界作为“本体域”寄寓着生命的终极关怀，这种精神元素与心理的结合造就了各具特色的人格。尽管精神结构具有本体的意义，具有其逻辑化的普遍性意义，在一定程度上呈现心理的性质。考察精神结构的内化与生成应该特别关注个体与实体（包括社会）的互动关系，而“要求集体的承认、接受和对伴随着一个功能的被赋予而来的新地位的承认，是人类文化中所有制度形式的起点”[⑤]。因而，“当制度公正时，那些参与着这些社会安排的人们就获得一种相应

① 丁大同：《国家与道德》，山东人民出版社 2007 年版，第 149 页。
② 齐格蒙特·鲍曼：《生活在碎片之中——论后现代道德》，学林出版社 2002 年版，第 9 页。
③ 崔宜明：《道德哲学引论》，上海人民出版社 2006 年版，第 295 页。
④ ［法］萨特：《存在与虚无》，三联书店 1987 年版，第 708 页。
⑤ 刘景钊：《意向性——心智关指世界的能力》，中国社会科学出版社 2005 年版，第 231 页。

的正义感和努力维护这种制度的欲望”[①]。

在黑格尔的精神哲学中，“个体性”构成“恶”的规定性与根源之一，生命因自我意志而执著于某种狭隘的自我而离开普遍性成为“恶”。伦理精神在于“个体性”与“普遍性”的统一，而且“精神”高于“理性”的地方在于其现实性和实践性。在调查问卷的上述分析说明中，我国在现代性的历史境遇中，伦理精神呈现出一种“实体”下移和个体凸显的异化形式，这是精神的内在断裂，表现为一种“实体认同危机”。但在黑格尔“理性和解”的辩证运动中，个体性可以经由自身的分化重返普遍性而获得精神。个体性和特殊性与整体性和普遍性可以实现转化中的融合，而只有在个别性和特殊性充分展开的基础上实现的整体性和普遍性，才是真正富有活力和生命流动性的普遍性。因此，“精神”的本性不是以一种“总体性”或“普遍性”压抑、窒息乃至消解“个体”的个别性，而是要把个体性扬弃在自身之中达致一种自身的和解，这是以实践作为自身本性的“精神”的内在要求。这样，“伦理优先性”的本质是在于：维护个体生命权利与自由的正义原则的优先性并在此基础上生成相应的德性化的道德主体和个体道德。正是在这样的意义上，黑格尔说伦理秩序就是自由，实体即主体。因而，制度的伦理性运作是不能在“精神”之外而应该内在于“精神”之中。那种企图建立一种“不预设任何善观念”的价值无涉的社会组织及其制度，并通过这种制度安排保证和实现个体充分自由的实践是缺乏“精神”的。

而以一定的伦理秩序对政府或国家权力的制约则是为了确保个体生命的利益、权利和自由，但由于社会的秩序取向和社会中各种权力的自由取向之间会表现出某种冲突，这种权力若被自由放任或随意化，则会背离公正的目标原则而呈现出比任何其他领域更大的伦理风险。因而对政治权力和实体、制度的伦理审视与预期则成为人们关注和思考自身的利益、权利和自由的诱因并据此生成一种“认同感”。制度和权力的价值合理性基础就在于对个体生命的伦理权利的尊重和自身的伦理义务的张力之中并在这种张力中使权力成为一种责任。这种责任要获得正义性必须思考自由权利对于一种伦理精神和自由秩序以及德性主体生成的意义。因此，“我们在调整社会组织机构的时候不应该遵循减少人类私欲的原则，而应尽量使其成为发掘人类美德的有效机制”[②]，这种机制在制度权力的公共性和社会财富的分配当中得以体现。调查分析表明，权力的滥用与异化以及财富分配的不公正已经成为重大的的社会问题，而在这样的伦理图景中，更易造成一种“心灵失序”和“价值位移”并强化对“自然性”的执著最终僭越于道德之上。因而，它在一

---

① ［美］约翰·罗尔斯：《正义论》，何怀宏等译，中国社会科学出版社 2001 年版，第 456 页。

② ［美］麦特·里德雷：《美德的起源——人类本能与协作的进化》，刘珩译，中央编译局出版社 2004 年版，第 151 页。

定程度上摧毁伦理世界中精神的普遍性并消解生活世界的现实基础。因而，这两大问题的解决在我国伦理精神的建构中应该成为关键的着力点，它关系着精神家园的守望、认同与建构。

（马向真）

十

当前我国单位组织的伦理关系与道德生活

改革开放前的中国，单位组织不仅是专业化的工作场所，而且是国家分配社会资源和实现伦理安排的管理机构，是社会主义价值理念的承载者，人们很少对单位进行伦理的争议和道德的质疑。随着计划经济向市场经济的转变，由国家集中管理、占有和分配各种资源的体制格局已被打破并逐步瓦解，随着单位制度的变迁，伦理道德也相应发生变化。为考察单位制度转型给组织道德状况及社会和谐伦理带来的影响，受国家社科基金重大招标课题①委托，就组织（企业、政府、媒体等组织）的道德现状及其相应伦理问题进行实证调查，以期为当前中国道德建设提供新发现，给出新解释，寻找新对策。

前言:调查研究的目标与组织实施

1. 调查研究目标

“当前我国单位组织的伦理关系与道德生活状况”，是2005国家社会科学基金重大招标项目“构建社会主义和谐社会进程中的思想道德与和谐伦理的理论与实践研究”的子项目。本项调查的目的是了解当前中国单位组织的伦理关系及道德生活状况，为解释和解决当前中国伦理道德问题提供新视角、新方法和新手段。

具体目标有三：

（1）对当前中国组织的伦理关系及其道德生活现状进行系统深入的调查研究；

（2）对当前中国组织伦理的困境进行调查分析；

---

① 《构建社会主义和谐社会进程中的思想道德与和谐伦理的理论与实践研究》（项目号：05&ZD040）。

（3）根据当前中国组织伦理的社会文化背景，依据道德发展的前沿理论，参照发达国家组织道德建设的先进经验，探寻中国组织道德建设的实践对策。

总之，通过调查希望达成的目标是：描述当前中国社会组织的伦理关系现状和道德生活状况，在此基础上调查分析组织伦理道德的困境及其原因，根据组织伦理理论及发达国家的实践经验，结合中国实际对组织伦理的建设给出富有成效的对策建议，充分发挥单位组织在现代中国和谐伦理与道德建设中的地位和作用。

2. 问卷设计和分析框架

为了进行社会调查，我们在设计问卷时，必须将一般性概念转换成具体的、可以测量的变量。对于组织伦理的变量操作我们遵循了以下的分析框架：

（1）关于“组织”。组织是指由互动人群构成，以实现一定目标，具有内在结构和秩序的社会实体。问卷设计时，将组织这一基本概念进行了变量的操作，操作化的结果是将组织这一概念分解成企业、政府、媒体三大类具体的变量要素。

（2）关于“伦理”、“道德”与“伦理世界”。伦理与道德就其本质而言，是人类处理个体与类（共体）、“单一物”与“普遍物”关系的生存智慧，体现了一种自由精神。伦理是一种普遍物，是一种共性、公共本质，是一种包含了个体的、现实的类存在，是一种客观精神；道德是对伦理普遍物的分享与获得，是内化的伦理实体，是客观精神的主观表达。伦理世界，就其实质而言，是人类在自己的生命历程中，透过伦理精神，通过伦理行为实现个体与类、特殊与普遍的辩证统一。“伦理关系状况、道德生活素质”是我们这次针对组织进行伦理道德调查的操作变量。

3. 调查对象和组织实施

本次调查的基本对象是：企业、政府、文化组织（媒体、学校）等。此次调查的地点，随机选择在江苏省的苏州、盐城和南京三个地区。我们通过问卷调查和座谈等形式先后对江苏苏州地区（包括昆山）和盐城、南京的一些单位组织进行实地调查，共发放问卷694份，其中有效问卷689份，有效回收率为99.3%。

具体实施情况见下：

本问卷调查分二次发放：第一次发放时间是2006年9月，随机对苏州地区不同单位组织（主要是企业和政府）进行调查，共发放调查问卷249份，有效问卷246份；第二次发放是2007年5月，对南京地区的不同单位组织进行随机调查，此次共发放调查问卷445分，有效问卷443份。

本调查共召开座谈会三次：第一次在苏州，时间为2006年9月；第二次在昆山，时间为2006年9月；第三次在盐城，时间为2007年5月。

4. 样本结构的效度分析

（1）被调查者的性别结构：男性 418 人，占总数的 60.7%；女性 271 人，占总数的 39.3%。

（2）被调查者的年龄结构：18 岁以下的 2 人，占总数的 0.3%；18—25 岁的 263 人，占总数的 38.2%；26—35 岁的 244 人，占总数的 35.4%；36—50 岁的 156 人，占总数的 22.6%；51 岁以上的 24 人，占总数的 3.0%。

（3）被调查者的单位性质：机关工作者 57 人，占总数的 8.0%；事业单位工作者 211 人，占总数的 31.0%；国有企业工作者 160 人，占总数的 23.2%；民营企业工作者 93 人，占总数的 13.5%；其他行业工作者 168 人，占总数的 24.4%。

（4）被调查者的职务结构：高层管理者 31 人，占总数的 4.5%；中层管理者 136 人，占总数的 19.7%；基层管理者 153 人，占总数的 22.2%；普通职员 369 人，占总数的 53.6%。

从样本结构的组成来看，选用样本的性别、年龄结构合理，单位类别广泛，职务层级全面，样本具有代表性，为有效样本。

5. 调查质量的信度控制

需要说明的是，第二次调查是在总结吸取第一次调查经验的基础上进行的，形式上更简洁，将原先问卷 87 题缩简为新问卷的 40 题，大大方便了被调查者。考虑到卷面的美观及问题的一致性，后一问卷中的题目在前面一份问卷中都能找到，所不同的只是问题的序号。在问卷统计过程中我们特别关注这一问题，特别是序号和问题的衔接性。

为保证调查质量，我们对调查员培训、调查实施、问卷编码、数据录入、清理等各个环节加强了质量控制。在调查实施中，采用了调查员自查、调查指导员复查、课题组分别核查的三级质量控制方法。全部调查结束后，我们又通过 SPSS13.0 统计软件进行数据处理与分析研究，保证了调查数据及其分析的可靠性。

6. 补充说明

尽管我们做了一定量的问卷调查，也进行了访问座谈，但毕竟样本有限。组织道德问题在现实生活中的凸显已引起了不少部门和学者的关注，并做了大量的调查研究。为增强研究的科学性，本课题引用、借鉴了国内外已开展并对本课题有所贡献的调查数据。

（一）现状与问题

计划经济时代，个人对单位、单位对国家的依附性很强，在这种依附性社会结构中，集体主义原则是确立和维护组织伦理关系的关键所在。市场经济时代，“个人—单位—国家”之间单向度的依附关系已逐渐被商品经济的契约关系取代，传统伦理理论和个体道德经验已无法应对现代组织所面临的伦理问题。这种背景下的组织呈现出怎样的伦理关系与道德生活状况？

1. 当前中国单位组织伦理关系的调查

改革开放前的单位组织具有天然的伦理合法性。作为国家管理和伦理安排载体的单位，一方面为人们的交往提供着伦理空间，另一方面满足计划经济时代国家的调控职能。单位制度时代个人利益、单位利益、国家利益具有内在的一致性，集体主义是伦理秩序无可争辩的原则。市场经济保证个人合法利益的同时，也肯定法人组织的利益，个人、单位、国家之间的利益既有内在的关联也有潜在的冲突，当前中国组织正处于从传统伦理向现代伦理转型的过程之中，应该说，这是一个失范与建构、裂变与提升并存的变迁过程，处于伦理建设急需加强的关节点上。

（1）发展不平衡的组织伦理状况

转型中组织的伦理处于不平衡之中，这种不平衡既体现在组织之间各自伦理秩序的差异上，也体现在同一组织内部不同部门之间伦理氛围的区别上。

被调查者中，有13.0%的人认为当前中国组织既无伦理意识也无伦理秩序，11.9%的人认为中国组织伦理秩序状态良好，20.2%的人认为组织伦理秩序日益完善，但也有38.9%的人认为当前中国组织伦理处于不平衡状态，有的组织伦理处于良性运行状况，有的处于提高状态，也有的处于失范状态。

发展不平衡、变迁不一致的组织伦理总体呈现出伦理氛围不理想的特征。被调查者中，34.3%的人认为所在单位的组织伦理氛围有较强的凝聚力，45.0%的人认为单位的组织伦理氛围比较松散，14.7%的人认为单位的组织伦理氛围不团结，5.8%的人认为组织伦理氛围很差。总体说来，组织伦理氛围处于不理想的状况。

单位制度的转型已经从根本上触动和改变中国社会的伦理结构，引发社会伦理秩序的变化，调查数据也呈现出伦理发展不平衡、变迁不一致这种转型社会常见的伦理状态。尽管这种发展不平衡与变迁不一致是产生社会伦理新秩序的必然环节，但我们不能不注意中国组织伦理氛围总体不佳的现状，单位组织健康的伦理秩序和伦理氛围是社会良好伦理秩序和伦理风气的前提，组织伦理氛围的继续恶化有可能加剧社会矛盾、引发社会动荡。

（2）市场经济背景下组织的“去伦理化”倾向

随着市场经济的进行，传统单位组织天然具有的伦理特征逐渐退化，作为社会工具性质的功能性特征日益突出，组织呈现出“去伦理”的倾向。调查数据表明，当前中国组织“去伦理”倾向已较为明显，它体现在组织伦理语境的失却、组织伦理决策的缺失和组织伦理共识的缺少上。

当前中国组织运行过程中，日渐失却伦理话语。被调查者中，42.7％的人表示过去六个月中没有听到本单位人员谈论伦理道德方面的事，44.4％的人表明听说过一两次，只有12.9％的人表明经常听到。组织伦理话语的缺失表征了组织的伦理盲视，这种盲视直接表明了组织伦理意识的淡化。

组织的“去伦理”倾向，还呈现在组织伦理决策的缺失上。被调查者中，11.9％的人认为单位在制度制定、做出决策时从来没有考虑伦理问题；32.5％的人认为单位会考虑伦理问题；44.1％的人认为应该有但不是很清楚，10.0％的人回答不知道，1.5％的人认为偶尔有或者有一些考虑。从中可见，当前中国组织伦理及其决策机制不够完善，具有伦理意识并且能自觉遵从的组织还不足一半。

另外，还有数据表明，当前中国组织决策沟通达到伦理共识的比例较少。被调查者中，认为单位领导在决策过程中对员工意见基本没有采纳的有11.9％，32.8％的人认为很少采纳，45.1％的人认为一般，只有10.2％的人认为很重视。没有伦理共识的组织很难形成良好的伦理氛围，也难保证组织行为的道德正当性。

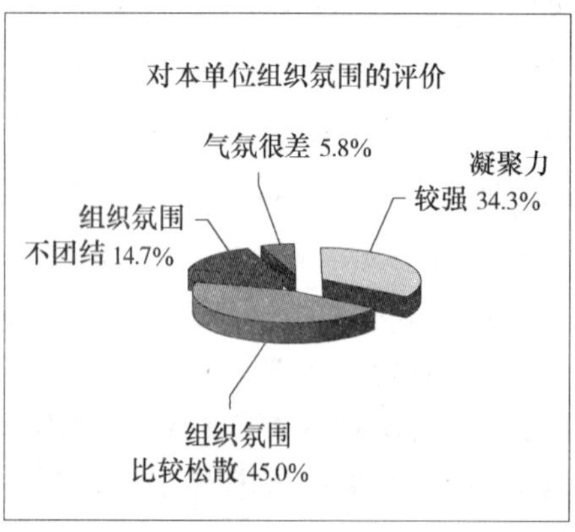

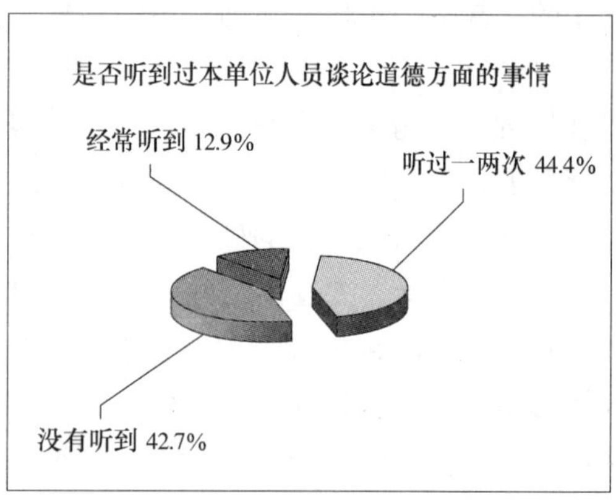

组织“去伦理”的倾向

（3）转型期组织伦理的“自利性”趋势

社会转型引发的组织伦理关系变迁加剧了组织伦理价值观念的变化。当问及被调查者，单位在处理个人、组织、社会利益关系时的优先性时，15.4%的人认为单位以职工利益为重，65.7%的人认为以单位、集团的利益为重，只有15.1%的人认为以与单位相关的社会的利益为重，还有3.8%的人认为要具体分析，有人认为不同性质单位的侧重点不同，也有人认为是以决策者的利益为重。从中可以看出，市场经济对单位组织伦理价值取向的影响很大，市场经济肯定了单位组织作为相对独立利益集团的合法地位，当单位组织被赋予相对独立的利益主体地位后，缺少伦理规约和道德约束力量的组织必定会以自身利益作为行为价值取向。

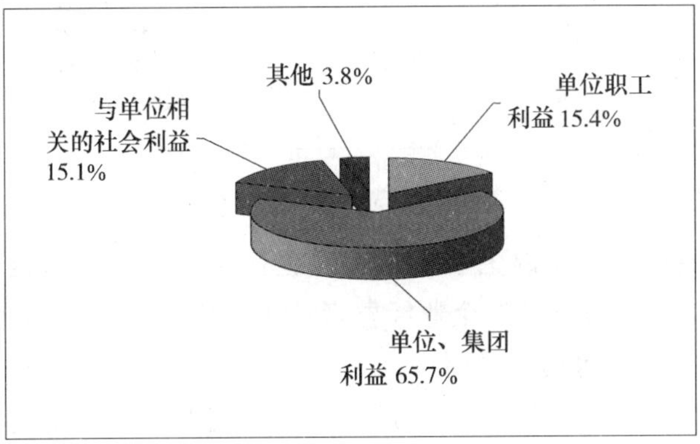

组织伦理的“自利性”趋势

2. 当前中国组织道德状况的调查

单位是中国计划经济时代产生的、具有中国文化特征的政治功能、工具功能与道德功能合一的复合型组织。随着市场经济的进行，原有单位组织日益向具有现代意义的技术性组织转变，其工具理性功能得到强化，原有的道德功能发生退隐。当前中国单位组织在现实世界以怎样的状态展示？显现出何种道德特征？

（1）组织道德的日渐缺失

随着我国经济社会的快速发展，群体性和社会性的道德问题已日益引起人们的关注。政府规制的不完善、权力和金钱对社会生活的入侵，使得组织道德缺场的现象日益严重。

调查数据显示，人们希望由个人组成的组织，也应该如个人一样具有良心，承担道德责任。对“组织是否应该像个人一样具有‘良心’”的提问中，认为组织应该有“良心”的人数达到640人，占总数的92.9%。但事实上，多数组织在决策时缺乏道德意识和考量。数据的统计结果显示，只有29.0%的人明确认为组织决策对道德有所考虑，44.3%的人认为组织决策时应该考虑道德，但不清楚实际工作中是否考虑，13.4%的人认为组织决策时从来没有考虑道德问题，13.3%的人表示不知道。这说明现实组织的道德处于“出场”状态。

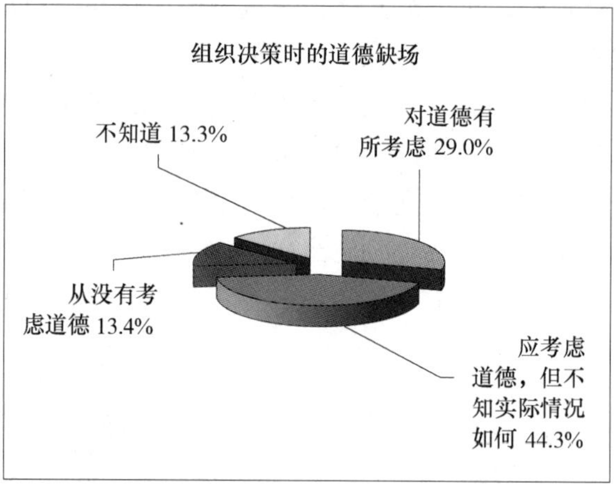

道德“良心”的流放（一）

同样有数据显示，大多数企业经营者对企业信用状况有所担忧，对于当前国内企业信用状况，仅有9.3％的企业经营者认为“较差”或“很差”，46.4％认为“很好”或“较好”。当问及“与周围的人打交道是否需要小心提防”时，62.0％的企业经营者认为“需要提防”。[①] 最近几年暴露问题最为严重的食品安全和药品安全事件都说明了组织的道德“出场”和“良心”的流放。

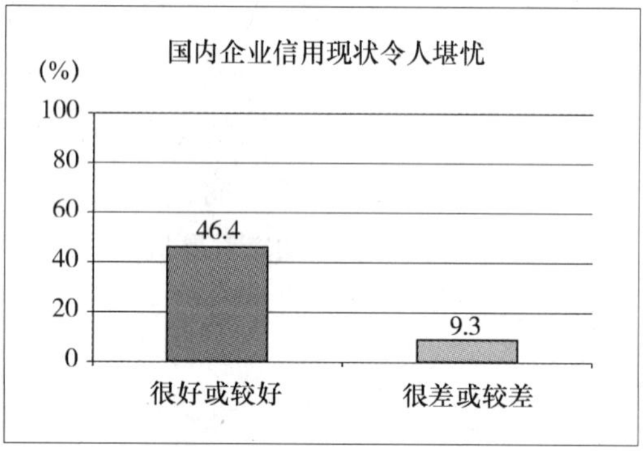

道德“良心”的流放（二）

组织道德意识的丧失与“良心”的流放，是当今中国伦理道德出现严重问题的关键所在，它给我们社会生活的伦理道德建设提出了新挑战，与此同时也指明了新出路。

（2）组织道德责任主体的困惑

现代组织在追求高效的过程中，组织不道德的问题频繁出现，人们开始反思

① 见中国企业家调查系统发布，2001年。

组织的功能定位，组织应在多大范围又应以怎样的方式承担社会责任？根据中国企业家调查系统2008年发布的“中国企业家成长与发展的调查结果”显示，不少企业经营者对履行企业社会责任存在一定的顾虑和误解。2006年的调查中，69.7%的企业经营者比较关注履行社会责任的成本；40.8%的企业经营者同意“企业社会责任是企业发展到一定阶段才要求的”；23.3%的企业经营者同意“企业社会责任是企业基本责任之外的责任”。[①] 这表明企业这一经济组织在其功能定位、价值选择上还存在一些顾虑与误解。政府的社会责任及责任政府的讨论是最近几年热谈的话题。2002年，党的十六大提出了“实行党政领导干部职务任期制、辞职制和用人失察失误责任追究制”，开始了中国责任政府构建的开端。2003年非典时期，“问责”一词被广泛应用，开始了探索制度化问责之路。但中国目前的行政问责，大多只是针对“重大突发事件”的上级官员对下级官员的问责，这种问责的特征往往是出于某种交差或应付的被迫式问责。政府责任的内涵及其承担的方式还有待进一步探讨。上述数据及其资料显示，当前中国经济、政治组织对其道德责任的内涵及其承担方式上存在着困惑，这种困惑投射到实践便是道德生活的混乱和失序。

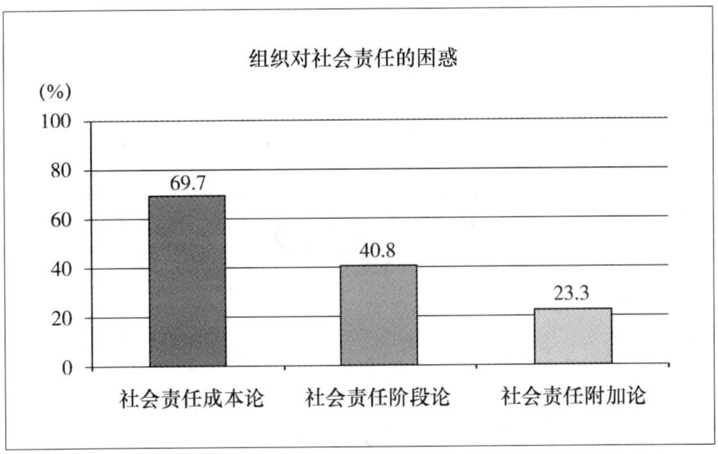

道德主体的困惑

（3）组织道德能力的欠缺

现代社会是一个高度分化又高度整合的社会，要求有着相对独立性的组织具有较强的道德认知、决策和行为能力，调查数据表明，当前中国单位组织的道德能力有待加强。

---

① 见中国企业家调查系统发布的“2008年中国企业家队伍成长与发展十五年调查综合报告”，http://finance.sina.com.cn/focus/15qyzr/index.shtml。

第一，组织的伦理意识有待提高

组织伦理意识体现在两个方面，一是组织领导者自身的伦理重视程度，二是组织伦理制度的完备程度。调查数据表明，组织领导者的伦理观念及组织伦理制度都有待提高。

组织领导者在组织伦理确立中起着非常重要的作用，当前中国组织虽有一些领导已经意识到工作中的组织伦理问题，但依然有一些领导对此问题未给予应有的重视。被调查者中，有 125 人认为他们的领导经常提到组织伦理道德问题，占总数的 18.1%；377 人认为他们的领导很少提到组织伦理道德问题，占总数的 54.7%；187 人认为他们的领导没有提到组织伦理道德问题，占总数的 27.1%。单位领导对组织伦理风气的养成有很大的作用，但组织伦理风气除需领导观念的重视，还需伦理制度的确立和伦理机制的培育，这部分的调查数据表明，实际工作中除了部分领导存在伦理盲视，大多数领导开始认识到现实中存在的伦理道德问题，不过这项数据对照问卷中第 14—16 项的数据说明，当前中国组织伦理意识欠缺的原因，除领导者观念上不够重视外，更重要的是组织伦理制度建设的缺失。

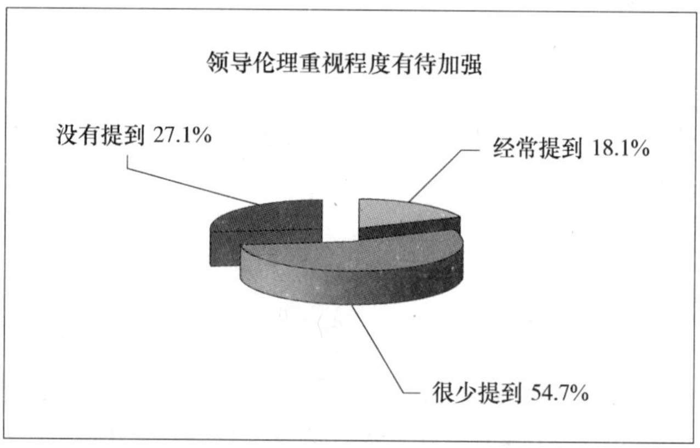

组织伦理道德能力的欠缺（一）

第二，组织的道德决策和行为能力有待提高

组织伦理道德能力除体现在组织的伦理意识之外，还体现在组织的道德决策和行为能力之上。调查数据表明，组织的道德决策和行为能力有待增强。

被调查者中，10.7%的人认为企业组织决策和行为时唯利润至上，51.5%的人认为主要考虑利润很少考虑社会道德责任；31.6%的人认为考虑利润的同时逐渐考虑社会道德责任；6.2%的人认为赢利的同时自觉承担社会道德责任。数据表明，转型社会的中国只有极少的企业组织具有很好协调自身利益与社会利益的道德能力，大多数企业不具备这方面的道德意识和道德行为能力。

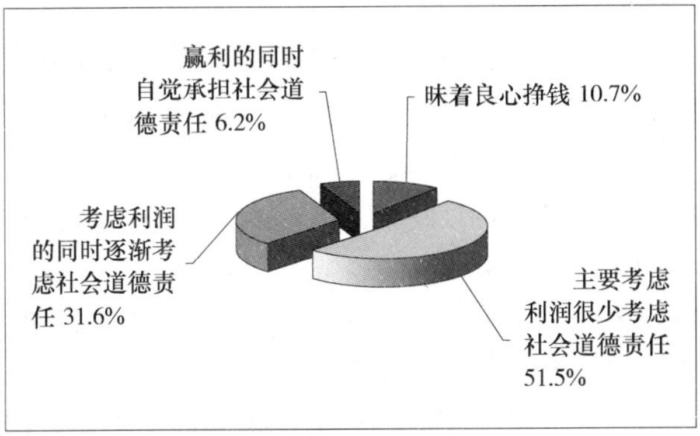

组织伦理道德能力的欠缺（二）

（4）组织道德建设的制度化不足

组织是建立在高度专业化分工基础上以特定方式结合以实现一定目标的人群集合体。制度化是组织区别于一般人群的一个特征和重要保证。当前中国单位组织道德在现实社会中存在制度化不足的状况，具体体现在组织的维护机制、监督机制、教育机制的缺乏上。

①组织缺乏道德维护机制

组织道德维护机制是确保组织道德的基础所在，而组织道德标准又是道德维护机制的原则。组织道德标准的存在状况的调查数据反映，有38.9%的组织具有道德标准，有29.3%的组织没有道德标准，还有31.8%的组织是否有道德标准未被其成员清楚认识。高技术、全球化、市场经济背景下的当前中国组织面临比计划经济时代更为复杂的道德境况，有着更大的道德风险，更需要清醒的道德意识和明确的道德标准来统一和指导集体组织的行为，组织只有存在明确的道德标准才能避免集体不道德行为的发生。调查数据表明，当前中国只有38.9%的单位组织具有明确的道德标准，这就意味着大多数组织在其行为过程中，没有自觉的伦理理念和道德坚守，缺乏相应的道德维护机制。

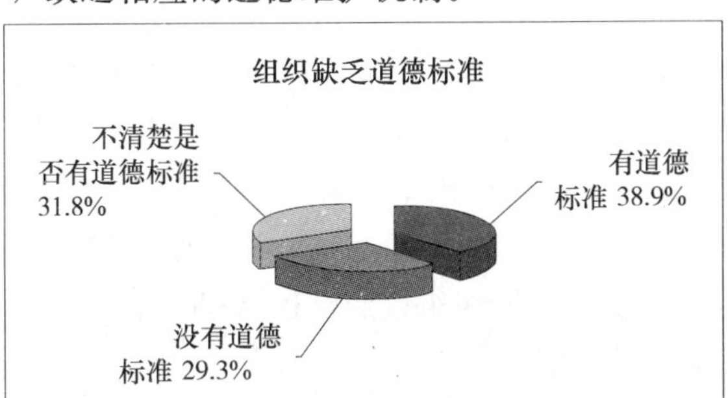

组织道德维护机制的缺乏

②组织缺乏道德监督机制

组织道德监督机制是实现组织固守道德的保证，是集体意志合理性的实现机制。调查数据显示，当前中国大多数组织尚未形成完备的道德监督机制。在问及发现上级和周围的同事有不道德的行为时的行为反应一题中，被调查者中，认为会明确指出的 116 人，占总数的 16.2%；认为会向有关部门举报的 69 人，占总数的 9.6%；认为会向媒体举报的 47 人，占总数的 6.6%；认为会和其他同事说的 145 人，占总数的 20.3%；认为会和家人说的 183 人，占总数的 25.7%；认为多一事不如少一事，装作看不见的 155 人，占总数的 21.7%。这表明现有组织职场中缺少应有的道德监督机制，发现和解决道德问题的渠道未能合理安排，这在某种程度上抑制了组织成员的道德维护意识，被调查者中，21.7%的人面对职场中的道德问题会视而不见，能采取积极行动的不足一半。

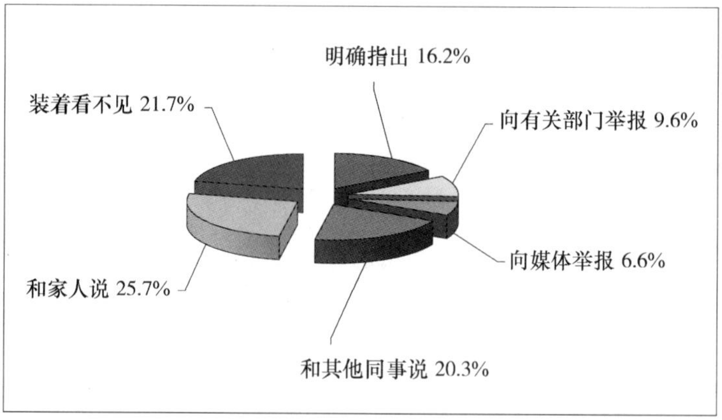

组织道德监督机制的缺乏

③组织缺乏系统的道德培训

现代社会组织所面临的伦理场域和道德问题远比计划经济时代复杂，光靠个体道德经验已不足以保证道德行为的发生，因此，发达国家的企业和政府除建立相应的伦理机制外，还经常对其成员进行相关伦理培训，以应对职场中可能遇及的伦理问题，提升道德能力。数据表明，我国现有的单位组织尚未认识和重视现代组织所置身的伦理场域和所遇及的道德问题，未认识到现代社会组织伦理教育的重要性。调查数据显示，当前中国单位组织经常进行伦理教育的所占比例很少。当问及“您所在的组织有对其成员进行伦理道德方面的相关培训吗”时，被调查者中，只有 10.3%的人认为其所在组织经常进行相关培训；55.0%的人认为很少培训；34.7%的人认为没有培训。

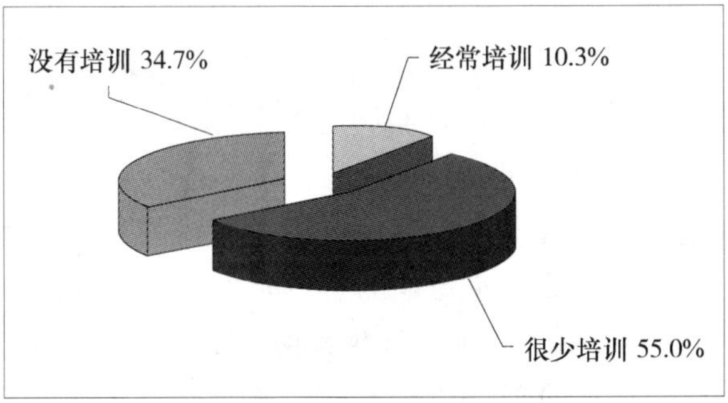

组织道德培训的缺乏

（二）困境与原因

我们正处于单位制度急剧转型的社会之中，人类道德活动空间的变化要求伦理理论也作相应的转变。传统道德哲学提供的理论及其原则已无法解释和应对现代社会复杂的道德状况，必须根据现实社会结构的发展实现伦理范式的转换。当社会所需的伦理理论供给不足之时就会产生社会伦理危机，产生组织伦理困境。

1. 组织的伦理困境

当前中国组织的伦理困境主要体现在以下三个方面：（1）当前中国组织伦理上呈现“尴尬”的状态，具体表现为现实组织的伦理在场与伦理世界的“组织”缺场的相对紧张。（2）当前中国组织道德上出现“悖论”的特征，具体表现在“伦理的实体”和“不道德的个体”的吊诡。（3）当前中国社会道德生活的“失序”，具体表现在道德责任的漂移。

（1）“尴尬”的伦理样态

调查表明：组织这一集体性道德活动主体在当今中国伦理世界及其伦理关系的现实构建中已经占据主导地位，但现实中组织的伦理“在场”与传统道德哲学理论及其实践中组织的伦理“缺场”处于相对紧张之中，造成了组织的伦理尴尬。

当今社会，组织对人类生活的渗透已无所不在。一个人从生到死，无时不处于这种或那种组织之中，如医院、幼儿园、各类学校、机关、工厂、商店等。社会转型导致的领域分化加剧了具有不同性质和特征类型的现代组织的产生。具有强大行动能力的现代组织，既对其成员的行为价值取向发生明显的作用，也对生活于其中的社会造成巨大的影响。组织化社会中的人们已认识和感知到这种作用和影响，并为伦理世界中组织伦理的缺场而苦恼。

根据中国期刊网及CNKI学术趋势图显示，组织伦理、政府伦理、集团伦理自1994年以来的学术关注度都非常低，尚无法形成趋势图。企业伦理自1994年以来的学术关注度呈逐渐攀升趋势，但研究大多侧重于企业内部的伦理问题，将企业作为完整的道德主体加以研究和建设的系统学术研究还较少见。

调查显示：单位组织对社会伦理环境及道德风尚有很大的影响，其中认为组织不道德对整个社会产生严重不良影响的有241人，占总数的35.0%；认为影响较大的有353人，占总数的51.2%。这些数据说明，组织不是如人们所认为的处于“非道德的神话”之中，也就是说，不管你是否愿意承认，客观世界中的组织具有强烈的伦理特质和道德特征，需要对它进行伦理的思考和道德的问责。然而，传统道德哲学中有关组织的伦理理论及道德实践的论述几乎是个盲区，这种组织伦理理论的缺乏便造成了组织成员工作场域的伦理烦恼。当问及工作者烦恼的由来时，36.9%的人认为人际关系处理是最费神的事；24.5%的人认为烦心事来自于专业技术能力不足；18.1%的人认为工作中的不快来自于所受待遇的不公正；10.8%的人认为工作中的烦心事来自于工作环境差；还有9.7%的人认为工作中的不快来自其他方面原因，如工资待遇、工作压力以及莫名其妙的原因，等等。它表明，伦理困惑及道德难题的处理已成为工作中最为烦恼的问题，远远超过专业问题及工作境遇及待遇问题。

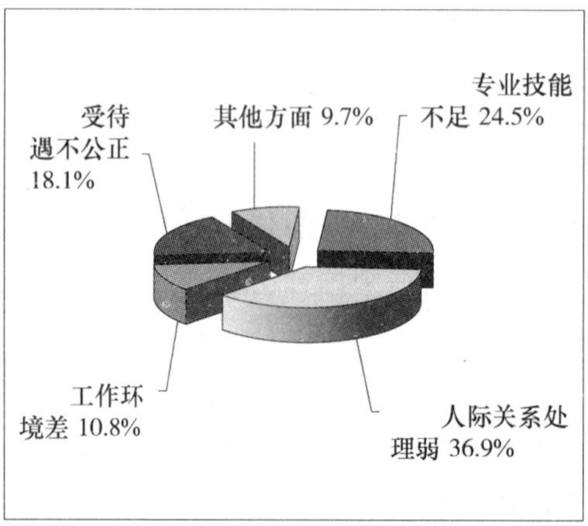

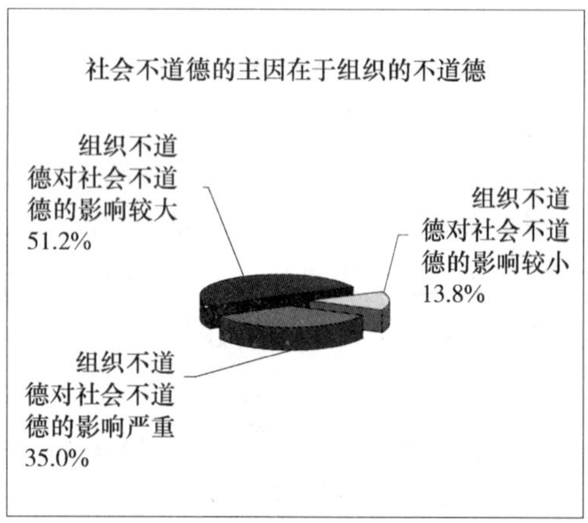

“尴尬”的伦理样态

以上一组数据展现给我们这样一幅伦理图景，当前中国组织在现实的伦理世界中正处于“尴尬”的样态：一方面，组织已成为一个强大的伦理场域影响着组织成员也影响着社会的伦理道德；另一方面，组织这种伦理特质和道德特征却未全然进入伦理学理论的研究视阈。这种“尴尬”的伦理样态，体现了一种内在的紧张，也暗喻着一种转型。这是一种机体不适和过渡的生命状态，既可能成为生命急转直下的临界点，也可能成为机体走向健全的转换点。它昭示着中国伦理道德的建设已经进入一个重大转折和转换的关键期。

（2）“悖论”的道德特征

在现代社会复杂的伦理境遇中，组织在现实道德实践中大多展示了这样的伦理—道德“悖论”：一方面，组织以“伦理的实体”面貌出现，体现为集团内部的伦理性；另一方面，组织以“不道德的个体”状态行动，体现为集团外在的非道德性。这种伦理—道德的悖论是当前中国社会伦理道德最为普遍的特点与现状。

在问及“单位在处理个人、组织、社会关系时以什么利益为重”时，15.4%的人认为以单位职工的利益为重；65.7%的人认为以单位、集团的利益为重；15.1%的人认为以与单位相关的社会的利益为重；还有3.8%的人有不同的回答。这些数据显示，目前中国组织是自发且有着异化倾向的伦理实体，组织尚并未成为自觉的道德主体。也就是说，组织在决策、制定战略目标时大多以单位、集团利益为重。这种以单位、集团利益为重的行为很可能造成一种恶，这种恶被阿伦特称为“恶的平庸”[①]，它不同于传统道德哲学视野中的恶，是一种无意识的、囿于习惯的恶，这种恶在现实生活中往往以一种伪善的样态出现，不为人所认识和警觉，这种伪善往往会使整个组织以“不道德的个体”身份出现，这是出现在当前中国社会的伦理道德的新问题。

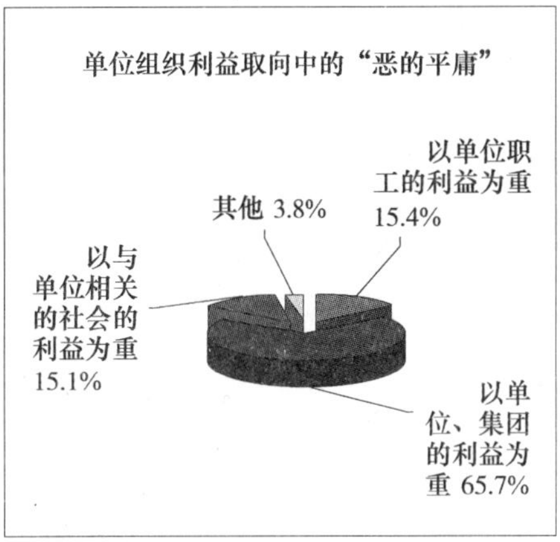

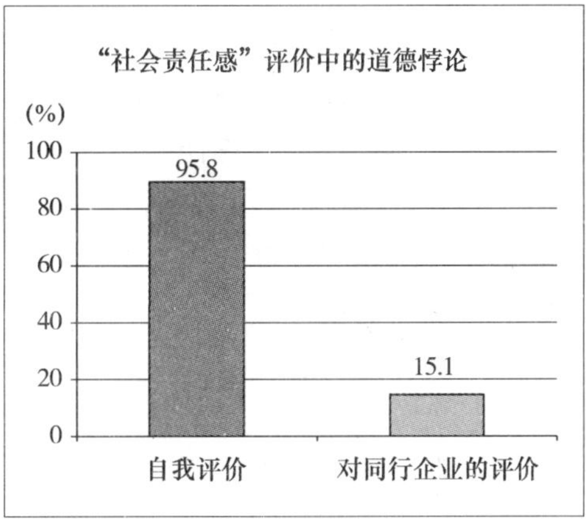

“悖论”的道德特征

根据中国企业调查系统提供的数据，这种悖论在社会现实生活中十分明显，具体体现为组织的自我评价与组织的外在评判间的不一致。调查显示，大多数企

① 所谓“恶的平庸”是常人囿于习惯所产生的恶，是为权力或习惯所左右缺乏自我反思及自我决断的人所导致的恶。这是现代社会中一种常见的恶，是一种只有在现代性条件下，在现代组织机制中才能实现的恶。

业经营者对本企业在社会责任方面的表现有相当好的评价。2004 年的调查显示，92.1％的企业经营者倾向于认为本企业“具有服务于社会的使命感”，95.8％的企业经营者倾向于认为本企业“具有社会责任感”。而 2006 年的调查显示，企业经营者对同行中多数企业履行社会责任的表现评价一般，认为履行得“较好”或“很好”的仅占 15.1％；履行得“一般”的占 46.6％；“不太好”或“基本没有履行”的占 38.3％。企业经营者中，认为目前具有社会责任感的企业“比较多”或“很多”的占 14.7％；认为“一般”的占 44.1％；认为“比较少”或“很少”的占 41.2％。① 这种自我评价与外在评价之间存在巨大落差的情况表明，社会客观生活的变化带给人们前所未有的复杂的道德境遇，带来了具有现代性特征的道德悖论。道德悖论的基本含义是对于行为结果，以道德理性或人性或生活经验为前提依据的道德命题是不可接受的。

当前社会具有现代性特征的道德悖论的产生表明，传统伦理学理论和方法在当前中国伦理实践中已受到挑战，并产生了现代性道德困境。只有进一步发展伦理学理论、完善道德实践方法，才能使人们科学地认识并进而解决人类社会文明发展中的道德“疾病”，推进人类的道德进步。

（3）“失序”的道德生活

调查发现，当前中国社会道德生活呈现这样一幅混乱“失序”的景象，面对现实生活中大量的不道德现象，特别是集体行为的不道德行为时，我们往往无计以对，因为现代社会这种“有罪过，但无犯过者；有犯罪，但无罪犯；有罪状，但无认罪者”的局面，传统道德经验和理论对此既无法解释也无法解决。“失序”道德生活主要体现在道德责任的“漂移”上。

组织行为所涉及的道德责任的认定，是现代社会也是当前中国道德生活领域所遇到的主要难题。高度分工与协作的现代社会，几乎每一种职业都需要很多人来从事，而面对需要许多人参与完成的行为后果时，没有一个人能令人信服地宣称，成就归属一人，也没有一人能为所有的结果负责。集体负责往往却是集体的都不负责，无论是“三鹿”奶粉事件，还是“欣弗”药品事件都体现了这种特征。

调查问卷的统计结果显示，当问及现代社会不道德现象的归因时，有 38.3％的人认为政府不道德，26.7％的人认为企业不道德，27.7％的人认为文化组织不道德，18.1％的人认为是其他原因（其中包括媒体不道德、企业文化组织不道德、市场分配制度不平衡及综合原因等）。这说明，道德主体出现多样化、道德责任出现不确定的特征。

---

①　见中国企业家调查系统发布的“2008 年中国企业家队伍成长与发展十五年调查综合报告”，http：//finance. sina. com. cn/focus/15qyzr/index. shtml。

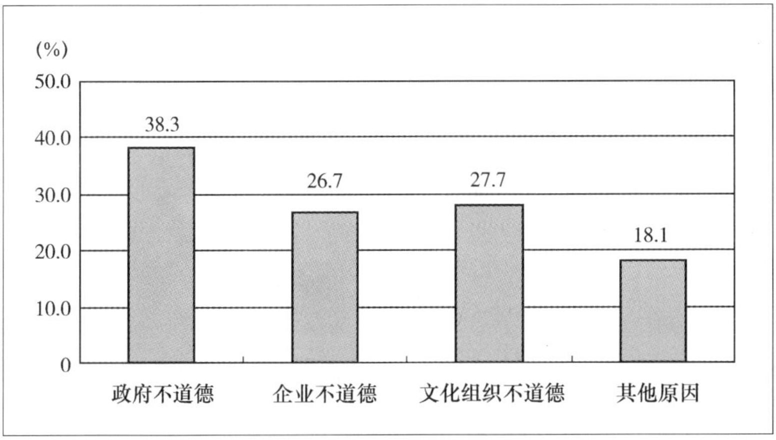

道德责任的“漂移”

高度组织化的现代社会，单位组织及其成员在实现目标时往往按照社会法规及其组织结构所规定的程序逻辑地进行。理性原则所建构的现代社会，要求其组织及其成员承担的首先是角色分工所规定的技术责任，对行为者来说，遵从职责是最重要的美德。现代大型组织除了由于细致的劳动分工、规模的巨大，使每个成员无法了解和知晓最终的、遥远的行为后果，使个体无法自然承担道德责任外，程序理性的“命令—服从”机制还使组织中的道德责任发生转移，每个人都把道德责任转移至发出命令的上级，发生责任漂移现象，出现道德责任主体的不确定性特征。2008 年 9 月被卫生部报道的“三鹿结石门”事件便可明显地见到这种道德责任漂移的特征。这是一起人为的、社会性事件，它既牵涉到其产业链的各个环节——“奶农—收奶员—奶站—生产厂”，也牵涉到各个管理部门。因为，不道德事件的产生有可能出现在每一个环节，也由于管理部门的管理缺位。整个事件中，先是奶农的被揭发，后是收奶员和奶站的被曝光，再是生产企业的被问责，再到地方主管农业的领导、地方质检部门，最后到国家质检总局。我们看到的是一个个问责主体的不断浮现，也听到为一个个被问责主体的不绝叫屈声。当问责的矛头指向奶农，人们想到的是恶性竞争条件下利益链最薄弱处奶农的艰难处境；当问责的矛头指向收奶员、奶站，人们听到的是收奶员、奶站的喊冤声；当问责的矛头指向生产企业，人们看到的是行业性的丑闻（全国有 22 家企业 69 批次产品检出含量不同的三聚氰胺，也就是说全国只有百余家生产企业的行业中有超过 20％的奶粉企业存在质量隐患，这足以说明，“问题奶粉”事件正在上升为一场涉及全行业的丑闻）。在我们不断问责的过程中，我们既看到隐身中的道德责任主体逐一显身，更看到道德责任的漂移。

2. 困境的伦理分析

组织出现伦理困境的主要原因在于：道德信仰的危机，伦理理论的乏力、社会道德话语表达的多元无序，是组织伦理困境产生的关键。

组织“尴尬”的伦理样态、“悖论”的道德特征、“失序”的道德生活是当今中国伦理道德出现的新问题，给我们社会伦理道德建设提出了新挑战，要求我们给出新的解释。

（1）社会道德话语多元无序与伦理理论的匮乏

伦理理论的匮乏、社会道德话语表达的多元无序，是道德悖论难解、人们感到无所适从的关键。

在高科技、全球化、市场经济等多重力量的共同作用下，中国正日渐告别传统走向现代。中国社会发展经历了由“机械团结”逐渐让位于“有机团结”的过程。这种从机械团结到有机团结的转化是伴随着政治、经济、文化的“领域合一”到政治、经济、文化各“领域分离”之社会转型而产生的结果。“有机团结”的现代社会，由于分工与交换高度发达，人们之间由此而建立起一种“间接依赖”的经济关联，政治、经济、文化各领域之间将不再存在一种直接的从属关系，而是相互拉开了距离从而相对分离了。社会关系的团结、整合固然要考虑人和人之间的关系，但更应注意的是群体和群体之间的关系。当前中国伦理道德建设的一个显著的现象，是人们对领域分离背景下群体道德责任的“集体无意识”，一种对集团行为“善”的误读，它表现为一种伦理—道德的悖论，表现为社会伦理危机的出现。“危机是新理论出现的前提条件”①，传统伦理理论出现的危机及现实生活出现的悲剧都在提醒我们，道德哲学范式转换的时机已经到来。我们如何创建新的伦理理论？也即如何为当今社会的伦理危机提供解决方案？答案只能从产生道德的社会结构背景中去寻找。丹尼尔·贝尔在《资本主义文化矛盾》中表达了文化与社会结构内在一致性的观点，他认为资本主义社会正是由于其文化与社会结构之间的断裂，才使资本主义文化失却了原本应该具有的诠释和指导功能，产生文化矛盾。因为，“文化本身是为人类生命过程提供解释系统，帮助他们对付生存困境的一种努力”。② 身处现代与后现代交汇中的中国，不能无视组织在现实结构中的位置，更不能无视伴随社会结构变化必将带来的伦理理论变迁。

与伦理理论的“匮缺”相连的是社会道德话语表达的多元无序，这种多元无序给道德教育工作者带来了困难。在苏州座谈调研会上一位来自教育战线的教师

① ［美］托马斯·库恩：《科学革命的结构》，金吾伦、胡新和译，北京大学出版社2003年版，第71页。

② ［美］丹尼尔·贝尔：《资本主义文化矛盾》，赵一凡等译，三联书店1989年版，第24页。

强烈地表达了这种观点。他认为在当今多元、多变、多样的当前中国，主流媒体和社会教育应用主导价值观来引领社会道德，应以“创造先进的、支持有益的、改造落后的、抵制腐朽的”为总体原则，确立社会道德教育的主题，帮助教育工作者从容面对实践中的诸多道德问题。①

总之，中国社会结构的新特点，给当前中国的伦理学理论及其实践提出了新挑战也提供了新机遇，要求当前伦理学给出有理论说服力的诠释，以及有实践指导价值的对策。

（2）道德信仰的危机与道德精神的丧失

道德信仰的危机，是社会生活严重失序的主因。

现代社会转型导致了人类道德活动空间的变化，传统道德哲学提供的理论及其原则已无法解释和应对现代社会复杂的道德状况，伦理危机状态下的社会成员生活在无所适从的“道德迷宫”之中，迷宫中的人们又受到金钱和权力的入侵，失却了道德信仰，现实的道德生活呈现出失序与混乱的局面。随着市场经济的推进，整个社会开始了效率的追求、利润的追寻，道德渐渐远离了人们的意识，对物质财富的无限贪婪开始在中国大地泛滥。人们渴望丰富的物质、快速的致富。为了让鱼长得更快，人们把避孕药扔进鱼塘；为了让牛长得更快，人们给肉牛注射荷尔蒙；为了让奶粉中的蛋白质含量虚高，人们把“三聚氰胺”加入其中……

发生在2008年的“三鹿结石门”事件无疑是一场影响极为深远的道德地震，“德国之声”报道说，中国奶粉丑闻震惊了世界，在震惊之余，人们不禁要问，怎么能为了利润竟然不顾婴儿的生命安全？这场道德地震把中国道德信仰危机、道德生活无序的状况推到了世人面前，破坏力极大。几十家所谓名牌企业的集体作恶，把国人对自己及外国人对中国的道德信心降至最低点，把国人的诚信和人与人之间的信任降至最低点。这种撕裂社会和道德信念的地震，其灾后重建之路恐怕要比汶川地震困难得多了。因为天灾难以避免，而“人祸”却是完全可以避免的。香港《大公报》的记者马浩亮对此发表一篇《毒奶粉能够作孽，其实并不容易》的文章，痛斥了这场道德地震。他认为，改革开放30年来经济高速增长与奥运会成功举办所带来的民族自豪感和自信心，在这场道德地震中出现崩塌。该篇文章进一步指出，毒奶粉能够作孽，其实并不是一个容易的过程。哪怕厂家有一点点做人的良知，哪怕质检部门能够偶尔抽查一下，哪怕当地政府能够及早公布，后果都不会这样严重。然而这一切都没有发生，所有环节、所有健全机制应该具备的元素全部缺位。为什么中国社会的道德生活如此失序又如此让人震惊，《南德

① 东南大学国家重大招标课题组，“构建社会主义和谐社会进程中的思想道德与和谐伦理建设的理论与实践研究——第二阶段研究进展汇编”，第448—449页。

意志报》在2008年面对毒奶粉事件发表的一篇社论认为，这要归结于“当前中国社会的一个核心问题”：中国形成了一个失去道德罗盘的社会。也就是说，中国失去了道德信仰、失去了道德精神。

重树道德信仰、重建道德精神，这是时代交给当下中国的迫切任务。

（三）机遇与对策

当前中国以市场经济和高技术为引擎急驶在全球化的版图中，这是一个不为我们所熟悉的境域。这是一个远距离的、有机团结的现代社会，有着远远复杂于传统社会的社会结构。在这复杂的社会结构中，社会的组织化特征、领域的分离与融合、社会生活世界的殖民化带给我们一幅以往社会所没有的社会伦理道德图景——“尴尬”的伦理世界、“悖论”的道德行为、“失序”的道德生活。这一伦理道德世界的“尴尬”、“悖论”、“失序”，表明传统道德哲学理论和道德实践方式已遭遇挑战，同时也昭示着新的道德哲学理论和新的道德实践方式的不日诞生。因为现代社会的许多伦理道德问题都源于社会所要求的新道德的缺失。当前中国伦理道德建设的首要任务就是要为我们自己确立一种道德，但这个任务是不能在悄无声息的研究中即刻完成的。它只有在内在因素的逼迫和要求下，才能借助自己的力量产生出来。

1. 当前中国组织伦理建设的机遇

伦理作为客观社会的一种文化存在，其具体内涵必定取决于社会的客观状态。因此，对当前中国组织伦理建设的进行，必须从现代社会伦理关系及现代社会特征着手。

（1）组织伦理关系的变迁为组织伦理建设提供了客观基础

社会转型带来社会结构变迁的同时，也推动着社会伦理关系包括组织伦理关系的变化，这为新形势下组织伦理的建设提供了客观社会基础。

随着现代化的转型、单位制度的转变，单位组织所置身的伦理世界已发生重大变化。调查数据反映了高技术、全球化和市场经济背景下当前中国组织伦理关系的新特征，被调查者中，最看重、最努力维护的关系是与同事关系的346人，占总数的44.5%；与上级关系的169人，占总数的21.7%；与下级关系的48人，占总数的6.2%；与单位关系的79人，占总数的10.2%；与相关单位、政府及社会其他成员关系的87人，占总数的11.2%；认为媒体关系是最值得看重和维护的关系的49人，占总数的6.3%。从中可以看出，不同于计划经济时代那种单纯的、依附性的生存格局，现代组织告别了单位制度时代封闭性生活空间，置身于具有丰富空间特征的伦理世界之中，伦理关系呈现多维性、开放性的特征。

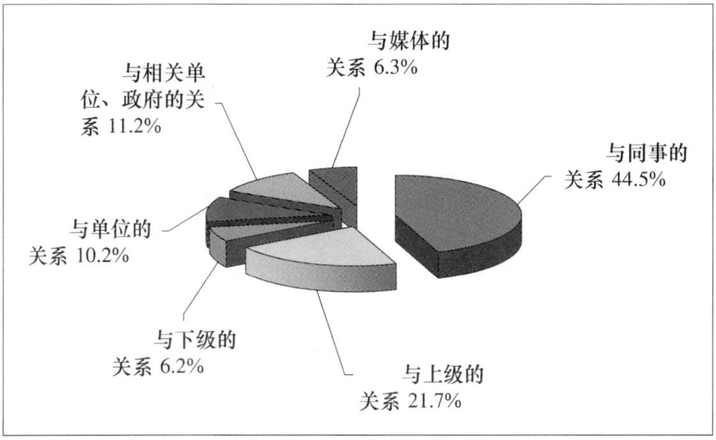

伦理关系的多维性

多维开放的现代伦理关系，为现代组织伦理的建设提供了客观的社会基础。当个人利益与组织利益发生冲突时，现代组织已不再以组织利益为唯一的价值取向。被调查者中，认为倾向于组织利益兼顾个人利益的 349 人，占总数的 50.7％；认为完全遵从组织利益的 180 人，占总数的 26.1％；认为以最大化个人利益为主的 71 人，占总数的 10.3％；不清楚的 89 人，占总数的 12.9％。从中可以看出，传统社会组织伦理已遭遇解构，不足三分之一的组织沿袭传统伦理以集体为原则的价值取向，差不多一半的组织具有将集体与个人利益相结合的伦理价值取向和道德决策能力，组织伦理的建构正处于中国现代化的进程之中。

（2）对单位组织伦理问题的重视为组织伦理建设提供了主观基础

伴随组织伦理价值观念的转换，组织对集团自身利益的关注，现实社会生活中组织不道德行为日益增多，社会加强了组织伦理建设的呼声。人们认识到高技术、全球化、市场经济的条件下，社会对组织伦理的要求较以往更高，现代社会对组织道德责任的期盼更高。

被调查者中，认为高技术、信息化的时代对组织伦理的要求较以往高的 455 人，占总数的 66.0％；认为低的 84 人，占总数的 12.2％；认为无变化的 49 人，占总数的 7.1％；认为说不清的 101 人，占总数的 14.7％。从中可见，建立在高技术、信息化基础之上的现代社会较传统社会对组织伦理有着更高的要求，大多数人确立了这种伦理观念，但也有人认识不到社会变迁与组织伦理变化之间的关联性，这符合中国社会组织现代化进程还存在不够全面或不够深入的特征。

被调查者中，认为全球化背景下对组织伦理的要求较以往高的 479 人，占总数的67.1%；认为低的69人，占总数的9.7%；认为无变化的36人，占总数的5.0%；认为说不清的103人，占总数的18.2%。从中可见，全球化对组织伦理的影响为大多数组织成员所认可。

被调查者中，认为全球化背景下企业参与国外竞争时非常需要考虑伦理道德问题的172人，占总人数的38.8%；认为需要考虑的196人，占总数的44.2%；认为一般的50人，占总数的11.3%；认为不需要考虑的15人，占总数的3.4%；认为很不需要考虑的104人，占总数的2.3%。随着改革开放的深入、全球化进程的加剧，企业的道德责任日益为人们所重视，调查数据反映了这种倾向。

上述数据表明，随着高技术、全球化、市场经济对组织伦理要求呼声的增长，人们越来越强烈地意识到组织伦理建设的必要性和迫切性，这为组织伦理道德的建设奠定了良好的社会思想基础。

2. 当前中国组织伦理建设的对策

当前中国由于金钱和权力对生活世界的不法入侵，使组织的道德“出场”和“良心”流放，这给中国社会带来了重大的灾难。鲍曼将现代组织称为“使人的行为免受行为者个人的信仰和感情影响而设计的新发明”，认为“现代组织是做那些不受道德约束的事情的一种方式。正因为如此，某些恶行是组织成员必定因恐惧而退缩不做的，却大体上会由现代组织去施行；即使这种事情并没有发生，但某种恶劣的影响实际上是不可避免的：处于官僚主义行为轨道里的人不再是负责的道德主体，他们的道德主体性被剥夺了，并且被训练成了不执行（或相信）他们的道德判断的人”。[①] 正是由于对组织道德的盲视，听由组织不道德行为的任意发展，才造成了深入人类肌表且无处不在的残酷，造成了人类社会的道德悲剧和伦理危机。现实组织在“殖民化”的生活世界中以一种被魔魅的舞步展现着其道德发展规律。当前中国大多数组织没有伦理自觉和道德意识，且即便有一定伦理自觉和道德意识的组织其伦理能力也不够强大，需要人们自觉的培育。因为，在金钱和权力“殖民化”严重的社会，组织伦理道德的建设不能由其自然生长，而需要自觉进行。当前中国组织伦理的建设，可以从组织伦理理念的确立、组织伦理场域的建设、组织伦理制度的建立。

（1）组织伦理理念的确立

组织的伦理氛围之所以十分匮缺与组织的道德盲视和组织伦理的被忽视密切相关。长期以来人们把关注的眼光投注于个体，而忽略了具有整体行动且有较大

---

① ［英］齐格蒙特·鲍曼：《生活在碎片之中——论后现代道德》，郁建兴等译，学林出版社2002年版，第304页。

行为能力的组织。组织作为自控、自觉的行为主体一直逃逸于人们的批判视线和建设视阈，人们认为组织是一个中立的、实现目标的工具性存在，与道德无涉。因而，组织无须讨论伦理、关注道德、进行伦理道德的建设。伦理理念的忽视带来的必定是组织伦理氛围的匮缺。

事实上，随着现实组织活动的展开，潜伏在其中的伦理问题日益暴露，如组织对组织成员的异化、组织成员对组织的盲从、组织的“去道德”倾向等组织病态学问题都表明组织不具备天然的伦理合理性。正由于组织不是天然的伦理实体，不具有天然的伦理合理性，因此，才会出现超出正常个体的恶性事件（如，在十字军东征、殖民运动或其他战争时期，出现如果单个人干的话可能会被视为行为者人格变态的事情）。要使组织成为真正意义上的伦理实体，具有伦理合理性，必须进行伦理的拯救。而伦理拯救的一个重要方面，就是确立组织伦理的理念，将组织重新纳入道德批判和建设的视阈。

（2）组织伦理场域的建设

伦理场域建设的盲视，道德培育方法的不当是道德努力未如愿奏效的缘由。

面对社会生活中产生的大量道德问题，我们可能会产生这样一个疑问：当前中国是不是不重视道德建设？现实的答案是否定的。尽管，由于市场经济的席卷、工具价值的推崇使得中国传统社会高度强调的“德”在现实有所退隐，但“德”仍然是道德教育中一直未予放弃的要求（孩子从入学起，就有各种思想品德课，作为优秀学生指称的“三好学生”，“德”是放在第一位），“德”也是政府所提倡的道德价值，中宣部、全国总工会、国务院“纠风办”等部门多年来也十分强调并着力推进。但在我们的道德努力和建设成效之间却存在着巨大的落差。原因何在？调查表明，伦理场域建设的盲视，道德培育方法的不当是其主要原因。

长期以来，我们把社会道德建设的重任托付于宣传教育部门，我们在宣传、教育上投入了大量的人力和精力，希冀通过宣传工作者和教育工作者的努力完成时代重任。事实证明，在急剧转型和变迁的现代社会，运用传统的道德培育方法已无法使道德责任落实、使道德主体真正确立。因为天然伦理场域中，道德责任容易把握、道德要求容易明确，而领域分离的现代社会，伦理场域极易异化，道德责任及道德主体都不易确立，传统的道德教育和培育方法已无法发挥作用，需要调整道德培育的方法，重视伦理场域的建设。调查数据表明，当前社会道德活动主体的行为受伦理场域影响极大。当问及“工作的态度、价值的取向受单位领导和周围同事的影响程度”时，被调查者中，认为影响程度非常高的 74 人，占总数的 11.0%；认为影响程度高的 249 人，占总数的 37.2%；认为影响程度一般的 308 人，占总数的 46.1%；认为影响程度低的 38 人，占总数的 5.7%；没有人认为个体道德活动不受伦理场域影响。

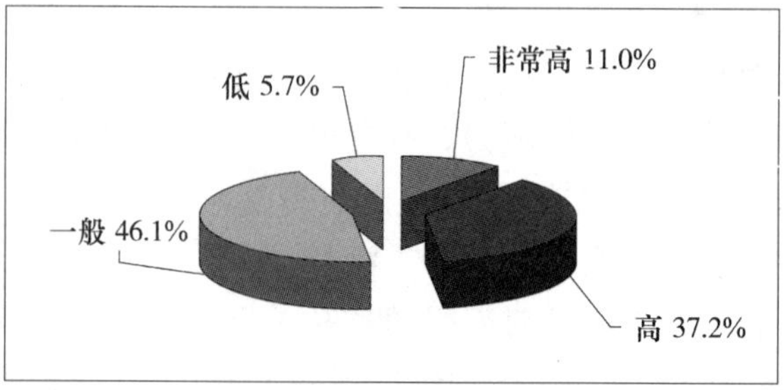

伦理场域与道德行为的关系

现代社会道德问题发生最多、影响最大、后果最严重的区域，不是学生日常行为领域，也不是公民的日常生活领域，而是组织化的职场。可以说，当前社会的职场是对社会道德影响最大的伦理场域也是急需建设的伦理场域。通过调查我们发现这样一个奇怪的现象：一方面，社会对提高组织成员职业道德能力的努力日益增强，另一方面，组织包括组织成员不道德的行为却日益突出。究其原因，是由于伦理场域道德建设的缺失。

长期以来，职工职业道德建设是社会主义精神文明建设的重要内容，也是职工思想政治工作的重要组成部分。随着市场经济的推进，中央更加强调社会主义精神文明的建设，把职业道德建设作为推进社会主义精神文明建设的重要内容。1994 年 7 月，全国总工会和国家经贸委联合下发了《关于加强社会主义职业道德建设的意见》，把开展职工职业道德建设作为提高职工队伍整体素质的有效载体，认真组织开展了职工职业道德的教育和创建活动，评选表彰了全国职工职业道德“双十佳”以及文明行业、文明班组等一系列活动，推动并引领着职业道德的建设方向和进程。随着职工职业道德建设的不断深入，1994 年 4 月，根据中共中央政治局常委、中华全国总工会主席尉健行同志对职业道德建设制度化的提议，1994 年 12 月，由全国总工会和国家经贸委两家成立了全国职工职业道德建设领导小组，负责职工职业道德的建设工作。1997 年，全国职工职业道德建设领导小组成员单位又增加了中宣部和国务院“纠风办”，原小组更名为全国职工职业道德建设指导协调小组，负责全国职工职业道德建设的指导协调工作。在全国职工职业道德建设指导协调小组的领导下，全国各级工会组织，以推进职工职业道德建设为己任，不断深化职工职业道德教育内容，使职工职业道德建设蓬勃发展。在这一过程中，广大干部职工对职业道德的意识日益增强，通过爱岗敬业的宣传、推动，使各行各业职工的职业技能得到加强、职业观念得到深化、职业态度得到端正、职业纪律得到规范，形成了良好的职业道德风尚。以上这些工作，对当前中国社会伦理道德的建设发挥了积极的影响。

虽然职业道德的建设在观念上被人们高度重视，工作中着力推崇。但由于职业道德认识及实践的一些偏颇，使职业道德建设出现形式化、片面化的特征。这些认识的混乱和实践的偏颇对当前中国伦理道德建设发生着负面的影响。主要的问题是伦理场域道德建设的缺失，具体表现有以下三种：

①“爱岗”对“天职”的“遮蔽”

职业道德中“爱岗敬业”一直为社会所强调并被人们所习用。所谓“爱岗”，就是热爱自己的工作岗位，热爱本职工作，亦称热爱本职。热爱本职，就是要求职业工作者要努力培养自己对所从事岗位工作的荣誉感。所谓“敬业”就是要用一种恭敬严肃的态度对待自己的工作，勤勤恳恳、兢兢业业，忠于职守，尽职尽责。敬业是从业人员对社会和他人履行职业义务的道德自觉。任何职业都承担着一定的职业义务，从业人员必须自觉地担负起对社会、对他人负有的使命、职责和义务。也就是说，必须自觉地履行应尽的职业道德责任。而敬业恰恰是职业道德责任的基本要求和具体体现。在日常职业道德的培训中一般将“爱岗敬业”放在首要的位置[①]，由此便把爱岗作为敬业的基础，敬业视作爱岗的具体表现。也就是说，将“岗”作为基础放在优先地位。而“岗”更多源自单位组织内部的分工，“业”更多出自社会整体职业的分化。对“岗”的偏重有可能使人们过于附着于组织结构，对组织行为缺少伦理反思和道德问责，有可能助长组织不道德行为的出现。

②“职场”对“职业”的“侵占”

随着改革开放的不断深入，社会主义市场经济的不断推进，多元、多样化的社会格局、价值观念、精神需求开始出现，职工职业道德建设面临了纷繁复杂的情况，现实伦理道德生活中出现了“场”对“业”的侵占，也就是“职场”对“职业”的殖民化。每个职业工作者一定是在职场中谋得自己的职位、规划自己的职业生涯、开展自己的职业活动。市场经济的影响、职场竞争的加剧、权力与金钱的强势，都影响着从业人员职业道德操守的坚持，使社会伦理道德建设受到负面影响。依据原有的职业道德教育方式，通过传统的典型示范、制定一般的岗位规范，已难以抵挡“场”对“业”的侵占，客观现实给当前中国伦理道德建设提出了新的挑战，要求尽快建立提升职工职业道德新的教育发展平台。

③“工具”对“价值”的“颠覆”

应该说，以往职业道德的建设过程中，取得了不少成功的经验，给职业道德

---

① 《公民道德建设实施纲要》提出要大力倡导“以爱岗敬业、诚实守信、办事公道、服务群众、奉献社会为主要内容的职业道德”。

中国职业道德在线网，发布的“中国职业道德承诺”，是“我们自愿遵守本行业职业道德规范。我们能够做到‘爱岗敬业、诚实守信、办事公道、服务群众、奉献社会’。我们力争在工作中做一个好建设者”。参见 http：//www. zgzydd. com/hangyezydd/default. asp。

未来建设提供了不少宝贵的资源。对职业道德的重视，既是高度分工、职业化的时代给我们提出的任务，也是社会主义市场经济进一步发展给我们提出的要求。

全国总工会、中宣部、国务院“纠风办”投入了大量的精力开展此事。在职业道德宣传上，政府已高度重视，注意评选与宣传职工职业道德建设的先进典型，并规范和完善职工职业道德建设先进的选定和表彰工作，精心打造工会系统精神文明建设的优质品牌；在职业道德教育上，各级工会密切联系各有关部门，通过多种途径和手段，开展了职工职业道德建设工作。既将职工职业道德教育与开展各种专业培训、技术比武、岗位练兵、职业技能教育相结合，也将它与职业责任、职业纪律、职业理想的教育有机结合。由于这些活动的开展大都是由上而下进行的，因此，在具体的职业道德建设中，出现了“工具”对“价值”、“形式”对“实质”的颠覆，按百姓的话说，就是“轰轰烈烈搞形式、热热闹闹走过场”，未能达到职业道德建设应有的目标。和谐社会的建立，对职业道德提出了更高的要求，也为职业道德建设提供了机遇，时代要求我们积极探索职工职业道德建设的规律，根据社会发展需要和时代特征，调整、改进职工职业道德建设的方式、方法，充分发挥基层组织在推进职工职业道德建设中的作用，切实搞好职工职业道德建设。把职业道德建设同社会公德教育、家庭美德教育紧密结合起来，为职业道德建设提供良好的外部环境，形成上下齐心、企业互动、公民互助的良好社会氛围。

道德活动主体都是在一定伦理场域中进行活动的，也必受伦理场域的影响。传统道德教育的伦理场域处于自然自发状态，在其中道德教育与道德训练、道德努力与伦理秩序直接自然地同一。领域高度分化的现代社会，出现了道德教育与道德训练脱节以及伦理场域与道德努力分离的局面，因此当前社会的道德建设必须意识到这种脱节与分离，调整道德培育方法、重视伦理场域建设才能使我们的道德努力奏效。

（3）组织伦理机制的建立

组织伦理机制是确保组织伦理特质的关键所在，它提供给一定伦理场域中的人们以普遍性、稳定性的结构化道德行为模式，以维护组织道德功能的实现。组织伦理机制的建设主要从管理机制、教育机制、监督机制和赏罚机制四个方面进行。

①建立组织伦理管理机制

组织伦理建设的管理机制，就其本质而言，就是通过建立和完善组织伦理的管理体系和管理方式，使组织伦理建设在良性运作的基础上获得最佳的建设成果。组织伦理建设的管理机制包括领导机制、决策机制和协调机制三个方面。组织由于其功能的特殊性、方向的特定性，在实现目标的运行过程中往往会遮蔽伦理、消解道德，在现实生活中造成巨大的灾难，实践经验表明现实组织在社会运行中存在着潜在的异化性，极有可能成为不道德的行为者。

调查资料显示：美国约有五分之三，欧洲约有一半的大企业设有专门的企业伦理机构，负责企业有关的伦理工作。[①] 美国制造业和服务业前 1000 家企业中，20%聘有伦理主管[②]。企业伦理主管的职能主要有，制定和修正企业的伦理准则(可请伦理顾问帮助并需报董事会、总经理批准实施)，对企业经营活动进行日常道德管理，训练员工遵守正确的行为准则，预防和控制危机事件。就政府而言，美国众议院的常设机构“伦理委员会”不仅管理众议院议员及其雇员的伦理事务，而且在美国政府官员的廉政建设方面也发挥着重要作用。最为重要的行政伦理管理机构是根据《美国政府行为伦理法》成立的美国政府伦理办公室，它在 1979 年成立之初隶属于人事管理局，1989 年独立建制直接向美国总统、国务院和国会负责，办公室主任由美国总统提名经国会任命，其机构、经费、人员、权力等都得到了扩张。美国不仅在国会和联邦政府设有“道德委员会”和“伦理办公室”等专门机构，而且许多州、市、地方的议会和政府也设有伦理办公室或伦理委员会。例如，得克萨斯州伦理委员会成立于 1992 年，由 8 名委员组成，其中 4 人由州长委派，4 人由州议会委派。又如，洛杉矶市伦理委员会成立于 1990 年，因为广大民众需要“强有力的伦理委员会，对政府进行监督”。该委员会奉行的宗旨是“公正、廉洁、不分党派”。参加委员会的成员首先都是志愿者，一旦当选，在 5 年任期内不能随意离开。该委员会保持对政府行为监督的独立性，对处理问题有相当大的决策权。多年来，我国尽管从中央到地方、从政府到企业，各级党组织或工会组织等都强调精神文明的建设，强调社会道德建设的重要性，但由于其职责不明确且这些机构不具备相对的独立性，因此，在现实社会的伦理道德建设过程中，并不能很好地发挥伦理管理的职能。

组织不同于自然人，作为法人的它们并不能要求享有自然人所具有的道德权力——如活着的权力或持续生存的权力。为实现目标而产生的组织特别是经济组织在激烈的竞争中，尤其在事关组织生死存亡的关头，很容易将社会的道德要求置于脑后。因此，组织需要确立专门的管理机制，以保证组织伦理的建设。

②确立组织伦理教育机制

组织伦理教育机制是组织伦理道德建设得以实现的保证，它的根本任务，就是提高每一个组织成员的道德能力。

世界 500 强企业的绝大多数也都有自己的伦理培训机构。对员工进行企业伦

① *The Uncommon Good*, The Economist. August 19th, 1995, p. 57.

② 一泓：《伦理主管——美国企业管理新趋势》，载《中外管理》1994 年第 4 期。

理培训，也是诸如摩托罗拉、马丁马莱塔等世界知名企业享誉世界的根源。它们以健全的道德培训机构和体系，使公司发展获得了道德上的无形资本。摩托罗拉曾宣称，为了员工的健康成长，组织每个员工每年学习 80—100 小时，其中包括企业伦理培训。马丁马莱塔一直致力于限制公司经营中的不道德行为，努力提高公司的竞争地位。公司设立了企业伦理培训委员会，主席由公司总裁担任，其他五个伦理主管职务也都由副总裁级别的领导兼任。董事会还授权在伦理培训委员会之下设立公司伦理办公室，由伦理培训委员会与伦理办公室共同负责公司伦理培训项目。而本课题所进行的调查显示：过半数的调查者表明，所在的组织没有对其成员进行伦理道德方面的相关培训。被调查者中，10.3%的人认为其所在组织经常进行相关伦理培训；55.0%的人认为所在单位组织所进行的相关伦理培训虽有但很少；34.7%的人认为所在单位组织没有相关的伦理培训。这说明中国与发达国家相比，组织伦理教育机制的建立还很缺乏。

当前中国社会正处于急剧转型之中，人类道德活动空间的变化要求其相应的伦理理论也发生转变。依靠传统的道德经验已无法解释和应对现代社会复杂的道德状况，高技术、全球化、市场经济给我们伦理道德建设带来了新情况，呈现了新矛盾，提出了新问题，这种状态就更需进行专业化、制度化的伦理道德教育。

③健全组织伦理监督机制

组织伦理道德建设的监督机制，是组织伦理道德建设的基本保证。组织伦理道德的践行，虽然从根本上说由不自觉逐渐转化为自觉、由外在道德要求逐渐内化为内在道德需要的发展过程。监督机制确立的逻辑要件至少具有以下三类：组织伦理监督依据标准（伦理法规、规章、准则等）、组织伦理监督机构、组织伦理监督保障。调查资料显示，中国组织伦理监督机制尚不健全。

a. 组织伦理监督所依据的标准还有待完善

组织伦理监督所依据的标准至少有两个层面：国家立法层面和组织规范层面。

就国家立法层面和组织规范层面而言，发达国家对组织的伦理监督较为完备。以美国为例，美国于 1991 年发布了《针对组织的联邦审判法则》，从法律角度对组织伦理提出了判审的依据。除 1991 年美国颁布的这一针对所有组织的伦理立法要求外，它还针对政府组织和企业组织颁布了系列法规。就政府伦理法则而言，早在 1958 年 7 月，美国国会两院以共同决议书的形式通过了《政府工作人员伦理准则》；1978 年 10 月，美国国会通过了《美国政府行为伦理法》；1985 年，美国国会制定了《美国众议院议员和雇员伦理准则》；1989 年 4 月，国会通过了布什总统提交的《美国政府行为伦理改革法》；1992 年，美国政府又颁布了由政府伦理办公室制定的更具操作性的《美国行政部门雇员伦理行为标准》。另外，政府的一些部门根据各自的具体情况，制定了适合本部门的伦理规范和实施办法。就企业伦理法则而言，美国为推动企业伦理实践构建了一个较为完善的立法框架，其中《联邦反海外腐败法案》、《联邦组织判罚指南》、《2002 年萨班斯一奥克斯利法案》的制定和实施，逐步通过他律的机制将社会责任或道德伦理的企业自律行为上升为企业实践中不可回避的议题，有效地推动众多美国企业的伦理管理行动。就组织规范层面而言，据有关权威机构对世界 500 强前 100 强企业的调查与研究发现，前 100 强中近 90％的企业都非常重视道德管理，都有明确的伦理手册、伦理规章或管理伦理纲要，制定有成文的伦理准则来规范员工的行为。美国《财富》杂志上排名前 1000 家的企业绝大多数有成文的伦理准则。

我国在组织伦理监督所依据的标准上相对发达国家则显得不够完善。就行政伦理而言，我国没有专门的伦理法，而且行政伦理多以中共中央的文件形式规定。如《中国共产党党员领导干部廉洁从政若干准则》、《关于党政机关县（处）级以上领导干部收入申报的规定》、《关于对党和国家机关工作人员在国内交往中收受的礼品实行登记制度的规定》、《关于领导干部报告个人重大事项的规定》、《中共中央关于党政机关厉行节约制止奢侈浪费行为的若干规定》等。虽然这些文件的内容规定得比较全面，但一般都是些原则性规定，实施的机关是党的机关，还未达到司法制度的层面。2005 年 4 月我国颁布了《国家公务员法》。就企业伦理而言，有《反不正当竞争法》、《公司法》、《劳动合同法》、《劳动法》、《工会法》、《生产安全法》、《环境保护法》和《消费者权益保护法》等。这些法规虽然牵涉到伦理，但却显得零散且不系统、难操作。虽然我国部分知名企业也开始重视道德行为规范的制度化建设，如万科公司的“职业行为准则”与华为的“商业行为准则”，但多数企业依然缺乏伦理制度化特点。

总之，伦理没有上升到制度的层面，伦理建设还处在传统的德治水平上。组织伦理监督所依据的标准还有待完善。

b. 组织伦理监督机构和保障机制还有待创建

组织伦理监督，主要由社会监督、政府监督和自我监督三方面构成。社会监督，包括有行业协会监督、民众团体监督、社会群众监督和新闻部门监督等。政府监督，主要由监察、纪检、宣传部等有关监督部门组成。组织自我监督，主要由社会组织内部的专门机构对组织内各成员的道德行为，以及对整个组织自身的道德活动状态进行监督。当前，我国社会主义伦理监督体制尚处在建立的初始阶段，社会监督、政府监督还有待增强，就组织自身伦理监督和维持而言还需建立或完善。尽快建立和完善各种伦理监督和保障机构，特别是加强组织伦理的自我监督和自我维护，是当前社会道德建设的一项重要而迫切的任务。

道德主体的成长是一个自律与他律相结合的过程，个体性道德主体与实体性道德主体都不例外。道德主体要使自我健康发展、不断完善，不仅要依靠自我修养的提升，而且还需要借助外在的道德监督。实体性道德主体自我修养的实现和外在监督的开展都依赖于组织伦理监督和保障机制的确立。现实生活中大量的实践表明，组织自身的伦理监督与维护是组织伦理建立的关键所在。安然、世界通信等无一不是由于缺乏自身的伦理监督而导致失败。安然公司长期以来被作为企业成功的典范并被作为 MBA 的经典案例加以推崇的，但由于它自身伦理监督缺失，从 1997 年以来通过非法手段虚报利润达 5.86 亿美元，管理层在与关联公司的内部交易中不断隐藏债务和损失从中非法获益，最终导致了公司的灰飞烟灭；无独有偶，世界通信也是内部伦理监督失效，虚报 38 亿美元利润，引发 2002 年 6 月 26 日的股票崩盘。在法律完备、审计技术和手段都较先进的美国接连爆发一系列财务丑闻，使人们不得不把关注的焦点转向企业内部的伦理监督机制上。作为对上述事件的回应，美国国会在 2002 年 7 月通过了《萨班斯－奥克斯里法案》，按照这一方案，凡是在美国纽约上市的公司，必须建立内部控制体系，明确公司管理层对内部控制体系设计、建立、运行有效负责，同时完善内部审计机构，要求所有上市公司都必须设立审计委员会，该委员会的成员必须全部是“独立董事”。内部审计既是内部控制的重要组成部分，又是监督与评价内部控制的主要手段，因此，内部审计在企业内部控制体系的建立与不断完善中起着不可替代的作用。我国蓝田神话的破灭、德隆帝国的垮台、银广夏的坍塌，究其根源，无一不是企业内部伦理监督的失控。这些企业的失败都在于通过造假或资本运作手段牟取暴利的行为，这固然有资本市场监管不严的原因，但在深层次，这是企业管理的问题，是企业缺乏完善管理包括伦理管理的必然结果。这种组织内部缺少伦理监督和保障机制，也反映在组织成员伦理督促和维护自觉意识的缺乏上面。课题调查数据显示：当调查者问及被调查者发现他的上级和同事有不道德的行为，会不会明确指出或向有关部门举报时，大多数人不会明确指出和举报。被调查者中只有 16.2％的人认为会明确指出，9.6％的人认为会向有关部门举报，6.6％的人认为会向媒体举报，20.3％认为会和其他同事说，而 25.7％的人表明会和家人说，21.7％的人表明多一事不如少一事，装作看不见。这些数据显示当前中国尚需加强伦理机制的建立。

④维护组织伦理赏罚机制

伦理赏罚机制，是社会道德建设的监督机制有效性的重要保证。伦理监督机制主要对道德活动现象和道德行为进行检查、监察和揭露，而伦理赏罚机制则依据伦理监督机制对道德活动现象和道德行为检查、监察和揭露的问题和结果，进行评议、裁决和奖赏或惩罚。通过这种机制，来维护和保证伦理监督机制的权威性，发挥其扬善抑恶的巨大作用。也就是说伦理赏罚机制，从根本上来说，就是对人们道德行为进行强化激励的一种机制。这种强化激励机制是通过对人的需要的肯定或否定，从而实现扬善抑恶，保障社会道德建设顺利进行和社会经济有序健康发展。调查表明，当前中国“德—得”相通的赏罚机制也不能完全有效地发挥。

美国在组织伦理赏罚机制的建立方面，作了不少的努力，取得了不少经验。值得推荐的是1991年11月实施的《针对组织的联邦审判准则》（U. S. Federal Sentence guidelines 以下简称《审罚准则》），它的赏罚机制被人形象地简称为“胡萝卜＋大棒”法则。“准则”的具体制定和执行，将帮助维护这样的理念：组织犯罪行为的成本是极其高昂的，无论在什么情况下，组织绝不可能从违法行为中得到任何好处，即使这种违法行为是无意所致，组织必须有意地建立内在自律机制才能减轻犯罪行为及其所带来的成本。扬善惩恶（胡萝卜＋大棒）是其基本精神。一方面，它高举“大棒”，强化高额罚款的强制性体制，使组织不可能从违法中得到任何好处。只要组织违法，不管这种违法的行为是有意还是无意、所造成的损害是大或是小，它都必定要付出代价、弥补损失。当然由于违法的意图不同，违法的严重性不同，违法的可责性等不同，其违法成本也各不相同，罚款有可能高至剥夺企业的全部财产；另一方面，它手拿“胡萝卜”，倡导组织的伦理努力，并根据犯罪组织的伦理努力作为相应的缓刑条件。准则推行的是伦理考量的操作模式，将组织涉嫌犯罪的各种要素予以伦理量化，建设合理的组织伦理赏罚机制，以帮助组织进行伦理建设。① 这一准则所确立的伦理赏罚机制，不仅对美国国内组织伦理的建设和维护起了推动作用，对世界上其他国家（包括澳大利亚、欧洲诸国、加拿大、南非等）组织伦理的建设也起了促进作用。

善恶报应、“德—得”相通是中国传统的道德信念及其伦理赏罚机制，虽然观念形态上人们还认同和怀念这一机制，但这一机制在现实社会中已经遭遇深刻的危机，中国企业家系统2007年进行的调查数据表明，“德—得”相通这一机制已遭遇破坏，当今社会已面临伦理危机。《企业家看社会责任——2007年中国企业家成长与发展报告》调查结果表明，当今社会已面临伦理危机。50.0％的企业家认为社会诚信环境缺失是导致企业不履行社会责任的主要原因之一；30.0％的企

---

① *United States Sentencing Commission*，Federal Sentencing Guidelines Manual，§8，p. 341.

（1）组织必须建立为其雇员和管理者所依从的标准和程序以削减犯罪行为。（2）高层管理者中必须有明确的指定人对组织的依从程序负责。（3）企业中实际的自由处酌权的权威不能给予有非法行为倾向的人。（4）组织必须通过训练程序、正式沟通系统与雇员、代理（如广告代理）和独立承包人（或顾问）有效地沟通组织的行为和程序，所有相关的资金保管者都应知晓公司的行为准则。（5）企业必须采取合理的步骤以达到标准的要求，通过使用监控和内在的审核系统来监测由其雇员和其他代理的违法行为，一个揭发系统必须允许任何雇员和其他代理人无惧怕地揭发过失行为。（6）组织的依从标准必须通过适当的运作机制一贯地被执行。个体对过错责任的适当的训练是执行的一个必需的要素。然而，适合的训练方法将视具体情况而定。（7）组织在被发现违法行为后，组织必须采取一切合理的步骤修订服从程序，以预防和监测违法行为。

业家认为，在目前阶段，讲诚信的企业往往吃亏；20.0%的企业家认为其合作伙伴中经常发生不讲诚信的情况。这说明，善有善报、恶有恶报的这伦理赏罚机制已经遭到破坏，当前中国伦理道德的建设必须高度重视这一问题。伦理赏罚机制、伦理道德生长的社会环境建设是时代给中国提出的新课题。

总之，组织伦理的建设是当前中国道德建设最为迫切的问题。现代性组织由于其功能的特殊性、方向的特定性，在现实运行的过程中，其伦理本质往往被遮蔽、道德特性往往被消解。大量数据表明，现实组织在社会运行中存在着潜在的异化性，仅靠组织自身极难成为道德责任主体。因此，作为组织本身，应确立组织伦理理念，高扬组织伦理精神，创建伦理场域，构建组织伦理制度，使组织真正成为道德责任主体，这样，才能较好地解决现实社会生活的道德问题。

（王　珏）

下　篇

分报告：

伦理道德发展的影响因子与经验教训

十一

当前我国道德话语权的影响因子

第一部分　传媒从业者视阈中道德话语权的影响因子

——基于苏州传媒从业者的调查

（一）媒介视阈中道德话语权现状及问题

1. 当前社会的主流道德话语的主题总体呈现多元、多样、多变状态，这使我国的社会道德秩序面临新的挑战

（1）我国道德话语的主题呈现为多元、多样、多变的丰富格局。一个社会的道德话语总有体现其总体特征的道德主题。我们以“您认为当前我国社会的主流道德是什么”为题，请传媒从业者选择。统计数据表明：认为是“共产主义道德”的约占23.1％；认为是“中国传统道德”的约占19.7％；认为是“市场经济道德”的约占20.6％；认为是“集体主义道德”的约占8.7％；认为是“个人主义道德”的约占13.0％。“市场经济道德”和“传统道德”的认同率几乎平分秋色，只差1个百分点，都是社会主流道德的重要组成部分。“共产主义道德”成为多数传媒从业者的首选，这一方面表明共产主义道德作为一种理想在社会生活中还有较强的感召力，另一方面也彰显了传媒从业者担当思想道德传播者的职业道德意识。而“个人主义道德”的影响大于“集体主义”，则表明我国倡导的集体主义道德原则在新形势下面临巨大挑战，当今社会道德话语的主题呈现为多元、多样的丰富格局。另外，选择“不知道、说不清”的约占14.8％，反映了在我国的转型时期，有些人的道德信念处于一种不确定的迷失、多变状态。

（2）受调查者或多或少对当今社会道德秩序现状存有担忧和焦虑。在“您对当前我国社会的主流道德持什么态度”的调查中，表示“非常支持”的约占8.6％，“比较支持”的约占34.0％，认为“一般”、“无所谓”的分别约占

26.8%和14.1%，认为“不知道、说不清”约占11.3%，而“反对”的只约占5.2%。这表明多数传媒从业者对当前我国社会的主流道德还是持支持态度的，然而在认同的同时，仍有相当大的困惑，这突出表现在“一般”、“无所谓”以及“不知道”这些选项占了相当比例。另外，在对“您认为当前媒体对毛泽东时代持何态度”的调查中，认为“尽管物质生活条件差，但有信念”的约占75.1%，“很怀念”的约占12.4%，“不大认同”的只约占8.7%，“其他”3.8%。这说明人们对毛泽东时代的社会道德状态更为认同，这种怀旧心理也印证了人们对当前多变的道德生活的焦虑。当继续问到“您认为当前我国社会需要弘扬的主流道德有哪些”时，传媒从业者的选择是：“中国传统美德”约占25.6%、“社会主义公民道德”约占21.1%、“职业道德”约占17.3%、“社会公德”约占14.3%、“市场经济道德”约占13.2%、“家庭美德”约占5.5%、“其他”约占3.0%。这也反映了人们对目前社会转型中传统道德受到挑战，职业道德、社会公德等社会道德生活秩序失范状况的一种焦虑。

2. 当今社会道德话语生产主体与道德话语的受众因社会变迁而不断产生分化。权力、货币和文化是道德话语权主体发生分化的主要影响因子

（1）从道德话语产生主体来看，政府及行政领导对媒体导向仍有较大的影响力，但对人们生活中道德话语形态的作用在弱化，党政组织道德话语权与民间组织相比有此消彼长之势。

究竟是谁在生产、分配和支配道德话语权呢？在对“哪些人在主导当前我国社会的道德舆论”的调查显示，“领导干部”以约占26.7%排位第一，“记者”以约占20.2%位居第二，其余依次为“企业家”约占13.1%、“明星”约占12.9%、“老师”约占10.0%、“科学家”约占3.3%、“家长”约占6.7%。这些数据表明，虽然领导干部依然是主导当前我国社会道德舆论的主体，然而记者、明星、企业家等新型社会阶层则以约46.0%的概率生产、分配和支配着当前我国社会的道德话语权。而当问及“哪些组织在主导当前我国社会的道德舆论”时，“行政机关”、“党组织”、“团组织”分别约占24.4%、28.2%、8.4%，共计约占61%，“学校”约占13.6%、“家庭”约占10.4%、“企业”约占7.6%、“其他民间组织与团体”约占7.4%。这说明党和政府在当前我国社会道德舆论形成中仍处主导地位，传统力量仍在发挥作用，作为市民社会代表的民间组织对道德舆论影响力有限。由此可见，政府与民间在道德话语权的生产、分配和支配上呈现出不对应的现象，尤其是作为社会经济实体的企业道德话语权软弱，而民间组织在当前我国社会道德话语权上缺位。

（2）从道德话语的受众来看，政治、经济、文化等因素的流变使人们道德的

主体性得到了较大解放，个体在接受某种社会道德舆论时主观依据标准更具多样性，这给道德话语权的形成添加了某些不确定因素。

在问及“您认为当前传媒道德形态之所以多元多样的原因是什么”时，受调查者认为“市场经济条件下利益多元”的约占31.3％、“不同群体要求不同”的约占15.3％，说明道德作为意识形态总是由一定的经济基础所决定，人们因为其经济利益的不同总会选择与之相适应的道德形态。而认为“传统与现代的冲突”的约占11.6％、“全球化背景下东方与西方不同文明的冲突”约占7.3％，这说明全球化背景下，各种文化对我国道德形态均有着重要影响。另外，认为“改革开放使社会文化更加宽松”的约占22.4％，其他的约占12.1％，这说明改革开放到今天，社会环境已比较宽松，人们道德的主体性得到了较大解放，我国经济基础的分化造成了道德主体的分化。

3. 传媒是道德话语权运作的主要载体，传媒公共性异化、传媒从业者职业道德退化等新的问题开始凸显，网络等数字传播方式的迅猛发展对传媒道德形成新的挑战

（1）大多数传媒从业者总体上对传媒作用的满意度较高，但也承认为了追求经济利益，传媒的公共性伦理本质产生异化。

在“影响我国媒体信誉的失范现象主要有哪些”的调查中发现：直接追求经济利益的媒体道德失范现象高达42.7％，如“媒体商业化追求造成了虚假广告与报道失实”约占26.4％，“有偿新闻盛行”约占12.7％，“广告新闻化”约占3.5％；而为争夺受众眼球、抢占市场份额而间接与经济利益挂钩的媒体道德失范现象共计约占47.3％，如“不惜手段追求轰动效应”约占12.7％，“暴露隐私、媚俗新闻过多”约占21.1％，“迷信绯闻过多”约占9.8％，“暴力、煽情新闻过多”约占3.7％。

（2）传媒从业人员职业道德退化倾向。传媒从业人员总体上有较强的社会责任感，但也存在许多传媒从业者职业道德退化的现象，如为自己的版面或节目联系赞助，在政府部门或非营利团体兼职，为企业担任公关工作等，这些都侵占传媒原有道德导向功能。对此，传媒从业者自己也有所认识。在“影响我国媒体信誉失范的主要原因”的调查中，有21.3％的受访者认为是媒介人员不讲职业道德。

（3）网络道德话语的影响力越来越大但亟须规范。在“您认为哪些媒体影响着我国社会主流道德”的调查中，被调查者中选择“网络”的高达29.1％。而在追问“您认为对我国社会主流道德影响越来越大的将是哪些媒体”时，网络、电视、手机等数字媒介的影响力也有扩大趋势。当问到“您认为网络在我国社会主

流道德舆论的形成和传播中发挥的作用如何”，传媒从业者认为“发挥了一定作用，但需进一步规范”的约占62.5%；认为“发挥了积极作用”的约占13.4%，两者相加持肯定态度的共计约占75.9%。而认为“混乱，急需规范”、“发挥了消极作用”的分别约占17.5%、1.3%，两者相加持否定态度的共计约占18.8%，此外，选“其他”的约占4.7%。这说明多数传媒从业者对于网络的道德影响总体上持肯定态度，但同时也强调对网络道德失范现象需要进一步规范。网络在当前我国社会道德舆论的形成和传播中发挥的积极作用有待进一步加强。

（二）媒介视阈中道德话语权现状及问题的评析

1. 道德话语主题的合理化

探寻道德话语主题的合理性其实就是运用马克思主义的立场、观点、方法构建以马克思主义道德话语为主导伦理精神的社会主义核心价值体系。无论在实践中还是在认识中，真理和价值是我们必须遵从的两大基本原则，社会主义核心价值体系的合理化是合规律性与合目的性的统一。马克思主义为主导的道德话语权的合目的性，表现为这种话语是否完全准确地反映了主体的愿望和要求，是否有利于人民当家做主。合规律性就是找到有利于马克思主义道德话语主导地位巩固的体现时代元素的道德话语内容。现代社会是一个话语效应日益凸显的社会，各种政治、经济、文化关系都自行设置自己的道德话语，以应付复杂的生活情景的需要。马克思主义道德话语有效性的软化源于日常的道德话语的日益丰富而产生的独立倾向。马克思主义道德话语是开放的，在保持适度敏感、合理确定话语开放的底线的前提下，同化或吸收其他日常生活道德话语的优秀成分，建立一种绝大多数民众认同并共享的和谐的马克思主义道德话语是增加社会主义核心价值统摄力的核心。我们必须在社会语境变化的基础上，对各种“多元、多样、多变”的道德话语实现社会整合，在多层和多元的价值取向中确立马克思主义主导的价值方向，以克服价值观混乱和信仰迷失；把体现全社会共同利益要求的各种优秀道德元素纳入我国道德价值体系的框架，以保持马克思主义道德话语的先进性；在坚持科学发展观、统筹五大关系的社会背景下进一步发扬马克思主义道德话语以人为本的亲和力。当今社会主义核心价值体系构建就是对社会中的道德话语生产进行控制、选择、组织和再分配的过程，尤其是对那些具有潜在威胁性、危险性和煽动性的道德话语形式的影响和控制的过程。构建的要义并非教条式地重申马克思主义原本的道德话语，而是实现对马克思主义道德话语体系合乎历史情境的“发展式”回归。这种回归立足于对道德话语现代走向的深刻把握和马克思主义方法论的正确运用。作为对资本主义道德观的超越，我们一方面要发挥共产主义信仰、注重整体、崇尚劳动和奉献、以人为本等主导价值观，增强马克思主义的话语能力；同时，要在建立和完善社会主义市场经济的过程中找到实现公意的话语方式。实质上，社会主义核心价值体系的当代构建就是要在适应新形势，坚守马克思主义的核心话语的基础上，实现对市民社会道德生活元素的科学把握和对以新兴群体为代表的社会新力量的道德话语进行有效整合，在此基础上建立体现“与社会主义市场经济相适应，与社会主义法制相协调，与中华民族传统文化相承接”的有中国特色社会主义核心价值体系的道德话语。改革开放和现代化建设的巨大成就，坚定了人们建设中国特色社会主义的信念，但社会主义核心价值体系的构建，在理论和实践上，需要深入研究和解决。胡锦涛总书记倡导的社会主义荣辱观，通过对马克思主义的道德话语与日常生活的社会性道德话语的整合，找到了“八荣八耻”这一体现全社会共同利益要求的最大公约数，这是马克思主义道德话语在新的历史阶段下的社会主义核心价值体系中新的生命形式和表达方式。

2. 道德话语主体的广泛性

道德话语是主体实践的一种形式。作为一种实践形式，话语从本质上说就是一个关系范畴。话语权的有效性就在于主体间性的存在，即主体之间交流理解实现的可能性决定了话语之间的差别性和话语的张力存在形式。这种话语间性一方面提供了交流理解的前提；另一方面也给这种交流理解设置了障碍。就我国的道德领域来说，如何化解政府和市民社会之间的话语沟通障碍决定了马克思主义道德话语的有效性。

我国社会正开始由金字塔形向橄榄形转型，市民社会不断成长。实力是左右道德话语有效性的主要力量，道德话语客观上受政治、经济、文化力量的多重影响，而这集中表现在民间社会组织与以相对自律和自觉的新兴阶层为主要力量的中产阶级的兴起。这一相对独立的和自觉的新兴群体不再满足于作为某种外在的马克思主义道德话语的被动的听众和受众，而是开始形成自己本身的自觉道德精神，并表现为日常生活道德话语。尽管这些道德话语经常以某种情感的形式表达出来，但它的内容却包容许多理性化的道德元素。马克思主义道德话语的构建必须要寻求体现各种力量的话语表达机制，以化解话语沟通障碍，要在对个人道德话语进行批判的过程中消解个人道德话语并整合共同道德话语的理性元素，在此基础上重建健康的日常生活道德话语和理性化的政府主导的马克思主义道德话语。

一方面，我们要保持马克思主义道德话语的开放性和易进入性，增加日常道德话语的诉求机会；另一方面，要加快社会性道德组织建设，增强民众道德话语的表达能力。马克思主义道德话语是国家或政府以官方的名义向人们倡导的价值理念和道德评价标准，这种理念和标准在正常情况下必须是经过理性化过程的，具有某种导向性和超前性。马克思主义道德话语具有双重功能，一是对民众评价具有整合和范导作用，二是对政府行为和官员行为具有规约和监督作用。在某种程度上，后者比前者更显重要。马克思主义道德话语有效的根源在于对权力这种特殊的公共资源进行合理分割和有效配置，权力过分集中必然造成民主程度降低，也容易造成腐败，必然造成虚假的马克思主义道德话语的价值理念和道德评价标准。说到底，在社会主义市场经济条件下，化解马克思主义道德话语和日常生活道德的话语障碍的过程就是确立社会主义核心价值体系的过程，实质上也是建立真正的现代市场体制的过程：有效率的经济体制、民主化的政治体制和相对自由的文化体制。

3. 传媒道德话语失范的根源探析

(1) 传媒公共性伦理本质异化的根源在于传媒商业化运作的过分扩张。随着我国传媒业体制改革和市场经济的逐步深化，报纸、广播、电视等传媒开始由事业型向产业型转变，由公益型向部分经营型转变，传媒的产业属性日益增强，并最终导致传媒市场的形成。传媒市场作为公共性市场，是社会主义市场体系中的一部分。市场经济体制鼓励追求经济效益，在市场经济条件下，可以使用一切正当手段追求市场效益。这极大地激发了传媒的市场活力，创造了较高的资源效益。在发挥传媒话语公共性价值功能的基础上实现传媒组织的市场效益，这不仅是允许的，而且是应当倡导的。但是，作为公共性市场，传媒话语既要顾及市场导向而又不能唯市场导向是瞻，传媒市场所要追求的应该是社会总体收益的最大化。经济理性和道德理性始终是辩证的统一体，传媒的市场化与传媒公共性的伦理化应是同一个过程，承担引导健康向上的社会道德风尚是传媒的应有的价值诉求和伦理本性。传媒这一公共性伦理本性在本质上是由传媒运作的公共性特质决定的：经过传媒筛选的道德主张可以广泛、公开和直达地传播于社会，直抵受众个人。传媒话语的公开性和直达性使其越来越成为一种具有诱惑性、渗透力和劝说力，乃至直接主导人们道德观念、道德选择和行为方式的公共道德资源。可以说，媒介的道德关怀就是整个社会道德关怀的缩影。现代人实际上已经把社会道德标准的筛选权部分地转让、委托于传媒。现在的问题在于，在公共性道德标准与经济利益的博弈中，功利原则和经济理性主义往往占据上风，传媒商业化运作的过分扩张总是具有天然的优势，从而使传媒的公共性伦理本质不断地消解。

(2) 传媒从业者职业道德的退化在于传媒从业者伦理立场的弱化。传媒从业者的伦理立场是对传媒道德话语选择、批判、反思和规范的价值主张，是关于传媒的道德哲学。传媒从业者要对传媒道德话语异化进行道德批判、伦理反思、实践规范，以实现传媒道德话语的人文性回归作为自己的目的性道德规范。这种目的性道德规范既为传媒工作者的话语行为明确设置了某种道德底线，又保障了传媒工作者在这种道德底线基础上自主活动空间的最大化。较之于传媒话语的规范性道德规范而言，传媒从业者的伦理立场注重的不是话语的行为方式，而是传媒话语本性所具有的属人的公共性价值目的；不是传媒与社会的纯利益关系，而是是否有利于社会发展，有利于维护社会整体权益的价值关系；不是传媒话语的道德规范，而是这种道德规范能否促进社会道德进步这一崇高的价值目的，以最大限度地实现传媒道德的公共伦理本性。

（3）网络道德是伴随着网络技术的发展而产生和发展起来的一个新的伦理学话题。由于计算机及其网络组成的这个“新”世界，对人类的物质实践和认知思维产生的冲击和影响越来越大，网络道德问题已逐渐进入主流的应用伦理学研究视阈。一般说来，网络道德是指导国家、网站、用户在网络信息生产、传输和使用等活动中表现出来的相互之间的道德关系，也是主体从事网络信息活动而形成的一种相互制约的社会观念和特殊意识形态，是通过利益、网络舆论、内心信念和网络习俗来维系，以善恶评价作为价值导向的原则规范、心理意识和行为方式的总和。计算机网络的广泛应用，有力地促进了道德的进步。网络技术使人们的道德意识更丰富，促使人类追求自由，提高权利意识和平等意识。对于这一新技术善的使用，能给人类生活的方方面面带来巨大的福利，推动人类道德的发展；它的恶的使用，又可能给人类道德生活的方方面面带来巨大的灾难。网络在推动人类社会前进，给人类的道德生活带来全新的诠释的同时，也打开了“潘多拉魔盒”，它已不再单纯是技术，在被人们使用的过程中，已掺杂了许多人性化的因素，并且由于其技术的特性助长或激发了人性中的劣根性或阴暗面，如网络欺诈、网络攻击、网络病毒、网络色情等形形色色的不道德的甚至是非法的行为，犹如原子弹悬在网际空间，对网络生存环境构成巨大的威胁，直接阻碍了互联网的顺利发展，导致了网络道德问题的出现。在网络社会里，道德形态的多元、多样、多变更为明显，如何面对色情暴力等不健康信息和全球化背景下外来价值观的冲击，是一项艰巨的任务。

（三）相关问题的对策和建议

1. 道德话语主题的合理化路径

（1）加大对当今时代道德生活的调查研究，从实践中探寻道德话语主题的合理化路径，就是实现马克思主义道德话语为主导的社会主义核心价值体系的具体内容、功能和形式的与时俱进。一定道德主题是随着历史的进步而不断发展的。可以确信，伴随着时代的发展变化，伴随着全面建设小康社会的进程，伴随着人民物质生活和精神生活的不断提高，社会道德生活会发生深刻变化。我们要加大对道德生活的调研工作，及时提炼和吸收先进社会道德观念以扩大社会主义核心价值体系的丰富性和包容性，使它由过去单纯为无产阶级先进分子必须遵循的政治原则，发展为全社会成员应当共同遵循的道德规范；由过去主要用于调节政治生活领域中各种关系的行为准则，发展为调节社会生活所有领域各种关系的行为准则。

（2）从学理上加大研究，探寻以马克思主义为指导的道德话语主题的合理化思路。这可以从以下几方面展开研究：一是以社会转型为基本的观察背景和分析框架，把道德话语主题的确立放在社会转型和社会结构变化利益格局调整这一社会发展的宏观历史进程中进行考察。二是运用历史唯物主义基本理论和方法，运用“社会存在决定社会意识”的基本原理和方法，深入分析中国改革开放的发展历程，深入剖析社会经济关系、经济体制、经济利益格局等方面发生的深刻变化，着力探讨这种变化所引起的人们在道德心理、道德观念方面的震荡和冲击，特别是对道德冲突、道德失范、道德观整合等现实道德问题上的具体研究。三是注重对古今中外道德话语的理论研究，这主要有三种思路：一是侧重从西方经典理论层面探讨道德话语主题的构建路径；二是侧重从传统的回归探讨道德话语主题的构建路径；三是在综合中西方理论资源中探讨道德话语主题的构建路径。

2. 以马克思主义为指导，合理扩大道德话语生产主体的广泛性，大力推行公民道德教育，培育人民大众的马克思主义道德资质

（1）重建健康的民众评价和理性化的政府评价，保持适度敏感、合理确定道德话语开放的底线和马克思主义意识形态的覆盖面。道德作为意识形态总是由一定的经济基础所决定，人们因为其经济利益的不同总会选择和自己对应的道德形态。随着我国利益格局的分化组合，道德话语权也在发生相应的转移，新兴群体对社会道德舆论的影响有日益扩大的趋势。在组织层面，由于党政机关有自己强有力的话语表达机制，在当前我国社会道德舆论形成中仍处主导地位；而企业等民间组织由于表达机制的欠缺，对道德舆论影响力有限。在个人层面，记者、明星、企业家等新兴群体由于市场支配的现实性对社会道德舆论的影响极大，而领导干部因政府支配的某种空洞性而影响力弱化。重建健康的民众评价和理性化的政府评价，在建立真正的合理的现代道德价值体系的过程中体现各种力量的话语表达机制以形成社会道德共识，直接决定着马克思主义道德话语的合理性和社会

运作的有效性。

（2）要大力培养一支高素质的德育队伍，加强马克思主义道德教育。在巩固传统的马克思主义灌输教育方式的同时，积极对社会生活中的道德话语进行马克思主义的引导和改造。马克思主义道德话语设计应立足于活生生的现实生活，用现代性的人性化的话语替换原来的政治性话语，在实现马克思主义道德话语的大众化、民族化、科学化的同时探寻更加生活化的宣传教育方式。

3. 规范传媒道德，引领社会风尚

（1）建立规范传媒运作的各种约束机制，这包括政府管理和法律监督两个方面。一是加大政府的宏观指导和执法监督的作用，通过政策引导，约束传媒逃避责任的不道德行为。政府对媒体的管理一般通过制定政策法规，建立新闻检查和分级审查制度、国家财政拨款等。政府管理应该以不触犯和干预媒体应具有的社会舆论监督功能为前提。我国对媒体实行行政管理的国家机关如中宣部、广播电影电视总局、新闻出版总署、中国记者协会等机构，已经制定了《中国新闻工作者职业道德准则》、《关于禁止有偿新闻的若干规定》等一系列政策，但在执行上还有待改进。许多传媒道德失范现象的产生就在于相关的管理和监督体制不严密。二是妥善处理好传媒道德与我国现行法律法规的关系，传媒承担社会责任要以我国的相关法律条款为基础。新中国成立后我国没有把新闻立法提上议事日程，近些年来新闻立法逐渐得到各方面的关注和支持。我国应该尽早制定新闻法，把媒体的一切活动纳入有法可依的轨道。完善法律监督体制，尽快制定统一的监督法律。世界各国都已经开始了大众传媒立法的工作，加强了对大众传媒犯罪的打击力度。我国法制不十分健全，有关规定过于简单、粗糙，针对性不强，缺乏操作性，政策落实不到位，必须制定相应的法规，进一步健全法制，做到有法可依。

（2）建立行业自律制度，加强媒体人自律。一方面，传媒在进行自我约束的同时要实现行业内部各媒体之间的相互监督。我们可以看到，绝大部分媒体还是讲求社会效益，担当起社会所赋予的道德责任。当极少数媒体一味追求经济效益而出现了“越轨”行为的时候，那些有社会正义感的媒体就会站出来，对不守行规的同行提出批评，以维护传媒行业的尊严和荣誉。另一方面，为提高传媒从业人员的职业道德素质，使大众传媒从业人员和服务机构做到自律，必须加强有关从业人员的职业道德修养，提高从业者的专业水准，并增强其社会责任感，使他们热爱本职、忠于职守，躬行实践媒体自律的规范，恪尽对社会、对公众的责任。只有这样，才能从源头上限制和消除传媒信息中那些不健康的东西，从根本上调控大众传媒的方向。

（3）充分发挥社会大众的民主监督的功能，实现媒体监督与监督媒体之间的良性互动。这需要健全三种机制：第一，透明机制。客观真实地揭露问题，即俗称的“曝光”，是媒体实施舆论监督的法宝。社会公众对媒体的基本要求是提供真实客观的可认知的信息。通过法律等制度规范消除阻碍媒体进行客观报道和监督的各种行为，充分发挥传媒舆论这一公共话语资源的传播及辐射效应，强化舆论监督对社会道德的间接影响力。第二，评议机制。这种评议是社会对媒体监督的评议，媒体要在监督中经得起社会的评议。这需要把握三个尺度：一是严格保持公正立场，不冲动、不媚俗、不偏激、不盲从，确保弘扬社会积极的道德价值；二是维护政府正当行政的尊严，对某些行政不公现象应当通过正当途径予以解决，要尊重行政的严肃性；三是不得对所报道和监督对象的形象进行歪曲和丑化，不得对所报道和监督对象的人格进行评价。第三，社会的激励与约束机制。激励既包括有形的物质奖励，也包括无形的精神奖励。其中，宽容也是一种激励。对待媒体监督，社会各界和个人都应持宽容态度。当然，这种宽容不仅是一种个人态度，而且还应当是一种制度设计。从目前我国现状和提升媒体公信力角度看，现有的规章制度已很难适应媒体及其队伍的发展，需要进一步加强这方面的建设；而不仅仅是“党的逻辑”，尤其是在一些与国家权力和政治没有直接关系的领域更是如此。

（4）规范网络媒介，加强网络道德建设。随着科学技术的进步和网络社会化的普及，网络道德将是未来社会生活中起重要作用的道德形态。一方面，我们要吸收网络社会中形成的自由精神、权利意识和平等意识等新的积极的道德元素，培养公民健康的网络道德意识。另一方面，在网络社会中，既存在涉及每一个成员的切身利益和网络社会正常秩序的属于网络社会共同性的主导道德规范，也存在各网络成员自身所特有的多元化道德规范。这些道德规范与现实主导道德存在很大差异，如果不重视网络道德教育，一些道德失范现象以及落后、腐朽、没落思想就有可能通过网络影响人们的身心健康，损害改革发展稳定的大局，损害正常的经济秩序和社会秩序。我们应规范网络媒介，具体措施包括技术的监控、道德规范的制定以及法律的参与。技术的监控即通过政府网络管理部门采取高技术手段建立一套安全体系，审查、控制网络信息的内容及其流通，在此基础上引入相应的道德规范和法律约束机制，使得网民在网络空间活动时能时刻感受到监督的存在，从而收敛自己的行为。

（李兰芬、张寿强）

第二部分　企业家视阈中道德话语权的影响因子

——基于苏州企业家的调查

以语言、符号、意义等形式传达、交流和展现着“人的本质”的话语既是解释和理解世界的一种手段和方法，又是掌握和创造世界的一种“武器”和“权力”。法国后结构主义哲学家福柯强调：“在有话语的地方就有权力，权力是话语运作的无所不在的支配力量，社会性的和政治性的权力总是通过话语去运作。”[①] 西方马克思主义者葛兰西认为：“社会集团的领导作用表现在两种形式中——在统治的形式中和‘精神和道德领导’的形式中。”[②] 前一形式表现为上层建筑的国家机器，如法律、警察、教育系统等，后一种形式则体现为话语（包括道德话语）权。话语“说什么”（what is say）、“怎么说”（the way it develops）、“以什么身份说”（the status it enjoys），即它的内容、形式和倾向内蕴着权力，而这种权力关系的系统再现，则成为意识形态。权力与话语总是这样胶着在一起，互为耦合、互为支撑。不同话语之间存在着斗争，话语体现着权力关系，权力调控着话语音量。话语不仅构成权力斗争的场所和平台，而且成为权力斗争的手段和武器；话语权力不仅是一种现实力量，而且是一种社会现实的创造力量。话语权作为一个传播学概念，指的是人们对于某一现象或问题的自由主张以及主张的资格和力量。话语权利和话语权力构成话语权的两层基本含义，话语权利构成话语权的基础，话语权力则是实现话语权的保障力量。诚如马克思所指出：“占统治地位的思想不过是占统治地位的物质关系在观念上的表现，不过是以思想形式表现出来的占统治地位的物质关系。”[③] “话语权”一般就是指在某种历史条件下，被某种制度所支撑组织起来的陈述群，即由某个权威主体发出的，被认为是具有真理性的种种陈述。话语生产一般由权势集团所控制和选择，其目的是消除对其权力合法性的威胁。“从生产机制和形式来看，可以认为话语是说话者或作者在某个语境中运用语言系统表达个人思想感情或实现个人意图的口语或文本，因此，它可以是独白、对话，也可以是众人的交谈，还可以是诗歌、小说、音乐、舞蹈、电影、电视

① 王一川：《语言乌托邦》，云南人民出版社 1994 年版，第 241 页。
② 葛兰西：《狱中杂记》，人民出版社 1983 年版，第 316 页。
③ 《马克思恩格斯选集》第 1 卷，人民出版社 1995 年版，第 98 页。

等。”[①] 同时这也“意味着一个社会团体依据某些成规将其意义传播于社会之中，以此确立其社会地位，并为其他团体所认识”[②]。由此可见，话语主体多元、话语主题多域、话语形式多样、话语价值多向、话语视角多变。多元、多域、多样、多向、多变构成话语与话语权的基本存在样式。作为话语与话语权特殊样式的道德话语权，指的是人们在道德领域中的话语权，它不仅体现为人们对道德现象、道德问题说话的权利和资格，同时更反映了人们在道德现象、道德问题上说话的渠道、途径和效果。道德话语权是道德领域内各类人群的利益、自由、主张、资格及力量的综合体现，它包含着对言说者及其主张所具地位和权力的隐蔽性认同，取决于一种话语有效的社会环境、机制与主体资质，并直接表现为人们对道德形态现实特征的把握以及相应主观心态的流露。

随着我国社会主义市场经济的发展以及社会转型的加剧，在物质文明建设取得巨大成就的同时，社会主义社会的主流道德话语也发生了急剧的变化，形成了多元、多样、多变的道德话语态势。直面当今社会伦理关系和道德生活的实际，准确把握社会各个阶层对道德生活的态度、对道德热点问题的反映，找出影响道德话语权的现实因子和发展规律，进而有效地引导与发展积极、健康、向上的社会主流道德话语，对于有效树立社会主义核心价值体系，创建和谐文化以及建构和谐社会，都有着极为重要的意义。企业家作为当前社会财富的主要创造者和现代经济发展主要推动者，他们视阈中的社会及企业道德话语权实然状况如何？他们对现代社会及企业道德话语权的主体、主题、载体以及影响因子又有着怎样的评价？他们心目中道德话语权的应然模式又该如何？本课题组围绕上述问题面向苏州市企业家展开调研，试图真实展现当代企业家视阈中的社会及企业道德话语权的实然状况与应然诉求。

谁在说？为谁说？说什么？怎么说？构成考量和评估当前我国道德话语权现状及其对策建议的基本问题域。本次调查共发放问卷500份，有效回收问卷450份，有效率90.0%。

调查对象的基本信息如下：

性别分布为：男性约占52.2%；女性约占46.7%；不详约占1.1%。

文化程度分布为：初中及以下学历的约占0.9%；高中学历的约占14.9%；大专学历的约占33.1%；本科学历的约占48.4%；研究生及以上学历的约占1.8%。

年龄分布为：18—25岁的约占22.4%；26—35岁的约占50.7%；36—50岁的约占18.0%；51岁以上的约占8.9%。

---

① 曾庆香：《新闻叙事学》，中国广播电视出版社2005年版，第4页。

② 王治河：《福柯》，湖南教育出版社1999年版，第159页。

宗教信仰分布为：佛教约占10.7%；基督教和天主教约占2.4%；伊斯兰教约占0.9%；其他教约占0.9%；不信教的约占84.2%。

各题统计数据总和未满100%的是因为有人未答。

（一）对当前社会道德话语权主题及其支配因素的评价

道德话语权的主题，在现实生活中，即表现为社会道德形态的主流。人们对当前社会道德形态的主流及其发展趋势、变化根源的感知和态度构成了对当前道德话语权的主题及其支配因素的认定。而把握当前社会道德话语权主题及其支配因素的现实状态，对于促进良好的社会思想观念、形成健康的意识形态乃至构建社会主义核心价值体系都有着极其重要的基础意义。那么，苏州市企业家眼中的当代社会道德话语权现状究竟如何呢？

1. 市场经济道德成为当前社会道德话语权的主题，市场竞争观念深入人心

我们以“您认为当前我国社会的主流道德是什么”为题，请企业家们做出选择，统计结果表明，认为是“共产主义道德”的约占4.4%，认为是“集体主义道德”的约占6.7%，认为是“个人主义道德”的约占12.0%，认为是“中国传统道德”的约占15.6%，而认为是“市场经济道德”的高达约40.2%，另有约20.4%的人表示不知道或者不清楚。这个结果表明，市场经济道德以相对多数的比例，成为多数企业家的首选。显然，这一结果与当前市场经济的深入发展不无关系。同样，市场经济发展的影响还表现在企业道德观念的变化。在问及“当前企业中比较盛行的道德观念有哪些”时，“市场竞争观念”又以约27.6%的比例排在第一位，远高于排在第二及第三位的“传统道德”约13.8%和关系学约5.1%。为了更准确地说明问题，我们将这两个题目的统计结果做了性别交互比较，发现结果基本类似：认为市场经济为主流道德的男性企业家约占39.1%，女性约占41.2%；而认为当前企业中比较盛行的观念为市场竞争观念的男企业家为约28.9%，女企业家为约27.6%。这说明男女企业家在社会道德趋向的宏观感知方面基本接近。由此可见，市场经济道德和市场竞争观念已经被当代企业家所普遍接受和认同，成为他们视阈中当前道德形态的主流和道德话语权的主题。

2. 社会经济的发展是支配道德话语权主题变化的根本原因

参加调查的企业家普遍认同改革开放以来企业的道德导向的变化，关于变化

最快的时期，约68.4%的人认为是90年代末和进入新世纪，列第一；约15.7%的人认为是80年代末90年代初，列第二；另有约14.1%的人表示说不清，列第三。众所周知，90年代末和进入新世纪正是我国社会经济飞速发展进入转型的关键时期，绝大多数人将这个时间段认为是道德变化最快的时期，某种程度上也表明了社会经济发展对道德形态变化的深刻影响。而这一点从我们对道德形态变化原因的直接发问中得到更清晰地体现。在回答“当前企业道德形态之所以多元多样的原因”时，认为“市场经济条件下利益多元”的列第一，约占26.7%；认为“改革开放使社会文化更加宽松”的列第二，约占18.9%；认为“不同群体要求不同”列第三，约占14.9%。与此同时，企业家们认为“企业道德变化较大的原因”，排在首位的是“市场经济的发展”约占31.8%，其次是“社会发展变化大所致”的约29.6%，再次为“通过视听或接触的国外的人或事，受其影响”的约19.1%。从上述结果中，我们不难发现，位居前列的选项尽管立场、角度、表述各有不同，但归根结底都离不开社会经济的发展这一最基本的根源。社会经济的发展正是支配着当前道德形态主流和道德话语权主题多元、多变的根本原因。

3. 对当前道德话语权主题的评价总体谨慎，中间和不确定立场占多数，实用心态明显

上述结论从参加调研的企业家们对于当前道德形态所持的态度中可见一斑。在直接问及对其所认为的当前我国社会主流道德所持态度中，表示“非常支持”和“比较支持”的分别约占3.1%和22.4%，两者相加约为25.5%，同样明确表示“反对”的约占8.9%，然而表示“一般”的约有28.9%，表示“说不清”的约有23.8%，表示“无所谓”也有约11.3%。可见，在这个问题上多数人的表态比较谨慎，尽管支持多于反对，但总体都不是多数，中立立场和不确定立场是主流心态。在问及“当前企业的道德形态与过去相比有何变化”时，约29.5%的人认为是“更加贴近市场和钱”，列第一；约21.6%的人认为“更加多变而难以把握”，列第二；约11.8%的人认为“更加关注个人需要”，列第三；其中较为突出的是，本题中最为极端的否定选项“更加处于困境”选择率仅约为0.7%；而一些明显否定和肯定的选项如“更为低俗”和“更加繁荣”分别也仅约占6.0%和8.0%，这一结果可以说较好地体现出了苏州市企业家们在当前多元、多变的道德形态面前的不确定心态以及对道德话语权主题评价所持的谨慎态度。

需要引起重视的是，在问及“您认为目前企业对我国当前社会制度的主流态度是什么”时，约52.9%的人认为“只要能过上好日子，哪种制度都可以”，另有约13.3%的人表示说不清，甚至有约14.1%的人觉得“从现实的制度实践来看，资本主义制度比社会主义制度优越”，认为“两者差不多”的约占6.2%，只

有约 13.1％的人坚持“社会主义比资本主义好”。与此相联系，对于毛泽东时代的评价，认为“尽管物质生活条件差，但有信念”的约占 75.3％，表示怀念的约占 8.4％，两者相加，即肯定的约占 83.7％，为绝大多数。我们认为，对于过去时代的过高褒扬和怀念在一定程度上也反映出了对当前的不满和期待。结合上题中表现出的对于社会制度的实用主义倾向和模糊立场，它给予我们的警示是：社会主义制度的优越性亟待发挥。只有让老百姓切切实实感受到实惠，才能使其真正巩固社会主义信念，拥护社会主义制度。

本节基本结论：

(1) 在苏州市企业家的视阈中，市场经济道德已经占据当前道德形态的主流成为当前社会道德话语权的主题。而与此相对照，企业家们在对原本强势的共产主义道德、集体主义道德以及传统道德的主流地位认可程度上，尽管仍有一席之地，但明显趋弱。这一变化充分反映了当前我国社会道德话语权多元、多样和多变的特征。

(2) 社会经济的发展变化，尤其是社会主义市场经济的发展以及改革开放的深入，是当前的社会道德话语权主题的变化的支配因素和根本原因。这一事实，再次体现了经济基础对于社会意识形态和思想观念的支配力量及决定作用。

(3) 在对当前道德话语权主题的评价方面，比较突出的特点是企业家们的不确定心态占多数，实用主义倾向明显。表现在明显支持或者反对，乐观或者悲观的态度都不是主流，谨慎的中间立场甚至无立场占了相当的比例，而“能否过上好日子”在相当程度上成为其判断、取舍意识形态和社会制度的关键。因此，社会主义核心价值体系的构建迫在眉睫。而马克思主义要真正发挥引领社会思想观念、主导社会意识形态的作用和功能，就必须让人们在实践中切实体会社会主义制度的优越性，即满足人民群众日益增长的物质文化需要，保障人民群众的根本利益，使人们真正在社会经济发展的过程中得到实惠。

(4) 男女企业家对于社会道德形态的总体感知差别不大，对道德问题的宏观感受能力相当，这说明在社会道德观念领域的性别视差并不明显。

（二）对于道德话语权的归属、影响因子和传播路径的评价

要把握当前社会道德生活和伦理关系的特征，在了解人们对道德话语权主题的宏观评价之外，更重要的是要掌握人们对道德话语权的归属、影响因子及传播路径的评价，因为从某种程度而言，后者正是决定前者生成、变革、发展的关键。苏州市企业家对这些问题的评价主要显示为以下几个特点：

1. 领导干部和党政机关主导当前我国社会的道德舆论，是当前道德话语权的归属；企业家和企业的道德话语权潜力巨大；记者、明星的道德话语权超过老师和家长

我们向企业家调查“哪些人在主导当前我国社会的道德舆论”，选项结果显示：“领导干部”以约29.3%的比例位居第一，“企业家”以约20.2%名列第二，“记者”以约15.8%列第三；而往下依次是“明星”约8.7%、“科学家”约8.4%、“教师”约7.6%、“家长”约2.2%。同时，在关于“哪些组织在主导当前我国社会的道德舆论”的调查中显示：“党政机关（包括行政机关、党组织和团组织）”以约59.3%的绝对多数排在首位，其次是“企业”约占13.8%，再次为“学校”约占11.8%。可见，在多数企业家的眼中，领导干部和党政机关是主导当前我国社会道德舆论的主体，是当前我国社会道德话语权的归属。并且，在对未来趋势的评价即“对主流道德舆论影响越来越大的人和组织”的评价中，“领导干部”与“党组织”依旧以约25.1%和约28.4%的比例蝉联榜首，而企业家和企业再次以约21.8%和约23.6%的比例位居第二。这充分说明在当前以及未来的相当时间内，领导干部和党政机关的道德话语权归属地位无人匹敌，他们毋庸置疑地承担着主导和引领我国社会道德舆论的重任。与此同时，企业和企业家在道德影响力方面的排名稳居第二，说明了这一新兴群体和组织的道德话语权已经越来越受到普遍承认，潜力巨大。

此外，在当今日益信息化的时代，作为媒体从业人员的记者和依赖传媒包装的明星分别以15.8%和8.7%的道德话语权超过了老师的7.6%和家长的2.2%。这一事实尽管可以理解，然而，当以“传道、授业、解惑”为己任的教师的道德话语权日益萎缩，当作为孩子“第一任教师”的家长的道德影响力日益衰退，且取而代之的是大量良莠混杂、是非模糊的传媒信息的时候，我们未成年人的思想道德建设何去何从，值得深思。这一情况同样反映在对学校和家庭道德话语权的认同方面，二者所占的百分比分别仅为11.8%和5.1%。可见，当前学校和家庭的道德话语权和德育功能趋于弱化，亟待进一步的加强和发挥。

2. 权力、货币和文化是当前我国社会道德话语权的主要影响因素，良心是道德选择的主要依据

为了更清晰地揭露问题的本质，我们将主导道德舆论的人和组织抽象化，让企业家们判断什么是当前我国社会道德话语权的主要影响因素。结果显示：“政治权力”以约27.6%的比例位居首位，“经济财力”以约27.3%的微弱差距屈居第二，“文化影响力”以约23.3%位居第三，而排在最末的是“人格魅力”占约

2.9%。显然，这一结果与之前调查的“主导道德舆论的人和组织”的排列，即“领导干部和党政机关”、“企业家和企业”、“记者和学校”完全对应。由此可见，在当前，权力、货币和文化已经成为我国社会道德话语权的主要影响因素，而一度被我们的传统所推崇的以人格魅力见长的榜样作用已明显式微。

与此相联系，当问及“您选择或接受某种社会道德舆论的依据是什么”的时候，“良知”以约24.4%的比例居首位，“利益”以约19.8%的比例居次，“风俗习惯”以约14.9%位居第三。这使我们感受到尽管道德话语权领域已被权力和货币所充斥，但相对多数的个体仍然保持着自身的道德操守，凭良心办事超过为利益办事，成为企业家的首选。然而，令我们不安的是，也有相当一部分人选择“从众心理”（约占12.9%），这同样为多数人的暴政或者群氓式的混淆是非预留了可能的空间，并且这一点在女企业家身上的表现尤为明显，她们以约占15.7%的比例大大超过了男企业家的约占9.2%。可见，女性独立判断道德是非的能力有待增强。

3. 新闻报道是当前我国道德话语的主要传播路径

道德话语权必须通过一定的路径、方式和渠道才能得以传播，在对这一问题的调查结果显示：“新闻报道”以约占36.9%的比例位居第一，“重大事件”和“社会活动”分别以约占17.3%和约占17.5%的比例位居第二、第三，“广告宣传”以约占11.3%的比例名列第四。而作为传统德育的主渠道思想政治课和报告讲座分别仅约占4.2%和2.7%的比例。可见，在信息化日益发达的社会，以新闻报道、重大事件、社会活动及广告等为代表的先进传媒手段和方式，已经逐步取代传统模式即思想政治课和理论报告，成为道德话语权传播的主要路径。同样，这一事实的揭示，对传统的思想政治课和理论专题讲座的内容及模式提出了严峻的挑战。

本节基本结论：

（1）领导干部和党政机关成为道德话语权的归属并主导当前的社会道德舆论，政治权力是道德话语权的首要影响因素。这一事实的揭示，不仅提示我们，领导干部和党政机关工作人员的言行已经成为当前我国社会道德舆论的风向标，进而为中央进一步加强广大党员干部和公务员群体的社会主义荣辱观教育的必要性及迫切性提供了现实的依据。更重要的是，它明确了领导干部和党政机关引领社会道德舆论的职责，从而为进一步巩固和发挥领导干部和党政机关在社会道德领域中的积极作用寻找到了现实基点。

（2）值得重视的是，在当前我国社会道德话语权状态中，存在着政府归属、政权主导与市场经济道德主题并举的现象，加之当前我国社会道德舆论部分失范的现实，这在某种程度上折射出，政府在道德话语权的运作方面存在被动迎合大众口味的平庸化以及盲目适应市场经济的功利化倾向。因此，培养领导干部和党政机关坚守和引领社会道德信仰的能力、改善其积极的价值引导功能，对有效发挥道德话语权的价值效应进而构建社会主义核心价值体系有着极为关键的意义。

（3）随着经济财力或者说货币在社会生活中的作用日益凸显，企业和企业家的道德话语权正在逐步增强，因此，关于企业家的道德操守的培养以及企业社会责任的履行问题应当引起社会更多的关注。

（4）鉴于新闻报道、广告宣传等传媒方式和手段在道德话语权传播过程中的路径作用日益彰显，加强对新闻、广告的伦理审视尤显重要，传媒伦理建构的必要性和紧迫性应当得到更多重视。同时，未成年人面对着大量信息和媒体的冲击，由于其自身的年龄和阅历的局限，是非辨别和道德判断能力较弱，其道德教育问题再次浮出水面，而如何在老师和家长的道德话语权逐渐式微的情况下，加强和改进未成年人思想道德建设，值得引起我们全社会的重视。

（5）尽管人们选择和接受道德话语权影响的依据多元，但“良心”依然超过“利益”被相对多数人选择，说明多数人的心中存在着较为清晰的道德底线，这无疑增强了我们建设社会主义市场经济道德的信心。然而，从众心理的高选，则说明相当部分人群独立的道德判断能力还有待进一步加强。

（三）对于企业道德话语权实然状况的评价

正如前面调查结果所显示的，企业的道德话语权正逐步壮大，成为除党政机关之外对当今社会道德舆论最具影响力的组织。那么，企业道德话语权的实然状况究竟如何？企业家对此问题最有发言权，为此，我们设计了相关问题进行调查。

1. 企业在社会道德舆论的形成和传播中发挥了一定作用，还需进一步加强

对于企业在我国社会道德舆论形成和传播中发挥的作用，人们的选择依次是：“发挥了一定作用，还需要进一步加强”（约44.0%）；“发挥了应有的作用”（约18.0%）；“不知道、说不清”（约13.0%）；“适中”（约8.0%）；“严重不足”（约7.0%）；“无任何作用”（约6.0%）；“过火，需要遏制”（约2.0%）。通过进一步整理，我们发现，在此问题上，总体持肯定态度的约占70.9%，持否定态度的约占14.5%，而在持肯定态度的人中又有相对多数（约44.9%）认为仍有进一步空间，进而表达了更多期待。这个结果，在接下来直接咨询人们对企业道德话

语权满意度的问题中得到了印证：有约42.0%的人表示“基本满意”，约6.4%的人“比较满意”，约1.8%的人“非常满意”，三者相加为约50.2%；而表示“不满意”的约有22.7%，“很不满意”的约2.9%，相加约25.6%；另有约24.2%的人表示不知道。可见，表示满意的人是相对多数。

当继续追问“您认为中国企业道德形象在什么水平才令人满意”时，位居前三位的依次是：“促进社会健康道德风尚的形成”（约41.3%）、“引导健康道德风尚的形成”（约26.2%）、“不破坏健康道德风尚的形成”（约12.2%）；而“不知道，说不清”的约占12.9%，这表明，绝对多数人（约67.5%）认为企业应当主导当前社会健康道德风尚，肯定企业在此领域应有积极作为。并且此项结论在“您认为企业在我国社会主流道德舆论形成和传播中的影响趋势将会怎样”问题的回答中再次得到证实：认为“比较重要”和“非常重要”的分别约占45.6%和23.3%，两者相加即认为重要的约为68.9%。同样，在“您认为，企业对未来我国社会主流道德舆论的影响会越来越重要吗”的问题中，回答“是”或“可能是”的总共约占69.5%，“不是”的仅约为14.9%。显然，企业家们对企业在社会道德舆论形成和传播中的作用是充满信心并寄予厚望的。

然而当问到“您认为企业是影响我国社会主流道德舆论的主体吗”时，约42.7%的企业家表示“否定”，列第一；约29.8%表示“不知道，说不清”；只有约25.6%表示“肯定”，为最少选项。这再次呼应了前面我们对企业在社会道德舆论中的作用问题的调查结果，即人们肯定企业拥有一定道德话语权和道德影响力，但其主体地位还不明显，影响力有待进一步加强。

2. 品牌、责任和声誉是企业道德话语权的主要依靠力量，企业实力制约企业道德话语权

在对企业主要凭借什么影响社会道德舆论的调查中，约19.8%的企业家选择“优秀的品牌”，列第一，约17.6%选择“社会责任感”，列第二，约15.3%选择“商业声誉”，列第三。同样在认为企业影响我国社会主流道德的方式中，“用产品质量说话”位居第一，约29.1%；“塑造名牌”位居第二，约占28.0%，“依靠传媒大力宣扬与产品相符的道德形态”位居第三，约占18.7%。从中我们不难发现，企业家们普遍将企业产品的质量、企业品牌、企业社会责任以及企业声誉作为企业道德话语权的主要支撑。可见，立足于企业本职，履行社会责任，进而发挥模范效应，是多数企业家理想的企业道德话语权实现模式。

值得重视的是，有约51.1%的企业家同意“企业对社会道德舆论的影响力受企业实力制约，实力越强影响力越大，反之则越小”。而不同意的仅约为24.0%，另有约22.9%的人表示说不清。这表明，绝大多数企业家对待企业在道德领域的

作为还是相当务实，且将企业能力与企业的道德话语权紧密联系在一起，认为企业道德话语权受制于企业实力。

3. 国有企业的道德话语权略占优势，民营企业潜力巨大，外资企业正面影响力趋弱

调查表明，在影响当前我国社会主流道德舆论的企业类型中，国有企业以约26.2%的比例略微领先，民营企业以约23.6%的比例位列第二，外资企业和中外合资企业则以约22.9%的比例并列其后，为第三，排在最后的是家族企业，为约4.4%。除了家族企业，各类型企业选项的百分比都是比较接近的，这充分反映了人们对企业道德影响力的多元化判断。然而在对未来各类企业的影响力趋势的判断上，民营企业和外资企业并列约占26.2%的比例，超过了国有企业的约占22.2%，成为企业家们的首选。并且，民营企业对道德影响力的积极作用也正逐步受到企业家的推崇。在对“哪类企业对我国社会主流道德舆论的影响是积极的”问题的调查中，民营企业以约28.7%的比例超过外资企业的约25.3%、国有企业的约21.8%、中外合资的约20.0%以及家族企业的约4.2%，成为榜首。反之，认为民营企业的作用是消极的仅约为13.3%，而认为外资企业的消极作用最大的则约占到27.6%，这一比例甚至超过了家族企业的约25.1%。由此可见，随着民营企业逐步繁荣，其道德话语权正在显著增长，其对社会道德舆论的正面影响也越来越被人们所认同。

这里，有些出乎我们意料的是人们对于跨国企业等外资企业的评价。外资企业尤其是跨国公司拥有先进的技术、管理和经营理念，本以为他们在道德话语权方面相比其他企业理应受到更多正面的评价。但调查显示，认为“跨国公司在我国社会主流道德形成中主要是正面作用的”仅有约27.8%，同时有约24.2%的人明确否认这一点，最多的人即约45.3%的人表示说不清。显然，对跨国公司在道德领域的正面影响力持保留态度的人占了绝大多数。这一结果同外资企业在“各类企业对道德舆论的消极影响”排名中，以约27.6%的比例排在第一的结果不谋而合。而之所以会有这样的结果，恐怕与部分跨国企业进入中国后，放弃在国外的道德责任界限，在企业社会责任方面实行双重标准不无关系。当具体问到“哪些国家对我国社会主流道德形成的积极影响较大”时，结果显示中国的比例最高，为约29.7%，以下依次是美国约19.3%、德国约17.6%、日本约16.0%、韩国约10.7%。可见，我们在各类企业对道德话语权的正面影响力评价方面本土情结还是比较明显的。另外，对欧美企业的认同也普遍高于东亚邻国。

4. 企业应对当今不良道德风尚的形成负一部分责任，缺乏诚信是企业主要的道德失范现象，过分追求经济目标是影响企业道德失范的主要原因

接受调查的企业家中，约78.9%的人认为企业应当对当前令人不满意的道德风尚负责，其中认为企业应负一部分责任的人最多，约占60.0%，认为负大部分责任的人居次，约占15.8%，负主要责任的相对较少，约占3.1%。可见，大部分企业家是承认企业应对当今不良道德风尚承担相应责任的。而关于企业道德失范的现象，认为是“官商勾结”约占24.0%，“制假售假”约占28.0%，“虚假广告”约占30.1%，“缺乏诚信”约占15.0%，其他约占1.0%。这里各类选项的比例比较接近，说明这些现象都比较明显，其中“虚假广告”占了相对多数，而究其实质仍然是企业诚信的问题。在紧接着探讨“影响我国企业信誉失范的主要原因有哪些”的问题时，选项比例依次是：“企业过分追求经济目标”约占21.3%，“缺乏诚信”约占19.8%，“企业家道德素质低下”约占16.9%，“市场管理和监督体制不严密”约占15.3%，“企业文化缺乏”约占11.6%，“社会道德环境不佳”约占8.9%，“缺乏长期经营理念”约占6.2%。可见，在企业家看来，企业过分追求经济目标，是导致企业信誉失范的首恶。因此，如何合理地引导和规范企业的逐利行为，使企业的战略决策能够兼顾社会责任，并将企业经济人与社会人的张力保持在合理限度，是我们构建企业伦理必须要思考的维度。

另外，在对男女企业家的性别比较中，我们注意到，男性在选择企业信誉失范的原因时明显更偏重于企业外部因素，比如他们认为是“社会道德环境不佳”的约占11.3%（女性约为5.1%），认为是“市场管理和监督体制不严密”的约占19.4%（女性约为14.2%）。而女性对于企业内部的因素更为看重，比如认为是“企业文化缺乏”的约占14.1%（男性约为9.3%），“缺乏长期经营理念”的约有8.1%（男性约为4.9%）。男女企业家的性别视阈差异由此可见一斑。

本节基本结论：

（1）企业作为颇具实力的道德话语权主体，对我国社会道德舆论的形成和传播起到了一定的作用，但仍有拓展空间，且未来影响趋势强劲。

（2）企业家普遍主张企业应依据自身实力，用产品质量、企业品牌和声誉以及企业社会责任影响社会道德风尚，质量、品牌和声誉成为企业道德话语权的支持。并且男性企业家更重视企业外部因素对企业的影响，而女性企业家则更注重从企业自身的角度看问题。

（3）在企业道德话语权的影响力方面，相对外资企业，民营企业和国有企业对社会道德舆论的正面影响更为企业家们所认同。这一调查结果，既增强了我们对民族企业的信心，又对我们进一步合理规范和促进企业履行社会责任提出了更

高的要求。

（4）诚信缺失是当前企业道德失范的主要现象，过分追求经济目标是企业道德失范的主要原因。因此，加强企业的诚信建设，减少企业对于社会道德风尚的不良影响，是改善当前企业道德话语权状况的当务之急；而构建企业伦理，在企业从事经济行为的同时引入伦理之维，是巩固企业道德话语权的根本之策。

（5）本节的调查中，“不知道，不清楚”的回答占据相当比例，说明企业家本身对当代企业道德话语权实然状态的把握仍然不是很确定。这一方面体现了人们面对多元、多样、多变的道德形态的谨慎和困惑；另一方面也提示我们对正确、积极的道德舆论引导的紧迫性和必要性。

（四）对企业道德话语权应然状态的预期

企业道德话语权的应然状态，既包含了企业道德建设的方向，又体现了企业对社会道德舆论影响的应有之义。对此环节的调查，能够为我们今后更好地建构企业伦理、发挥企业的道德影响提供一定的现实依据。

1. 责任、诚信、爱是当前企业最需要的德性，自由竞争意识是企业应当培养的主要精神

我们让参加调研的企业家将所认为的企业最需要的德性先后排序，结果显示：“责任”以约18.2%的比例位居首位，“诚信”以约18.0%位居第二，“爱”以约15.6%位居第三，以后依次为“义”（义务、见利思义、履行道德义务）约14.7%，“公正”约9.8%，“恭敬”（对社会、道德准则、责任、义务，以及对长上的恭敬）约7.3%，“宽容”约4.2%，“理智”约2.7%，“勇敢”约1.8%，“忠恕”约1.6%，“节制”及“善良”各约1.3%，“知行合一”约1.1%，“教养”和“正直”各约0.7%，“谦让”约0.6%，“守节”约0.4%。本题从各项比例分配来看，绝对优势的比例并不多见，说明人们对企业最需要德性的选择多元、多样的特征明显，其中，“责任”、“诚信”、“爱”、“义”以及“公正”以相对多数的比例排在前五位，则反映了多元价值体认中人们的相对共识。

与此同时，在对“企业在社会主义市场经济道德的形成过程中主要应该培养哪些精神”的调查中，“自由平等和竞争意识”位居首位，赞同率达到约19.6%，其次为“民主和法治精神”约19.3%，再次为“效率原则”约13.1%，随后是“公民意识”约12.9%，“传统伦理美德”约12.2%，“公平原则”约10.7%，“科学理性精神”约9.3%，排在最后的是“效益原则”约2.9%。可见，随着社

会主义市场经济发展，自由平等和竞争意识、民主和法治以及效率原则等与之紧密相关的精神，逐渐被更多企业所重视和向往。而纯粹追求效益的原则，已多遭摒弃而不再占据主流。这在一定程度上体现了当前苏州市企业家们的理性心态和德性追求。

2. 物质利益的基础作用、伦理道德基本原则等是企业在多元、多样、多变的道德形态中的不变因素

寻找多元、多样、多变的道德形态中持久不变或相对变化较少的因素，即“多”中之“一”，也是我们本次调查的目的之一。对此，苏州市企业家给出的答案，依次排序为（共 10 个选项）：“物质利益的基础作用”约占 25.4％，“伦理道德基本原则”约占 17.7％，“人与人的关系”约占 15.3％，“对真善美的追求”约占 11.7％，“亲情与友谊”约占 8.2％，“理想”约占 7.3％，“人性”约占 6.0％，“马克思主义的领导地位”约占 3.1％，“坚贞的爱情”约占 1.1％，“其他”约占 3.8％。这里，物质利益的基础作用居首，体现的是企业经济人的本性。然而，我们也发现，尽管对多元、多样、多变的道德形态中的不变因素的认定同样呈献了多元的特点，但是令人欣喜的是“伦理道德的基本原则”的第二位次。这说明在看重物质利益的本能基础上，多数的企业家仍然坚守着相应的道德准则，并将其作为企业在这多元多变时代求得生存和发展的不变之基之一。

这一点在女性企业家身上有更为明显的显示，女企业家选择“伦理道德基本原则”约为 19.3％，“物质利益的基础作用”约为 17.9％，可见，在女企业家眼中，伦理道德甚至超越了物质利益的基础作用成为首选。相比之下，尽管也有约 16.9％的男企业家选择了“伦理道德”作为企业在多元道德形态中的不变之一，但是却有约 30.4％的男性将“物质利益的基础作用”放在了首位。同时，女性选择“人与人关系”、“对真善美的追求”等选项的比例也均高于男性。这在某种程度上也显示出男女在道德微观领域的视差和不同倾向。显然，与男性更注重物质因素相比，女性对道德理想的重视和人文关怀的渴望更加明显。

3. 倾向依靠董事会和企业家自律来规范企业行为，认同企业社会责任的履行有助于企业道德话语权的发挥，否认企业追求利润最大化目标与主流道德相冲突

在“应该如何规范企业行为以建立与社会主义市场经济道德适应的企业道德”问题中，企业家认为应当依靠“企业家自我约束”的约占 26.0％，“董事会、监事会、职代会”的约占 38.4％，“企业家个人财产风险抵押”的约占 6.9％，“政府部门”的约占 24.7％，“民间组织”的约占 2.4％，“中介组织”的约占 1.6％。

显然，多数企业家还是倾向于依靠企业内部包括董事会、监事会和职代会以及企业家自我约束来规范企业行为。同时，对依靠企业外部的权力机关即政府部门的作用也给予了相当的肯定。因此，强调企业内部的伦理审视并增强政府监管的力度是规范企业行为以建立与社会主义市场经济道德相适应的企业道德的重要措施。

另外，在企业社会责任的履行对企业道德话语权正面发挥的作用上，多数企业家还是持肯定态度的。比如，在“您认为企业推行SA8000体系认证对我国社会主流道德建设有何影响”问题中，约43.3%的人认为能够改善市场经济道德，约12.0%的人认为能够缓解社会信用危机，约32.9%的人认为说不清，只有约9.6%的人认为没有影响。这里超过半数的人给予了积极的评价。又如，在“您认为企业参与社会公益事业是否有利于弘扬社会主流道德的形成”问题中，有约69.8%的人认为“是”，同样，认为“企业公民理念有助于发挥企业道德”的人也约占64.7%。

值得注意的是，有约52.5%的企业家认为“企业追求利润最大化目标与我国社会主流道德并不冲突”。另有约36.2%的人对此表示说不清楚，只有约11.3%的人表示存在冲突。绝大多数人对于冲突的否定，更体现了在当前以社会主义市场经济道德为主流的道德形态中，各种价值目标多元共存的鲜明特征。同时，由此带来的问题，即如何有效保持和促进这些价值目标的和谐共荣，有必要引起我们更进一步地深入思考。

本节基本结论：

(1) 企业家对于企业道德话语权的应然预期，尤其是对企业应当具备的德性和应当培养的精神，取决于当前我国社会经济发展的总趋势，符合当前社会道德话语权的主题和道德形态的主流。社会主义市场经济的发展必然要求与之相适应的道德形态，而社会主义市场经济道德也必然要求与之相适应的企业德性与企业精神。

(2)“物质利益的基础作用”与“伦理道德原则”并举成为人们普遍认可的企业在多元、多样、多变的道德话语权中仍然存在的持久不变或变化较少的因素，为我们进一步思考企业如何在社会主义市场经济的条件下，树立健康的义利观提出了更高的要求。而男女企业家在此问题上的明显的性别视差，也为我们研究企业文化开辟了新的视阈。

(3) 在多元、多样、多变的道德话语权状态中，企业行为的规范应当受到企业内外的联合监管。企业社会责任的履行有助于企业道德话语权的巩固和发展。而如何使企业追求利润最大化与社会主流道德和谐共存、互惠共赢是我们当前面临的重要课题。

(4) 同“实然”环节的调查类似，本节中回答“不知道、不清楚”的比例仍然占据相当份额。这表明相当部分的企业家对企业道德话语的应然状态依旧模糊，对于未来的预期持谨慎和保留态度。这一现象，为我们道德话语权的主导者如何彰显正确理念、加强正面宣传、巩固道德信仰提出了更高的要求。

（五）对于当代企业家道德话语权状况的评价

企业家的道德操守和道德素养对于企业的道德话语权有着极其关键的影响，某种程度上甚至可以说起到了决定性的作用。因此，通过企业家自身了解当今企业家的道德话语权状况，有着极为重要的意义。

1. 与过去相比，企业家普遍更为精明、更有文化素养，但幸福感却没有显著增长

我们请企业家们列出他们所认为的现在企业家道德状况与过去相比的显著变化。结果这 10 个选项排列顺序依次是：更为精明约占 16.9%，更有文化素养约占 15.8%，更具独立意识约占 12.7%，更加敢于冒险约占 12.4%，更缺少人情味约占 10.8%，生活质量更高约占 8.4%，更缺少道德意识约占 7.8%，更加自私贪婪约占 7.6%，更加狡诈约占 4.7%，精神上更加愉快也更幸福约占 2.9%。从中我们发现，排在前面几位的都是中性或者略带褒义或中性的评价，明显贬义的评价认同率并不高，这说明企业家们对于自身群体道德状况的评价基本还是积极的。然而，我们也关注到，幸福感的增加被排在了最后，仅有约 2.9%人认为自己比过去精神上更加愉快也更加幸福，而更多的人对此并不认同。同样，生活质量更高的位置也并不靠前。这个结果再一次提示我们幸福的增长与财富的增长并不完全同步，物质生活的改善并不必然带来精神的愉悦，财富与幸福的增长是一种曲线关系。

2. 尊重员工、信守承诺、守法经营和回报社会是企业家最应具备的道德品质，道德人格和财富是企业家道德话语权的主要支撑

企业家对自身群体道德修养方面的期望，反映了企业家自身的道德追求和理想。在问到“企业家应具备哪些道德品质以促进社会健康道德风尚的形成”时，苏州市企业家们给出的答案排在前五位的依次是：尊重员工约占 18.2%，信守承诺约占 18.4%，守法经营约占 17.1%，回报社会约占 14.3%，善于创新约占 10.2%。这里，“尊重员工”占据首席，表明了企业家们人本意识的提升，而“信守承诺”、“守法经营”以及“回报社会”等道德品质的备受推崇，则体现了

企业家社会责任感的增加。

与企业主要凭借产品质量、声誉影响社会道德舆论不同，更多企业家认为，企业家主要依靠道德人格和财富对社会道德舆论产生影响，它们的比例高达约28.0％，并列首位。此外，认为依靠能力的约占18.7％，位居第二。以后依次是“权威”约占11.6％、“知识”约占9.1％、“口才”约占3.3％、其他约占1.3％。可见，道德人格和财富是企业家本人道德话语权的基础和支撑。

3. 企业家普遍肯定自身道德话语权的积极作用，认同自身在社会道德舆论传播中正面的角色定位

在我们问及企业家在社会道德舆论传播中的角色定位的问题时，企业家们普遍认为自己在我国社会道德舆论中扮演的是传播者和塑造者的角色，比例达到约26.2％和约16.0％，同样认为是主导者和实践者也各有约10.9％的比例。反之对于破坏者的认同率最低，仅有约0.7％，可见，企业家们对于自身在社会道德舆论中的正面角色定位还是比较有信心的。这种信心同样还表现在企业家对自身在道德舆论形成和传播中发挥作用的总体状况满意度上。明确表示满意的比例达到了约51.3％，而表示不满意的只占了约33.9％，另有约13.3％表示不知道。显然，企业家普遍对自身道德话语权的积极作用持肯定态度。

4. 女企业家较之男性更容易在团体内部巩固和发挥道德话语权

在问到“您认为，企业家除了用于扩大再生产，将钱最多花在哪个方面，有助于弘扬社会主义市场经济道德”时，约44.2％的企业家表示用于“改善企业员工和经营团队的福利”，约26.7％用于慈善捐赠，约13.1％用于提高个人生活品质，约8.7％用于培养和发展个人爱好，约5.3％选择其他。这说明，大多数企业家更重视企业对员工的社会责任。其中，女性企业家选择用于“改善企业员工和经营团队的福利”的比例约为52.1％，远高出男性企业家的约39.6％，但女企业家表示用于“慈善捐赠”约为23.6％，略低于男性企业家的约31.0％，且表示用于“提高个人品质”的女企业家仅约占5.8％，远低于男性的约16.5％。从这个结果反映的性别差异中，我们更能体会到，相比男企业家外向开拓式的社会责任趋向，女企业家更为内敛和务实，更偏重于强调对企业内部员工道德责任的履行，而由此产生的亲和力及凝聚力的优势将有助于其在团体内部道德话语权的巩固和发挥。

5. 多数企业家的道德责任感明确，能自觉行使道德话语权

我们向企业家调查“您认为，如果需要处置自己的产业，您以为哪一种方

式有助于弘扬社会主义市场经济道德”，结果显示：约 9.1％的人表示交给国家，约 36.4％的人表示交给职业经理人，约 14.7％的人表示交给家族成员，约 25.1％的人选择社会救助，另有约 13.4％的人表示说不清。在这里，职业经理人和社会救助占据前两位，表现了当代相当部分企业家的理性心态和道德倾向。当然还有一定比例（约 13.4％）的人表示说不清，这显示了部分企业家在这个问题上的犹豫和不确定，也同样提示我们在资产处置方面的价值引导的必要性。

尽管在处置产业问题上部分企业家表现的似乎并不十分果敢和坚决，但在道德是非判断的问题上，多数企业家还是显示出了较强的道德责任意识。在回答我们设计的最后一个问题：“如果有某一企业行为使您个人和单位得益，但会造成环境污染或社会公害，您会劝阻或举报吗?”有约 64.9％企业家明确表示“会”，另有约 18.2％的企业家表示会采取其他方式解决，表示“不会”的仅约占 15.1％，这充分说明，绝大多数的企业家有着比较强烈的道德是非判断能力和道德责任意识，能够自觉地行使其道德话语权。

本节基本结论：

（1）当代企业家们的专业素质和文化素养相比过去都有了很大的提高。其中相当部分企业家能够比较自觉地认识到自身在社会道德舆论中的正面角色和重要地位，并且倾向以道德人格和财富优势去影响社会道德舆论。这为今后企业道德话语权的良性发展奠定了坚实的主体基础。

（2）接近半数的企业家在选择弘扬道德的方式中将保障企业员工的利益置于首位，这充分体现了当代企业家人本意识的提升，为企业家在企业内部道德话语权的发挥提供了保障。而女性企业家亲和力和凝聚力的优势为其道德话语权的巩固和发挥铺垫了道路。

（3）企业家在资产处置方面的理性心态和道德倾向，以及在需要进行道德是非判断和选择的时候表现出较强的社会责任意识，使我们对企业家道德话语权的自觉行使和正面发挥充满信心。

（六）问题诊断与对策建议

1. 问题诊断

根据苏州企业家群体关于当前我国社会道德话语语境现状及其症候“主体分层、主题散落、载体转型、影响因子此消彼长”的基本认知和总体评价，我们可以将当前我国道德话语权问题诊断为：道德话语的主体、主题与载体三者之间的分离、错位和断裂，从而造成当前我国社会道德话语的“抽象肯定、具体否定；宏观认同、微观不耻”的失序语境。

其一，领导干部、党政机关虽然是主导当前我国社会道德话语的强势主体，但集中反映我们党和政府执政宗旨和执政理念的“集体主义道德”、“共产主义道德”仅以约 6.7％和约 4.4％被企业家们认定为是当前我国社会的主流道德，远低于约 40.2％的市场经济道德。

其二，企业家们虽然以约 40.2％的高比分认定市场经济道德是当前我国社会的主流道德，但作为市场经济道德实践主体的企业与企业家对其自身在当前我国社会道德舆论中的主导者地位缺乏信心和认肯度，仅约占 13.8％和 20.2％，远低于约 59.3％的行政机关和约 29.3％的领导干部对当前我国社会道德舆论的主导影响力。

其三，道德话语的主体与主题都没有占领开放的道德话语载体。在“您认为当前我国社会道德舆论的主导者主要是通过什么方式和渠道影响民众的”的 10 个选项中，新闻报道和广告宣传两者以约 48.2％的优势占据近一半比例，但依然没有形成道德话语的主体与主题相匹配的道德话语系统。

其四，道德话语主体与主题的分离、错位导致道德话语心态失衡。企业家们既认肯市场经济道德是当前我国社会道德的时代主题，又缺乏担当建设我国社会道德重任的勇气和信心，将建设社会主义社会道德的责任推给党政机关、领导干部。

2. 对策建议

现代社会是一个道德话语效应日益凸显的社会，各种政治、经济、文化关系都自行设置自己的道德话语以应付纷繁复杂的生活境况。马克思主义道德话语是一个开放系统，在保持适度敏感的底线边界下，要同化或吸收日常生活道德话语的优秀成分，建立一个绝大多数民众认同共享的先进道德话语系统，以克服道德观混乱和信仰迷失，增加社会主义核心价值体系对“多元、多样、多变”的道德话语的整合力、统摄力和引导力。

一是加强领导干部和党政机关道德影响力的考量指数研究。领导干部、党政机关分别以约 29.3％和约 59.3％成为当前我国社会道德话语权的首要主导者的道德国情表明，领导干部和党政机关的道德形象既已构成当前我国社会道德水准的风向标，那么，就需要将引领和建设社会主义社会道德的执政能力列为领导干部和党政机关的职责范围加以考量。而考量指数作为加强领导干部和党政机关道德影响力的技术问题，首先需要解决它的科学性和可操作性。

二是加强传媒伦理道德建设，搭建道德话语沟通的公共平台。道德话语一旦经过传媒筛选成为传媒话语，便可以广泛、公开和直达地传播于社会，直抵受众个人。传媒话语的公开性和直达性使其越来越成为一种具有诱导力、渗透力和劝说力，乃至直接主导人们道德观念、道德选择和行为方式的公共道德资源。然而，由于当前存在着传媒商业化运作的过度扩展以及传媒从业人员的职业道德退化等问题，传媒道德话语的异化现象已经有所显现。由此，强化传媒的公共伦理本性，端正传媒伦理立场，强化传媒对于道德话语选择、批判、反思和规范的价值功能，增强对新闻、广告的伦理审视，对于改善道德话语的传播路径、发挥先进道德话语权的价值功能、净化社会道德风气有着极为重要的意义。

三是以社会主义核心价值体系建设为主题，强化、规范和拓展企业道德话语的主体地位、主题精神和载体平台。如何理解业已构成当前我国社会道德主题的市场经济道德与社会主义核心价值体系建设的关系？市场经济道德是否构成社会主义核心价值体系建设的抓手工程？能否将市场经济道德纳入社会主义核心价值体系？诸如此类问题的务虚讨论和务实行动都需要坚持这样一个正确的信念，即我们必须坚持以社会主义核心价值体系建设为主题，来强化、规范和拓展企业道德话语的主体地位、主题精神和载体平台。

（李兰芬、倪　黎）

十二

高技术、全球化、市场经济对伦理关系和道德生活的影响

（一）调查研究的主题界定与调研方案描述

本项研究围绕和谐伦理的两大主题（伦理关系、道德话语），通过五大群体（国家公务员群体、社会困难群体、青年大学生群体、私营企业家群体、传媒从业者群体）的大规模调研和访谈，试图对全球化、高技术、市场经济背景下我国“和谐伦理”之状况及其发展规律进行初步的实证研究。

（1）本调查依“伦理关系”的如下概念定义为准：伦理关系是“个人对其普遍本质的关系”，它建立在主体间承认基础上，表现为各种类型的伦理承认方式或伦理世界观，是一种标举“主体间承认”的和谐伦理维度。

伦理关系的原初表现是人伦关系，即个体与其公共本质之间的关系。其传统形式体现在个体与家、国两极社会形态上。孟子将其归为五种：君臣、父子、夫妻、兄弟、朋友。这五种伦理关系也构成了我国传统社会的基本伦理关系范型。

伦理关系的现代形式是现实的人与其普遍本质的“实体性关系”。如个体与家庭、与公民社会、与民族、国家、政府之间的关系。据此定义，个体在一种主体间承认的关系维度确认或遵从的“普遍本质”大体上分类为：“自我”、“家庭”、“国家”、“社会”。由此形成了“伦理关系调查”的四个关系维度。

（2）本调查依“道德话语权”的如下概念定义为准：道德话语权是主体“申言或代言道德”的话语权。道德话语权是道德领域内各类人群的利益、自由、主张、资格及力量的综合体现，它包含着对言说者及其主张所具地位和权力的显见的或者隐蔽性的认同，取决于一种话语有效的社会环境、机制与主体资质，并直接表现为人们对道德形态现实特征的把握以及相应主观心态的流露。“道德话语权”是道德自由的表征，表现出道德自我意识或道德世界观的主观精神特质，是

一种标举“主体自由”的和谐伦理维度。

作为话语与话语权特殊样式的道德话语权，指的是人们在道德领域中的话语权，它不仅体现为人们对道德现象、道德问题说话的权利和资格，同时更反映了人们在道德现象、道德问题上言说的渠道、途径和效果，是道德主观性的现象形态的集中表现。

(3) 本调研以问卷与访谈为主，以公务员群体、社会困难群体、青年大学生群体作为“伦理关系调查”的调查对象，以企业家群体、传媒从业者群体作为“道德话语权”的调查对象。问卷与访谈的问题依照伦理关系或道德话语权的定义与分类获得确立，问卷数据全部采用 SPSS11.5 进行处理。

（二）全球化、高技术、市场经济影响当前中国伦理关系状况的调查

1. 问题的提出与调研群体之取样

认同危机是全球化社会里人们越来越亲历的伦理难题。尤其是在日益全球化的高技术网络和市场经济网络极大地改变了传统文化和社群所确立的传统认同方式之后，回归共同体或社群似乎变得越来越困难。然而，当人们越是难以确定以自我、家庭还是以社会、国家作为伦理承认之根据，人们就越倾向于以人种、宗教、种族和风俗等这些被视作文化社群的东西来界定自己。因此，有两种选择构成了全球化、高技术、市场经济影响当前中国伦理关系状况的“两难”：要么按照全球化、高技术、市场经济所确立的技术理性和经济伦理的总体化逻辑行事；要么重建以文化传统或地方性知识为基础的非社会性认同。“社群认同”与“伦理承认”是全球化、高技术、市场经济影响中国伦理关系状况的典型维度。全球化、高技术与市场经济及其相互关联，构成了由其派生的总体化原理支配的四种伦理类型或伦理规定：市场经济的伦理；民族传统伦理或地方性知识之伦理；意识形态的伦理；西方（欧洲与北美）现代性自由平等伦理（我们简称西方现代性伦理）。我们的调查以公务员群体、社会困难群体和青年大学生群体为取样对象。

国家公务员群体的统计数据代表了“社群认同”与“伦理承认”在政治精英（或政治意识形态）层面的表现，其基础是正在形成中的对社会政治理性和国家公共行政产生重大影响的基本伦理关系。在全球化、高技术、市场经济背景下，公务员伦理关系，尽管失去了传统伦理形态中“忠臣孝子”之类的核心认同原则，它仍然被认为是一种权威的伦理关系。国家公务员群体的伦理关系状况，从一种政治权力或制度架构的意义上代表了一个社会应对“全球化、高技术和市场经济”

的伦理能力和质量水准。我们将问卷委托给调研公司分别分发给江苏昆山、苏州、南京、镇江四地的公务员。我们又通过苏州市委和昆山市委的相关部门邀请了愿意配合调查的公务员代表，进行对话与调研。国家公务员伦理关系状况问卷有两个取样，共发放问卷538份：一个取样分发地区是南京、镇江、常州等地，问卷设计与问卷被试负责人为董群，有效问卷291份，其中公务员291份；另一个取样分发点是江苏省委党校学员班，247份，有效问卷198份，其中公务员有效问卷154份，问卷设计与问卷被试负责人为田海平。

社会困难群体（以进城务工者群体为代表）伦理关系状况的统计数据，代表了“社群认同”与“伦理承认”在民生层面（或草根形态）的表现。社会困难群体是指在全球化、高技术、市场经济带来的社会变革中处于不利地位和较差的获取资源或机会的能力、依靠自身力量无法保护个人及其家庭成员最基本的生活水准的社会群体。社会困难群体的伦理关系状况，从一种消积适应的意义上代表了一个社会应对“全球化、高技术、市场经济”的伦理能力和质量水准。2006年11月—2007年12月，我们把问卷分发给江苏盐城、苏州、南京三个城市的城市务工者。问卷共发放500份，有效回收问卷482份，有效回收率达到91.0％。被调查者年龄主要集中在36—50岁，占57.1％。学历以初中和高中文化程度为主，初中以下学历者占34.6％，高中学历者占24.7％。他们的月收入大都在500—1000元之间。

青年大学生群体伦理关系状况的统计数据，代表了“社群认同”与“伦理承认”在正在成长中的知识精英层面的表现。青年大学生群体尽管依所攻读专业不同而呈现出一定的差异，但是这是一个对全球化、高技术和市场经济的影响异常敏感的群体，由于他们总是最先接触到各种新的思想文化潮流和科学技术进步的影响，因而他们对个人自由与社群认同的伦理难题有着最为切身的体会。青年大学生群体的伦理关系状况是从一种积极参与的意义上代表了一个社会应对“全球化、高技术、市场经济”的伦理能力和质量水准。2006年11月—2007年12月，我们把问卷分发给江苏苏州、南京两个城市的高校在读的青年大学生。问卷共发放500份，回收有效问卷458份。90.2％的被调查者年龄在18—25岁，其中男性51.1％，女性48.9％。本科学生占83.6％，研究生及以上学生占16.4％。

2.“伦理角色认知”的调查

从和谐伦理作为一种承认理论的意义上看，以自我认同为主的伦理承认方式最为集中地体现在伦理角色认知上。全球化、高技术、市场经济对主体自我认同产生影响的一个共同的重要方面是其作为一种使经济与文化、私域与公域、自由与认同发生分离的总体化（普遍性）力量。它使得人们遵循的传统自我认同（如作为一个好公民、好劳动者、好父亲、好母亲、好儿子或好女儿）以及基于此认同为社会的良序运行贡献才智，已经不再是一个令人满意的选择，甚至不是一个可以接受的道德指标了。在市场经济为主导构建的理性化的公共生活与传统的本位主义的个人生活之间经常出现的对立变得让人不堪忍受。高技术及其创新大规模地且迅速地进入公共生活或私人生活领域的直接伦理效应是：它以技术“座架”的形式促逼着人们进入某种“新”的认同，例如成为网络社区的匿名成员，或是被抽象为某种特定的符码存在（如信用）。个人生活越来越受到来自全球化的、高技术的或市场社会的大众文化的侵袭，而公共生活领域甚至将科学技术也转化为意识形态。与此同时，我们属于某个传统、某种共同记忆和某种存在或文化之固持的自我认同，又总是抵制着企图超越或破坏社会制度的全球化。在此，伦理角色认知成为焦点，通过它我们可以透视全球化、高技术、市场经济之影响下的以自我认同为主的伦理关系状况。

我们看到，越是远离传统社群，且与意识形态保持一定距离的群体，例如青年大学生群体，在伦理角色认知中便越是感受到市场经济伦理诉求与传统伦理诉求之间、西方现代性/后现代性伦理与主流意识形态伦理诉求之间的紧张关系。青年大学生群体对来自市场经济和西方现代性/后现代性之新事物和新浪潮的伦理诉求异常敏感，且容易受其影响而陷入一种自我认同危机。如我们问：“您认为向西方发达国家移民在道德情感上说得过去吗？一个国内一流大学的女教授为了能够实现她的移民梦，宁愿在美国长期做保姆，您怎么看？”选择“说不过去”的占64.6%，其中选“说不过去”且“为她感到遗憾”的占28.7%，选“说不过去”但“能理解她的选择”的占35.7%。选“说得过去”的占35.2%，其中选“说得过去，选择移民不代表不爱中国，赞同这位教授的选择”的占15.1%，选“说得过去，这跟道德情感无关，但个人不赞同这位教授的选择”占20.1%。另有0.7%选“说不清”。这是一个隐含着“公民角色自我认同”与“劳动者角色自我认同”之两难的问卷题。“女教授”宁可放弃作为“教授”的劳动者角色也要完成移民梦，表明她面临的自我认同危机的重点不是在“劳动者”而是在“公民”。从调查数据看，64.6%的青年大学生在这一问卷情境中持“公民”角色优先的自我认同，而有三层以上的青年大学生则持“劳动者”角色优先的自我认同。这表明，在当代青年大学生群体中，由意识形态的伦理普遍性所要求的公民角色认同虽然是主流的承认形式，但它显然受到市场经济和西方意识形态的侵蚀，表现出自我认同的危机。

与青年大学生群体的伦理角色认知有所不同，国家公务员群体是一个代表主流意识形态的伦理普遍性而面对市场经济伦理、西方现代性伦理和传统伦理之总体化诉求的。国家公务员群体面临的根本伦理对立面是由公域与私域的分化所带来的伦理自我认同之难题。在第二次公务员调查样本的154名被试的公务员中，伦理角色认知调查数据显示，27.3%公务员选“公民”角色，24.0%公务员选“公务员”角色，18.8%公务员选“父母、夫妇、子女等”家庭角色，11.7%的公务员选择“职业角色”，还有7.1%选择“领导、下属”角色，6.5%选择“个人”角色。在角色期待调查中，43.5%公务员最希望扮演好父母、夫妇、子女等家庭伦理角色，14.9%公务员希望扮演好公民角色，12.3%公务员希望扮演好公务员角色，10.4%选择职业角色等。对比角色认知调查，我们发现：接近一半的公务员将角色期待集中在“家庭”上，与家庭角色认知相比上升了24.7%；在角色认知调查中，公务员选公民角色和公务员（劳动者）角色分别为27.3%和24%，在角色期待调查中，只有将近14.9%的公务员希望继续扮演好公民角色，而有43.5%公务员最希望扮演好父母、夫妇、子女等家庭伦理角色。公务员角色担当与角色期待的调查表明：(1) 公务员主要担当了一种公民角色，而实际他们却期待扮演好家庭角色；(2) 公务员伦理角色认知主要徘徊在“公民”和“劳动者”之间；(3) 公务员角色、公民角色都是公务员公共身份的体现，表明公务员的自我认同是由意识形态伦理的总体化原理支配的；然而，公务员却把角色期待置于私人领域的家庭身份上，表明其伦理角色认同亦深深地受到传统伦理世界观的影响。伦理角色期待的家庭本位，表明公务员并不满足于从实际生活中主要承担的公共领域获得自我角色，他们更希望能够从私人领域尤其是家庭生活中找到自我。这一矛盾处境，反映出处于变化中的我国公务员伦理关系在“自我认同”环节上面临的两难。

以进城务工者为代表的社会困难群体是一个代表本土、地方和传统伦理之普遍性诉求面向市场经济伦理、西方现代性伦理和主流意识形态伦理之总体化诉求的群体。进城务工者面临的根本伦理对立面是全球化与地方、个人生活与公共生活、现代性与传统、经济与文化之间的分离。在482名进城务工者的被访者中，把自己看做是中国公民的占36.3%，把自己看做是劳动者的占36.3%，把自己看做是孩子他爸或妈的占11.5%，把自己看做是中国共产党员的占7.1%，把自己看做是消费者的占5.5%，把自己看做是其他的占2.2%，但该被访者未作具体说明，把自己看做是兄弟或姐妹的占1.1%。数据对比显示，对社会困难群体而言，不变的是对于“公民”身份的角色担当和角色期待，变化比较明显的是对于“职业”和“家庭”的角色担当和角色期待。对于社会困难群体中的个人，他们实际的“公民”角色担当和“公民”角色预期是一致的，他们不存在“公民”角色担当和“家庭”角色预期之间的矛盾。这表明，他们希望能够从“公民”角色中找到“自我”角色的认同和价值。综合调查数据表明：(1) 社会困难群体中的个人对“自我”身份的确认，居主流的伦理角色担当和伦理角色预期是“公民”身份和“劳动者”身份，这两者大体相当。(2) 尽管是社会困难群体，尤其是其中的外出务工人员部分，他们大都是远离了家庭，但是“家庭”对他们依然很重要，从伦理角色期待的调查和追求幸福生活的最低标准的调查表明，虽然社会困难群体中的个人对“自我”身份的伦理角色定位是“公民”身份，但是“家庭和睦”、“身心健康”是其定位幸福生活标准的两个最基本条件。社会困难群体作为社会的底层民众，在现代社会多样性分布的伦理角色担当中能够形成“主流”的伦理角色定位是“公民”身份和“劳动者”身份，这表明中国“公民社会”的悄然来临。社会困难群体在自我伦理角色期待的选项上基本与伦理角色担当的选项持平，即“公民”身份既是他们主要的伦理角色担当，也是他们主要的伦理角色期待，这表明，在公民社会的基本社会分域中，家庭领域（私域）与社会领域（公域）已经逐渐形成区分。

从三大群体（公务员群体、青年大学生群体和进城务工者群体）的问卷所获得的调查数据表明：(1) 三大群体因其在四种伦理规定（意识形态、市场经济、西方现代性和传统文化）中所处地位不同，在伦理角色认知上表现出不同取向上的自我认同；(2) 由于全球化、高技术、市场经济加速了中国社会的“文化分化(本土与全球化)”和“社会分域（个人生活与公共生活)”，它在三大群体的伦理角色认知中表现出“自我认同之分离”的共同趋势：在多元的自我认同中呈现出两极分离的趋势，其一极为“公民身份”之认同，其二极为“劳动者身份”之认同；(3) 由于基本伦理规定在三大群体中的伦理优先性不同决定了其自我认同之殊异，因而造成了我们时代普遍存在的自我认同危机。

3. 家庭伦理关系状况之调查

基于家庭认同的伦理关系，一般由夫妻、父母子女、兄弟姐妹等基本关系构成。今日的中国家庭伦理受到生育或教育政策（意识形态)、传统观念、市场经济和西方现代性四种伦理力量的影响，使得家庭总是在接纳现代技术之渗透和市场经济之淘洗的过程中建构某种与传统形态不同的现代性认同。由于独生子女家庭、空巢家庭、留守家庭、丁克家庭等新型家庭的出现，基于家庭认同的伦理关系也变得日益复杂。我们的调查侧重从伦理关系排序的情况反观基于家庭认同的伦理有关系状况。在第一次公务员调查数据样本的 291 名公务员的伦理关系排序调查中，排在首位的是夫妻关系，平均得分 1.49。父母与子女关系次之，平均得分 1.34，紧接着是与上下级、同事与组织的关系。与传统相比，五种主要伦理关系基本没有变化，区别在于夫妻关系取代了传统君臣关系的首要地位，而从传统君臣关系中转换出来的上下级、同事和组织关系则居第三位。这样在全球化、高技术、市场经济背景下，“新五伦”更强调“私人领域”的优先性。对社会困难群体调查，同样验证了夫妻关系首位、父母子女关系次之的伦理重要性排序。这表明“公私分域”的新五伦正在逐渐取代“公私不分”的传统五伦。对“情与理”伦理情境难题的调查显示，22.8%（291）的公务员表明不会因谋取个人利益而损害社会公共利益，58.8%（291）的公务员了解相关法律后，看是否可以在不违法的情况下适当照顾一下个人与家庭成员或亲属的利益；约70.0%（291）的公务员在法理与亲情中徘徊，半数以上的公务员对是否检举犯过错的子女持十分犹豫的态度，而40.0%（482）的社会困难群体的被调查者则明确表示不会检举或装作不知道。这些都表明家庭伦理关系虽然能兼顾法理与亲情，却偏重家庭情感。

调查表明，当代中国家庭伦理关系受全球化、高技术、市场经济的影响主要表现为三个方面：（1）在家庭伦理关系排序中，夫妻居首位，父母子女次之；（2）“公私分域”的新五伦逐渐取代“公私不分”的传统五伦；（3）家庭伦理“兼顾”理性，但呈现情感主导特征。

4. 国家伦理关系状况的调查

在全球化、高技术、市场经济影响下，意识形态伦理、市场经济伦理、西方现代性伦理与中国传统伦理表现为四种类型的伦理力量，它们对国家伦理关系产生的“作用力”主要集中在“民主与廉政”、“民生关注与国家道德”两个方面。此乃“国家认同”的基本前提。在全球化、高技术、市场经济影响国家认同的问题上，我们经历了两种相反的运动：一是经济全球化使得经济活动不再把技术生产的社会关系与国内市场联系在一起，它把自己转变为一种国际化的市场；二是文化认同被用作意识形态，为国家制度或政治权力进行合法化辩护。前者通过削弱国家认同使经济成为市场，后者通过强化国家认同（通过文化认同）使文化成为意识形态。这两种相反的运动，将以国家认同为基础的伦理承认问题聚焦于政府伦理。

调查显示，在市场经济条件下，我国各级政府中存在不少危及其政府伦理的因素，“小团体伦理、集团不道德”就是典型。例如，28.7%（公务员样本2的154）的公务员认为政府是有道德的，政府中的个体却是不道德的；半数公务员承认政府是有道德的伦理实体，15.0%（154）左右的人认为政府自身就是不道德的伦理实体。公务员最不满意的伦理关系是上下级、同事、组织关系。根据482名进城务工者问卷调查数据，生活困难者经常遇见的生活困难选项中，不公正占28.2%，不平等占23.2%，其他占18.2%，没有娱乐占9.9%，得不到尊重占8.8%，生计成问题占6.1%，家人不理解占5.5%；令他们最不安的选项中，官员腐败占47.5％，制度不公占27.1％，不讲诚信占16.0％。这表明，政府权力运作中的道德状况不容乐观，这直接影响到了人们的国家认同。

调查显示，“民主与廉政”是政府伦理或制度伦理建设的重点，是从政府权力运作层面争取认同的前提。当面临不道德的同事时，公务员保持沉默与检举揭发各占40.0％（154）左右，检举揭发稍多出4％。这表明廉政的制度供给还不利于政府伦理在国家认同层面获得承认。当公务员与他的直接上级领导就某件事情的处理出现意见分歧时，77.3％（154）的公务员选择与上级进行充分交流，如果不能说服上级，便保留意见，遵照上级的指示行事。“服从”观念占主流。约80％（154）的领导会选择与下属商量，倾听其意见，但“也只是做做样子”。这表明，“民主”或“平等”还只是停留在一种西方现代性话语层面，并没有从中国政治权力的“本土”中成长壮大，然而政治民主推进国家认同却是一个不可阻挡的大趋势。

调查显示，“民生关注”是国家伦理建设的重点，据482名进城务工者问卷调查数据，对党和政府的信任度与过去相比的变化情况的调查表明，与过去相比没什么变化，信任度一直较低的占32.4％；与过去相比，近年来对党和政府的信任度提高了的占31.8％；降低了的占23.7％；与过去相比没什么变化，信任度一直较高的占12.1％。值得注意的是，进城务工者对党和政府的信任度是与生活的改善和经济收入的增长成正比的。进城务工者喜欢和需要的是能够为老百姓讲实话、办实事的政府和官员。他们最痛恨政府官员的行为选项中，以权谋私占37.0％，“违法乱纪”占20.0％，“欺上瞒下”占20.0％，“收受贿赂”占12.0％，“包二奶”占9.0％，其他不端行为占2.0％。

显然，在全球经济一体化，市场经济网络和高技术网络的进步与发展越来越削弱人们的国家认同和伦理承认的现时代，“改善民生”和“完善民主”是从根本上推进国家认同的两个方面，唯有如此“文化认同”才是一种强化国家意识形态的力量。

5. 社会伦理关系状况的调查

中国传统伦理在认同原理上以家国一体和人情主义为主轴，个体和社会（或市民社会）之认同明显偏弱。经过30多年改革开放的实践，随着中国现代化进程和社会主义市场经济的深入展开，全球化、高技术、市场经济已然成为影响中国社会重建的三大显型现代性因素。如果我们从和谐伦理作为一种承认理论所遵循的总体化原理或认同原理看，个人自我认同、家庭认同、国家认同和社会认同作为四种伦理承认形式是密不可分，虽然每一种认同或承认有不同的伦理普遍性诉求，但社会认同显然是这四种认同或承认的综合形式。

在对公务员群体与进城务工者群体的问卷调查中，样本2中的154名被调查的公务员有61.7%的公务员选择将伦理关系的重点放在“社会”，16.2%的公务员选择了“政府”，9.1%的公务员选择了“家庭”，8.4%的公务员选择了“个人”。公务员判断与他人交往时遵循的基本伦理原则，55.2%的公务员选择了“己所不欲，勿施于人”的伦理原则。在伦理关系难题上，30.0%以上公务员认为是人情与法理的矛盾，19.0%的认为是“个人利益、集团利益与社会正义”之间的冲突，17.0%的选择了“敬业与尽孝”的矛盾，13%认为是遵循潜规则与遵守规则之间的矛盾，约8.0%是权力与道义的矛盾、人与自然的矛盾。对进城务工者与城里人交往过程中“感受”的调查数据表明，认为城里人对乡下人有歧视或敌意的占38.8%（187/482），认为城里人富裕时尚的占30.9%（149/482），认为城里人有文明礼貌的占30.3%（146/482）。社会困难群体中的大多数被调查者，同样也将伦理关系的重点视为“社会”，难点则是“认同感”和“归宿感”的建立。他们要融入对他们而言相对陌生的“社会”比其他社会群体更困难。对拖欠工资、延长劳动时间、违反劳动合同的相关调查表明，当前我国社会质量还不高、社会参与程度还偏低。

数据表明：（1）公务员中的主流，将伦理关系的难点视为“人情与法理”，将伦理关系的重点视为“社会”与“个人”而非“家庭”与“国家”。社会困难群体中的大多数被调查者，同样也将伦理关系的重点视为“社会”，难点则是“认同感”和“归宿感”的建立。（2）伦理关系的难点与重点表明，公务员感受到一种伦理关系在人情与法理、个人与社会之张力上的道义要求。伦理公共感的确立以及一种新型交往伦理关系的构建，对公务员而言，是个人与社会良性互动的前提和基础。社会困难群体同样也意识到公共伦理空间的重要性，它将为“交流”与“理解”、“社会共享”与“社会团结”提供可能。

调查表明：（1）全球化、高技术、市场经济影响中国社会伦理的重点是中国社会之重建；（2）“人情与法理”的矛盾是社会伦理关系的最大难点；（3）由于传统伦理的影响仍然强大，意识形态伦理是社会伦理的主流，由全球化、高技术、市场经济的影响所要求的社会承认方式面临着社会质量（或社会参与程度）方面的难题。

6. 以青年大学生群体为例对高技术、全球化、市场经济影响中国社会伦理的调查

由于青年大学生群体是一个对高技术、全球化、市场经济之影响因子非常敏感的知识精英群体，从对他们的调查中获得的有关这三大因子影响中国社会伦理

关系的数据具有重要的意义。在某种程度上，它反映了全球化、高技术、市场经济影响中国社会伦理建构或社会认同的发展趋势。

我们围绕网络技术影响当代中国社会伦理关系这一主题，对青年大学生群体进行了问卷调查。对网络安全感的调查表明：认为“网络没有安全感且不打算开设网上银行账户”占47.6%；认为“相信可以利用网络进行购物或投资，如果有必要将开设网上银行账户”的，占41.9%；已经拥有网上银行账户且感觉很好的，占8.1%；拥有网上银行账户，感觉不好，占2.4%。基于互联网“人—机系统”中的人际关系的调查表明：认为它使人际关系更加自由，更易于沟通，占32.8%；认为它使人际关系变得更加陌生，更孤独冷漠，占17.1%；认为没有带来人际关系的任何变化，网络世界只是一个虚拟世界，它对真实的人际关系影响不大的，占32.4%；选“不知道或说不清”的占16.4%。“网上公示”、“网上公告”、“网络办公”和“网络舆论”等网络形式对社会公正影响的调查表明：认为“很好”的占19.1%；选“有待提高”的占59.7%；选“不明显”的占14.9%；选“不好”的占6.4%。各类中文网站对现时代的社会风尚和伦理关系产生影响的调查表明：认为有利的占43.8%；认为不利的占21.0%；认为没有多大影响的占13.2%；选“不知道”的占22.6%。57.4%的被试的青年大学生经常参与网上交流，且认为各种形式的网上互动应当有一个道德底线。调查数据表明：青年大学生是接触以计算机网络技术为代表的高技术影响最多最大的人群，他们中的半数以上经常参与网上交流，对网络安全持肯定态度，认为网络对社会公正起正面的影响且有待提高；虽然有近两成的被调查者对网络对人际关系和伦理风尚的影响说不清，但有三成左右的人认为它使人更自由，另有三成左右的人认为没有实质的影响，这表明网络已经成为影响社会伦理关系的一个最有代表性的高技术因素，有近两成的人认为网络对社会伦理有不利的影响；网络公共平台的合理使用对于推进人们的社会参与、社会信息的公开化、民主政治和社群构成都有不可替代的作用，它将极大地提高中国社会质量，显示出巨大的优越性，青年大学中只有6.4%的人认为网络对社会公正有“不利”的影响。

在对青年大学生群体的调查中，我们针对全球化之影响因子进行了问卷设计和调查。我们问：您认为麦当劳、肯德基、家乐福、宜家等国外连锁店在中国运行的成功对中国人衡量“好”生活有何种意义？在四个备选项中，选“一种有益的文化挑战和价值渗透”的占35.2%；选“一种不利的文化殖民和价值强加”的占19.9%；选“对中国人的道德生活观念没有多大影响”的占12.2%；选“有所影响但非决定性”的占32.8%。我们问：由于前日本首相小泉屡次参拜靖国神社以及日本右翼分子的言行伤害了中国人民的感情，您在购买相机或汽车时，是否会因此考虑不选择日货？32.2％的青年大学生选“不会”；而选“不受影响”的占39.8％；28.2％则处于摇摆不定的态度中。我们问：在您的社会交往圈中，怎么定位“老乡”？在四个选项中，老乡是一种乡情的认同占62.1％，有用就是“老乡”占5.0％，“老乡”是交友的一种形式占25.0％，不知道或不清楚占7.9％。我们问：当您所生活的城市为了“现代化”而克隆欧美风情街区或社区，而拆除悠久的古建筑，您是否认为这个“现代化”，是一种历史文化意义上使自己失去了伦理根基的行为？回答“是”的占68.5％，回答“否”的占20.4％，回答“不知道”的占11.2％。以上数据表明：青年大学生群体对全球化的态度是矛盾的，基本上是三成肯定、三成排斥、三成摇摆；然而，大多数青年大学生（六成以上）仍然依恋着传统和乡情，不愿意看到由于全球化使历史或传统之根基丧失。

关于市场经济之影响的调查表明，86％的青年大学生认为市场经济并不敌视道德。在关于市场经济条件下对价值观、人生幸福观影响较大的思潮的10个选项中，从高到低的排序是：功利主义（32.3％），个人主义（29.5％），人道主义（27.5％），传统儒家（21.8％），拜金主义（20.0％），享乐主义（20.0％），马克思主义（15.2％），利己主义（12.5％），道义论（1.8％），其他（2.6％）。在“为一种全球化的市场经济体制所承认的道德人士是谁”的四个选项中，选“追求利润最大化的人”（42.7％）与选“不知道”的人（42.5％）基本持平，而选“圣贤”（15.8％）和“雷锋式的人物”（8.3％）的人则属少数。关于市场经济对道德生活影响的调查表明：选择排在第一序列的三项“使人自私”（26.3％）、“更公平”（25.3％）、更遵守规则（24.7％）基本持平；选择排在第二序列中最多的是“使人懂得权益”（29.1％）。以上数据表明，青年大学生认为市场经济对中国社会伦理的影响主要表现为三个方面：其一，市场经济并不敌视道德，且在中国社会伦理之认同或承认模式中构建了自身的伦理类型或伦理规定，即市场经济伦理；其二，市场经济对当代中国社会伦理状况的影响表现为以功利主义、个人主义、人道主义和传统儒家为代表的价值多元主义取向，其中“追求利润最大化的人”是市场经济社会中的道德英雄，除此之外人们将面临道德楷模衰落的危机；其三，市场经济的社会伦理效应是：使人自私，但社会将更公平，人们将更懂得遵守规则。

调查表明：（1）中国社会正以前所未有的热情接受或拥抱高技术及其生产出来的社会关系对社会生活的影响，虽然以计算机、互联网和信息技术为代表的高技术带来了许多新的伦理难题和道德问题，但技术进步对社会生活的影响也为中国社会伦理的重建提供了契机或公共空间；（2）中国的知识精英（或准知识精英）对互联网的态度是矛盾的，但总体上倾向于肯定互联网对社会正义、个人自由和社群认同的正面影响；（3）中国青年一代（青年大学生）倾向于以一种审慎的态度看待由西方现代性主导的全球化进程，他们虽然作为独生子女一代与传统文化渐行渐远，但对传统或乡情的眷恋没有放弃，他们对全球化所导致的历史传统的根基丧失持明显的反对态度；（4）市场经济已经成为一种具有建构性或规范性的伦理力量并在社会认同中产生其伦理效应。

（三）全球化、高技术、市场经济背景下中国和谐伦理状况调查分析

1. 目前我国和谐伦理建设，受到四种伦理普遍性规定（意识形态、市场经济、西方现代性和传统文化）及其派生的道德话语类型的影响，表现出“认同危机”和“自由危机”。这是全球化、高技术、市场经济背景下中国和谐伦理建设在伦理关系与道德话语两方面经历结构转型的重要表征

全球化、高技术、市场经济在当代中国社会产生的伦理效应，表现在技术、市场的世界与文化世界的分离，以及工具主义的理性与集体记忆的分离之中。这使得伦理关系和道德话语受全球化、高技术、市场经济之影响，总体形态上表现为现代性道德分化与伦理对立面和解的精神运动。这是我们的全部问卷数据和访谈素材在不同年龄、性别、职业、职位、地区等背景要素的关联中呈现出来的共同特征。

以公务员群体、社会困难群体、青年大学生群体、企业家群体和传媒从业者群体为调研对象进行的问卷与访谈表明，在一个全球化时代、高技术时代、市场经济的时代，伦理关系和道德话语，更多的是在各种特定条件制约下得以重构的。尤其是在传统“同质化”的社会样态和“差序结构”的社会关系终结之后，构成伦理关系和道德话语的决定因素，不再是某种绝对同一性权威，而是经济与文化、公域与私域、自由与认同的分离所导致的非同一化或去同一化的精神文化运动，这使得我国和谐伦理建设面临两大主题任务：一是与个人自由相关联的道德规范建设；二是与社群认同相关的德性教化。

一方面，传统伦理以及传统道德话语的影响还比较大，相当一部分人对传统伦理秩序有依恋。近两成的人面临的伦理难题是“尽业与尽孝”，不到一成的人希望过一种“几代同堂”的家庭生活，有近一半的人主张夫唱妇随、父慈子孝，绝大多数人认为“服从上级”是一种明智的选择。人情主义、家国一体的伦理观念仍然在起作用，并对实际的伦理关系产生影响，尽管这种影响越来越受到削弱。在当今中国社会转型或社会重构中，社会精英群体的伦理关系仍然隐现着传统伦

理观念或伦理关系的遗存，社会困难群体的伦理关系在这一点上表现得更为明显。

另一方面，从当代中国政治精英群体和正在成长中的知识精英群体获得的信息表明，他们经历的变化着的伦理关系呈现出明显的现代特质。伦理关系的重点不再是传统形态中的“家”和“国”，而是受市场经济、高技术和全球化影响较大的“社会”和“个人”。市场经济伦理、意识形态伦理和西方现代性伦理构成了对传统伦理普遍性规定的侵蚀，例如国家公务员们（代表了主要根植于意识形态伦理规定之中的群体）对受传统伦理关系影响较深的工作伦理氛围（以“服从”上级为明智）普遍感到不满，渴望一种更为民主的工作伦理关系，公务员伦理角色担当的主体不再是“家庭”角色，而是“公民”。同样，社会困难群体对“生计困难”的理解只是暂时的，他们处于一个急速变化的时代，他们的职业身份、价值观念都处于流动变化中，他们面临的伦理关系的重点同样是“社会”和“个人”。意识形态伦理在“国家认同”上也明显受到全球化、高技术和市场经济的影响：在市场经济网络和高技术网络的进步与发展越来越削弱人们的国家认同和伦理承认的现时代，“改善民生”和“完善民主”是从根本上推进国家认同的两个方面，也是使意识形态伦理得以重构的关键。应当看到，不同群体在伦理承认方式上表现出不同的认同取向，传媒从业者由于主掌大众传媒和社会舆论而偏重意识形态伦理，企业家群体则比较认同市场经济伦理。这使得四种主要的伦理类型和伦理规定呈现出一种相互制衡、此消彼涨的既对立又融合的复杂状况，而伦理对立面之和解则是其多元分化向多元一体发展的基本趋势。

在调查中，我们从中国社会最具活力的青年大学生那里发现，中国社会正以前所未有的热情接受或拥抱高技术及其生产出来的社会关系对社会生活的影响。虽然以计算机、互联网和信息技术为代表的高技术带来了许多新的伦理难题和道德问题，但技术进步对社会生活的影响也为中国社会伦理的重建提供了契机或工具理性范例。中国社会未来的知识精英对互联网的态度是矛盾的，但总体上倾向于肯定互联网对社会正义、个人自由和社群认同的正面影响，他们倾向于以一种审慎的态度看待由西方现代性主导的全球化进程。三个趋势在青年一代大学生群体中开始引发警示：一是传统文化被改写成某种家园之认同；二是全球化在中国显示出导致文化失落的症候；三是市场经济开始成为一种具有建构性或规范性的伦理力量并在社会认同中产生其伦理效应。

调查表明，目前我国伦理关系的现状是：（1）传统伦理关系不再是主流，它隐匿在一种现代性的伦理普遍性建构之中，并且正在经历一种现代性的转化，作为主导性的、主流的现代性伦理关系正在形成之中，其总的结构形态受四种主要的伦理类型或伦理规定（意识形态、市场经济、西方现代性和传统文化）的影响，体现为一种不稳定的结构形态。（2）在自我、家庭、国家、社会这四种主要的伦理承认和社群认同中，由于伦理普遍性诉求体现为个人取向，公共性普遍认同（或社会认同）只能诉诸意识形态话语，与个人取向上的认同相契合尚需时日，伦理关系表现为一种“认同危机”。(3) 由于当前中国社会的伦理承认和社群认同在自我、家庭、国家和社会四个方面都受到相互对立的伦理力量或伦理类型的制约，伦理普遍性诉求在德性教化或培育方面呈现出转型期所特有的失序状态。

2. 在一种对立面冲突的伦理关系现状中，以公务员群体和社会困难群体两端为代表的伦理关系表现出了一种主导性的、主流的发展趋势，呈现为伦理对立面和解的基本态势。其中最为典型的发展趋势是：公私分域的伦理关系之建构；“新五伦”（夫妻、父母子女、上下级及同事、兄弟姐妹、朋友）及其德性的培育

公务员的职责是代表国家和政府机构为民众提供高效公正的公共服务，其伦理关系必须以严格的公共领域与私人领域的区分为前提。社会困难群体是中国社会现代化过程中出现的特定群体，它在当代中国的出现，本身就带着某种伦理希望，即“个人”或“家庭”（社会困难群体中的个人和家庭）“私人领域”对社会和国家“公共领域”的道义诉求。这实际上也是以私人领域和公共领域的区分为前提的。调查表明，以“公民身份”为主的伦理角色担当；以“核心家庭”为主的家庭伦理关系建构；以“民主”、“平等”、“公正”和“民生”为基本理念的国家伦理憧憬；以“社会”、“个人”为重点、“人情—法理”为难点的社会伦理难题之应对，是当前全球化、高技术、市场经济影响我国伦理关系发展的主导趋势。从国家公务员到社会困难人群，他们都着眼于一种正在成长中的公民社会来确认自我实际的伦理角色之担当，对“家”的重视属于个人情感领域。“顾家”的情感，伦理角色期待的“家”之回归，是中国传统“家伦理”之根的延续。它从一个侧面表明，私人领域正在被“情感化”，体现为对爱情、亲情、友情的需要。而对法律的尊重（人情与法理成为首要的伦理难点）、对社会的重视、对个人权利的维护、对公正平等和自由权利的要求，则是全球化时代高技术网络世界和市场交换网络世界中社会公共理性开始成熟的表现。

应该看到，目前我国伦理关系已经表现明显的公私分域的趋势，但也存在大量的因公私不分而导致的亲情腐败和官员腐败。因此，从总的发展趋势看，公私分域的伦理关系之建构是一种体现时代精神要求的伦理关系之建构，是四种主要伦理类型或伦理规定（意识形态、市场经济、西方现代性和传统文化）中呈现出来的主流。它代表了时代精神的要求。公务员职志，社会困难群体的道德期盼，

所诉求的是“公共理性”、“服务型社会或政府”、“基本权利的保障”，都需建立在公私分域的伦理关系基础上。

在全球化、高技术、市场经济越来越进入当代中国社会认同之构建的时代背景下，公务员在公共生活领域面临的第一位的伦理关系是由传统五伦之一的“君—臣”关系转变而来的“上下级及同事关系”，它在伦理关系重要性中居第三位；而公务员在私人生活领域面临的夫妻关系、父母子女关系分别居第一、第二位。调查表明，新时期公务员主要的五种伦理关系的排序是：（1）夫妻；（2）父母子女；（3）上下级及同事；（4）兄弟姐妹；（5）朋友。这五种伦理关系在社会困难群体的调查中也得到确认。这五种主要的伦理关系与历史上孟子总结的五伦（君臣、父子、夫妇、兄弟、朋友）相比没有什么变化，只是在排序上“夫妻关系”跃居首位，而由“君臣”关系转化而来的“上下级及同事关系”居第三。私人领域中的“爱”与“关怀”在德性价值排序中变得最为重要，“平等”与“互助”则是公共领域中最重要的德性价值。这意味着，在一种公私分域的伦理关系建构中，传统伦理关系及其基本德性价值正在获得新的生命。

以上分析表明，新时期我国伦理关系建构的主流趋势是：（1）公私分域的伦理秩序；（2）“新五伦”（夫妻；父母子女；上下级及同事；兄弟姐妹；朋友）及其德性的培育。

3. 对全球化、高技术、市场经济背景下我国道德话语权的调查表明，领导干部、党政机关仍然是主导当前我国社会道德话语的强势主体；但是，市场经济道德已构成当前我国社会道德话语的时代主题。现代媒介是当前我国社会道德话语生产的主要载体，但其背后的主要影响因子是权力、货币、文化

对全球化、高技术、市场经济背景下我国道德话语权的调查，是基于个人主体的道德维度对当前中国社会变革过程中呈现的道德世界状况进行的调查。道德话语权属于道德主观性领域，其基本理念是“自由”。从目前我国道德领域的现状看，全球化、高技术、市场经济的影响集中表现在道德话语权的生产主体、生产主题和载体演进三个方面。

我国目前道德话语客观上受政治、经济、文化力量的多重影响，表现为全球化、高技术、市场经济影响较大的各种社群组织、新型社区（如网络社区）和社会阶层（如民营企业家群体、自由职业者群体）开始形成自己本身的道德话语。主流意识形态道德话语、市场经济道德话语、西方现代性道德话语和传统文化的道德话语是当前中国社会占主导地位的四种类型的道德话语。调查表明，意识形态道德话语的构建仍然是主流，但是它面临来自其他类型的道德话语的颠覆和消解，它必须寻求体现各种力量的话语表达机制，以化解话语沟通障碍，并对市场

经济道德话语、西方现代性道德话语和传统文化的道德话语进行批判过程中消解并整合共同道德话语的理性元素，在此基础上重建健康的日常生活道德话语和理性化的政府主导的马克思主义道德话语。

由于道德话语的产生、分布和载体转型总是存在着道德话语权的强和弱、隐和显、高和低的区别，决定道德话语权的因素就为统治权和利益博弈所分解。当统治权决定了主流道德话语的同时，利益博弈决定了道德话语的主题。调查表明，市场经济道德是我国目前道德话语的时代主题，而其背后其支配作用的则是权利、货币和文化。因此，当代中国道德话语建设的难题是如何化解作为主流的意识形态道德话语与作为时代主题的市场经济道德话语之间的矛盾。一方面，我们要保持马克思主义道德话语的开放性和易进入性，增加日常道德话语的诉求机会；另一方面，要加快社会性道德组织建设，增强民众道德话语的表达能力。马克思主义道德话语是国家或政府以官方的名义向人们倡导的价值理念和道德评价标准，这种理念和标准正常情况下必须是经过理性化过程的，具有某种导向性和超前性，是一种主流意识形态道德话语。它具有双重功能，一是对民众评价具有整合和范导作用，一是对政府行为和官员行为具有规约和监督作用。在某种程度上，后者比前者更显重要。马克思主义道德话语有效的根源在于对权力这种特殊的公共资源进行合理分割和有效配置，权力过分集中必然造成民主程度降低，也容易造成腐败，必然造成虚假的马克思主义道德话语的价值理念和道德评价标准。调查表明，在社会主义市场经济条件下，化解马克思主义道德话语和市场经济道德话语之障碍，实质上也是建立真正的符合市场经济、民主政治和现代文化之发展要求的道德规范的过程，它包括有效率的市场经济的制度性规范、民主化的政治道德规范和相对自由的文化体制方面的规范。

4. 当前我国道德话语呈现出主体分层、主题散落、载体转型和影响因子此消彼涨四大特征

我们的调查表明，在全球化、高技术、市场经济的影响下，领导干部、党政机关虽是主导当前我国社会道德话语的强势主体，企业家、记者、明星作为当前我国社会道德话语主体的新型阶层则日渐壮大，道德话语生产和分布呈现主体分层的特点。

另外，我们看到，道德话语一元独白“同唱一首歌”的时代已经一去不返，我国道德话语主题不再集中在绝对一元的话语主题上，而是散落为多元主题上，主要的话语类型为四大主题（意识形态、市场经济、西方现代性和传统文化）。

同样，由于受高技术因素的影响，以互联网、数字技术和移动通信技术为代

表的现代媒介筑起当代我国道德话语传播的公共载体。道德话语载体的这种转型彰显的绝不仅仅是时代的文明进步，更多的是新型伦理诸如传媒伦理、网络伦理的时代挑战。

最后，据企业家群体的调查表明，道德话语影响因子呈现此消彼涨的趋势。首先，这一趋势表现为宏观影响因子与微观影响因子的变异性。宏观影响因子选项的排序分别为，政治权力27.6％、经济财力27.3％、文化影响力23.3％、综合实力17.6％、人格魅力2.9％。微观心理偏好的排序分别为：良知24.4％、利益19.8％、风俗习惯14.9％、权威13.6％、兴趣13.6％、从众心理12.9％、宗教0.9％。其次，道德话语影响因子的此消彼涨还表现为组织道德影响因子与个体道德影响因子的变异性。在“企业主要凭借什么影响社会道德舆论”的10个选项中，“优秀的品牌”以19.8％列第一，“社会责任感”以17.5％列第二，“商业声誉”以15.5％列第三。而在“企业家主要凭借什么影响社会道德舆论”8个选项中，“财富”选项以28.0％的高比重列首位，“能力”和“人格魅力”分别以18.7％和15.8％排列第二、第三。由此可见，企业与企业家，或者说组织与个体道德话语权的影响因子形成了此消彼涨的多样格局。品牌、责任和声誉是企业组织道德话语影响力的新支点，而财富、能力和人格则成为企业家道德话语影响力发挥的新品质。

（四）对策建议

1. 问题诊断

根据伦理关系“公私分域”和“新五伦”初露端倪的现状以及道德话语语境的现状及其症候，可以将全球化、高技术、市场经济影响当前我国和谐伦理建设（伦理关系和道德话语权）的问题诊断为：伦理关系“公私分域”尚不清晰，“新五伦”建构及德性培育有待进一步发展成熟，这造成了伦理关系界限不明、难题迭现；伦理关系的实然状况在道德话语中的表现就是，道德话语的主体、主题与载体三者之间的分离、错位和断裂，它造成当前我国社会道德话语的“抽象肯定、具体否定；宏观认同、微观不耻”的失序语境。

其一，当前中国社会从较高的政治权力阶层到较低的社会底层民众，在多样性分布的伦理角色担当中能够形成“主流”伦理角色定位的是“公民身份”。这表明中国公民社会的悄然来临。当前中国伦理关系的主体建构和道德话语的主流形态离不开“公民社会”的大背景。而在公民社会的基本社会分域中，个人和家庭领域（私域）与社会和国家领域（公域）在伦理优先性上是不同的。公务员的活动领域是社会公共领域，他们的伦理期待是回归“家庭”。社会困难群体中的个人主要活动领域是个人生活领域或家庭领域，他们的伦理期待更多的是对社会参与的渴望。这一细微的区别表明了中国社会正在形成的“领域的区分”，我们称为“公私分域”，它是“公民社会”成长的前提条件。公务员在处理家庭伦理中的“情”与“理”的矛盾时，虽然采取了“情理兼顾”的合理方式，但重点在“情”上。这就容易导致因“公私分域”不清而出现亲情腐败。同样，社会困难群体在私人领域面临诸多民生难题和基本权利保障问题，还不能切实感受到社会和国家公共领域提供的有效公共性服务的力量。

其二，由于“公私分域”不清，大多数公务员对自身所处的工作伦理氛围并不是感到特别满意；同样，由于“公私分域”不清，大多数社会困难群体中的被调查者最痛恨政府行政权力运作中的“以权谋私”。“公私分域”的状况，是社会现代性发展或现代化程度的一个重要标志。“公私分域”的大趋势与当前尚不清晰的现状表明中国社会的现代性还在形成过程之中。“现代性”程度不高，“社会质量”不高，其在伦理关系上的表现就是“公私分域”不清。当前中国“国家—伦理”关系存在着刻不容缓的“认同危机”：从普罗大众中的生活困难者，到政府和国家权力体系中的精英分子，对政府权力运作中的“公私分域”不清的状况感到不满。这是信任危机产生的根源。

其三，伦理关系的难点与重点表明，公务员感受到一种伦理关系在人情与法理、个人与社会之张力上的道义要求。伦理公共感的确立以及一种新型交往伦理关系的构建，是个人与社会良性互动的前提和基础。公共伦理空间的建构，要将“交流”与“理解”、“社会共享”与“社会团结”放到首位。“新五伦”要求一种“公私分域”的德性培育，即夫妻、父母子女关系在“私”，领导与下属及同事关系在“公”。

其四，领导干部、党政机关虽然是主导当前我国社会道德话语的强势主体，但集中反映党和政府执政宗旨和执政理念的“集体主义道德”、“共产主义道德”受到质疑，市场经济道德成为时代主题。道德话语的主体与主题都没有占领开放的道德话语载体。道德话语主体与主题的分离、错位导致道德话语心态失衡。

2. 对策建议

现代社会是一个“公私分域”越变越清晰、道德话语效应日益凸显的社会。领域的区分和话语权的“生产”，造成了道德共识和伦理承认的难于达成。这是全球化、高技术、市场经济影响下中国人道德生活和伦理世界中经历的现代转型。一方面，各种社群、阶层、阶级和社会群体都从自身极为不同的政治经济和文化传统背景出发形成特定的伦理关系分布以及“重点”或”难点”的认知旨趣，导致认同危机；另一方面，各种政治、经济、文化关系都自行设置自己的道德话语以应付纷繁复杂的生活境况，使得个人自由得以可以的规范体系难于确立，导致自由危机。马克思主义伦理关系和道德话语是一个开放系统，在保持适度敏感的底线边界下，能够引领伦理关系发展的主导趋势，同化或吸收日常生活道德话语的优秀成分，建立一个绝大多数民众认同共享的先进伦理关系体系和道德话语系统，以克服道德观的混乱和伦理秩序的失范。有鉴于此，我们建议，从“提升德性”、“完善规范”两个方面应对全球化、高技术、市场经济背景下和谐伦理建设出现的自由难题和认同危机。具体对策建议如下：

一是贯彻“社会主义核心价值体系”在新型伦理关系建构及其德性培育中的指导作用。

新型伦理关系建构的趋势是：“公私分域”的伦理秩序与“新五伦”的德性培育。它反映时代精神与民族精神的要求；而社会主义荣辱观是新型伦理秩序与德性培育得以实现的基本前提。贯彻社会主义核心价值体系在新型伦理关系建构中的指导作用，意味着在公共生活领域倡导守法、公正、平等与互助的社群认同理念和德性培育，提高我国社会主义现代化建设的“社会质量”；同时，在私人生活领域倡导“爱”与“关怀”的伦理承认理念和德性培育。具体建议是：

(1) 普及公民权利与义务教育，通过良好的社会政策杠杆鼓励和提高公民参与国家政治和社会治理的热情，提升中国社会的“社会认同度”，这有利于明晰“公私分域”的伦理关系和伦理德性建设；

(2) 传统儒家思想不能担负起中国公共领域的伦理关系建构和德性培育的重任，应使其回归私人领域；

(3) 马克思主义信念和社会主义共同理想所标举的基本价值是中国现代性的出路所在，是中国公共事业和公共领域能够保障私人领域和个人权利的指导性的核心价值。这意味着在道德话语权建设和伦理关系建构方面要将马克思主义信念和社会主义理想通过具体的政治、经济、文化、法律等各方面的政策效应体现出来，使之真正具备伦理承认、社群认同和德性培育的功能。

二是由民生道德建设和民生道德关注支持国家和社会认同，提升公民道德素养，优化社会公德生态。

调研数据表明，在公民社会日趋成熟的条件下，社会困难群体在私人领域中生活困难的原因主要是由于我国的社会质量不高和国家道德的民生关注方面尚不完善。社会困难群体伦理关系遭遇的问题重点是在公共领域即社会领域和国家、政府领域，在这两大公共领域中遇到的伦理关系的难题是民生关注和社会公正问题，如此反映出我国的社会正义没有完全体现，国家的民生道德需要不断的完善和发展。国家道德的民生关注方面需要进一步的完善和提高，民生道德将是我国国家和谐伦理关系建构的主导方向。

国家道德通过民生关注得以体现。民生问题的解决要求国家在制定社会政策时，充分体现民生道德的两个基本目标诉求：其一是民生道德关怀的自上而下的落实；其二是民生道德建设的自下而上的展开。

根据调查，我们建议：将民生道德作为国家和地方各级政府或组织制定社会政策的指导原则。通过社会政策的杠杆，其一，使“自上而下”的“民生道德关怀”落实为具体有效的政府行为，改善国家道德形象，推进公民的国家认同和社会认同，提升公民道德素养；其二，使“自下而上”的民生道德建设成为提高中国社会质量的有效途径，优化中国公民的公德素养。目前最亟须应对的具体对策：

一是展开对与民生道德关怀和民生道德建设有关的社会政策问题的大规模的调查研究，通过社会政策的杠杆提高中国社会质量，使社会民生的改善成为国家道德和社会伦理建设的重点。我国现阶段建设的重心从以经济建设为中心转向“四个建设”同步进行，而和谐社会建设是其中的一个非常重要的内容。从现有的情况看，我们现在对社会政策与社会质量等问题的研究只是刚刚起步，有待从理论和实践两个方面进一步深化。

二是制度性原因是社会困难群体问题形成的一个根本性原因，解决这个问题需完善公正与正义的制度伦理。建议成立“民生道德与社会政策问题”促进会，先在经济发达地区设立起来，由学者、民众代表、公务员代表组成咨询委员会，参与国家、省、市各级政府社会政策的调研和咨询，推动我国社会政策充分体现民生关注的国家道德的基本要求和民生道德建设的基本要求。

三是完善以行业规范、市场规范、制度规范、行为规范为主的规范体系，提供道德规范所必需的制度性支援。

（1）由学者、民众代表、公务员代表组成各级伦理委员会，对党政领导、政府机关和各类社会组织在处理各种伦理关系时体现出来的公私分域的公共伦理素质进行评定，并将此评定结论作为官员晋升的依据之一。

私人领域的伦理关系要求爱与关怀，公共领域的伦理关系要求理性、公正与规范。这两者的建设要想落到实处，避免成为空洞的道德说教，就必须迈出决定性的第一步：成立伦理委员会并赋予它以实际的权力。这有助于落实并正当使用政府行政自由裁量权，切实保证公共权力的实施与维护公共利益。这是道德话语权回归其评价主体的切实可行的方案之一。

（2）完善传媒道德规范建设，搭建道德话语沟通的公共平台。

道德话语一旦经过传媒筛选成为传媒话语，便可以广泛、公开和直达地传播于社会、直抵受众个人。传媒话语的公开性和直达性使其越来越成为一种具有诱导力、渗透力和劝说力，乃至直接主导人们道德观念、道德选择和行为方式的公共道德资源。然而，由于当前存在着传媒商业化运作的过度扩展以及传媒从业人员的职业道德退化等问题，传媒道德话语的异化现象已经有所显现。由此，强化传媒的公共伦理本性，端正传媒伦理立场，强化传媒对于道德话语选择、批判、反思和规范的价值功能，增强对新闻、广告的伦理审视，对于改善道德话语的传播路径、发挥先进道德话语权的价值功能，净化社会道德风气有着极为重要的意义。

（3）加强领导干部和党政机关道德影响力的考量指数研究。

领导干部、党政机关分别以29.3％和59.3％成为当前我国社会道德话语权的首要主导者和伦理关系的主要示范者的道德国情表明，领导干部和党政机关的道德形象既已构成当前我国社会道德水准的风向标，那么，就需要将引领和建设社会主义社会道德的执政能力列为领导干部和党政机关的职责范围加以考量。考量指数作为加强领导干部和党政机关道德影响力的技术问题，首先需要解决它的科学性和可操作性问题。

（田海平）

十三

我国伦理道德建设的经验与教训

——基于公务员与大学生群体的调查

第一部分　调查研究的组织实施

（一）调查研究目标

“关于现代中国道德建设与道德发展经验教训的调查”，是2005国家社会科学基金重大招标项目“构建社会主义和谐社会进程中的思想道德构建社会主义和谐社会进程中的思想道德”的一次大型抽样调查。进行这次调查的目的是：

（1）描述和反映改革开放30多年来中国思想道德建设的历史过程、和谐伦理构建的经验教训和实践效果；

（2）三大道德建设领域：社会公德建设、职业道德建设、家庭美德建设与和谐伦理构建的经验教训和实践效果；

（3）四大伦理关系：人与社会的伦理关系、人与人的伦理关系、人与自身的伦理关系、人与自然的伦理关系和谐伦理构建的现状；

（4）随着科技发展涌现出的新兴的道德建设领域：网络道德建设对和谐伦理构建提出的挑战；

（5）了解公众对和谐伦理与道德建设的对策与建议。

（二）基本概念和问卷设计

本次调查研究将“和谐伦理”一般地规定为人与人、人与实体（家庭、组织、政府）、人与自身、人与自然四方面的和谐程度与发展状况。

为便于对和谐伦理建构进行纵向比较，考察和谐伦理建构的历史变化，本次调查的问卷设计内容包括以下 6 个方面：

（1）现代中国道德建设与道德发展经验教训；（2）社会公德建设；（3）职业道德建设；（4）家庭美德建设；（5）网络道德建设；（6）关于加强和谐伦理与道德建设的对策。

（三）调查对象和研究方法

本次调查的基本分析单位是：公民个人。调查标准时点上（2006 年 8 月 8 日）除港澳台以外居住在家庭户内的 16 岁至 64 岁的中国男女公民。

本问卷调查分三次发放：第一次在问卷第三稿成形后发放，其对象主要是在高校学习的在职学员；第二次是问卷修改的第五稿，其发放的对象主要是公务员；第三次是问卷修改的第六稿，其发放的对象主要是在高校学习的本科生、硕士生和博士生，另外有少量高中生。

本次调查主要采用问卷方法进行数据收集，除定量研究外，本调查还通过研究人员在苏州、盐城举行分类座谈会等定性研究方法以及文献研究方法，对研究素材进行补充和丰富。第一次个人调查问卷由本人发放给在高校学习的在职学员，回收问卷 33 份；第二次江苏省委党校发放给学员填写完成，回收问卷 74 份；第三次除了由本人发放部分问卷以外，其他均委托有关本科生、硕士生和博士生发放并回收问卷 346 份。

此外，为了对我国道德建设与道德发展现状，尤其是社会公德现状有一个更直观的反映，我们对某市行人闯红灯情况进行了抽样调查。俗话说“百闻不如一见”在调查中，我们采取了蹲点现场抽样法、观察法和访谈法。调查时间：2006 年 9 月 16 日—17 日，分别于该市的某繁华地段与某小学路段两处同时开展。时间是上午 11—12 点一个小时，下午 3—4 点一个小时，进行蹲点计数，其间适当进行访谈。选择上述两个路口与时间段，因为分别为繁忙路段与非繁忙路段，繁忙时段与非繁忙时段。

（四）抽样方案及实施结果

第一次发放的是问卷第三稿，共 67 题，发放的时间为 2006 年 7—8 月，调查样本共回收有效个人问卷 33 份，合格率为 99.1％。在全部被调查对象中，18 人是男性，占 54.5％；15 人是女性，占 45.5％。年龄在 36—50 岁，占 18.2％。调查对象的受教育程度分布为：大专学历占 24.2%，本科学历占 69.7%，研究生及以上学历占 6.1%。调查对象的职业分布为：公务员占 24.2%，企业家占 6.1%，知识分子占 3%，新社会群体成员占 27.3%，企业职工占 39.4%。调查对象的年龄分布为：年龄在 18—25 岁，占 9.1%；年龄在 26—35 岁，占 72.7%；调查对象的工资收入分布为：月收入 1000—2000 元，占 9.1%；月收入 2000－4000 元，占 66.7%；月收入 4000—8000 元，占 21.2%；月收入 8000 元以上，占 3.0%。调查对象的抽选基本符合设计要求。

第二次发放的是问卷第五稿，共 107 题，发放的时间为 2006 年 11 月，调查样本共回收有效个人问卷 74 份，合格率为 99.7%。在全部被调查对象中，男性为 72 人，占 96%；女性为 2 人，占 4%。调查对象的年龄分布为：26—35 岁占 6.7%，36—50 岁占 92%，50 以上占 1.3%。调查对象的受教育程度分布为：大专占 12.0%，本科占 73.3%，研究生占 14.7%。调查对象的职业分布为：全部都是公务员。调查对象的工资收入分布为：月收入 300—500 元的占 1.3%，月收入 1000—2000 元占 36.0%，月收入 2000—4000 元占 56%，月收入 4000—8000 元占 6.7%。调查对象的抽选基本符合设计要求。

第三次发放的是问卷第六稿，共 107 题（增加了一些选项），发放的时间为 2007 年 5 月，调查样本共回收有效个人问卷 346 份，合格率为 95.1%。在全部被调查对象中（1 人未填写基本情况），男性为 174 人，占 50.1%；女性为 172 人，占 49.6%。调查对象的年龄分布为：18 岁以下占 0.6%，18—25 岁占 63.4%，26—35 岁占 30.3%，36—50 岁占 4.6%；调查对象的受教育程度分布为：高中及以下占 0.6%，大专占 0.9%，本科占 42.7%，研究生及以上占 55.3%；调查对象的职业分布为：公务员占 4.9%，企业家占 0.3%，知识分子（含大学生和教师）占 91.9%，中小学生占 0.9%，新社会群体占 0.6%，企业职工占 0.3%；调查对象的工资收入分布为：300 元以下占 31.1%，300—500 元占 2.9%，500—1000 元占 5.8%，1000—2000 元占 7.5%，2000—4000 元占 12.4%，4000—8000 元占 7.2%，8000 元及以上占 1.7%。调查对象的抽选基本符合设计要求。

然后将三次调查问卷统计数据加以汇总，情况如下：三次调查样本共回收有效个人问卷 453 份，在全部被调查对象中，264 人为男性，占 58.3%；191 人为女性，占 42.2%；有 1 人未选择占 0.2%。调查对象的年龄分布为：在 453 份问卷中，有一人未选择占 0.2%，18 以下 2 人占 0.4%，18—25 岁 222 人占 49.0%，26—35 岁 136 人占 30.0%，36—50 岁 91 人占 20.1%，51 岁以上 1 人占 0.2%调查对象的受教育程度分布为：大专 20 人占 4.4%，本科 225 人占 49.7%，研究生及以上 206 人占 45.5%，有 1 人未选择占 0.2%，有 1 人选错占 0.2%。调查对象的职业分布为：公务员 100 人占 22.7%，企业家 3 人占 0.7%，知识分子（含大学生和教师）322 人占 71.1%，中小学生 2 人占 0.4%，农民（留守在农村）1 人占 0.2%，新社会群体（含高新技术企业、三资企业、私营企业主、中介组织人员及社会自由职业者）11 人占 2.4%，企业职工 13 人占 2.9%，有 1 人未选择占 0.2%。调查对象的工资收入分布为：有 26 人未选择占 5.7%；300 元以下 106 人，占 23.4%；300—500 元 12 人，占 2.6%；500—1000 元 20 人，占 4.4%；1000—2000 元 56 人，占 12.4%；2000－4000 元 106 人，占 23.4%；4000—8000 元 37 人，占 8.2%；8000 元及以上 7 人，占 1.5%。据此，调查对象的抽选基本符合设计要求。

（五）调查质量控制

为保证调查质量，我们对调查员培训、调查实施、问卷编码、数据录入、清理等各个环节加强了质量控制。在调查实施中，采用了调查员自查、调查指导员复查、课题组分别核查的三级质量控制方法。全部调查结束后，我们又通过 SPSS13.0 统计软件进行数据处理与分析研究，保证了调查数据及其分析的可靠性。

第二部分　当前我国伦理道德建设的现状、特点与存在问题

（一）关于当前我国道德建设的现状、新特点与新问题

关于道德建设与道德发展经验教训，主要是从宏观的视角，阐述伦理观的新特点、道德建设中的新问题、对当前和谐伦理建设中问题的认识、个人遇到伦理冲突时的处理方式、人们的理想、实践与道德信仰等方面展开调查。

从调查信息可知，当代我国道德建设与道德发展取得了一定成效，但是无论在传统的道德教育和已实施的道德建设举措与方法方面都需要进一步改善。

1. 伦理观的新特点

（1）党的三大作风深入人心

从已统计调查数据看，中国共产党的三大作风已经深入人心，在被调查的对

象中有87.2%的人对其在当前的道德建设中具有重要的指导作用持肯定态度；与此同时，也应该看到，其中有51.2%的人认为需要将其进一步细化，需要与具体的伦理关系的调节相结合。

（2）“八荣八耻”作为新时期的荣辱观为多数人认同

认为“八荣八耻”的提出，对于新时期的荣辱观和道德建设持肯定态度的占82.3%；只有13.9%的人认为没有什么意义。认为“八荣八耻”是社会的基本道德，都应该做到和大部分能做到的占85.6%，如果别人做，我也跟着做，占4.0%（如图1所示）。只有8.8%认为大部分自己做不到。可见，“八荣八耻”作为新时期的荣辱观和道德建设重要内容，已得到大多数人的认同，并且正在成为和已经成为人们的道德行为准则和道德评价标准。

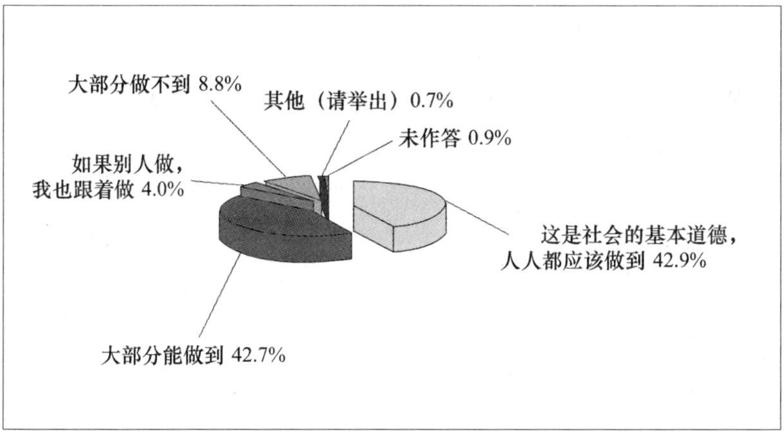

图1

2. 道德建设中的新问题

（1）道德建设举措的成效与过去（20世纪80年代前）相比反差较大

对于《中共中央关于加强社会主义精神文明建设若干重要问题的决议》、《公民道德建设实施纲要》、《关于进一步加强和改进未成年人思想道德建设的若干意见》贯彻实施，对于我国思想道德建设的作用持肯定态度的占70%左右，但其中认为成效不够显著的占50%以上。还有20%多的人还不太了解。

（2）“为人民服务”知易行难

认为社会主义市场经济条件下还需要倡导全心全意为人民服务的占65.8%，这说明全心全意为人民服务已经深入人心，其作为社会运行不可缺少的道德机制已得到人们的认可。但值得注意的是，还有27.8%的人认为全心全意为人民服务虽然说得到，却不容易做到（如图2所示）。这说明，在社会主义市场经济条件下，将全心全意为人民服务落到实处，还需要全社会付出艰辛的努力。

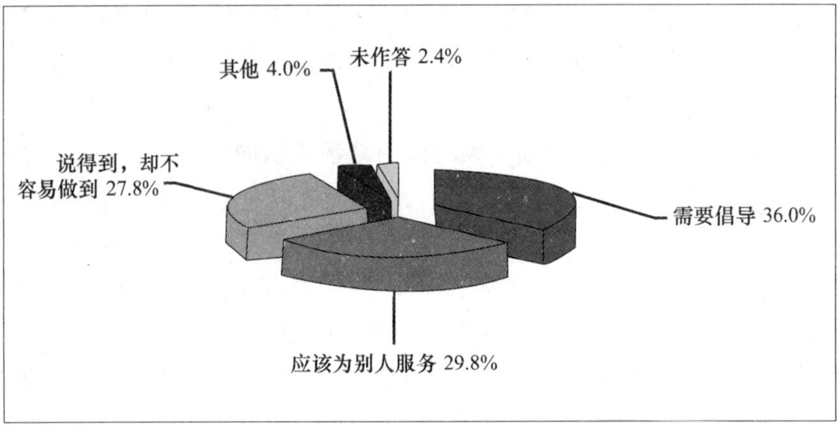

图 2

（3）榜样示范名实脱节

认为树立各行各业的先进典型在当前的道德建设中，可以发挥道德示范作用，促进各行各业的职业道德建设的占 70%以上。但是树立各行各业的先进典型在当前的道德建设中，还存在如下问题（如图 3 所示）：一是 33.1%的人认为，一旦有人成为先进典型，成天接待、作报告，实际上已没有更多时间进行本职工作；二是认为各行各业的先进典型只是一种形式，没有什么实际作用的占 17.7%；三是认为树立各行各业的先进典型在当前的道德建设中，虽有一定的实际影响，但是还有认为会产生一定副作用，比如导致先进人物与人们的隔阂，不利于人际关系和谐的，占 9.2%。尽管这一比重很低，但是必须予以关注。

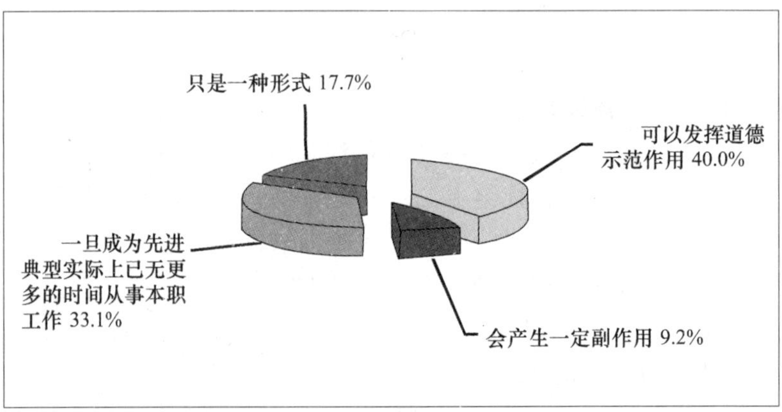

图 3

（4）思想工作须强化实效

对于当前在市场经济条件下，进行深入细致的思想工作能加强道德建设，91.8%的人持肯定态度。其中认为深入细致的思想工作需要与人们的物质利益紧密结合的占35.1%；认为没有必要，不如发奖金、加工资有效果的仅占6.4%（如图4所示）。

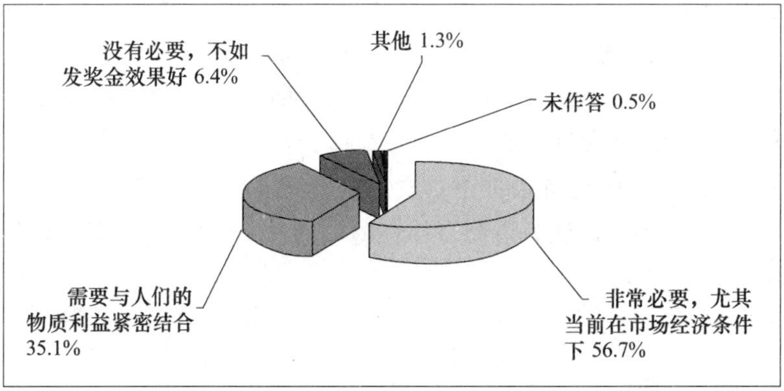

图4

（5）媒体爆炒与大众取向背离

尽管当前"超女"、"好男儿"等具有全国性影响的活动搞得火暴，但是人们对此产生的负面影响具有普遍共识（如图5所示）：一是认为其主要是一种商业炒作，对于当前的道德建设是弊大于利的占92.4%；二是认为对青少年的健康成长具有一定的负面影响的占4.5%；还有0.9%的人认为，"超女"、"好男儿"等具有全国性影响的活动具有误导作用，在青少年中产生新的偶像崇拜和金钱崇拜。

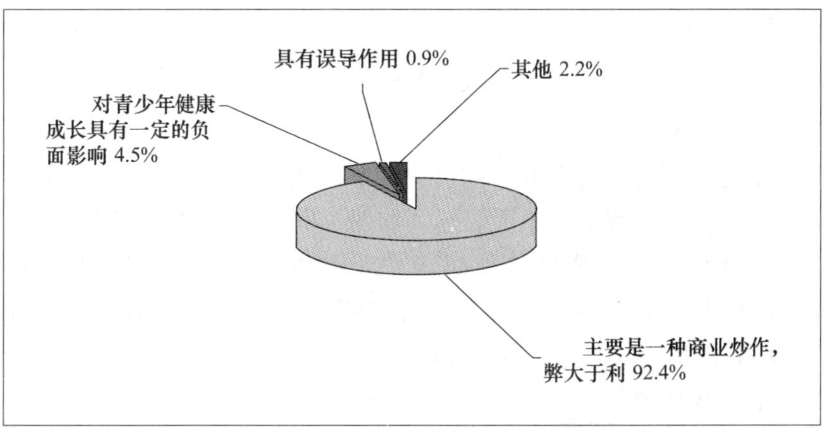

图5

3. 经济、科技发展引发了道德上的新问题

（1）人际伦理关系失调

在分析人际关系、人与社会关系、人们道德行为失范的原因时，认为是多种

因素作用的结果。其中分析人际关系失调的原因排在前三位的分别是，对他人责任感淡漠（占 42.4%），过于强调自身利益、个人主义膨胀（占 36.3%），缺乏相互信任和相互尊重（占 10.0%）。分析人与社会关系失调的原因排在前三位的分别是，对社会责任感淡漠的（占 33.1%），人们较为关注与自身利益较为相关的事、无心顾及社会公共利益的（占 30.2%），长期以来各种评职称的指标只关注个人业绩很少评价他的社会贡献的（占 22.1%）。人们道德行为失范的原因（如图 6 所示），认为是市场经济条件下，受利益诱惑的占 50.0%；认为人情关系的相互牵制的只占 19.0%；认为道德自律性薄弱的占 16.0%；还有，认为正义感淡漠的占 7%。

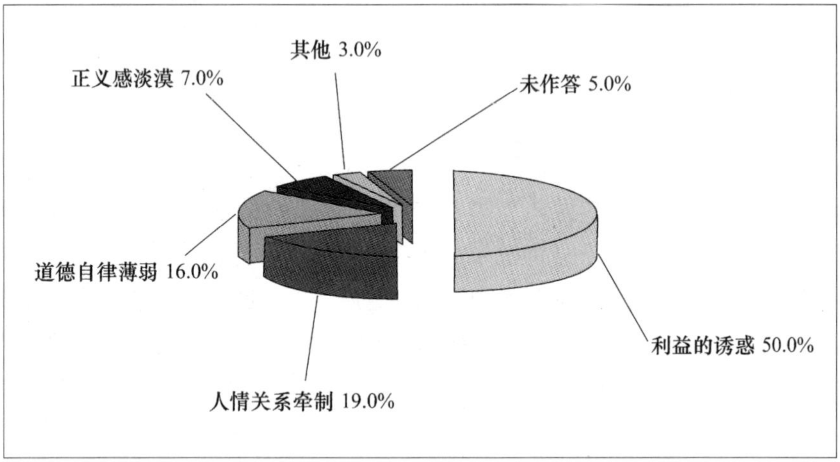

图 6

（2）道德观变异

市场经济对人们道德观念的影响突出地表现为：竞争趋强与协作趋弱；趋利增强、奉献淡化；看重眼前，不顾长远（如图 7 所示）。一是市场经济条件下增强了竞争意识，淡化了协作精神（占 43.0%）；二是强化了个人主义，唯利是图，淡化了奉献精神（占 38.0%）；三是重眼前（利益），轻长远（利益）（占 13.0%）；四是破坏了中国传统的道德观念（占 5.0%）。

（3）自然、环境恶化

分析人与自然关系失调的原因排在前三位的分别是人们较为关注自身利益，看不到自然环境对人的潜在影响（占 48.7%）；人们更重视经济发展，收入的增长，忽视人与自然关系的协调发展（占 30.7%）；自然环境的污染主要是工业污染所致，个人对此无能为力（占 7.1%）。

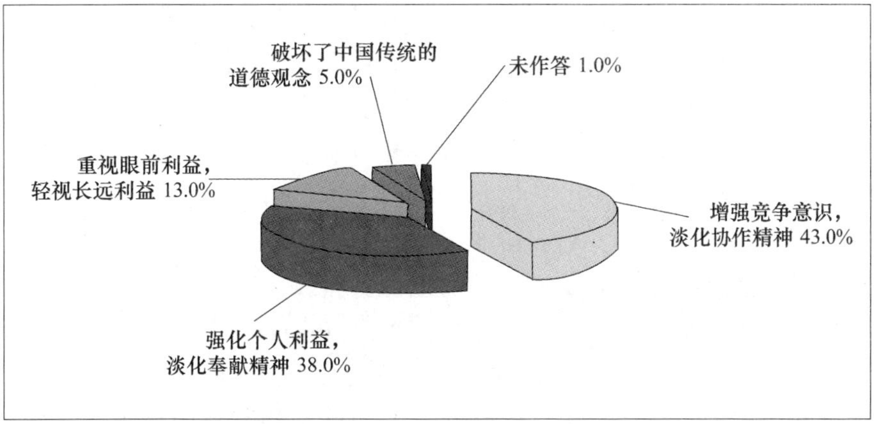

图 7

(4) 科技发展与伦理发展失衡

认为高技术、信息化、全球化时代和市场经济的背景下，对每一个单位的伦理要求较以往高的占60%以上，这说明，为了适应高技术、信息化、全球化时代和市场经济条件下新要求，建设和谐伦理，倡导正确的道德价值导向非常重要，也很有必要。因此，当前每一个单位的伦理发展状况与计划经济时代相比认为变糟了的占33.9%；认为有些单位的伦理发展状况变好，有些变糟的占36.7%；认为说不清的占14.7%；认为变得更好了的只占13.0%。

(5) 道德信仰危机

其一，腐败问题与奖惩制度供给不足导致道德信仰危机。

认为当今中国存在着严重的道德信仰危机或在一定范围和一定程度上存在危机的分别占46.4%、占49.3%，认为不存在的仅占2.3%；对道德信仰危机的状态担忧的占81.0%，不担忧的仅占10.2%。在分析道德信仰危机产生的最主要原因时，排在前三位的分别是腐败现象严重（占50.5%），没有有力的奖惩制度保证（占15.4%），原来的道德要求太高，人们做不到（占9.5%）。“与过去相比，现在的人们变得自私了”，对此赞同的占75.8%；不赞同和说不清的分别占13.3%、7.3%。

其二，利己主义与拜金主义左右着人们的道德信仰。

认为现在大多数人真正信仰的是利己主义道德原则的占51.2%，信仰拜金主义的占29.1%，信仰人道主义的占11.1%，信仰集体主义的仅占3.3%，认为绝大多数人能够“凭良心办事”的占38.6%，认为只有少数的占39.1%，认为说不清的占15.9%。而对自我确认中则与此形成鲜明对照：在回答“您信仰哪种道德原则”中，有47.4%人选择人道主义，18%人选择集体主义，16.8%选择利己主义，10%的人选择拜金主义，认为道德对人的幸福生活有重要作用的73.5%，有一些作用的21.3%，没有作用仅占5.2%。相信“善应当有善报、恶应当有恶报”的占69.9%，不相信的占19.9%。

其三，人生理想趋于务实化与个体化。

在人生的理想方面呈现多元化、多样化（如图8所示）：排在前三位的分别是做一个对社会有用的人的（占39.0%），有一份理想的工作的（占22.0%），为国家作贡献的（占15.0%）。就工作的目的而言，排在前三位的分别是发挥自己的创造力，展示自己的能力（占49.0%），想努力做好本职工作（占21.2%），认为是振兴祖国的综合实力（占13.7%），将工作作为谋生的仅占14.1%。关于人生价值，排在前二位的分别是奉献（占34.2%），奉献与索取并重（占49.4%）；认为索取是对人的权利的尊重的仅占8.2%。关于“成功”的标志，排在前三位的分别是在事业或学业上成功（占48.8%），家庭美满（占11.6%），做个对社会有用的人（占21.8%）。此外，得到他人的认可或崇拜（占4.3%）。

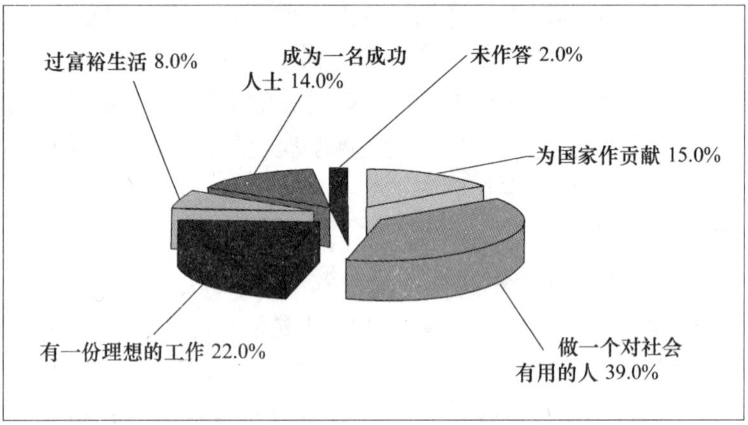

图8

4. 伦理行为选择的新特点

(1) 在道德冲突的情景中，以集体利益为重或者两者兼顾者占多数。这与上述道德理想、道德信仰危机呈现出殊异性

如当遇到集体利益与个人（家庭）利益不能兼顾时，能够以集体利益为重的占56.1%，试图两者兼顾的占24.3%，以个人（家庭）利益为重的仅占13.9%；当遇到公众利益与家庭利益不能兼顾时，尽可能以公众利益为重的占82.3%，只顾家庭利益的仅占8.4%。

(2) 为了实现理想敢于拼搏、竞争

对于应如何实现自己的理想，认为以百折不挠、自强不息的精神，拼搏进取的占62.5%；勇于竞争，敢于冒险的占16.1%；顺其自然的占12.1%。另外，认为通过投机取巧的仅占4%。这与评价我国目前先富起来的一部分人主要是依靠诚实劳动和合法经营等道德的手段的占61.5%，认为依靠不道德的甚至非法的手段的占36.5%，比较一致；而与评价大多数干部职务的升迁主要是依靠廉洁勤政的占25.8%，有强硬的后台的占30.1%，认为靠吹牛拍马、投机钻营的占20.9%，苦熬年头、论资排辈的占19.2%，不一致。说明人们对于干部的升迁与业绩不太满意。

（二）当前我国社会公德的现状、新特点与新问题

社会公德是全体公民在社会交往和公共生活中应该遵循的行为准则，涵盖了人与人、人与社会、人与自然之间的关系。现代社会，在高技术—全球化—市场经济的背景下，公共生活领域正在不断扩大，人们相互交往日益频繁，社会公德成为公民个人道德修养和社会文明程度的重要表现。本部分的调查问卷是根据《公民道德建设实施纲要》提出的“要大力倡导以文明礼貌、助人为乐、爱护公物、保护环境、遵纪守法为主要内容的社会公德”设计并展开调查。具体数据分析如下：

1. 伦理关系的新特点：朋友关系是社会公共生活的伦理关系的重心

从统计的调查数据看，社会公共生活的伦理关系中，人们最看重、最努力维护的关系依次为：与朋友的关系（占61%），与熟人的关系（占15%），与社会团体及成员的关系（占14%），与名人的关系选择（占2%），与陌生人的关系、与媒体的关系（分别占1%）。日常道德生活趋于“和”、“忍”。如当与邻居或者同事为日常事务发生争执时，选择主动退让与和解的占90.8%；认为应主动进攻，“得理不让人”的仅占4.9%；如果对方不愿和解，我就“奉陪到底”仅占2.9%。

2. 伦理观的新特点

（1）参加公益活动、扶贫帮困已成为时尚的道德观

当前人们有一定的公益心，如认为能够为社会或者公众尽一点义务，是社会人的责任，一是喜欢参加公益性活动（占70.9%），别人做，我也跟着做，但我不会主动做（占20.1%）；不喜欢参加的仅占5.7%。二是人们当知道单位里有困难的同事或有些地区受灾时占61.8%的人会主动向困难的同事或灾区献爱心；29.1%的人认为别人献爱心，我也跟着做；当作不知道的仅占2.6%。三是在公交车上，当看到老、弱、病、残和孕妇，会立即主动让座的占85.6%；虽不太情

愿，但在乘务员或司机提示下让座的占6.0%；当作看不见，闭上眼睛装睡，不让座的仅占5.9%。四是走廊等公共场合白天开着长明灯，经常看到（占53.6%），很少看到（占39.8%），从未看到过（占3.6%）；当看到公共场所白天开着长明灯时，认为应该主动去关灯的占62.6%，如果很匆忙就不会去关灯的占26.6%，不会去关灯的仅占7.8%。五是在公共场所看到打架斗殴或其他违法行为，53.6%的人会不直接帮助，但向110打电话；有17.7%的人表示愿意挺身而出，主动上前阻止；21.9%的人认为事不关己，多一事不如少一事，尽快躲避；如果周围人看热闹，我跟着看热闹的占5.1%。

（2）爱护环境、规范垃圾处理已成为公共道德生活准则

一是对于爱护环境，87.9%的人选择应该从我做起，从小事做起；6.6%的人认为主要是环保部门的事；扔一些纸屑、吐一口痰不会破坏环境的仅占2.4%（如图9所示）。二是在平时的处理垃圾中，能够将垃圾装入垃圾袋，出门顺便将垃圾袋投放指定地点，或者垃圾桶的占84.8%；而将垃圾装入垃圾袋，从楼上直接投入地上的垃圾桶的仅占3.5%；将垃圾装入垃圾袋，直接扔出窗外的占6.4%；将垃圾扫到门外的占3.3%。三是对于乱扔垃圾的行为，80.8%的人认为是极不文明的行为，9.2%的人认为不能算是不文明的行为，6.9%的人认为说不清。四是在回答“您平时乱扔垃圾吗”时，40.5%的人表示从来不这么做；45.3%的人认为，当找不到垃圾桶时会这么做；7.8%的人认为没有人监督时这么做；3.8%的人则经常这么做；未选择占2.6%。五是如果去某地办事，穿过一片草坪可以省几分钟时间，37.0%的人选择时间再紧也不会穿过草坪；36.3%的人选择如果时间不紧，就不穿过草坪；15.9%的人表示如果有人穿过草坪，就跟着穿过草坪；仅有8.1%的人表示将直接穿过草坪。

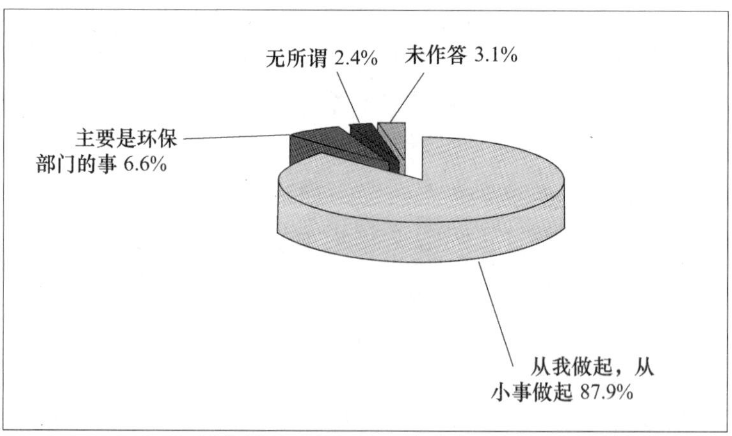

图9

(3) 关心陌生人业已成为多数人的道德观念

一是在公共场所如果您与一位陌生人不小心发生碰撞，46.4%的人向对方道歉并关心对方有无受伤情况；36.5%的人认为虽然自己比较生气，但能够在提醒对方以后注意后，不与其计较；7.6%表示很生气并责备对方或与对方争吵；6.6%人认为说不清。二是当捡到别人贵重财物时，78.1%的人会交还失主，7.9%的人会交给警察，9.1%的人选择交公，占为己有的占0.9%（如图10所示）。三是假如在买东西时人家粗心多找了钱，70.4%的人表示立即还人家钱；20.9%的人认为拿了钱，但内心有些不安；仅有5.5%的人认为拿了钱立即离开。

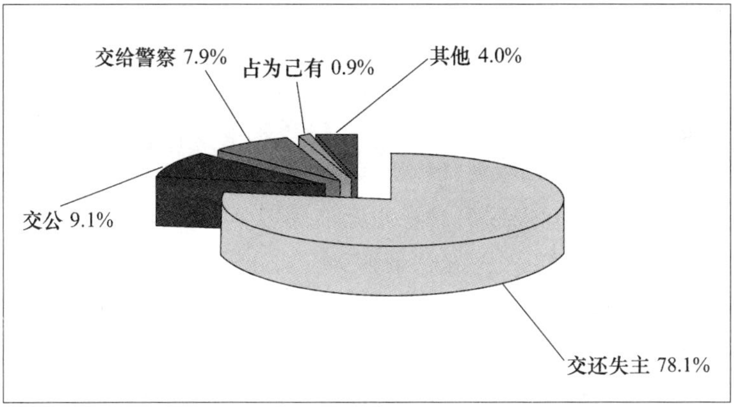

图 10

3. 伦理问题的新特点

(1) 遵守交通规则、维护社会公共秩序知行不一

从统计的调查数据看，一是认为作为一个公民"应该自觉遵守交通规则"（占94.5%），"应该自觉维护公共秩序"（占42.2%），"在公共场合不大声喧哗"（占41.1%），"管好自己就行了"（占9.7%）（如图11所示）。二是当过马路时遇到红灯而路口又没有警察时，无论有无车辆，都等绿灯出现再过马路（占54.7%）；若无车辆，赶紧过马路（占26.8%）；如果有人过也跟着过，没人过的话就等绿灯（占15.2%）。

然而，从实地关于闯红灯的调查看：在某小学路口（非繁忙路段），时间为某周六11：11—12：00，人流总量为3147人，闯红灯者1486人，占47.2%；在15：00—16：00，人流总量为2811人，闯红灯者873人，占31.1%。时间为某周日11：11—12：00，人流总量为3749人，闯红灯者1805人，占48.1%；在15：00—16：00，人流总量为3012人，闯红灯者1165人，占38.7%。另外，在某

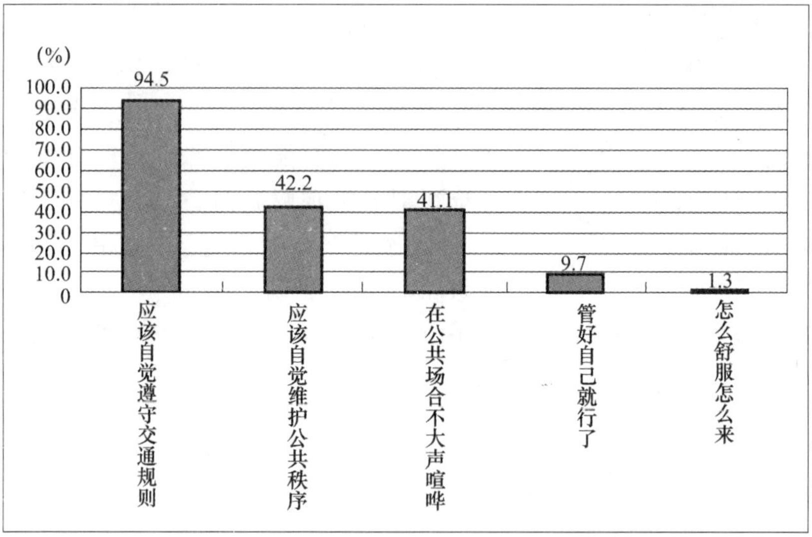

图 11

市中心的繁忙路段，11：11—12：00，人流总量为 4113 人，闯红灯者 1874 人，占 45.6%；在 15：00—16：00，人流总量为 2439 人，闯红灯者 805 人，占 33.0%。时间为某周日 11：11—12：00，人流总量为 4618 人，闯红灯者 2213 人，占 47.9%；在 15：00—16：00，人流总量为 2924 人，闯红灯者 1067 人，占 36.5%。

在观察中我们发现，有警察指挥的情况下，大多数人都能遵守。即使有个别的人或小集群意图闯红灯，也会被警察劝阻回到等待区。在绿灯刚转为红灯和红灯开始闪烁的时候，闯红灯的人数最多。尤其是红灯开始闪烁的时候，很多的行人就开始蠢蠢欲动，这时，只要有一两个人带头闯红灯就会出现比较多的人跟从。

（2）注重诚信喜忧参半

一是关于公民对诚信的问题，认为绝大多数人坚守诚信的占 41.7%，认为只有极少数人坚守诚信的占 33.9%，认为说不清的占 20.1%。与此相关，二是认为人际关系存在的最突出的问题是熟人之间的互不信任、互相猜疑、人情淡漠、缺少关爱之心的占 32.2%，认为是陌生人之间的互不信任、互相猜疑、人情淡漠、缺少关爱之心的占 31%，认为对强势群体的过于推崇、关注的占 16.4%，而认为对困难群体过于冷漠、鄙视的占 14.7%。

（三）当前我国职业道德的现状、新特点与新问题

职业道德是所有从业人员在职业活动中应该遵循的行为准则，涵盖了从业人

员与服务对象、职业与职工、职业与职业之间的关系。随着现代进入高技术—全球化—市场经济的时代，社会分工的发展和专业化程度的增强，市场竞争日趋激烈，社会对从业人员职业观念、职业态度、职业技能、职业纪律和职业作风的要求越来越高。本部分的调查问卷是根据《公民道德建设实施纲要》提出的“要大力倡导以爱岗敬业、诚实守信、办事公道、服务群众、奉献社会为主要内容的职业道德”设计并展开调查。具体数据分析如下：

1. 伦理观的新特点：敬业爱业已成为多数从业人员职业道德理念

一是认为作为一位在岗人员，应该努力做好本职工作的占75.5%，认为应尽力本职工作的占17.7%，本职工作做得说得过去就行的占4.2%（如图12所示）。二是对现在自己所从事的工作热爱，并认为能够发挥自己的特长的占54.7%。非常热爱，因为领导关心下属，同事关系不错，专业基本对口的占28.9%；还有10.8%的人认为无所谓，干一天拿一天工资。三是对本职工作的职业规范40.0%的人非常了解，49.0%的人了解并且基本能够履行，认为规范那么多，记不得的占7.0%。四是对于做好本职工作，有45.9%的人认为最重要的是认真，有38.0%的人认为最重要的是诚信，还有9.7%的人认为最重要的是公道，选择无过失的占1.5%。五是在工作中为他人服务时，有58.9%的人都认为应尽可能的周到和为服务对象着想；有32.2%的人认为对服务对象应一碗水端平，只有4.2%的人才认为碰到熟人的事情先办，没有选择的占4.7%。

上述敬业爱业的职业道德理念与人们的劳动观和学习观密切相关。就劳动观而言，有61.6%的人都认为劳动是现在的第一需要；只有27.3%的人认为劳动现在只是一种谋生手段。在分析继续学习或者进修的最主要原因时，有49%的人认为是为了适应职业竞争需要，有28.9%的人认为是为了更好地做好本职工作，选择寻找更适合自己的工作的占17%。

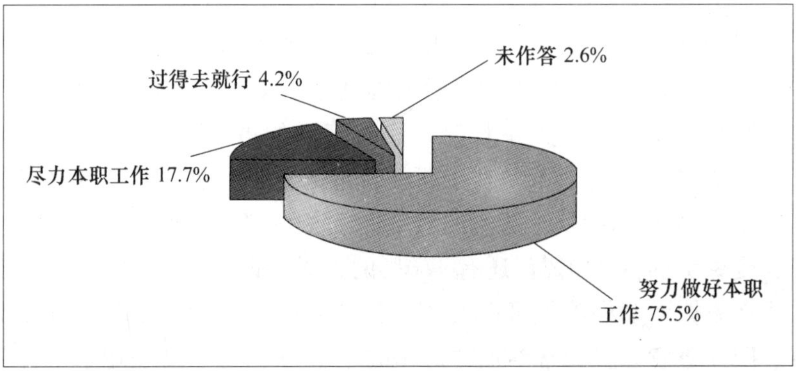

图12

2. 伦理关系的新特点：同事关系是职业伦理关系的焦点，其特征呈现为矛盾的多元性

同事关系作为职业伦理关系的焦点，其矛盾的多元性特征突出地表现为：同事之间既相互关心又相互竞争；既极力维护又相互猜疑。一是在与同事相处中，有57.4%的人认为能够相互关心、相互帮助；有33.8%的人只能有时候做到相互关心、相互帮助；选择上班“各扫自家门前雪”，下班各回各家的占3.1%；未选择的占5.7%。二是关于工作中遇到的烦心事，有37.4%的人认为来自处理人际关系；有27%的人则认为是来自事业技术能力不足；工作环境差和受到不公正待遇的则有10.7%；选择受到的待遇不公正的占1.7%。三是关于经常面对和处理的人际关系，有54.5%的人认为是与同事的关系；有17.8%的人认为则是与上级的关系；有8.3%的人认为经常面对和处理的人际关系是与相关单位政府及社会其他成员的关系；选择我是单位的一分子，我的利益、发展与单位的利益和发展密切相关的占6.6%；有5.0%的人认为是与下级的关系；只有0.7%的人认为是与媒体的关系。四是关于最看重的最努力维护的职业伦理关系，认为是他与同事的关系的占48.0%，与上级的关系的占21.0%，与下级的关系的占5.0%，与单位的关系的仅占5.0%，还有1.0%的人看重与媒体的关系；另外，只有11.0%的人选择了与相关单位、政府及社会其他成员的关系（如图13所示）。五是在单位的日常工作中，人际关系存在的最突出的问题，依次为同事间互不信任、互相猜疑、人情淡漠、人与人之间缺少关爱之心（占39.0%）；单位的制度设计、领导的处事原则不公正（占20.0%）；从领导到群众对单位发展对本职岗位没有强烈的责任感（占16.0%）；把人当作赢利和发展的工具（占14.0%）。六是在单位中，处理人际关系应遵循的原则，依次为有公正原则（占46.7%）、关爱原则（占27.3%）、责任原则（占14.5%）、利己原则（仅占4.3%）。

3. 伦理问题的新特点：个人与组织道德立足点殊异

（1）个人：多数（人）对单位伦理氛围良好与制度公正有较高期望

一是对所在单位的伦理关系状况，比较满意的占56.9%，满意的占17.3%人；有12.8%的人不满意。二是对于所在单位的伦理状况，希望有良好的伦理氛围的占37.0%，希望制度公正透明的占27.0%，希望成员敬业忠诚的占10.0%；希望领导关爱尽责的占9.0%，还有4.0%的人无所谓（如图14所示）。对于集体活动，认为在集体活动中不仅可以发挥自己的才能，也能产生归属感，增进对同事的了解，因而愿意并且经常参加的占43.9%；认为由于现在竞争十分激烈，工作节奏快，常常使人疲于应付，能够腾出参加集体活动的时间十分有限，因而

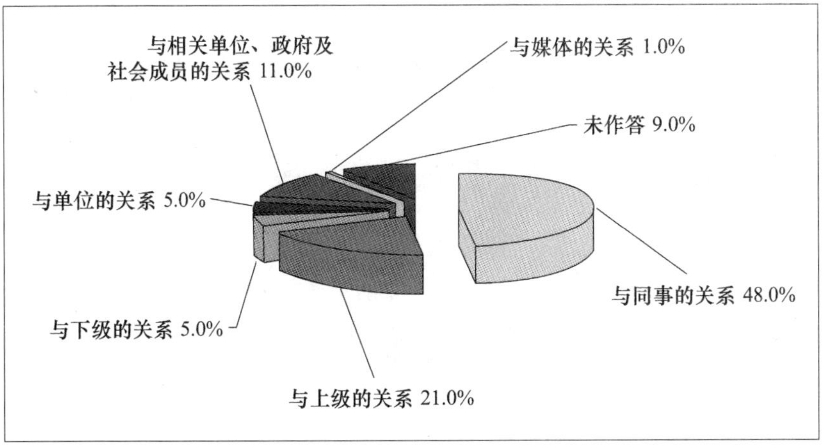

图 13

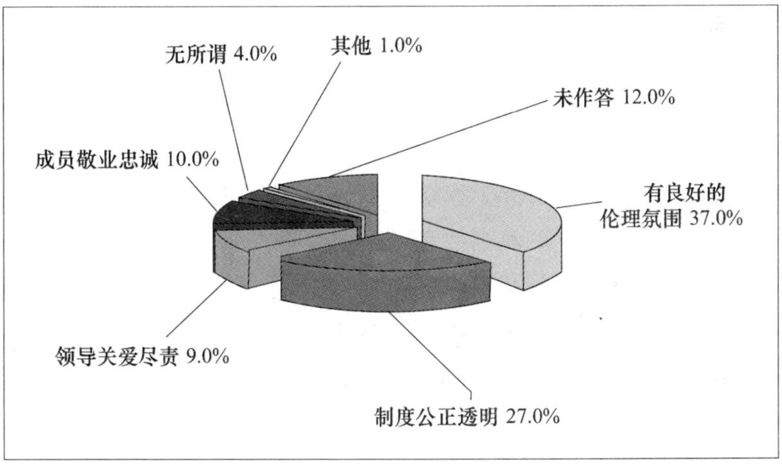

图 14

偶尔参加的占 44.8%；不愿参加的仅占 7.5%。这说明，当前人心向和谐是内在的需要，构建和谐社会有着深厚社会道德心理基础。

(2) 单位：多数（单位）以自身的集团利益为伦理关系准则

现在大多数单位在处理个人、组织、社会关系时的原则依次为，以集团利益为重（占 50.5%）；以单位职工利益为重（占 25.8%）；以与单位相关的社会利益为重（仅占 10.0%）（如图 15 所示）。这说明单位在处理个人、组织、社会关系时，具有以本单位利益为重倾向，在一定程度上淡化了单位的社会责任。因此，加强单位（组织）的社会责任意识是当前和谐伦理建设的当务之急。

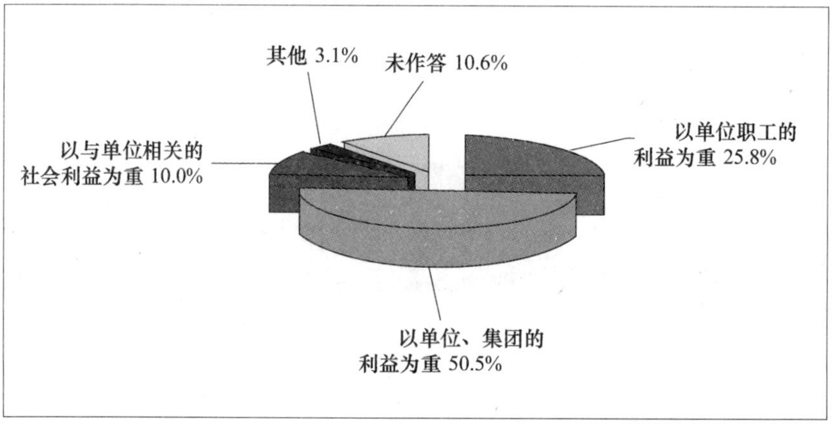

图 15

（四）当前我国家庭美德的现状、新特点与新问题

家庭美德是每个公民在家庭生活中应该遵循的行为准则，涵盖了夫妻、长幼、邻里之间的关系。家庭生活与社会生活有着密切的联系，随着现代进入高技术—全球化—市场经济的时代，正确对待和处理家庭问题，共同培养和发展夫妻爱情、长幼亲情、邻里友情，不仅关系到每个家庭的美满幸福，也有利于社会的安定和谐。本部分的调查问卷是根据《公民道德建设实施纲要》提出的“要大力倡导以尊老爱幼、男女平等、夫妻和睦、勤俭持家、邻里团结为主要内容的家庭美德”设计并展开调查。具体数据分析如下：

1. 伦理观的新特点：分担家务已成为多数家庭成员的家庭道德观念，“男主外女主内”传统道德观仍然存在

一是对于打理家务，44.6%的人都认为家庭成员应主动承担一定的家务，39.1%的人则认为应分工负责各尽所能，13.5%的人则认为主要由妻子来料理家务，未选的占 2.8%（如图 16 所示）。二是在家承担家务方面，认为做家务也是一种乐趣而常常做的占 60.3%；由于家务主要由钟点工承担，偶尔做但很少的占 28.0%；一点也不承担的占 6.8%。

2. 伦理关系的新特点：家庭最重要的关系是夫妻关系，夫妻和睦与家庭幸福密切相关

一是 由于幸福的家庭是每个家庭的渴望，在家庭关系中，认为最重要的关系是

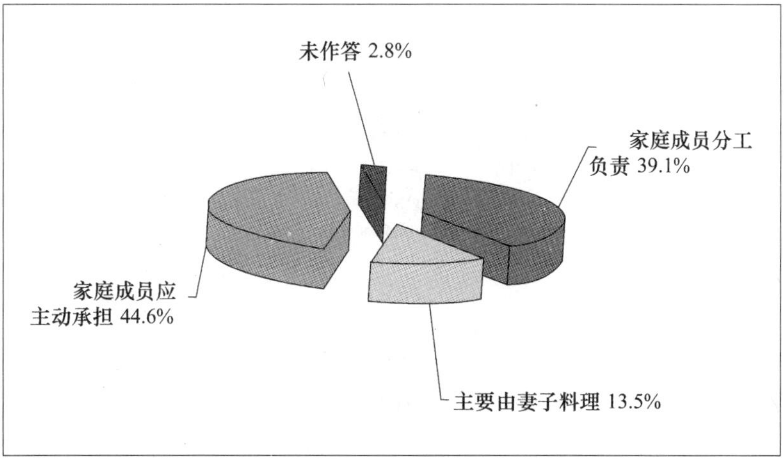

图 16

夫妻关系的占 56.0％，认为是一家之长的权威的占 15.0％，认为是婆媳关系的占 14.0％，认为是母子关系的占 2.0％。二是在家庭里的真实感受，认为是幸福、快乐的家庭的占 57.8％，认为是有苦有乐的家庭的占 33.4％，不如意但是支撑我生活的希望的占 2.4％，是个苦难的家庭的占 0.9％，是我生活的负担的占 0.7％。三是家庭和睦的要素之一——记住家人的生日。对于家人的生日，68.9％的人记得，有 19.2％的人记不准，只有 7.5％的人不记得家人的生日。

3. 伦理问题的新特点：出现“婚外恋”、“包二奶”现象

一是认为出现“婚外恋”、“包二奶”现象的原因是是个人道德素质问题的占 40.0％，是社会道德风尚不良的占 30.8％，是经济水平提高所致的占 13.0％，认为说不清的占 11.4％（如图 17 所示）。二是如果您发现您的家人有“婚外情”现象，认为他（她）能够改正就算了的占 36.5％；认为不能容忍，需通过法律途径解决的占 26.3％；认为家丑不可外扬，在家庭、家族内部解决的占 23.2％；认为不能容忍，但通过亲戚、邻里解决的占 11.1％；另外，选择需通过居委会（或村委会）帮助解决的占 1.9％；需通过妇联解决的占 1.0％。

4. 道德生活内容的新特点

（1）夫妻平等、和睦、经常交谈增进相互了解

一是认为婚姻中最主要的方面是相互之间的感情的占 64.5％，认为是相互之间的责任的占 22.7％，选择双方的经济情况的占 5.7％，说不清的占 3.1％。二是就夫妻双方平时相处而言，认为应该相互体贴、相互尊重、相互信任的占 90.7％；各行其是，互不干扰选择的占9.3％（如图18所示）。三是认为夫妻双方

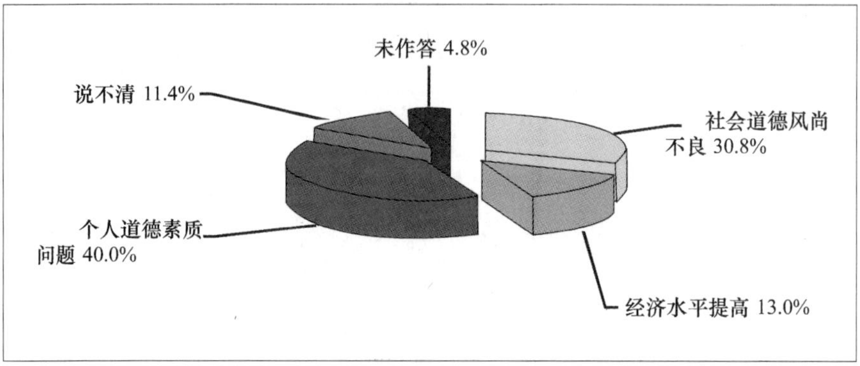

图 17

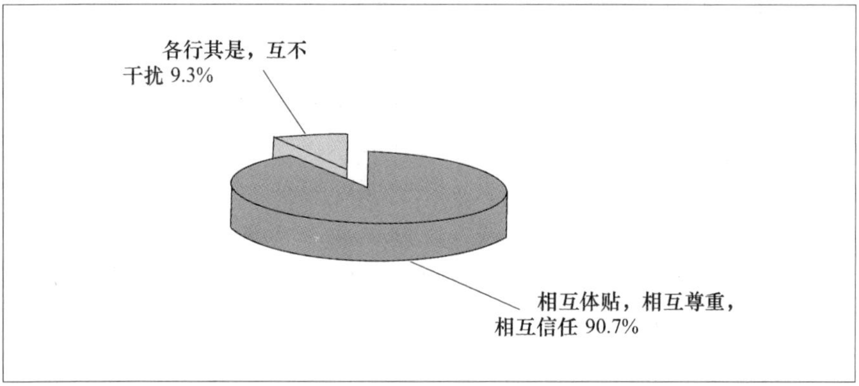

图 18

平时需要经常交谈，增加互相了解，尽可能达到身心协调的占 86.8%；认为结了婚就是过日子，只有谈恋爱才需要经常交谈的占 7.7%。四是通常在培养子女、家庭理财、照顾老人等方面，认为夫妻双方要相互交流意见，共同协商、分工的占 85%；认为主要由其中一方拿主意的占 7.1%；认为顺其自然的占 3.3%。五是如果在培养子女、家庭理财等方面夫妻双方发生分歧，认为夫妻双方应该充分交换意见，最终达成共识的占 85.9%；认为其中一方做出让步或妥协的占 6.4%；各执己见，互不相让的占 7.7%。由此，在家庭生活中，夫妻出现矛盾主要是因为夫妻感情问题的占 33.9%，是经济问题的占 29.6%，是孩子教育问题的占 19.6%，是赡养父母问题的占 2.8%，认为是其他因素的占 5.2%。

(2) 尊敬父母（长辈）、赡养父母

一是就尊敬父母（岳父母、公婆）长辈而言，84.5%的人认为能够尊敬父母长辈，这是做人的美德；有 6.2%的人表示在平时忙得顾不上照顾，只是在父母生病时候去探望或照顾；只有 4.2%的人只在节假日里碰碰父母面，平时各顾各（如图 19 所示）。二是关于赡养父母的问题，认为父母与子女住在一起，由老人选择喜欢的子女赡养，其他子女经济上予以支持的占39.8%；认为父母与子女住在一起，由子女轮流赡养的占35.1%；认为父母与子女住在一起，由经济条件好的子女赡养的占11.4%；主张父母与子女住在一起，由社会养老保险提供经济支持的占6.9%；认为送养老院赡养的占1.2%。

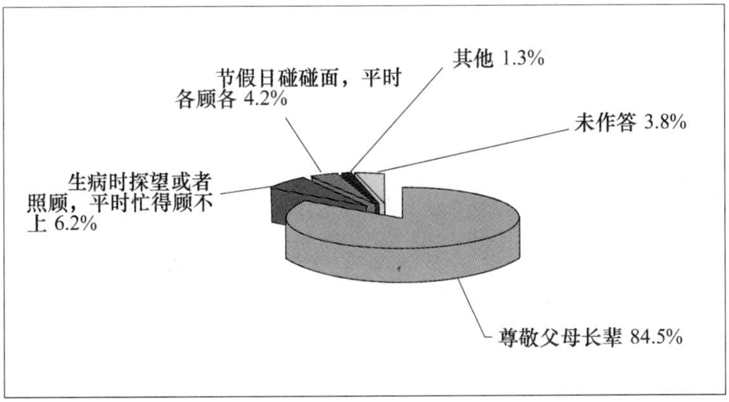

图19

（3）注重孩子做人品德、养成其勤俭节约的行为习惯

一是就对孩子的培养而言，主要注重做人的品德的占59.0%；培育其对生活、艺术和知识的兴趣的占19.0%；日常生活方面的占17.0%（如图20所示）。二是认为现在仍然非常需要勤俭持家，同时也需要培养子女勤俭节约的行为习惯。因为虽然生产力有了极大的提高，但自然资源及其短缺的占56.7%；认为有必要培养子女勤俭节约的行为习惯，既有利于他们健康成长，也有利于资源的可持续发展的占35.3%；没必要的占2.2%；要能挣会花，才能促进消费的占1.1%。

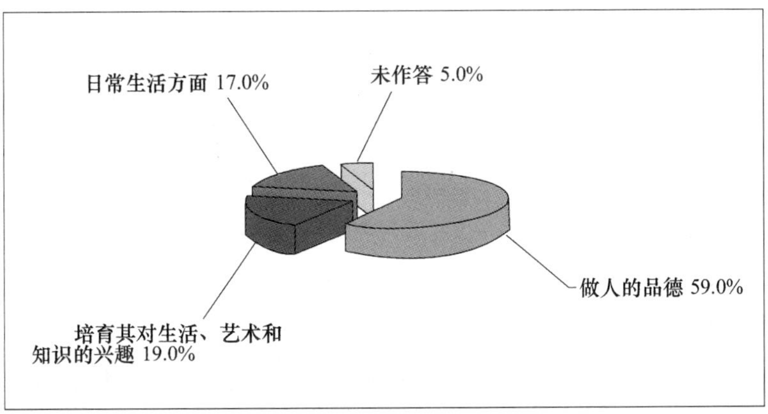

图20

在家庭道德生活中，不能容忍的现象的排行序列为：虐待儿童（28.9%）、不

孝敬老人（34.6%）、夫妻行为出轨（17.8%）、婆媳关系恶劣（3.6%）、孩子经常撒谎（2.6%）。

（五）当前我国网络道德的现状、新特点与新问题

在现代社会，网络越来越成为公共生活的重要领域大，人们在网络上相互交往日益频繁，网络道德是全体公民在网络上进行社会交往和公共生活中应该遵循的行为准则，涵盖了以网络为中介的人与人、人与社会、人与自然之间的关系；也包括网络世界即虚拟世界与现实的人与人、人与社会、人与自然之间的关系。网络道德在维护网络世界的公众利益、公共秩序，维护社会公德、职业道德、家庭美德，保持社会稳定方面有着重要的作用，也成为公民个人道德修养和社会文明程度重要表现的重要方面。具体数据分析如下：

1. 伦理观的新特点：建立网络人际交往的道德规范已呼之欲出

认为在上网聊天时，由于处于匿名状态：仍然应该尊重他人，恪守道德规范的占71.5%；认为看聊天的网友怎么待我，我将“以礼相待”的占18.5%；认为可以放纵自己，暂时不守道德规范约束的仅占7.7%（如图21所示）。

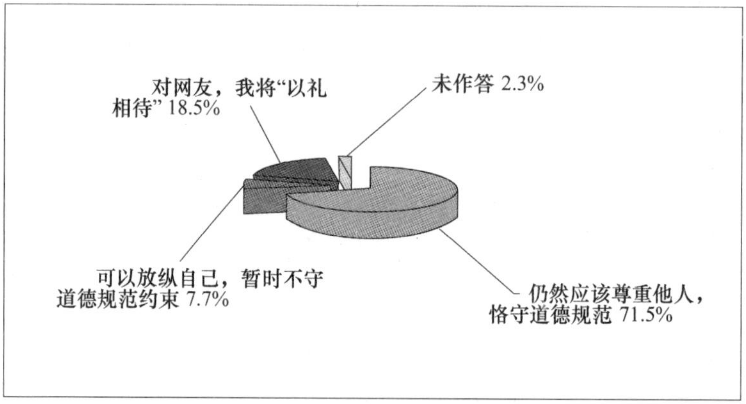

图 21

认为需要制定网上道德规范，因为网络中人的行为，仍然是一种社会行为，应该制定相应的道德规范，作为网络人的道德行为准则的占82.6%；认为不需要，因为网络中人的行为，不同于现实社会人们的行为，不会产生什么危害的占9.3%；认为无所谓的占5.7%；未选的占2.4%。

2. 伦理关系的新特点：网络伦理关系中网友之间关系的成为关注的重心

在网络生活的伦理关系中，您最看重、最努力维护的关系是与老网友的关系的占 66.4%；与版主的关系的占 4%；与新网友的关系的占 9.2%；与名人网友的关系的占 2.6%；与陌生网友的关系的占 3.6%；另外，认为有其他关系的占 7.8%；未选的占 6.4%。

3. 伦理问题的新特点

(1) 陌生网友之间的互不信任

认为网络交往活动中，人际关系存在的最突出的问题是陌生网友之间的互不信任、互相猜测，人情淡漠，缺少关爱之心的占 44.1%；认为网络讨论中群体舆论的“一边倒”的占 21.6%；认为是老网友之间的互不信任、互相猜测，人情淡漠，缺少关爱之心的占 20.6%；认为对新网友的冷漠、鄙视的仅占 3.8%；另外，认为有其他因素的占 4.9%；没有选择的占 5.0%（如图 22 所示）。

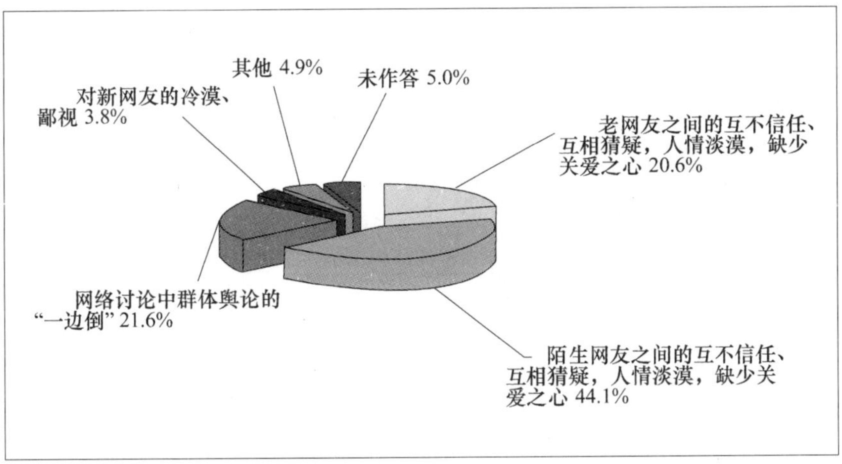

图 22

(2) 浏览黄色网站是一种精神麻醉剂

关于有无浏览过黄色网站，表示从未浏览，认为这是一种精神麻醉剂的占 60.1%；偶尔浏览，主要是图个新鲜的占 31.7%；认为看看热闹，也无大碍而经常浏览的占 6.2%；未选的占 2.0%。

认为自己对网络上的黄色、暴力等不良内容的抵制力很强（因为道德规范已经成为自律的准绳）的占 43.0%；认为自己比较强（因为有一定的道德自律性）的占 48.1%；认为自己较弱（看了黄色、暴力等不良内容，不太容易控制自己的情绪）的仅占 5.1%；选择很弱的占 1.3%；未选的占 2.5%（如图 23 所示）。

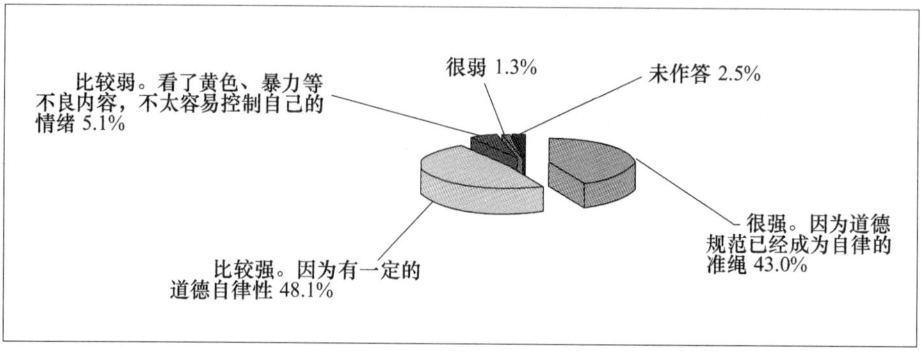

图 23

（3）网恋影响家庭中夫妻关系以及其他家庭成员关系的和睦

关于网恋是否会影响家庭中夫妻关系以及其他家庭成员关系的和睦，认为人感情具有专一性，一旦移情别恋，就会影响家庭中夫妻关系及其他家庭成员关系的和睦的占 56.5%；认为可能影响，因为人感情没有处理好，就会处于进退两难的境地的占 39.1%；认为不影响（网恋只是网络活动现象，不会影响现实家庭伦理）的仅占 2.0%（如图 24 所示）。

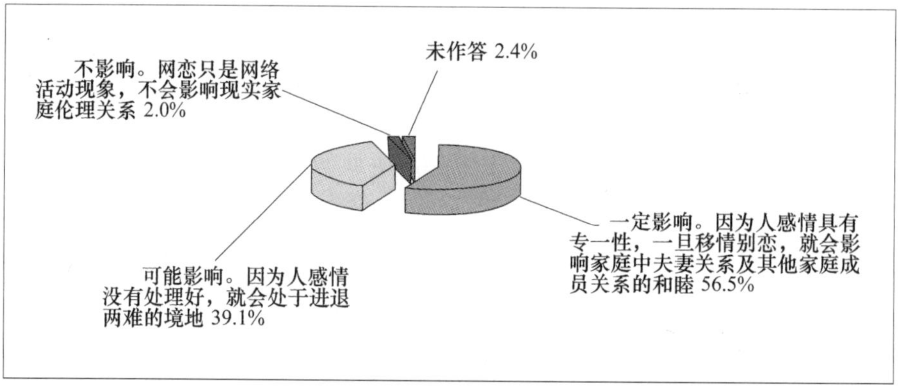

图 24

第三部分　道德建设与道德发展的新问题

（一）道德观念及其新问题相关因素的历史与理论探索

调查表明，中国共产党的三大作风已经深入人心，并且继续在道德建设中发挥着指导作用。从历史唯物论的视阈看，我党经过几十年的伟大实践，不仅推进了党的建设与发展，而且融入了我党各个不同时期的思想道德建设之中，引领着不同时期的思想道德建设和人们的道德观，并且在实践中产生了深刻的影响。调查显示，新时期的道德荣辱观“八荣八耻”贯彻实施，对于我国思想道德建设的作用持肯定态度的人占多数。因为“八荣八耻”涵盖了爱国主义、集体主义和社会主义思想的丰富内容，是中国传统美德和时代精神的完美结合，是以爱国主义为核心的民族精神和以改革创新为核心的时代精神的高度凝练的表达。

然而，在调查中，我们也发现，《中共中央关于加强社会主义精神文明建设若干重要问题的决议》、《公民道德建设实施纲要》、《关于进一步加强和改进未成年人思想道德建设的若干意见》等一系列道德建设举措的实施其成效与过去（20世纪80年代前）相比反差较大。从历史唯物主义的视角看，这种反差现象的出现并非偶然，而是有其深刻的社会发展与道德发展互动的内在机制。其一，随着全球化和市场经济的条件下，社会转型、经济转轨、科学技术的迅猛发展，城市规模、机构规模、市场规模不断扩大，竞争空前激烈。“人是一个特殊的个体……一个现实的、单个的社会存在物，同样地他也是总体、观念的总体、被思考和被感知的社会的主体的自为存在，正如他在现实中既作为社会存在的直观和现实享受而存在，又作为人的生命表现的总体而存在一样。”① 人们为了维系自身的生存，赢得竞争中的主动权，不得不把更多精力集中于关心与自身利益密切相关的事、身边发生的事、“在手边”的事。因而人们的道德观变得更加功利和务实。正如马克思在《1844年经济学—哲学手稿》中指出的那样，“我的普遍意识不过是以现实共同体、社会存在物为生动形式的那个东西的理论形式，而在今天，普遍意识是现实生活的抽象……因此，我的普遍意识的活动本身也是我作为社会存在物的理论存在。”② 其二，随着互联网与手机的普及人们生活在多元、多样、多变信息文化中，人们获取信息的渠道、人们之间的联系也处于多元、多边、多变中，其道德观也处于不断变化之中。马克思在《德意志意识形态》曾明确指出：“人们是自己的观念、思想等等的生产者，但这里所说的人们是现实的，从事活动的人们，他们受着自己的生产力的一定发展以及与这种发展相适应的交往（直到它的最遥远的形式）的制约。意识在任何时候都只能是被意识到了的存在，而人们的存在就是他们的实际生活过程。”③ 面对激烈的竞争、自身切身利益维系，加之多种道德价值观的冲击，人们对思想道德建设的举措及其相关文献的关注度和热情，与20世纪80年代前相比，明显降低，这是社会发展与道德发展在一定历史阶段的一种现象。其三，20世纪80年代以

① 《马克思恩格斯全集》第42卷，人民出版社1979年版，第123页。

② 同上书，第122页。

③ 《马克思恩格斯全集》第3卷，人民出版社1960年版，第29页。

来，道德建设举措中关涉的内容，主要以宏观性、全局性、全面性为主要特征，具有宏观指导意义，而与当前人们把更多精力集中于关心与自身利益密切相关的事、身边发生的事、“在手边”的事，其道德观变得更加功利和务实形成了巨大的反差。这种反差还有以下一系列的具体表现。

1. “为人民服务”为何知易行难？

回顾我党思想道德的建设历程，“全心全意为人民服务”的精神曾经激励了许多优秀的仁人志士，为了人民的利益抛头颅、洒热血，在中国共产党的领导下，推翻了“三座大山”，夺取了抗日战争、解放战争的胜利。新中国成立以后，在“全心全意为人民服务”的精神的引领下，涌现了像雷锋、王杰、焦裕禄等许多杰出的道德楷模，“全心全意为人民服务”成为全国人民的座右铭。调查表明，当前人们确实认识到进行思想道德与和谐伦理建设，倡导全心全意为人民服务道德观念和伦理精神非常必要，但人们也深深感到说起来容易，做起来难。为什么如此？马克思说过，“‘精神’从一开始就很倒霉，法定要受物质的‘纠缠’”，意识“只是由于需要，由于和他人交往的迫切需要才产生的。凡是有某种关系存在的地方，这种关系都是为我而存在的”。[①] 当前随着全球化和社会主义市场经济的条件下，社会转型，经济转轨，原来单一的集体经济的利益共同体分化为多元化的利益共同体或者是多元的个体利益群体。这样，不同的个体或者利益共同体都有了自己一定的特殊的利益与其关注焦点。人们之间相互利益关系的边界不再模糊不清，而是泾渭分明。进而为相关服务对象提供“服务”的亲疏远近也显山露水。与此相关，“全心全意为人民服务”精神实施的难度陡然剧增。

2. 榜样示范为何名实脱节？

“榜样的力量是无穷的”，榜样示范，也是多年来行之有效道德建设举措。尤其在20世纪60年代，以毛泽东为首的第一代党的领导集体，向全国人民发出了“向雷锋同志学习”的号召，得到了全国人民的积极响应，各条战线涌现出无数个“雷锋”。本次调查表明，尽管人们认为树立各行各业的先进典型在当前的道德建设中，可以发挥一定的道德示范作用，然而其发挥作用的有效性趋弱，出现了名实脱节现象。就其主要原因而言，是那些从业人员一旦被树立为先进典型以后，事实上就没有充沛的时间与精力从事本职工作，他（她）们疲于应付各种报告会、接受各类媒体的采访，不仅与一般从业人员之间产生隔阂，而且与所在单位也难以协调——他（她）们的行程不由自主，也不由单位做主。

---

① 《马克思恩格斯全集》第3卷，人民出版社1960年版，第30页。

3. 思想工作如何强化实效?

在党的“关心群众生活，注意工作方法”思想的引领下，思想工作亦曾是强化人们正确世界观、人生观、道德观，疏导人们思想问题，鼓励人们积极上进极为有效的道德举措。调查数据表明，人们仍然感到，当前进行深入细致的思想工作的必要性。但是，就目前思想工作的现状而言，尽管各种工作条例日趋规范、各种奖项有增无减，然而收效甚微（指与20世纪80年代以前相比）。其原因是多方面的：一方面，从事思想工作的专职或兼职人员时间投入不足、精力投入过少，因为他（她）们中有不少人陷入了“四多、二少”的怪圈。所谓“四多”会议多、表格多、接待汇报多、应酬多；“二少”则是深入基层少，有针对性地做人的具体思想工作少。他们整天奔波于文山会海之中，忙于填写各种报表，疲于应付各种接待、（向上级）汇报，有时还不得不周旋于应酬各种酒会、宴请，因而少有时间下基层、与思想工作对象促膝谈心。另一方面，就思想工作方法与内容①而言，主要以相关条例与指标的考核（填表）为主，运用经济杠杆与奖惩措施联动进行调节：符合者则晋升或者续聘或者加薪；不符合者则向下浮动或者减薪并且辅之罚款，直至解聘。人们常常听到这样的话：“干不干？反正你不干有人干。你爱干不干!”并以之代替了过去推心置腹地进行思想动员。不少人感到自己只是工作工具或者物件，被摆置、被丈量，没有作为人应该受到的尊重。加之，一段时间以来，各种评职称的指标只关注个人业绩，很少评价其对社会（或者单位）公共事务、社会（或者单位）公益事业的贡献。考核激励机制的价值导向主要是要求被考核者对上负责，而不是对下负责；对填报的表格负责，而不是对人的思想和切身利益负责。近年来，为了提高思想工作成效，思想工作者十分注重并且加强了关心群众积极举措及实施，比如在节假日看望并且送温暖给困难群众，但也有的借此追求政绩工程和新闻效应，产生不良影响，让人有“雾里看花”之感。

4. 媒体爆炒为何与大众取向背离?

尽管近年来媒体的“超女”、“好男儿”等具有全国性影响的活动搞得火暴，但大众则透过其火暴炒作表象，看到其商业性运作的事实；尽管其似乎给青年人提供一种成功平台，然而却隐含了媒体追求价值误区：收视率与利润回报率，同时给正在成长中的青少年带来了一种急功近利、金钱崇拜的价值误导。因为，每一个“超女”不仅在打拼自己的才艺实力，更是在比拼经济实力——短信支持率

---

① 注：与有关调查对象进行访谈获得的信息，也许不够全面，仅作参考。

越高，人气指数越高，实际上可以解读为，在支持短信方面投资越多即投入钱数越多，短信支持率才越高，人气指数才越高。因此，多数人认为，这种爆炒对于道德建设和青年人成长弊大于利。

5. 当代为何存在道德信仰危机？

调查还表明，上述种种现象在一定范围和一定程度上引发了道德信仰危机。就其主要原因而言，如上所述，由于在市场经济的条件下，利益主体分化，市场活动的趋利性，引发个人主义膨胀，因而与过去相比，人们认为，现在的人们变得自私了，集体主义道德原则及其道德规范的人们行为的引领性趋弱，利己主义道德原则占了上风。人们由于受利益的诱惑，道德自律性薄弱、对他人责任感淡漠、过于强调自身利益、个人主义膨胀、缺乏相互信任和相互尊重。此同时，道德的制度保障机制疲软、供给不足，甚至匮乏——只关注个人业绩（达标与否），其他方面便是奉献多、少一个样，为公、利己一个样。这种德—福悖论的运作后果是：不仅扭曲着道德评价尺度，污染着社会的道德风尚，蚕食着道德信仰的空间，而且腐蚀着人们的灵魂，瓦解着人们内心的道德信念，消解着人们的道德自律精神，弱化着人们的道德责任意识。正如马克思所说，“那些发展着自己的物质生产和物质交往的人们，在改变自己的这个现实的同时也改变着自己的思维和思维的产物。不是意识决定生活，而是生活决定意识。”① 因而道德信仰危机，还有其更深层的原因：其一，党内出现的腐败现象。这不仅危害了党的形象与党在群众中的威信，也影响了社会的道德风尚。其二，企业的诚信与责任感趋弱。“三鹿奶粉”事件、太湖蓝藻暴发等，还有企业排放“三废”屡禁不止，不仅对环境造成的污染，而且对周边群众健康造成危害……这些都让人心寒。其三，人们的人生理想趋于务实化与个体化。

诚然，在调查中我们欣喜地看到，现在人们在道德生活方式方面，在道德冲突的情景中的道德行为选择上，多数人依然以关注集体利益、以全局利益为重；为了实现理想敢于拼搏、竞争。在2008年我们经受自然灾害的严峻考验：南方大范围的雪灾、“5·12”汶川大地震，全国人民在党中央的英明领导下，万众一心，抗震救灾。接着，我们又成功地举办了世界瞩目的奥运会，志愿者精神载入了奥运会史册。这些都是新时代道德精神的新境界，同时也谱写了道德建设与和谐伦理的新篇章。但是，我们不能因此就盲目乐观，进而忽略存在于人们行为与道德理念的殊异性中所隐含的道德信仰的深层危机。

① 《马克思恩格斯全集》第3卷，人民出版社1960年版，第35页。

（二）当代道德生活中伦理关系及其新问题相关因素的历史与理论探索

调查表明，目前随着人们交往空间、交往领域、交往形式的扩展、利益共同体的分化和不断地重新组合；文化生活的多元、多样、多变，各种趣缘群体的出现，伦理关系亦趋于多元、多样、多变。但是，我们发现，在社会公共道德生活中，朋友关系是伦理关系的重心；在职业道德生活中，同事关系是伦理关系的焦点；在家庭道德生活中，夫妻关系是最重要伦理关系；在网络道德生活中，网友之间的伦理关系成为关注的重心。而新的伦理问题也与此相关。下面进行初步的探索和分析。

1. 在社会公共道德生活中的伦理关系及其新问题探索

（1）朋友关系为何是伦理关系的重心？

在社会公共道德生活中，朋友关系之所以是伦理关系的重心，不仅是传统的“在家靠父母，出门靠朋友”道德观念与伦理关系的延续，更有其新的内涵。现在不仅比农耕经济的古代，而且也比计划经济时代的公共道德生活空间与时间有了巨大的扩展，随着科技的迅猛发展，计算机及互联网的普及，通信、交通便利，工作时间缩短，人们有更多的时间和空间（现实空间与虚拟空间——网络）从事各种社交活动。人们不仅与熟人朋友打交道，还需要与陌生人打交道。这样，朋友关系就成为社会公共道德生活伦理关系的重心，但是道德问题也比过去更多。过去有所谓“朋友有信”、“兔子不吃窝边草”，而现在调查表明，朋友之间的诚信发生问题。由于在市场经济的条件下，市场活动的趋利性，社会公共生活人际关系的不协调不仅表现为陌生人之间的互不信任、互相猜疑、人情淡漠、缺少关爱之心，而且表现为熟人之间的互不信任、互相猜疑、人情淡漠、缺少关爱之心。“兔子也吃窝边草。”比如，传销就是从“自己人”——亲戚朋友下手；有些人为了谋取利益，不惜伤害朋友。

（2）遵守社会公德何以知行不一？

调查表明，经过多年的社会公德道德建设方面，取得了令人瞩目的进展：注重社会公益心、礼让、扶贫帮困已成为时尚的社会公德观，爱护环境、规范垃圾处理已蔚然成风，遵守交通规则、维护社会公共秩序已成为人们的共识，关心陌生人业已成为多数人的认同，注重诚信业已成为多数人的关注，然而，不文明的因素仍然也在一定程度上存在，突出地表现为在人们社会公德知行不一。就其主要原因而言，一是传统道德观的影响。尽管我国是礼仪之邦，但是这种礼仪主要限于亲人—自己人—熟人圈内，或者称为是私德为核心的礼仪，所谓“老吾老，以及人之老，幼吾幼，以及人之幼”，讲究的是“施—受—报”机制：施恩不吝啬，受人滴水之恩，当涌泉相报。然而，在社会公共生活中，人与人之间的空间距离由过去的近距离转变为远距离，由过去的现实空间距离转变为虚拟空间距离，由过去的确定的空间距离转变为不确定的空间距离，进而“施—受—报”的过程或者存在时间距离，或者“施—受—报”机制根本无法形成。二是与前述相关，从社会公共生活的个体而言，感恩情结趋于淡化；从社会公共生活的组织机构与制度机制而言，社会公德的制度保障机制疲软、供给不足，甚至匮乏，在一定程度上影响了人们履行社会公德的自觉性。三是从众心理常常在下意识层面导控着人们的行为，更使人们在履行社会公德过程中，呈现知行不一的状况。特别是关于闯红灯的调查说明，尽管“不闯红灯”的交通法规人们耳熟能详，但是一旦在具体的场景下，只要有一两个人带头闯红灯就会出现比较多的人跟从。而导致这种行为的发生还有更为深刻和复杂的原因：道路越来越宽，车流量越来越大，行人等待的时间越来越长；工作的节奏越来越快，考核的压力越来越大，进而行人在等待中的焦虑感剧增，加之，可以安全穿越马路的时间相对不足，闯红灯便成为行人无奈选择的下策。

2. 在职业道德生活中的伦理关系及其新问题探索

（1）同事关系为何是伦理关系的焦点?

在职业道德生活中，同事关系是伦理关系的焦点，其特征呈现为矛盾的多元性。

首先，同事之间需要相互关心，相互学习、相互帮助。由于科技的发展、经济全球化和市场经济的条件下，无论开拓新领域、新市场，还是承接新项目、发展新事业，都离不开同事之间的协作和默契的配合。因此，我们在调查中看到，在职业道德生活中，同事关系是人们最为看重和最极力维护的伦理关系。

其次，同事关系既相互竞争，又相互猜疑。进而影响了职业道德生活中人际关系的和谐，其因素具有多元性，其中最主要的表现为：一是实施岗位监督机制与业绩考评机制，以及相应地与晋升直接挂钩的激励与处罚机制，特别是末位淘汰制导致同事之间关系的紧张——从业人员在履行职业道德规范，完成岗位任务的同时，也在生产着从业人员履行职业道德规范、完成岗位任务的质—量序列即业绩关系序列。马克思指出，“随着分工的发展也产生了个人利益或单个家庭的利益与所有互相交往的人们的共同利益之间的矛盾；同时，这种共同的利益不是仅仅作为一种‘普遍的东西’存在于观念之中，而且首先是作为彼此分工的个人之间的相互依存关系存在于现实之中。”① 同事关系这种现实的伦理关系表现为，各个从业人员业绩越好、越趋于平衡，同事之间的关系竞争越激烈，同事之间的关系越紧张。二是同事之间的关系紧张又因为业绩考评—激励资源有限性：晋升的职位数是有限的、奖励的范围也是有限的——不可能扩展到从业人员的全体，因而业绩考评—激励的供给与需求一直处于不平衡状态，业人员之间的关系紧张不可避免。

（2）敬业爱业为何已成为多数从业人员职业道德理念？

调查表明，敬业爱业已成为多数从业人员职业道德理念，就其主要原因而言，一是改革开放以来，各个单位都十分注重上岗培训的岗位责任教育与职业道德教育；二是强化了保障职业道德实施的制度供给机制——岗位监督机制与业绩考评机制以及相应的与晋升直接挂钩的激励与处罚机制。实践表明，从业人员正是通过接受上岗培训中的职业道德教育——履行职业道德规范具体实践——有效实施职业道德的制度保障机制的激励下，形成了较为牢固的职业道德理念与职业道德责任意识。这与社会公德和家庭美德相比，无论在认知水平、认同程度、履行程度上均位居前列。

（3）个人与组织道德立足点殊异性有何后果？

调查表明，作为从业人员个体，从自身发展考虑，多数人对单位伦理氛围良好与制度公正有较高期望，而多数单位在处理单位与员工的伦理关系中更多的是以自身的集团利益为准则。与此相关，容易出现制度正义与分配正义相对不均衡——单位为了自身发展，要求员工为单位整体利益作更多的奉献，而考评系统中未列入这些内容，即有关为单位整体利益奉献的公益事业没有列入从业人员个人业绩考评系统之中。从业人员若长期从事且无回报，甚至影响了其个人业绩的考评等级，这意味着不仅无晋升机会，而且也无奖励机会，这不仅挫伤了这些从业人员工作的积极性，不利于培养奉献精神，而且直接影响职业道德生活中人际关系、人与组织关系的和谐。

3. 在家庭道德生活中的伦理关系及其新问题探索

（1）夫妻关系为何是最重要伦理关系？

在家庭道德生活中，夫妻关系之所以是最重要的伦理关系，夫妻关系是家庭伦理关系中最基本的关系，亦是形成其他家庭关系的最初的家庭伦理关系。夫妻关系和谐与否，直接关系到家庭伦理关系的内在秩序和家庭这一血缘伦理共同体的稳定与否，同时还与家庭幸福密切相关。因之，在我国传统的家庭伦理观中，

① 《马克思恩格斯全集》第3卷，人民出版社1960年版，第37页。

十分注重这一关系的调节及规范的设定。《中庸》曰："君子之道，造端乎夫妇。"孟子则强调："男女居室，人之大伦也。"[1]他还提出，夫义妇顺，夫妇有别。这里的"别"有两层意思：一是男主外，女主内；二是夫主妇从。正所谓"男女有别，然后父子亲；父子亲，然后义生；义生然后礼作；礼作然后万物安。无别无义，禽兽之道"[2]。可见，在传统的家庭伦理观中，夫妇关系为一切家庭伦理关系之范型，因而必须确立夫妇之别。

夫妻关系之所以是最重要的伦理关系，因为其不仅涉及夫妻双方，还涉及家庭及其成员的社会利益。列宁说过，"恋爱牵涉到两个人的生活，并且会产生第三个生命，一个新生命。这一情况使恋爱具有社会关系，并产生对社会的责任"[3]。男女双方一旦缔结了婚姻，生成了夫妻关系便否定了自身，成为一个家庭统一体，并衍生出复杂的家庭伦理关系，夫妻双方就有了使家庭生存、发展、抚养子女、赡养老人的义务。

（2）"婚外恋"、"包二奶"现象根源何在？

调查结果表明，"婚外恋"、"包二奶"现象不仅影响了夫妻关系的和睦，离婚率的攀升，还给这些家庭带来不幸。这些现象的存在有十分复杂的原因：一是就个体原因而言，与某些人在市场经济条件下，经受不住各种利益和色情的诱惑，家庭道德责任感的淡漠、婚姻伦理观的错乱直接相关；就其本质而言，是这些人个人主义膨胀，道德自律性薄弱，进而使情感出域，行为出轨，放纵情欲。二是就夫妻关系而言，夫妻和睦是一个动态过程，不是一成不变的。"婚外恋"、"包二奶"现象出现，意味着，已有的夫妻情感发生危机，导致危机的原因是多方面的：其一，由于家庭暴力——武力暴力（多见于男性）、精神暴力（尖刻的讥讽、言语的伤感——常见于女性）导致夫妻情感危机；其二，由于夫妻各自工作压力大，无法经常交谈，天长日久缺乏相互了解，出现了猜疑，甚至误解，最后使夫妻情感发生危机，导致移情别恋；其三，夫妻之间不能平等相处，或者存在"大男子主义"或者存在"大女子主义"——"妻管严"，最后夫妻之间相互无法容忍，夫妻情感发生危机，各奔东西；其四，网恋影响了现实世界家庭中的夫妻关系的和睦。

（3）"男主外、女主内"的模式何以仍然存在？

尽管夫妻平等和睦、家庭成员分担家务已成为多数人的共识，但传统的"男主外、女主内"的运作模式还在一定程度上存在着，其中最主要原因：一是与现阶段家务劳动的方式、家庭成员之间的共同活动方式以及社会发展水平密切相关。马克思指出，"一定的生产方式……始终是与一定的共同活动的方式或一定的社会

---

① 《孟子·万章上》。

② 《礼记·郊特牲》。

③ 引自《德育学》，陕西人民教育出版社1986年版，第288页。

阶段联系着的……人们之间是有物质联系的。这种联系是由需要和生产方式决定的，它的历史和人的历史一样长久”。[①] 当代，尽管家务劳动部分已经社会化、产业化和专业化，但是涉及的范围有限，总体水平不高；因此，“男主外、女主内”的运作模式还在一定程度上存在。二是“男主外、女主内”作为一种观念，一方面与我国的传统文化和传统观念有着内在的关联；另一方面，这种观念的存在，正如马克思所说，“适应自己的物质生产水平而生产出社会关系的人，也生产出各种观念、范畴，即这些社会关系的抽象的、观念的表现。”[②] 因此，“男主外、女主内”作为一种观念，也是现阶段家庭夫妻关系一种表现。

（4）敬老养老问题何以成为越来越重要的社会问题？

调查表明，随着我国人口的老龄化，敬老养老问题将成为越来越重要的社会问题。其中最主要原因是：现在的家庭中，尽管多数人能够尊敬父母，在赡养父母方面，或者由父母选择子女赡养、其他子女予以经济上支持，或者由子女轮流赡养，但是由于子女为了生计，都有一份工作，照顾父母，只能等下班后抽时间照顾，这样，不仅其父母不能随时得到子女的照顾，尤其对于那些丧失了自理能力的老人，由于不能随时有人照顾，身心倍感痛苦；而这些家庭的子女因为父母需要常年照顾，而工作的压力、考评的压力、竞争的压力却不会因此而减少，在这样双重压力下，也会身心疲惫，严重的会英年早逝，出现白发人送黑发人的惨景。

（5）孩子培养重“德”抑或重“艺”？

孩子的培养关系到祖国的未来。调查表明，对孩子注重做人的品德的培养的占三分之二，还有认为需要培养孩子对生活、艺术和知识的兴趣和日常生活方面的能力。实际上，不必将重“德”抑或重“艺”对立起来。《学记》曰：“大学之教也，时教必有正业，退息必有居学。不学操缦，不能安弦。不学博依，不能安诗。不学杂服，不能安礼。不兴其艺，不能乐学。”[③]《乐记》曰：“不知声者，不可与言音。不知音者，不可与言乐。知乐则几于礼矣。礼乐皆得谓之有德。德者，得也。是故乐之隆。”[④] 这就说明德—得相通，礼—学相通，礼—乐相通，故德—艺相通。对孩子的培养应该德—艺并重。

4. 在网络道德生活中的伦理关系及其新问题探索

（1）网友之间的伦理关系为何成为关注的重心？

网络为人们开辟虚拟的社会公共交往空间。这里的网络不仅指互联网，也包

---

① 《马克思恩格斯全集》第 3 卷，人民出版社 1960 年版，第 33—34 页。

② 《马克思恩格斯全集》第 27 卷，人民出版社 1972 年版，第 484 页。

③ 《礼记·学记》。

④ 《礼记·乐记》。

括通信网络等。马克思在《政治经济学批判》导言中说过，人是最名副其实的社会动物，不仅是一种合群的动物，而且是只有在社会中才能独立的动物。在现实社会交往中，人们遵循着“在家靠父母，出门靠朋友”的道德生活信条，在网络的虚拟社会公共交往空间，依然需要与朋友交往，沟通信息，共同协作游戏，共享网络资源，分享审美的愉悦与欢乐，因而，在网络道德生活中，网友之间的伦理关系成为关注的重心。但是由于网络交往大多处于匿名状态，有些人缺乏自律精神，会借助网络发泄自己的情绪，恶语伤人；有些不法之徒利用网络进行欺诈；有的则散布病毒、窃取别人隐私，等等。这不仅导致了陌生网友之间的互不信任，相互猜疑，也引发了对熟悉网友的猜忌，进而陷入网络的诚信危机。

（2）互联网际的道德何以可能？

调查表明，尽管在网络交往中，人处于匿名状态，甚至仅仅以某一虚拟角色，或者代号出现，其交流方式，不是直接的有声语言或者形体语言，而是以电子信息方式传输的书面语言或者符号，但交流的操作者，仍然是某一或者某群社会人。网络人际交往实际上是社会人际交往在网络中的延伸。构建和谐的网络人际关系，必须遵循网络道德规范。

（3）黄色网站的黄色信息为何能传播？

黄色网站的黄色信息的确是一种精神麻醉剂，那么，为什么黄色网站的黄色信息能传播？一是与一些人“看热闹”的猎奇心理有关；二是与一些人抱着“看看也无大碍”侥幸心理有关。实际上，黄色信息不仅能瓦解人的意志、腐蚀人的情感、模糊罪与非罪的界限，进而教唆人们犯罪，最后使人们陷入泥潭而难以自拔。事实上，猎奇心理须设防线，“看热闹”须设界限。

第四部分　加强道德建设与道德发展的对策建议

（一）积极倡导和谐伦理精神

如上所述，随着全球化和市场经济的条件下，社会转型，经济转轨，科学技术的迅猛发展，城市规模、机构规模、市场规模不断扩大，竞争空前激烈。人们为了维系自身的生存，赢得竞争中的主动权，不得不把更多精力集中于关心与自身利益密切相关的事、身边发生的事、“在手边”的事。因而人们的道德观变得更加功利和务实。随着互联网和手机的普及，人们生活在多元、多样、多变信息文化中，人们获取信息的渠道、人们之间的联系也处于多元、多边、多变中，其道德观也处于不断变化之中。与此同时，由于在市场经济的条件下，利益主体分化，市场活动的趋利性，引发个人主义膨胀，因而与过去相比，人们认为，现在的人们变得自私了，集体主义道德原则及其规范人们行为的引领性趋弱，利己主义道德原则占了上风。人们由于受利益的诱惑，道德自律性薄弱、对他人责任感淡漠、过于强调自身利益、个人主义膨胀、缺乏相互信任和相互尊重。当前为了进一步加强我国思想道德与和谐伦理建设，亟须倡导和谐伦理精神。

1. 和谐伦理精神的内涵

和谐伦理精神的内涵包括以下几个相互联系的内容：一是何谓“和谐”？孔子曰：“君子和而不同；小人同而不和。”[①] 因而，“和谐”的真谛是“和而不同”，是包含差异与对立的多样性的统一。二是何谓“和谐伦理”？《中共中央关于构建社会主义和谐社会若干重大问题的决定》指出：“社会和谐是中国特色社会主义的本质属性。”建设和谐文化，要“坚持以社会主义核心价值体系引领社会思潮，尊重差异，包容多样，最大限度地形成社会思想共识”。因此“和谐伦理”作为和谐文化的核心，它既是我国当代伦理与道德辩证运动的发展过程，又是伦理与道德的诸要素、诸环节构成的有机体系及其辩证运动。这种辩证运动既体现了去恶扬善的实践而生成的精神——在协调人—社会—自然系统的内在秩序过程中，安顿人生、调节人的内在生命秩序，又是在这种精神引领下的实践。三是和谐伦理精神则是和谐伦理的高度凝炼，它既体现了人类在长期社会实践和意识活动中形成的思维方式、价值观念、审美意识，同时也是一定社会人们伦理生活的样态。从构建和谐社会的视阈而言，这种和谐伦理精神体现了和谐社会“既是充满活力的社会，也是团结和睦的社会”；从历史生成的视阈而言，和谐伦理精神凝炼了中国传统文化中以包容万物、兼收并蓄、淳厚中和为特征的“和而不同”的民族哲学智慧，经过世世代代的锤炼、锻造，凝聚成新时期以爱国主义为核心的民族精神和以改革创新为核心的时代精神，同时又是人们对和谐社会的认知和思考，对社会和谐目标的憧憬和追求。它不仅深深地熔铸在民族的生命力、凝聚力和创造力之中，而且镌刻在人们的心灵深处，生成为一种社会伦理文化心理，又表现为当代我国的伦理生活的样态，还通过和谐伦理关系、和谐伦理行为、和谐的制度伦理等多个层面具体展现。

2. 促进和谐伦理关系的实现

和谐伦理关系是和谐伦理精神在关系层面体现，因此，和谐伦理关系体现了

---

① 《论语·子路》。

和谐伦理精神对诸伦理关系向着和谐价值目标的引领，也是和谐伦理精神在关系层面实现。

和谐伦理关系是指人与自然、人与人、人与社会、人与自身的伦理关系的和谐。它不仅包括伦理关系各维度的和谐，而且是人—社会—自然系统的整体协调和总体和谐。黑格尔曾经从绝对精神视阈谈到整体协调和总体和谐，他指出，“整体是所有部分的一个隐定的平衡，而每一部分都是一个自得自如的精神；这精神不向其自己的彼岸寻找满足，而在其本身即有满足，因为它自己就存在于这种与整体保持的平衡之中。”[①] 尽管黑格尔是抽象地、逻辑地、思辨地表达了整体协调和总体和谐，就其本质而言，是“对人的产生和活动、人的发生的历史”的反映[②]。由此，和谐伦理关系在关系层面体现的和谐伦理精神，就是人—自然—社会系统的各个维度都具有“自得自如”的多样性、相关性的总体和谐，是“和而不同”——尊重差异、包容多样的和谐，是一种生命的律动与生生不息的动态和谐。

因为在人—社会—自然系统中各个要素及其关系，在运作中总是包含着矛盾的运动：此消彼长、此起彼伏，永远不会停留在同一水平上。这里仅就被马克思将之作为“有生命的个人存在”的历史前提的人与自然的伦理关系而言，它不仅由人们进行的生产的物质条件所决定，而且与人的第一个历史活动相关。正如马克思所说，“已经得到满足的第一个需要本身、满足需要的活动和已经获得的为满足需要用的工具又引起新的需要。这种新的需要的产生是第一个历史活动。”[③] 不仅如此，人与自然的伦理关系在其历史发展过程中，还引发了第三种关系的生成：“每日都在重新生产自己生活的人们开始生产另外一些人，即增殖。这就是夫妻之间的关系，父母和子女之间的关系，也就是家庭。这个家庭起初是唯一的社会关系，后来，当需要的增长产生了新的社会关系，而人口的增多又产生了新的需要的时候，家庭便成为……从属的关系了。”[④] 这样，人与自然的伦理关系乃至人—社会—自然系统的整体协调和总体和谐始终处于动态的过程之中。

人—社会—自然系统的整体协调和总体和谐是人们对人—社会—自然系统的规律达到了它的真理性的认识与实践。就人与自然的伦理关系而言，它之所以是有生命的个人存在的历史前提，是与人们在长期实践中对人与自然关系的认识密切相关。正如马克思所概括的那样，“人们为了能够‘创造历史’，必须能够生活。但是为了生活，首先就需要衣、食、住以及其他东西。因此第一个历史活动

① 黑格尔：《精神现象学》（下卷），贺麟等译，商务印书馆1996年版，第18页。

② 参见《马克思恩格斯全集》第42卷，人民出版社1979年版，第159页。

③ 《马克思恩格斯全集》第3卷，人民出版社1960年版，第32页。

④ 同上书，第32—33页。

就是生产满足这些需要的资料，即生产物质生活本身。同时这也是人们仅仅为了能够生活就必须每日每时都要进行的（现在也和几千年前一样）一种历史活动，即一切历史的一种基本条件。”① 因此，人与自然的关系是有生命的个人存在的历史前提，是由人们进行的生产的物质条件决定的。而人们用以生产自己必需的生活资料的方式，取决于他们得到的现成的和需要再生产的生活资料本身的特性。这种生产方式不仅应当从它是个人肉体存在的再生产这方面来加以考察。它在更大程度上是这些个人的一定的活动方式、表现他们生活的一定形式、他们的一定的生活方式。个人怎样表现自己的生活，他们自己也就怎样。因此，“他们是什么样的，这同他们的生产是一致的——既和他们生产什么一致，又和他们怎样生产一致。因而，个人是什么样的，这取决于他们进行生产的物质条件。”② 我们只有注意上述基本事实的全部意义和全部范围，才能重视作为“有生命的个人的存在”历史条件的人—社会—自然系统的整体伦理关系的协调和总体和谐。

总之，人—社会—自然系统的整体协调和总体和谐是一个不断从简单到复杂、从（经验）直观到（理性）分析、从局部到全局、从片面到全面的过程，这一过程实际上也是人们以一定伦理行为——履行和谐伦理的原则与规范，协调伦理关系，弘扬和谐伦理精神的过程。

3. 践行和谐伦理行为

和谐伦理行为是和谐伦理精神“内化于心、外践于行”，是和谐伦理精神在人们行为方式上的体现。因为无论是作为和谐伦理高度凝练的和谐伦理精神，还是和谐伦理关系的生成与和谐的制度伦理运作都需要通过主体践行和谐伦理精神的伦理行为，才能得以体现。这里，我们把主体践行和谐伦理精神的伦理行为叫做“和谐伦理行为”。正是在这一意义上，和谐伦理精神不是束之高阁的理念，也不是离开实践的空洞说教，而是活生生的、一定社会人们（主体）在一定的道德原则、规范指导下的去恶扬善——在协调人—社会—自然系统的内在秩序过程中，安顿人生、调节人的内在生命秩序的伦理实践与伦理生活样态，是在实践维度展现的和谐伦理精神。

关于伦理行为，黑格尔曾作过极为深入的考察③，在他看来，不能将伦理行为理解为是一种替别人办事的劳务；也不能将其理解为对某一个体的创造培养；也不能将其理解为在紧急状态中，对个体的一种援助，因为援助本身是一种完全

---

① 《马克思恩格斯全集》第3卷，人民出版社1960年版，第32—33页。

② 同上书，第24页。

③ 参见黑格尔《精神现象学》（下卷），贺麟等译，商务印书馆1996年版，第9页。

偶然的行为，即是可有可无的行为。因为，“伦理行为所关涉的只能是整个的个体，或者说，只能是其本身是普遍物的那种个体。”① 这里，如何理解关于“普遍物的那种个体”就成为理解“伦理行为”与“和谐伦理行为”的关键。马克思在《关于费尔巴哈的提纲》中指出，“人的本质并不是单个人所固有的抽象物，实际上，它是一切社会关系的总和。”② 这是可以引领我们正确解读“和谐伦理行为”。

首先，作为“普遍物”的一定的和谐伦理行为，蕴涵了合规律性与合目的性的统一与和谐。一方面表现为伦理行为主体所遵循的一定的道德原则、规范与客观自然、社会规律的和谐，体现了应然与实然的和谐；另一方面，表现为道德原则、规范与伦理行为主体感性意志的和谐。这正如普列汉诺夫所说：“实际上，道德的基础不是对个人幸福的追求，而是对整体的幸福，即对部落、民族、阶级、人类的幸福的追求。”③ 对于从事伦理行为的主体而言，在其道德自我意识中，道德义务和现实这两个方面都在一个统一体中。因而与道德义务不相符合的方面就被扬弃了。进而，达到了道德世界观——形成了道德原则、规范与现实的和谐。由于现实的道德是以“实践—精神”的方式把握世界的，因而道德意识是一种行动着的意识，道德意识也只有是行动着的意识，道德才有现实性。又因为道德行为是内心道德目的的实现，是道德目的与现实的和谐。对于伦理行为主体而言，在生成道德自我意识时，其欲求和冲动应该与道德原则、规范相符合。因而伦理行为是冲动和道德原则、规范和谐。这样，便有了现实的善。现实的善是作为意志的善。

其次，作为“普遍物”的和谐伦理行为，体现了和谐伦理精神蕴涵的（一定的道德原则、规范的）善的意志与（伦理行为主体：个体和群体的）特殊意志的统一与和谐，是因为在这个统一中，伦理行为主体扬弃了其主观性和外部的偶然性。和谐伦理行为主体在履行和谐伦理精神的过程中，须将和谐伦理精神蕴涵的（一定的道德原则、规范的）善来设定为自己的意志。一方面，就伦理行为主体的意志而言，只有通过其履行和谐伦理精神才能改变其本来面貌；另一方面，和谐伦理精神蕴涵的（一定的道德原则、规范的）善如果缺乏和谐伦理行为主体的主观意志，就无法落实到实处。作为和谐伦理行为主体的意志而言，其本质就是义务，即不仅知道履行和谐伦理精神是其应尽义务，而且他（她）在履行义务时，正是在实现真实意义上的德性自我。因而，他（她）会感到心安理得并且获得了一种意志自由。这正如孔子所说，“从心所欲，不逾矩”④。在此基础上便生成了

① 黑格尔：《精神现象学》（下卷），贺麟等译，商务印书馆1996年版，第9页。

② 《马克思恩格斯全集》第3卷，人民出版社1960年版，第5页。

③ 《普列汉诺夫哲学著作选集》第1卷，汝信等译，三联书店1959年版，第55页。

④ 《论语·为政》。

和谐伦理行为主体的良心。

再次，和谐伦理行为主体的良心，作为一种“普遍物”体现了自我与他我的统一与和谐。马克思曾指出，“良心是由人的知识和全部生活方式来决定的。”[①]雨果则通过人与动物的比较指出，动物是生存，而人则是生活。所谓“生活”，“就是知道自己的价值、自己所能做到的与自己所应该做到的。”[②] 因而，人“生活”是为追求价值而存在于世界上。他凭借着创造与德行，在道德生活中，实现其作为人应有的价值。而“对人的人性加以思考的动力来自良心”[③]，良心是作为道德的自我意识，是对自己有所意识的特定存在：能够意识到其存在与期望之间的冲突或矛盾，即意识到人是什么与人应当是什么之间的冲突或矛盾，并且意识到人的存在不能同其“应该存在”——道德义务分开：人不仅要对他的所作所为负责，而且要对他是什么负责[④]。正是在这一意义上，人的生存不同于动物，就在于他（她）要追寻生存的意义、需要服从及承诺。良心这个道德自我，既是自我，又是规约者自我必须追寻人的生存的意义、服从一定的道德原则与规范、承诺与履行道德义务的他我，因而良心既是作为信念，又构成义务。在这里，道德义务已不再与自我相对立。因此，良心是自我与他我的统一与和谐，是一种现实的自我，是一种具体的和谐伦理精神实现的形态。由此可知，和谐伦理行为的本质是由和谐伦理行为主体的良心对一定的道德义务的信念构成的。良心在和谐伦理行为发生时，首先是以一定的道德认知为前提，即对于当前的“能做”与“应做”的现实进行较为细致的分析和考量，才做出相应的和谐伦理行为。“凡是出于我的故意的事情，都可归责于我。”[⑤] 那么，和谐伦理行为主体的道德责任何以体现“普遍物”?

最后，和谐伦理行为作为“普遍物”，是伦理行为与道德责任的统一与和谐。康德认为，责任是一切道德价值的源泉，合乎责任原则的行为虽不必然善良，但违反责任原则的行为却肯定都是恶邪，在责任面前一切其他动机都黯然失色。[⑥]为了使人更准确地把握责任在道德生活中的功能。康德把它归纳为三个“命题”。第一个命题就是如上所述，行为的道德价值不取决于行为是否合乎责任，而在于它是否出于责任。第二个命题是：一个出于责任的行为，其道德价值不取决于它所要实现的意图，而取决于它所被规定的准则。从而，它不依赖于行为对象的现

---

① 《马克思恩格斯全集》第6卷，人民出版社1961年版，第152页。

② 参见陈瑛《人生幸福论》，中国青年出版社1996年版，第190—191页。

③ 赫舍尔：《人是谁》，贵州人民出版社1994年版，第2页。

④ 参见赫舍尔《人是谁》，贵州人民出版社1994年版，第100页。

⑤ 黑格尔：《法哲学原理》，范扬、张启泰译，商务印书馆1961年版，第118—119页。

⑥ 参见康德《道德形而上学原理·德性就是力量（代序）》，苗力田译，上海人民出版社1986年版，第6页。

实，而依赖于行为所遵循的意志原则，与任何对象无关。第三个命题是以上两个命题的结论：责任就是由于尊重规律而产生的行为必要性。三个命题归为一点：行为的道德价值不在于它所期待达到的结果，也不在于由所期待结果而凭借的任何原则。忠于责任完全不同于因害怕不利的后果而来的忠实。因为忠于责任对主体而言，伦理行为本身就包含着主体对道德规律的了解与尊崇。对于伦理行为主体来说，道德责任具有一种必要性。“责任的戒律越是崇高，内在尊严越是昭著，主观原则的作用也就越少。”① 人，每一个在道德上有价值的人，都要有所承担，没有任何承担、不负任何责任的不是人而是物件。就主体的伦理行为而言，既产生于在社会的三大领域中，又彰显于三大道德生活领域。这里所说的社会的三大领域包括政治、经济、文化领域；三大道德生活领域包括社会公共道德生活、职业道德生活和家庭道德社会。尤其在社会主义市场经济、构建社会主义和谐社会的条件下，作为体现和谐伦理精神的“内化于心、外践于行”的和谐伦理行为，是和谐伦理精神在行为方式上的体现，因而，对于和谐伦理行为主体而言，只有树立社会主义荣辱观，尊崇爱国、敬业、诚信、友善等道德规范，反对拜金主义、享乐主义、极端个人主义，才能强化履行社会公德、职业道德、家庭美德的责任意识并见诸行动，才能弘扬我国当代的和谐伦理精神，传承我国的传统美德、履践和谐伦理的原则与规范，形成社会主义道德风尚。而和谐伦理行为主体道德责任感的强化，不仅要磨砺与培养和谐伦理行为主体的道德行为意志，更要建立相应的制度激励与保障机制。

4. 构建和谐的制度伦理

和谐的制度伦理是和谐伦理精神在制度机制上的体现。一定的制度是一定社会要求所有社会成员都必须遵守的规章和准则，这是一定的文化系统选择和长期积淀的结果。和谐的制度伦理相对于和谐伦理精神而言，则更具有运作层面的调控性、结构的稳定性和时间的延续性。

首先，如同一定的和谐伦理行为蕴涵合规律性与合目的性的统一与和谐，一定的和谐制度伦理则蕴涵合规律性与合目的性在制度层面的统一与和谐，其中“合规律性”是对人—社会—自然系统的整体协调和总体和谐规律的把握，“合目的性”是人们在对上述规律把握的基础上，为达到人—社会—自然系统的整体协调和总体和谐而建立的一整套规范体系，如一定的法律法规、制度机制等。因此，和谐制度伦理不仅对和谐伦理精神的实现起着保障和促进作用，而且对和谐伦理精神转化为现实的和谐的伦理关系、和谐伦理行为具有引领和调节作用。就我们

① 《道德形而上学原理》，《康德全集》第4卷，第425页。

构建社会主义和谐社会而言，完善民主权利保障制度、法律制度、司法体制机制、公共财政制度、收入分配制度、社会保障制度等，是全面贯彻科学发展观、形成核心价值体系的根本制度保证。

其次，和谐制度伦理的核心在于指导人们相互交往的原则和标准内在的公正与和谐。一般来说，一个普遍被接受的和谐制度伦理体系是组织力量的源泉，并且能够带来组织的自豪感和满足感，帮助人们适应环境的变化与发展，有利于社会的繁荣和发展。即使在逆境中，可以避免对长期利益的影响。同样，一套和谐的制度伦理体系也可以作为制定方针、政策、决策时的参照，如果一套和谐的制度给人以“程序上公平”的感觉，那么它就可能引发人们的认同感，进而更能促进人们履行制度及其规范的积极性与自觉性，形成和谐的伦理关系和巨大而持久的凝聚力；相反，如果一套制度并非和谐，则可能挫伤人们履行制度及其规范的积极性和自觉性，也会在一定程度上削弱伦理关系的协调性，进而减弱凝聚力。《决定》指出：“我们要构建的社会主义和谐社会，是在中国特色社会主义道路上，中国共产党领导全体人民共同建设、共同享有的和谐社会。”要“按照民主法治、公平正义、诚信友爱、充满活力、安定有序、人与自然和谐相处的总要求”，“着力发展社会事业，促进社会公平正义”。就是构建“全体人民各尽其能、各得其所而又和谐相处”的社会主义和谐社会。这正是和谐的制度伦理具体体现。

再次，和谐制度伦理也是对我国传统文化政治伦理思想的批判的继承与发展。比如孟子从性善论出发，提出了“仁政”学说。他说，“人皆有不忍人之心。先王有不忍人之心，斯有不忍人之政矣。以不忍人之心，行不忍人之政，治天下可运之掌上。”[①] 在孟子的仁政理想中，还包括“保民而王”和与民同乐的思想，他说，“保民而王，莫之能御也”；“乐民之乐者，民亦乐其乐；忧民之忧者，民亦忧其忧。乐以天下，忧以天下，然而不王者，未之有也。”[②] 为此，和谐的制度伦理在运作的过程中，要顺应民心，顺乎民意，要以民为本，爱民为民，全心全意为人民服务。和谐的制度伦理内容极其广泛，最根本的内容至少有四条。一是重视人民的利益，坚持人民的利益高于一切；二是牢记人民的权利，实现好维护好发展好人民群众的政治经济文化利益；三是尊重人民的智慧和力量，相信和依靠人民，坚持走群众路线；四是关注群众意愿、反映人民呼声，把人民群众根本利益作为制定各项方针政策的出发点和归宿。

最后，和谐制度伦理也是和谐的组织伦理的表征。有一项关于公司组织伦理制度的研究表明，如果员工相信组织能够公正地对待自己，他们就会更倾向于从

---

① 《孟子·梁惠王上》。

② 同上。

组织利益的角度出发，谨慎行事。坚持合理的伦理原则，着眼于利害关系者的需求，公司可以减少这方面的损失，进一步构筑与核心利害关系群体的牢固关系。和谐的制度伦理能够促进伦理关系的和谐：赢得顾客、员工和供应商的信任，公司也就赢得了收益、效率和灵活性，同时也降低了控制成本和交易成本。从广义上讲，倡导和谐制度伦理旨在为人的全面发展提供制度机制平台。因为注重权利、责任、公平的和谐制度伦理有助于人们充分地发挥自身的潜能——无论是个体的还是集体的。康德认为，得不到报偿的德性本身虽然可贵，而伴随着应得幸福的德性却最为理想。一个有德性的人还应该得到幸福，最理想的情况是所得的幸福和他所有的德性在程度上相一致。[①] 就个体而言，这种和谐制度伦理可以提供一个必要的目标来指引行动和树立期望；就组织和团体而言，它可以促进组织与组织、团体和团体、组织（团体）与成员以及成员与成员之间的合作和相互信任。这样，如果人们能够从他人尤其是组织那里得到公平和彼此的尊重，而不仅仅是寻求相互帮助，那么生活就会趋于更加完美。

总之，我们一方面，要高扬作为和谐伦理高度凝练的和谐伦理精神，并把它贯彻到价值取向、社会风尚和行为规范之中，渗透到社会生活的各个领域、融入全体人民的思想行为之中；另一方面，通过完善维护社会公平正义的一系列制度，进一步推动社会成员民主权利的制度化、法律化，不断加快民主法制进程，有效整合社会各阶层的不同利益和矛盾，合理满足全体人民的利益诉求，切实保障社会公平正义；加强和完善社会管理，创新社会管理体制，整合社会管理资源，提高社会管理水平，健全党委领导、政府负责、社会协同、公众参与的社会管理格局，强化社会管理和公共服务职能，统筹协调各方面利益关系，完善应急管理体制机制，加强社会治安综合治理，保持社会安定有序，构建“以改革促进和谐、以发展巩固和谐、以稳定保障和谐”、“共同建设、共同享有”的和谐社会。

（二）当前加强我国道德建设与道德发展的具体实施建议

1. 提高道德建设举措成效

第一，中国共产党的三大作风已经深入人心，但是在当代还需要将其进一步细化，融入思想工作和协调具体的伦理关系之中。关于《中共中央关于加强社会主义精神文明建设若干重要问题的决议》、《公民道德建设实施纲要》、《关于进一

---

① 参见康德《道德形而上学原理·德性就是力量（代序）》，苗力田译，上海人民出版社 1986 年版，第 5 页。

步加强和改进未成年人思想道德建设的若干意见》、新时期的荣辱观“八荣八耻”，不仅在宣传形式上需活泼、多样，让人喜闻乐见，增强其传播性和感召力，使之更加深入人心，而且需要与人们的思想实际，日常道德生活紧密结合，增强其对于人们思想和行为的引领性。

第二，在当前社会主义市场经济条件下，进行思想道德与和谐伦理建设，需要进一步倡导全心全意为人民服务精神，因为全心全意为人民服务是社会运行不可缺少的道德机制；与此同时，需要继续开展深入细致的思想工作。为此，多做“实功”，少做“虚功”。多腾出一些时间与精力下基层、为群众办实事。认真学习和实践科学发展观，坚持“以人为本”，关心群众的切身利益、尊重群众的首创精神和人格，真正把思想工作做到人们的心坎上。为此，在思想工作的管理与考核中，须改变原有的模式，简化图表填写、汇报，开短会，让思想工作者们走出“四多、二少”的工作怪圈。

第三，树立各行各业的先进典型在当前的道德建设中，可以发挥道德示范作用，但一是必须处理好先进典型自身的宣传与本职工作之间的关系，即让先进典型有充沛的时间与精力从事本职工作，让他（她）们在自己的本职工作中发挥道德示范作用；面上的宣传可以通过媒体和网络广泛传播。二是必须处理好先进典型与一般从业人员之间的关系，防止产生隔阂。

第四，由于市场经济条件下，受利益诱惑的人们道德自律性薄弱、对他人责任感淡漠、过于强调自身利益、个人主义膨胀、缺乏相互信任和相互尊重，加之，长期以来各种评职称的指标只关注个人业绩很少评价他的社会贡献，因此，不仅要以多样化的形式，通过多种层次和渠道进行社会道德责任感教育，还要将评价人们社会贡献的方面纳入各种评职称的指标体系中，从制度层面、思想道德层面与道德心理层面加以引领。

第五，为了重建人们的道德（人生）理想、信仰，如上所述，积极倡导和谐伦理精神，必须加强人们的集体主义道德观念的引领与伦理行为选择管理与评价，促进道德理念与道德行为能力的一致性、评价他人与评价自我的一致性。与此同时，对于在集体利益与个人利益道德冲突的情景中做出正确道德抉择的个体，应该有给予鼓励与激励的机制，进而坚持德—福一致的道德激励原则，从制度供给和思想引领双管齐下，调节人们的道德价值取向，使社会道德风尚与构建社会主义和谐社会相一致。

第六，从制度层面加强对于公务员的绩效与群众评议相结合的考评机制，从思想层面加强公务员的思想作风建设，提高其自律精神，促进干群关系的和谐。

2. 加强社会公德与和谐伦理建设

首先，要继续通过网络、电视、广播、报纸等媒体、道路电子显示屏、公共汽车、地铁及其站牌的公益广告、车载电视、文学艺术作品等激励、倡导和培育人们的社会公益心；积极倡导各类志愿者活动，增强人们之间的互帮互助，弘扬传统美德中的礼让精神，使尊老爱幼蔚然成风；倡导见义勇为、爱护公物，自觉维护公共设施和草坪等，与此同时，建立志愿者的考评的激励机制与制度机制，坚决抵制不文明的现象，褒扬见义勇为、爱护公物、爱护环境的先进典型。

其次，环境是我们赖以生存的重要基础和生活空间，因而需要在进一步加强进行爱护环境的教育的同时，继续加大力度，从法律和制度层面规范垃圾和污水处理，纠正目前一些个人，特别是排污量较大的企业在环境问题方面的一些模糊认识和侥幸心理，促进人与环境、人与自然的和谐与可持续发展。

再次，尽管遵守交通规则、维护社会公共秩序已成为人们的共识，但在行为上却有所不一，因此必须建立持续与长效管理的机制，与此同时，也须加强交通法规教育，增强人们的交通法规意识和道德自律性。此外，适当延长行人过街时间，体现“以人为本”的人文交通理念。

最后，孔子曰，民无信不立。孟子曰，诚者，天之道也；思诚者，人之道也。目前注重诚信已成为多数人的认同，但在诚信建设方面还不尽如人意，因此，建立诚信企业、诚信群体与个人是当务之急，与此同时还要建立相应法律法规的诚信保障机制与激励机制，让人们吃得放心，用得放心，交往和谐，进而推进和谐社会建构的进程。

3. 加强职业道德与和谐伦理建设

首先，尽管敬业爱业已成为多数从业人员职业道德理念，但仍然需要继续进行敬业爱业的教育，这里关涉的教育不是一般号召，而是要建立一种深层次的引领机制与激励机制：一是注重人尽其才，物尽其用；二是既要建立相关的轮学机制让在职人员不断进修提高，又要以“润物细无声”的方式加强思想政治工作和心理咨询，关心其思想和心理健康及日常生活，使从业人员能够全身心地投入工作；三是建立合理、公正的制度机制与分配考评机制：不仅重从业人员的个人业绩，同时注重其对于社会的贡献、对集体的道德责任感。

其次，由于影响职业生活中人际关系和谐因素具有多元性，因此，一是必须加强从业人员的分工协作；二是通过“请进来”（讲座、研讨会）、“送出去”（异地或者高校培训）、“就地提高”（本单位培训班）等方式提高或更新从业人员的知识与业务水平；三是在提倡艰苦创业的同时，尽可能地为从业人员改善工作环境和创造好的工作条件，其中既包括软环境（政策、制度环境、良好的人际关系氛围和知识氛围等），又包括硬环境（正常开展工作的必要条件与相关设备），使得其聪明才智充分发挥，有利于加强单位（组织）的和谐伦理建设。

4. 加强家庭美德与和谐伦理建设

首先，调查结果表明，夫妻关系是家庭最重要的关系，“家和万事兴”，其关键是夫妻和睦。如何使夫妻关系和睦？通过表彰和睦家庭的典范，与此同时，大力创作一些源自生活的、人们喜闻乐见的、对人的思想具有潜移默化影响力的电影、电视剧、其他文学作品或者公益广告，宣传正确的恋爱观、婚姻观、家庭观、积极倡导夫妻的家庭道德责任感与道德自律精神，展现夫妻关系的和睦。为了实现夫妻和睦需要平等相待、经常交谈增进相互了解。倡导互尊、互爱、互敬型的夫妻关系，即在日常生活中，互尊人格，以礼相待；在与人交往中，相互尊重对方的亲戚与朋友；在处理家庭事务中，相互协商、共同操持；在事业上，相互支持、相互激励；在心理上，相互理解、相互支撑；在情感上，相互感通，彼此忠贞不渝，相互信任。这样有助于增进相互的了解，消除误解、猜疑，化解分歧，加深情感，达到“常相知，不相疑”的和睦境界，进而有效地抵制“婚外恋”、“包二奶”现象。

其次，尽管夫妻平等和睦、家庭成员分担家务已成为多数人的共识，但传统的“男主外、女主内”的模式还在一定程度上存在。因此，一是继续加强男女平等、夫妻和睦的宣传、教育仍然非常必要；二是将家务劳动纳入现代服务业的体系，不仅可以提高家务劳动社会化、产业化和专业化的水平，扩大就业面，而且也可以让许多“上班族”，从日常繁重的、琐碎的家务劳动中解放出来，有更多的时间与精力提高生活质量、进行学习和工作，促进人的全面发展。

再次，为了解决我国人口的老龄化，带来的敬老养老的社会问题，必须将赡养老人的社会化问题提上议事日程。赡养老人的社会化，不仅能够使人在年老之后得到家庭和社会的尊敬与照顾，而且使赡养老人产业化、专业化，使老人有病能就医、身边有人陪、餐饮有人管……进而老人能够得到全面、周到、专业的呵护，真正使老有所养、老有所乐、老有所为、老有所依。与此同时，那些有老人的子女，因为减轻了后顾之忧，身心得到一定的调适，可以将其主要的精力和才智投身于工作之中，在其工作之余抽时间探望父母。这样，父母不会因为自己拖累了子女，而感到不安；子女也不会因为对父母照顾不周，而感到内疚。因而，可以进一步增加父母与子女之间的亲情，促进家庭和谐伦理建设。

最后，孩子的培养关系到祖国的未来。一是注重孩子做人的品德的培养，有助于其成为有德性的人和对社会有责任感的人，这是成为未来人才的基础。因此，培养人的品德必须从小抓起。二是注重对孩子勤俭节约的行为习惯培养不仅是对我国传统美德的继承，而且是我国国情的要求，同时也是人—社会—自然和谐发展和可持续发展的需要。当代随着科学技术的迅猛发展，自然资源的耗费空前加大。我国人口众多，资源相对短缺。倡导勤俭节约、勤俭持家是实现人—社会—自然的和谐发展和可持续发展的重要举措之一。因此，在对孩子的教育中，必须强调勤俭节约为荣，铺张浪费为耻。

5. 关于网络道德与和谐伦理建设的建议

首先，网络人际交往实际上是社会人际交往在网络中的延伸。如前所述，尽管在网络交往中，人处于匿名状态，甚至仅仅以某一虚拟角色，或者代号出现，其交流方式，不是直接的有声语言或者形体语言，而是以电子信息方式传输的书面语言或者符号，但交流的操作者，仍然是某一或者某群社会人。就网络交往的伦理关系而言，具有多元性，如有与老网友的关系、与版主的关系、与新网友的关系、与名人网友的关系、与陌生网友的关系等。因而，建立网络人际交往的道德规范是和谐伦理建设不可或缺的一部分，一是倡导网络交往的人道德自律精神，自觉恪守网络道德规范，尊重他人，明确构建和谐的网络伦理关系，是每一个进行网络交往的人应该履行道德义务。二是加强网络制度建设。比如实行登录实名制、设置电子警察，与此同时，为了维护网络安全与网络伦理关系秩序、保护知识产权与个人信息，必须建立健全相应的网络与信息的法律法规体系，这不仅能为和谐网络建设、构建社会主义和谐社会提供法律保障，而且能增强网民遵守网络伦理规范的自觉性和道德责任感，促进和谐伦理建设。

其次，黄色网站的黄色信息的确是一种精神麻醉剂，因此一方面我们要采取有效的措施，加强管理，查禁黄色网站，排查制黄窝点，严惩首犯，从源头上杜绝黄色信息对人们，尤其是青少年的毒害；另一方面，加强法律法规教育与道德的引领，使人们充分认识黄色网站的黄色信息对人的精神毒害、对社会的危害。克服“看热闹”的猎奇心理和“看看也无大碍”侥幸心理，筑起心理的道德防线，加强道德自律和法制意识，一是自觉抵制黄色网站的黄色信息的侵袭，二是建立举报监察网，使黄色网站的黄色信息无处藏身。

（陈爱华）

下　编

数　据　库

一

当前我国伦理道德状况综合调查数据库

前言：调查概况

一　调查内容和调查方式

本次调查主要采用自填式问卷方法，调查问卷由 52 个问题构成，主要询问了当前我国社会的伦理关系、道德生活、伦理道德素质及其影响因子、伦理道德建设的效果与经验教训等四方面的问题。

二　调查对象

本次调查以六大群体，即：政府公务员、企业家和企业员工、青少年、青年知识分子、新兴群体和弱势群体所包含的所有人为调查总体，其中青年知识分子尤其是青年大学生占最大比例。

三　抽样方法

本调查采用多阶段分层抽样的方法选取调查对象。具体做法为：

第一步，抽取区域（省或直辖市）。在全国 30 个省和直辖市中，采用简单随机抽样的方法抽取 3 个区域，分别为江苏、新疆和广西。

第二步，抽取城市。在所抽中的每个省份所辖的所有地级市和县级市中，分别用简单随机的方法在每个省份抽取 2 个市，其中，江苏省抽中了盐城和苏州，广西抽中了南宁和桂林，新疆抽中了乌鲁木齐。

第三步，在各个群体中抽取个人。在每个抽中的城市，根据不同群体的特点和分布状况，采用了不同的抽样方法。如针对政府公务员群体，其抽样方法是，利用省委党校所组织的针对全省的公务员培训，按简单随机的方法选取几个培训班，再在每个班上用随机的方法抽取若干样本；针对青年知识分子群体，则采用简单随机的方法，在大学和科研单位，从青年教师、硕士、博士研究生、研究人员、工程技术人员中抽取若干样本；针对企业家及其员工群体，则根据政府部门提供的企业名录，采用简单随机的方法，抽取若干企业，在企业中，按等距抽样的方法抽取企业员工，而所抽中企业的企业家全部进入样本；针对青少年，则分别在大学、中学和小学，按照学校—年级—班级的顺序，每一层都采用简单随机的方法抽样，抽中的班级，再按等距抽样的方法抽取学生。

四　资料收集的执行过程

主要由首席专家、子课题负责人领衔组织调查小组，深入各地实施和完成资料收集工作。2006 年 10 月开始在苏州企业、党校、大学、中小学、社区、农村发放问卷；2007 年 4 月在盐城发放问卷；2007 年 12 月、2009 年 4 月分别在广西、新疆发放问卷，等等。问卷回收采用两种方法：一是现场集中填答，当场检查、当场回收，其针对的调查对象主要是学生、参加培训的公务员、参加座谈会的人员；二是发放后隔日回收，其针对的调查对象主要是正在上班的企业员工和企业家、农民等。

在进行问卷调查的同时，还分别针对六大群体组织召开了座谈会，以就某些问题进行深入探究和挖掘。

五　样本的基本情况

本次调查共发放问卷 1200 份，在剔除漏答严重等一些废卷之后，获得有效问卷 984 份，有效回收率为 82%。在有效问卷中，江苏 500 份，收回 446 份，其中有效问卷 417 分，回收率约 84%；广西 400 份，新疆 300 份，两地共回收有效问卷 567 份，回收率约 81%。实际调查样本的构成状况见正文的“基本信息”部分。

六　样本质量评估

本项目的抽样方案合理、科学，并且抽中的区域在某种程度上具有区域代表性。其中，江苏代表中国的发达地区，新疆、广西代表中国的发展地区和少数民族地区。在江苏地区的覆盖范围比较广，苏州、盐城分别代表江苏的发达地区和发展中地区；在广西也是多个城市展开。在多个培训班、座谈会上发放的问卷，调研对象来自全省（或全地区）。同时，调查执行按照既定要求严格进行，问卷的有效回收率较高，而且各个地区样本量的分布较均衡，因此，从总体而言，本次调查的样本具有较好的代表性。

七　资料整理与分析

本次问卷调查的资料在经过初步整理、编码之后，用 Foxpro6.0 进行录入，用 SPSS13.0 进行查错和基本的统计分析，用 excel2003 进行作图。分析类型主要是单变量的描述统计。

第一部分　基本信息

1. 您的性别

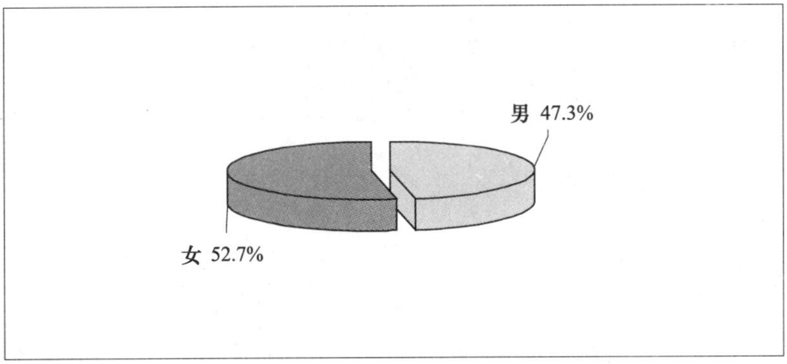

2. 您的年龄

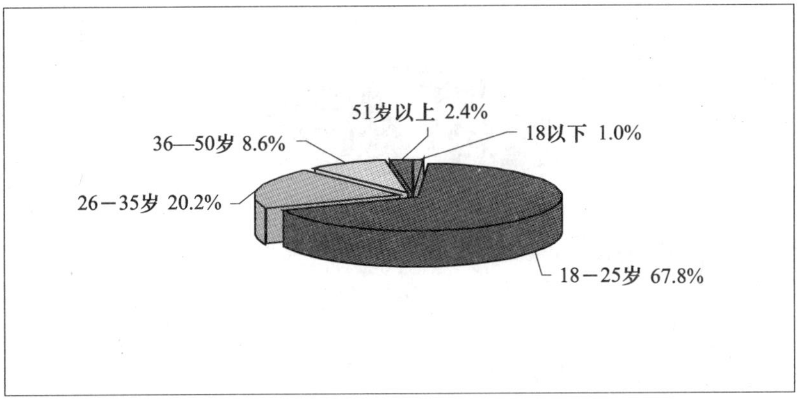

3. 您的受教育程度

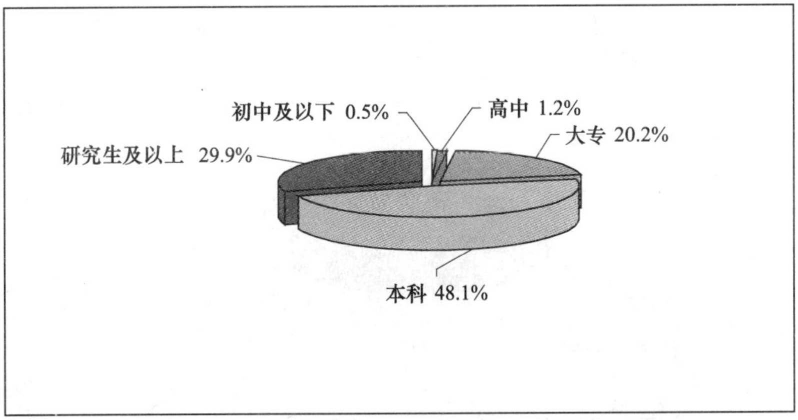

4. 您目前的职业

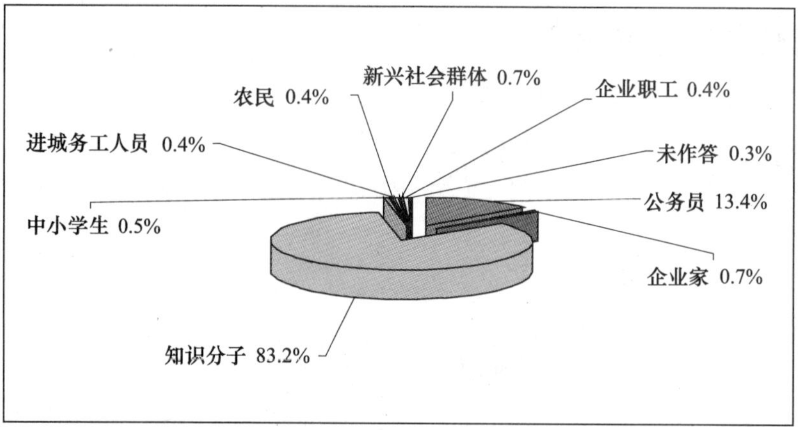

5. 您的月平均收入是

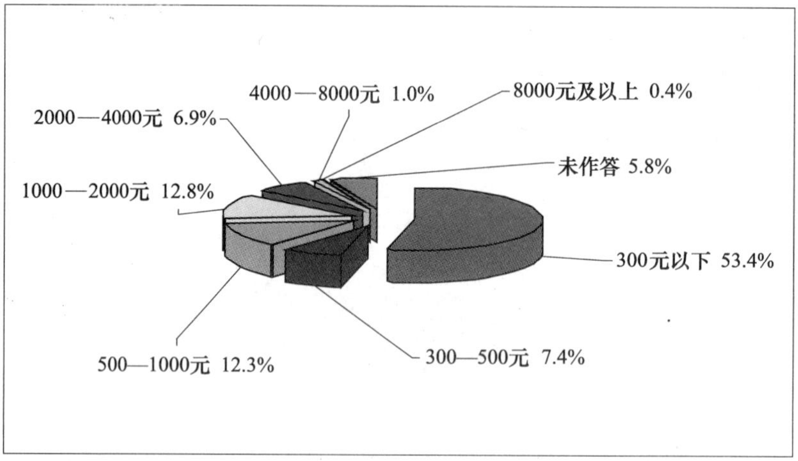

6. 您的宗教信仰是

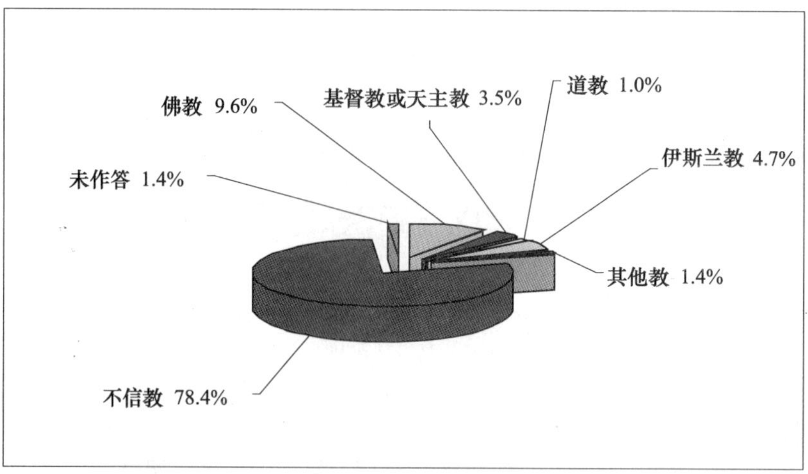

第二部分　调研信息

1. 您对我国目前的道德风尚与伦理状况，总体上

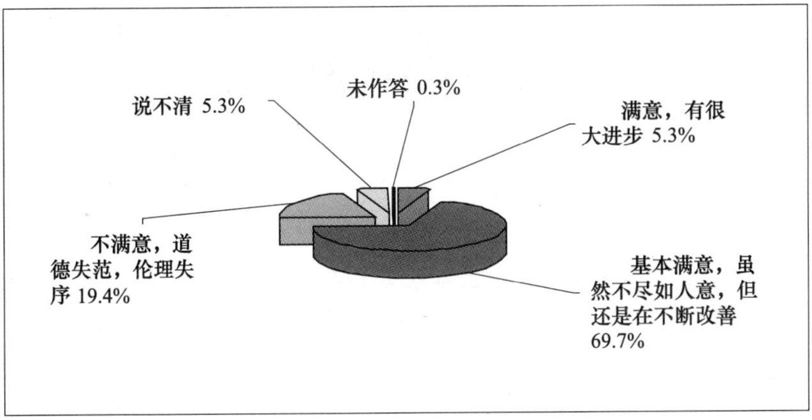

2. 您认为在现代中国社会实际奉行的道德价值是

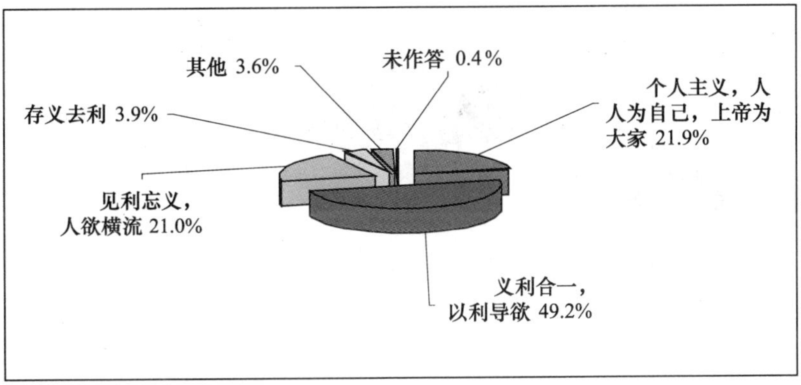

3. 您认为当前我国社会道德生活的基本方面是

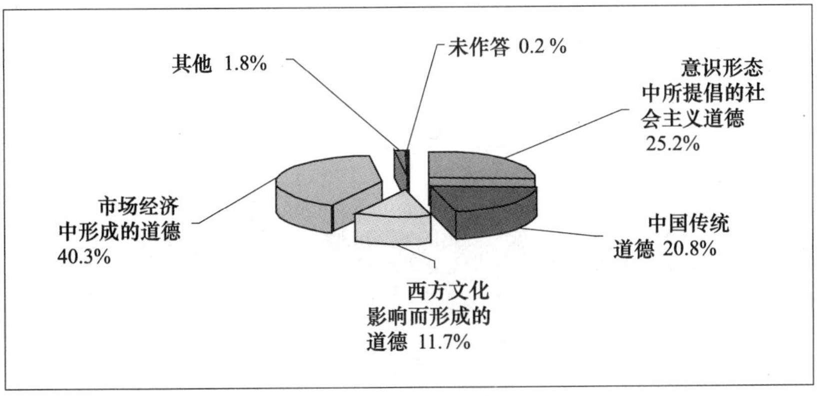

4. 您认为我国目前的人际关系

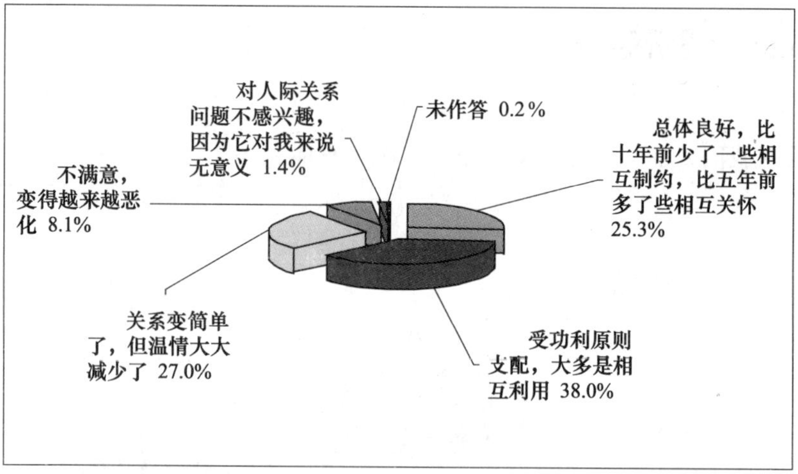

5. 您认为目前我国社会中道德和幸福的现实关系是

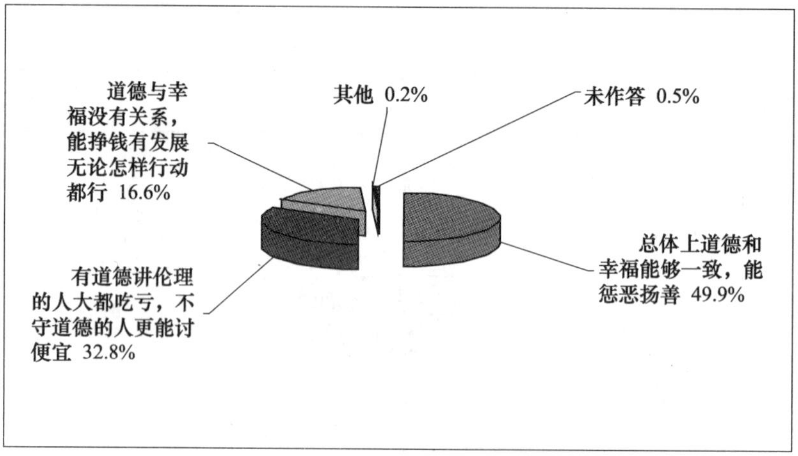

6. 您认为您目前的状况是

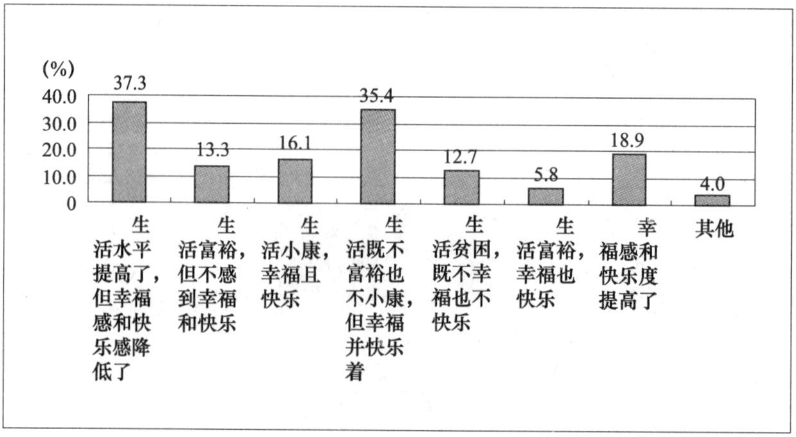

7. 现在人们常常对记忆中或电影作品中60年代以前人们简洁的人际关系、清朗的精神风貌和友好的社会风气心存怀念和向往，您认为导致现在这种变化的主要伦理原因是

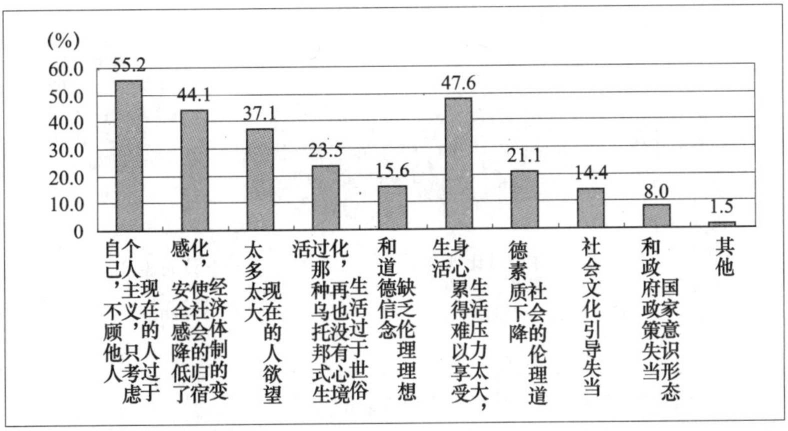

8. 对我国的伦理关系和道德生活，您最向往或怀念的是

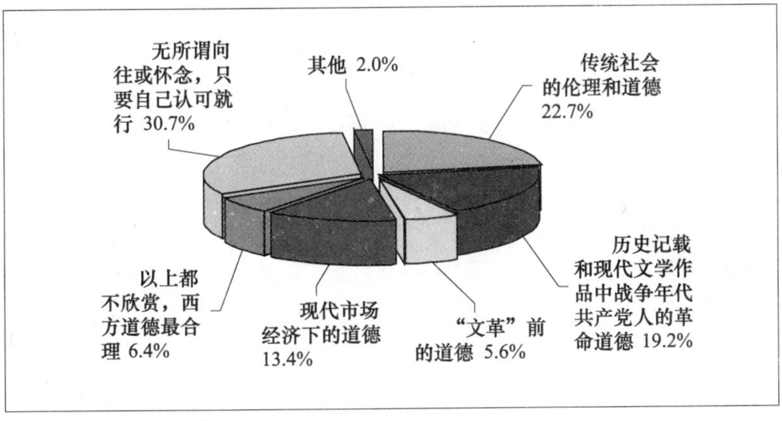

9. 您认为家庭和国家对于个人存在的意义是

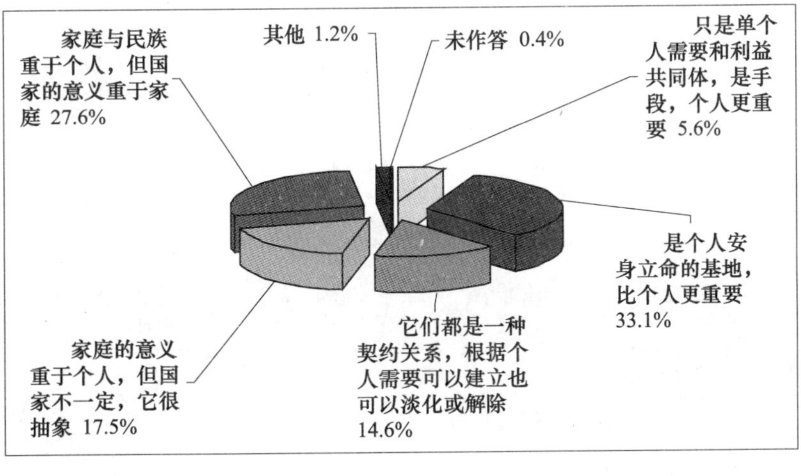

10. 您认为一种合理的伦理道德状态应当是

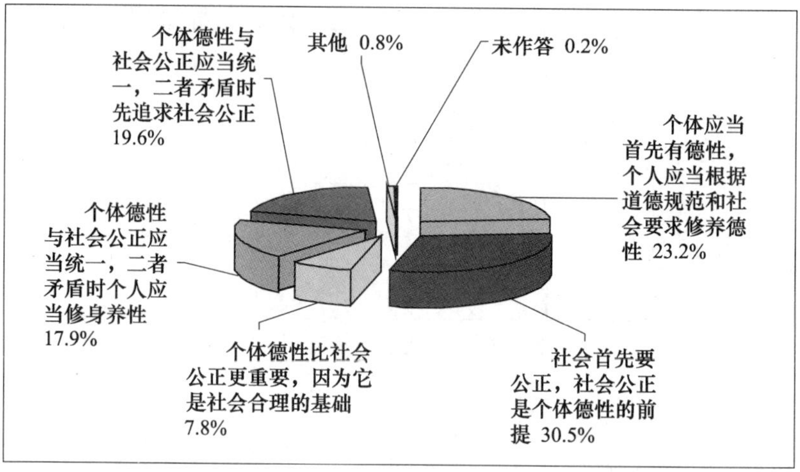

11. 您认为处理婚姻关系，譬如决定离婚时，决定性的因素应当是

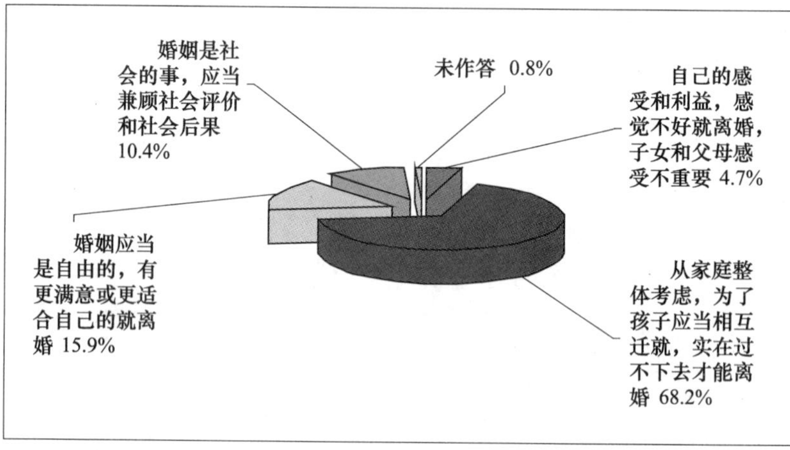

12. 您认为职业劳动

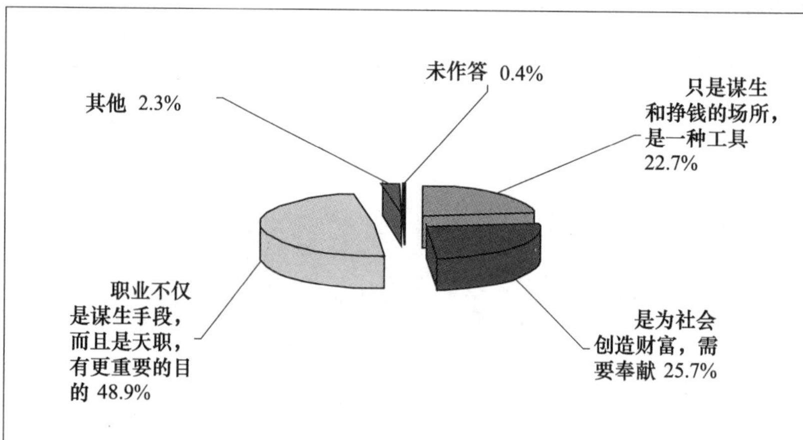

13. 在公共生活中，个人之所以要讲道德，是因为

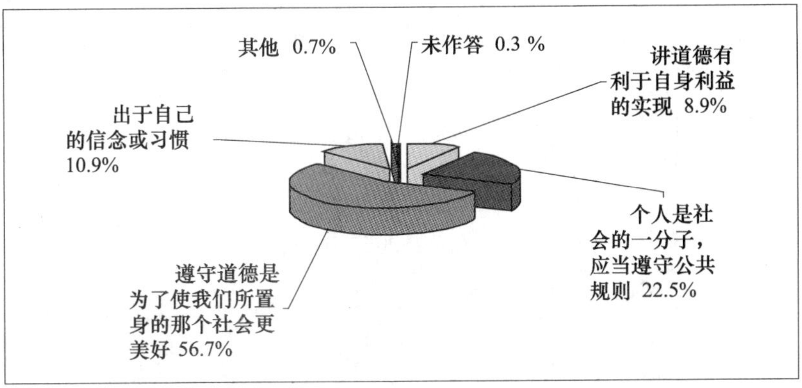

14. 您的上司或导师是外国人，如果他侮辱了中国，但抗争会产生不利于自己的后果，您会选择

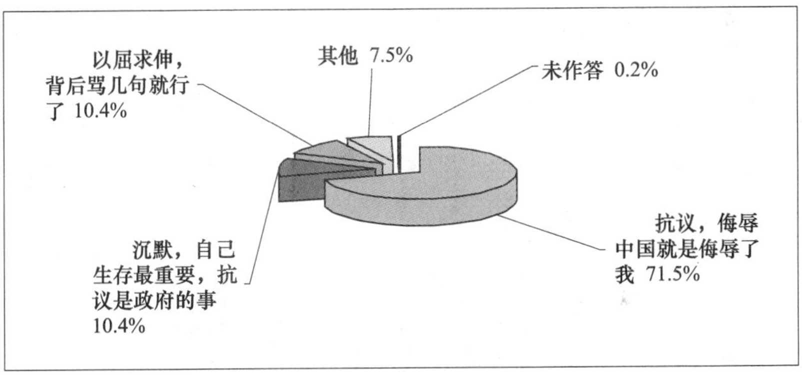

15. 在《公民道德建设纲要》和“八荣八耻”中都以“祖国”和“人民”为道德的最重要的尺度，您是如何感受到“国家”和“人民”的存在的

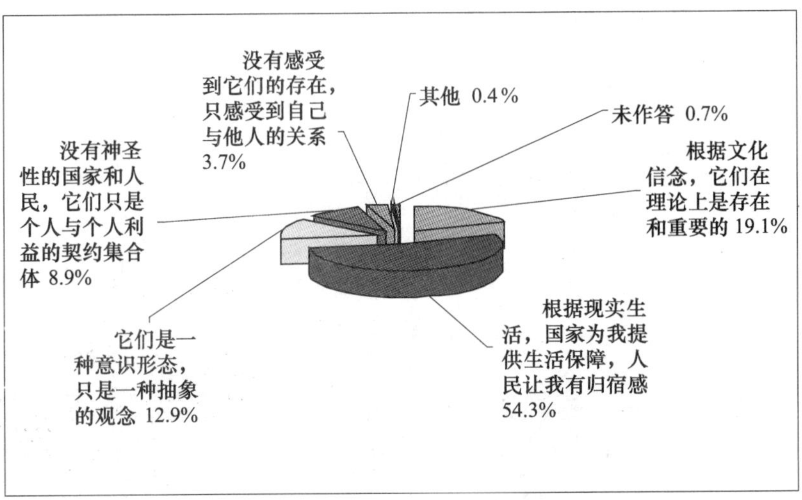

16. 您对现代家庭伦理中最忧虑的问题是

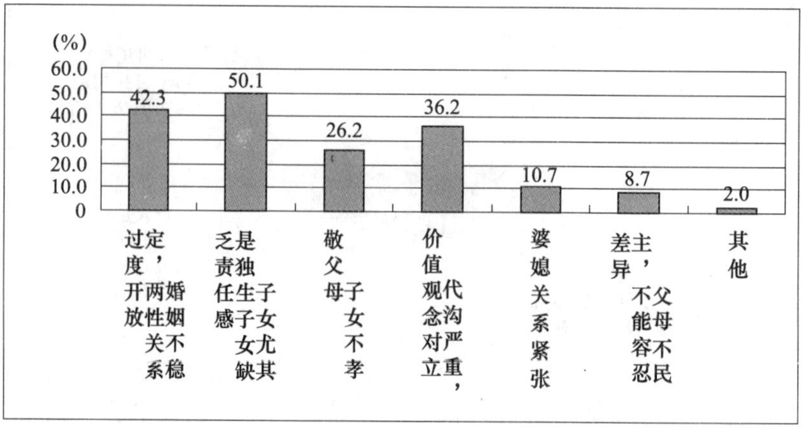

17. 您认为目前职业道德中最突出的问题是

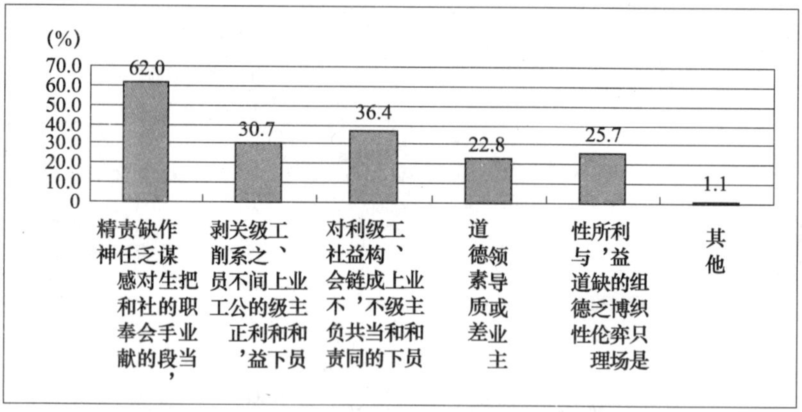

18. 您认为目前社会公德中存在的最突出问题是

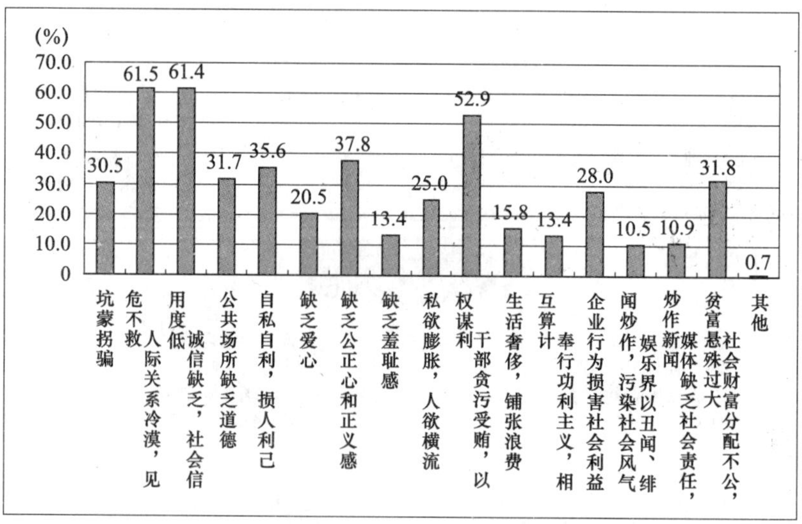

19. 您认为造成人与自然对立的主要原因是

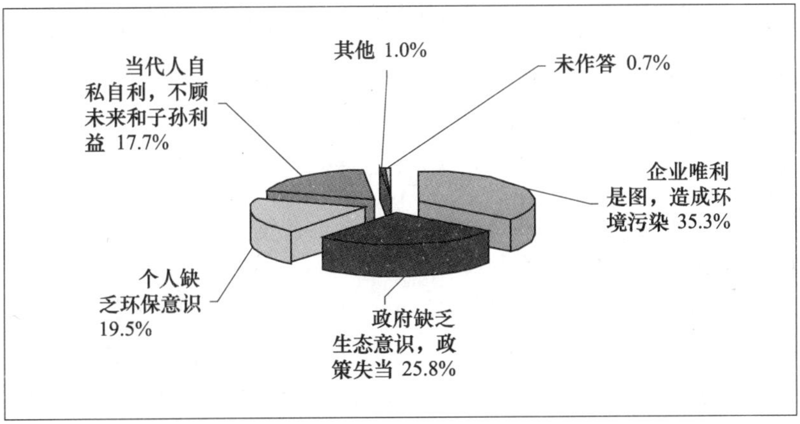

20. 您认为造成目前人际关系紧张的主要原因是

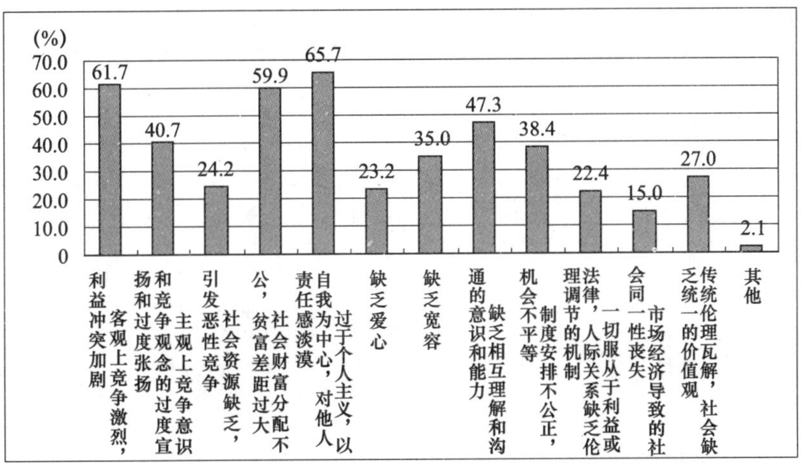

21. 您认为造成目前人与自身冲突，身心不和谐的主要原因是

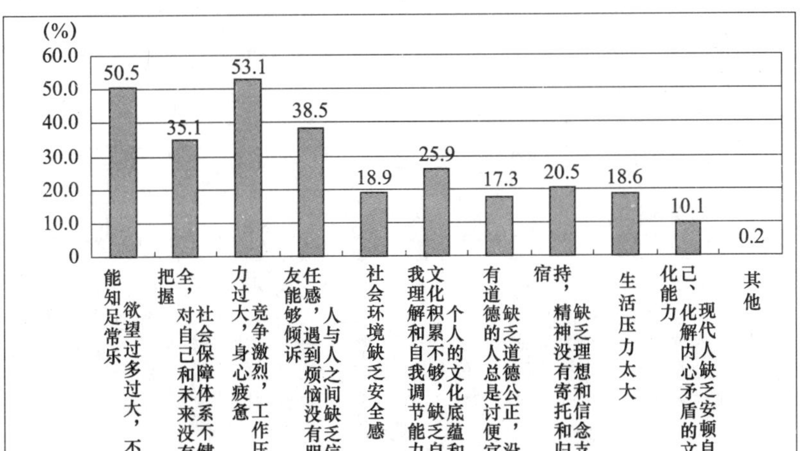

22. 您认为当今中国社会最基本的伦理冲突是（请排序）

该题为排序题。统计方法是：将某一支项在各个序位的出现率（ą）×该序位的权重系数（ŋ），相加后算数平均，此值（Φ）即为该支项的重要度。$\Phi=(\sum_{i=1}^{5} ą \times ŋ)/5$。第一序位的权重系数设为1，后面四位分别为0.8、0.6、0.4、0.2。例如：若第三支项“人与人之间的冲突”在序位一出现几率为12%，后四位分别为22%、31%、18%、17%，则：

Φ=12+22×0.8+31×0.6+18×0.4+17×0.2/5，代入公式得：

Φ（1）＝（21.1+15.8×0.8+19.9×0.6+11.7×0.4+17.1×0.2）/5=10.8

Φ（2）＝（15.7+17.7×0.8+18.7×0.6+17.9×0.4+15.1×0.2）/5=10.3

Φ（3）＝（23.8+22.7×0.8+16.5×0.6+14.7×0.4+7.8×0.2）/5=11.9

Φ（4）＝（11.1+17.8×0.8+19.5×0.6+24.4×0.4+12.4×0.2）/5=9.9

Φ（5）＝（13.9+11.3×0.8+10.6×0.6+16.5×0.4+32.7×0.2）/5=8.5

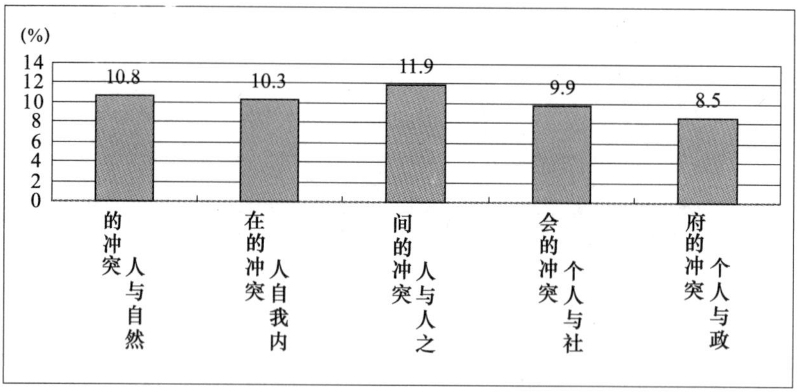

23. 在下列伦理关系中，您最重视哪些关系

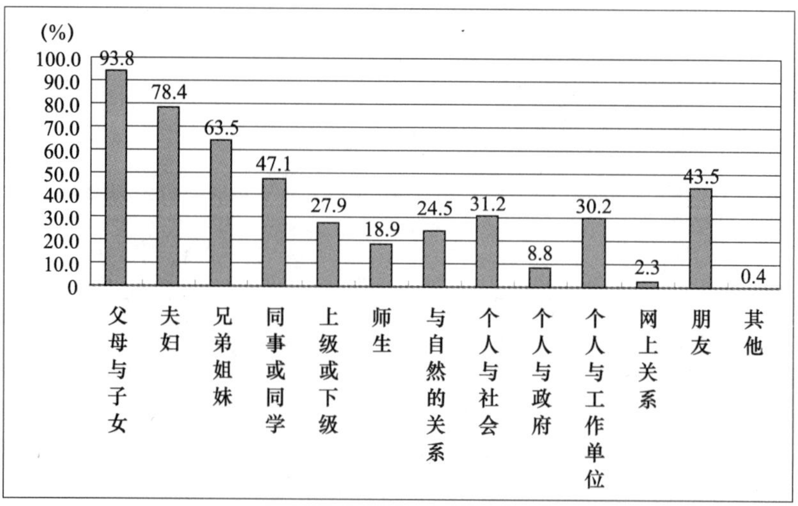

24. 您认为哪一种伦理关系对社会秩序和个人生活最具根本性意义

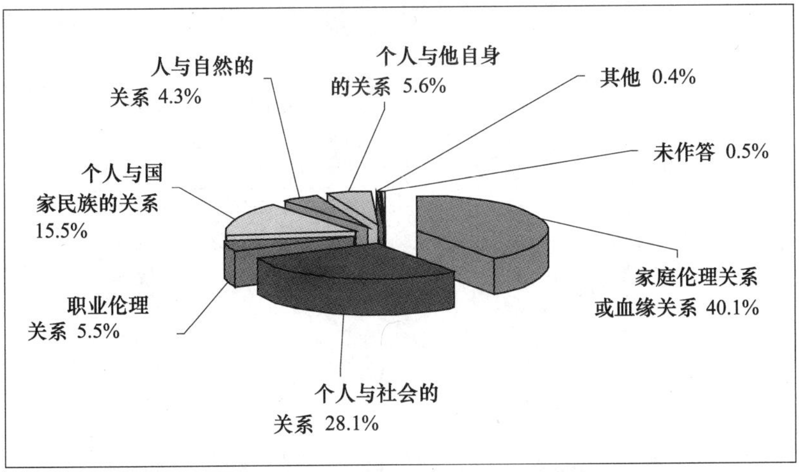

25. 男女或夫妇是否应当在社会生活和家庭中具有不同的伦理角色（如男主内，女主外），有一种说法："让妇女回到家庭去！"您是否同意

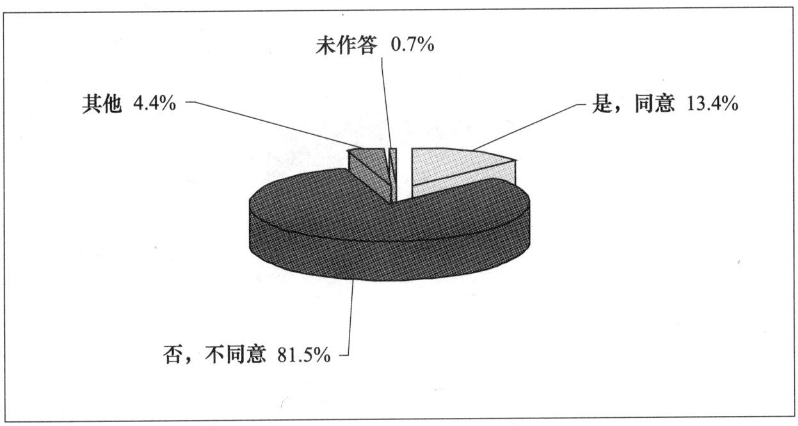

26. 您认为对待自然欲望的态度应当是

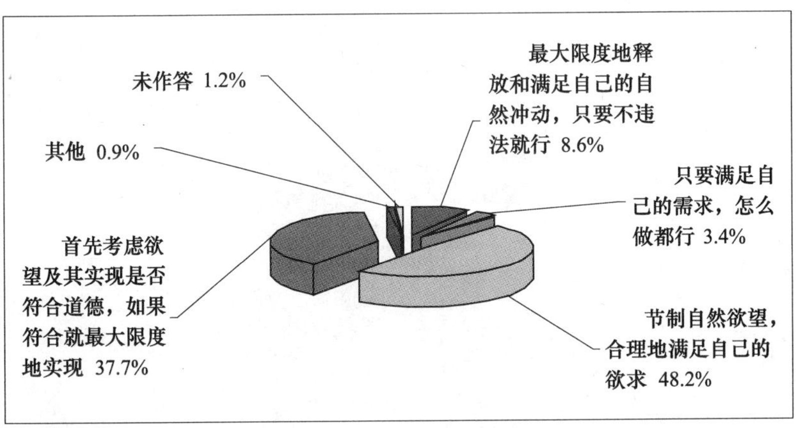

27. 您认为当今中国社会最重要也是最需要的德性是

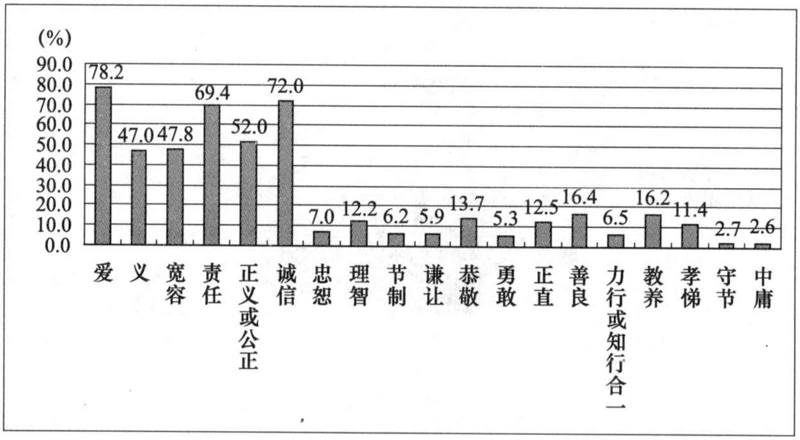

28. 目前社会两性之间的性开放日益发展，它对社会风尚的影响是

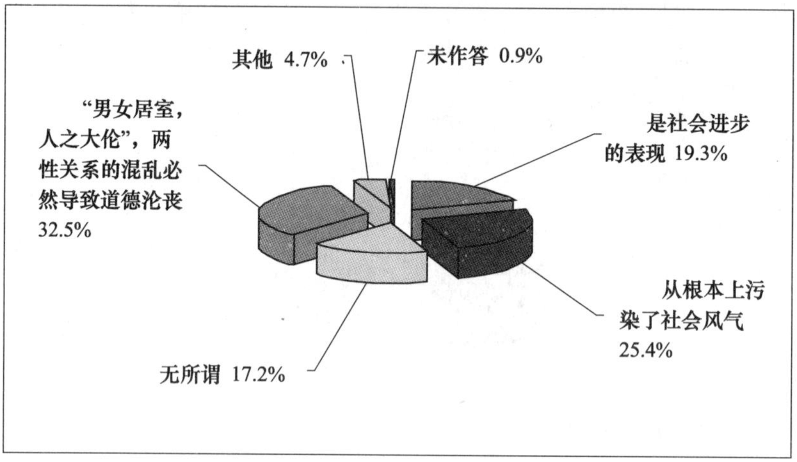

29. 您认为目前我国社会对人际关系的伦理调节能力和个人行为的道德调节能力

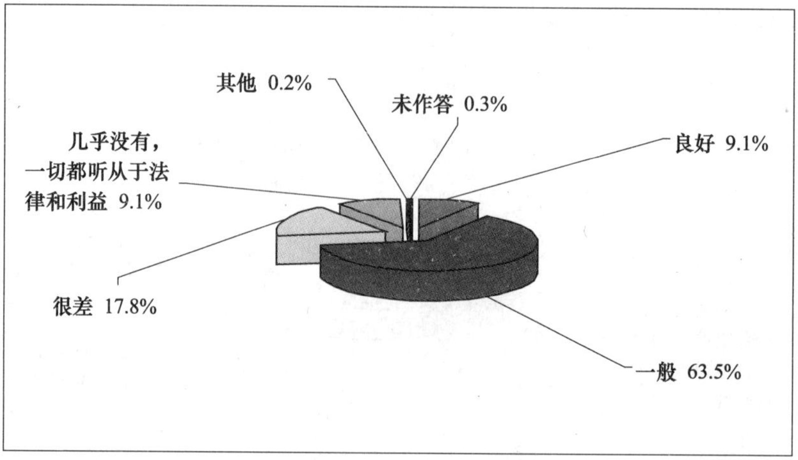

30．当前中国社会中个体道德素质存在的主要问题是

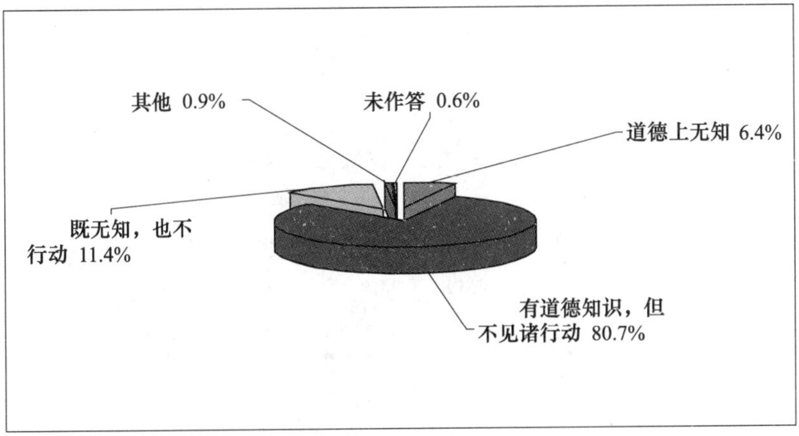

31．您对自己的行为作出道德判断和道德选择的基本依据是

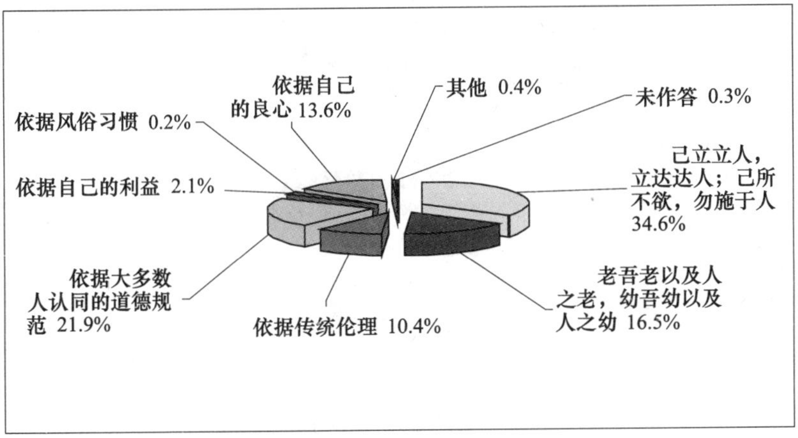

32．您判断某个行为是否道德的主要依据是

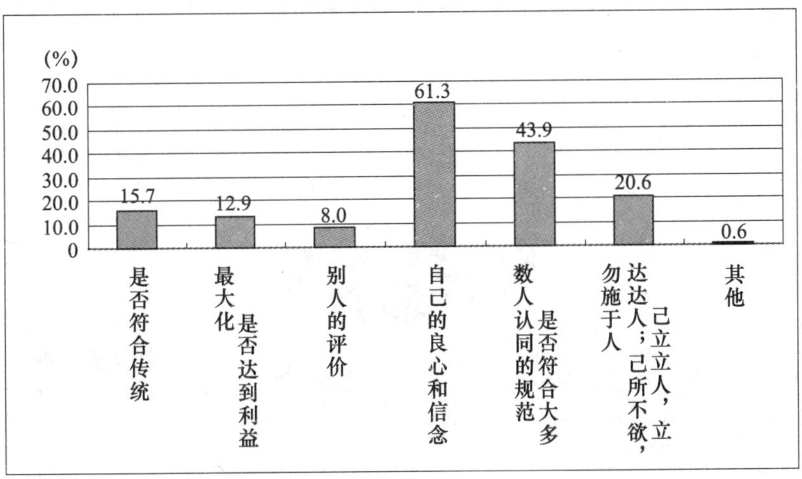

33. 您如何判断某种行为是否符合伦理或道德

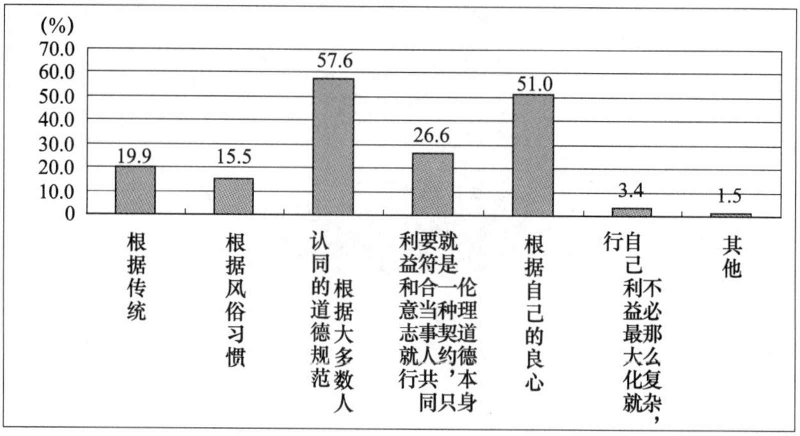

34. 看到社会上有时不讲道德的人讨便宜，守道德的人吃亏，您的反应是

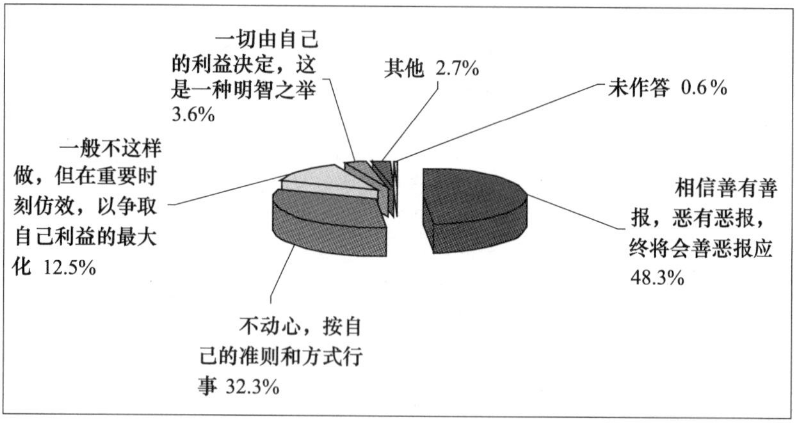

35. 您常常体验到自己身上一种“伦理感”的存在，如感到自己不属于自己，而属于他人、属于某个集体、国家、民族，行为选择要服从于它，有一种要为它奉献的冲动吗

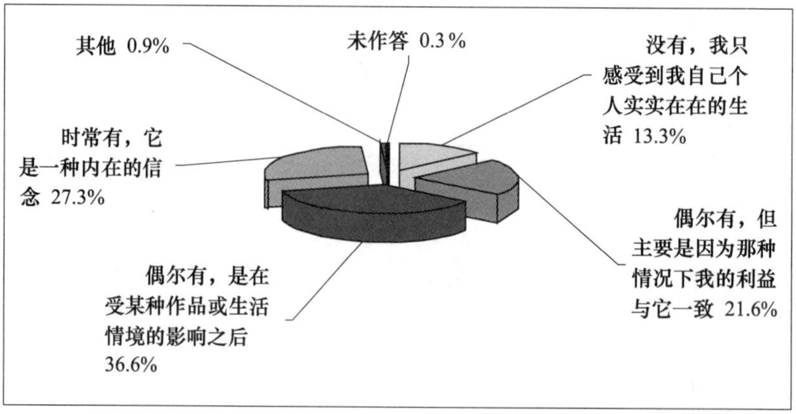

36. 您常常体验到自己身上“道德感”的存在和满足吗？如社会行为不是出于本能欲望的冲动，而是道德考虑是否符合道德规则，在为别人奉献后有一种满足感

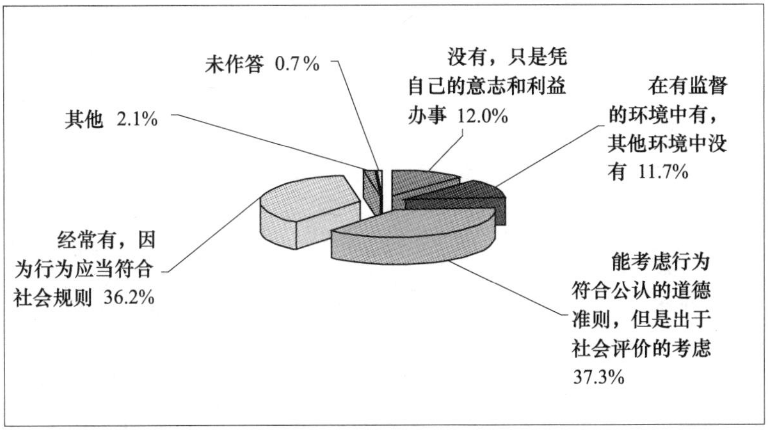

37. 如果遭遇利益冲突，如名誉、利益受他人侵害，您首先的行为反应是

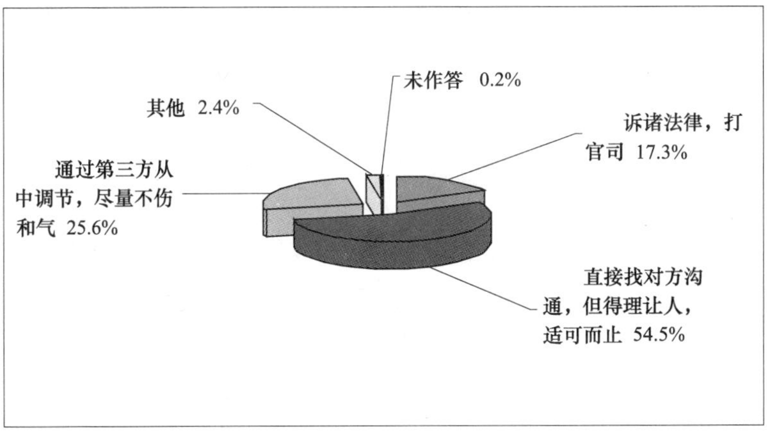

38. 您认为现代社会的大部分人有荣辱感吗

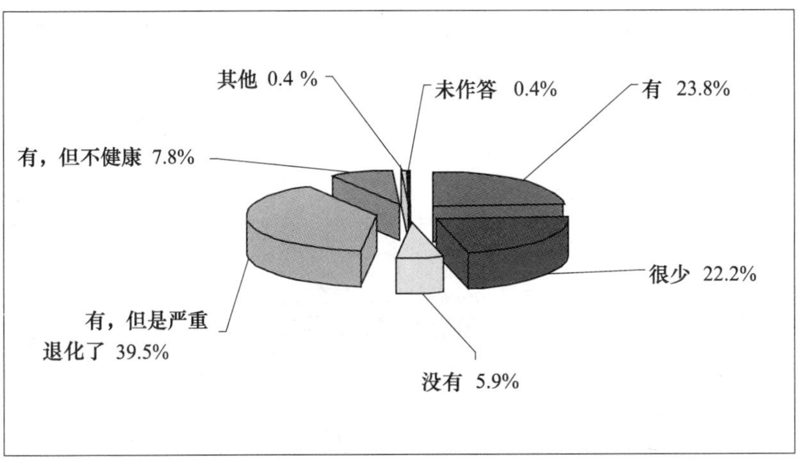

39. 一些政府机关，通过各种途径让本单位的干部子女在很好的幼儿园、小学、中学读书，您认为这种行为是

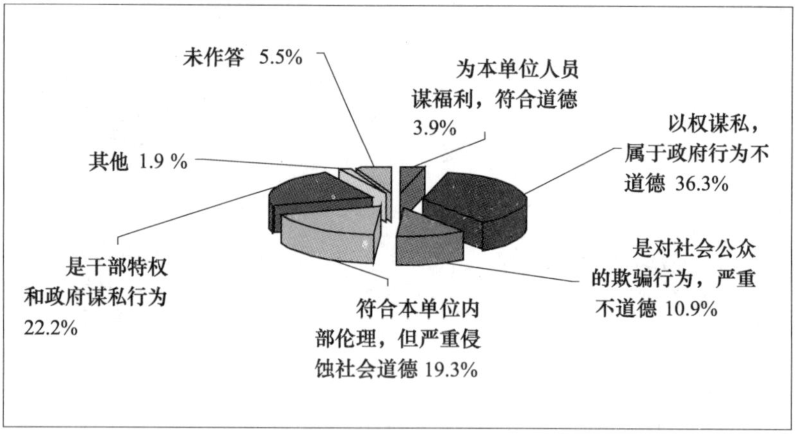

40. 在高校招生中，许多大学对本校教工子女降分录取，您认为这种行为

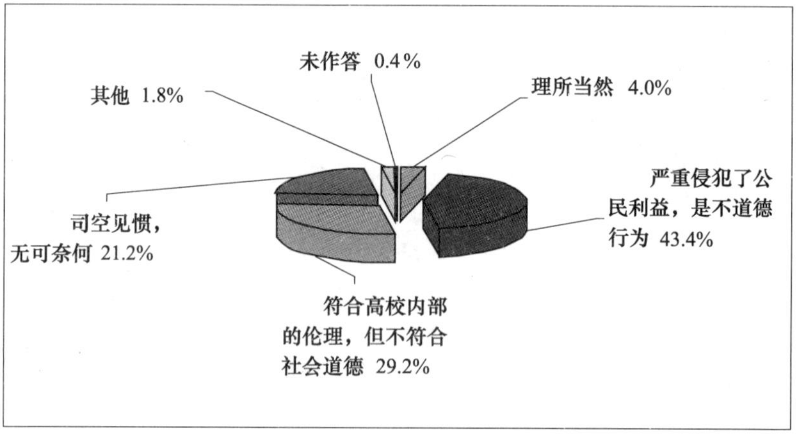

41. 您认为个人行为的不道德与集团行为的不道德（如企业污染，组织为自己及其成员谋取不正当利益等），哪一个对社会风气危害更大

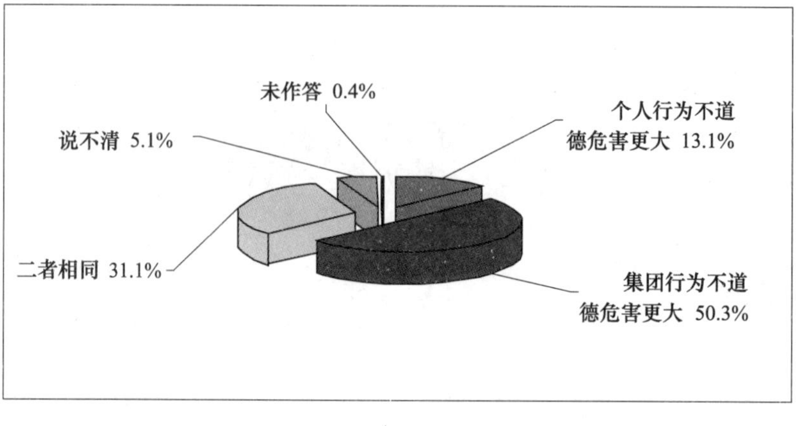

42. 如果您所在的单位有一项举措可以提高集体福利并使您个人得到利益，但会造成环境污染或社会公害，您会劝阻或举报吗

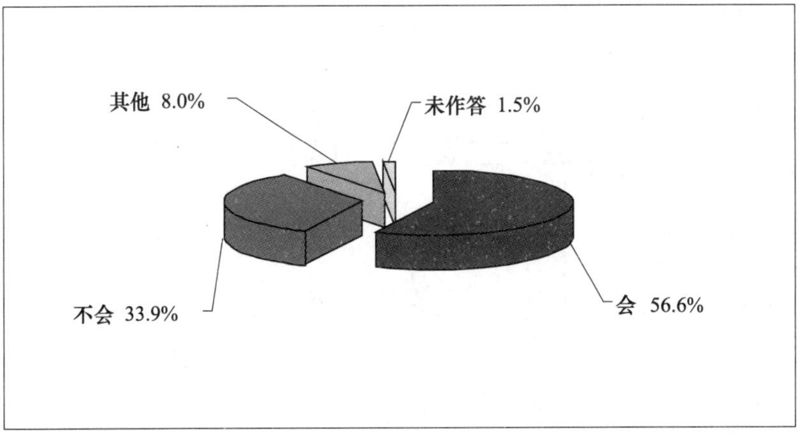

43. 您认为对现代中国社会伦理关系和道德风尚造成最大影响的因素是

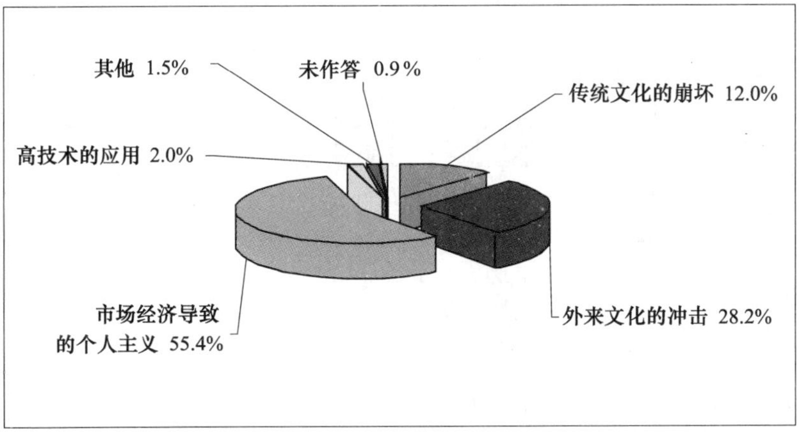

44. 您认为在自己的成长中得到最大伦理教益和道德训练的场所是

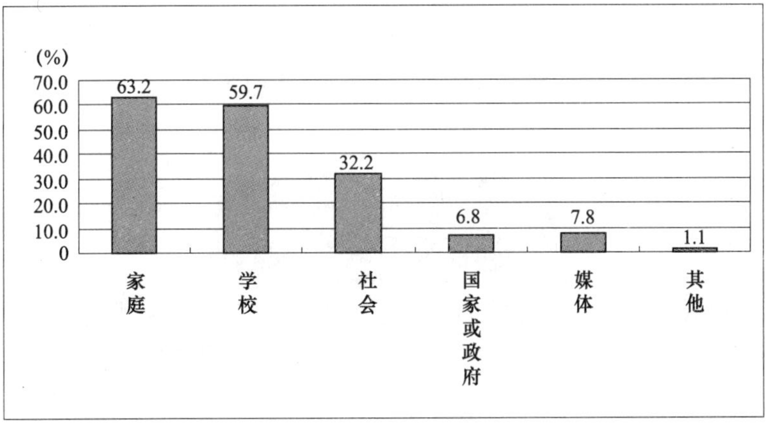

45. 您认为哪种因素应当对当今不良道德风尚负主要责任

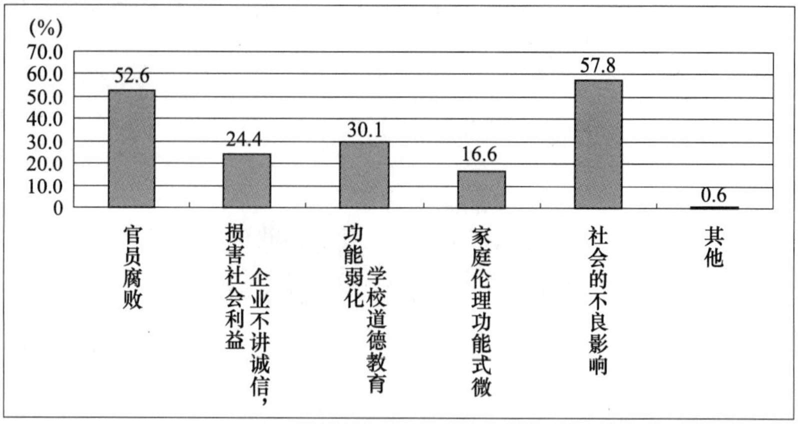

46. 您对哪类群体的伦理道德状况最不满意

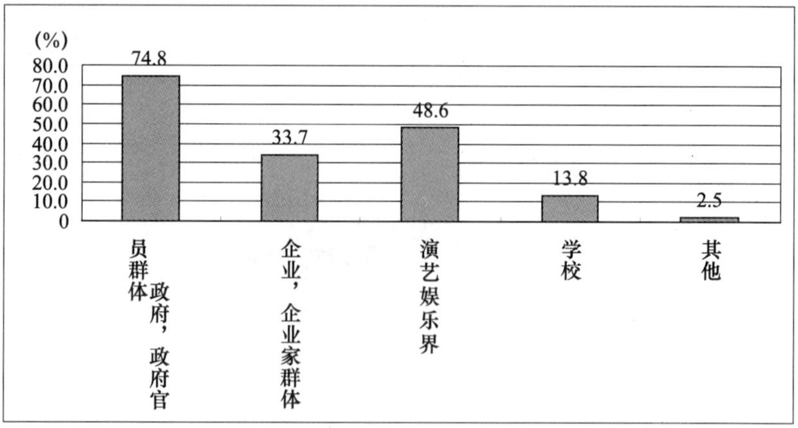

47. 您认为我们的政府在制定政策和决策时充分考虑到伦理道德方面的要求（如环境保护、社会公平、利益均衡、关怀弱势群体，以及大多数人利益和感受）吗

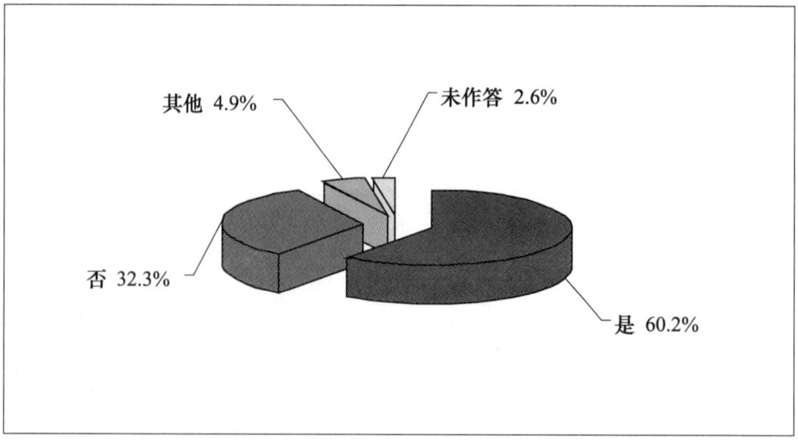

48. 对形成我国当前各种新型伦理关系和道德观念，哪些因素起主要作用

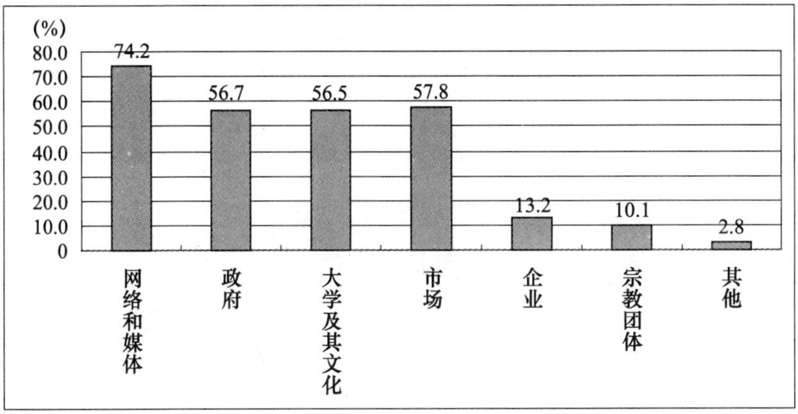

49. 您认为信息技术、网络技术的发展对伦理关系的影响是

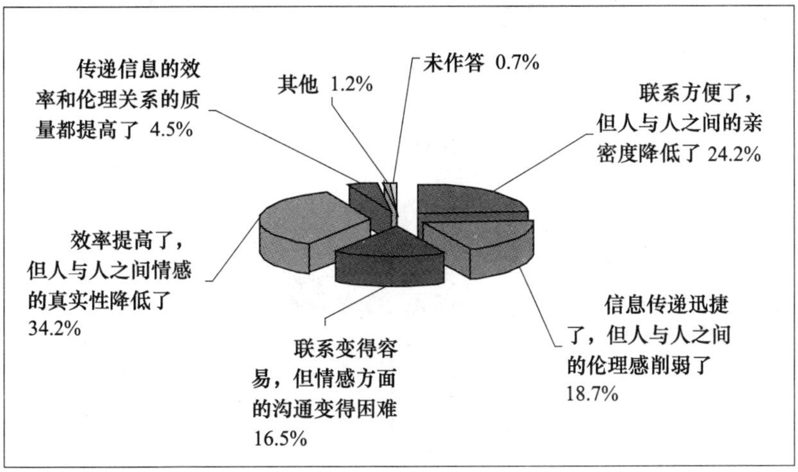

50. 您认为市场经济对我国伦理道德的影响是

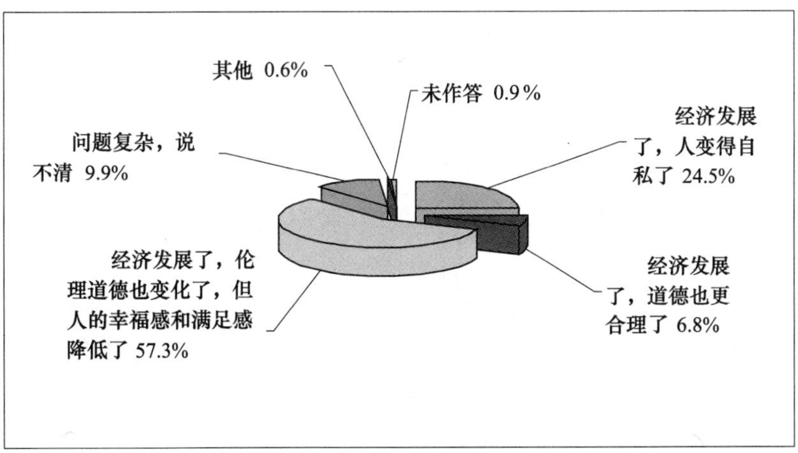

51. 您认为全球化、西方文化对我国伦理道德的影响

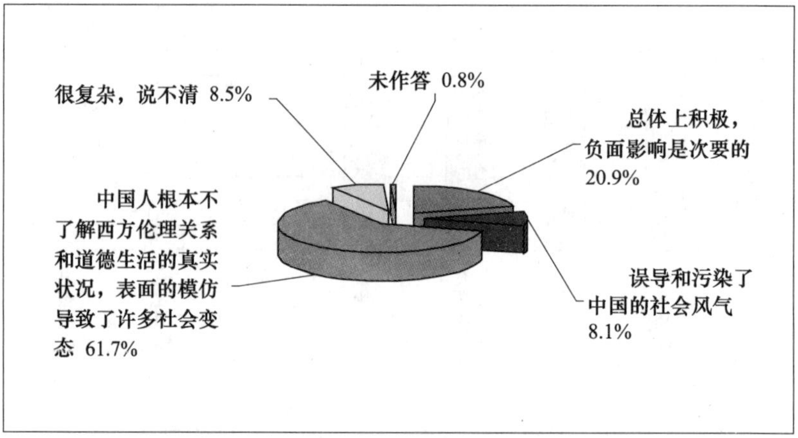

52. 您认为《公民道德建设纲要》及其实施对社会风尚改善

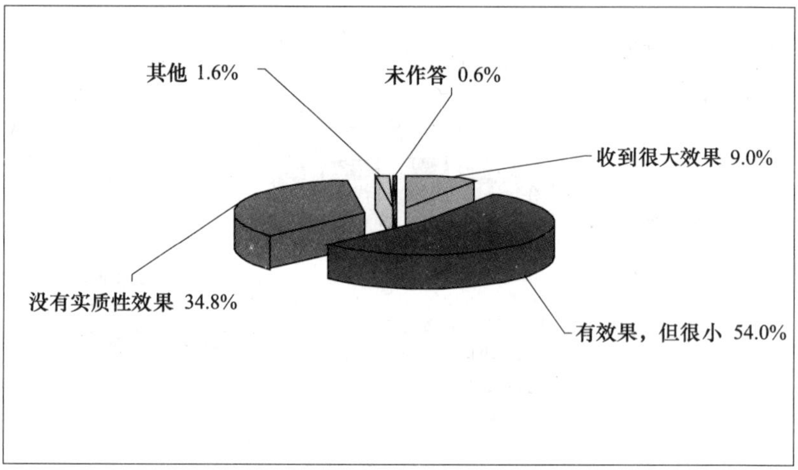

（樊　浩）

二

当前我国伦理道德状况比较数据库

（注：此数据库为江苏省与广西、新疆两地区的比较信息，调研过程请参见第一章“当前我国伦理道德状况综合调查数据库”之“调查概况”）

第一部分　基本信息

1. 您的性别

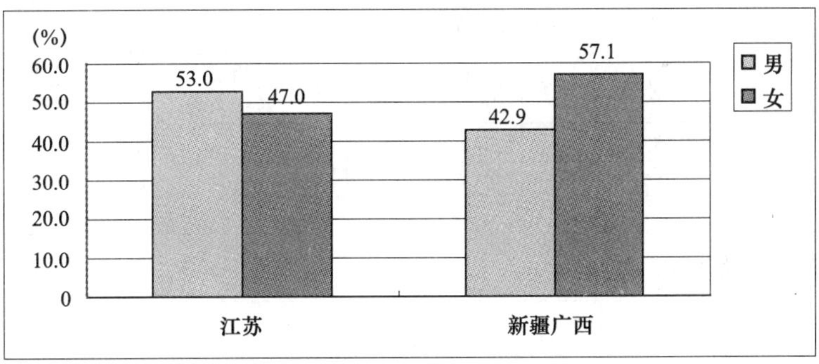

2. 您的年龄

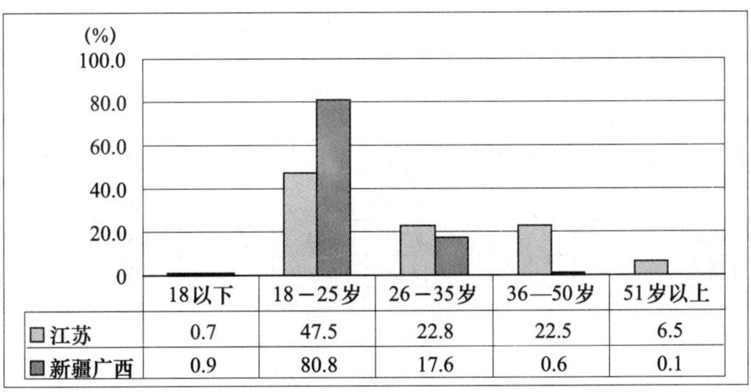

	18以下	18－25岁	26－35岁	36—50岁	51岁以上
江苏	0.7	47.5	22.8	22.5	6.5
新疆广西	0.9	80.8	17.6	0.6	0.1

3. 您的受教育程度

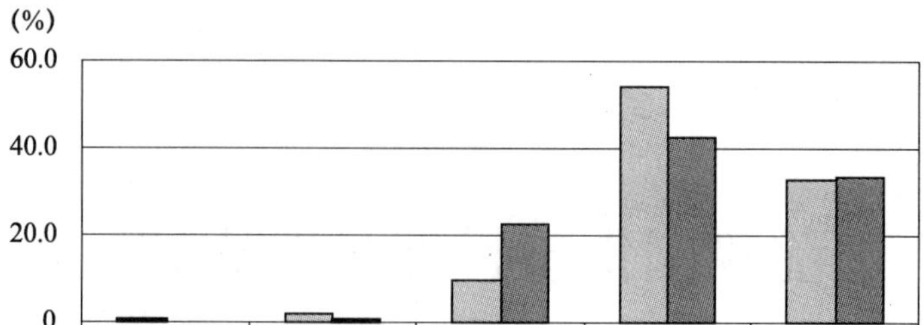

	初中及以下	高中	大专	本科	研究生及以上
江苏	1.0	2.2	9.6	54.4	32.9
新疆广西	0.2	0.7	22.6	42.9	33.6

4. 您目前的职业

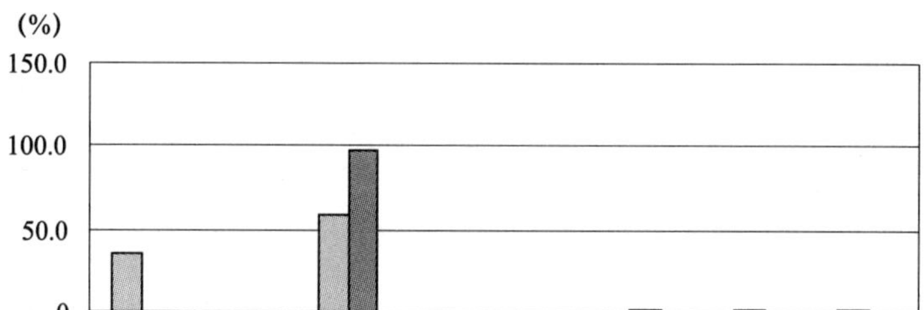

	公务员	企业家	知识分子	中小学生	农民	进城务工人员	新社会群体	企业职工
江苏	35.9	0.7	58.8	0.5	0.5	1.0	1.4	1.2
新疆广西	0.7	0.6	97.3	0.7	0.4	0.1	0.2	0.0

5. 您的月平均收入是

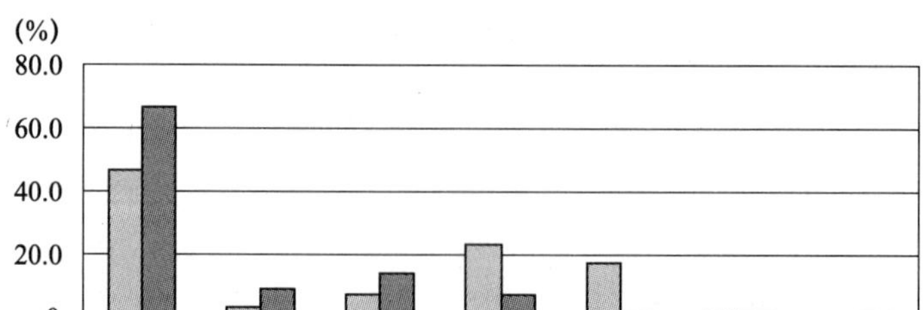

	300元以下	300—500元	500—1000元	1000－2000元	2000－4000元	4000－8000元	8000元及以上
江苏	46.7	3.2	7.2	23.5	17.8	1.5	0.2
新疆广西	66.3	9.4	14.5	7.2	1.2	0.9	0.5

6. 您的宗教信仰是

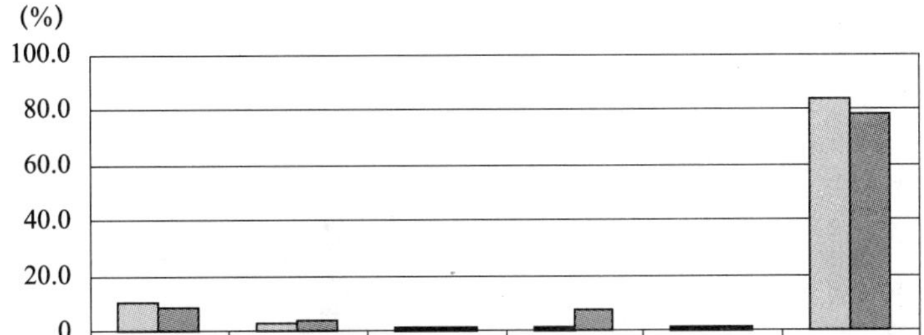

	佛教	基督教或天主教	道教	伊斯兰教	其他教	不信教
江苏	9.9	3.0	1.0	0.5	1.2	84.4
新疆广西	8.2	3.7	0.9	7.4	1.3	78.4

第二部分 调研信息

1. 您对我国目前的道德风尚与伦理状况，总体上的满意程度

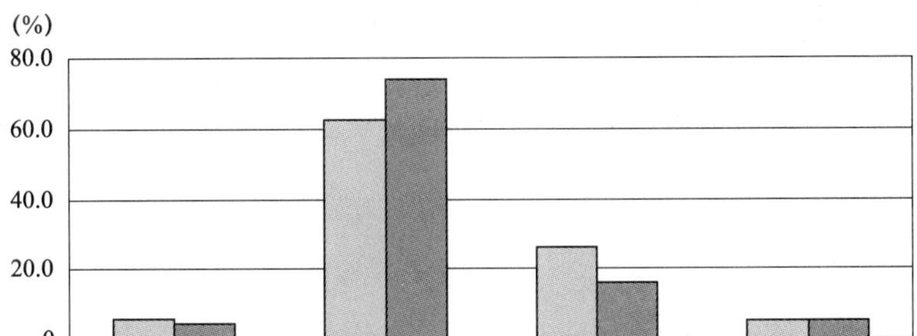

	满意，有很大进步	基本满意，虽然不尽如人意，但还是在不断改进	不满意，道德失范，伦理失序	说不清
江苏	5.8	62.6	26.3	5.3
新疆广西	4.6	74.0	16.1	5.4

2. 您认为在现代中国社会实际奉行的道德价值是

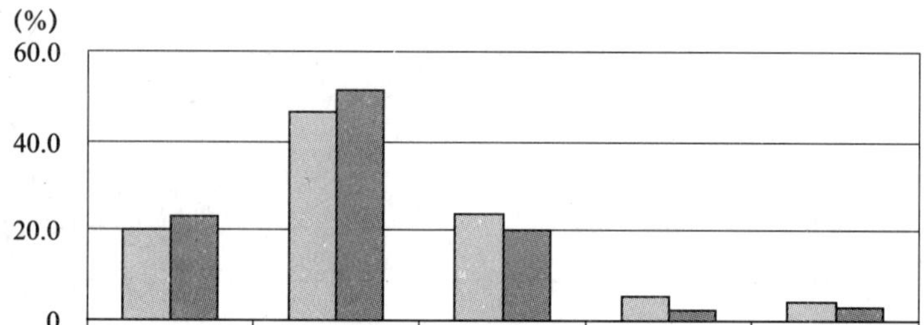

	个人主义	义利合一，以利导欲	见利忘义，人欲横流	存义去利	其他
江苏	20.0	46.3	23.9	5.8	4.1
新疆广西	23.3	51.2	20.0	2.7	2.8

3. 您认为当前我国社会道德生活的基本方面

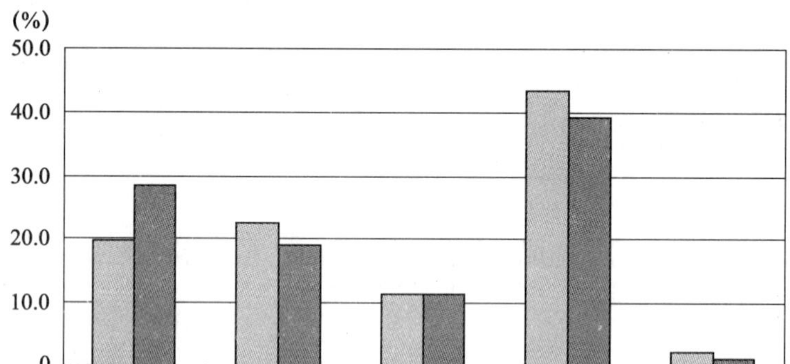

	意识形态中所提倡的社会主义道德	中国传统道德	西方文化影响而形成的道德	市场经济中形成的道德	其他
江苏	20.0	22.6	11.5	43.5	2.4
新疆广西	28.5	19.2	11.5	39.4	1.4

4. 您认为我国目前的人际关系

	江苏	新疆广西
总体良好，比十年前少了一些相互制约，比五年前多了些相互关怀	22.4%	26.6%
受功利原则支配，大多是相互利用	35.2%	26.6%
关系变简单了，但温情大大减少了	30.1%	26.6%
不满意，变得越来越恶化	9.6%	26.6%
对人际关系问题不感兴趣，因为它对我来说无意义	2.7%	26.6%

5. 您认为目前我国社会中道德和幸福的现实关系是

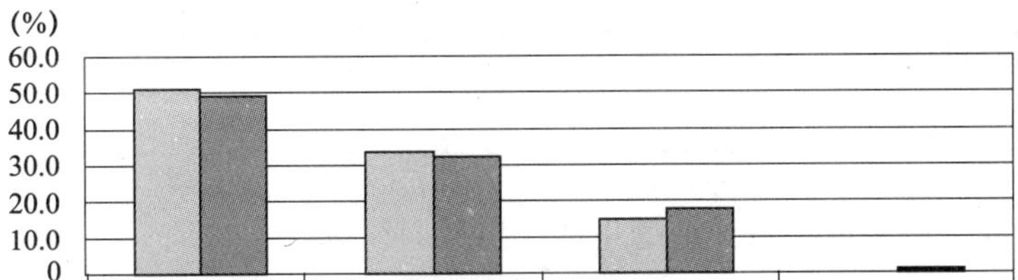

	总体上道德和幸福能够一致，能惩恶扬善	有道德讲伦理的人大都吃亏，不守道德的人获利	道德与幸福没有关系	其他
江苏	51.1	33.8	15.1	0.0
新疆广西	49.2	32.2	17.8	0.4

6. 您认为您目前的状况是

	江苏	新疆广西
生活水平提高了，但幸福感和快乐感降低了	41.7%	36.2%
生活富裕，但不感到幸福和快乐	18.6%	11.2%
生活小康，幸福且快乐	20.0%	14.8%
生活既不富裕也不小康，但幸福并快乐着	27.2%	40.3%
生活贫困，既不幸福也不快乐	8.4%	14.9%
生活富裕，幸福也快乐	7.5%	4.7%
幸福感和快乐度提高了	17.8%	19.8%
其他	2.4%	4.9%

7. 现在人们常常对记忆中或电影作品中 60 年代前人们简洁的人际关系、清朗的精神风貌和友好的社会风气心存怀念和向往，您认为导致现在这种变化的主要伦理原因是

	江苏	新疆广西
现在的人过于个人主义，只考虑自己，不顾他人	51.6%	58.0%
经济体制的变化，使社会的归宿感、安全感降低了	50.4%	41.2%
现在的人欲望太多太大	37.2%	36.8%
生活过于世俗化，再也没有心境过那种具有乌托邦式的生活	24.7%	23.4%
缺乏伦理理想和道德信念	18.7%	13.9%
生活压力太大，身心累得难以享受生活	41.7%	52.5%
社会的伦理道德素质下降	20.9%	21.0%
社会文化引导失当	19.7%	11.2%

续表

	江苏	新疆广西
国家意识形态和政府政策失当	9.8%	6.3%
其他	1.7%	1.4%

8. 对我国的伦理关系和道德生活，您最向往或怀念的是

	江苏	新疆广西
传统社会的伦理和道德	23.5%	21.7%
历史记载和现代文学作品中战争年代共产党人的革命道德	19.7%	19.1%
“文革”前的道德	7.9%	4.4%
现代市场经济下的道德	18.5%	10.8%
以上都不欣赏，西方道德最合理	6.7%	6.8%
无所谓向往或怀念，只要自己认可就行	22.3%	34.8%
其他	1.4%	2.5%

9. 您认为家庭和国家对于个人存在的意义是什么

	江苏	新疆广西
只是单个人需要和利益共同体，是手段，个人更重要	7.0%	4.5%
是个人安身立命的基础，比个人更重要	35.5%	31.0%
它们都是一种契约关系，根据个人需要可以建立也可以淡化或解除	17.1%	12.8%
家庭的意义重于个人，但国家不一定，它很抽象	18.6%	17.4%
家庭与民族重于个人，但国家的意义重于家庭	20.8%	33.0%
其他	1.0%	1.1%

10. 您认为一种合理的伦理道德状态应当是怎样的

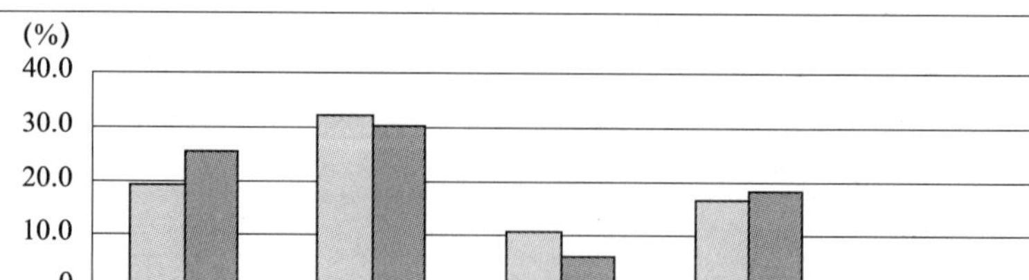

	个体应当首先有德性	社会首先要公正	个体德性比社会公正更重要	个体德性与社会公正应当统一	其他
□江苏	19.3	32.3	10.6	16.6	0.2
■新疆广西	25.2	30.2	6.2	18.2	0.9

11. 您认为处理婚姻关系，譬如决定离婚时，决定性的因素应当是

	江苏	新疆广西
自己的感受和利益，感觉不好就离婚，子女和父母的感受不重要	5.8%	3.9%
从家庭整体考虑，为了孩子应当相互迁就，实在过不下去才能离婚	66.4%	69.8%
婚姻应当是自由的，有更满意或更适合自己的就离婚	15.1%	17.0%
婚姻是社会的事，应当兼顾社会评价和社会后果	12.7%	9.3%

12. 您认为职业劳动

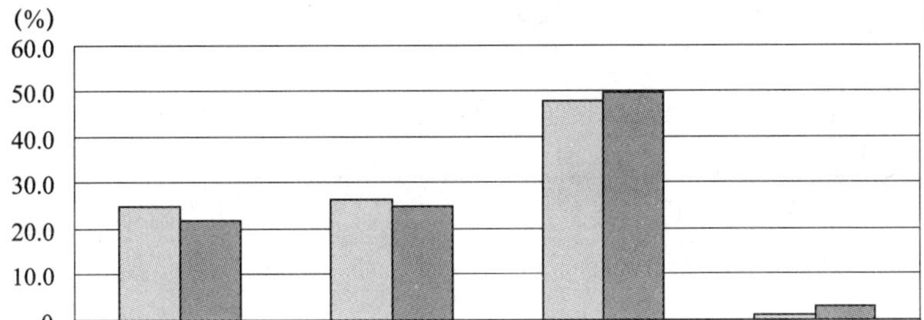

	只是谋生和挣钱的场所，是一种工具	是为社会创造财富，需要奉献	职业不仅是谋生手段，且是天职，有重要的目的	其他
江苏	24.8	26.3	48.0	1.0
新疆广西	22.0	24.9	49.9	3.2

13. 在公共生活中，个人之所以要讲道德，其原因是什么

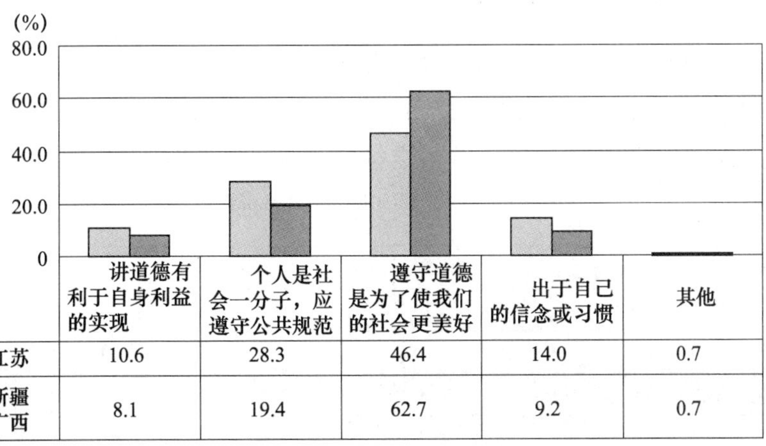

	讲道德有利于自身利益的实现	个人是社会一分子，应遵守公共规范	遵守道德是为了使我们的社会更美好	出于自己的信念或习惯	其他
江苏	10.6	28.3	46.4	14.0	0.7
新疆广西	8.1	19.4	62.7	9.2	0.7

14. 您的上司或导师是外国人，如果他侮辱了中国，但抗争会产生不利于自己的后果，您会怎样选择

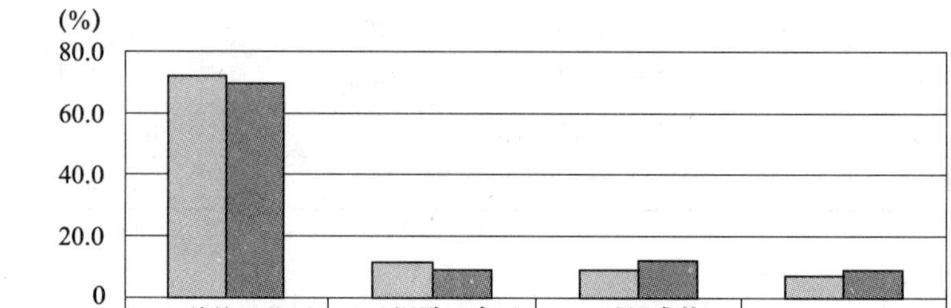

	抗议，侮辱中国就是侮辱了我	沉默，自己生存最重要，抗议是政府的事	以屈求伸，背后骂几句就行了	其他
江苏	72.4	11.3	9.4	7.0
新疆广西	69.8	9.3	12.2	8.8

15. 在《公民道德建设纲要》和“八荣八耻”中都以“祖国”和“人民”为道德的最重要的尺度，您是如何感受到“国家”和“人民”的存在的

	江苏	新疆广西
根据文化信念，它们在理论上是存在和重要的	19.7%	18.0%
根据现实生活，国家为我提供生活保障，人民让我有归宿感	49.8%	58.0%
它们是一种意识形态，只是一种抽象的观念	16.3%	11.4%
没有神圣性的国家和人民，它们只是个人与个人利益的契约集合体	9.0%	8.8%
没有感受到它们的存在，只感受到自己与他人的关系	4.9%	3.4%
其他	0.5%	0.2%

16. 您对现代家庭伦理中最忧虑的问题是

	江苏	新疆广西
婚姻不稳定，两性关系过度开放	40.0%	44.8%
子女尤其是独生子女缺乏责任感	59.7%	44.6%
子女不孝敬父母	24.0%	28.1%
代沟严重，价值观念对立	36.2%	36.0%
婆媳关系紧张	10.1%	11.3%
父母不民主，不能容忍差异	6.2%	9.4%
其他	2.2%	1.6%

17. 您认为目前职业道德中最突出的问题是

	江苏	新疆广西
把职业当作谋生的手段，缺乏对社会的责任感和奉献精神	59.9%	63.5%
业主和员工、上级和下级之间的利益关系不公正，剥削员工	35.1%	28.0%
业主和员工、上级和下级构成不当的利益链，共同对社会不负责任	32.9%	39.2%
领导或业主道德素质差	25.2%	22.0%
组织只是利益的博弈场所，缺乏伦理性与道德性	28.1%	24.0%
其他	1.4%	0.8%

18. 您认为目前社会公德中存在的最突出问题是

	江苏	新疆广西
坑蒙拐骗	25.9%	32.4%
人际关系冷漠，见危不救	61.6%	61.9%
诚信缺乏，社会信用度低	67.1%	58.1%
公共场所缺乏道德	27.3%	34.1%
自私自利，损人利己	34.8%	37.0%
缺乏爱心	26.1%	16.6%
缺乏公正心和正义感	42.0%	36.2%
缺乏羞耻感	13.7%	12.1%
私欲膨胀，人欲横流	27.6%	24.0%
干部贪污受贿，以权谋利	50.6%	54.9%
生活奢侈，铺张浪费	11.8%	17.0%
奉行功利主义，相互算计	15.6%	0.0%
企业行为损害社会利益	25.2%	0.0%
娱乐界以丑闻、绯闻炒作，污染社会风气	9.1%	0.0%
媒体缺乏社会责任，炒作新闻	12.2%	0.0%
社会财富分配不公，贫富悬殊过大	34.3%	0.0%

19. 您认为造成人与自然对立的主要原因是什么

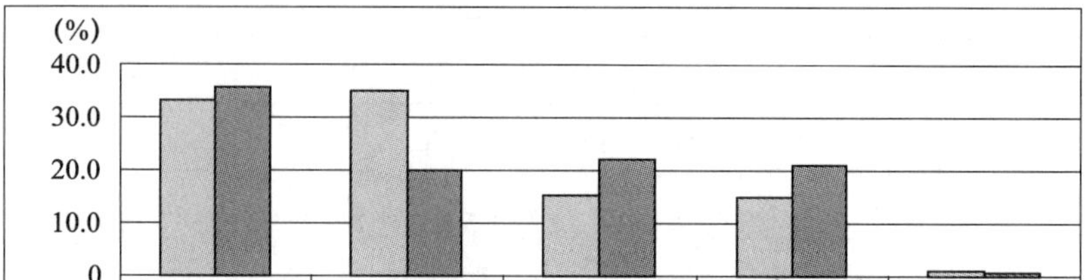

	企业唯利是图，造成环境污染	政府缺乏生态意识，政策失当	个人缺乏环保意识	当代人自私自利，不顾未来和子孙利益	其他
□江苏	33.2	35.1	15.5	15.0	1.2
■新疆广西	35.7	20.1	22.1	21.2	0.8

20. 您认为造成目前人际关系紧张的主要原因是

	江苏	新疆广西
客观上竞争激烈，利益冲突加剧	61.3%	62.5%
主观上竞争意识和竞争观念的过度宣扬和过度张扬	41.1%	40.7%
社会资源缺乏，引发恶性竞争	30.0%	21.1%
社会财富分配不公，贫富差距过大	61.5%	59.4%
过于个人主义，以自我为中心，对他人责任感淡漠	59.6%	70.1%
缺乏爱心	26.2%	21.1%
缺乏宽容	34.1%	35.3%
缺乏相互理解和沟通的意识和能力	39.9%	52.4%
制度安排不公正，机会不平等	45.2%	35.1%
一切服从于利益或法律，人际关系缺乏伦理调节的机制和能力	21.9%	23.1%
市场经济导致的社会同一性丧失	15.4%	14.2%
传统伦理瓦解，社会缺乏统一的价值观	31.5%	25.3%
其他	2.2%	2.0%

21. 您认为造成目前人与自身冲突，身心不和谐的主要原因是

	江苏	新疆广西
欲望过多过大，不能知足常乐	48.0%	51.6%
社会保障体系不健全，对自己和未来没有把握	40.7%	33.5%
竞争激烈，工作压力过大，身心疲惫	46.7%	58.0%
人与人之间缺乏信任感，遇到烦恼没有朋友能够倾诉和排解	39.3%	38.9%
社会环境缺乏安全感	25.8%	15.0%

续表

	江苏	新疆广西
个人的文化底蕴和文化积累不够，缺乏自我理解和自我调节能力	22.9%	26.9%
缺乏道德公正，没有道德的人总是讨便宜	19.3%	16.4%
缺乏理想和信念支持，精神没有寄托和归宿	25.1%	18.4%
生活压力太大	15.7%	21.7%
现代人缺乏安顿自己、化解内心矛盾的文化能力	9.2%	10.0%
其他	0.0%	0.2%

22. 您认为当今中国社会最基本的伦理冲突是

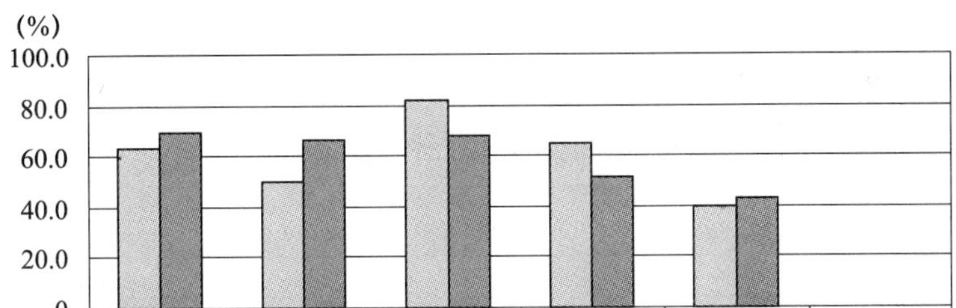

	人与自然的冲突	人自我内在的冲突	人与人之间的冲突	个人与社会的冲突	个人与政府的冲突	其他
江苏	63.3	50.2	81.8	64.6	40.1	0.0
新疆广西	69.9	66.6	67.9	51.9	42.6	0.1

23. 在下列伦理关系中，您最重视哪些关系

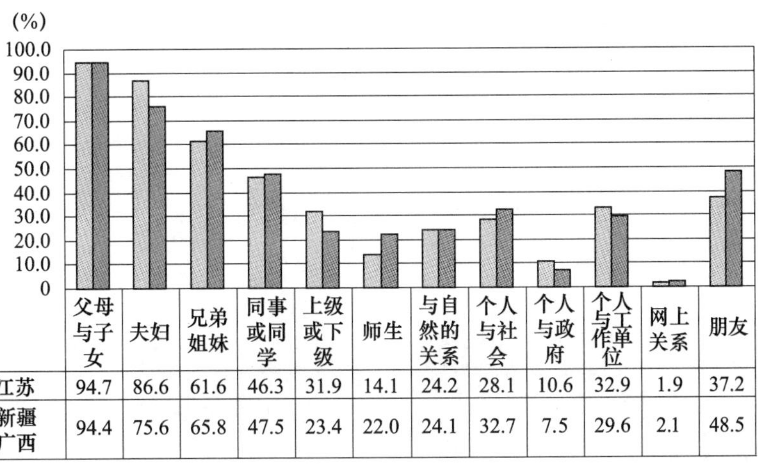

	父母与子女	夫妇	兄弟姐妹	同事或同学	上级或下级	师生	与自然的关系	个人与社会	个人与政府	个人与工作单位	网上关系	朋友
江苏	94.7	86.6	61.6	46.3	31.9	14.1	24.2	28.1	10.6	32.9	1.9	37.2
新疆广西	94.4	75.6	65.8	47.5	23.4	22.0	24.1	32.7	7.5	29.6	2.1	48.5

24. 您认为哪一种伦理关系对社会秩序和个人生活最具根本性意义

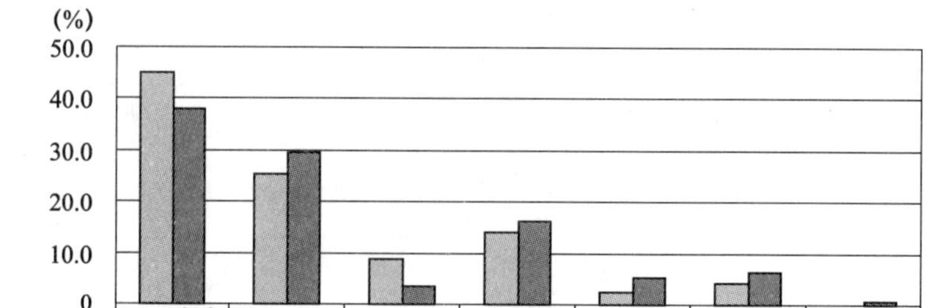

	家庭伦理关系或血缘关系	个人与社会的关系	职业伦理关系	个人与国家、民族的关系	人与自然的关系	个人与他自身的关系	其他
江苏	45.0	25.5	8.9	13.9	2.4	4.3	0.0
新疆广西	38.2	29.7	3.4	16.1	5.4	6.5	0.7

25. 男女或夫妇是否应当在社会生活和家庭中具有不同的伦理角色（如男主内，女主外），有一种说法："让妇女回到家庭去！"您是否同意

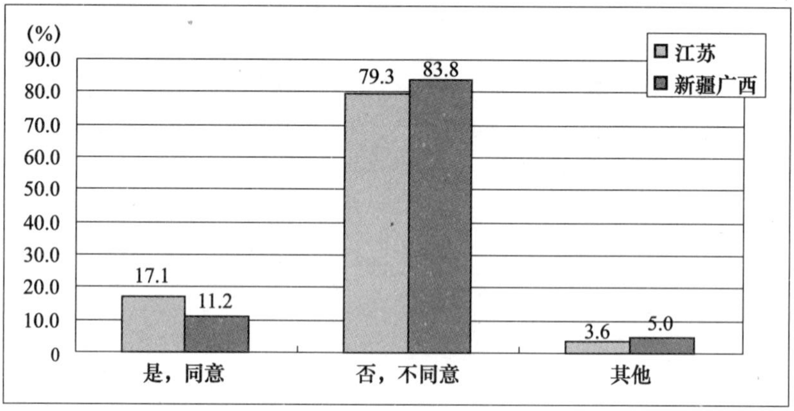

26. 您认为对待自然欲望的态度应当是怎样的

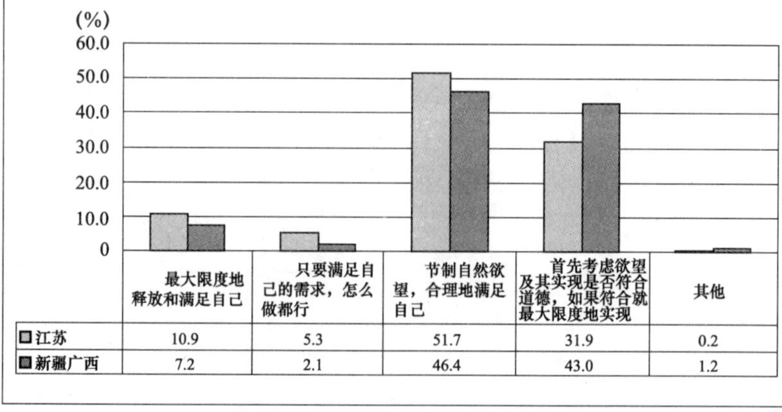

	最大限度地释放和满足自己	只要满足自己的需求，怎么做都行	节制自然欲望，合理地满足自己	首先考虑欲望及其实现是否符合道德，如果符合就最大限度地实现	其他
江苏	10.9	5.3	51.7	31.9	0.2
新疆广西	7.2	2.1	46.4	43.0	1.2

27. 您认为当今中国社会最重要也是最需要的德性是（限选五项）

	江苏	新疆广西
爱（仁爱，博爱，友爱）	73.8%	80.5%
义（义务，见利思义，按道德规范行事）	51.7%	43.5%
宽容	54.1%	43.5%
责任	67.5%	70.3%
正义或公正	57.0%	48.8%
诚信	71.9%	73.1%
忠恕	9.6%	5.9%
理智	9.4%	14.3%
节制	5.3%	6.7%
谦让	6.0%	6.0%
恭敬（对社会、道德准则、责任、义务，以及长上的恭敬）	9.9%	15.9%
勇敢	4.3%	6.9%
正直	13.2%	12.7%
善良	15.6%	17.6%
力行或知行合一	6.5%	6.6%
教养	13.5%	17.2%
孝悌	9.1%	13.5%
守节	2.2%	3.2%
中庸	4.3%	1.6%

28. 目前中国社会两性之间的性开放日益发展，它对社会风尚的影响是怎样的

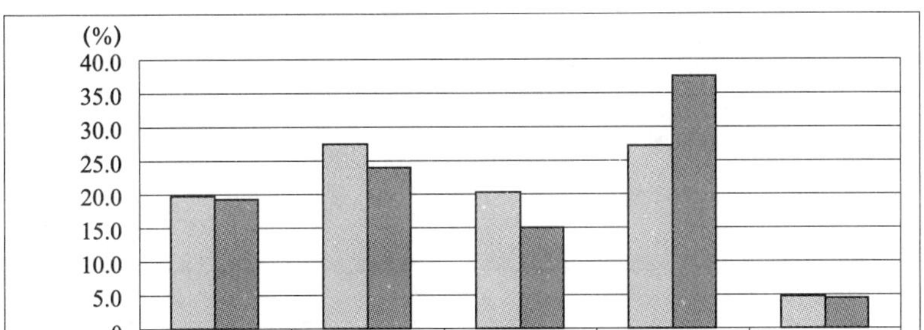

	是社会进步的表现	从根本上污染了社会风气	无所谓	两性关系的混乱必然导致道德沦丧	其他
江苏	19.9	27.6	20.3	27.4	4.8
新疆广西	19.1	24.0	14.9	37.5	4.5

29. 您认为目前我国社会对人际关系的伦理调节能力和个人行为的道德调节能力（限选一项）

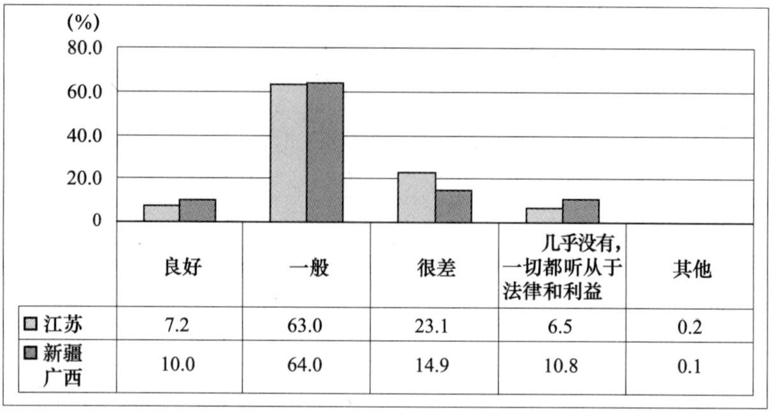

30. 当前中国社会中个体道德素质存在的主要问题是（限选一项）

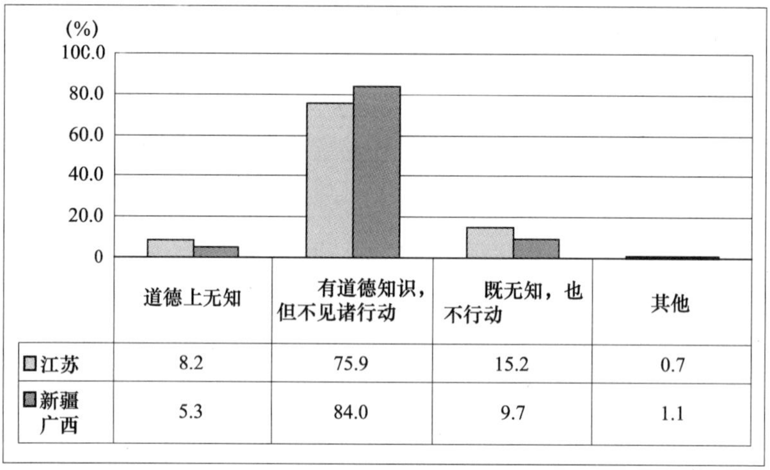

31. 您对自己的行为作出道德判断和道德选择的基本依据是（限选一项）

	江苏	新疆广西
己立立人，立达达人；己所不欲，勿施于人	33.1%	36.0%
老吾老以及人之老，幼吾幼以及人之幼	12.1%	19.1%
依据传统伦理	11.4%	9.8%
依据大多数人认同的道德规范	26.8%	19.6%
依据自己的利益	3.1%	1.4%
依据风俗习惯	0.5%	0.0%
依据自己的良心	12.6%	139.0%
其他	0.5%	0.2%

32. 您判断某个行为是否道德的主要依据是（限选两项）

	江苏	新疆广西
相信善有善报，恶有恶报，终将会善恶报应	42.5%	52.1%
不动心，按自己的准则和方式行事	37.0%	29.2%
一般不这样做，但在重要时刻仿效，以争取自己利益的最大化	14.4%	12.0%
一切由自己的利益决定，这是一种明智之举	3.1%	3.8%
其他	2.9%	2.8%

33. 您如何判断某种行为是否符合伦理或道德（限选两项）

	江苏	新疆广西
根据传统	19.9%	19.6%
根据风俗习惯	17.4%	14.0%
根据大多数人认同的道德规范	65.1%	53.7%
伦理道德本身就是一种契约，只要符合当事人共同利益和意志就行	19.4%	31.1%
根据自己的良心	54.2%	51.6%
不必那么复杂，自己利益最大化就行	5.1%	2.7%
其他	0.7%	1.8%

34. 看到社会上有时不讲道德的人讨便宜，守道德的人吃亏，您的反应是怎样的

	江苏	新疆广西
是否符合传统	15.3%	15.5%
是否达到利益最大化	14.5%	11.8%
别人的评价	10.4%	6.6%
自己的良心和信念	63.2%	61.5%
是否符合大多数人认同的规范	45.8%	43.9%
己立立人，立达达人；己所不欲，勿施于人	18.9%	22.2%
其他	0.7%	0.4%

35. 您常常体验到自己身上一种“伦理感”的存在，如感到自己不属于自己，而属于他人、属于某个集体、国家、民族，行为选择要服从于它，有一种要为它奉献的冲动吗（限选一项）

	江苏	新疆广西
没有，我只感受到我自己个人实实在在的生活	14.5%	13.1%
偶尔有，但主要是因为那种情况下我的利益与它一致	21.9%	21.7%
偶尔有，是在受某种作品或生活情境的影响之后	33.7%	38.9%
时常有，它是一种内在的信念	28.9%	25.6%
其他	1.0%	0.7%

36. 您常常体验到自己身上“道德感”的存在和满足吗？如社会行为不是出于本能欲望的冲动，而是道德考虑是否符合道德规则，在为别人奉献后有一种满足感（限选一项）

	江苏	新疆广西
没有，只是凭自己的意志和利益办事	13.3%	11.4%
在有监督的环境中有，其他环境中没有	15.7%	9.1%
能考虑行为符合公认的道德准则，但是出于社会评价的考虑	31.4%	41.9%
经常有，因为行为应当符合社会规则	38.4%	35.1%
其他	1.2%	2.5%

37. 当遭遇利益冲突，如名誉、利益受他人侵害，您首先的行为反应是（限选一项）

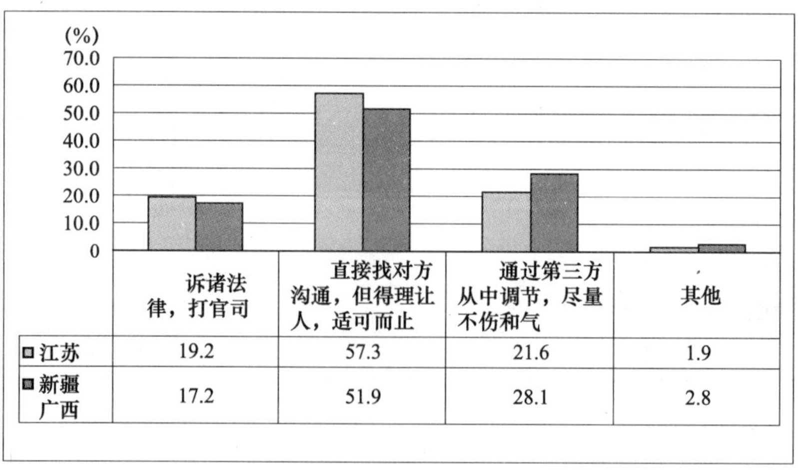

38. 您认为现代社会的大部分人有荣感或耻感吗（限选一项）

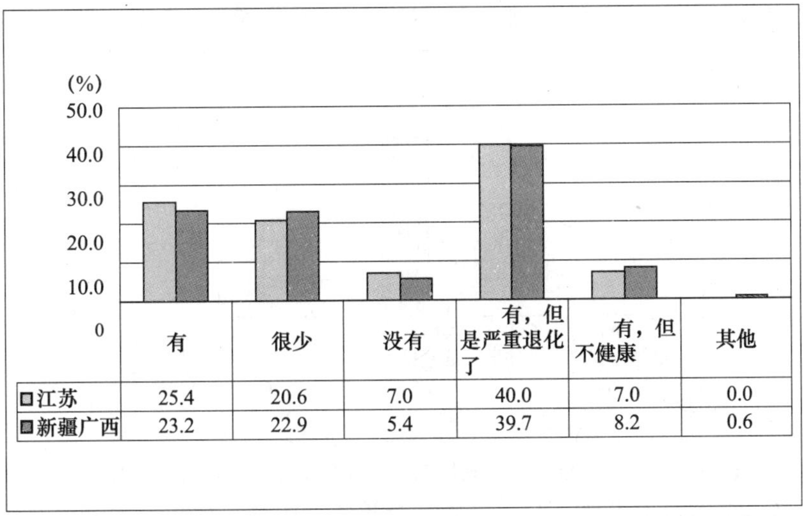

39. 一些政府机关，通过各种途径让本单位的干部子女在很好的幼儿园、小学、中学读书，您认为这种行为是（限选一项）

	江苏	新疆广西
为本单位人员谋福利，符合道德	9.8%	8.1%
以权谋私，属于政府行为不道德	39.1%	35.3%
是对社会公众的欺骗行为，严重不道德	11.0%	10.7%
符合本单位内部伦理，但严重侵蚀社会道德	16.8%	21.0%
是干部特权和政府谋私行为	22.3%	22.3%
其他	1.0%	2.6%

40. 在高校招生中，许多大学对本校教工子女降分录取，您认为这种行为（限选一项）

	江苏	新疆广西
理所当然	4.1%	3.9%
严重侵犯了公民利益，是不道德行为	46.0%	42.9%
符合高校内部的伦理，但不符合社会道德	31.4%	27.3%
司空见惯，无可奈何	17.3%	23.7%
其他	1.2%	2.2%

41. 您认为个人行为的不道德与集团行为的不道德（如企业污染，组织为自己及其成员谋取不正当利益等），哪一个对社会风气危害更大（限选一项）

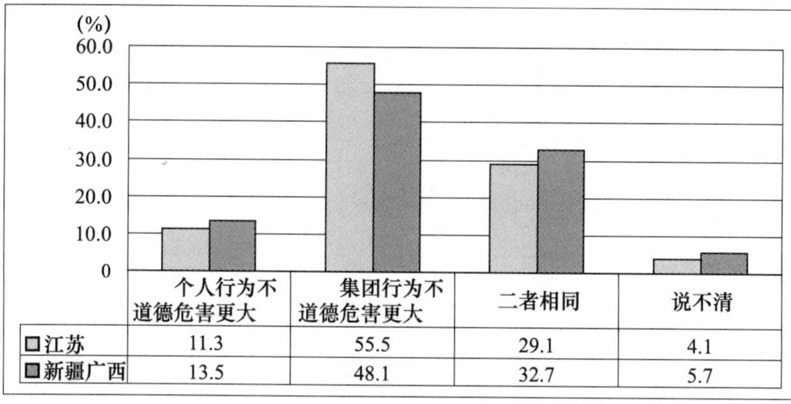

42. 如果您所在的单位有一项举措可以提高集体福利并使您个人得到利益，但会造成环境污染或社会公害，您会劝阻或举报吗（限选一项）

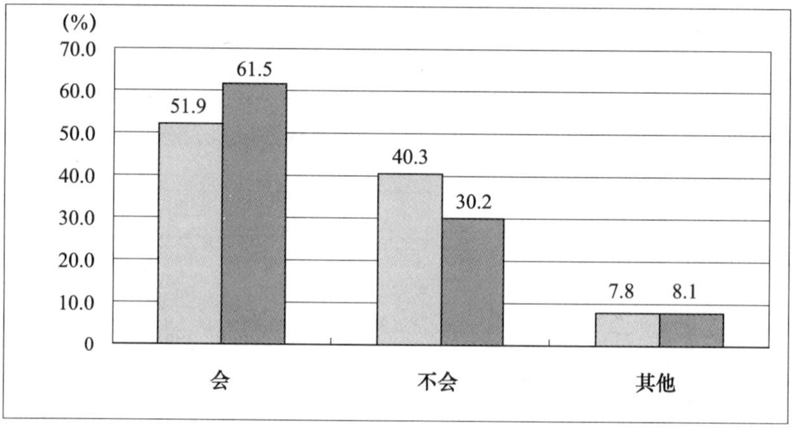

43. 您认为对现代中国社会伦理关系和道德风尚造成最大影响的因素是（限选一项）

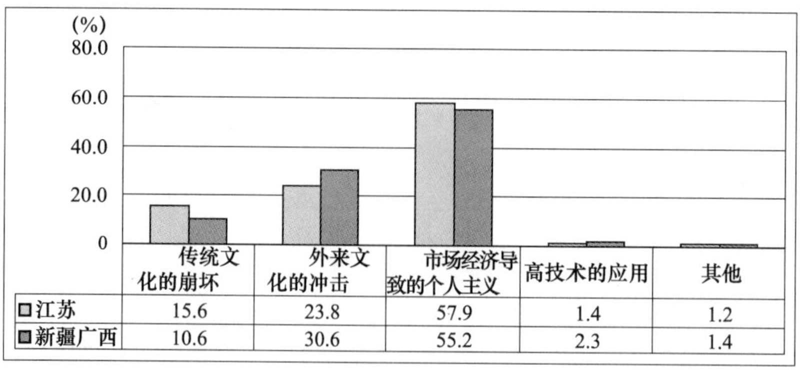

44. 您认为在自己的成长中得到最大伦理教益和道德训练的场所是（限选两项）

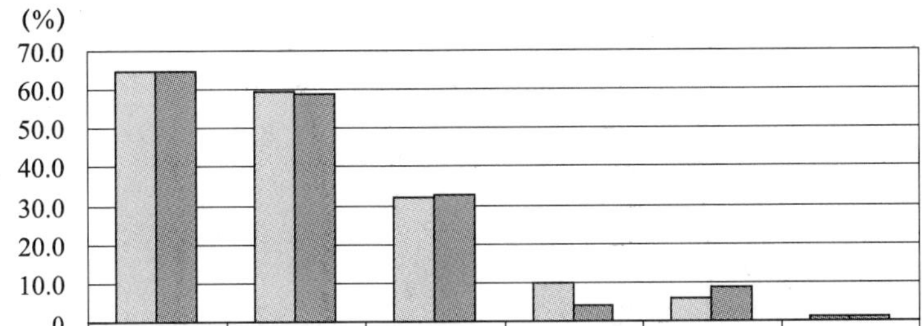

	家庭	学校	社会	国家或政府	媒体	其他
□江苏	64.5	59.7	32.4	10.1	6.0	1.0
■新疆广西	64.8	59.1	32.9	4.4	8.5	1.3

45. 您认为哪种因素应当对当今不良道德风尚负主要责任（限选两项）

	江苏	新疆广西
官员腐败	52.2%	53.7%
企业不讲诚信和损害社会利益	27.4%	22.9%
学校道德教育功能弱化	36.3%	27.9%
家庭伦理功能式微	20.0%	14.1%
社会的不良影响	51.4%	62.5%
其他	0.2%	0.7%

46. 您对哪类群体的伦理道德状况最不满意（限选两项）

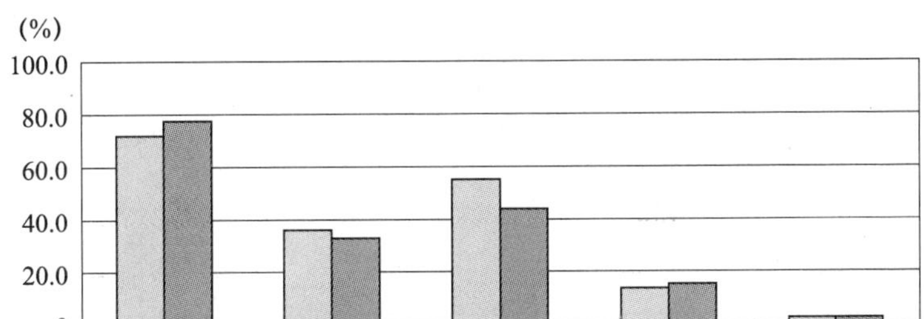

	政府，政府官员群体	企业，企业家群体	演艺娱乐界	学校	其他
□江苏	72.4	36.1	54.8	13.2	2.6
■新疆广西	77.4	33.2	44.4	15.2	2.5

47. 您认为我们的政府在制定政策和决策时充分考虑到伦理道德方面的要求（如保护社会公平、利益均衡、关怀弱势群体，以及大多数人利益和感受）吗（限选一项）

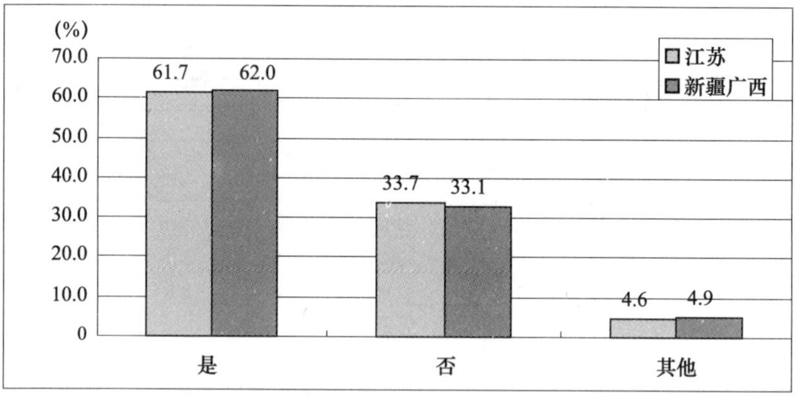

48. 对形成我国当前各种新型伦理关系和道德观念，哪些因素起主要作用（限选三项）

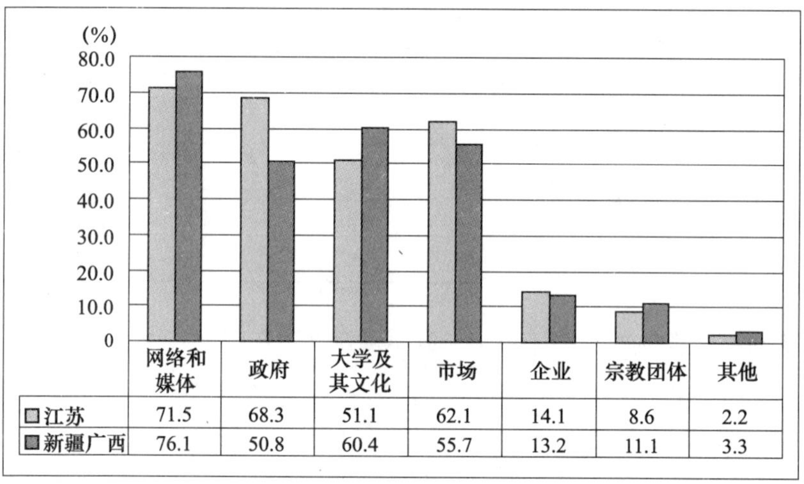

	网络和媒体	政府	大学及其文化	市场	企业	宗教团体	其他
江苏	71.5	68.3	51.1	62.1	14.1	8.6	2.2
新疆广西	76.1	50.8	60.4	55.7	13.2	11.1	3.3

49. 您认为信息技术、网络技术的发展对伦理关系的影响是（限选一项）

	江苏	新疆广西
联系方便了，但人与人之间的亲密度降低了	25.4%	24.6%
信息传递迅捷了，但人与人之间的伦理感削弱了	19.9%	18.1%
联系变得容易，但情感方面的沟通变得困难	19.2%	15.1%
效率提高了，但人与人之间情感的真实性降低了	31.4%	35.9%
传递信息的效率和伦理关系的质量都提高了	3.6%	5.0%
其他	0.5%	1.4%

50. 您认为市场经济对我国伦理道德的影响是（限选一项）

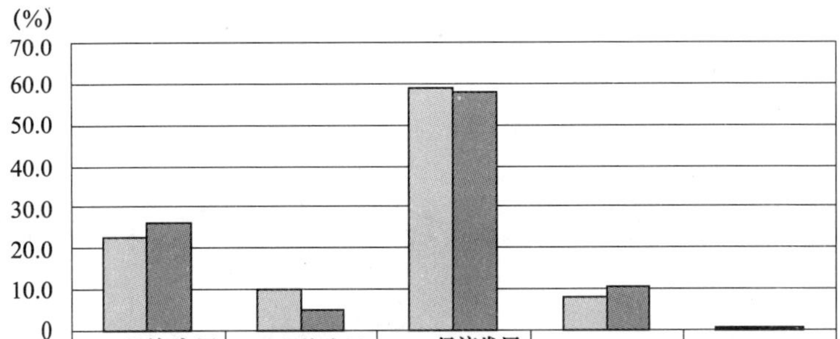

	经济发展了，人变得自私了	经济发展了，道德也更合理了	经济发展了，伦理道德也变化了	问题复杂，说不清	其他
□江苏	22.6	9.9	59.1	7.9	0.5%
■新疆广西	26.2	4.9	58.0	10.4	0.6%

51. 您认为全球化、西方文化对我国伦理道德的影响（限选一项）

	江苏	新疆广西
总体上积极，负面影响是次要的	21.2%	20.4%
误导和污染了中国的社会风气	7.0%	8.9%
中国人根本不了解西方伦理关系和道德生活的真实状况，表面的模仿导致了许多社会变态	63.0%	62.6%
很复杂，说不清	8.9%	8.0%

52. 您认为《公民道德建设纲要》及其实施对社会风尚的改善

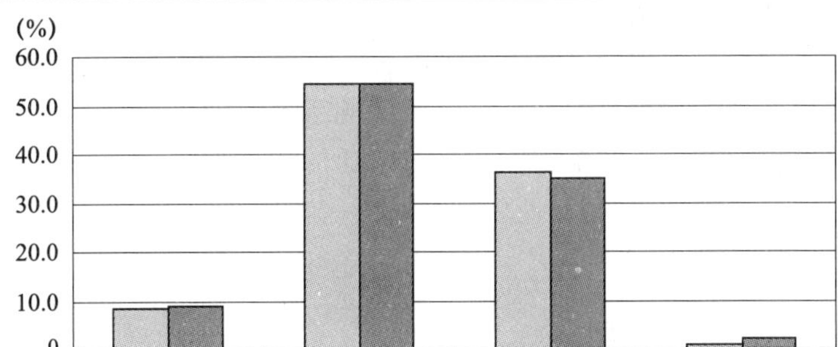

	收到很大效果	有效果，但很小	没有实质性效果	其他
□江苏	8.4	54.4	36.2	1.0
■新疆广西	8.8	54.3	34.9	2.0

（樊　浩）

三

公务员伦理关系、道德生活状况数据库(一)

前言：调查概况

调查内容为公务员群体的伦理关系和道德生活状况。

调查对象：江苏部分城市的公务员。

调查地点和抽样方法：由课题组统一随机抽样，选择在一些地方党校。第一次调查，选择了苏州市委党校和南京市委党校，调查时间在2006年4月。在第一次调查的基础上，根据问卷反馈，对问卷作了一些技术上的修改，随机选取南通市委党校和常州市委党校，调查时间在2006年9月。

问卷调查执行过程：自填问卷，委托党校工作人员在接受短期培训的公务员中发放，自行填写后帮助收回。

样本量：在苏州和南京市委党校共发放问卷120份，收回有效问卷88份。在南通和常州市委党校发放问卷400份，收回有效问卷291份。

样本质量评估：本项目的抽样，由大课题组统一随机抽取，在党校接受短期培训的公务员来自调查城市各个部门，具有广泛的代表性，问卷回收率比较高，四个地点在江苏也有代表性。

第一部分　基本信息

1. 性别、年龄和学历

	性别		年龄			学历			
	男	女	26—35岁	36—50岁	51岁以上	高中及以下	大专	本科	研究生及以上
频数	205	86	47	203	41	3	39	199	49
百分比	70.4	29.6	16.2	69.8	14.1	1.0	13.4	68.6	16.9

2. 职业状况

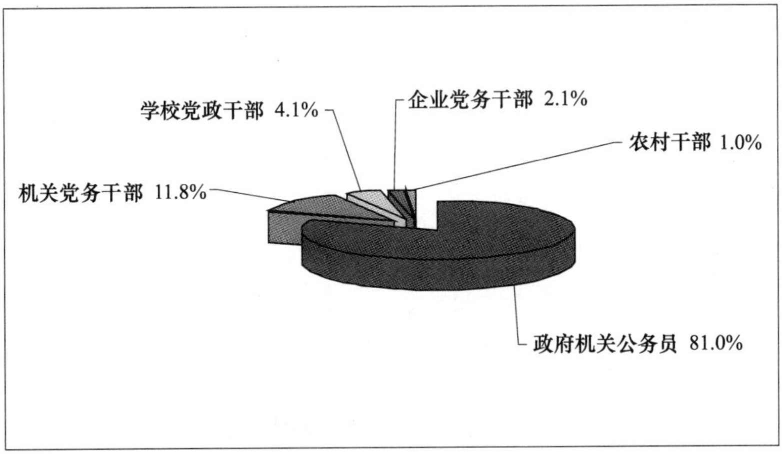

3. 收入状况

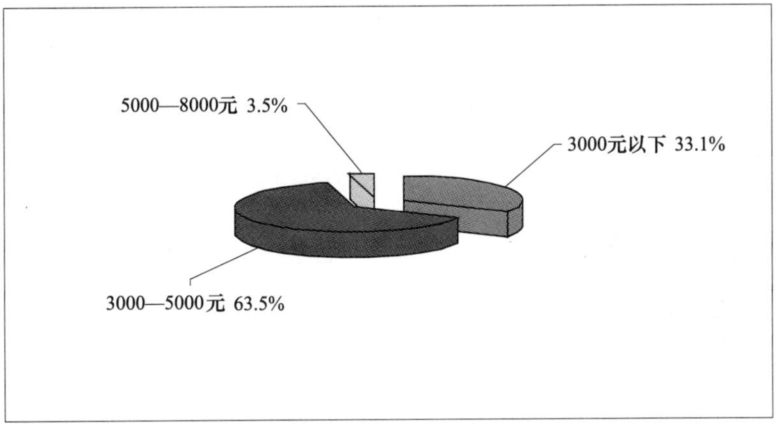

4. 宗教信仰状况

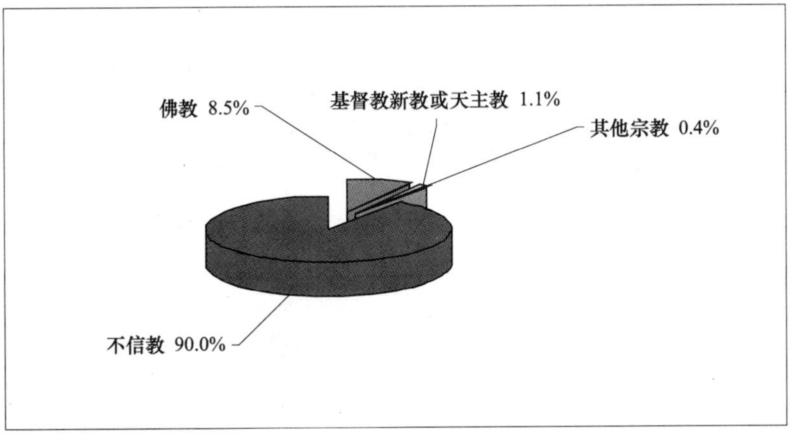

第二部分　调研信息

1. 职务级别

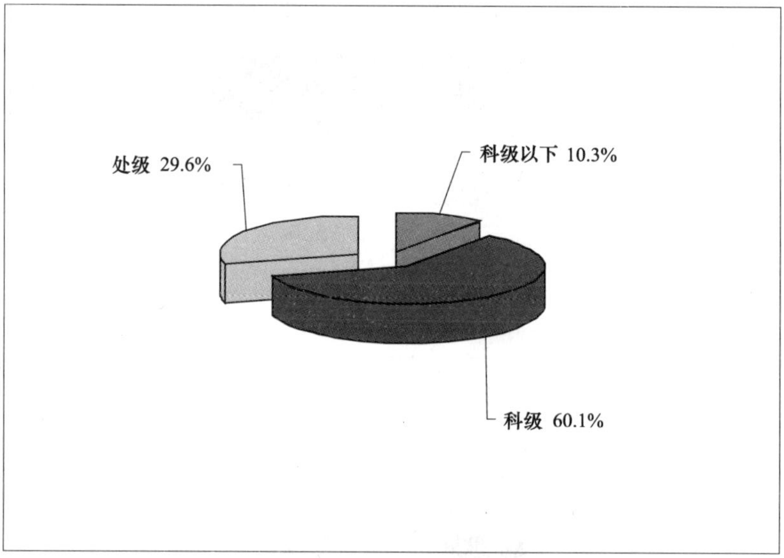

2. 从事公务员或党政工作的原因

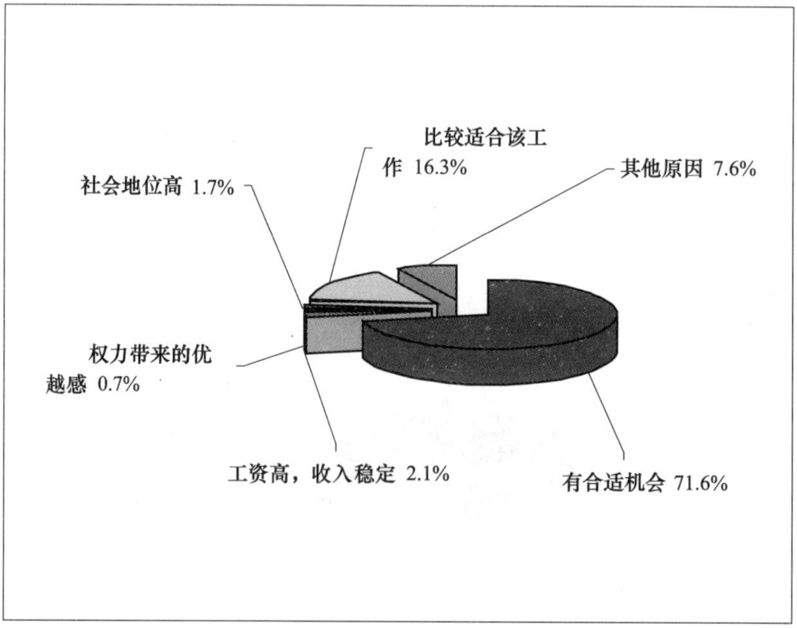

3. 党政职能部门在决策或处理某一事务时是否会考虑伦理因素

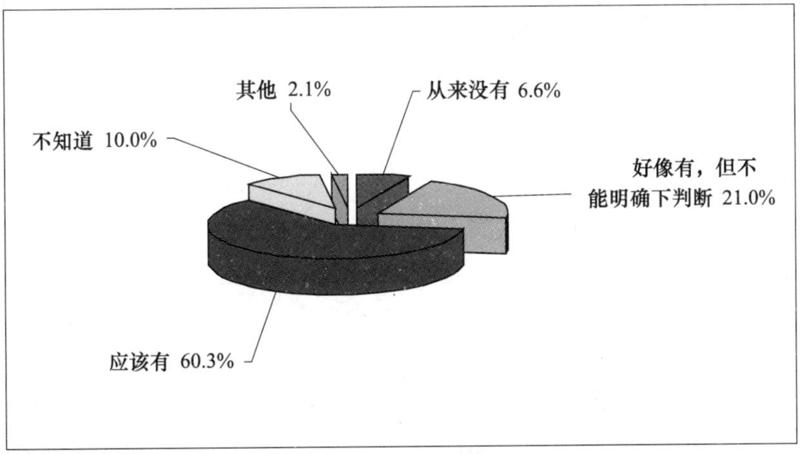

4. 在日常生活和工作环境中经常要处理的关系

本题为排序题，因此，笔者根据被访者所选的各种关系的重要程度进行排序，并最终计算出各种关系的平均得分，从而能够比较各种关系在公务员的日常生活和工作环境中的重要性。我们将最重要的关系赋值为 5 分，第二重要的关系赋值为 4 分，居于第三位的关系赋值为 3 分，后面的则依次赋值为 2 分、1 分，如果没选，则赋值为 0 分，从而计算每种关系的平均得分，其计算结果如下表所示。（后面所有排序题的计算方法相同）

	最重要		第二		第三		第四		第五		总得分	平均得分
	频数	得分	频数	得分	频数	得分	频数	得分	频数	得分		
隔辈的爷孙等长幼关系	6	30	2	8	8	24	11	22	5	5	89	0.31
父母与子女的关系	97	485	61	244	19	57	24	48	19	19	853	2.93
夫妻关系	68	340	89	356	29	87	16	32	14	14	829	2.85
亲兄弟姐妹关系	2	10	9	36	50	150	16	32	17	17	245	0.84
堂（表）兄弟姐妹关系	1	5	1	4	0	0	4	8	15	15	32	0.11
叔侄、舅甥等亲戚关系	0	0	0	0	1	3	0	0	1	1	4	0.01
与国家或政党的关系	7	35	3	12	6	18	6	12	5	5	82	0.28
与组织的关系	26	130	15	60	23	69	27	54	11	11	324	1.11
与上下级的关系	62	310	40	160	52	156	38	76	22	22	724	2.49
同事关系	17	85	52	208	40	120	55	110	43	43	566	1.95
朋友关系	1	5	5	20	33	99	27	54	41	41	219	0.75

续表

	最重要		第二		第三		第四		第五		总得分	平均得分
	频数	得分	频数	得分	频数	得分	频数	得分	频数	得分		
互联网上的网友关系	0	0	0	0	0	0	0	0	2	2	2	0.01
与自然界的生态环境关系	1	5	4	16	8	24	7	14	13	13	72	0.25
其他	1	5	0	0	0	0	0	0	1	1	6	0.02

5. 最重要的伦理关系

	最重要		第二		第三		第四		第五		总得分	平均得分
	频数	得分	频数	得分	频数	得分	频数	得分	频数	得分		
隔辈的爷孙等长幼关系	8	40	3	12	12	36	10	20	7	7	115	0.40
父母与子女的关系	131	655	85	340	10	30	14	28	13	13	1066	3.66
夫妻关系	100	500	124	496	16	48	10	20	11	11	1075	3.69
亲兄弟姐妹关系	0	0	8	32	83	249	13	26	13	13	320	1.10
堂（表）兄弟姐妹关系	1	5	0	0	3	9	7	14	5	5	33	0.11
叔侄、舅甥等亲戚关系	0	0	0	0	2	6	2	4	11	11	21	0.07
与国家或政党的关系	11	55	6	24	8	24	6	12	4	4	119	0.41
与组织的关系	12	60	15	60	30	90	25	50	14	14	274	0.94
与上下级的关系	13	65	20	80	59	177	64	128	25	25	475	1.63
同事关系	6	30	16	64	34	102	67	134	56	56	386	1.33
朋友关系	2	10	5	20	23	69	30	60	47	47	206	0.71
互联网上的网友关系	0	0	0	0	0	0	0	0	3	3	3	0.01
与自然界的生态环境关系	6	30	4	16	2	6	8	16	15	15	83	0.29
其他	0	0	0	0	0	0	0	0	1	1	1	0.00

6. 会关注处理的伦理关系

	最重要		第二重要		第三重要		总得分	平均得分
	频数	得分	频数	得分	频数	得分		
隔辈的爷孙等长幼关系	3	9	0	0	3	3	12	0.04
父母与子女的关系	77	231	67	134	24	24	389	1.34
夫妻关系	89	267	69	138	29	29	434	1.49
亲兄弟姐妹关系	0	0	6	12	17	17	29	0.10
堂（表）兄弟姐妹关系	0	0	0	0	1	1	1	0.00
叔侄、舅甥等亲戚关系	0	0	0	0	1	1	1	0.00
与国家或政党的关系	19	57	4	8	5	5	70	0.24
与组织的关系	34	102	24	48	13	13	163	0.56
与上下级的关系	38	114	54	108	56	56	278	0.96
同事关系	16	48	49	98	68	68	214	0.74
朋友关系	5	15	6	12	33	33	60	0.21
互联网上的网友关系	0	0	0	0	0	0	0	0.00
与自然界的生态环境关系	8	24	7	14	7	7	45	0.15

7. 工作中的工作氛围和人际关系

	最重要		第二		第三		总得分	平均得分
	频数	得分	频数	得分	频数	得分		
感到充满友爱	81	243	22	44	16	16	303	1.04
我经常帮助别人，别人也经常帮助我	79	237	88	176	18	18	431	1.48
大家办事都比较公正	27	81	47	94	57	57	232	0.80
感到好像冷冰冰的	8	24	5	10	9	9	43	0.15
没什么特别的感受，大家做自己的事	63	189	38	76	20	20	285	0.98
有心理上的紧张感	7	21	19	38	24	24	83	0.29
非常受重用，工作很有成就感	12	36	8	16	20	20	72	0.25
非常受到尊重	5	15	6	12	27	27	54	0.19
感到不怎么受到尊重和重用，也没有多少成就感	7	21	20	40	21	21	82	0.28
其他	2	6	5	10	5	5	21	0.07

8. 有无必要对公务员提出特殊的道德要求

	频数	百分比
没必要提倡，公务员和一般公民一样，不犯法就可以了	14	4.81
公务员应该比一般公民有更高的道德要求	133	45.70
应该提倡公务员职业道德	107	36.77
从政有从政的游戏规则，谈不上道德不道德	8	2.75
除了有职业道德要求，公务员应该有更高的伦理素养和道德境界	120	41.24

9. 家庭和婚姻观

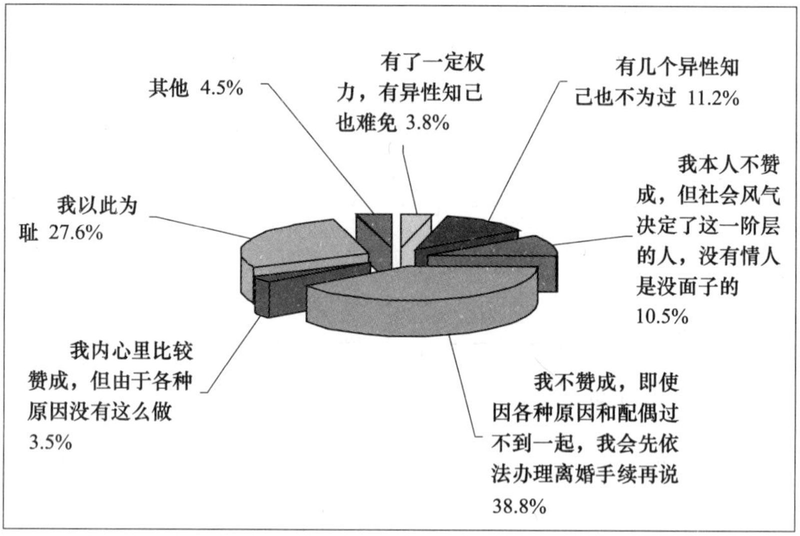

10. 对于出国逾期不归的看法

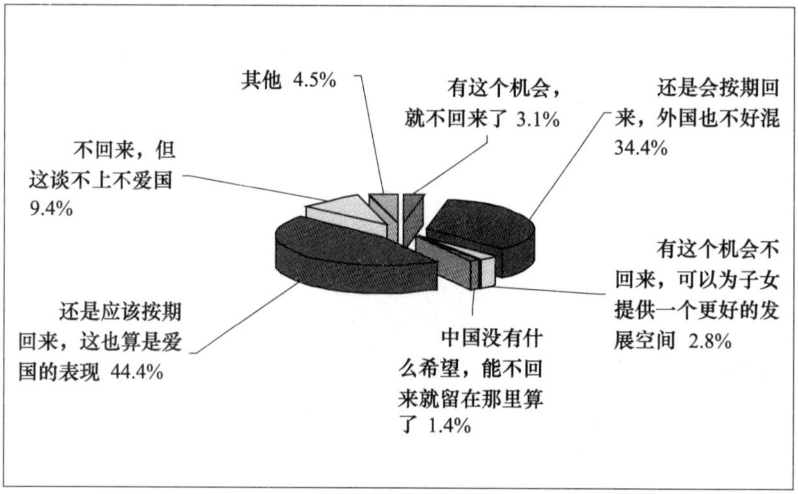

11. 如何处理发展经济与善待环境的关系

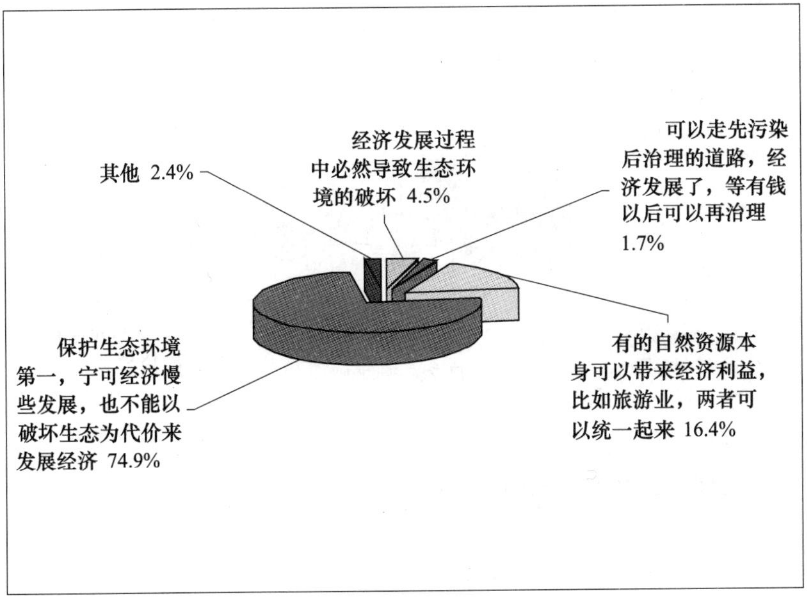

12. 最不满意的伦理关系

	最重要		第二		第三		第四		第五		总得分	平均得分
	频数	得分	频数	得分	频数	得分	频数	得分	频数	得分		
父母与子女关系	20	100	3	12	6	18	5	10	1	1	141	0.48
夫妻关系	11	55	15	60	4	12	2	4	3	3	134	0.46
亲戚关系	31	155	14	56	20	60	7	14	2	2	287	0.99
与组织的关系	24	120	21	84	14	42	6	12	3	3	261	0.90
与上下级的关系	55	275	42	168	10	30	4	8	4	4	485	1.67
同事关系	15	75	24	96	20	60	11	22	5	5	258	0.89
朋友关系	8	40	9	36	9	27	11	22	8	8	133	0.46
互联网上的网友关系	18	90	17	68	4	12	4	8	3	3	181	0.62
与自然生态环境的关系	74	370	19	76	7	21	6	12	14	14	493	1.69
其他	7	35	2	8	2	6	1	2	1	1	52	0.18

13. 影响个人发展的因素

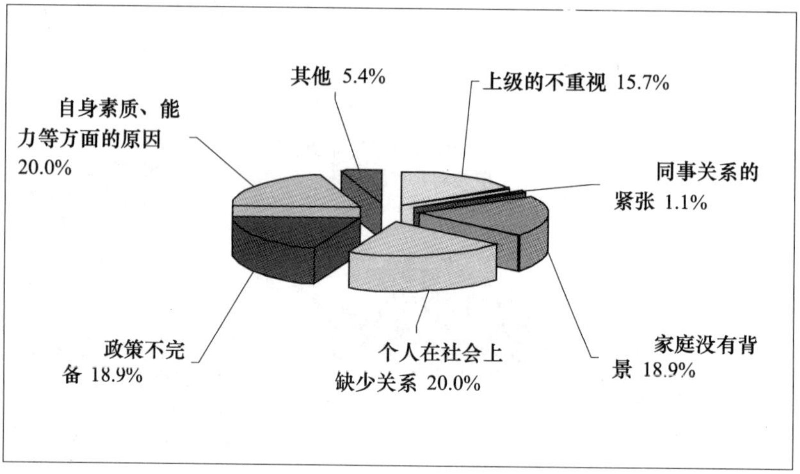

14. 有人能够快速升迁的原因

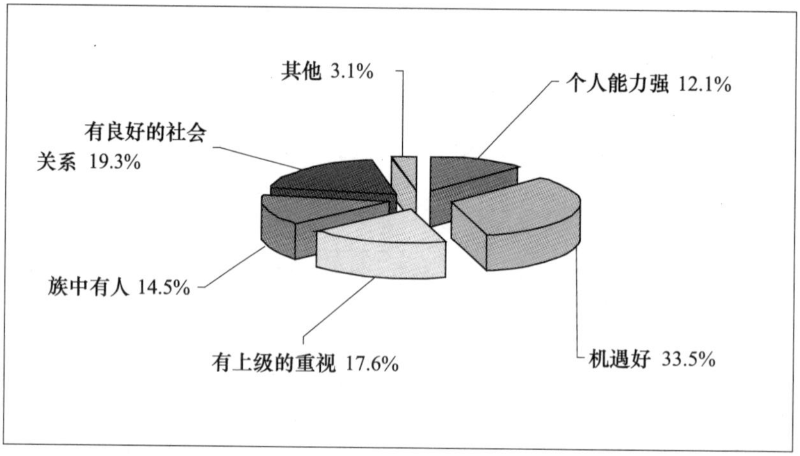

15. 互联网对各种关系的影响

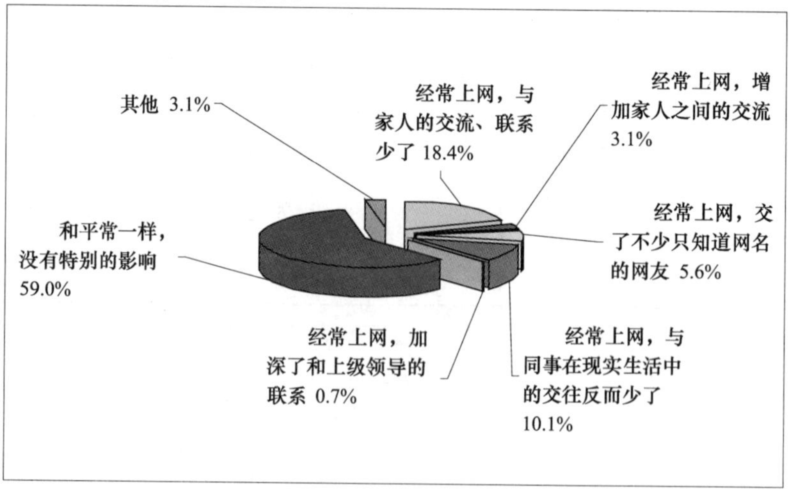

16. 我国市场经济的发展对各种关系的影响

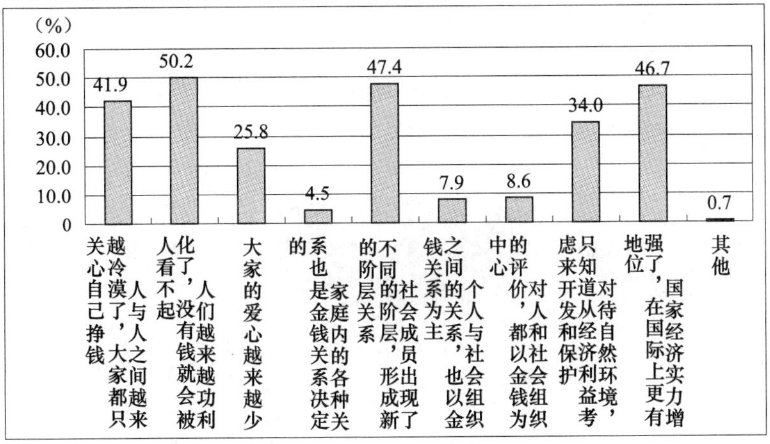

17. 当前我国缺少行政道德的原因

	频数	得分	频数	得分	频数	得分	总分	平均得分
市场经济	76	228	0	0	0	0	228	0.8
高技术	0	0	7	13	0	0	13	0.1
全球化	17	50	7	13	3	3	66	0.2
特权腐败	116	347	43	86	7	7	440	1.5
片面政绩	43	129	102	205	17	17	351	1.2
制度缺陷	17	50	49	99	40	40	188	0.7
分配不公	20	59	33	66	106	106	232	0.8
公民权利受侵犯	0	0	10	20	33	33	53	0.2
百姓素质低	0	0	0	0	30	30	30	0.1

18. 社会上出现各种冲突的原因

	频数	百分比
市场经济的负面影响	86	29.55%
高技术的大量运用带来的负面影响	5	1.72%
西方的全球化带来的负面影响	17	5.84%
一些官员的特权和腐败	164	56.36%
一些官员对于政绩的片面追求	133	45.70%
有些制度设计的缺陷	129	44.33%
社会财富分配的不公，少数人占有了大多数的财富	166	57.04%
公民的权利受到侵犯	82	28.18%
百姓的素质低下	34	11.68%
其他	2	0.69%

19. 公务员在处理个人和亲友相关事情时的思考基点

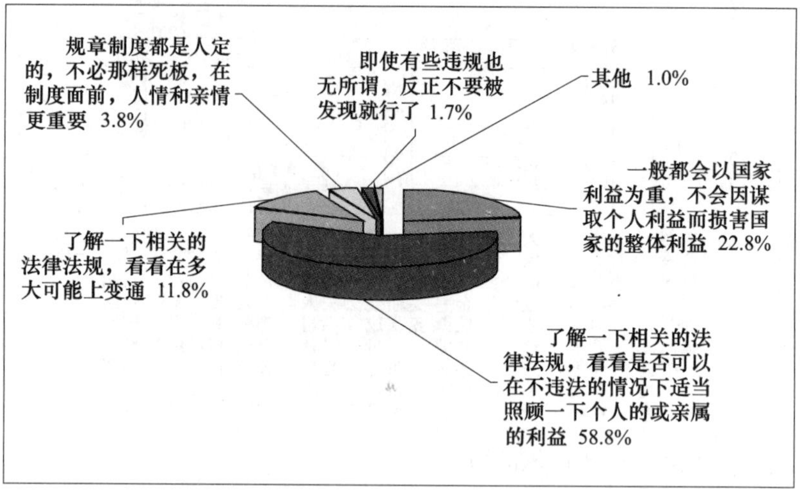

20. 公务员对于现金收入外快的可能处理方法

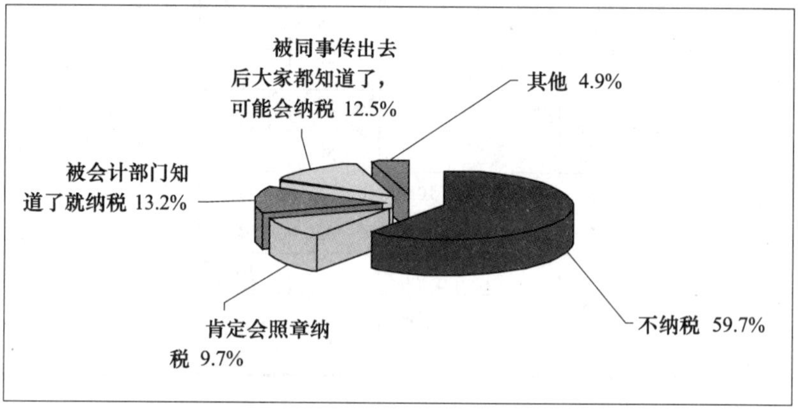

21. 公务员如何处理竞争性的升迁机会

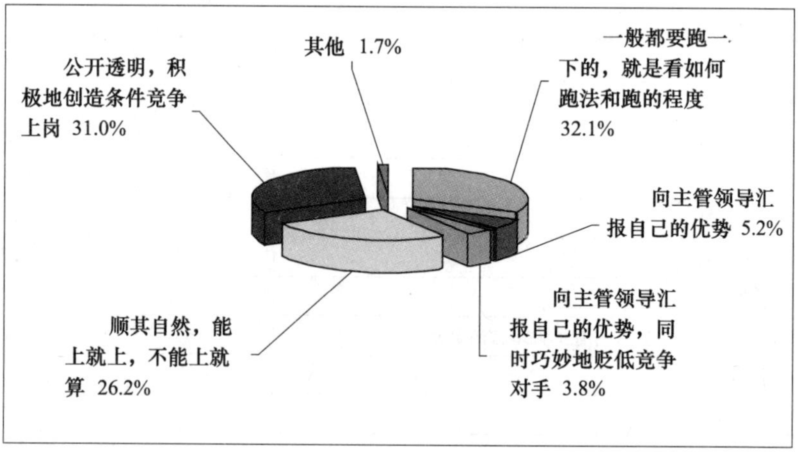

22. 一个公务员或党政干部的最大幸福

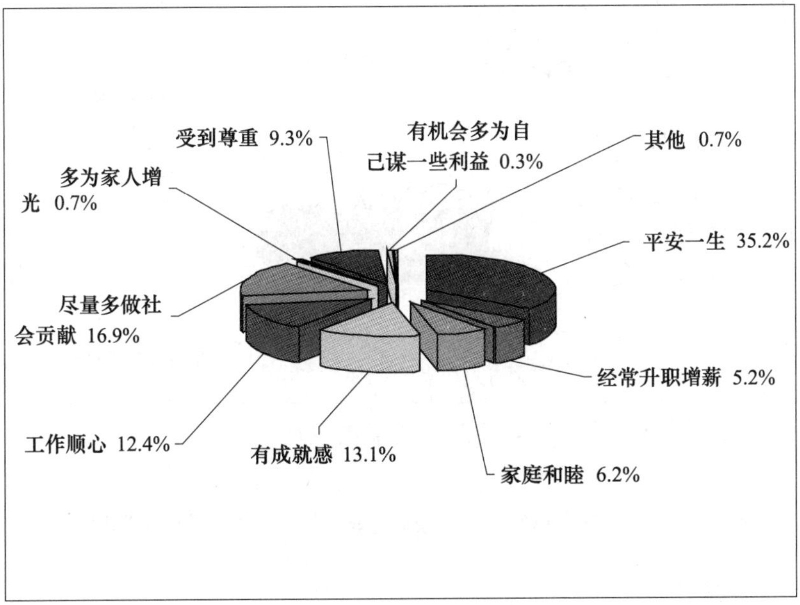

23. 作为公务员最重要的美德或思想品德

	最重要		第二重要		第三重要		总得分	平均得分
	频数	得分	频数	得分	频数	得分		
对事业忠诚，爱岗敬业	169	507	17	34	18	18	559	1.92
诚信	60	180	80	160	18	18	358	1.23
服从上级	1	3	7	14	14	14	31	0.11
公正	23	69	75	150	39	39	258	0.89
智慧	0	0	10	20	18	18	38	0.13
廉洁奉公	18	54	52	104	54	54	212	0.73
勤政为民	9	27	24	48	53	53	128	0.44
艰苦奋斗	0	0	3	6	6	6	12	0.04
有公仆意识	10	30	13	26	56	56	112	0.38

24. 如何看待“弱势群体”

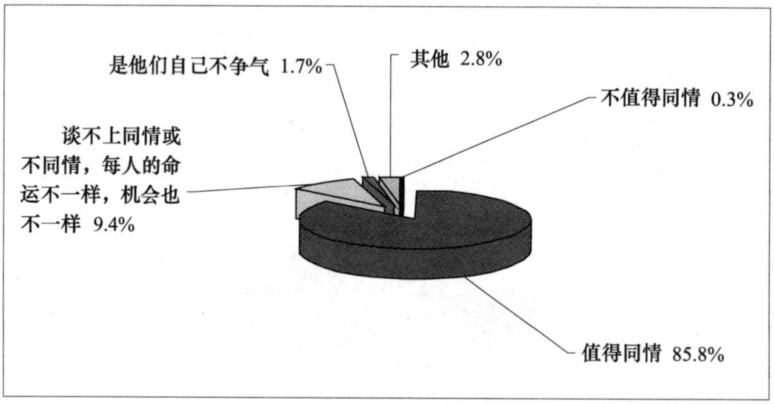

25. 作为公务员或党政干部，感到最羞耻的事情

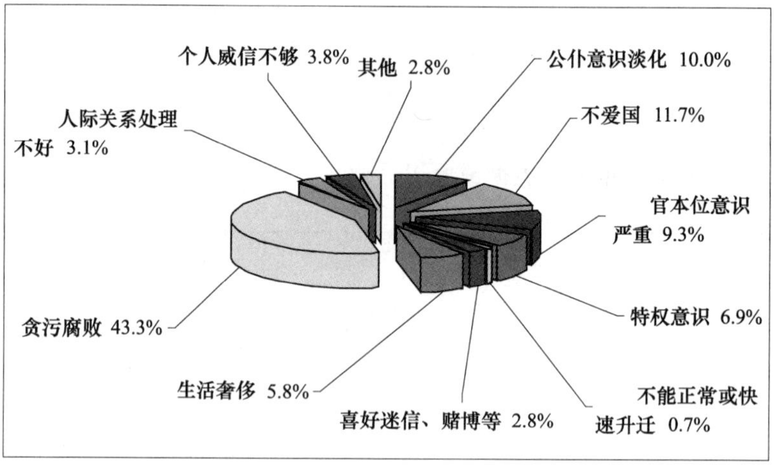

26. 公民应该具有的最基本的道德品质

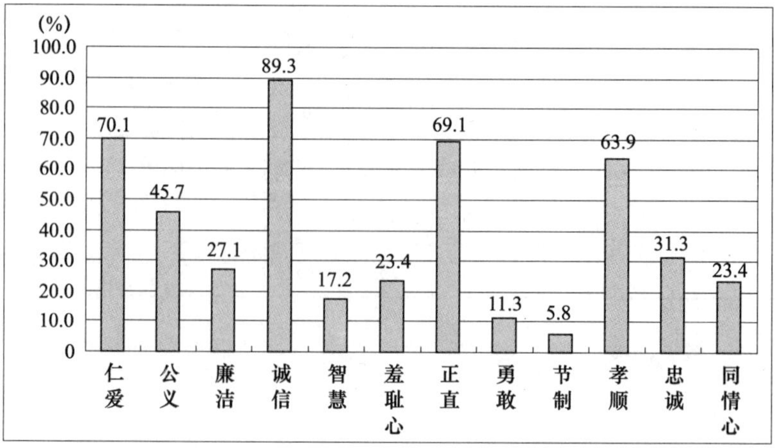

28. 公务员或党政干部如何面对冬天里的落水乞丐

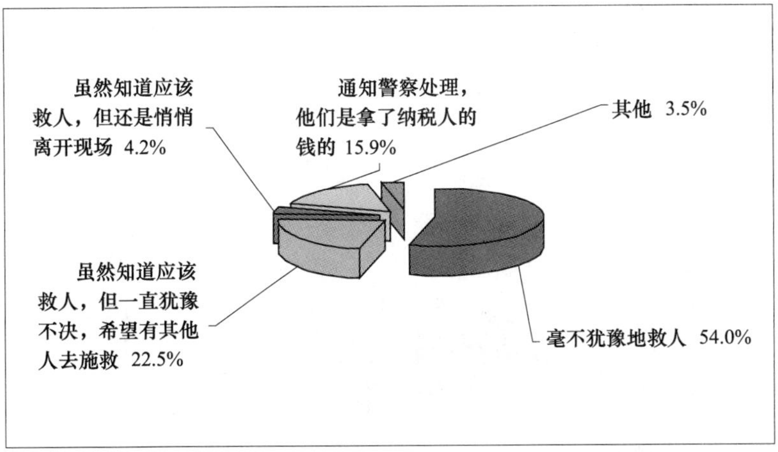

29. 公务员会如何处理面向受灾地区的捐献活动

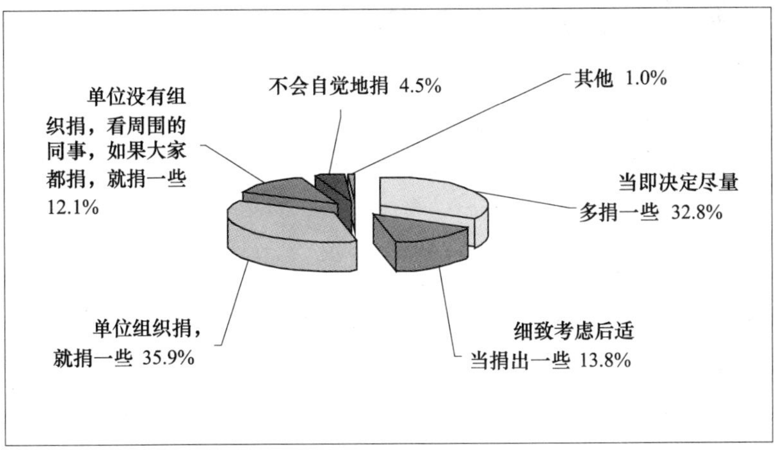

30. 如何看待一个公务员因救落水乞丐而牺牲

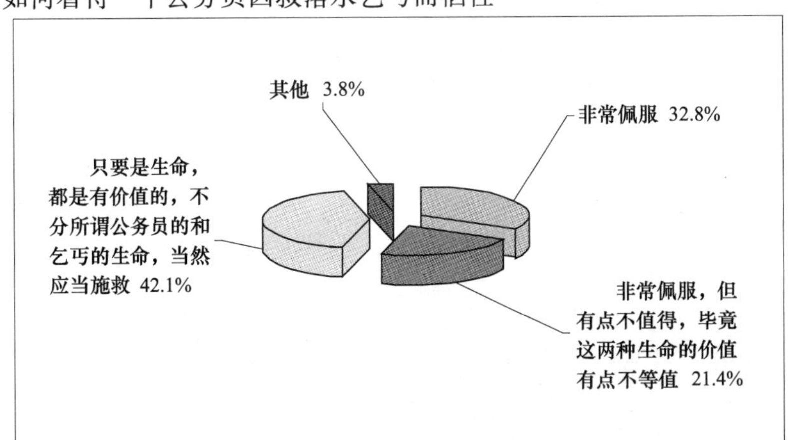

31. 如何处理自身所面临的权益受侵犯

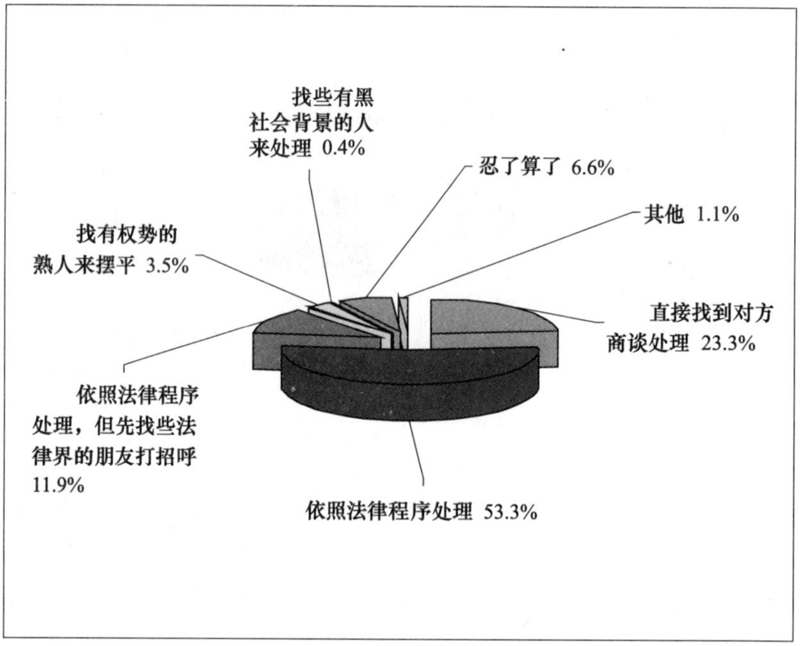

32. 目前我国的公务员队伍的道德状况

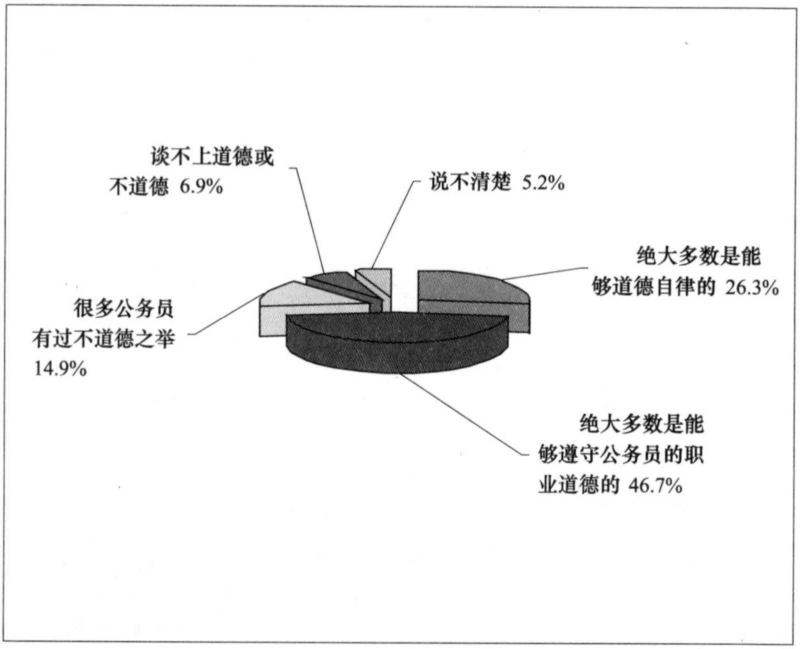

33. 互联网对公务员的道德生活的影响

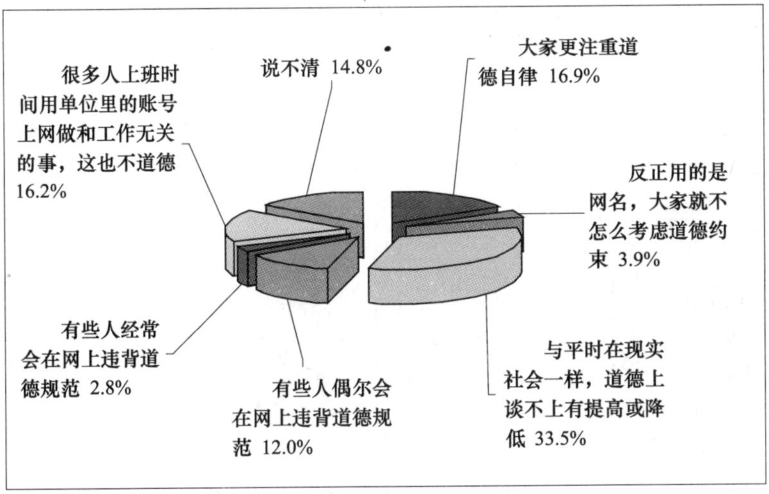

34. 市场经济的发展对公务员的道德生活的影响

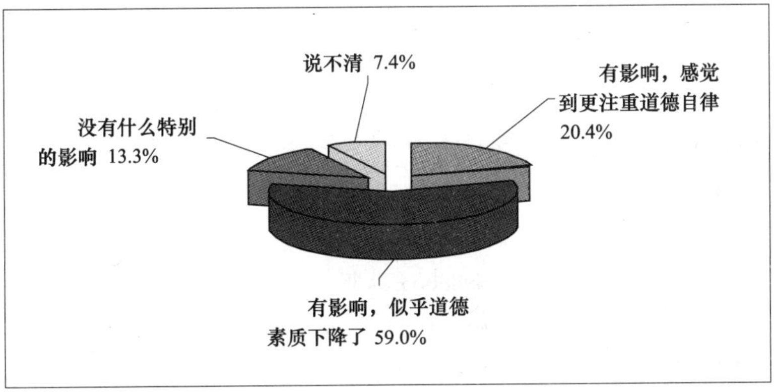

35. 西方的全球化扩张对我国公务员的道德生活的影响

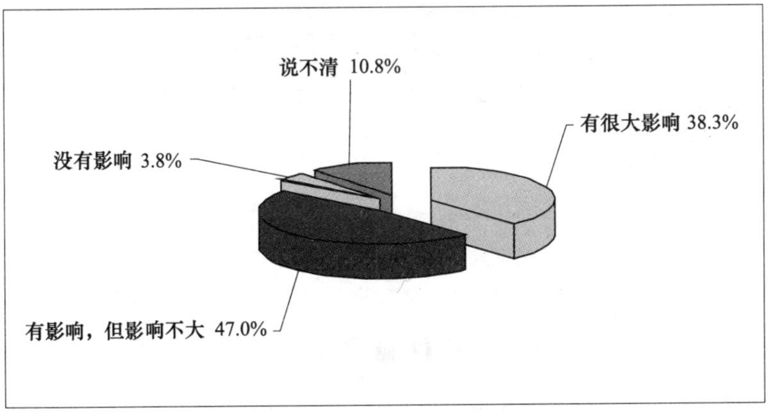

36. 我国目前最能发挥伦理道德功能的伦理实体

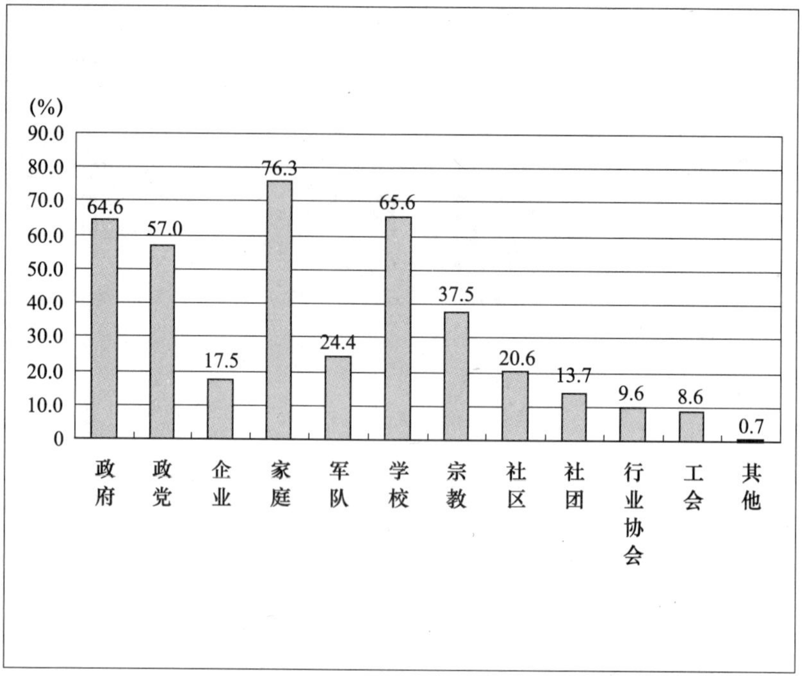

37. 政府通常会如何处理负面事件

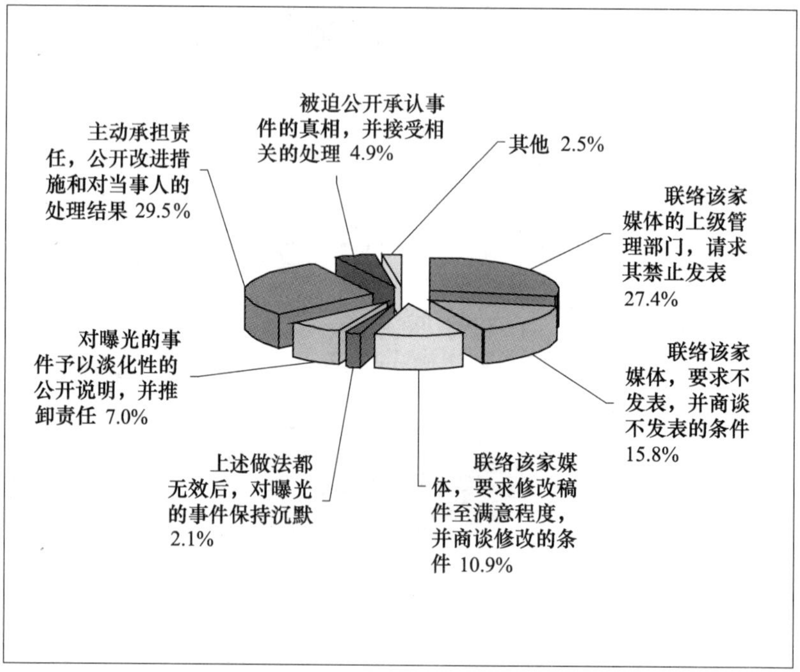

38. 相关职能部门会如何处理污染很重但利税很大的企业

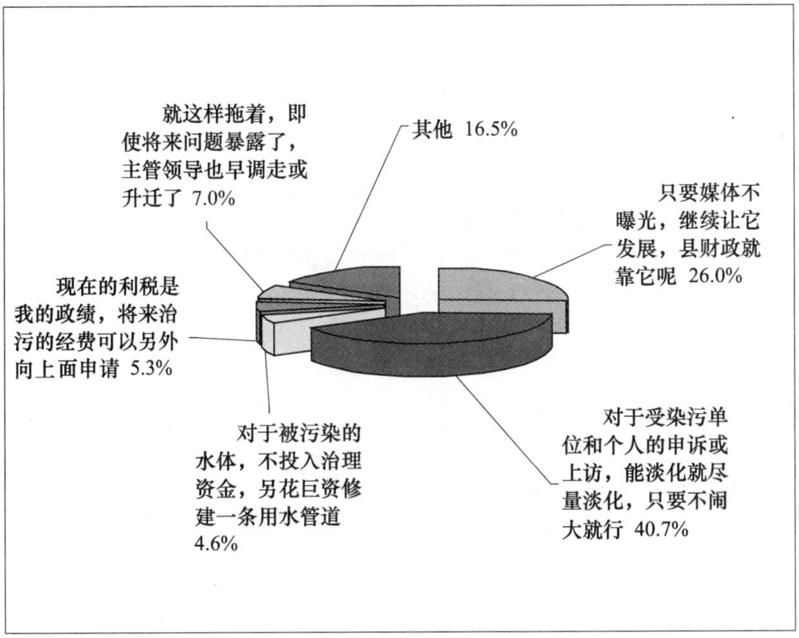

39. 某职能部门对生产事故的处理方法

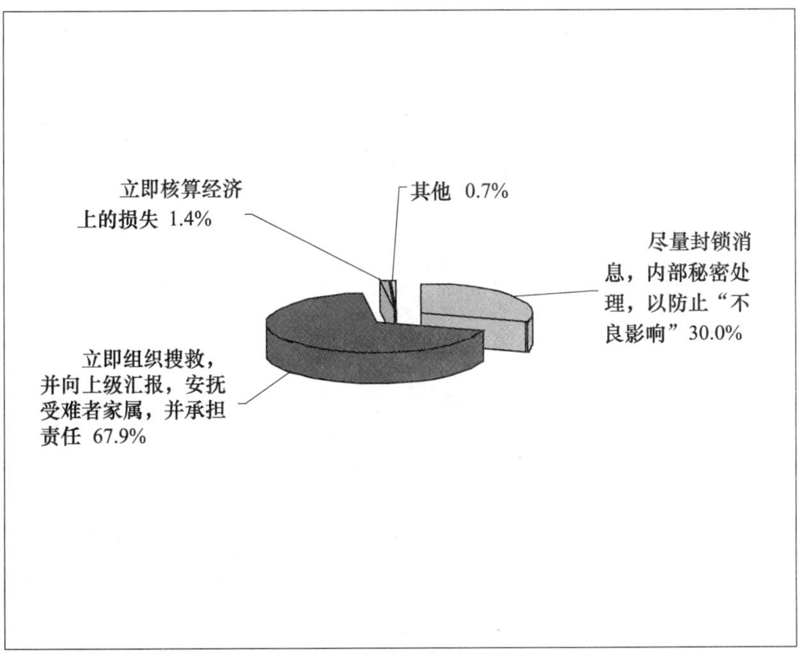

40. 政府实体的组织伦理和公务员的个人品德之间的关系

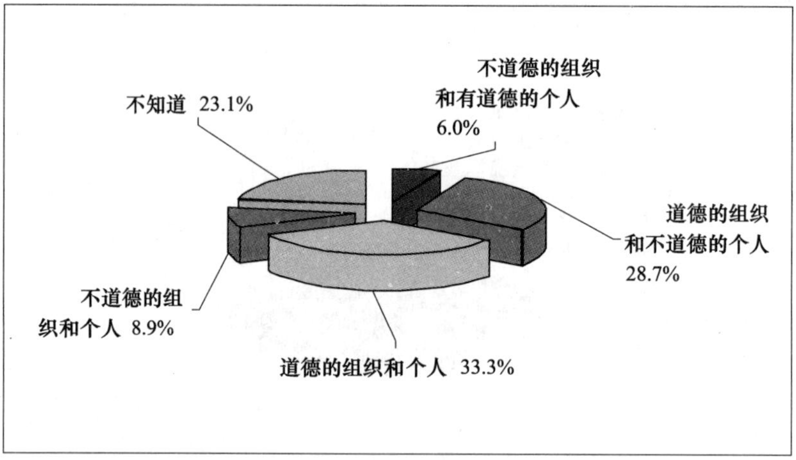

41. 目前影响或决定人们道德生活的主要因素

	最重要		第二重要		第三重要		总得分	平均得分
	频数	得分	频数	得分	频数	得分		
政党	117	351	15	30	10	10	391	1.34
政府	43	129	82	164	15	15	308	1.06
杰出的道德典范，如雷锋、孔繁森等	20	60	29	58	22	22	140	0.48
宗教组织	13	39	14	28	24	24	91	0.31
家庭	48	144	56	112	43	43	299	1.03
学校	7	21	40	80	43	43	144	0.49
军队	0	0	1	2	6	6	8	0.03
社会风俗习惯	38	114	37	74	89	89	277	0.95
工会	1	3	1	2	4	4	9	0.03

42. 建设和谐人际关系首先应该强化何种关系的和谐建设

	最重要		第二重要		第三重要		总得分	平均得分
	频数	得分	频数	得分	频数	得分		
和谐的党群关系	156	468	26	52	11	11	531	1.82
和谐的政府组织和公民的关系或干群关系	66	198	119	238	22	22	458	1.57
和谐的社区关系	5	15	23	46	19	19	80	0.27
和谐的贫富阶层之间的关系	26	78	58	116	47	47	241	0.83

续表

	最重要		第二重要		第三重要		总得分	平均得分
	频数	得分	频数	得分	频数	得分		
和谐的企业和员工的关系	0	0	29	58	34	34	92	0.32
和谐的商家和消费者的关系	1	3	5	10	20	20	33	0.11
和谐的家庭关系	30	90	15	30	102	102	222	0.76
其他	0	0	0	0	3	3	3	0.01

（董　群）

四

公务员伦理关系、道德生活状况调查数据库(二)

前言：调查概况

本次调查采用自填式问卷的方法收集资料，调查问卷由43个问题构成，主要询问了当前我国公务员群体的伦理关系、道德生活及其影响因子等三方面的问题。调查以一线工作的政府公务员为询问对象。抽样方法采取简单随机抽样的方法选取调查对象。具体做法为：

一、抽取区域。在全国30个省和直辖市中，采用简单随机抽样的方法抽取江苏区域。

二、抽取城市。在所抽中的省份所辖的所有地级市和县级市中，用简单随机的方法再抽取四个市，最后抽取昆山、苏州、南京、镇江四市作为调研城市。

三、抽取被试样本。在四个调研城市中抽取被调查的公务员名单。抽样方法是，利用省委宣传部所掌握的四城市的公务员名单，按简单随机的方法选取被试个体，形成若干样本。

在资料收集方法方面，由子课题负责人组织调查小组，深入各城市实施和完成。2006年11月—2007年12月分别在苏州各级政府部门发放问卷。问卷回收采用两种方法：一是现场集中填答，当场检查、当场回收，其针对的对象主要是参加座谈会的公务员被试个体；二是发放后隔日回收，其针对的调查对象主要是正在上班的公务员。

本次调查共发放问卷247份，在剔除漏答严重等一些废卷之后，获得有效问卷198份，有效回收率为80.1%。实际调查样本的构成状况见正文的“基本信息”部分。

本次问卷调查的资料在经过初步整理、编码之后，用Foxpro6.0进行录入，用SPSS13.0进行查错和基本的统计分析，用excel2003进行作图。分析类型主要是单变量的描述统计。

第一部分　基本信息

1. 性别

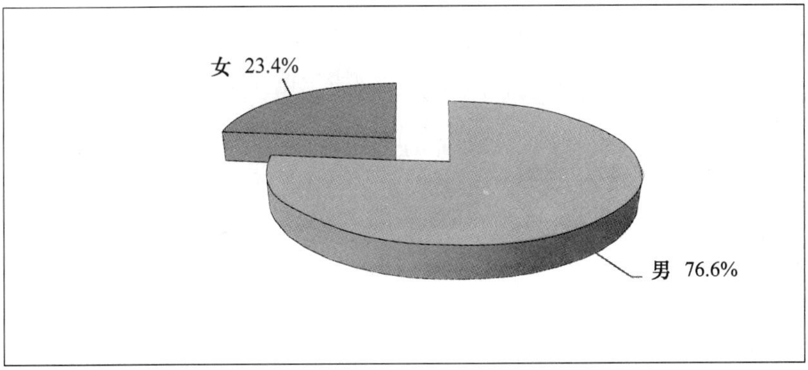

2. 年龄

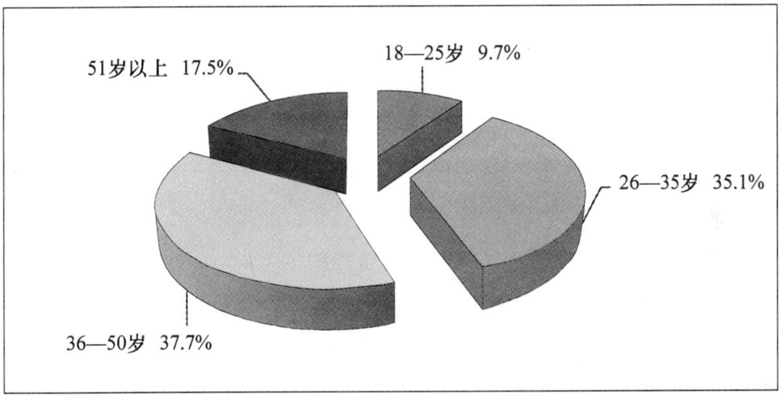

3. 教育程度

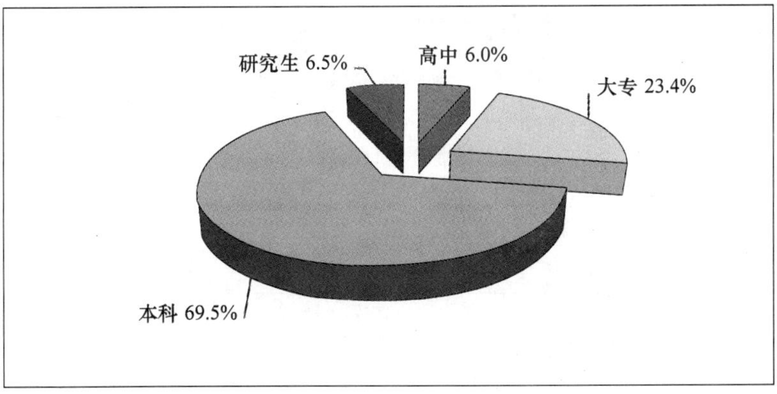

4. 月收入

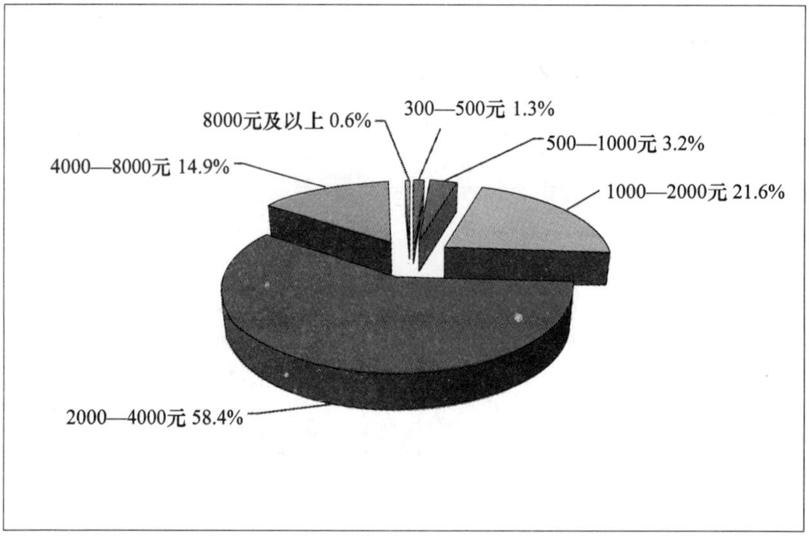

第二部分　调研信息

1. 您认为自己主要扮演的角色是

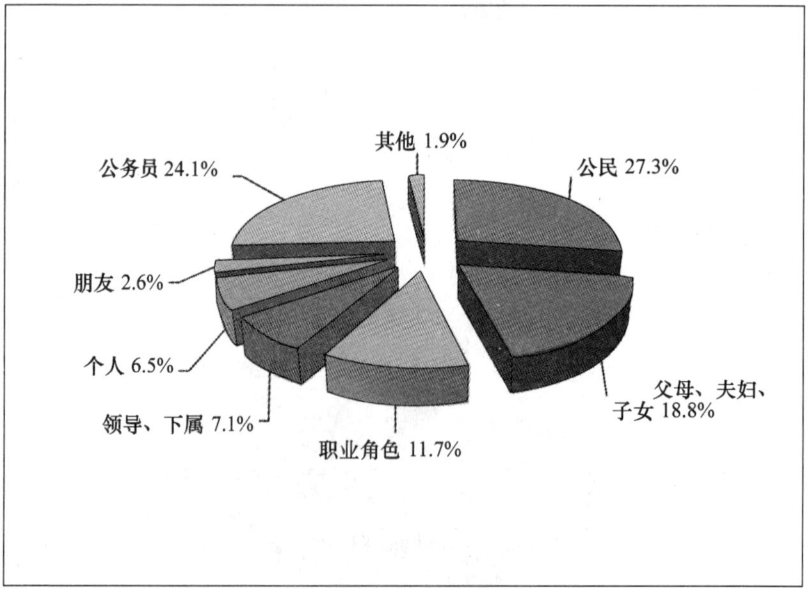

2. 在您一生中，您最希望自己扮演好的伦理角色是

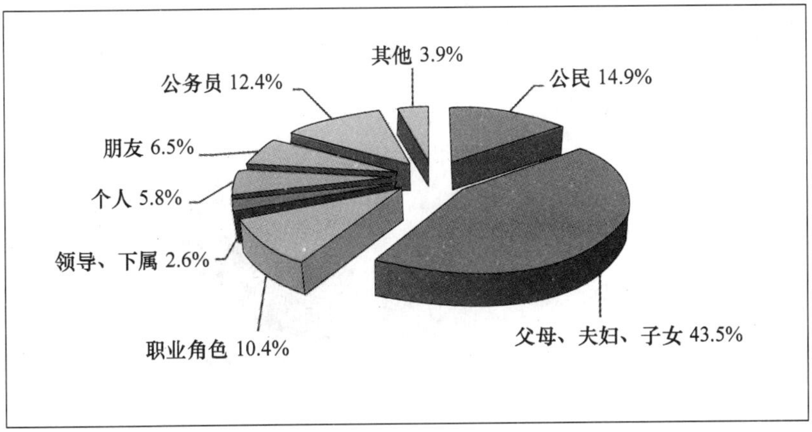

3. 您个人所追求的幸福生活的最低标准是

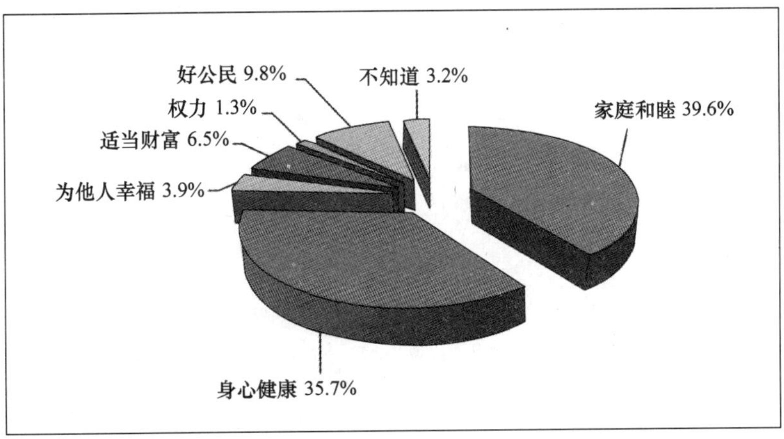

4. 您经常遭遇的伦理关系难题是

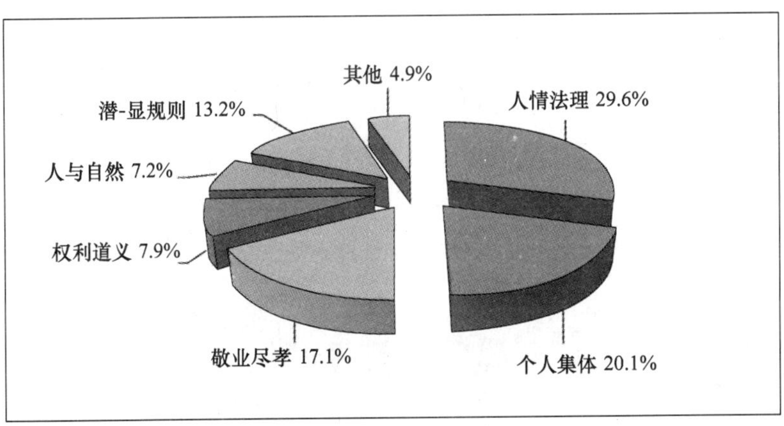

5. 您认为当前中国亟须应对的伦理难题是

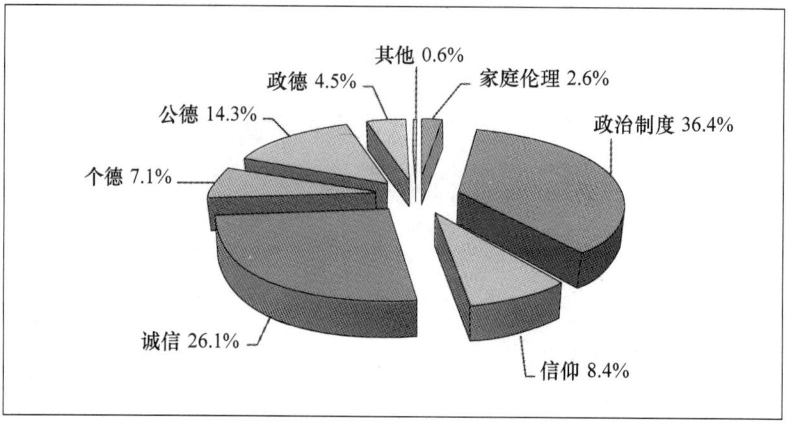

6. 您认为中国官德的首要德性应当是

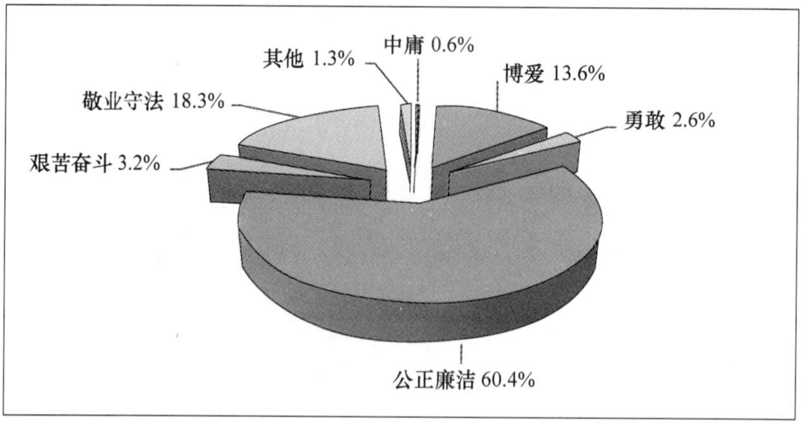

7. 在对良好的伦理关系产生负面影响的诸种行为中，您认为哪一种行为产生的破坏力最大

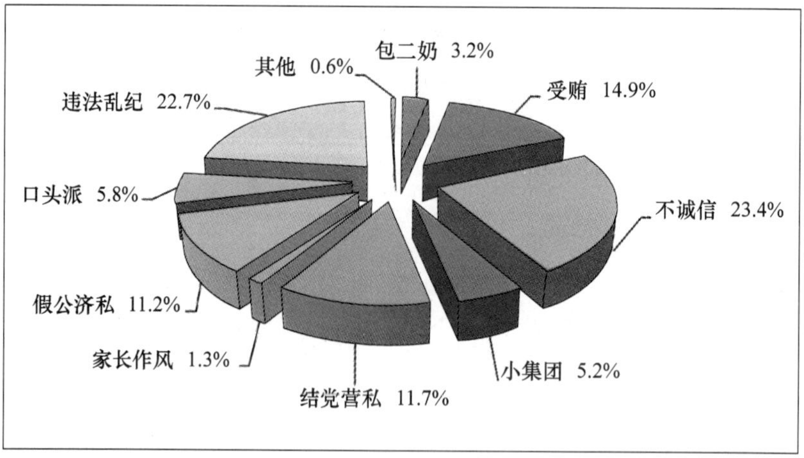

8. 假如您的孩子犯了过错，只有您一个人知道，您会不会检举您的孩子

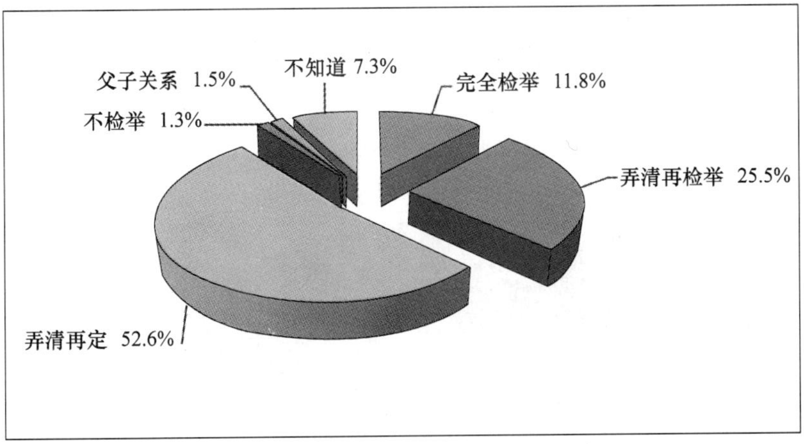

9. 在市场经济条件下，一个政府公务员必须将伦理关系的重点放在何处

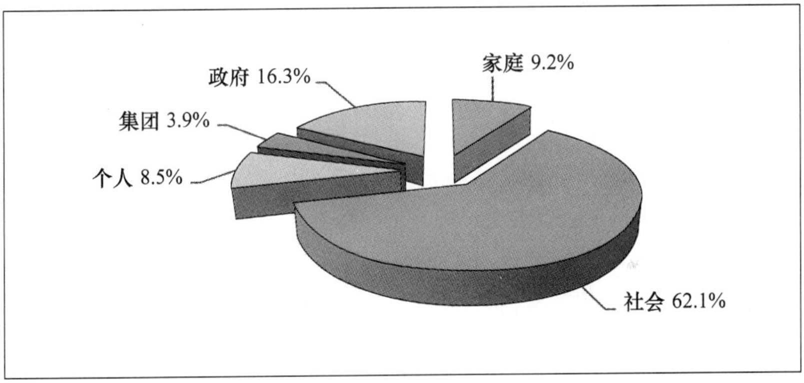

10. 在当代中国政治经济背景下，一个成功的政府公务员必须处理好何种伦理关系

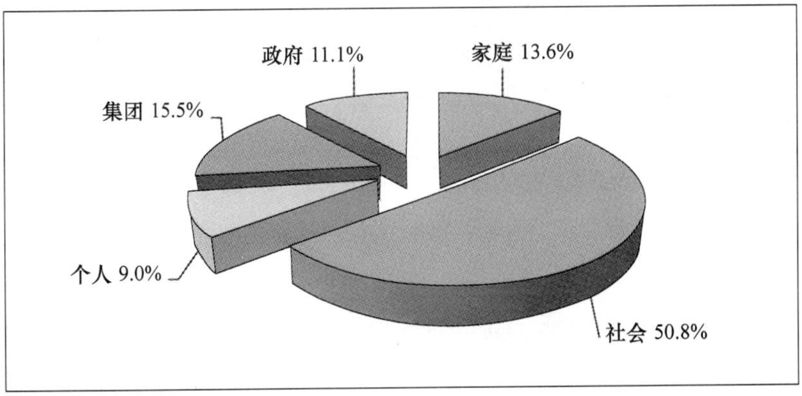

11. 对协调当前中国各种类型的伦理冲突而言，个人不道德与集团不道德相比，谁的危害更大

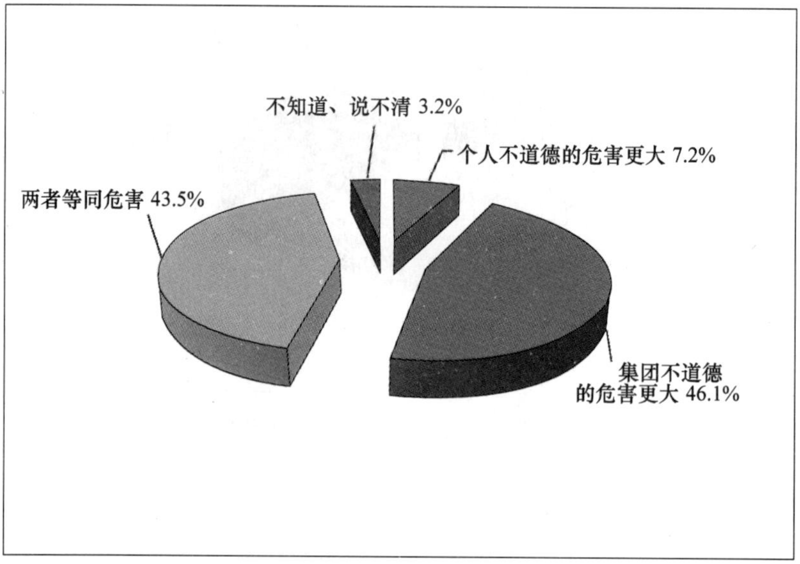

12. 对形成当前我国各种新型伦理关系而言，有何种因素起作用？按影响由大到小排序

第一位

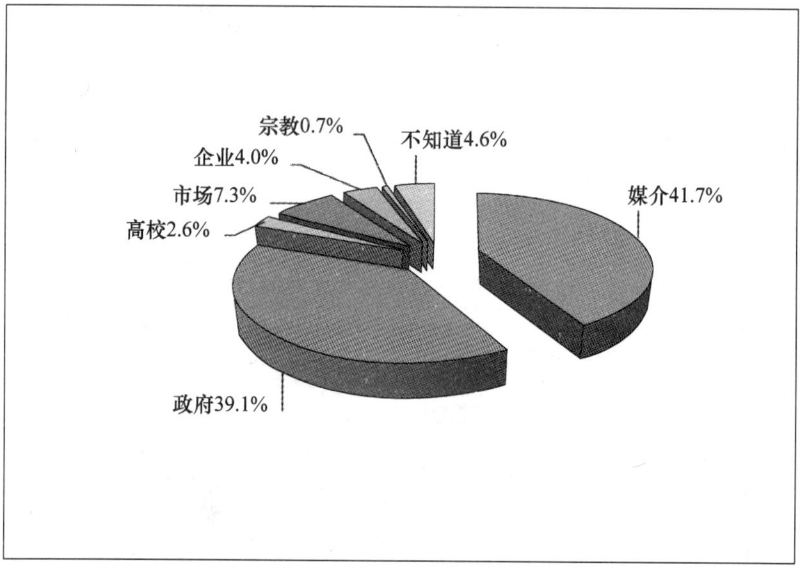

第二位

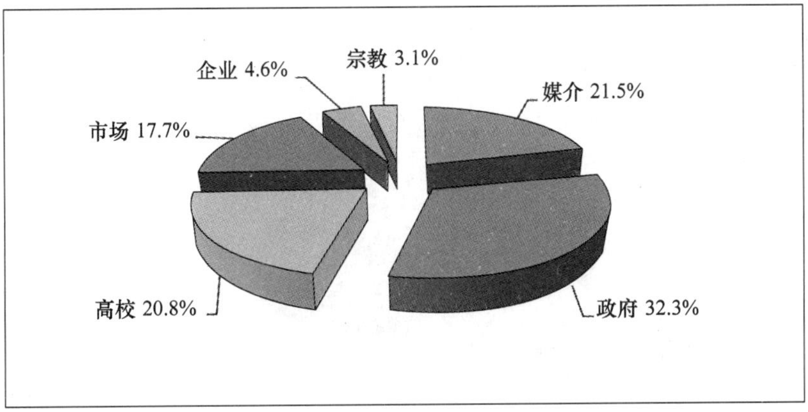

第三位

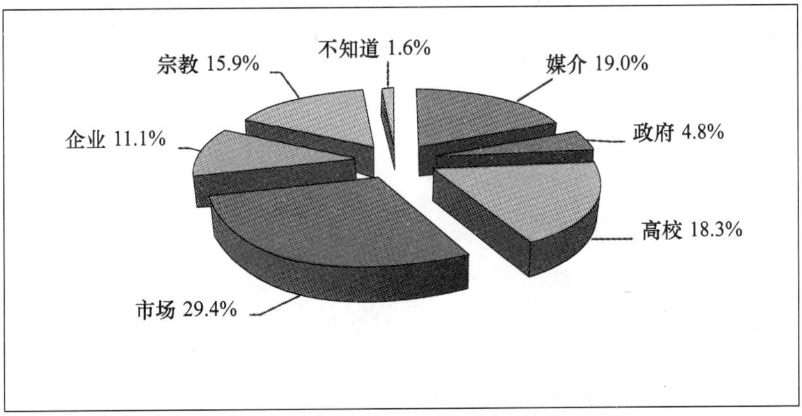

13. 从当代中国发展战略的角度，您认为目前我国道德文明建设的“重点工程”应当是什么

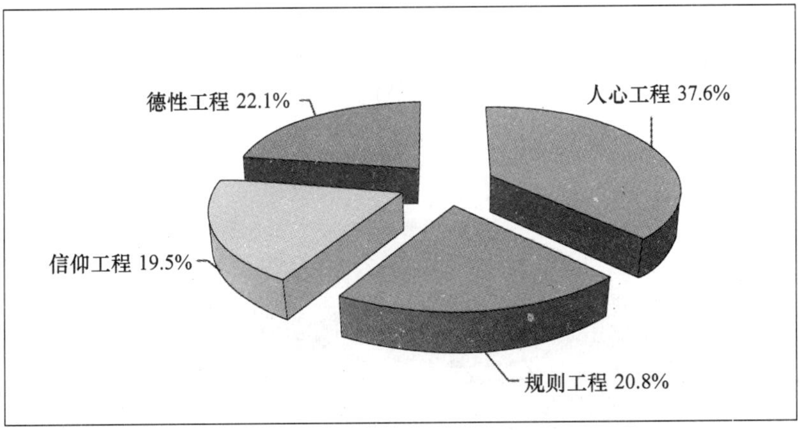

14. 您认为当前我国社会协调伦理冲突的最有效的方式是什么

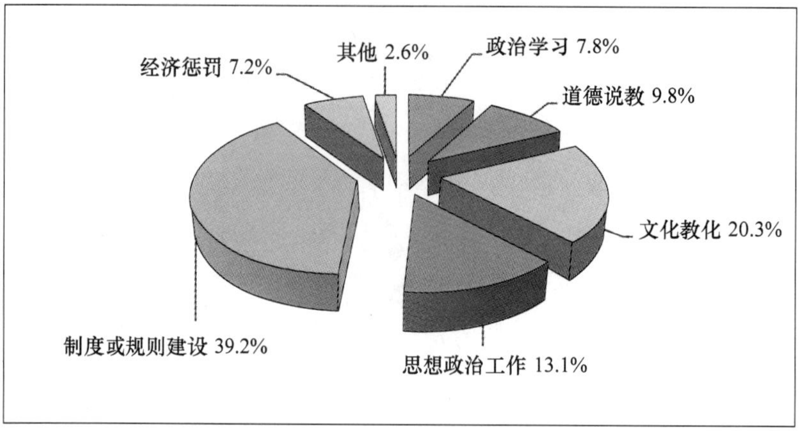

15. 在人一己关系方面，您如何进行伦理关系的判断

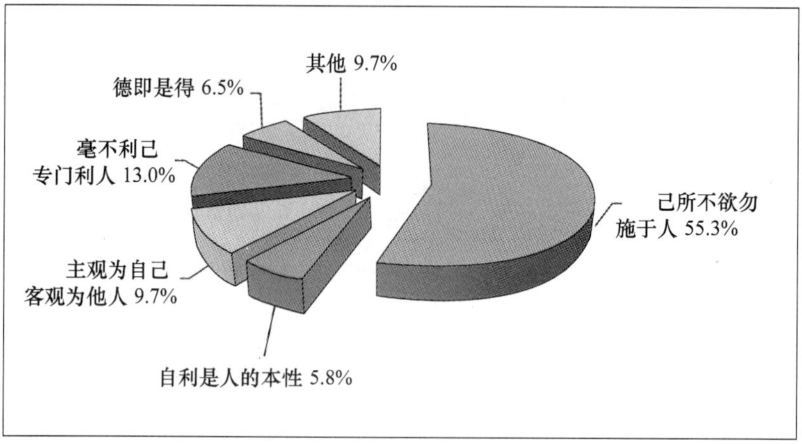

16. 假设您与家人计划一次到北京的休假旅游，您认识车站负责人，通过他的关系，您不用买票就可以乘座火车到北京。这时您的选择是

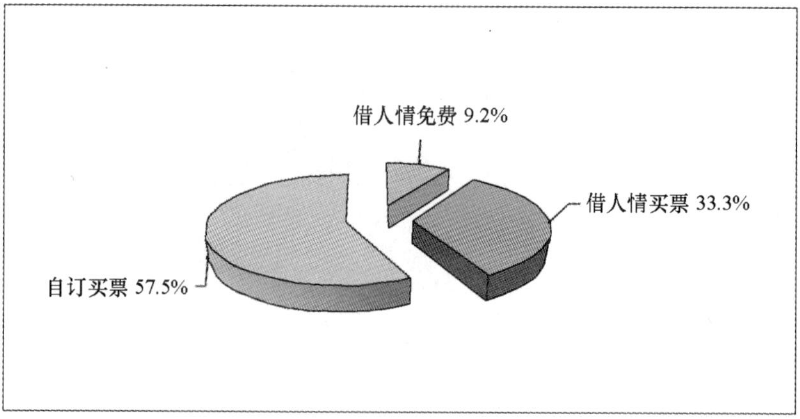

17. 一位县长，在自己的办公室门上，贴上一张告示，曰："跑官者免进。"如果您是这位县长的下属，看到这张告示后，您将如何寻找"进身之阶"

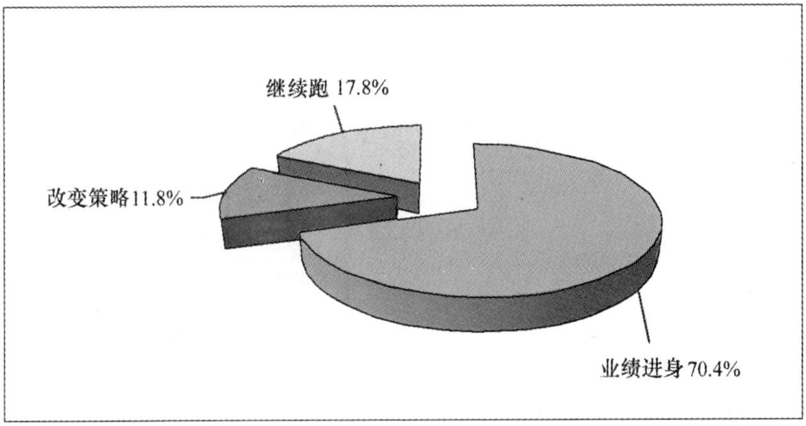

18. 您认为胡总书记的"八荣八耻"主要是针对什么人说的

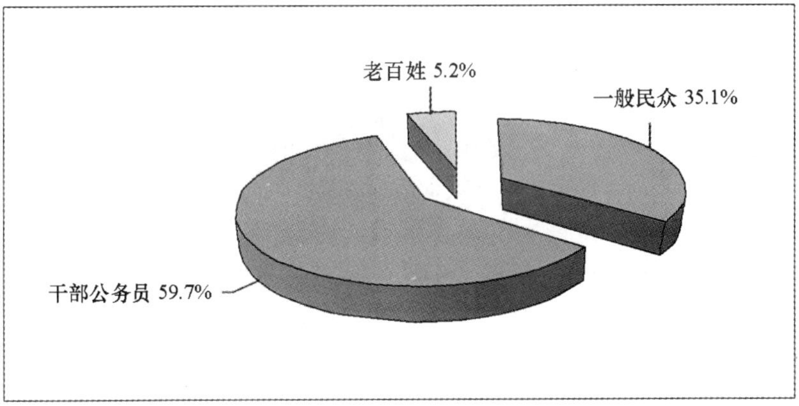

19. 假如您的子女大学毕业后面临就业问题，与您关系不错的朋友们愿意为您出力，您会如何处理

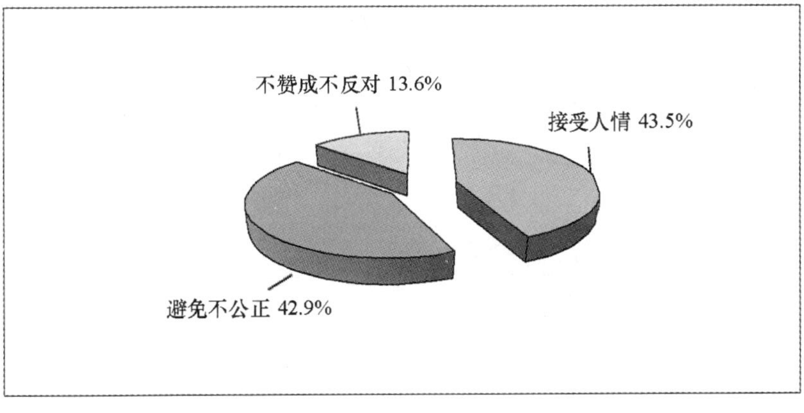

20. 如果您与您的上级因为对某一件事情的处理出现意见分歧，您会怎么办

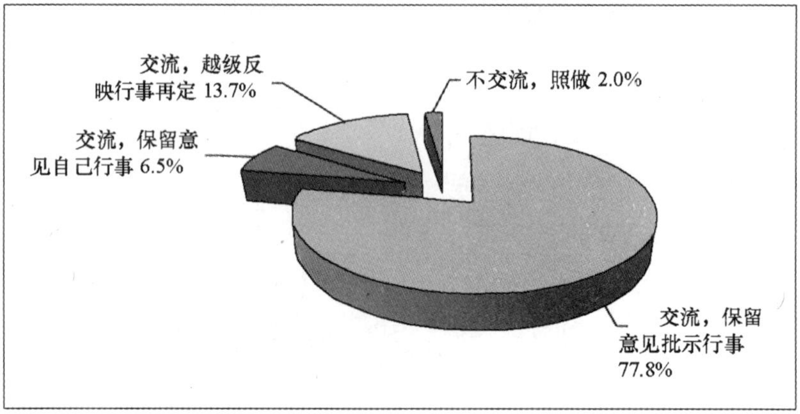

21. 如果您与您的下级因为对某一件事情的处理出现意见分歧，您会怎么办

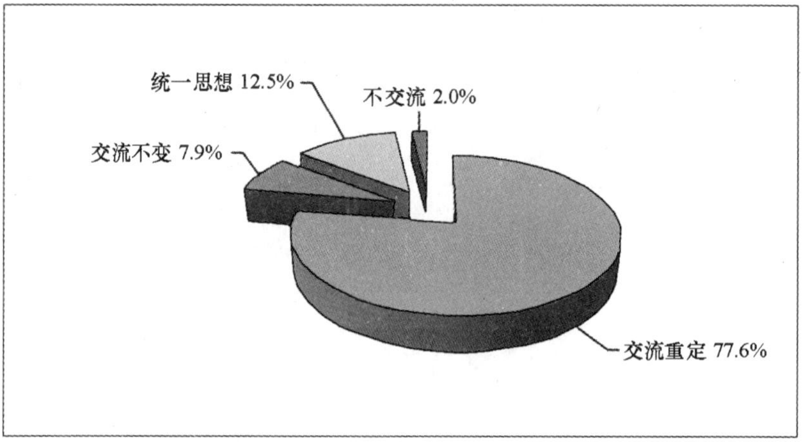

22. 如果您发现与您共事的或有合作关系的政府官员有贪污受贿的行为，您会怎么办

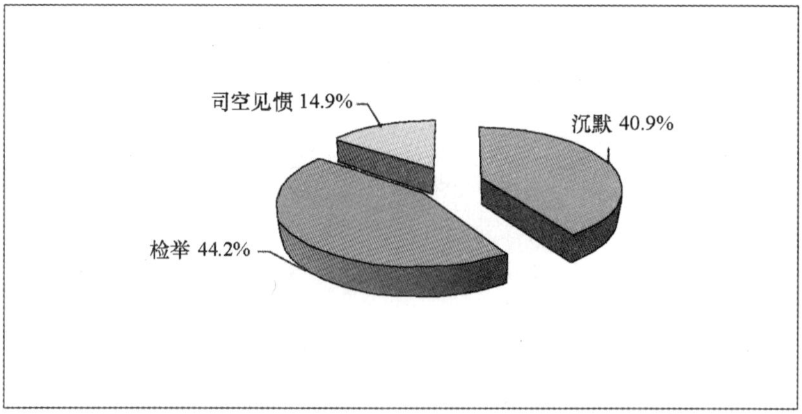

23. 您如何看待跑官

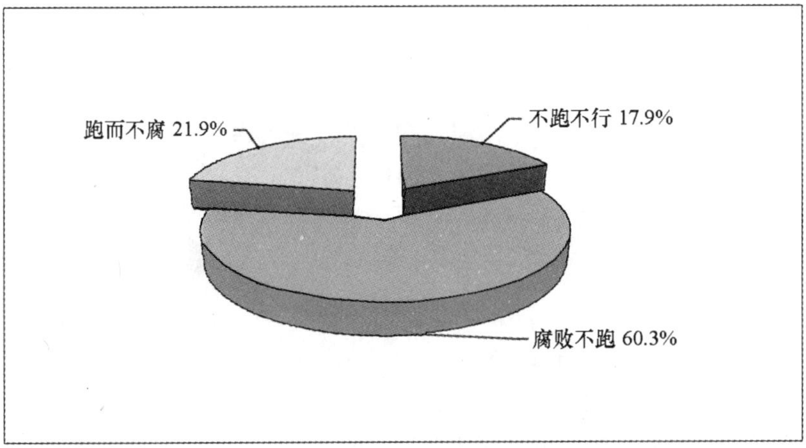

24. 假如您负责一个项目的招标工作，其间适逢您的孩子结婚，有许多利益相关人决定参加您孩子的婚礼，当然礼金不菲。请问，您会怎样处理这件事

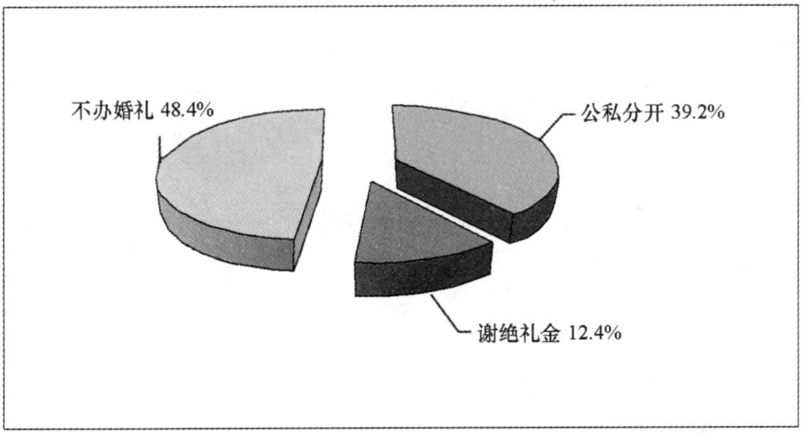

25. 您鼓励子女向西方发达国家移民吗

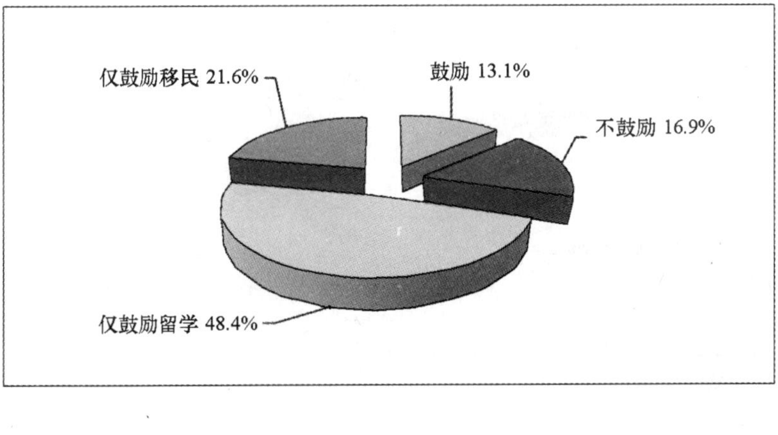

26. 您每年节假日会抽空看望您年老的父母吗

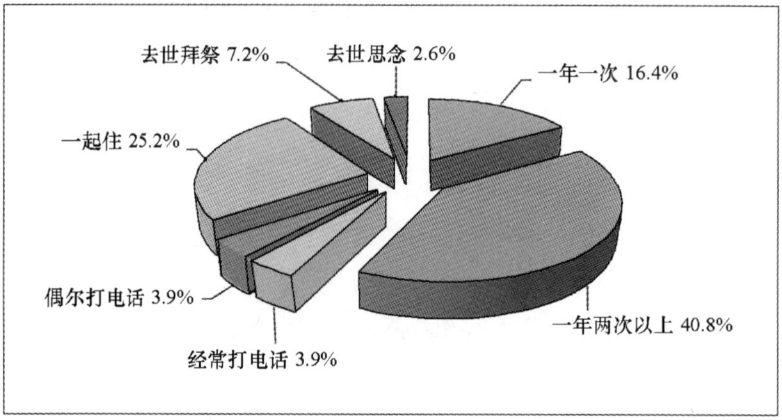

27. 您经常参加社区组织的各类活动吗

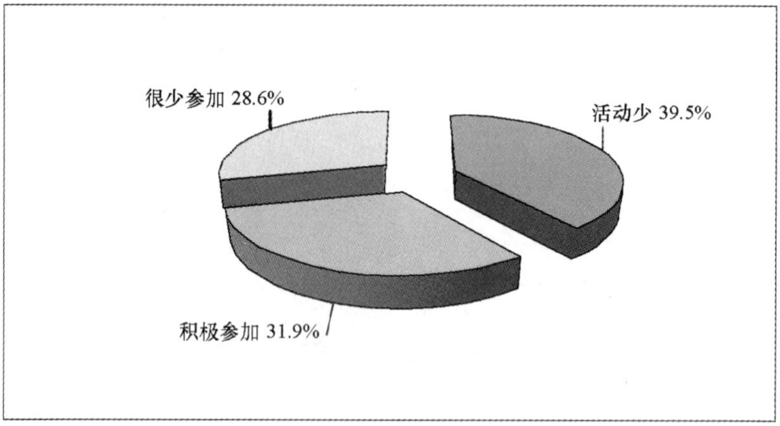

28. 您参加过社区业主委员会的选举吗？请问，您是否担任过社区业主委员会成员

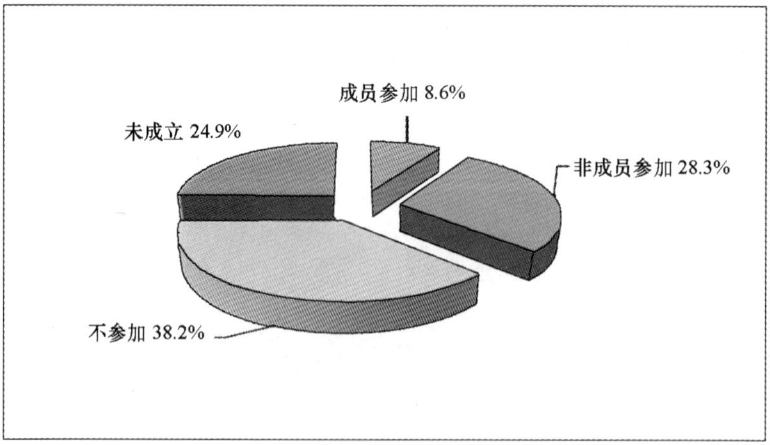

29. 您与朋友们到饭店小聚，在付账单时，有没有实行过AA制

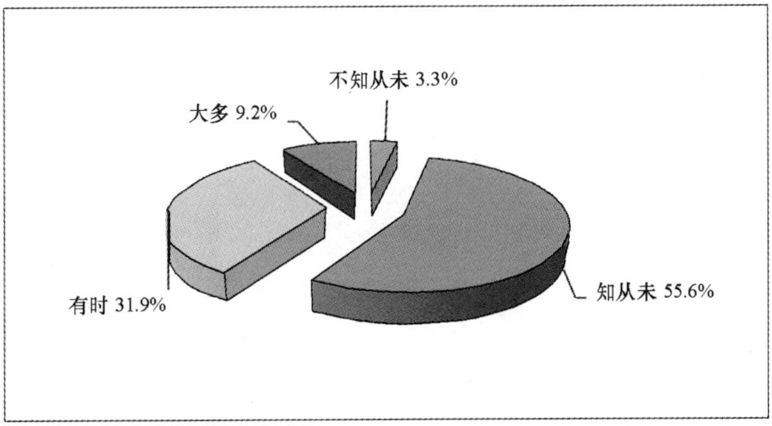

30. 您认为高薪可以养廉吗

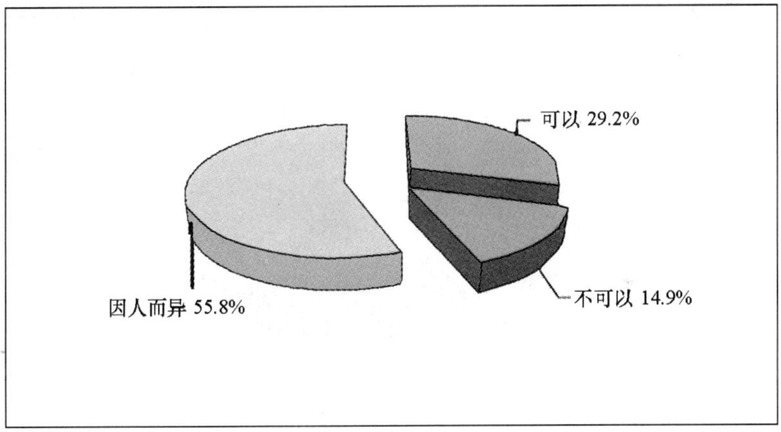

31. 请问，您认为生活质量的标准是什么？请选其中之一

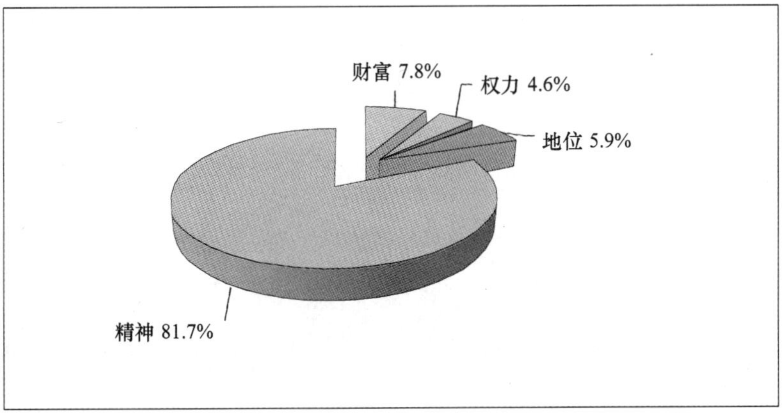

32. 您如何看待中国的计划生育制度

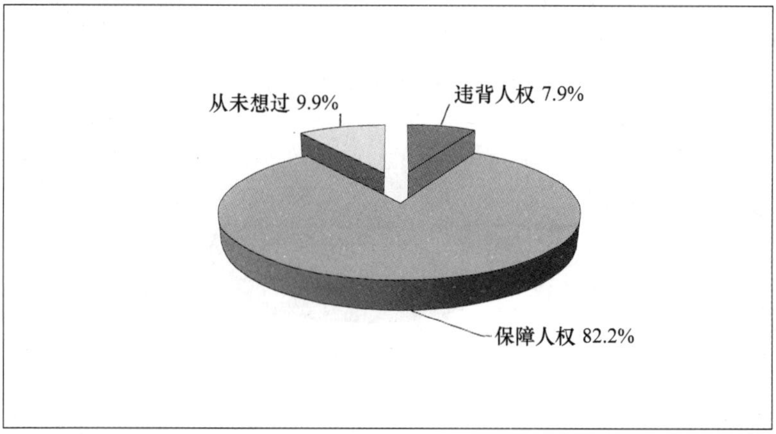

33. 您是否赞成堕胎

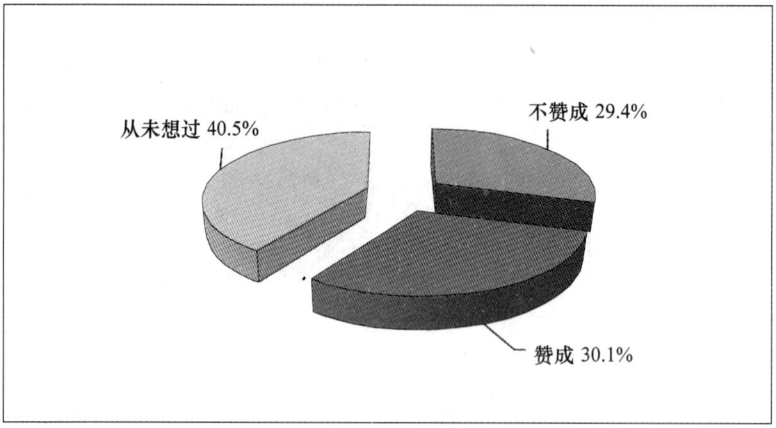

34. 中国的南水北调工程举世瞩目，您是否认为这个工程有些遗憾

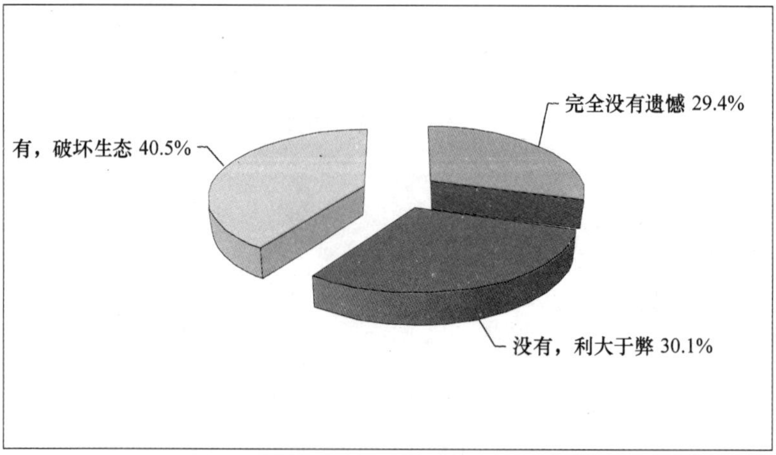

35. 您是一个素食主义者吗？您如何看待素食主义

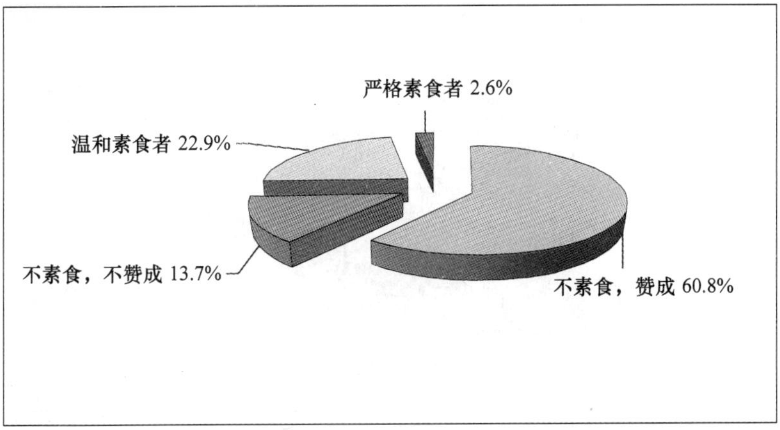

36. 您为自己的食物安全担忧吗？您认为是什么使得我们经常遭遇不安全的食品

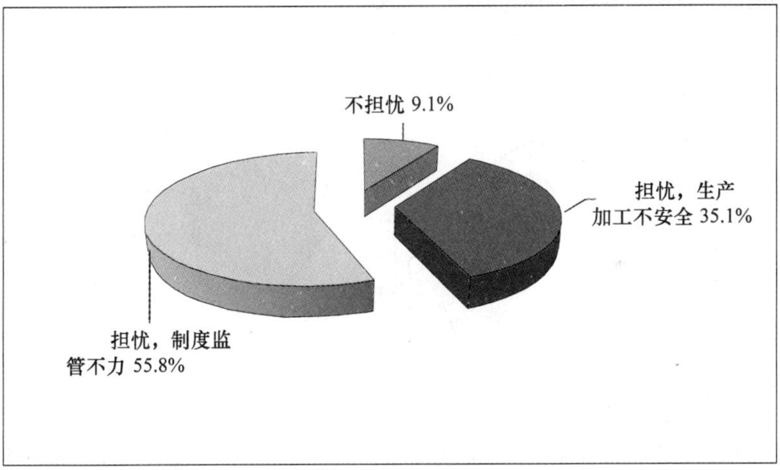

37. 您如何看待外来物种的引进

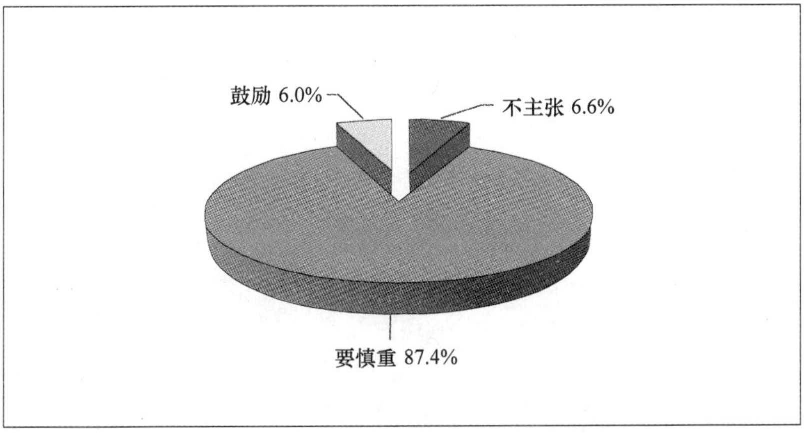

38. 您食用转基因食品吗

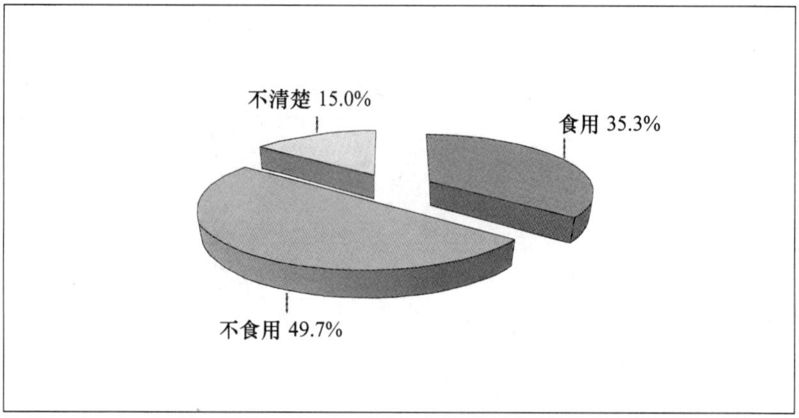

39. 在一个城市的滨江地带，有一大片沼泽地；几年后，这片沼泽地变成了该城的一个新区。请问，您如何看待这一变化

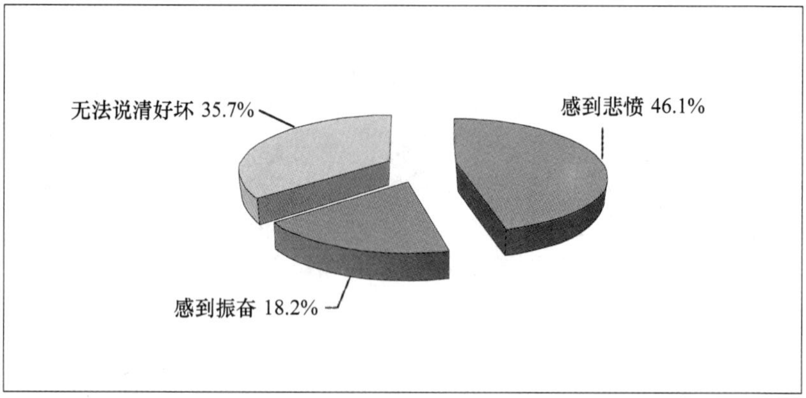

40. 一个女大学毕业生在公务员面试前，为了获得面试的成功，做了整容手术。您赞同该女生的做法吗

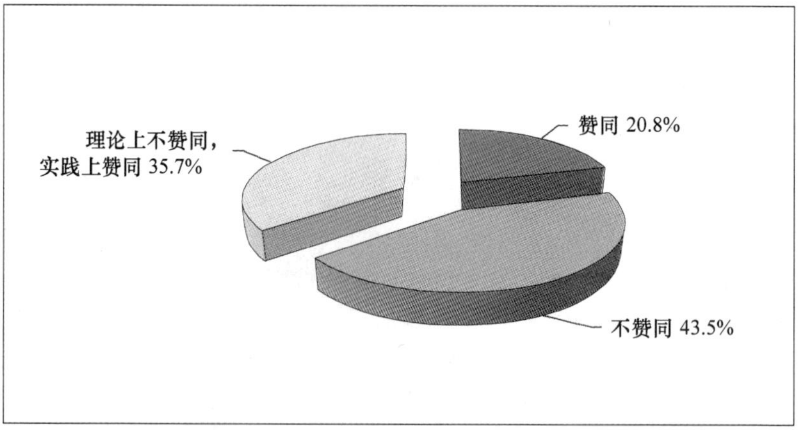

41. 您打算购置私家车吗

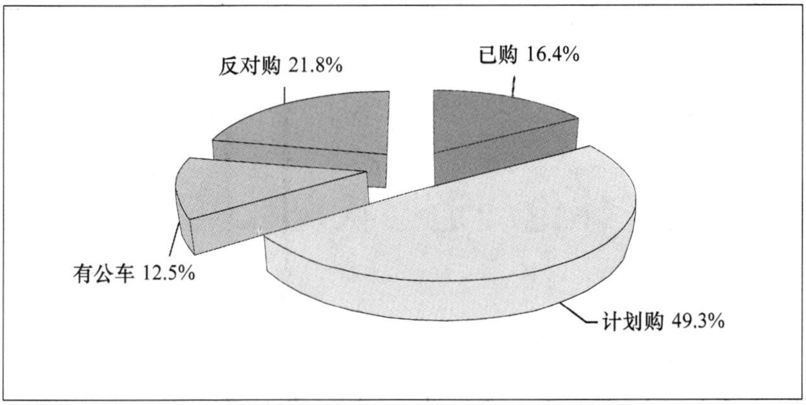

42. 您有过婚外恋吗？您离过婚吗

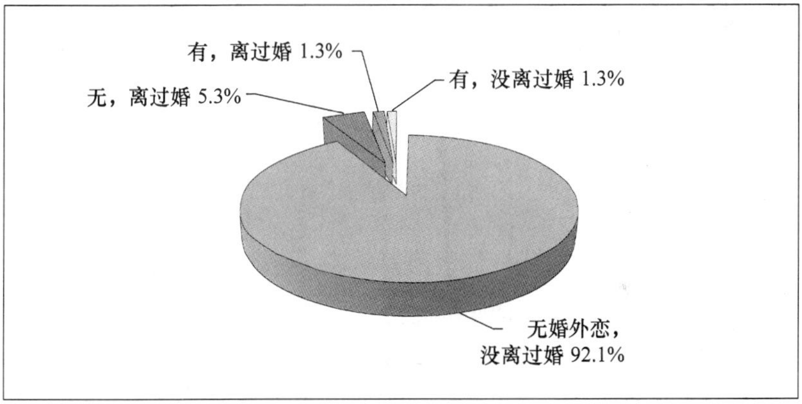

43. 您对您现在的生活满意吗

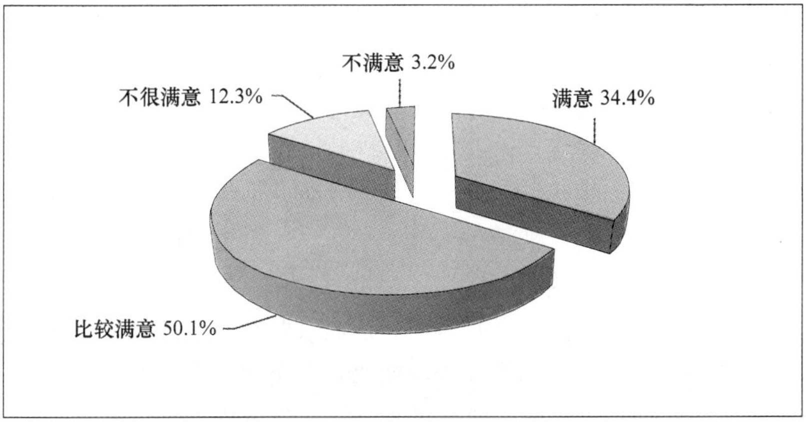

（田海平、曹　霞）

五

企业群体伦理道德状况数据库(一)

前言：调查概况

一　调查内容和调查方式

本次调查主要采用发放后隔日回收问卷的方法，初次面向苏州的调查问卷由40个问题构成，第二次面向盐城的调查问卷由38个问题构成。主要询问了当前我国企业自身诸方面问题，如经营理念、道德规范、社会责任等；企业员工诸方面问题，如择业标准、福利待遇、工作环境、道德素质等；企业家诸方面问题，如道德素养，以及与道德信仰危机有关的诸方面问题。

二　调查对象

本次调查以不同所有制下的企业家和企业员工为调查总体，包括国有企业、家族企业、民营企业、外资企业、合资企业等不同所有制企业，其中，民营企业、外资企业和合资企业占据主要部分。

三　抽样方法

本调查采用多阶段分层抽样的方法选取调查对象。具体做法为：

第一步，抽取区域（省或直辖市）。在全国30个省和直辖市中，采用简单随机抽样的方法抽取江苏省作为调查区域。

第二步，抽取城市。在已被抽中的江苏省所管辖下的所有地级市和县级市中，用简单随机的方法抽中了盐城和苏州。

第三步，在企业群体中抽取个人。针对企业家及其员工群体，则根据政府部门提供的企业名录，采用简单随机的方法，抽取若干企业，在企业中，按等距抽样的方法抽取企业员工，而所抽中的企业所在的企业家全部进入样本。

四　资料收集的执行过程

本课题负责人领衔课题组成员，深入各地实施和完成。2006年10月开始在苏州企业发放问卷；2007 年 4 月在盐城发放问卷。问卷回收采用两种方法：一是现场集中填答，当场检查、当场回收，其针对的调查对象是参加座谈会的企业员工和企业家；二是发放后隔日回收，其针对的调查对象是正在上班的企业员工和企业家。在进行问卷调查的同时，还针对企业群体组织召开了座谈会，以就某些问题进行深入探究和挖掘。

五　样本的基本情况

本次调查共发放问卷 600 份，在剔除漏答严重等一些废卷之后，获得有效问卷 524 份，有效回收率约为 87%。在有效问卷中，苏州 243 份，回收率 81%；盐城 281 份，回收率约 94%。实际调查样本的构成状况见正文的“基本信息”部分。

六　样本质量评估

本项目的抽样方案合理、科学，并且抽中的区域在某种程度上具有区域代表性。作为中国发达地区代表的江苏，它的覆盖范围比较广，苏州、盐城分别代表其发达地区和发展中地区。在座谈会上发放的问卷，调研对象来自全省（或全地区）。同时，调查执行按照既定要求严格进行，且问卷的有效回收率较高，且各个地区样本量的分布较均衡，因此，从总体而言，本次调查的样本具有较好的代表性。

七　资料整理与分析

本次问卷调查的资料在经过初步整理、编码之后，用 Foxpro6.0 进行录入，用 SPSS13.0 进行查错和基本的统计分析，用 excel2003 进行作图。分析类型主要是单变量的描述统计。

第一部分　基本信息

1. 您的性别是

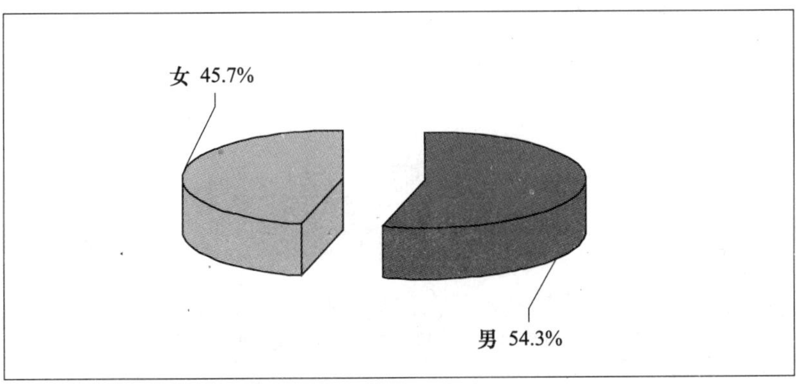

2. 您的年龄为

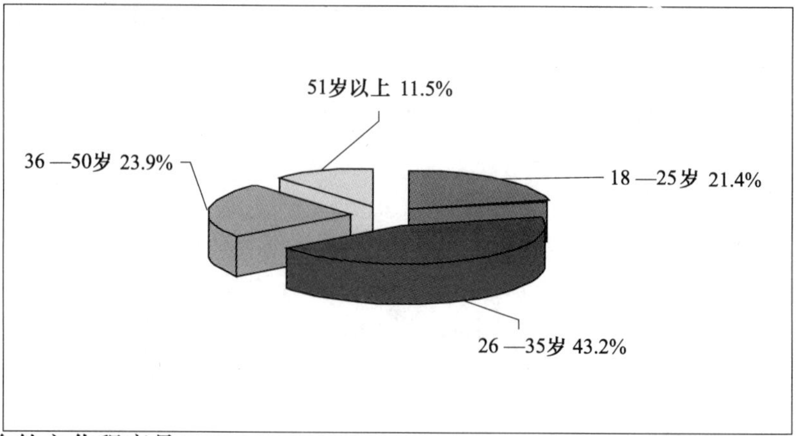

3. 您的文化程度是

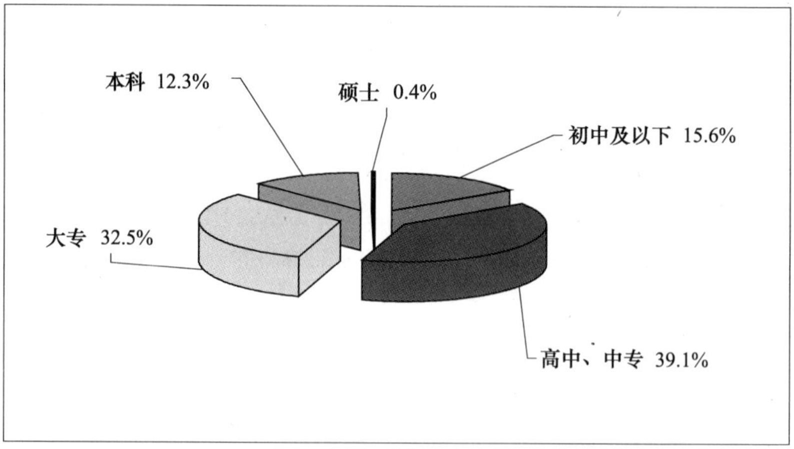

4. 您目前是

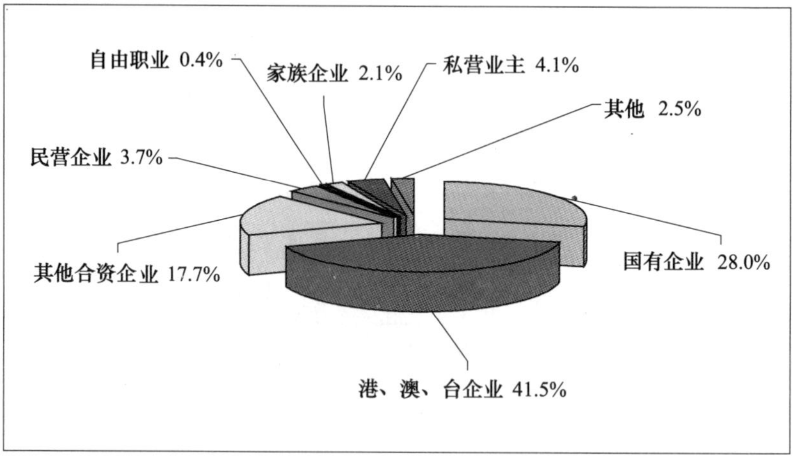

5. 您从事目前职业的时间为

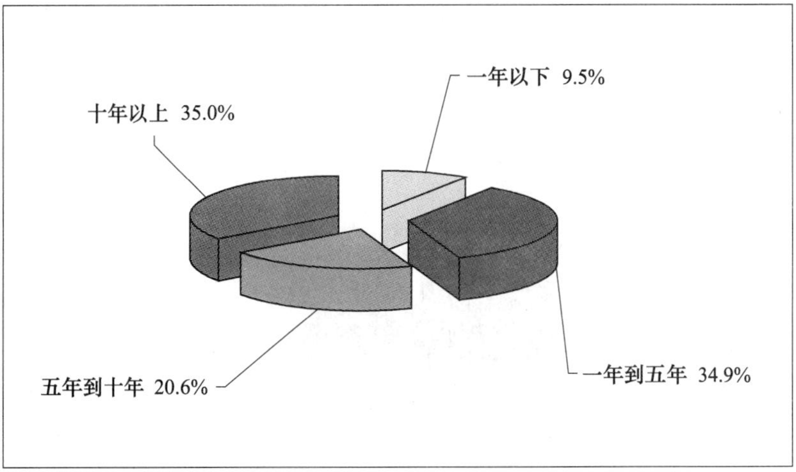

6. 您的月平均收入是

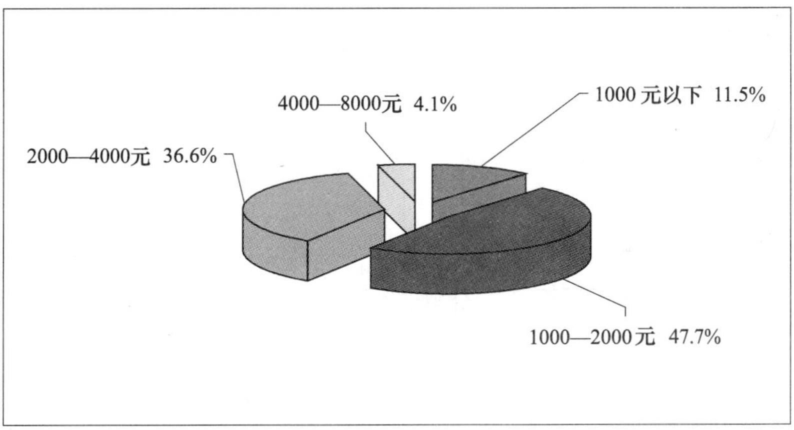

7. 您对自己的收入

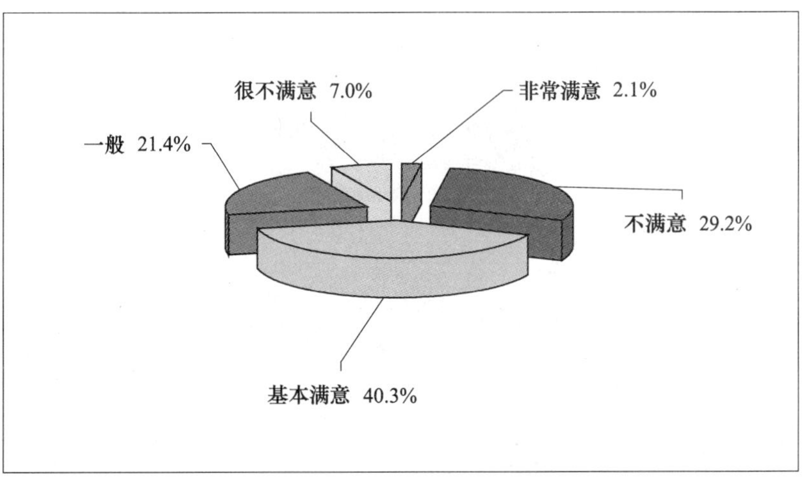

8. 您的宗教信仰是

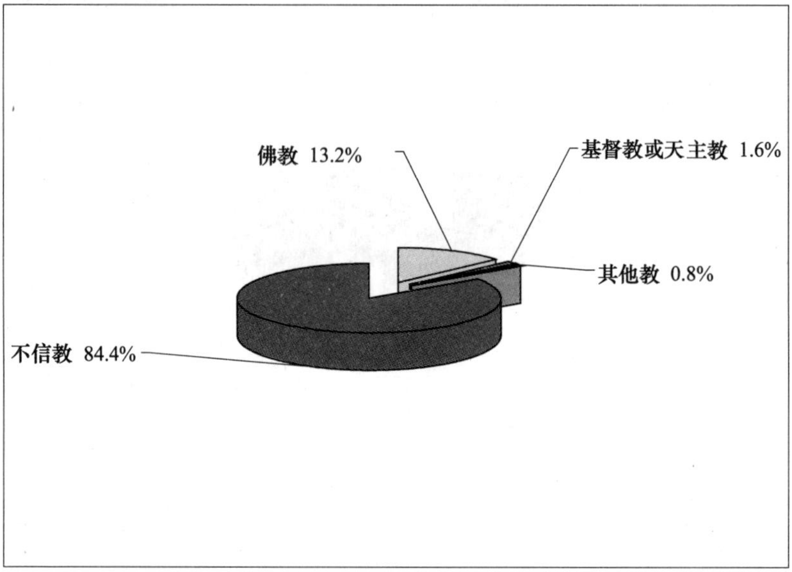

第二部分　调研信息

1. 您认为市场经济的深入发展，对中国传统的伦理关系产生了什么影响

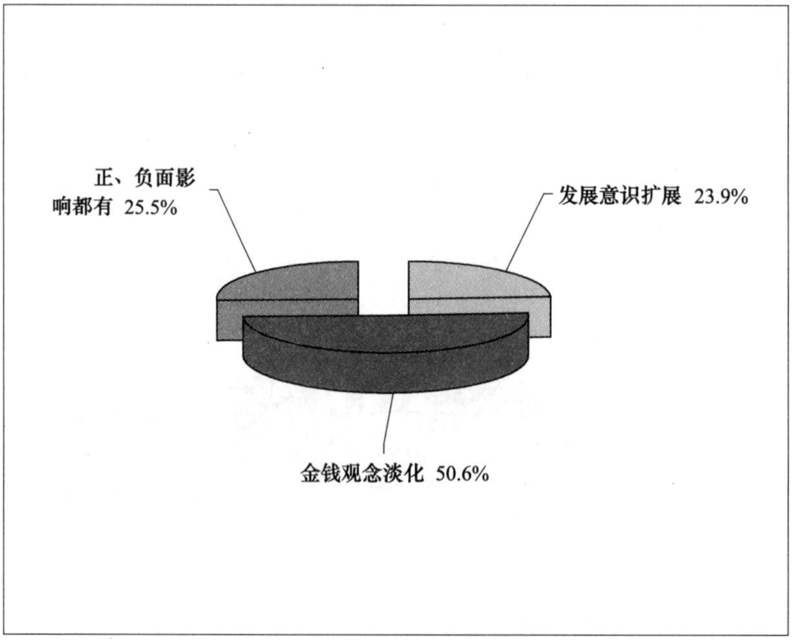

2. 您选择现职业时看重的是

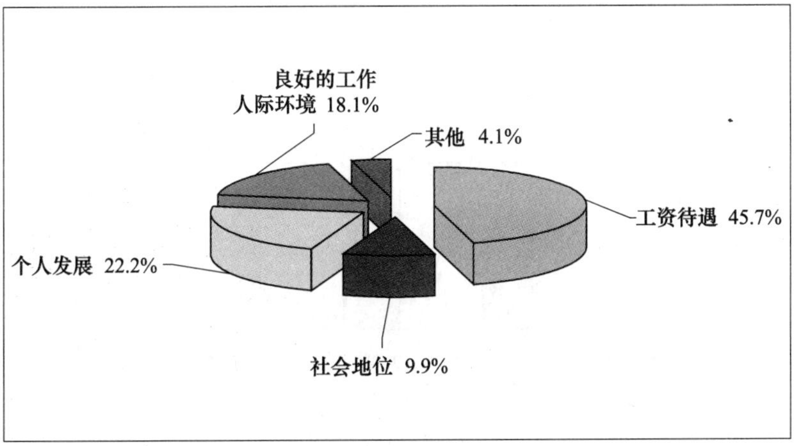

3. 您觉得造成人际冲突的主要原因是

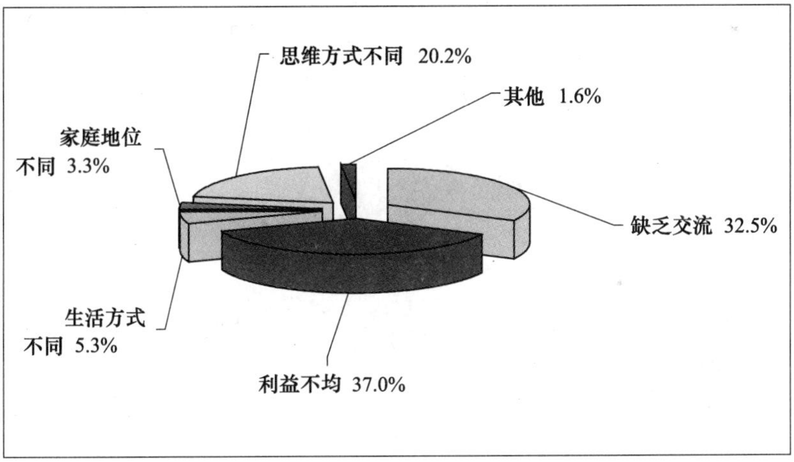

4. 您认为对企业道德生活影响最大的是（可多选）

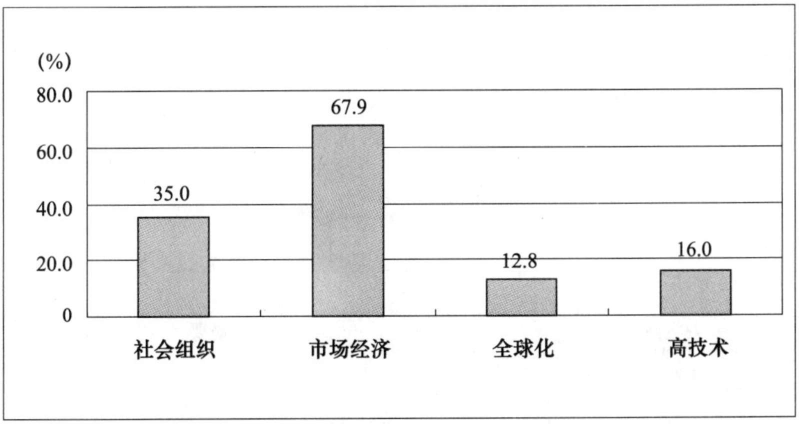

5. 您觉得现阶段更要弘扬的家庭道德是（可多选）

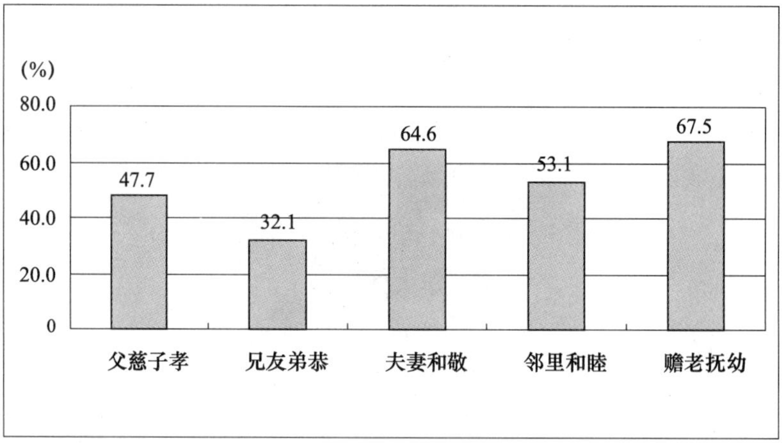

6. 您认为婚姻关系中最为重要的因素是

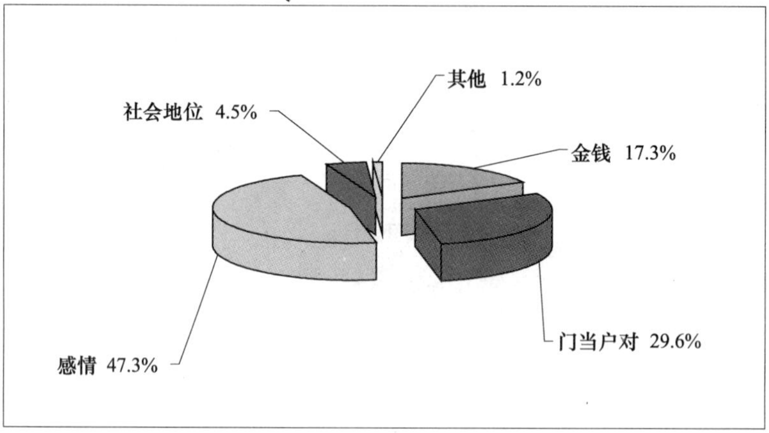

7. 您对婚前财产公证的看法是

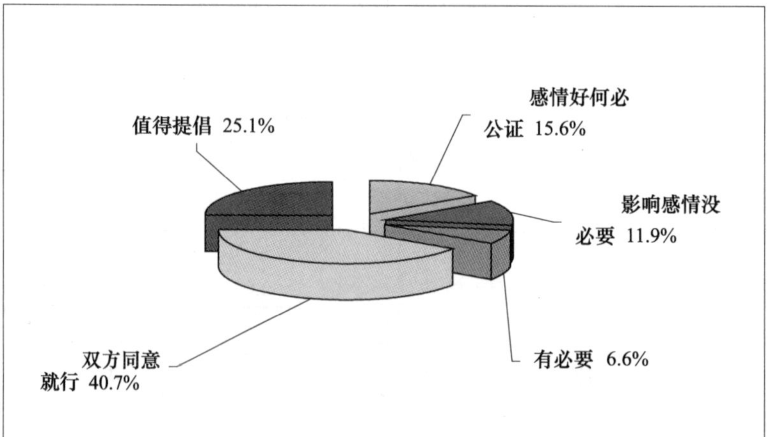

8. 当企业员工家庭成员生病住院或遭遇其他灾难时，您往往

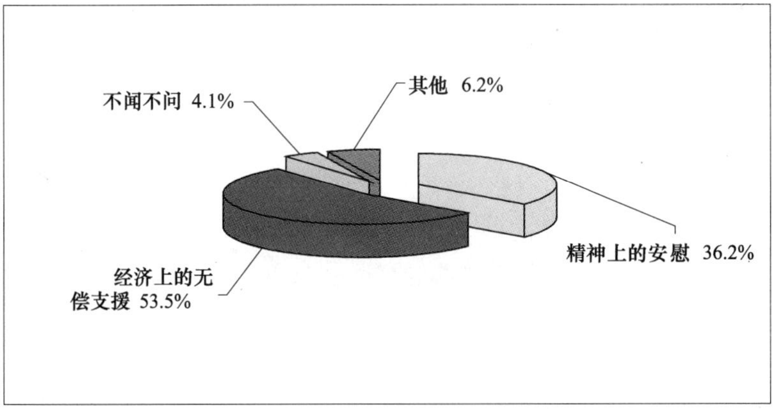

9. 当企业利益与您家庭利益发生矛盾时，您认为该

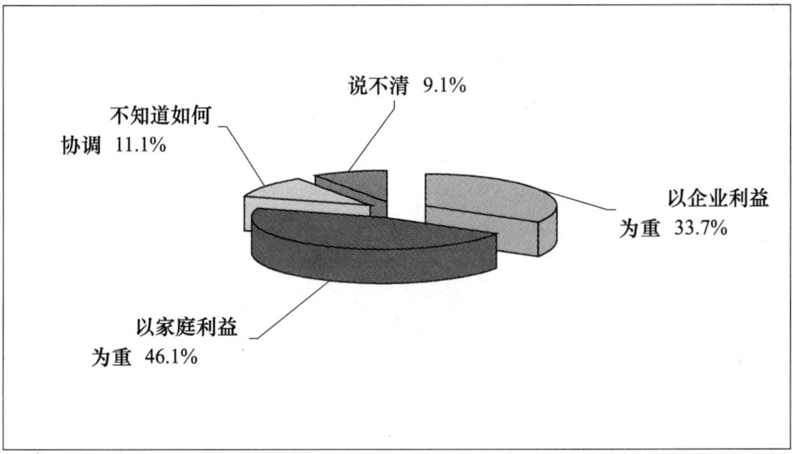

10. 您对本企业违法却牟利的行为，往往采取

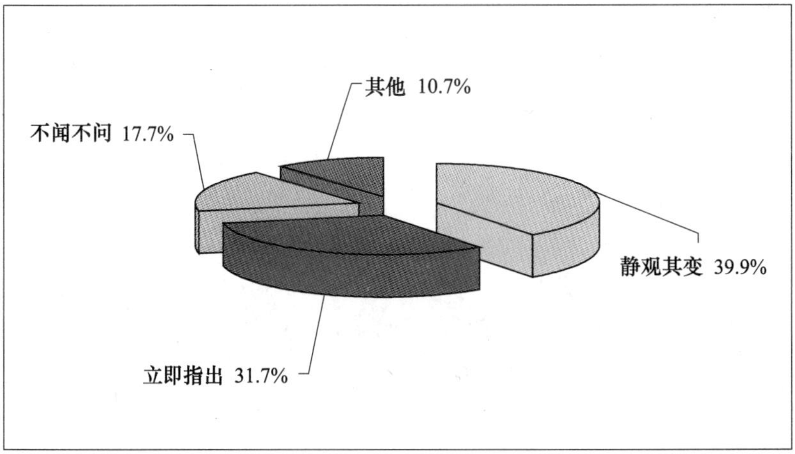

11. 在现在的企业中，您有劳动保险吗

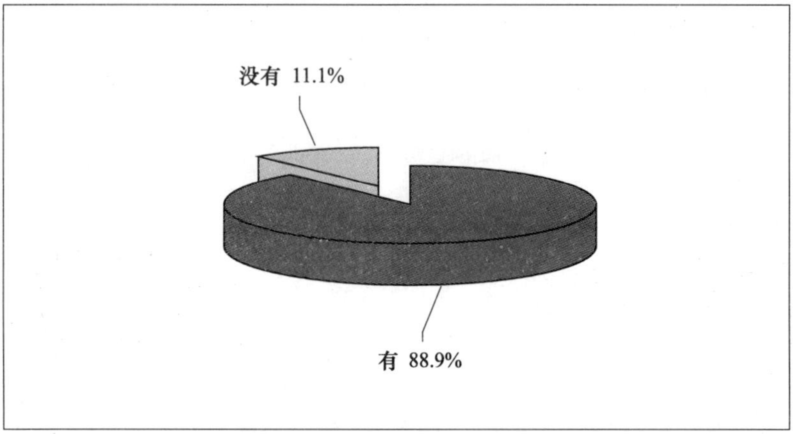

12. 在现在的企业中，您有医疗保险吗

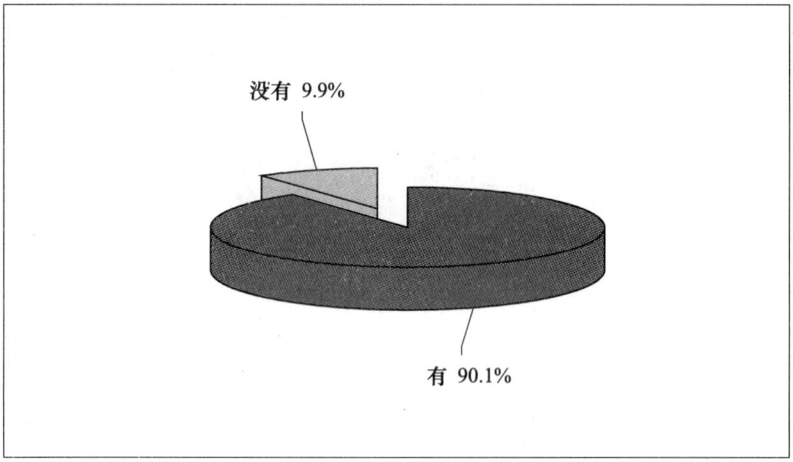

13. 您在退休时能够享受养老金吗

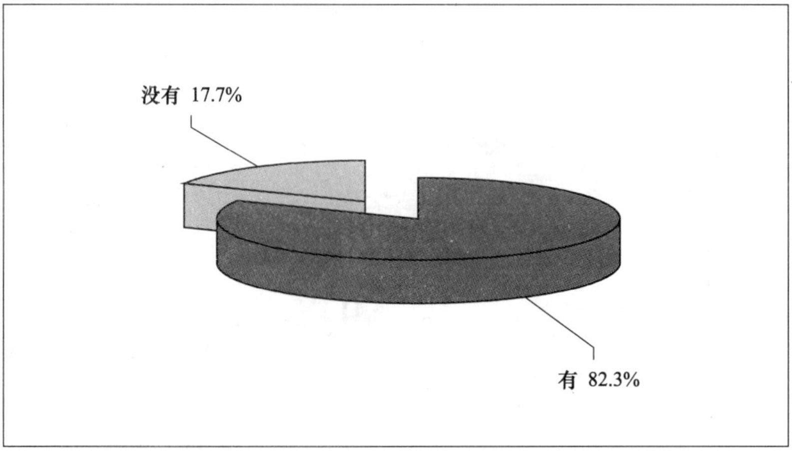

14. 您的子女在就学期间企业给与一定的福利吗

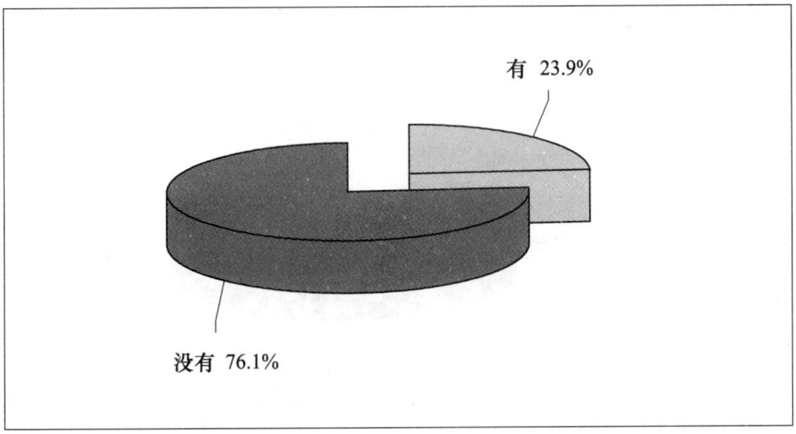

15. 您认为在自己与企业利益发生冲突时，应该

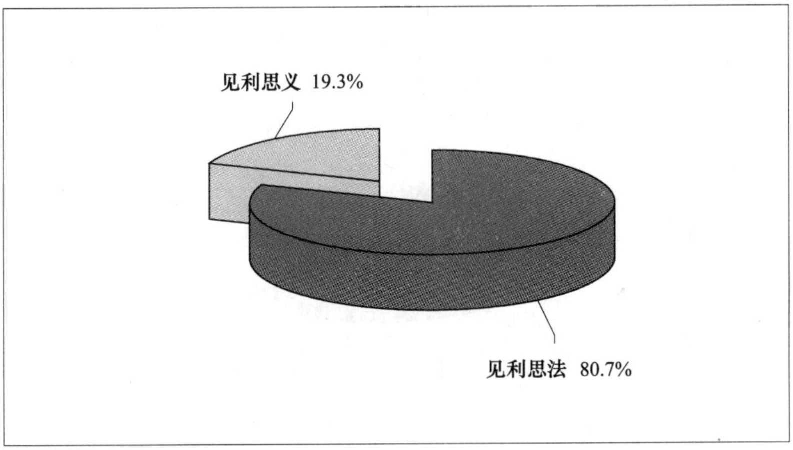

16. 您是否会帮助陌生人

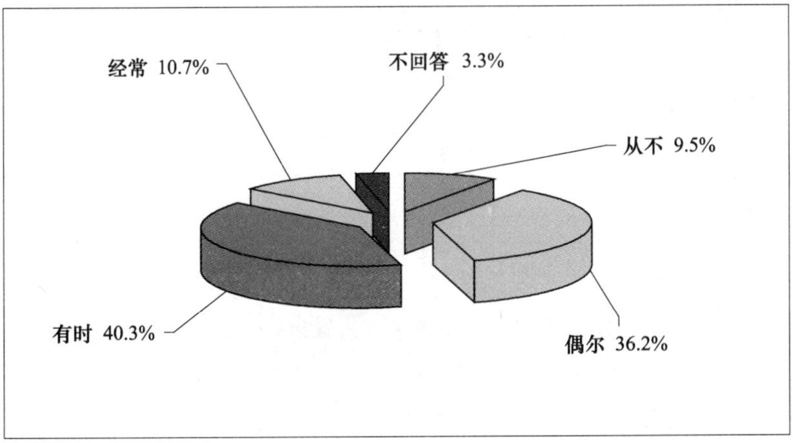

17. 当拾到装有 10 万元人民币的钱包时，您

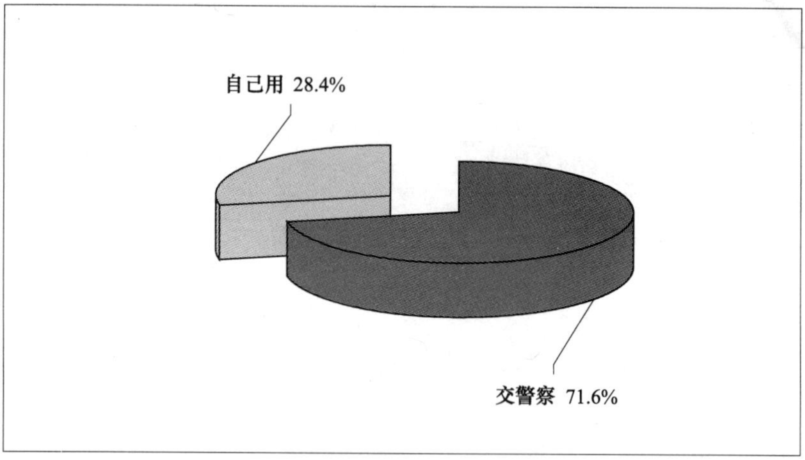

18. 您觉得当前中国社会道德信仰危机

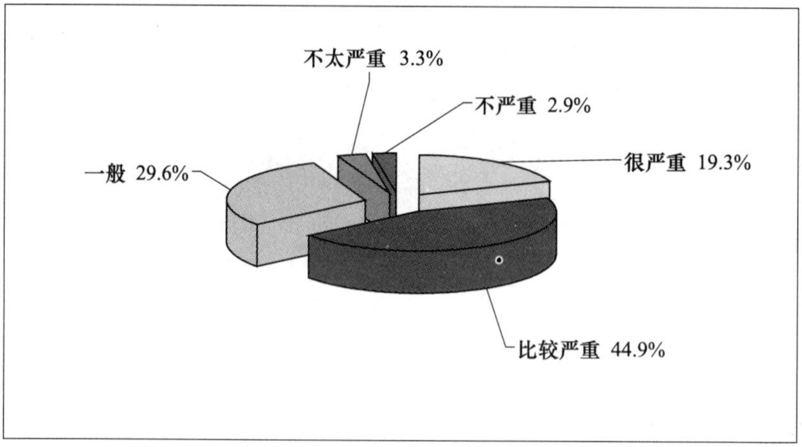

19. 道德信仰危机的主要表现是（可多选）

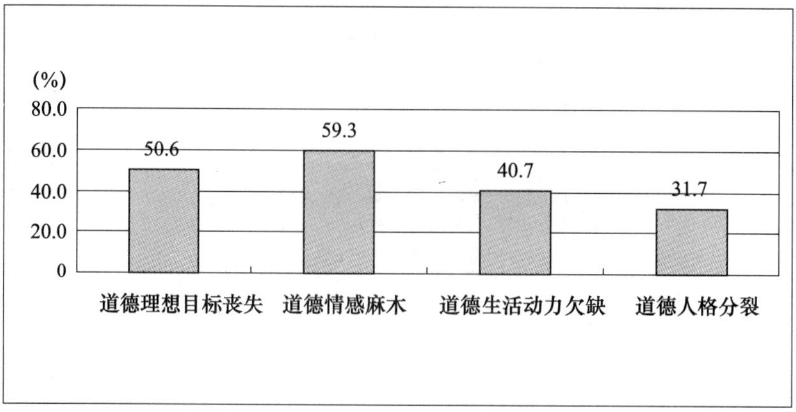

20. 造成道德信仰危机的主要因素是（可多选）

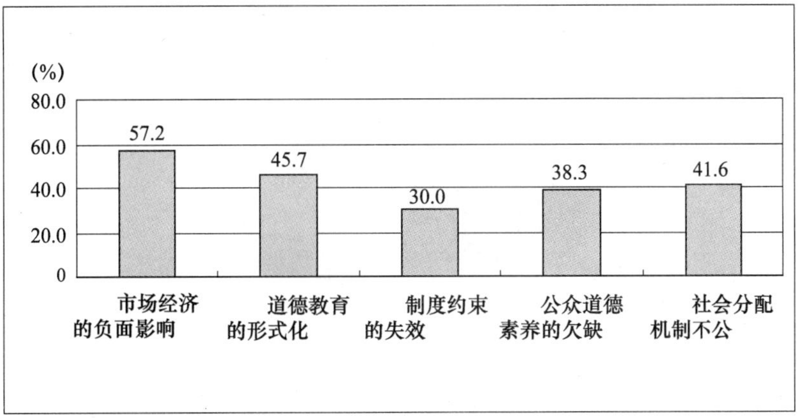

21. 您认为作为您这个群体的成员在下列各方面的表现如何

（1）社会责任感

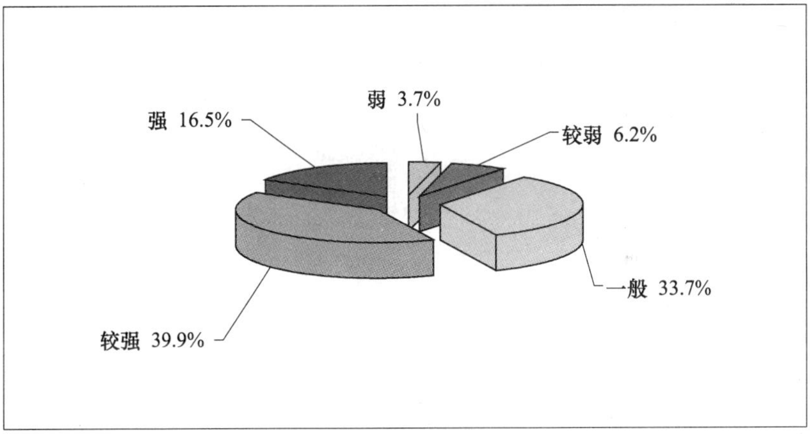

（2）奉献精神

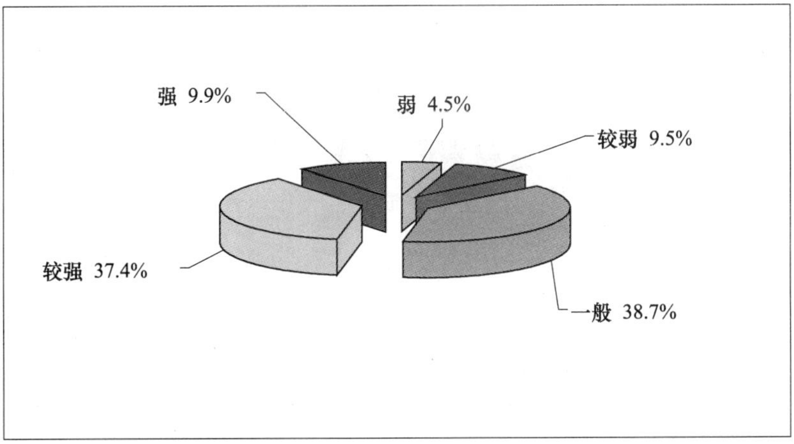

（3）创新精神

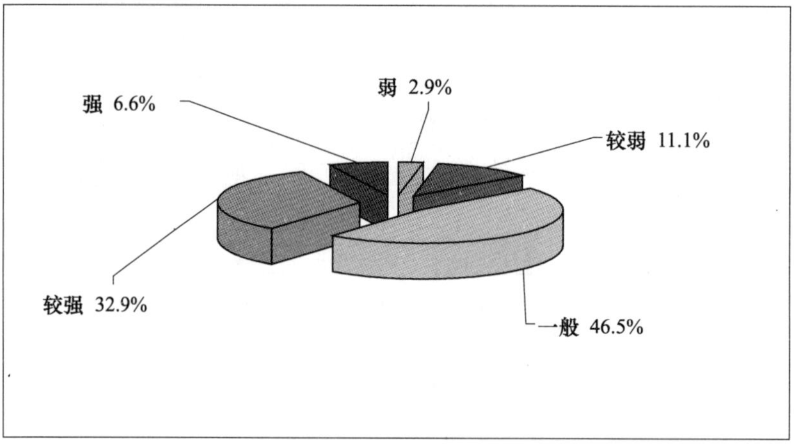

（4）竞争意识

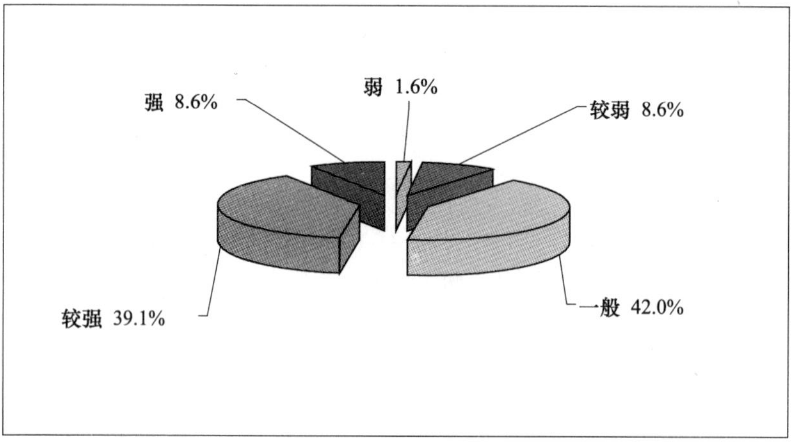

（5）法律意识

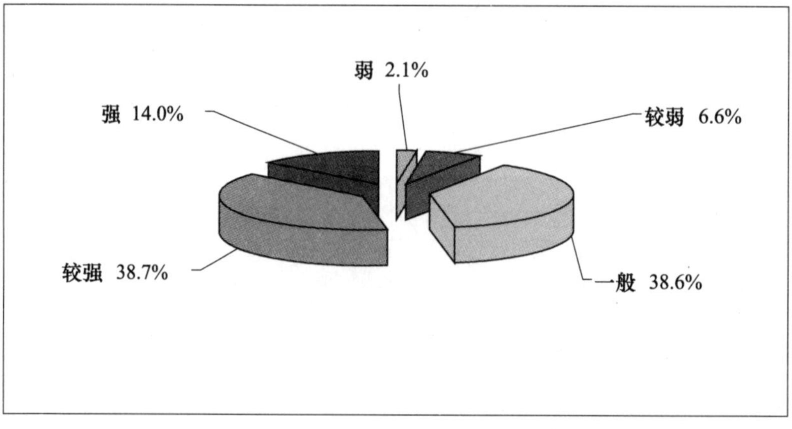

（6）协作精神

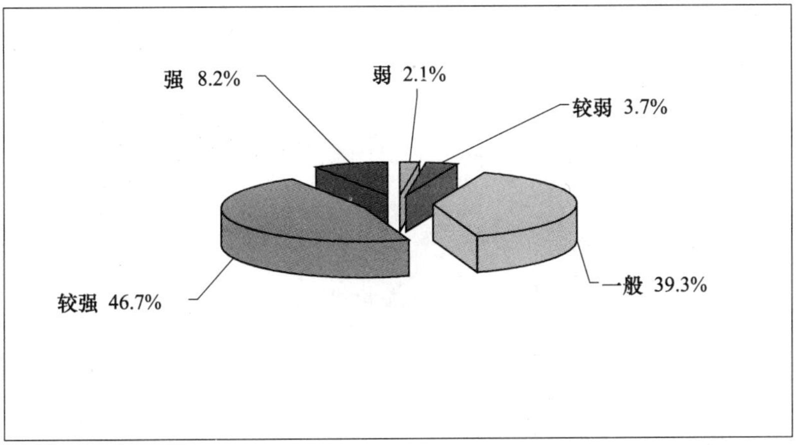

（7）人际交往能力

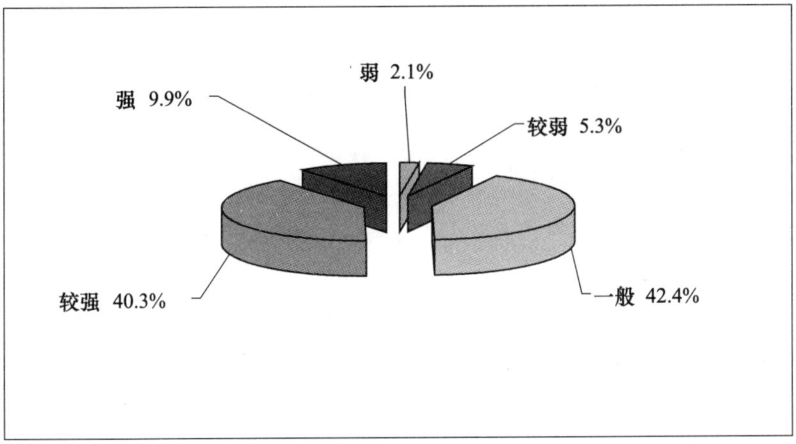

22. 您认为您企业需要改善的主要环境问题为

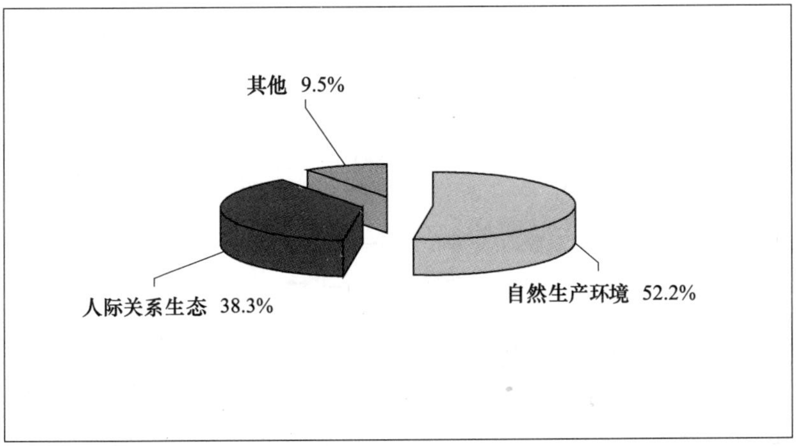

23. 您和同事在平时是否经常参与当地社区的活动

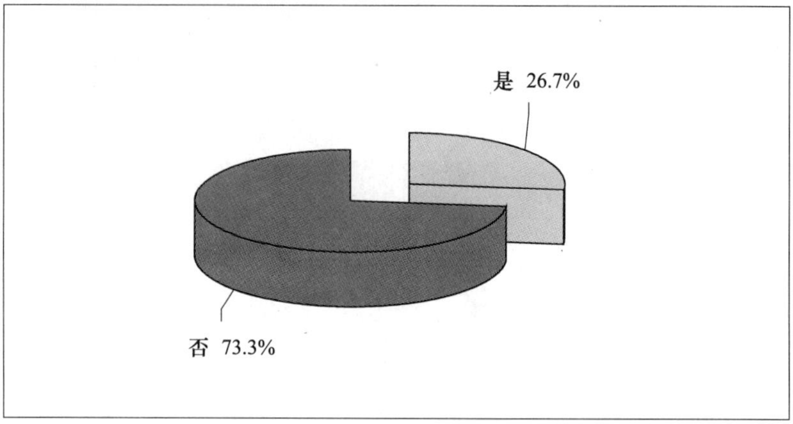

24. 您认为培养员工道德素养的关键途径是

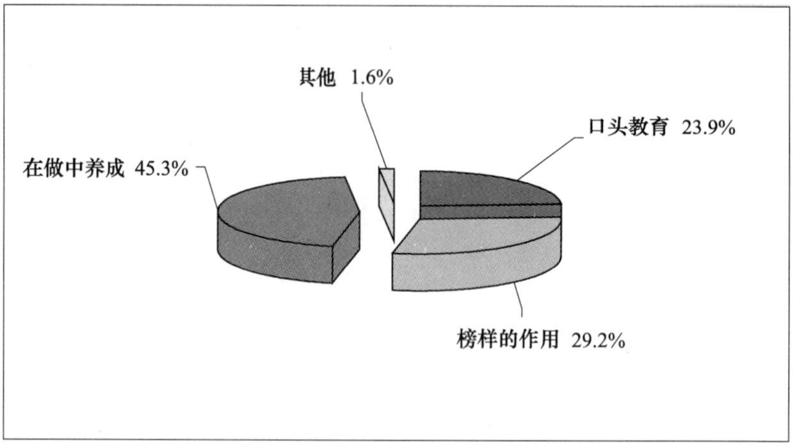

25. 对于我国颁布的《公民道德建设实施纲要》，您

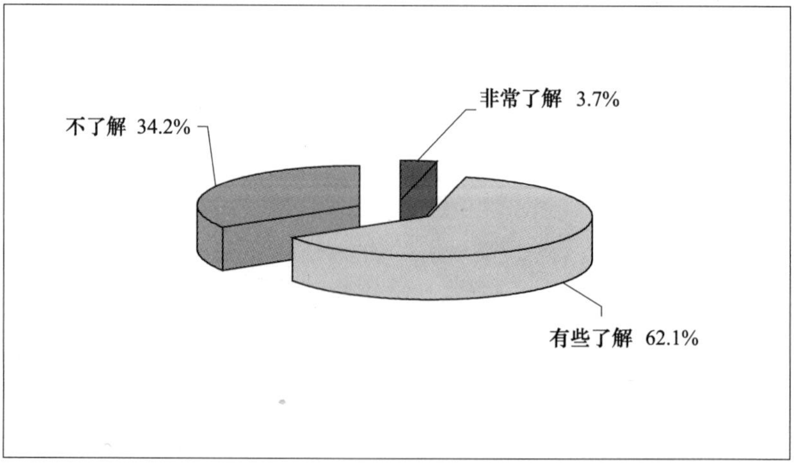

26. 您觉得哪类群体在社会正义的体现上面做得更好（可多选）

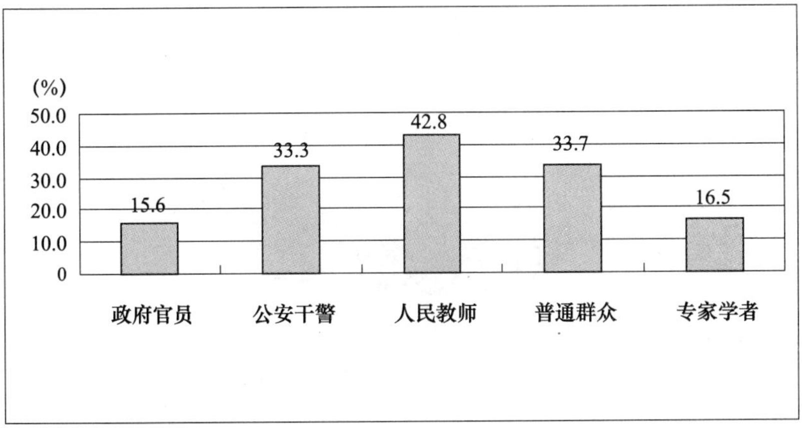

27. 您觉得现代社会人们的荣辱感是

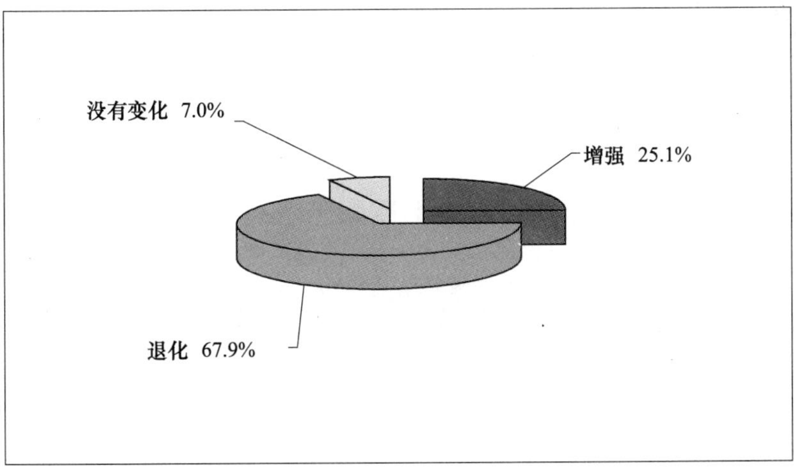

28. 您认为提出社会主义荣辱观

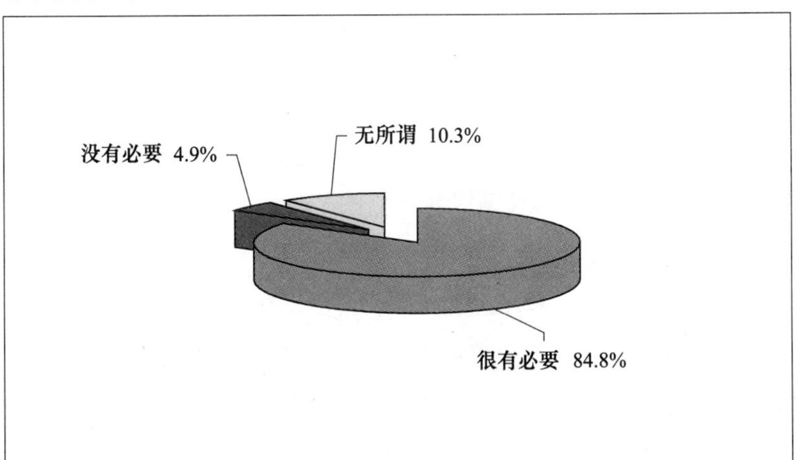

29. 如果江苏省政府就某物价上涨一事举行听证会，您

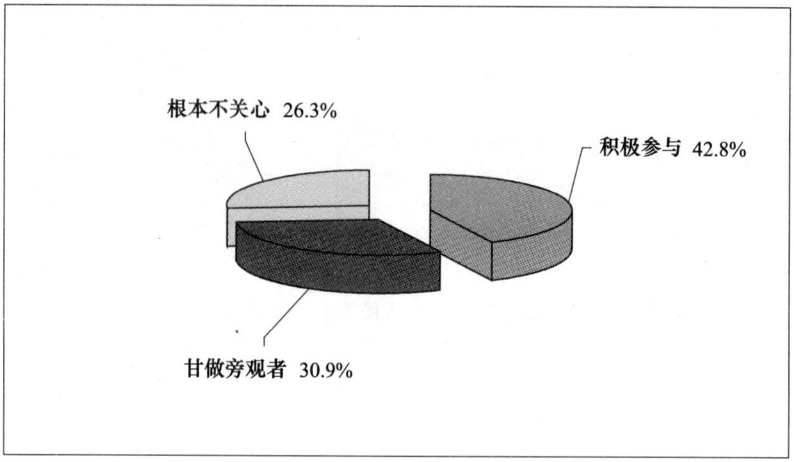

30. 您家庭幸福的内涵是

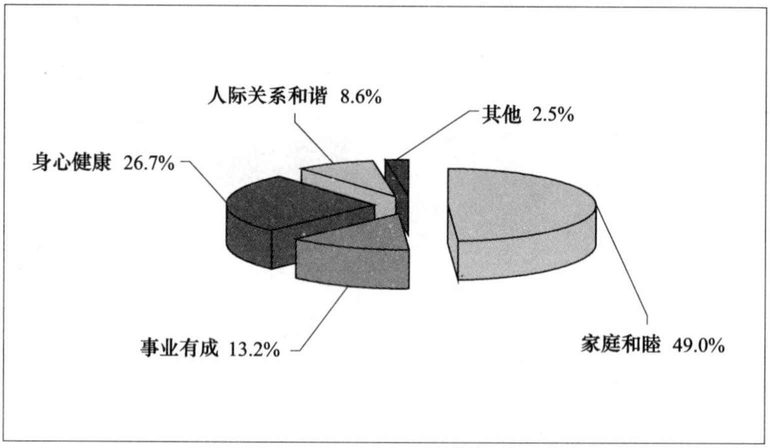

31. 您认为当前的社会财富分配

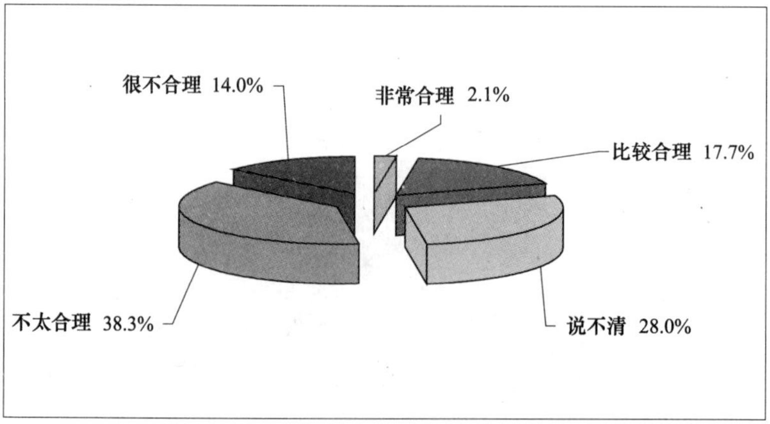

32. 您认为企业施行社会贡献的理由是

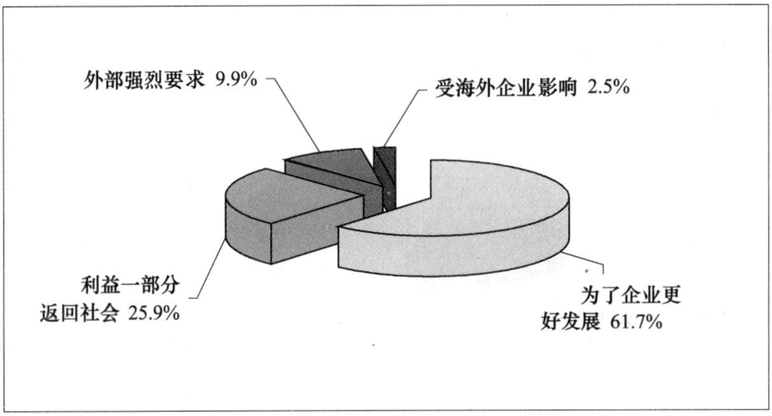

33. 您认为出卖企业商业机密的行为是

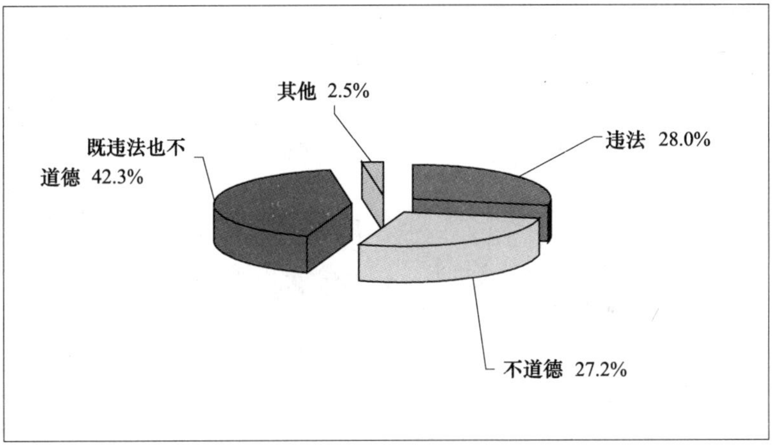

34. 你是如何看待“企业市民”这个说法

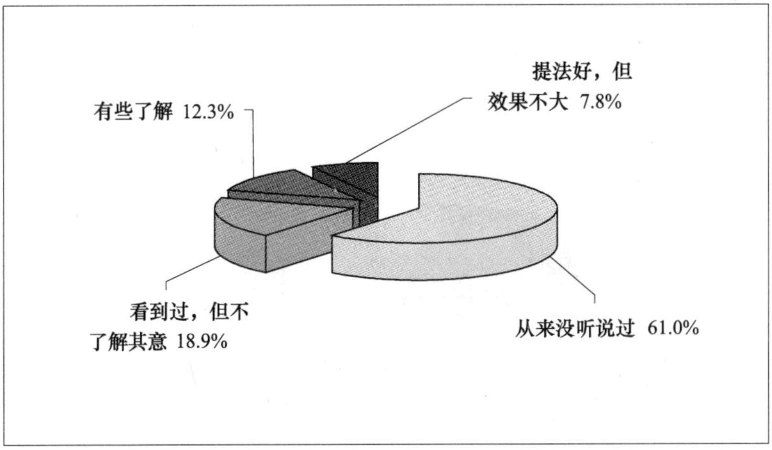

35. 您工作生活的规则是

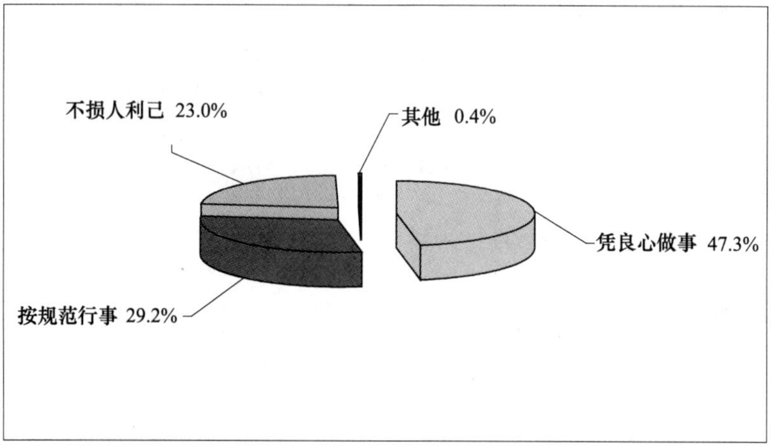

36. 您认为企业家最重要的素养是

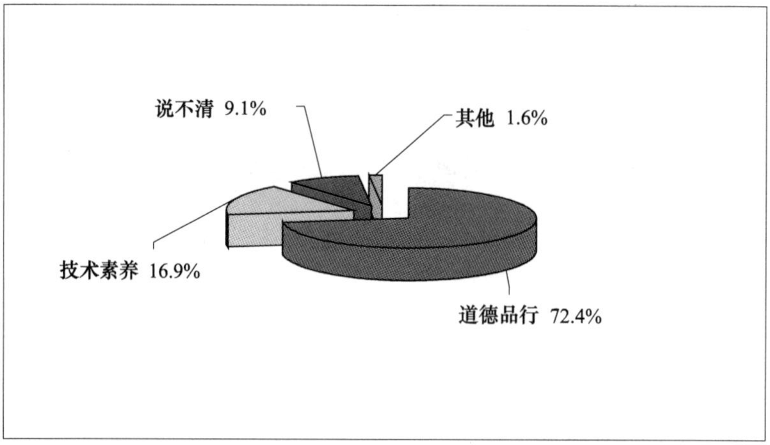

37. 您能够记得您企业的经营理念吗

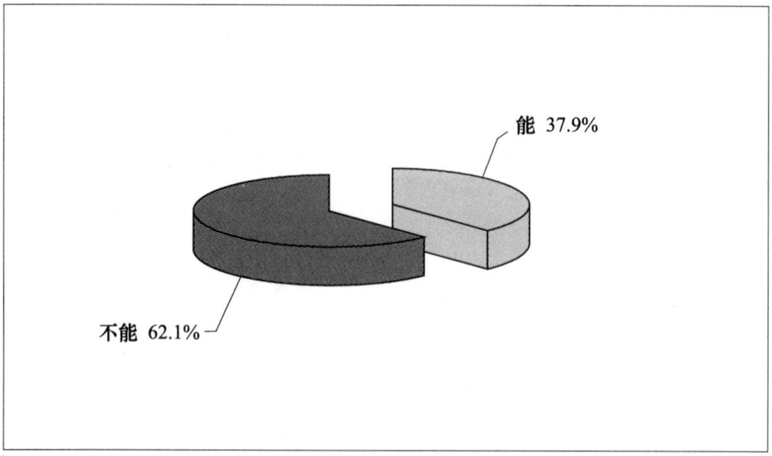

38. 您认为企业经营最重要的道德规范是什么

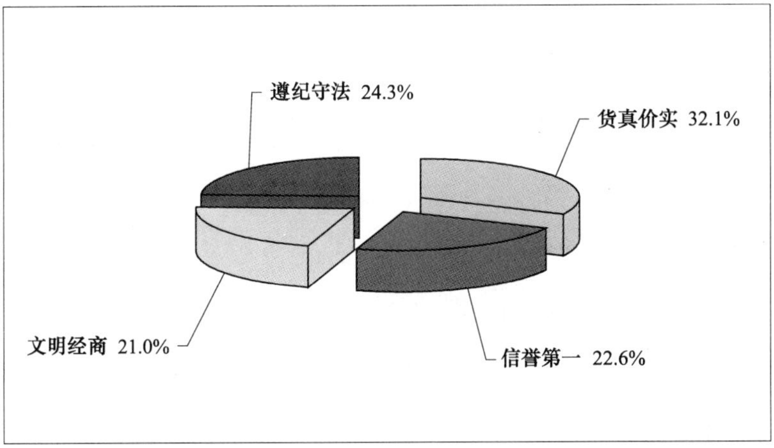

39. 您认为企业经营最忌讳的行为是

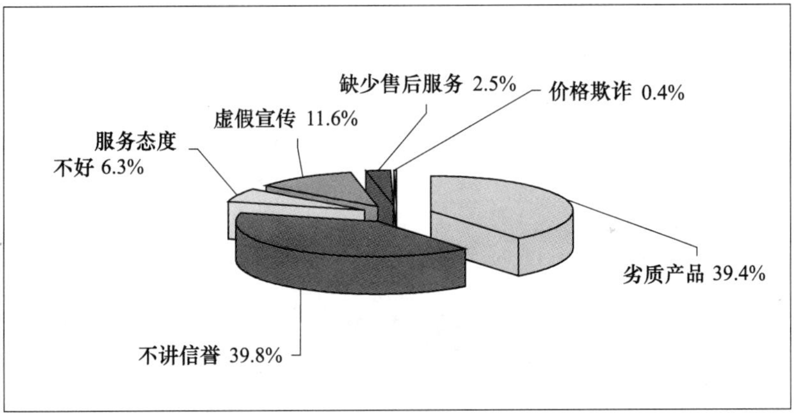

40. 您接受过环保意识的培训和教育吗

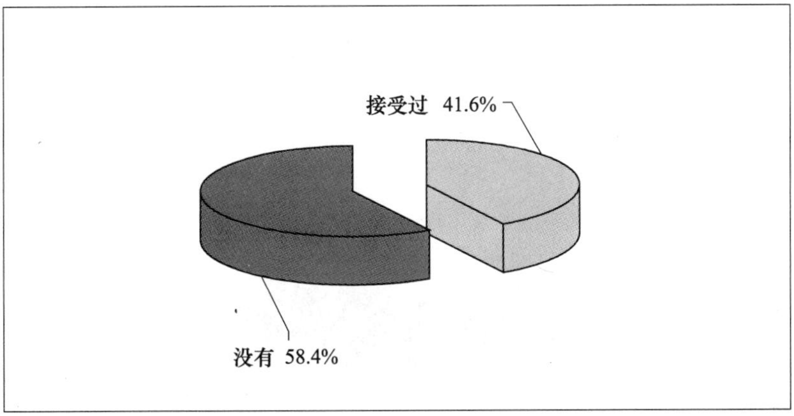

（许建良）

六

企业群体伦理道德状况数据库(二)

调查时间：2007 年 4 月，调查概况见“五”，调查对象：盐城等地的不同所有制企业员工。

此次调查共发放调查问卷 300 份，收回有效问卷 281 份。

第一部分　调研信息

1. 您的性别是

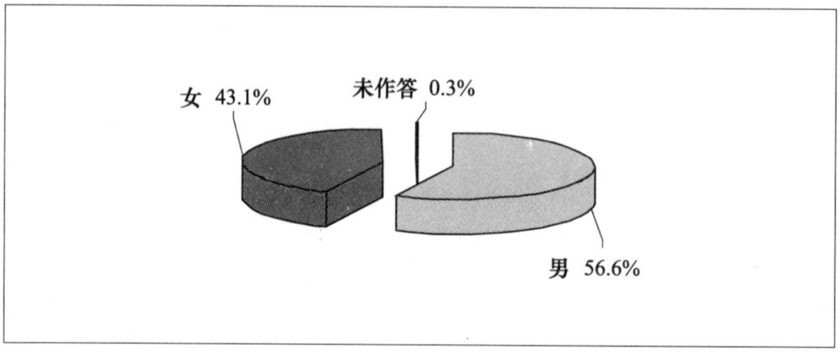

2. 您的年龄为

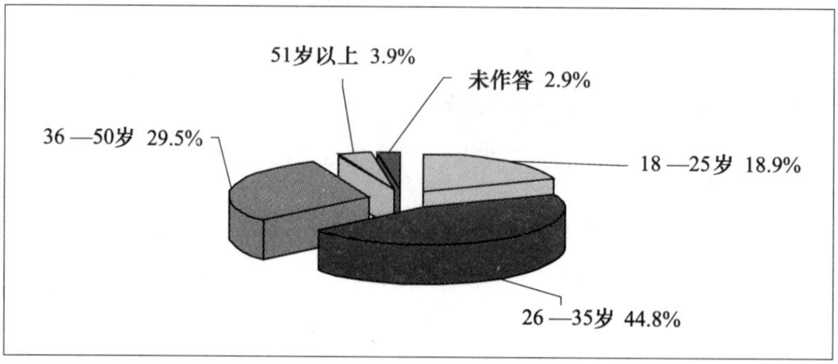

3. 您的文化程度是

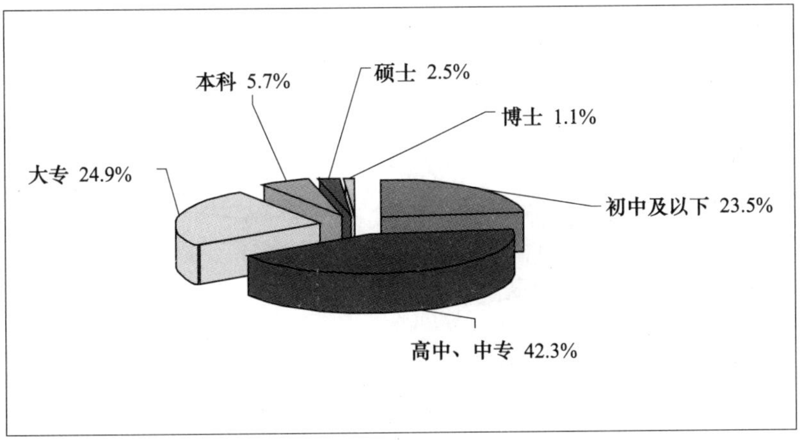

4. 您目前是

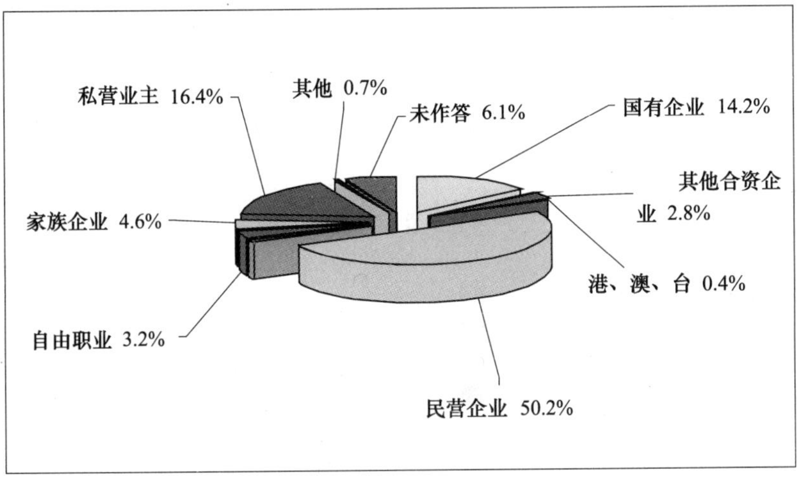

5. 您从事目前职业的时间为

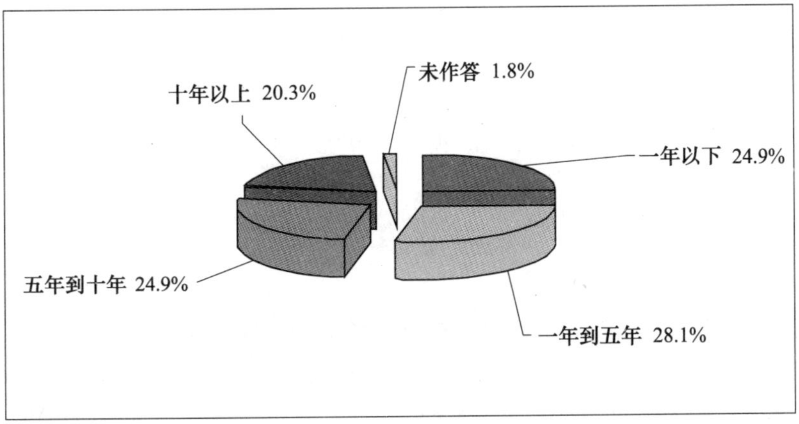

6. 您的月平均收入是

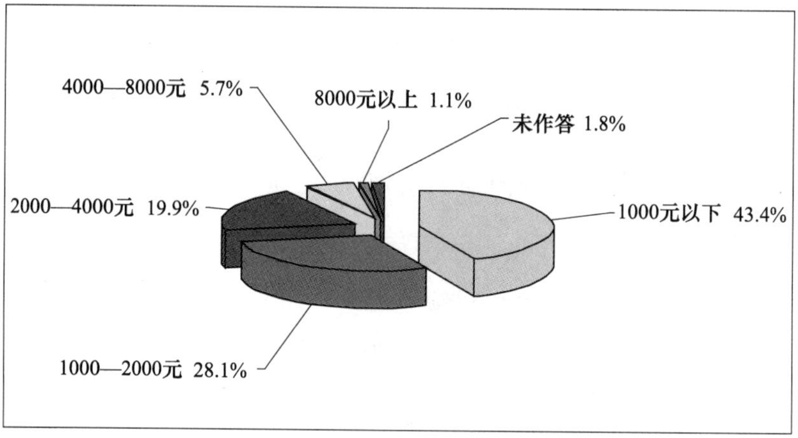

7. 您对自己的收入

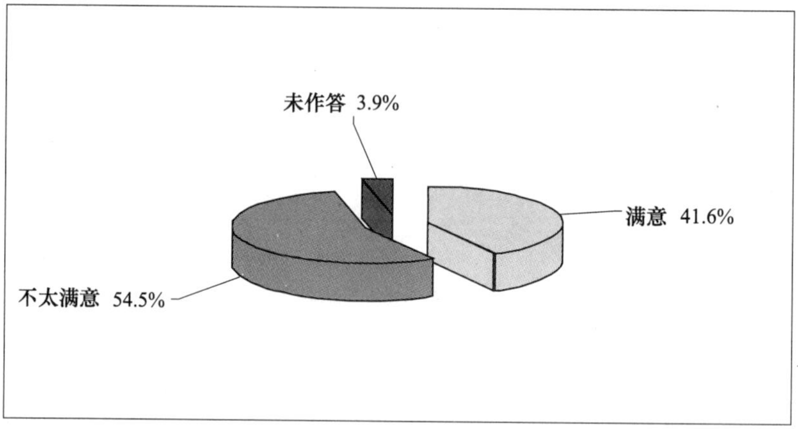

8. 您的宗教信仰是

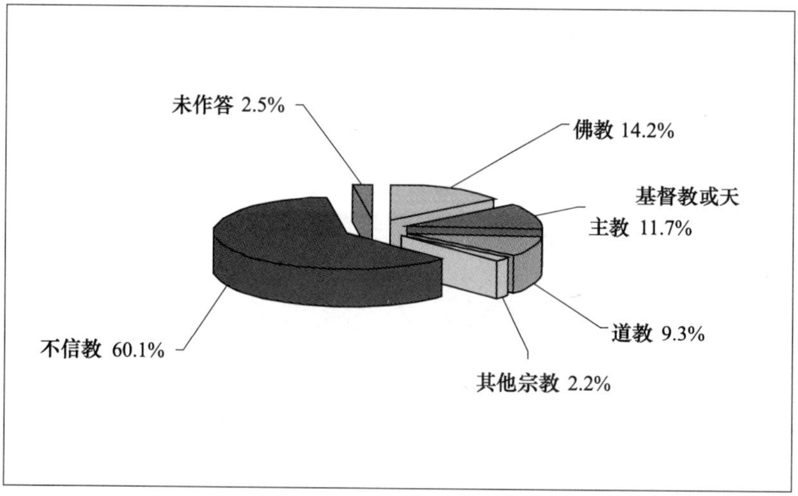

第二部分　调研信息

1. 您认为市场经济的深入发展，对中国传统的伦理关系产生了什么影响

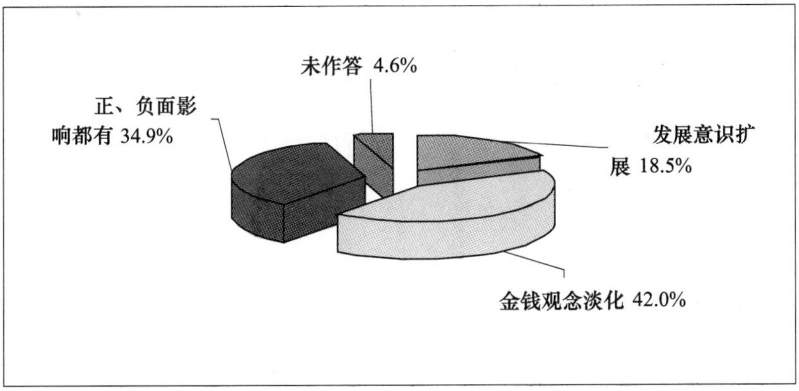

2. 您选择现职业时看重的是

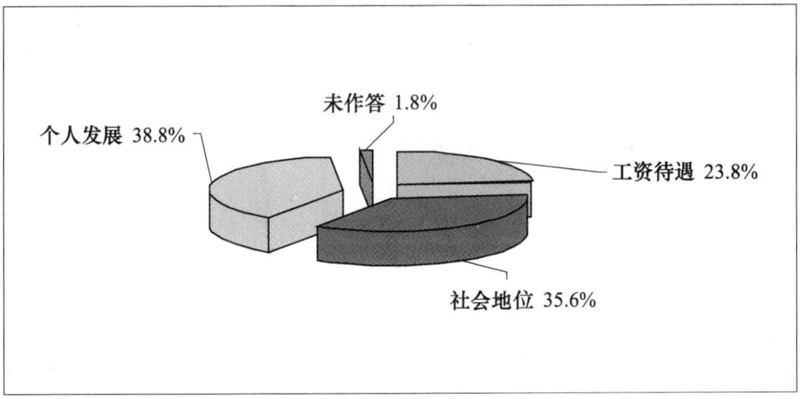

3. 您认为对企业道德生活影响最大的是

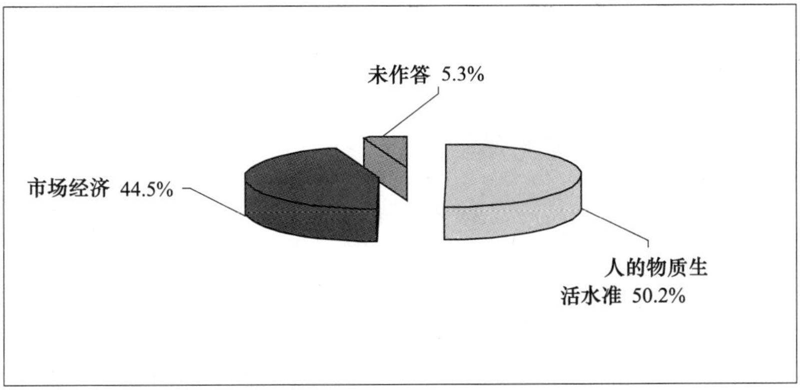

4. 您觉得现阶段更要弘扬的家庭道德是（可多选）

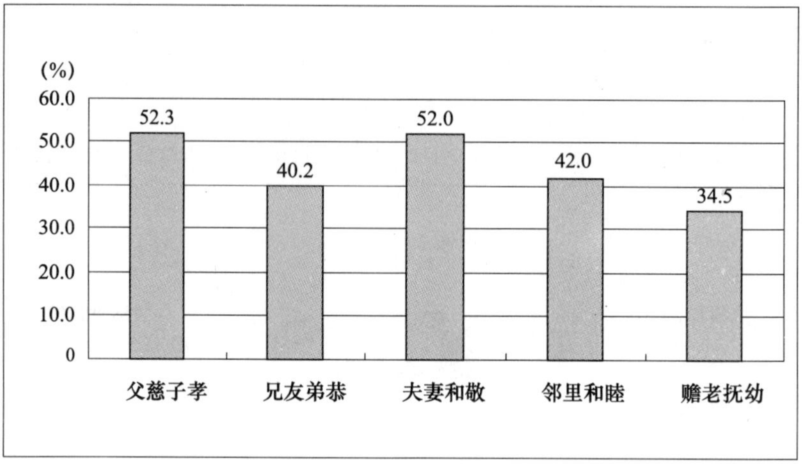

5. 您认为婚姻关系中最为重要的因素是

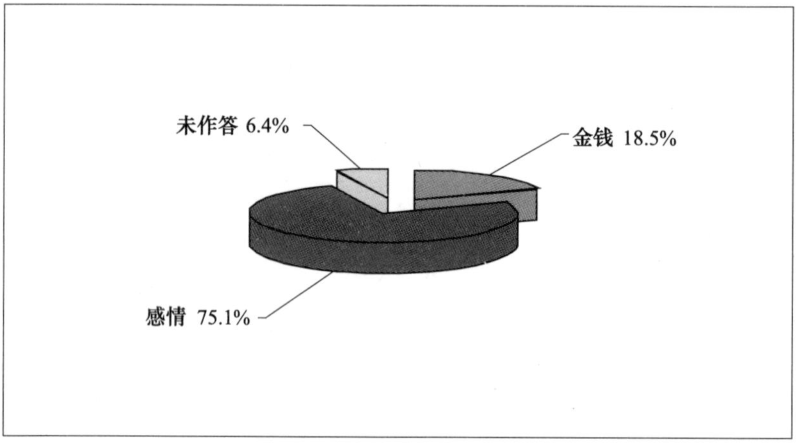

6. 您对婚前财产公证的看法是

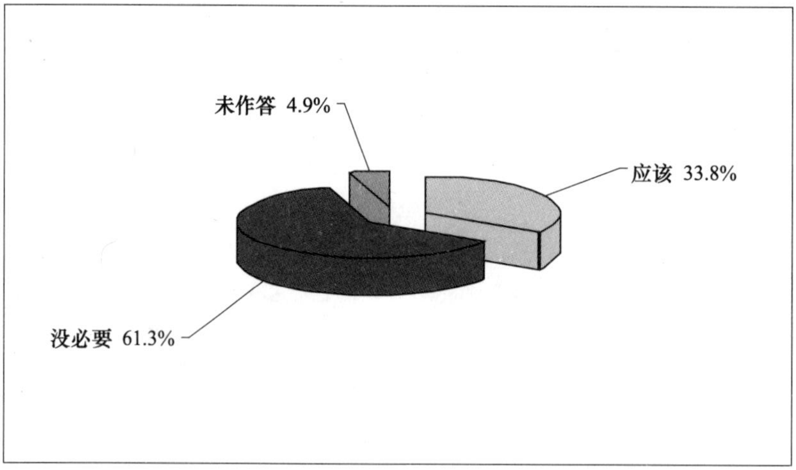

7. 当企业员工家庭成员生病住院或遭遇其他灾难时，您往往

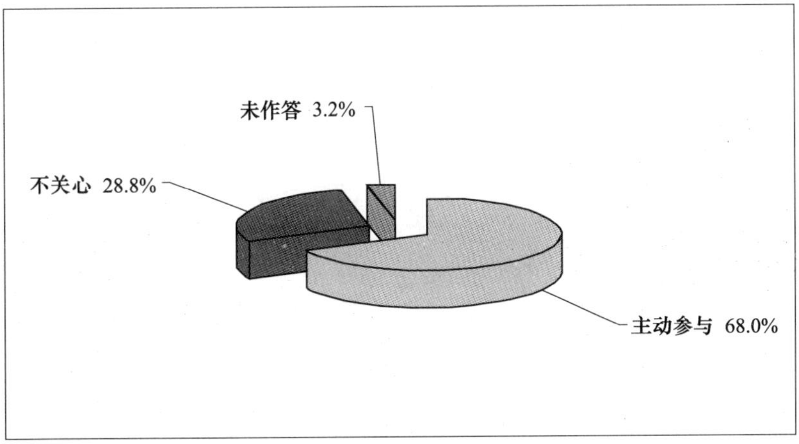

8. 当企业利益与您家庭利益发生矛盾时，您认为该

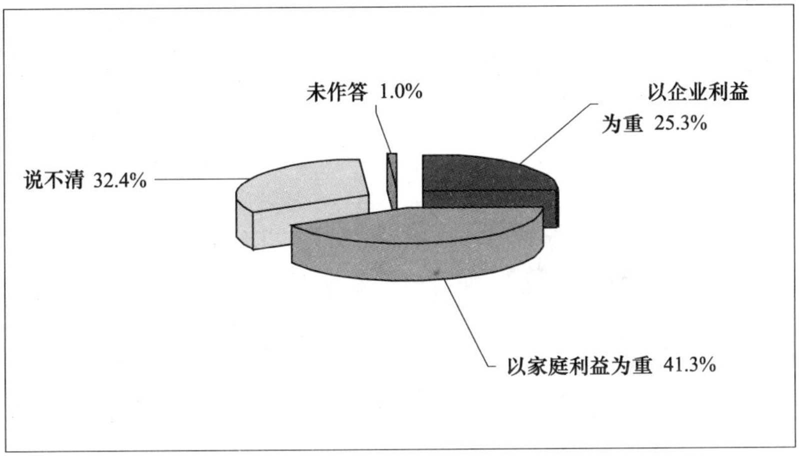

9. 您对本企业违法却牟利的行为，往往采取

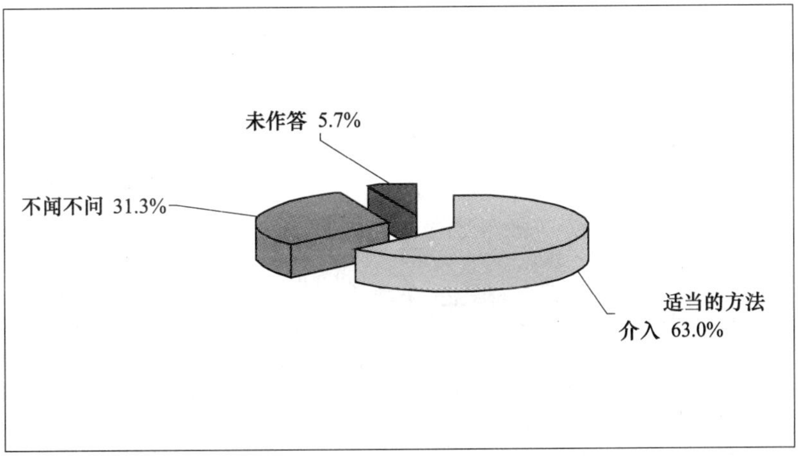

10. 在现在的企业中，您有劳动保险吗

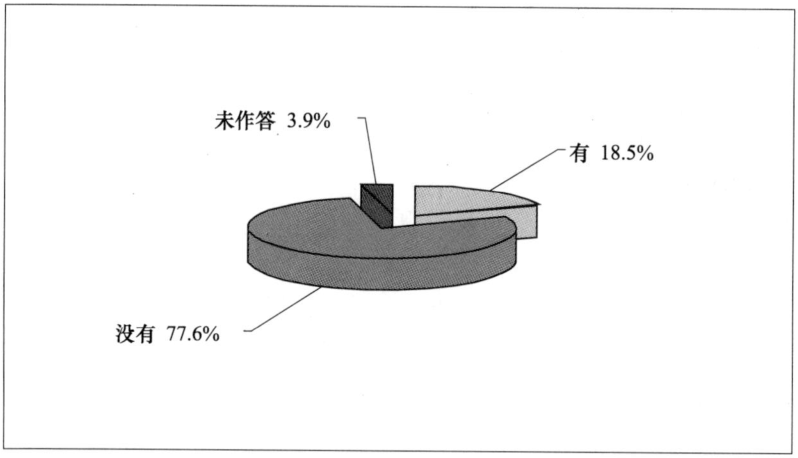

11. 在现在的企业中，您有医疗保险吗

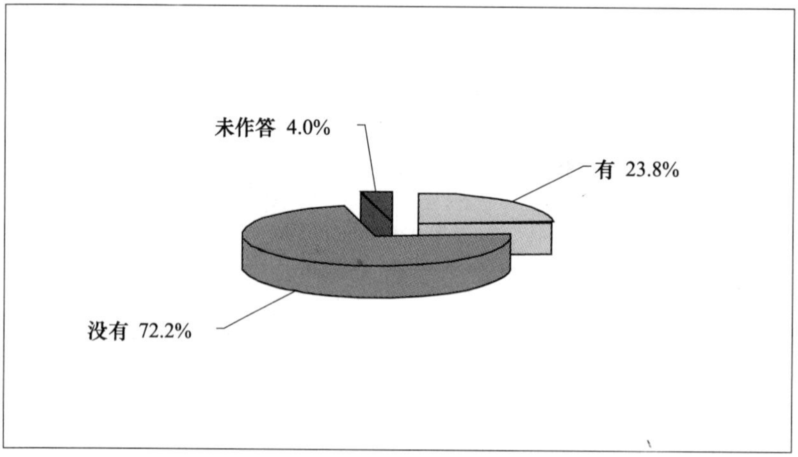

12. 您在退休时能够享受养老金吗

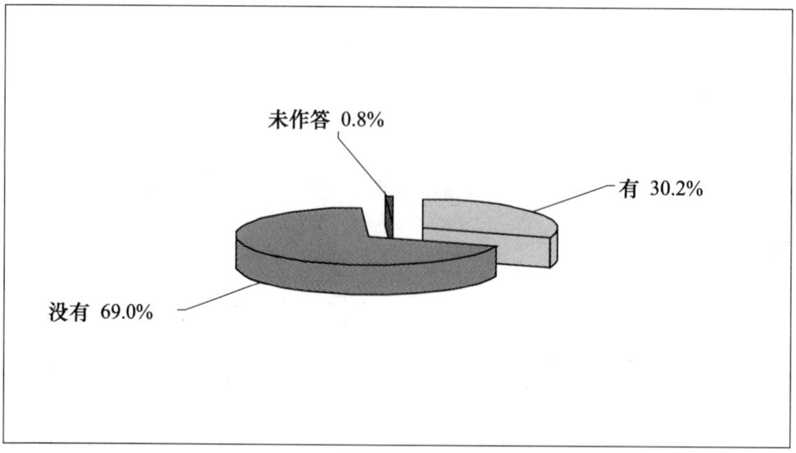

13. 您子女在就学期间企业给与一定的福利吗

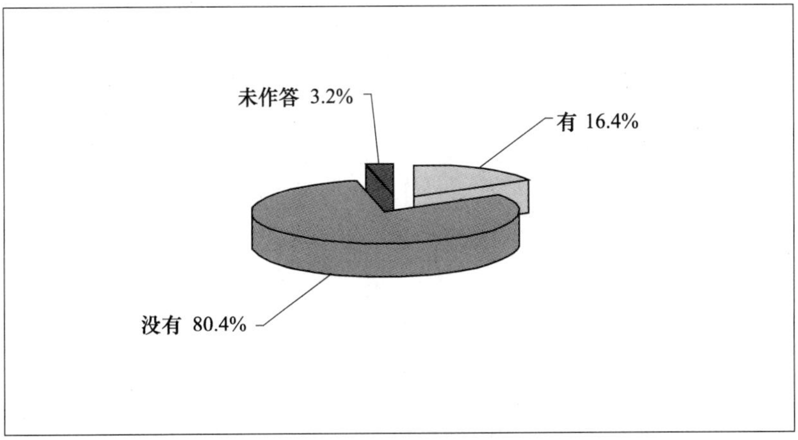

14. 在企业与顾客关系的利益问题上，应该履行

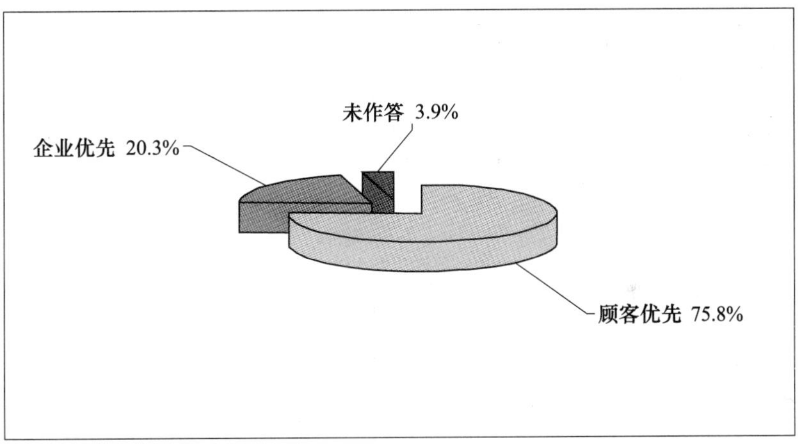

15. 您是否会帮助陌生人

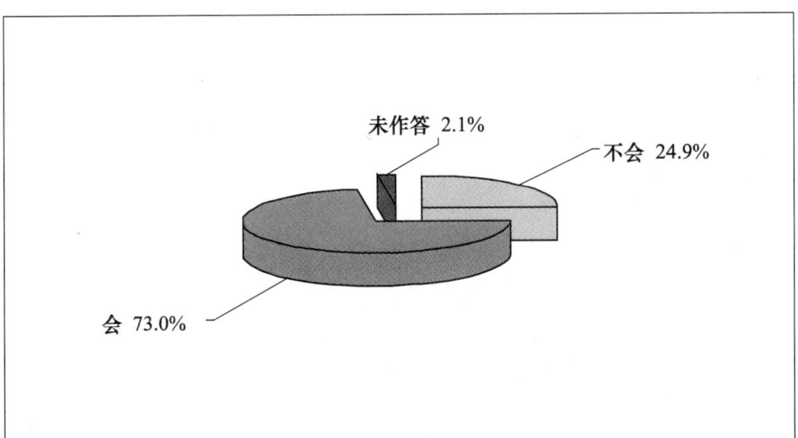

16. 当拾到装有 10 万元人民币的钱包时，您

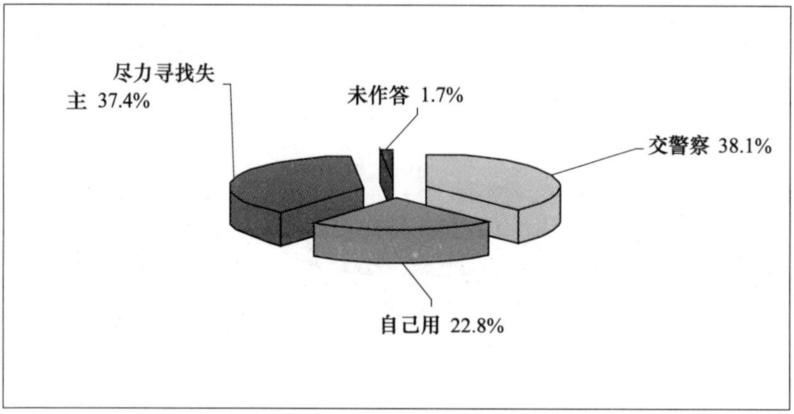

17. 您觉得当前中国社会道德信仰危机

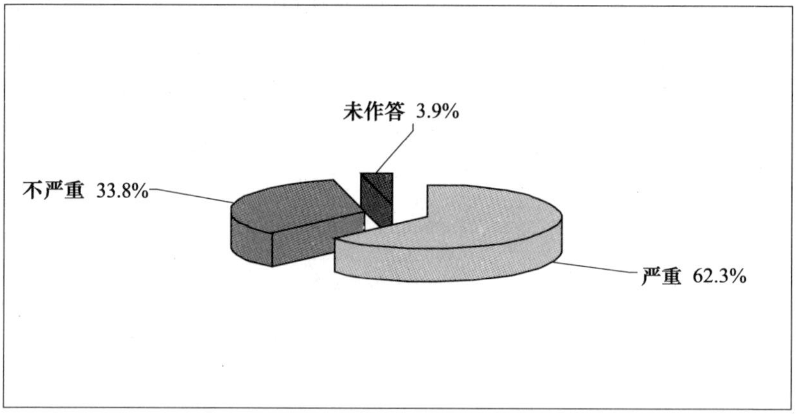

18. 道德信仰危机的主要表现是（可多选）

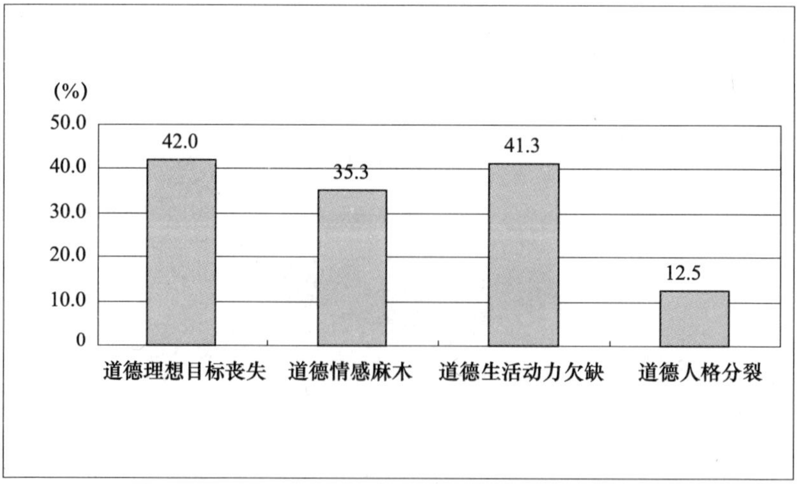

19. 造成道德信仰危机的主要因素是

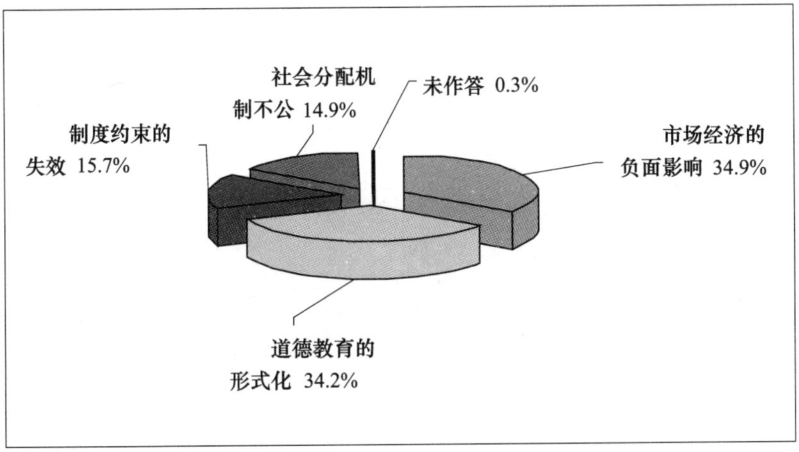

20. 您认为作为您这个群体的成员在下列各方面的表现如何

（1）进取意识

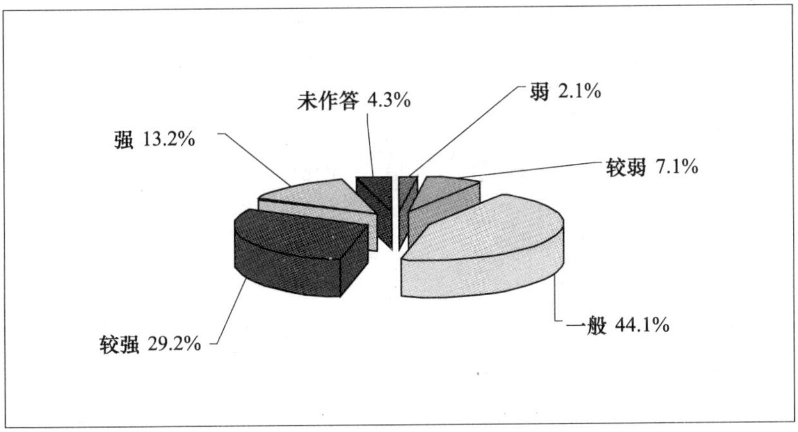

（2）刻苦精神

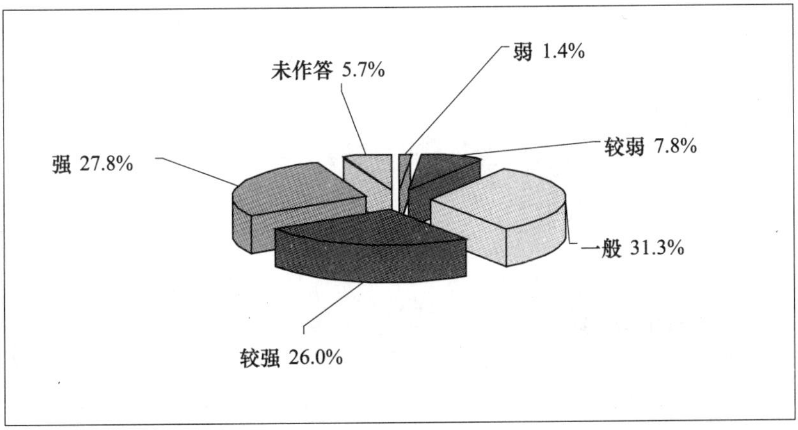

（3）创新精神

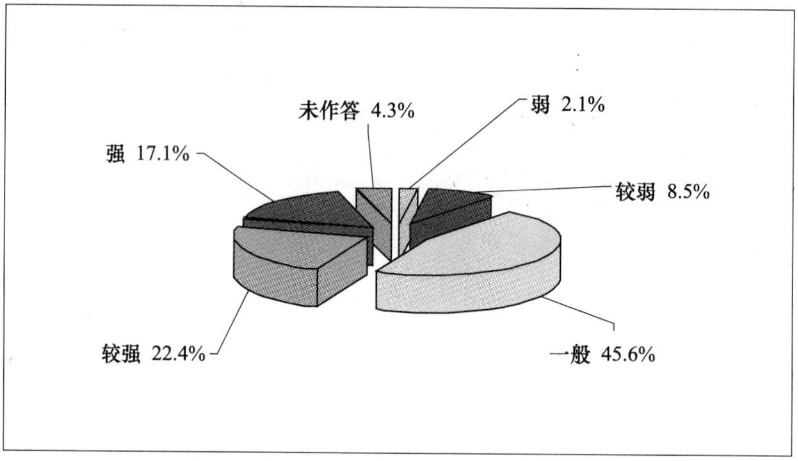

（4）是非观念

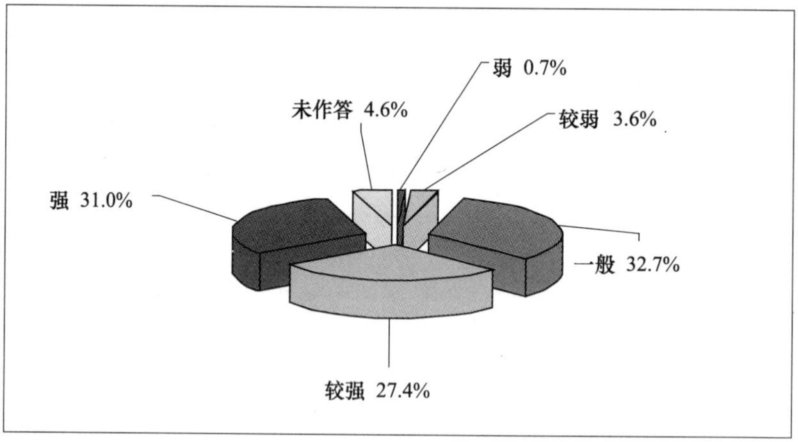

（5）主人翁精神

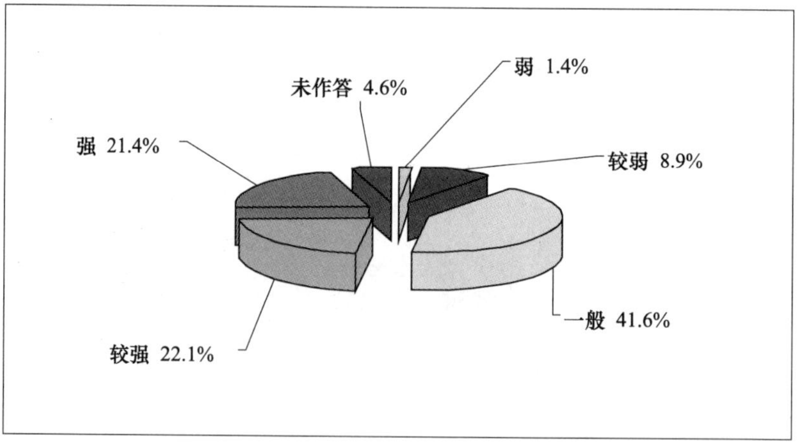

（6）协作精神

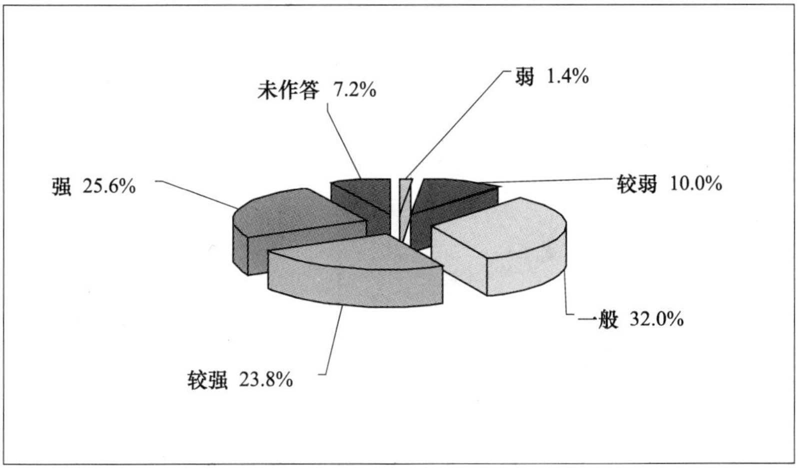

（7）人际交往能力

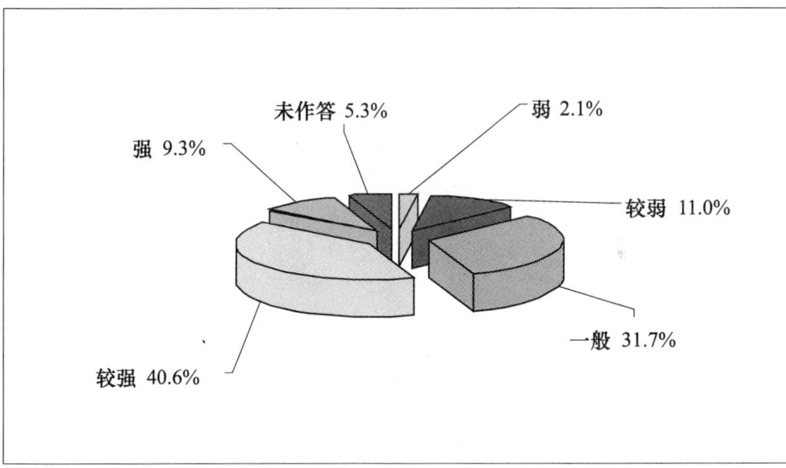

21. 您认为您企业需要改善的主要环境问题为

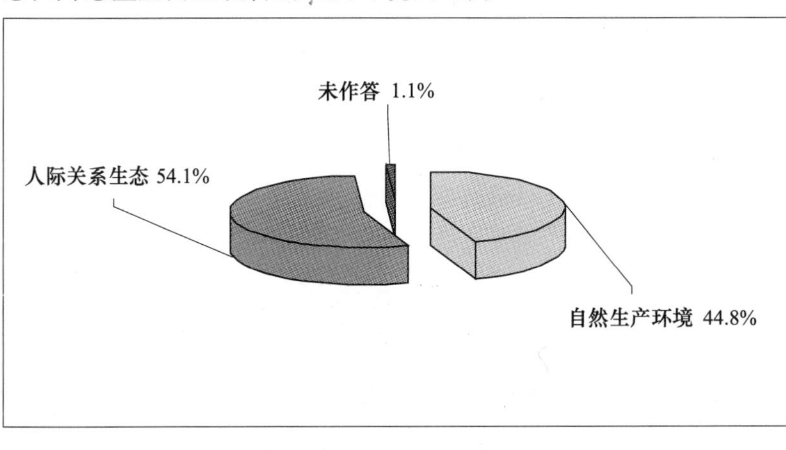

22. 您和同事在平时是否经常参与当地社区的活动

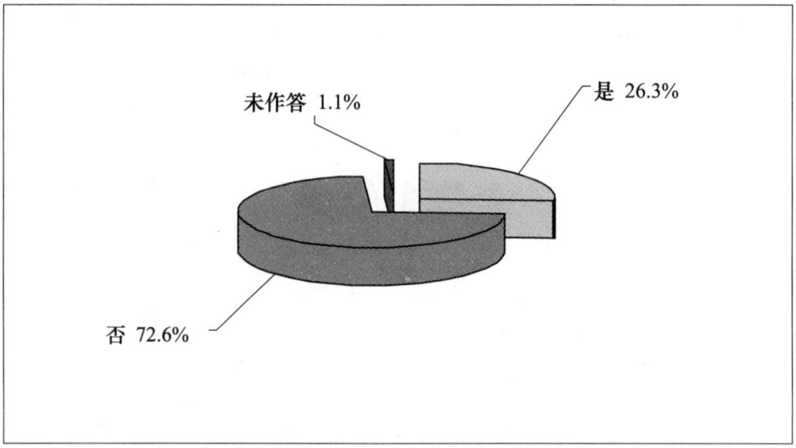

23. 对于我国颁布的《公民道德建设实施纲要》，您

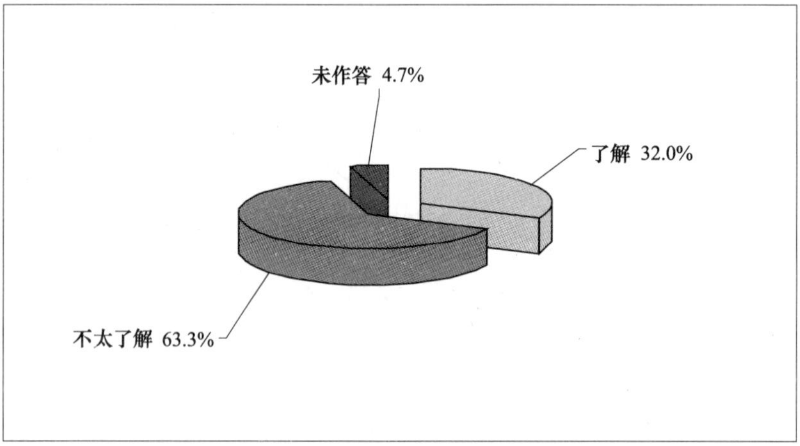

24. 您觉得哪类群体在社会正义的体现上面做得更好（可多选）

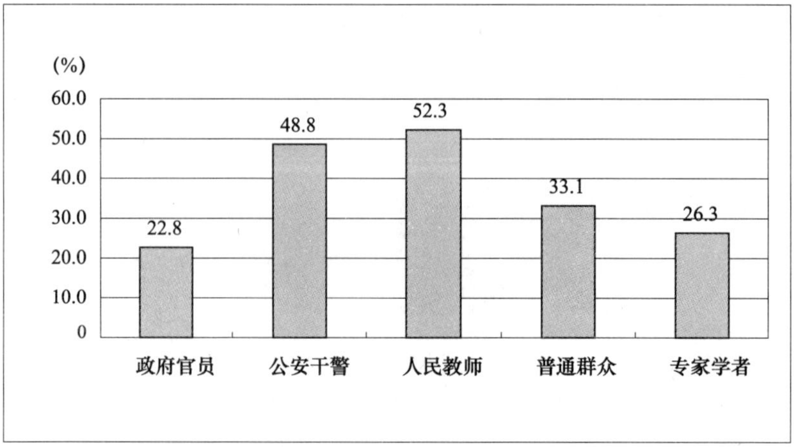

25. 您觉得现代社会人们的荣辱感是

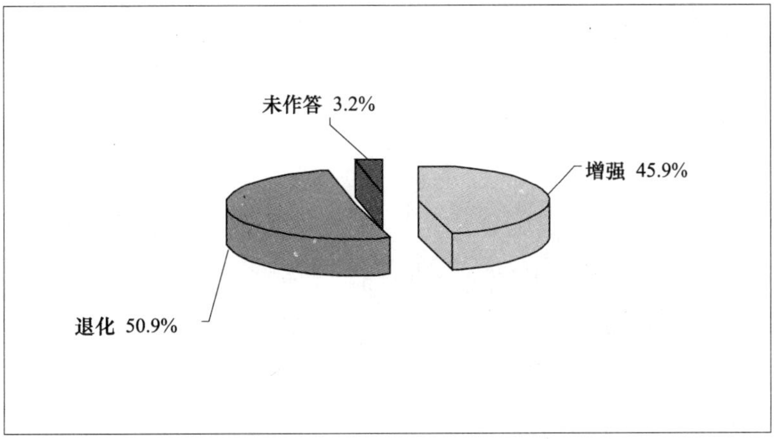

26. 您认为提出社会主义荣辱观，对解决社会问题

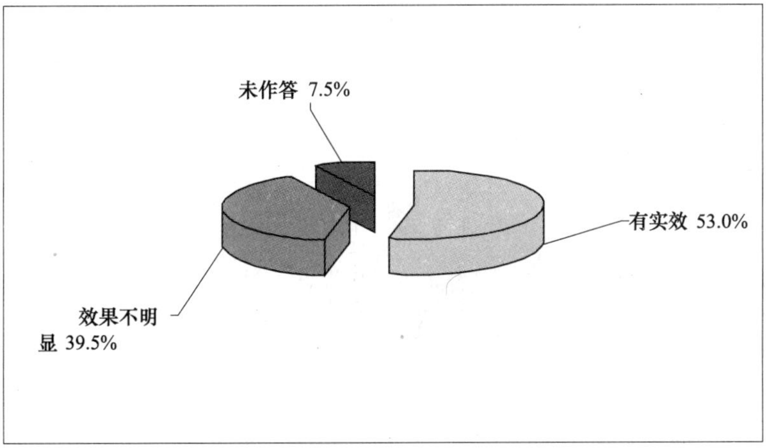

27. 如果江苏省政府就某物价上涨一事举行听证会，您

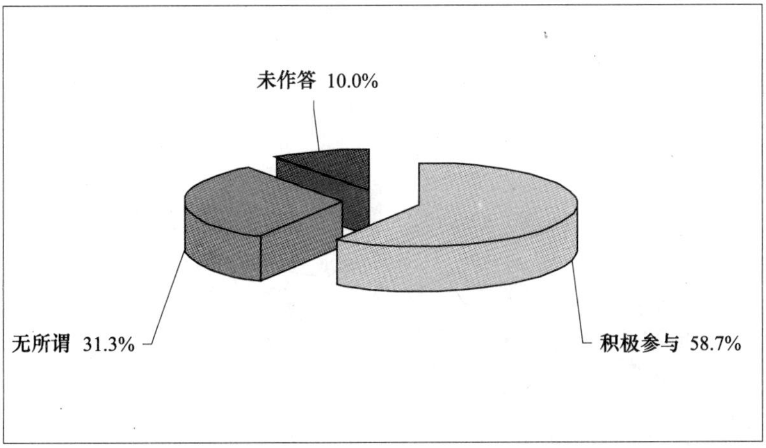

28. 您家庭幸福的内涵是

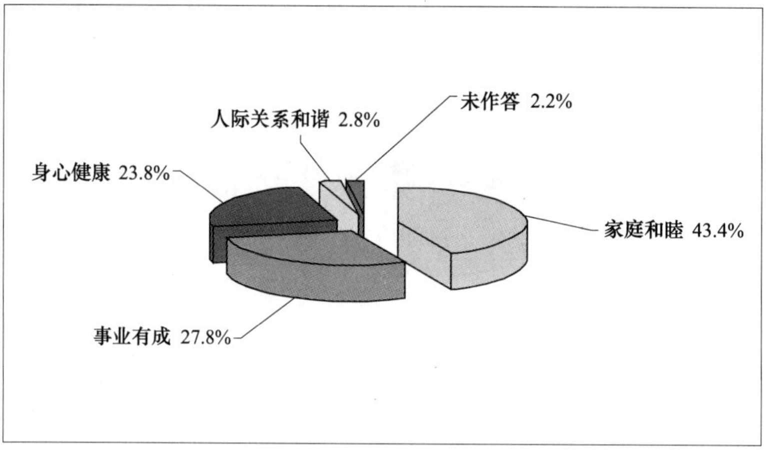

29. 您认为当前的社会财富分配

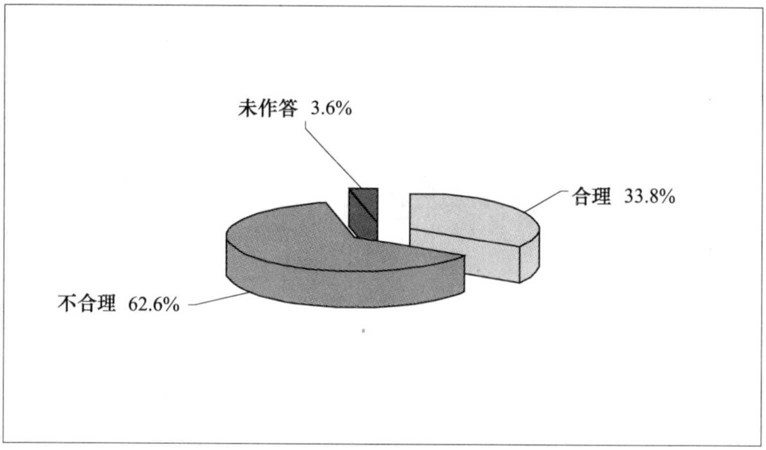

30. “跳槽”的标准是

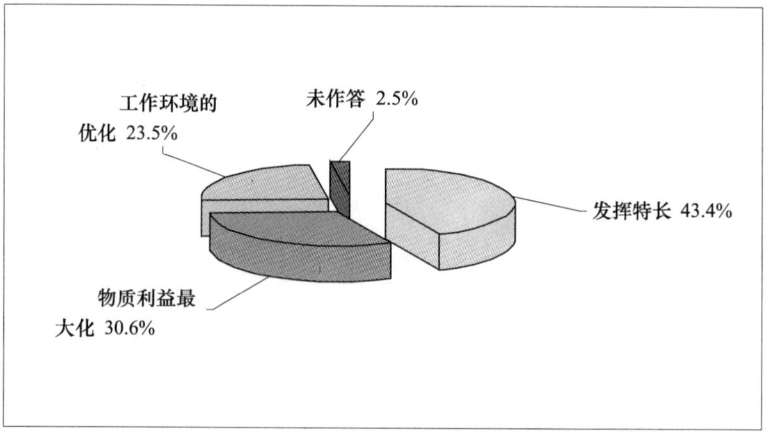

31. 您认为出卖企业商业机密的行为是

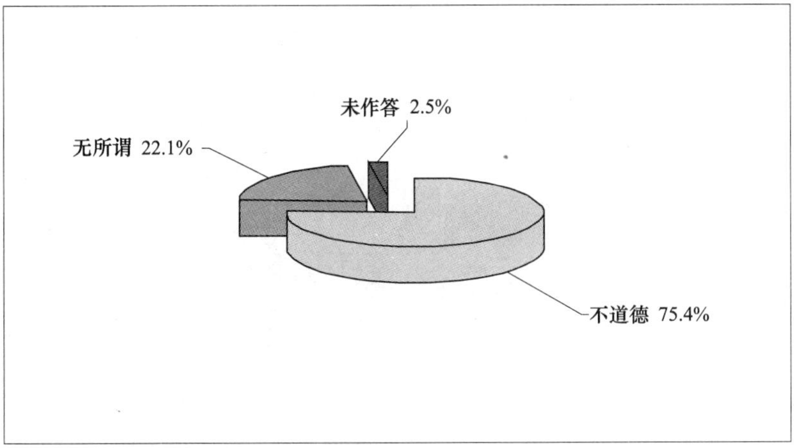

32. 对好友的下属犯错误处理的原则

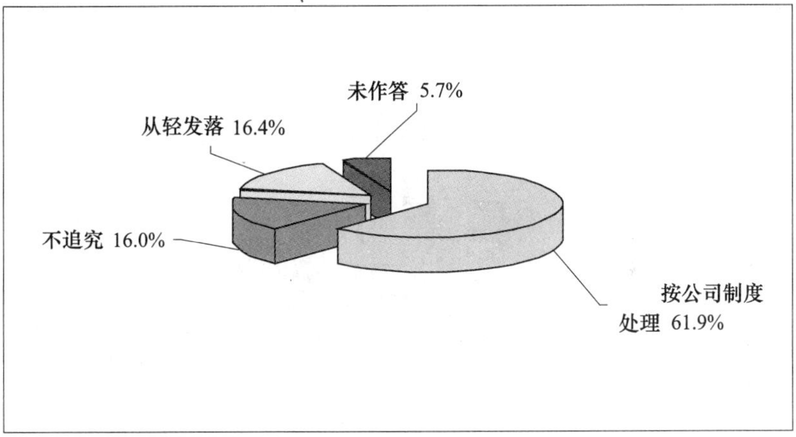

33. 您工作生活的规则是

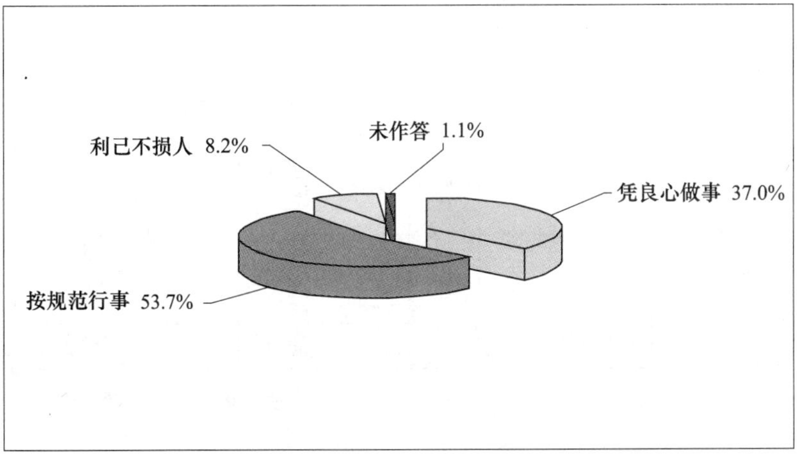

34. 您认为企业家最重要的素养是

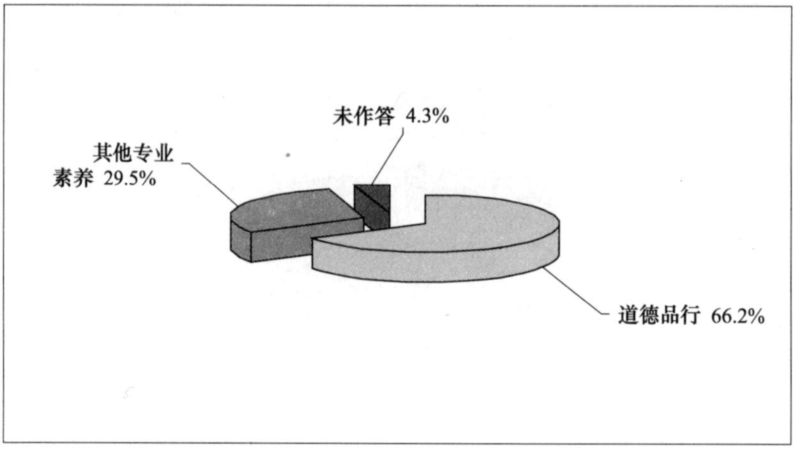

35. 企业需不需要与社区共存

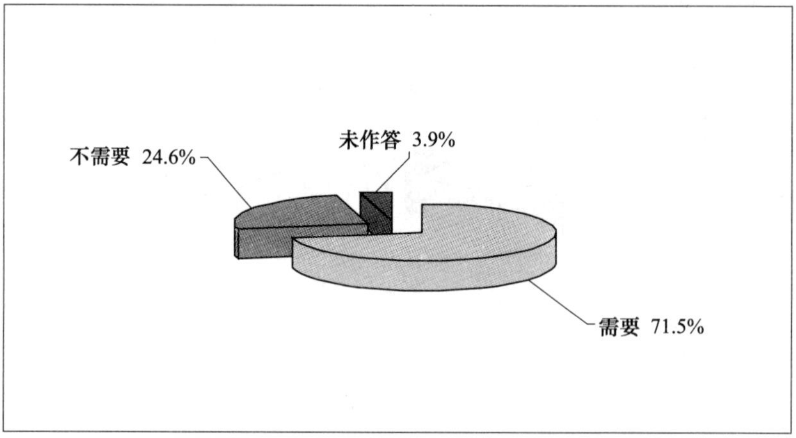

36. 您认为企业经营最重要的道德规范是什么（可多选）

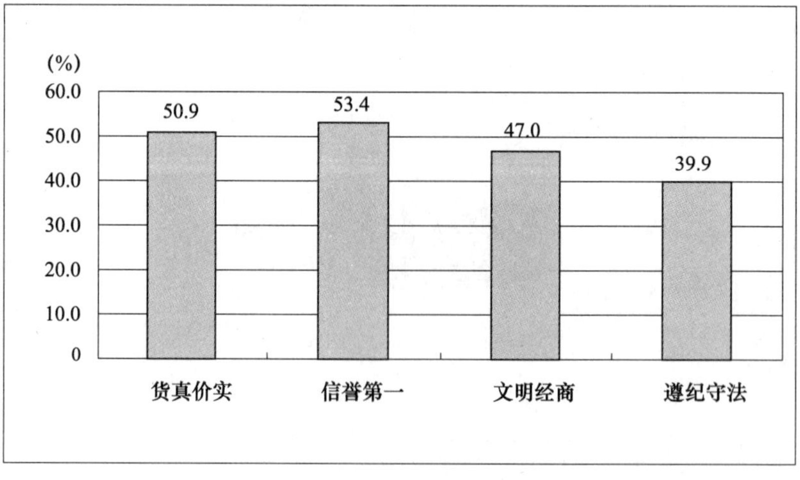

37. 您认为企业经营最忌讳的行为是

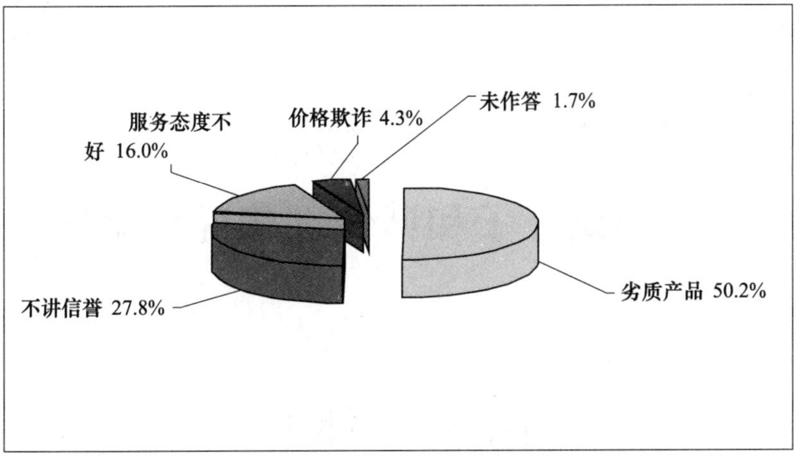

38. 您认为在全球化的竞争境遇中，民族企业之间应该互相提携吗

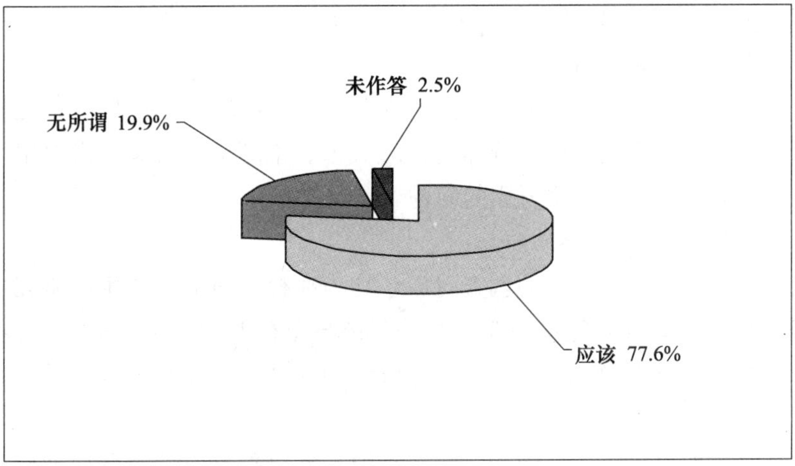

（许建良）

七

青年知识分子和谐伦理状况数据库

前言：调查概况

一　调查内容和调查方式

本次调查主要采用自填式问卷的方法收集资料，调查问卷由46个问题构成，主要针对青年知识分子询问了这一群体的伦理关系、伦理道德观念、道德生活、伦理道德素质及其影响因子等四个方面的问题。

二　调查对象

本次调查以青年知识分子为调查对象，均为在校学习的本科生和研究生，其中男生比例为67.6%，女生比例为32.4%，年龄分布在18岁到30岁之间，本科生比例为51.2%，研究生比例为48.8%，学科背景为：文科32.2%，理工科67.8%。

三　抽样方法

本次调查采取简单随机抽样的方法来抽取样本，抽样方法是分层抽样法，资料收集方法使用自填式问卷法，统计软件使用的是SPSS统计分析软件，数据分析方法采用单变量分析。

四　资料收集的执行过程

调查资料来源于笔者于2006年8—10月在南京市东南大学、南京航空航天大学两个高校进行的抽样调查。样本的抽取以两高校本科生与研究生的宿舍楼来制订抽样框，首先随机抽取出宿舍门牌号，然后再随机抽取一个床位号来确定访问对象。在进行问卷调查的同时，结合总课题的座谈会，就某些问题进行深入探究和挖掘。

五　样本的基本情况

采用分层抽样法，最终抽取出450份的样本量，其中收回问卷441份，有效问卷430份，有效回收率95.6%。

六　样本质量评估

针对调查对象为青年知识分子，样本有选择地放在了“985”高校东南大学和“211”学校南京航空航天大学，同时对于性别、年龄、学科背景均作了考虑，问卷的有效回收率较高。就调查主题和对象而言，样本具有较好的代表性。

七　资料整理与分析

本次问卷调查的资料在经过初步整理、编码之后，用 Foxpro6.0 进行录入，用 SPSS13.0 进行查错和基本的统计分析，用 excel2003 进行作图。分析类型主要是单变量的描述统计。

调研时间：2006 年 8—10 月

地点：东南大学、南京航空航天大学

发放问卷 500 份，收回 441 份，其中有效问卷 430 份，有效回收率 95.6%。

第一部分　基本信息

1. 样本的性别构成

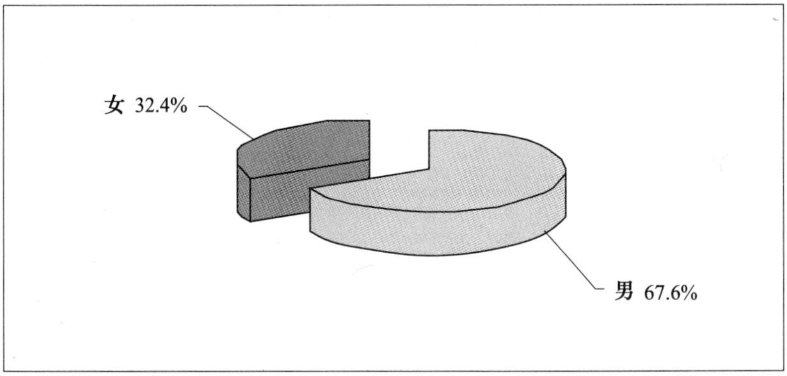

2. 样本的年龄构成

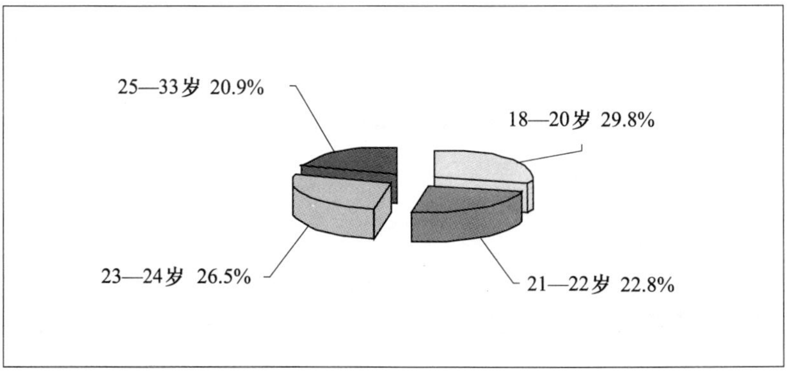

3. 样本的学历构成

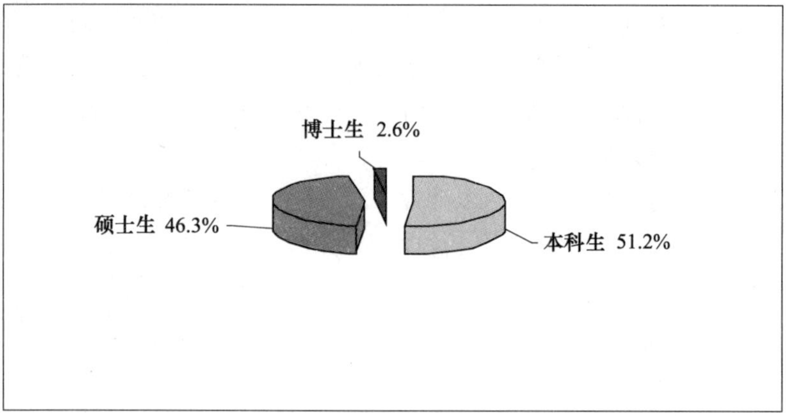

4. 样本的专业背景

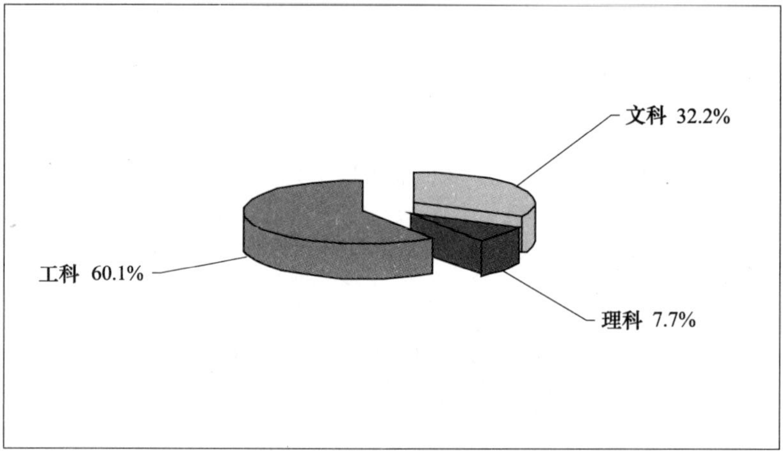

5. 是否在学校或社会上担任职务

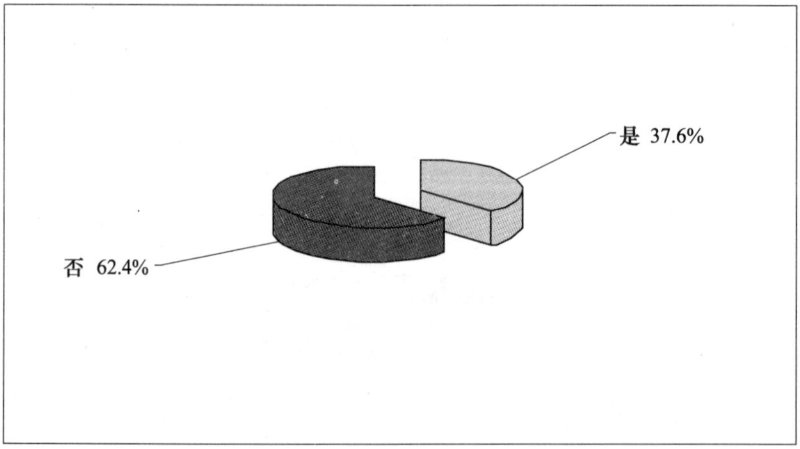

6. 是否是独生子女

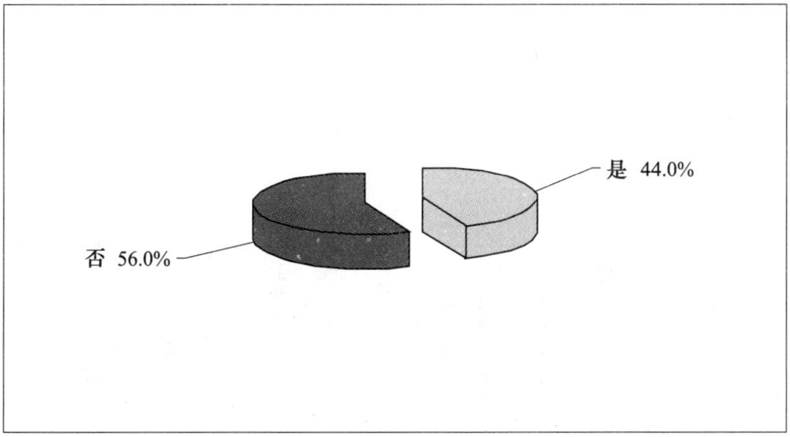

7. 在日常生活和工作环境中经常要处理的关系

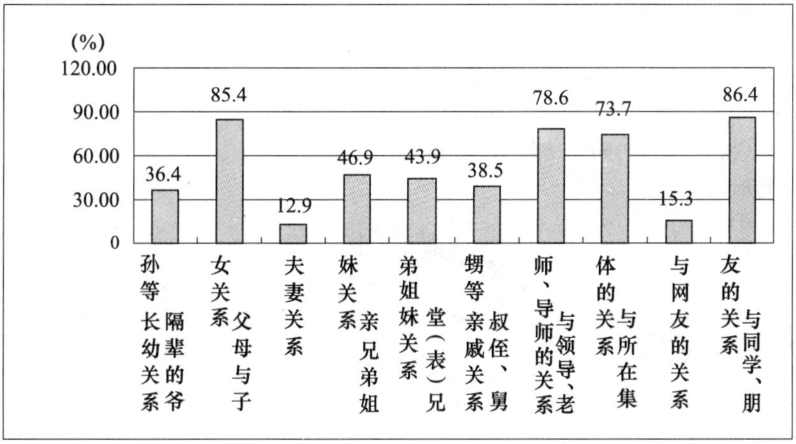

8. 最重要的关系

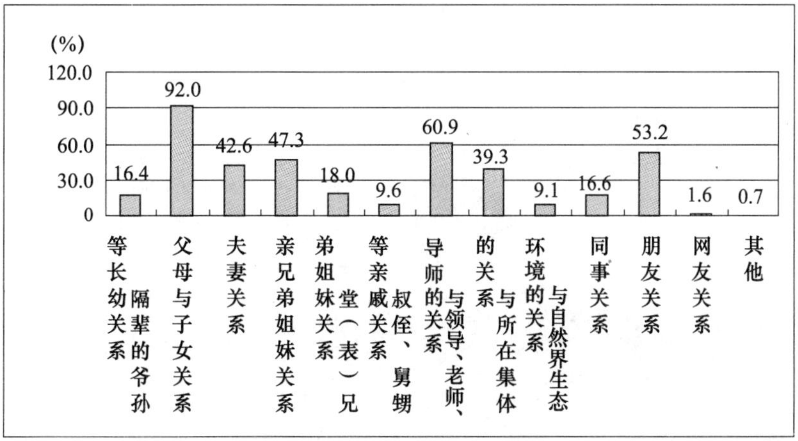

9. 在处理各种关系时，首先会关注的关系

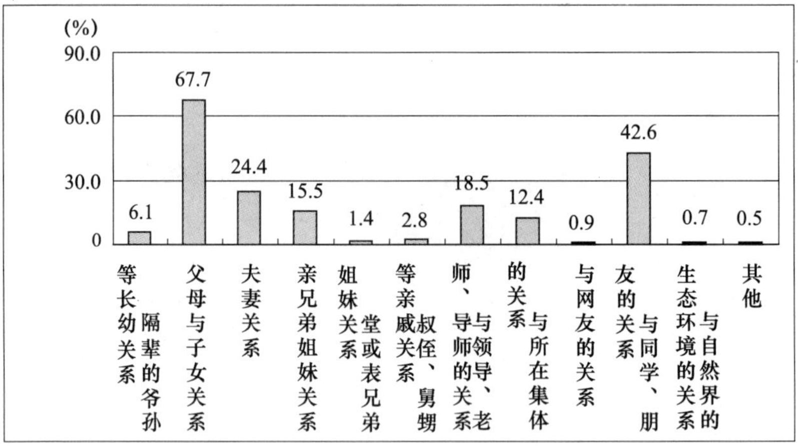

10. 接受高等教育的原因

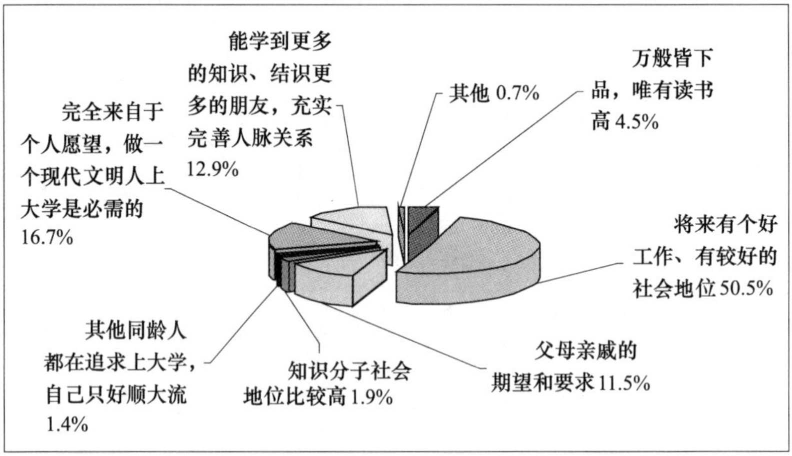

11. 对城市的人行道逐渐变窄甚至消失的感觉

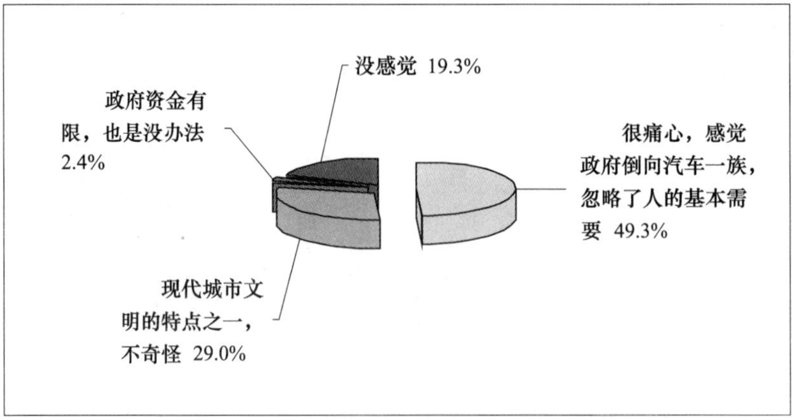

12. 如何处理发展经济和善待环境的关系

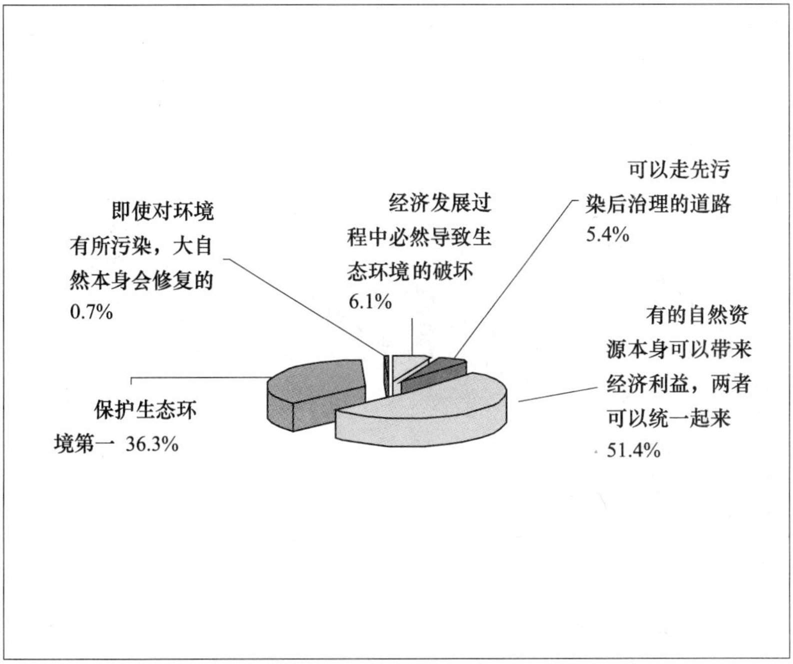

13. 对学校生活的真实感受

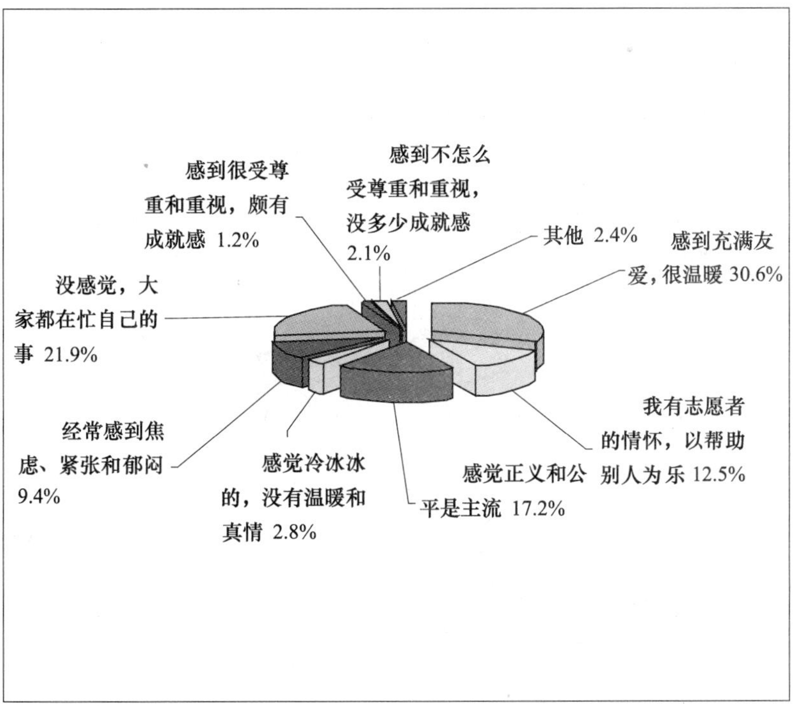

14. 您认为有无必要对青年知识分子提出特殊的道德要求

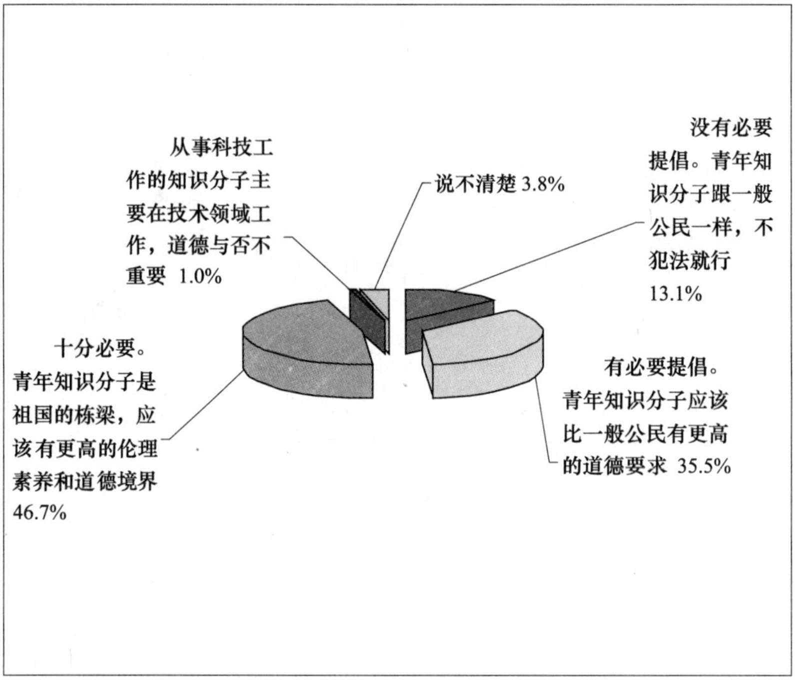

15. 对家庭模式的认同

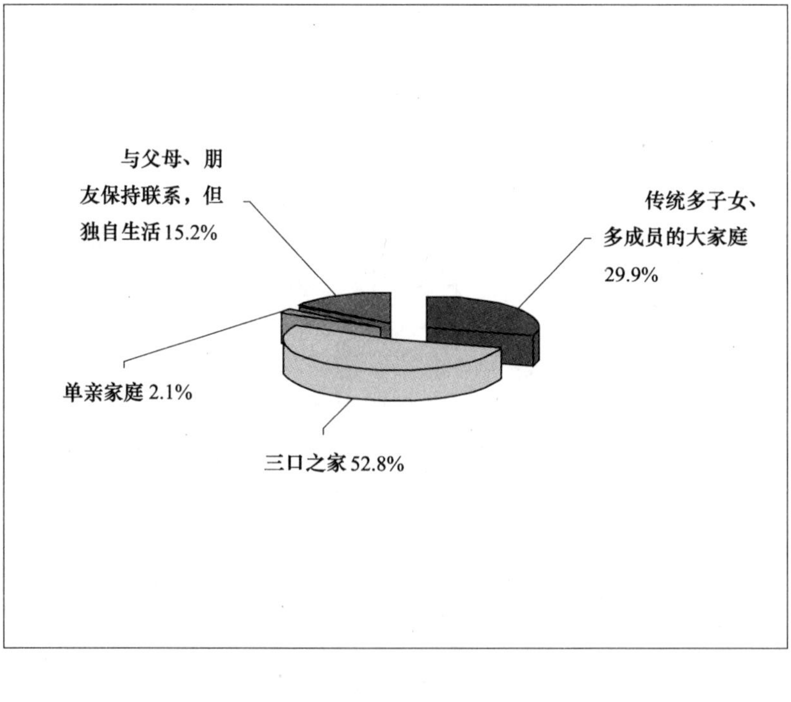

16. 对婚姻的看法

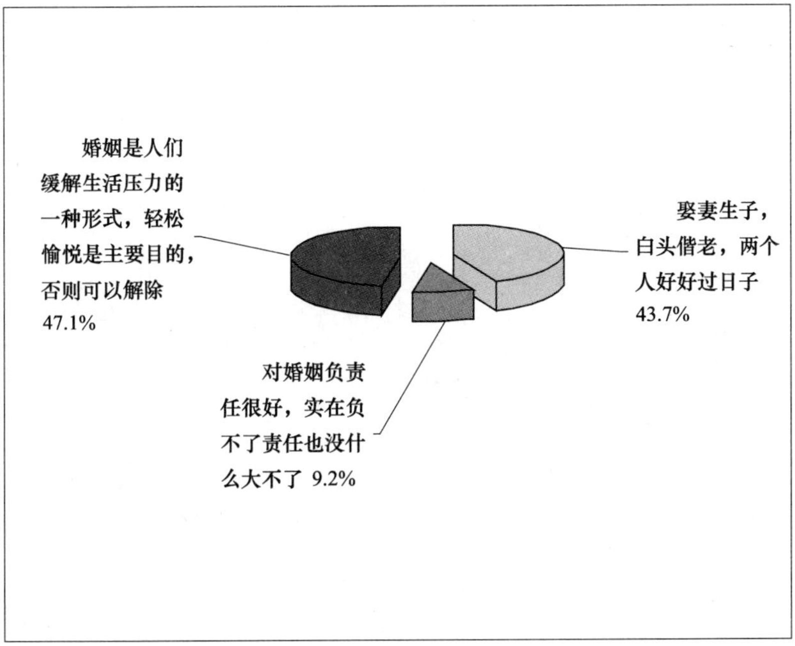

17. 对价值目标的认同

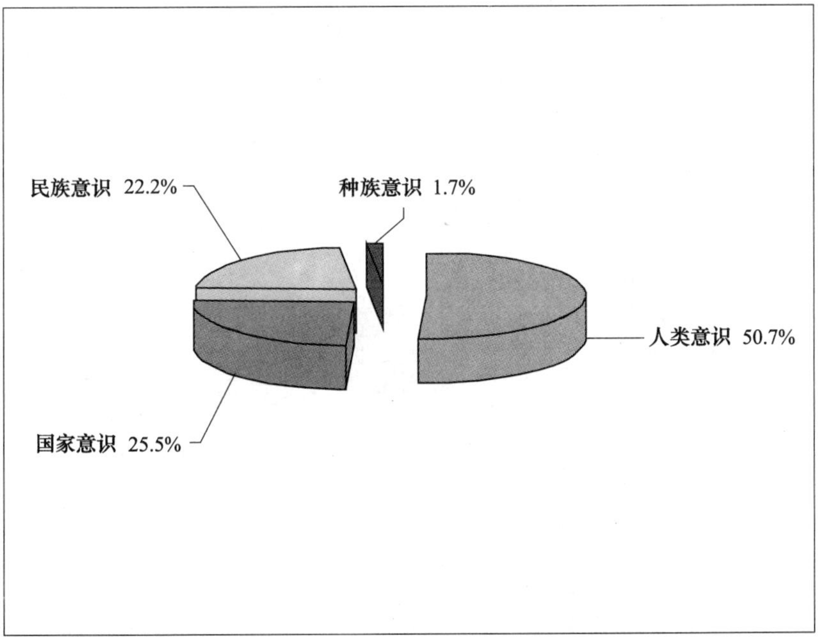

18. 未来社会发展中最有生命力的组织形式

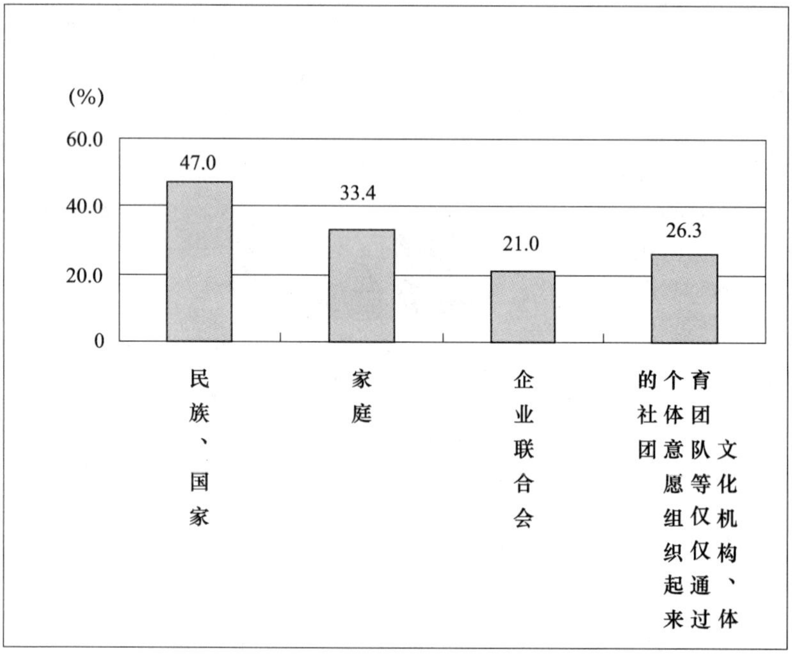

19. 存在与发展的意义

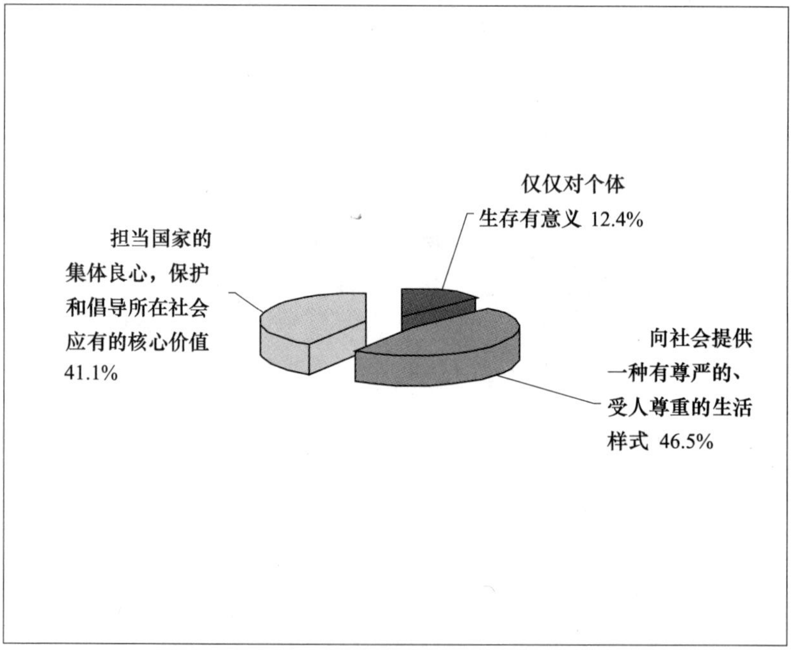

20. 互联网的影响

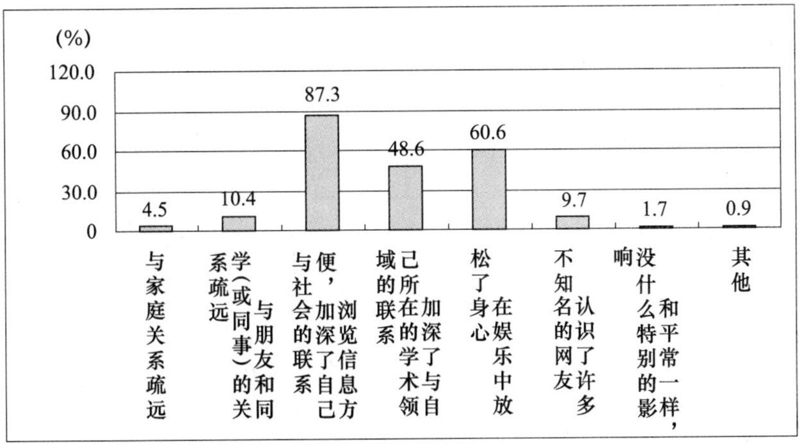

21. 在学习、工作和生活中，最难处理的关系

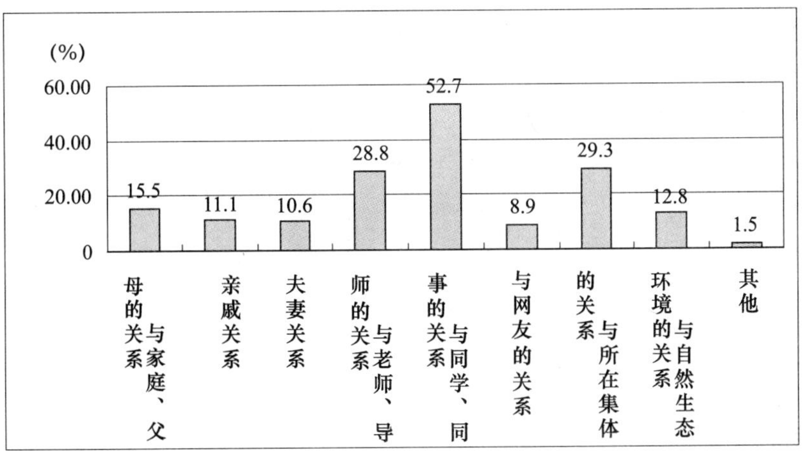

22. 如何对待有害技术的推广

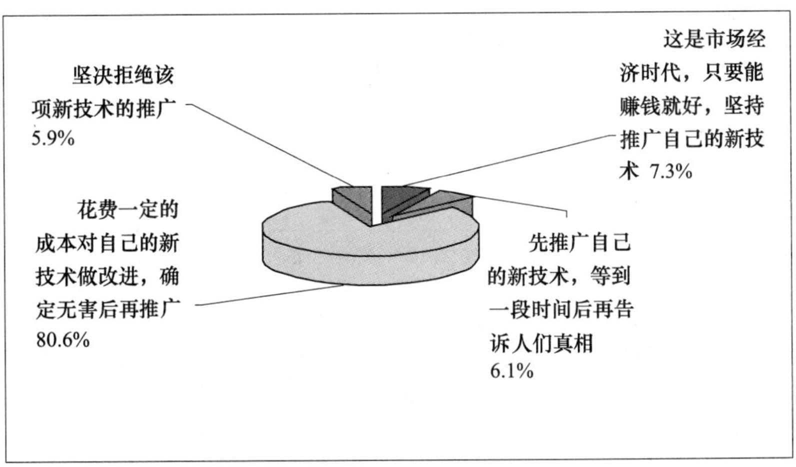

24. 市场经济对社会关系的影响

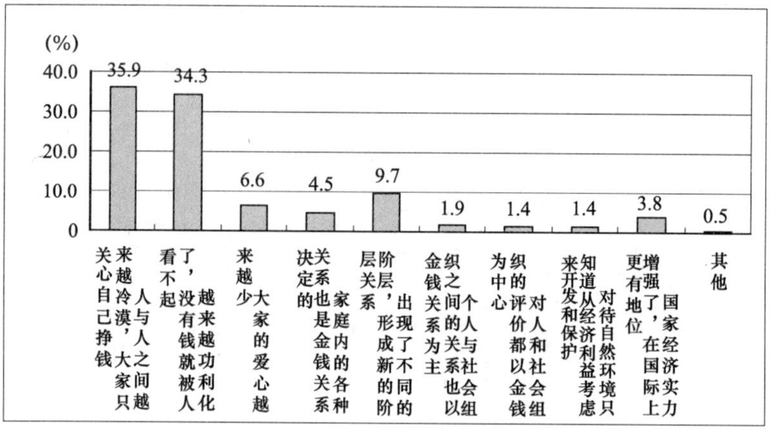

25. 论文剽窃等学术腐败的原因

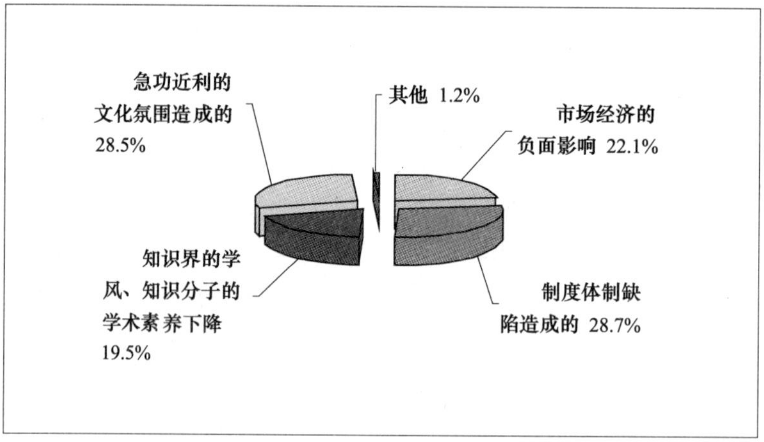

26．社会上出现冲突的原因

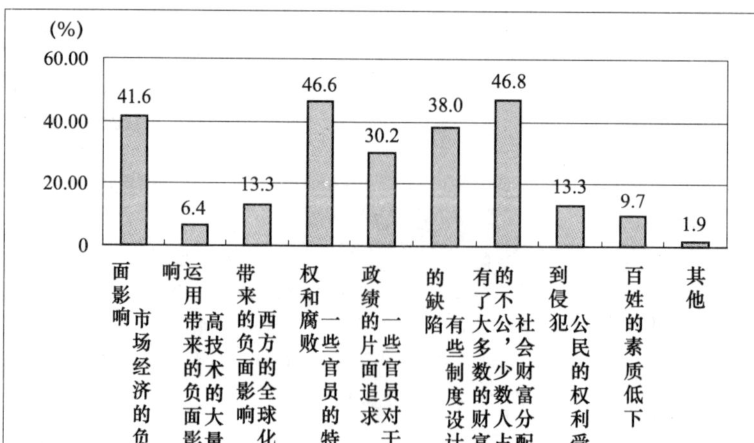

27. 传统的道德修养方式在现代社会应如何

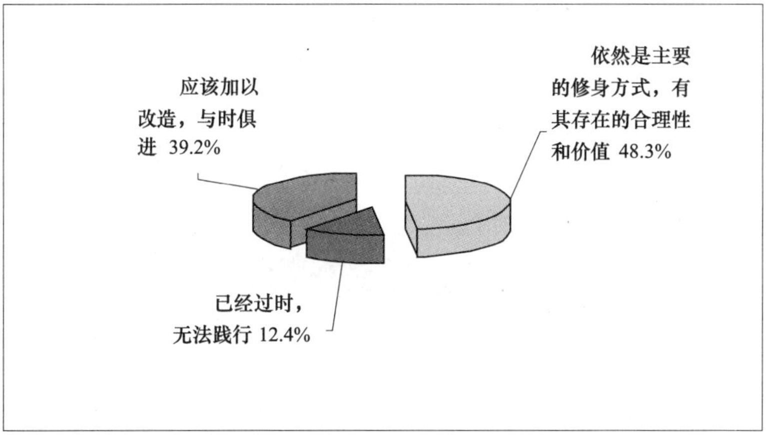

28. 在公交车上如何对待老弱病残

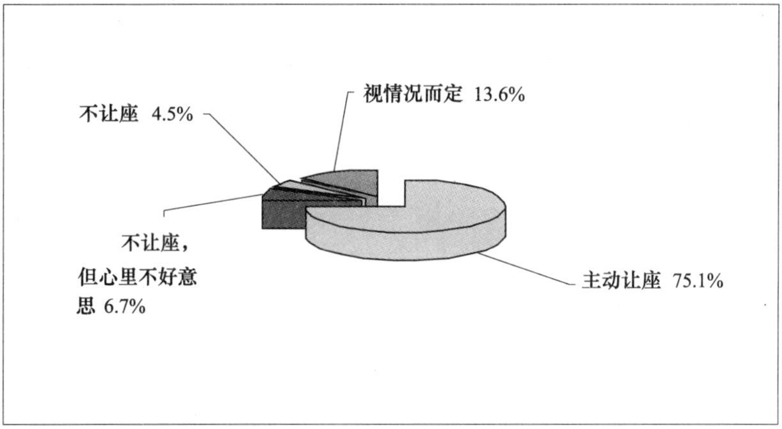

29. 知识分子最重要的美德是什么

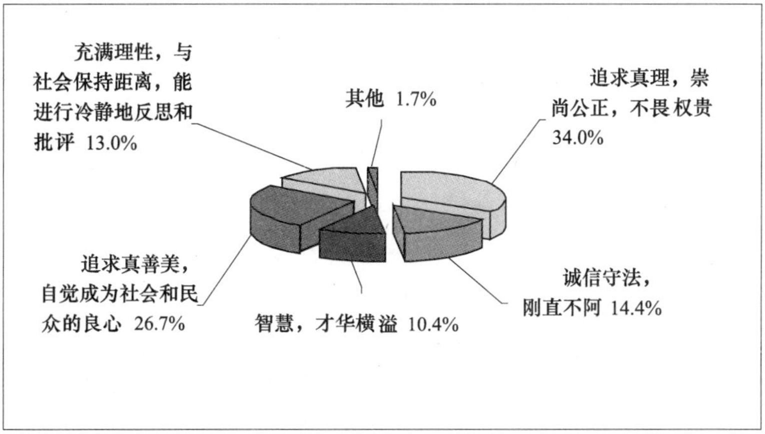

30. 在公共场所看到违法行为将如何处理

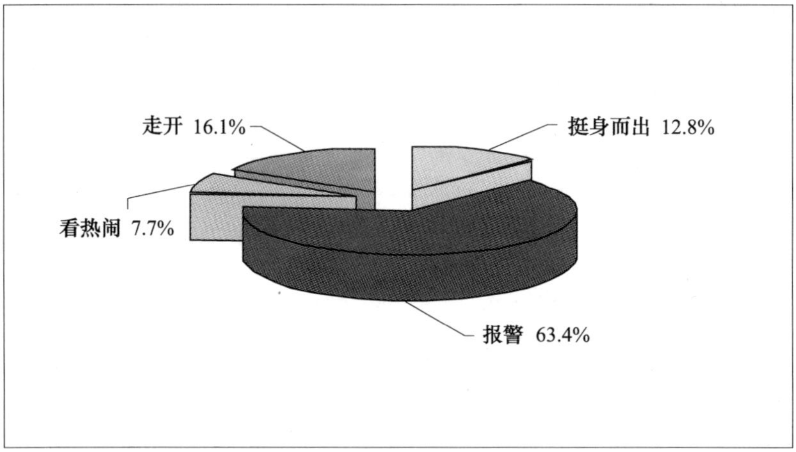

31. 如何面对别人遭受自然灾害

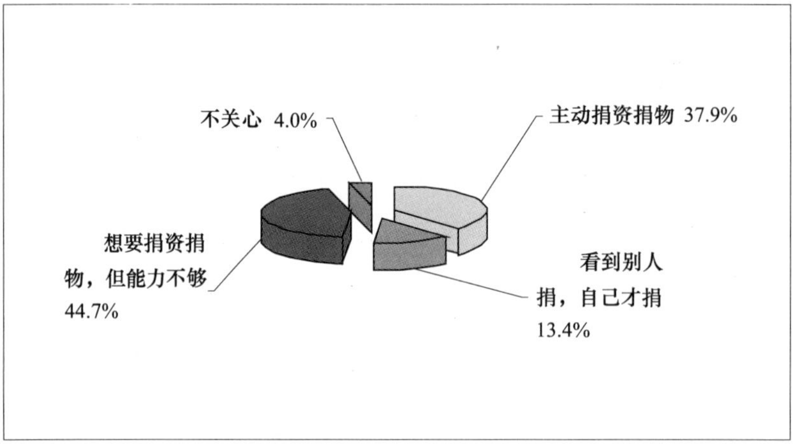

32. 在互联网上与人交流的状态

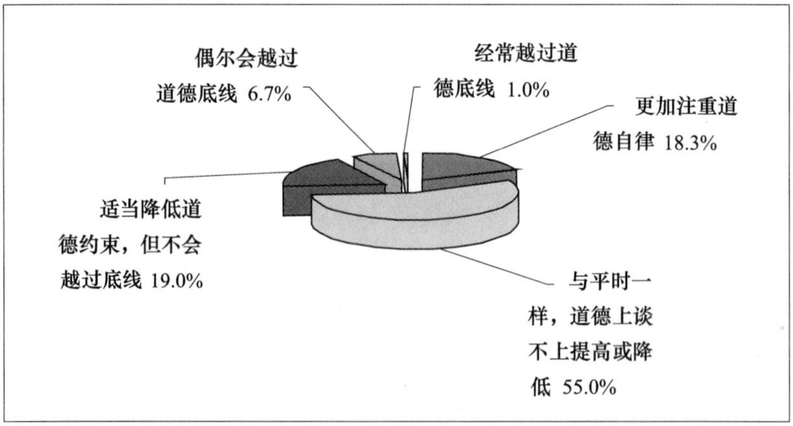

33. 作为知识分子最可耻的事情

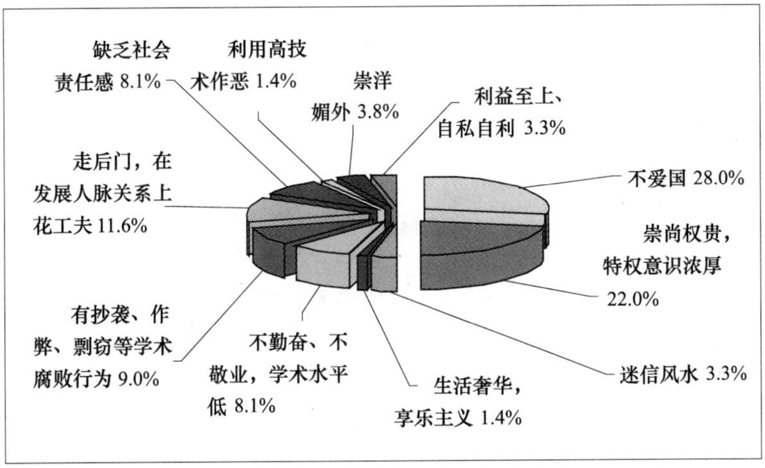

34. 作为知识分子最大的幸福

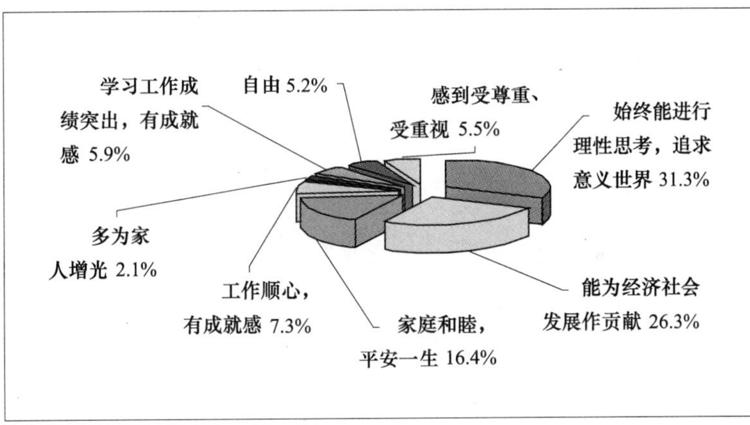

35. 对待外来文化的态度

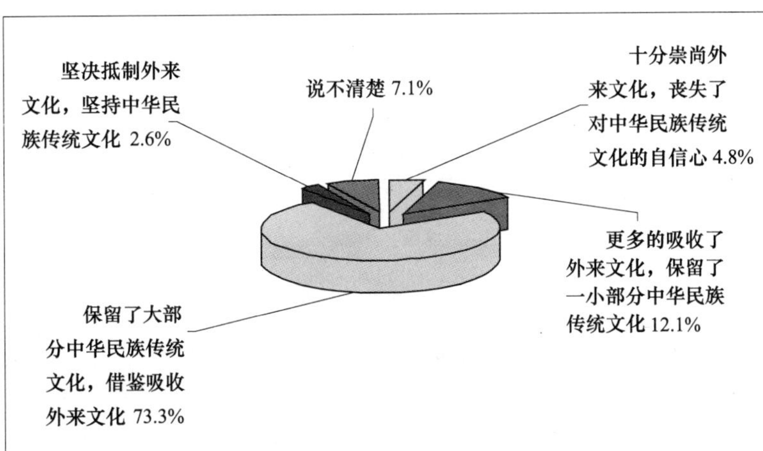

36. 在网络的虚拟社会中是否需要道德规范

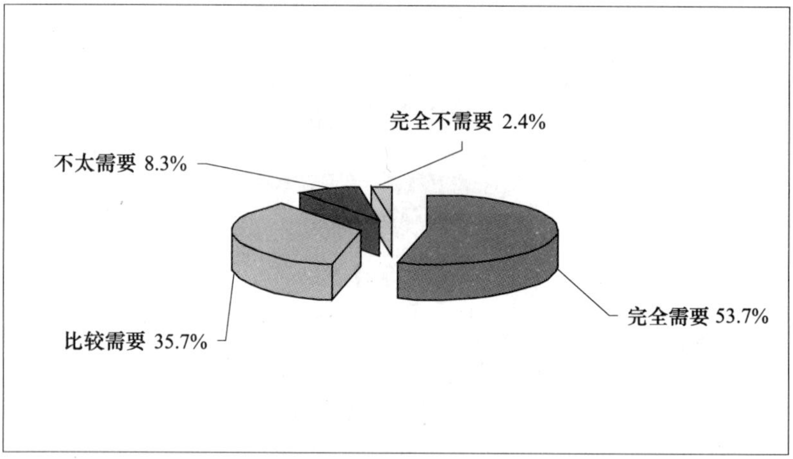

37. 在当前这个注重理性的社会中，您认为人与人之间的感情

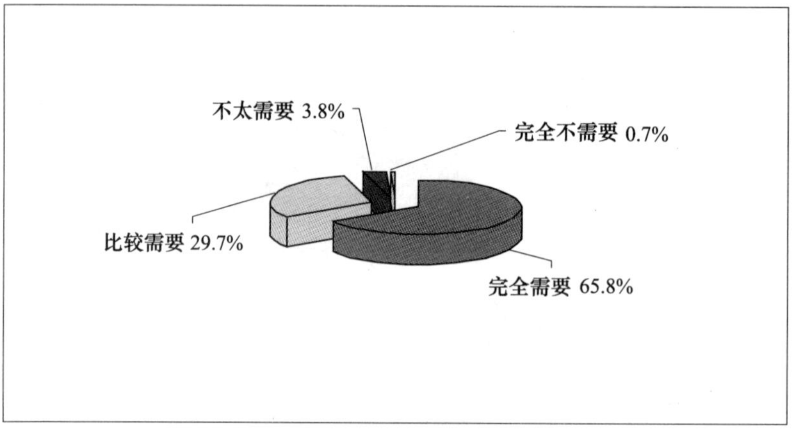

38. 昆曲被列为世界文化遗产。您认为像昆曲这样的高雅文化，对于现代社会来说

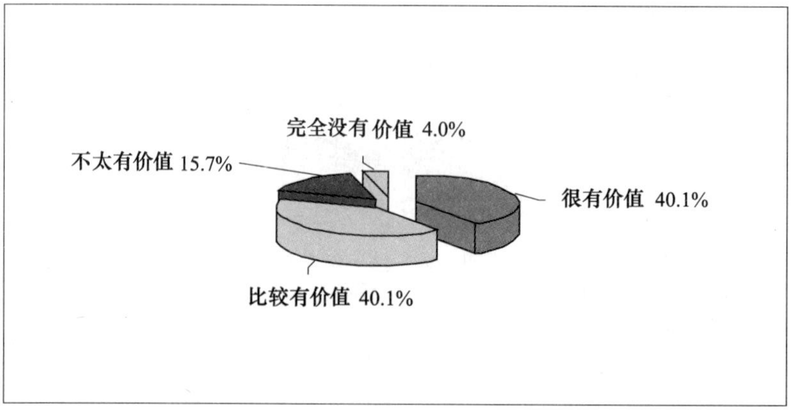

39. 如何看待超女走红

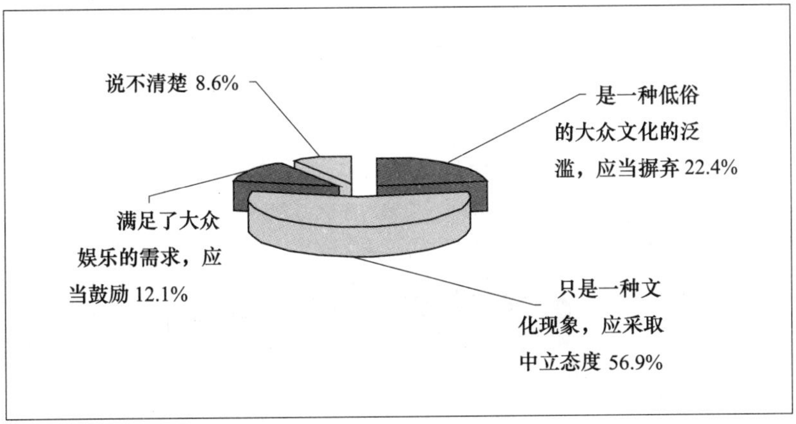

40. 人类是否需要克隆技术

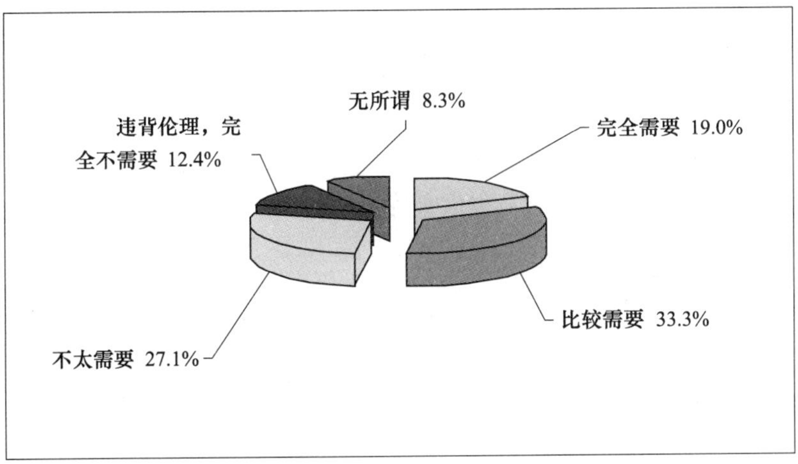

41. 技术进步对人类生活的影响

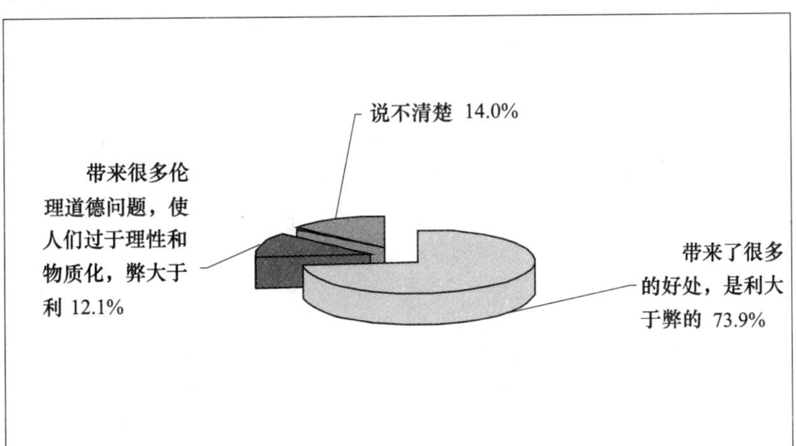

42. 知识分子的人生价值在于

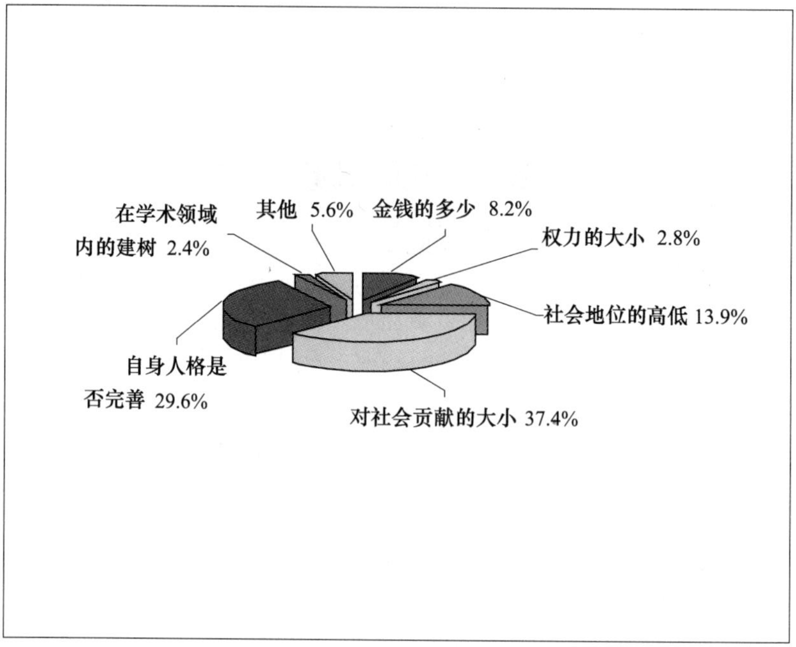

43. 对青年知识分子道德教育发展极为不利的因素

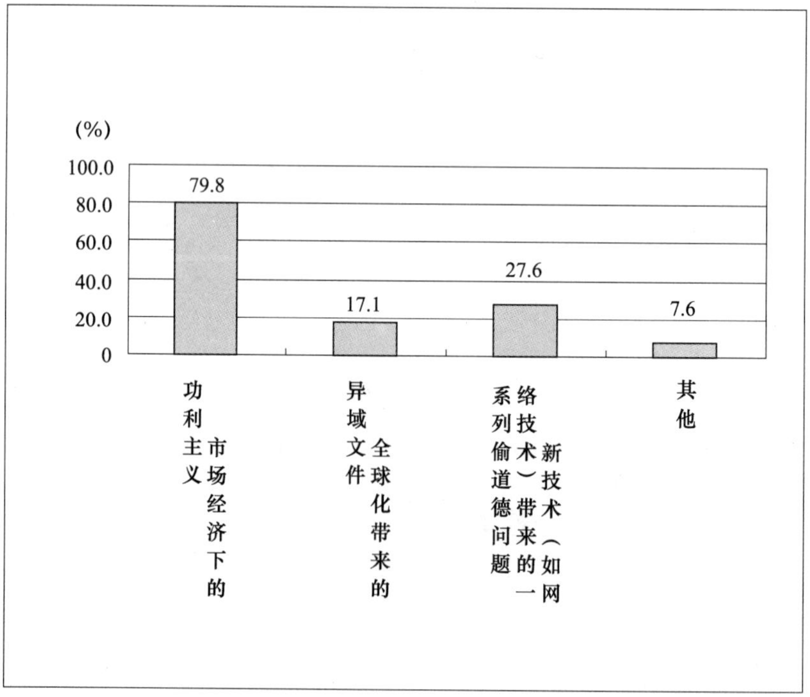

44. 当今社会最缺乏的是什么

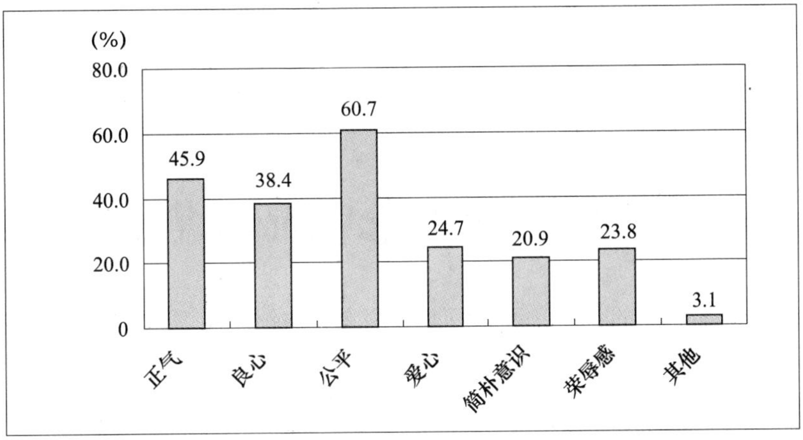

45. 当前较大的社会问题

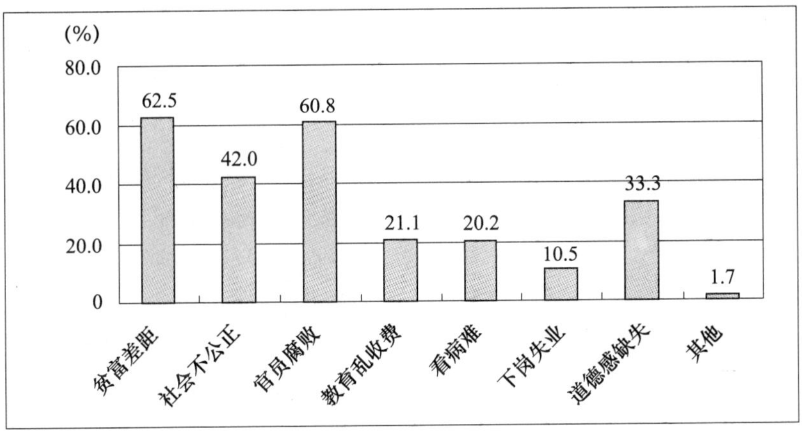

46. 哪些组织在我国当前社会最能体现伦理道德的诉求

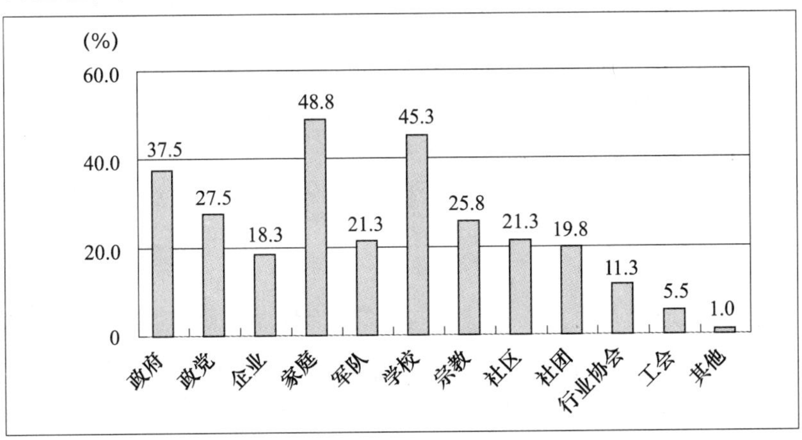

（刘　波）

八

青少年群体道德观念状况调查数据库

前言：调查概况

价值观是个体对事物做出是否具有道德价值判断时所持的内在尺度。在现实生活中，个体追求何种道德生活、崇尚何种道德信条、接受何种道德规范、做出何种道德判断和道德评价、欣赏和选择何种道德行为、如何实施其道德行为以及产生何种道德情感体验等，这一切无不受到个体的道德价值观的支配、调节和控制。道德价值观是一个多维度、多层次的复杂的心理构成体。从不同的侧面去考察道德价值观，其结构有着不同的特点。本研究以这一构想为其理论依据。青少年正处于道德价值观形成的关键时期，对青少年道德价值观的现状、特点、教育对策等问题的探讨显然十分迫切。它可为青少年形成正确的道德价值观、养成良好的思想品德提供科学的依据；也可为教育者的活动、为决策者的工作提供参考。

在江苏和广东选取普通青年知识分子和大、中学生（以初二、高二、大二、青年知识分子为主）为被试，青年知识分子主要是硕士研究生、博士生和青年教师（35 岁以下）的人群，包括广东外贸外语大学、南京师范大学、南京旅游管理学院、安徽师范大学、淮阴师范学院、淮阴工学院、南京孝陵卫中学、南京 13 中、南京一中、淮安淮洲中学，样本总人数为 735 人（见表 1）。由研究者主持测试，并当场回收试卷。

一　问题的提出

道德价值取向是道德价值观的取向特征之一，表现为道德意识对道德行为是否应当的内在价值认定，因而它具有“定向”的功能，使个人的思想和行为都一致地朝向某一目标或带有一定的心理倾向性，决定着个体道德价值观体系的确立，指导个体对道德行为的选择。本研究试图以问卷调查和理论分析相结合的方式，通过对部分青少年的测试与考察，探讨当今社会背景下青少年道德价值取向的基本特征，并从社会政治、经济、文化背景与社会现实及个体道德发展规律中寻找其根本原因，从而为青少年道德教育提供可借鉴的依据。

二　研究程序

（一）编制问卷

研究首先进行文献查阅和专家访谈，内容包括青少年群体道德观念的最大影响源是什么？道德观念有哪些多元、多样、多变的特点？青少年有哪些普遍认同和奉行的道德规范？青少年群体荣辱观的特点及其影响机制？哪些社会不良现象使身心尚未成熟的青少年受到负面影响？问卷采取开放式和封闭式相结合的方式。对专门问题和访谈进行汇总和分类。

（二）研究工具

（1）自编价值观取向问卷。由于价值观是一个多维度的心理结构。本研究依据30年来我国心理学家的研究思路，结合当今现实把青少年价值观取向划分为：（1）集体价值取向；（2）社会公德价值取向；（3）法制价值取向；（4）生命价值取向；（5）荣耻心价值取向；（6）金钱价值取向。共6个维度18个项目，其中集体价值取向、社会公德价值取向、荣耻心价值取向为道德价值观，其他为非道德价值观。选取南京地区普通大、中学生共200人参加初始问卷的测试，根据项目分析结果修改相应题项，更换仍不理想的项目。正式问卷仍采用自陈式、5等级评定（从非常不同意到完全同意，1—5分记分），为保证研究的科学性，其中一部分题项采用反向记分。问卷经计算，问卷的Alpha系数（即内部信度系数）为0.61，区分度在0.30以上，表明本问卷具有较高的信度水平。

（2）青少年自我同一性危机量表

采用台湾学者江南发根据埃里克森的理论编制和修订的“青少年同一性危机量表”。该量表是由江南发在Byrd、Smiss、Speisman等人所编制的量表基础上发展而来的。这些量表均是以埃里克森理论中自我同一性发展的理论逻辑和自我同一性7个同一性危机层面之间的关系编写而成。江南发根据以上量表的项目，综合修订并编制了“青少年同一性危机量表”，共28个题目，其中积极层面危机有15题，消极层面危机13题，计分采用5点式。各层面得分越高，表示其危机程度越高，该量表的内部信度为0.86，效度也较理想。

（三）正式施测

本研究以团体为单位进行施测，问卷回收后用SPSS 11.5进行统计处理。

总的分析

采用自编的“青少年价值观问卷”对青少年进行调查，并对青少年道德价值观在性别、生源地和年龄等方面的特点进行了分析。结果表明，从总体上看，青少年道德价值观各构成因素的平均分大小依次是：社会公德价值观、集体价值观、荣辱价值观、金钱价值观、生命价值观、法制价值观。不同亚群体青少年的道德价值观之间存在一定的差异。

从调查分析结果来看（见表 2、图 1），我国青少年的社会公德价值取向较好，其次是集体价值观和荣辱价值观，在 5 点评分上分别为约 4.63、4.31、4.07。在 6 种价值取向中，法制价值取向明显比较淡薄，仅为约 3.23。在青少年的道德价值取向中，集体价值观与社会公德取向、法制价值观、荣辱价值观相关明显（皮尔逊相关系数分别约为 0.358、0.213、0.191），呈显著相关（P＜0.01），社会公德与法制呈显著相关（皮尔逊相关系数约为 0.241），荣辱价值与金钱观有显著相关（皮尔逊相关系数约为 0.310），而社会公德与荣辱、荣辱与法制都无明显相关。

第一部分　基本信息

1. 青少年样本组成（N＝735）

	性别		年龄				地区	
	男	女	初二	高二	大二	青年知识分子	城郊	农村
N	379	356	218	182	289	46	476	259
%	51	49	29	25	39	7	65	35

2. 取样的适当性和 Bartlett 球形检验

样本取样的适当性		.619
Bartlett 球形检验	卡方统计量	167.821
	df	15
	Sig.	.000

第二部分　调研信息

（一）青少年价值取向的多元性特征分析

总的分析

1. 青少年的价值取向

价值观	集体价值	公德取向	法制取向	生命价值	荣辱价值	金钱观
M	4.3104	4.6296	3.2346	3.2628	4.0758	3.9030
SD	.64783	.66274	.75301	.94454	.77841	.72567

2. 青少年价值观维度发展曲线图

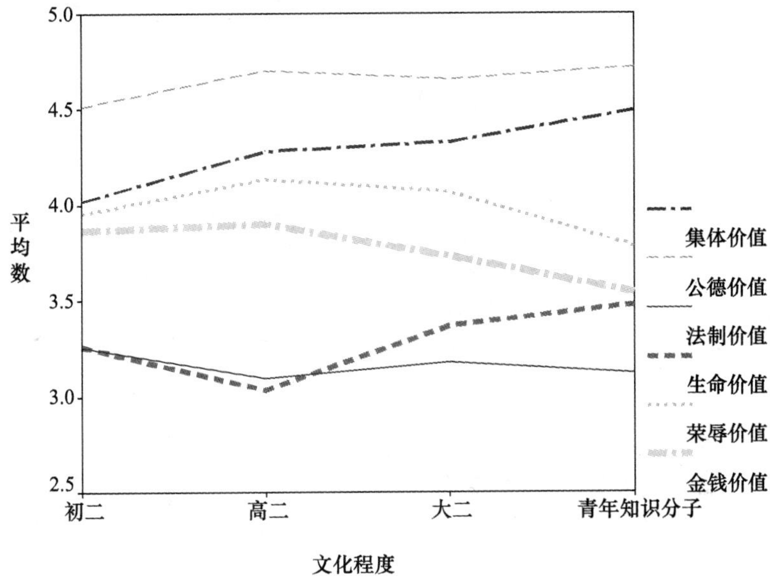

3. 道德同一性、同一性危机与各种价值取向相关分析

价值取向	道德同一性	同一性危机	集体价值	金钱观	公德取向	法制取向	生命价值	荣辱价值
道德同一性	1	-.164(*)	.249(**)	.075	.209(**)	.179(*)	.053	.143
同一性危机	-.164(*)	1	-.171(*)	-.151(*)	-.164(*)	-.177(*)	-.157(*)	-.077
集体价值	.249(**)	-.171(*)	1	.164(*)	.358(**)	.213(**)	.137	.191(**)
公德取向	.209(**)	-.164(*)	.358(**)	.089	1	.241(**)	.018	.106
法制取向	.179(*)	-.177(*)	.213(**)	.206(**)	.241(**)	1	.202(**)	.065
生命价值	.053	-.157(*)	.137	.274(**)	.018	.202(**)	1	.272(**)
荣辱价值	.143	-.077	.191(**)	.310(**)	.106	.065	.272(**)	1
金钱观	.075	-.151(*)	.164(*)	1	.089	.206(**)	.274(**)	.310(**)

注：表中数据均为皮尔逊相关系数。＊＊表示 0.01 水平；＊表示 0.05 水平

（二）青少年价值观的内部特征分析

1. 参加集体劳动，如果你提前完成任务，你是否会帮助他人把任务完成

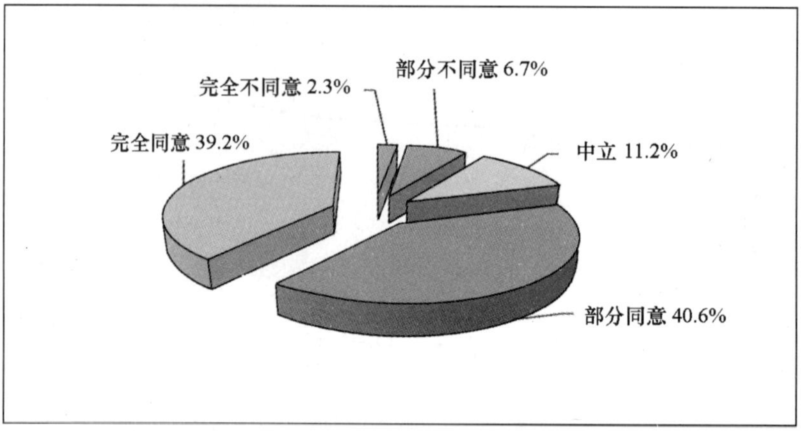

2. 你是否会觉得迟到、考试作弊、乱扔纸屑会损害集体荣誉

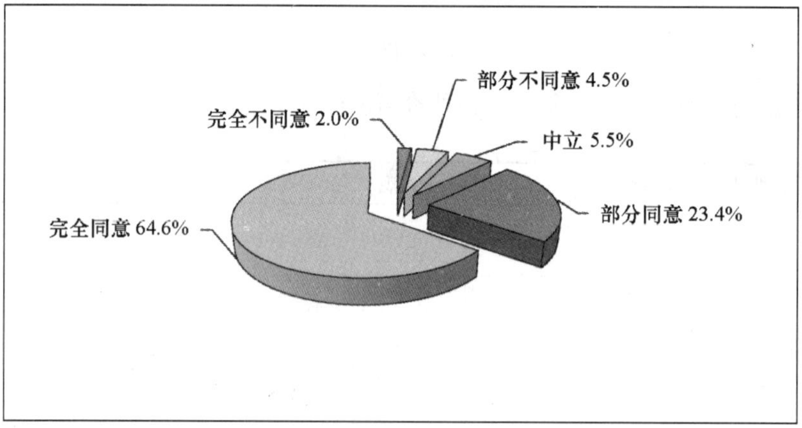

3. 如果听到有人正在诋毁你所在的集体，你会据理反驳吗

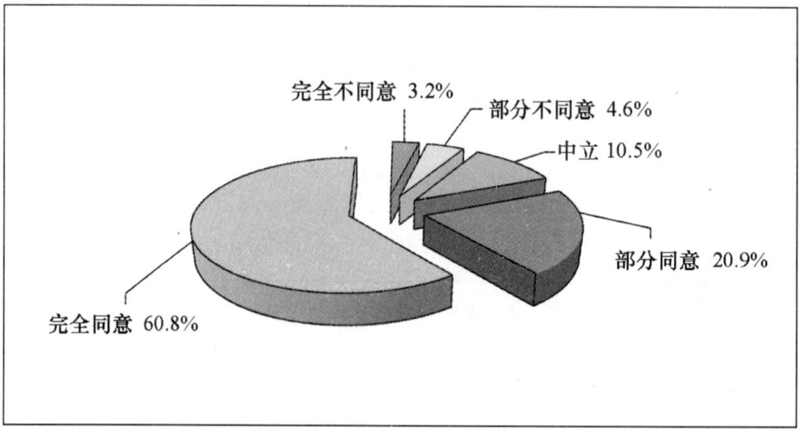

4. 你认为在公共场所大声喧哗、扔纸屑是一种缺德的表现吗

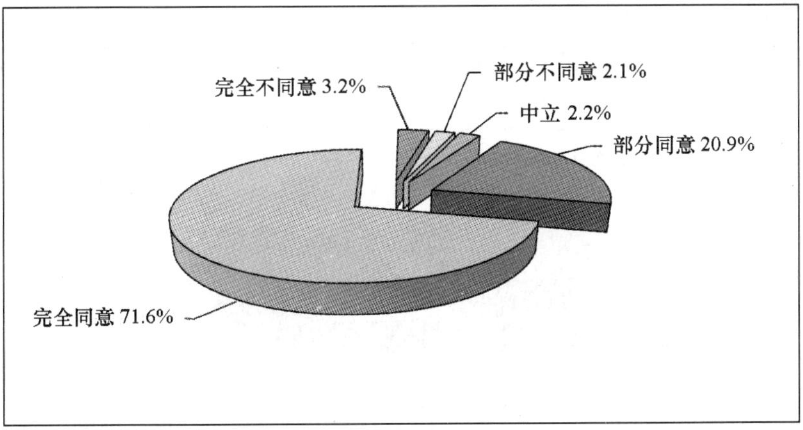

5. 你认为尊老爱幼、孝敬父母是一个人美德的表现吗

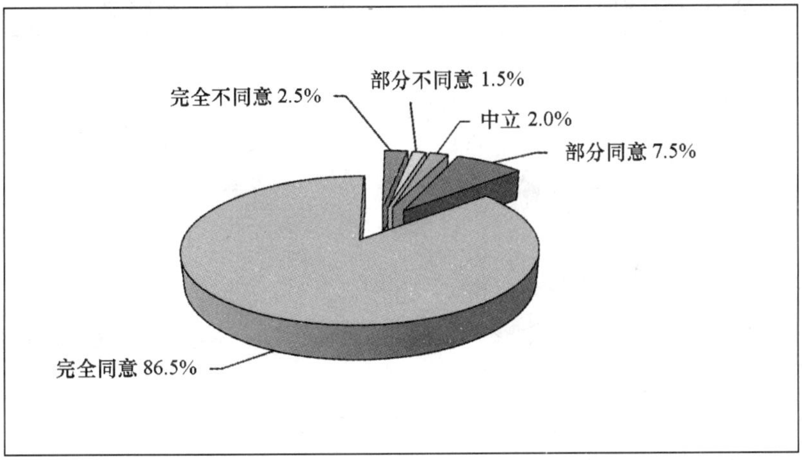

6. 你是否认为我国的法制是维护大多数人利益的

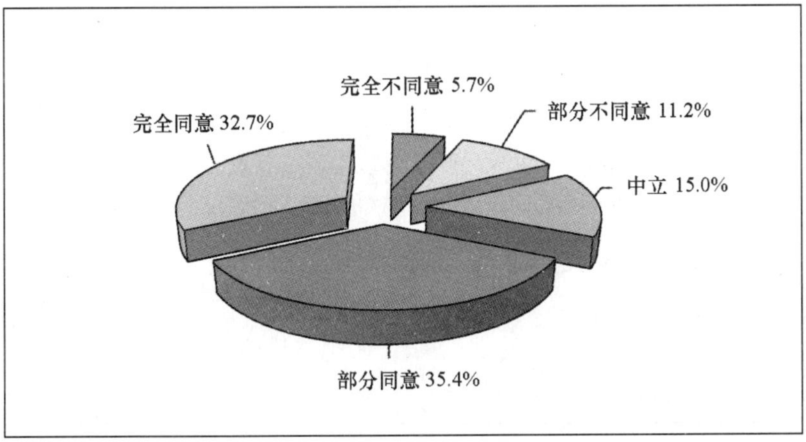

7. 如果你的亲人违法，而证据掌握在你的手中，你会为司法部门在调查中将证据提供出来吗

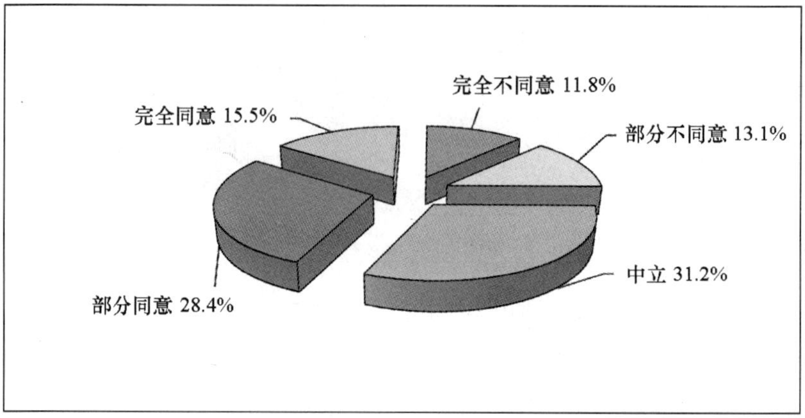

8. 如果只能通过违法的手段去挽救一个人的生命，你会去做吗

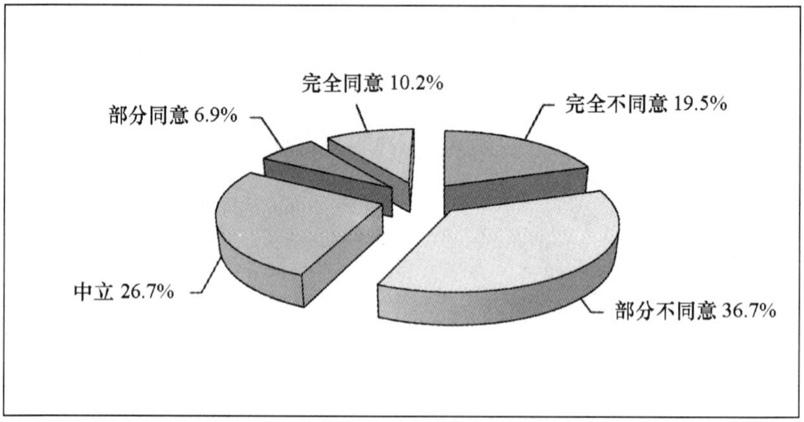

9. 你认为自杀是一种解脱吗

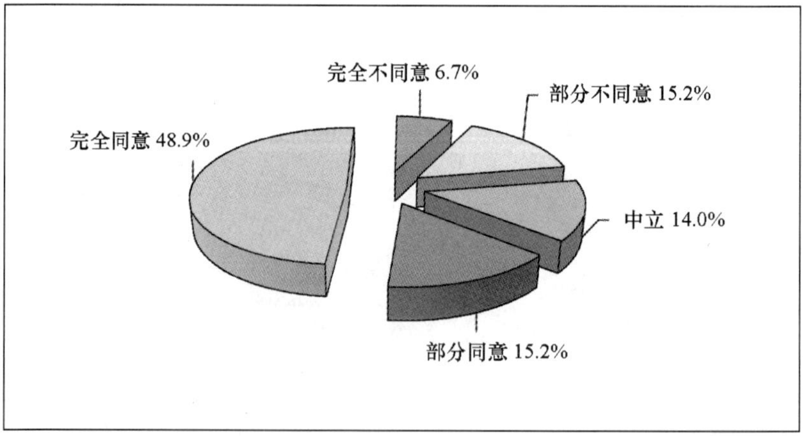

10. 一场车祸致某人瘫痪，有人说还不如撞死了好，你会赞同吗

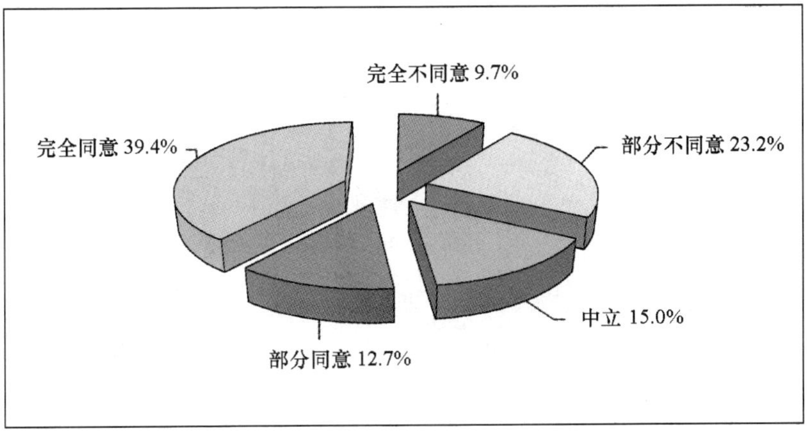

11. 实行安乐死是于国于民一件有益的事吗

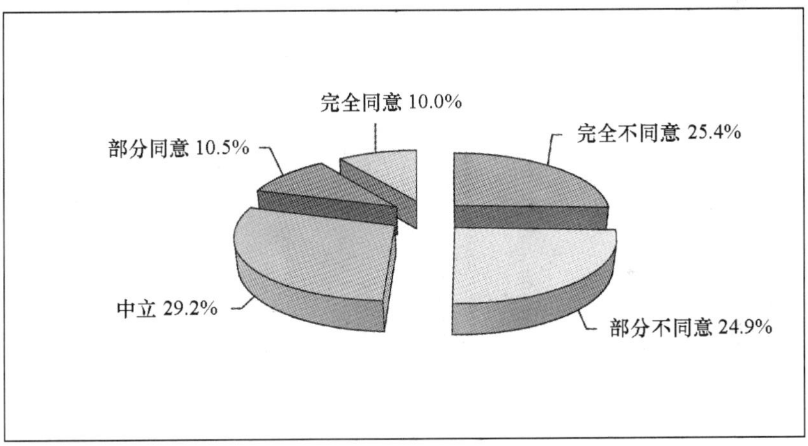

12. 你认为古代越王受卧薪尝胆、韩信受胯下之辱值得吗

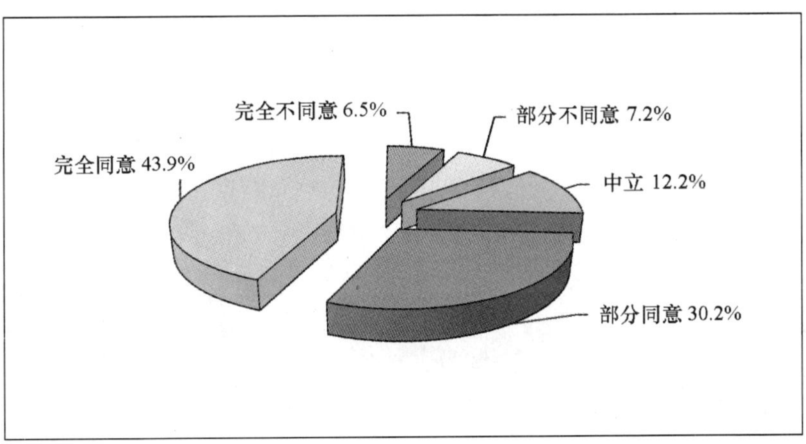

13. 为得到一份工作、一笔钱，你愿意跪地求人吗

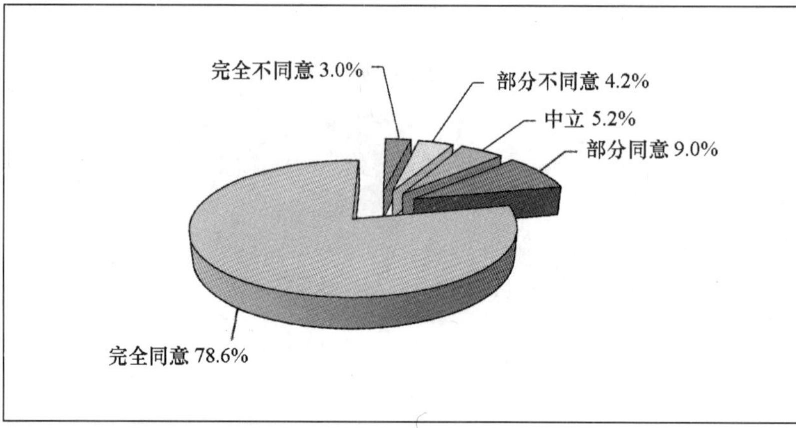

14. 你认为嫁或娶一个有钱人是改变人生最好的办法吗

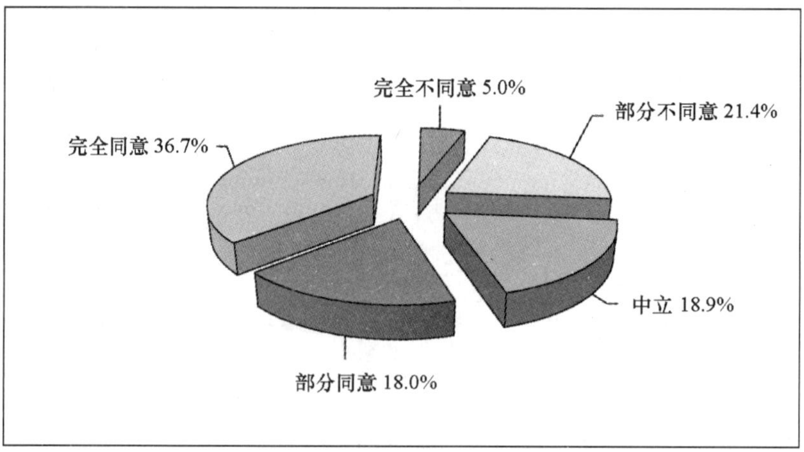

15. 如果碰到坏人抢劫，你会把身上的钱财乖乖地奉送吗

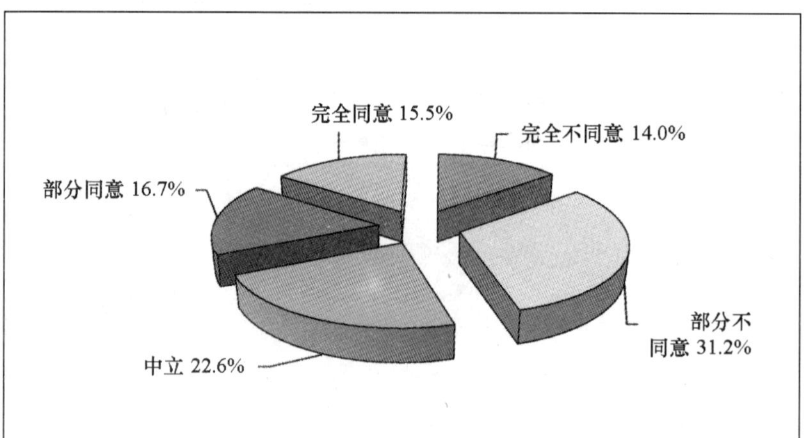

16. 在我国贩毒 50 克以上可判处死刑，如果有人让你携带 1000 克毒品，承诺给你 100 万元，你会去做吗

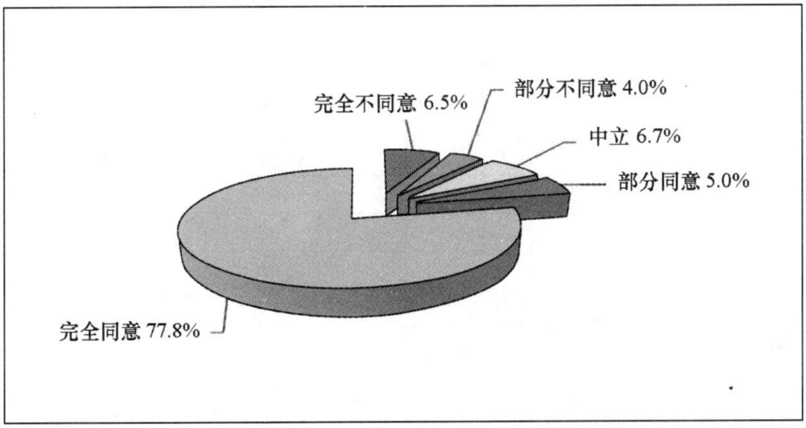

17. 如果你的家人为了赚钱而制售假冒伪劣产品，你会制止吗

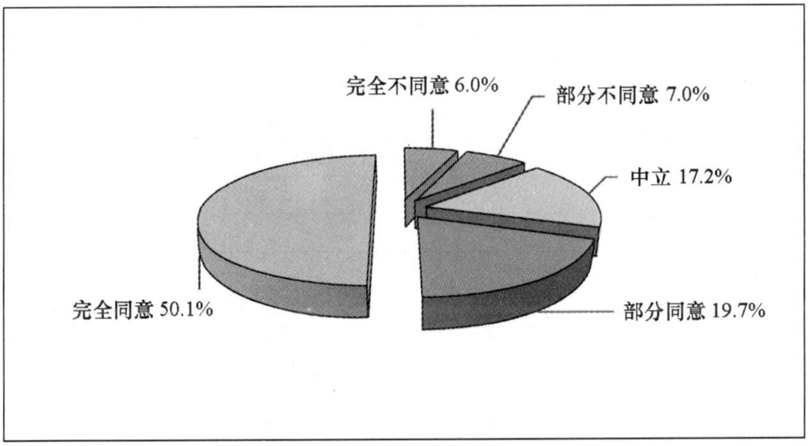

（三）六种价值观的年龄差异

1. 青少年道德价值取向的年龄差异

	文化程度		*F*	*Sig.*
集体价值	初二	高二	-.4118（*）	.001
		大二	-.3904（*）	.001
	高二	初二	.4118（*）	.001
		大二	.0214	.847
	大二	初二	.3904（*）	.001
		高二	-.0214	.847

续表

	文化程度		F	Sig.
公德取向	初二	高二	-.2647（*）	.044
		大二	-.2116	.070
	高二	初二	.2647（*）	.044
		大二	.0531	.648
	大二	初二	.2116	.070
		高二	-.0531	.648
法制取向	初二	高二	-.0392	.794
		大二	.0104	.938
	高二	初二	.0392	.794
		大二	.0496	.711
	大二	初二	-.0104	.938
		高二	-.0496	.711
生命价值	初二	高二	.3791（*）	.042
		大二	.0446	.787
	高二	初二	-.3791（*）	.042
		大二	-.3345（*）	.044
	大二	初二	-.0446	.787
		高二	.3345（*）	.044
荣辱价值	初二	高二	-.1373	.375
		大二	-.1553	.260
	高二	初二	.1373	.375
		大二	-.0180	.896
	大二	初二	.1553	.260
		高二	.0180	.896
金钱观	初二	高二	.0261	.856
		大二	. 1812	.158
	高二	初二	-.0261	.856
		大二	.1551	.227
	大二	初二	-.1812	.158
		高二	-.1551	.227

**：P< 0.01，差异显著；*：P< 0.05 差异极其显著

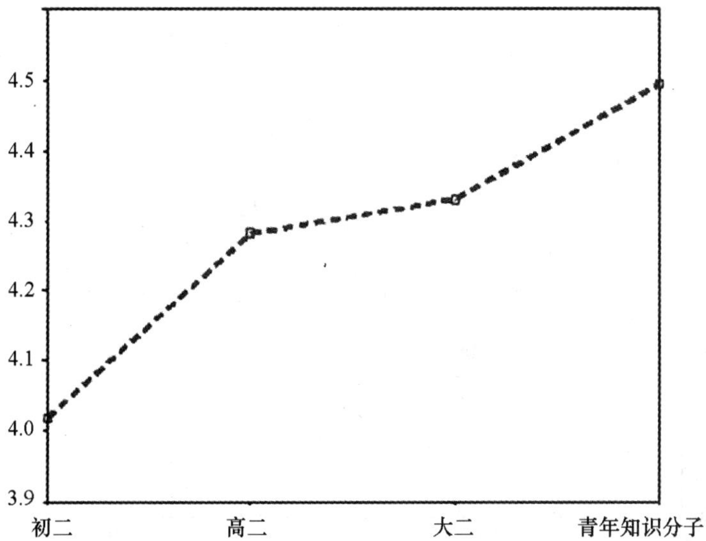

图 1　集体价值取向的年龄差异

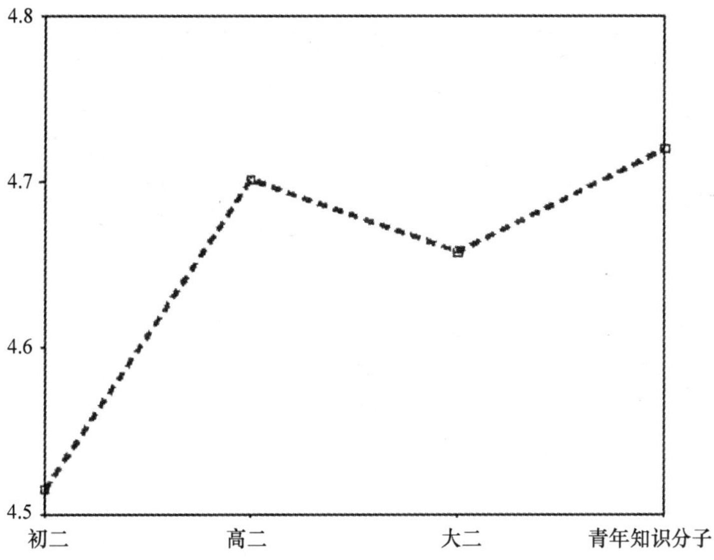

图 2　公德价值取向的年龄差异

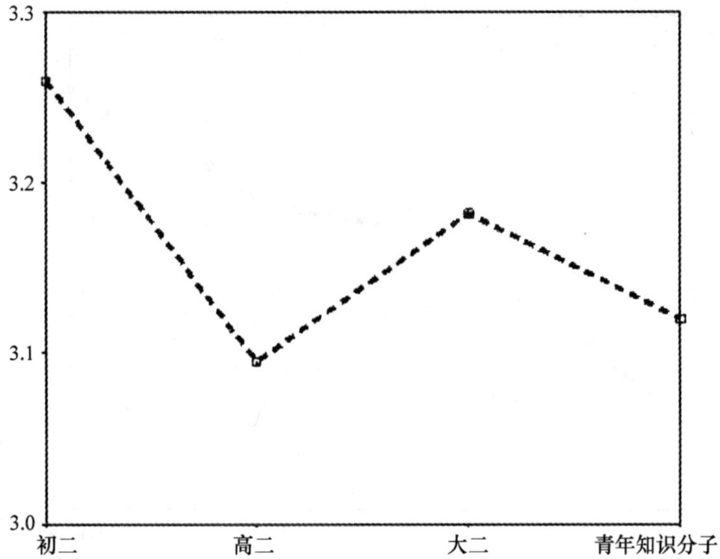

图 3　法制价值取向的年龄差异

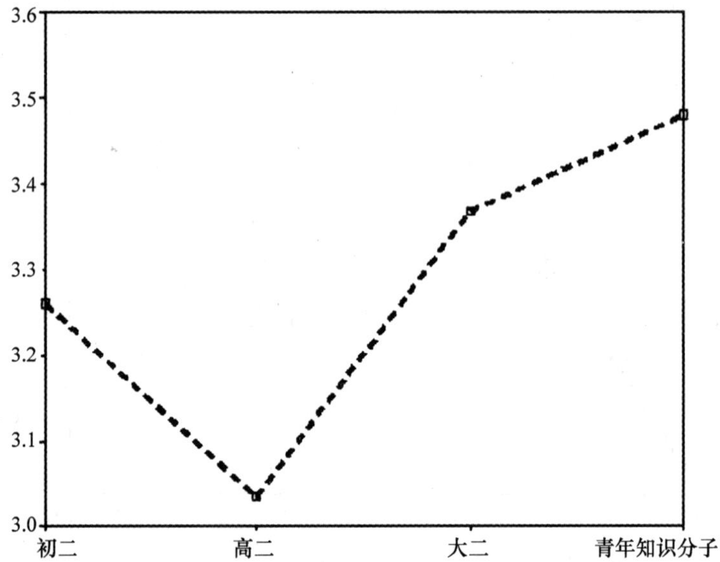

图 4　生命价值取向的年龄差异

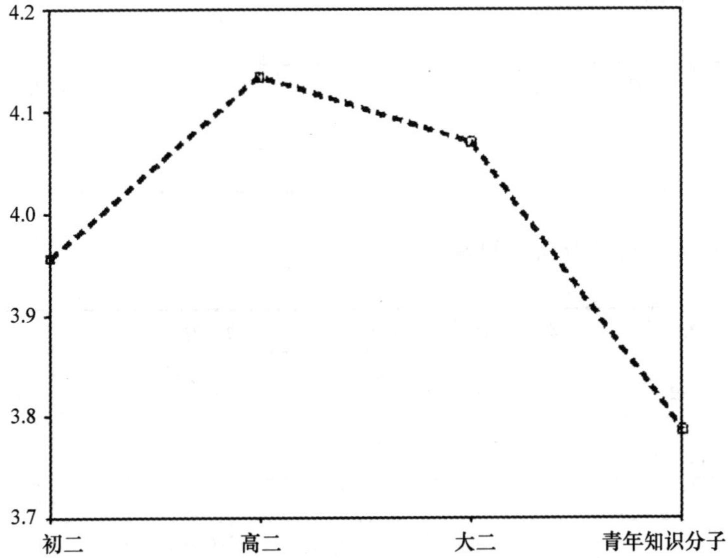

图 5　荣辱价值取向的年龄差异

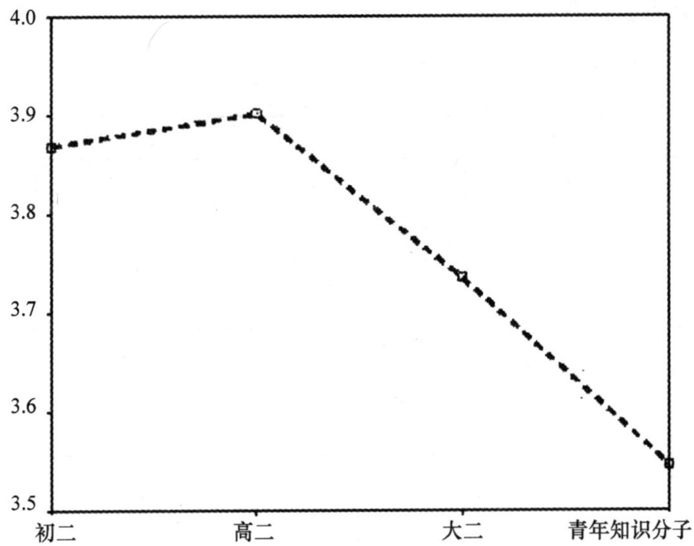

图 6　金钱价值取向的年龄差异

2. 青少年道德价值取向

价值观	集体价值	公德取向	法制取向	生命价值	荣辱价值	金钱观
M	4.3104	4.6296	3.2346	3.2628	4.0758	3.9030
SD	.64783	.66274	.75301	.94454	.77841	.72567

3. 青少年道德价值取向之间差异

价值取向	集体价值	公德取向	法制取向	生命价值	荣辱价值	金钱观
集体价值	1	.358（**）	.213（**）	.137	.191（**）	.164
公德取向	.358（**）	1	.241（**）	.018	.106	.089
法制取向	.213（**）	.241（**）	1	.202（**）	.065	.206（**）
生命价值	.137	.018	.202（**）	1	.272（**）	.274（**）
荣辱价值	.191（**）	.106	.065	.272（**）	1	.310（**）
金钱观	.164	.089	.206（**）	.274（**）	.310（**）	1

注：表中数据均为皮尔逊相关系数。

（四）青少年价值取向性别差异

青少年道德价值取向的性别差异比较

价值取向	性别	$M\pm SD$	t	Sig.
集体价值	男	4.2807±.70680	-.633	.528
	女	4.3404±.58450		
公德取向	男	4.5474±.75468	-1.724	.086
	女	4.7128±.54620		
法制取向	男	3.1579±.75142	-1.411	.160
	女	3.3121±.75064		
生命价值	男	3.3018±1.02230	.569	.570
	女	3.2234±.86259		
荣辱价值	男	4.1930±.82310	2.099	.037*
	女	3.9574±.71548		
金钱观	男	4.0000±.72608	1.859	.065
	女	3.8050±.71577		

*：p<.05；**：p<.01

第三部分　当前青少年道德观念认同的调查分析

（一）推崇什么样的品德

1. 青少年对价值项目的排列等级

项目等级	终极性价值观	工具性价值观
1	自由（5.72）	有抱负（6.61）
2	家庭温暖（6.83）	诚实（6.65）
3	自尊（7.01）	有能力（6.72）
4	世界和平（7.31）	胸怀宽广（7.06）
5	幸福（7.75）	自制（7.62）
6	国家安全（7.85）	勇敢（7.88）
7	平等（7.94）	聪明（8.64）
8	友谊（7.98）	愉快（8.85）
9	有所作为（8.64）	独立（8.98）
10	美的世界（9.27）	有责任心（9.63）
11	舒适的生活（10.38）	宽容（9.72）
12	社会承认（10.69）	有礼貌（10.07）
13	真知灼见（10.77）	助人（10.16）
14	成熟的爱（10.92）	富于想象力（10.61）
15	享乐（11.86）	逻辑性（10.82）
16	积极生活（11.71）	友爱（12.09）
17	内心平静（13.72）	整洁性（12.13）
18	拯救灵魂（15.45）	服从（15.42）

2. 青少年价值观变迁20年比较（等级前4位和后4位）

项目等级	终极性价值观		工具性价值观	
	20年前	20年后	20年前	20年后
1	有所作为	自由	有抱负	有抱负
2	国家安全	家庭温暖	有能力	诚实
3	真正友谊	自尊	胸怀宽广	有能力
4	自尊	世界和平	诚实	胸怀宽广
15	内心平静	享乐	逻辑性	逻辑性

续表

项目等级	终极性价值观		工具性价值观	
	20年前	20年后	20年前	20年后
16	舒适的生活	积极生活	整洁卫生	友爱
17	积极的生活	内心平静	自我控制	整洁卫生
18	拯救灵魂	拯救灵魂	服从	服从

（二）青少年传统道德认同的德目分析

青少年对传统道德价值认同的性别比较

性别	诚	信	礼	廉	忠	义	孝	耻	恕
男	.5263	.4526	.1789	.0842	.3263	.1368	.6632	.4421	.1368
女	.5319	.3830	.1915	.1277	.4681	.1596	.6596	.3191	.1489

（三）青少年宽容什么，不宽容什么

1. 不同年龄宽容性比较（不能宽容）（%）

行为类型	初中	高中	大学	青年知识分子	总体
吸毒	66.2	53.3	46.8	28.0	50.1
嫖娼	54.4	33.8	39.8	32.0	40.7
卖淫	57.4	20.8	29.9	20.0	32.2
贪污受贿	41.2	50.7	45.9	64.0	47.1
司机肇事后潜逃	36.8	48.1	42.0	52.0	42.9
不敬重父母或老人	26.5	58.4	55.4	60.0	51.4
偷税漏税收藏赃款赃物	19.1	32.5	21.7	44.0	24.7
见死不救	36.8	44.2	45.9	48.0	44.1
同性恋	8.9	3.9	3.0	0.0	3.9
性自由	0.0	1.3	3.0	4.0	2.2
安乐死	1.5	0.0	0.4	0.0	0.5
选择独身生活	2.9	0.0	0.0	0.0	0.5
人工流产	2.9	3.9	2.6	0.0	2.7
离婚	4.4	1.3	0.4	4.0	1.5
公款吃喝	22.1	29.9	31.6	28.0	29.4

2. 青少年道德认同性别比较

性别	公共伦理	法律认同	日常道德
男	1.6263	1.9158	2.3263
女	1.7340	1.7819	2.0000
总体	1.6799	1.8492	2.1640

3. 不同性别宽容性比较（可以宽容）（%）

行为类型	男	女
吸毒	5.7	4.3
嫖娼	10.9	1.9
卖淫	13.0	7.7
贪污受贿	2.1	0.5
司机肇事后潜逃	2.1	3.4
不敬重父母或老人	3.1	2.4
偷税漏税和收藏赃款赃物	2.1	2.4
见死不救	10.9	6.2
同性恋	58.9	72.7
性自由	40.1	32.1
安乐死	57.8	58.9
选择独身生活	63.0	77.0
人工流产	31.3	33.0
离婚	45.8	54.1
公款吃喝	2.6	1.0

（杨韶刚、万增奎）

九

困难群体伦理关系、道德生活状况调查数据库

前言：调查概况

本次调查采用自填式问卷的方法收集资料，调查问卷由 40 个问题构成，主要询问了当前我国困难群体的伦理关系、道德生活及其影响因子等三方面的问题。调查以进城务工人员为询问对象。抽样方法采取简单随机抽样的方法选取调查对象。具体做法为：

（一）抽取区域。在全国 30 个省和直辖市中，采用简单随机抽样的方法抽取江苏、浙江和山东三个省份。

（二）抽取被试样本。在三个省份中通过简单随机的方法抽取被调查的进城务工人员。抽样方法是，通过南京医科大学学生处选取江苏、浙江、山东三个省籍的高年级大学生，由他们带着问卷进行调研，并通过简单随机的方法获得被试样本。

在资料收集方法方面，由子课题负责人组织正在进行社会主义新农村建设和城市困难群体调研的高年级本科生，深入各地实施和完成。2006 年 11 月－2007 年 12 月，调查者分别在江苏、浙江、山东三省多个城市发放问卷。问卷回收采用现场填答，当场检查、当场回收，其针对的对象主要是进城务工者被试个体。

本次调查共发放问卷 500 份，在剔除一些非典型的进城务工者等问卷之后，获得有效问卷 482 份，有效回收率为 96.4%。实际调查样本的构成状况见正文的“基本信息”部分。

本次问卷调查的资料在经过初步整理、编码之后，用 Foxpro6.0 进行录入，用 SPSS13.0 进行查错和基本的统计分析，用 excel2003 进行作图。分析类型主要是单变量的描述统计。

第一部分　基本信息

1. 性别构成

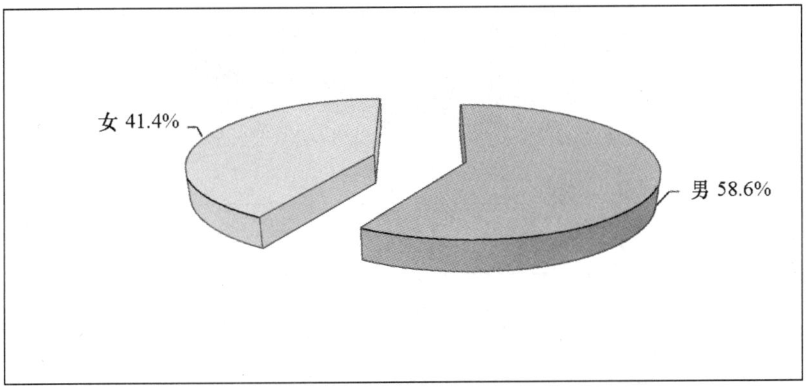

2. 年龄调查

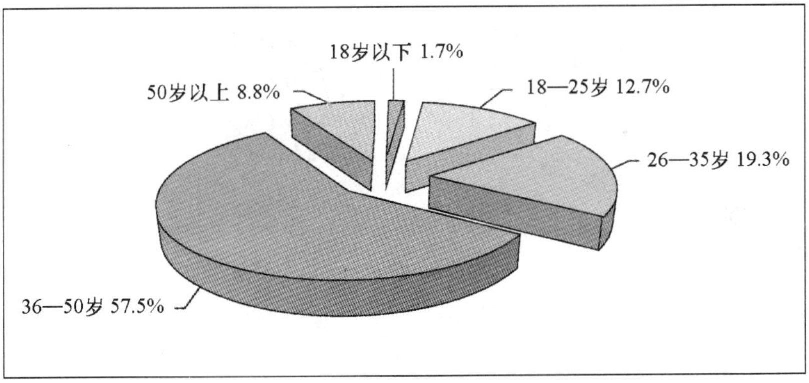

3. 受教育程度调查

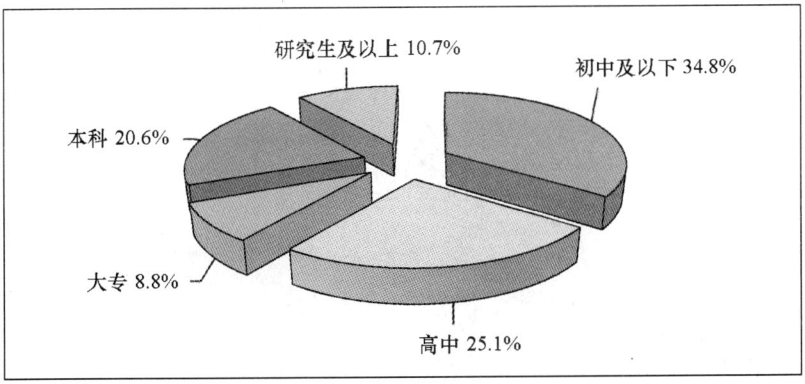

4. 职业调查

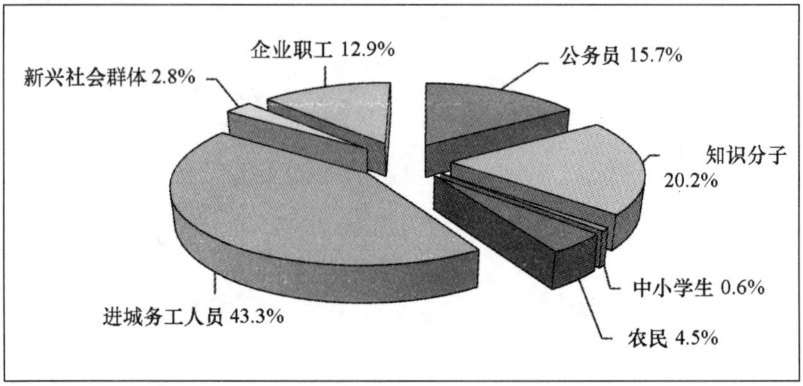

5. 月平均收入调查

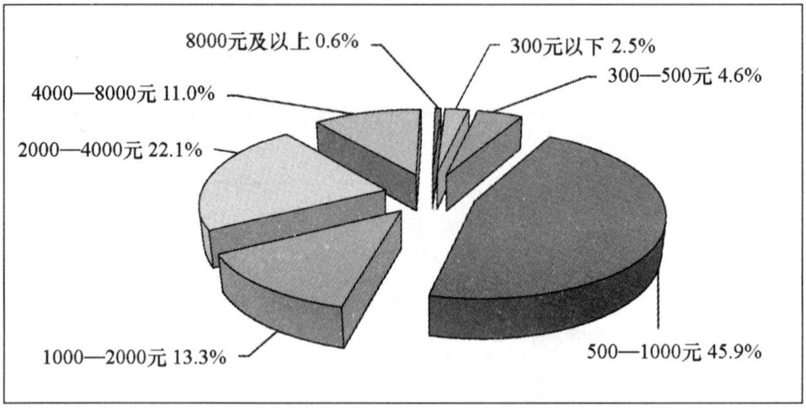

第二部分　调研信息

1. 您认为自己是（选其中之一）

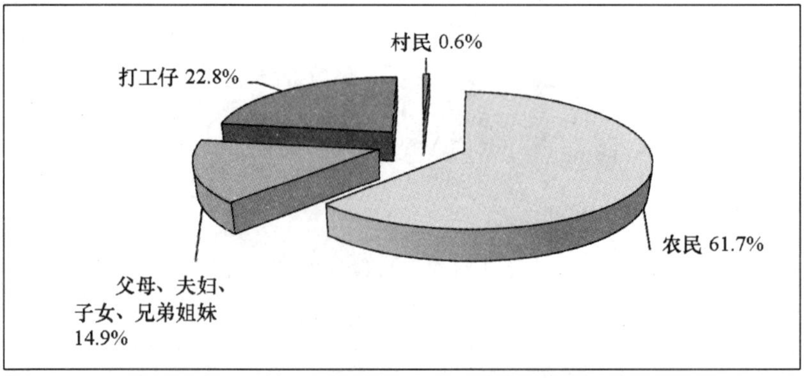

2. 在您一生中，您最希望自己做一个

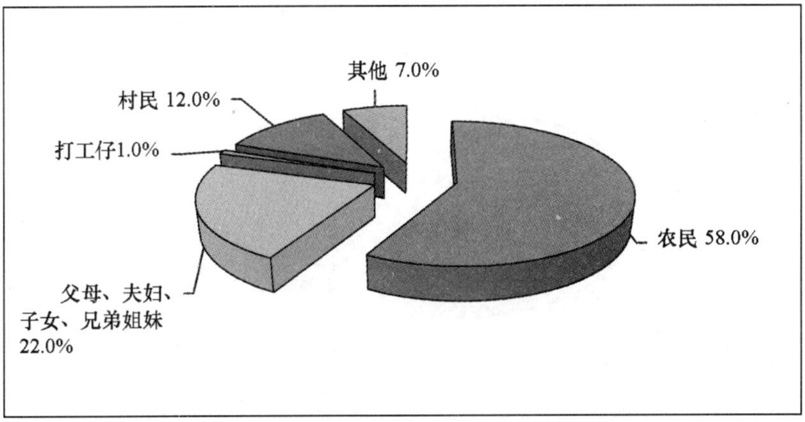

3. 您追求的幸福生活的最低标准是

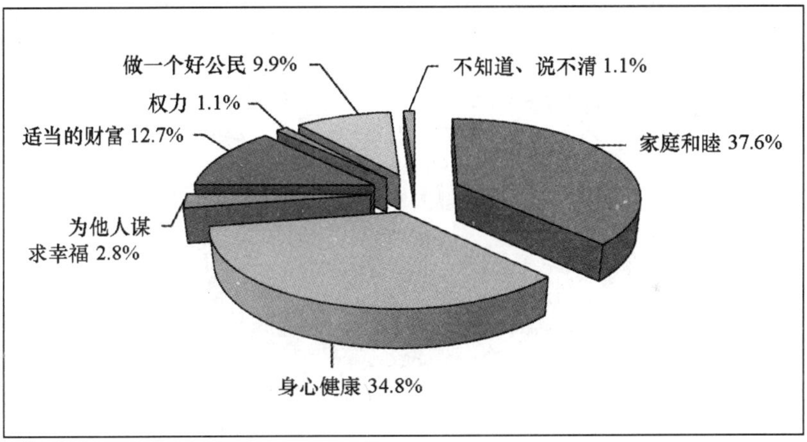

4. 您经常遇到的生活难题是什么（选其中之一）

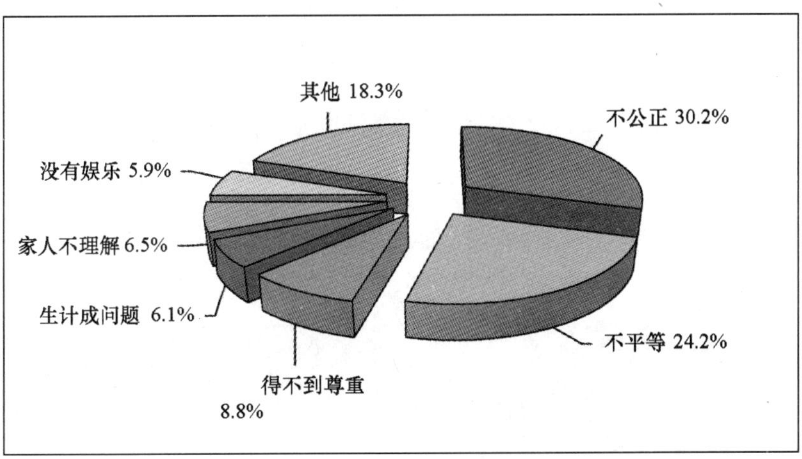

5. 您认为令中国农民最不安的事情是什么

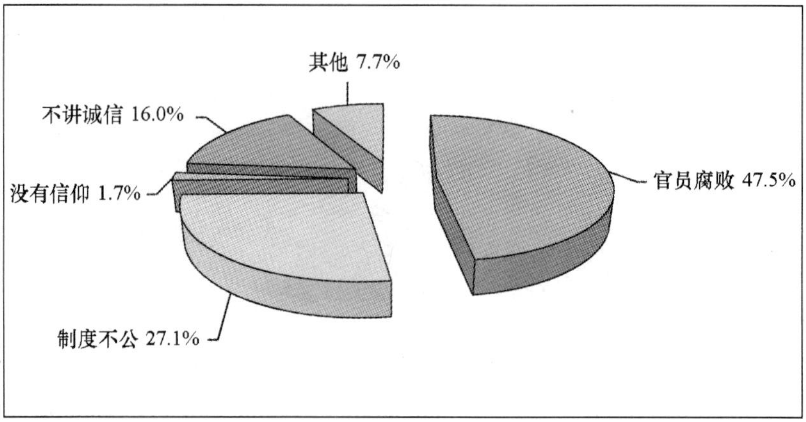

6. 您认为中国公民的首要德性应当是

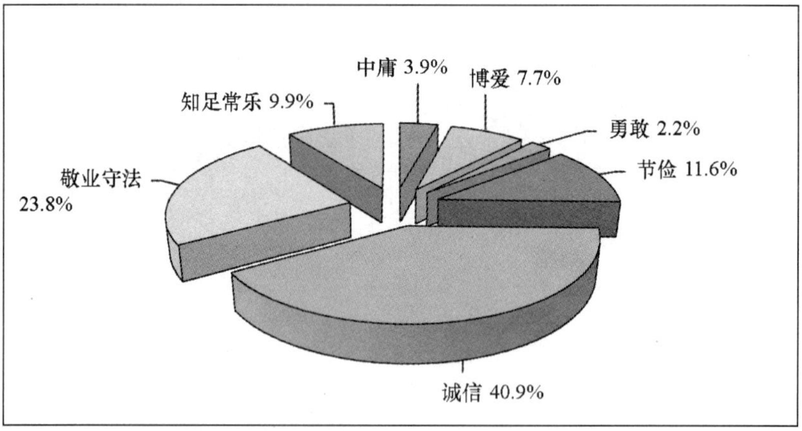

7. 您最痛恨政府官员的哪一种行为

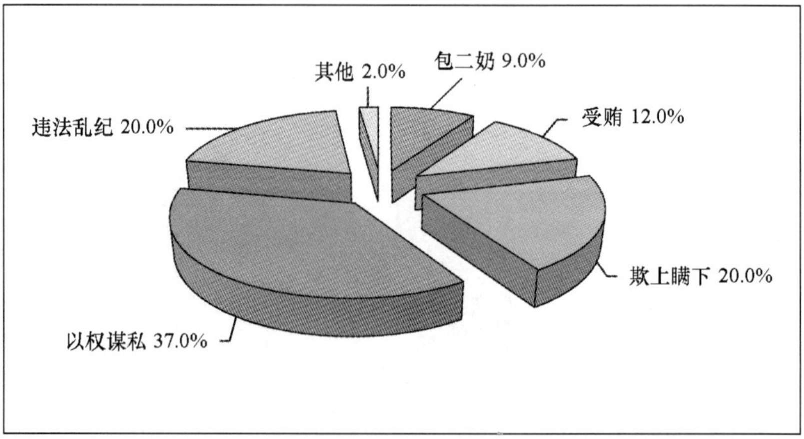

8. 假如您的孩子犯了过错，只有您一个人知道，您会不会检举您的孩子

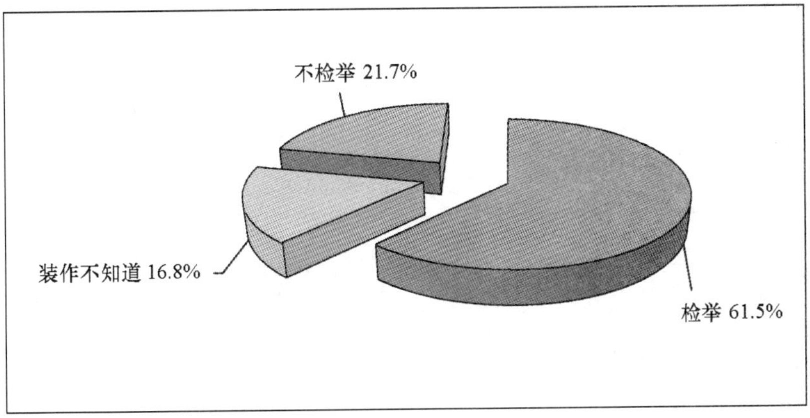

9. 您怎么看待自己？请选其中之一

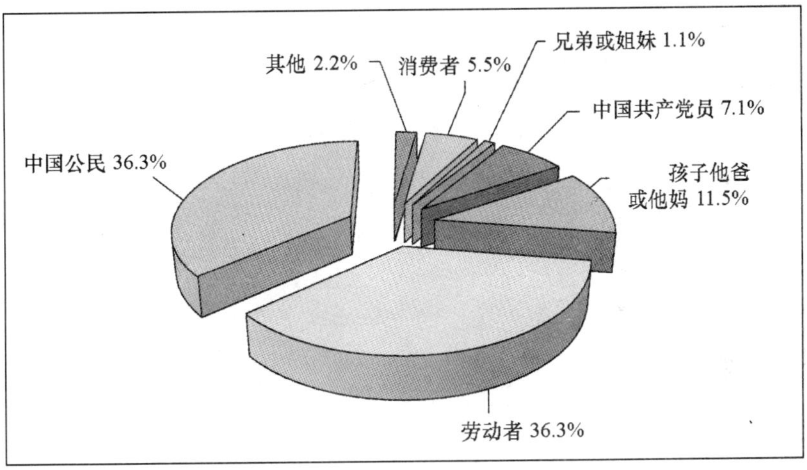

10. 如果您遇到老板拖欠您工资的事情，您会怎么办

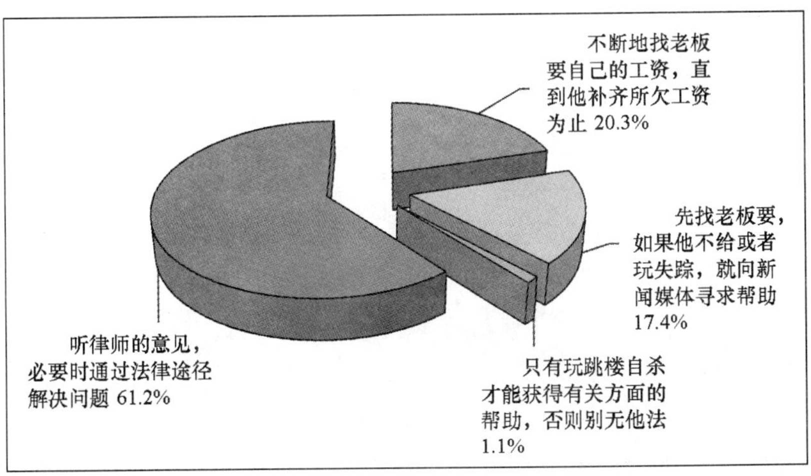

12. 如果您的一位老乡或朋友，在外打工遇到困难，您会不会帮助他

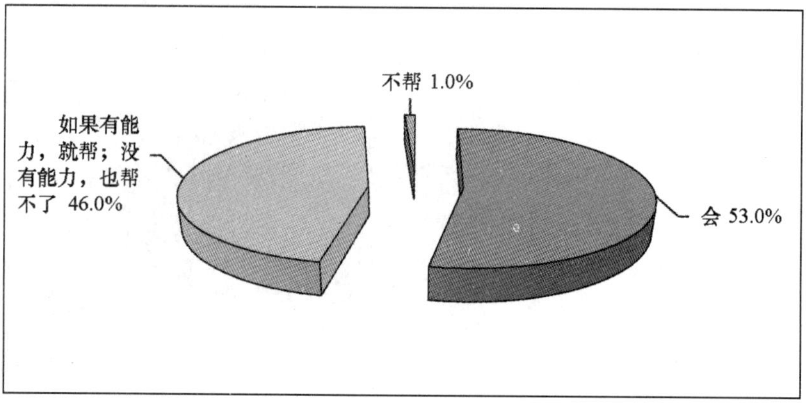

13. 您认为胡总书记讲的“八荣八耻”主要是针对什么人说的

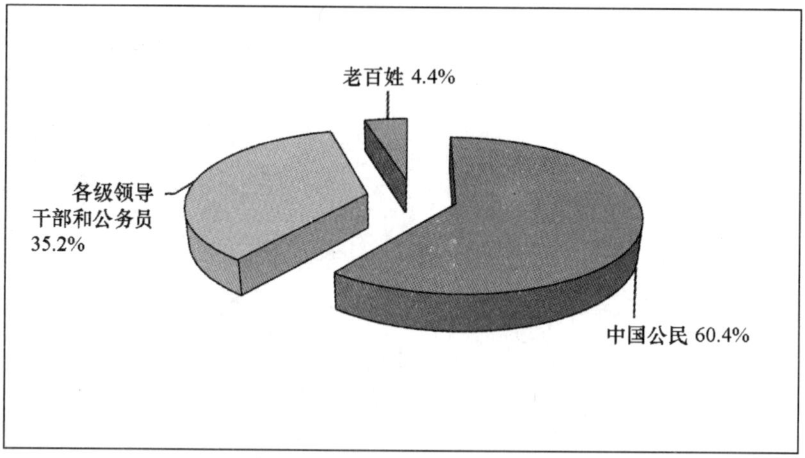

14. 您在与城里人交往的过程中，感受最深的是

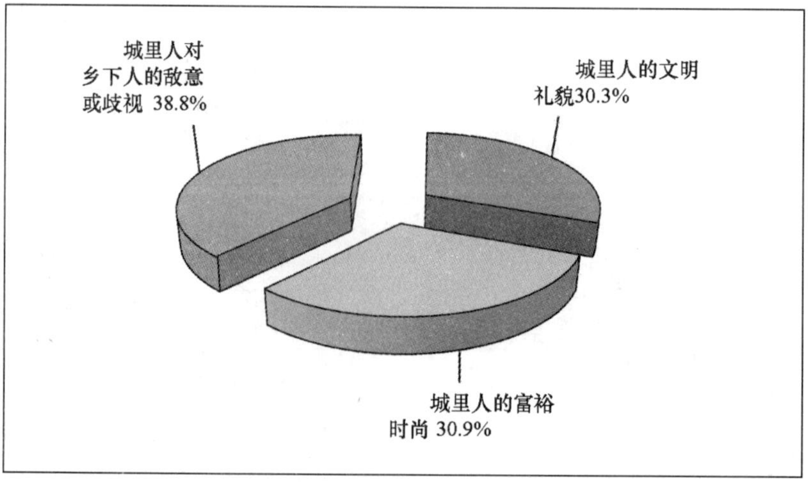

15. 您乘车回乡，假如找人可以不用花钱买票，您会怎么办

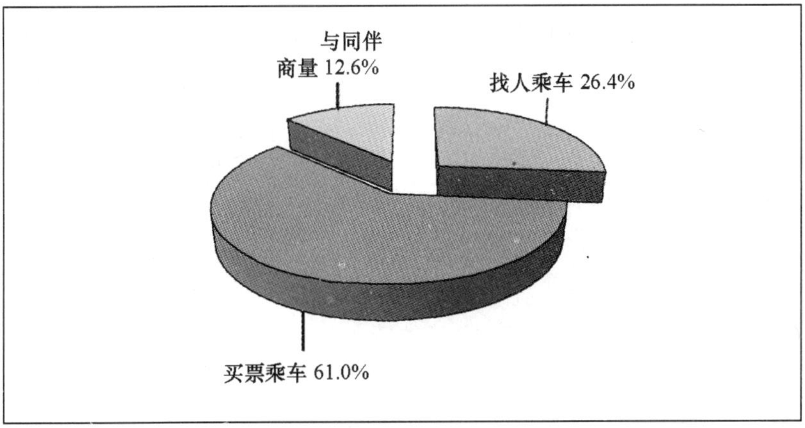

16. 您认为最能代表农民工讲话的是谁

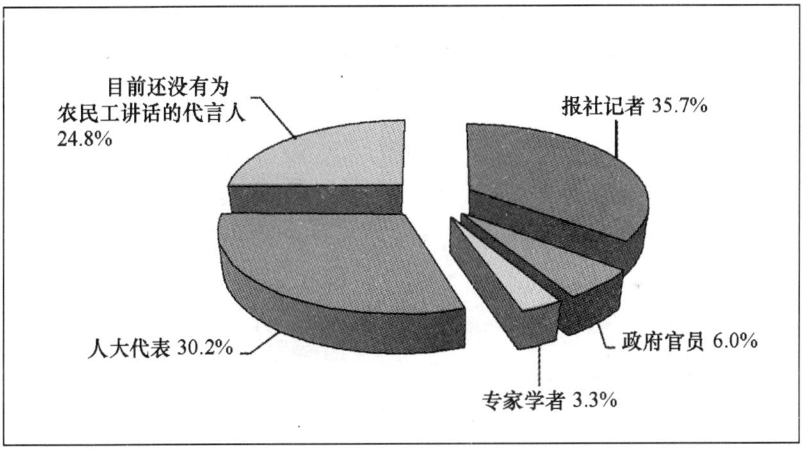

17. 如果您发现与您共事的朋友有违法乱纪的行为，您会怎么办

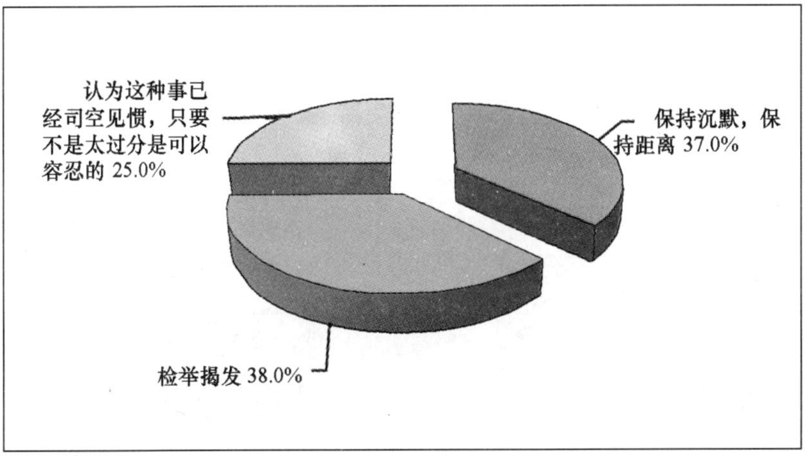

18. 您如何看待对某省或某地民工的歧视态度

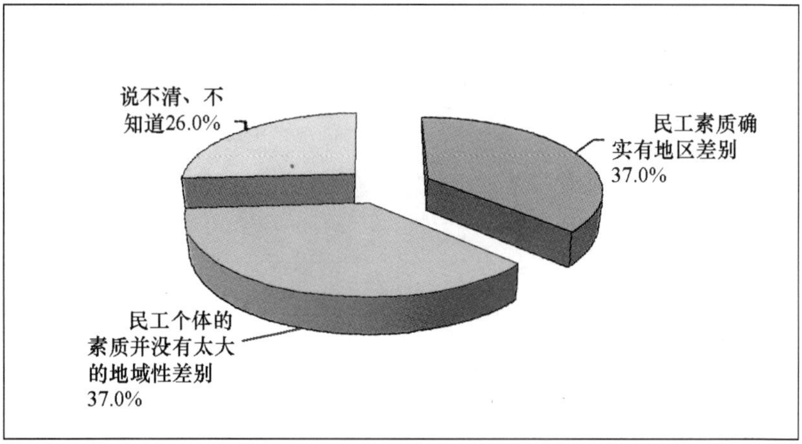

19. 假如您可以再次选择，您最想做的职业是什么

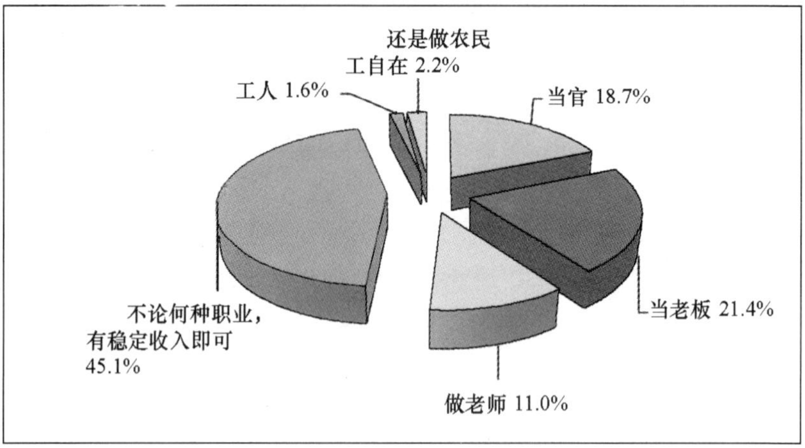

20. 您是否长期与妻子过着牛郎织女的生活，您认为这样会不会影响夫妻感情

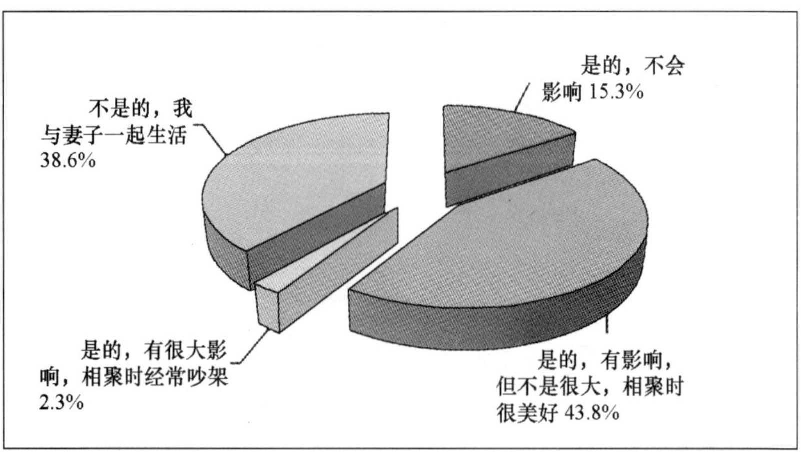

21. 您每年节假日会抽空看望您年老的父母吗

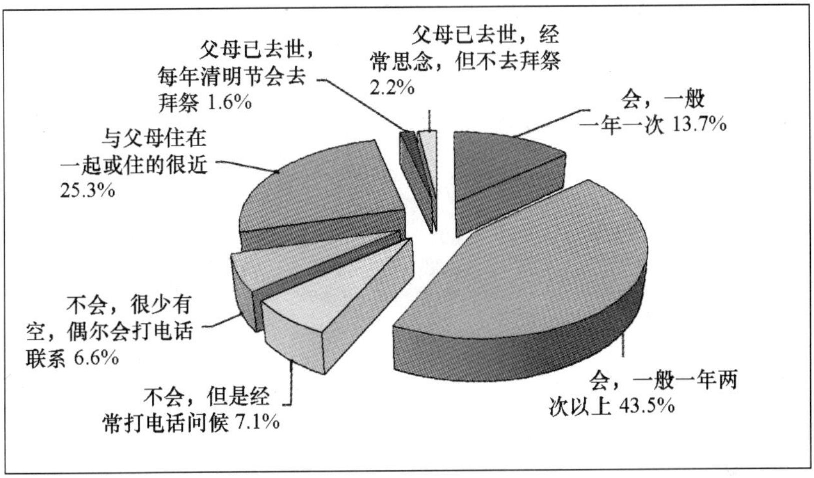

22. 在闲暇时，您经常参加何种类型的娱乐活动

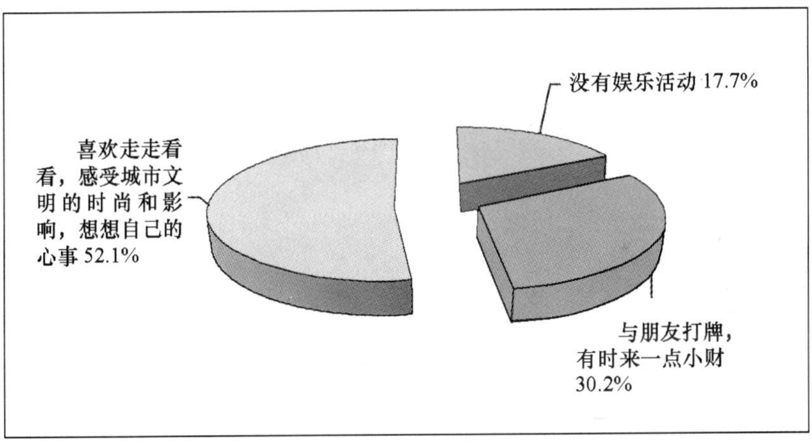

23. 您对您现在的生活满意吗

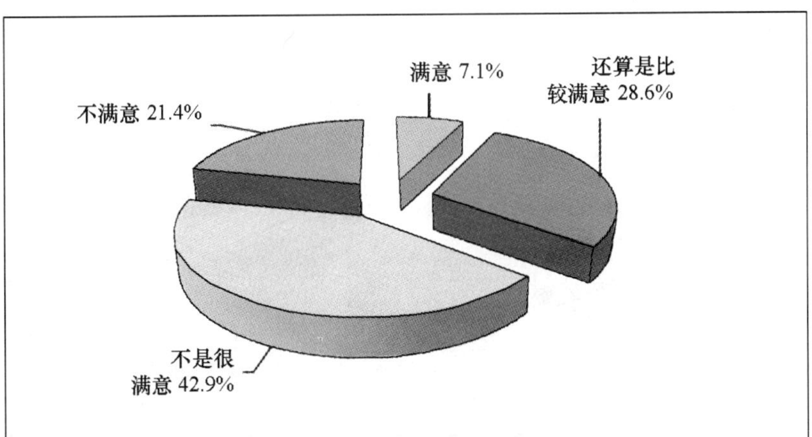

24. 您与朋友到外面用餐，在付账时，谁来付

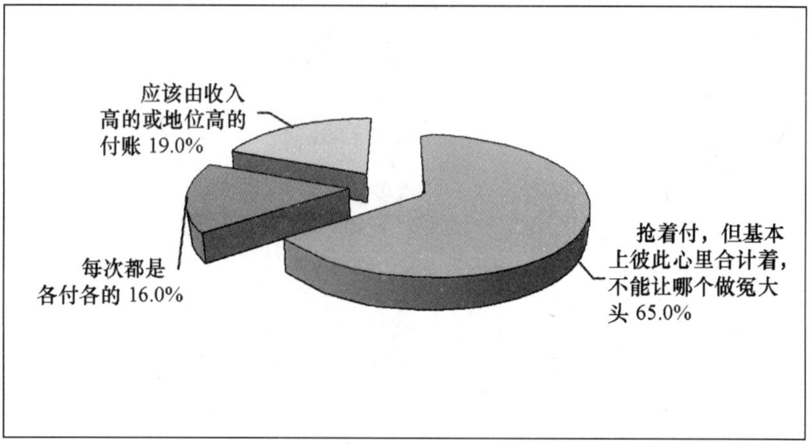

25. 如果您有机会做官，您在使用权力时，考虑得最多最大的因素是什么

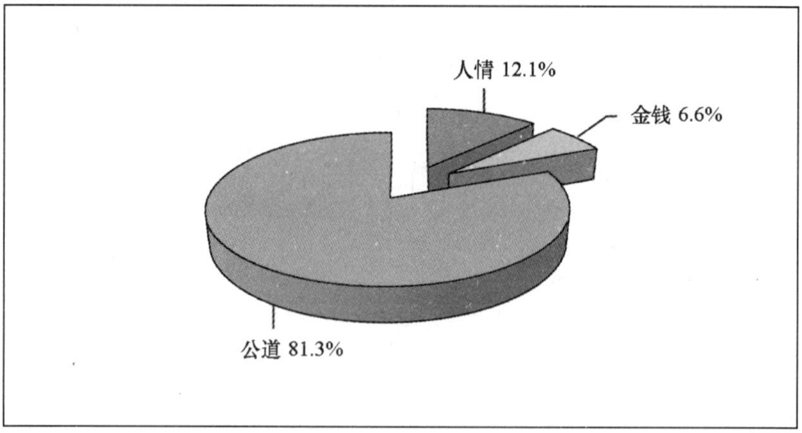

26. 请问，您认为生活质量的标准是什么

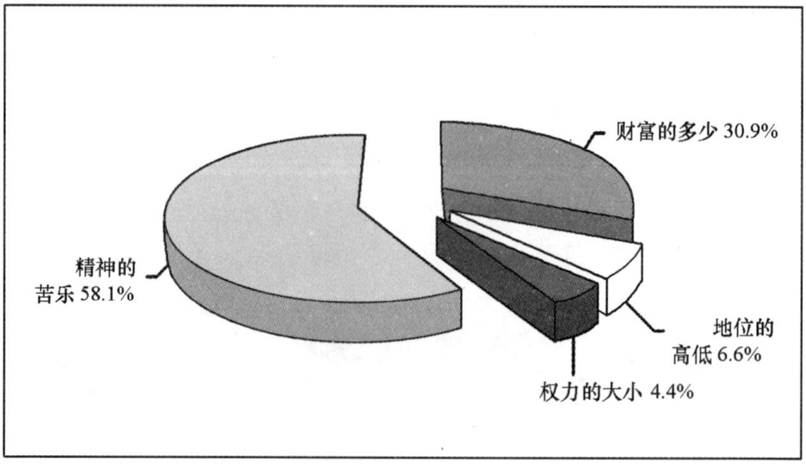

27. 您如何看待中国的计划生育制度

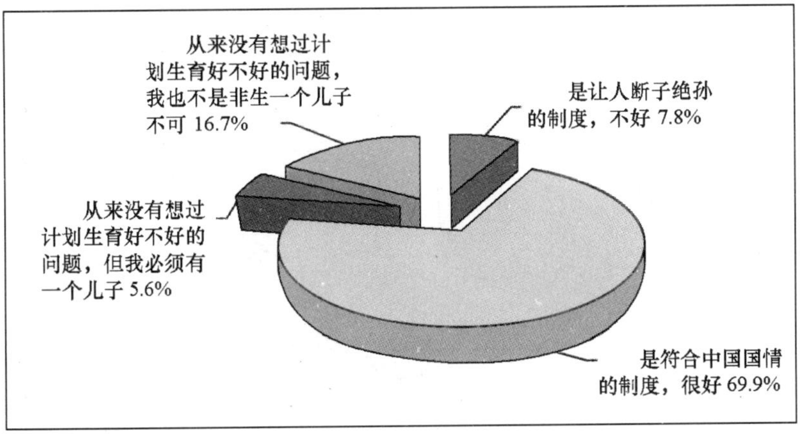

28. 您是否赞成堕胎

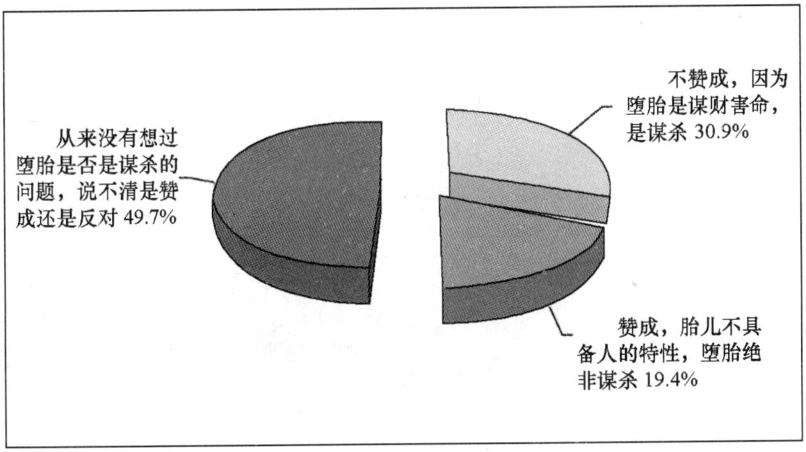

29. 一个拆迁户是一个单身农户，为了获得更多的拆迁赔偿，与一个八十多岁的老妇立约结婚。您如何看这件事

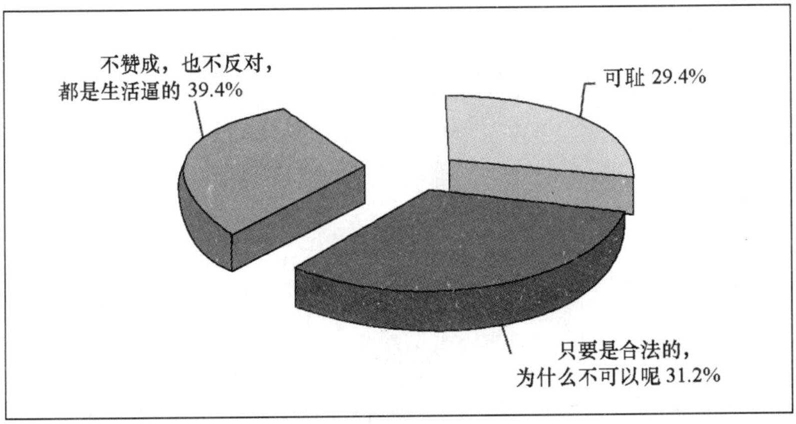

30. 在一个城市的滨江地带，有一大片沼泽地；几年后，这片沼泽地变成了该城的一个新区。请问，您如何看待这一变化

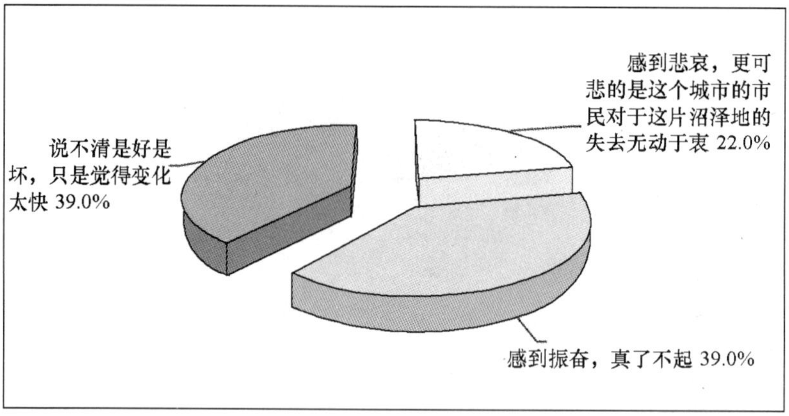

31. 您信教吗？您拜什么样的神

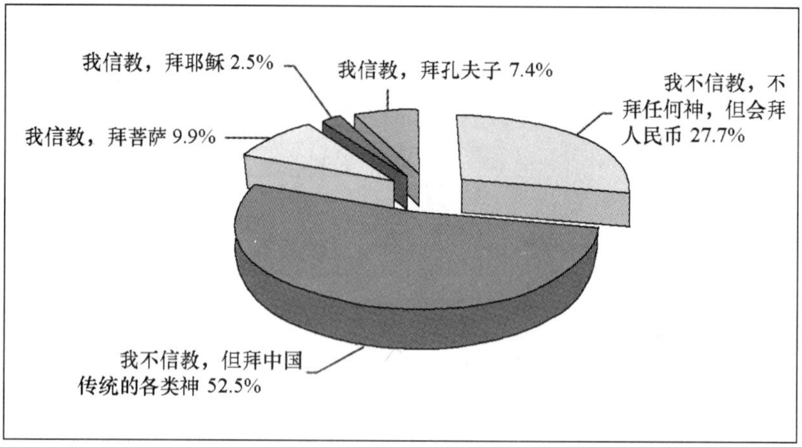

32. 您相信因果报应吗

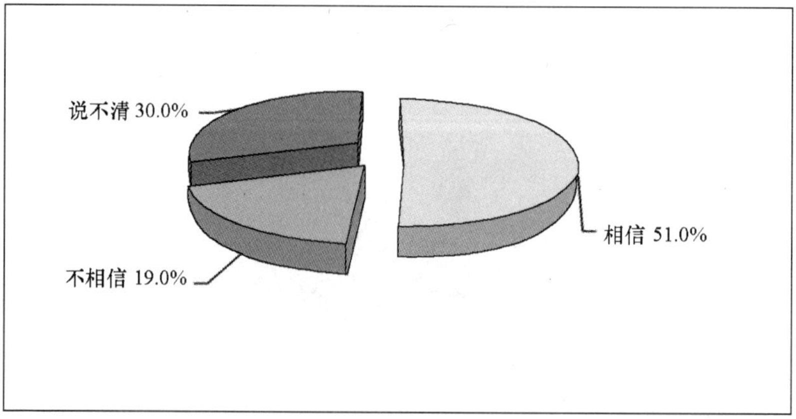

33. 您有过婚外恋吗？您离过婚吗

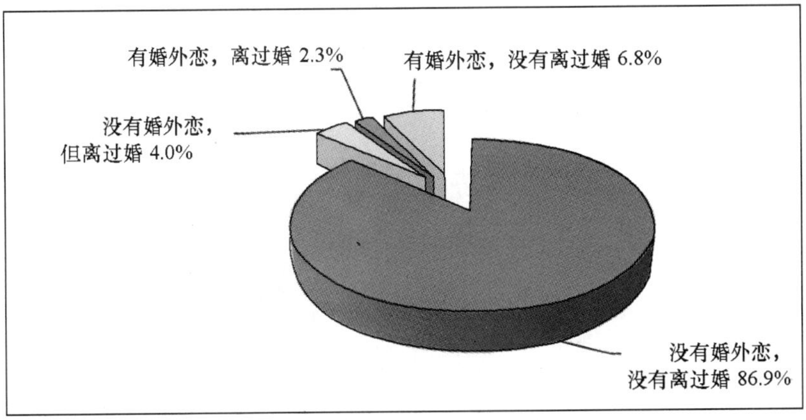

34. 一个人决定去爬一座非常险峻的山，他汗流浃背、疲惫不堪、关节僵硬、肌肉酸痛，而在经历重重困难终于登上山峰之后，他又将面临更加艰难的下山之路。您会效法这个登山者吗

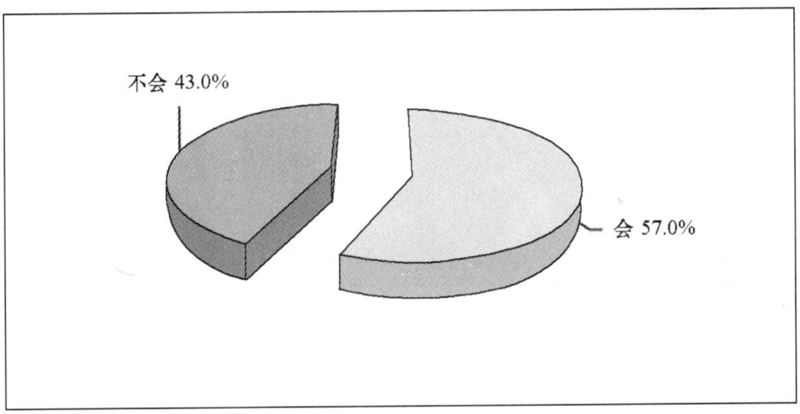

35. 如果您将来成为富翁，您会将您的钱财留给谁

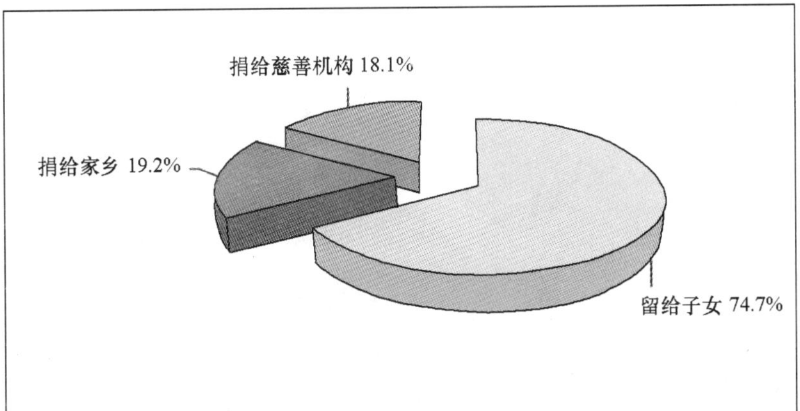

36. 您认为“知识可以改变命运”吗

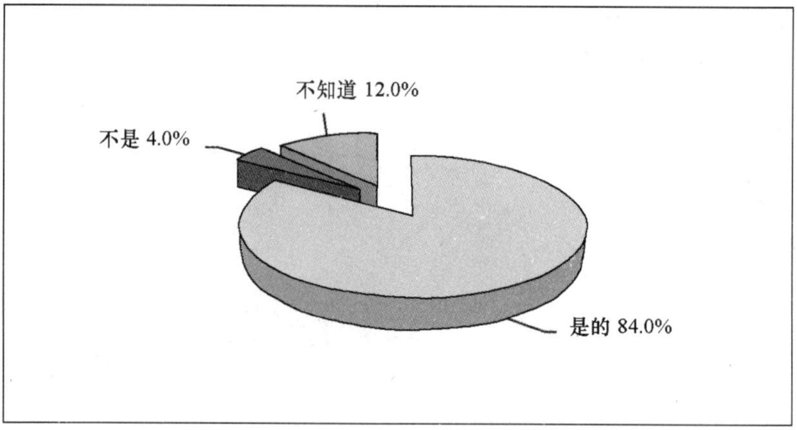

37. 您认为自己还能不能通过争分夺秒地学习各种知识，使自己生活得更好

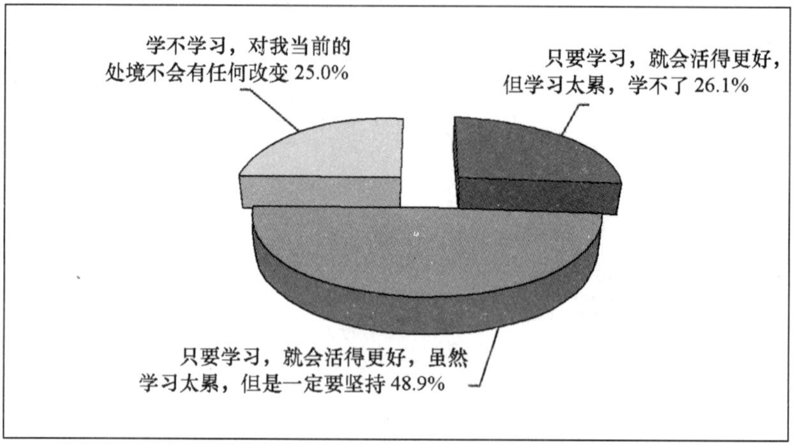

38. 您最希望自己的孩子将来做什么

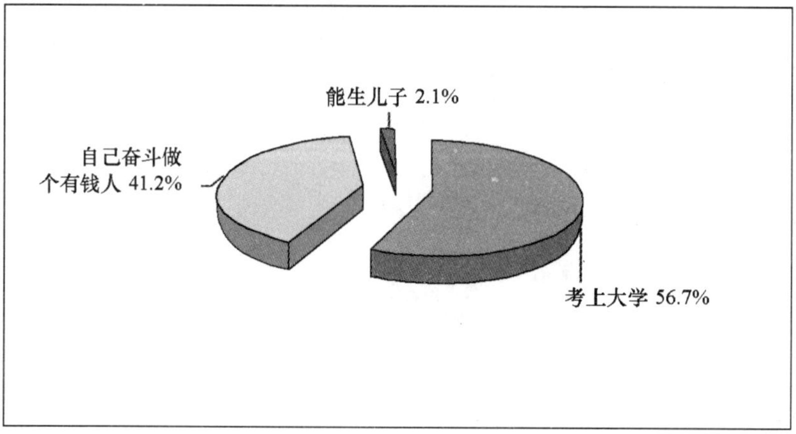

39. 您获得关于国家政策和您自身权益的信息的主要渠道是什么

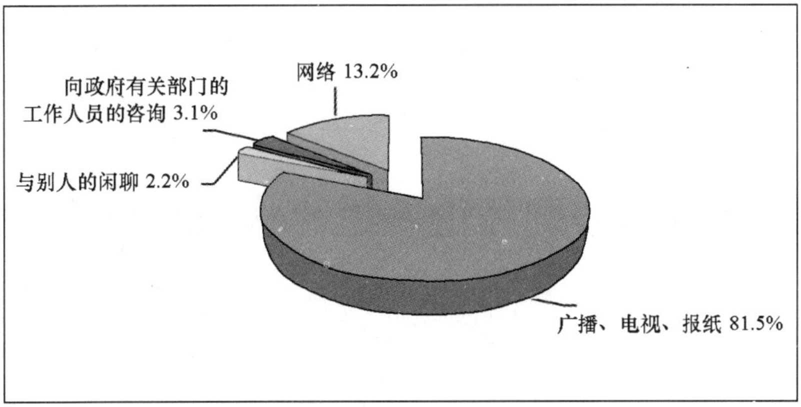

40. 您认为妨碍您外出寻找工作机会的主要障碍是什么

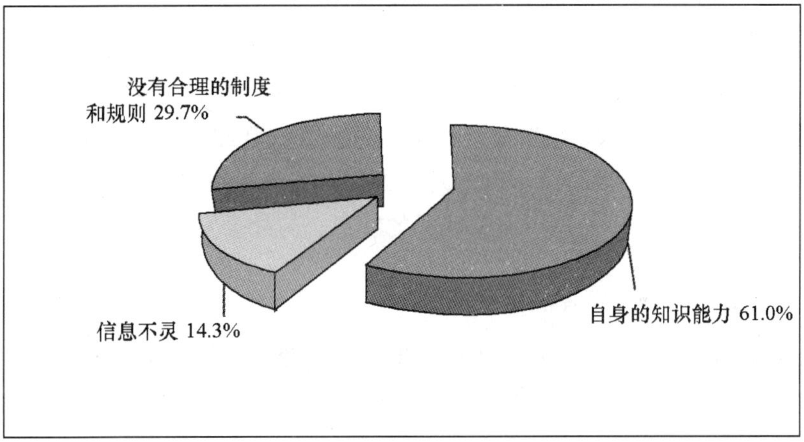

（田海平、刘娟娟）

十

城市弱势群体伦理道德状况数据库

前言：调查概况

一　调查对象、调查方式及主要内容

本项调查对象是城市弱势群体，调查主要采用自填式问卷的方法收集资料，调查问卷共45个问题，主要涉及了以下几个方面：城市弱势群体的家庭伦理关系、社会伦理关系、道德状况、伦理一道德状况的特点、与社会发生伦理冲突的潜在风险，等等。

二　抽样方法

本调查采用多阶段分层抽样的方法选取调查对象。具体做法为：

第一步，抽取区域（省或直辖市）。在全国30个省和直辖市中，采用简单随机抽样的方法抽取2个区域，分别为江苏和江西。

第二步，抽取城市。在所抽中的每个省份所辖的所有地级市和县级市中，分别用简单随机的方法抽取了南京、苏州和井冈山市。

第三步，从2006年10月—2008年3月，在江苏省委、南京市劳动厅再就业培训中心、江西省井冈山大学的帮助下，通过再就业培训中心、街委会、劳动密集型企业，随机对年龄在18—60周岁之间的弱势群体成员进行了访谈和问卷调查。

三　样本的基本情况

本项调查共发放问卷800份，收回问卷657份，其中废卷11份，有效问卷646份。总体而言，本次调查的样本具有较好的代表性。

四　资料整理与分析

本次问卷调查的资料在经过初步整理、编码之后，用Foxpro6.0进行录入，用SPSS13.0进行查错和基本的统计分析，用excel2003进行作图。分析类型主要是单变量的描述统计。

第一部分　基本信息

1. 您的性别是

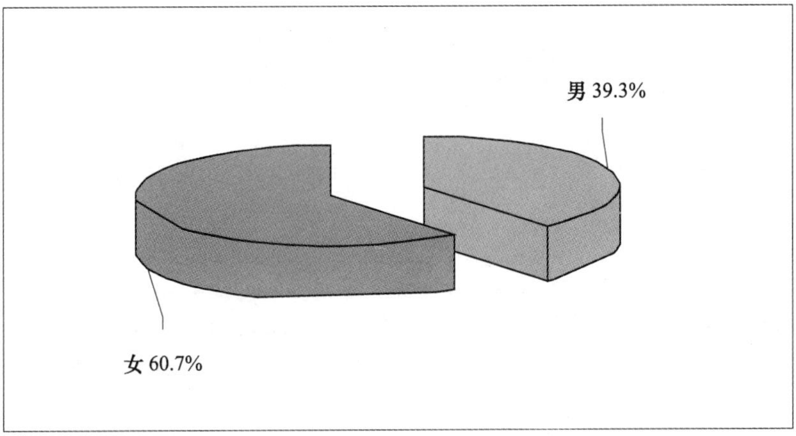

在性别比例上，男性几乎是女性的两倍。原因有三：其一，在城市农民工、流动人口、困难企业职工中，确实以男性居多；其二，在采样系统中（如再就业培训中心），女性所占比例也较低；其三，在失业、无业者中，女性比例低于男性。

2. 您的年龄

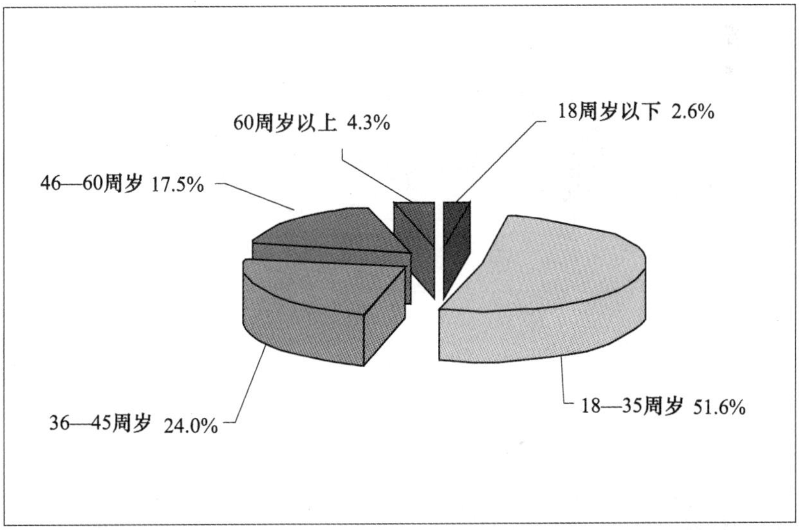

可以看出，在城市弱势群体中，18—45 岁的青壮年占到 75%，他们的道德状况应引起特别注意。

3. 您的身份是

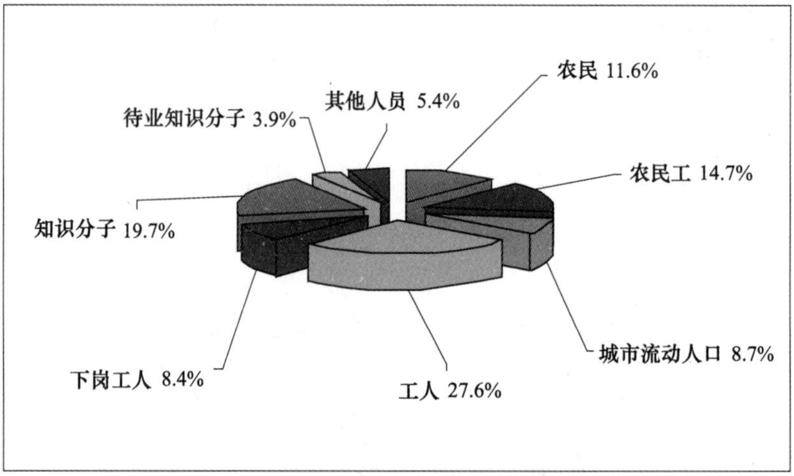

城市弱势群体的主要构成依次为：工人、农民工、农民、城市流动人口、下岗工人，另有5.4％的人是做其他工作的，包含在读大学生、军人、服务业人员、个体户、退休人员等。也就是说，城市弱势群体包括两大组成部分，一是城市人口中的普通工人、下岗工人；二是进入城市的农业人口。

4. 您的文化程度是

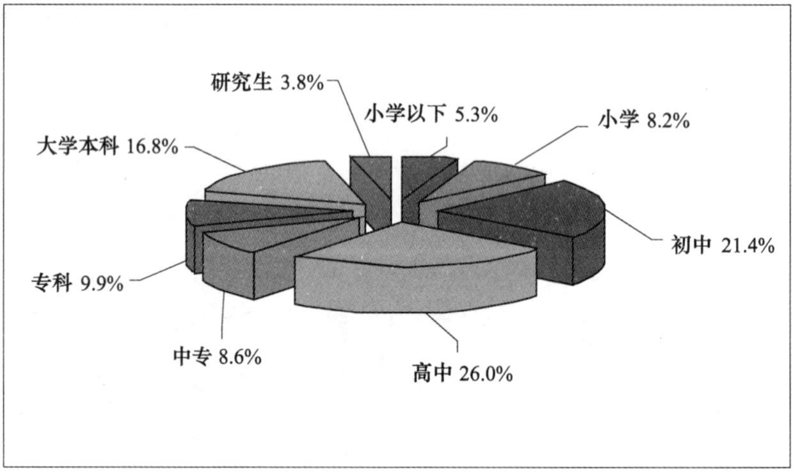

被访者的文化程度主要集中在大学本科以下，初中、高中人数最多；另有20.6％的人具有大学本科（16.8％）、研究生学历（3.8％），对照问题3中的“身份认同”，23.0％的被访者是知识分子。因此，部分具有高学历者成为城市困难群体的一部分也是一个基本事实。

5. 您的月收入是

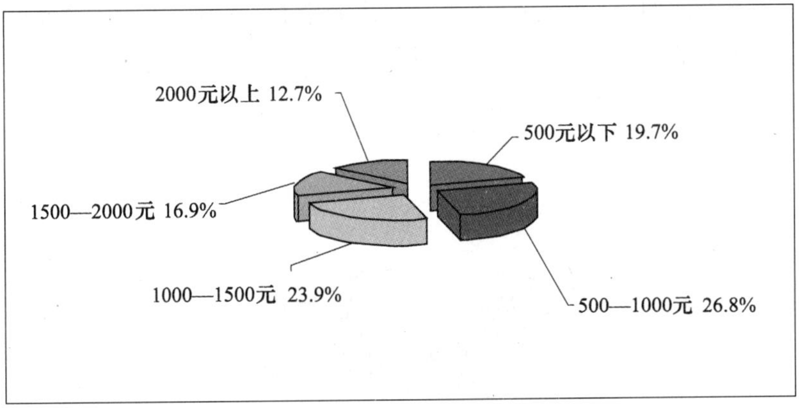

月收入在1500元以下的被访者占70%以上，在南京、苏州这样的城市中，经济上的困难显而易见。对于弱势群体来说，经济上的贫困虽然不是唯一的标志，但却是最重要的特征。

第二部分　调研信息

6. 在以下社会关系中，您最看重的是

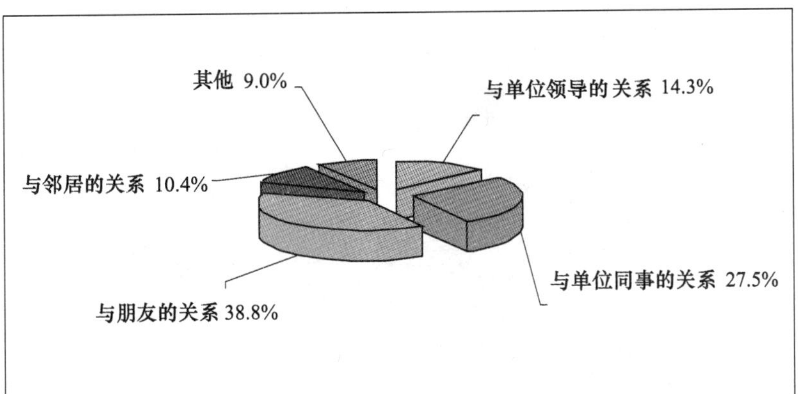

被访者中，认为最重要的是“朋友关系”的比例最高，其次是与单位同事的关系、与领导关系、与邻居关系。另有9.0%的人认为是其他关系，他们认为亲戚关系、与顾客的关系、与地方保护势力的关系最为重要。从此可以看出，城市弱势群体的社会关系具有相当程度的现代都市的特征。费孝通曾在《乡土中国》中指出，传统中国社会即使在城市中，每个人也是与“具体的世界”的关系最为重要，如邻里关系。相比于传统社会中人与人之间因朝夕相处而产生的全面的了解，现代社会中大多数人所面对的是“抽象的世界”，人与人之间是“部分的关系”（每个人对他人的了解都是不全面的）。对于许多从乡村进入城市的人来说，伦理关系、道德约束力量都产生了本质的变化，也由此产生了诸多伦理问题。

7. 您认为自己在这个社会上的地位是

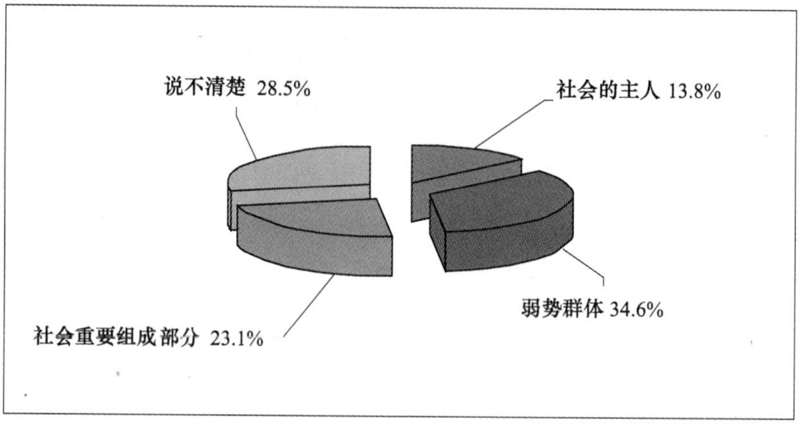

本项调查旨在了解弱势群体的一般性“外在标准”与这一群体的自我认同之间的关系。调查显示，弱势群体对自己的身份认同与其他群体相比要复杂一些，只有36.4%的人坦陈自己属于弱势群体，却有47%的人认为自己是“社会的主人”和“社会重要组成部分”，这里面交织着自立、自强、自卑以及面对社会偏见羞于承认等多种心态。

8. 您在平时的社会交往中

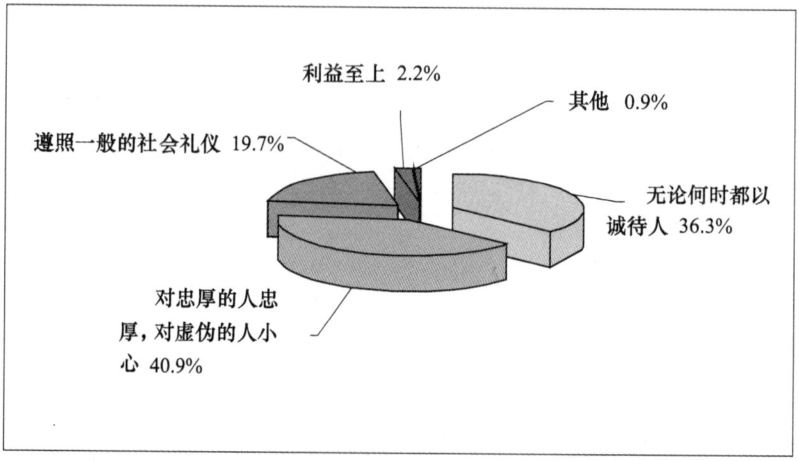

遵循“道义优先”的选择，“无论何时都以诚待人”者占到36.3%，无论如何是一个不小的比例，“对忠厚的人忠厚，对虚伪的人小心”和“遵照一般社会礼仪”占到60.6%，而“利益至上”与“其他”两类的选择只是区区3.1%，反映了这一群体的道德水准起码达到社会平均水平。

9. 您认为人应该具备哪些道德品质（可以多选，请根据重要性程度依次排列，最重要的在前面的括号里写 1，依次为 2，3，4……）

本题为排序题，因此，笔者根据被访者的选择进行排序，并最终计算出各个选项的加权平均分，从而能够比较各个选项的重要程度。具体方法为：将最重要的赋值为 9 分，第二位的赋值为 8 分，重要性居于第三位的赋值为 7 分，依此类推，将最不重要的赋值为 1 分，如果没选，则赋值为 0 分，其计算结果如下表所示：

道德品质/得分	总得分	加权平均分	排名
勇敢	2006	3.1	6
智慧	2215	3.4	4
理性	1877	2.9	7
节俭	2103	3.3	5
仁爱	2232	3.5	3
诚信	3484	5.4	1
公正	1757	2.7	8
宽容	2450	3.8	2
同情心	1487	2.3	9

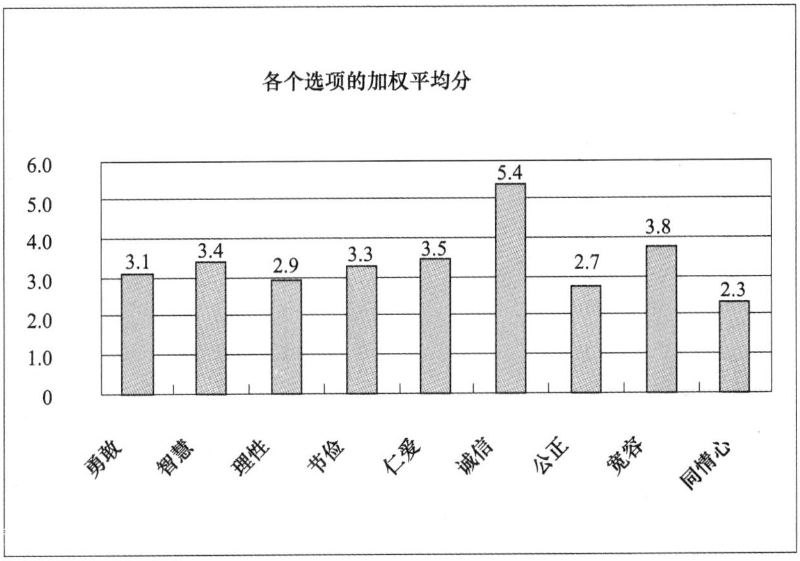

在弱势群体心目中，最好的道德品质依次是：诚信、宽容、仁爱、智慧、节俭、勇敢……如果从另外一个角度理解，就是弱势群体最需要的是诚信、宽容、仁爱，他们最需要城市里的民众拥有诚信、宽容和仁爱这些道德品质。此外，除诚信具有绝对的高分值外，其他品质的加权平均分都非常接近。

10. 生活中您最珍视的是（可以多选，并排序，最重要的为 1，依次为 2、3、4……）

选项/得分	总分	加权平均分	排名
友谊	2407	3. 7	2
爱情	1838	2. 8	4
他人的信任	1987	3. 1	3
荣誉	716	1. 1	5
亲情	3092	4. 8	1
他人的尊重	1824	2. 8	4
其他	36	0. 1	6

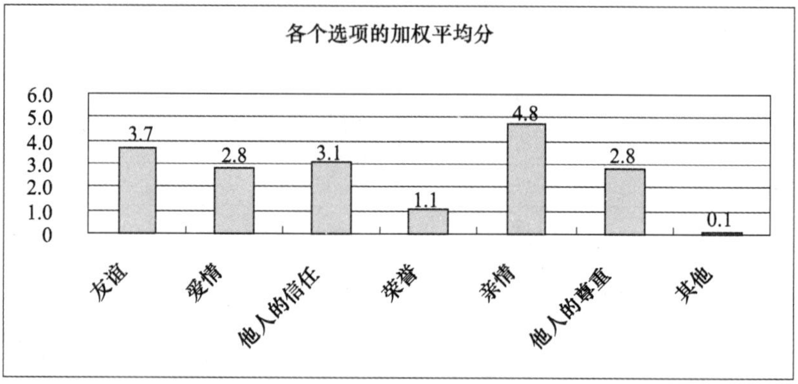

在所有的伦理关系中，城市弱势群体最看重的是亲情，人同此心，心同此理，相信与其他群体相比不会有太大的差别。但其后，他们还看重友谊、他人的信任、尊重与爱情，这是家庭之外他们最需要的，这可能与其他城市民众有所不同。

11. 您所追求的生活目标是（可以多选，并排序，最重要的为 1，依次为 2、3、4……）

生活目标/得分	总分	加权平均分	排名
金钱的多少	2085	3.2	3
权力的大小	598	0.9	7
社会地位的高低	1188	1.8	6
生活是否舒服、潇洒	2887	4.5	1
对社会贡献的大小	1482	2.3	5
人格是否高尚	1783	2.8	4
是否干出了一番事业	1789	2.8	4
是否得到尊重	2230	3.5	2
其他	164	0.3	8

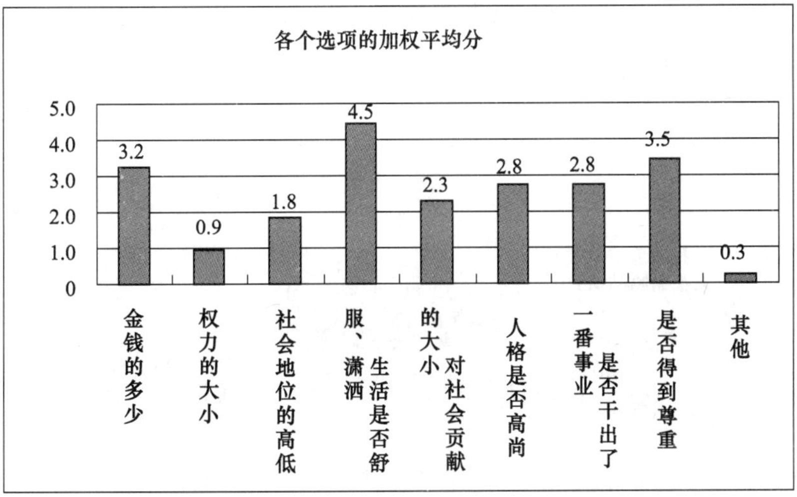

对于生活目标，弱势群体最关注生活是否舒服，其次是“是否得到尊重”、“金钱的多少”、“是否干出一番事业”、“人格是否高尚”、“对社会贡献大小”、“社会地位的高低”……这些选择表面上杂乱，实际上以马斯洛的“需要层次理论”可以进行非常清晰的解释——从“缺失性需要”到“发展性需要”，弱势群体的生活目标从低到高，因为生活的困境，他们的理想符合实际。

12. 某促销人员在酒吧向顾客推销香烟时，一顾客要求只要跪下给他点烟，就买 1000 元香烟，如果您遇到这样的事情，您会

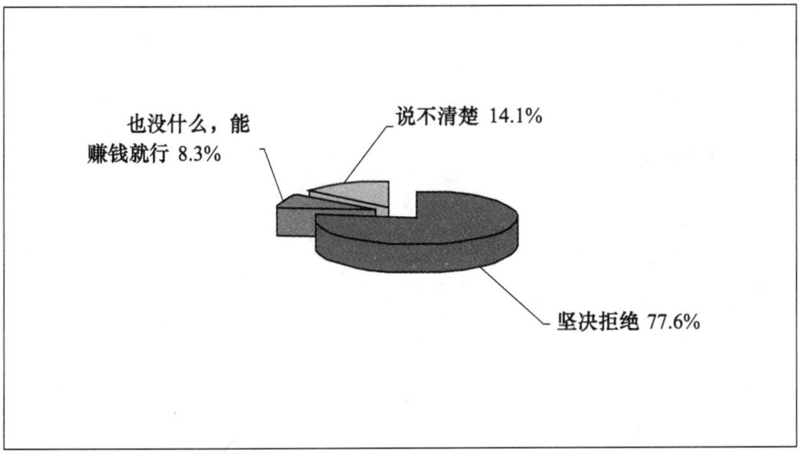

在这一情境中，生存的需要与自尊的需要是激烈冲突的。选择的条件取决于当事者生活状况到底有多困苦，人格意识有多强烈。俗语曰：仓廪实而知礼节，衣食足而知荣辱。这虽不是绝对的定式，但在很多情况下确是如此。77.6％的人坚决拒绝，8.3％的人认为“能赚钱就行”，14.1％的人处于思想矛盾之中，这一比例在情理之中。

13. 今年夏天，福建省遭遇罕见洪水，造成178.29万人受灾，许多人无家可归。遇到这样的灾难时，您会

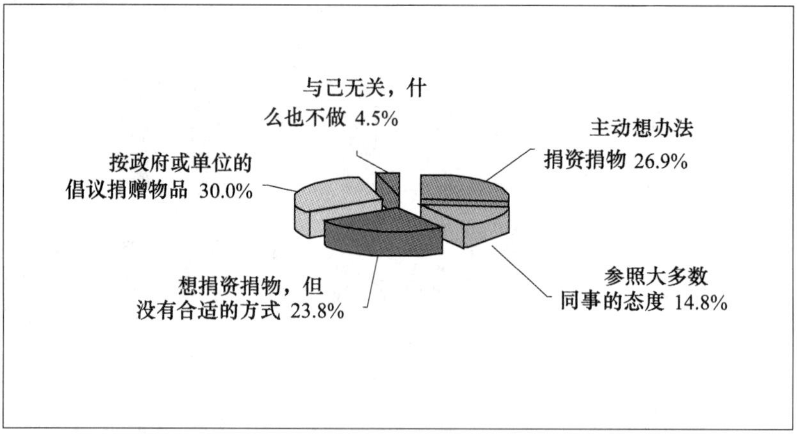

中国民众的慈善意识是相当薄弱的，而表达慈善的渠道远远没有一个公认的正常方式，尽管如此，弱势群体“主动想办法捐资捐物”的比例高达26.9%实属不易。而想捐资捐物、按政府或单位的倡议捐赠物品、参照大多数同事的态度的高比例也是正常的心态。相比之下，“与已无关，什么也不做”的人只有4.5%，应该说，绝大多数的人具有起码的同情心。

14. 您在遇到苦难与困惑时

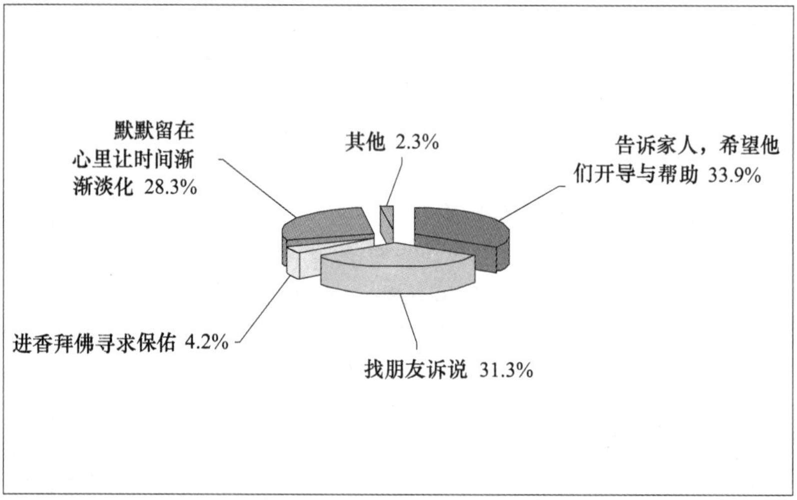

苦难与困惑人人皆有，弱势群体当然更多。寻求家人帮助、朋友诉说的人占到大多数（65%），而选择“自己承受、让时间淡化”和“进香拜佛寻求保佑”实际上属于无助状态。如果是生活上困顿并且因为社会保障体制的匮乏而无力解决，那么，需要反思的就不是个人的小事，而是社会救助制度是否完善这一体制性问题。

15. 幸福的家庭是我们每个人的渴望，在家庭关系中，您认为最重要的关系是

家庭关系/排名	总分	加权平均分	排名
一家之长的权威	614	0. 9	5
婆媳关系	804	1. 2	4
夫妻关系	2577	4. 0	1
父子关系	996	1. 5	2
母子关系	909	1. 4	3
其他	200	0. 3	6

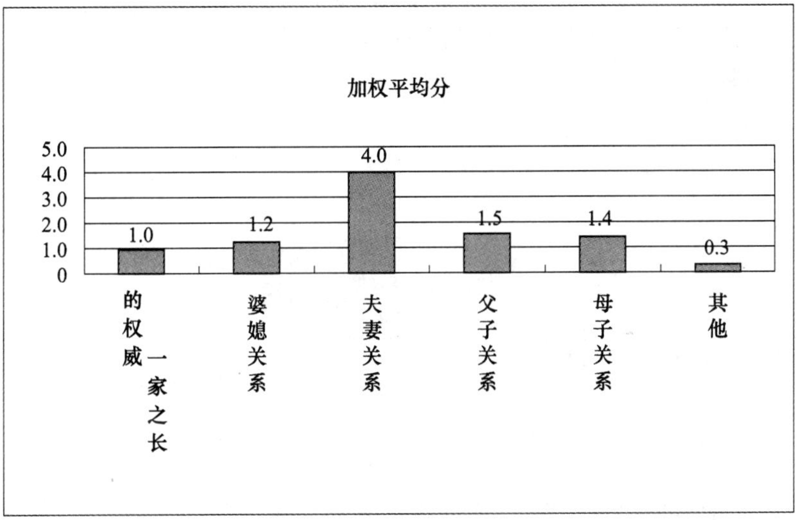

在家庭关系中最重要的关系依次是夫妻关系、父子关系、母子关系、婆媳关系。

16. 您认为夫妻之间最主要的方面是

选项/得分	总分	加权平均分	排名
相互之间的感情	1908	3.0	1
相互之间的平等	1318	2.0	3
相互之间的责任	1351	2.1	2
丈夫是一家之长	326	0.5	4
其他	92	0.1	5

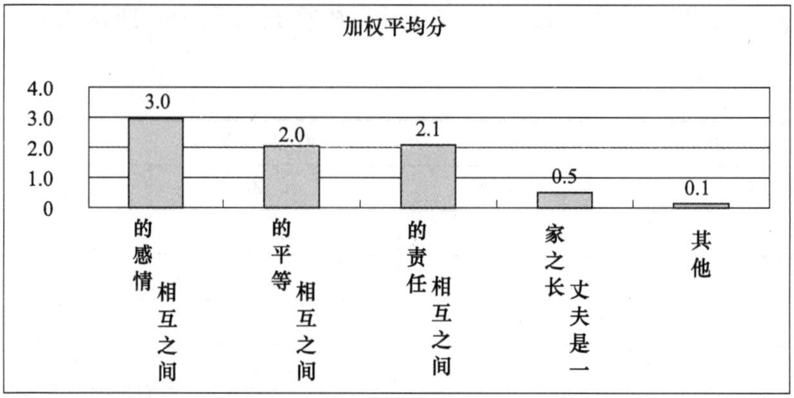

夫妻之间最重要的方面依次是：相互之间的感情、相互之间的责任、相互之间的平等、丈夫是一家之长，可见，封建伦理观念在家庭中的影响已相当淡化。

17. 您认为出现“婚外恋”现象的原因是

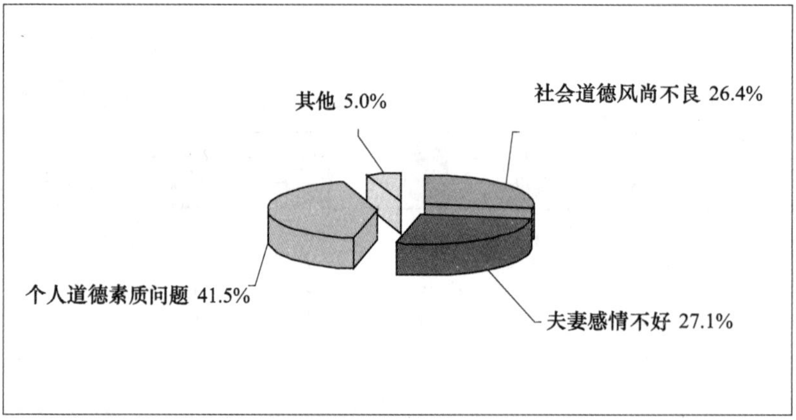

弱势群体将破坏家庭伦理关系的主要原因归咎于个体德性，其次是夫妻感情问题和社会道德风尚。

18. 如果您发现您的家人有“婚外情”现象，您会选择

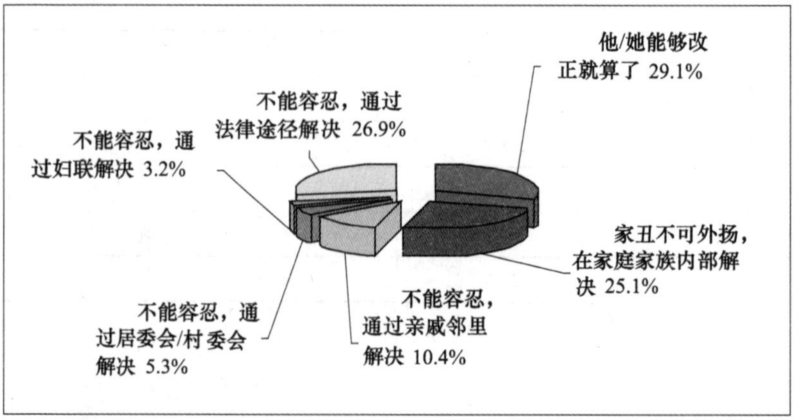

“通过法律途径解决”代表了一种现代意识，“能够改正就算了”体现了朴素的宽容态度，“家丑不可外扬、通过邻里解决”是一种传统观念，三分的方式大体展现了普通中国人的状况。

19. 在您的家庭生活中，夫妻出现矛盾主要是因为

矛盾/排名	总分	加权平均分	排名
经济问题	1501	2.3	1
孩子教育问题	903	1.4	3
夫妻感情问题	1368	2.1	2
赡养父母问题	497	0.8	4
其他	248	0.4	5

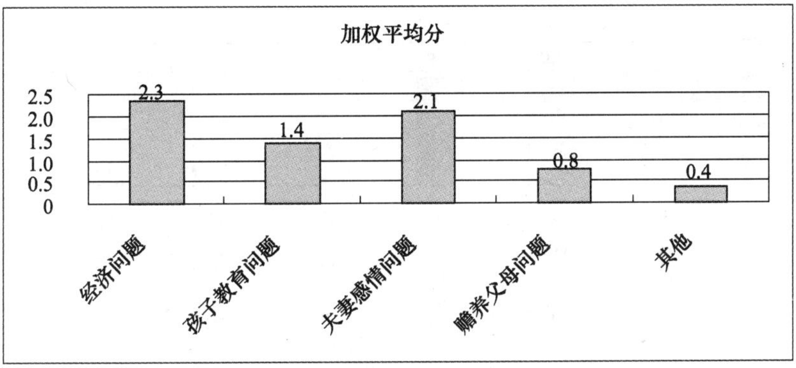

在家庭生活中，夫妻出现矛盾的主要原因依次是：1. 经济问题，2. 夫妻感情问题，3. 孩子教育问题，4. 赡养父母问题，5. 其他（包含相互理解问题、道德问题、沟通与信任问题、家庭琐事问题等）。与其他群体相比，经济问题引发家庭矛盾高居第一位是这一群体比较特殊的方面。

20. 您对赡养父母的看法是

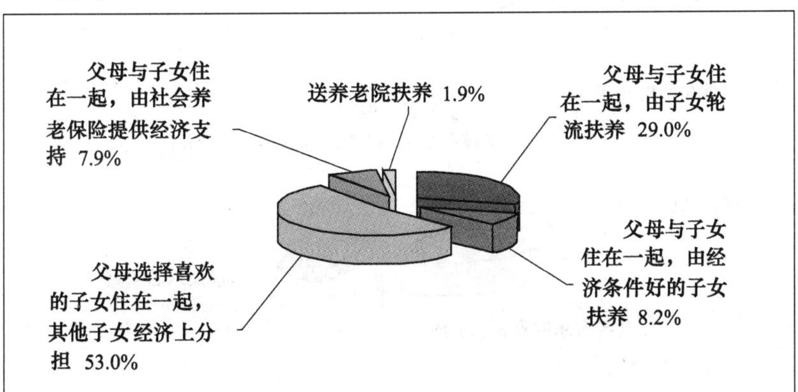

21. 家庭生活中，您不能容忍的现象是

行为/排名	总分	加权平均分	排名
体罚孩子	1025	1.6	4
不孝敬老人	2581	4.0	1
夫（妻）行为出轨	2427	3.8	2
孩子经常撒谎	1180	1.8	2
婆媳关系恶劣	1063	1.6	4
其他	51	0.1	5

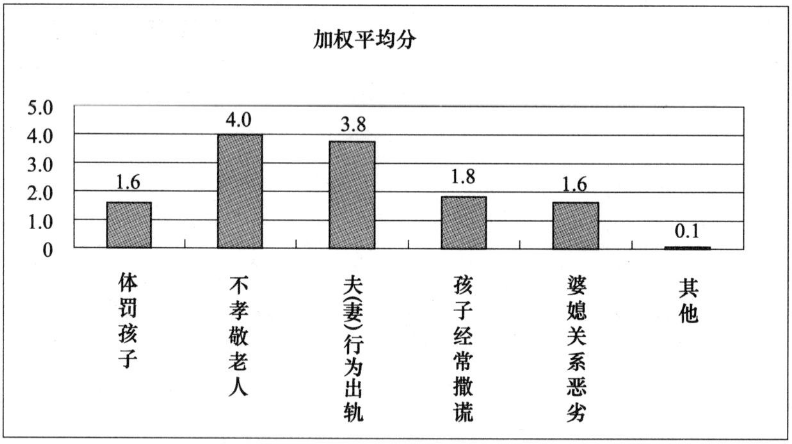

在家庭生活中，不能容忍的现象依次是：1. 不孝顺老人，2. 夫（妻）行为出轨，3. 孩子经常撒谎，4. 婆媳关系恶劣，5. 体罚孩子，6. 其他（长幼无序、对家庭不负责任、夫妻缺乏沟通、经济问题、相互不体谅等）。其中，与老人关系问题显得最为重要。这体现了传统孝道的现代影响。

22. 您在家庭里的真实感受是

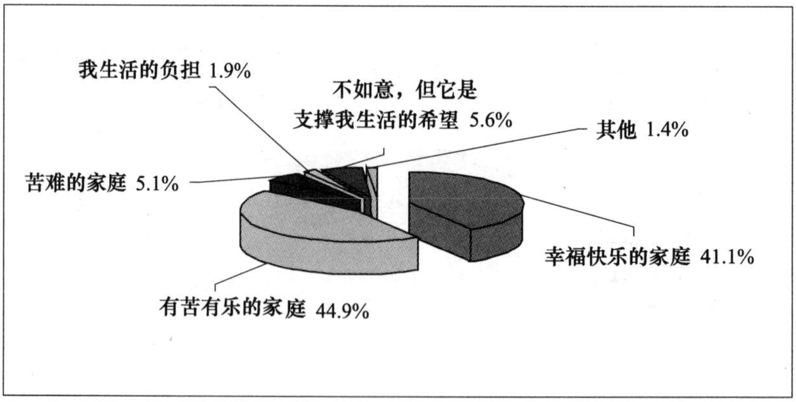

因为弱势群体面临较大的生活压力，因此，家庭伦理关系显得更加重要。

23. 您认为一个家庭幸福的重要因素是

家庭幸福的因素/排名	总分	加权平均分	排名
经济上的基本保证	1901	2.9	2
家庭成员之间的相互信任与沟通	2111	3.3	1
家庭成员的责任心	1314	2.0	3
家庭成员的稳定工作和社会地位	854	1.3	4
其他	17	0.0	5

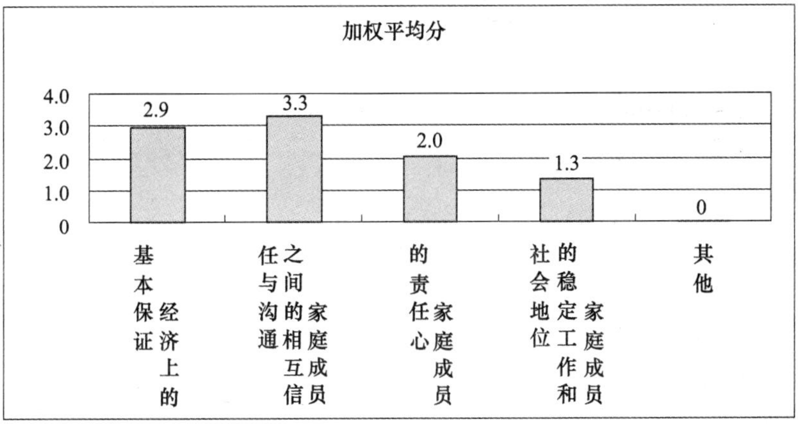

弱势群体认为，家庭幸福的重要因素依次是：1. 家庭成员之间的相互信任与沟通，2. 经济上的保证，3. 家庭成员的责任心，4. 家庭成员的稳定工作和社会地位，5. 其他（感情、和睦相处等）。

24. 对于您目前所从事的工作，您的态度是

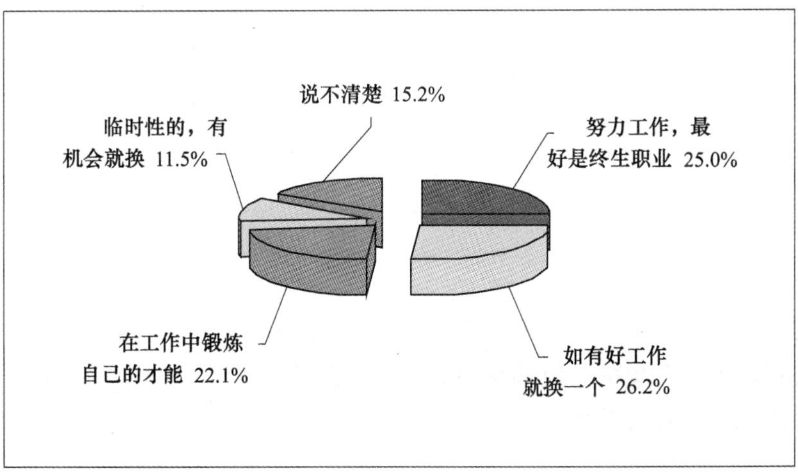

对于职业的忠诚度是决定伦理关系的重要基础。调查显示，弱势群体对待职业的态度不够尊重。这也许与他们所从事的工作有关。

25. 您认为您当前的付出与回报

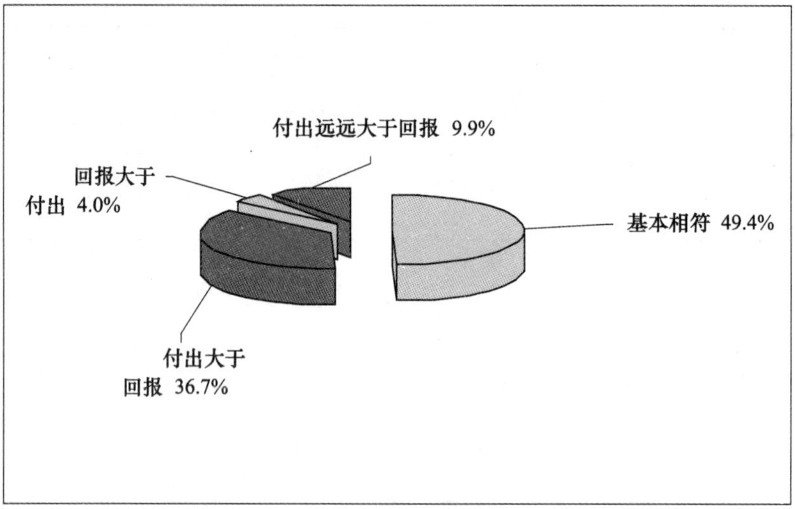

与前一项调查相对应，对职业的忠诚度偏低与付出不能得到满意的回报有直接关系。

26. 如果工作的付出大于回报，您认为主要原因是什么

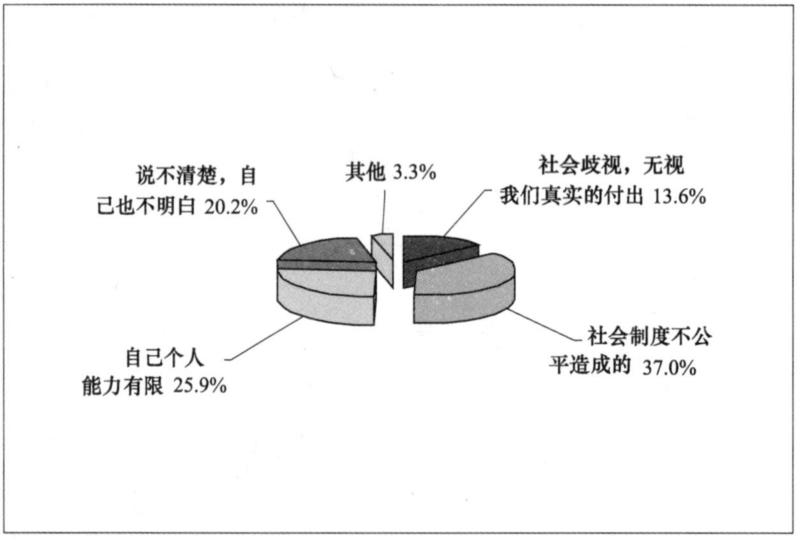

付出大于回报是弱势群体的普遍感受，如果将原因归于自己的个人能力，那么伦理冲突就是可以避免的。但如果将此归咎于社会歧视、制度不公，那么，冲突、群体性事件就必然层出不穷。

27. 在您的工作中，您和领导的关系

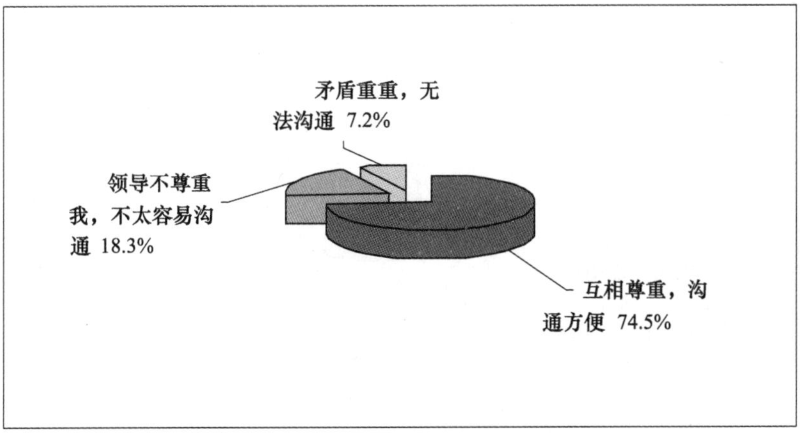

许多工作中产生的问题并不是职工的职业道德有问题，上下级之间的理解、沟通有着十分重要的影响。从本项调查来看，与上级矛盾重重无法沟通或者上级不太尊重下级的比例占到25.5%，这个比例不低，也是伦理关系不和谐的一个原因。这也可以从一个侧面看出城市弱势群体的社会地位。在现代社会，职业领域对于每个人都显得前所未有的重要，人在社会中比较抽象，人在职场中更为真实，而这一领域恰恰是弱势群体最易受到身份歧视的地方。当然，74.5%的人认为与领导互相尊重，可以说是个相当不错的比例。

28. 当领导分配给您的工作可能损害他人或社会利益时，您将

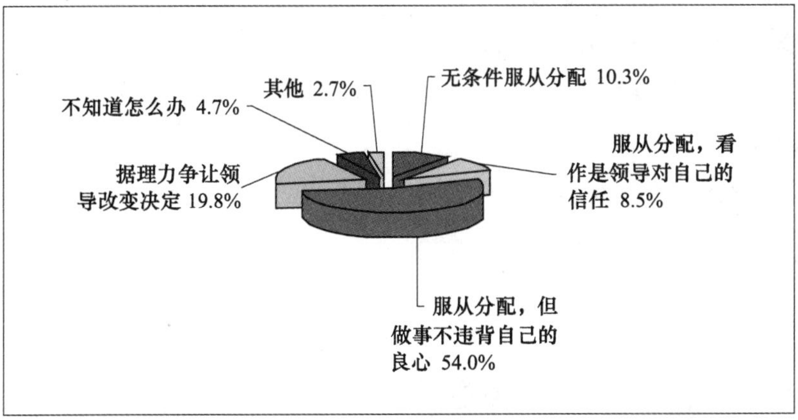

绝大多数的人都有良知，但良知不是在任何时候都会转化为行为。调查显示，超过半数的人在面对可能有损社会利益的事情时，处于两难的境地，既服从分配，但又希望做事不违背自己的良心，而据理力争者不到20%，大体与无条件服从者相当。这不能简单的将弱势群体归结为道德感不强，相信在其他人群中，良心与行为分离的情况也大量存在，只是原因不同而已。

29. 您工作的企业（或打工的企业）

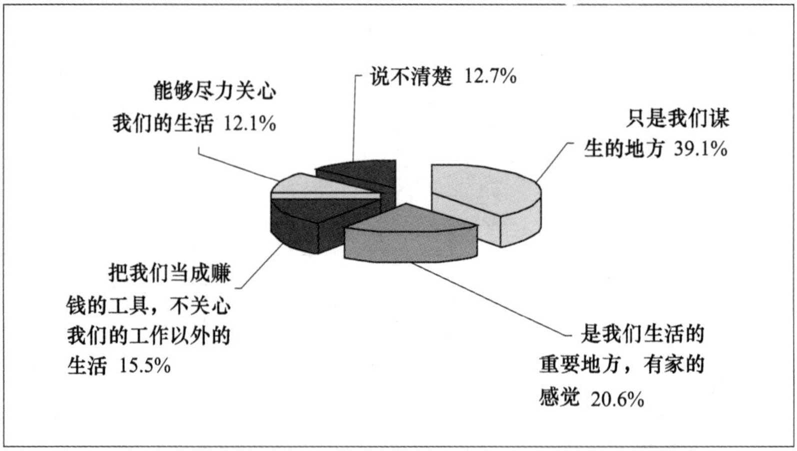

个体道德有其存在的基础。当我们为弱势群体的职业忠诚度担忧的时候，更应该将企业自身的环境（工作环境、人性化关怀、劳动安全保障等）考虑在内。调查显示，只有三分之一的人认为企业尽到责任，对企业的关心表示满意，对照第 24 个问题，这与职业满意比例大体相当。应当注意，将企业视为“只是谋生的地方”的人高达 39.1%，另 15.5%的人认为自己“只是企业赚钱的工具”。其实，企业的道德规范是有标准的。

20 世纪末期的西方企业社会责任运动而产生了 SA8000 标准，即“社会责任标准”（Social Accountability 8000）。它是全球首个企业道德规范国际标准，规定了企业必须承担的对社会和利益相关者的责任，对工作环境、员工健康与安全、员工培训、薪酬、工会权利等具体问题指定了最低要求，目前，跨国公司的全球产业链，大都要通过 SA8000 认证。

30. 您认为现在社会上富人的财产来自

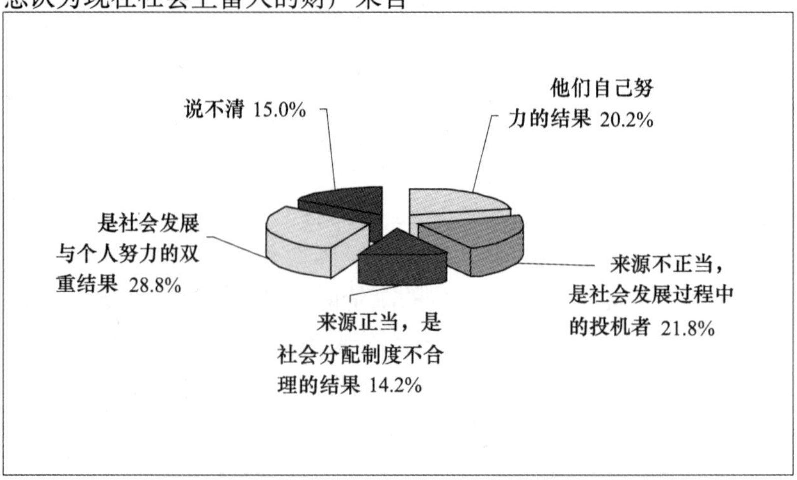

社会分层存在于每个社会之中，财富是社会分层的重要标准（不是唯一标准）。差别在于，如果财富的分配得到大多数人的认同，那么个体和社会的矛盾是缓和的。反之，贫富差别会成为社会冲突的根源。调查显示，承认目前财富分配正当性的占49%，对此不满者占36%，另有15%不发表意见。在贫富两极分化日趋严重的今天，这个比例不容乐观。

31. 当流过您生活的小区（或村庄）的河流因为企业排污受到破坏时，您会

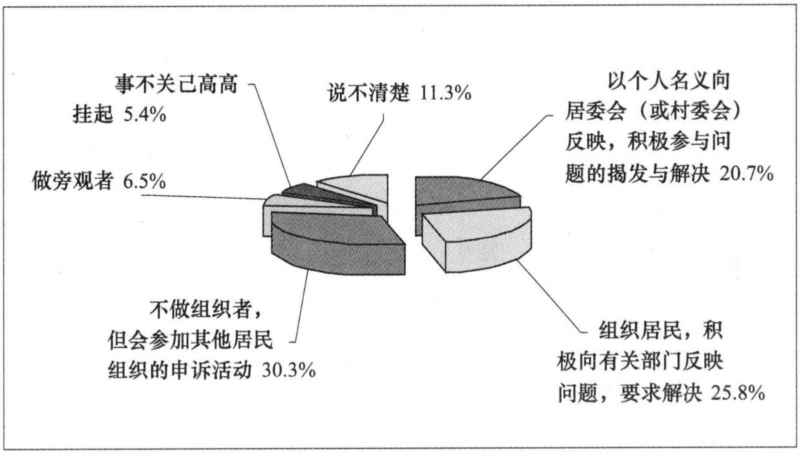

漠视对公共领域的责任曾是中国传统社会中人们的普遍心态，而调查显示，弱势群体在这一方面已体现了很强的现代社会的公民意识。对破坏环境的行为“做旁观者”的人不到12%，高达76%的人或多或少都表现出积极参与和愿意参与维护公益的活动。

32. 您对于法律和纪律怎么看

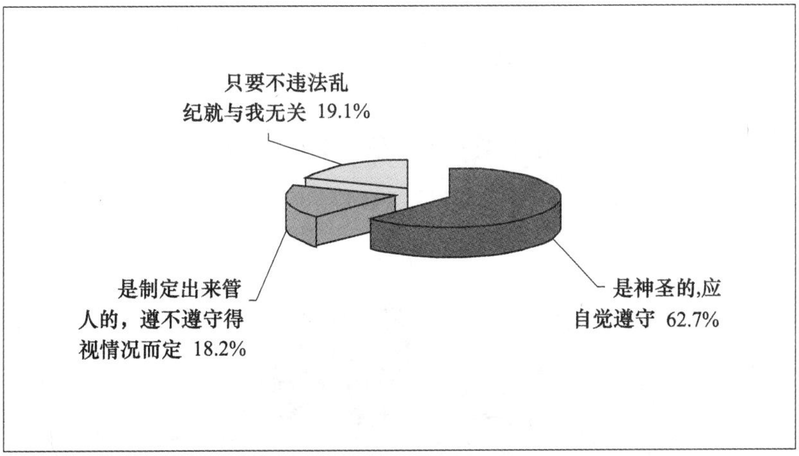

当代中国处于某种程度的失范状态是一个笼统的判断。调查显示，弱势群体中的大多数人尊重法律、制度。当然，相当比例的人（18.2%）对此持怀疑态度。

33. 在公交车上您会主动给老、弱、病、残、孕或抱小孩的乘客让座吗

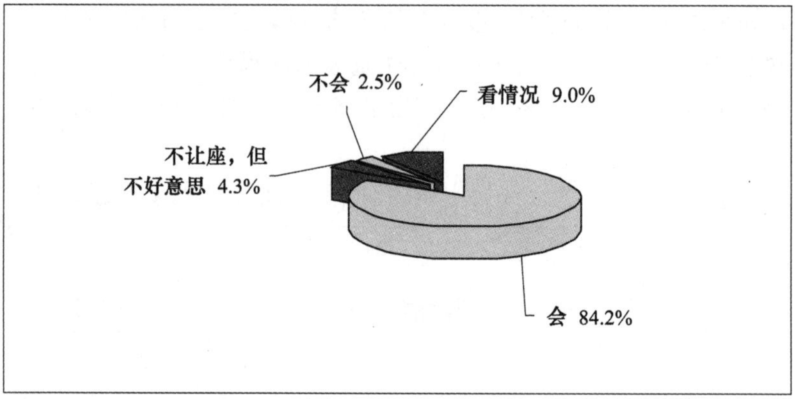

在一般性社会公德方面，弱势群体总体情况还可以。

34. 如果坐车没来得及买票，您会

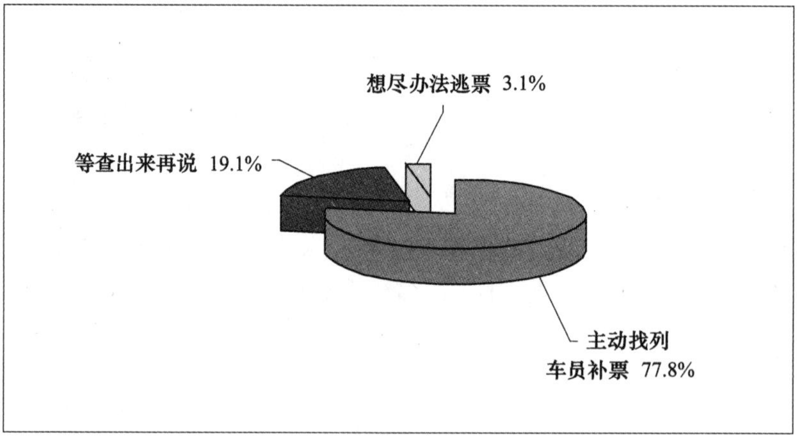

如果说让座是举手之劳，那么，补票则是涉及一定利益的行为，因此，道德行为的水平下降。

35. 在公共场所看到打架斗殴或其他违法行为时，您会

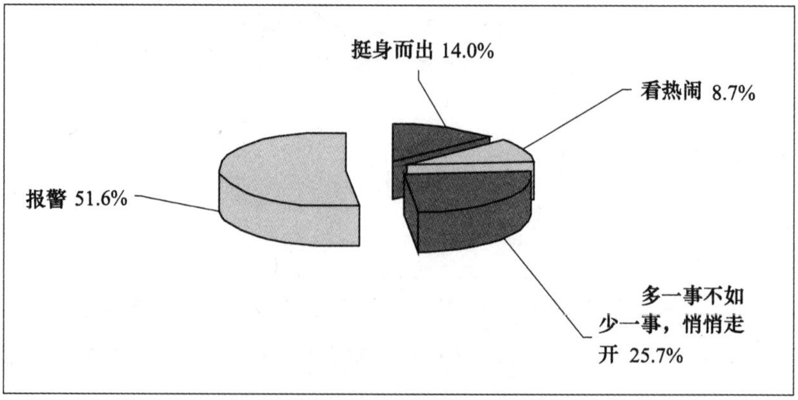

这是一个有一定风险的行为，因此，道德行为的比例与上面两个问题相比进一步下降。积极的挺身而出与理性的报警共 65.6%，而看热闹与走开的比例上升到 34.4%。道德行为是随着条件不同而逐步变化的。

36. 您认为当前社会最缺乏的是

选项/排名	总分	加权平均分	排名
正气	2371	3.7	2
艰苦朴素	1482	2.3	4
公平	2489	3.9	1
爱心	1902	2.9	3
羞耻感	1119	1.7	5
良心	1892	2.9	3
其他	53	0.1	6

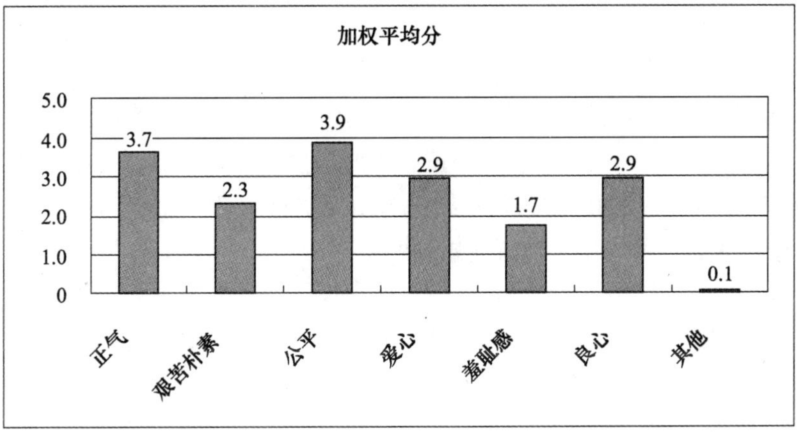

当前社会最缺乏的道德品质依次是：1. 公平，2. 正气，3. 爱心，4. 艰苦朴素……这是从弱势群体角度所产生的观点。

37. 您认为当前比较大的社会问题是

社会问题/排名	总分	加权平均分	排名
贫富差距拉大，为富不仁	2628	4.1	1
教育乱收费，教育不公平	1696	2.6	4
官员腐败	2480	3.8	2
社会不公正	1466	2.3	6
看病难，高额医药费不堪重负	1898	2.9	3
物价上涨太快，房价居高不下	1596	2.5	5
其他	38	0.1	7

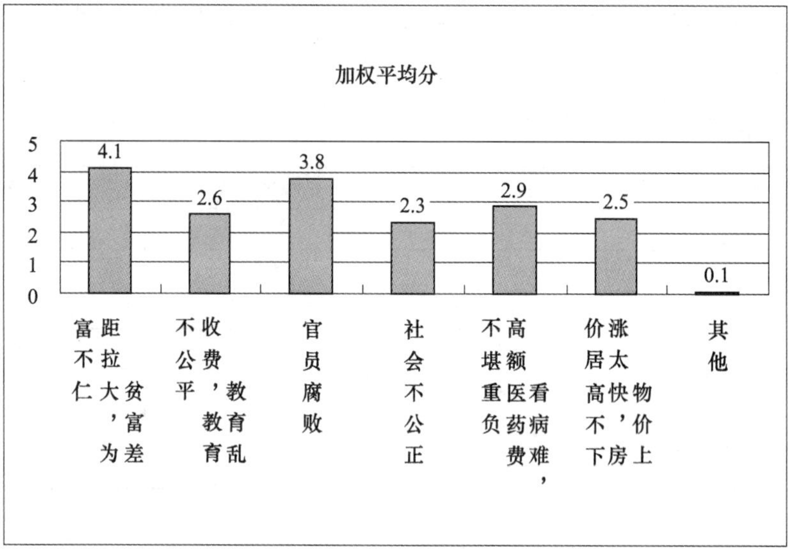

当前社会问题的重要性程度排序依次是：1. 贫富差距大，为富不仁；2. 官员腐败；3. 看病难，高额医疗费不堪重负；4. 教育乱收费，教育不公平；5. 物价上涨太快，房价居高不下；6. 社会不公正。除前两项之外，弱势群体眼中的这些问题恰好是多年来改革失败的地方，宏观结论与微观调查精确吻合。

38. 您在遇到各种纠纷时，首先想到的是

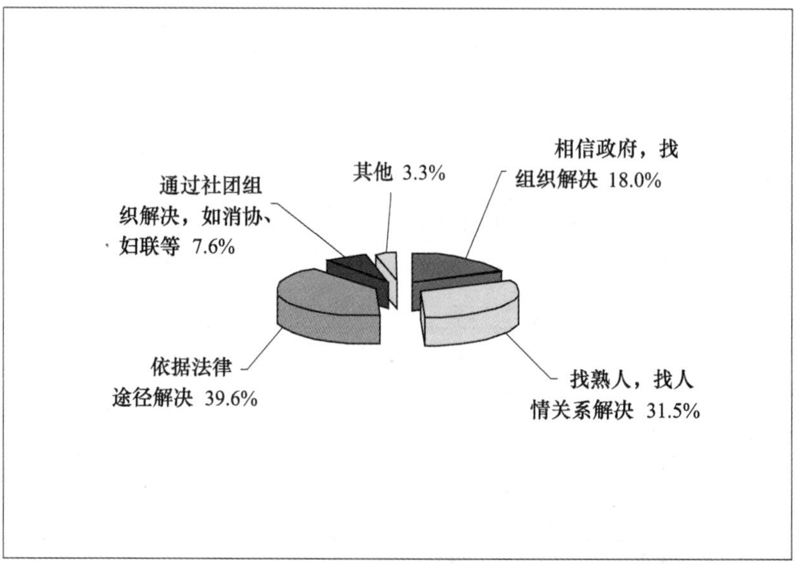

如果说“人情关系”代表了中国社会的传统性，那么，通过“法律途径”、“社团组织”与“政府”无疑代表着中国社会现代性的一面。思想观念体现出传统与现代交织的特征。

39. 您近年来对党和政府的信任度与过去相比有什么变化

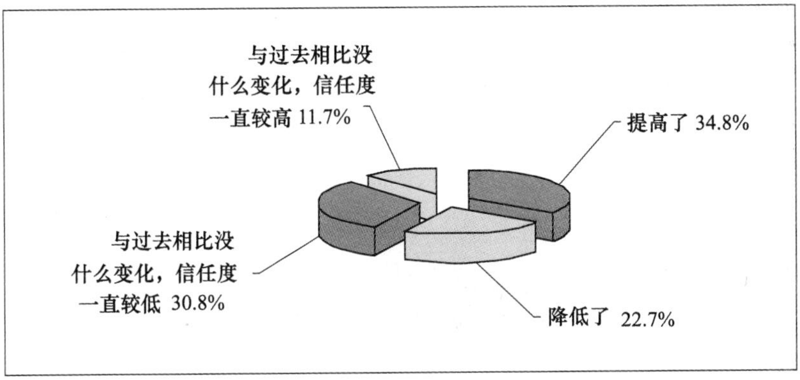

政府在民众心目中的形象事关社会秩序，半数以上的被调查者的负面评价理应引起党和政府的重视。

40. 在您心目中，现在的领导干部大多数是

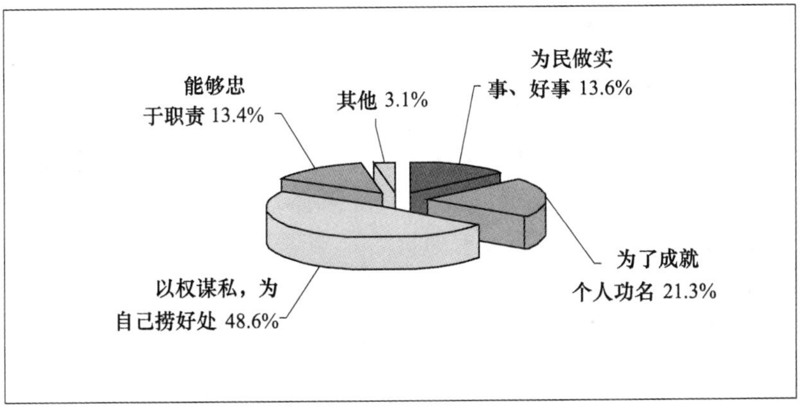

69.9％的负面评价与27.0％的肯定，说明经济发展与弱势群体满意度有着巨大反差。

41. 您认为当前政府服务机关的工作态度是

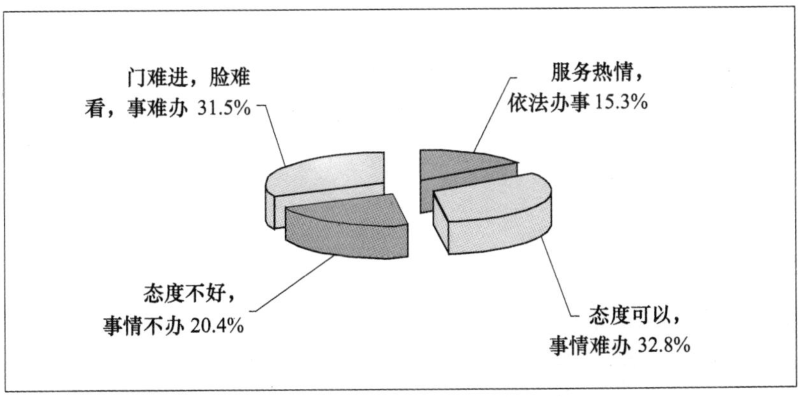

对政府工作的不满意达到84.7％，也许是这一群体的特殊性所致，但也至少表

明政府作为不够。

42. 您对目前群众集体性上访的态度是

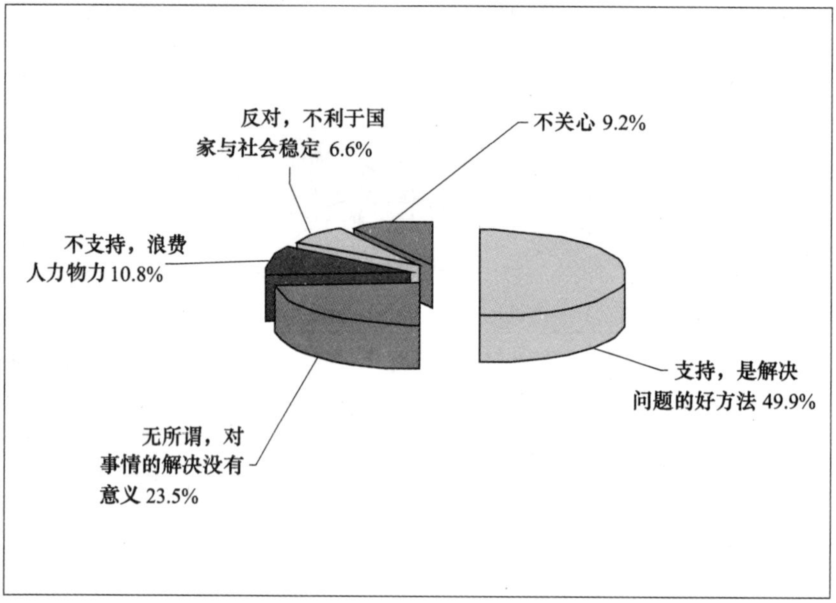

弱势群体的维权途径应当通畅，如果集体性上访成为一种普遍的选择，建构和谐伦理关系将十分艰难。调查显示，支持集体性上访的人占半数之多，更有23.5%的人认为上访对解决问题没有意义，那么，更为激烈的解决问题的方式无疑更使人担心。

43. 当听到奥运会上奏响中国国歌时，您会有一种自豪感吗

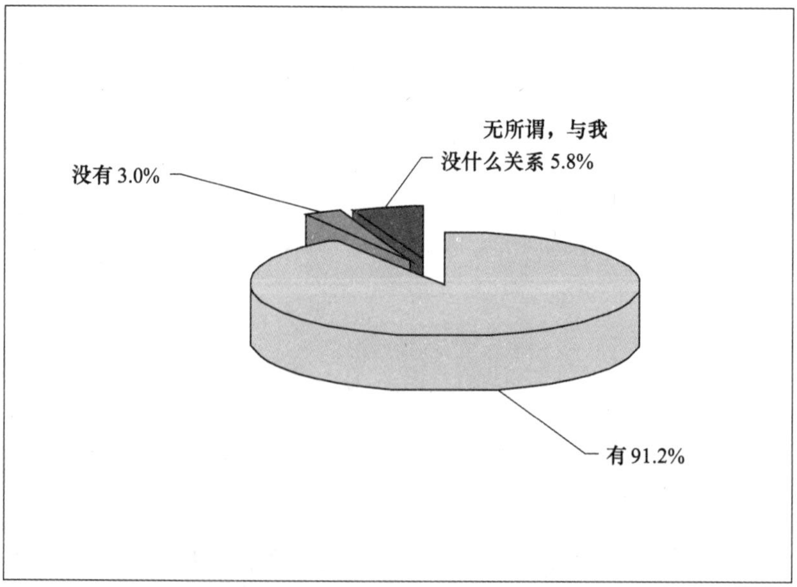

44. 对于台湾问题，您的看法是

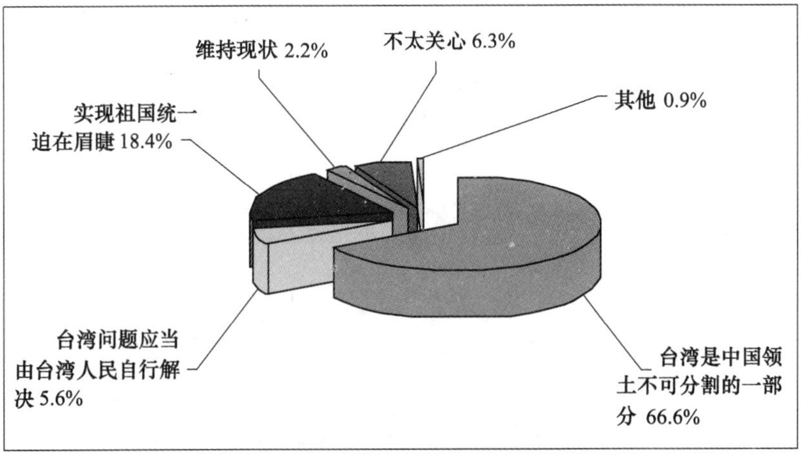

尽管社会弱势群体处于社会的下层，但位卑未敢忘忧国，弱势群体的国家观念、爱国意识毋庸置疑。

45. 您认为各级行政部门的工作态度

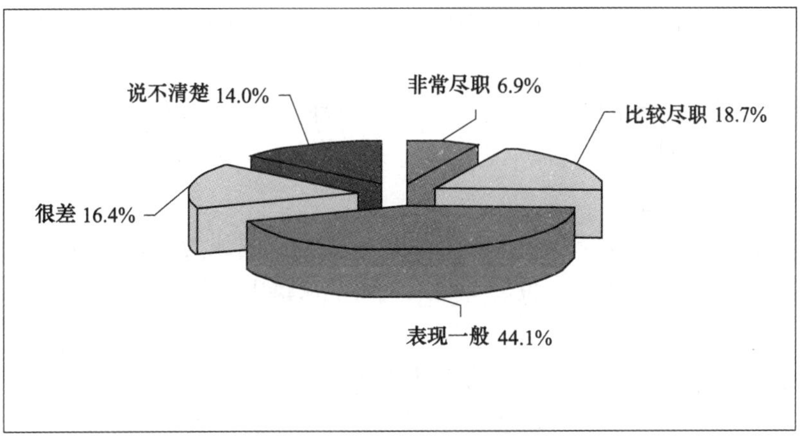

总体而言，弱势群体对各级政府部门的工作态度评价不高。

（徐　嘉）

十一

新兴群体与大学生群体伦理道德状况比较数据库

前言：调查概况

一　调查内容和调查方式

本次调查主要采用自填式问卷的方法收集资料，调查问卷由51个问题构成，分四个部分，第一部分是关于调查对象的基本情况的问卷，共10题，第二部分是关于现代中国社会伦理关系的调查，共15题，第三部分是关于现代中国社会道德生活，共11题，第四部分是关于现代中国社会伦理一道德素质的调查，共15题。

二　调查对象

本课题调查对象为新兴群体和大学生群体。本课题认为新兴群体系指从事新兴行业如律师、会计师、传媒人员、专利人员以及从事中介等行业的人员。

三　抽样方法

本调查采用多阶段分层抽样的方法选取调查对象。具体做法为：

第一步，抽取城市。在江苏省采用简单随机抽样的方法抽取苏州市、南京市。

第二步，在各个群体中抽取个人。根据不同群体的特点和分布状况，采用了不同的抽样方法。在苏州市抽取新兴群体，采用简单随机的方法，在公司、企业、中介机构等，抽取若干样本；在南京市抽取大学生，在大学按照学校一年级一班级的顺序，每一层都采用简单随机的方法抽样，在抽中的班级，再按等距抽样的方法抽取学生。

四　资料收集的执行过程

在资料收集方法方面，主要由首席专家、子课题负责人领衔组织几个调查小组，深入各地实施和完成。2006年10月开始在苏州发放问卷；2008年2月在南京发放问卷。问卷回收采用两种方法：一是现场集中填答，当场检查、当场回收，其针对的调查对象主要是学生；二是发放后隔日回收，其针对的调查对象主要是正在上班的员工和企业家等。

五　样本的基本情况

本次调查新兴群体共发放问卷225份，收回225份，收回率100.0%。另外，本课题组以南京大学生群体为对照组，发放了232份问卷，收回232份，收回率100.0%。

其中，新兴群体样本具体结构如下：从性别看，男性142人，占总数的63.1%；从年龄看，26—50岁的有155份，占收回总数的68.9%；从教育程度看，具有高中、中专或中技以上学历的占多数，共有200份，占88.9%；从职业统计的调查结果看，民营企业有96位，占42.7%，国有企业、股份制企业和教师职业有119份，占52.9%；从地域分布来看，苏州市本地人为97人，占总数的43.1%，本省的外地者77人，占34.2%；外省市者51人，占22.7%，外地人比例超过半数，这说明职业的流动性较大。从统计结果可以看出，这次被调查对象都是来自内地，没有港澳台以及外国同胞参与；从职业收入看1000元以下，约25人，占11.1%；1000—2000元收入者为120人，占53.3%；2000—4000元收入者为79人，占35.1%；4000—8000元收入者为1人。从统计结果可以看出，这次被调查对象大多数为新兴群体中的中下等收入的人群，与一般意义上理解的高收入新兴群体有差异；从宗教信仰看，不信教者占大多数，有185人，占被调查对象总数的82.2%。

大学生群体样本结构如下：从性别看，男性61人，占总数的26.3%；从教育程度看，具有本科学历的占多数，共有231份，占99.1%；从政治面貌看，中共党员21人，占9.1%；共青团员207人，占89.2%。另外民主党派1人，群众3人。从地域分布来看，南京市本地人为35人，占总数的15.1%；本省外地者172人，占74.1%；外省市者25人，占10.8%。从宗教信仰看，不信教者占大多数，有208人，占被调查对象总数的89.7%。

六　样本质量评估

本项目的抽样方案合理、科学，并且抽中的区域在某种程度上具有区域代表性。其中，苏州代表江苏的发达地区，在新兴领域具有很大的代表性；南京是高校云集的地方。同时，调查执行按照既定要求严格进行，问卷的有效回收率较高，且各个地区样本量的分布较均衡，因此，从总体而言，本次调查的样本具有较好的代表性。

七　资料整理与分析

本次问卷调查的资料在经过初步整理、编码之后，用Foxpro6.0进行录入，用SPSS13.0进行查错和基本的统计分析，用excel2003进行作图。分析类型主要是单变量的描述统计。

第一部分　基本情况

1. 性别

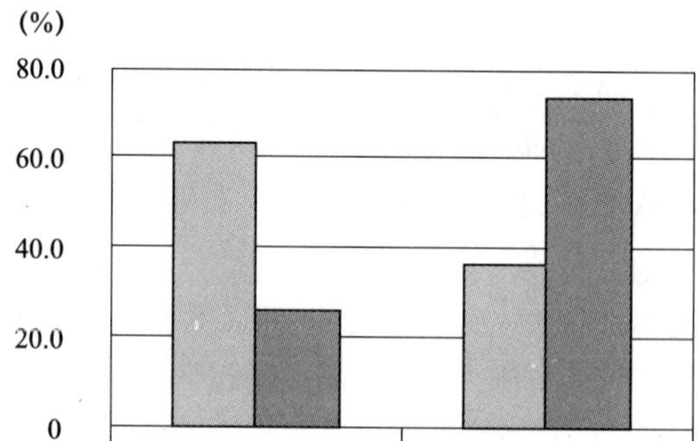

	男	女
新兴群体	63.1	36.9
大学生群体	26.3	73.7

2. 年龄

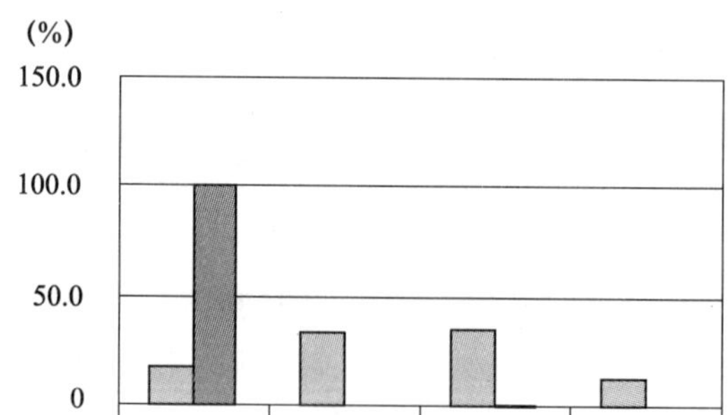

	18－25岁	26－35岁	36—50岁	51岁以上
新兴群体	17.8	33.8	35.1	13.3
大学生群体	99.6	0	0.4	0

3. 婚姻状况

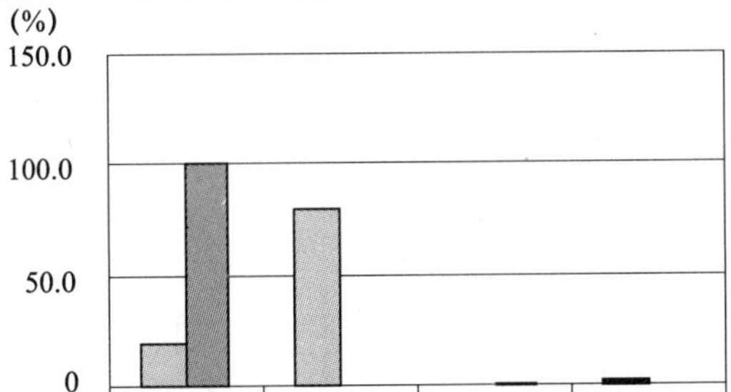

	未婚	已婚	同居	丧偶(离婚)独居
新兴群体	18.7	80.0	0	1.3
大学生群体	99.6	0	0.4	0

4. 教育程度

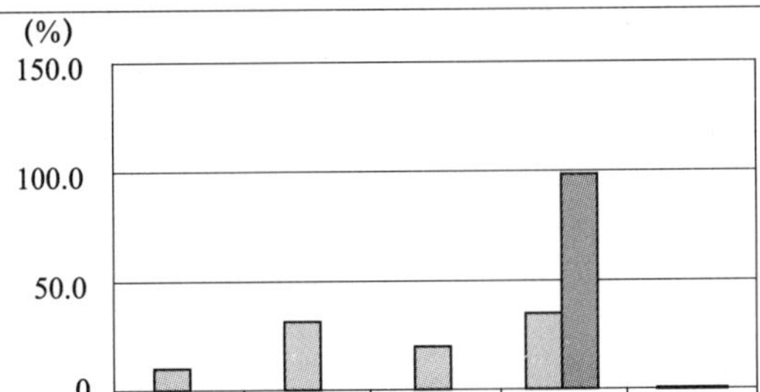

	初中及以下	高中、中专	大专	本科	硕士
新兴群体	11.1	32.0	20.4	36.0	0.4
大学生群体	0	0	0	99.6	0.4

5. 政治面貌

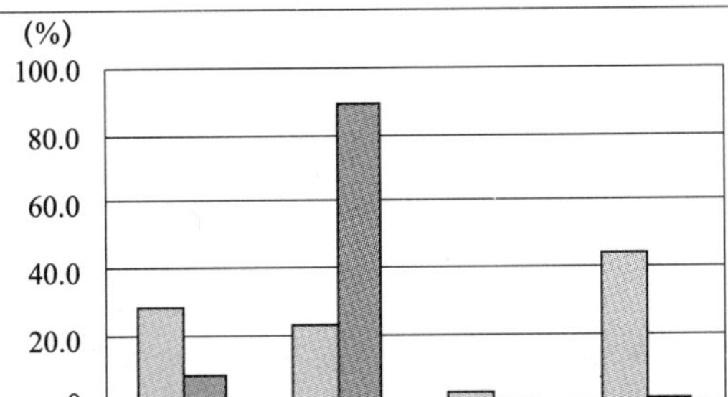

	中共党员	共青团员	民主党派	群众
新兴群体	28.4	23.6	3.1	44.9
大学生群体	9.1	89.2	0.4	1.3

6. 籍贯

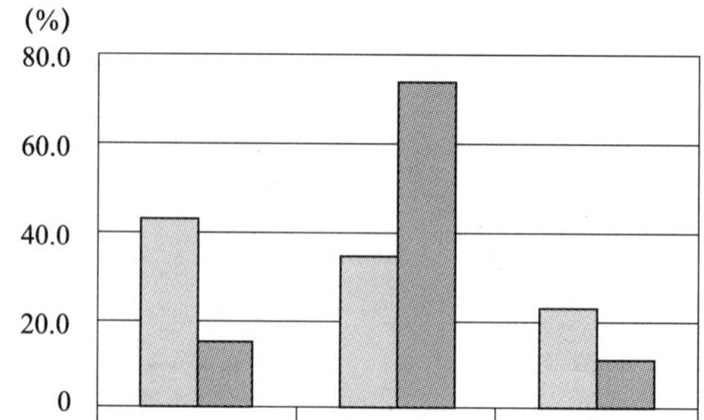

	本市	本省外地	外省
新兴群体	43.1	34.2	22.7
大学生群体	15.1	74.1	10.8

7. 目前的职业

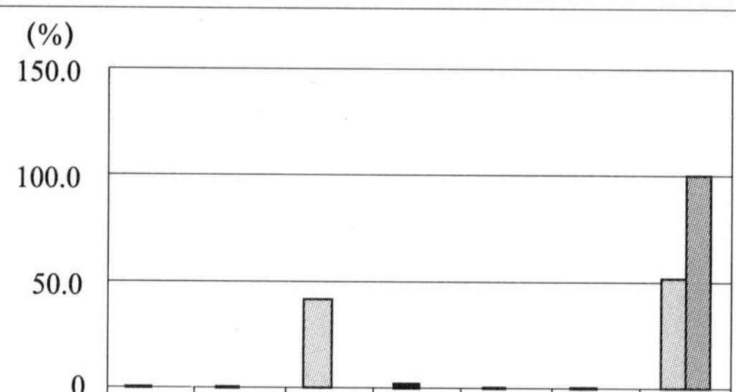

	外资企业	合资企业	民营企业	私营业主	个体工商	自由职业	其他
新兴群体	0.4	0.4	42.7	2.7	0.4	0.4	52.9
大学生群体	0	0	0	0	0	0	100

8. 从事目前职业的时间

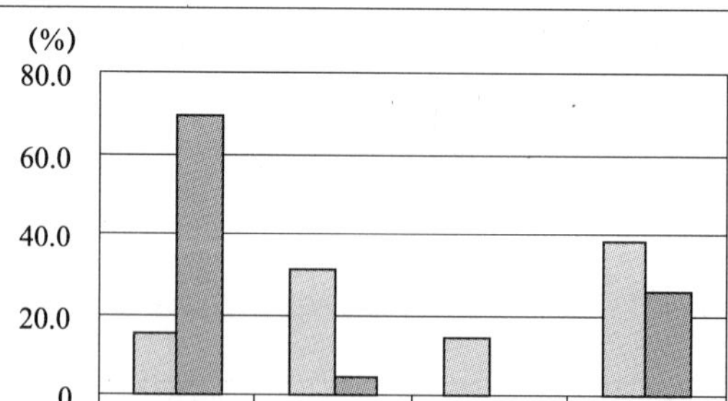

	一年以下	1—5年	5—10年	10年以上
新兴群体	15.1	31.6	14.7	38.7
大学生群体	69.8	4.3	0	25.9

9. 月平均收入

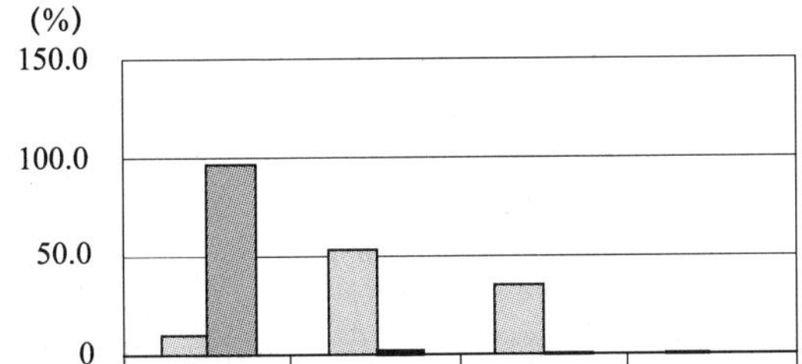

	1000元以下	1000—2000元	2000—4000元	4000—8000元
新兴群体	11.1	53.3	35.1	0.4
大学生群体	97.8	1.7	0.4	0

10. 宗教信仰

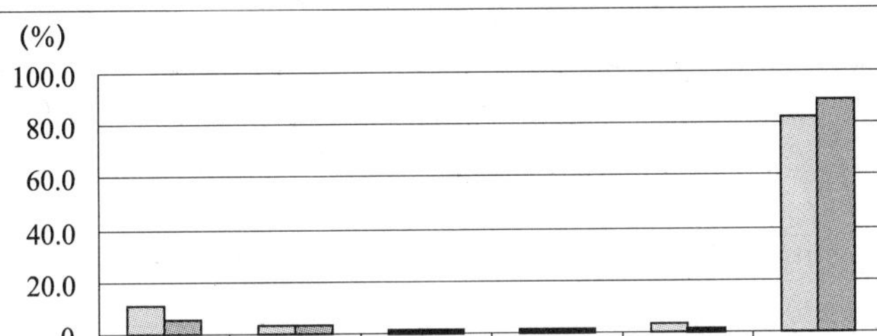

	佛教	基督教或天主教	道教	伊斯兰教	其他	不信教
新兴群体	10.7	3.1	0.9	0.4	2.7	82.2
大学生群体	5.6	3.0	0.4	0.4	0.9	89.7

第二部分　现代中国社会伦理关系

1. 经常处理的关系（实存的伦理关系状况）

第一种选择

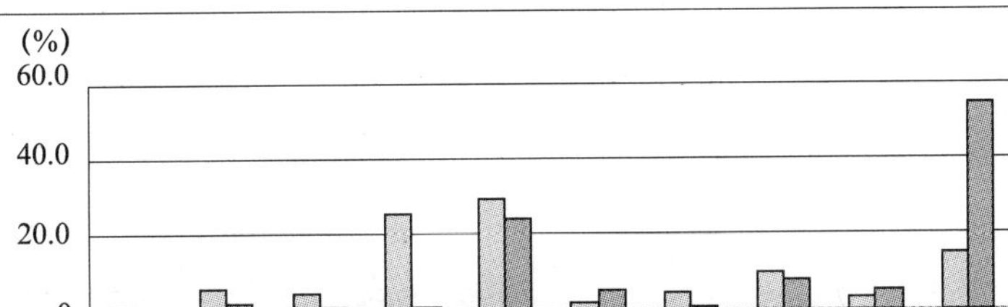

	兄弟姐妹关系	父子关系	上下级关系	同事关系	朋友关系	网友关系	与政府的关系	与组织的关系	与自然界关系	与自己的关系
新兴群体	0.4	5.8	4.5	25.4	29.9	1.8	4.5	9.4	3.1	15.2
大学生群体	0	1.7	0.4	0.4	24.1	4.7	0.4	7.8	5.2	55.2

第二种选择

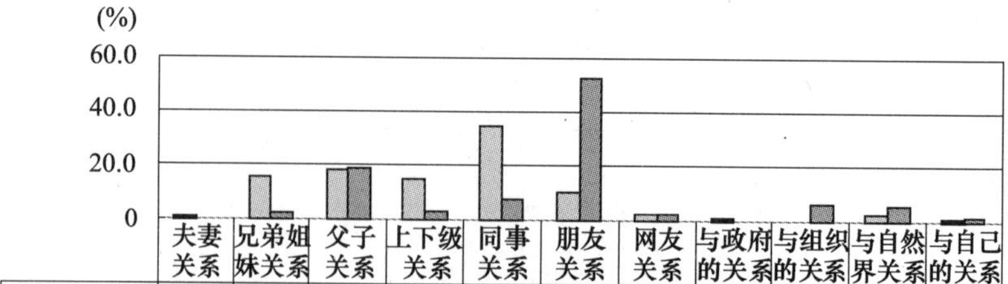

	夫妻关系	兄弟姐妹关系	父子关系	上下级关系	同事关系	朋友关系	网友关系	与政府的关系	与组织的关系	与自然界关系	与自己的关系
□新兴群体	0.4	15.6	18.7	14.7	35.1	10.7	1.8	0.4	0	2.2	0.4
■大学生群体	0	1.7	19.0	3.0	7.8	53.0	2.6	0	6.0	5.6	1.3

第三种选择

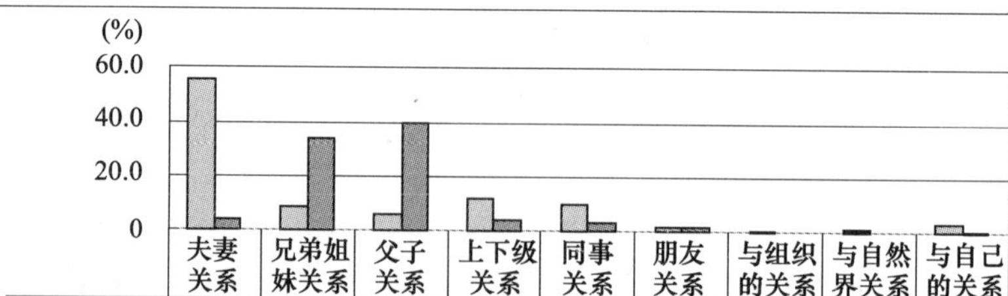

	夫妻关系	兄弟姐妹关系	父子关系	上下级关系	同事关系	朋友关系	与组织的关系	与自然界关系	与自己的关系
□新兴群体	56.0	8.9	6.2	12.4	10.2	1.8	0.4	0.9	3.1
■大学生群体	3.4	33.6	39.7	4.3	3.0	1.3	0	0	0.4

2. 最重要的关系（伦理关系结构）

第一种选择

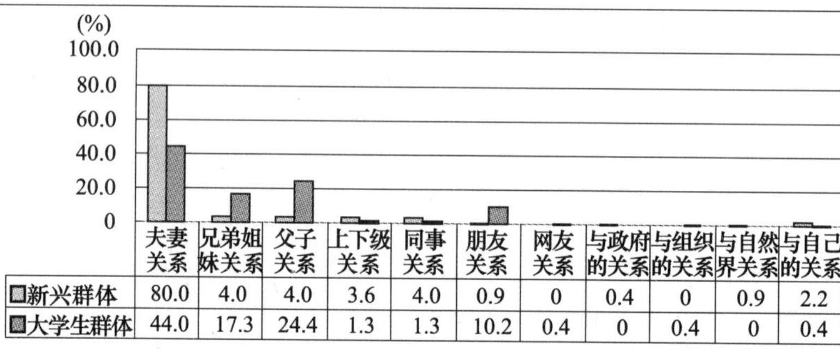

	夫妻关系	兄弟姐妹关系	父子关系	上下级关系	同事关系	朋友关系	网友关系	与政府的关系	与组织的关系	与自然界关系	与自己的关系
□新兴群体	80.0	4.0	4.0	3.6	4.0	0.9	0	0.4	0	0.9	2.2
■大学生群体	44.0	17.3	24.4	1.3	1.3	10.2	0.4	0	0.4	0	0.4

第二种选择

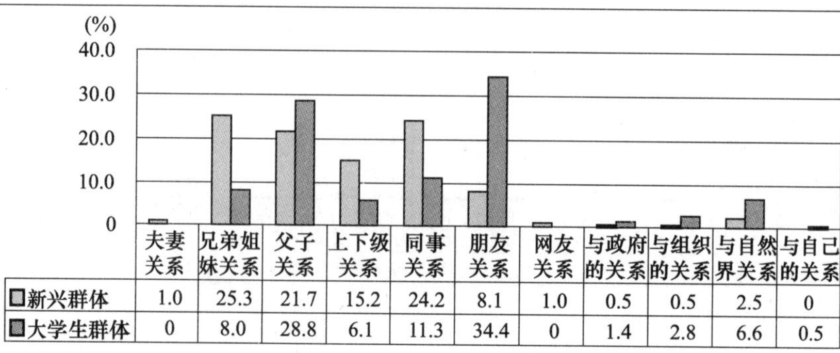

	夫妻关系	兄弟姐妹关系	父子关系	上下级关系	同事关系	朋友关系	网友关系	与政府的关系	与组织的关系	与自然界关系	与自己的关系
□新兴群体	1.0	25.3	21.7	15.2	24.2	8.1	1.0	0.5	0.5	2.5	0
■大学生群体	0	8.0	28.8	6.1	11.3	34.4	0	1.4	2.8	6.6	0.5

第三种选择

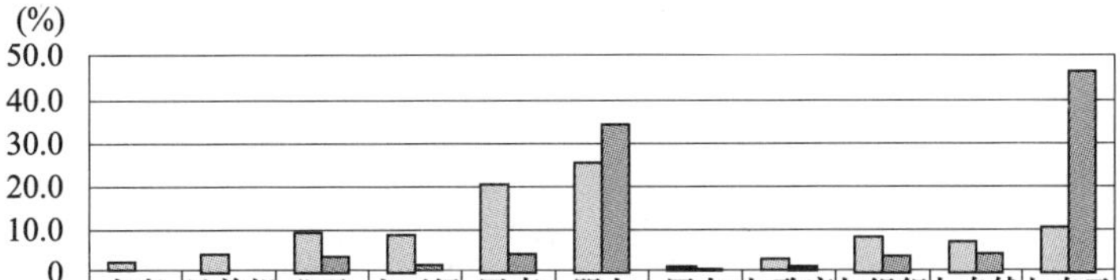

	夫妻关系	兄弟姐妹关系	父子关系	上下级关系	同事关系	朋友关系	网友关系	与政府的关系	与组织的关系	与自然界关系	与自己的关系
□新兴群体	1.8	4.4	9.8	8.9	20.4	25.3	0.9	2.2	8.4	7.1	10.7
■大学生群体	0	0	3.9	1.5	4.4	34.5	0.5	1.0	3.9	4.4	46.1

3．最不满意的关系（伦理矛盾）

第一种选择

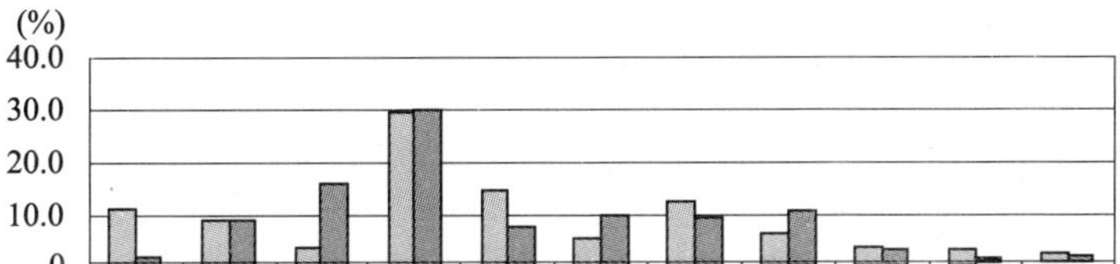

	夫妻关系	兄弟姐妹关系	父子关系	上下级关系	同事关系	朋友关系	网友关系	与政府的关系	与组织的关系	与自然界关系	与自己的关系
□新兴群体	11.1	8.9	3.6	29.8	14.7	5.3	12.4	6.2	3.6	3.1	1.3
■大学生群体	1.8	9.1	16.0	30.1	7.8	10.0	9.6	11.0	3.2	0.5	0.9

第二种选择

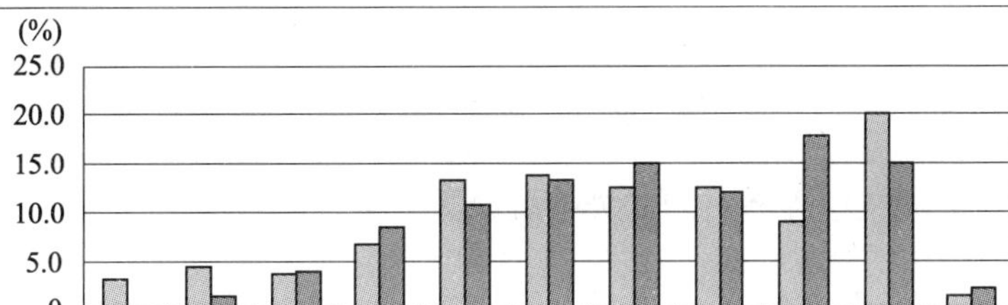

	夫妻关系	兄弟姐妹关系	父子关系	上下级关系	同事关系	朋友关系	网友关系	与政府的关系	与组织的关系	与自然界关系	与自己的关系
□新兴群体	3.1	4.4	3.6	6.7	13.3	13.8	12.4	12.4	8.9	20.0	1.3
■大学生群体	0	1.3	4.0	8.4	10.7	13.3	15.1	12.0	17.8	15.1	2.2

第三种选择

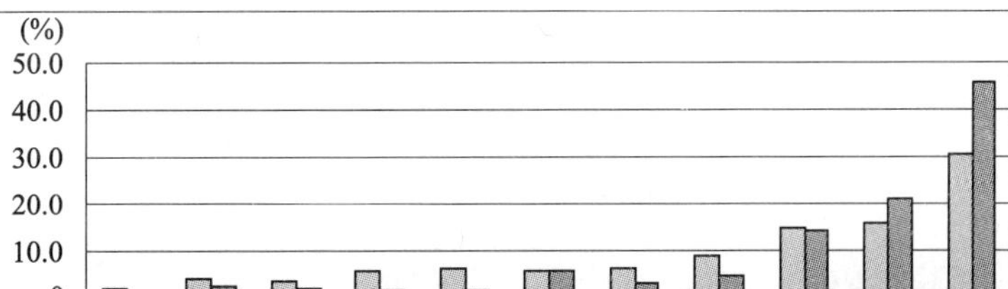

	夫妻关系	兄弟姐妹关系	父子关系	上下级关系	同事关系	朋友关系	网友关系	与政府的关系	与组织的关系	与自然界关系	与自己的关系
□新兴群体	1.8	4.0	3.6	5.4	5.8	5.4	5.8	8.5	14.8	15.7	30.5
■大学生群体	0	2.2	1.7	1.3	1.3	5.6	3.0	4.3	13.8	20.7	46.1

4. 市场经济的深入发展，对中国传统的伦理关系产生的影响

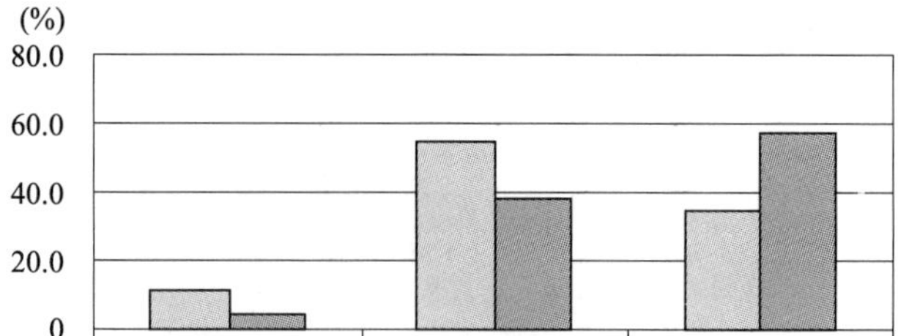

	发展意识扩大了伦理关系	金钱观念淡化了伦理关系	既有正面也有负面
新兴群体	10.7	54.7	34.7
大学生群体	3.9	38.4	57.8

5. 选择职业时最看重

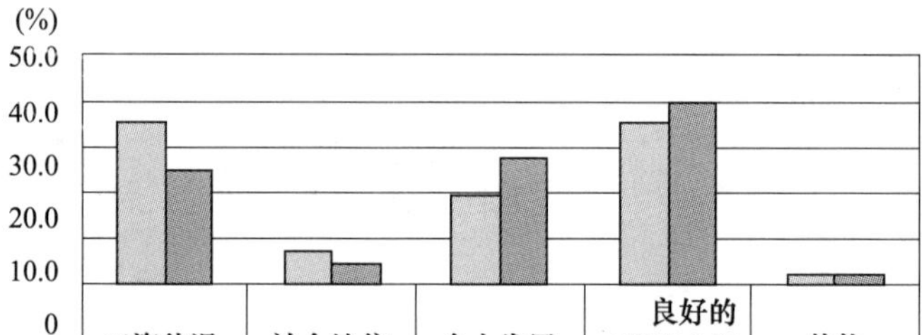

	工资待遇	社会地位	个人发展	良好的工作和人际关系	其他
新兴群体	35.1	7.1	19.6	35.6	2.7
大学生群体	25.1	4.8	27.7	39.8	2.6

6. 对黄健翔在世界杯上的“激情脱口秀”事件的看法

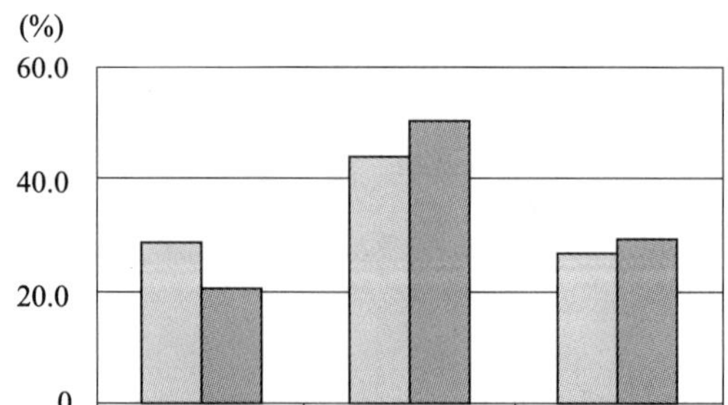

	不妥，有违职业道德	可以，关于创新	不知道
新兴群体	28.9	44.0	27.1
大学生群体	20.7	50.0	29.3

7. 曾经或正在影响您的发展的因素

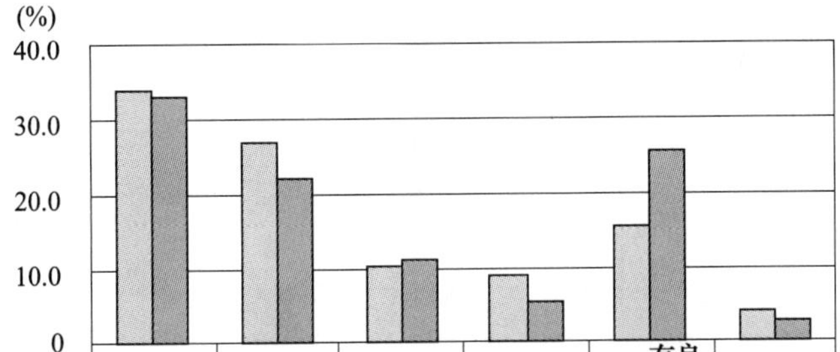

	个人能力强	机遇好	家庭有背景	上级重视	有良好的人际关系	其他
新兴群体	34.2	27.1	10.2	8.9	15.6	4.0
大学生群体	33.0	22.3	11.0	5.4	25.6	2.8

8. 政府在社会伦理道德建设中的作用

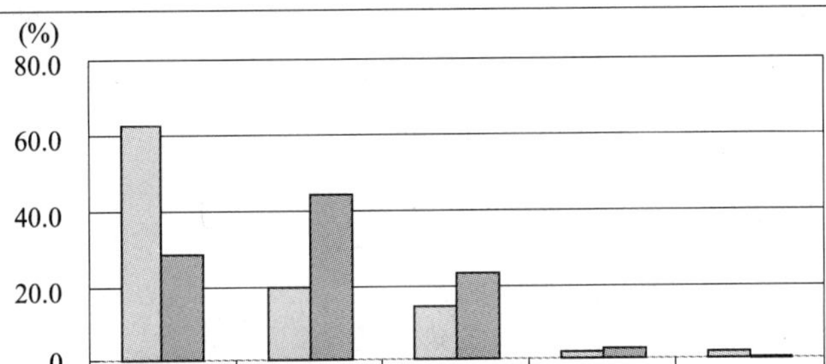

	非常重要	比较重要	一般	不太重要	一点也不重要
新兴群体	62.7	19.6	14.2	1.8	1.8
大学生群体	28.9	44.0	22.8	3.4	0.9

9. 对政府在社会伦理道德建设中所发挥作用的满意程度

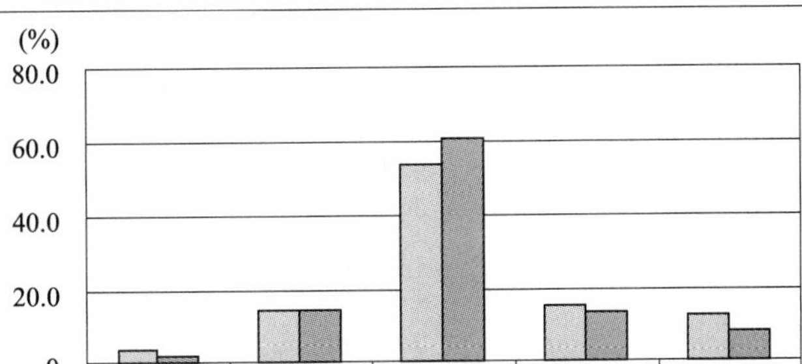

	非常满意	满意	一般	不满意	非常不满意
新兴群体	4.0	14.2	54.2	15.1	12.4
大学生群体	2.2	14.7	61.2	13.4	8.6

10. 造成人际伦理冲突的主要原因

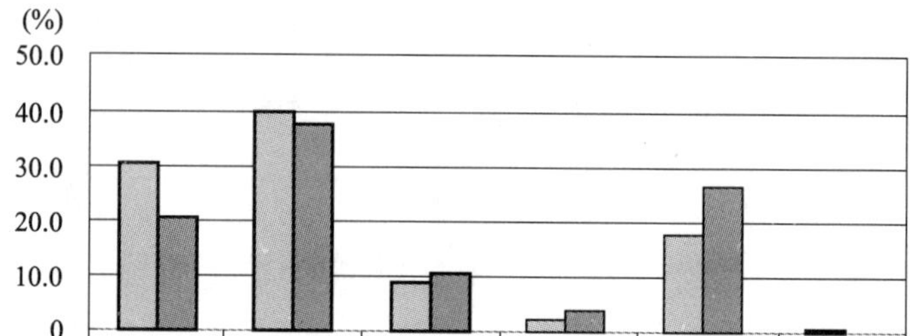

	缺乏交流	利益冲突	生活方式的不同	家庭地位的不同	思维方式的不同	其他
新兴群体	30.2	40.0	8.9	2.2	17.8	0.9
大学生群体	20.8	37.8	10.8	4.2	26.4	0

11. 对社会道德生活影响最大的因素

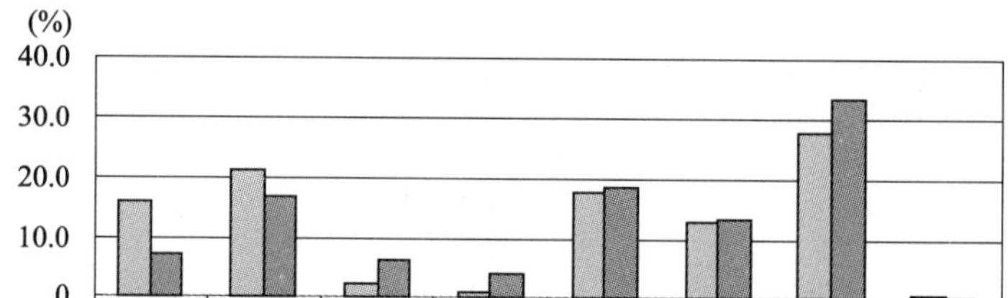

	政府机构	市场经济	全球化	高技术	各种媒体	社会制度	公民素质	其他
新兴群体	15.9	21.4	2.6	1.1	17.9	12.9	27.7	0.7
大学生群体	7.0	16.8	6.2	4.0	18.6	13.4	33.6	0.4

12. 现阶段更要弘扬的传统的家庭伦理道德

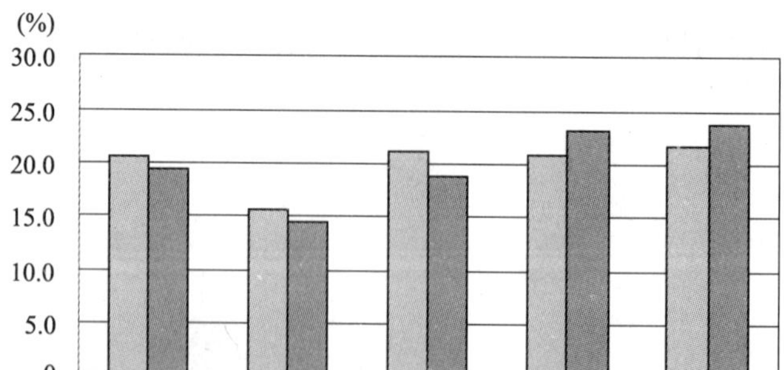

	父慈子孝	兄友弟恭	夫妻和睦	邻里和睦	赡老抚幼
新兴群体	20.6	15.6	21.3	20.7	21.7
大学生群体	19.3	14.6	18.9	23.3	23.9

13. 婚姻关系中最重要的因素

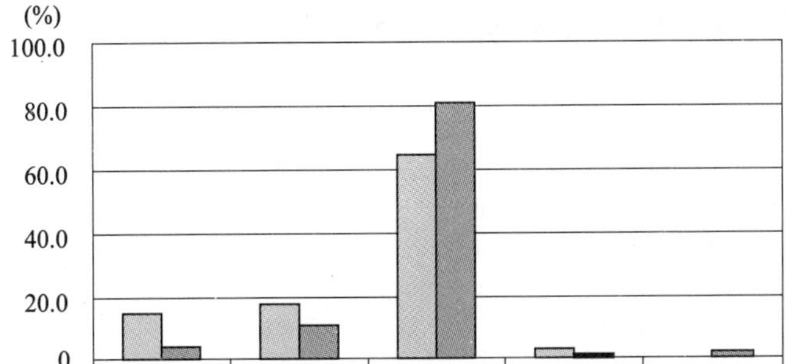

	金钱	门当户对	感情	社会地位	其他
新兴群体	14.7	17.8	64.4	3.1	0
大学生群体	3.9	11.2	81.5	1.3	2.2

14. 对婚外恋的看法

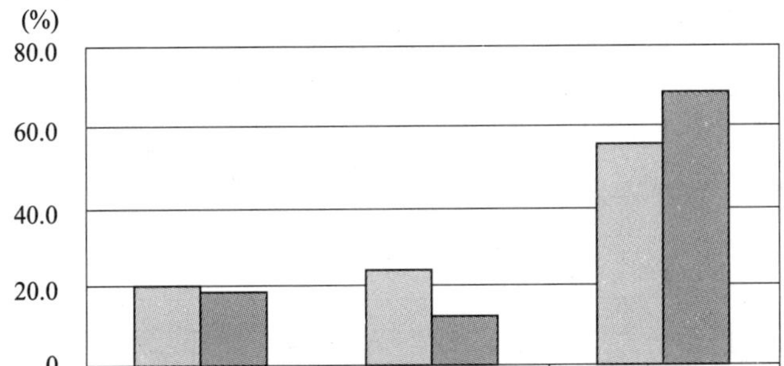

	可接受	无所谓	不道德行为
新兴群体	20.4	24.0	55.6
大学生群体	18.5	12.5	69.0

15. 如何看待婚前财产公证

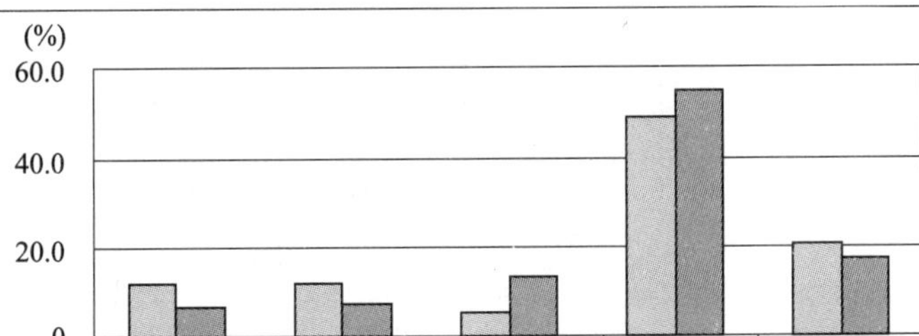

	感情好何必公证	影响感情没必要	有必要但情面过不去	双方同意就行	值得提倡
新兴群体	12.0	12.4	5.8	49.3	20.4
大学生群体	6.9	7.3	13.4	55.2	17.2

第三部分　现代中国社会道德生活

1. 是否会帮助陌生人

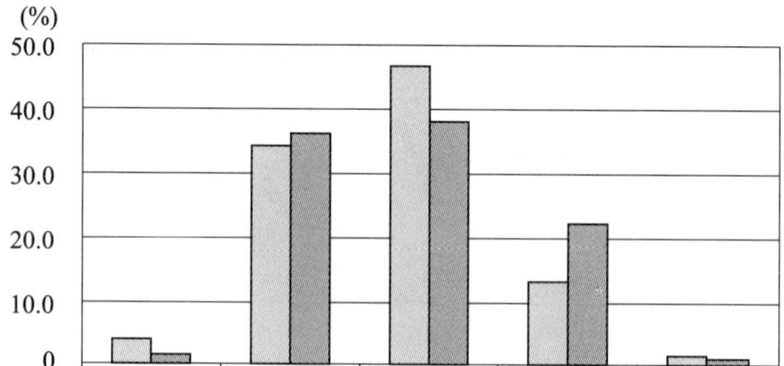

	从不	偶尔	有时	经常	不回答
新兴群体	4.0	34.2	46.7	13.3	1.8
大学生群体	1.7	36.2	38.4	22.4	1.3

2. 在路上目击一起突发性交通事故，您会做出的选择

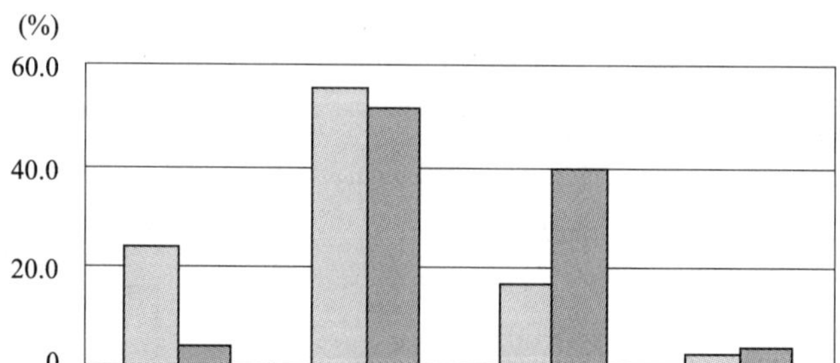

	迅速加入抢救行列	打110	看情况而定	与自己无关
新兴群体	24.0	56.0	16.9	3.1
大学生群体	4.3	51.7	39.7	4.3

3. 如何看待假如一个高级职员在救一个落水乞丐时身亡

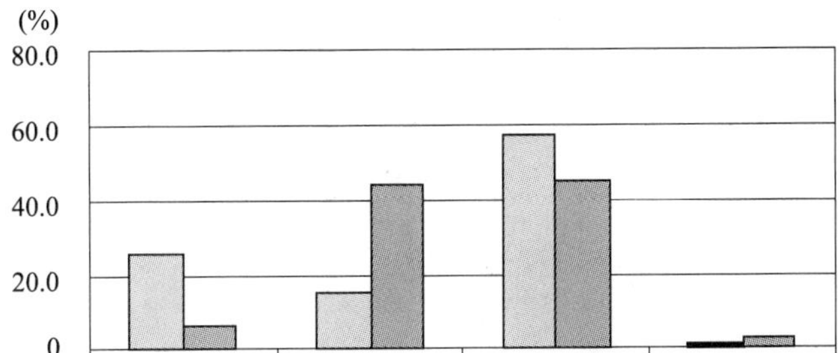

	非常佩服	佩服但不会去做	应当施救，生命不分贵贱	其他
新兴群体	26.2	15.1	57.3	1.3
大学生群体	6.9	44.2	45.5	3.5

4. 如何看待弱势群体（特别是生活贫困阶层）

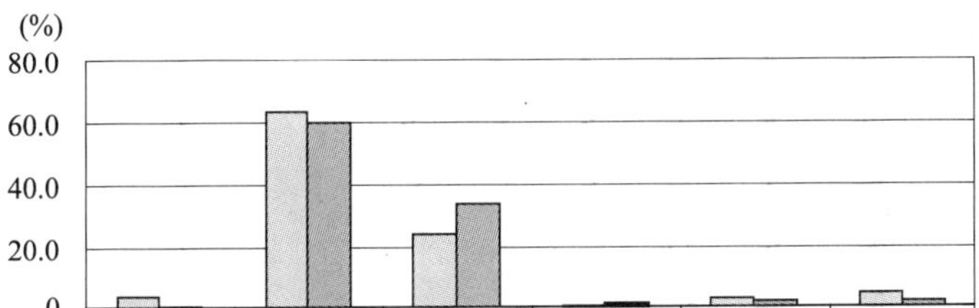

	不值得同情	值得同情	谈不上同情与不同情	有些瞧不起	恨他们自己不争气	其他
新兴群体	3.6	63.6	24.0	0.9	3.1	4.9
大学生群体	0.9	60.3	34.1	1.3	1.7	1.7

5. 工作中最重要的美德或道德品质

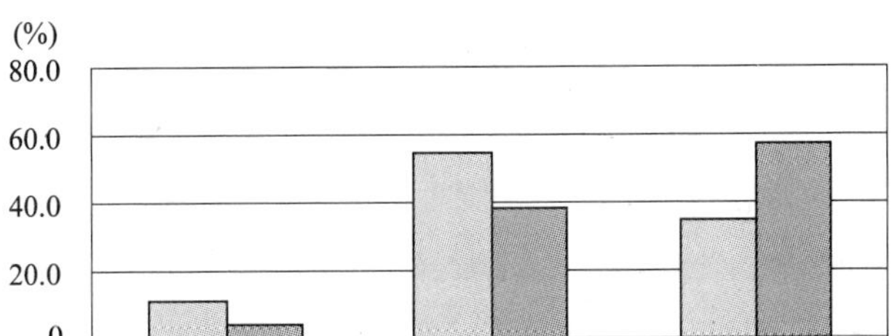

	发展意识扩大了伦理关系	金钱观念淡化了伦理关系	既有正面也有负面
新兴群体	10.7	54.7	34.7
大学生群体	3.9	38.4	57.8

6. 当前中国社会道德信仰危机的状况

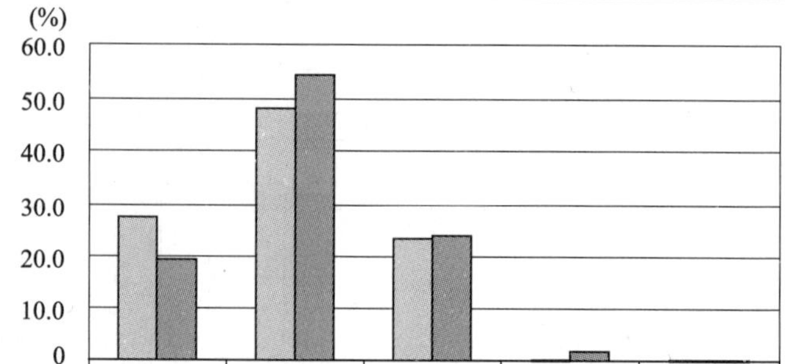

	很严重	比较严重	一般	不太严重	不严重
新兴群体	27.6	48.0	23.6	0.4	0.4
大学生群体	19.4	54.7	23.7	1.7	0.4

7. 道德信仰危机的主要表现

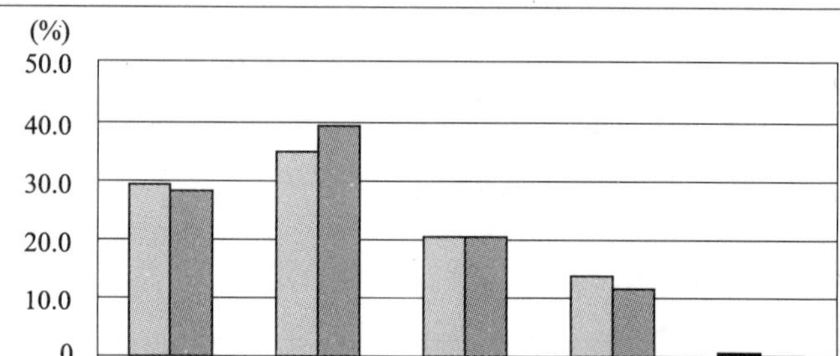

	道德理想目标丧失	道德情感麻木	道德生活动力欠缺	道德人格分裂	其他
新兴群体	29.5	34.9	20.7	14.2	0.7
大学生群体	28.3	39.0	20.7	11.6	0.4

8. 造成道德信仰危机的主要因素

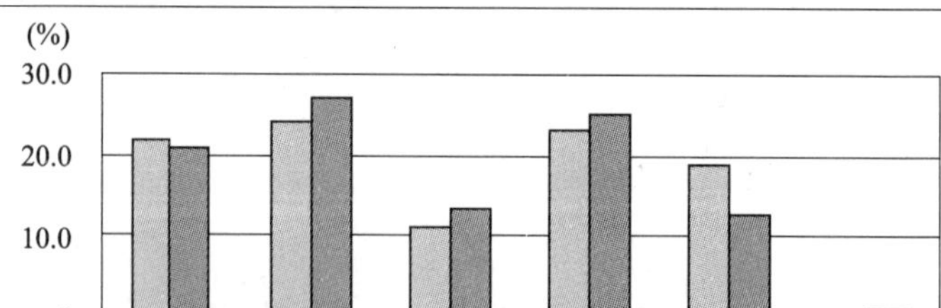

	市场经济负面影响	道德教育缺失	制度约束失效	公众道德素养欠缺	社会分配不公	其他
新兴群体	21.9	24.3	11.0	23.2	19.0	0.6
大学生群体	21.0	27.1	13.4	25.0	12.8	0.7

9．发展市场经济与道德信仰的关系体现

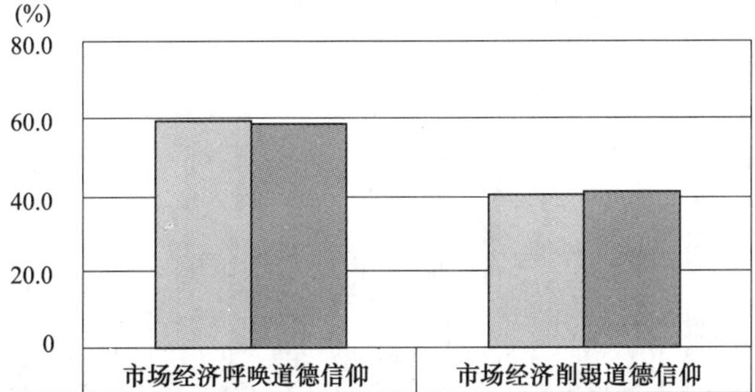

	市场经济呼唤道德信仰	市场经济削弱道德信仰
新兴群体	59.6	40.4
大学生群体	58.6	41.4

10．对当前中国道德生活状况的总体评价

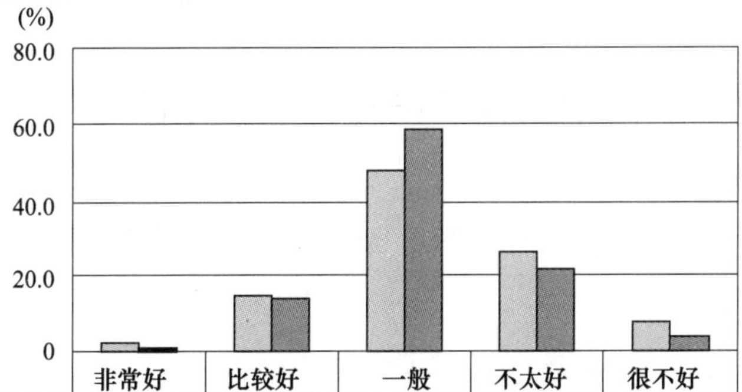

	非常好	比较好	一般	不太好	很不好
新兴群体	2.7	14.7	48.0	26.7	8.0
大学生群体	1.3	13.8	59.1	21.6	4.3

11．您这个群体的成员在下列各方面的表现（上图为新兴群体，下图为大学生群体）

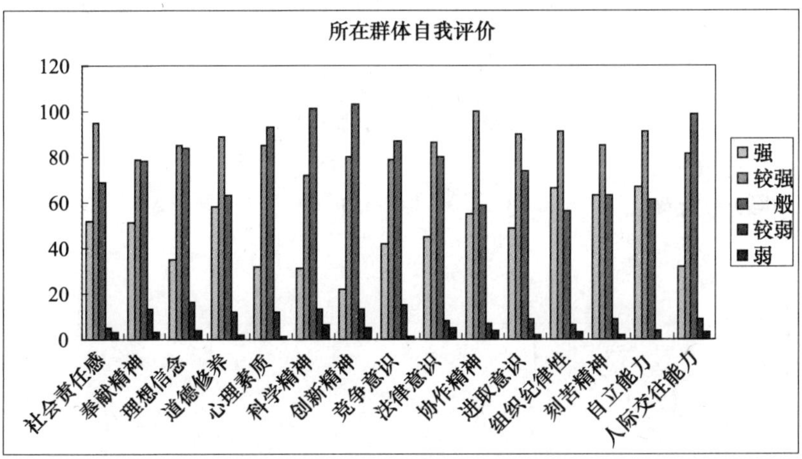

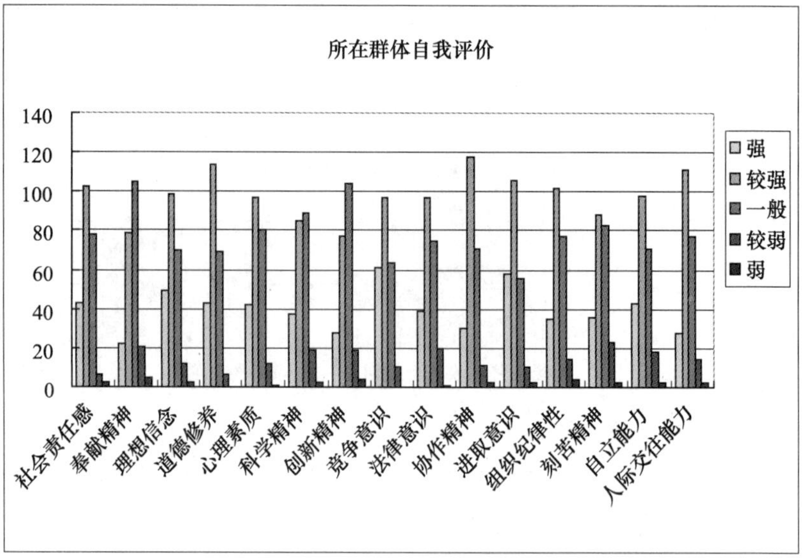

第四部分　现代中国社会伦理—道德素质

1. 对于我国颁布《公民道德建设实施纲要》的了解程度

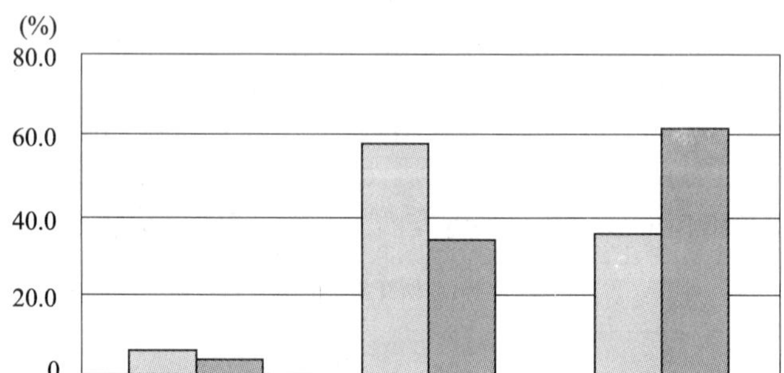

	非常了解	有些了解	不了解
新兴群体	6.7	57.8	35.6
大学生群体	4.3	34.1	61.6

2. 对于“得理让人”您做的如何

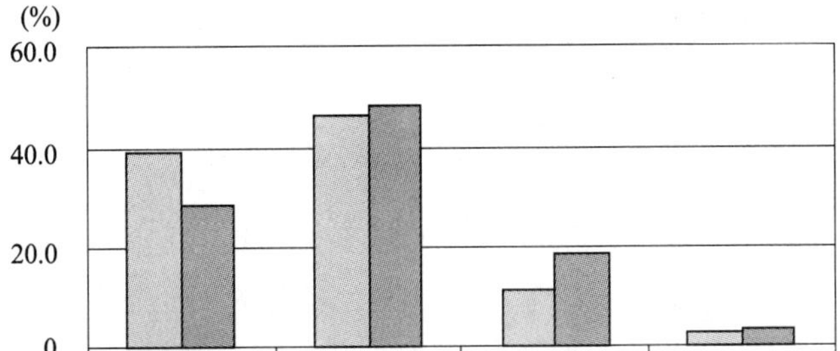

	大多能够做到	基本能够做到	努力后能做到	暂时难以做到
新兴群体	39.1	46.7	11.6	2.7
大学生群体	28.9	48.3	19.0	3.9

3. 更体现了社会正义的群体

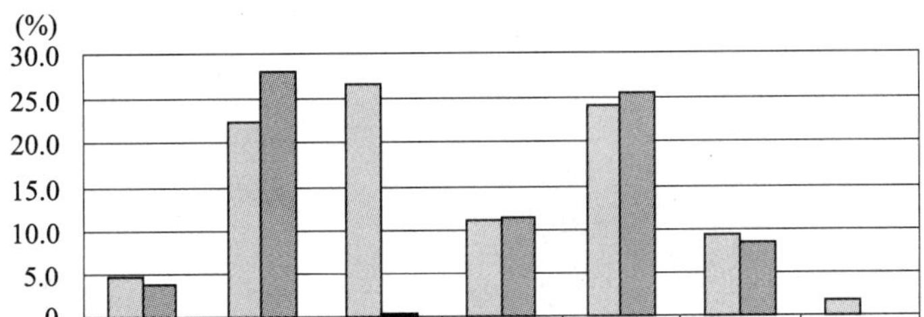

	政府官员	公安干警	人民教师	专家学者	普通群众	科技人员	其他
新兴群体	4.8	22.3	26.6	11.2	23.9	9.3	1.9
大学生群体	3.9	28.1	0.6	11.4	25.6	8.3	0

4. 市场经济对人们善恶观念的影响

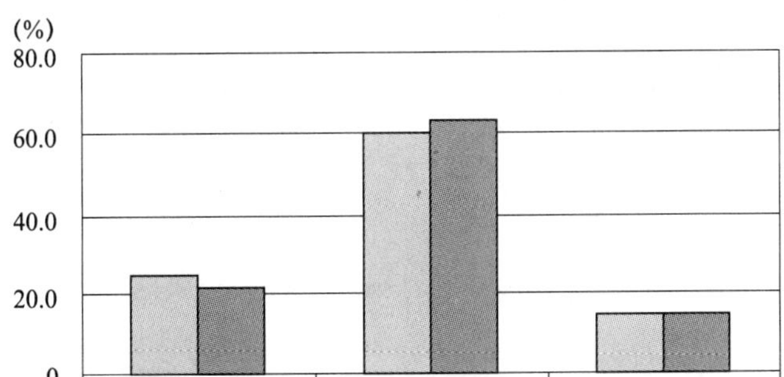

	扬善抑恶	善恶混淆	没有影响
新兴群体	24.9	60.0	15.1
大学生群体	21.6	63.4	15.1

5. 对现代社会人们的荣辱感的评价

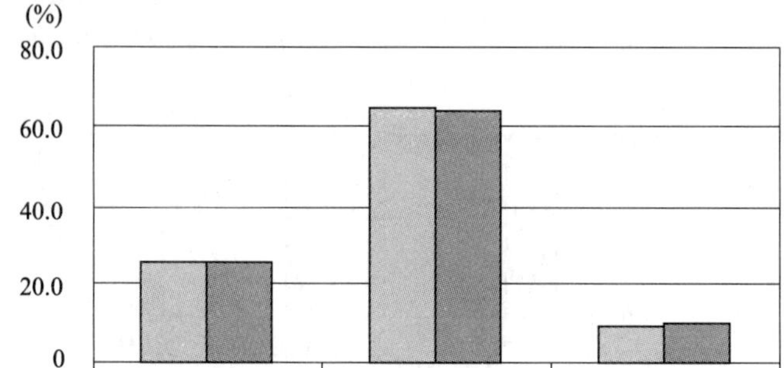

	增强	退化	没变
新兴群体	25.8	64.9	9.3
大学生群体	25.4	64.2	10.3

6. 对社会主义荣辱观的提出的看法

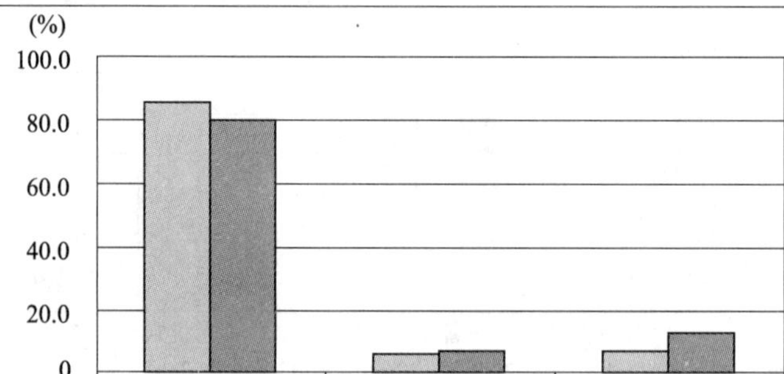

	很有必要	没有必要	无所谓
新兴群体	85.8	6.7	7.6
大学生群体	80.2	7.3	12.5

7. 市场经济条件下，需不需要奉献精神

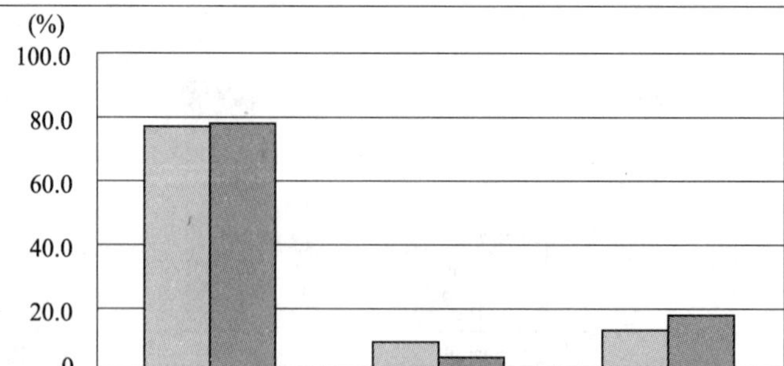

	需要	不需要	说不清
新兴群体	77.8	9.3	12.9
大学生群体	78.4	4.3	17.2

8. 人应该具有的最基本的道德品质

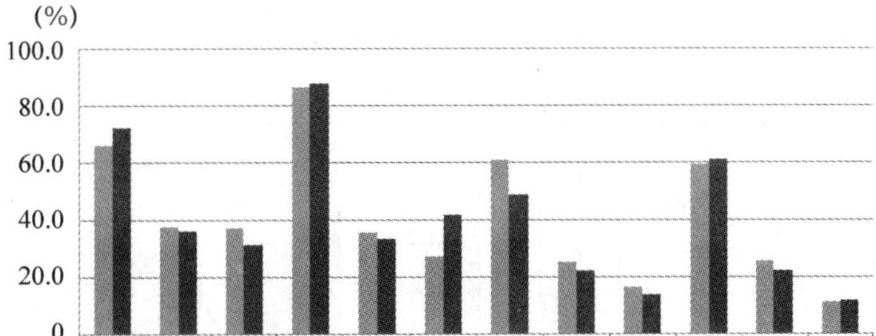

	仁爱	公义	廉洁	诚信	智慧	羞耻心	正直	勇敢	节制	孝顺	忠诚	同情
新兴群体	66.2	37.4	36.9	86.5	35.6	27.0	60.8	25.2	16.2	59.5	25.7	11.3
大学生群体	72.0	35.8	31.0	87.5	33.2	41.4	48.7	22.0	13.4	60.8	22.0	11.6

9. 您所在单位的人际关系

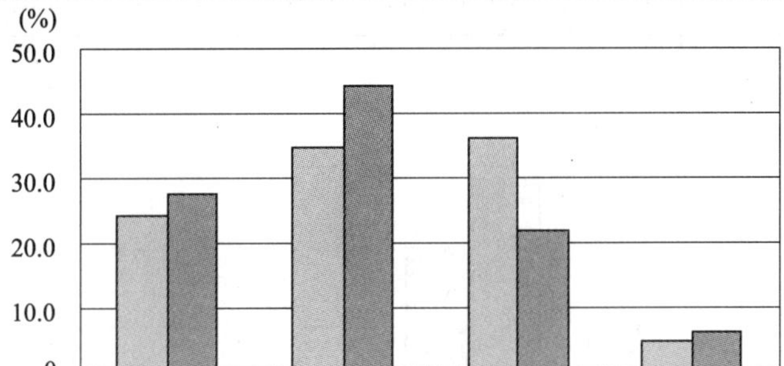

	真诚相待	礼貌客气	就事论事	虚伪冷漠
新兴群体	24.4	34.7	36.4	4.4
大学生群体	27.6	44.4	22.0	6.0

10. 建设和谐人际关系，应该强化和谐建设的关系

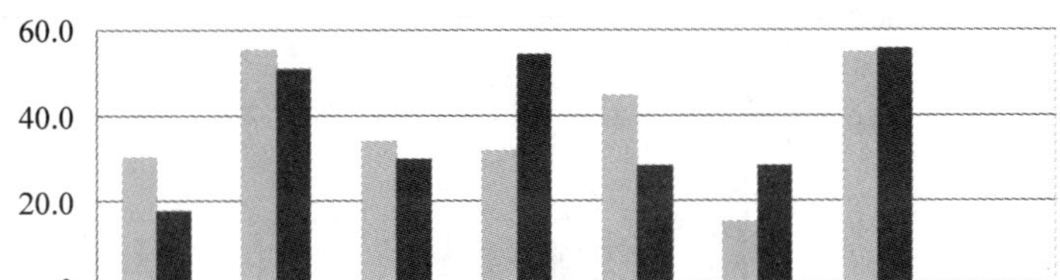

	党群关系	干群关系	社区关系	贫富阶层关系	企业员工关系	商家消费者间的关系	家庭关系	其他
新兴群体	30.3	55.0	33.9	31.7	44.5	15.1	54.6	0.5
大学生群体	17.7	50.6	29.9	54.1	28.1	28.1	55.4	0.0

11. 一个人事业成功的关键因素

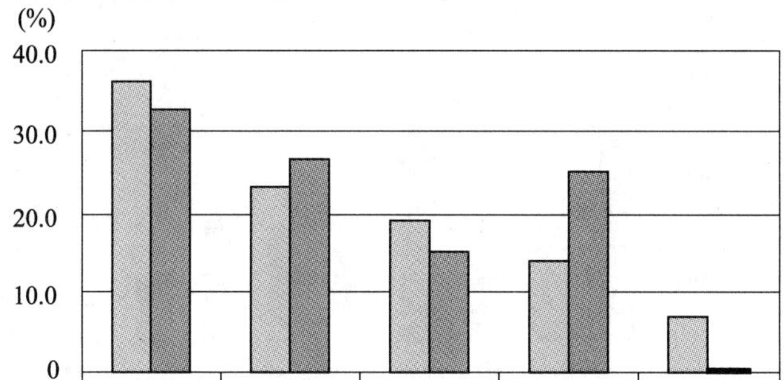

	聪明智慧	道德素质	成熟心理	合作精神	其他
新兴群体	36.4	23.1	19.1	14.2	7.1
大学生群体	32.8	26.7	15.1	25.0	0.4

12. 如果江苏省政府就某物价上涨一事举行听证会，您的做法

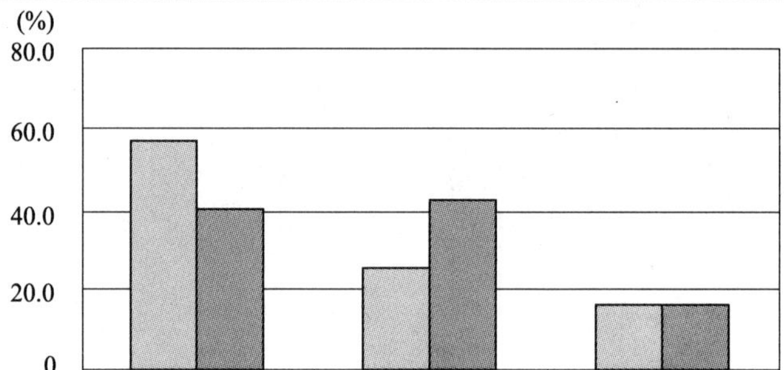

	积极参与	甘做旁观者	不关心
新兴群体	57.3	25.8	16.9
大学生群体	40.3	42.9	16.9

13. 对幸福的理解

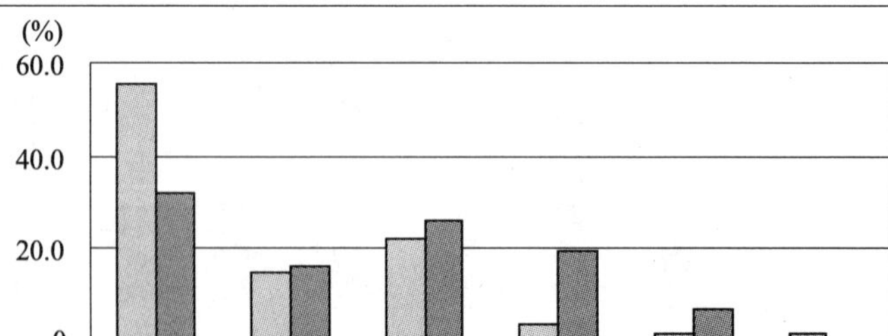

	家庭和睦	事业有成	身心健康	人际和谐	贡献社会	其他
新兴群体	56.0	15.1	22.2	3.6	1.8	1.3
大学生群体	31.8	16.1	25.8	19.4	6.9	0

14. 如何看待当前的社会财富分配

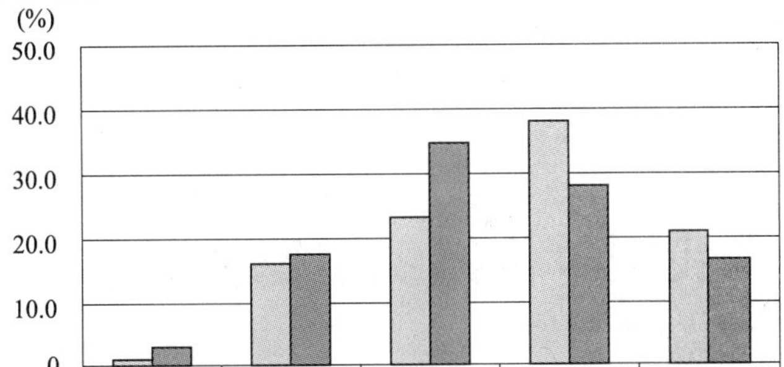

	非常合理	比较合理	说不清	不太合理	很不合理
新兴群体	1.3	16.1	23.3	38.1	21.1
大学生群体	3.0	17.7	34.9	28.0	16.4

15. 对现代中国社会公众伦理一道德素质状况的综合评价

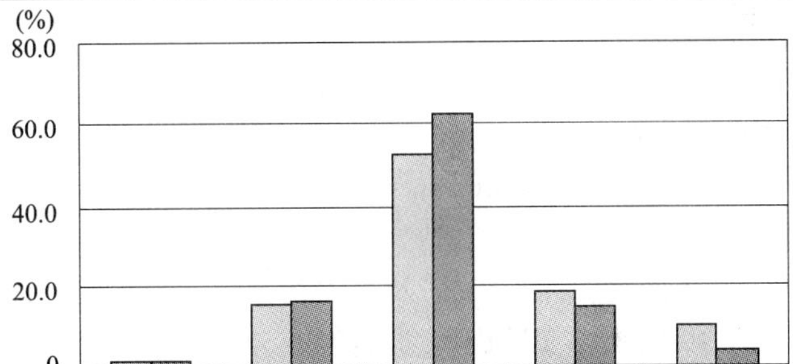

	非常好	比较好	一般	不太好	很不好
新兴群体	2.2	15.6	52.9	19.1	10.2
大学生群体	1.7	16.4	62.9	15.1	3.9

（马向真）

十二

我国单位组织道德状况数据库

前言：调查概况

1. 调查研究目标

本项调查的目的是了解当前中国单位组织的伦理关系及道德生活状况，为解释和解决当前中国伦理道德问题提供新视角、新方法和新手段。

具体目标有三：

（1）对当前中国组织的伦理关系及其道德生活的现状进行系统深入的调查研究；

（2）对当前中国组织伦理的困境进行调查分析；

（3）根据当前中国组织伦理的社会文化背景，依据道德发展的前沿理论，参照发达国家组织道德建设的先进经验，探寻中国组织道德建设的实践对策。

总之，通过调查希望达成的目标是：描述当前中国社会组织的伦理关系现状和道德生活状况，在此基础上调查分析组织伦理道德的困境及其原因，根据组织伦理理论及发达国家的实践经验，结合中国实际对组织伦理的建设给出富有成效的对策建议，充分发挥单位组织在现代中国和谐伦理与道德建设中的地位和作用。

2. 问卷设计和分析框架

为了进行社会调查，我们在设计问卷时，必须将一般性概念转换成具体的、可以测量的变量。对于组织伦理的变量操作我们遵循了以下的分析框架：

（1）关于“组织”。组织是指由互动人群构成，以实现一定目标，具有内在结构和秩序的社会实体。问卷设计时，将组织这一基本概念进行了变量的操作，操作的结果是将组织这一概念分解成企业、政府、媒体三大类具体的变量要素。

（2）关于“伦理”、“道德”与“伦理世界”。伦理与道德就其本质而言，是人类处理个体与类（共体）、“单一物”与“普遍物”关系的生存智慧，体现了一种自由精神。伦理是一种普遍物，是一种共性、公共本质，是一种包含了个体的、现实的存在，是一种客观精神；道德是对伦理普遍物的分享与获得，是内化的伦理实体，是客观精神的主观表达。伦理世界，就其实质而言，是人类在自己的生命历程中，透过伦理精神，通过伦理行为实现个体与类、特殊与普遍的辩证统一。“伦理关系状况、道德生活素质”是我们这次针对组织进行伦理道德调查的操作变量。

3. 调查对象和组织实施

本次调查的基本对象是：企业、政府、文化组织（媒体、学校）等。此次调查的地点，随机选择在江苏省的苏州、盐城和南京三个地区。我们通过问卷调查和座谈等形式先后对江苏苏州地区（包括昆山）和盐城、南京的一些单位组织进行实地调查，共发放问卷694份，其中有效问卷689份，有效回收率为99.3%。

具体实施情况见下：

本问卷调查分二次发放：第一次发放时间是2006年9月，随机对苏州地区不同单位组织（主要是企业和政府）进行调查，共发放调查问卷249份，有效问卷246份；第二次发放是2007年5月，对南京地区的不同单位组织进行随机调查，此次共发放调查问卷445分，有效问卷443份。

本次调查共召开座谈会三次：第一次在苏州，时间为2006年9月；第二次在昆山，时间为2006年9月；第三次在盐城，时间为2007年5月。

4. 样本结构的效度分析

（1）被调查者的性别结构：男性418人，占总数的60.7%；女性271人，占总数的39.3%。

（2）被调查者的年龄结构：18岁以下的2人，占总数的0.3%；18—25岁的263人，占总数的38.2%；26—35岁的244人，占总数的35.4%；36—50岁的156人，占总数的22.6%；51岁以上的24人，占总数的3%。

（3）被调查者的单位性质：机关工作者57人，占总数的8%；事业单位工作者211人，占总数的31%；国有企业工作者160人，占总数的23.2%；民营企业工作者93人，占总数的13.5%；其他行业工作者168人，占总数的24.4%。

（4）被调查者的职务结构：高层管理者31人，占总数的4%；中层管理者136人，占总数的19.7%；基层管理者153人，占总数的22.2%；普通职员369人，占总数的53.6%。

从样本结构的组成来看，选用样本的性别、年龄结构合理，单位类别广泛，职务层级全面，样本具有代表性，为有效样本。

5. 调查质量的信度控制

需要说明的是，第二次调查是在总结吸取第一次调查情况的基础上进行的，形式上更简洁，将原先问卷87题缩简为新问卷的40题，大大方便了被调查者。考虑到卷面的美观及问题的一致性，后一张卷中的题目在前面一份问卷中都能找到，所不同的只是问题的序号。在问卷统计过程中我们特别关注这一问题，特别是序号和问题的衔接性。

为保证调查质量，我们对调查员培训、调查实施、问卷编码、数据录入、清理等各个环节加强了质量控制。在调查实施中，采用了调查员自查、调查指导员复查、课题组分别核查的三级质量控制方法。全部调查结束后，我们又通过 SPSS13.0 统计软件进行数据处理与分析研究，保证了调查数据及其分析的可靠性。

6. 补充说明

尽管我们做了一定量的问卷调查，也进行了访问座谈，但毕竟样本有限。组织道德问题在现实生活中的凸显已引起了不少部门和学者的关注，并做了大量的调查研究。为增强研究的科学性，本课题引用、借鉴了国内外已开展并对本课题有所贡献的调查数据。

第一部分　基本信息

1. 您的性别

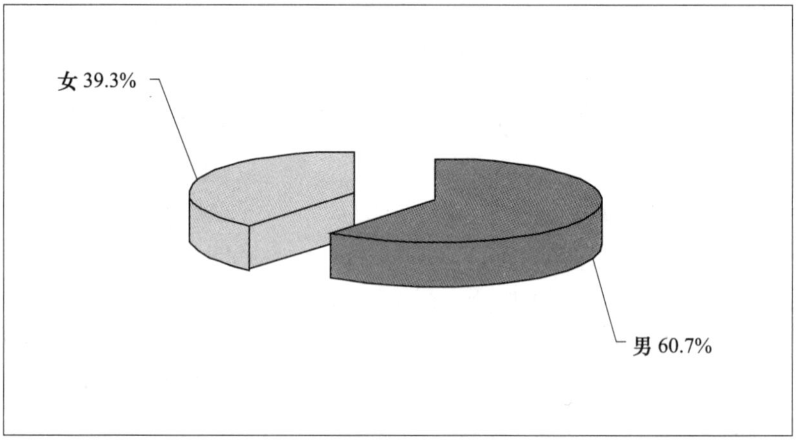

2. 您的年龄

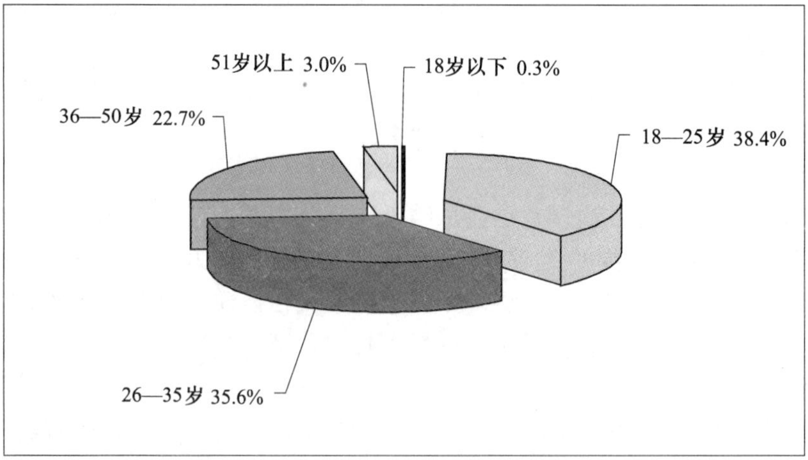

3. 您所在单位的性质

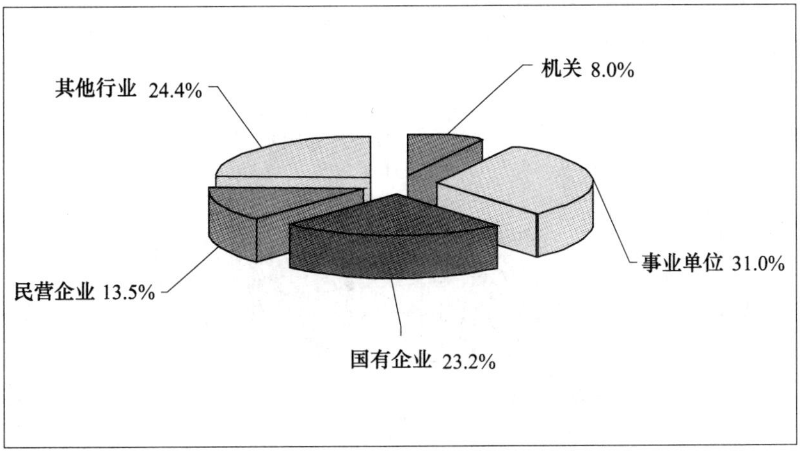

4. 您在本单位的工作时间

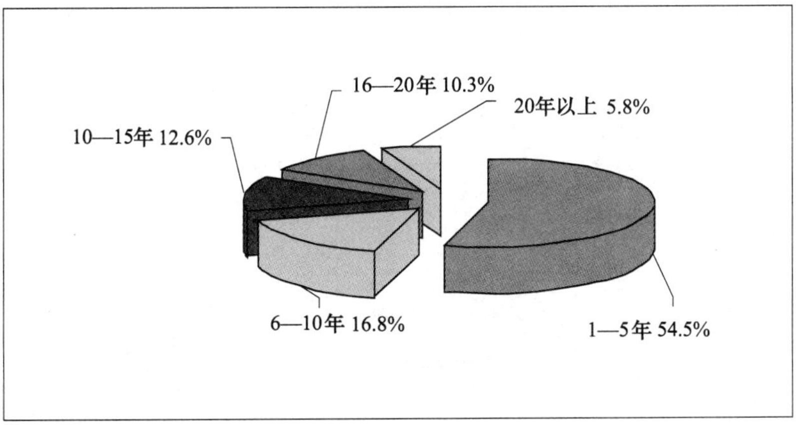

5. 您的职务

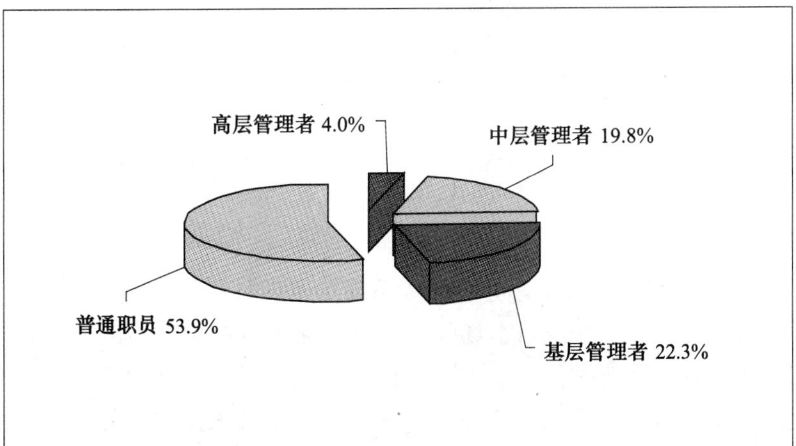

6. 您受教育的程度是

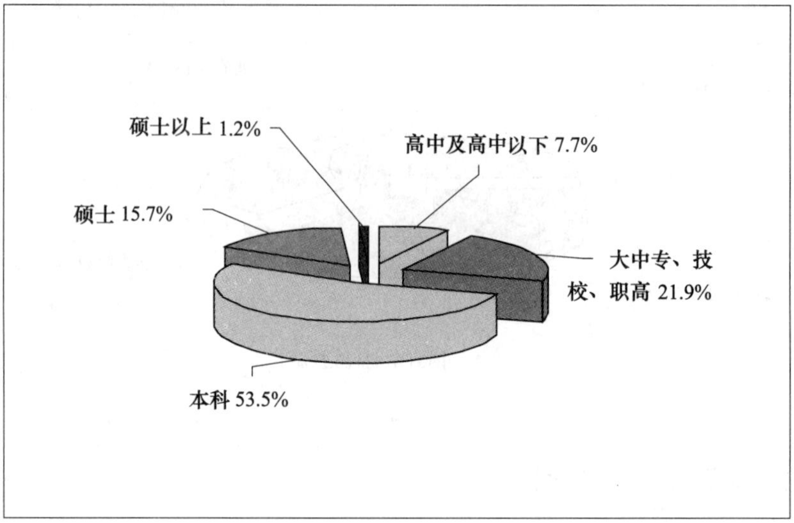

第二部分　调研信息

1. 工作中您遇到的烦心事主要来自

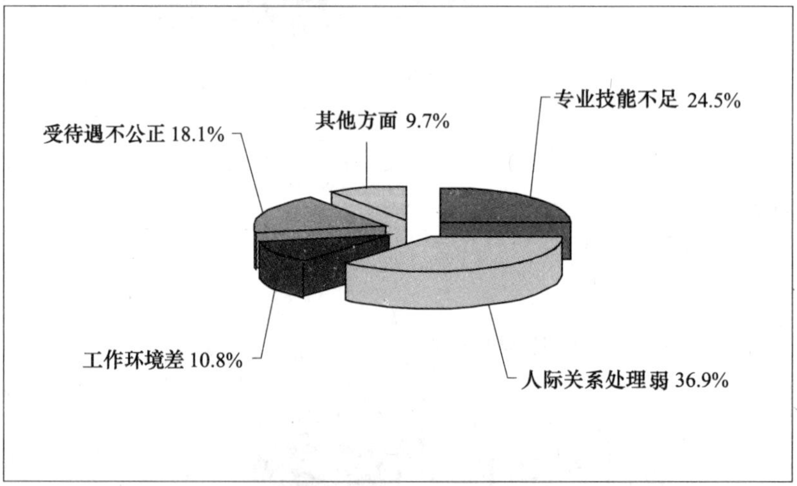

从中可以看出组织伦理问题是职场人员最感困惑和烦心的原因所在，传统伦理理论和个体道德经验已无法应对市场经济、全球化和高技术所带来的现代组织所面临的伦理问题。计划经济时代，个人对单位、单位对国家的依附性很强，在这种依附性社会结构中，集体主义原则是确立和维护组织伦理关系的关键所在；市场经济时代，“个人—单位—国家”之间单向度的依附关系已逐渐被商品经济的契约关系所

取代，组织不再具有计划经济时代所获的伦理合法性和道德合理性，组织出现“去伦理化”特征的同时也潜在着“不道德”的行为倾向。解释并解决现实组织的伦理问题需要创新和发展组织伦理理论。

2. 要做好一件工作，往往要和许多人打交道，需要许多人的配合，您经常面对和处理的人际关系是

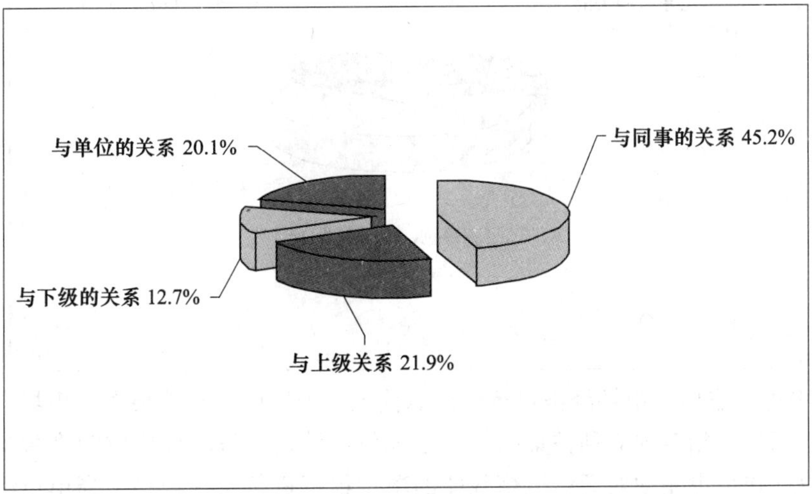

这表明，市场经济背景中的组织建立在高度分工和合作的基础之上，同事间的合作与互动依然是组织内部最重要的伦理关系。应探讨市场经济背景中组织内部的伦理调节原则。

3. 下述关系中，您最看重、最努力维护的关系是

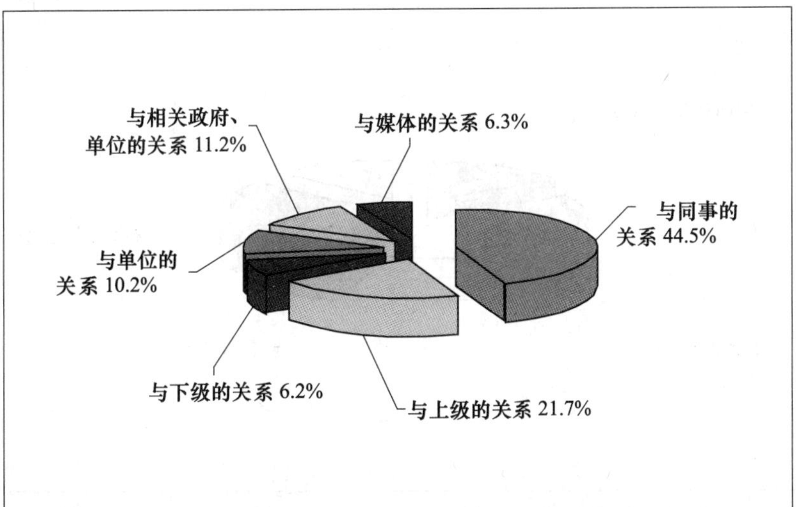

数据表明，不同于计划经济时代那种依附性的生存格局，现代组织置身的社会具有自由流动的特征，告别了单位制度时代封闭性生活空间。

4. 您认为现在大多数单位在处理个人、组织、社会关系时以什么为重

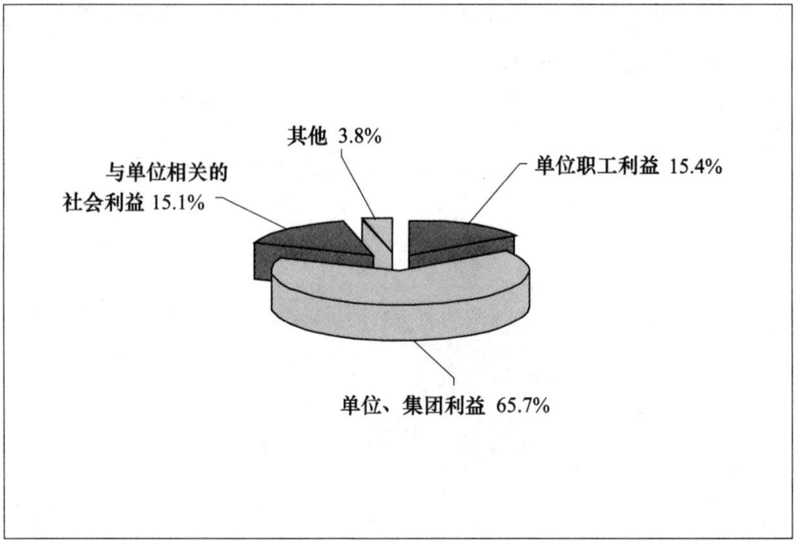

从中可以看出，市场经济对单位组织伦理价值取向的影响很大，市场经济肯定了单位组织作为相对独立利益集团的合法地位，计划经济时代单位制度背景下的组织伦理设计缺少也无须对天然道德载体的单位组织进行伦理规约，当单位组织被赋予相对独立的利益主体地位后，缺少伦理规约和道德约束力量的组织必定会以自身利益作为行为价值取向。

5. 您认为目前中国的组织伦理处于

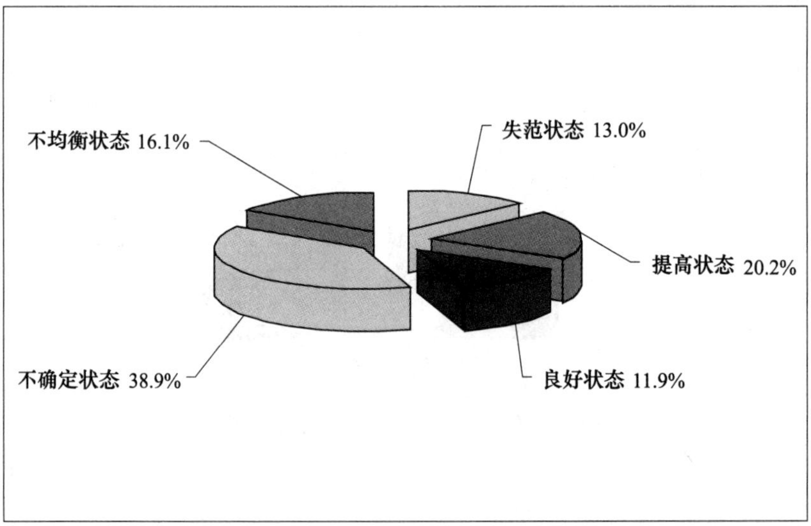

从中可以看到，当代中国正处于从传统单位伦理向现代组织伦理转型的过程之中，应该说，这是一个失范与建构、裂变与提升并存的伦理变迁过程，处于伦理建设亟须加强的关节点上。

6. 您认为高技术、信息化的时代，对组织伦理的要求较以往

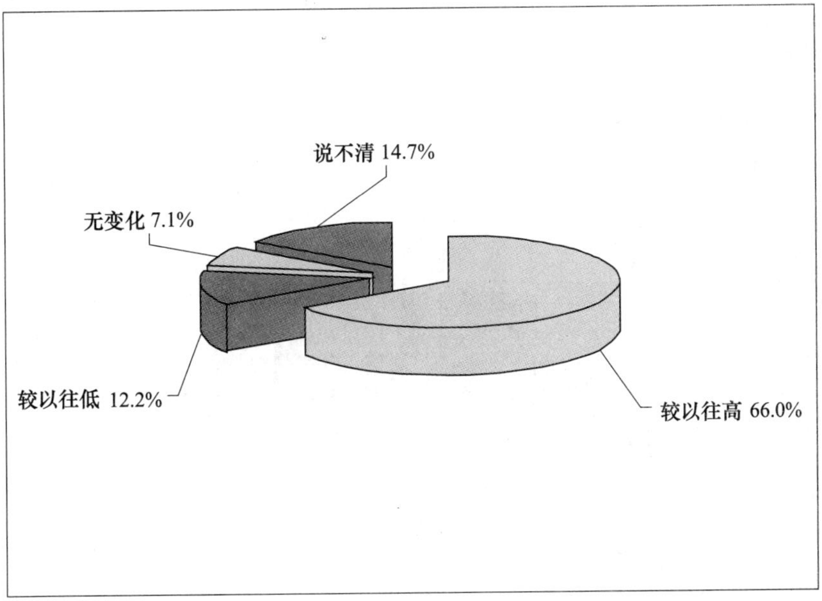

从中可见，建立在高技术、信息化基础之上的现代社会较传统社会对组织伦理有着更高的要求，大多数人确立了这种伦理观念，但也有人认识不到社会变迁与组织伦理变化之间的关联性，这符合中国社会组织现代化进程还存在不够全面或不够深入的特征。

7. 您认为全球化的背景下，对组织伦理的要求较以往

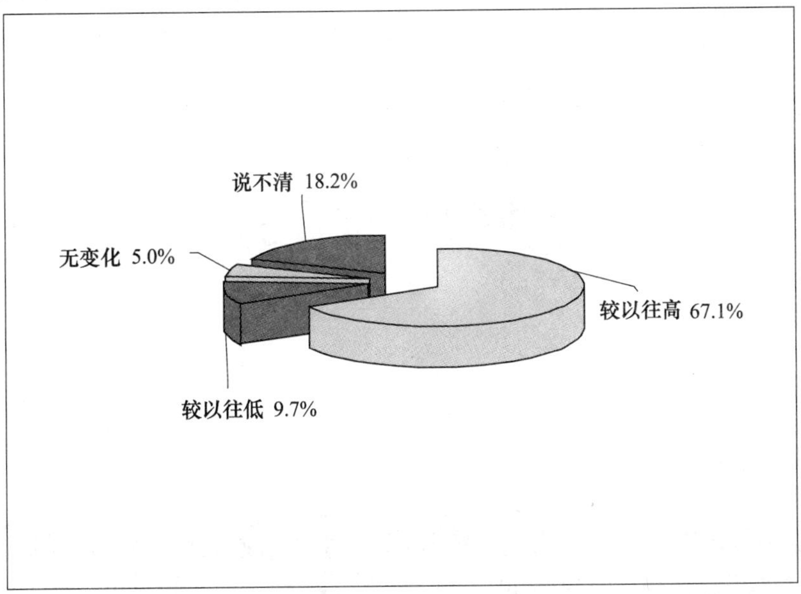

从中可见，全球化对组织伦理的影响为大多数组织成员所认可。

8. 就您所了解您单位的情况，您认为它在制定政策、做出决策或具体处理某一事务时，会不会考虑到伦理方面的因素

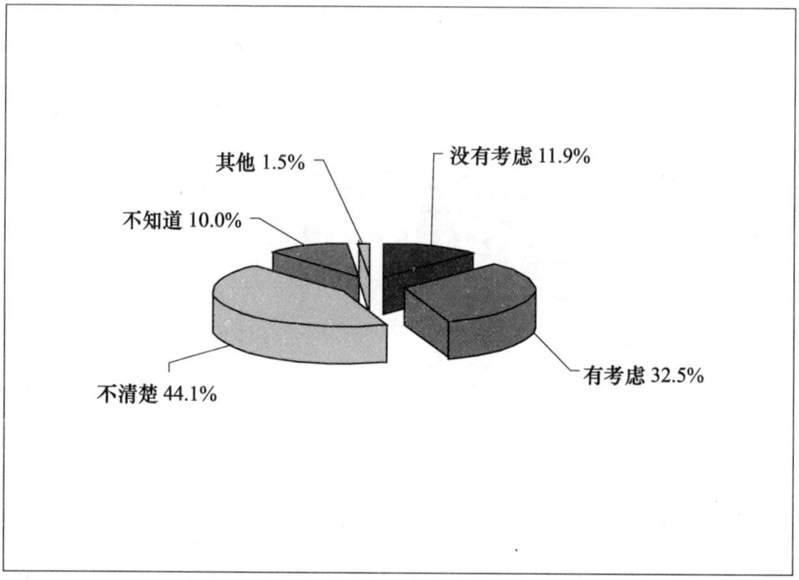

从中可见，当代中国组织伦理及其决策机制不够完善，有的组织出现去伦理化的特征，有的组织出现伦理无意识的特点，具有自觉伦理意识的还不足一半。

9. 您认为目前中国讲道德的企业约占

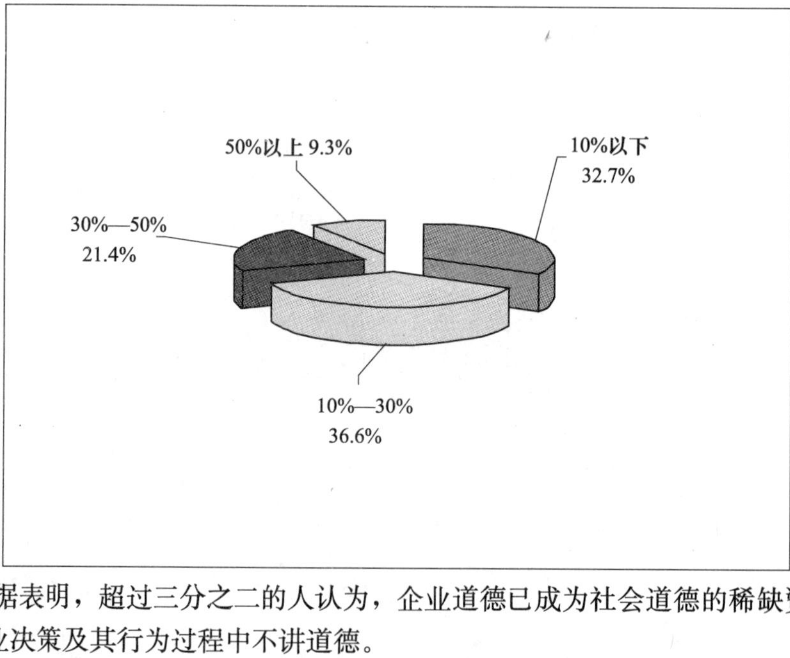

数据表明，超过三分之二的人认为，企业道德已成为社会道德的稀缺资源，大多数企业决策及其行为过程中不讲道德。

10. 您认为中国企业存在偷税、漏税吗

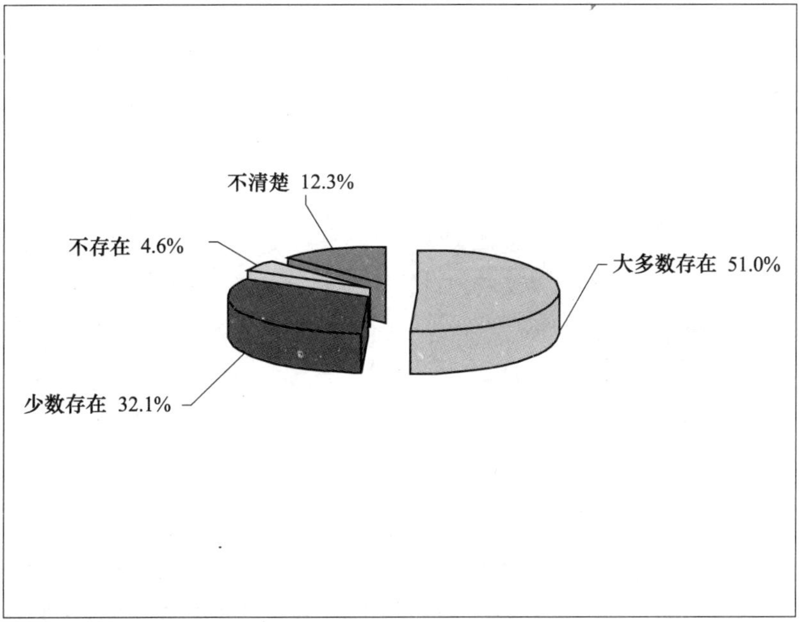

数据说明，中国大多数企业已成为具有自利倾向的集团性存在，这种自利已成为一种破坏社会经济伦理秩序的一种潜在力量。

11. 您认为现在的企业

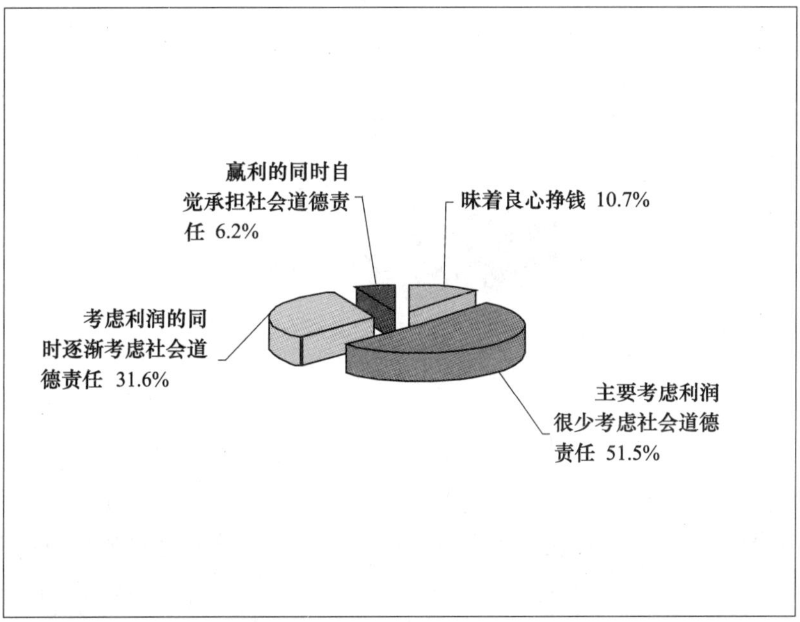

数据表明，转型社会的中国只有极少数的企业组织具有很好协调自身利益与社会利益的道德能力，大多数企业不具备这方面的道德意识和道德行为能力。

12. 当个人利益与组织利益发生冲突时，贵单位的决策

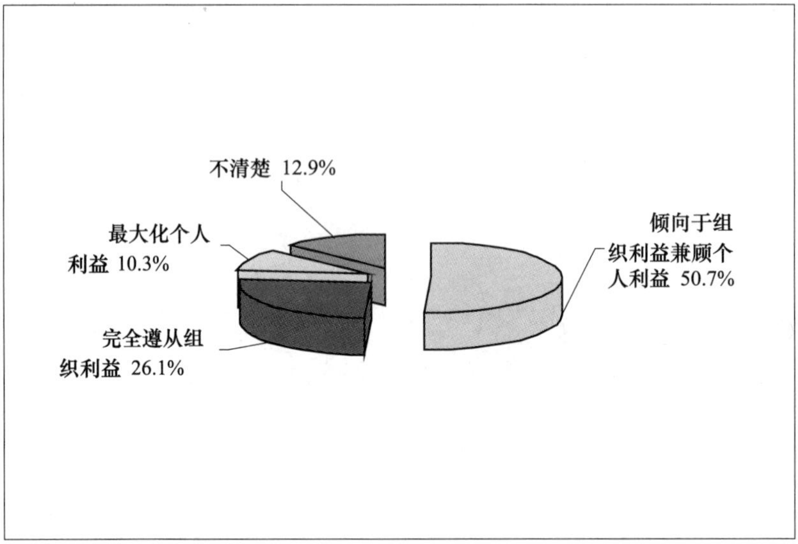

从中可以看出，传统社会组织伦理已遭遇解构，不足三分之一的组织沿袭传统伦理以集体为原则的价值取向，差不多一半的组织具有将集体与个人利益相结合的伦理价值取向和道德决策能力，组织伦理的建构正处于中国现代化的进程之中。

13. 过去六个月里听到本单位的领导和员工谈论过伦理道德方面的事吗

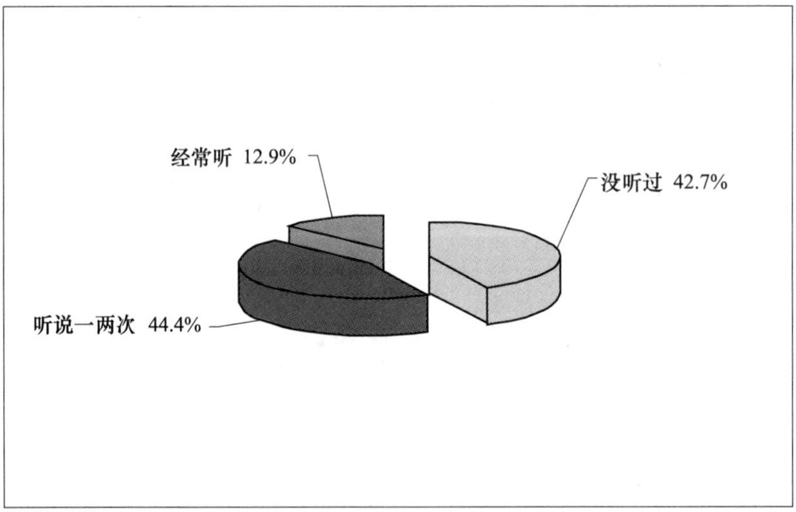

数据表明，当代中国组织呈现伦理弱化、工具强化的特征。组织伦理的缺场既表明组织伦理意识的匮乏也说明组织道德约束的减弱，这非常容易导致组织不道德现象的发生。

14. 您所在的组织在运行过程中有明确的伦理道德标准吗

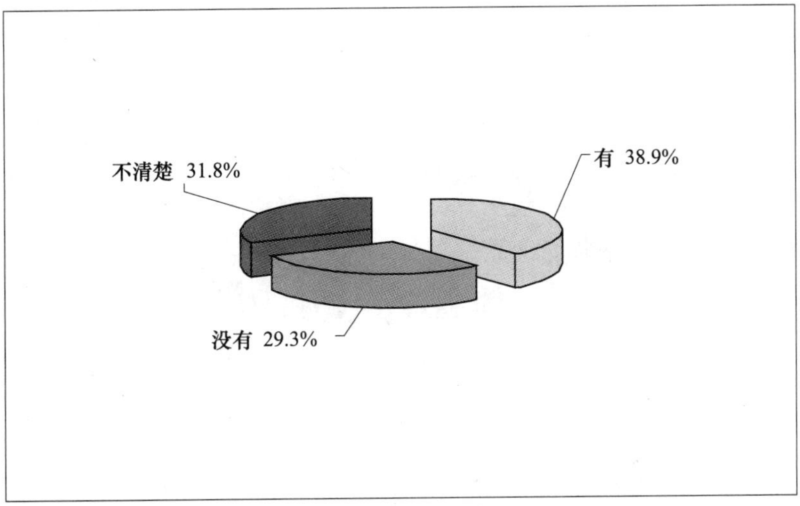

组织只有存在明确的道德标准才能避免集体不道德行为的发生，高技术、全球化、市场经济背景下的当代中国组织面临比计划经济时代更为复杂的道德境况，有着更大的道德风险，更需有清醒的道德意识和明确的道德标准来统一和指导集体组织的行为。调查数据表明，当代中国只有38.9％的单位组织具有明确的道德标准，这就意味着大多数组织在其行为过程中，没有自觉的伦理理念和道德坚守。

15. 当您发现您的上级和周围的同事有不道德的行为时，您会

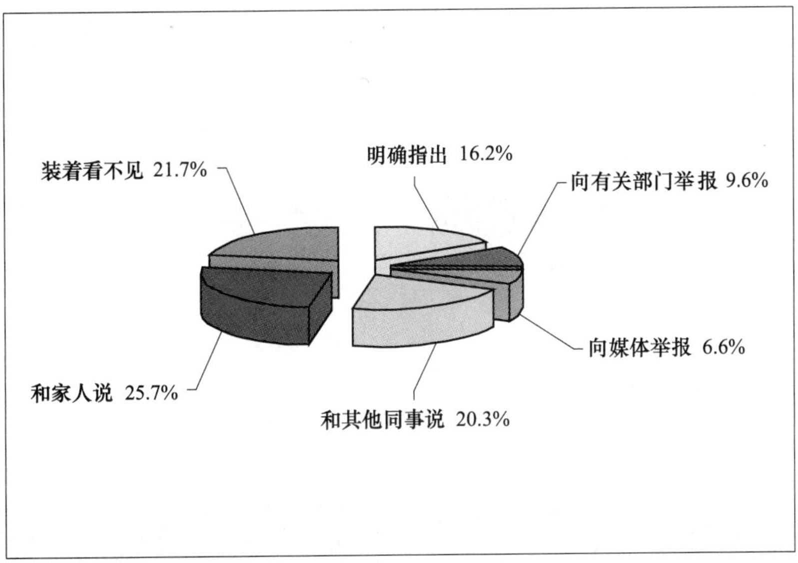

数据表明现有组织职场中缺少应有的道德维护机制，沟通和解决道德问题的渠道未能合理安排，这在某种程度上抑制了组织成员的道德维护意识。被调查者中，21.7％的人面对职场中的道德问题会视而不见。

16. 您所在的组织有对其成员进行伦理道德方面的相关培训吗

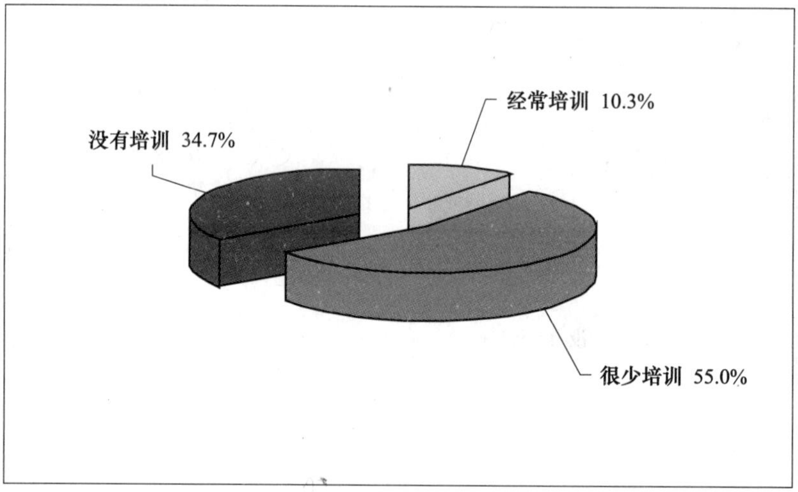

现代社会组织所面临的伦理场域和道德问题远比计划经济时代复杂，光靠个体道德经验已不足以保证道德行为的发生，因此，发达国家的企业和政府除建立相应的伦理机制外，还经常对其成员进行相关伦理培训，以应对职场中可能遇到的伦理问题，提升道德能力。数据表明，我国现有的单位组织尚未认识和重视现代组织所置身的伦理场域和所遇到的道德问题，未认识到现代社会组织伦理教育的重要性。

17. 您的领导会不会经常在员工面前谈及或提到组织道德伦理问题

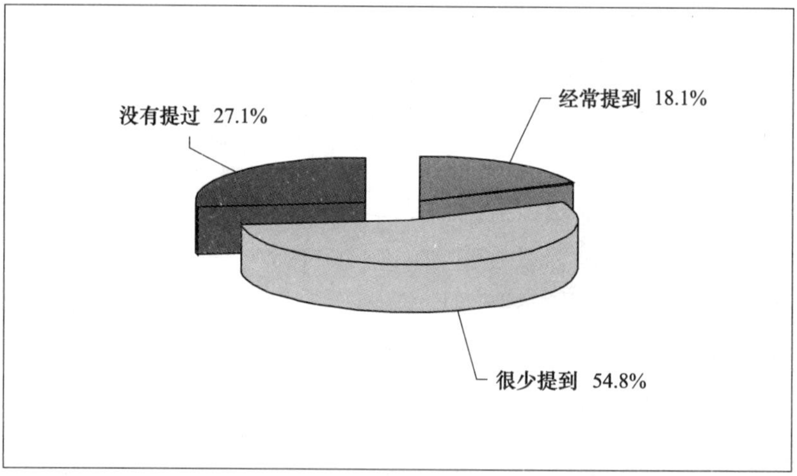

单位领导对组织伦理风气的养成有很大的作用，但组织伦理风气除需有领导的重视，还需有伦理制度的确立和伦理机制的培育，这部分的调查数据表明，实际工作中除却部分领导存在伦理盲视，大多数领导开始认识到现实中伦理道德问题，不过这项数据对照第 14—16 项的数据说明，当代中国组织存在的伦理问题除了领导者的观念存在重视不够的问题外，更重要的是组织伦理制度建设的缺失。

18. 您的婚姻家庭状况及观念会影响您对组织伦理的评价吗

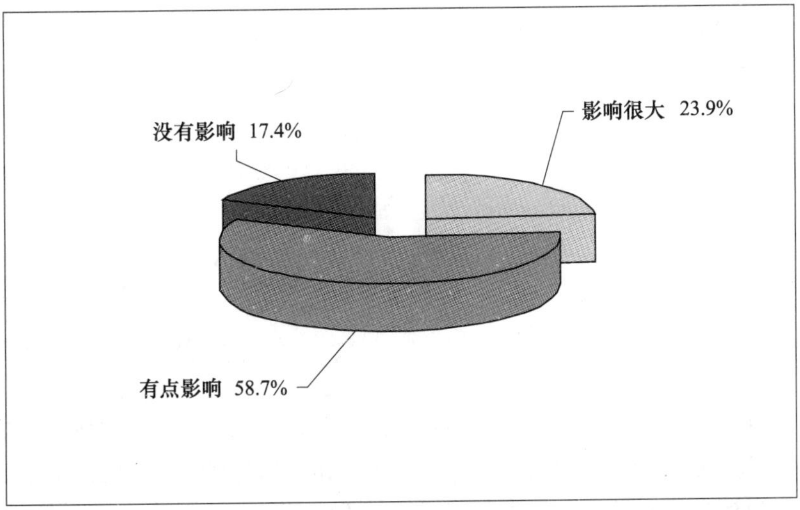

从中可见，职场成员的道德态度和伦理观念受家庭成员的影响很大，说明当代中国职场的伦理氛围尚不强烈。

19. 如果说，“人应该有良心”，那么，作为道德行为主体的组织是否应该有“良心”

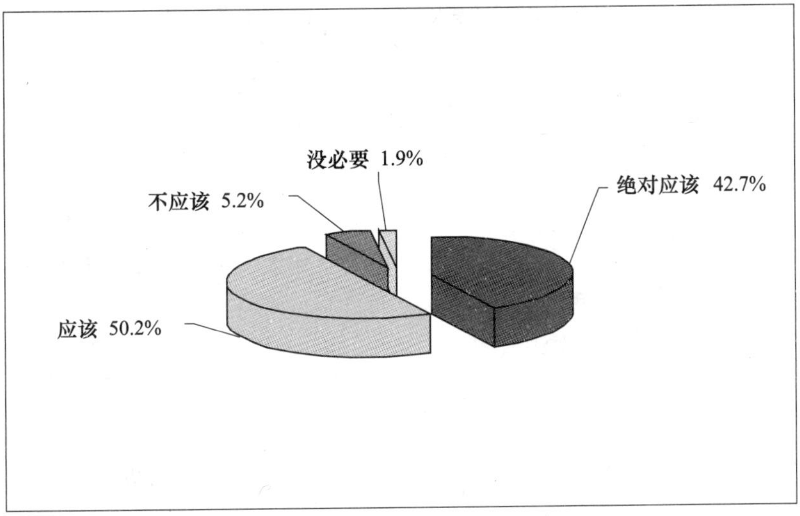

尽管当代中国组织现实运行中去道德化的倾向较为普遍，但由于组织的影响力和破坏力都是显而易见的，再加上计划经济时代社会伦理安排中组织属于天然道德主体这一特征和相应的观念已深入人心，因此，有着集体主义特征的中国人对组织道德的要求比有着个人主义特征的西方人更为强烈。数据符合中国文化和社会特征。

20. 贵单位领导在决策过程中对员工意见会采纳多少

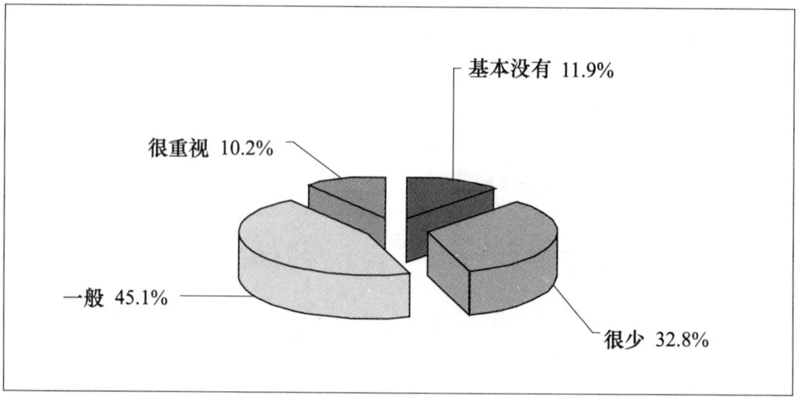

从中可以看到，当代中国组织通过决策沟通达到伦理共识的比例很少，没有伦理共识的组织很难形成良好的伦理氛围，也难保证组织行为的道德正当性。

21. 作为社会的一员，您认为某些组织的不道德对整个社会

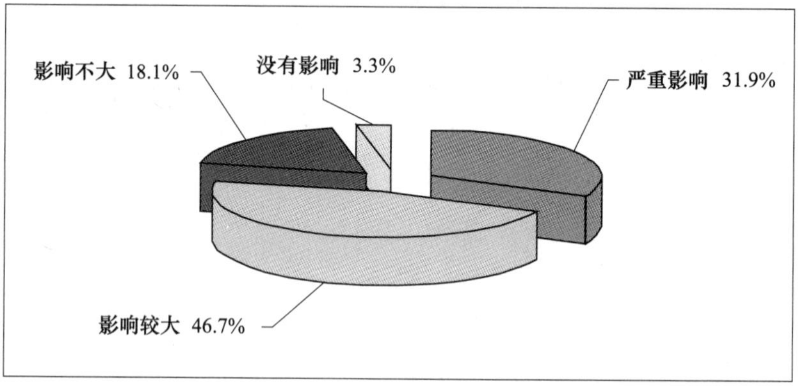

从中可见，组织行为与社会风气的关联度已被大多数组织成员所认识，这为组织道德建设提供了良好的思想基础。

22. 您认为，贵单位的组织气氛

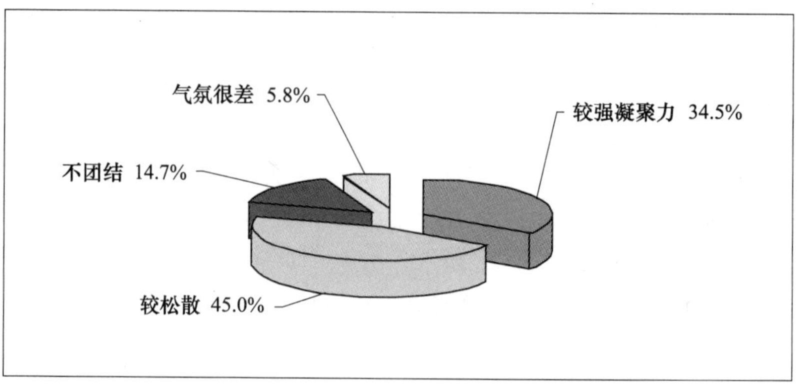

从中可以看出，当代中国组织伦理气氛不够理想。

23. 您是否关注单位的利益、单位的发展

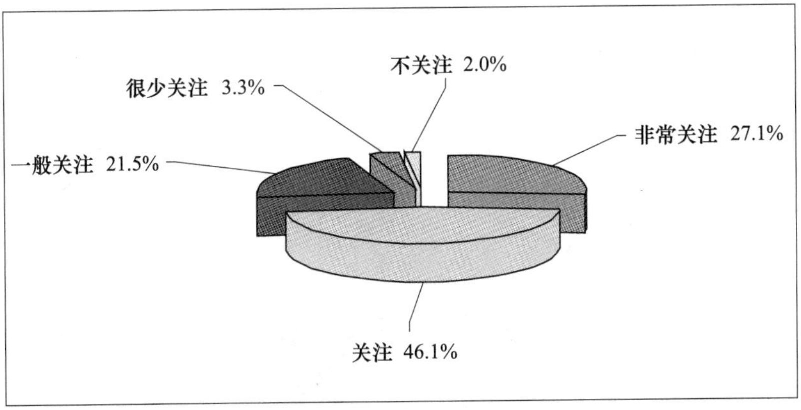

数据表明，大多数组织成员关注单位的发展，这是组织成为伦理实体的现实基础。

24. 您工作的态度、价值的取向受单位领导和周围同事的影响程度为

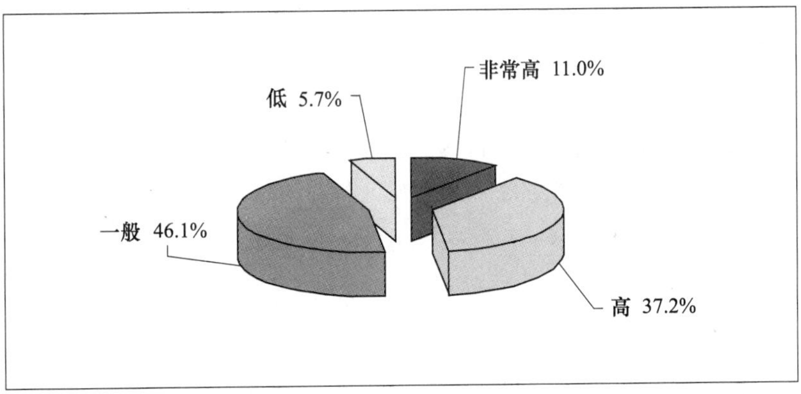

数据表明，组织成员的态度和价值取向受组织领导和同事影响很大，也就是说组织伦理氛围对组织成员的道德状况有很大影响。

25. 全球化背景下的企业参与国外竞争时，还需考虑伦理道德问题吗

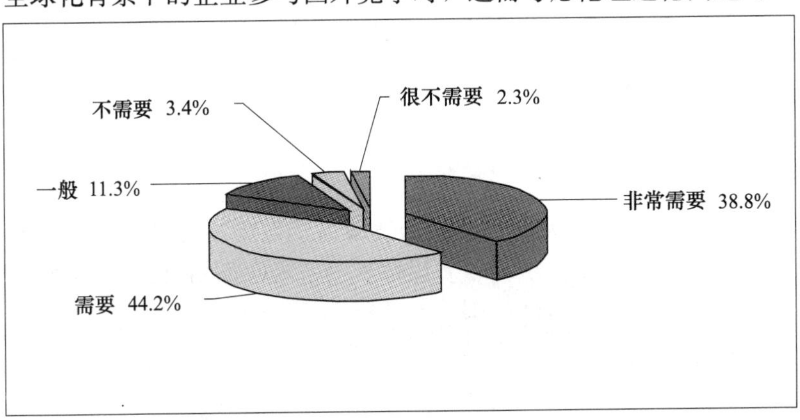

随着改革开放的深入、全球化进程的加剧，企业的道德责任日益为人们所重视，调查数据反映了这种倾向。

26. 全球化媒体是否需要承担更多的道德责任

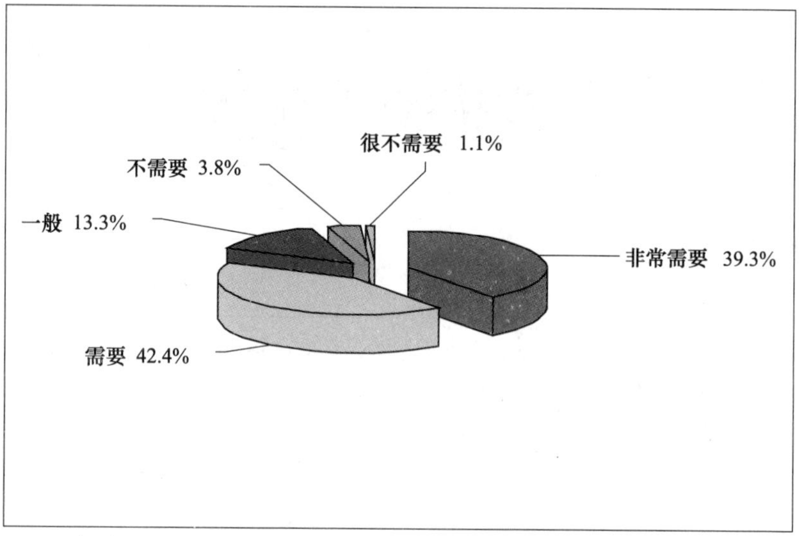

随着改革开放的深入、全球化进程的加剧，媒体的道德责任日益为人们所重视，迫切要求媒体在社会道德建设进程中发挥更大的作用。

27. 市场经济时代的媒体是否需要承担更多的道德责任

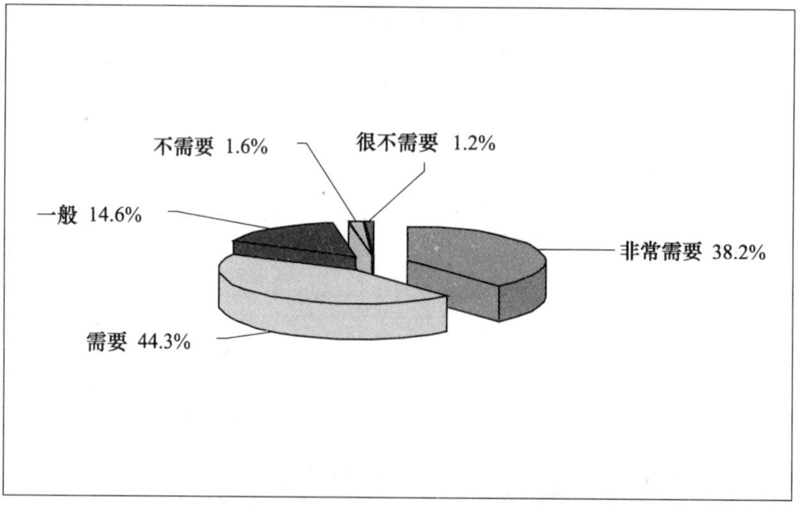

随着市场经济的进行，媒体日益被金钱侵蚀，被调查的组织成员，认识到媒体在道德建设中的重要性，也认识到现实媒体部分存在的异化现象，急切呼吁媒体在社会道德建设进程中承担应有的作用。

28. 信息时代的媒体是否需要承担更多的道德责任

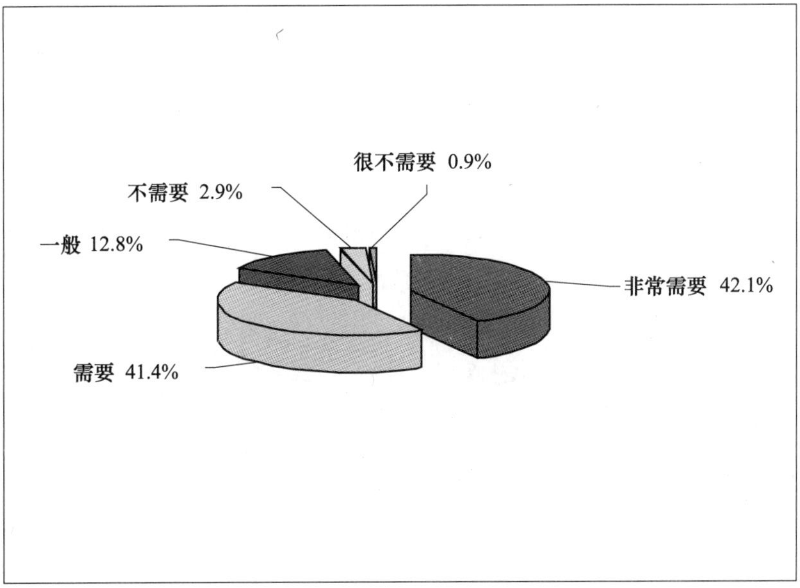

数据反映，被调查者认识到，信息时代的媒体比任何一个时代的媒体更需要承担道德责任。

29. 组织领导者道德素养与组织伦理之间的关系

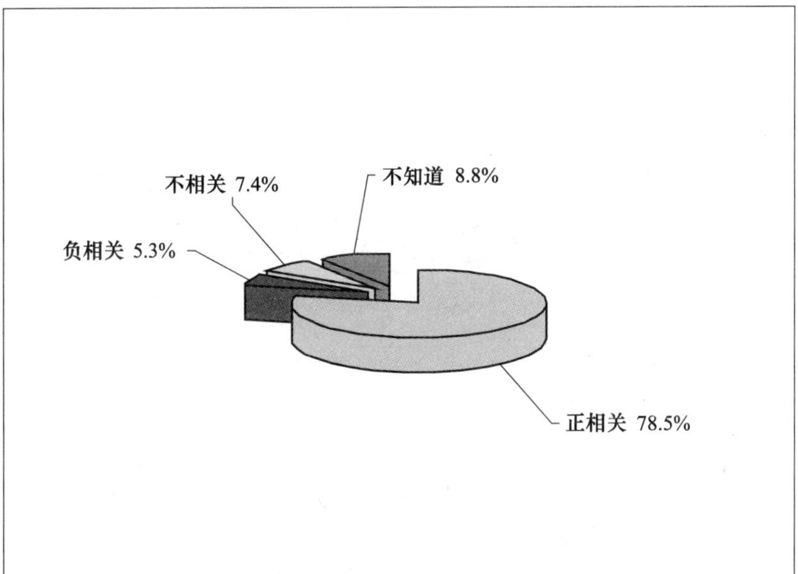

单位组织伦理风气的好坏与领导者的道德素养密切相关，只有领导高度重视、全力推进并身体力行，组织伦理才有可能获得保证。

30. 贵单位所在行业的行业利益受到侵犯时

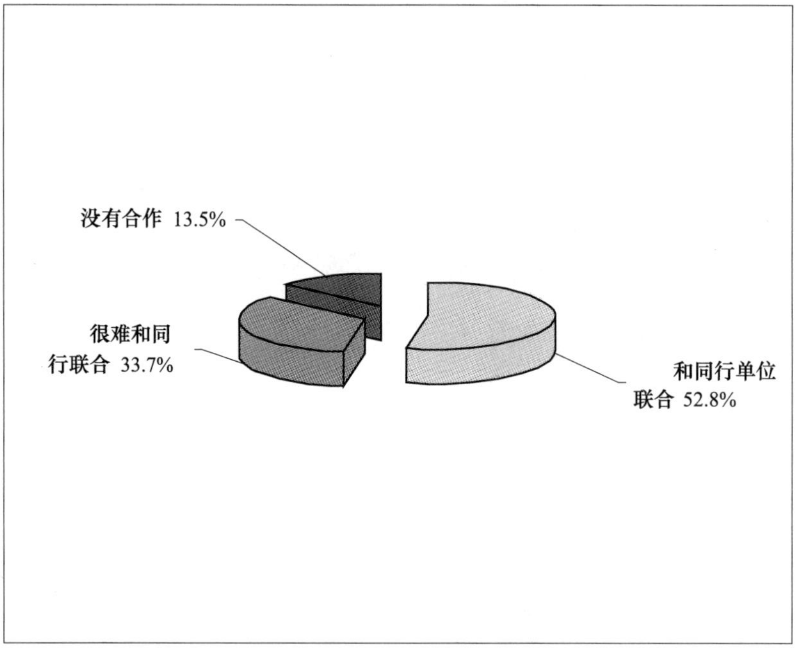

31. 贵单位是否会遵从所在行业的行业规范

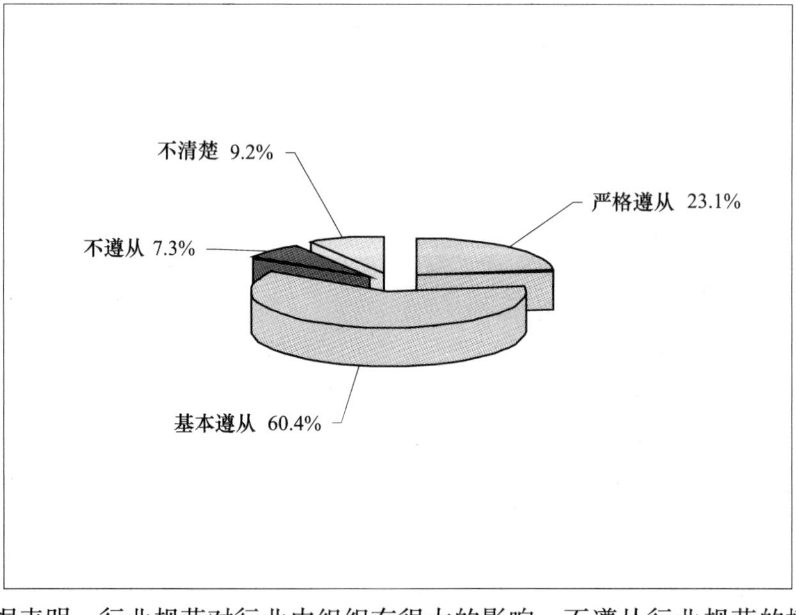

数据表明，行业规范对行业内组织有很大的影响，不遵从行业规范的极少。社会中存在的许多组织不道德问题都与行业潜规则相连，如“毒奶粉”、“瘦肉精”等，无不如此。行业自律是推动组织道德不可忽略的要件。

32. 您认为，一个单位的不道德是否会引起所在行业的集体不道德

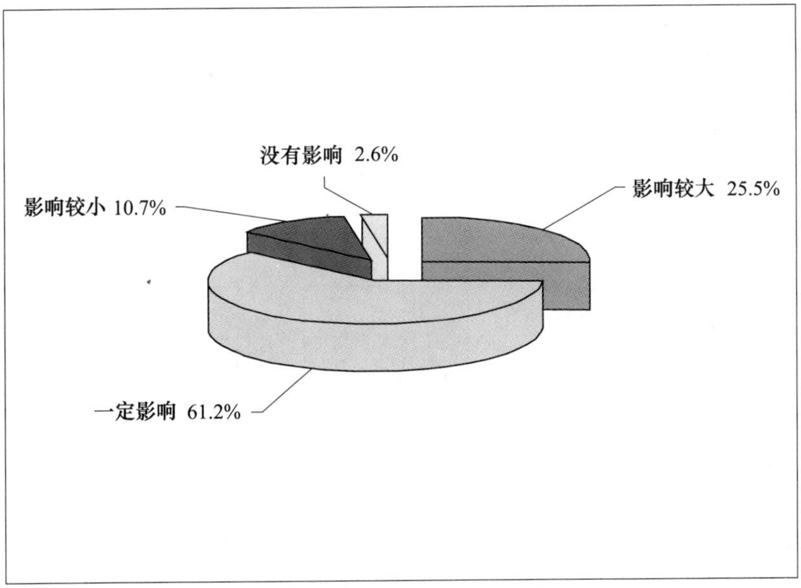

数据表明，单位组织的不道德行为有可能成为行业行为仿效的对象，行业伦理风气的形成，也有赖于单位组织的道德。

33. 贵单位如果有良好的伦理氛围，对其他单位有表率作用吗

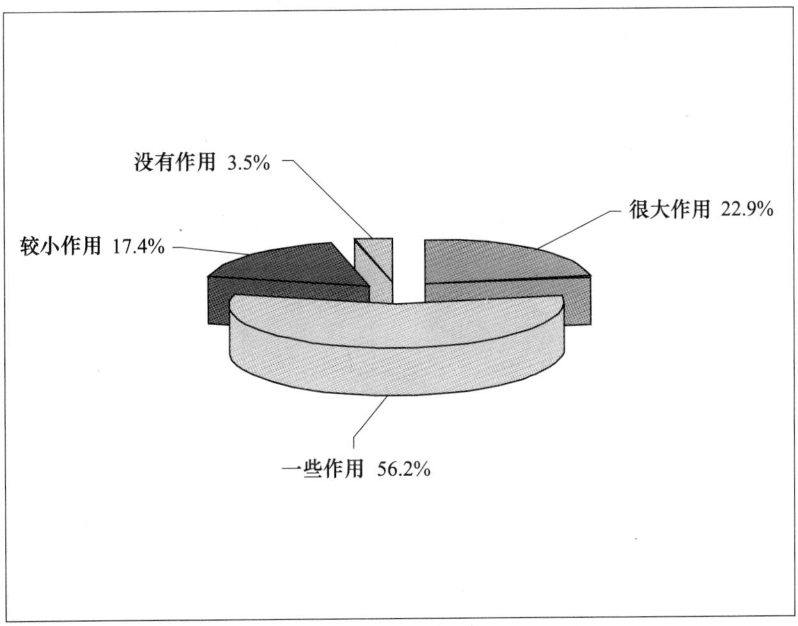

从中反映，一个单位组织的道德行为有可能成为其他单位行为的表率，说明组织道德培育的过程中，也应重视榜样的作用，重视风气引导的作用。

34. 现代社会上的不道德现象，原因主要归结为

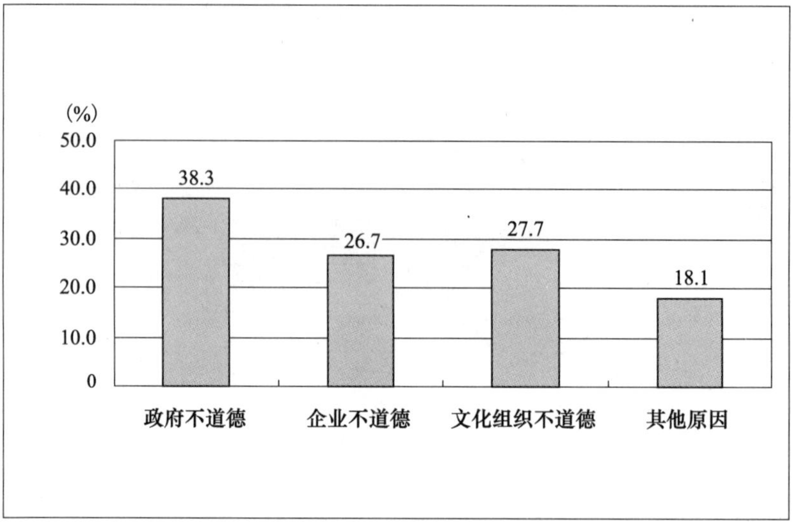

被调查者中，认为政府不道德的 264 人，占总数的 38.3%；认为企业不道德的 184 人，占总数的 26.7%；认为文化组织不道德的 191 人，占总数的 27.7%；认为是其他原因的 125 人，占总数的 18.1%，其中包括理念传承问题、社会大环境的影响及综合原因等。数据反映，现代社会组织对社会道德影响很大，影响最大的是政府组织，这表明政府组织的道德状况是影响社会道德状况的最主要因素。

35. 贵单位有没有长久坚持的传统组织文化或理念

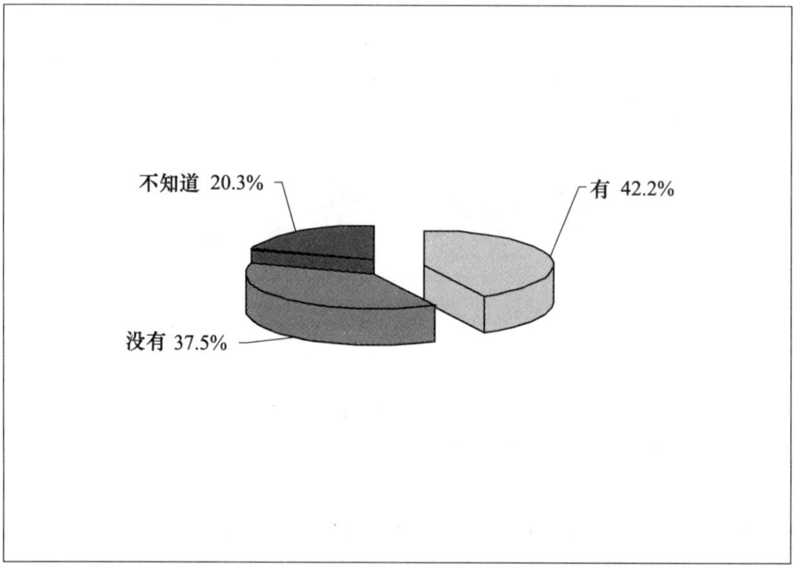

由于被调查组织的历史不同，呈现出的状况也不同，数据符合客观现实，组织伦理建设应根据不同的组织发展状况有针对性地进行展开。

36. 这些传统文化对伦理道德有影响吗

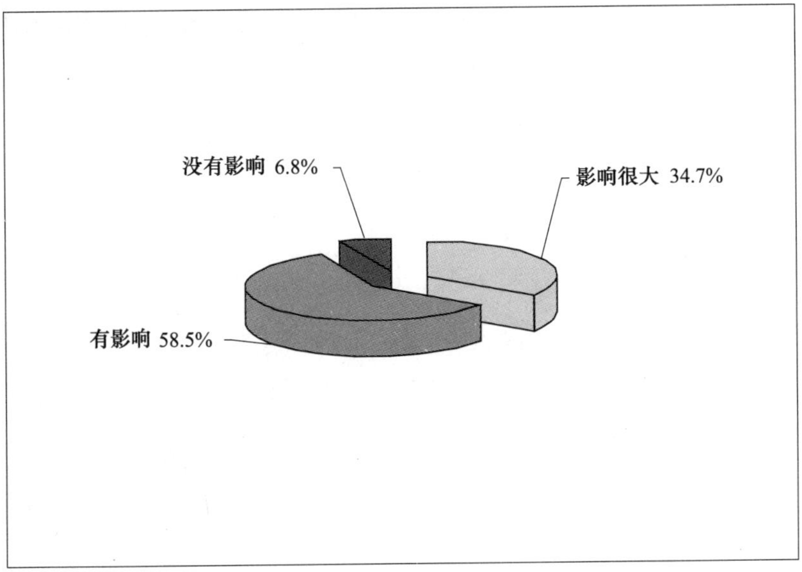

37. 这些传统文化是如何影响伦理道德的

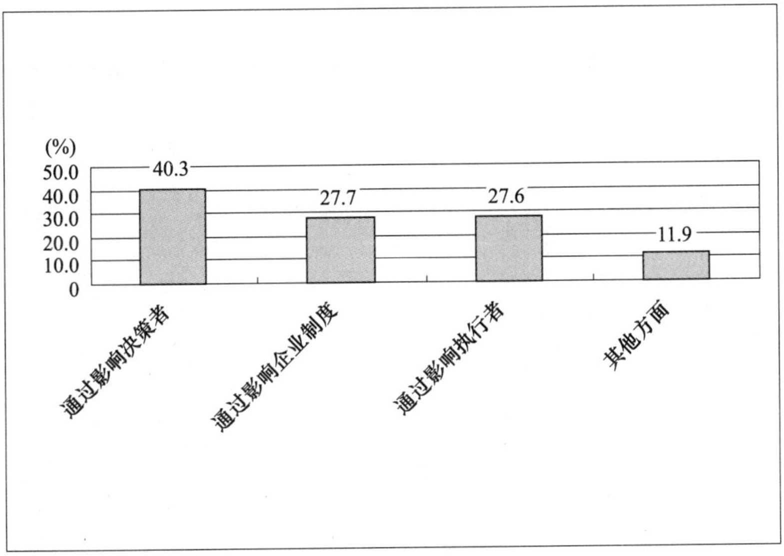

被调查者中，认为通过影响决策者理念的 278 人，占总数的 40.3%；认为通过影响企业制度的 191 人，占总数的 27.7%；认为通过影响执行者的行为的 190 人，占总数的 27.6%；认为是其他的 82 人，占总数的 11.9%，其中包括影响企业执行者行为等。数据表明，传统文化对组织道德的影响主要通过决策者和执行者的理念和行为展开，影响企业制度所占的比例不大。这与现代组织伦理建设必须重视制度伦理的推进有一定的距离。

38. 有观点认为当代中国伦理建设的关键在于政府伦理、企业伦理等组织伦理的建设，只要政府官员不利用权力为自己谋利，企业不昧着良心挣钱，媒体不睁着眼睛说瞎话，中国伦理风气就清明了。您同意这观点吗

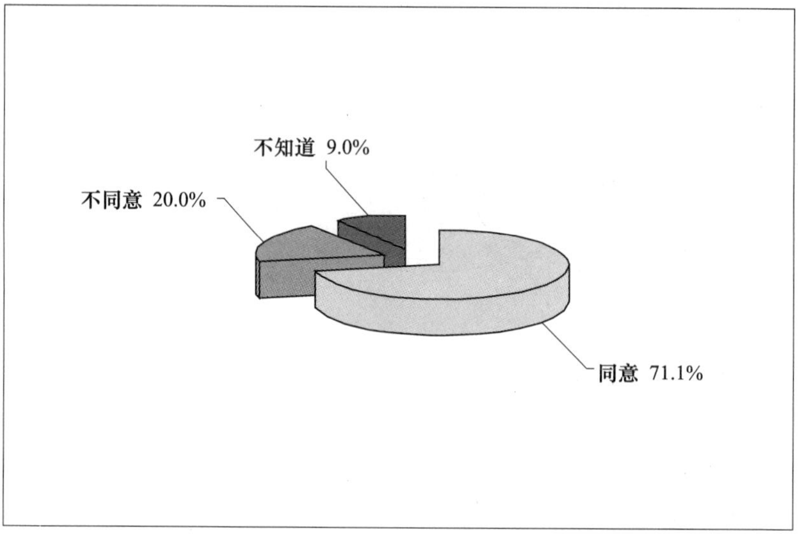

数据同样表明，组织道德对当代中国伦理建设至关重要。

39. 在建设和谐伦理的过程中，面对行政组织不道德，最需要从那方面入手

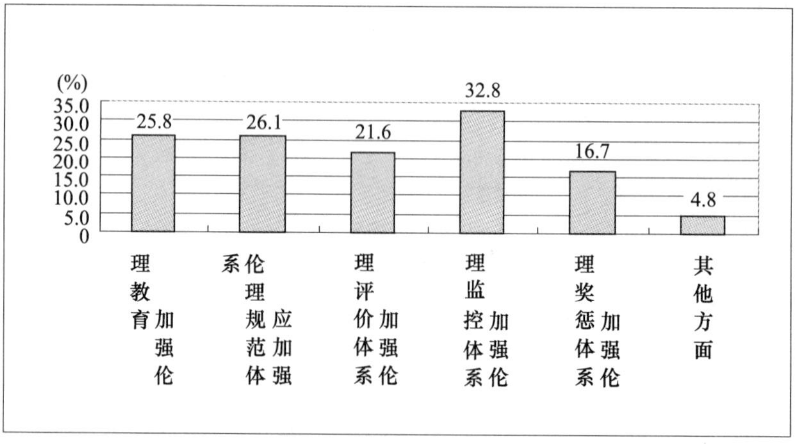

被调查者中，认为应从加强伦理教育的 178 人，占总数的 25.8%；认为应加强伦理规范体系建设的 180 人，占总数的 26.1%；认为应加强伦理评价体系建设的 149 人，占总数的 21.6%；认为应加强伦理制度监控体系建设的 226 人，占总数的 32.8%；认为应加强伦理奖惩体系建设的 115 人，占总数的 16.7%；认为是其他方面的 33 人，占总数的 4.8%。数据表明，行政组织伦理建设是一个系统性的工程，伦理规范体系、伦理评价体系、伦理制度监控体系及伦理奖惩体系都应重视。

40. 在建设和谐伦理的过程中，面对企业组织不道德，从那方面入手最重要

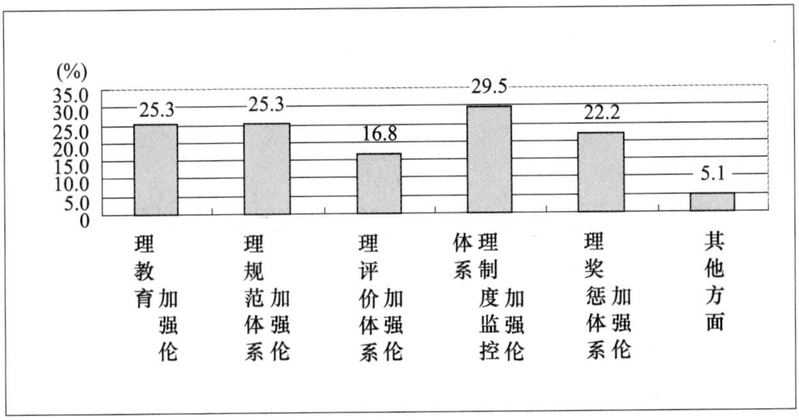

被调查者中，认为应加强伦理教育的 174 人，占总数的 25.3％；认为应加强伦理规范体系建设的 174 人，占总数的 25.3％；认为应加强伦理评价体系建设的 116 人，占总数的 16.8％；认为应加强伦理制度监控体系建设的 203 人，占总数的 29.5％；认为应加强伦理奖惩体系建设的 153 人，占总数的 22.2％；认为其他方面的 35 人，占总数的 5.1％。数据表明，企业组织伦理建设与行政组织伦理建设同样是系统性的工程，伦理规范体系、伦理评价体系、伦理制度监控体系及伦理奖惩体系都应重视。

（王　珏）

十三
道德舆论影响因子调查数据分析图表(一)

调查时间：2006 年 8 月至 2007 年 6 月

调查地点：江苏省苏州市

本次调查是在李兰芬教授的牵头下进行，对象是苏州市传媒从业者群体。本次调查共发放问卷 501 份，回收问卷 450 份，有效问卷 450 份，有效率 89.8%（个别题项统计数据总和未满 100%的为有人未答）。

第一部分　基本信息

1. 您的性别

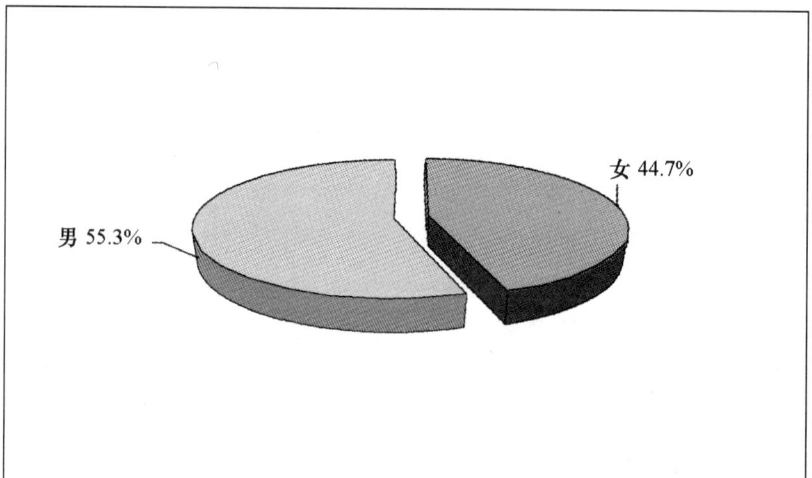

2. 您的年龄

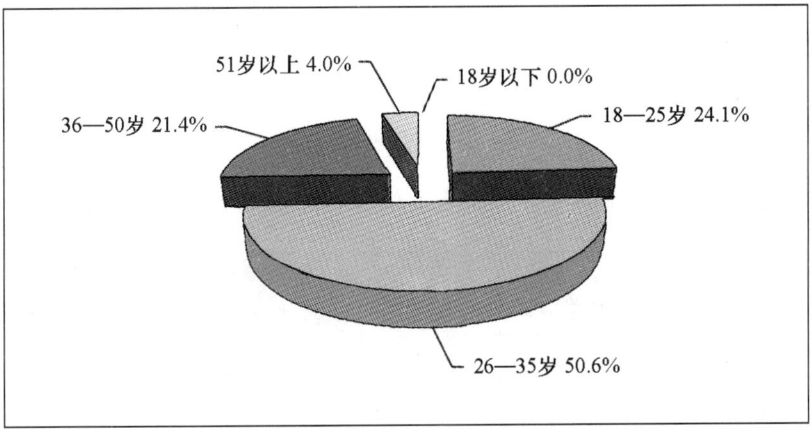

3. 您的受教育程度

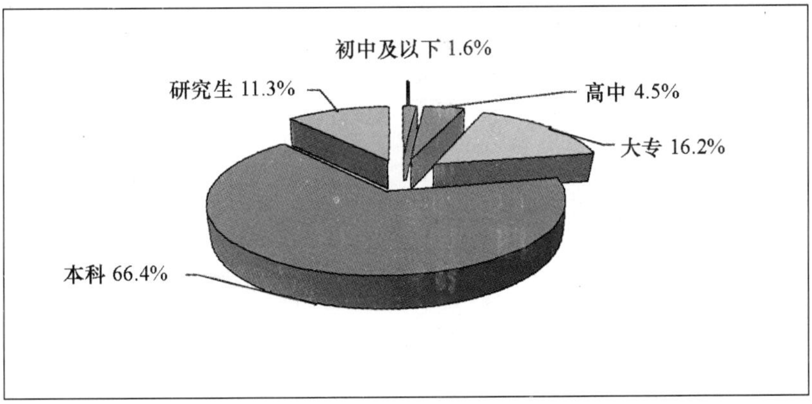

4. 您目前的职业

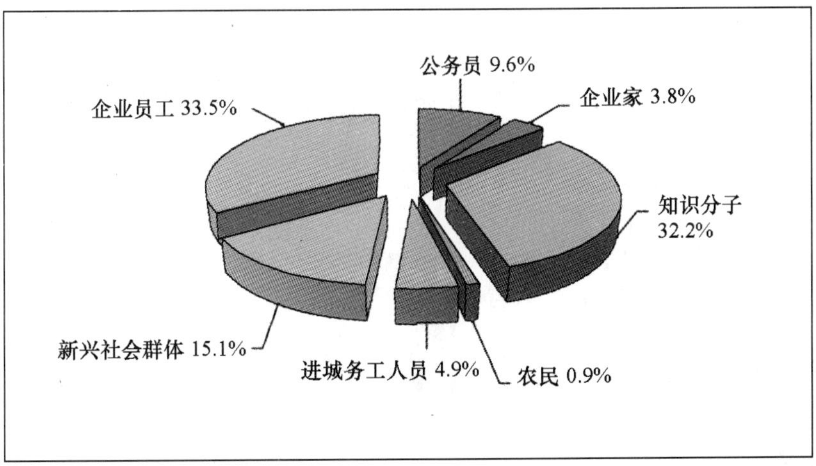

5. 您的月平均收入

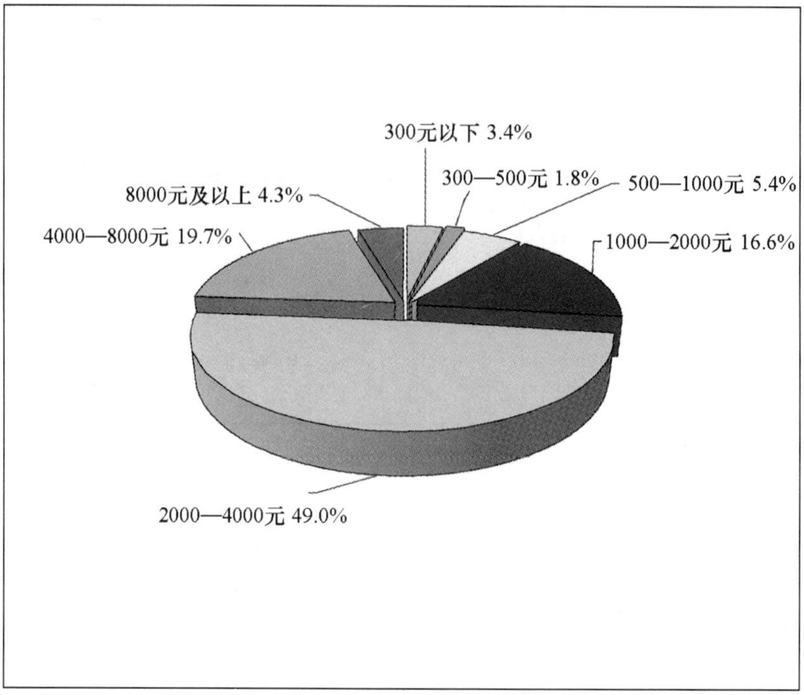

6. 您的宗教信仰

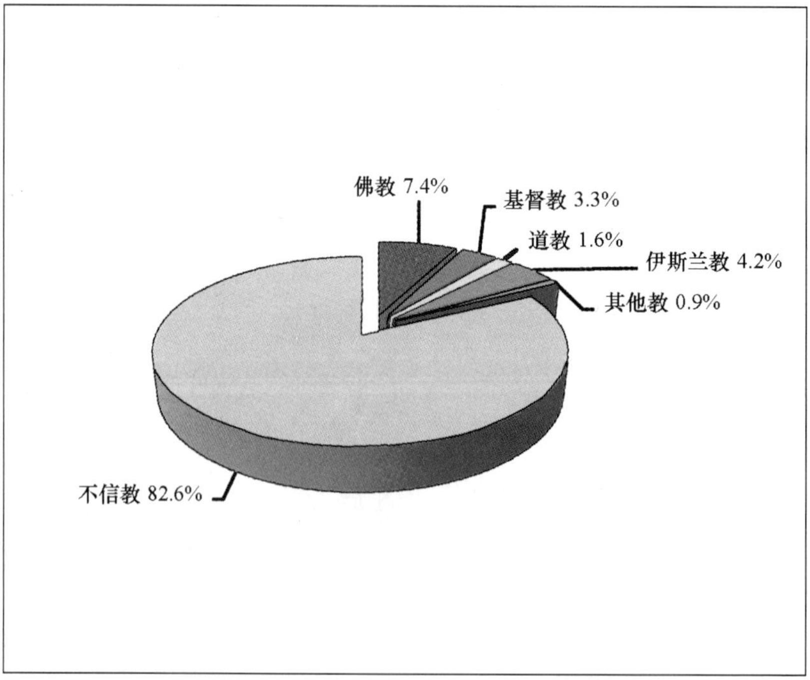

第二部分　调研信息

1. 您认为当前我国社会的主流道德是什么

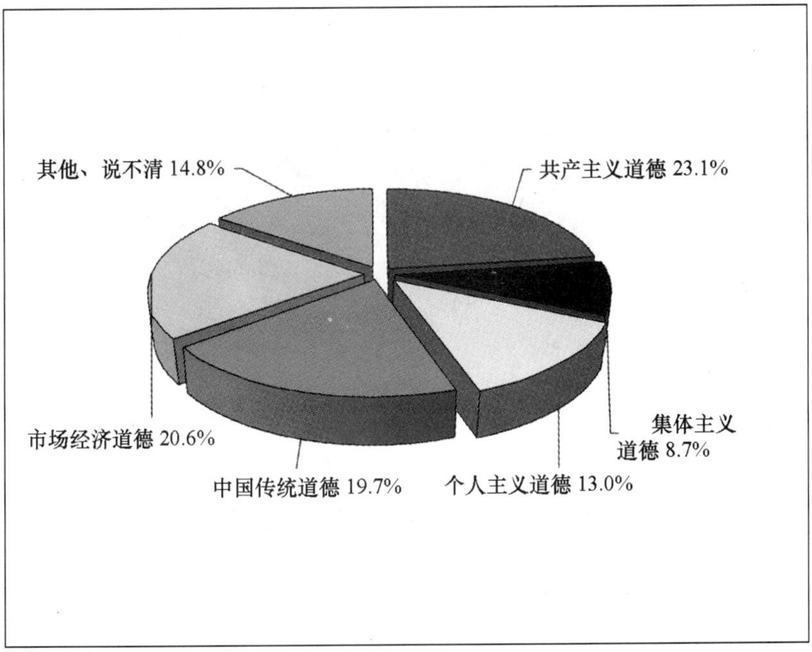

2. 您对您认为的当前我国社会的主流道德持什么态度

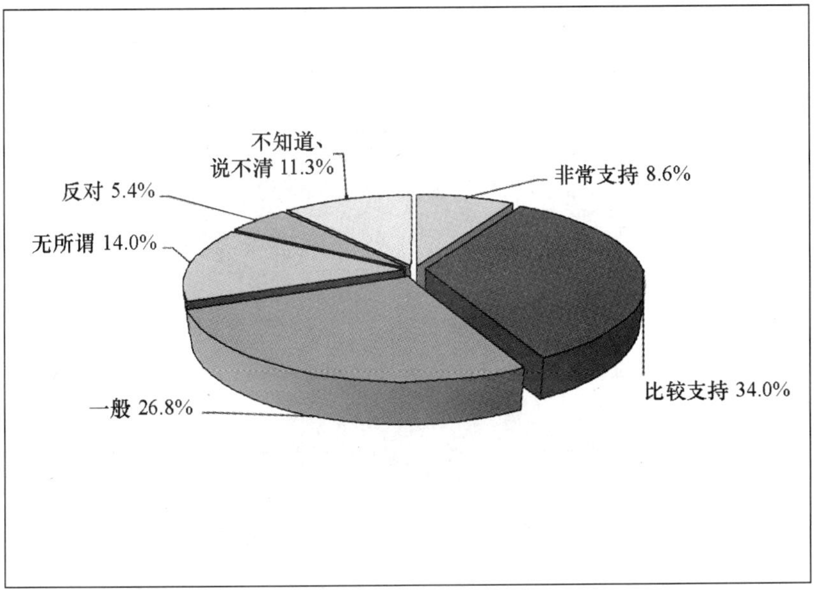

3. 您认为当前传媒中比较盛行的观念有哪些

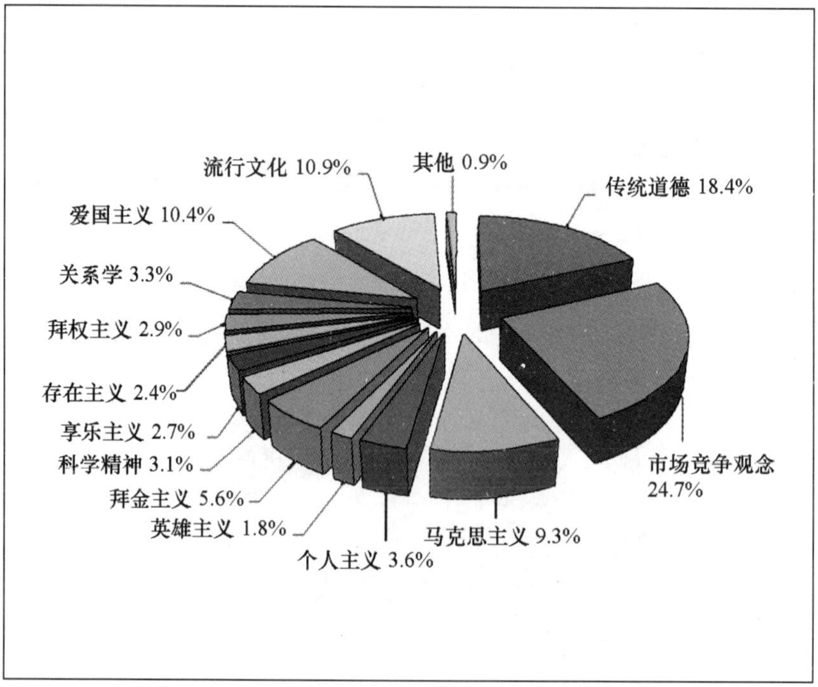

4. 您认为当前传媒的道德形态与过去相比有何变化

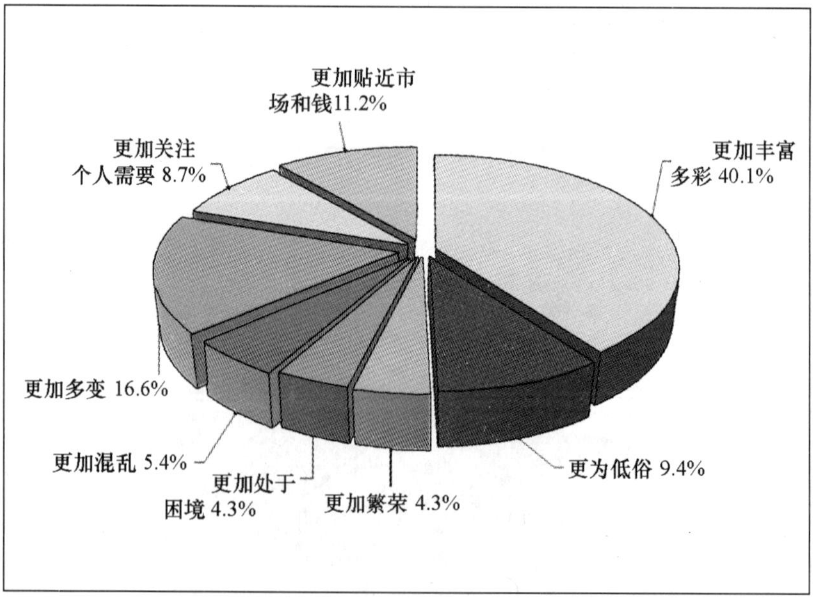

5. 您认为当前传媒道德形态之所以多元多样的原因是什么

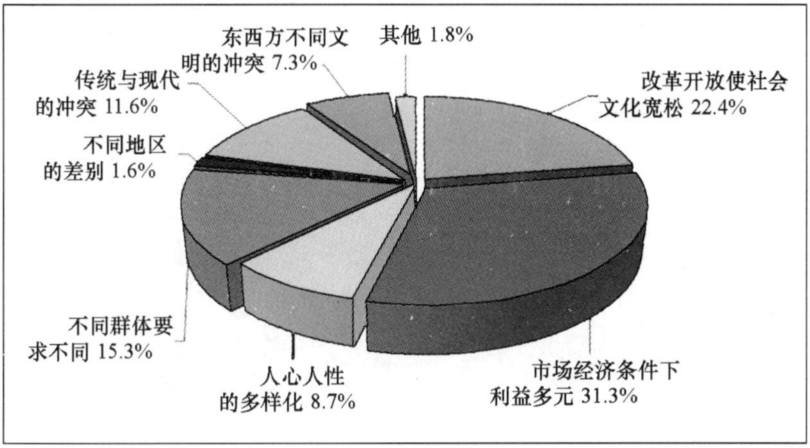

6. 如果您认为传媒道德变化较大，其原因是什么

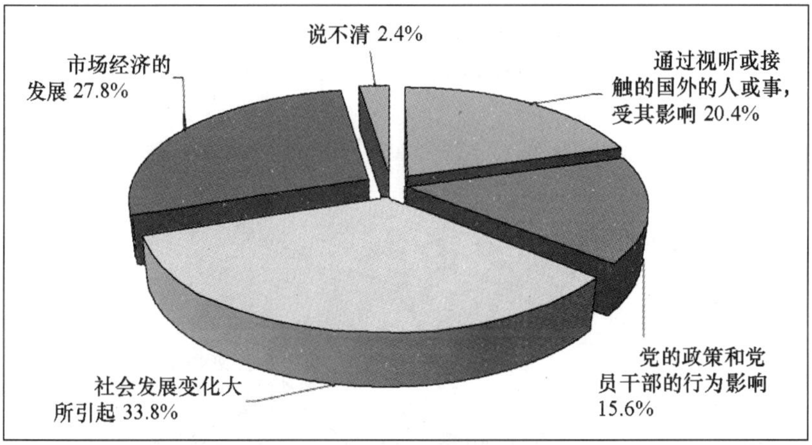

7. 您认为我国当前媒体的主流道德导向应该如何

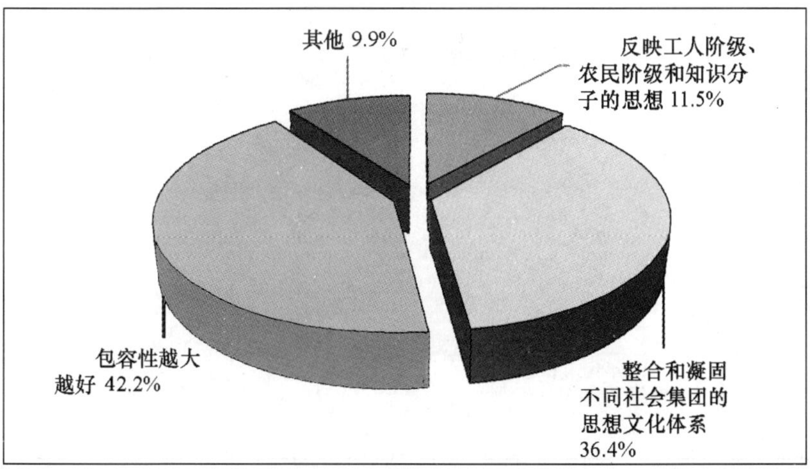

8. 您认为媒体目前对我国当前社会制度的主流导向是什么

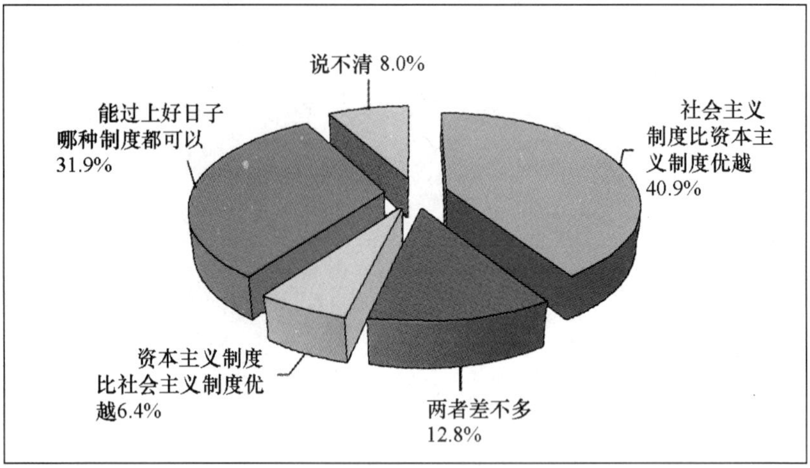

9. 您认为当前媒体对毛泽东时代持何态度

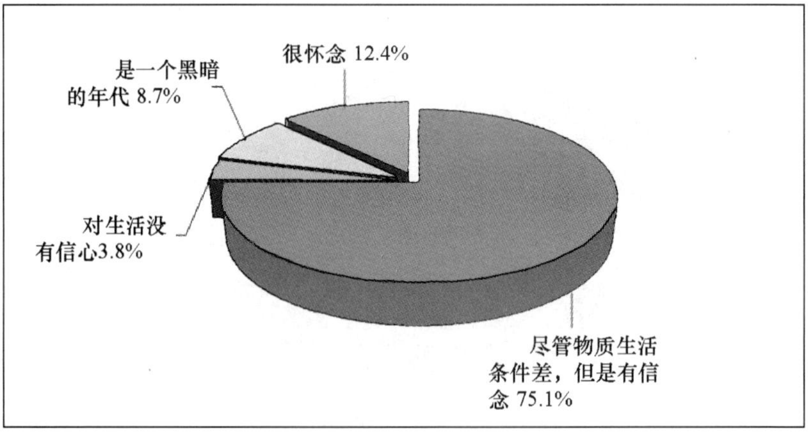

10. 如果改革开放以来传媒的道德导向有变化的话，那么变化快的是什么时期

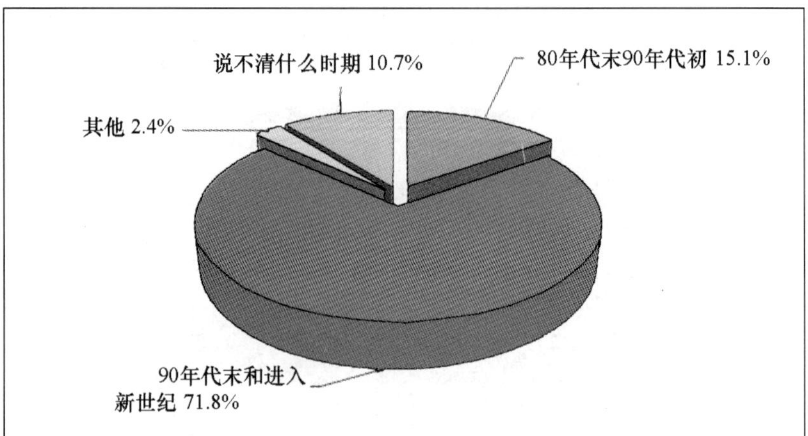

11. 您认为哪些人在主导当前我国社会的道德舆论

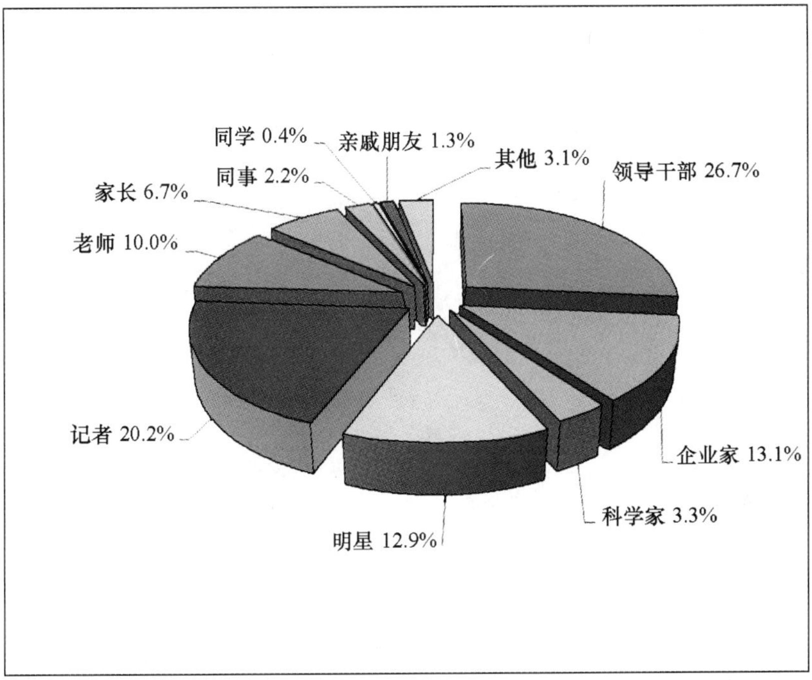

12. 您认为对主流道德舆论影响越来越大的是哪些人

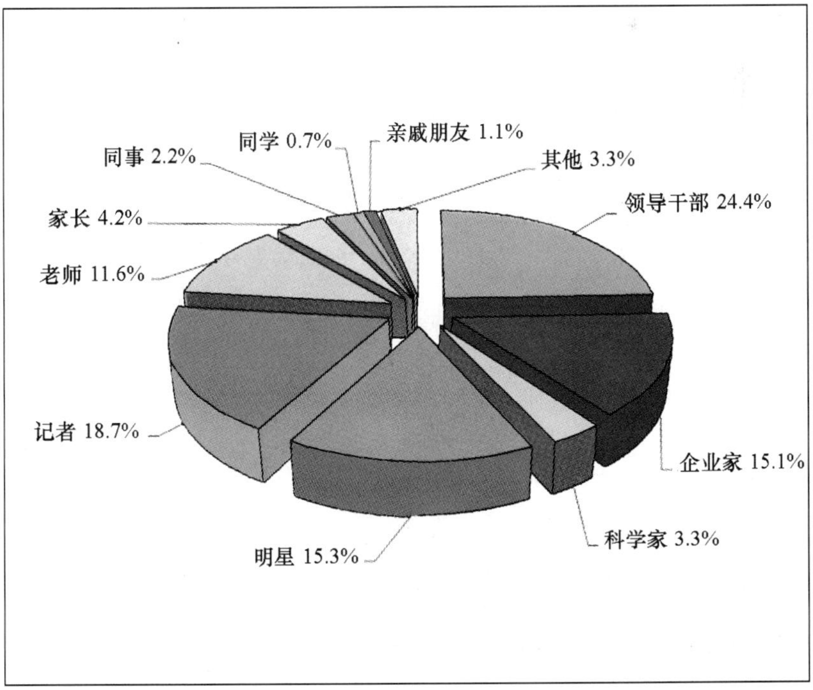

13. 您认为哪些组织在主导当前我国社会的道德舆论

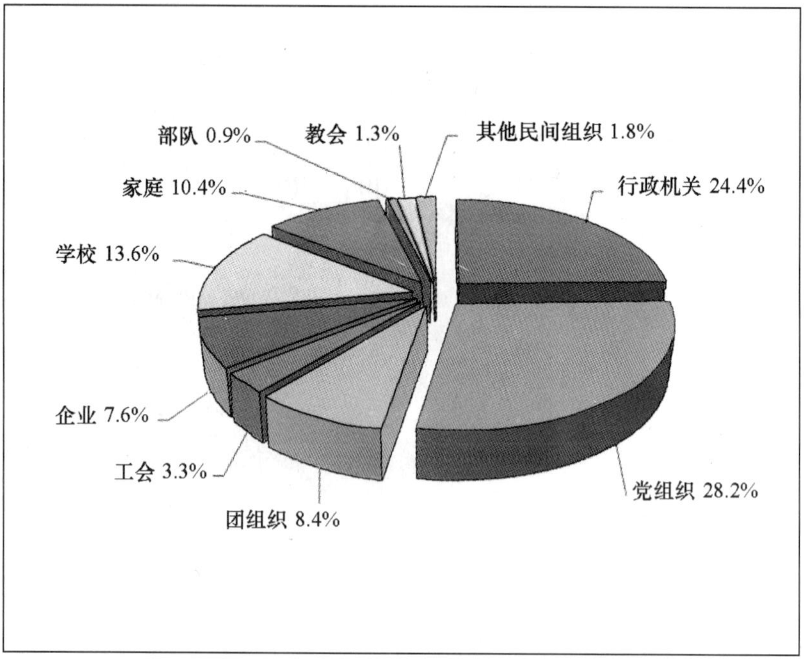

14. 您认为对主流道德舆论影响越来越大的是哪些组织

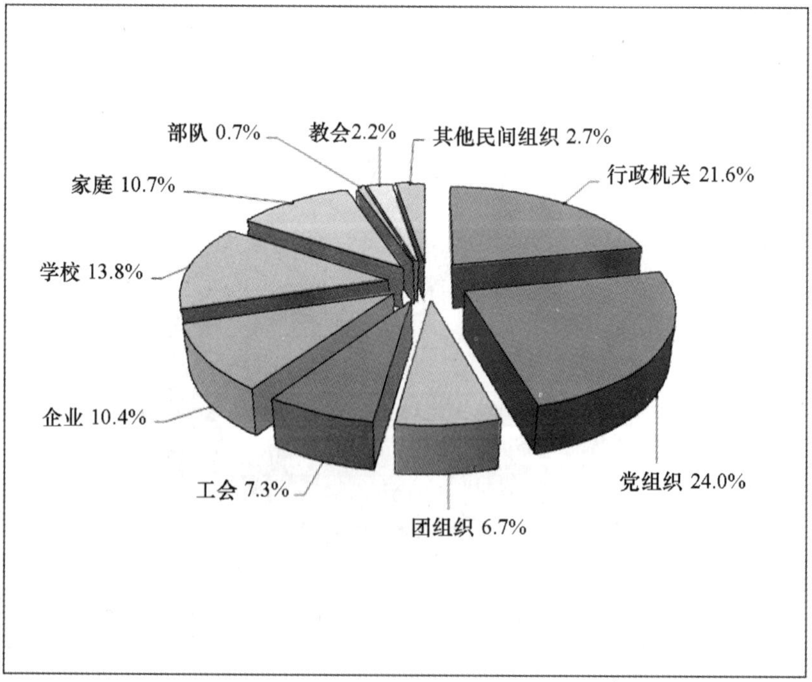

15. 您认为影响或左右当前我国社会道德舆论的主要力量是什么

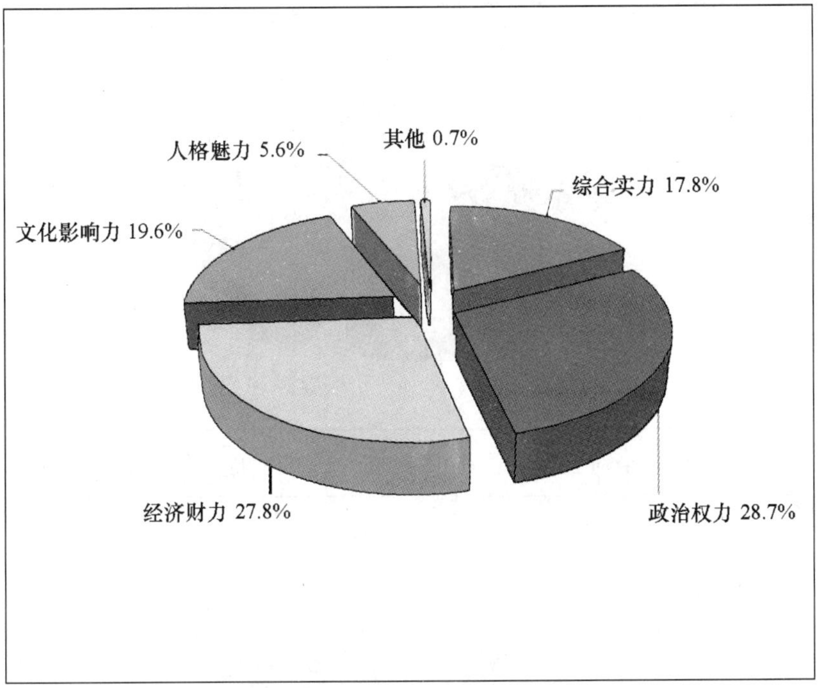

16. 您选择或接受某种社会道德舆论的依据是什么

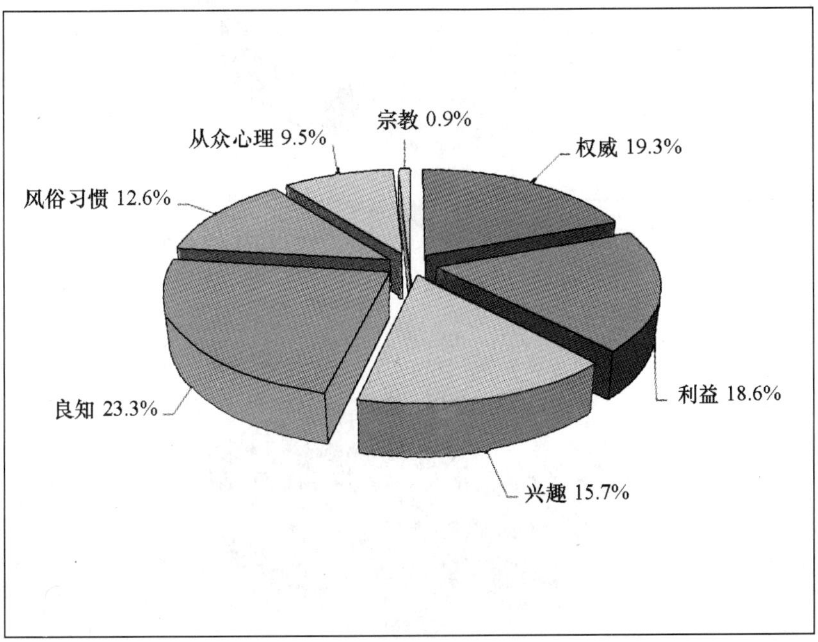

17. 您认为当前我国社会道德舆论的主导者主要是通过什么方式和渠道影响民众的

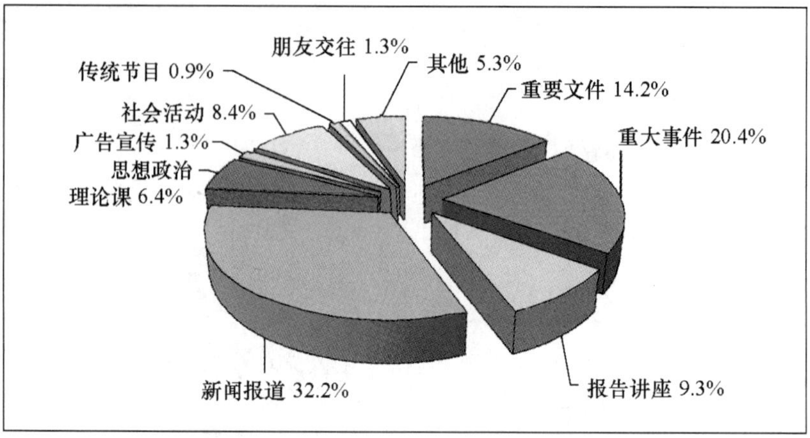

18. 您认为传媒应当对当今令人不满意的道德风尚负多大责任

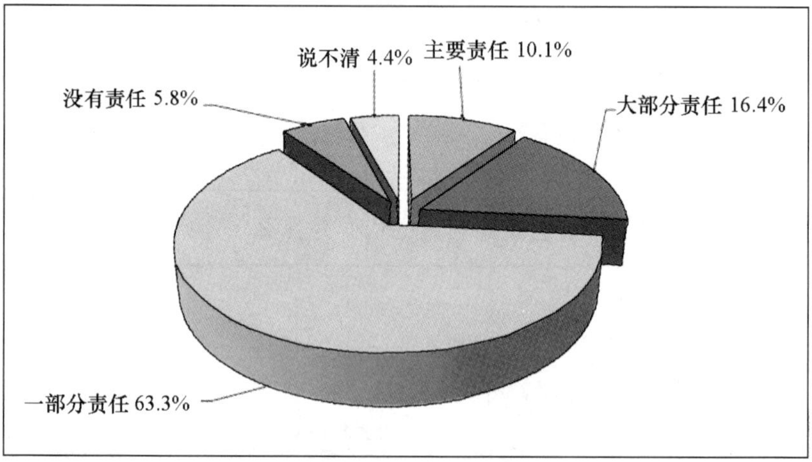

19. 您对传媒在当前我国社会道德舆论形成中所起作用是否满意

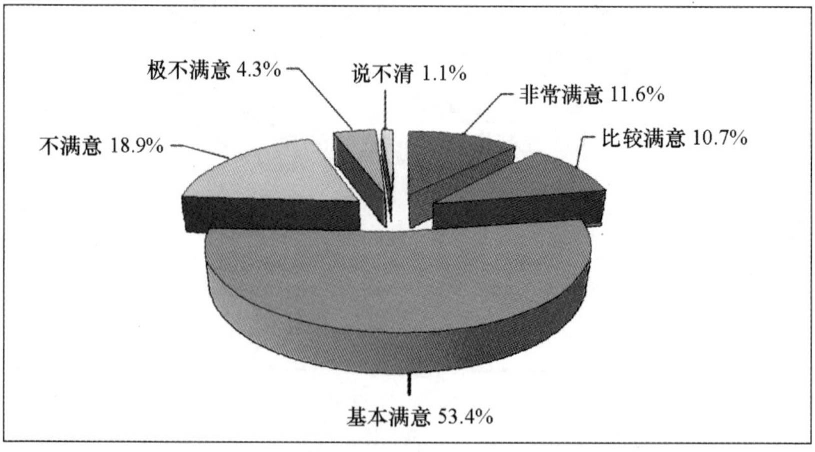

20. 您认为以下哪些因素影响和制约了我国传媒业在主流道德舆论形成中所发挥的作用

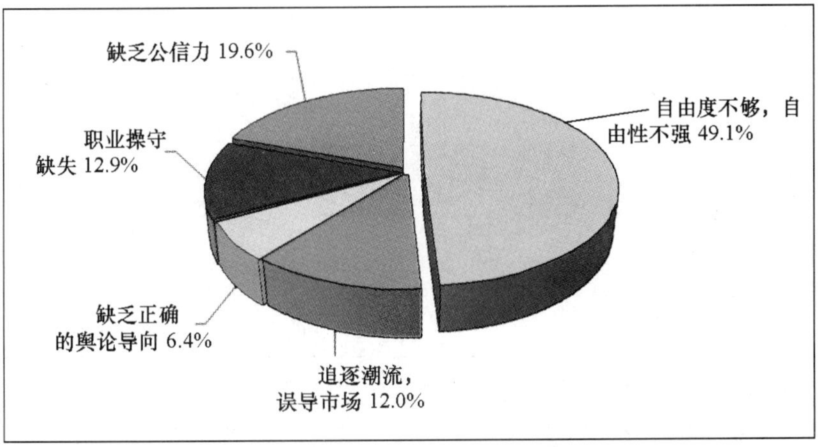

21. 您认为传媒是影响社会主流道德舆论的主要载体吗

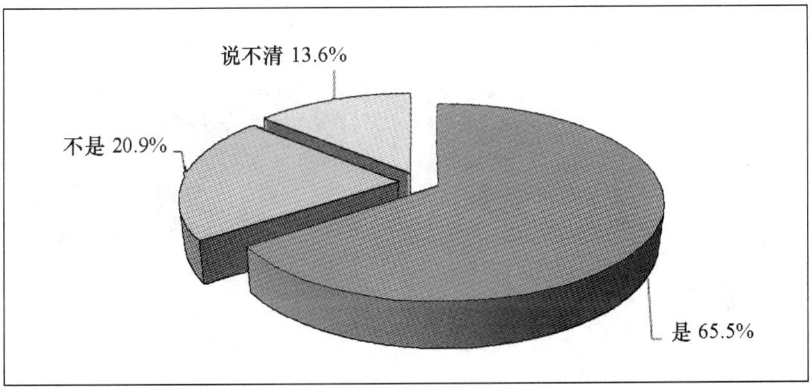

22. 您认为下面哪些媒体影响着我国社会主流道德

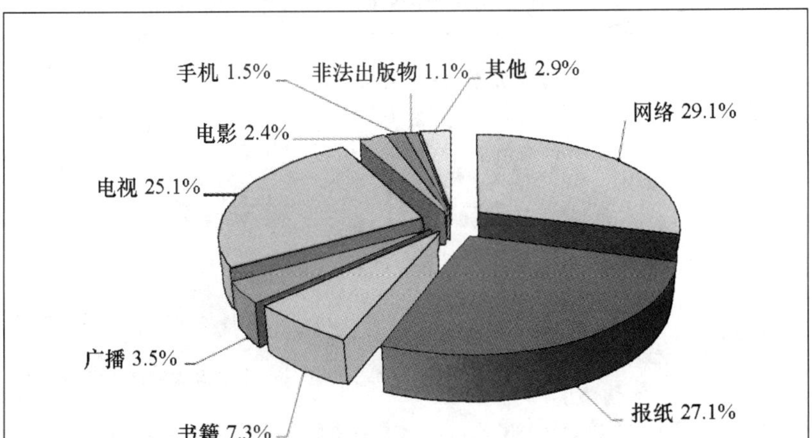

23. 您认为对我国社会主流道德影响越来越大的将是哪些媒体

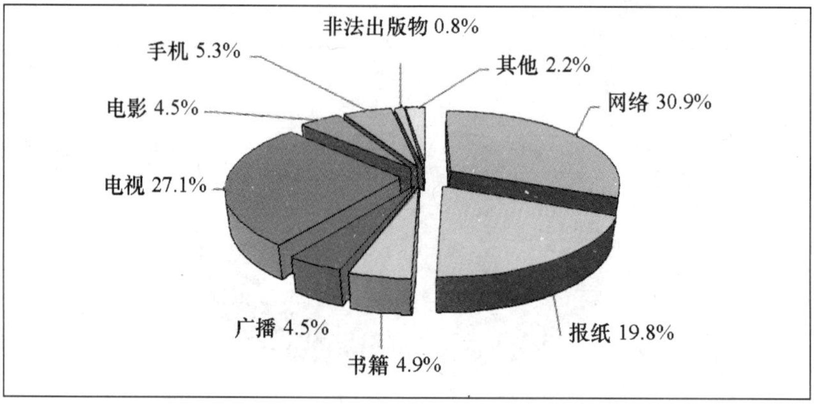

24. 您认为下面哪些栏目影响着我国社会主流道德

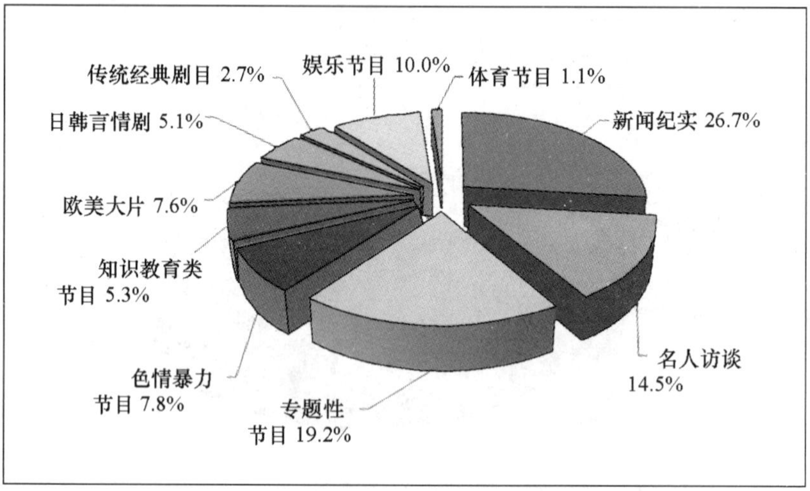

25. 您认为对我国社会主流道德影响越来越大的将是哪些栏目

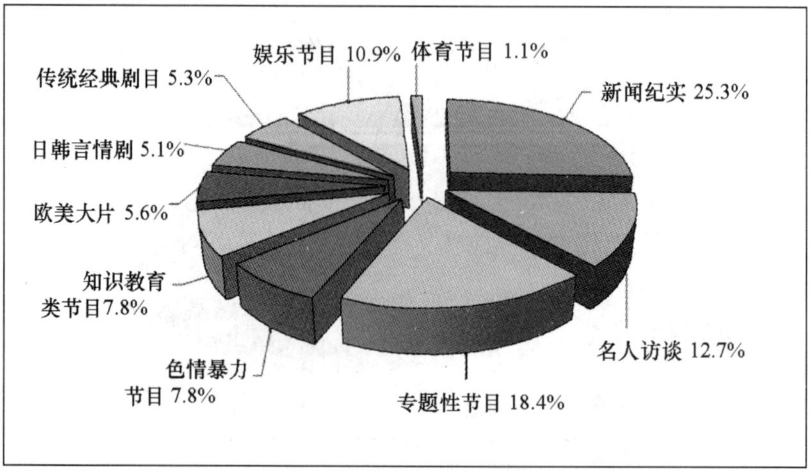

26. 您认为当今传媒最重要也最需要的德性是

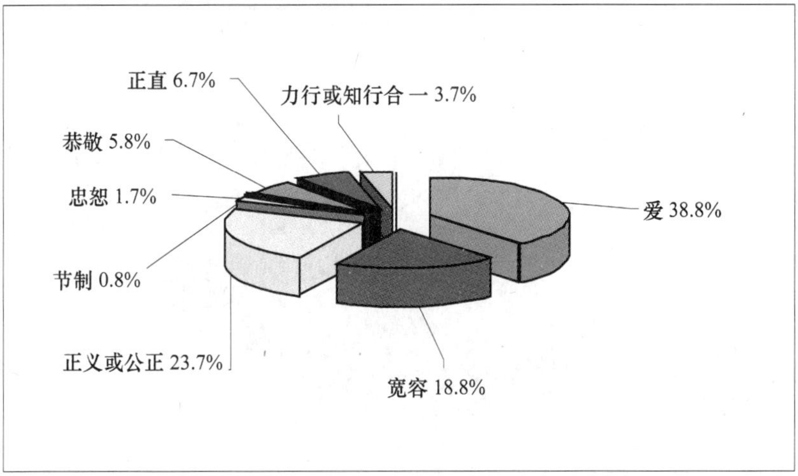

27. 您认为在传媒多元多样多变的道德形态中有哪些因素持久不变或变化相对较少

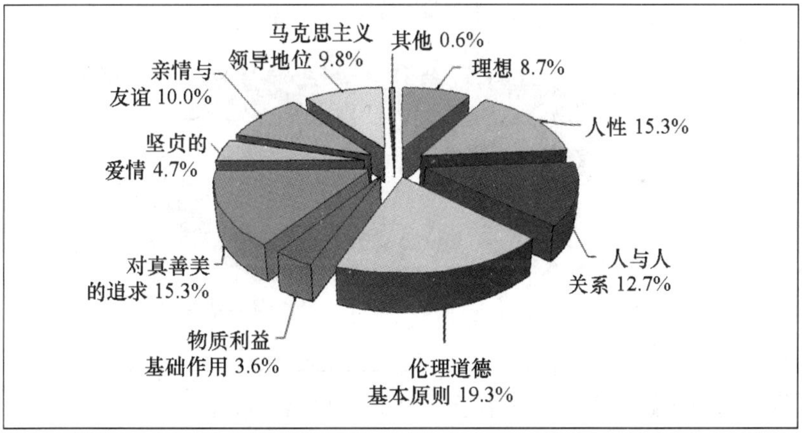

28. 您认为当前传媒加强道德建设应当优先弘扬哪些内容

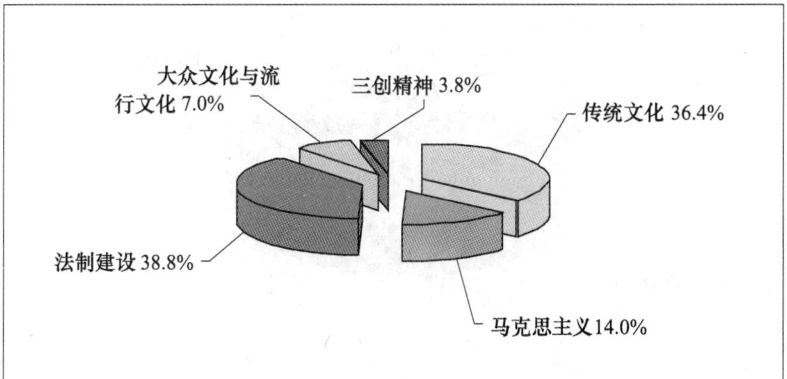

29. 您认为网络在我国社会主流道德舆论的形成和传播中发挥的作用如何

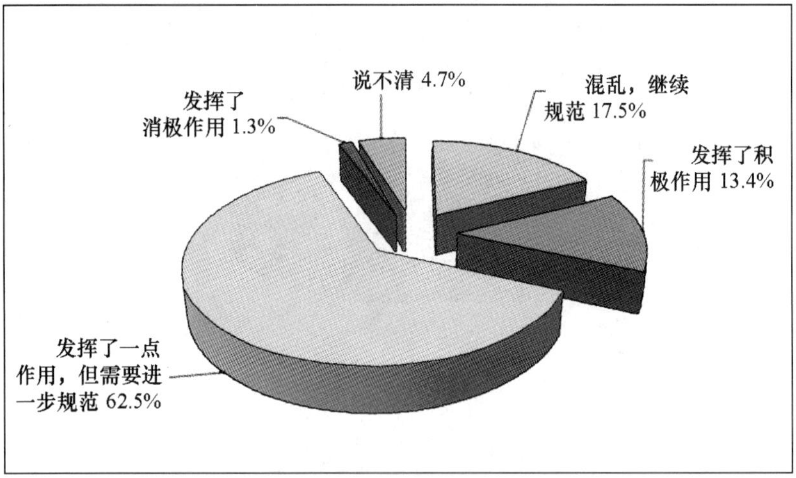

30. 您对网络在我国社会道德舆论形成中所起作用的总体状况是否满意

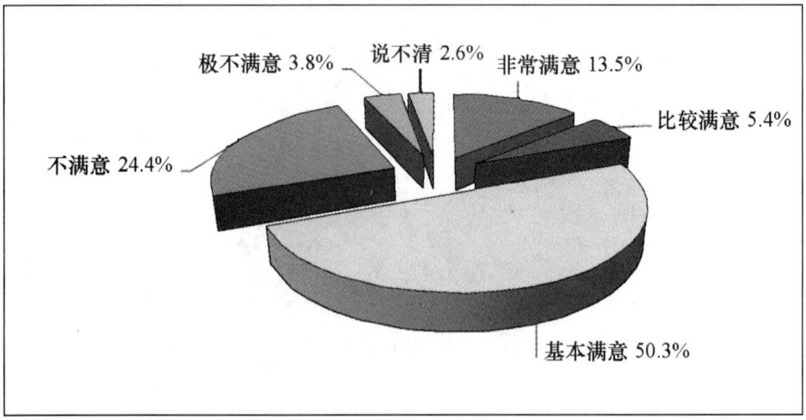

31. 您对当前传媒从业人员的社会责任感状况是否满意

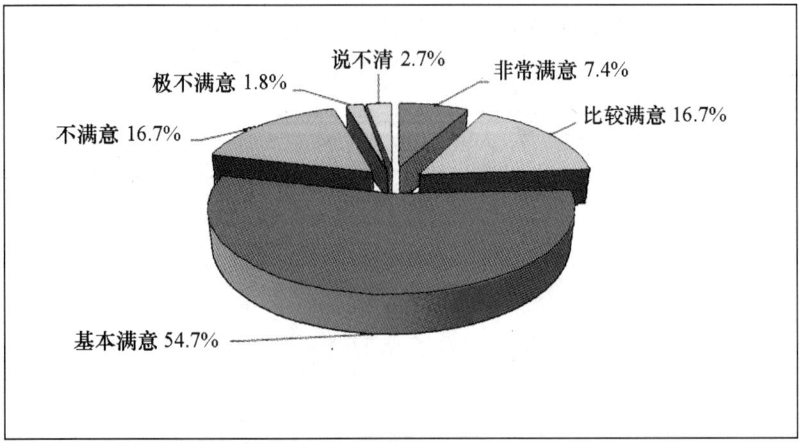

32. 您认为当前我国社会需要弘扬的主流道德有哪些

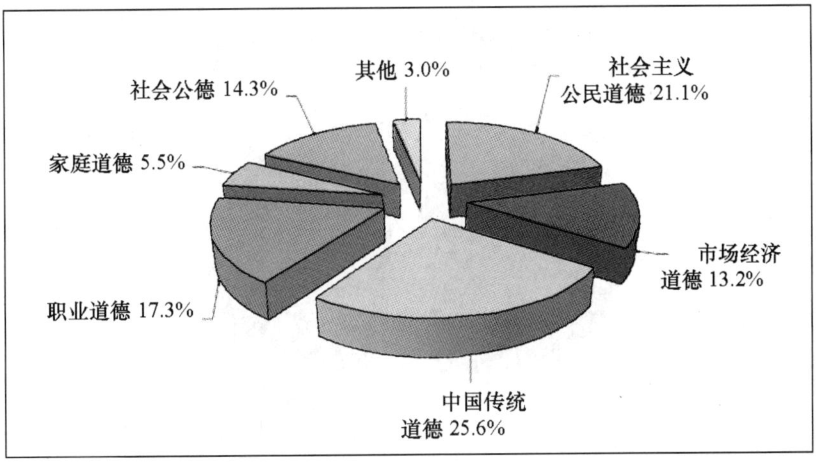

33. 您认为我国各大媒体报道新闻事件的选择

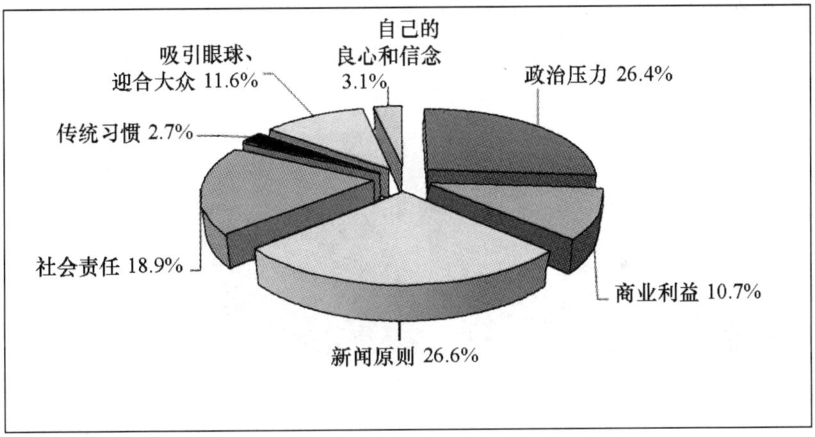

34. 您认为当前我国媒体报道频率最高的是哪个群体

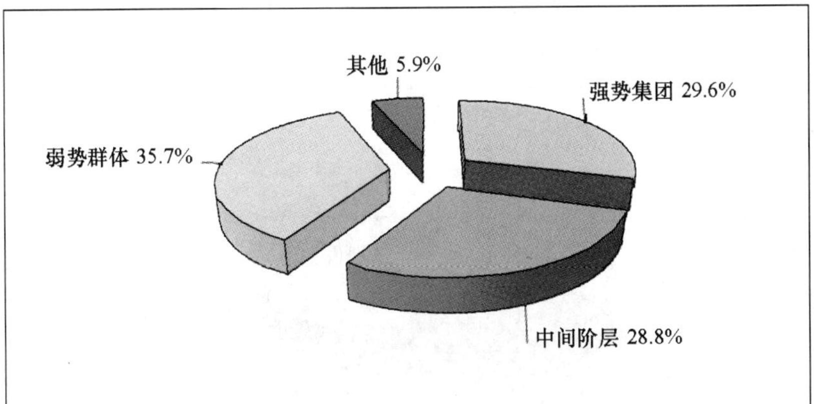

35. 您认为影响我国媒体信誉的失范现象主要有哪些

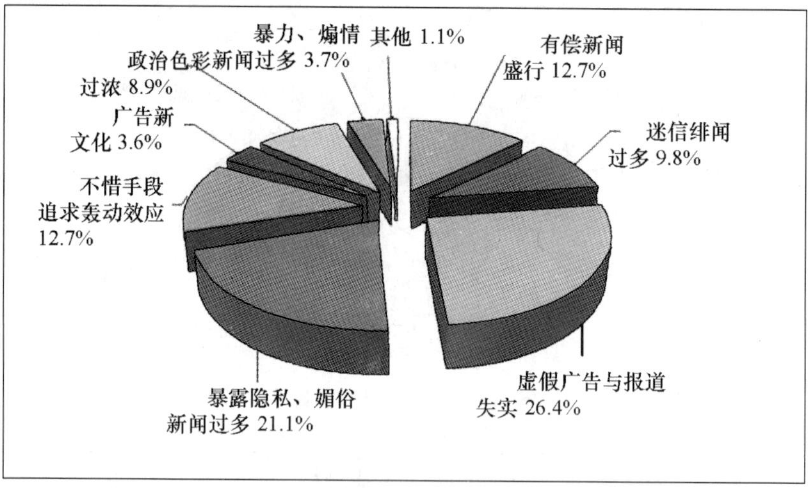

36. 您认为影响我国媒体信誉失范的主要原因有哪些

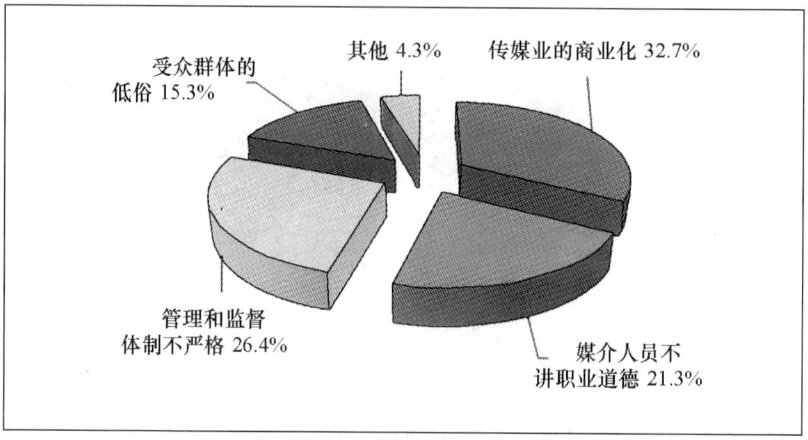

37. 您认为“媒介成为某些政治、文化、经济、社会精英等集团的私人空间的宣传工具”在当前中国已成事实吗

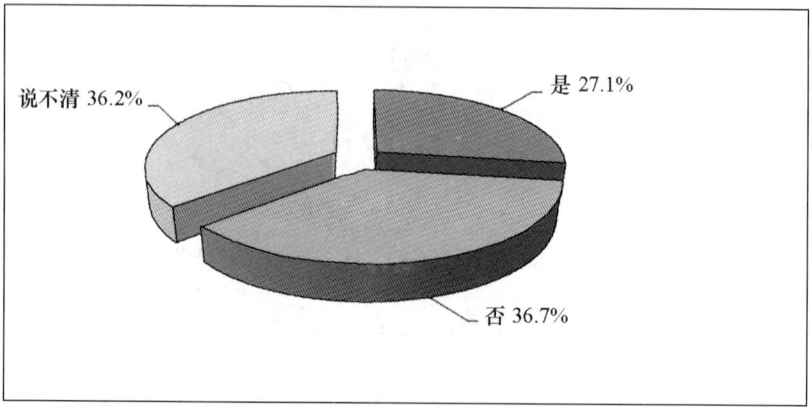

38. 有媒体曾报道：有的部门竟发文“严禁教师奸淫幼女”，“严禁党员干部嫖娼”，您对这种报道持何态度

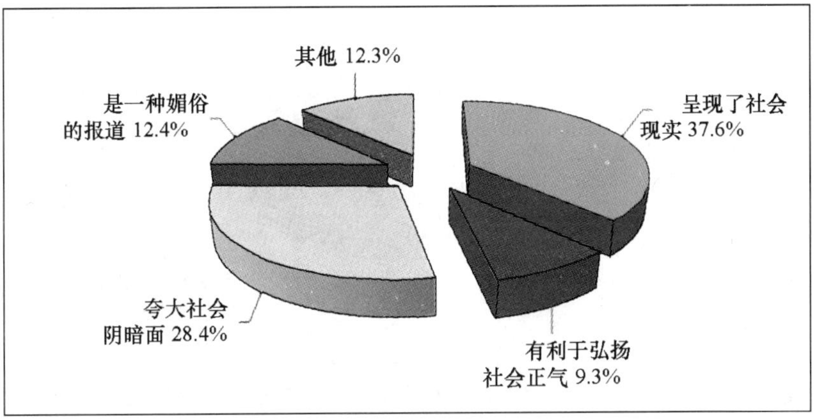

39. 您是否同意下面这段关于记者人格的评说：记者是两面人，其左脸，作为最有社会责任理念、最受人尊敬的报人；其右脸，作为“黄色新闻之父”，即：“半边脸是温文尔雅的学者，半边脸是肌肉抽搐的魔鬼。”

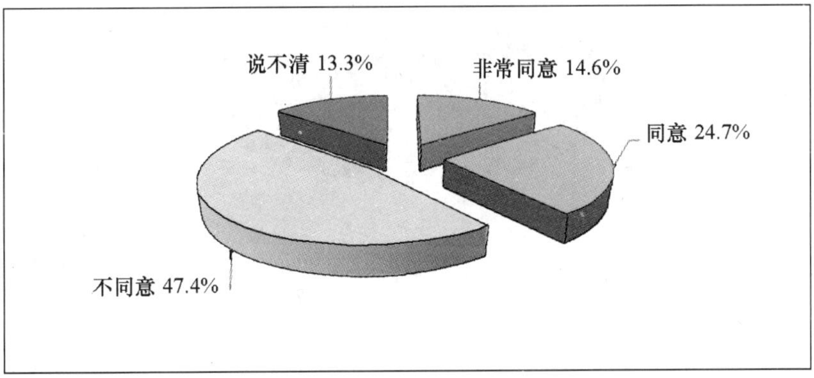

40. 最近网上流传一则虚拟的幽默新闻，说的是一位大娘在街头摔倒后，三家报纸分别对其进行报道。其间差异甚大，每一篇都有夸张之处，但它们非常形象地表现出媒体具有不同的新闻价值取向。在以下三种关于“大娘在街头摔倒”的几个报道版本中，您更赞同那一种报道价值取向

（1）报道极力淡化大娘摔倒所受到的伤害，大加赞美送大娘去医院的人，宣传助人为乐的事迹，并且进一步和精神文明建设联系起来，说明精神文明建设的成就 22.4%。

（2）报道指责政府办事不力，进而质问公共设施的投资情况 29.9%。

（3）报道大量引用具体数据佐证，逻辑严密地陈述事实 47.7%。

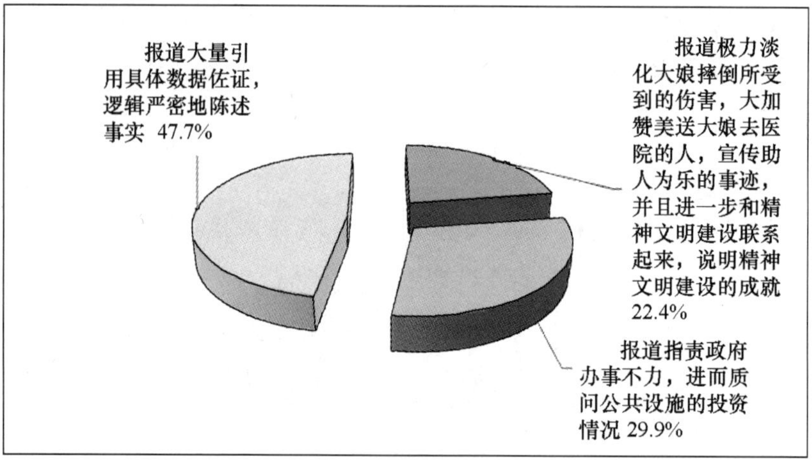

41. 如果某篇报道使您个人和单位得到利益，但会造成环境污染或社会公害，您会劝阻或举报吗

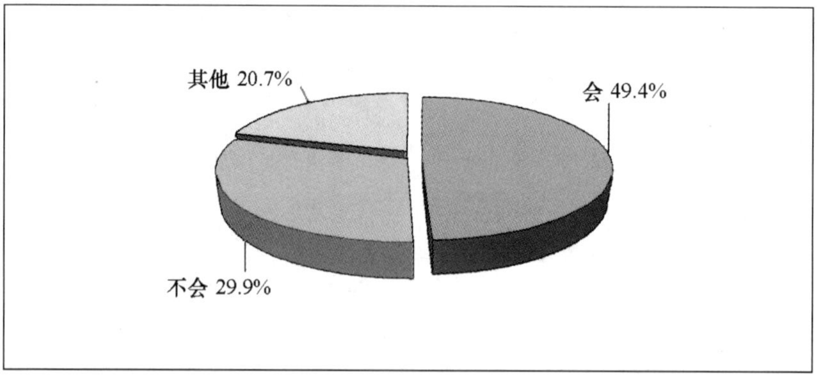

42. 您认为理想的媒体报道应该是

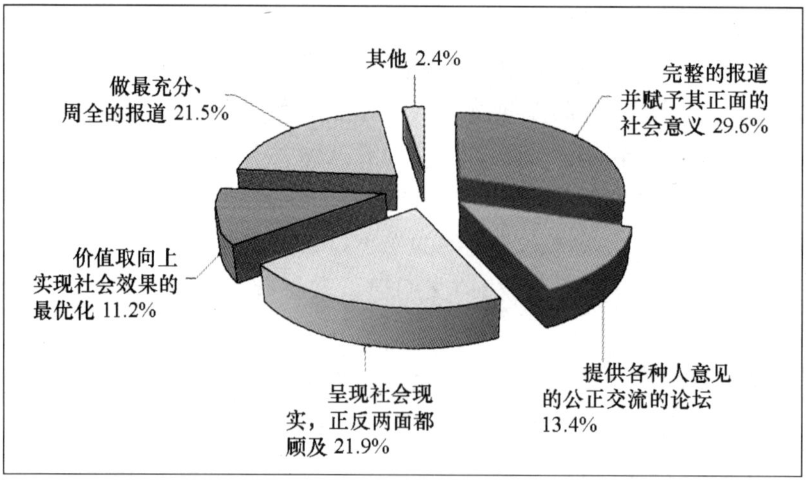

43. 您是否同意媒体从业者的下述做法（请在相应栏中打"√"）

项目	1. 同意		2. 不同意		3. 说不清		4. 合计
	人数	百分比	人数	百分比	人数	百分比	人数
为自己的版面或节目联系赞助	187	41.6	192	42.6	71	15.8	450
为自己的单位联系广告业务	209	46.4	181	40.3	60	13.3	450
在政府部门或非赢利团体兼职	136	30.2	240	53.3	74	16.5	450
参与为企业制作商业广告	132	29.5	212	47	106	23.5	450
为企业担任公关工作	82	18.3	272	60.4	96	21.3	450

44. 您认为媒体主要应该发挥下面哪些社会功能？请在相应栏中打"√"（限选五项）

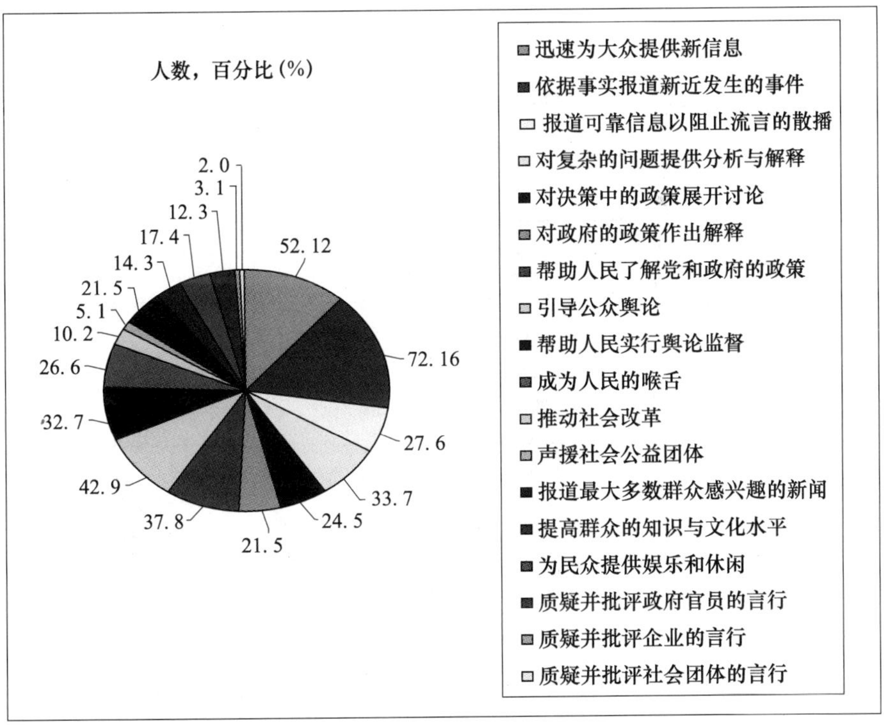

45. 您认为媒体从业者能不能采用这些方法（请在相应栏中打“√”）

项目	同意	不同意	说不清	合计
用钱来获取机密消息	21.4	59.3	19.3	100.0
未经许可而使用被访单位的机密文件	15.3	69.4	15.3	100.0
假扮他人获取资料	23.5	49.7	24.6	100.0
纠缠消息来源直至获得需要的信息	38.7	35.5	25.8	100.0
未经许可使用私人文件	10.2	74.5	15.3	100.0
与同行交换采访资料	68.5	20.3	11.2	100.0
引用其他传媒报道而不注明出处	11.7	72.5	15.8	100.0
为别的新闻媒介写稿	42.3	34.5	23.2	100.0
直接采用被采访单位准备的稿件	21.3	59.6	16.4	100.0
未经被访者的同意暗中录音拍照或录像	33.7	25.9	34.8	100.0
允诺不透露消息来源却不遵守承诺	5.4	73.2	21.4	100.0
以煽情手法处理新闻	24.3	40.5	31.9	100.0
隐藏身份进入被访单位以获得被访者不愿公开的信息	39.5	17.3	36.5	100.0

（李兰芬、张寿强）

十四

道德舆论影响因子调查数据分析图表(二)

调查时间：2006 年 8 月至 2007 年 5 月

调查地点：江苏省苏州市

本次调查由李兰芬教授组织实施，对象是苏州市企业家群体。本次调查共发放问卷 500 份，有效回收问卷 450 份，有效率 90.0%（个别题项统计数据总和未满 100%的为有人未答）。

第一部分　基本信息

1. 您的性别

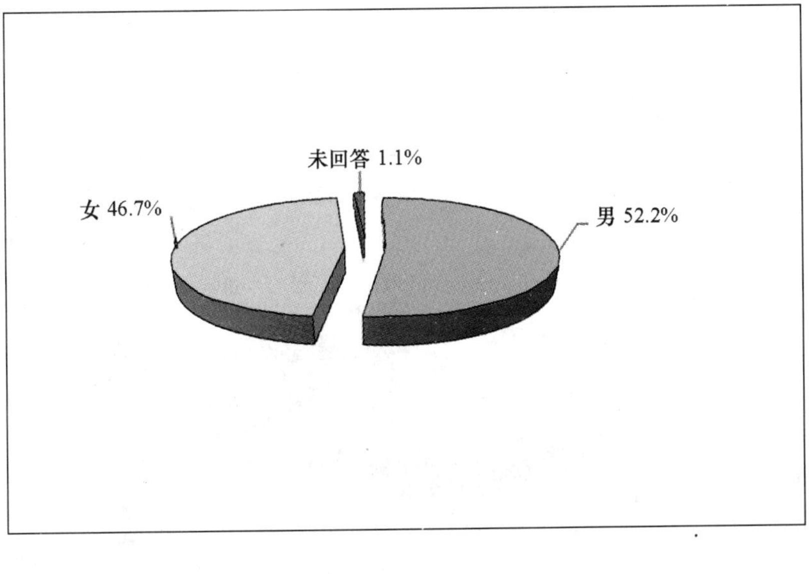

2. 您的年龄

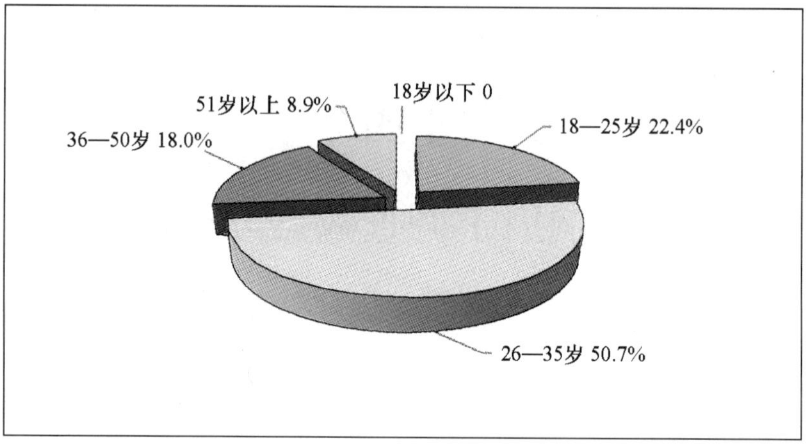

3. 您的受教育程度

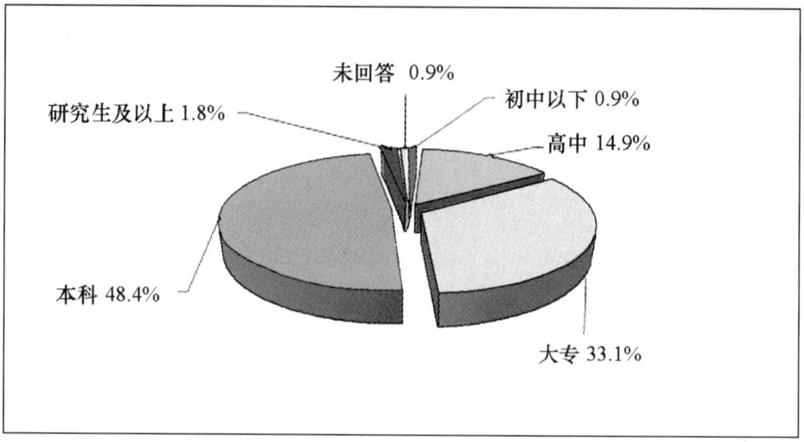

4. 您目前的职业

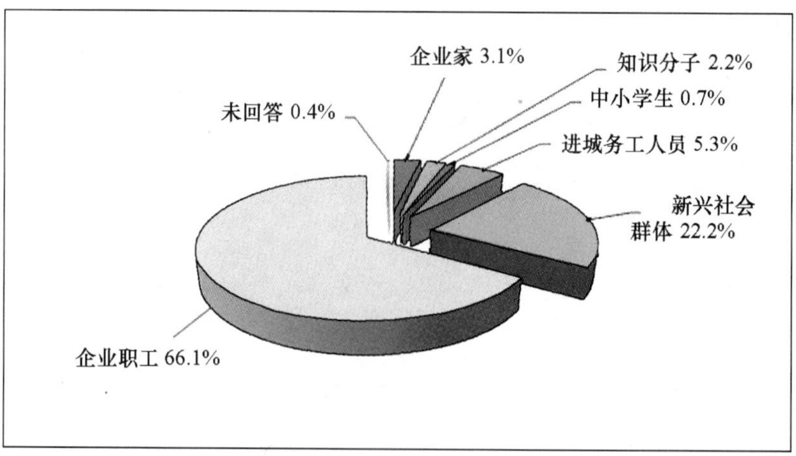

您的月平均收入

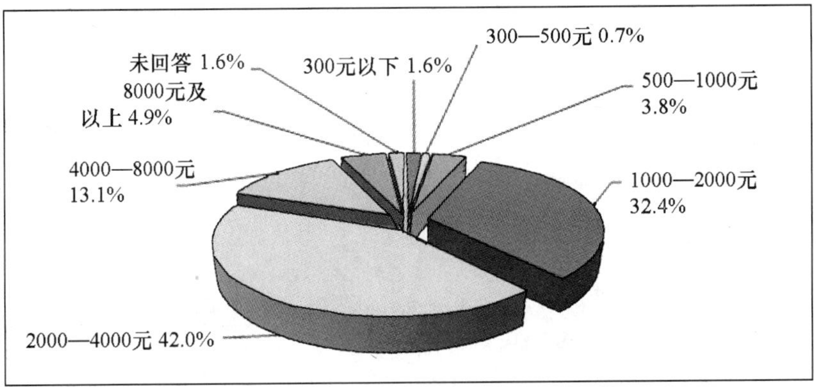

5. 您的宗教信仰是

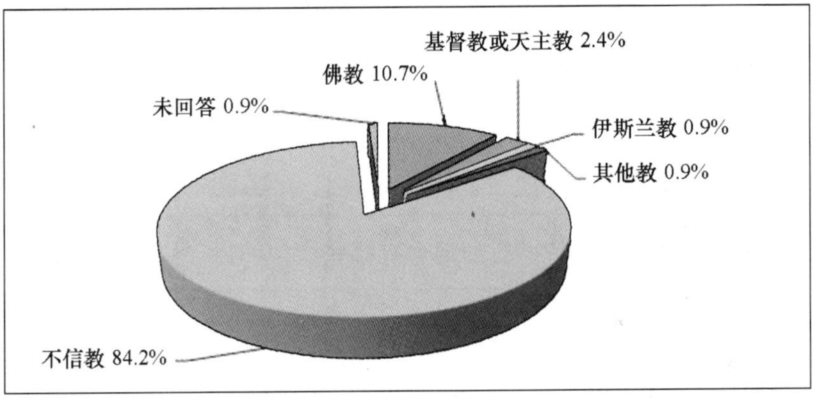

第二部分　调研信息

1. 您认为当前我国社会的主流道德是什么

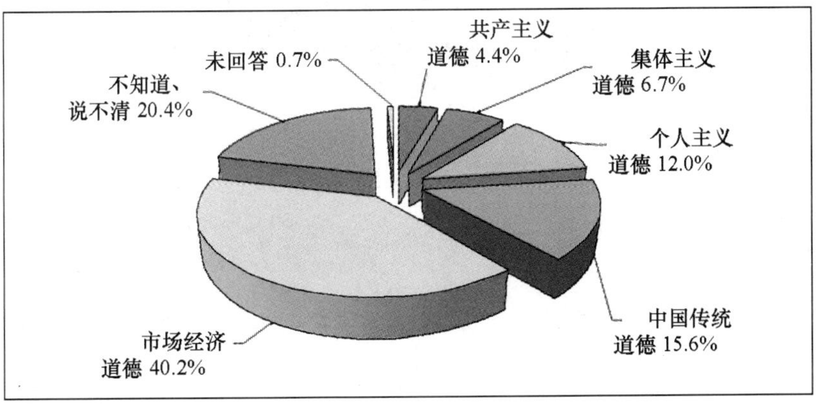

2. 您对您认为的当前我国社会的主流道德持什么态度

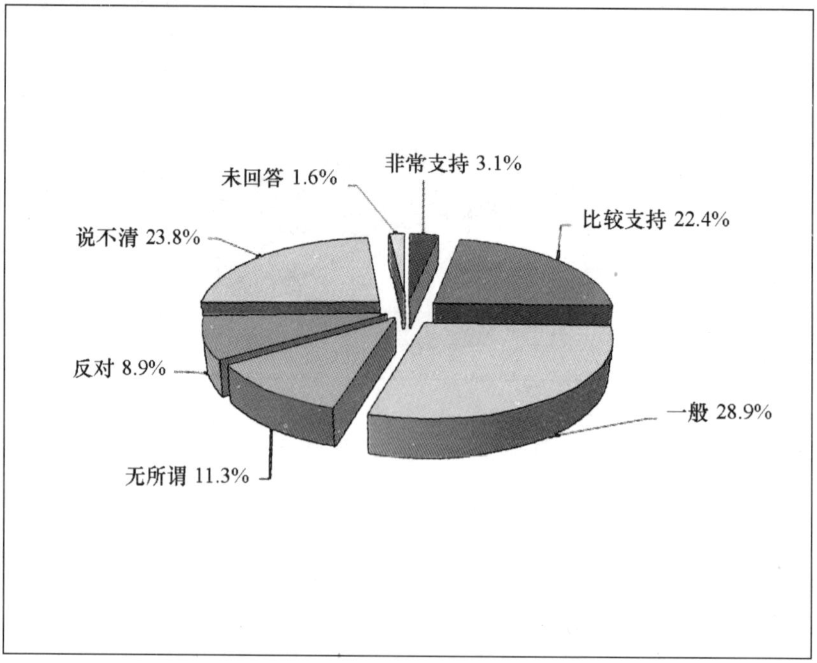

3. 您认为当前企业中比较盛行的观念有哪些

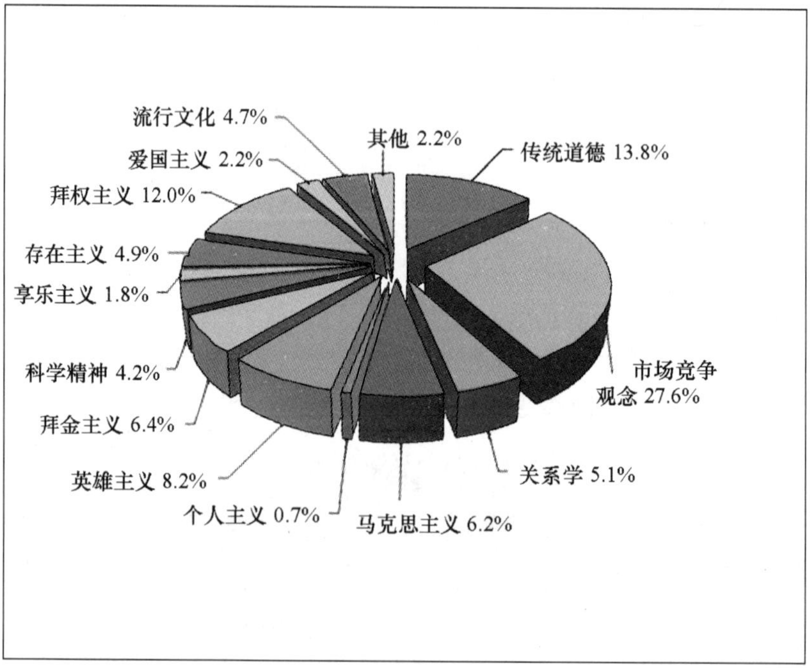

4. 您认为当前企业的道德形态与过去相比有何变化

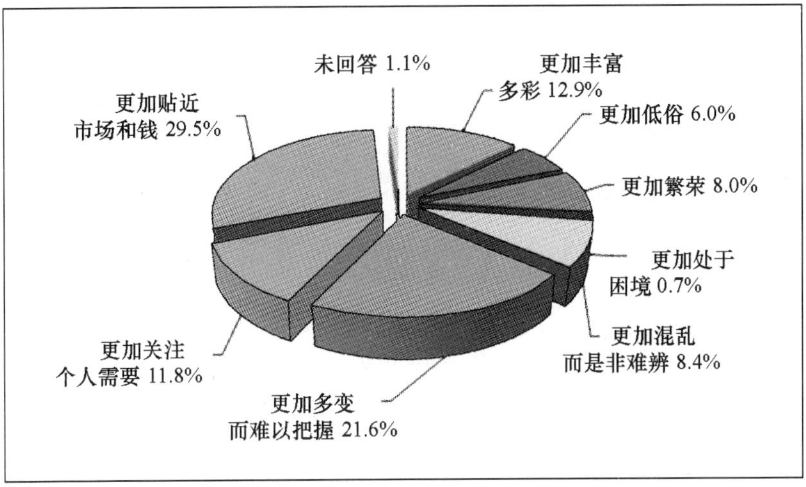

5. 您认为当前企业道德形态之所以多元多样的原因是什么

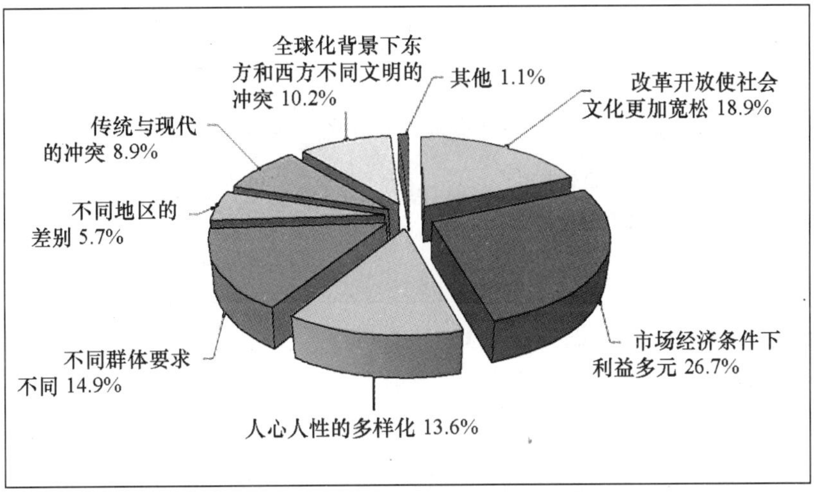

6. 如果改革开放以来企业的道德导向有变化的话，那么变化快的是什么时期

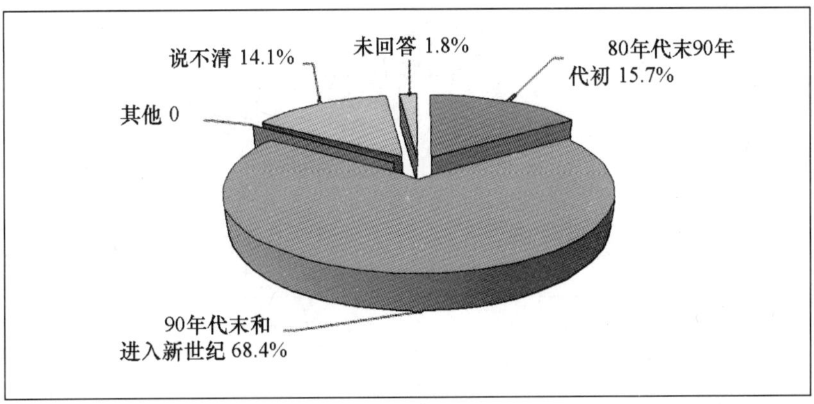

7. 如果您认为企业道德变化较大，其原因是什么

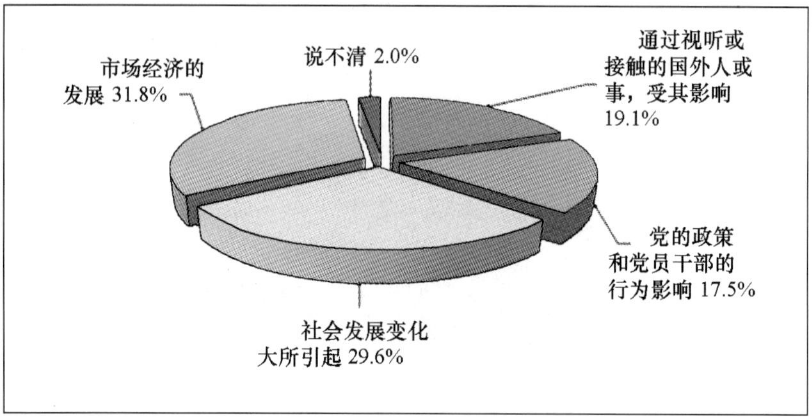

8. 您认为目前企业对我国当前社会制度的主流态度是什么

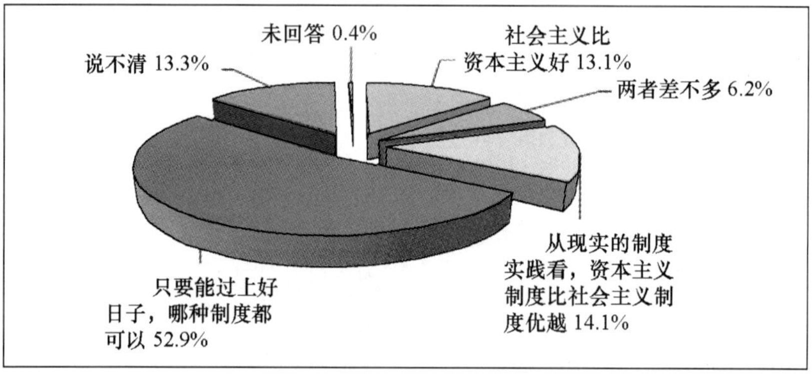

9. 您认为当前企业对毛泽东时代持何态度

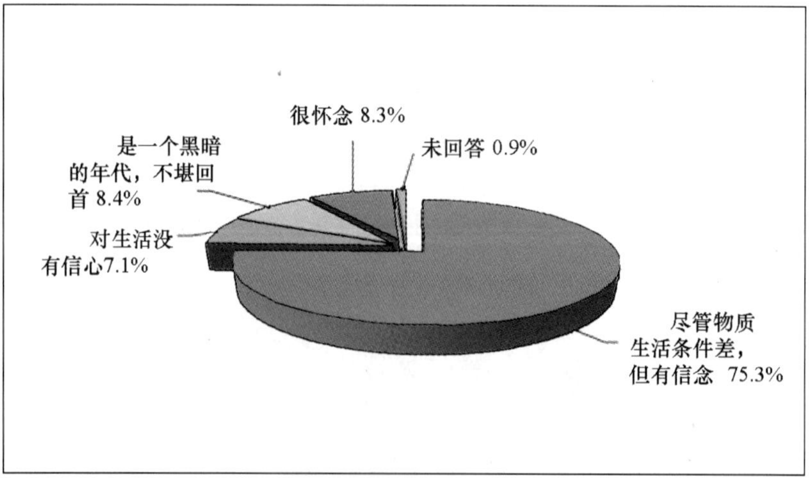

10. 您认为哪些人在主导当前我国社会的道德舆论

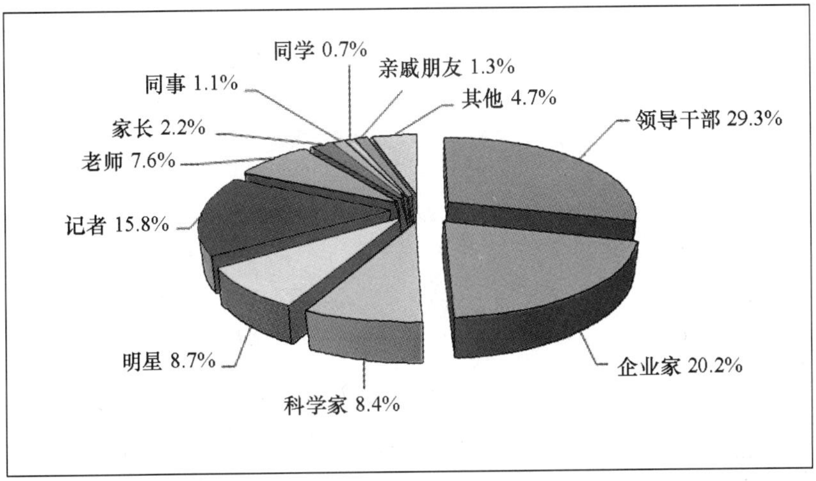

11. 您认为哪些组织在主导当前我国社会的道德舆论

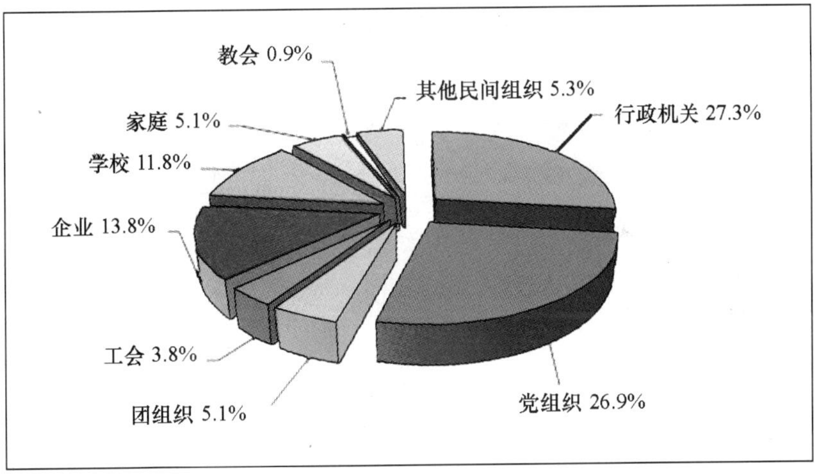

12. 您认为影响或左右当前我国社会道德舆论的主要力量是什么

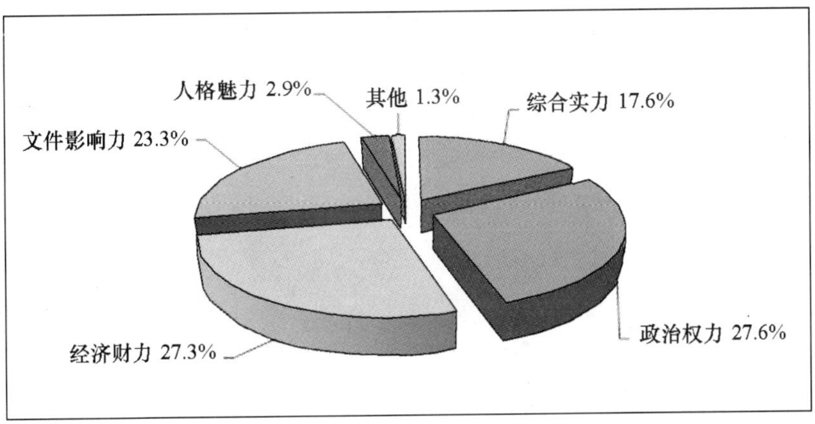

13. 您选择或接受某种社会道德舆论的依据是什么

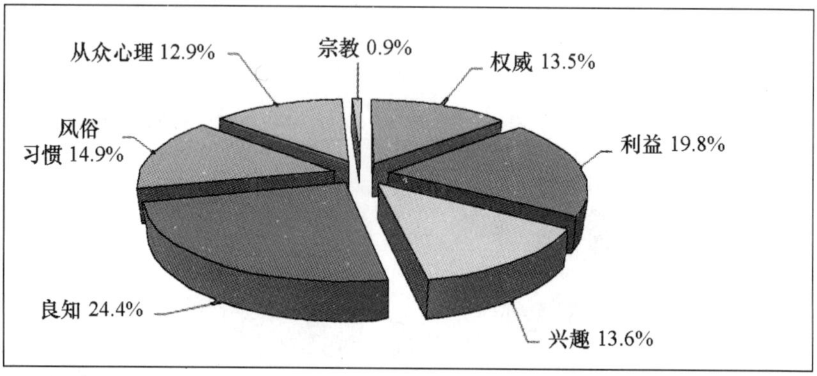

14. 您认为当前我国社会道德舆论的主导者主要是通过什么方式和渠道影响民众的

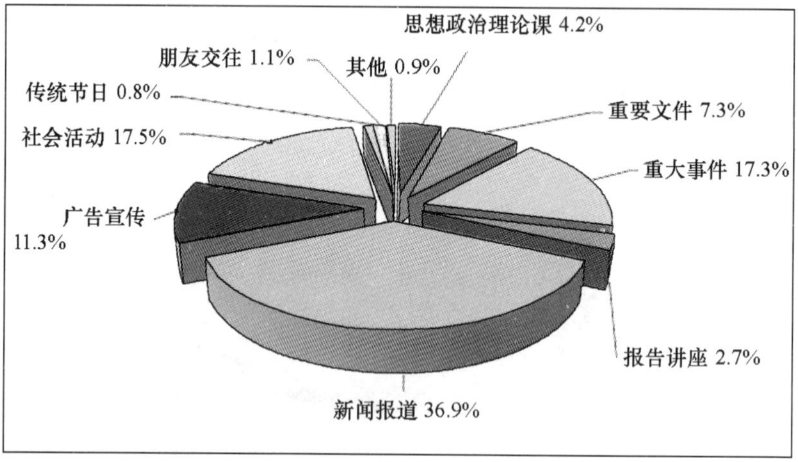

15. 您认为对主流道德舆论影响越来越大的是哪些人

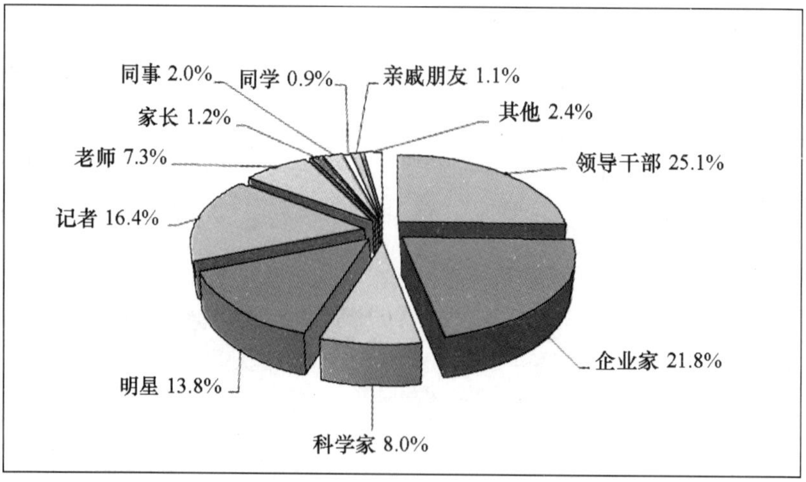

16. 您认为对主流道德舆论影响越来越大的是哪些组织

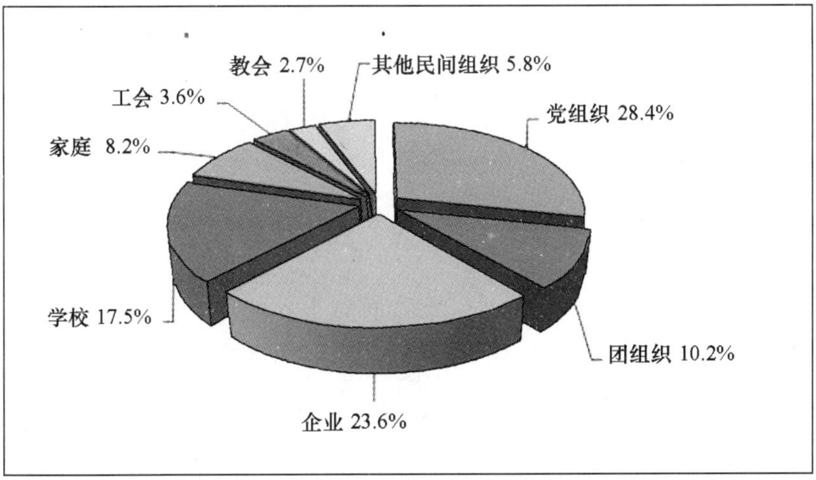

17. 您认为企业在我国社会道德舆论形成和传播中发挥的作用如何

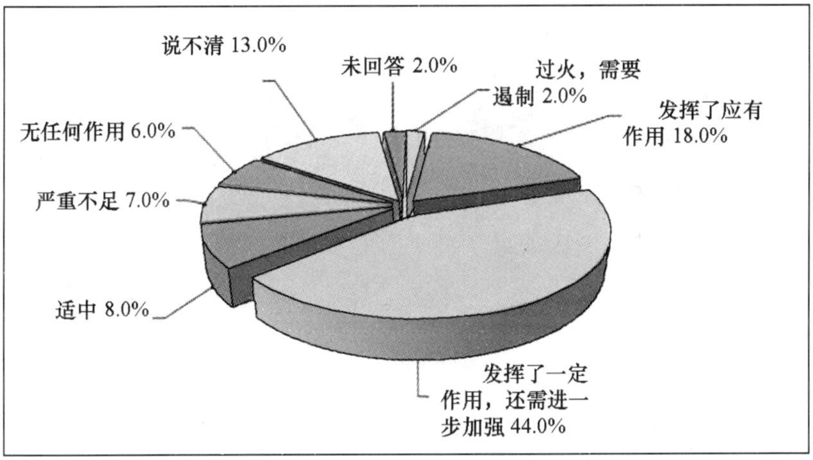

18. 您对企业在我国社会道德舆论形成和传播中发挥作用的总体状况是否满意

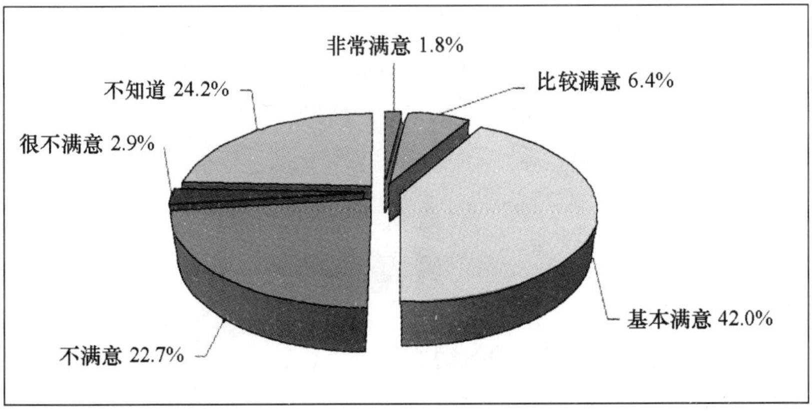

19. 您认为中国企业道德形象的状况在什么水平才令人满意

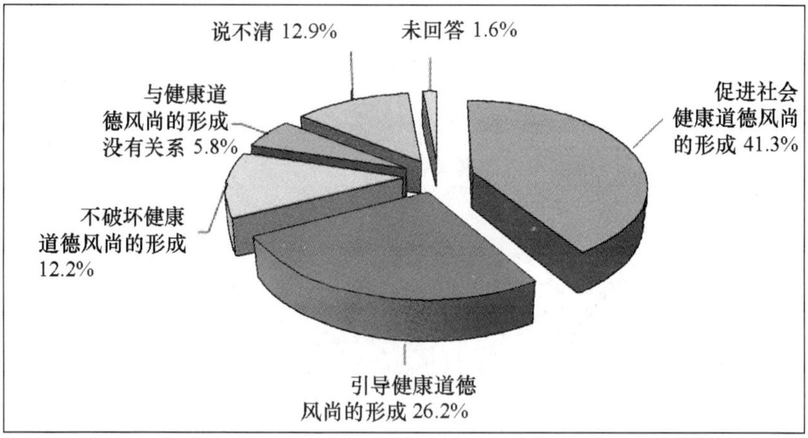

20. 您认为企业在我国社会主流道德舆论形成和传播中的影响趋势将会怎样

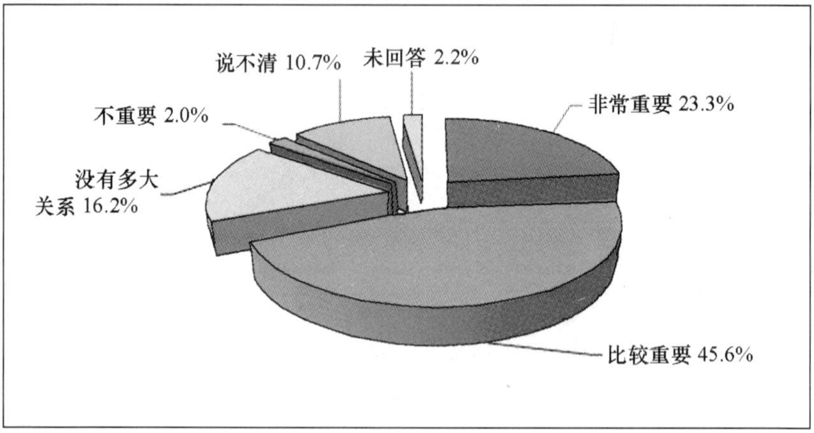

21. 您认为企业主要凭借什么因素影响我国社会道德舆论的

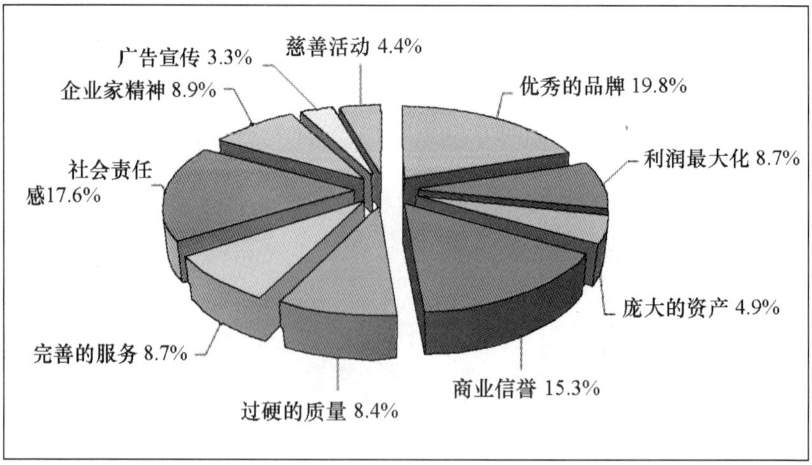

22. 您认为企业影响我国社会主流道德的主要方式有哪些

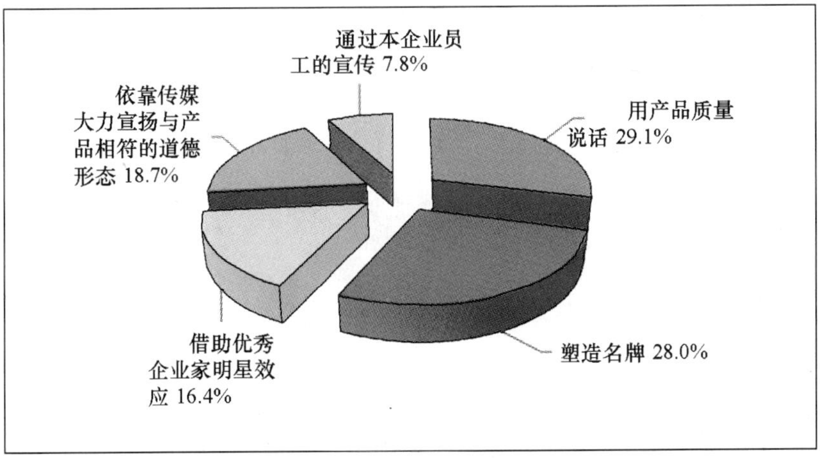

23. “企业对社会道德舆论的影响力受企业实力的制约，实力越强影响力越大，反之则越小。”您是否同意这一说法

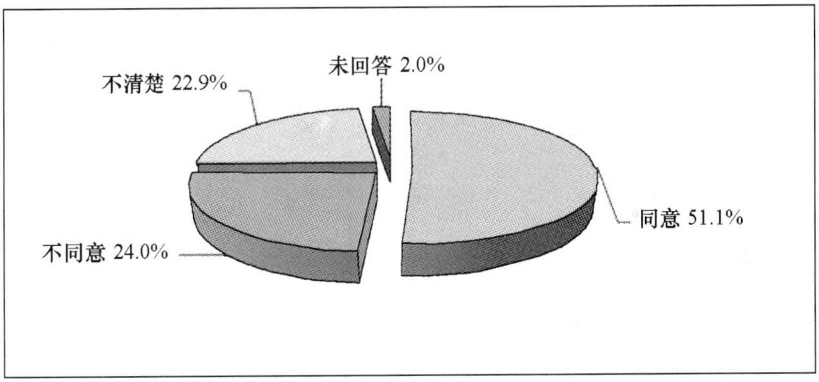

24. 您认为企业推行 SA8000 体系认证对我国社会主流道德建设有何影响

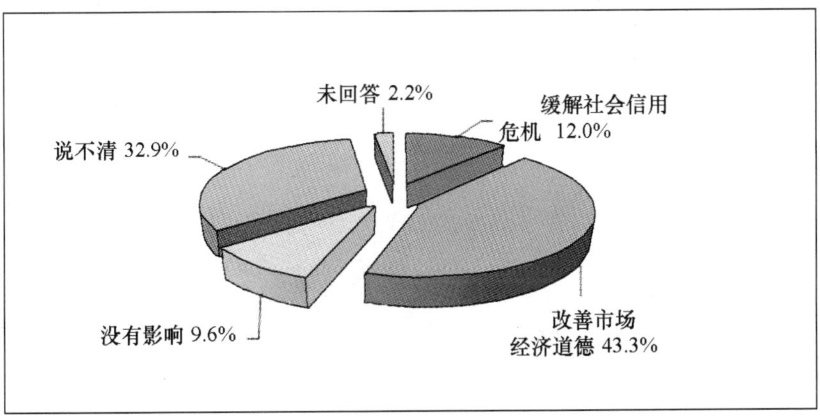

25. 您认为企业是影响我国社会主流道德舆论的主体吗

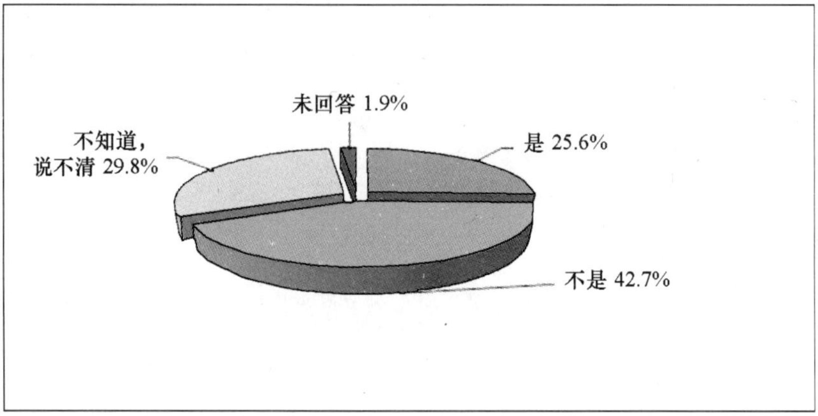

26. 您认为企业对未来我国社会主流道德舆论的影响会越来越重要吗

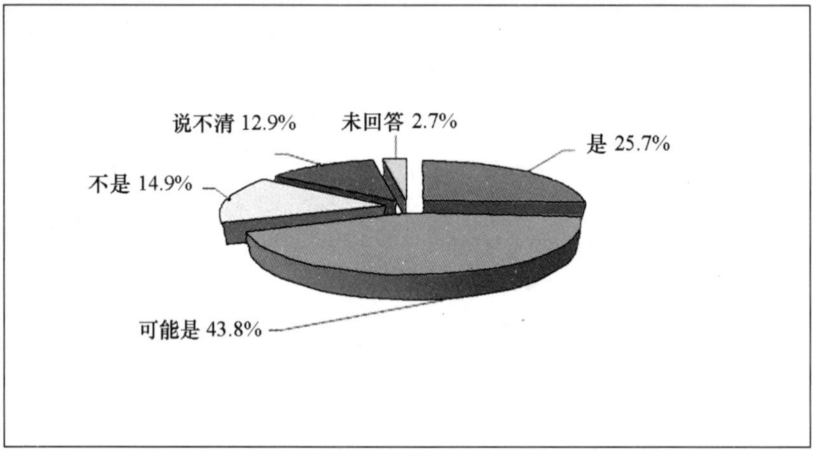

27. 您认为哪类企业特别影响当前我国社会主流道德舆论

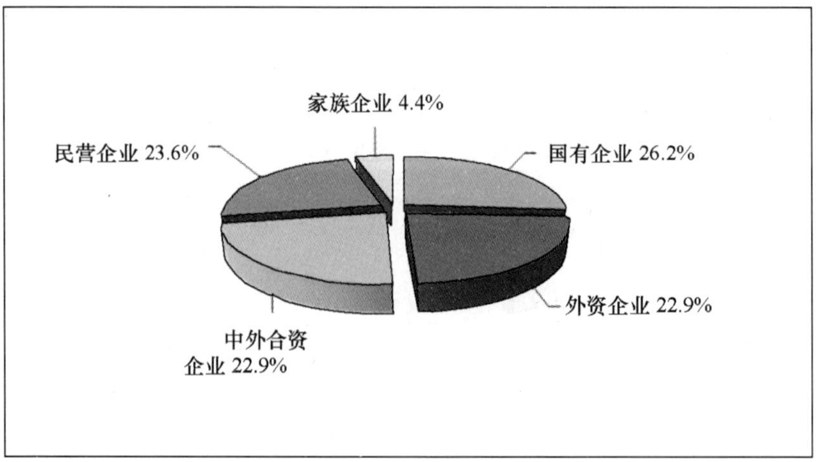

28. 您认为对我国社会主流道德舆论影响越来越大的将是哪类企业

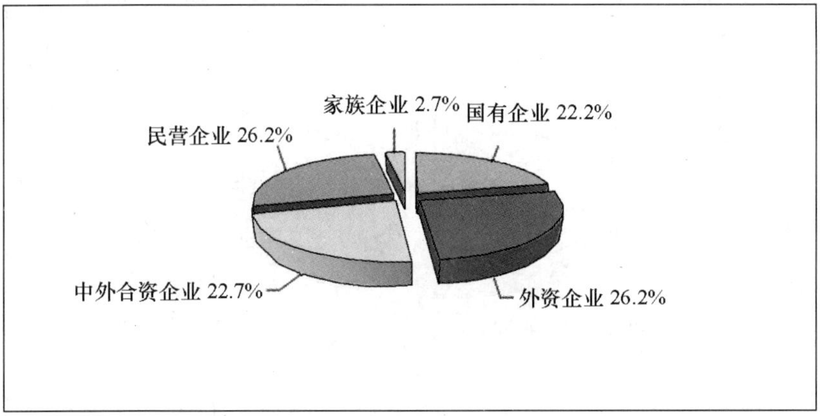

29. 您认为企业应当对当今令人不满意的道德风尚负多大责任

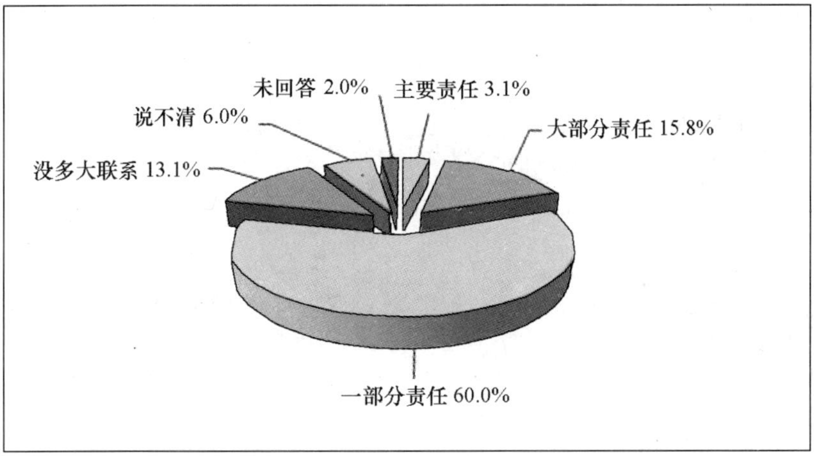

30. 您认为哪类企业对我国社会主流道德舆论的影响是消极的

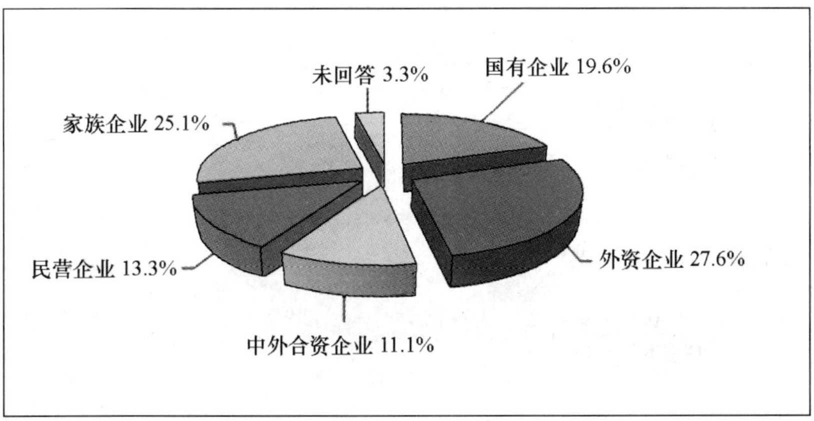

31. 您认为哪类企业对我国社会主流道德舆论的影响是积极的

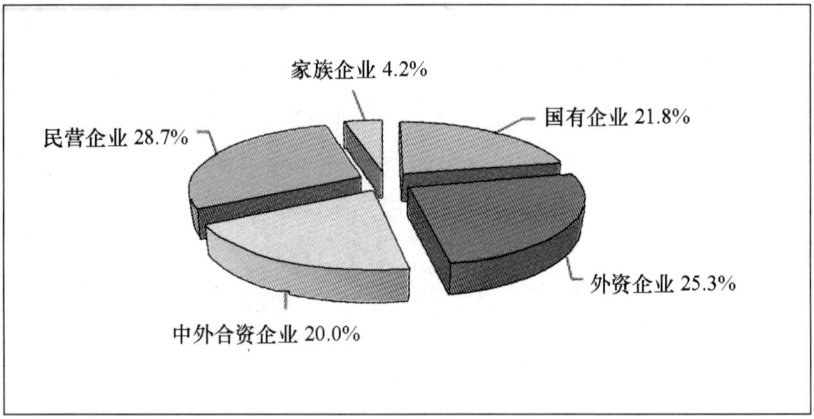

32. 您认为影响我国企业信誉的失范现象主要有哪些

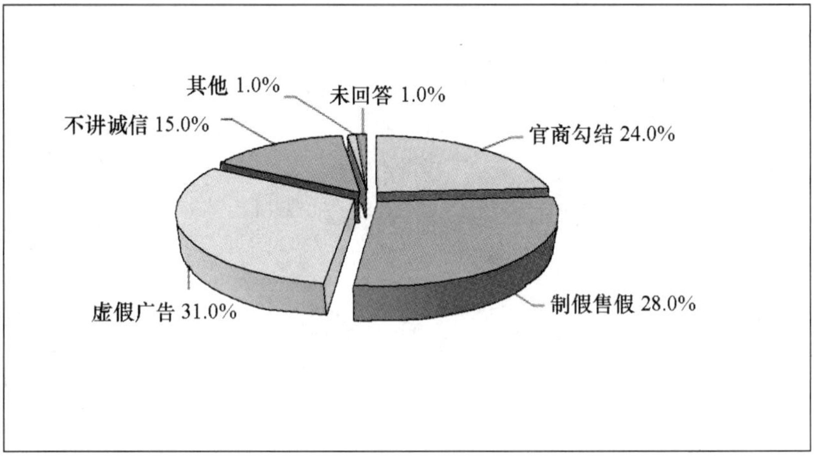

33. 您认为影响我国企业信誉失范的主要原因有哪些

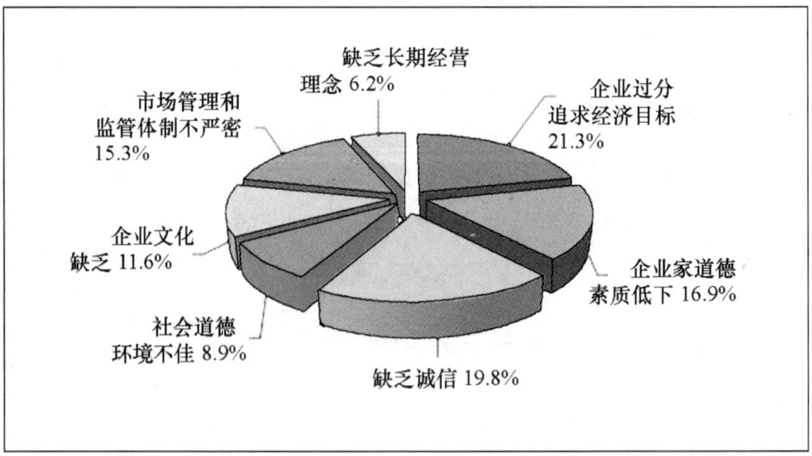

34. 您认为当今企业最重要也最需要的德性是

	人数	百分比
爱（仁爱，博爱，友爱）	70	15.6
义（义务，见利思义，履行道德义务）	66	14.7
宽容	19	4.2
责任	82	18.2
正义或公正	44	9.8
诚信	81	18.0
忠恕	7	1.6
理智	12	2.7
节制	6	1.3
谦让	3	0.6
恭敬（对社会、道德准则、责任、义务，以及对长上的恭敬）	33	7.3
勇敢	8	1.8
正直	3	0.7
善良	6	1.3
力行或知行合一	5	1.1
教养	3	0.7
孝悌	0	0.0
守节	2	0.4
中庸	0	0.0
合计	450	100.0

35. 您认为在企业多元多样多变的道德形态中有哪些因素持久不变或变化相对较少

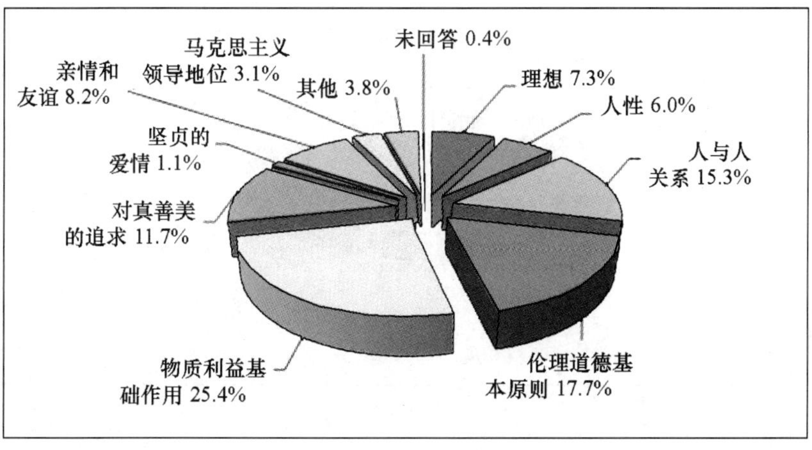

36. 您认为企业在社会主义市场经济道德的形成中主要应培养哪些精神

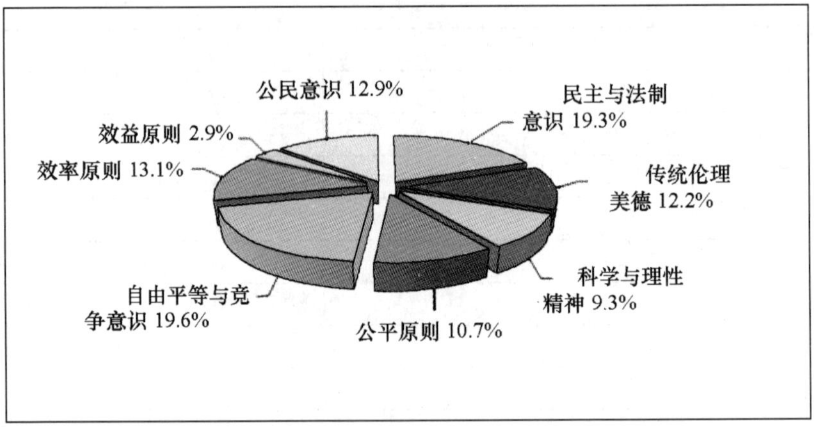

37. 您认为跨国公司在我国主流道德的形成中主要是正面作用吗

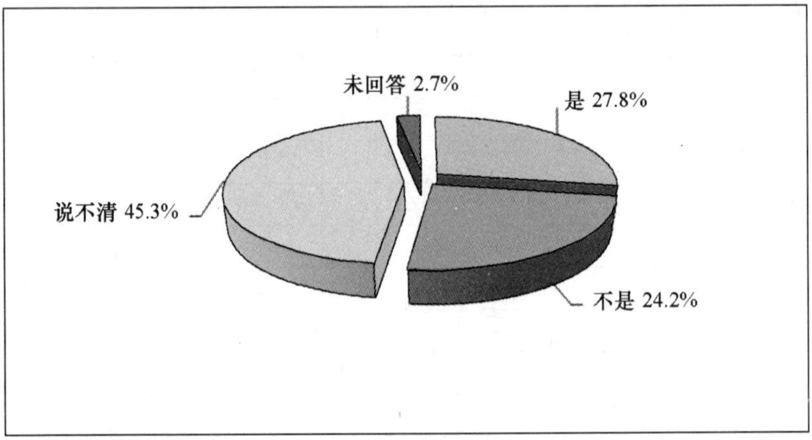

38. 您认为下列哪些国家的企业在我国社会主流道德形成中积极影响较大

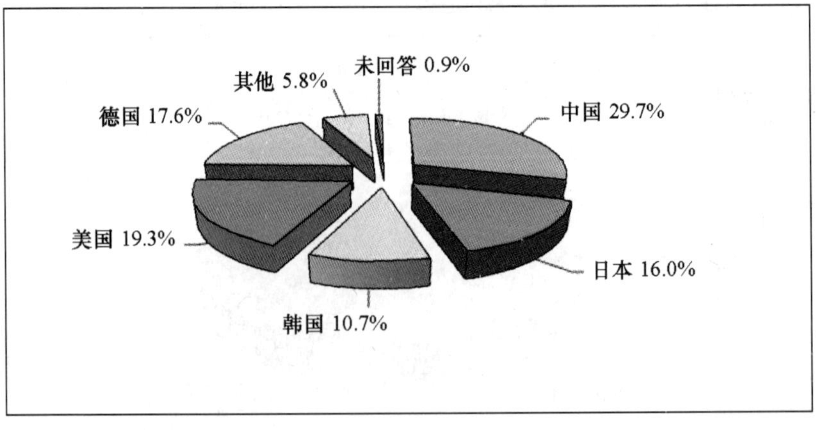

39. 您认为应如何规范企业行为以建立与社会主义市场经济道德相适应的企业道德

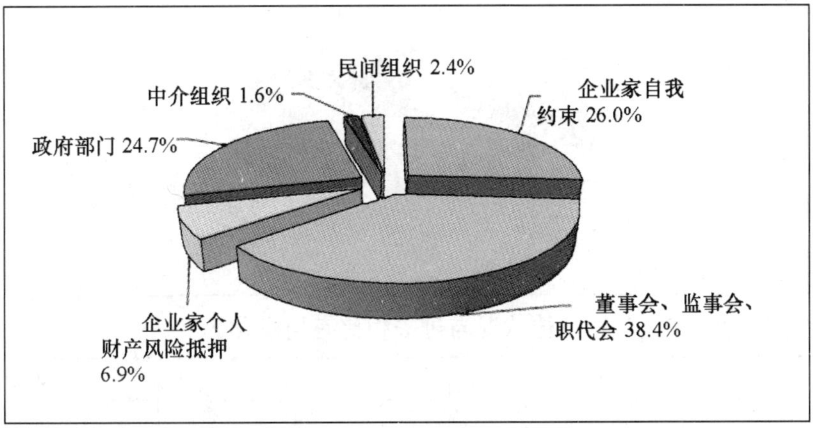

40. 您认为企业参与社会公益事业有利于弘扬社会主流道德形成吗

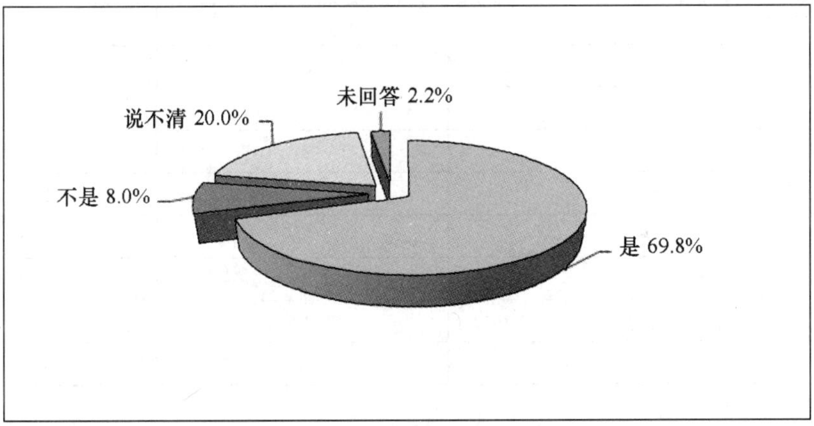

41. 您认为企业公民的理念有助于发挥企业的道德影响力吗

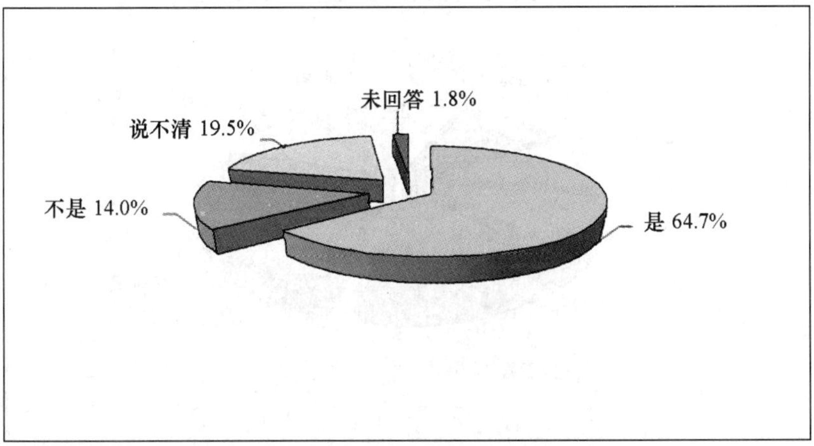

42. 您认为企业追求利润最大化目标与我国社会主流道德相冲突吗

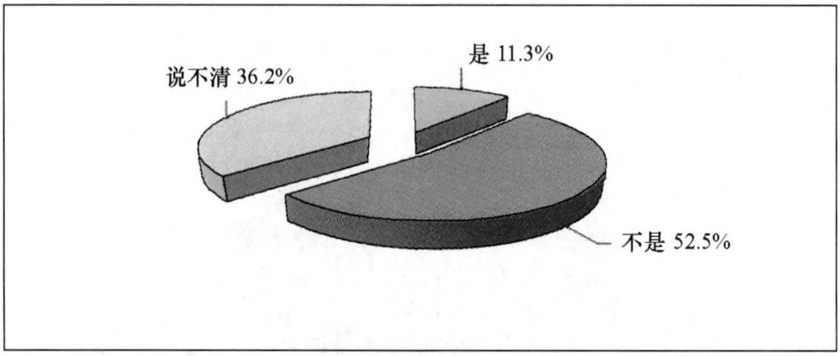

43. 您认为现在企业家道德状况与过去相比有何变化

	人数	百分比
更为精明	76	16.9
更有独立意识	57	12.7
更有文化素养	71	15.8
更加敢于冒险	56	12.4
更加自私贪婪	34	7.6
更加狡诈	21	4.7
更缺少人情味	49	10.8
更缺少道德意识	35	7.8
生活质量更高	38	8.4
精神上更加愉快，也更加幸福	13	2.9
合计	450	100.0

44. 您认为企业家在我国社会主流道德舆论形成和传播中主要扮演什么角色

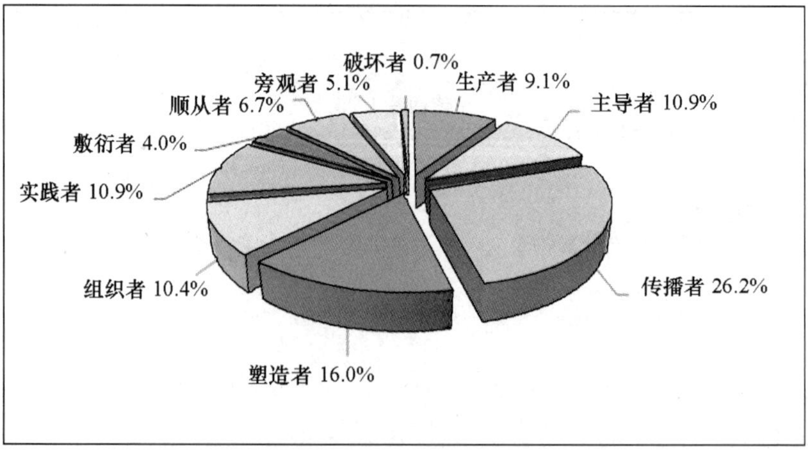

45. 您认为企业家在影响社会道德舆论的过程中主要凭借的是什么

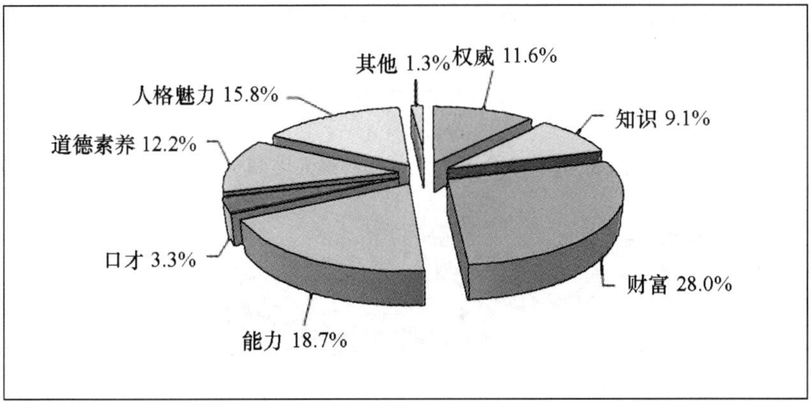

46. 您对企业家在我国社会道德舆论形成和传播中发挥作用的总体状况是否满意

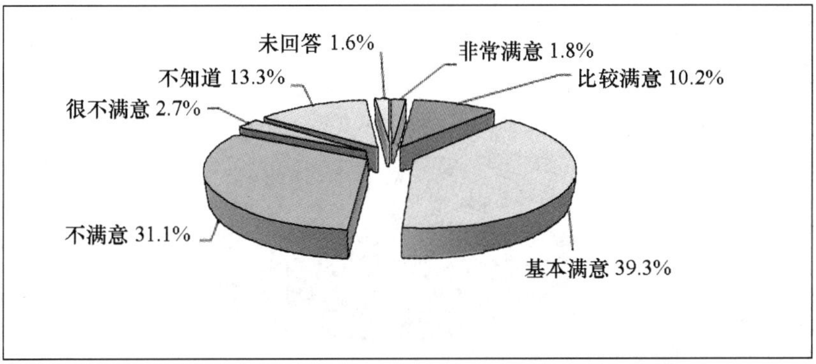

47. 您认为企业家应具备哪些道德品质以促进社会健康道德风尚的形成

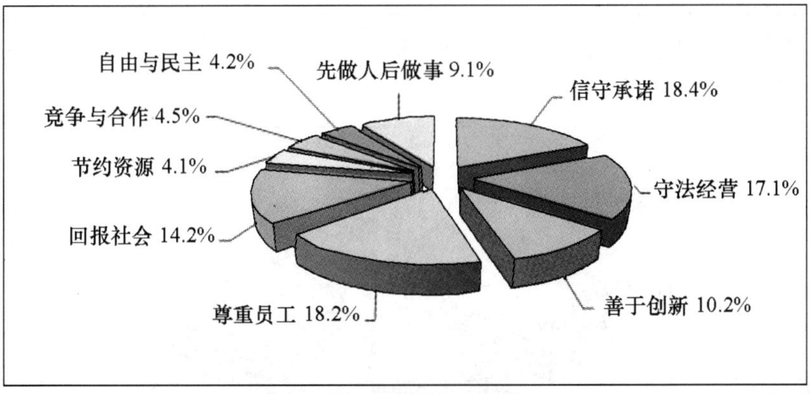

48. 有这样一个故事：一次，汕头大学医学院的院长来到香港，与李嘉诚约好在午饭时间商谈筹建汕头大学医学院眼科中心事宜。而在此之前，李嘉诚的儿子在生意上的事要与他商谈。李嘉诚说：给你 5 分钟，5 分钟之后我约了汕头大学的人谈公益。对于那些要用钱的公益项目，他谈论两三个小时还嫌少，然而对那些赚钱的生意，却只给儿子5分钟，这就是大富之后的李嘉诚。您认为李嘉诚坚持的是何种经营理念

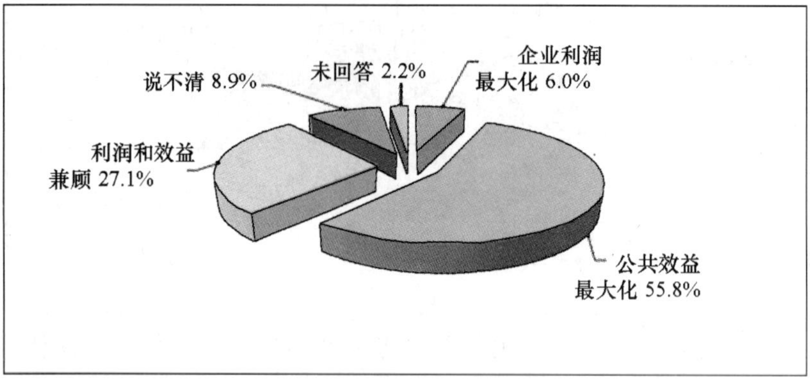

49. 您认为除了用于扩大再生产外，您将钱最多花在以下哪个方面有助于弘扬社会主义市场经济道德

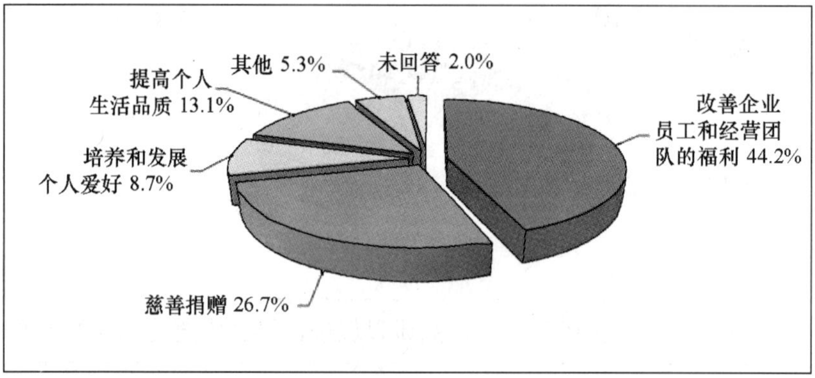

50. 您认为如果您需要处置自己的产业，您以哪一种方式有助于弘扬社会主义市场经济道德

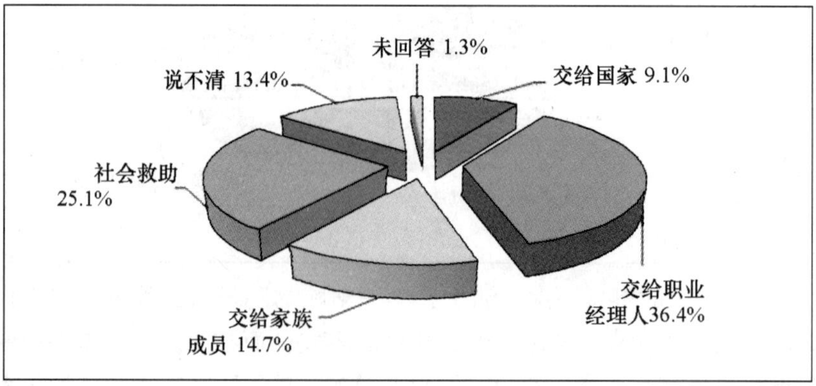

51. 如果某一企业行为使您个人和单位得到利益，但会造成环境污染或社会公害，您会劝阻或举报吗

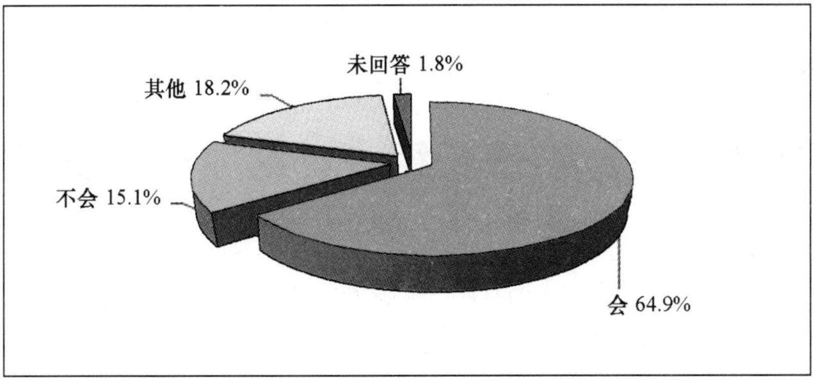

（李兰芬）

十五

全球化、高技术、市场经济对伦理道德发展的影响状况数据库

前言：调查概况

本次调查采用自填式问卷的方法收集资料，调查问卷由31个问题构成，主要询问了全球化、高技术、市场经济三大影响因子对中国人的伦理关系、道德生活状况的影响方面的各类问题。调查以南京市区高校的在校大学生为询问对象。抽样方法采取定向和简单随机抽样相结合的方法选取调查对象。具体做法为：

（一）定向抽取区域。在全国30个省和直辖市中，采用定向抽样的方法抽取江苏南京作为调研区域。

（二）抽取被试样本。在南京各高校的大学生群体中，通过简单随机的方法获得被试样本。

在资料收集方法方面，由子课题负责人组织调查组实施和完成。2006年11月—2007年5月分别在南京主要高校随机发放问卷。问卷回收采用现场填答，当场检查、当场回收，其针对的对象主要是校园中在籍在读的大学生。

本次调查共发放问卷500份，在剔除误答或漏答等一些废卷之后，获得有效问卷458份，有效回收率为91.6%。实际调查样本的构成状况见正文的“基本信息”部分。

本次问卷调查的资料在经过初步整理、编码之后，用Foxpro6.0进行录入，用SPSS13.0进行查错和基本的统计分析，用excel2003进行作图。分析类型主要是单变量的描述统计。

第一部分　基本信息

性别	男性　51.1% 女性　48.9%
年龄	18以下　1.3% 18—25岁　90.2% 26—35岁　7.0% 36—50岁　1.3% 51岁以上　0.2%
受教育程度	初中及以下0 高中0 大专0 本科　83.6% 研究生及以上　16.4%
目前的职业	公务员　0.4% 企业家　1.3% 知识分子（含大学生和教师）　98.3%
月平均收入	300元以下　83.2% 300—500元　4.2% 500—1000元　4.4% 1000—2000元　1.8% 2000—4000元　0 4000—8000元　0.7% 8000元及以上　0.7%

第二部分　调研信息

1. 各种网络犯罪、电脑黑客、电脑病毒以及网络信息污染对您进行网上购物或使用网上银行账户有何影响

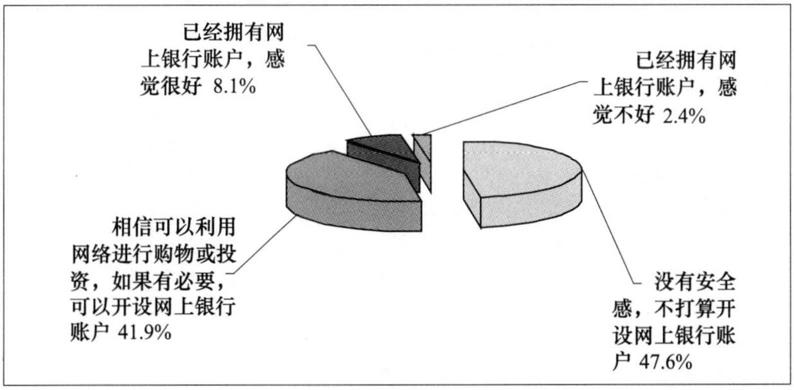

2. 您是否参与网上聊天或网上其他形式的交流，您认为网络社区或基于互联网建立的各种关系（如网恋、网婚等）是否需要有一个不可突破的道德底线

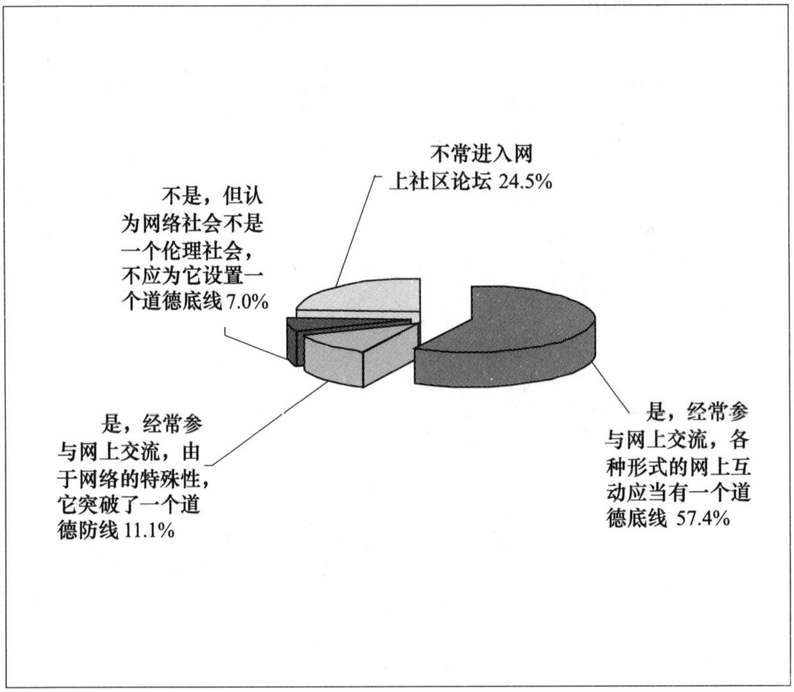

3. 基于因特网“人—机系统”中的人际关系，对您而言

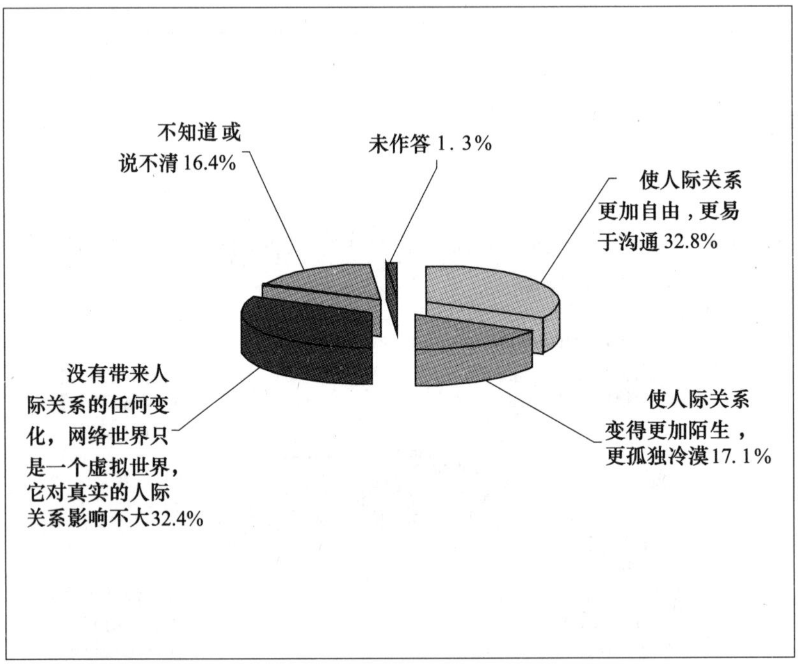

4. 您认为“网上公示”、“网上公告”、“网络办公”和“网络舆论”等络网形式对社会公正有何影响

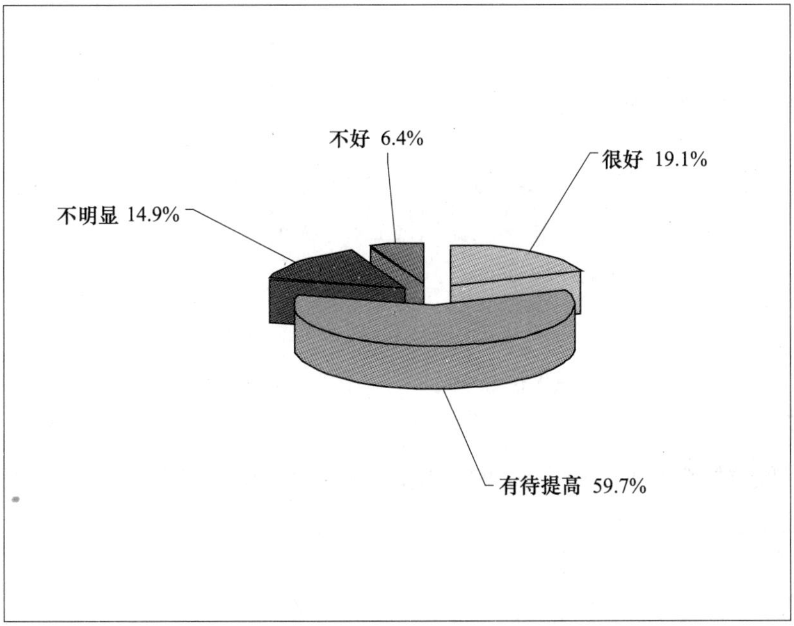

5. 您认为各类中文网站对现时代的社会风尚和伦理关系产生的影响是

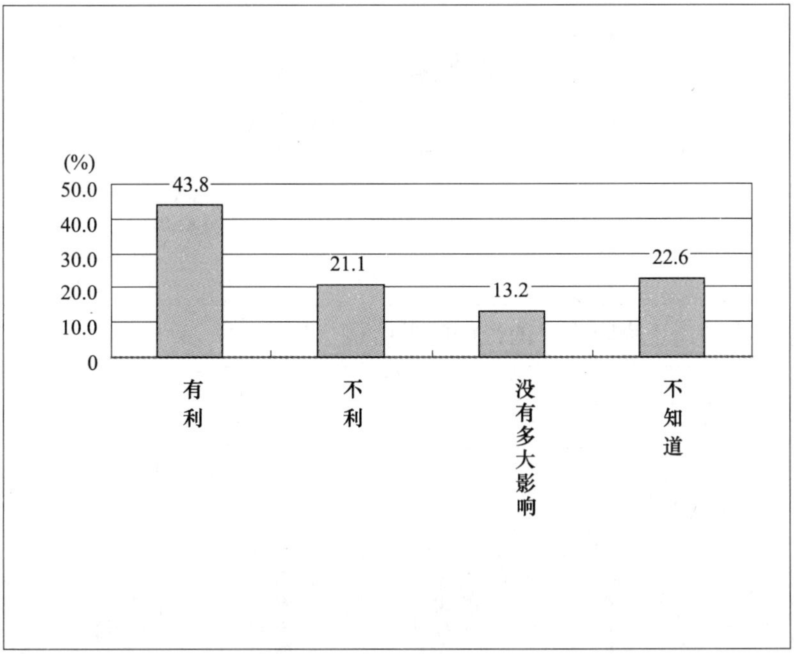

6. 从理论上讲，我们可以通过克隆技术获取人类胚胎干细胞并运用到疾病的治疗之中去，您认为这样做

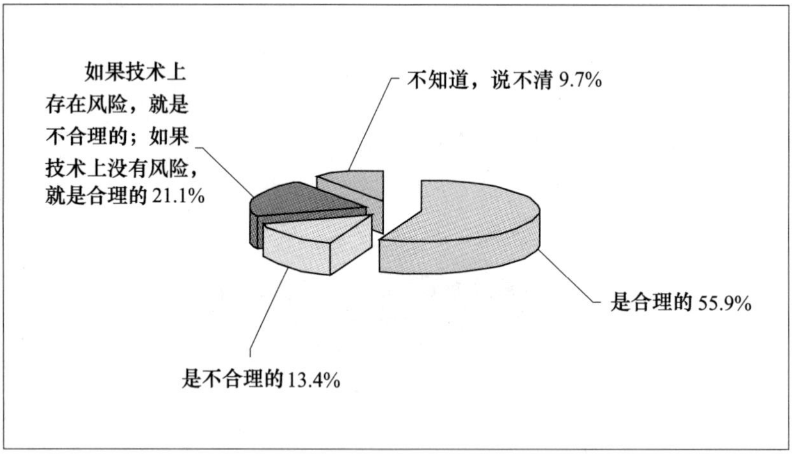

7. 一位孕妇在产前检查中获知腹中胎儿有残疾，她决定引产。有人认为这是一种不道德的行为，有人认为是一种正当的行为，您怎么看

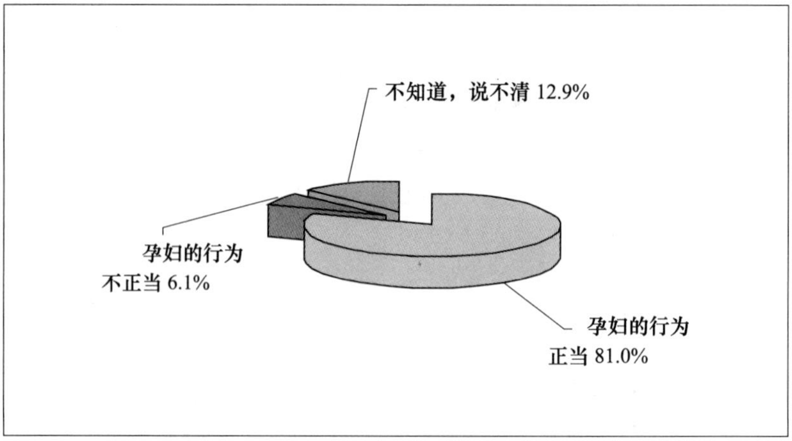

8. 您认为“禁止克隆人”的最好的理由是

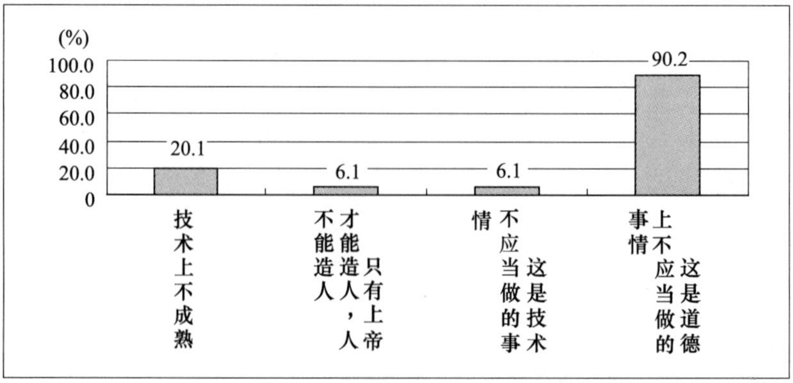

9. 今天，由于能够进行产前诊断，一个具有先天性障碍的孩子的诞生已经不再是一种必须接受的、不可避免的命运。父母面对这种情形的可能选择就是堕胎。请问，产前诊断的技术是否剥夺了父母的“无知权”

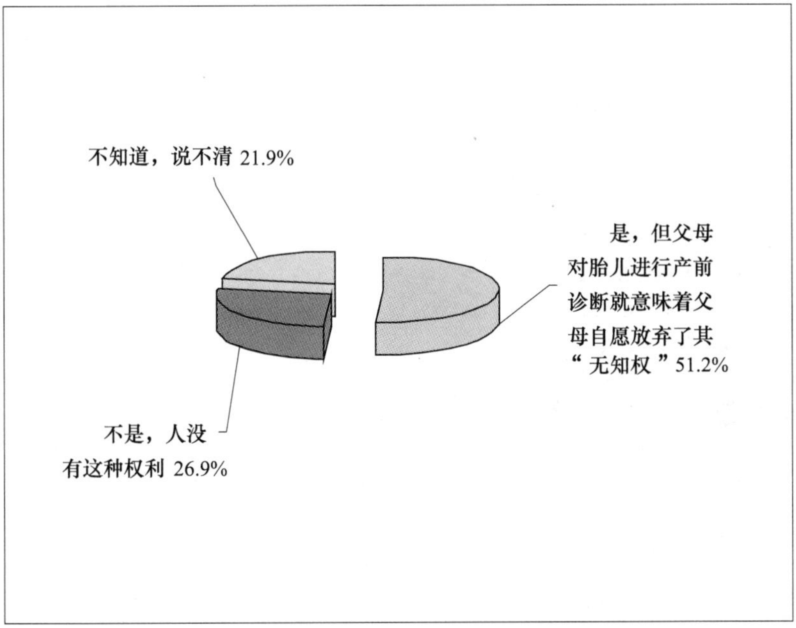

10. 您认为，地球人在一种超越种族、文化、宗教信仰、政治制度之差异，在一种平等对话的基础上，确立一些最低限度的道德原则是可能的吗

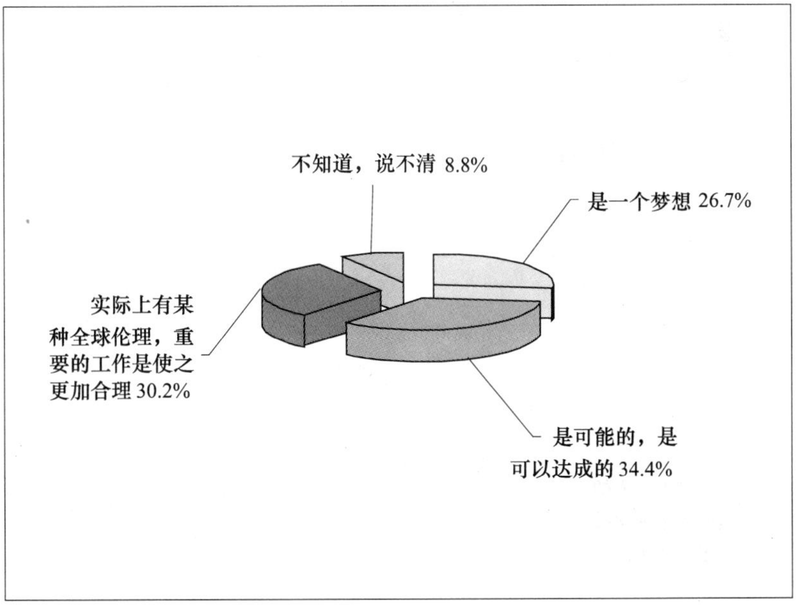

11. 您认为向西方发达国家移民在道德情感上说得过去吗？一个国内一流大学的女教授为了能够实现她的移民梦，宁愿在美国长期做保姆，您怎么看

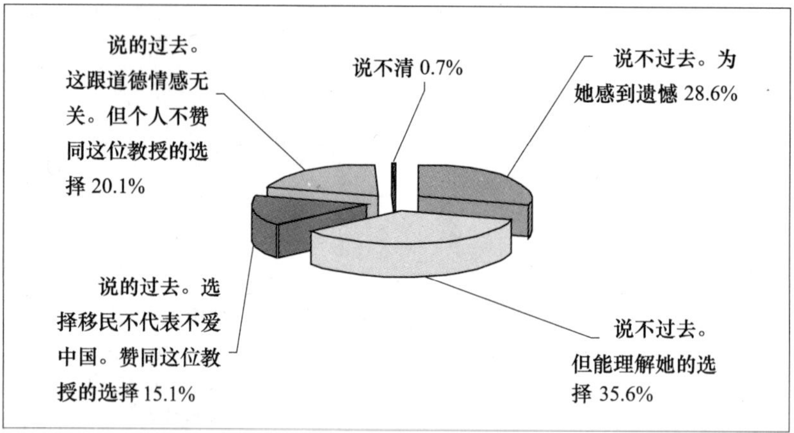

12. 为一种全球化的市场经济体制所承认的道德人士是指

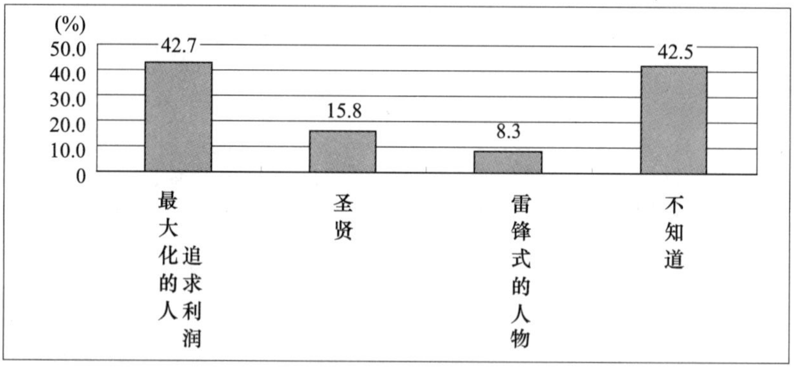

13. 您认为麦当劳、肯德基、家乐福、宜家等国外连锁店在中国运行的成功，对中国人衡量“好”生活而言是

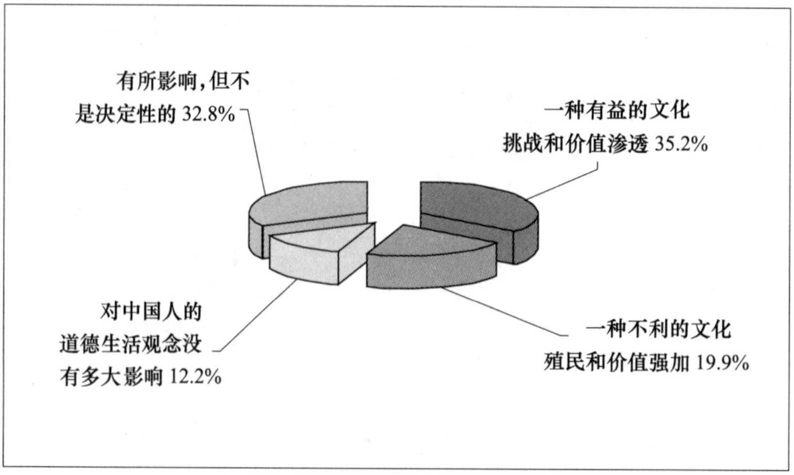

14. 由于日本首相小泉屡次参拜靖国神社以及日本右翼分子的言行伤害了中国人民的感情，您在购买相机或汽车时，是否会因此考虑不选择日货

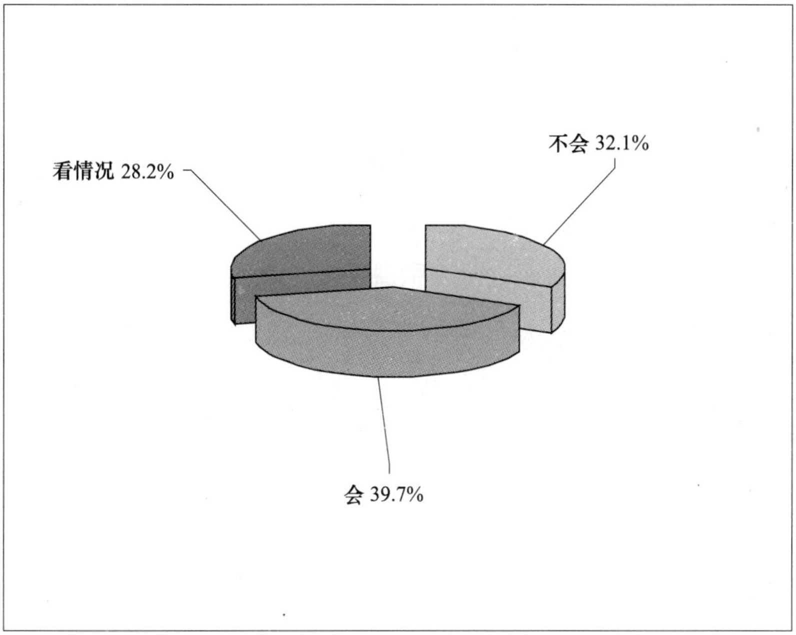

15. 在您的社会交往圈中，怎么定位“老乡”

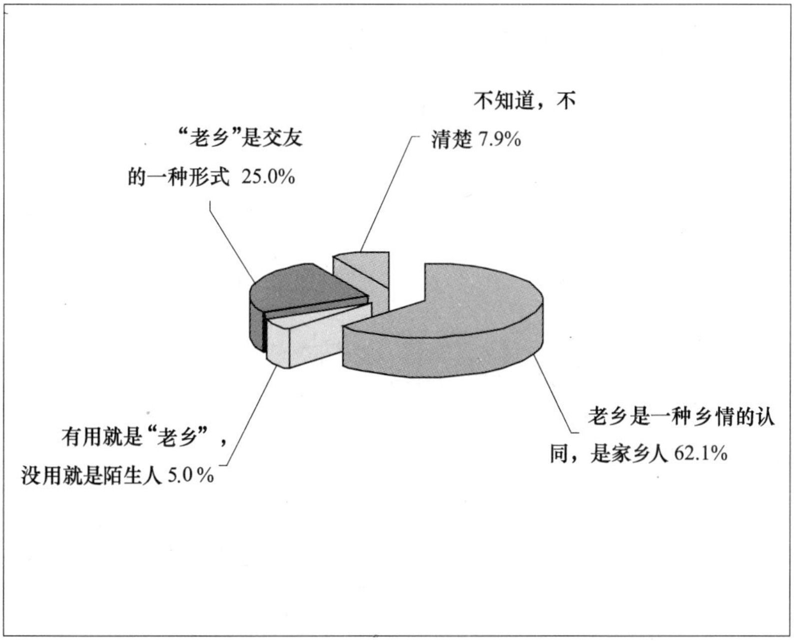

16. 当您所生活的城市为了“现代化”而克隆欧美风情的街区或社区，从而拆除历史悠久的古建筑，您是否认为这个“现代化”，是一种历史文化意义上使自己失去了伦理根基的行为

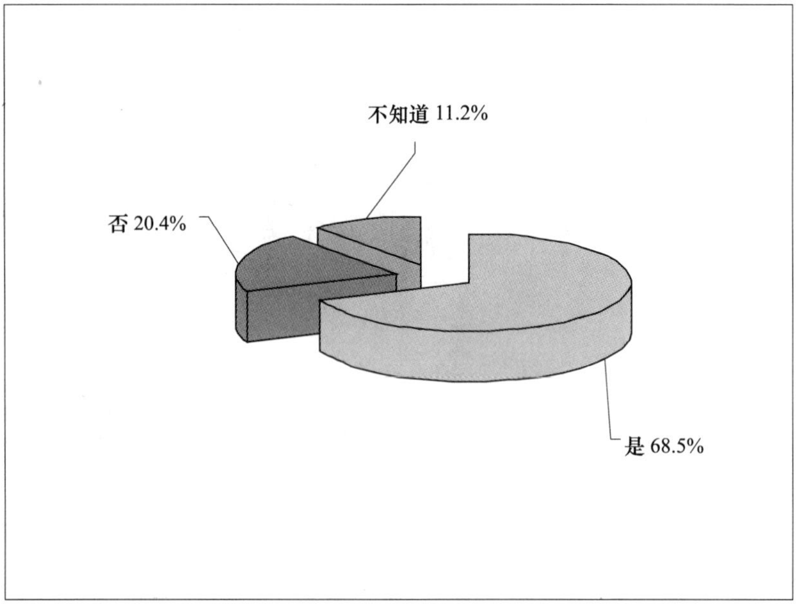

17. 外来物种的盲目引进，可能会使一种植物或动物由于缺乏天敌而大规模繁殖，最终导致生态灾难。您是否认为这种行为是一种生态环境意义上使自己失去伦理根基的行为

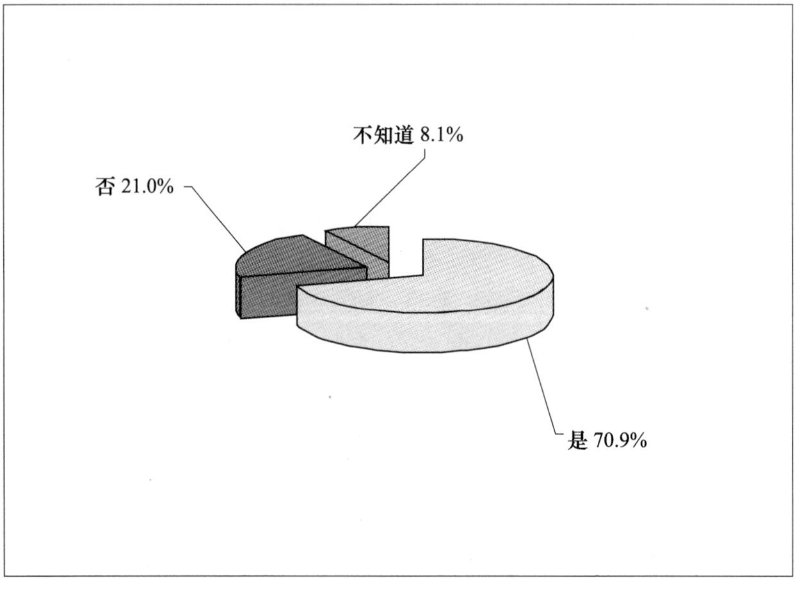

18. 在公平与效率何者优先的问题上，您认为社会主义市场经济应当

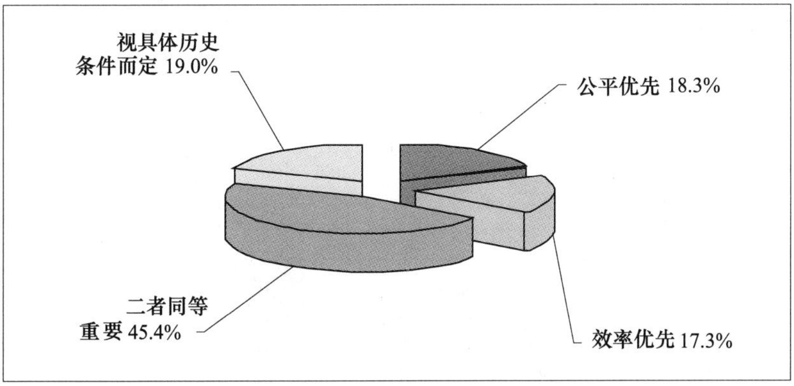

19. 在市场经济条件下，由于道德行为要求对自利进行限制，而自利的放纵又正是市场道德行为的基础。您认为

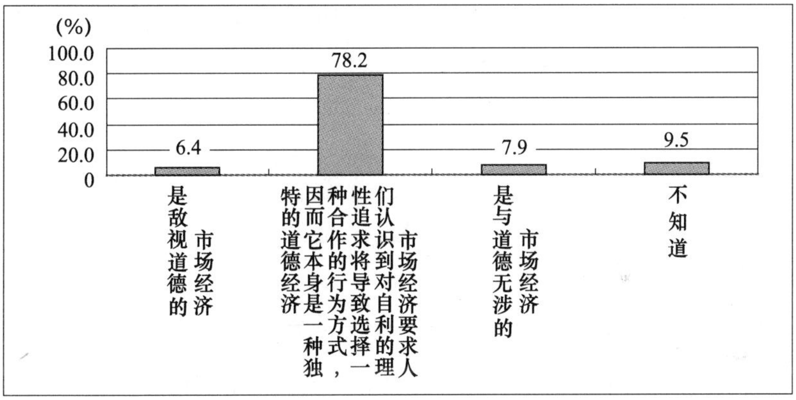

20. 您认为，在市场经济条件下中国人的基本伦理关系是以下哪几种，请排序

重要性 关系	最重要	次重要	第三重要	第四重要
1. 父母	54.2%	16.8%	10.0%	8.8%
2. 兄弟姐妹	1.6%	20.0%	11.3%	24.0%
3. 子女	47.6%	19.7%	30.2%	14.3%
4. 夫妇	6.6%	17.9%	22.3%	22.3%
5. 上、下级	0.5%	1.8%	3.2%	3.2%
6. 公民与国家	13.8%	6.6%	6.6%	5.2%
7. 个人与社群	2.3%	9.5%	5.2%	4.1%
8. 人与自然	0.5%	3.2%	4.3%	2.3%
9. 人与上帝		0.2%	0.9%	0.9%
10. 个人与财富	1.6%	0.7%	0.2%	5.4%
11. 其他	0.7%	0	0	0.2%

21. 在当前中国市场经济条件下，对您的价值观、人生幸福观影响较大的思潮是

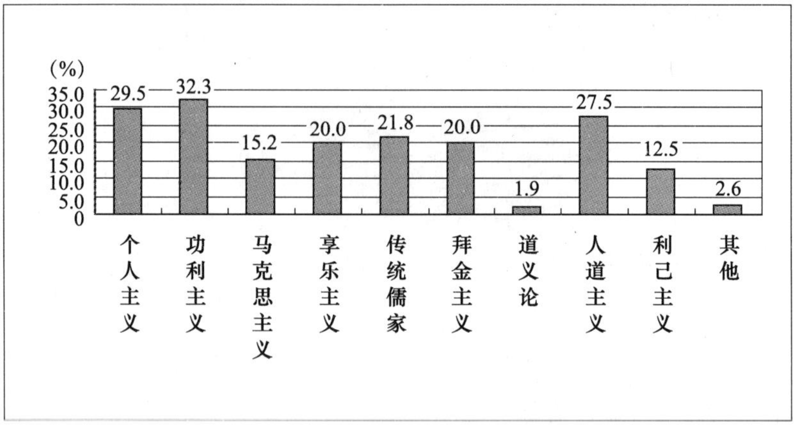

22. 您认为当前市场经济对我们道德生活的最大影响是（请选择两个并排序）

	排序一	排序二
使人自私	26.3%	11.9%
更公平	25.3%	22.5%
遵守规则	24.7%	19.4%
懂得权益	13.5%	29.2%
其他	0.2%	2.6%

23. 一家奶制品公司涉嫌虐待动物，您会因为这件事而决定不购买这家公司的产品吗

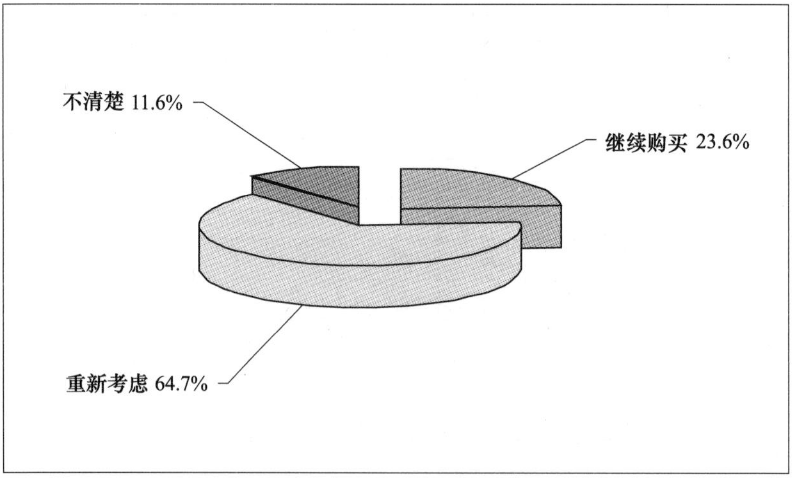

24. 当您发现您所在的单位生产出来的产品对一部分消费者的健康有危害，您将怎么办

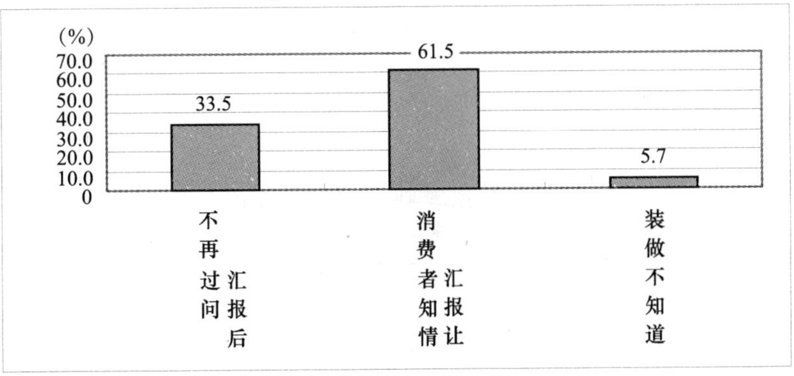

25. 婚前财产公证，您认为是否有利于婚后家庭和睦

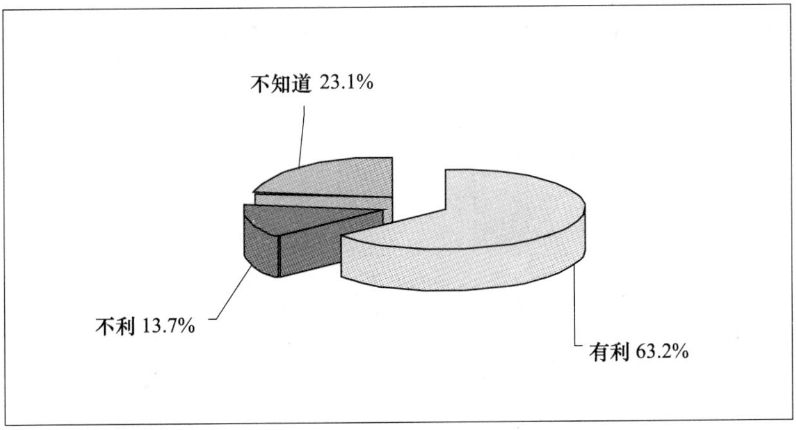

26. 如果您发现离您最近的超市存在着违规现象或不诚信的现象，您会舍近求远到别的超市购物吗

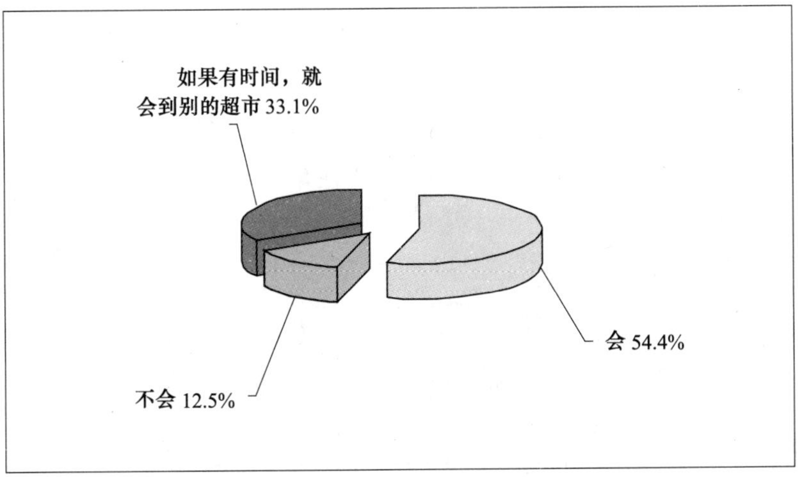

27. 您认为当前中国的分配制度公正吗

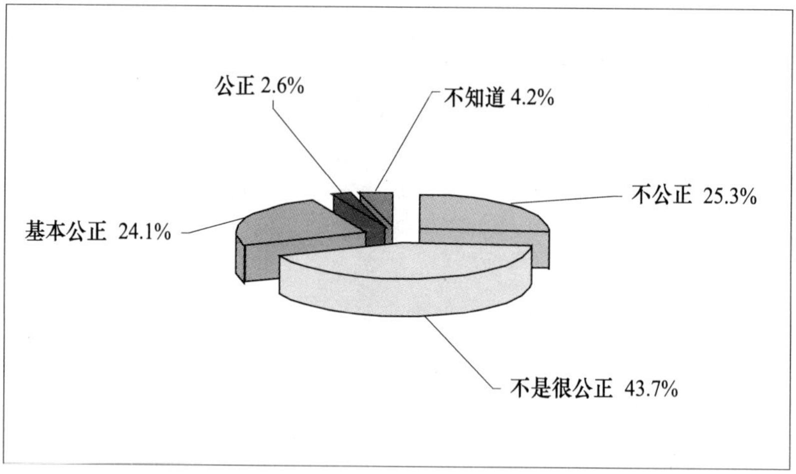

28. 您认为使当前中国市场经济符合道德的主要因素是什么

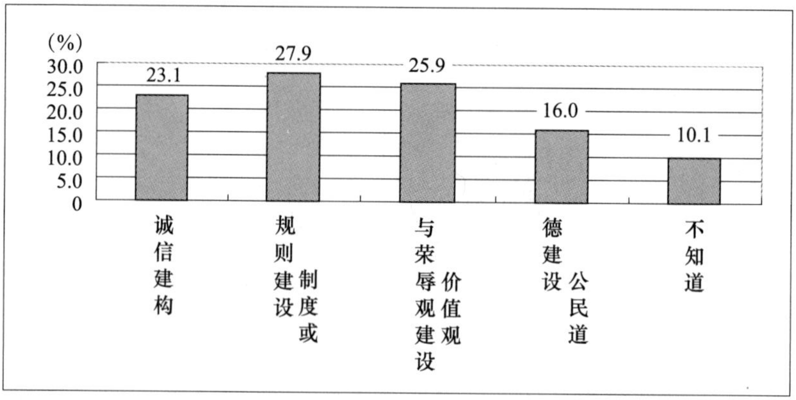

29. 企业的主要目的是利润，没有必要让企业承担社会责任。请问，您是否赞同这种观点

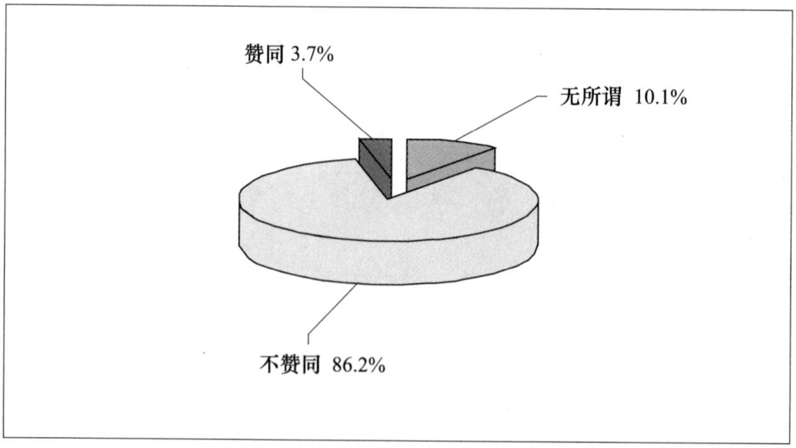

30. 您对您当下生活满意吗

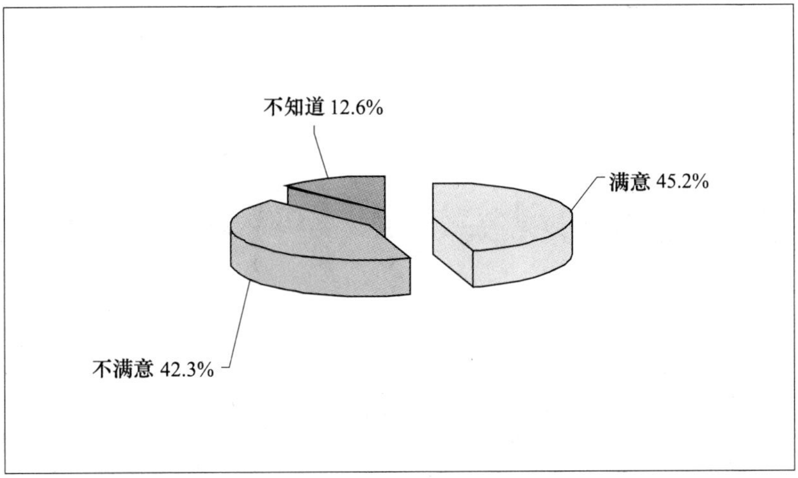

（田海平）

十六

伦理道德建设的现实效果、经验教训调查数据库

前言：调查概况

一　调查内容和调查方式

“关于现代中国道德建设与道德发展经验教训的调查”，是2005年国家社会科学基金重大招标项目“构建社会主义和谐社会进程中的思想道德”的一次大型抽样调查。

本次调查主要采用自填式问卷的方法收集资料，调查问卷由107个问题构成，主要询问了现代中国道德建设与道德发展经验教训、社会公德建设、职业道德建设、家庭美德建设、网络道德建设以及公众对加强和谐伦理与道德建设的对策与建议等六个方面的问题。

二　调查对象

本次调查以六大群体，即：政府公务员、企业家和企业员工、青少年、青年知识分子、新兴群体和弱势群体所包含的所有人为调查总体，其中青年知识分子尤其是青年大学生占最大比例。

三　抽样方法

本调查采用多阶段分层抽样的方法选取调查对象。具体做法为：

第一步，抽取区域（省或直辖市）。在全国30个省和直辖市中，采用简单随机抽样的方法抽取了江苏、安徽等地。

第二步，在各个群体中抽取个人。在每个抽中的城市，根据不同群体的特点和分布状况，采用了不同的抽样方法。如针对政府公务员群体，其抽样方法是，利用省委党校所组织的针对全省的公务员培训，按简单随机的方法选取几个培训班，再在每个班上用随机的方法抽取若干样本；针对青年知识分子群体，则采用简单随机的方法，在大学、研究单位等，从青年教师、硕士、博士研究生、研究人员、工程技术人员中抽取若干样本；针对企业家及其员工群体，则根据政府部门提供的企业

名录，采用简单随机的方法，抽取若干企业，在企业中，按等距抽样的方法抽取企业员工，而所抽中的企业所在的企业家全部进入样本；针对青少年，则分别在大学和中学，按照学校－年级－班级的顺序，每一层都采用简单随机的方法抽样，在抽中的班级，再按等距抽样的方法抽取学生。

四　资料收集的执行过程

在资料收集方法方面，主要由首席专家、子课题负责人领衔组织几个调查小组，深入各地实施和完成。本问卷调查分三次发放：第一次问卷发放的对象主要是在高校学习的在职学员，第二次问卷发放的对象主要是公务员，第三次问卷发放的对象主要是在高校学习的本科生、硕士生和博士生，另外有少量高中生。问卷回收方法是现场集中填答，当场检查、当场回收，其针对的调查对象主要是学生、参加培训的公务员、参加座谈会的诸群体人员。另外，为了对我国道德建设与道德发展现状，尤其是社会公德现状有一个更直观的反映，我们对 N 市行人闯红灯情况采取了蹲点现场抽样法、观察法和访谈法进行了抽样调查。调查时间：2006 年 9 月 16—17 日，分别于该市区某一繁华的路口与某一非繁华路口，两处同时开展。时间是上午 11—12 点一个小时，下午 3—4 点一个小时，进行蹲点计数，其间适当进行访谈。选择上述两个时间段，分别为繁忙时段与非繁忙时段。

五　样本的基本情况

本次调查共发放问卷 455 份，在剔除漏答严重等一些废卷之后，获得有效问卷 453 份，有效回收率为 99.5%。

第一次发放的时间为 2006 年 7—8 月，调查样本共回收有效个人问卷 33 份，合格率为 99.1%。在全部被调查对象中，18 人是男性，占 54.5%；15 人是女性，占 45.5%。年龄在 36—50 岁，占 18.2%。调查对象的受教育程度分别为：大专学历占 24.2%；本科学历占 69.7%；研究生及以上学历占 6.1%。调查对象的职业分别为：公务员占 24.2%，企业家占 6.1%，知识分子占 3%，新兴社会群体成员占 27.3%，企业职工占 39.4%。调查对象的年龄分别为：年龄在 18—25 岁，占 9.1%；年龄在 26—35 岁，占 72.7%。调查对象的工资收入分别为：月收入 1000—2000 元，占 9.1%；月收入 2000－4000 元，占 66.7%；月收入 4000—8000 元，占 21.2 %；月收入 8000 元以上，占 3%。调查对象的抽选基本符合设计要求。

第二次发放的时间为 2006 年 11 月，调查样本共回收有效个人问卷 75 份，合格率为 99.7%。在全部被调查对象中，男性为 72 人，占 96%；女性为 2 人，占 4%。调查对象的年龄分别为：26—35 岁占 6.7%，36—50 岁占 92%，50 以上占 1.3%。调查对象的受教育程度分别为：大专占 12%，本科占 73.3%，研究生占 14.7%。调查对象的职业分别为：全部都是公务员（100%）。调查对象的工资收入分别为：月收入 300—500 元的占 1.3%，月收入 1000—2000 元的占 36%，月收入 2000—4000 元的占 56%，月收入 4000—8000 元的占 6.7%。调查对象的抽选基本符合设计要求。

第三次发放的时间为 2007 年 5 月，调查样本共回收有效个人问卷 347 份，合格率为 95.1%。在全部被调查对象中（注：1 人未填写基本情况），男性为 174 人，占 50.1%，女性为 172 人，占 49.6%。调查对象的年龄分别为：18 以下占 0.6%，18—25 岁占 63.4%，26—35 岁占 30.3%，36—50 岁占 4.6%；调查对象的受教育程度分别为：高中及以下占 0.6%，大专占 0.9%，本科占 42.7%，研究生及以上占 55.3%；调查对象的职业分别为：公务员占 4.9%，企业家占 0.3%，知识分子（含大学生和教师）占 91.9%，中小学生占 0.9%，新兴社会群体占 0.6%，企业职工占 0.3%；调查对象的工资收入分别为：300 元及以下占 31.1%，300—500 元占 2.9%，500—1000 元占 5.8%，1000—2000 元占 7.5%，2000—4000 元占 12.4%，4000—8000 元占 7.2%，8000 元及以上占 1.7%。调查对象的抽选基本符合设计要求。

六　样本质量评估

本项目的抽样方案合理、科学，并且抽中的区域在某种程度上具有区域代表性。在多个培训班上发放的问卷，调研对象来自全省（或全地区）。同时，调查执行按照既定要求严格进行，问卷的有效回收率较高，而且各个地区样本量的分布较均衡，因此，从总体而言，本次调查的样本具有较好的代表性。

七　资料整理与分析

本次问卷调查的资料在经过初步整理、编码之后，用 Foxpro6.0 进行录入，用 SPSS13.0 进行查错和基本的统计分析，用 excel2003 进行作图。分析类型主要是单变量的描述统计。

第一部分　基本信息

1. 您的性别

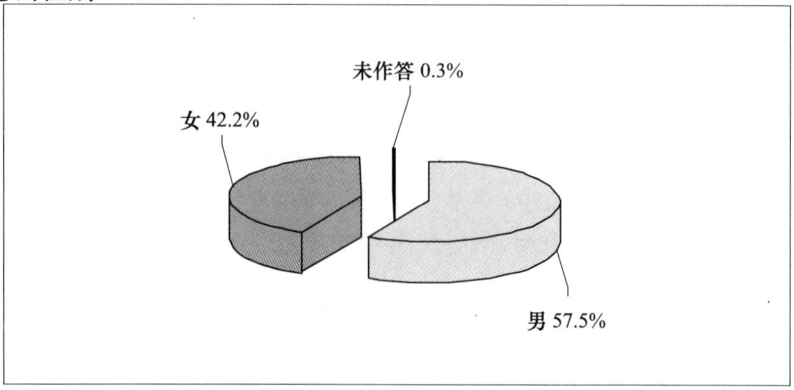

2. 您的年龄

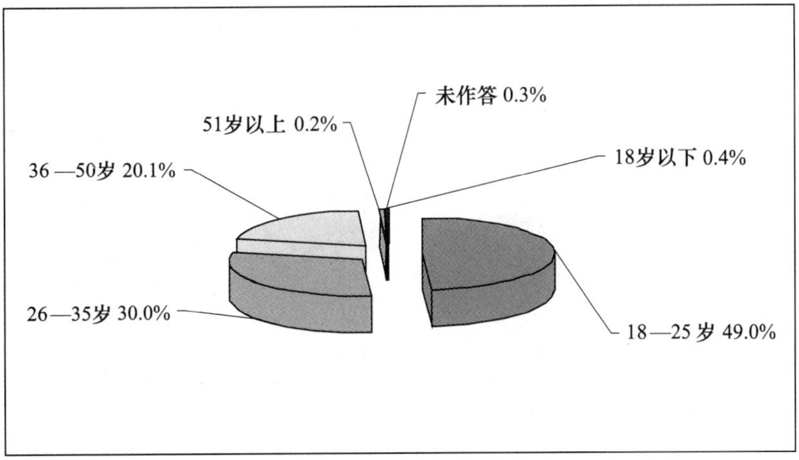

3. 您的受教育程度

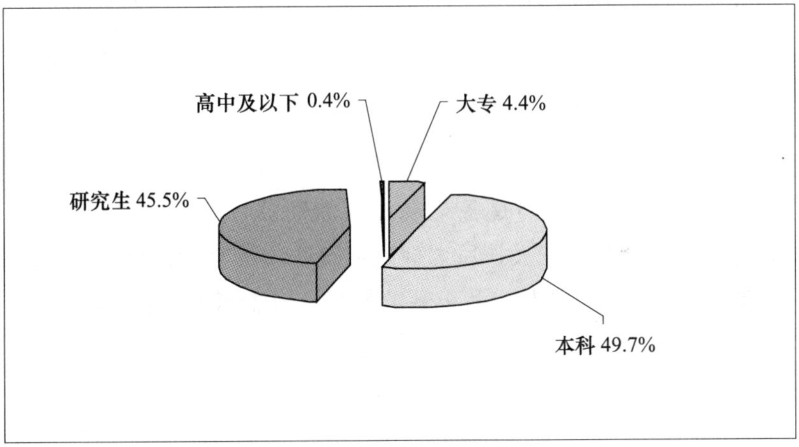

4. 您目前的职业

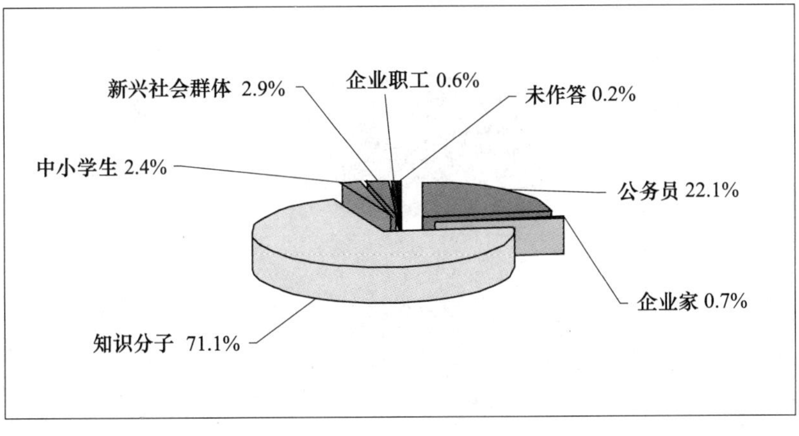

5. 您的月平均收入是

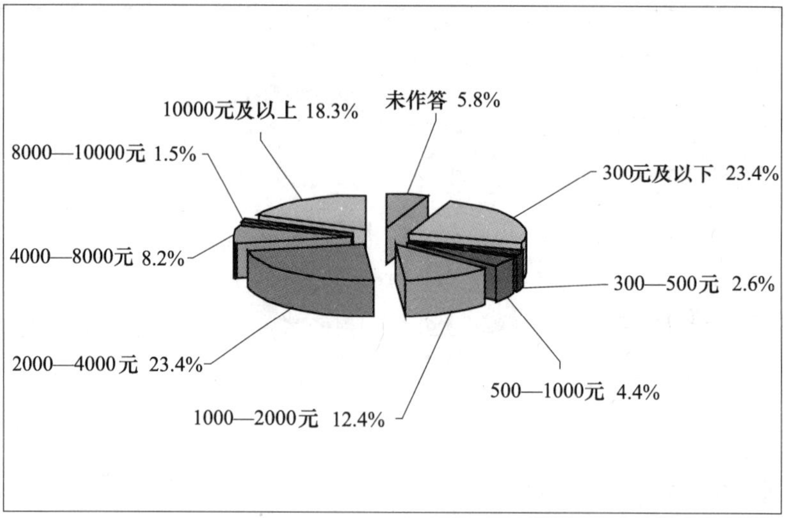

第二部分 调研信息

（一）现代中国道德建设与道德发展经验教训

1. 您认为中国共产党的三大作风“理论和实践相结合的作风，和人民群众紧密地联系在一起的作风以及批评与自我批评的作风”对于当前的道德建设

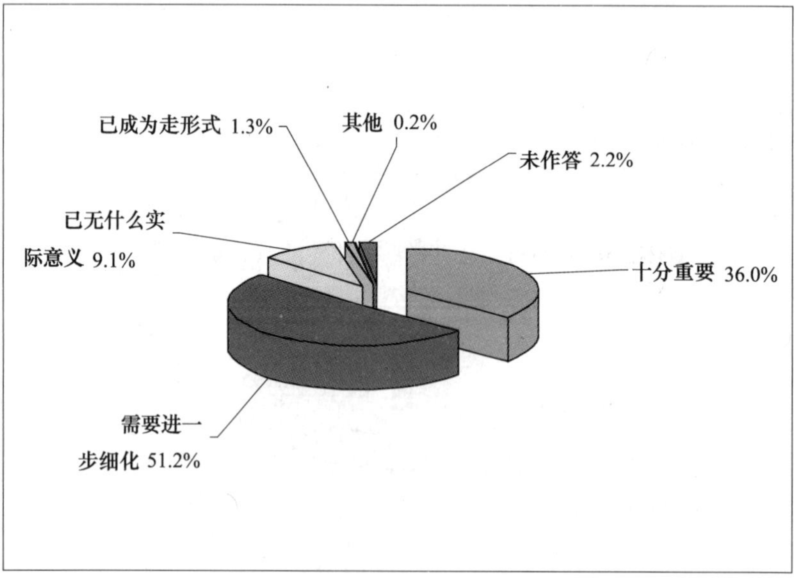

2. 您认为进行深入细致的思想工作对于当前的道德建设

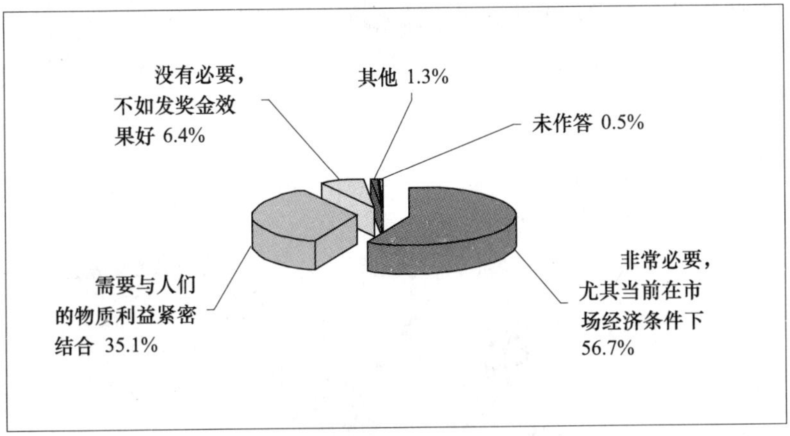

3. 您认为树立各行各业的先进典型对于当前的道德建设

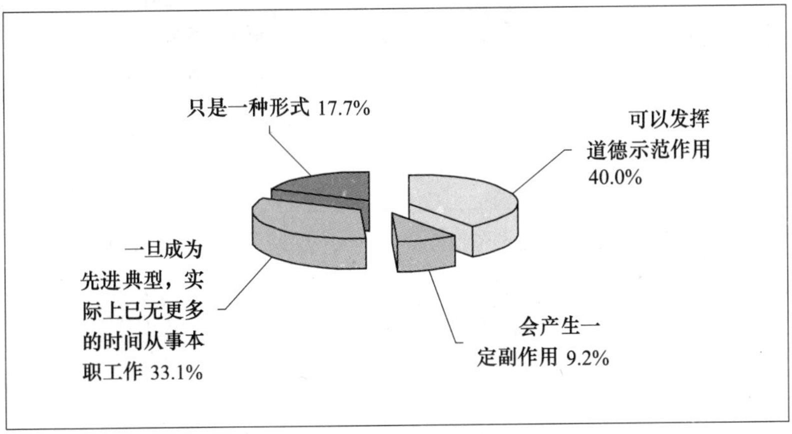

4. 您认为当前“超女”、“好男儿”等具有全国性影响的活动对于当前的道德建设

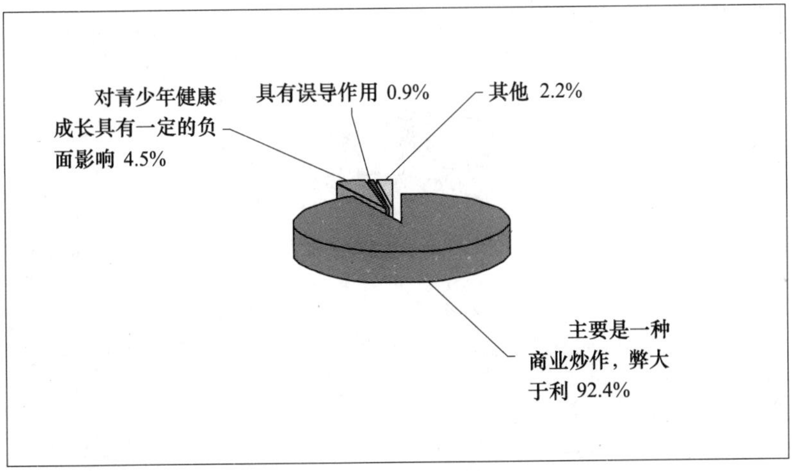

5. 您认为自1996年《中共中央关于加强社会主义精神文明建设若干重要问题的决议》贯彻实施以来，对于我国思想道德建设的作用

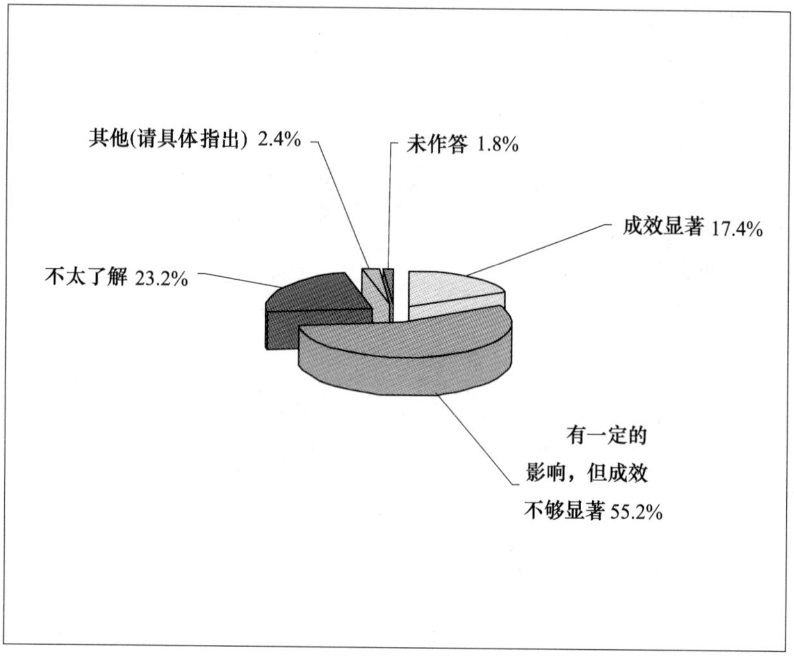

6. 您认为自2001年《公民道德建设实施纲要》贯彻实施以来，对于我国思想道德建设的作用

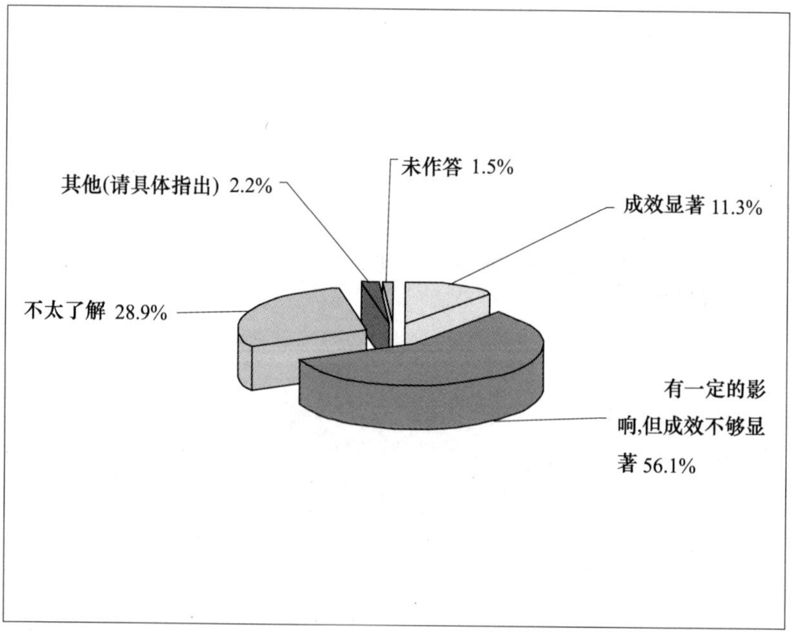

7. 您认为自2004年《关于进一步加强和改进未成年人思想道德建设的若干意见》贯彻实施以来，对于我国成年人思想道德建设的作用

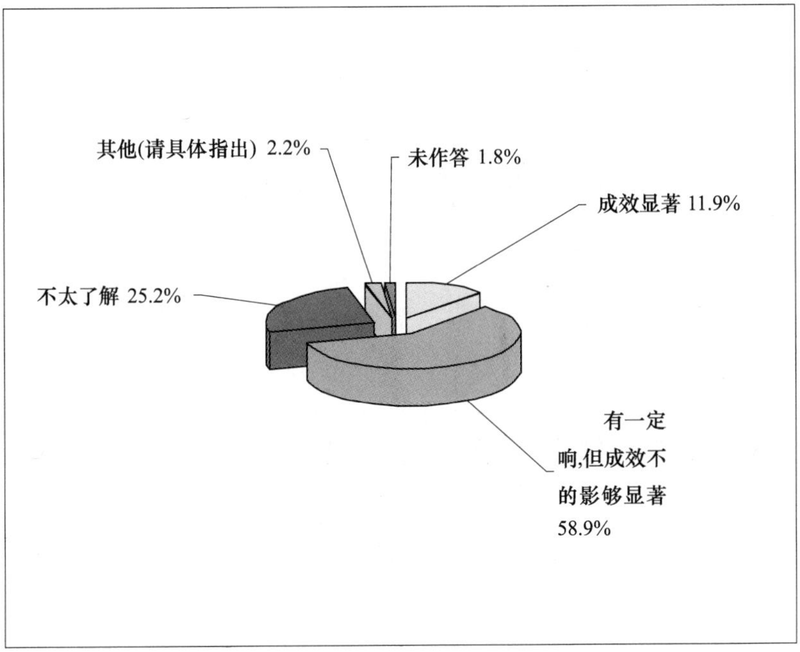

8. 您认为八荣八耻的提出

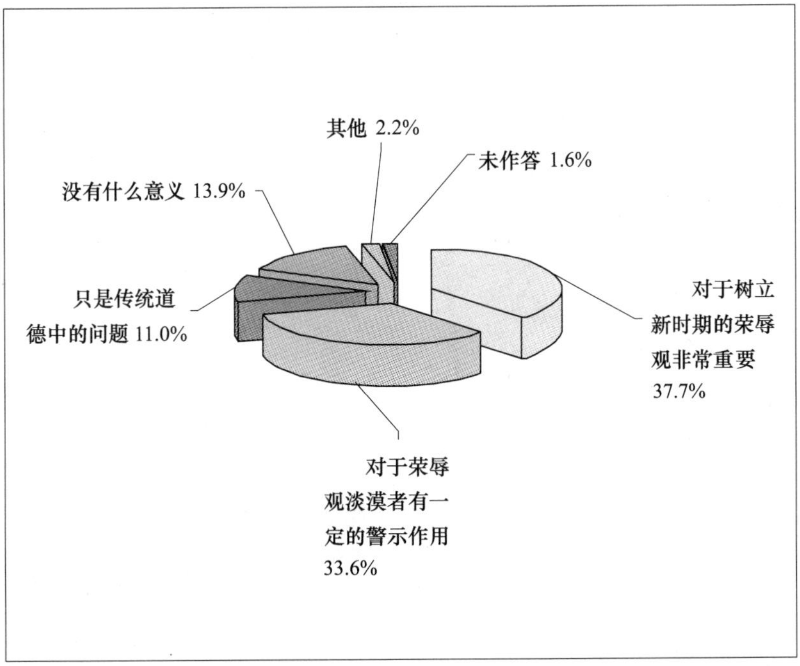

9. 您认为八荣八耻您能够做到吗

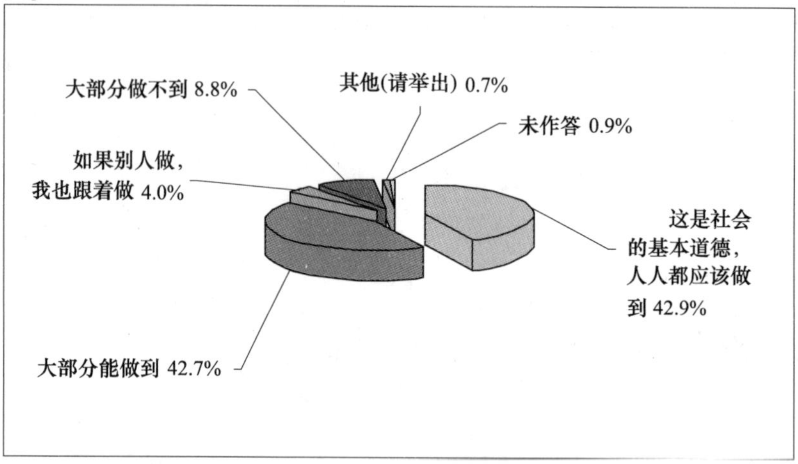

10. 您认为市场经济对我们的道德观念的影响，主要表现为

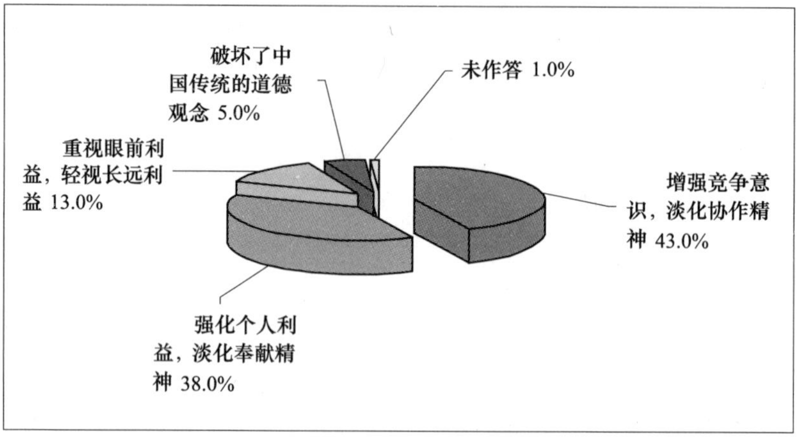

11. 您认为人们道德失范的原因是

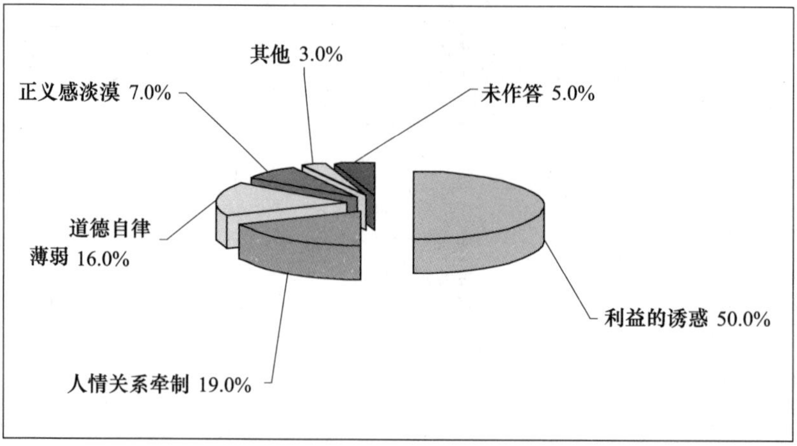

12. 您认为当前每一个单位的伦理发展状况与计划经济时代相比

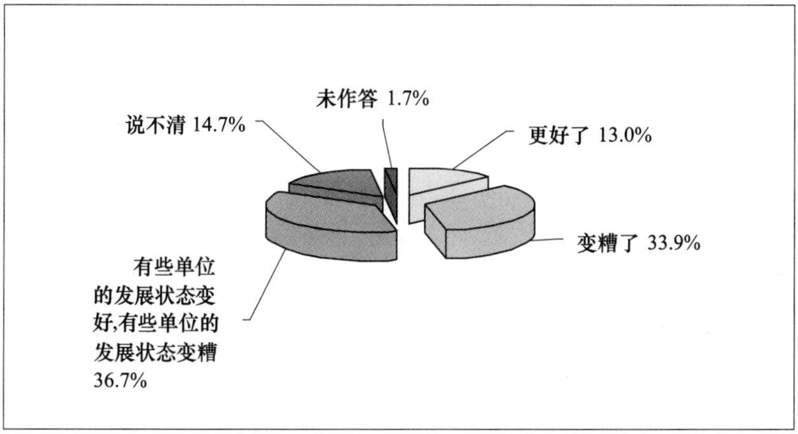

13. 您认为高技术、信息化的时代，对每一个单位的伦理要求较以往

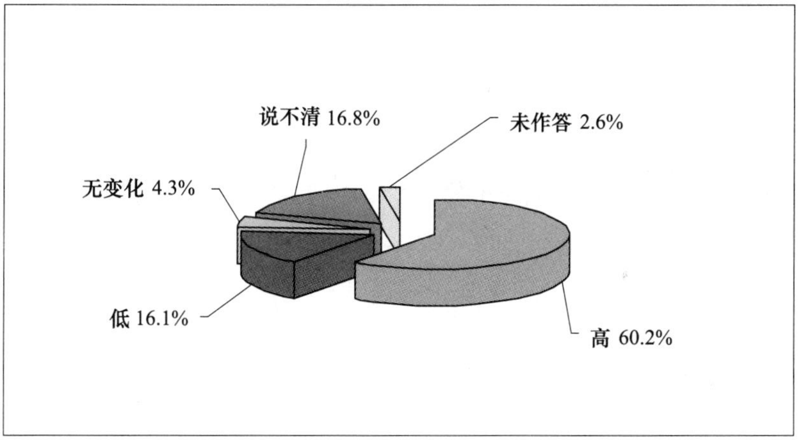

14. 您认为全球化、市场经济的背景下，对每一个单位的伦理要求较以往

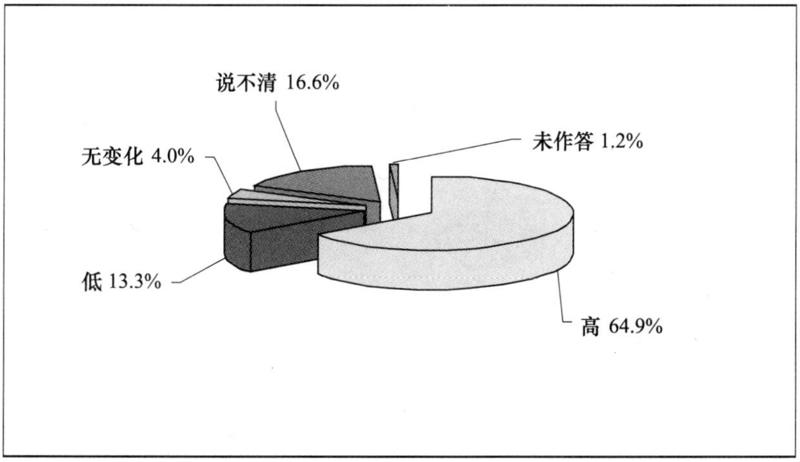

15. 您认为现在人与人之间关系的主流是

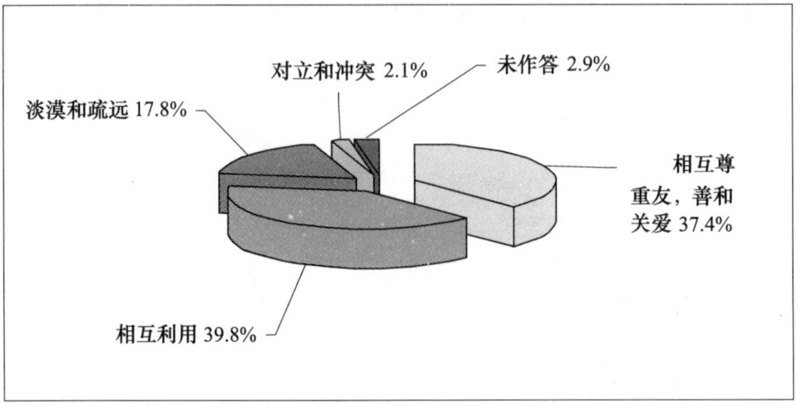

16. 您认为人际关系失调的原因是（可选 3 项）

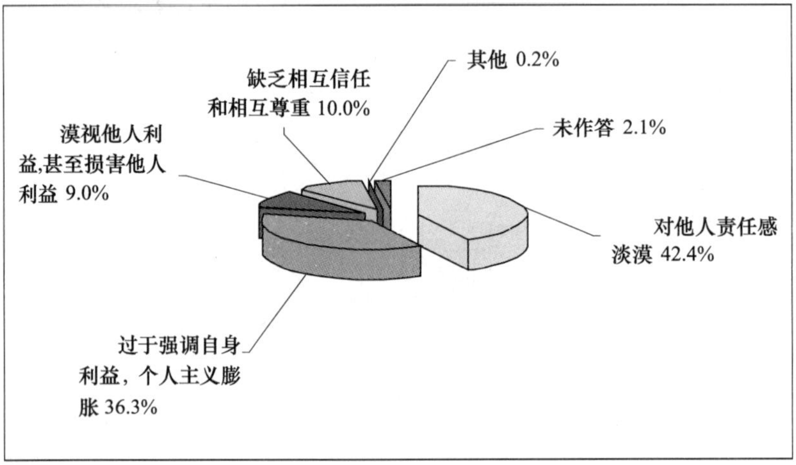

17. 您认为人与社会关系失调的原因是

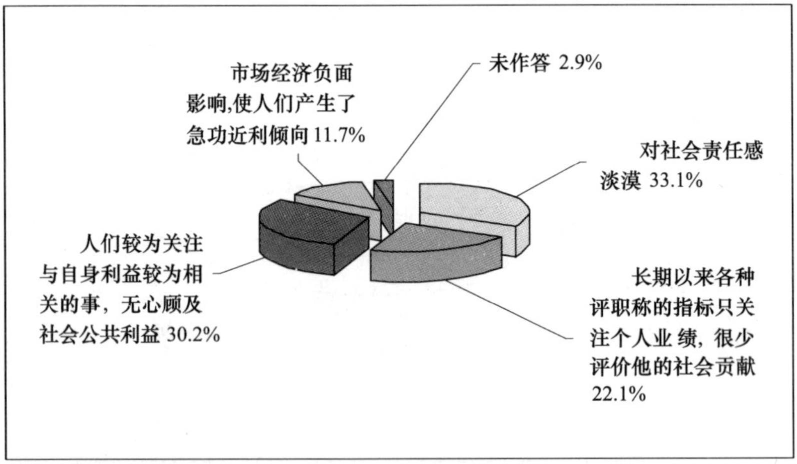

18. 您认为人与自然关系失调的原因是

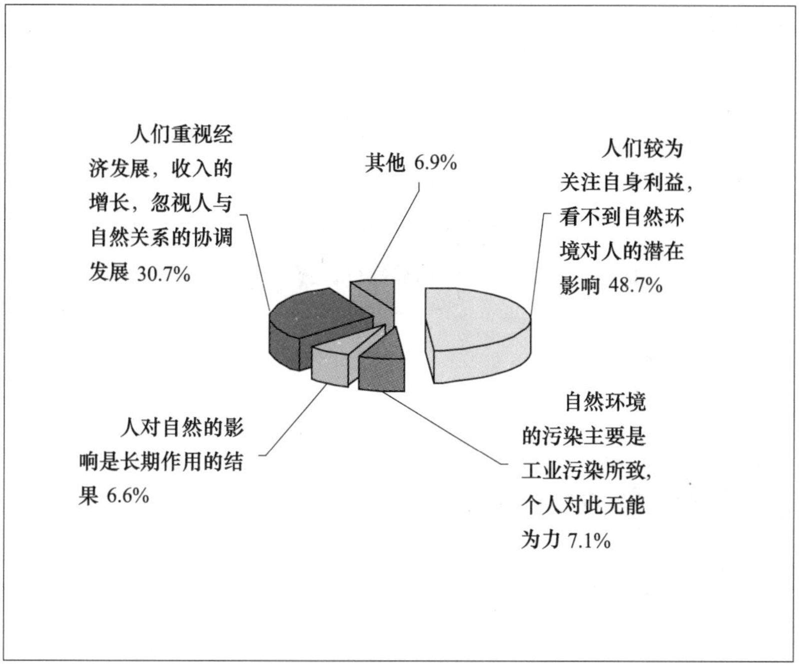

19. 当您遇到集体利益与个人利益不能兼顾时，比如：如果为了完成一项单位的重要工作，将无法参加自己孩子所在学校的重要的家长会、或者无法照顾有病的父母或有病的妻子，你会选择

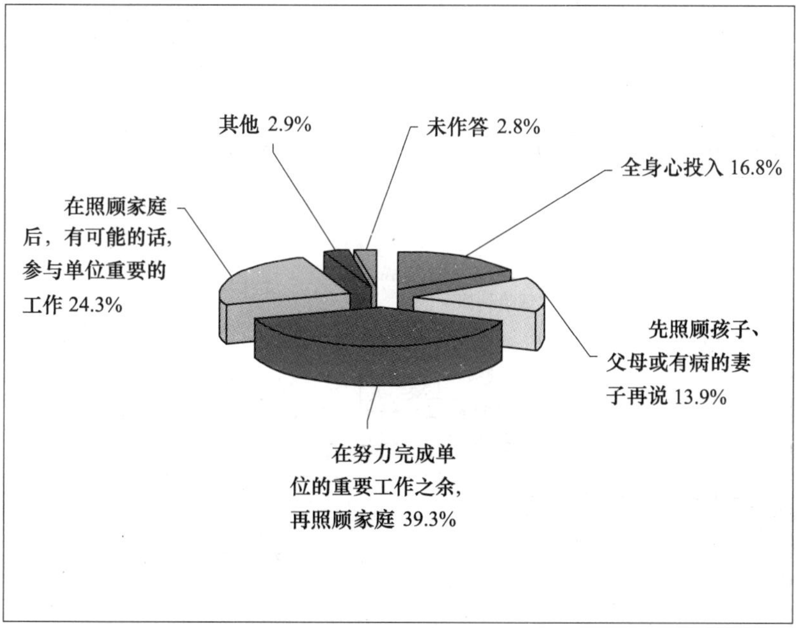

20. 当您遇到公众利益与家庭利益不能兼顾时，比如为了家庭装修，将不得不打扰邻居，您会选择

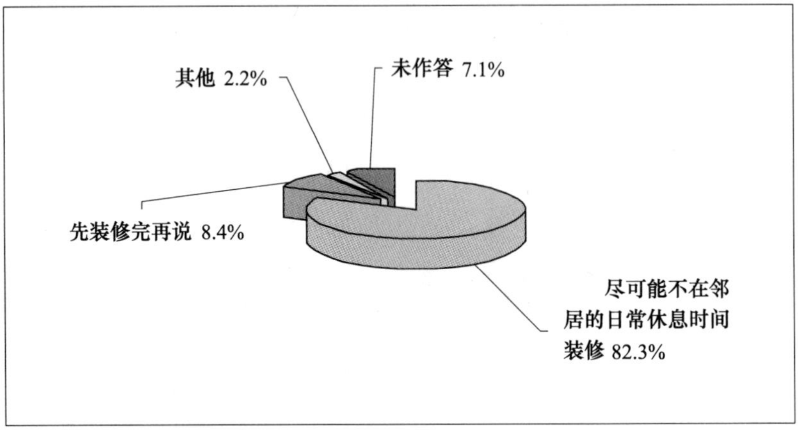

21. 当您平时处理垃圾时，你会选择

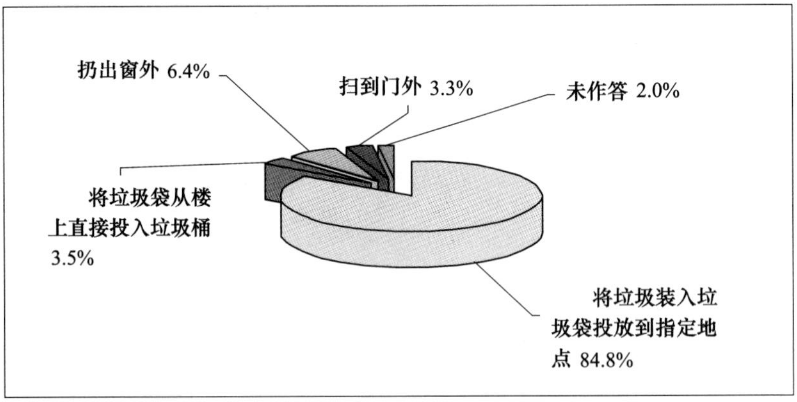

22. 当您与邻居或者同事为日常事务发生争执时，你会选择

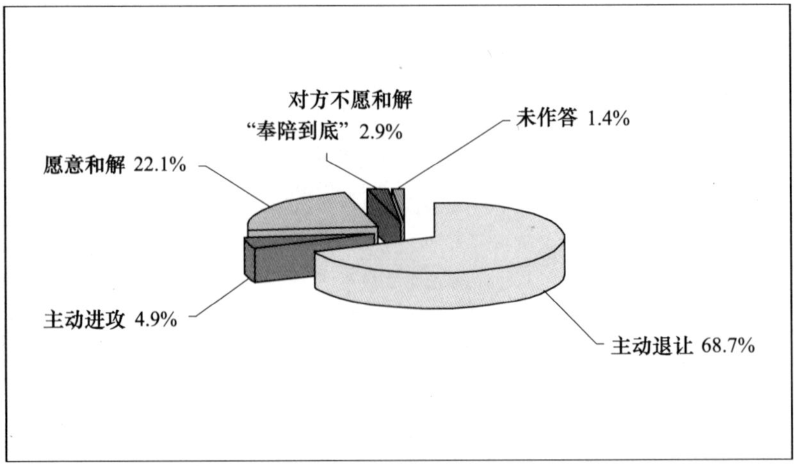

23. 您的人生理想是什么

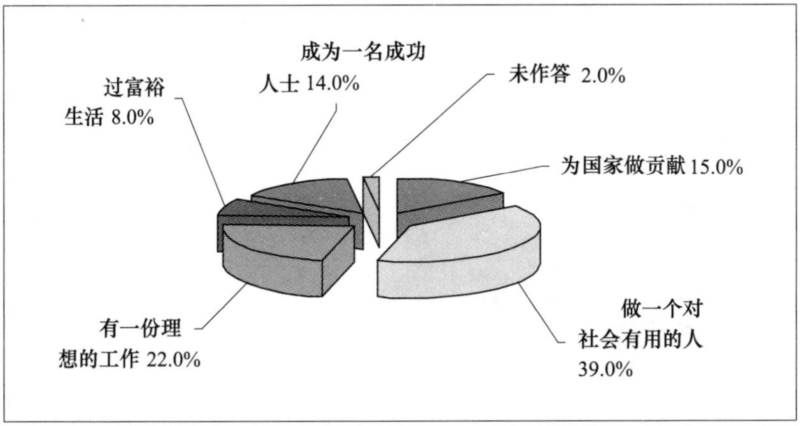

24. 您工作的目的是什么

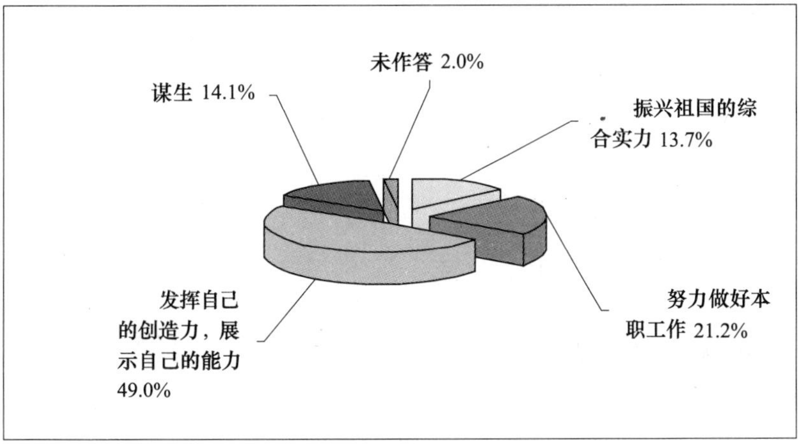

25. 您认为人生价值在于奉献还是索取

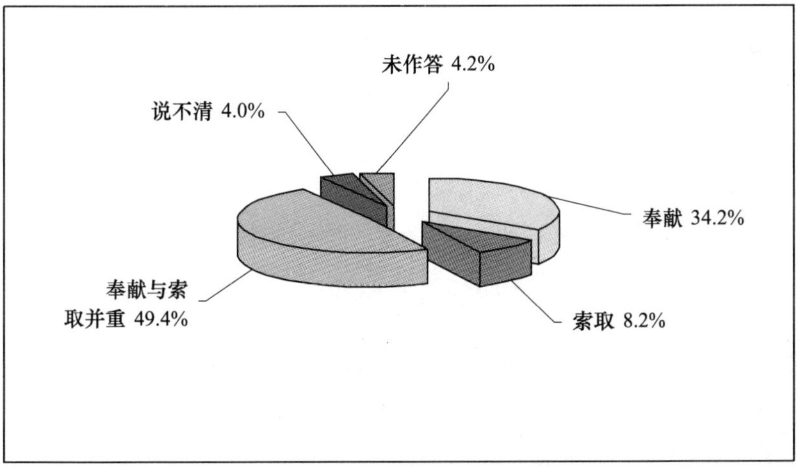

26. 您是否愿意参加集体活动

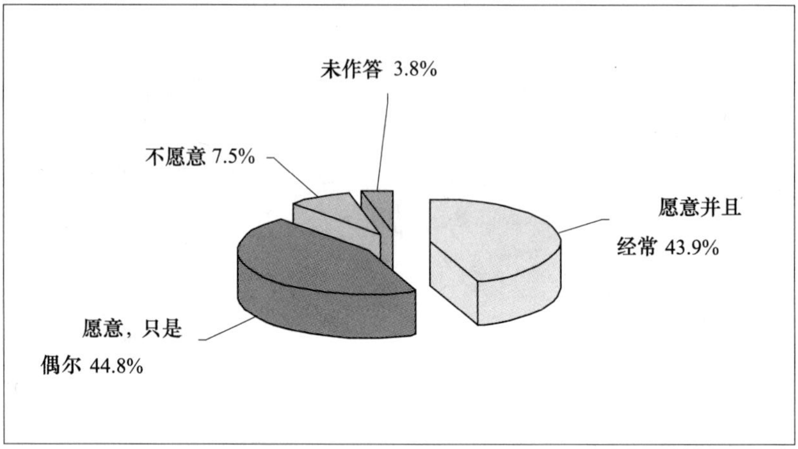

27. 当个人利益与集体利益发生矛盾时

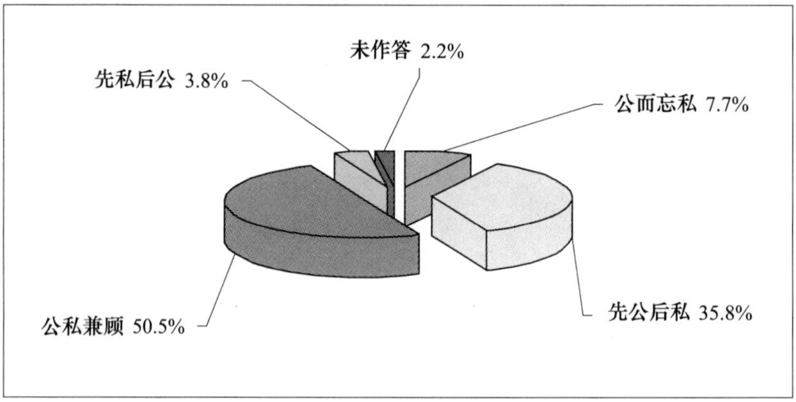

28. 社会主义市场经济条件下是否还需要倡导全心全意为人民服务

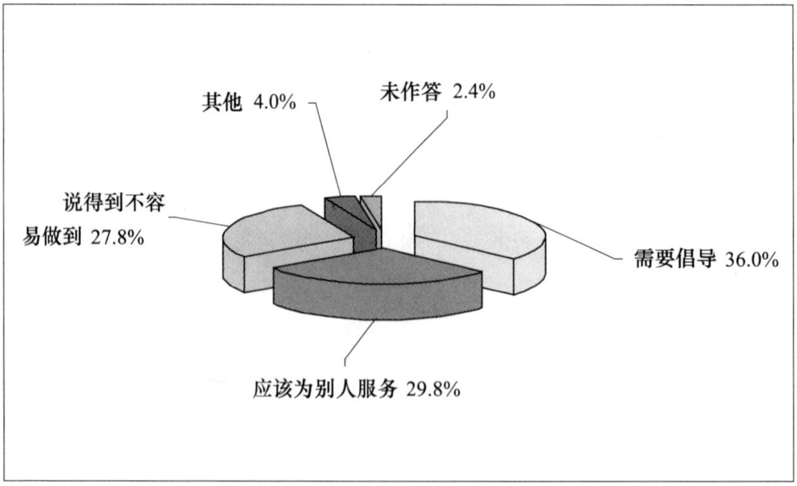

29. 您认为“成功”的标志是什么（排在前 3 位的分别是）

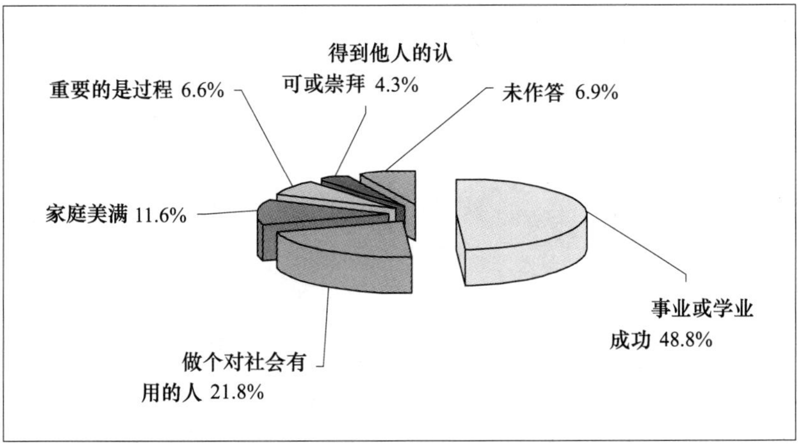

30. 您认为应如何实现自己的理想

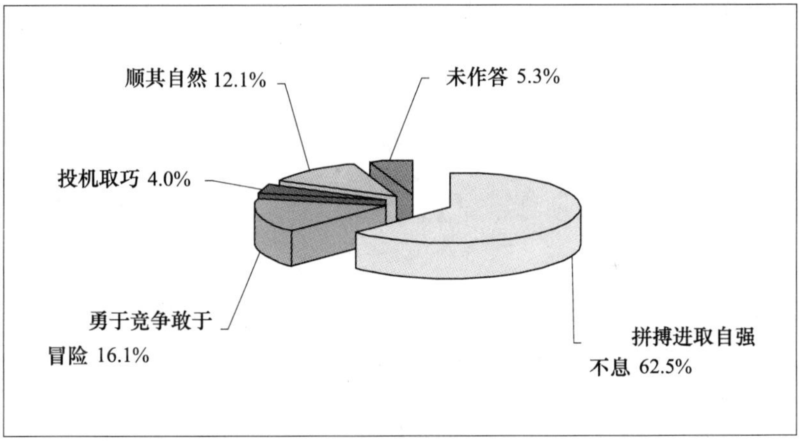

31. 您认为我国目前先富起来的一部分人主要是依靠什么手段

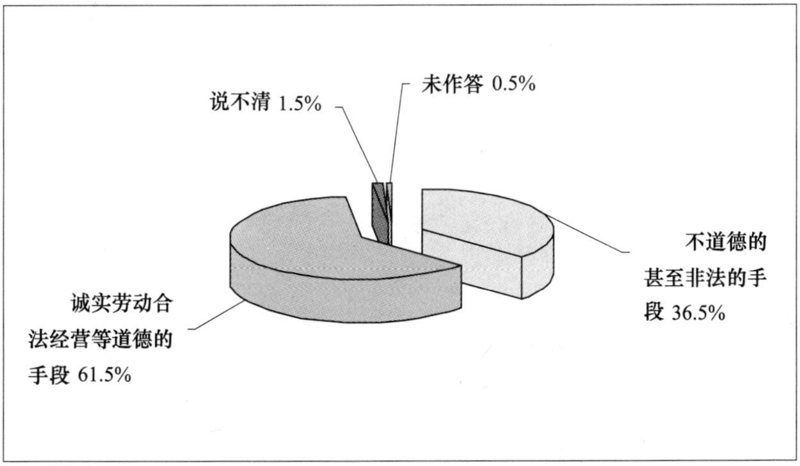

32. 您认为大多数干部职务的升迁主要是依靠

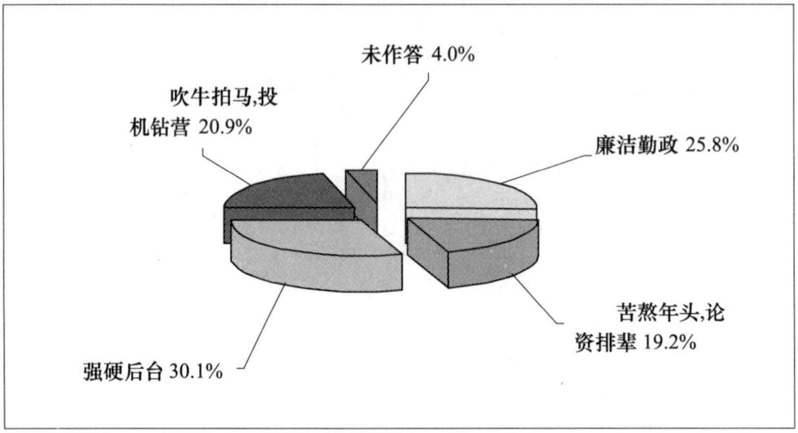

33. 您认为当今中国是否存在着严重的道德信仰危机

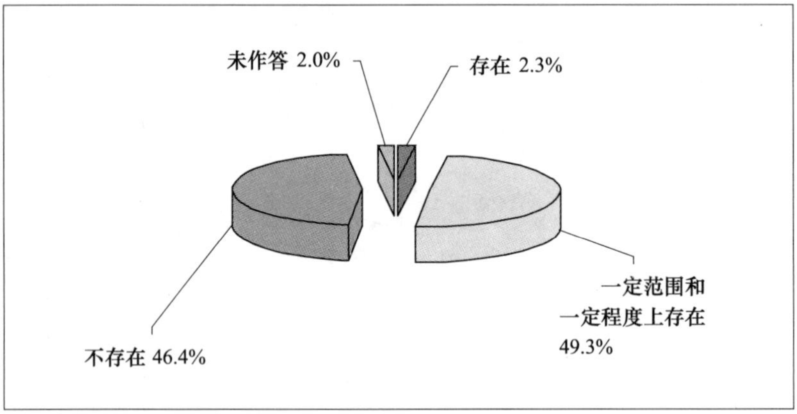

34. 如果存在着道德信仰危机，您对道德信仰危机的态度是

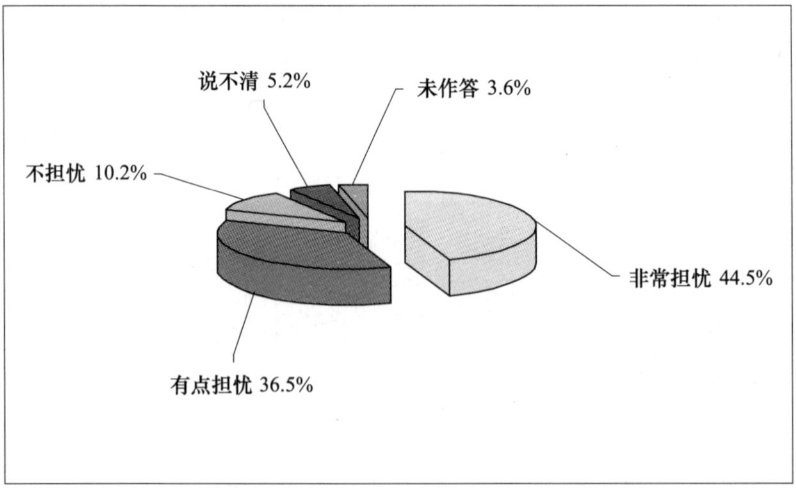

35. 如果存在着道德信仰危机，您认为危机产生的最主要原因是

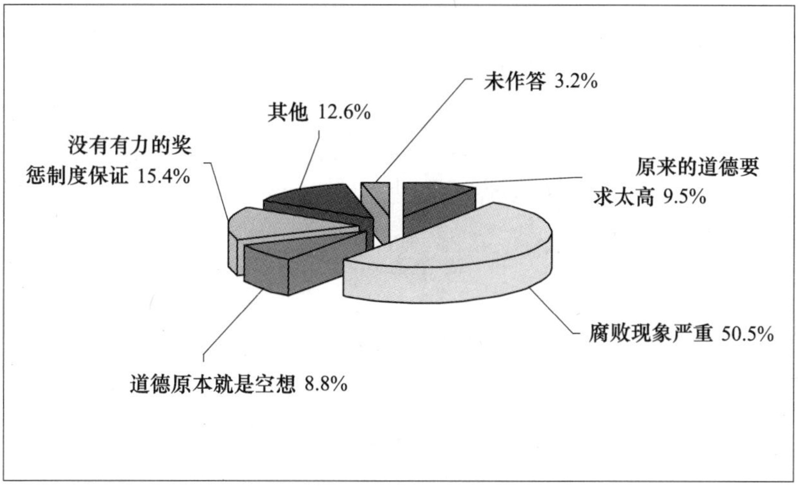

36. 您认为道德对人的幸福生活有用吗

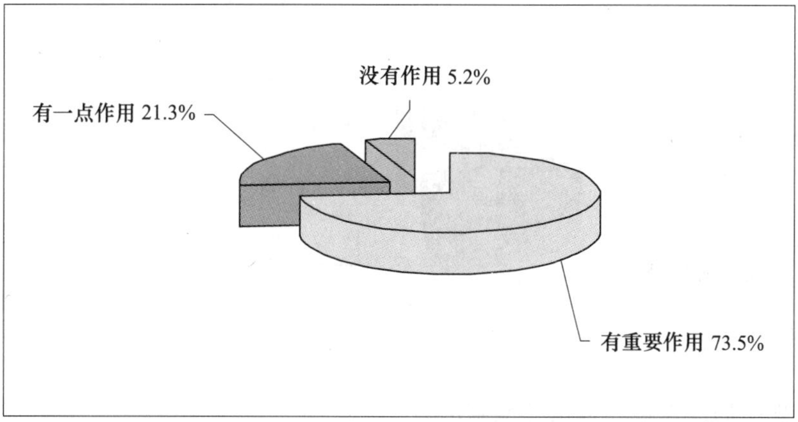

37. 您相信“善应当有善报、恶应当有恶报”吗

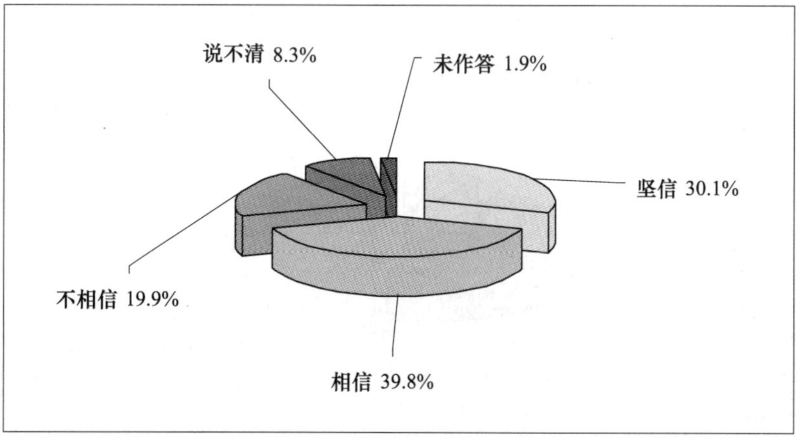

38. 有人认为“与过去相比，现在的人们变得自私了”。您赞同这种说法吗

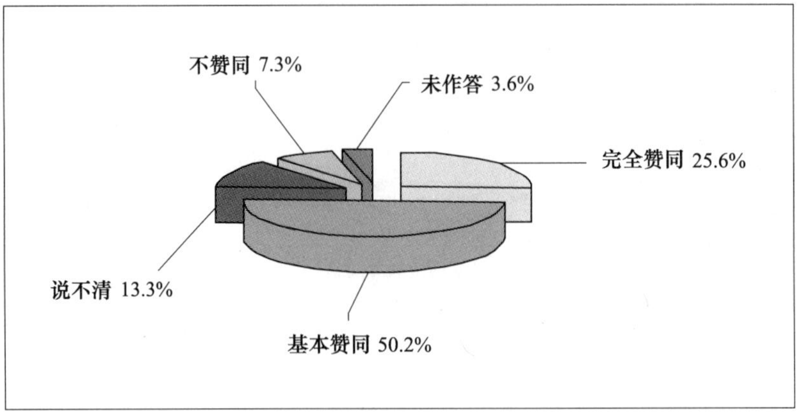

39. 您认为现在大多数人真正信仰以下哪一种道德原则

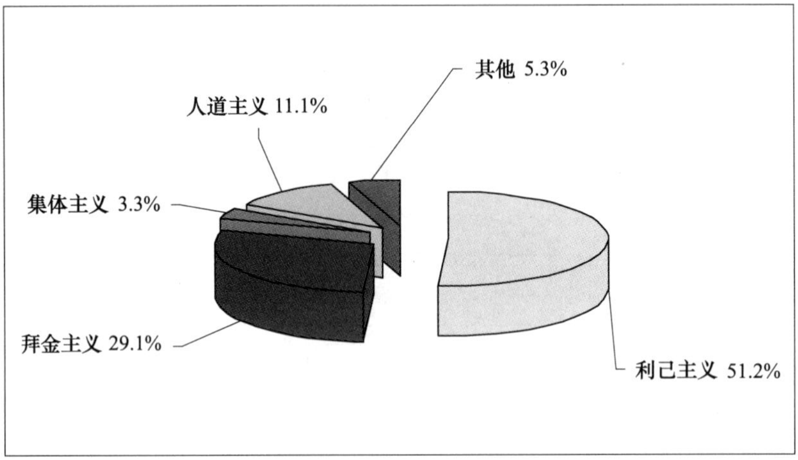

40. 您信仰以下哪一种道德原则

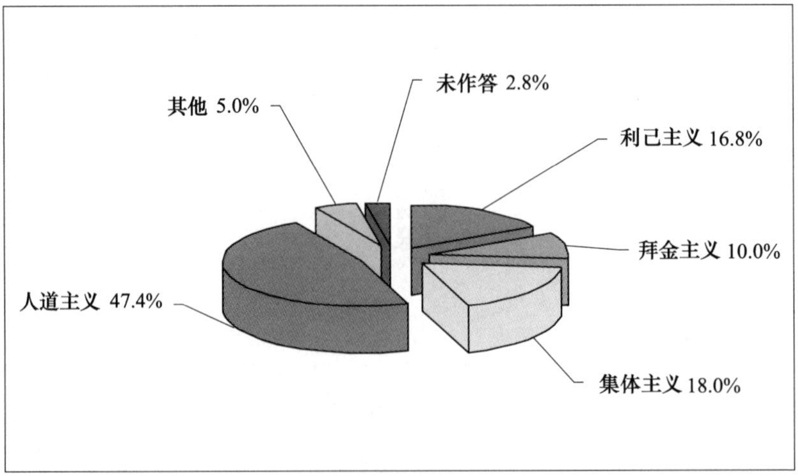

41. 您认为自己身边所接触的人中能够“凭良心办事”的

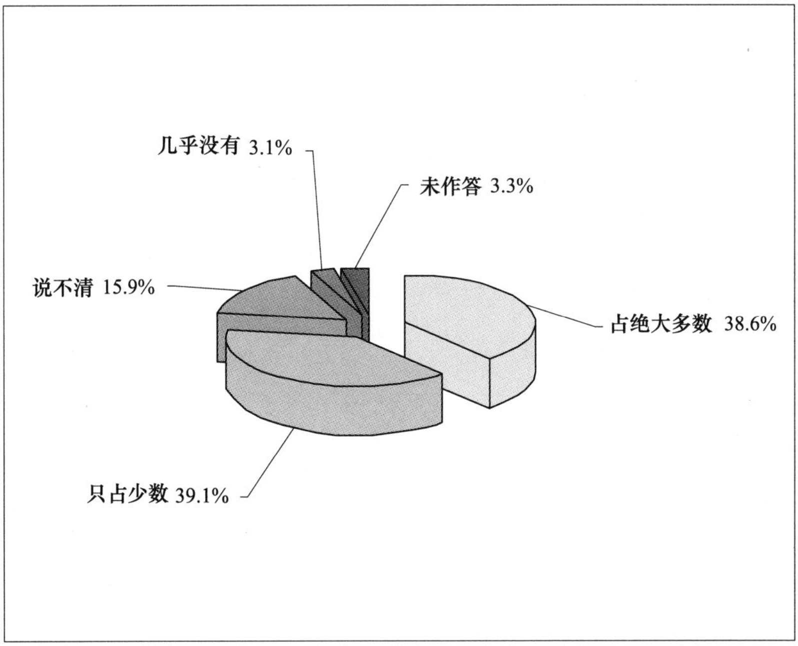

（二）社会公德建设

1. 当知道单位里有困难的同事或有些地区受灾，您会

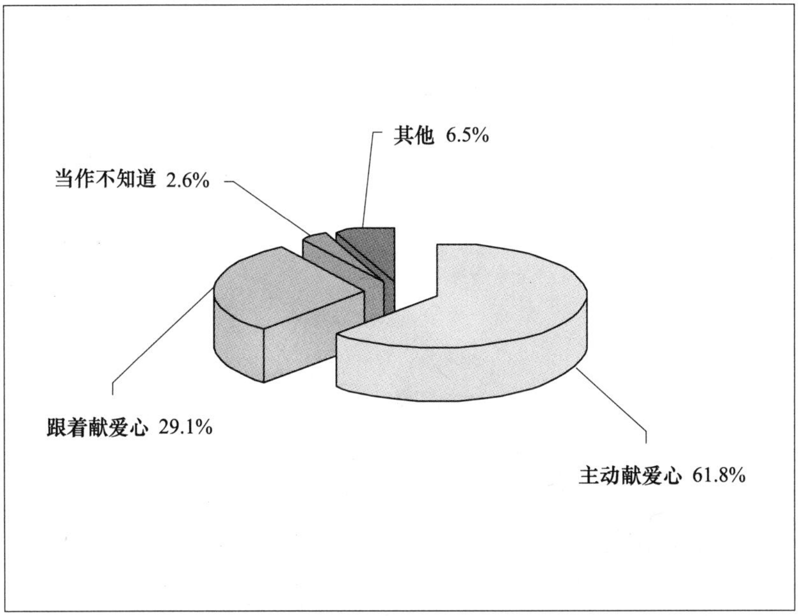

2. 在公交车上，当看到老、弱、病、残和孕妇，您会

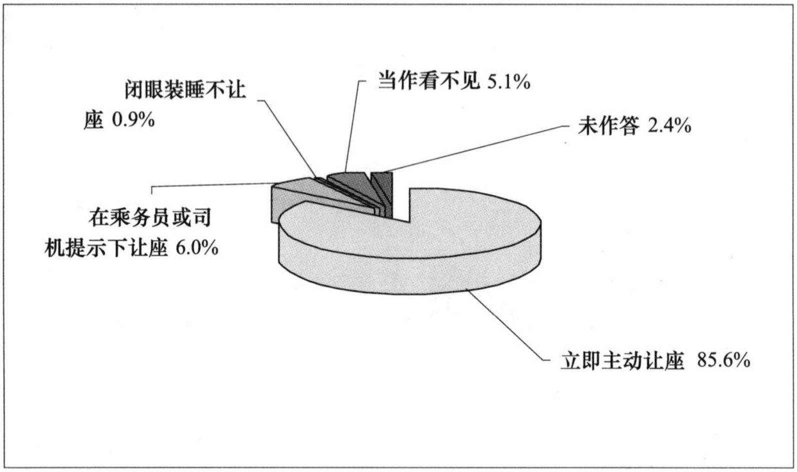

3. 您喜欢参加公益性的社会活动吗

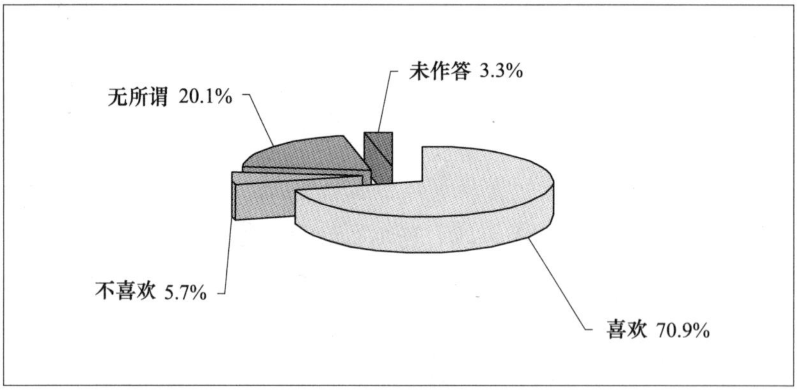

4. 当在公共场所看到打架斗殴或其他违法行为，您会

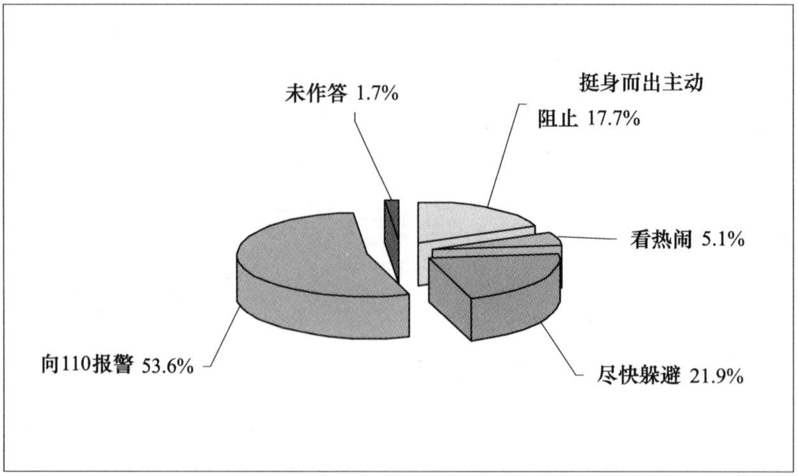

5. 您认为爱护环境

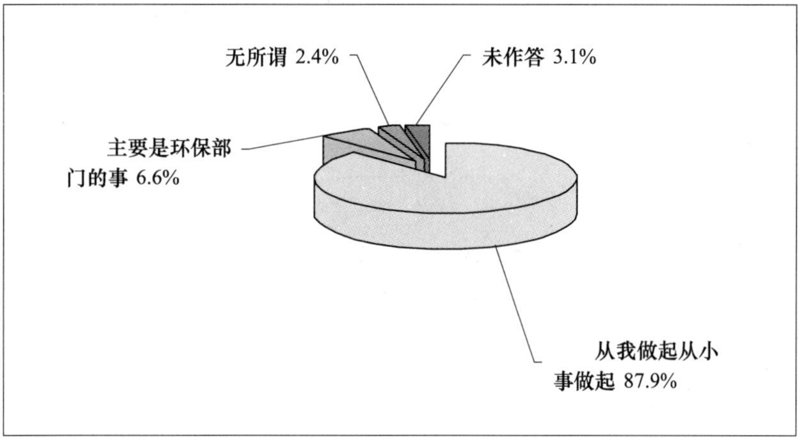

6. 当您捡到别人的贵重财物时

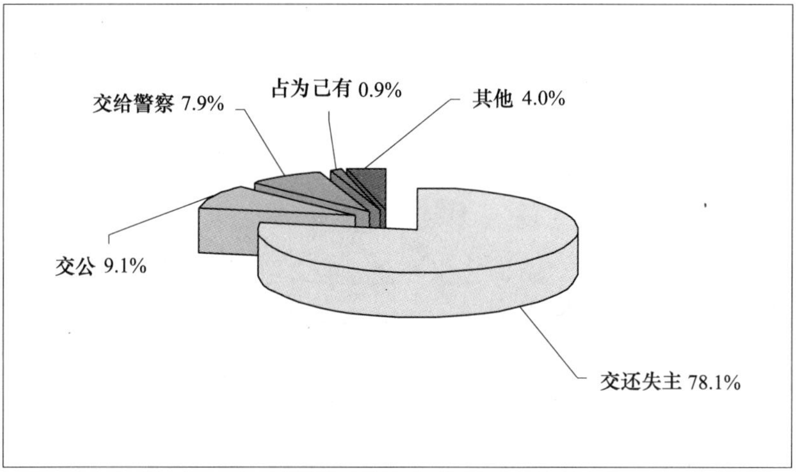

7. 在公共场所如果您与一位陌生人不小心发生碰撞，您会怎样

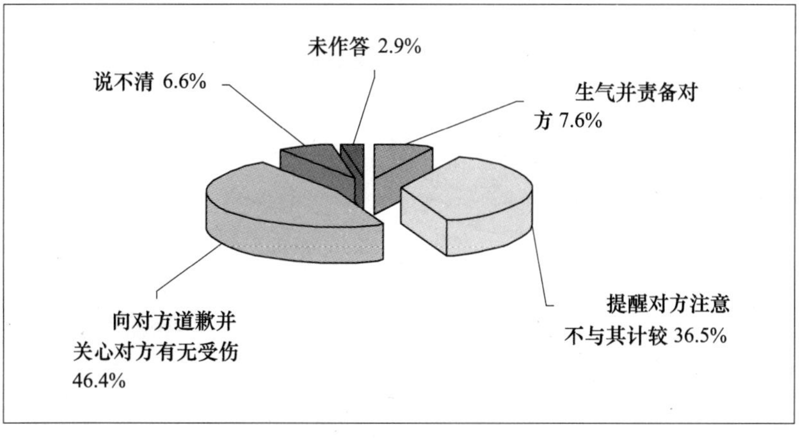

8. 当您过马路遇到红灯而路口又没有警察时，您会如何选择

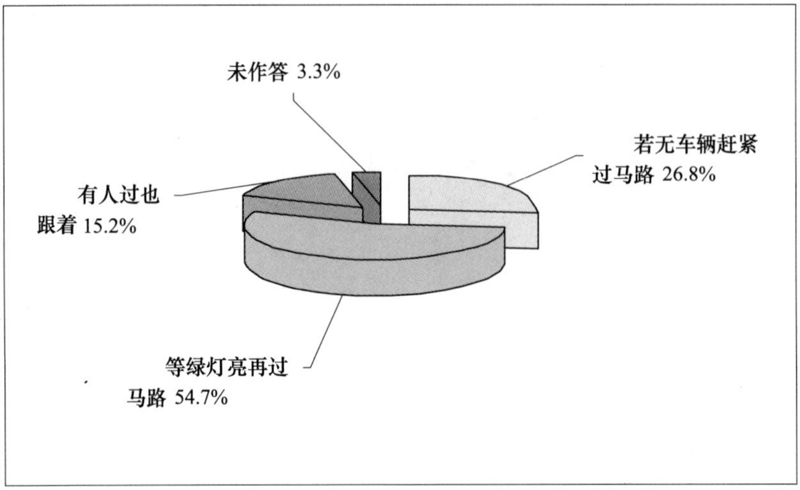

9. 您是否经常看到走廊等公共场所白天开着长明灯

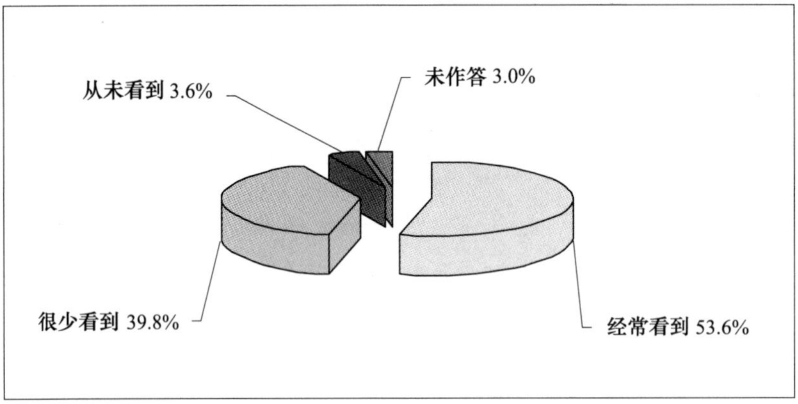

10. 如果您看到走廊等公共场所白天开着长明灯，您会怎么做

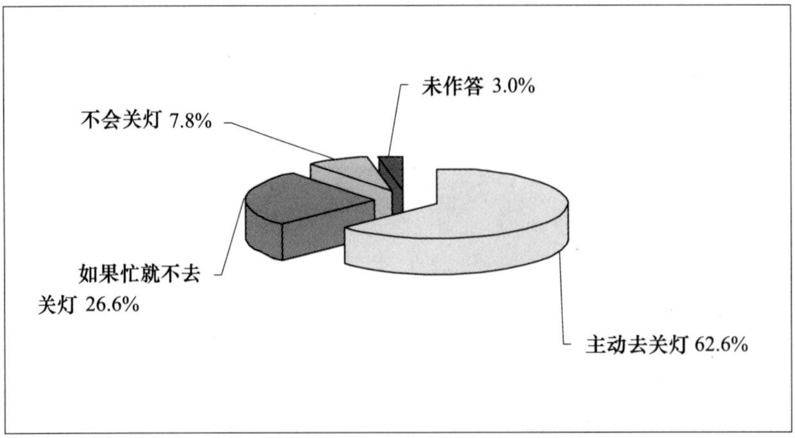

11. 您对一些人随意践踏草坪等破坏绿化的行为

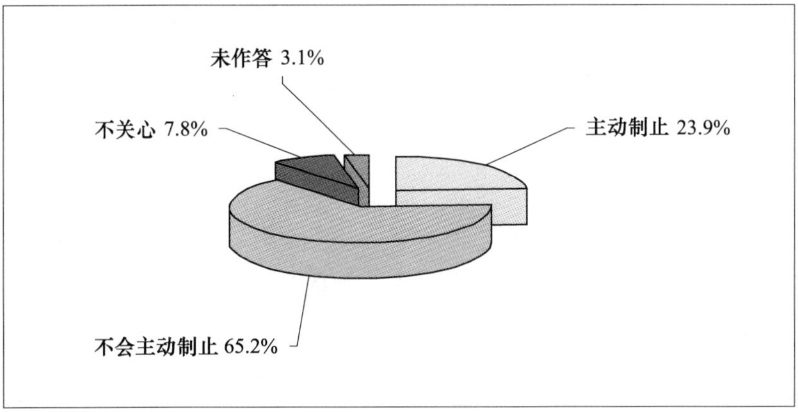

12. 如果您去某地办事，穿过一片草坪可以省几分钟时间，您会怎么选择

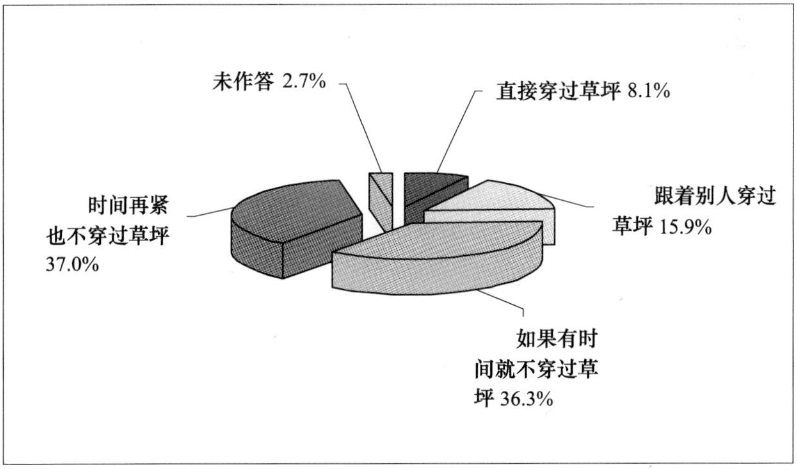

13. 您认为乱扔垃圾的行为

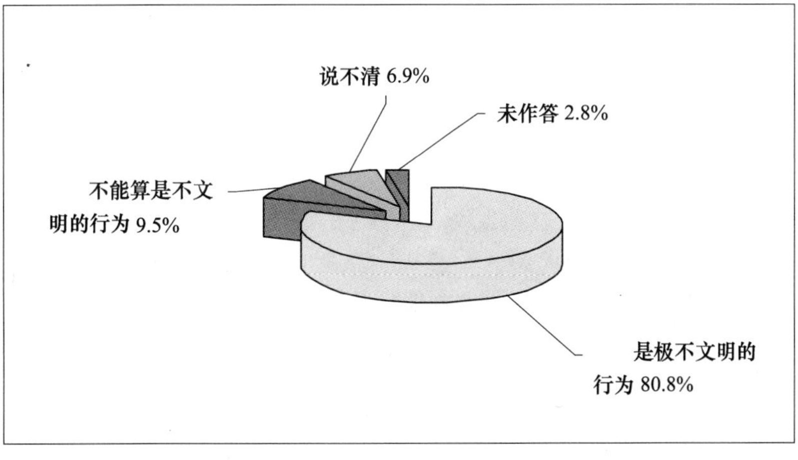

14. 您平时乱扔垃圾吗

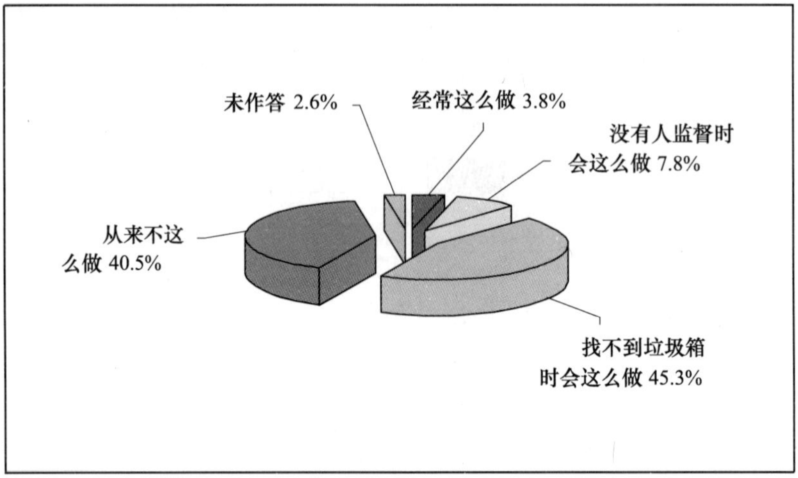

15. 假如您在买东西时人家粗心多找了钱给您，您会如何选择

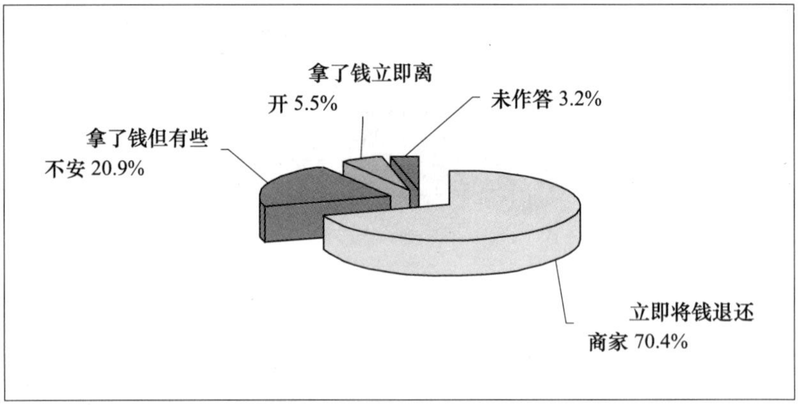

16. 您认为现在公民对诚信的态度是

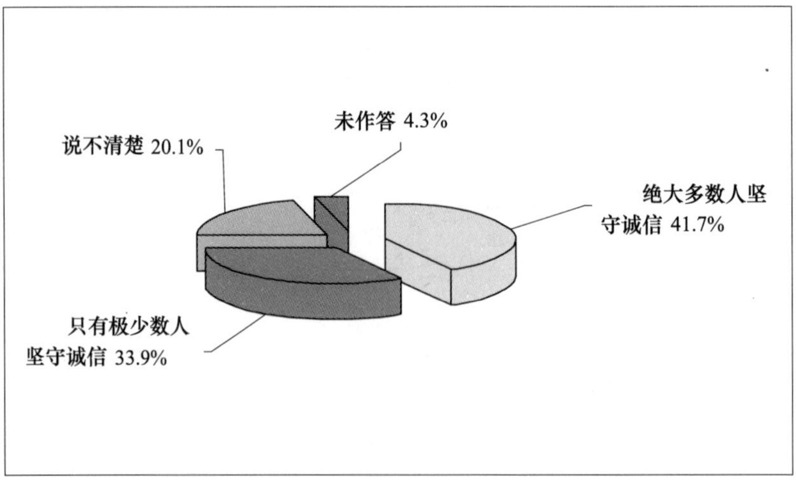

17. 您认为作为一个公民（可多选）

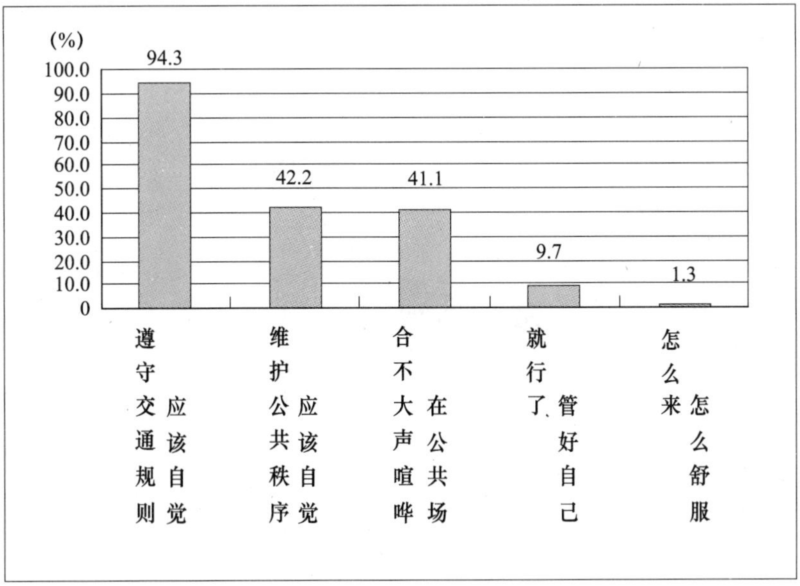

18. 根据您的经验和观察，您认为社会公共生活中，人际关系存在的最突出的问题是

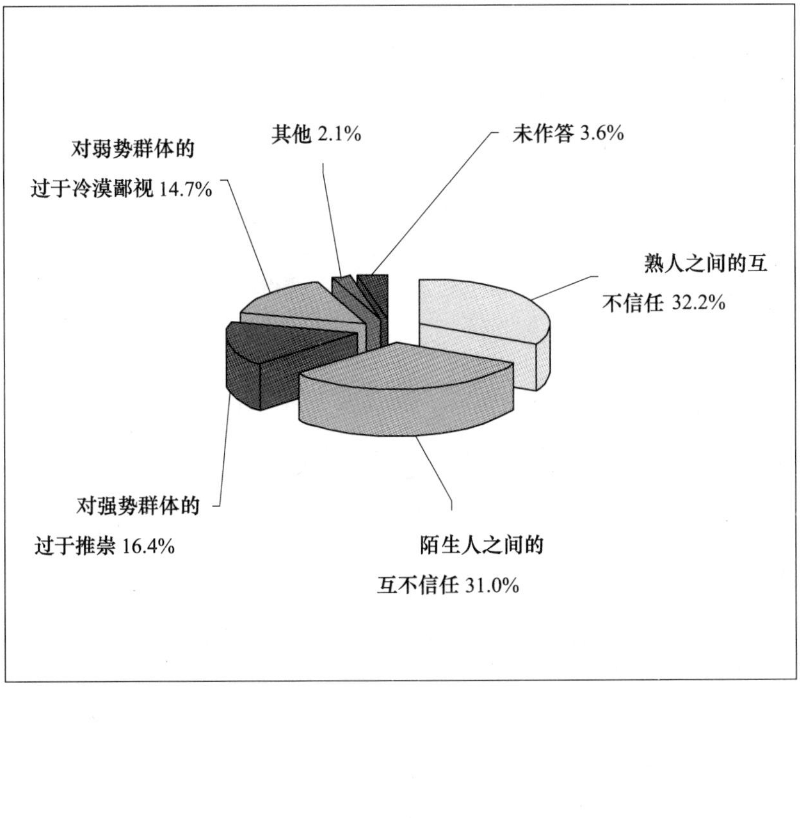

19. 下述社会公共生活的伦理关系中，您最看重、最努力维护的关系是

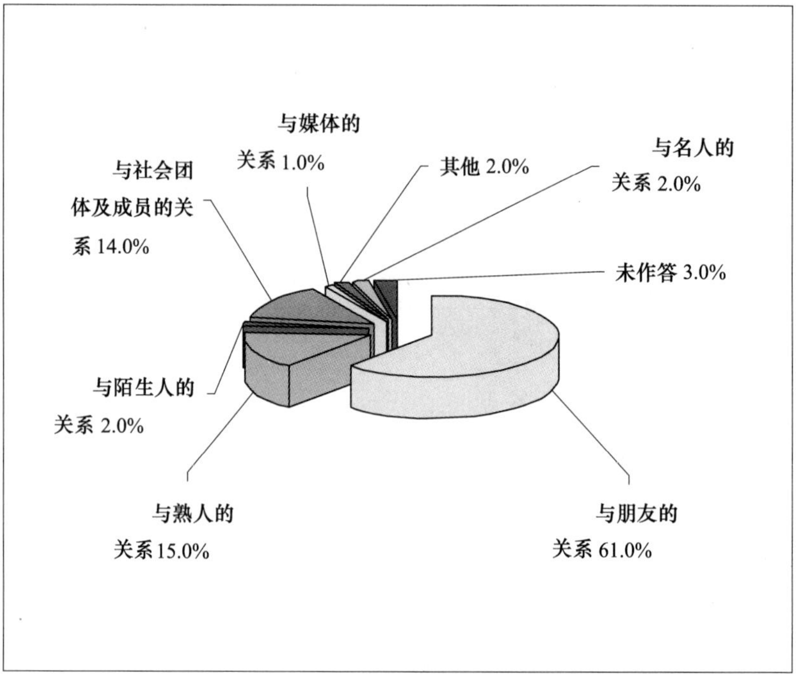

（三）职业道德建设

1. 您认为作为一名在岗人员

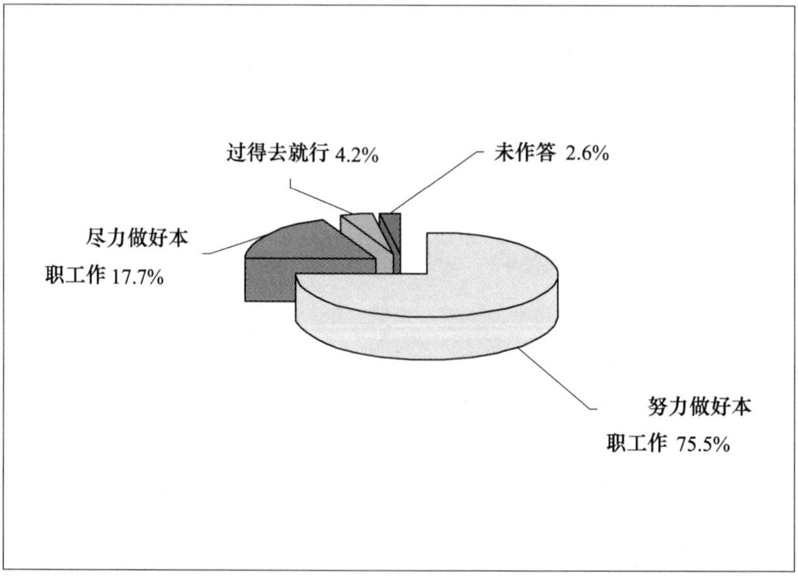

2. 您对您的本职工作的职业规范（伦理态度）

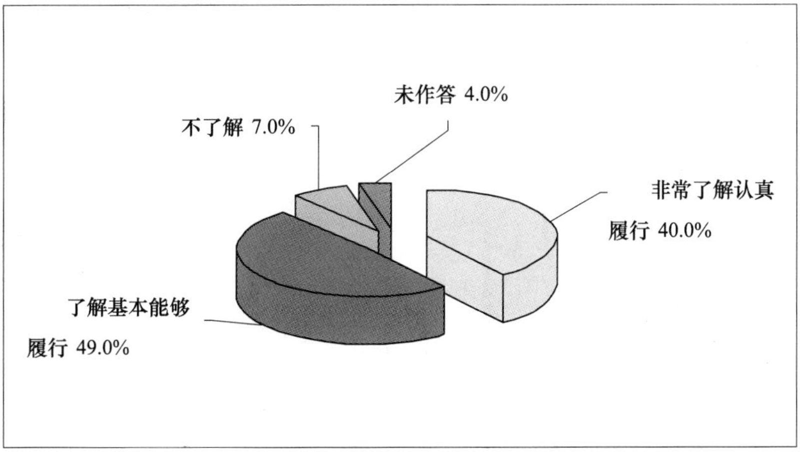

3. 您对您从事的工作

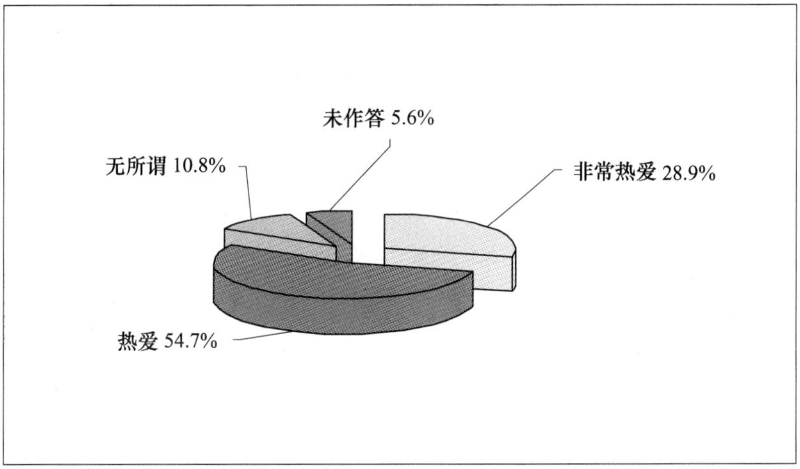

4. 您与您同事相处

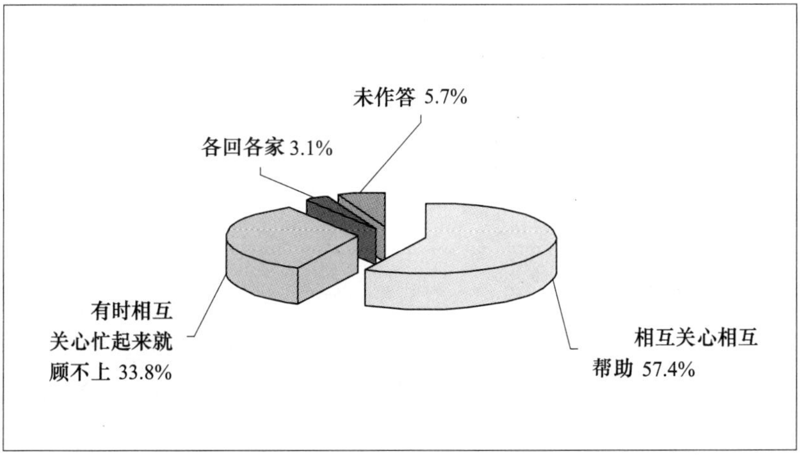

5. 当您的同事在工作中遇到困难时，您会

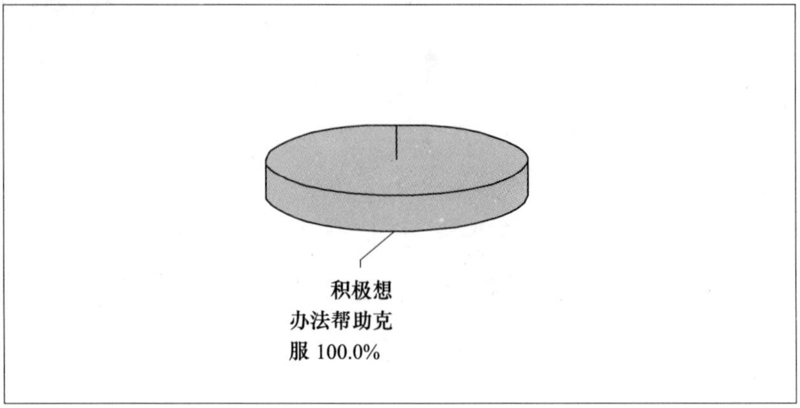

6. 您认为做好本职工作最重要的是

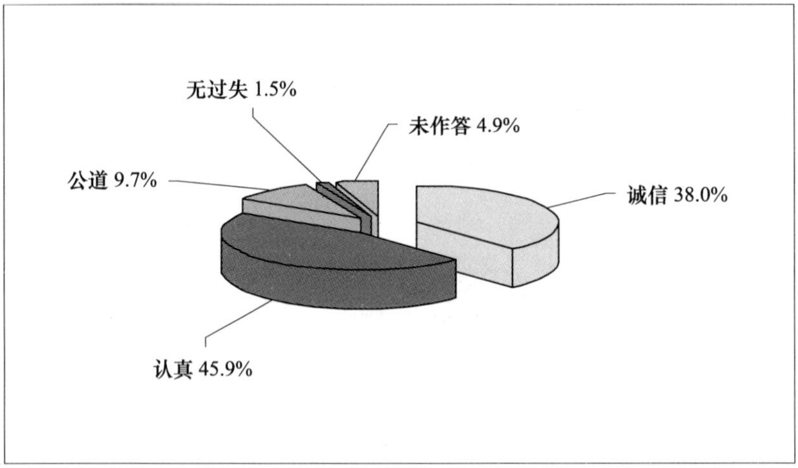

7. 当您在工作中为他人服务时

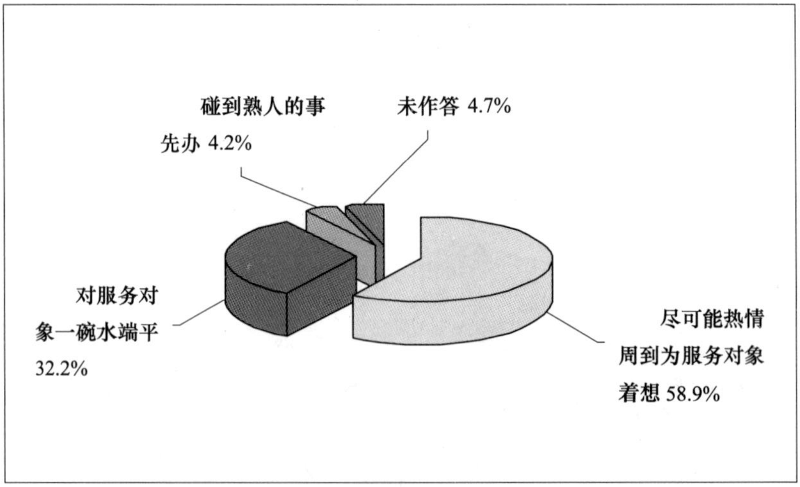

8. 您继续学习或者进修的最主要原因是

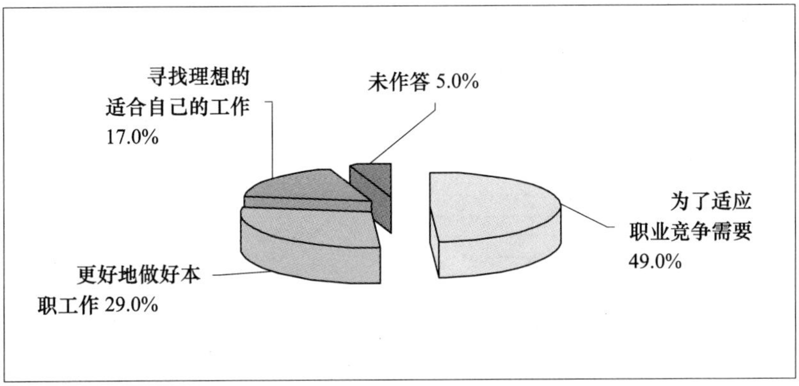

9. 您认为劳动现在是您的第一需要吗

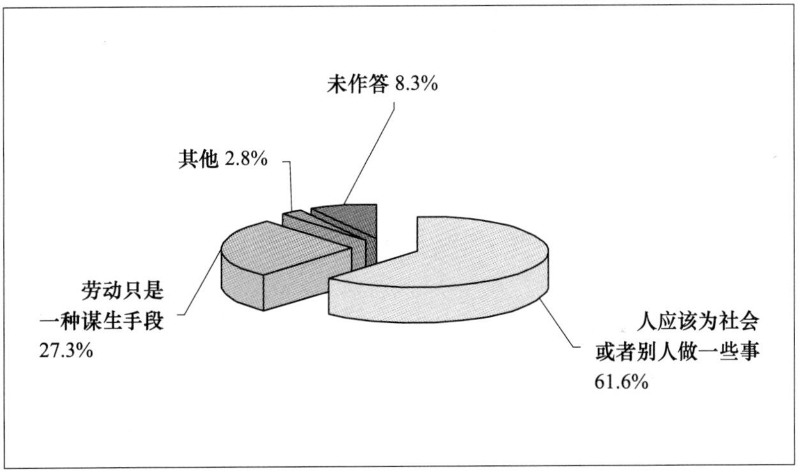

10. 工作中您遇到的烦心事来自

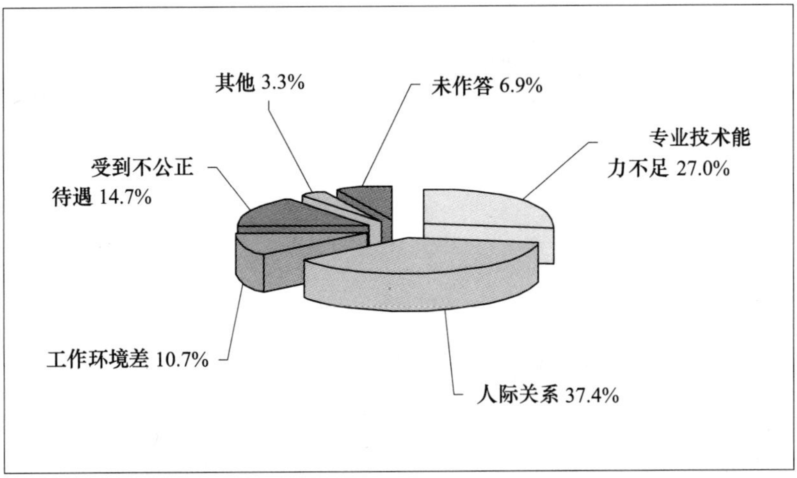

11. 工作中要做好一件事，往往要和许多人打交道，需要许多人的配合，您经常面对和处理的人际关系是

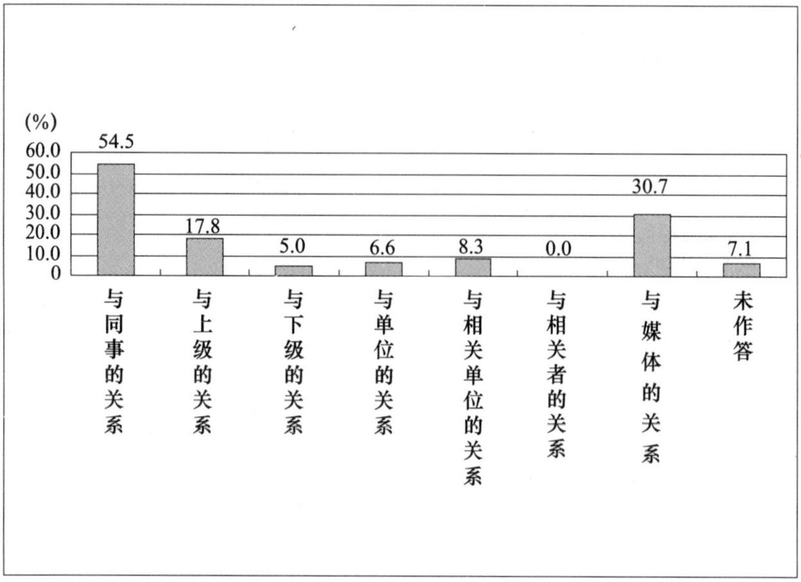

12. 下述职业伦理关系中，您最看重、最努力维护的关系是

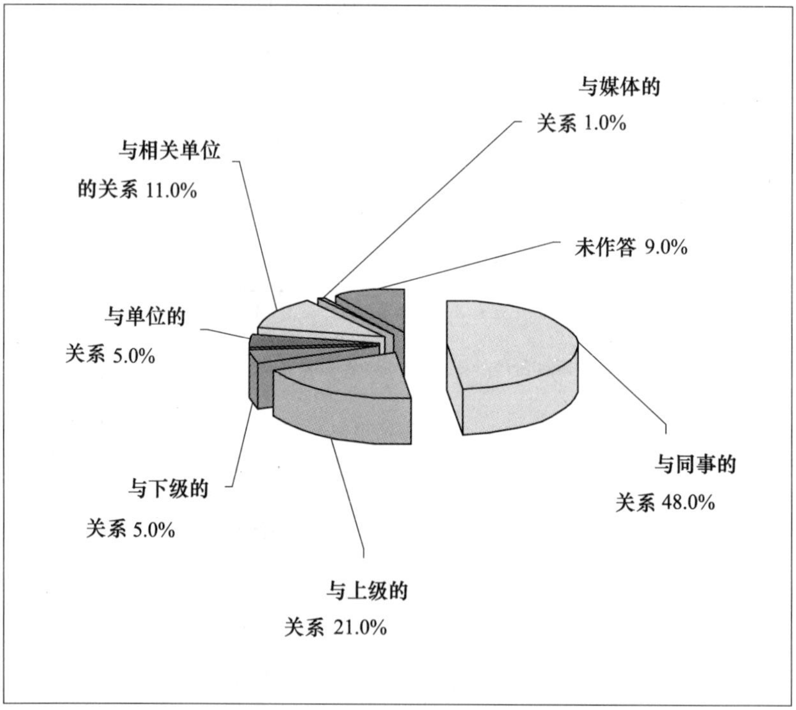

13. 根据您的经验和观察，您认为您单位的日常工作中，人际关系存在的最突出的问题是

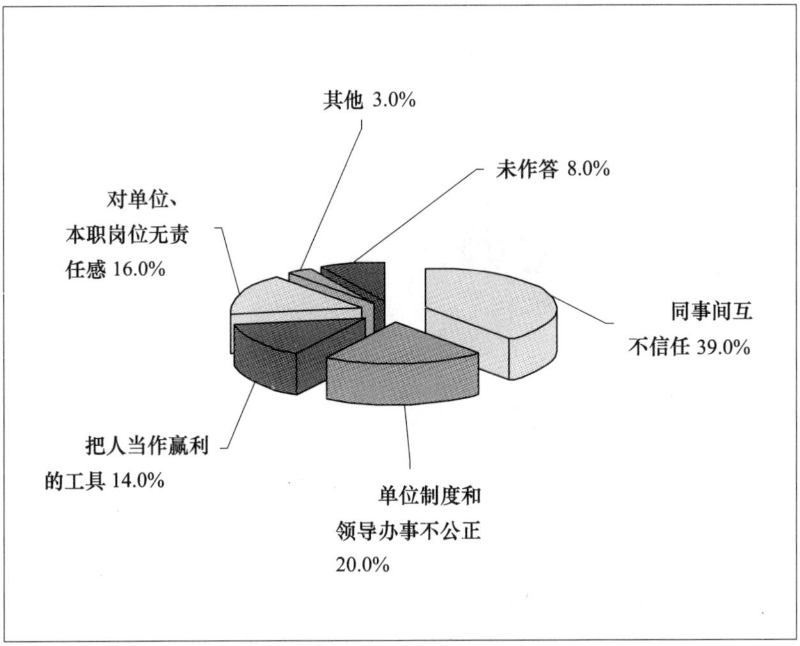

14. 您认为单位内的人际关系应遵循什么原则

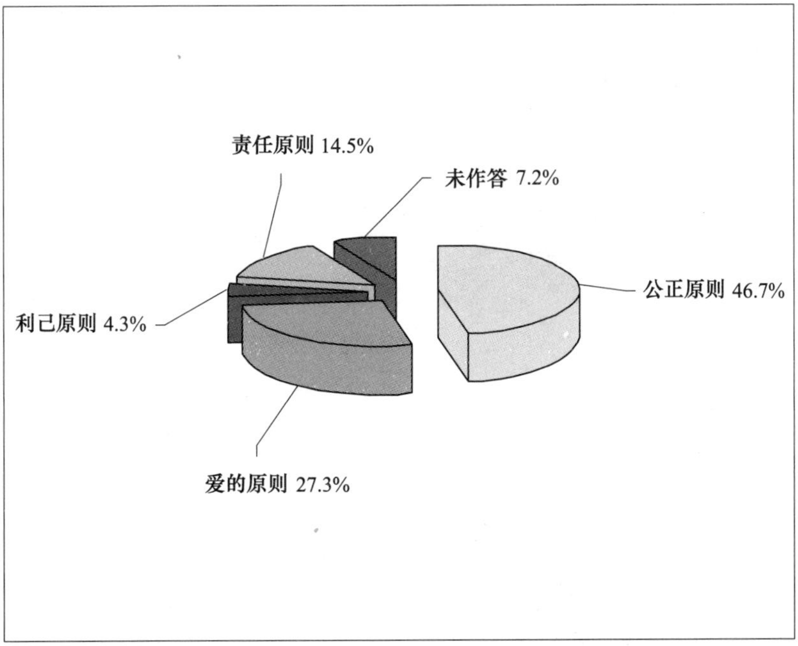

15. 您满意所在单位的伦理关系状况吗

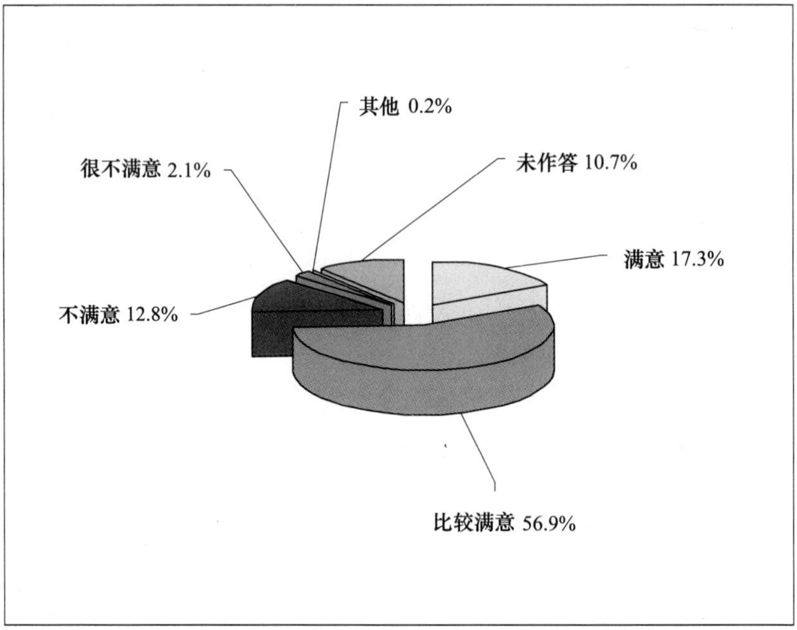

16. 您希望所在单位的伦理状况是

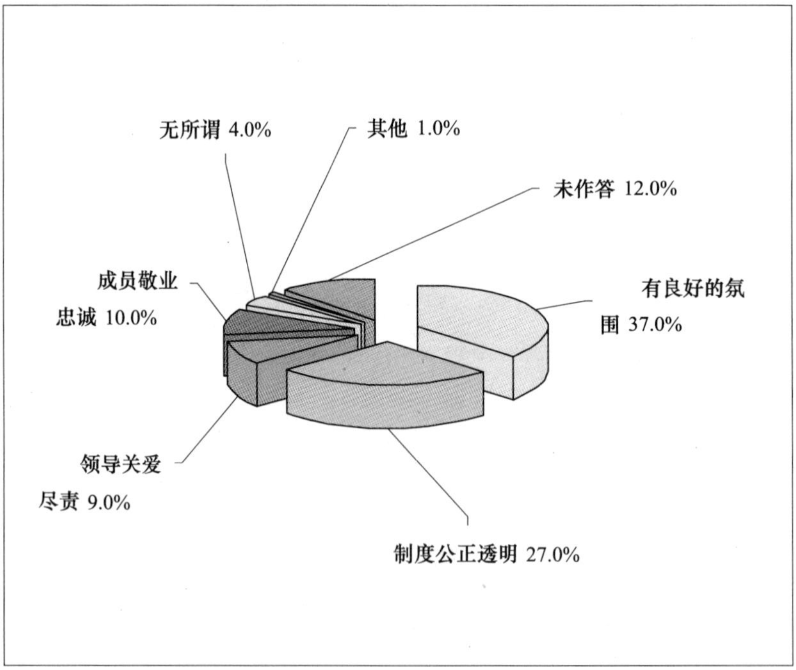

17. 您认为现在大多数单位在处理个人、组织、社会关系时以什么为重

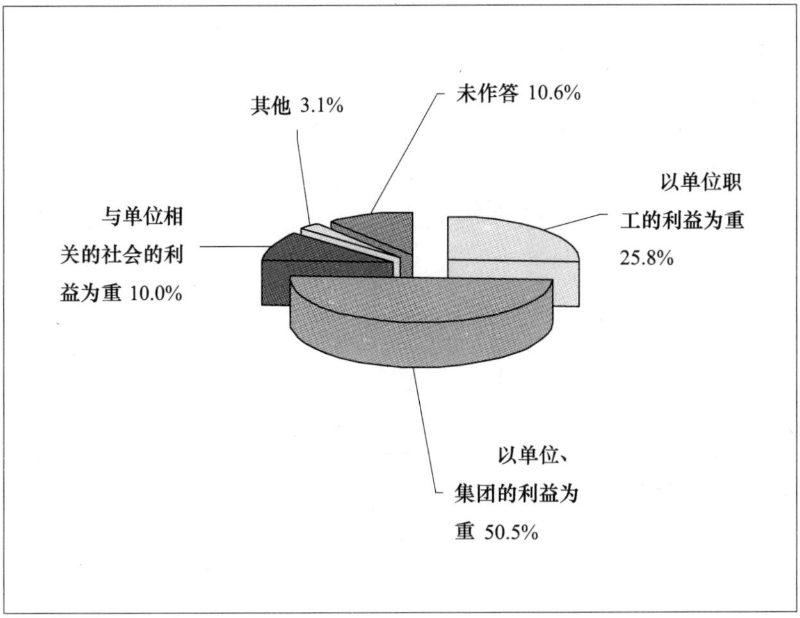

（四）家庭美德建设

1. 通常打理家务，您的观点是

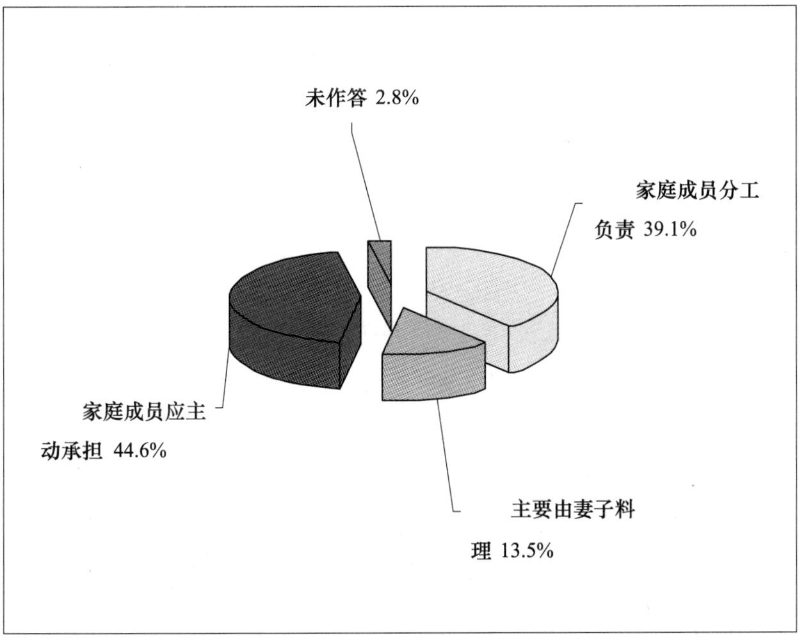

2. 您记得您家人的生日吗

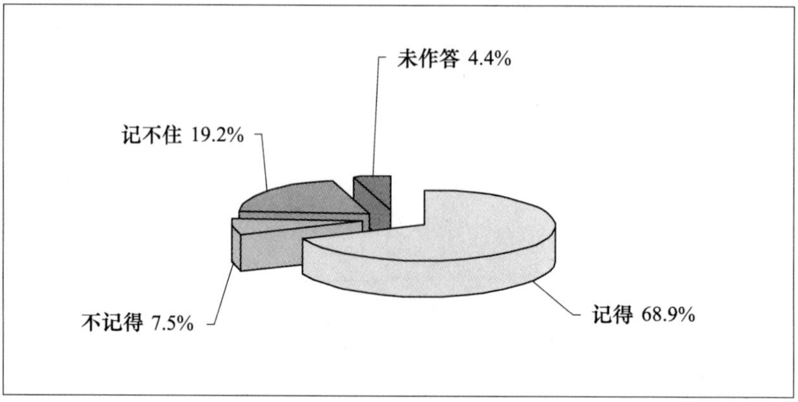

3. 您是否做到尊敬父母（岳父母、公婆）长辈

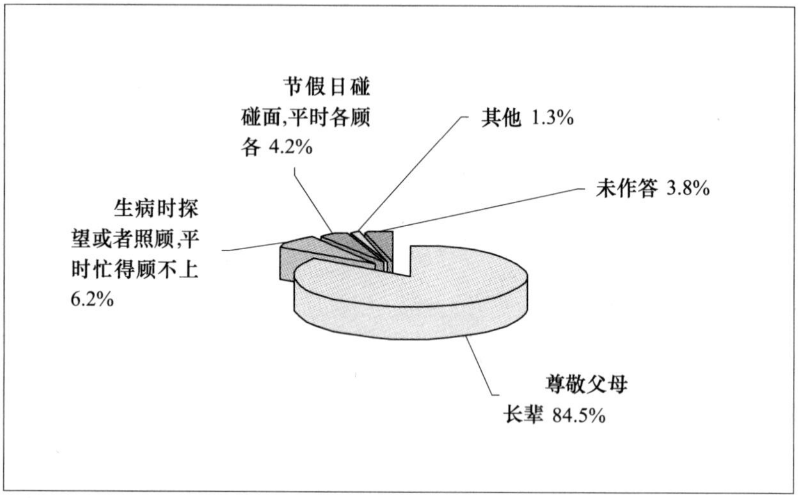

4. 您在家是否承担家务

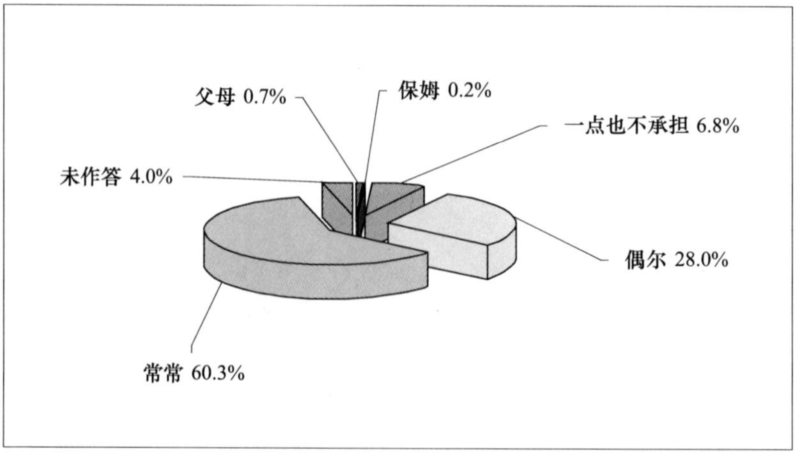

5. 对孩子的培养您主要注重

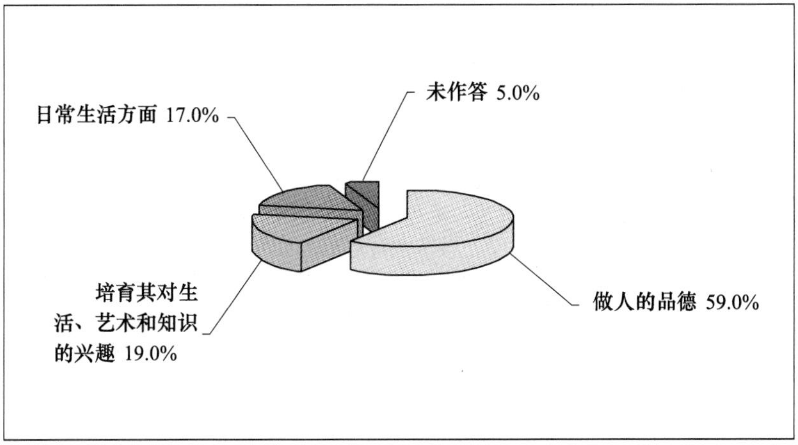

6. 您认为夫妻双方平时

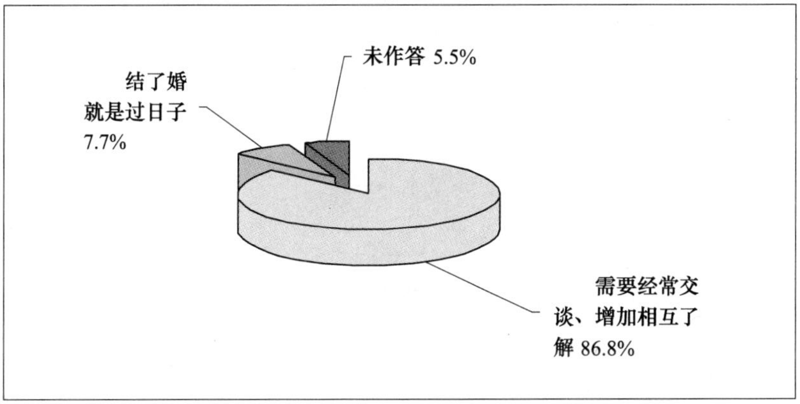

7. 您认为夫妻双方平时相处应该

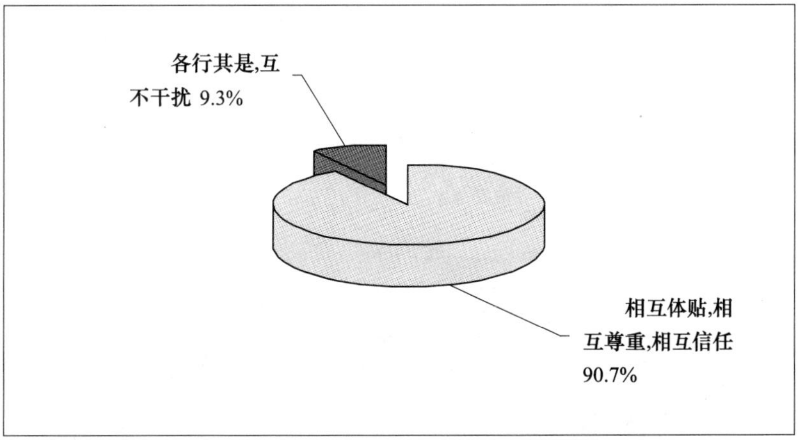

8. 如果在培养子女、家庭理财等方面夫妻双方发生分歧。您认为夫妻双方应该

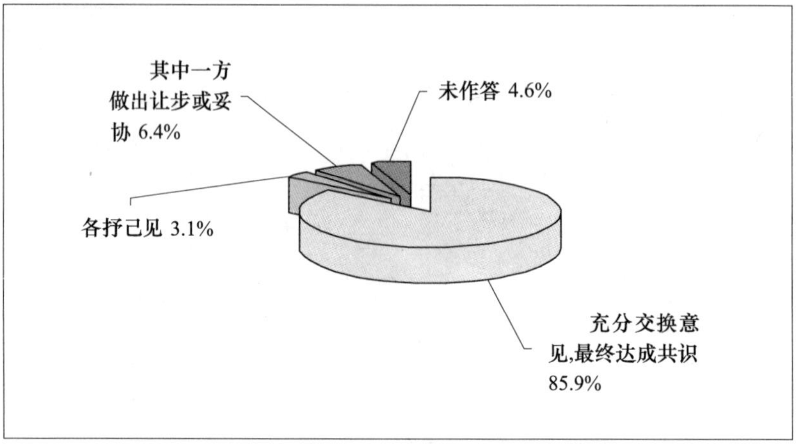

9. 通常在培养子女、家庭理财、照顾老人等方面，您认为夫妻双方

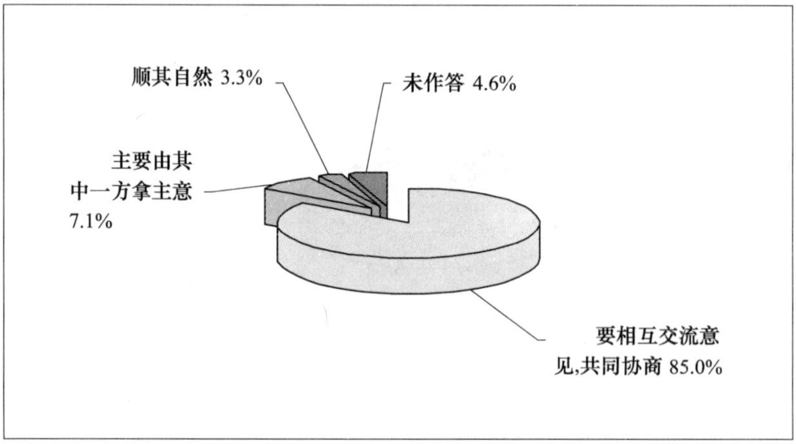

10. 您认为现在仍然需要勤俭持家，同时也需要培养子女勤俭节约的行为习惯吗

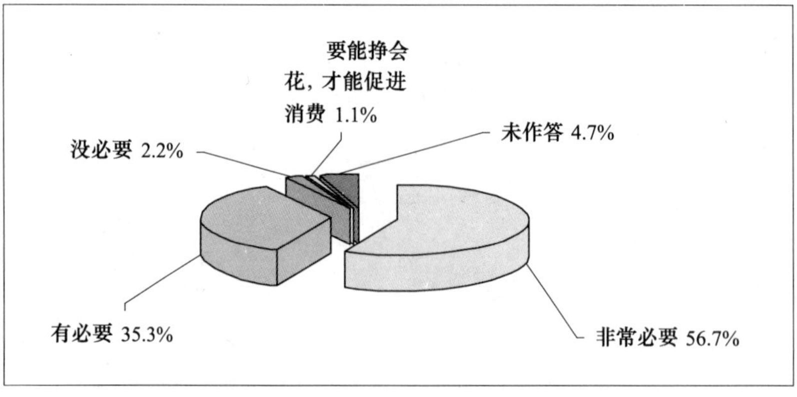

11. 您在家庭里的真实感受是

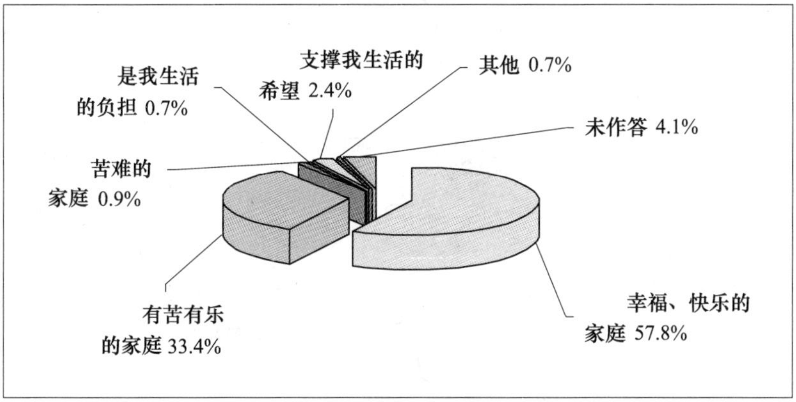

12. 幸福的家庭是我们每个人的渴望，在家庭关系中，您认为最重要的关系是

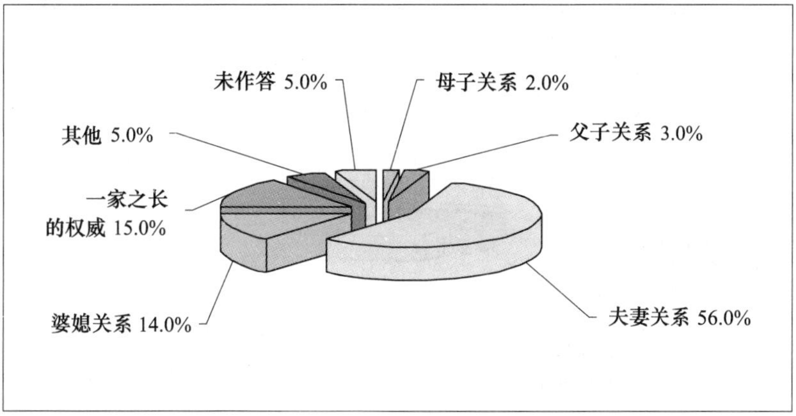

13. 您认为婚姻中最主要的方面是

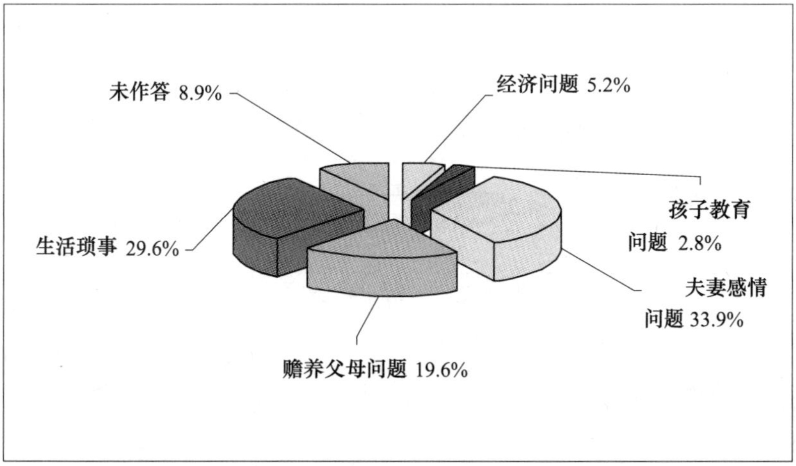

14. 您认为出现“婚外恋”、“包二奶”现象的原因是

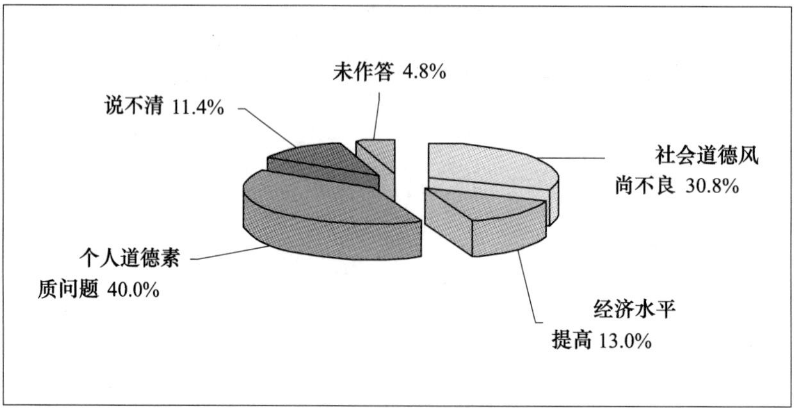

15. 如果您发现您的家人有“婚外情”现象，您会选择

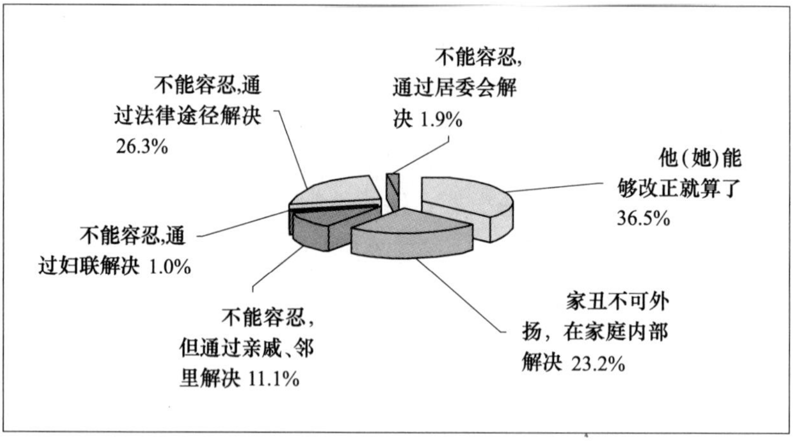

16. 在您的家庭生活中，夫妻出现矛盾主要是因为

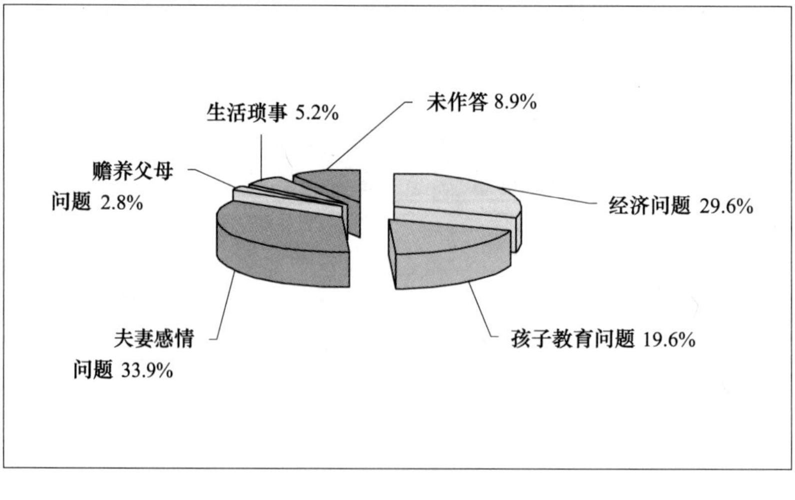

17. 您对赡养父母的看法是

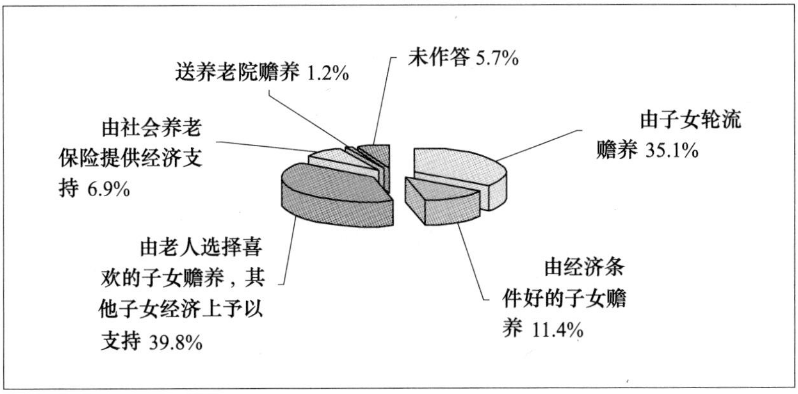

18. 家庭生活中，您不能容忍的现象是（它们的排序依次为）

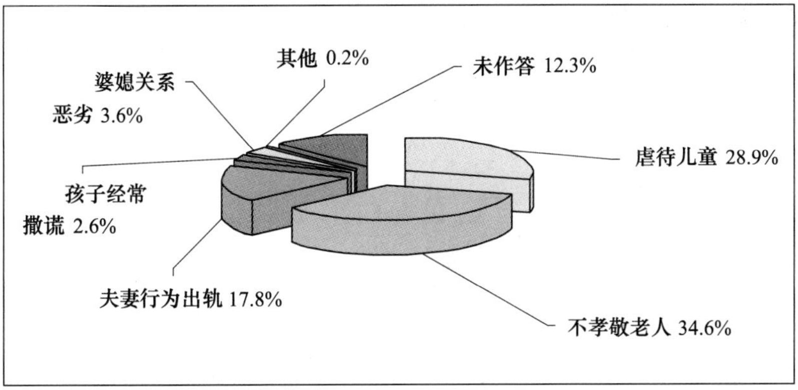

（五）网络道德建设

1. 您认为在上网聊天时，由于处于匿名状态

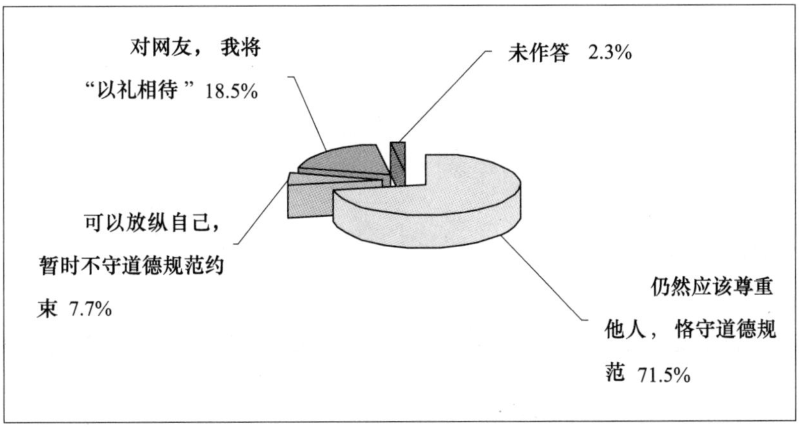

2. 您浏览过黄色网站吗

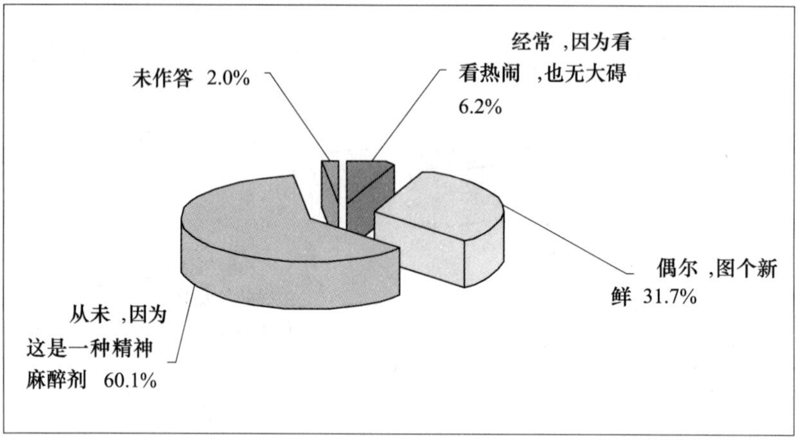

3. 您认为需要制定网上道德规范吗

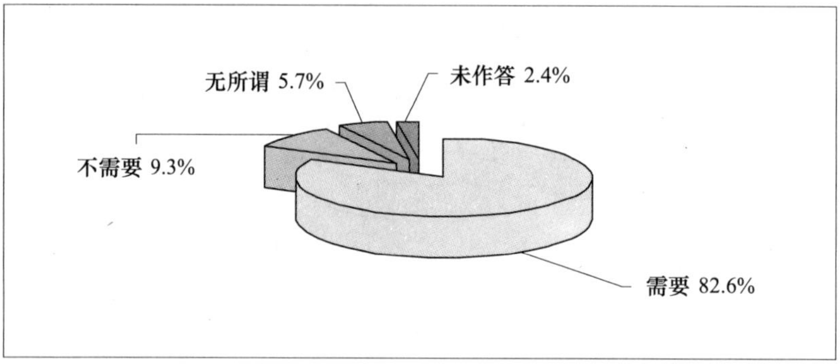

4. 您认为网恋会影响家庭中夫妻关系以及其他家庭成员关系的和睦吗

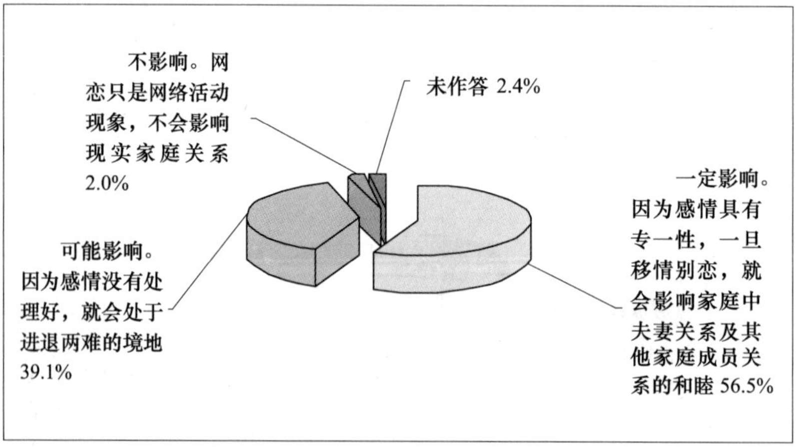

5. 您认为自己对网络上的黄色、暴力等不良内容的抵制力

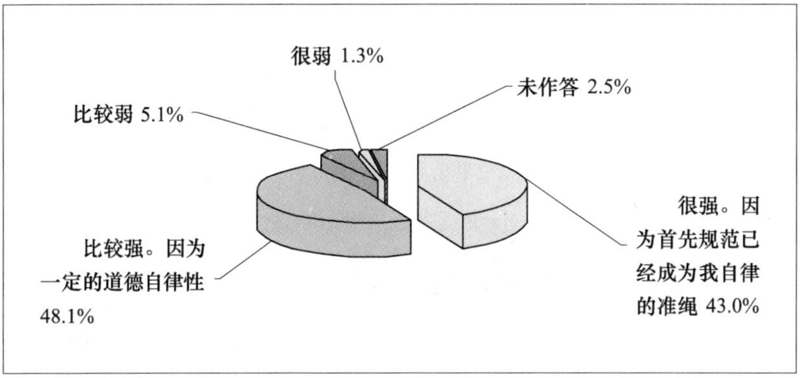

6. 根据您的经验和观察，您认为网络交往活动中，人际关系存在的最突出的问题是

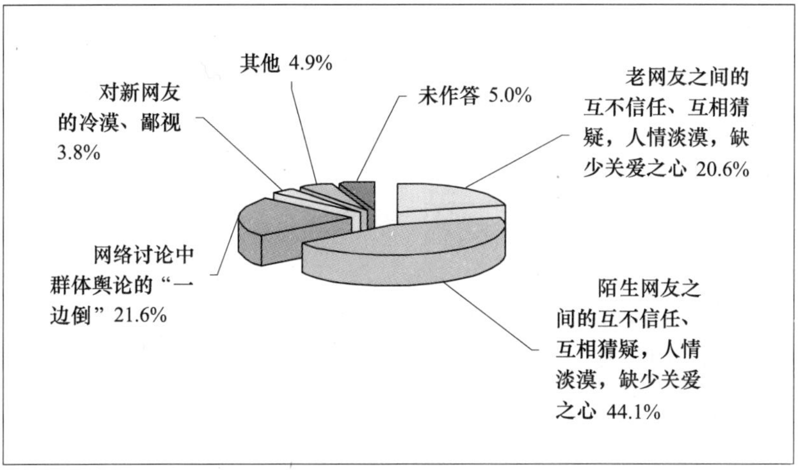

7. 下述网络生活的伦理关系中，您最看重、最努力维护的关系是

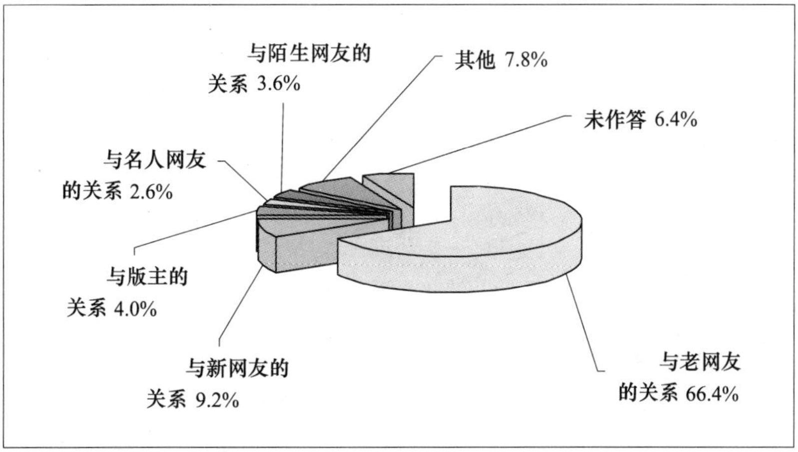

（六）关于加强和谐伦理建设的对策

1. 您认为公民道德建设落到实处，道德规范需要

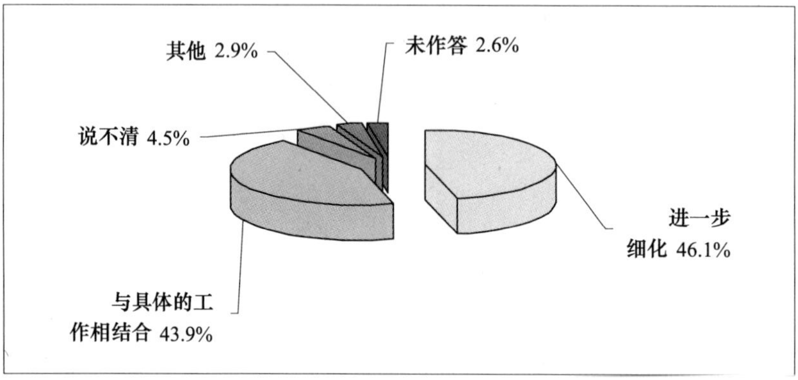

2. 加强道德建设关键在于

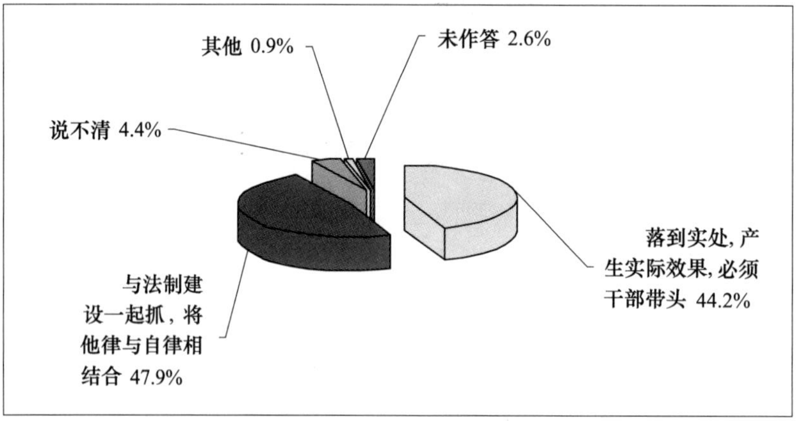

3. 和谐伦理建设需要（排在前 3 位的依次为）

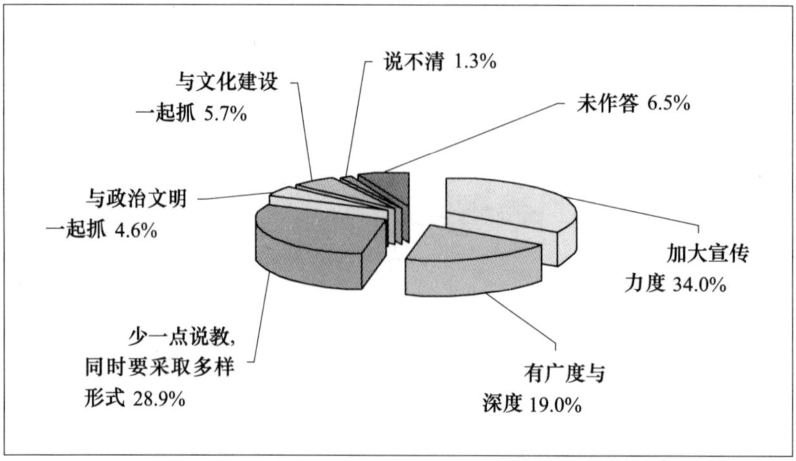

4. 调整评价业绩的指标体系（排在前 3 位的依次为）

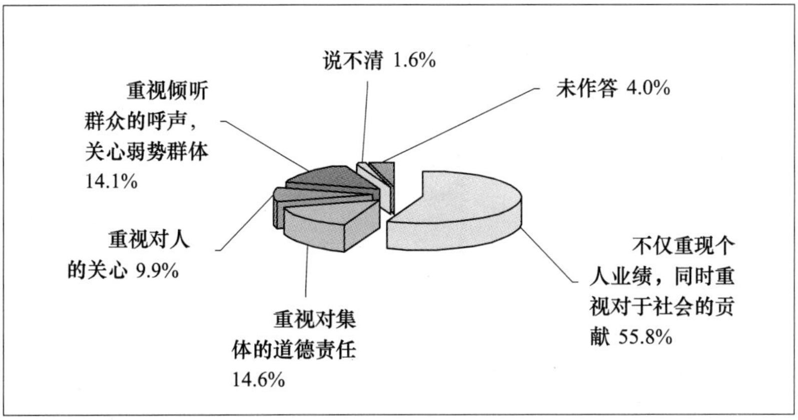

（陈爱华）

后　　记

本书是我作为首席专家的 2005 年全国哲学社会科学重大招标结项成果。申请并组织这个重大攻关项目，主要基于两点：其一，改革开放 30 年，中国伦理道德状况已经发生巨大而深刻的变化，但人们一般只是经验地感受它，或者揭示它的某个侧面，但比较系统深入的调查研究很少，因而难以客观地呈现和把握这些变化。30 年在历史长河中虽是短暂一刻，但作为对中国社会产生重大影响的特殊历史发展阶段，它应当甚至已经形成某些“新传统”，有待发现和研究。其二，学科发展的战略谋划。东大伦理学科是国家“985”哲学社会科学创新基地，在建设之初，我们就将努力方向确定为三个方面：（1）道德哲学；（2）科技伦理；（3）重大应用，即“东大伦理三元色”。其中，道德哲学主攻伦理学研究前沿和尖端理论课题；重大应用面向国家发展全局，探讨伦理道德发展的重大课题；科技伦理与东南大学强势理工学科整合，探讨现代科技发展的伦理难题。在基地建设方面，无论作为个人还是团队，如何将前沿性的理论研究和重大应用结合，学者个人和我们的团队如何同时兼具这两种能力，追求“顶天立地”，无论如何都具有重要的战略意义。于是，我们组织申请了“建构社会主义和谐社会进程中思想道德与和谐伦理的理论与实践研究”的重大招标课题，很幸运地成为第一个中标的伦理学重大招标项目。

虽然有充分的思想准备，但我还是低估了它的研究难度。最大的难度来自调查研究。因为我本人和我们的团队已往的积累基本上都在理论研究方面，调查研究缺乏经验和必要的知识储备。到底如何设计问卷，如何组织调研，心中都没数，所以课题在半年以后才开题。经过很长时间的思考和讨论，我先决定将调查的对象分为六大群体：政府公务员群体、企业家与企业员工群体、青少年群体、青年知识分子群体、新兴群体、弱势群体。原计划六大群体使用相对统一的问卷，以便进行比较研究。但仔细考虑，觉得既然我本人对调查问卷的设计缺乏充分的把握，那么统一的问卷无疑会放大个人认知局限的风险度，而且由于诸群体特点不同，问卷也应有所区别。于是，我设计了一个调查的结构框架，这就是四大调查：伦理关系大调查，道德生活大调查，伦理道德素质大调查，伦理道德的影响因子大调查。随后提供了一个详细的思路和提纲，并设计出总课题组的调查问卷，对课题组详细解释并辅导，努力提供一个示范。在此基础上，诸子课题组分别设计出各自的调查问卷。根据调查对象，课题组分为若干子课题组，总课题组的调查由我自己独立承担。

调研取样的对象也是一个难题。我们以江苏为重点，在苏州和盐城两市展开，分别代表发达地区和发展中地区，调研方式以问卷调查为主，同时在两市分别召开六大群体座谈会，辅之以个别访谈。总课题组以江苏、广东、广西、新疆四省（区）为对象，前二者代表发达地区，后二者代表发展中地区和少数民族和宗教地区。我们的基本要求是：每一子课题组的问卷样本量在500份左右，总课题组的样本量在1500份左右（包括杨绍刚教授在广东的调查）。整个调查，总样本量在万份左右，可称“万人大调查”。

如此，四大结构，六大群体，四个省区，万人大调查，构成这一项目调查研究的基本框架。

不过，调查的技术与知识问题，对我们仍是一道难关。为此，我们请南京大学社会学系风笑天教授专门对团队进行辅导和指导；同时许多工作请我院社会学系的龙书芹、聂春雷博士直接参与和帮助；许多调查数据的处理，则组织我院社会学专业的本科生和部分硕士研究生完成。可以说，它是典型的团队攻关的成果。

为了本课题的完成，课题组成员和所有参与者都付出了难以想象的艰苦努力。这个课题研究的难度之大，组织工作之浩繁和复杂，以致在此过程中我曾多次发誓，今后绝不再组织此类的攻关项目。应该说，课题组的绝大部分成员都竭尽全力，我们团队的组织效率也确实较高。但由于是第一次进行这样的集团攻关，而且我将它视为团队“整个的个人”行动的一次学术训练，加之个人的诉求和价值取向毕竟有所不同，所以难度很大，最难处理的是个人自由与团队效率之间的矛盾。所以，如何高质量地完成这一课题，对我们始终是一个挑战。为此，我曾给课题组成员写过二十多封信，直截了当、毫不留情地指出诸位课题完成中的问题。这个研究团队，都是教授和博士，甚至是知名教授和校领导，但大家基于多年合作的信任和对事业的信念，都坚韧地努力着。在课题完成之后，我们又进行了几次大的修改，譬如，我自己重新做了江苏与广西、新疆三地区的比较对照图表，马向真教授做了新兴群体与大学生群体的对照图表，更多的专家进行了补充调查。在出版过程中，又进行了一些重大修改。

课题组织和研究的过程让我深深感到，我们这支团队，确实是可爱和一流的学术团队。从上个世纪90年代初组建博士化的伦理学团队始，大家便陆续走到一起，多年来风雨同舟，荣辱与共，建立了很深的信任与友谊，“磨合”得非常温润。董群教授是课题申报的倡议者，也是课题设计的主要参与者之一，课题答辩时，他与我一道进场现场答辩（马向真教授也准备参加答辩，但由于只允许进两人，故未能进场），可谓“原始股”。但在后来的课题组排名时，将“第二把交椅”与田海平教授共享，这是一种气度和境界。王珏教授、徐嘉教授主动到企业甚至江西等地区做了大量很有深度的调查。刘波教授身为副校长，不仅独自完成调查和研究报告，而且多次修改甚至重写。陈爱华教授组织有关人员到街头进行实时抽样调查。马向真教授不厌其烦地忍受我的啰嗦和苛求，多次进行修改。田海平教授将课题列入学生的论文指导计划。应该特别说明的是，许敏博士作为课题组学术秘书，虽然没有独立承担某一部分，但课题研究的所有琐碎的日常事务和繁重的学术事务，全由她一人承担。特别是在出版过程中，图表的修改、排版的统一、校改等，许多重要的学术工作全由她完成，这些已经不是“后勤”，而是课题研究本身了。在课题组原先的组织中，并没有李兰芬和杨绍刚二位教授，后来他们在参加我作为首席专家之一的省重大项目研究的过程中，我发现他们的调查有重要价值，所以邀请他们进入团队，将他们的调研成果吸收为本项目的重要内容之一。本书的署名顺序，基本上按照在课题研究和组织中的贡献排列，我作为课题总负责人，努力公正地对待每位同仁，如有不当，请谅解。

本课题的结项成果有两项，一是理论研究成果，主要是近60篇在核心期刊上发表的论文，包括发表于《中国社会科学》的三篇论文。二是这本书。之所以在研究报告之外要出版数据库，主要基于这样的考虑：我们的分析可能是主观的和值得商榷的，所以将调研的数据客观地呈现出来，供政府决策和学术研究时参考。同时，我们也有一个设想，建立一个关于当代中国伦理道德状况的数据库，今后每几年进行一次系统调查，以跟踪和描述中国伦理道德发展的轨迹。作为本课题研究的学科成果之一，我们已经成立了“国情调查中心”，伦理道德调查将是它的基本任务和特色之一。

本课题的研究要感谢太多的前辈、领导和专家。中宣部副部长孙志军教授作为本课题的总顾问，对课题的研究提供了很多指导和大量帮助；伦理学界德高望重的前辈、著名伦理学家罗国杰教授，作为本课题的总顾问，在课题申请和研究中多次给予鼓励、教导和帮助。教育部重点研究基地中国人民大学伦理学与道德教育研究所、中国社会科学院应用伦理中心、教育部重点研究基地南京师范大学道德教育研究所，屈尊作为我们课题申请和研究的合作伙伴，对我们无私而默默地支持和奉献，这种集体人格和学科境界让我们感动。全国社会科学规划办的领导特别是原主任张国祚教授、操晓理处长在课题检查中给予了重要指导。中国社会科学出版社总编辑赵剑英教授、三编室冯斌主任给予了很多鼓励和支持。我们很多学生如任重威、张晶晶、曹霞、朱萍等在此过程中付出了大量艰苦的劳动。对此，我本人和课题组的同仁都铭记于心，大恩无报，上德不德，我们只能以更加努力的工作作为报答。

本书研究与写作的分工

上编　研究报告

序、总报告（第一、二、三章），樊浩

第四章，董群

第五章，许建良

第六章，刘波

第七章，杨韶刚、万增奎

第八章，徐嘉

第九章，马向真

第十章，王珏

第十一章，李兰芬、倪黎

第十二章，田海平

第十三章，陈爱华

下编　数据库

第一、二章、后记，樊浩

第三章，董群

第四、九、十五章，田海平

第五、六章，许建良

第七章，刘波

第八章，杨韶刚

第十章，徐嘉

第十一章，马向真

第十二章，王珏

第十三、十四章，李兰芬

第十六章，陈爱华

全书研究之学术事务、学术协调，数据图表核对、修改，全书校对，座谈纪要整理修改：许敏。

说明：数据统计中未满百分之百系四舍五入和有人未作答。

樊　浩

于东南大学“舌在谷”

2011年5月27日